U0279472

降低SNCR氨水用量技术

山东卓昶节能科技有限公司创建于2000年，专业致力于环保节能设备以及工程的设计、生产、销售和总承包。公司在SNCR脱硝技术和分级燃烧脱硝技术的基础上，创新研发设计的**蒸汽低氨燃烧系统工程**（享有国家专利权，专利号：ZL2015 2 0943395.9），能有效降低SNCR脱硝氨水60%~100%，并从根本上减少NO_x的排放。该技术投入使用后，对原熟料生产线熟料产量、熟料质量、SNCR脱硝系统无负面影响，在不增加运行成本的情况下，年节约成本约460万元。

原理概述

根据窑线具体情况对分解炉的煤、风、C4下料和尾煤喂煤系统等进行技术改造和优化。在烟室与三次风管以下锥体部位建立一个贫氧燃烧区（即无焰燃烧区）和一个NO_x还原区，利用余热发电饱和蒸汽经过催化与喷入还原区灼热的煤粉，在C4水泥热生料的温度调节及催化的作用下反应生成还原气氛CO、H_2、HCN等还原剂促进NO_x还原，减少NO_x的排放，从而降低氨水用量。

$$C+H_2O \rightarrow H_2+CO \qquad C+1/2O_2 \rightarrow CO$$
$$2CO+2NO \rightarrow N_2+2CO_2 \qquad 2H_2+2NO \rightarrow N_2+2H_2O$$
$$2C+2NO \rightarrow N_2+2CO \qquad CHi+NO \rightarrow N_2+\cdots$$
$$HCN+NO \rightarrow N_2+\cdots$$

蒸汽系统安装图

C4下料管技术改造图

分解炉煤粉系统改造图

三次风管的技术改造图

公司业绩

淄博宝山水泥厂4000t/d
费县沂州水泥有限公司5000t/d×2条
曲阳金隅水泥有限公司5000t/d
叶城天山水泥有限责任公司4000t/d
河南孟电水泥集团有限公司5500t/d
北京金隅流水环保科技有限公司2500t/d

蒙阴广汇建材有限公司5000t/d
青州中联水泥有限公司6000t/d×2条
沂南中联水泥有限公司5000t/d
淄博鲁中水泥有限公司4500t/d
天瑞新登郑州水泥有限公司4500t/d
华润水泥（平南）有限公司5000t/d

山东卓昶节能科技有限公司

地址：山东省泰安市新温泉路南首路东1号　　邮编：271000
电话：0538-8201998　8200898　传真：0538-8200687
网址：http://www.sdzcjn.com　邮箱：zhuochangjieneng@163.com

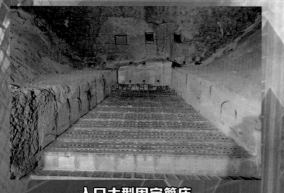

水泥生产技术与实践

贾华平 编著

中国建材工业出版社

图书在版编目(CIP)数据

水泥生产技术与实践/贾华平编著. —北京：中国建材工业出版社，2018.1（2021.1重印）
ISBN 978-7-5160-1917-7

Ⅰ. ①水… Ⅱ. ①贾… Ⅲ. ①水泥-生产工艺 Ⅳ.
①TQ172.6

中国版本图书馆 CIP 数据核字（2017）第 160855 号

内 容 提 要

本书分为原燃材料与制备、熟料煅烧与操控、水泥制成与储销、节能降耗与减排、前沿发展与探索共五篇二十六章，采取多层次、多角度的全方位分析方法，采用文字叙述、表图佐证以及大量的实例照片，从理念到现实案例，从理论分析到实践检验，从传统原料到废渣利用，从技术进步到投入产出，从水泥生产到产品销售，从传统技术到创新成果，从基本消耗到节能减排，从哲学理念到操作管理，结合唯物辩证的理念给予了详细分析。针对正在发展中的智能化生产、低碳水泥、陶瓷研磨体等前沿技术，特别设专章进行了系统讲解。

本书可供水泥工业的科研、设计、工程建设、生产技术及企业管理从业者，相关水泥机电、耐火材料、陶瓷研磨体的改进与创新研究者，尤其是生产一线的水泥技术工作者和生产管理者以及水泥销售人员阅读参考，也可供企业培训和大专院校参考使用。

水泥生产技术与实践

贾华平　编著

出版发行：中国建材工业出版社
地　　址：北京市海淀区三里河路 1 号
邮　　编：100044
经　　销：全国各地新华书店
印　　刷：北京雁林吉兆印刷有限公司
开　　本：787mm×1092mm　1/16
印　　张：53.25
字　　数：1310 千字
版　　次：2018 年 1 月第 1 版
印　　次：2021 年 1 月第 2 次
定　　价：318.00 元

本社网址：www.jccbs.com　本社微信公众号：zgjcgycbs
本书如出现印装质量问题，由我社市场营销部负责调换。联系电话：(010) 88386906

作者简介：

贾华平，河北邯郸人，1958 年生。1982 年毕业于济南大学水泥工艺专业，大学毕业后一直从事水泥生产与技术的管理工作。先后在国内外多家水泥企业担任过生产调度员、中控室操作员、分厂技术员、质控处工程师、熟料制备厂厂长、技术质量部部长、公司技术总监、公司总经理、天瑞集团水泥公司总工程师、河南省新型干法水泥工程技术研究中心主任等职务。

现任武汉理工大学工程硕士生导师、洛阳理工学院兼职教授、全国水泥生产技术专家委员会委员、中国硅酸盐学会智能化与装备分会理事、中国资源综合利用协会特聘发电咨询委员会专家、中国水泥网高级顾问、中国硅酸盐学会工程技术分会副会长，中国水泥协会高级顾问。

主要研究方向为水泥工艺技术和水泥生产管理，获得专利授权 7 项；发表各类学术论文近百篇，著有《水泥生产的中庸之道》一书；获得省企业管理现代化成果奖 2 项，省青年科技成果奖 3 项以及省部级技术革新改造奖多项。

2015 年 10 月 29 日作者在山东枣庄全国水泥熟料篦冷机改造技术研讨会上发言

2016 年 5 月 27 日作者在河北石家庄国内外水泥粉磨新技术交流大会上发言

2017 年 11 月作者在新密水泥总工程师高级论坛发言

2017 年 12 月作者在芜湖助磨剂高峰论坛发言

格物当至极致知

　　圣人孔子曰："吾有知乎哉？无知也。有鄙夫问于我，空空如也。我叩其两端而竭焉。"

　　　　　　　　　　　　　　　——《论语·子罕》

序　言

　　一部好的专业技术书籍，对提高一线专业技术人员、技术管理者以及科研人员的技术素质、管理水平、研发质量，都是很重要的条件之一。《水泥生产技术与实践》一书，不失为近几年难得一见的一部专业技术好书籍。其内容紧贴当今水泥工业技术发展现状与趋势，有理论、有实践、有前瞻、有思考，有解决技术问题的思路与方法，通俗易懂，接地气，对提高从业人员的专业技术素质与工作效率、管理能力、研发水平，都是非常具有实用价值的。

　　本书的作者贾华平先生，1982年大学毕业后一直从事水泥工业技术工作，从水泥生产企业一线的技术工作到企业的技术管理工作近四十年，摸爬滚打，经过长期的一线技术实践积累、勤奋执着的学习思考与钻研，已成为业内解决疑难技术问题的实践高手与具有影响力的专业技术工匠。

　　年近花甲的贾华平先生，又能不辞辛苦将其长期技术工作实践积累的经验、思考与研究成果，以专业书籍的形式无私地与广大从业者分享，令我由衷感到敬佩。耐得住寂寞、扛得住诱惑、远离浮躁、能付出辛苦，坚持不脱离一线搞技术、搞研究做学问、解决问题接地气，这样的技术专家、学者深受广大业内从业者欢迎与喜爱，应成为我们从事技术工作人员学习的楷模与榜样。

　　我相信，由贾华平先生编著的《水泥生产技术与实践》这一专业技术书籍，也会得到广大读者的喜爱，成为工作当中有价值的得力帮手。

2017 年 6 月

前　言

笔者前著《水泥生产的中庸之道》在 2014 年出版后，受到水泥行业广大读者特别是行业专家的欢迎和鼓励，在短短的半年之内就销出 5000 多册。同时，不少读者提出了很多宝贵意见，希望再有类似的书籍出版。为了满足广大读者的需求，对读者的厚爱有所交待，笔者于 2016 年再爬格子山、开打键盘仗，再编拙著《水泥生产技术与实践》献给读者。

本书没有停留在对现有生产技术的基本论述上，而是采用唯物辩证法的哲学思想，重新审视我们的一贯做法和成功经验，是否还是最先进的、是否还是最优的、还存在哪些问题、该如何去解决？书中所提之问题，所立之论点，都是围绕对当下的水泥生产效率如何进一步优化和提高展开的。

近年来，预分解生产工艺已在水泥行业得以普及，其生产工艺、配套装备、现场操作及管理等各个方面已相当成熟，但笔者发现在一些水泥公司的生产管理过程中，仍然存在较多带有共性的或可左右、似是而非、一时难以定夺的问题，正是这些看似不大的疑似问题，却对企业的生产效率和管理效率产生了很大影响。更重要的是，对于某一问题的处理，必须要放在生产系统效率和企业效益的大环境中进行整体平衡和全面分析，不能执其一端，而忘其另一端，企业最终要的是效率和效益。

针对这些问题，笔者力图通过本书，尝试立足于基础理论，结合现场实践，以质疑辨析的方式，直言不讳地展开多层次、多角度的全方位剖析，从理论原理到实践检验，或从现场实践追溯理论根源，力求能抓住问题的根源和实质，减少这些问题的负面影响。

时代在进步，技术也在进步。技术的进步是永无止境的，对于水泥生产技术方面的创新和对水泥生产的更高效率方面的革新，实实在在地在我们身边发生。因为是新技术或新装备，或在某方面有所革新，没有用过，当然就不甚了解，自然对其半信半疑。

大家都知道，冒险或盲目地冒险，是要付出沉重代价的，至于要接受、要实施，可能就需要较长的时间，这就大大地降低了企业技术进步的效率，从而也就影响了企业的效益。为此，在本书中，针对水泥行业的前沿技术，尽管尚未成熟，笔者都尽可能地给予了系统的阐述，以期扩大视野，促进交流，共同提高。

本书各章节紧扣一线生产的实际问题，立足理论，结合实践，层层展开分析；有数据、有教训、有经验、也有前瞻，以期对我们的水泥生产有所启迪。鉴于生产一线的读者比较劳累，本书没有采用科技著作的传统风格，而是尽量将叙述通俗化，在穿插的案例中用说故事的方式，口语化地深入浅出娓娓道来，以期读者能在轻松愉快中阅读理解。

本书中的故事皆为实例，只是为了减小对相关方的负面影响，采用了一些名称隐蔽和地理挪移的手法，敬请读者注意和谅解；本书不是教科书，在篇章节的划分上也就没有遵循过多的条框，只是力图层次分明、简单、易读。

书中很多议题是大家普遍关心的、生产中经常出现的实际问题，笔者在论述时除参考引用了公开发行的书籍、杂志的一些资料以外，还有部分资料来源于会议纪要、私下交流。因而，在标注出处时一时难以一一查证。在此，笔者向本书中所引用资料的原文作者以及提供资料的同仁表示深深的歉意，并致以诚挚的感谢！

笔者虽从业三十余载，但因才疏学浅，书中所述实为笔者井底之愚见，不足不当之处，敬请读者谅解，同时欢迎读者批评指正。

2017 年 2 月 11 日　元宵节之夜

博努力（北京）仿真技术有限公司
Bernouly(Beijing)Simulation Technology Co.,Ltd.

博努力(北京)仿真技术有限公司是以仿真技术、多媒体技术、虚拟现实技术和网络技术为手段,面向电力、能源、暖通、化工、建材、轻工等工业领域,提供系统仿真设计、仿真操作培训、网络考评等服务的高新技术企业。公司自主研发的水泥生产、商混站、电力系统等中控DCS及3D仿真软件,在培训、教学、考评、辅导等方面成功应用于全国多所企业与高校,受到广泛好评。

▶ 国家高新技术企业

▶ 全国建材行业职业技能竞赛——水泥中控窑操仿真系统供应商

▶ 全国建材行指委建材专业学生技能竞赛——仿真软件指定供应商

▶ 全国电力行指委电力专业学生技能竞赛——仿真软件指定供应商

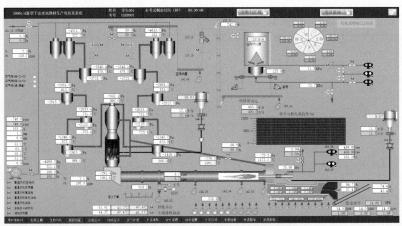

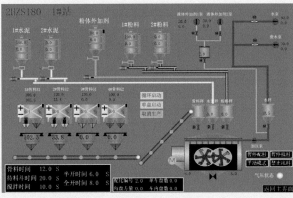

地址: 北京市海淀区上地六街28号志远大厦202室

邮编: 100085

24小时服务热线: 4006563626　　　电话:13466405155　　010-56293048

传真: 010-62986911　　邮箱: bernouly@126.com　　http://www.bernouly.com

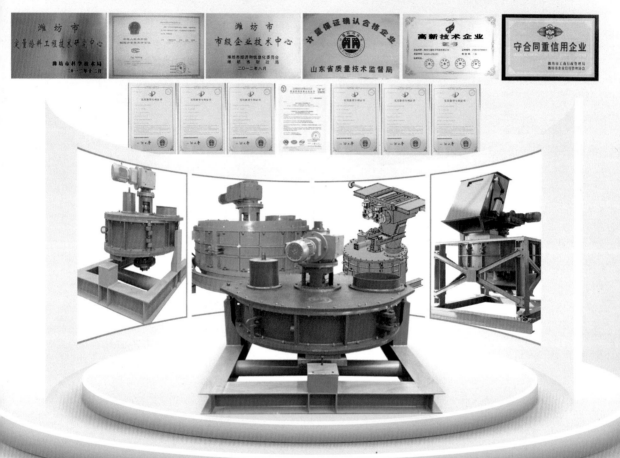

目　　录

第一篇　原燃材料与制备

第二篇 熟料煅烧与操控

第四篇　节能降耗与减排

第一篇

原燃材料与制备

第1章 石灰石资源及其科学利用

石灰石品位的好坏、价格的高低直接关系到熟料和水泥的质量，关系到其成本是不是能从根本上保持竞争优势。可能囿于从小的教育，我们潜意识里都会认为，我国的石灰石资源真的是储量丰富，但你知道优质的石灰石资源在哪儿吗？对于石灰石矿山优劣的评价，我们是不是经常用CaO作为唯一的指标呢？

如果你的工厂附近石灰石资源欠佳，那这些低品位的矿山该怎样才能用好呢？对于高MgO的石灰石矿山，我们是不是就束手无策了呢？如果不是，那具体的技术措施是什么？对于原料的岩性，你知道的有多少？在实际生产中，你是否充分地利用了原料岩性中所蕴藏的巨大节能空间？

1.1 我国的石灰石资源状况

业内人士都知道，南方的水泥厂普遍产量高、质量好、能耗低，南方的水泥原料，特别是主要原料石灰石，不但品位高而且有害成分低。应该说，一些水泥厂的成功与其在早期全力控制优质石灰石资源是分不开的，这充分说明了原料对水泥生产的重要性。

大约在2000年以后，受水泥市场的拉动，我国的水泥厂建设得到了迅猛发展，各种国有、民营的水泥厂如雨后春笋般迅速崛起，这些新建厂对石灰石矿山的重视程度已经大不如前。特别是部分民营企业，无视科学，根本就不把矿山当回事，他们先建厂后找矿山，找不到矿山就收购石灰石生产，给产品质量和生产能耗埋下了极大的隐患。

有的企业老板讲："这么大个地球，山里到处是石头，我就不信找不到石灰石！"在他们眼里，地球是由石头构成的，石头就是石灰石。实际上，钙元素主要存在于地壳中，地壳的钙含量并不高，而且多数与其他元素化合在一起，真正能用的石灰石并不多。

地壳中的主要元素是氧和硅，土壤中的硅含量更高，钙元素的含量只能排在第五位，地壳和土壤中的元素分布见表1-1，地壳中钙的含量只有区区的3.45%，换算成CaO也只有4.83%；土壤中的钙含量更是少得可怜，只有1.37%，对于这一点，我们必须有清醒的认识。

表1-1 地壳和土壤中的元素分布

元素名称	氧	硅	铝	铁	钙	钠	钾	镁	锰
元素符号	O	Si	Al	Fe	Ca	Na	K	Mg	Mn
地壳中	48.6000	26.3000	7.7300	4.7500	3.4500	2.7400	2.4700	1.3700	0.1000
前累计量	48.6000	74.9000	82.6300	87.3800	90.8300	93.5700	96.0400	97.4100	97.5100
土壤中	48.7000	32.6000	7.1300	3.8000	1.3700	1.6700	1.3600	0.6000	0.0850
前累计量	48.7000	81.3000	88.4300	92.2300	93.6000	95.2700	96.6300	97.2300	97.3150

续表

元素名称	磷	硫	碳	氮	铜	锌	硼	钼	其他元素
元素符号	P	S	C	N	Cu	Zn	B	Mo	～
地壳中	0.0930	0.0230	0.0230	0.0100	0.0100	0.0050	0.0030	0.0030	97.5100
前累计量	97.6030	97.6260	97.6490	97.6590	97.6690	97.6740	97.6770	97.6800	2.3200
土壤中	0.0800	0.0850	2.0000	0.1000	0.0020	0.0050	0.0010	0.0003	99.5883
前累计量	97.3950	97.4800	99.4800	99.5800	99.5820	99.5870	99.5880	99.5883	0.4117

某民企老板在考察了几个知名水泥厂后惊呼，终于找到了能耗居高不下的原因，随后大训技术人员："某厂的硅酸率那么低，我们的硅酸率为什么那么高？不知道硅酸率越高越难烧吗？"随即下令大幅度降低硅酸率，结果是：结蛋、结圈、结皮，牺牲了质量，降低了产量，增加了能耗。

应该说，这位领导很明白，硅酸率越高越难烧，煤耗一定会高，但这位领导不明白石灰石对水泥生产的重要性，不明白他们的硅酸率为什么高，不高行不行。品位高的石灰石耐火，品位低的石灰石易烧，有害成分多为液相元素又能降低共熔点，他的技术人员不是不想降低硅酸率，而是不能降低硅酸率。

1. 优质的石灰石在哪里

从地质成矿上看，适合水泥生产的石灰石，一般以古生代的石炭纪、二叠纪为好。在我国，地理上以长江为界，长江以南的石灰石既好磨又好烧，尤其是闽粤沿海、台湾岛及喜马拉雅山一带；长江以北的石灰石，特别是长江与黄河之间，地质赋存的优质资源很少。

古生代的石炭纪，北部海进使东北、华北从中石炭世开始下降接受沉积，形成海陆交互相岩系；南部为华南浅海盆地。本纪灰岩总体上质优、层厚、分布广泛；CaO 含量中统＞54%、上统＞53%、下统＜50%，下统一般含有泥质炭岩；本纪灰岩 MgO 含量低，一般 0.5%左右；本纪灰岩 R_2O 含量，中上统较低，一般＜0.3%，但下统一般＜1%。

到古生代的二叠纪，北部海进逐渐退支，华北陆台基本出露；南部为中国地质史上较大的一次海进，形成开阔的大陆海；末期因东吴运动海退，在长江中下降、华南地区沉积了上统。本纪灰岩总体上层厚、质优，个别白云岩化较发育，一般 CaO＞52%、Mgo＜1%、R_2O＜0.4%。

进入中生代三叠纪的早三叠世以后，北部因海进全部退出，成为广大的陆地，进入陆相沉积时代，而南部及长江中下游仍为范围较大的浅海，继续接受海相沉积。直到三叠纪末，海水基本退出中国大陆，除喜马拉雅山地区、闽粤沿海一带略有些海相沉积外，其他地区大多已是陆相沉积（已非石灰岩）。

这就是我们优质石灰石的本源，然后又经历了多个代、纪、世、期、时的地质变化，历经沧桑、腾挪翻转、风吹日晒、雨打流迁、高温高压、岩性质变，最终造就了今天的复杂局面。

至于更早期形成的石灰石资源，那就更加复杂多变了，多以奥陶纪的为好，以寒武纪的为广。奥陶纪由于北部中朝海进与南部扬子海进连成一片，海进面积最大，形成的资源丰富，总体上以中统灰岩质优、层厚、分布广，更适合做水泥原料。奥陶纪的中统灰岩，一般 CaO＞52%，局部地区 MgO 较高，R_2O 高达 0.6%～1.2%，部分矿山 Cl^-＞0.02%。我国石灰石资源的地质分布见表 1-2。

表 1-2　我国石灰石资源的地质分布表

宙（字）	代（界）	纪（系）		世（统）	期（阶）	时（组）	备　注
显生宙 PH	新生代 Kz	第四纪 Q		全新世 Qh			本纪在大陆东南沿海、海南、台湾，有贝壳、钙质珊瑚沉积，可酌情用作水泥原料。 在河南有白垩土沉积，CaO 44%～49%，MgO 0.07%～0.3%，料礓石 $CaCO_3$>80%。
				更新世 Qp	晚 Qp_3		
					中 Qp_2		
					早 Qp_1		
		第三纪 R	新第三纪 N	上新世 N_2			受三叠纪末海退影响，大陆地区仅有少量的湖相沉积，规模小、层厚不大，CaO 偏低，出露于鄂、豫、川、陕、新等省区。 河南地区有一些白垩土可构成工业矿床。 海相灰岩主要分布在台湾，层厚、质优，广泛用于水泥工业。
				中新世 N_1			
			老第三纪 E	渐新世 E_3			
				始新世 E_2			
				古新世 E_1			
	中生代 Mz	白垩纪 K		晚白垩世 K_2			受三叠纪末海退影响，仅新疆塔里木盆地西缘的喀喇昆仑山，有上白垩统艾格留姆组海相沉积，具有工业价值，为灰岩和泥灰岩。
				早白垩世 K_1			
		侏罗纪 J		晚侏罗世 J_3			受三叠纪末海退影响，本纪灰岩仅在蒙、豫、川、滇、陕、新等省区有零星分布，多为盆地湖相沉积或海相沉积的山前地带，规模小、层薄、质差。
				中侏罗世 J_2			
				早侏罗世 J_1			
		三叠纪 T		晚三叠世 T_3			北部因海进全部退出成为广大的陆地，南部及长江中下游仍为范围较大的浅海。本纪除个别有较高品位的灰岩外，一般以高碱高钙泥灰岩为主。 本纪灰岩 CaO 中等，一般 48%～50%，但安徽、广西可达 52%～53%；MgO 略高，一般 1%～2%；灰岩一般 R_2O<0.5%，但泥灰岩可达 1%～2.4%；当含有大量泥质灰岩和页岩时，SiO_2 一般可达 3%～7%。 下统各层在苏、湘、鄂、桂、陕、川、黔等省区有厚层工业岩，但嘉陵江组岩性和质量不太稳定。 三叠纪末，海水基本退出中国大陆，除喜马拉雅山地区、闽粤沿海一带，略有些海相沉积外，其他地区大多已是陆相沉积（非石灰岩）。
				中三叠世 T_2	扁担山期——皖扬子地区 龙山期——皖东南部 雷口坡期 郡子河期——青中吾农山、青海湖以北		
				早三叠世 T_1	大冶期 青龙期 马脚岭期 飞仙关期 嘉陵江期 永宁镇期		
	古生代 Pz	二叠纪 P		晚二叠世 P_2	长江期		北部海进逐渐退去，华北陆台基本出露；南部为中国地史上较大的一次海进，形成开阔的大陆海；末期因东吴运动海退，在长江中下游、华南地区沉积了上统。 本纪灰岩层厚、质优；一般 CaO>52%；一般 MgO<1%，个别白云岩化较发育；一般 R_2O<0.4%；某些地段富含燧石结核和条带，特别是栖霞灰岩，有的 f-SiO_2 高达 7%～9%。 主要分布在黑、苏、闽、鄂、桂、陕、川等省区，其次为琼、甘、滇，再次为蒙、吉、赣、湘、青、黔。 黑龙江下统的玉泉组已变质为大理岩。
				早二叠世 P_1	玉泉期——黑 栖霞期——南方地区 茅口期		
		石炭纪 C		晚石炭世 C_3	船山期——浙闽苏 马平期——川		北部海进使东北、华北从中石炭世开始下降接受沉积，形成海陆交互相岩系；南部为华南浅海盆地。 本纪灰岩以吉林、江苏、浙江、江西、福建、湖南、湖北、广东、广西、四川、云南、青海、新疆分布较广；其次为安徽、河南、海南、陕西、甘肃、贵州；再次为内蒙古、黑龙江。 本纪灰岩质优、层厚、分布广泛；CaO 中统>54%，上统>53%，下统含泥质灰岩<50%；MgO 含量低，一般 0.5%左右；一般 R_2O<0.3%，下统<1%。
				中石炭世 C_2	黄龙期——浙苏 咸宁期——云川 磨盘山期——吉		
				早石炭世 C_1	岩关期——川 大塘期——粤湘川 怀头他拉期——青 维宪期——新		
		泥盆纪 D		晚泥盆世 D_3	融县期		泥盆纪时期我国北部为陆地，仅有局部海进，没有形成像样的灰岩；只有湘中南、粤西北、广西、川中、云南地区在中晚泥盆纪时形成浅海沉积碳酸盐。 湖南中泥盆统棋梓桥组、东岗岭组，广西上泥盆统融县组，灰岩质优、层厚、规模大。CaO 中统达 52%，上统>54%；MgO 含量低，上统<1%；含泥质少，一般 R_2O<0.2%。
				中泥盆世 D_2	棋梓桥期 东岗岭期		
				早泥盆世 D_1			

宙(字)	代(界)	纪(系)	世(统)	期(阶)	时(组)	备 注
显生宙 PH	古生代 Pz	志留纪 S	晚志留世 S_3			华北地区在晚奥陶纪整体上升为陆地，直到石炭纪才又开始下沉，本纪没有灰岩沉积；华南地区为碎屑地层，也没有形成工业规模的灰岩；其他地区虽有，但规模不大、分布不广。 主要分布在内蒙古、辽北、吉中、黑大兴安岭、鄂西、陕南、甘东南、青昆仑山北麓、新天山南北。 只有内蒙古的奈曼旗、阿尔山一带，青海格尔木一带，灰岩矿床规模较大、质量较好。
			中志留世 S_2			
			早志留世 S_1			
		奥陶纪 O	晚奥陶世 O_3	三衢山期		一般来说，下统灰岩低钙高镁，中统灰岩质优、层厚、分布广。 CaO 下统 $46\% \sim 49\%$、中统 $>52\%$；有不同程度的白云化夹层，MgO 下统较高，中统局部地区较高；个别地区含泥质稍多，$SiO_2+R_2O_3$ 达 $8\% \sim 12\%$；有一定的泥质灰岩、泥灰岩出现，R_2O 高达 $0.6\% \sim 1.2\%$；部分矿山 $Cl^- > 0.02\%$。 奥陶纪北部中朝海进与南部扬子海进连成一片，海进面积最大。下统的冶里组、亮甲组、中统的马家沟组分布广泛；中统峰峰组主要分布在晋中南、冀南；江西玉山有中统长坞组；浙江江山、长山有上统三衢山组。 奥陶纪灰岩以河北、山西、内蒙古、辽宁、吉林、浙江、江西、河南、陕西、甘肃、宁夏、青海为主；北京、山东、广东、贵州次之；黑龙江、江苏、安徽、湖南、湖北、海南也有分布。
			中奥陶世 O_2	马家沟期 峰峰期 长坞期		
			早奥陶世 O_1	冶里期 亮甲期		
		寒武纪 Є	晚寒武世 $Є_3$	凤山期 $Є_3f$		南有滇黔藏海进，北有中朝海进，故寒武纪地层分布较广。灰岩一般为高镁、高碱、高钙泥灰岩。 CaO 含量中等 $45\% \sim 50\%$；有不同程度的白云岩化，局部地区含 MgO 较高；含泥质较高 $SiO_2+R_2O_3$ 约 $7\% \sim 12\%$；含碱质较高 R_2O 约 $0.4\% \sim 1.2\%$；部分矿山 $Cl^- > 0.02\%$；低钙层和泥质物夹层较多；矿石品位变化大、贫化较严重。 灰岩层位以中统徐庄组、张夏组分布最广，上统崮山组、长山组、凤山组次之。 本系灰岩以北京、冀北、晋北、辽宁、鲁西、皖北、河南为主，内蒙古、黑龙江、吉林、江苏、湖北、陕西、甘肃、青海次之，其他如浙江、湖南、宁夏、新疆、贵州、云南都有出露。
				长山期 $Є_3c$		
				崮山期 $Є_3g$		
			中寒武世 $Є_2$	张夏期 $Є_2z$	$Є_2z_5$ 时	
					$Є_2z_4$ 时	
					$Є_2z_3$ 时	
					$Є_2z_2$ 时	
					$Є_2z_1$ 时	
				徐庄期 $Є_2x$		
			早寒武世 $Є_1$	龙王庙期 $Є_1l$		
				沧浪铺期 $Є_1c$		
				筇竹寺期 $Є_1q$		

续表

宙（宇）	代（界）	纪（系）	世（统）	期（阶）	时（组）	备　注
元古宙 PT	新元古代 Pt₃	震旦纪 Z		晚震旦世 Z₂		由于造山作用强烈，几乎所有的岩石均遭到变质。矿床规模不大，多为大理岩或结晶灰岩，主要有黑龙江东部的麻山群大理岩（岩浆发育、岩脉很多）、天津蓟县一带的铁岭组灰岩（常有白云质灰岩，质量较差）。内蒙古、辽东、吉林、苏北、鲁东、闽北、豫西、豫南、陕南也有分布。 震旦纪晚期海进加广，开始有沉积，形成的辽宁营城子组灰岩，质优层厚分布广，除所夹 1/5 厚的非矿层外，绝大部分符合水泥原料要求。分布以辽南为主，河南、青海次之。
				早震旦世 Z₁		
		青白口纪 Qb				
	中元古代 Pt₂	蓟县纪 Jx				
		长城纪 Chc				
	古元古代 Pt₁	滹沱纪 Ht				
		未名				
太古宙 AR	新太古代 Ar₂	五台纪				由于造山作用强烈，几乎所有的岩石均遭到变质。矿床规模不大，分布极少，仅内蒙古、辽宁、河南出露为变质岩系所夹的大理岩。 质量一般，均系个别小厂使用。
		阜平纪				
	古太古代 Ar₁	迁西纪				

参考资料：《国际地层时代对比》、《地质学概论》、《普通地质学》、《自然地理学》、《水泥原燃材料》。

2. 我国石灰石资源的地质赋存

现在水泥厂可用的石灰石越来越少，优质石灰石更是难找。它们到底在哪儿呢？还有多少呢？水泥厂自己的矿山到底怎么样呢？

据原国家建材局地质中心的统计，全国（除西藏和台湾地区）石灰岩分布面积达 43.8 万平方千米，约占国土面积的 1/20，其中能供做水泥原料的石灰岩资源量约占总资源量的 1/4～1/3。已经发现的水泥石灰岩矿点有七八千处，已探明储量的大型矿床（大于 8000 万吨）257 处、中型矿床（4000～8000 万吨）481 处、小型矿床（4000 万吨以下）486 处，共计保有矿石储量 542 亿吨。其中石灰岩储量 504 亿吨占 93%；大理岩储量 38 亿吨占 7%。

总体上，我国的石灰石资源还是比较丰富的，但为了满足环境保护、生态平衡、防止水土流失、风景旅游等方面的需要，特别是随着我国小城镇建设规划的不断翻新，可供水泥行业开采的石灰岩并不富裕，而且越来越少。我国石灰石资源的地理分布见表 1-3。

表 1-3　我国石灰石资源的地理分布

分布地区	保存储量/亿吨	大型矿床		中型矿床		大中型矿床储量合计/亿吨	大中型储量占总量比例/%
		个数	保存储量/亿吨	个数	保存储量/亿吨		
华北	64	22	36	23	13	49	76.6
东北	34	12	18	17	9	27	79.4

分布地区	保存储量/亿吨	大型矿床		中型矿床		大中型矿床储量合计/亿吨	大中型储量占总量比例/%
		个数	保存储量/亿吨	个数	保存储量/亿吨		
华东	141	58	93	38	22	115	81.6
中南	140	56	82	51	29	110	78.6
西南	77	22	30	35	19	49	63.6
西北	86	35	64	15	8	72	83.7
合计	542	205	323	179	100	423	78.0

1.2　原料岩性的节能空间

对于一个新建的水泥厂，首先落实好原料资源是非常重要的，但对于一条建成的生产线，再到更大的范围内去寻找资源已经不现实了，我们只能面对现实，把自己的矿山用好。

前面谈了先天的赋予，现在再谈矿山的人事。我们知道，先天赋予的资源是有限的，浪费不得，所以现在鼓励"废矿废渣"的利用。但这个提法本身就有问题，什么叫废物？什么叫资源？什么叫宝藏？其实，世间万物本无废，只是知识不到位！废物不是天生固有的特性，是人类认知的赋予，原料资源也不例外。

随着科学技术的发展，随着人类认知的深入，好多的废物已经、正在、即将变成宝贵的资源。君不见，古有一块顽石变成了宝玉，中有一堆油污变成了能源，二十世纪曾经让我们叫苦不迭的水渣和粉煤灰，如今已能卖到每吨几十元。

今天的废物，可能是明天的资源，你手里的废物，可能是别人的资源，这个行业的废物，可能是那个行业的资源，作原料是废物，降能耗可能就是资源，对一切事物都应该辩证地发展地去看。

1. 现有原料的节能潜力

前面讲过，一个低品位的矿山也未必都是坏处，也有它可资利用的一面。比如在节能方面，由于其成矿经历的复杂，往往含有多种化学成分，形成了多种矿物及其组合，矿物的晶型复杂多变，具有较多的晶格缺陷，这些不同的矿物形态具有不同的势能，在变质为新矿物过程中需要的能量就不同，这就为我们的熟料（人为控制了 P—T—t 轨迹的变质岩）烧成提供了节能的空间。

在水泥工艺上，大家普遍认为理论热耗是基本不变的，它与设备好坏、生产工艺、管理水平没有关系。但我们必须清楚，这个"不变"的概念是有条件的，是在限定了原料化学成分、假设了原料和熟料矿物组成的情况下的不变，具有相当的局限性。

水泥熟料的煅烧过程，实际上就是一个矿物的再造过程，其机理与自然成矿过程基本相同。只是在水泥熟料煅烧的过程中，人为地控制了温度、压力和一定的煅烧时间（P—T—t

轨迹），使得各种矿物出现了我们想要的重组性结构变化，也不可避免地伴随着相应的热效应。

多年的实践与研究发现，原燃料的地质形成过程及特性的差异，对水泥熟料煅烧过程的热耗具有一定的影响。由于原料矿物的形成过程不同，导致其最终存在形态所处的能态也不相同，与再加工实现统一能级目标产品的能态之差也就不同，即理论耗能不同，这就为我们通过选择性利用原燃料矿物，实现节能降耗目标提供了充分的条件和空间。

生产水泥所用的原料，大部分都是地质成矿的变质岩，都受到其地质成因的影响，其变质的 P—T—t 轨迹是复杂多变的。因此，其矿物组成和组成矿物的晶型结构是不可能一样的，各矿物本身具有的势能是不一样的，继续变质生成水泥熟料所需要的能耗也是不同的。

所以，熟料的理论热耗不是不变的。可变的理论热耗就给了我们节能的空间，问题是如何让它变，如何让它往小处变，这就离不开地质学了。我们先来看看水泥工艺上是怎么讲的，在 1991 年出版的沈威、黄文熙、闵盘荣编写的《水泥工艺学》第 73 页上，熟料理论热耗的计算有以下几种表现，见表 1-4。

表 1-4　熟料理论热耗计算表

kJ/kg

物化过程	吸热	物化过程	放热
原料由 20℃加热到 450℃	712	脱水黏土产物结晶放热	42
450℃黏土脱水	167	水泥化合物形成放热	418
物料自 450℃加热到 900℃	816	熟料自 1400℃冷却到 20℃	1507
碳酸钙 900℃分解	1988	CO_2 自 900℃冷却到 20℃	502
分解的碳酸盐自 900℃加热到 1400℃	523	水蒸气自 450℃冷却到 20℃	84
熔融净热	105		
合计	4311	合计	2553

注：表中计算假定了熟料的理论料耗为 1.55kg 生料/kg 熟料，石灰石和黏土的比例为 78∶22。所用原料是品位高、分解点高的石灰石（CaO＞50％），辅助原料用的高熔点黏土。

（1）石灰石。在水泥熟料的煅烧热耗中，仅石灰石分解的理论吸热就达到 1988kJ/kg，几乎占了总体热耗的一半，足见石灰石特性的重要性。由于品位不同，成因不同，其分解热耗是不同的，甚至相差很大。

如果将高品位石灰石换成低品位石灰石，理论烧成热耗有可能相差到 209kJ/kg 熟料（50kcal/kg 熟料）以上。有研究发现，用低品位石灰石比使用纯的高品位石灰石煅烧水泥熟料，其热耗一般低 10％～15％。比如在新疆某水泥厂，用高品位的大理石与用准大理石相比，理论热耗就高出不少。

而且大理石的结晶大小不同，其分解点也不一样，结晶细小的最高分解点为 950～1000℃，结晶粗大的则为 1050～1100℃。所以，选用不同的石灰石，其理论热耗是不一样的。部分工厂的试验结果见表 1-5。

表 1-5　不同成因不同品位石灰石分解温度表

名称	高品位石灰石 （CaO>50%）	中品位石灰石 （CaO 49%～45%）	低品位石灰石 （CaO 40%～45%）
生成条件	浅海沉积	中深海沉积	深海沉积
	氧化条件沉积	弱还原条件沉积	还原条件沉积
	生物化学沉积	混合型沉积	胶体化学沉积
起始分解点	830℃	750℃	680℃
沸腾分解点	900～950℃	850～900℃	800～850℃
终止分解点	1100℃	850～980℃	900℃

由此可见，在选择石灰质原料时，不可一味地追求高品位，而应该在其他组分允许的情况下，尽可能选择品位低的石灰石。这样既可以最大限度地综合利用有限的矿山资源，又能在满足生产配料的情况下最大限度地节能降耗。

生产水泥用石灰石的形成过程主要有海相沉积与陆相沉积两种方式，我国绝大部分石灰石矿为海相沉积，海相沉积又可分为浅海沉积和深海沉积。

浅海沉积的灰岩，因海浪运动能量高、氧气充足，适合生物生长。珊瑚、贝类生物大量吸收 $CaCO_3$ 形成完善的生物骨架，以抵抗风浪，在此过程中进行生物分异，吸收了 $CaCO_3$，排出了无需的 SiO_2、Al_2O_3、Fe_2O_3 等杂物，在生物死亡后堆积在一起，形成纯的生物化学碎屑沉积的石灰石。此类石灰石晶格完善，故分解温度偏高。

深海沉积的灰岩，因氧含量不足，不适宜生物生长，未经过生物分异，$CaCO_3$ 与杂物 SiO_2、Al_2O_3、Fe_2O_3 等混在一起，形成的混合化学胶体沉积的石灰石。其结晶缺陷大、易分解，其中的 SiO_2 较细，同时 SiO_2、Al_2O_3、Fe_2O_3 等受到地质的压溶和熔合作用，具有较强的自身反应活性，易烧性较好，能耗较低。

同品位的石灰石（CaO 含量相同），若是浅变质石灰石，由于浅变质过程中破坏了 $CaCO_3$、$CaO \cdot Al_2O_3$ 等矿物结构，使其更易分解；而对于结晶完整的大理岩，由于晶格完善，分解温度相对较高，使用过程中将直接导致热耗升高，这也是大理岩一般不作为石灰质原料的原因。

不仅如此，我们通常说的石灰石都是由沉积岩变质而来的，影响石灰石易烧性的因素比较少，但实际上已经在世界多处发现了比较完整的火成碳酸岩，在我国云南发现的碳酸岩火山岩就是其中之一。

火成碳酸岩的矿物复杂多样，多达 180 多种，但总体上碳酸岩中的碳酸盐矿物体积分数应大于 50%。进一步的命名以方解石和白云石的相对含量进行，大致分类情况见表 1-6。

表 1-6　火成碳酸岩的分类表　　　　　　　%

岩石名称	方解石碳酸岩	方解白云碳酸岩	白云方解碳酸岩	白云碳酸岩
方解石$_{\varphi B}$	>90%	50%～90%	10%～50%	<10%
白云石$_{\varphi B}$	<10%	10%～50%	50%～90%	>90%

碳酸岩的成因已被拓展为如下 3 类：①直接由含碳酸盐矿物的地幔，在大于 3GPa 的条件下部分熔融形成碳酸岩岩浆，再于低压下结晶形成碳酸岩；②溶解了碳酸盐的硅酸盐熔

体，经分异作用形成碳酸岩；③原始均一的含碳酸盐的硅酸盐熔体，经液态不混溶作用形成碳酸岩。

碳酸岩有了火成岩可就热闹多了，特别是喷出相碳酸岩，有多种产出岩体，如熔岩产出、火山碎屑岩产出、火山颈相产出等。加上原有的沉积岩、变质岩，再经过不同的 P—T—t 轨迹演化，其产状、矿物、晶型、结粒可就千差万别了，也正是这千差万别为我们提供了选择的余地。

揭示火成碳酸岩的是比较完整的岩矿，但在我们现在使用的石灰石岩矿中，不乏有火山岩脉的存在，尽管总体上以沉积岩及其变质岩为主，但也有可能在火山岩脉中存在一些火成碳酸岩及其变质岩，其对熟料烧成热耗的影响也是应该给予研究考虑的。

（2）黏土。由于各地的地下母岩不同、地理环境和气候不同，都会形成不同的黏土。比如新疆，由于风大，细土被搬运流失较多，黏土中留下的沙子就多，形成了大片的沙漠；比如陕西，由于风小，搬运沉积的黏土就比较细，多为黄土，形成了广袤的黄土高原。

黏土是其母岩（岩浆岩、沉积岩、变质岩）风化的结果。风化是分解、氧化、溶蚀破坏后留下来的最稳定的矿物，最稳定的状态就是处于能量最平衡的状态，要改变它就需要更多的能量，如石英颗粒、高岭石等矿物。

稳定，意味着缺少活性、难以重组，所以用黏土作原料热耗一定高，那种认为黏土质地疏松、易于煅烧的认识是有偏差的。

而同样可以满足配料要求的硅铝质原料，如页岩、粉砂岩、泥质岩等，为黏土沉积后在低温低压条件下经压熔、热熔等地质能量产生的不稳定矿物，而且一般含有 C、FeO、FeS、FeS_2、PbS、ZnS 等能量性矿物，具有低熔点特性，易烧性好、能耗低，宜于优先选择。

黏土作原料能耗高，高在什么地方？主要是黏土中含有 SiO_2 达 30%～40% 的石英颗粒。石英是架状 Si—O 结构，稳定熔点是 1713℃，在熟料烧成中根本不会熔解，只是靠高温烧成的热扩散和空气扩散，O_2 分子在高温下（大于 900℃以上）变成氧离子参与反应。所以结晶 SiO_2 越多，颗粒越大，烧成热耗越高。我国的黏土大体有三类，见表1-7。

表1-7 黏土的颜色分类、化学成分、物理熔点

项目	黄色黏土（各种母岩风化而成）	红色黏土（红色泥质岩风化而成）	黑色黏土（玄武岩风化而成）
主要矿物含量	石英颗粒 35%～45%	石英颗粒 30%～35%	没有石英颗粒
	高岭土 40%～45%	高岭土 40%～45%	高岭土 55%～60%
	蒙脱石 5%～10%	蒙脱石 5%～8%	蒙脱石 25%～30%
	云母～5%	云母 5%～10%	云母 5%～8%
主要成分含量	SiO_2 65%～73%	SiO_2 40%～70%	SiO_2 35%～55%
	Al_2O_3 10%～16%	Al_2O_3 8%～12%	Al_2O_3 14%～20%
	Fe_2O_3 7%～11%	Fe_2O_3 8%～14%	Fe_2O_3 12%～14%
	CaO 1%～2%	CaO 5%～8%	CaO 3%～4%
熔点	1450℃	1350℃	1250℃

黑色黏土主要分布在黑龙江省和海南省北部，由基性岩浆岩喷出的黑色、褐黑色、褐红

色的玄武岩风化而成，由于其基性岩的岩浆岩中 SiO_2 不饱和，不会结晶出 SiO_2（石英）。

从黑色黏土中分析出来的 SiO_2，多是其他 Si—O 结构中的硅，如层状 Si—O 结构 $[Si_4O_{10}]^{4-}$；双链状 Si—O 结构 $[Si_4O_{11}]^{6-}$；环状结构 $[Si_3O_9]^{6-}$、$[Si_4O_{12}]^{8-}$、$[Si_6O_{18}]^{12-}$，解聚这些 Si—O 结构所用的氧离子（O^{2-}）要比解聚架状结构的石英少一半，所以相对空气用量小，热耗就低。

岩浆岩中的中性岩、基性岩、安山岩、玄武岩等 SiO_2 为不饱和状态，不会出现架状 Si—O 结构，易烧性好；岩浆岩中酸性喷出岩原来的架状结晶 SiO_2 由于喷出急冷成为非结晶分裂的 SiO_2，易烧性变好。

所以，我们不能"困而不学"，不能满足于现有的抽象的化学成分配料，应该进一步从地质岩矿的不同活性出发，把岩矿的潜能本源和化学成分结合起来，充分利用地壳运动储存在岩矿内部的能量，在满足矿物组分要求的同时，实现节能的目的。

2. 谈谈重要的硅氧结构

目前水泥的主要品种就是硅酸盐水泥，生产硅酸盐水泥就离不开硅酸盐矿物。在水泥生产中，用量最大的是钙质原料，活性最差的是硅质原料，确实不应该忽视了硅质原料对能耗的影响。上面谈了硅质原料的节能空间主要在硅氧结构，既然它这么重要，不妨把它谈细一点。

硅酸盐矿物在自然界分布极广，已知的硅酸盐矿物多达 600 多种，约占已知矿物的 1/4，约占地壳岩石圈总质量的 85%。Si 和 O 是地壳中分布最广、含量最高的元素，在自然界中 Si 和 O 的亲和力又最大，往往形成 SiO_2 矿物和具有 Si—O 络阴离子团的硅酸盐。

在硅酸盐结构中，每个 Si 一般被 4 个 O 包围，构成 $[SiO_4]^{4-}$ 四面体，它是硅酸盐矿物的基本构造单元。在不同的硅酸盐中，尽管其他可以有不同的元素和不同的分布，但 $[SiO_4]^{4-}$ 四面体是基本保持不变的，是一个顽固坚持"以不变应万变"原则的领导者。

在硅酸盐矿物中的 $[SiO_4]^{4-}$ 四面体，既可以孤立地被其他阴离子包围起来，也可以彼此以共用角顶的方式连接起来，形成各种形式的硅氧结构。在 $[SiO_4]^{4-}$ 四面体的共角顶处，O 同时与两个 Si 成键，无剩余电荷，称为惰性氧或桥氧；非共用角顶处的 O，只与一个 Si 成键，有一个剩余电荷，称为活性氧或端氧。

目前已发现的硅氧结构有数十种之多，主要有岛状结构、环状结构、单链状结构、双链状结构、层状结构、架状结构。不同的硅氧结构具有不同的活性氧个数，解聚这些结构所需的氧离子（O^{2-}）个数就不同，所需的能耗就不同，正是这些不同给我们提供了节能选择的空间。

（1）岛状硅氧结构：岛状硅氧结构包括孤立的 $[SiO_4]^{4-}$ 单四面体及 $[Si_2O_7]^{6-}$ 双四面体。前者无惰性氧，如橄榄石（Mg，Fe）$_2$ $[SiO_4]$；后者有一个惰性氧，如异极矿 Zn_4 $[Si_2O_7]$ (OH)$_2$。

（2）环状硅氧结构：由 $[SiO_4]^{4-}$ 四面体以角顶联结形成封闭的环，根据环节的数目，可以有三环、四环、六环等多种，环还可以重叠起来形成双环，如六方双环等。

三环 $[Si_3O_9]^{6-}$，如硅酸钡钛矿——BaTi $[Si_3O_9]$；四环 $[Si_4O_{12}]^{8-}$，如包头矿—— Ba_4 (Ti，Nb，Fe)$_8O_{16}$ $[Si_4O_{12}]$ Cl；六环 $[Si_6O_{18}]^{12-}$，如绿柱石——Be_3Al_2 $[Si_6O_{18}]$；六方双环 $[Si_{12}O_{30}]^{12-}$，如整柱石——KCa_2AlBe_2 $[Si_{12}O_{30}]$ · 1/2H_2O。

（3）链状硅氧结构：由 $[SiO_4]^{4-}$ 四面体以角顶联结，形成沿一个方向无限延伸的链，其中常见的有单链和双链。

单链中，每个 $[SiO_4]^{4-}$ 四面体有两个角顶与相邻的 $[SiO_4]^{4-}$ 四面体共用，根据重复周期和联结方式可分为多种形式，如辉石单链 $[Si_2O_6]^{4-}$、硅灰石单链 $[Si_3O_9]^{6-}$、蔷薇辉石单链 $[Si_5O_{10}]$ 等。

双链犹如两个单链相互联结而成。如两个辉石单链 $[Si_2O_6]^{4-}$ 相联形成角闪石双链 $[Si_4O_{11}]^{6-}$；两个硅灰石单链 $[Si_3O_9]^{6-}$ 相联形成硬硅钙石双链 $[Si_6O_{17}]^{10-}$。

（4）层状硅氧结构：由 $[SiO_4]^{4-}$ 四面体以角顶相联结，形成在两度空间上无限延伸的层。在层中每一个 $[SiO_4]^{4-}$ 四面体以 3 个角顶与相邻的 $[SiO_4]^{4-}$ 相联结。一般通式为 $[Si_2O_5]_n^{2n-}$。

层状硅氧结构的形式可谓多种多样，活性氧可以指向一方，也可以指向相反的方向，$[SiO_4]^{4-}$ 四面体还可以有不同的联结方式。如滑石——$Mg_3[Si_4O_{10}](OH)_2$；鱼眼石——$KCa_4[Si_4O_{10}]_2F \cdot 8H_2O$ 等。

（5）架状硅氧结构：每个 $[SiO_4]^{4-}$ 四面体的四个角顶，全部与其相邻的 4 个 $[SiO_4]^{4-}$ 四面体共用，每个 O 与两个 Si 相联系，所有的氧都是惰性氧。石英（SiO_2）族矿物全是这种结构，相当稳定，难以解聚，我们搞水泥的人深有体会。

在硅酸盐中也有架状结构，不同的是架状结构中必须有部分的 Si^{4+} 被 Al^{3+} 所代替，才能使 O^{2-} 带有部分剩余电荷，才得以与结构外的其他阳离子结合，才能形成硅酸盐矿物，这是我们搞水泥的人必须明白的事情。

硅酸盐架状结构中的络阴离子，化学式一般表达为 $[Si_{n-x}Al_xO_{2n}]^{x-}$。如钠长石——$Na[AlSi_3O_8]$，钙长石——$Ca[Al_2Si_2O_8]$，方柱石——$(Na, Ca)_4[Al_2Si_2O_8]_3(SO_4, CO_3)_2$ 等。

由于在架状结构中 O^{2-} 剩余电荷低，而且架状结构中存在着较大的空隙，因此架状硅酸盐中的阳离子都是低电价、大半径、高配位数的离子，有时还有附加阴离子和水分子存在。

应该说明的是，在某些硅酸盐结构中，可以同时存在两种不同的络阴离子。如绿帘石——$Ca_2(Al, Fe)_3O(OH)[SiO_4][Si_2O_7]$，其结构中就同时存在孤立的 $[SiO_4]^{4-}$ 四面体和 $[Si_2O_7]^{6-}$ 双四面体；

在某些硅酸盐结构中，可以有两种硅氧结构同时存在，可视为两种硅氧结构的过渡形式。如葡萄石——$Ca_2Al[AlSi_3O_{10}](OH)_2$，其晶体结构中就含有"架状层"硅氧结构，这种结构由 3 层 $[SiO_4]^{4-}$ 四面体组成，中间一层的 $[SiO_4]^{4-}$ 四面体与 4 个 $[SiO_4]^{4-}$ 四面体相连。

3. 岩矿潜能在烧成中的体现

（1）原料组成矿物分解点的高低。如低品位石灰石 800℃，高品位石灰石 900℃，沸腾分解差，能耗就差。

（2）原料组成矿物的熔点及原料的熔点高低。如辉绿玢岩 1070℃，黏土 1350~1400℃，高岭石 1580℃，石英则要 1713℃，熔出的能耗不一样。

（3）原料矿物含水量的多少。如多水高岭石组成矿物本身含水 24.5%，高岭石含水 13.96%，脱水耗能就不一样。

（4）原料中含能量矿物多少和变价矿物多少。还原的沉积岩和热液变质岩，能放出能量的矿物，如 FeS_2、FeS、$CuFS_2$、PbS、ZuS 等，都具有一定的潜能。

（5）矿物组成元素的活力大小、迟早。如基性岩浆岩和变质岩中的普通角闪石，在 $450\sim600^{\circ}C$ 时，Ca、Na 能很快分解出来，而且活力很高；在 $600\sim900^{\circ}C$ 时，由 O—Mg、Fe、Al—3 (OH) 组成的八面体，能分解出 Mg^{2+}、Al^{3+} 活力元素。

（6）原料中富氧矿物的多少。所谓富氧矿物就是对 O^{2-} 结合键弱的矿物，如岛状 Si—O 结构的绿帘石、区域变质岩中经常出现的十字石等，这些矿物在烧成升温至大于 $800^{\circ}C$ 时会分解出 O^{2-} 起助燃作用；更重要的是能在矿物内部解聚 Si—O 结构，形成反应体的 $[SiO_4]^{4-}$，促进 CaO— $[SiO_4]^{4-}$ 的硅酸盐熟料反应。

绿帘石 $Ca_2(Al, Fe)_3O(OH) [SiO_4] [Si_2O_7]$，只要矿物分解就成了 $[SiO_4]^{4-}$。$Si_2O_7 + O_2 \longrightarrow 2 [SiO_4]^{4-}$，只要冲入 1 个 O^{2-} 就可以分解出 2 个 $[SiO_4]^{4-}$ 活性离子；而原料中最常出现的架状 Si—O 结构的石英颗粒，溶出一个 $[SiO_4]^{4-}$，则需要 4 个 O^{2-}，并且需要同高温扩散力协同作用才能得到一个 $[SiO_4]^{4-}$ 的效果。

所以，硅酸盐矿物中的 Si—O 结构对烧成能耗有重大影响，Si—O 结构越简单，分解点和熔点就越低，所需的烧成温度就低，热耗就低。

1.3　低品位石灰石矿山的利用

1. 评价石灰石矿山的条件

一个好的石灰石矿山，是低能耗地生产优质产品的基础，评价一个矿山的好坏，要看其是否具备三个条件：

（1）主要成分的含量是否满足配料要求；

（2）有害成分的含量是否超出了工艺允许；

（3）矿石的质和量是否均衡稳定，或容易实现均衡稳定。

应该说三个条件既是缺一不可的，又是可以在一定程度上互相转换、相互弥补的。因此，不能因为其 CaO 含量高就说它是一个好的石灰石矿山，CaO 含量低就说这个矿山不行。

2. 如何管好低品位矿山

上述讲的都是客观条件，但一个矿山的好坏与如何使用息息相关，与主观努力密不可分。管好了，差一点的矿山也能出稳定的矿石，也能满足生产的需要；管不好，好的矿山也出不了好的矿石，生产也不可能搞好。

换句话说，主要成分和有害成分的高低是天生固有的，我们没办法改变，但是在均衡稳定上我们是可以大有作为的。通过成分鉴定分区开采、精细地搭配铲装、有效地堆存预均化、准确地磨头配料、充分发挥生料均化库的作用，就可以较大地提高生产对石灰石矿山的适应性。

措施主要是加强生产勘探，对成分变化大的矿体要加大布孔密度。在勘探中对钻孔岩粉取样分析，从而掌握采场各生产部位质量情况，对矿区分矿块进行评价，将矿区分出精品区、优良品区和贫化区，然后根据配料质量要求，制定出合理的采矿搭配计划。最大限度地使废石、低品位矿石在开采过程中搭配利用，实现零排放开采。

如蓟县石灰石矿山，原来作为水泥灰岩的利用率只有 50%，另外 50% 被加工成建筑石料。振兴水泥厂不惜重金对矿山进行技术改造，生产工艺和矿山开采密切配合，使矿山的资源利用率达到了 95%，且能常年生产优质低碱水泥；镇江的京阳公司，不仅开采零排废，

13

还对矿山基建采准剥离时排出的废石、废土进行再利用；海螺的宁国厂，在矿山开采中采用梯段小平台法、大小孔径联合穿孔法、多角度穿孔法、边角料爆堆均化搭配等方法，减少了边坡留量、减少了边角矿二次爆破量，实现了零排废目标。

对钻孔岩粉取样分析，根据质量好坏分段分块搭配采运，这些措施都是非常必要和有效的，但钻孔取样分析并不能反映一个矿山的质量全貌，其有效性也就受到了限制，而矿块模型软件技术的应用，能较好地解决这一问题。

据介绍，天津水泥工业设计院开发的第二代矿山设计软件，将 CQMS 系列软件用于矿山地质数据分析处理及开采设计，可实现在某水平分层平面图上矿石的开采搭配，在保证矿石质量和稳定充分利用石灰石资源的前提下，确定最佳开采方案。虽然该软件系统在生产实践中还存在一些不足，如断层或溶洞难以全部准确摸拟进入软件，但随着软件技术的不断进步，这些问题将会迎刃而解。

但做好上述工作是有条件的，我们都知道合理库存的重要性，巧妇难为无米之炊，矿山管理也是如此。原国家建材局，在 1991 年 6 月 22 日，曾经修改颁布了《水泥原料矿山管理规程》，其中就反复强调了"三量"的保持。现在国家建材局虽然不存在了，但其理念还是正确的，现在没人管了，我们更需要自觉地遵守。

遗憾的是，大家都能找到方方面面的理由，几乎每个矿山对"三量"管理都有不同程度的重视不够问题。是的，没人管了，你可以不重视了，但科学的东西是不可违背的，客观规律会给你教训。没有量用什么搭配？没有量怎么搞均化？没有量又怎么来保均衡？主要原料稳定不了，生产如何稳定？生产稳定不了，产品质量和企业效益又从何谈起？没有科学的矿山生产管理，又怎么能保证均衡稳定的量和质？

《水泥原料矿山管理规程》在其"总则"里就明确指出："新建或扩建矿山，要遵守基本建设程序。各级主管部门要按照矿山先行的原则，优先安排矿山建设工作。生产矿山必须严格遵守采剥并举、剥离先行的原则，保持合理的三量（开拓矿量、准备矿量、可采矿量）关系。要抓好计划开采、穿爆工作和设备管理工作。"

而且在第三章"采矿准备"中直接给出了对"三量"的具体要求："各级矿量至少保持下列数值：开拓矿量为 24 个月矿石产量；准备矿量为 12 个月矿石产量；可采矿量为 6 个月矿石产量；新建矿山基建投产，准备矿量、可采矿量应相应提高一倍的矿石产量。"

3. 如何用好低品位矿石

只要原料能够满足配料需求，只要有害成分不是过高，低品位的矿石更有利于改善生料的易磨性，更有利于降低烧成热耗。

应该强调的是，低品位石灰石的利用，必须以良好的均衡均化为前提，这是实现其节能降耗的基础。否则，其各种潜能的挖掘将被热工波动增加的能耗所淹没，我们感觉低品位石灰石不好用就是这个原因。

（1）高纯度石灰石生料热耗更高

水泥生产所用的石灰石主要有海相沉积岩和陆相沉积岩，而在中国，大部分使用的石灰石矿为海相沉积岩。海相沉积岩进一步划分，又有浅海与深海之别，由于其沉积环境的不同，具有不尽相同的特性。

浅海沉积岩，由于其海浪运动能量高且氧气充足，更适合生物的生长，大量的珊瑚、贝类通过吸收 $CaCO_3$ 形成完善的生物骨架，而排出不需要的 SiO_2、Al_2O_3、Fe_2O_3 等杂物，死亡后的生物堆积在一起，形成纯度较高的生物化学碎屑沉积岩。此类石灰石晶格发育完善，对水泥生产来讲，其分解温度较高。

深海沉积岩，由于氧含量不足而不适宜生物生长，未得到生物筛选，多为 $CaCO_3$ 与 SiO_2、Al_2O_3、Fe_2O_3 等杂物形成的混合化学胶体，因此其结晶缺陷大；其中的 SiO_2 也较细小；由于 SiO_2、Al_2O_3、Fe_2O_3 等受到地质的压熔，本身具有了较强的反应活性。深海沉积岩的这些特点，对于水泥生产来讲，就具有了易分解、易烧成、能耗低的优势。

对于品位相当的浅海变质石灰石，由于变质过程在一定程度上破坏了 $CaCO_3$、$CaO \cdot Al_2O_3$ 等矿物结构，使其更易分解；对于高品位的大理石，由于其晶格完整，分解温度较高，将导致水泥生产的热耗升高，这也是水泥生产一般不用大理石的原因。有企业对自己的矿山做过研究，用低品位的石灰石比用高品位的石灰石生产水泥熟料，其热耗一般能低 $10\%\sim15\%$。

因此，在选择石灰石原料时，一味地追求高品位是一个误区。应该在配料允许的情况下，适当地降低石灰石品位，既可以充分利用有限的石灰石资源，又可以最大限度地节能降耗，何乐而不为呢？

（2）高硅石灰石生料热耗不一定高

我们知道二氧化硅是难磨难烧的生料组分，但必须指出它又是生产水泥熟料不可或缺的组分。硅含量高的石灰石确实难磨难烧，但外配的高硅组分（比如石英岩）更加难磨难烧，我们只能两害相权取其轻。

作为生料所需主要氧化物 SiO_2 的形态（游离态、化合态），将会影响到生料的易磨性和易烧性。对熟料的烧成反应，各种形态的石英颗粒作用是相同的，颗粒的大小才是主要因素。

由于石灰石中的微晶 SiO_2（燧石和玉髓）具有较高的表面能量，比低温型石英（结晶较大）更容易煅烧，故显示出高硅石灰石生料具有易烧性优势。博圣勇等对新疆石灰石的研究表明（《四川水泥》2010 年 2 月号），低品位石灰石具有较低的 $CaCO_3$ 分解点，在生产实践中，将高品位石灰石换成低品位石灰石，实际烧成热耗要相差 209kJ/kg 熟料（50kcal/kg 熟料）以上。不同品位石灰石的分解温度见表 1-8。

表 1-8　不同品位石灰石的分解温度

石灰石品位	CaO 含量	起始分解点	沸腾分解点	终止分解点
高品位	$>50\%$	830℃	950℃	1100℃
中品位	$45\%\sim50\%$	780℃	880℃	980℃
低品位	$<45\%$	750℃	830℃	860℃

不管生料的化学成分如何，生料中总是含有一定量的游离二氧化硅，约为生料所需 SiO_2 量的 $50\%\sim60\%$。石灰石和页岩中也含有游离二氧化硅，但是其颗粒尺寸比沙和砂岩中的游离二氧化硅要小得多，所以高硅石灰石比高硅砂岩能使生料具有更好的易研磨性优势。

石英（游离二氧化硅）的研磨能量与颗粒大小的关系如图 1-1 所示，由于石英颗粒小于 50mm，石灰石和页岩中的细粒硅土显示出较大的节能空间。

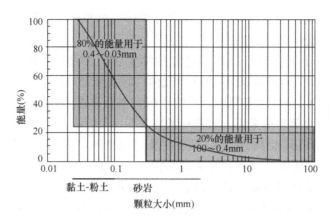

图 1-1　石英（游离二氧化硅）的研磨能量与颗粒大小的关系

1.4　高 MgO 石灰石的使用

《通用硅酸盐水泥》GB 175—2007 规定：硅酸盐水泥、普通硅酸盐水泥中 MgO≤5.0%，如果水泥压蒸安定性试验合格，允许放宽至 6.0%；矿渣水泥、火山灰水泥、粉煤灰水泥、复合水泥中 MgO≤6.0%，大于 6.0% 时，需进行压蒸安定性试验并合格。熟料 MgO≤5%，当制成Ⅰ型硅酸盐水泥的压蒸安定性合格时，允许放宽到 6%。

新的矿山地质勘探规范，关于石灰石 MgO 的规定：一级品 MgO<3.0%，二级品 MgO 3.0%～3.5%。

1. MgO 对熟料生产和性能的影响

原料中所含的 MgO 经高温煅烧，其中部分与熟料矿物结合成固溶体，部分溶于液相中。当熟料含有少量 MgO 时，能降低熟料的烧成温度，增加液相数量，降低液相黏度，有利于熟料烧成，还能改善水泥的色泽。在硅酸盐水泥中，MgO 与主要熟料矿物相化合的最大含量为 2%（以质量计），超过该数量的部分就在熟料中呈游离状态，以方镁石的形式出现。方镁石与水反应生成 $Mg(OH)_2$，体积较 f-MgO 增大，而且反应速度缓慢，导致已经硬化的水泥石膨胀，造成 MgO 膨胀性龟裂。

石灰石中 MgO 可以碳酸镁、白云石、菱镁矿、铁白云石、水镁石（$Mg(OH)_2$）等不同形式存在。业内已发现，在同样细度和快冷条件下，MgO 在石灰石中以硅酸镁形式存在时，可获得均匀分布和细小（1～5μm）的方镁石晶体，而以白云石或菱镁矿形式存在时，则易产生粗大的（25～30μm）方镁石晶体。众所周知，当熟料中含有粗颗粒方镁石晶体时，MgO 含量超过 2% 就会产生有害作用。

熟料中方镁石晶体的生长速度明显与不同含镁矿物分解出 MgO 的温度有关，分解温度越低，晶体生长的机会就越大，这在 MgO 与其他氧化物反应形成过渡相的情况下尤其如此。MgO 可能形成过渡相，否则将会影响熟料形成程序。

在水泥生料中存在极限范围内的 MgO 是合乎需要的，它能使液相最初出现温度降低 10℃ 左右，然而 MgO 不能显著地影响熟料的形成速度。熟料中的 MgO 高至 3% 时，阿利特相含有恒定的 MgO 比例，一般可达 0.74%。由于降低了活化能，加快了 α—C_2S→α′—C_2S

的转化，导致冷却时弱水硬性的 β-C_2S 的稳定，降低了熟料活性。

2. 高 MgO 熟料性能的权威试验

1977 年，北京建材研究院水泥所的研究材料指出，经北京建材研究院对本溪水泥厂、昆明水泥厂的研究，当熟料中 MgO 含量达到 7％时，取得如下结论：

（1）并不影响水泥的水工特性（水化热、抗蚀性、抗渗性、抗冻性、干缩性）；

（2）水泥试块的耐热性反而有所增长；

（3）耐磨性、抗冲击性能没有变化；

（4）十年的强度继续增长（一般水泥十年不再增长）；

（5）压蒸安定性是 f-CaO 和方镁石的膨胀之和，降低 f-CaO 可改善安定性；

（6）提高粉磨细度、掺混合材、增加 C_4AF，可改善 MgO 对安定性的影响；

（7）熟料中的 MgO 含量的增加，使 CaO 的含量降低，从而使熟料中 C_3S 含量减少，在生产中应选择较高的 KH，借以弥补熟料强度的降低；

（8）MgO 对熟料安定性的影响，因各厂的条件不同而差别较大；

（9）C_4AF 是高 MgO 熟料的良好稳定剂，熟料中 MgO 含量提高后，必须相应地增加 C_4AF 的含量，才能使熟料的压蒸安定性良好，说明 MgO 与 C_4AF 能形成稳定的固溶体，减少方镁石晶体的大量存在。

3. 高 MgO 原料的使用方法

根据上述研究和笔者在生产中的实践经验，归纳出采用高 MgO 石灰石作原料时，可供采用的对策如下：

（1）对矿山 MgO 含量特别高的矿体要予以剥离，或部分购进其他矿山低 MgO 石灰石搭配使用，尽量将熟料中的 MgO 含量控制在 3.5％以下，最好不超过 4.0％；

（2）加强矿山矿石的开采搭配和进厂搭配，加强石灰石预均化和生料均化，以减小生料 MgO 的波动和峰值；

（3）配料上要防止 MgO 与 R_2O、SO_3 等低熔点矿物同时高，避免几种有害成分的同时作用；

（4）适应高 MgO 生产的关键措施是提高熟料 SM，以降低熟料液相量，提高耐火度，平衡由于 MgO 提高增加的液相；

（5）MgO 的提高将使熟料中的 C_3S 降低，要适当提高熟料的 KH，使强度得到一定的恢复；

（6）适当提高 IM 以提高液相黏度，在一定程度上拓宽烧结范围，提高操作弹性；

（7）配料计算上要重视 MgO 对液相量的贡献，适当降低 Fe_2O_3 含量，并在使用中结合自己的实际情况进行不断的修正；

（8）改善煤质，提高煤粉细度，减少不完全燃烧，避免长焰后烧，减少液相的提前出现；

（9）火嘴要适当离料远一些，避免短焰急烧，减少长厚窑皮、结圈、结大块的可能；

（10）入窑分解率不易过高，否则在提高 SM、IM 后易造成飞砂；

（11）要强调熟料的冷却速度，以减少方镁石析出。既可改善熟料的安定性，又可减少熟料强度的下降；

（12）适当降低熟料的 f-CaO，可在一定程度上缓解 MgO 对安定性的影响；

（13）提高水泥细度、增加混合材掺加量，可缓解 MgO 对水泥安定性的影响；

（14）C_4AF 是高 MgO 熟料的良好稳定剂，增加 C_4AF 可有效改善高 MgO 熟料的安定性，但对熟料强度和窑的煅烧是不利的，要掌握好平衡点；

（15）适当提高窑速，采用薄料快烧，对煅烧、强度、安定性都有好处；

（16）当熟料中 MgO≥5％时，必须做安定性压蒸试验，严防水泥安定性不合格。

1.5　对付高 MgO 原料的技术措施

由于高 MgO 制约到生产的水泥厂还不是太多，对付高 MgO 原料的技术措施主要集中在一些大学和研究院里，所以应用于工业生产的案例还不多。

其主要措施是，在生料中加入 SO_3、PO_4^{3-}、F^- 等微量组分，介入熟料的固相反应。通过增加对 MgO 的固溶和均布，防止方镁石晶体长大，解决安定性问题；通过对阿利特晶体结构的晶型调控，部分交代晶格中的 Ca^{2+} 离子形成晶格缺陷，解决熟料强度问题。在此，对部分成果进行简单介绍。

1. 郑州大学的研究

郑州大学依托 973 项目"高介稳 Alite 在熟料体系中形成、结构与性质"开展研究，试图利用离子掺杂使 MgO 朝着有利的方向固溶，在定向诱导 Mg^{2+} 固溶的同时，尽可能地促进 f-CaO 的吸收及硅酸相晶体的发育，以达到优化高镁熟料强度的目的。经过试验分析，当熟料中 MgO 固定为 5％时，得出以下结论：

（1）在 SM＝2.2～3.2 的范围内，随着 SM 值的增大，熟料中 MgO 固溶量从 2.94％降到了 1.94％。低 SM 及低 IM 有利于固溶，KH 则影响不大。随 SM 的增大，熟料的 28d 抗压强度从 60.2MPa 增大至 64.0MPa，90d 抗压强度从 64.1MPa 逐步增大至 71.8MPa。但当 SM 高于 3.0 时，随着 SM 的增加，熟料 28d、90d 抗压强度已经接近饱和，变化不大。

（2）随着 KH 值的增加，熟料 3d、90d 抗压强度不断增大，28d 抗压强度基本不变。结合固溶和强度，对于高镁体系，实际生产中若要生产高阿利特熟料，可采用稍高的 KH，稍低的 SM 和 IM。

（3）SO_3 或 CaF_2 均能有效促进熟料中 MgO 的固溶与吸收，且当 CaF_2 掺量小于等于 0.25％时，在 CaF_2 掺量不变的情况下，MgO 固溶量随 SO_3 含量增加而增加，最高固溶量为 3.97％左右。但是，随着熟料中 CaF_2 固定掺量的增加，SO_3 含量对 MgO 的固溶影响越来越弱。在 SO_3 小掺量范围内（SO_3≤1.2％）时，CaF_2 掺量的增加更利于熟料中 MgO 的固溶。

（4）单掺 SO_3 时，熟料 28d 抗压强度随着 SO_3 掺量变大而有所降低。在掺杂适量 CaF_2 的前提下，掺加一定的 SO_3 有助于提高高镁熟料的抗压强度，但存在一个最佳掺量（SO_3＝0.8％）。

（5）当生料中掺杂 SO_3 相同时，掺杂有 0.25％CaF_2 的样品，28d 强度基本上比不掺 CaF_2 的提高大约 2～6MPa，且熟料中 CaF_2 的含量越高，水泥熟料的后期强度也越高。

（6）在熟料中同时含有 SO_3 和 MgO 时，室温下能稳定 M_2～M_3 型的阿利特。且在掺杂一定量的 SO_3 时，随着熟料中 CaF_2 含量的提高，阿利特的对称性也会逐步提高。

（7）单掺 $Ca(H_2PO_4)_2 \cdot H_2O$ 时，随着 P_2O_5 含量的提高，水泥熟料 28d 抗压强度略有提高。单掺 P_2O_5 若要获得高强度的高镁熟料，则需要比较高的含量（P_2O_5≥0.8％）。

（8）在 F^- 含量相同的情况下，复合掺加 $Ca(H_2PO_4)_2 \cdot H_2O$ 或 $CaHPO_4 \cdot 2H_2O$ 均有利于提高高镁熟料的后期强度，最高能达到 70MPa 左右。但是磷离子存在最佳掺量（0.2%～0.4%），过高或过低则作用不明显。

（9）在掺加有适量 CaF_2 时，掺加磷酸氢钙和磷酸二氢钙均有利于熟料中 MgO 的固溶，最高固溶量为 4.76% 左右。但是掺加磷酸氢钙比磷酸二氢钙更有利于熟料中 MgO 的固溶。

（10）当熟料中 f-MgO 含量较低时（小于2%），微量的 f-MgO 含量的变化已经不是影响强度的主要因素。

（11）在本试验掺量范围内，单掺 CaF_2 只能使 C_3S 固溶体稳定在 M_2～M_3 型之间。而在此基础上，适当掺加 0.2% 的 $Ca(H_2PO_4)_2 \cdot H_2O$，能使 C_3S 固溶体稳定在 M_3～R 型之间。但是外掺 $Ca(H_2PO_4)_2 \cdot H_2O$ 时存在最佳掺量，当其含量过高（0.8%）时，C_3S 固溶体的晶型又降低到 M_2～M_3 型之间。在本试验掺量范围内，C_3S 晶型变化是高镁熟料强度变化的主要原因。

（12）采用废渣掺杂的方案不仅适用于高镁熟料，也适用于低镁的正常熟料。在低饱和比（KH＝0.87）的情况下，采用 PZR＋F 废渣方案或 PG＋F 废渣方案都可以利用高 MgO、低 CaO 的低品位石灰石获得强度高于 57MPa 的水泥熟料，但若要获得高强度（大于等于60MPa）的熟料需要适当地提高 KH 值或提高废渣掺量。

（13）采用 F 废渣＋PS 方案配料时，即使饱和比较低（KH＝0.87），也能生产出 28d 抗压强度高于 75MPa 的高强度等级水泥熟料。

（14）利用 PZR＋F 废渣掺杂的配料方案，在设备条件正常时，可以生产出 28d 抗压强度在 68MPa 以上的熟料，且该方案具有较好的易烧性和窑炉适应性，飞沙、结圈等不正常窑况较不掺废渣的生产方案好。

（15）采用 PZR＋F 废渣掺杂方案，与试验前正常生产时相比，可以实现窑炉系统产量不降低，热耗不增加的目的。

2. 南京工业大学的研究

南京工业大学在"调控阿利特晶体的结构，提高熟料的胶凝性"方面做了大量的研究工作。几个公司的熟料平均化学组成、阿利特晶体结构、熟料强度指标，见表1-9。

表1-9 熟料平均化学组成、阿利特晶体结构、熟料强度指标

公司	烧失量	SiO_2	Al_2O_3	Fe_2O_3	CaO	MgO	SO_3	阿利特晶型	抗压/3d	抗压/28d
华润昌江	0.23	20.92	5.47	3.59	64.61	2.42	1.08	M_3	34.25	53.20
华润曹溪	0.41	21.60	5.42	3.71	65.37	2.13	0.45	M_3	28.50	54.50
华润富川	0.25	21.56	5.09	3.25	64.34	4.07	0.72	M_3	30.40	52.80
华润福龙	0.47	22.03	4.64	3.47	63.87	3.58	0.33	M_3	23.40	50.00
华润武宣	0.12	21.20	5.48	3.47	64.46	4.35	0.29	M_3	29.10	51.20
华润田阳	1.59	21.57	5.73	4.24	63.94	0.83	0.90	M_1	36.90	62.05
华润南宁	0.48	21.74	5.80	3.99	66.73	0.60	0.10	M_1	34.30	60.10
鹤林1号线	0.14	21.16	4.41	3.12	65.53	2.51	0.66	M_1/M_3	35.36	58.79
鹤林2号线	0.14	21.36	5.06	3.33	65.27	2.30	0.60	M_1/M_3	33.28	59.29
淮海中联	0.45	21.90	5.15	3.33	64.81	2.52	—	M3	29.26	57.73

研究表明，熟料中阿利特的晶型具有多种形式，其对熟料强度的贡献是不一样的。熟料中阿利特的晶型如图 1-2 所示。

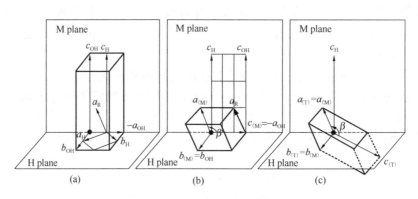

图 1-2　熟料中阿利特的晶型

抗压强度与阿利特在熟料中的晶型特征具有明显的相关性，当熟料中 MgO 含量小于 2% 时，阿利特以 M_1 型为主；当熟料中 MgO 含量大于 2% 时，阿利特以 M_3 型为主。M_1 型为主的熟料抗压强度高于 M_3 型为主的熟料。

C_3S 的晶体结构，可以通过掺杂调控，T 型的 C_3S 掺杂适量 Mg^{2+}、Cu^{2+}、Zn^{2+} 和 Sr^{2+} 后可以稳定为 M 型，多数复合掺杂阿利特为 M 型；Mg^{2+} 掺杂少量时稳定 M_1 型，掺量多时稳定 M_3 型。

对 MgO 含量 2.60%、阿利特为 M_3 型的熟料，掺杂约 2.5% 的 SO_3，阿利特则由 M_3 型调控为 M_1 型，熟料的胶凝性得以提高：砂浆 1d 抗压强度由 12MPa 左右增加到 15MPa 以上，28d 由 55MPa 增加到 60MPa 以上。

第 2 章　工业废渣的原料使用及其影响

工业废渣对我们生存的自然环境而言，是一种极大的污染；对社会民众而言，是极大的危害；但对我们水泥工业而言，如果用得好，我们就能变废为宝。水泥工业将会为全社会废渣、废料的负增长做出应有的贡献。

那么，有哪些工业废渣我们可以用作水泥生产的原料呢？废矿废渣、电石渣、钢渣、铜渣行不行？有何利弊？你是否作过系统研究和深入分析呢？

应该注意到，原料中（特别是工业废渣中）所含的微量元素不仅对熟料的烧成影响非常大，而且弄不好，还会严重地影响产品和建筑工程的质量。它们就像药引子一样，用得好，能够起到"四两拨千斤"的作用；用不好，那就是"负能量"，绝对轻视不得！

2.1　废矿废渣用作水泥原料综述

生产水泥的原料主要有钙质原料、硅质原料、铝质原料、铁质原料，随着这些自然资源的逐渐贫乏，价位也越来越高。为了保护和充分利用有限资源、降低生产成本，废矿废渣的利用是一项有效的技术途径。

有些废渣由于所负载的 SiO_2、Al_2O_3、Fe_2O_3、CaO 不同，有的是离子价位不同，作为主料能减少生料分解热耗、熟料烧成耗热；有些废渣由于含有 SiO_2、Al_2O_3、Fe_2O_3、CaO 以外的某些金属离子，作为杂离子存在能起到矿化作用，降低物料的共熔点、降低烧成温度，进一步降低热耗、降低成本。

但废矿废渣中往往含有对水泥生产构成重要影响的有害成分，主要包括 MgO、K_2O、Na_2O、SO_3、Cl^-、重金属等，这是制约废矿废渣在生料配料中利用幅度的主要原因。有些杂离子具有利弊两面性，如磷渣中的 P_2O_5，只要采取一些恰当的措施，就能趋利避害，为我所用。

为了尽可能地利用低品位矿山资源，减小 MgO 等有害成分的影响，加大废矿废渣的利用比例，可以在调整配料、优化操作的同时，通过现有的技术装备，加强原料的均衡与均化，减小生料中有害成分的峰值，降低危害程度，提高使用比例。

还有一项冷落了多年的技术措施，可以从根本上降低废矿废渣中 K_2O、Na_2O、SO_3、Cl^- 对水泥生产及产品有害的成分，并将这些成分分离出来，作为专用原料变废为宝——这就是水泥窑尾旁路放风技术。旁路放风技术之所以被冷落，是因为其能耗成本太高，而目前已经成熟的余热发电技术，能在很大程度上解决这个问题。

1. 配制水泥生料的传统原料

1）钙质原料

用于水泥工业的钙质原料主要有石灰岩、泥灰岩、白垩土、珊瑚沉积、贝壳沉积等。水泥工业对钙质原料的质量要求见表 2-1，其矿物分类见表 2-2。

表 2-1　水泥工业对钙质原料的质量要求 %

品级	CaO	MgO	R_2O	SO_3	Cl^-	f-SiO_2
Ⅰ	>48	<3.0	<0.6	<1.0	<0.015	<4.0
Ⅱ	45~48	<3.5	0.6~0.8	<1.0	<0.015	<4.0

表 2-2　水泥工业石灰岩的分类 %

岩石类型	CaO	MgO	$SiO_2+Al_2O_3$	备注
纯灰岩	>54	<1.0	<1.0	常用
灰岩	50~54	<2.0	1~5	常用
高钙泥灰岩	48~50	<3.0	5~10	常用
低钙泥灰岩	45~48	<4.0	10~15	可用
泥灰岩	40~45	<5.0	15~25	掺用

2）硅铝质原料

用于水泥生产的硅铝质原料主要有砂岩、粉砂岩、河砂、硅石、页岩、泥岩、黄土、黏土、玄武岩，叶蜡石用于生产白色硅酸盐水泥。水泥工业对硅铝质原料的质量要求见表 2-3。

表 2-3　水泥工业对硅铝质原料的质量要求 %

硅铝质	SM	IM	MgO	R_2O	SO_3	Cl^-
Ⅰ	2.7~4.0	1.5~3.5	<3.0	<4.0	<2.0	<0.02
Ⅱ	2.0~2.7	不限	<3.0	<4.0	<2.0	<0.02
硅质原料	SM	SiO_2	MgO	R_2O	SO_3	普氏硬度
	>4.5	>80	<5.0	<4.0	<2.0	<8
铝质原料	Al_2O_3>30%					

3）铁质原料

用于水泥生产的铁质原料主要有粉铁矿、铁矿粉、选矿尾渣。

铁在地球中的含量高达 35%，是地球内部最丰富的元素之一，在地壳中也有 6%强。铁是一种过渡元素，在自然界中通常为氧化物或硫化物，并与许多元素伴生为矿。

用于配制水泥生料的铁质原料，一般要求 Fe_2O_3>40%。但这并不是绝对的，这与其他原料中的含铁量有关，主要视配料需求和经济成本而定。

2. 可用作水泥原料的废矿废渣

（1）废矿：主要指有用成分达不到指标要求或有害成分超过限制指标的钙硅铝铁矿产资源。

（2）钙质废渣：化工行业的电石渣，氧化铝行业的赤泥，造纸行业的白泥，钙质选矿尾渣，生产建筑骨料的粉料、磷渣、钢渣，炼镁行业的镁渣、废白灰、氰胺渣等。

（3）硅质废渣：高硅煤矸石、污水处理厂的泥沙、铸造用废型砂、型砂选矿尾渣、磷渣、江河湖海淤沙等。

（4）铝质废渣：粉煤灰、炉渣、煤矸石、江河湖海淤泥等。

（5）铁质废渣：硫酸渣、钢渣、铜渣、选铁矿的尾渣、铅锌渣、镍渣等。

在这些废矿废渣中，都含有一定品位的水泥原料成分，有的还能起到矿化剂的作用，只不过有的品位偏低，有的有害成分偏高，但只要采取一定的技术措施，就能实现对水泥原料某组分的全部替代或部分替代，变废为宝。

我国目前有一些急需解决、有鼓励政策的废矿废渣如下，值得关注。

1) 低品位石灰石

水泥主要原料石灰石矿山，并不是品位越高越好，作为生料所需主要氧化物，二氧化硅的形态（游离态、化合态），将会影响到生料易磨性和易烧性。只要生料能够满足配料需求、有害成分不是过高，低品位的矿石更有利于改善生料的易磨性、降低烧成热耗。

应该强调的是，低品位石灰石的利用，必须以良好的均衡均化为前提，这是实现其节能降耗的基础。否则，其各种潜能的挖掘将被热工波动增加的能耗所淹没，我们感觉低品位石灰石不好用就是这个原因。

2) 电石渣

电石渣是用电石法生产 PVC 过程中，电石水解后产生的废渣。尽管电石法生产 PVC 不尽科学，但目前仍然是国内的主要方法，而且国家还没有淘汰的迹象，我们就不得不面对大量的电石渣。

电石渣的主要成分（表 2-4）是 $Ca(OH)_2$，其化学成分 CaO 含量高达 60% 以上。电石渣成分均匀，含钙量高，是优质的水泥原料，用来代替石灰石生产水泥是用量最大、利用最为彻底的方法。

历年积累的电石渣大都存在 Cl^- 超标的问题，尽管化工生产厂通过生产工艺及操作调整可以使出厂电石渣中 Cl^- 含量有所降低，但仍然是影响水泥工艺的一个主要问题。

2008 年，国家发改委曾下发了《关于鼓励利用电石渣生产水泥有关问题的通知》，至今依然有效。

表 2-4　淄博市某水泥厂利用的电石渣化学成分　　　%

电石渣	烧失量	SiO_2	Al_2O_3	Fe_2O_3	CaO	MgO	SO_3	K_2O	Na_2O	Cl^-
工艺调整前	26.23	5.35	2.94	1.01	63.32	0.34	0.66	0.019	0.003	0.12
工艺调整后	26.68	4.70	2.54	0.40	64.34	0.54	0.66	0.04	0.08	0.023

3) 赤泥

赤泥是从铝土矿中提炼氧化铝后排出的工业固体废物，一般氧化铁含量较大，外观与赤色泥土相似，因而得名。为了提高赤泥综合利用率，减少赤泥堆存对环境造成的影响，2010 年 8 月 10 日，工业和信息化部、科技部联合编制了《赤泥综合利用指导意见》，给予了一定的鼓励政策。

铝土矿中铝含量高的，采用拜耳法炼铝，所产生的赤泥称拜耳法赤泥；铝土矿中铝含量低的，用烧结法或用烧结法和拜耳法联合炼铝，所产生的赤泥分别称为烧结法赤泥或联合法赤泥。

烧结法赤泥氧化钙含量高（表 2-5），适合制造建筑材料，我国在 1963 年开始用它作为普通水泥的生料，生产的 425 号普通硅酸盐水泥，符合国标《通用硅酸盐水泥》GB 175 中规定的技术要求。但由于近年来国家对水泥中钠含量的限制，赤泥在水泥生产中的掺量受到了一定的限制。

我国的赤泥以烧结法为多，但近年来拜耳法赤泥所占的比例正在不断增加。由于拜耳法赤泥中铁和碱的含量高，加重了水泥行业的利用困难。

表 2-5　不同烧结法赤泥的化学成分　　　　　　　　　　　　%

工法	烧失量	SiO_2	Al_2O_3	Fe_2O_3	CaO	MgO	K_2O	Na_2O	TiO_2
烧结	6～10	20～23	5～7	7～10	46～49	1.2～1.6	0.2～0.4	2～2.5	2.5～3
拜耳	10～15	3～20	10～20	30～60	2～8	—	—	2～10	微～10
联合	—	20～20.5	5.4～7.5	6.1～7.5	43.7～46.8	—	0.5～0.7	2.8～3	6.1～7.7

4）煤矸石

煤矸石是煤系中煤层间的夹石，是煤炭开采和洗选过程中产生的废弃物，排出量为煤产量的10%～20%，最常见的有炭质页岩、炭质粉砂岩、油页岩、细砂岩、薄层灰岩、砂砾岩，是我国目前排放量最大的工业固体废弃物之一。为了推动煤矸石的综合利用，1999 年 10 月 20 日，国家经济贸易委员会、科技部制定了《煤矸石综合利用技术政策要点》。

煤矸石具有适中的硅铝组分，其化学成分（表 2-6）比较适合在水泥生料中使用，但由于其或硫高、或碱高、或热值高的特点，对生产工艺和水泥性能影响较大，目前在水泥生料配料上使用得还不多。

表 2-6　重庆两家煤业公司煤矸石的化学成分　　　　　　%，kJ/kg

公司	页岩	烧失量	SiO_2	Al_2O_3	Fe_2O_3	CaO	MgO	SO_3	热值
中梁山煤电气	炭质	27.42	37.53	24.79	3.64	0.04	0.41	0.31	5530
	泥质	15.98	41.21	32.37	1.76	0.04	0.52	微量	少量
永荣煤业公司	炭质	30.28	43.14	17.12	3.41	0.29	1.50	0.04	8760
	泥质	7.73	62.66	15.22	5.68	1.32	2.44	微量	少量

5）钢渣

钢渣的主要化学成分（表 2-7）为：CaO、SiO_2、Al_2O_3、Fe_2O_3、FeO、MgO、MnO、P_2O_5 和少量金属 FeO、Fe_2O_3，FeO 的含量为 20%～45%，因此从化学成分上看，钢渣具有作铁质原料的可能性。

钢渣的矿物组成主要是 C_2S、C_3S、RO 相（CaO、FeO、MgO 等二价金属氧化物的固溶体）、铁铝相（C_4AF、C_2F）、Ca(OH)$_2$、$CaCO_3$ 和少量金属 Fe 等。在炼钢过程中，随着石灰的不断加入，钢渣的碱度增加（碱度＝CaO/SiO_2）。

表 2-7　几家公司钢渣的化学成分及碱度　　　　　　　　　　%

钢渣来源	SiO_2	Al_2O_3	Fe_2O_3	CaO	MgO	FeO	MnO	P_2O_5	f-CaO	碱度
首钢转炉	14.86	3.88	10.37	44.00	10.04	12.30	1.11	1.31	1.80	3.0
本钢转炉	15.99	3.00	12.29	40.50	9.22	7.34	1.34	0.56	2.80	2.5
太钢转炉	14.22	2.86	8.79	47.80	9.29	13.29	1.06	0.56	1.57	3.4
马钢转炉	11.48	2.10	6.47	41.29	7.26	15.83	1.79	1.06	12.77	3.6
广钢电炉	16.30	3.80	—	31.60	7.30	21.60	4.30	0.77	—	1.9
长钢电炉	22.40	4.10	21.50	45.10	4.00	—	—	—	—	2.0
宝钢电炉	10.75	6.10	21.60	34.70	6.00	—	—	—	2.54	3.2

钢渣主要矿物组成为硅酸二钙（C_2S）、硅酸三钙（C_3S）、橄榄石（$CaO \cdot RO \cdot SiO_2$）、RO 相、铁酸钙或铁酸二钙（$CaO \cdot Fe_2O_3/2CaO \cdot Fe_2O_3$）尖晶石相等，其中 C_2S、C_3S 和游离氧化钙（f-CaO）为主要成分，总量在 50％以上。

钢渣的碱度是指钢渣中的 CaO 与 SiO_2、P_2O_5 含量之比，即 $R=CaO/(SiO_2+P_2O_5)$。按照钢渣矿物组分及其碱度值的大小，将钢渣分为镁橄榄石渣、钙镁蔷薇辉石渣、硅酸二钙渣和硅酸三钙渣等几类。钢渣的分类及其碱度见表 2-8。

表 2-8　钢渣的分类与碱度

钢渣的类别	碱度
镁橄榄石渣（$CaO \cdot MgO \cdot SiO_2$）	0.9～1.4
钙镁蔷薇辉石渣（$3CaO \cdot MgO \cdot 2SiO_2$）	1.4～1.5
硅酸二钙渣（$CaO \cdot 2SiO_2$）	1.6～2.4
硅酸三钙渣（$CaO \cdot 3SiO_2$）	＞2.4

钢渣按化学成分和矿物组成分为高碱度钢渣（碱度＞2.5）、中碱度钢渣（碱度 1.8～2.5）和低碱度钢渣（碱度＜1.8）。一般碱度越高，f-CaO 的含量越高，具有胶凝性组分越多。

中、低碱度的钢渣中主要是硅酸二钙（C_2S），钢渣的生成温度一般在 1560℃以上，而硅酸盐水泥熟料的烧成温度在 1400℃左右。钢渣的生成温度高，晶粒较大，结晶致密，水化速度缓慢，因此可以将钢渣称为过烧的硅酸盐水泥熟料。

在低碱度钢渣中，MgO 主要形成钙镁橄榄石，RO 相主要是方铁石。在高碱度钢渣中，MgO 主要与 FeO、MnO 形成镁铁相固熔体。固熔体的 RO 相是稳定的矿物，在高温高压下也不能水化，不会引起安定性不良。钢渣中的 FeO 部分进入 RO 相，部分形成镁橄榄石，两者是无活性的矿物。

钢渣主要是用作水泥的铁质校正原料，钢渣掺量一般为生料的 3％～5％，可以节约部分天然资源，如铁矿粉等，工艺比较成熟。但钢渣的全铁含量在 15％～28％之间，含铁量偏低，因此水泥生产企业比较倾向于选择其他含铁量达到 40％以上的废渣，如硫酸渣等。

6）铜渣

铜渣是冶炼铜时排出的工业废渣，其成渣过程如下：

$$2CuFeS_2+O_2 \longrightarrow Cu_2S+2FeS+SO_2 \uparrow$$
$$2FeS+3O_2 \longrightarrow 2FeO+2SO_2 \uparrow$$

将焙烧后的矿砂混合，置于反应炉中加热至 1000℃左右熔化，Cu_2S 与 FeS 生成铜，FeO 与 Si 形成熔渣：$FeO+SiO_2 \rightarrow FeSiO_3$。

熔渣经水淬后，即成粒度 1～5mm 铜渣，水分约 3％。某厂铜渣化学成分见表 2-9。

表 2-9　某厂铜渣化学成分　　　　　　　　　　　　　％

成分	SiO_2	Al_2O_3	Fe_2O_3	CaO	MgO	FeO	R_2O
含量	26.20	6.73	32.03	9.08	5.19	17.58	1.02

铜渣中的 FeO 含量在 17％以上，FeO 的存在能促进 $CaCO_3$ 的分解，降低 $CaCO_3$ 的分解温度。FeO 对 $CaCO_3$ 的分解作用是通过中间反应来实现的，其反应如下：

$$FeO+2CaCO_3（800℃）\longrightarrow CaFe(CO_3)_2+CaO（860℃）\longrightarrow 2CaO+FeO+2CO\uparrow$$

FeO 熔点较 Fe_2O_3 低，能使系统最低共熔温度降低。由于系统中 Fe^{2+} 离子的加入，使液相酸性增强，Fe_2O_3 以 Fe^{3+} 离子状态存在，具有 6 个 O^{2-} 离子配位，构成松散八面体，导致其中的 Me—O 价键较弱，在黏滞流动中易断裂，从而降低了液相黏度，使液相中质点的扩散速度增强，促进 A 矿的形成。

某水泥厂在采用铜渣代替铁质原料后，熟料标准煤耗下降 29.9kg/t，熟料 28d 抗压强度提高了 5.7MPa 以上，熟料烧成电耗下降了 5.53kWh/t，取得了明显的经济效益和社会效益。其掺用铜渣前后的技术指标变化见表 2-10。

表 2-10　某厂采用铜渣配料前后的技术指标对比

项目	熟料 f-CaO/%	28d 抗压/MPa	标准煤耗/(kg/t)	熟料电耗/(kWh/t)
掺铜渣前	1.53	49.1	240.5	38.18
掺铜渣后	0.56	54.8	210.6	32.65
效果对比	-0.97	+5.7	-29.9	-5.53

7）磷渣

我国的黄磷产量每年约为 80 万吨，其产渣量为 640～800 万吨，磷渣不仅占用大量耕地，且堆放的磷渣在雨水淋洗下，氟、磷溶出污染环境。

磷渣是黄磷厂生产黄磷时产生的工业废渣，它经过高温水淬急冷，外观呈细颗粒状，带灰白色，为水淬渣。磷渣的化学成分与铁厂的粒化高炉矿渣相似，粒度在 2～5mm，有少量块状磷灰石，主要化学成分为 SiO_2、CaO。

磷渣还有少量的 Al_2O_3、Fe_2O_3、MgO、P_2O_5、F 等，这些成分取决于所用磷矿石的品质。通常，Al_2O_3：2.5%～5.0%，Fe_2O_3：2.0%～2.5%，MnO：0.5%～3.0%，P_2O_5：1.0%～5%，F：0～2.5%。几个地区所产磷渣的化学成分及活性系数见表 2-11。

表 2-11　几个地区所产磷渣的化学成分及活性系数 K　　　　　%

产地	SiO_2	Al_2O_3	Fe_2O_3	CaO	MgO	P_2O_5	F	K
中国云南	42.57	4.27	0.38	46.34	2.82	0.76	2.43	1.23
中国贵州	36.28	5.84	0.34	48.33	2.22	1.94	2.80	1.48
中国四川	36.22	9.72	0.57	46.42	1.78	1.02	1.97	1.56
中国河南	33.90	7.65	0.60	46.16	1.92	1.28	1.56	1.58
中国湖北	38.02	4.80	0.36	46.11	2.86	0.46	1.66	1.40
中国南京	38.20	3.90	0.40	49.00	1.60	1.60	2.90	1.22
德国	42.90	2.10	0.20	47.20	2.00	1.80	2.50	1.48
俄罗斯	43.00	3.40	0.32	45.00	—	3.00	2.70	1.05

磷渣在水淬处理后，其玻璃体含量在 90% 以上，主要潜在矿物组成为假硅灰石（αCaO·SiO_2）、枪晶石（3CaO·2SiO_2·CaF_2），磷渣中 P_2O_5 含量较高时，还有少量的氟磷灰石。

磷渣可以代替部分石灰石、页岩配料，磷渣的 CaO、SiO_2 是经过高温水淬急冷的，具有较高的活性，是生产高 C_3S 的原料，对熟料烧成有明显的改善作用，具有节能降耗的效果。

磷渣的 XRD 图如图 2-1 所示。

3. 制约废矿废渣利用的主要因素

（1）镁、碱、硫、氯、重金属等有害成分偏高，对烧成工艺构成影响，或对生产能力、产品质量构成影响；

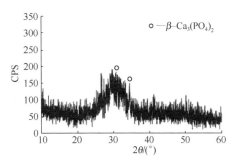

图 2-1　磷渣的 XRD 图

（2）主要有益成分波动大或有害成分波动大，且均化困难，对烧成工艺构成影响，或对产品质量构成影响；

（3）物料水分偏大，且脱水、烘干困难，给生产中的输送造成困难，且造成了煤耗、电耗的上升；

（4）物料腐蚀性和放射性强，对生产中的工艺装备、人身安全以及产品的最终用户构成了危害；

（5）易磨性差、磨蚀性强，造成设备维修量增大、运转率降低、备品备件的消耗增加、电耗增加；

（6）货源的连续性、供货的均衡性、运输的难易程度、运距和运输成本等。

以上因素都或多或少影响着废矿废渣在水泥生料配料上的应用，在此不再赘述。

4. 加强均衡均化是废矿废渣利用的基础

水泥生产过程中，要经过原燃材料配料、粉磨、煅烧等一系列复杂的物理变化和化学反应过程。要生产出质量高、性能好、成本低的水泥，关键要有优质熟料，煅烧优质熟料最基本的条件是制备合格而稳定的生料，制备合格稳定的生料又需要合格稳定的原燃材料。

而合格稳定的原燃材料越来越少且价格高昂，降低生产成本，充分利用有限资源，就要使用或部分使用品位低、有害成分偏高的资源，考虑利用部分工业废渣。

部分废矿废渣与现有资源搭配使用，只有加强均化才能实现生料成分的均衡稳定、减小生料中有害成分的标准偏差与极值。生料的均衡稳定能够提高熟料质量，弥补对有害成分的影响，生料有害成分极值的减小能够减小对熟料质量的最大影响，从而放宽对生料有害成分平均值的控制，继而放宽对原料有害成分的指标上限。

物料的均化与成分的均衡是水泥生产管理的基础，也是减小有害成分影响的重要的、经济的手段。但必须说明的是，合理的库存是均化的前提，库内空空如也，还希望有好的均化效果，那是不可能的。

2.2　电石渣用作钙质原料的工艺

在这里我们不谈石灰石生产电石的 PVC 法是否合理，不谈电石渣配料会使预分解窑生产的难度增大多少，也不谈预分解窑使用电石渣会增加多少热耗；面对业已存在的大量电石渣，面对国家给予的鼓励使用的优惠政策，关键是能否把它用好。

电石渣替代石灰石生产水泥熟料是电石渣综合利用的重要途径，不仅可消除环境污染，实现电石渣的资源化处理，还能够有效降低水泥生产热耗，节约石灰石资源，达到环保、节能、资源化的目的。利用电石渣作水泥原料还可享受政府的免税政策，为企业带来良好的经济效益。

1. 电石渣配料在工艺上的特点

（1）电石渣的主要成分为 $Ca(OH)_2$，CaO 含量高。$Ca(OH)_2$ 的烧失量比 $CaCO_3$ 小，故其生料的理论料耗低；窑尾系统废气中含水量较高，CO_2 含量较低，废气量和废气比热较小。

（2）$Ca(OH)_2$ 的分解温度远低于 $CaCO_3$，分解反应将大大提前；$Ca(OH)_2$ 的分解热远低于 $CaCO_3$，熟料形成热会大幅度降低；在适当条件下，$Ca(OH)_2$ 和生成的 CaO 会吸收部分 CO_2，部分重新生成 $CaCO_3$，在烧成前有放热反应。

（3）电石渣及其生料中镁、碱含量很低，液相量偏低，易烧性稍差，但熟料的强度较高；不同电石渣的硫和氯差别很大，如硫和氯含量较高，会给窑尾系统堵塞、熟料煅烧和熟料质量带来一定的困难；电石渣熟料的颜色大多呈微黄或土色，不是太好；

（4）电石渣细度较细，与水泥生料相当，颗粒较为均匀，粉磨过程主要是电石渣的烘干和与辅助原料的均匀混合过程，易磨性很好；干电石渣及其生料的密度较小，分别为 $0.775t/m^3$ 和 $0.693t/m^3$，其流动性较好，湿排含水量很高，干排含水量在 $3\%\sim10\%$；

由于电石渣配料的特殊性，目前水泥预分解系统利用电石渣配料有两种方案：采用电石渣部分替代石灰石，采用电石渣全部替代石灰石。

2. 采用电石渣部分替代石灰石的配料工艺

由于石灰石和电石渣的分解温度相差很大，无法同时在分解炉内完成分解，给预分解系统的设计带来一定的难度，故这种工艺的窑尾系统基本上不作大的改动。如果替代石灰石的比例偏大，预热器系统将会出现严重的结皮堵塞现象，所以替代比例最好不要超过 50%。为了适应电石渣的特性，在设计工艺上要注意如下特点：

（1）旋风筒采用两心大涡壳等高变角结构，以防止物料粘结；采用高效型旋风筒提高其收尘效率，以满足电石渣较细和密度较小的特点；锥体采用双锥结构形式，以利于物料的收集和防止堵塞。

（2）各级旋风筒的连接风管要采用大角度平滑连接，无水平段管道，以减少高温物料的粘结并降低系统阻力。

（3）采用大倾角固定式撒料盒，以使物料分散更均匀，提高换热效率，撒料板的角度较大也可防止物料的粘结及堵塞。

（4）下料管尽量减少拐角，各级下料管倾角要大于 $60°$，下料管至撒料盒之间要有足够的直段，防止排料不畅而积料；下料管锁风阀要求更加灵活可靠，配重调节方便，随着电石渣用量的增加，翻板阀的配重要适当放轻。

（5）分解炉要采用几何结构相对简单的分解炉，以减少堵塞的几率，强调炉内温度的均匀分布，以避免温度集中造成结皮堵塞。

（6）为了适应电石渣水分的变化，满足生料烘干对废气温度的需求，要求预热器具有四级和五级的切换功能。

3. 采用电石渣全部替代石灰石的配料工艺

采用 100% 电石渣替代石灰石生产水泥，可有效避免由于 $Ca(OH)_2$ 和 $CaCO_3$ 的分解不能同时在分解炉内完成的问题，从而减少了窑尾预分解系统的不确定因素和复杂性。

电石渣的分解温度基本在 $380\sim580℃$，在较低温度下电石渣能够迅速分解，而且电石渣的分解吸热要远低于石灰石的分解吸热。

电石渣分解后的 CaO 能够吸收废气中的 CO_2，二次合成 $CaCO_3$，并且放出热量，从而进一步增加了预热器系统出现结皮堵塞的几率。

电石渣的主要化学成分是 $Ca(OH)_2$，在脱水温度前会吸收烟气中的 CO_2 生成 $CaCO_3$；当温度升至 550℃ 左右时，$Ca(OH)_2$ 开始分解，生成的 CaO 仍会吸收烟气中的 CO_2 生成 $CaCO_3$。直到 900℃ 以上的高温区域，$CaCO_3$ 分解的逆向反应才会完全停止，分解过程才会加速进行。

根据电石渣的这些特性，采用电石渣全部替代石灰石配料工艺时，烧成系统的预分解系统必须采取相应的措施：

(1) 考虑到电石渣烘干所需的热量较多，窑尾预热器系统应该采用二级或三级预热器系统，在热源仍然不足时，要考虑窑头废气的利用，同时配套热风炉，以备开窑之前和开窑初期烘干之用。

(2) 鉴于电石渣干粉与生料相比，物理特性相差较大，主要是水分、细度、黏度、流动性，电石渣干粉在卸料、计量、输送的稳定性方面较差，要有相应的措施保证对窑的连续稳定喂料。

(3) 考虑到电石渣的松散密度、堆积压力以及流动性等特殊性能，在下料管翻板阀和撒料装置上要采取特殊设计，确保物料的畅通。

(4) 鉴于电石渣的硫和氯含量往往较高，严重时将导致预热器的结皮堵塞和熟料煅烧，影响到熟料质量，必要时要考虑旁路放风。

(5) 考虑到窑尾入窑物料的实际情况，回转窑的规格、窑头燃烧器的能力等也应与之相适应。

4. 对某公司电石渣配料生产线的考察

该厂于 2011 年 12 月底点火，期间由于机电故障、掉砖红窑等原因，直到 2012 年 2 月初才正式投产。

该厂设计为一条 2500t/d 生产线，带窑尾旁路放风系统，采用 100% 电石渣代替石灰石配料，同时考虑有一定的石灰石配料工艺。先由立磨生产出低钙生料，再配以烘干破碎后的电石渣，制成最终的生料入均化库待用。

从乙炔发生器中排出的电石渣水分高达 90% 以上，经沉降池浓缩后，水分仍有 75%～80%，经压滤处理后，水分能降到 40% 左右。该厂电石渣水分按 40% 设计，但实际水分在 46% 左右，较大的水分给输送带来一定的困难，时有粘皮带、堵溜子现象。

电石渣烘干采用了烘干破碎机工艺，热风由窑尾废气、篦冷机废气、补燃炉烟气三部分组成。设计为投料初期使用补燃炉，窑况正常后停用补燃炉，实际上由于电石渣水分较大，补燃炉被长期使用。

由于电石渣水分较大，向破碎机的喂料也经常发生粘堵塌料现象。塌料时破碎机系统阻力增大较多，高温风机功率大幅度升高，发出沉闷的过负荷声响，约十几分钟就发生一次。有时甚至导致高温风机跳停，这种喂料忽大忽小、设备开开停停，严重制约了生料能力的发挥，使水泥窑经常处于吃不饱的饥饿状态。

破碎机塌料时，由于系统阻力增大，会严重影响到窑内通风，对窑的生产影响很大，是目前影响窑生产的主要问题之一。这说明烘干破碎机系统的设计还不太成熟，应进行系统改造，一是如何避免粘堵塌料，二是如何避免塌料后对窑系统的影响。

烘干后的电石渣干粉，也经常发生堵斜槽现象。斜槽内壁有颗粒粘挂现象，主要是有的颗粒内核没有烘干，逐渐向表层反水后粘挂。目前投产时间还短，将来粘挂现象还可能在电石渣干粉库、甚至生料均化库内发生。

电石渣干粉喂料设备采用申克秤，效果不尽理想。要么断料，要么串料，对配料影响很大，是目前影响窑生产的主要问题之二。熟料 KH 低时只有 0.7 左右，高时能达到 1.2 左右，对熟料煅烧和熟料质量都构成致命影响。这说明电石渣的喂料系统还不太成熟，也许采用皮带秤喂料系统会好一些。因为皮带秤的喂料口较大且设计为矩形，皮带秤的带速很慢，有一定的缓冲调节时间。

电石渣的 Cl^- 一般较高，该厂在 0.28% 左右，是预热器发生结皮堵塞的一个重要隐患；电石渣的主要成分是 $Ca(OH)_2$，在遇到窑尾废气后有一个吸收 CO_2 生产 $CaCO_3$ 的放热过程，也是一个结皮堵塞的隐患。

投产初期窑尾烟室容易结皮。经取样分析为硫碱成分较高，采取了向窑尾烟室喂入部分生料并形成料幕的措施，以降低烟室温度并利用料幕生料固定一部分烟气中的硫，再通过窑尾旁路放风放掉 10% 左右的窑尾烟气，以阻止有害成分的富集。烟室结皮问题已得到基本解决。

尽管该厂投产时间还不长，但从后窑口结皮取样看，Cl^- 高达 17% 左右。所幸目前预热器还没有出现结皮堵塞，说明预热器系统的设计是比较成功的。

该厂窑尾采用两级预热器设计，缩短了预热器的几何流程，减少了结皮堵塞的机会；分解炉采用三钵体结构，生料和煤粉均在下钵体、中钵体两次喂入，将电石渣的放热和吸热过程同时置于分解炉内，也是避免结皮堵塞的主要措施。

对于上述存在的问题，大部分经过适应性完善改造，已经有了较大改善，最难的一个问题是烘干破碎产能不足。

从现场的实际情况看，影响烘干破碎产能的主要因素是成团的湿电石渣来料量的不稳定性。料少的时候，破碎主电机几乎为空负荷；而瞬时料量一大，就容易造成主电机负荷过大、破碎机整体震动大，甚至跳停，有时会压死破碎机转子。

为此，采取的相应措施有：

（1）通过用多台压滤机同时下料，以增加输送皮带上料团的密度，改善来料的连续性。

（2）增加破碎入口拦料棒的道数，以减少料团进入破碎机的塌料现象。

（3）主电机电流超额定电流时，延时 5s 联锁跳停湿电石渣的喂料系统，以保护机电设备的安全。

通过这些措施使烘干破碎的运转率有所提高，产量也相应增长，水泥窑得以维持低产连续运行。

从总体上来看，预热器及分解炉的配置、头尾废气一并作为烘干热源并设置补燃炉，这些工艺系统还是比较成功的，窑的产能本身没有问题，只是因为烘干破碎机产量的限制，导致烧成生料不足限制了窑的产量，整个系统的瓶颈在于烘干破碎机的产能问题。

2.3　钢渣用作生料组分的利与弊

铁质原料是生产水泥熟料的必需组分，原来大都使用铁矿粉或硫酸渣，大约从 2003 年铁粉开始大幅度涨价起，为了降低原材料成本，不少水泥企业便进行了钢渣配料试验，但试用结果并不总是十分满意。

有的因为窑内结圈结蛋、预热器结皮堵塞、熟料质量下降；有的因为生料磨产量下降，电耗增加较多，甚至生料供不上窑；有的因为生料磨备件磨损严重增加了材耗，影响了运转率，一多半企业停止了使用。但也有不少企业克服了上述困难，取得了降低采购成本，降低熟料煤耗的双重效益，继续使用下来。

那么，为什么有的企业能用好，而有的企业却不能用呢？钢渣作为生料的配料组分，既有有利的一面又有有害的一面，关键是我们如何趋利避害，把钢渣的特性搞清楚，将利发挥到最大，将害抑制到最小。

1. 钢渣配料的优势与存在的问题

钢渣的主要化学成分为：CaO、SiO_2、Al_2O_3、Fe_2O_3、FeO、MgO、MnO、P_2O_5 和少量金属 FeO、Fe_2O_3，FeO 的含量为 $20\%\sim45\%$，因此从化学成分上看，钢渣具有作铁质原料的可能性。

钢渣的主要矿物组成为：硅酸二钙（C_2S）、硅酸三钙（C_3S）、橄榄石（$CaO \cdot RO \cdot SiO_2$）、RO 相（CaO、FeO、MgO 等二价金属氧化物的固溶体）、铁酸钙或铁酸二钙（$CaO \cdot Fe_2O_3/2CaO \cdot Fe_2O_3$）、铁铝相（$C_4AF$）、尖晶石相、$Ca(OH)_2$、$CaCO_3$ 和少量金属 Fe 等。其中 C_2S、C_3S 和 $f\text{-}CaO$ 为主要成分，总量在 50% 以上。按照钢渣的矿物组分，将钢渣分为镁橄榄石渣、钙镁蔷薇辉石渣、硅酸二钙渣和硅酸三钙渣等几类。

钢渣的显微结构：有对武钢钢渣的研究，选取其具有代表性的各种钢渣块，在无水酒精介质中经过打磨、抛光等制成光片，在偏光显微镜下观察钢渣的矿物组成，比较有代表性的偏光显微镜照片如图 2-2 所示。

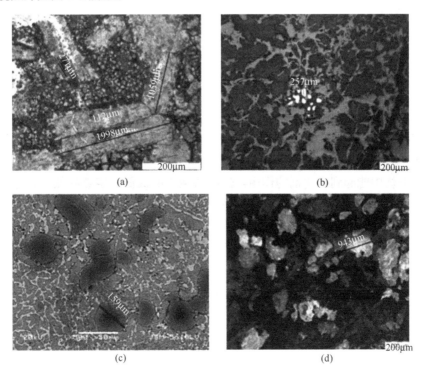

(a)

(b)

(c)

(d)

图 2-2　武钢钢渣的显微构造图

由图 2-2 可见，钢渣主要矿物成分为板状硅酸三钙和圆形及类圆形的硅酸二钙，其次为铁酸钙和玻璃相。玻璃相以晶态、非晶态共存，主要为富铁的浅色中间相和分布其中的点滴状富含镁铝硅的深灰色中间相，浅色中间相以富铁玻璃相居多，深灰色中间相以富镁硅玻璃相居多。

图 2-2（a）中，硅酸三钙最大为 $1998\mu m$，有的粒径为 $1059\mu m$；硅酸三钙包裹中的 MgO 颗粒粒径为 $142\sim271\mu m$ 不等。

图 2-2（b）中，粒度大小一般介于 $100\sim300\mu m$ 之间，最大可达 3mm。

图 2-2（c）中，深色颗粒为硅酸三钙包裹中的 MgO 颗粒，粒径为 $159\mu m$；钢渣中的金属铁主要呈球粒状嵌布。

图 2-2（d）中，白色颗粒为硅酸二钙，粒径为 $943\mu m$。

钢渣的碱度 R 是指钢渣中的 CaO 与 SiO_2、P_2O_5 含量之比，即 $R=CaO/(SiO_2+P_2O_5)$。在炼钢过程中，随着石灰的不断加入，钢渣的碱度增加。按照钢渣的碱度，钢渣又分为高碱度钢渣（$R>2.5$）、中碱度钢渣（$R=1.8\sim2.5$）和低碱度钢渣（$R<1.8$）。一般碱度越高，f-CaO 的含量越高，具有胶凝性组分越多。

中、低碱度的钢渣矿物主要是 C_2S，钢渣的生成温度一般在 1560℃以上，而硅酸盐水泥熟料的烧成温度在 1400℃左右。钢渣的生成温度高，晶粒较大，结晶致密，水化速度缓慢，因此可以将钢渣称为过烧的硅酸盐水泥熟料。

在低碱度钢渣中，MgO 主要形成钙镁橄榄石，RO 相主要是方铁石；在高碱度钢渣中，MgO 主要与 FeO、MnO 形成镁铁相固熔体。固熔体的 RO 相是稳定的矿物，在高温高压下也不能水化，不会引起安定性不良。钢渣中的 FeO 部分进入 RO 相，部分形成镁橄榄石，两者是无活性的矿物。

钢渣主要是作为水泥熟料的铁质校正原料，钢渣掺量一般为生料的 3%～5%，可以节约部分天然资源，如铁矿粉等，降低采购成本。但钢渣的全铁含量在 15%～28%之间，含铁量偏低，因此水泥生产企业比较倾向于选择其他含铁量达到 40%以上的废渣，如硫酸渣等。

采用钢渣配料，由于钢渣中的 CaO 不是以碳酸盐的形式存在，不需要分解，生料在预热器及分解炉内吸收的热量相应减少，预热器和分解炉的热负荷相应降低；由于钢渣中含有部分 C_2S、C_3S 水泥矿物，烧成系统的热负荷会降低；由于钢渣中含有一定的 P_2O_5、FeO 和 MnO，在煅烧中能起到矿化剂的作用，使熟料烧成的最低共熔点降低等。总体表现在熟料的易烧性改善、耐火度降低，可以提高熟料的产量，降低熟料的烧成煤耗。

为了验证钢渣配料对熟料性能的影响，有专家对钢渣配料与铁矿石配料进行了对比试验。为增强试验的可比性，在满足配料率值要求的范围内，尽量保持了配料率值的基本一致。试验配比及配料率值见表 2-12。

表 2-12　钢渣配料与铁矿石配料对比试验结果

试样	石灰石	页岩	砂岩	钢渣	铁矿石	KH	SM	IM
T-1	80.0	16.0	2.0	0.0	2.0	0.907	2.24	1.33
G-1	78.4	19.2	0.0	2.4	0.0	0.897	2.30	1.61

按计算配比配制相应的生料粉，称取 20g 生料粉充分混匀后喷入少量水，装入成型模

具，用 20～30kN 的压力压制成块；将生料块放入升温好的马弗炉（1000℃）中保持 10min，之后再转入硅碳棒炉（1350℃及以下）或硅钼炉（1350℃及以上）中，达到设定时间后取出，立即置于空气中快速冷却。

将煅烧好的熟料试样敲碎后，取位于试块中间部位且较为平整的一小块试样，在金相试样镶嵌机筒内加入酚醛树脂粉末镶嵌，镶嵌好的试样经 SiC 砂纸打磨、金相试样抛光机抛光、氯化铵溶液中腐蚀吹干，然后置于 XP-201 型偏光显微镜下观察。两种熟料放大 200 倍和 1000 倍的断面显微形貌如图 2-3、图 2-4 所示。

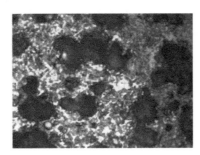

T-1 200 倍放大   G-1 200 倍放大

图 2-3 放大 200 倍普通熟料与钢渣熟料对比

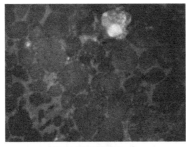

T-1 1000 倍放大   G-1 1000 倍放大

图 2-4 放大 1000 倍普通熟料与钢渣熟料对比

从图 2-3 和图 2-4 的对比看出，掺有铁矿石的水泥熟料中气孔较多，且矿物相中的 C_3S 含量较少；掺有钢渣的水泥熟料断面较为致密，且矿物相中 C_3S 含量更高。由此可以判断：掺有钢渣的熟料具有较高的强度。

将以上两种配合比烧制的熟料，加入适量石膏配制水泥（控制 SO_3 含量为 1.9%），粉磨至比表面积 360m²/kg 左右，测定水泥净浆在标准养护条件下的 3d 及 28d 强度，测定结果见表 2-13。

表 2-13 钢渣及铁矿石烧制水泥熟料的强度变化

试样	f-CaO/%	3d 抗压强度/MPa	28d 抗压强度/MPa
T-1	0.41	49.3	76.2
G-1	0.00	57.7	78.0

由表 2-13 可见，钢渣的引入明显降低了熟料 f-CaO 含量，说明生料的易烧性得到明显

的改善；掺有钢渣的熟料 3d 强度明显高于掺铁矿石的熟料，掺有钢渣的熟料 28d 强度略高于掺铁矿石的熟料。

使用钢渣配料时，尽管生料细度 80μm 筛余是合格的，但由于钢渣本身的颗粒较粗，45μm 筛余较大，在窑内煅烧时，与氧接触的面积较小，氧化反应不完全，易形成还原气氛；从钢渣烧失量为负数可以看出，钢渣带入的 Fe^{2+} 较多，在窑内煅烧时因通风不好而得不到充分氧化，不能完全被氧化成 Fe^{3+}，也易形成还原气氛。窑内还原气氛的加重，导致熟料颜色发黄，黄心料增多。

采用钢渣配料后，不但生料的易烧性得到改善，而且生料在预热器及分解炉内吸收的热量减少，窑内烧成的热负荷降低，熟料烧成的最低共熔点降低，窑内的还原气氛加重。

如果对钢渣配料后的这些特点不作相应的调整，就可能导致窑上的一系列不良反应，如：长厚窑皮甚至结圈、结粒过大甚至结蛋、还原料黄心料加重、f-CaO 难以控制、产量降低、煤耗增加、熟料冷却不好、熟料强度下降等。

2. 钢渣的难磨性及其对设备的磨蚀性

钢渣硬度较大，特别是带有部分铁粒，易磨性差、磨蚀性强，易导致生料磨台时产量下降、电耗增高、设备磨耗增加。

如四川某厂的 CRM2650 生料立磨，在采用钢渣配料后，台时产量由 120t/h 下降到 100t/h，由于影响到大窑产能的发挥，三个月后被迫停止了使用。

在使用钢渣配料后，新换的磨辊衬板（原有衬板经过堆焊修复，正常使用寿命应在 10 个月左右），在使用 42d 后检查，衬板本体特别是衬板之间的接口部分就出现了严重磨损甚至掉块现象，其磨蚀情况如图 2-5 所示。

图 2-5　某厂新换衬板在使用 42d 后的磨损情况

应该指出的是，该厂使用的钢渣在入磨前的输送带上设有除铁器，除铁效果还是可以的，但钢渣总体上粒度较大，最大粒度达到 50～60mm，应该是磨蚀严重的原因之一。在使用 69d 后，衬板已经磨蚀得惨不忍睹，被迫更换，其更换下来的衬板照片如图 2-6 所示。

图 2-6　某厂新换衬板在使用 69d 后的磨损情况

如果采用钢渣配料，对钢渣的预除铁必须给予高度重视，如选用除铁功能较强的自动电磁除铁器，降低通过除铁器的料层厚度，调整合适的立磨挡料环高度，减少铁粒在磨盘上的富集，对粉磨系统的循环料采取除铁措施等（图 2-7）；如果钢渣的粒度较大，就应该采取过筛、破碎、碎料除铁等措施，降低钢渣的入磨粒度，减少对生料磨的影响。

图 2-7　某公司立磨外排循环料提升机溜子除铁器

表 2-14 是某公司 2014 年堆焊招标中，部分商家对生料立磨堆焊的使用寿命保证值。从表中可见，他们认为堆焊后的使用寿命与粉磨原料的磨蚀性相关性很大，而且特别关注了钢渣。

表 2-14　2014 年部分商家对生料立磨堆焊的寿命保证

堆焊厂家	在线堆焊承诺寿命/h	离线堆焊承诺寿命/h
辽宁坤盛	有钢渣 5800，无钢渣 8000	有钢渣 5800，无钢渣 8000
无锡帝澳	有钢渣 6000，无钢渣 8000	有钢渣 6000，无钢渣 8000
唐山鑫佳	有钢渣 4500，无钢渣 8000	有钢渣 4500，无钢渣 8000

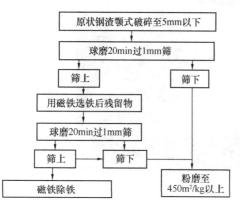

图 2-8　预粉磨二次除铁改善易磨性试验方案

实际上，影响钢渣易磨性的主要因素是单质铁。由于钢渣中的铁粒一般在 0.3mm 左右，且易富集在一起。对于粒度较大的钢渣，由于一次除铁无法将包裹在钢渣颗粒内的铁粒除去，可采取细破或初磨后二次除铁工艺，将不易磨细的单质铁粒选出除掉，以改善钢渣的易磨性。预粉磨二次除铁工艺改善钢渣易磨性的试验方案如图 2-8 所示。

对预粉磨二次除铁工艺进行试验。试验表明，在同样粉磨时间（30min＋50min＝80min）的情况下，钢渣粉的比表面积提高了（537m²/kg－472m²/kg＝65m²/kg），钢渣的易磨性得到明显改善。

试验表明，采用细破或预粉磨二次除铁工艺，能有效解决钢渣的易磨性问题，完全可以生产比表面积 400～600m²/kg 的钢渣粉，也可以用钢渣作为水泥的混合材使用。对于生料粉磨来讲，同样具有提高台时产量和降低材料磨耗的功效。具体试验结果见表 2-15。

表 2-15　预粉磨二次除铁工艺效果试验

样品	项目	0.08mm 筛余	0.045mm 筛余	比表面积
	单位	%	%	m²/kg
1	粉磨 30min 除铁前样品	2.41	10.3	423
2	粉磨 30min 除铁后样品	2.32	9.7	432
3	对 1 号再磨 50min 样品	2.28	8.7	472
4	对 2 号再磨 50min 样品	2.20	8.0	537

对于二次除铁工艺，以将钢渣原料粉碎至 1mm 左右除铁为好，虽然试验采用了颚式破碎机，但对于大工业生产显然是不合适的，而近几年已有不少业绩的球破磨正好适合这个粒度。球破磨的出磨粒度，一般 0.08mm 筛余在 40%～50% 之间，95% 小于 1mm，作为二次除铁使用，还可以适当放粗提产。

最好是采用边缘出料的球破磨，以使砸出的铁粒及时排出，避免在磨内留存聚集，影响球破效率。实际上，对所有球磨机来讲，都是以边缘出料为好，只是由于边缘出料的密封问题不好解决，将导致球磨机出料端的结构复杂化，所以球磨机一直沿用了中心出料。"筛分出磨＋边缘出料"的球破磨（即所谓的风选磨）结构如图 2-9 所示。

我们知道，球磨机内的物料粒径分布与研磨体的规格分布一致，都是中心大边缘小。中心出料将导致细粉不能及时排出，增加了磨内的过粉磨现象；同时又难以挡住粗粉的排出，增加了出磨物料中的粗颗粒，所以又增大了对磨外选粉的要求，催生了闭路磨工艺，磨机是简化了，系统却复杂了。

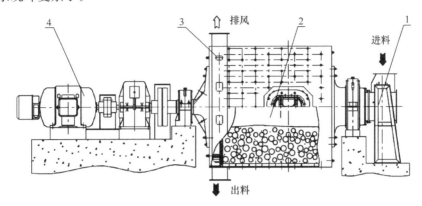

FM风选磨主机结构图

1—进料装置；2—磨机筒体；3—集料装置；4—传动装置

图2-9　筛分出磨、边缘出料的球破磨结构

3. 采用钢渣配料的主要技术措施

（1）原料上，主要是控制钢渣粒度，必要时需增加破碎设施；控制 MgO、K_2O、Na_2O、SO_3 等有害成分，减少在结皮、结圈、结蛋上的叠加效应。

只要能满足配料对 Fe_2O_3 的需求，对钢渣的铁含量无需要求过高，以改善其易磨性、降低其磨蚀性（拟弊）；而应该尽量提高钢渣的碱度，提高其 CaO 的含量，以实现更大的节能效果（扬利）。

（2）生料上，主要是加强除铁力度。除了尽量减小进厂粒度并加强入磨前除铁以外，需要对粉磨中的物料进一步除铁，比如对粉磨系统的循环物料采取除铁措施；必要时采取预粉磨二次除铁工艺，减少生料磨台时产量下降、电耗增高、磨损加重的负面影响。

（3）加强生料 $200\mu m$ 筛余控制，减少生料中的粗颗粒，加大钢渣颗粒的反应面积，以减少还原气氛的形成。

（4）配料上，总体上是控制好液相量和液相黏度、适当提高耐火度。具体主要是提高熟料的 SM 和 KH，以弥补烧成温度降低对熟料强度的影响；适当调整 IM，以拓宽操作弹性范围、改善熟料的结粒情况。

（5）操作上，主要是适当加大窑内通风以降低还原气氛，适当提高窑速以强化薄料快烧，适当调整火嘴坐标以减少扎料现象、适当调整火嘴内外风以缩短火焰避免长焰后烧，预热器系统及后窑口的温度控制要适当降低，分解炉占整个烧成煤耗的比例要适当减少。

（6）总体上，要加强从原料进厂到生料入窑的均化工作，控制好生料出磨合格率，确保生料入窑合格率，减少波动、稳定操作，以减少异常工况对熟料烧成的极端影响。

4. 钢渣配料在潞城卓越的应用案例

据潞城市卓越水泥有限公司的有关资料，该厂4000t/d熟料线于2011年3月投入运行，生料采用石灰石、钢渣、粉煤灰和砂岩四组分配料，采用CRM4004立磨生料粉磨系统，设

计生料细度 $R0.08 \leq 12\%$，能力为大于等于 260t/h。考虑到砂岩及钢渣的易磨性较差，设计将生料立磨的主电机由 2500kW 调整为 2800kW。

投产之初，控制原材料入磨粒度 $\leq 80mm$，生料成品细度控制为 $R0.08 \leq 22\%$，$R0.045 \leq 1.8\%$，立磨产量也只有 240t/h 左右。生料系统产量低、电耗高，生料质量细度粗、煅烧难，成为影响窑系统生产的关键因素。

生料立磨磨盘和磨辊均采用 ZYS 的在线堆焊耐磨材料，磨辊及磨盘的堆焊对立磨的产量有较大影响，堆焊一次磨辊使用寿命为 3 个月，堆焊一次磨盘使用寿命约为 6 个月，堆焊一次磨盘和磨辊，费用需要约 20 万元。

设备材料的使用寿命与被粉磨物料的易磨性和磨蚀性密切相关，采用钢渣代替铁矿石作为铁质校正料，由于钢渣中含有单质铁，不但易磨性差，而且磨蚀性大。不但对磨辊磨盘的磨损严重，而且在磨辊磨盘磨损后，对生料磨的台时产量也有很大影响。

按照"多破少磨"的增效节能指导思想，公司投入破碎设备对砂岩、钢渣进行了预破碎改造。破碎后砂岩粒度由 $\leq 80mm$ 降为 $\leq 20mm$（$\geq 80\%$），钢渣粒度由 $\leq 60mm$ 降为 $\leq 1mm$（$\geq 80\%$）。按照同样的生料细度控制，生料系统产量由 240t/h 提高到 275t/h，电耗降低了约 4kWh/t 生料。

为了减轻钢渣对生料立磨的不利影响，按照"碎后除铁、系统除铁"的指导思想，该公司又进行了钢渣预处理工艺改造。主要是与其他原料分开，对钢渣进行独立破碎和粗粉磨加工，在工艺过程中进行多次除铁、除渣，尽可能除去钢渣中的难磨矿物。该项目投入使用后，生料磨产量上升到 290t/h，生料立磨磨辊磨盘的使用寿命也得以延长。

5. 钢渣配料在枣庄中联的应用案例

据枣庄中联水泥有关资料，该厂于 2011 年 10 月开始在 2000t/d 窑上试用钢渣代替铁矿尾砂配料，经过一年多的试验和适应性调整，证明钢渣配料不仅可行，而且还能改善生料的易烧性，熟料的产质量都得到了明显提高，并取得了较好的经济效益。目前，已经在 5000t/d 窑上推广应用，也取得了满意的结果。

该厂开始按原有熟料的三率值进行配料，结果在第一天就遇到了难题，生料磨台时大幅度降低，由原来的 220t/h 降到了 180t/h。后在一周左右通过增加磨内研磨体装载量等措施，台时逐步恢复到 215t/h 左右，没有对窑的生产构成大的影响。

虽然生料磨台时低了、电耗肯定增大，给试用浇了点儿凉水，但窑上的煅烧却鼓舞了试用者。熟料 KH 稳定在 0.90 左右，游离氧化钙全部合格，都在 0.40% 以下，窑的喂料量从 200t/h 增加到 210t/h，用煤量还相对少了，熟料 3d 抗压强度提高了 1MPa 多。

但在半个月之后，又出现了另一个问题，窑尾段的窑皮增厚，甚至形成结圈，导致窑尾漏料。该厂又采取了以下措施：配料上，通过调整三率值的控制范围，提高配料的 KH 和 SM，降低了液相量；操作上，考虑到钢渣不需要 $CaCO_3$ 分解吸热较少，并且钢渣中 MgO 含量较高液相出现得早，将分解炉出口温度的控制由原来的 885℃ 降到 875℃，头煤由原来的 6.8t/h 降到了 6.6t/h。

两项措施取得了良好效果，基本解决了钢渣配料对窑的影响，在产量和质量上都获得了大丰收，而且生产成本也降低了。两个月后，该公司对熟料平均强度作了统计，结果显示 3d 强度提高了 1.7MPa，28d 强度提高了 1.4MPa。

2.4　铜渣用作铁质原料的应用总结

一般铜渣的化学组成含 SiO_2 约 $30\%\sim40\%$，CaO 约 $5\%\sim10\%$，MgO 约 $1\%\sim5\%$，Al_2O_3 约 $2\%\sim4\%$，还有 $2\%\sim3\%$ 的锌（硅酸锌），$27\%\sim35\%$ 的铁（主要为铁橄榄石，含 90% 的 $FeSiO_4$）。由于铜矿渣中含有大量的铁质矿物，将其用作水泥熟料生产的铁质原料就成为可能；由于铜渣中含有能降低硅酸盐水泥熟料最低共熔点的金属矿物，利用铜渣作为铁质原料还具有降低烧成温度、降低煤耗的作用。

我国的铜冶炼近年增长迅速，从 2005 年的约 260 万吨迅速增至 2014 年的 500 多万吨，按照每吨铜产渣 $2\sim3$ 吨计算，2014 年就产生了 $1000\sim1500$ 万吨铜矿渣。这些铜渣大部分被堆在渣场，不仅容易诱发重金属污染，而且也造成了巨大的资源浪费，应该而且急需开发利用。本节以山东阳谷所产铜矿渣，在天瑞荥阳生产线上的实际使用，探讨铜渣对水泥熟料烧成及性能的影响。

1. 使用前的有关研究试验

山东阳谷所产铜渣为低碱度、低熔点、强酸性的水淬渣，粒度大部分在 3mm 以下，呈玻璃状、结构致密、硬而脆、黑色，熔点 $1050\sim1150℃$。铜渣中含有大量的铁质矿物，质量分数高达 40% 以上，主要以硅酸铁（$2FeO\cdot SiO_2$）、铁钙橄榄石（$CaO\cdot FeO\cdot SiO_2$）存在；同时含有 Cu、Zn、Pb、Co、Ni 等多种有价金属和少量的贵金属 Au、Ag 等。

1）铜渣及其他原料的分析检验

铜渣的多元素化学分析结果见表 2-16，XRD 图谱如图 2-10 所示，差热分析如图 2-11 所示。由于铜渣中氧化铝含量较低，故采用铝矾土作为本次试验的铝质校正原料，试验配料用石灰石、铝矾土和砂岩化学分析见表 2-17。

表 2-16　铜矿渣多元素化学分析　　　　　　%

LOI	SiO_2	Al_2O_3	Fe_2O_3	CaO	MgO	Na_2O
3.34	33.78	6.65	41.14	5.85	0.81	0.54
K_2O	Cu	Pb	Zn	S	Sb	Bi
0.72	0.27	0.23	2.16	0.21	0.039	<0.001

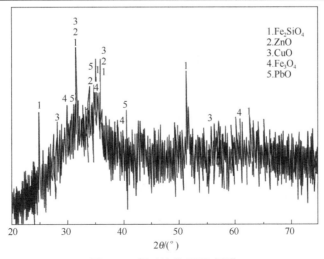

图 2-10　铜矿渣的 XRD 图谱

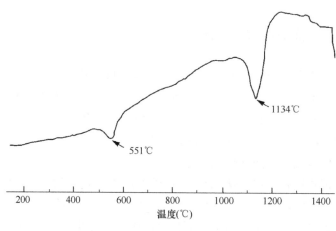

图 2-11　铜矿渣差热分析

表 2-17　原料化学成分分析　　　　　　　　　%

项目	LOI	SiO₂	Sl₂O₃	Fe₂O₃	CaO	MgO	Na₂O	K₂O
石灰石	41.61	3.30	1.37	0.64	48.55	2.88	0.07	0.39
铝矾土	9.48	35.88	30.90	18.38	0.34	0.92	0.21	1.78
砂岩	2.67	87.31	3.17	1.02	0.02	0.73	0.04	0.67

从表 2-16 可以看出，铜矿渣中的 Fe_2O_3 含量较高，完全可以作为铁质原料来配制水泥生料。从表 2-16 和图 2-10 可以看出，铜矿渣中还存在大量的有价金属元素，如 Cu、Fe、Pb 和 Zn 等，但主要成分为 Fe_2O_3、SiO_2、CaO 和 Al_2O_3。铜渣的主要矿物组成，绝大多数是铁橄榄石（$2FeO \cdot SiO_2$），其次是少量磁铁矿（Fe_3O_4）和一些脉石组成的无定形玻璃体及少量的冰铜（Cu_2S-FeS 固熔体）。

由铜渣的差热分析曲线图 2-11 可见，当铜渣温度上升到 551℃时，差热曲线（DTA）中出现一个明显的吸热峰，这是由于铜渣中存在的硫化物（Cu_2S-FeS 和一些有机硫）发生了分解所致。

当温度达到 1134℃时，DTA 曲线又出现一个更大的吸热峰，这是由于铜渣本身熔融所致。由此在较低温度下产生的大量熔融液相，在水泥熟料的烧成过程中，将导致熟料高温液相出现的温度降低，从而促进煅烧。因此，铜渣中 Cu、Zn、Pb、Bi 等微量金属元素的存在，能改善生料的易烧性，在熟料的烧成中起到良好的矿化作用，达到节约能耗的目的。

2）生料制备与煅烧试验

试验按常规生产设计熟料组成，根据铜渣铁高铝低的特点，配料全部采用铜渣作为铁质原料，采用铝矾土作为铝质校正原料。配料方案、生料的化学成分及熟料化学成分分别见表 2-18、表 2-19、表 2-20。

表 2-18　配料方案及设计熟料率值

配料/%				设计熟料率值		
石灰石	铜矿渣	铝矾土	砂岩	KH	SM	IM
83.56	2.10	4.89	9.45	0.90	2.40	1.42

表 2-19　生料化学成分　　　　　　　　　　　　%

LOI	SiO_2	Al_2O_3	Fe_2O_3	CaO	MgO	Na_2O	K_2O
34.10	13.13	3.25	2.28	40.97	2.54	0.09	0.50

表 2-20　熟料化学成分分析以及矿物组成　　　　　　　%

LOI	SiO_2	Al_2O_3	Fe_2O_3	CaO	MgO	Na_2O	K_2O	f-CaO	C_3S	C_2S	C_3A	C_4AF
0.19	21.39	4.76	3.14	64.20	4.24	0.46	0.78	0.57	54.22	20.51	7.29	9.55

将不同的原料分别用球磨机粉磨到 0.08mm 方孔筛筛余小于 10%，按配料方案称样配合后混合均匀即得生料试样。生料易烧性试验依据 GB/T 26566—2011《水泥生料易烧性试验方法》进行。

将制备所得生料在 950℃预烧 30min，在 1300℃、1350℃、1400℃、1450℃恒温煅烧 30min，出炉急冷。然后用甘油酒精法测定其 f-CaO 的含量，以相同生料在不同煅烧条件下 CaO 与酸性氧化物的反应程度来表征生料的易烧性。

熟料烧成试验采用 SX2-8-16 硅钼棒高温炉煅烧，分别在 1400℃、1450℃下恒温煅烧 30min 后，出炉急冷制得水泥熟料。

铜渣对生料易烧性试验影响结果见表 2-21。由表 2-21 可见，掺加铜矿渣生料的烧结物中，当烧成温度在 1350℃以上时，熟料样品 f-CaO 在 1.75%以下，而在 1400℃工况以后，熟料样品 f-CaO 达到低于 1.0%的控制指标。熟料在 1400℃已经完全煅烧合格，比传统的煅烧温度 1450℃降低了 50℃。

表 2-21　生料易烧性试验结果　　　　　　　　　　%

1300℃	1350℃	1400℃	1450℃
9.21	1.75	0.86	0.36

2. 在万吨线上的使用总结

在室内试验的基础上，天瑞荥阳于 2015 年进行了以铜渣作为铁质原料的生产试用。该公司有一条 12000t/d 的熟料生产线，自 2009 年建成投产以来一直运行良好，产量、质量、能耗都比较稳定，具备比较理想的试验条件。

1）试用中的控制与调整

采用铜渣作为铁质原料后，原材料的化学成分见表 2-22，原煤工业分析见表 2-23，配料方案见表 2-24，生料化学成分见表 2-25。

表 2-22　原材料化学分析　　　　　　　　　　　%

原料种类	LOI	SiO_2	Al_2O_3	Fe_2O_3	CaO	MgO	Na_2O	K_2O
石灰石	41.38	3.56	1.42	0.67	48.20	2.79	0.06	0.40
铜矿渣	3.40	34.26	6.37	40.84	5.97	0.98	0.55	0.70

续表

原料种类	LOI	SiO_2	Al_2O_3	Fe_2O_3	CaO	MgO	Na_2O	K_2O
砂岩	2.69	85.21	4.26	1.31	0.08	0.81	0.11	0.77
铝矾土	10.16	35.73	32.97	18.07	0.16	0.78	0.24	1.68

表 2-23　原煤工业分析

$M_{nd}/\%$	$A_{ad}/\%$	$V_{ad}/\%$	$FC_{ad}/\%$	$S_{t,ad}/\%$	$Q_{net,ad}/kJ/kg$
2.16	15.80	28.87	53.17	0.75	26485

表 2-24　物料配比　　　　　　　　　　　　　　　　　　　　　　　　　%

石灰石	铝矾土	铜矿渣	砂岩
83.18	4.69	2.51	9.64

表 2-25　生料化学成分分析

化学成分/%							率值		
LOI	SiO_2	Al_2O_3	Fe_2O_3	CaO	MgO	Σ	KH	SM	IM
34.65	13.10	3.48	2.27	41.34	2.77	98.45	0.95	2.30	1.52

　　出窑熟料的值控制指标为：KH＝0.91±0.02，SM＝2.40±0.10，IM＝1.50±0.10。使用铜渣配料前后回转窑操作参数对比见表 2-26，熟料化学成分见表 2-27，物理性能见表 2-28。由表 2-26 可见，采用铜渣配料后，烧成系统用头煤、尾煤量大幅度下降，头煤减少了 1.3t/h，尾煤减少了 2.1t/h。

　　改用铜渣配料后，根据铜渣中低熔点矿物较多的特点，要及时对配料方案和窑内热工制度进行调整，配料方案调整为 KH＝0.92，SM＝2.35，IM＝1.45。为了减少熟料中熔剂型矿物，将铁含量降低至 4.5% 以下，熟料烧结范围增宽；使用铜渣后应适当降低窑尾温度，延缓液相出现时间。

表 2-26　使用铜渣配料前后回转窑参数对比

项目	喂料量/(t/h)	头煤/(t/h)	尾煤/(t/h)	分解炉出口温度/℃	分解率/%
硫酸渣配料	730	25.3	31.0	915	92.35
铜矿渣配料	735	24.0	28.9	895	94.03

表 2-27　熟料化学分析及升重

化学成分/%					三率值		
SiO_2	Al_2O_3	Fe_2O_3	CaO	MgO	KH	SM	AM
20.78	5.31	3.55	63.27	3.83	0.91	2.35	1.50
矿物组成/%					液相量/%	熟料立升重/(g/L)	
C_3S	C_2S	C_3A	C_4AF	f-CaO			
57.65	16.17	8.05	10.97	0.68	27.65	1315	

表 2-28　熟料物理性能

项目	80μm 筛余/%	比表面积/(m²/kg)	凝结时间/min		安定性	3d 强度/MPa		28d 强度/MPa	
			初凝	终凝		抗折	抗压	抗折	抗压
硫酸渣配料	3.0	357	119	166	合格	6.2	28.6	8.7	53.6
铜渣配料	3.1	356	134	162	合格	5.8	29.7	8.7	56.4

通过以上措施后，收到了良好的效果，熟料质量提高，回转窑窑皮平整，不结厚窑皮。表 2-27 反映的熟料各项指标都良好，熟料中 f-CaO 含量降低，生料易烧性提高，改善了熟料质量。

采用铜渣作为铁质校正原料代替硫酸渣参与生料配料后，出窑熟料结构致密，外观颜色呈深黑色球状，5mm 以内球状熟料占 70% 以上，并且 C_3S 和 C_2S 两者之和基本都在 70% 以上。

由表 2-28 可见，熟料凝结时间、安定性等方面无明显变化，但 3d、28d 抗压强度分别上升了 1.38MPa 和 2.3MPa，主要是熟料中 C_3S 含量增加所致，说明应用铜渣配料在提高熟料质量方面发挥了作用。

2）试用后的阶段总结

生产运行表明，熟料结粒好、升重高，窑上煅烧良好，火焰明亮，无飞砂、堵料、结皮等工艺事故；同时熟料实物煤耗下降 12.1kg/t，熟料 28d 抗压强度提高了 2.0MPa，烧成电耗下降了 1.15kWh/t，取得了较好的经济效益和社会效益。关于试用铜渣配料有以下几点结论：

（1）铜渣作为铁质原料，能够煅烧出合格的硅酸盐水泥熟料，但需选用氧化铝含量较高的铝质校正原料。

（2）由于铜渣中低熔点矿物较多，生产中要及时对配料方案和窑内热工制度作出调整，适当拓宽熟料的烧结范围。

（3）使用铜渣作为铁质原料配料后，操作上应适当降低窑尾温度，以延缓液相量的提前出现。

（4）由于铜渣对熟料烧成和矿物形成有较好的促进作用，能改善生料的易烧性，能降低熟料中的 f-CaO 含量。

（5）铜渣作为铁质原料配料，能降低熟料烧成煤耗，为回转窑的优质、高产、低耗创造条件。

（6）铜渣作为铁质原料配料，能明显改善水泥熟料的物理力学性能，提高熟料的质量。

2.5　原料中微量元素对熟料生产的影响

我们在选择一个矿山（或一种原料）时，比较关注 CaO、SiO_2、Al_2O_3、Fe_2O_3 四大成分，往往对微量元素重视不够。

实际上，微量元素对熟料烧成的影响是很大的，特别对现在采用的预分解窑生产工艺，并非"人微言轻"，它们就像药引子一样，能够起到"四两拨千斤"的作用，而且这种作用大多数是"负能量"，绝对轻视不得！

1. 微量元素对熟料煅烧的影响

目前，国内对出窑熟料的生产控制，大多数是控制 f-CaO<1.5％左右、立升重 1300g/L 左右。各企业的生产控制指标基本相同，但熟料的质量指标如强度、凝结时间等则相差甚远。有的 28d 强度高达 70 多 MPa，有的却只有 50MPa 左右。而且，立升重与 f-CaO 的相对关系也不一样，大多数厂立升重达到 1250g/L 时，f-CaO 就能控制到 1.5％左右，但也有不少厂立升重要达到 1400g/L 时，f-CaO 才能控制到 1.5％左右。这些都是微量元素作用的结果。

在硅酸盐熟料中，除 CaO、SiO_2、Al_2O_3、Fe_2O_3 四种主要成分外，还有原燃材料有意无意中带入的 MgO、K_2O、Na_2O、SO_3、Cl^-、F^-、PO_4^{3-} 等微量组分，这类组分的份量虽然不大，但是对熟料的煅烧和质量却有着十分重要的影响。

一方面微量组分的存在可以降低最低共熔温度，增加液相量，降低液相黏度，有利于熟料的煅烧和 C_3S 的形成；另一方面含量太高时会影响熟料的煅烧工艺，同时影响熟料的质量。

微量元素对熟料的煅烧温度有着决定性影响，当微量元素增加时，会出现以下几种不利情况：

(1) 液相提前出现，轻则窑尾结大块、结圈，重则结蛋；

(2) 液相黏度低，导致料散、飞砂、窑皮酥、脆；

(3) 液相量增多，烧成带结大块，煅烧温度降低，熟料强度低。

某厂就烧成系统有关样品的微量元素及其对熟料烧成的影响进行了分析，其样品的化学分析结果见表 2-29。

表 2-29　某厂烧成系统有关样品的化学分析结果　　　　　　　　　　　　％

样品编号	CaO	SiO_2	Al_2O_3	Fe_2O_3	MgO	K_2O	Na_2O	P_2O_2	SO_2	Cl^-	其他
正常熟料 3.10	66.729	21.212	5.027	3.068	1.523	0.718	0.389	—	0.235	0.330	0.769
结皮熟料 3.10	67.059	20.091	4.581	3.036	1.552	1.373	0.472	—	0.552	0.588	0.684
后结圈样 1.28	65.525	20.703	4.458	3.115	2.167	1.335	0.245	0.190	1.259	0.232	0.752
结球试样 1.6	67.166	19.202	4.423	3.408	2.083	1.265	0.204	0.188	0.711	0.277	0.061
窑皮 1.23	65.909	19.349	4.708	3.631	3.276	1.082	0.227	0.197	0.825	0.186	0.220
窑皮 1.24	66.032	20.504	4.927	3.064	2.305	1.005	0.239	0.229	0.723	0.217	0.740

MgO 的存在，在熟料煅烧时，有一部分与熟料矿物结合成固溶体并溶于玻璃体中，当熟料中含有少量的 MgO 时可以降低熟料的烧成温度，增加液相量，降低液相黏度，对熟料烧成有利。但硅酸盐熟料中 MgO 的固溶量与溶解于玻璃体中的 MgO 量总计为 2％左右，其余的 MgO 呈游离状态，若以方镁石的形式存在，将会影响水泥安定性。

生料中的 MgO 虽然能使液相最初出现温度降低 10℃左右，但并不能显著地影响熟料的形成速度。而且熟料中的 MgO 加快了 α-$C_2S \rightarrow \alpha'$-C_2S 的转化，导致了冷却时弱水硬性 β-C_2S 的稳定，降低了熟料活性。

K_2O、Na_2O 含量少时起助熔作用，能降低生料的最低共熔点，增加液相量，降低熟料的烧成温度，对熟料性能并不造成多少危害。但含量较多时，K_2O、Na_2O 将取代熟料矿物中的 CaO 形成含碱化合物析出 CaO，使 C_2S 难以再吸收 CaO 形成 C_3S，增加了熟料中的

f-CaO含量，降低了熟料质量。

由于碱的熔点较低，能在烧成系统中循环富集，与 SO_3、Cl^- 等形成氯化碱（RCl）、硫酸碱（R_2SO_4）等化合物，这些化合物将黏附在预热器旋风筒的锥体和筒壁上形成结皮，严重时会造成堵塞。

还有，当原料中有硫存在时，碱与硫易生成钾石膏，导致水泥快凝和水泥库结块；水泥中的碱还能和混凝土中的活性集料（如蛋白石、玉髓等）发生"碱-集料反应"，产生局部膨胀，引起构筑物变形甚至开裂，对混凝土及其构筑物有很大的破坏作用。

美国首先认识到水泥中碱的破坏作用，所以在水泥生产中对碱含量予以了限制，要求普通水泥中最高碱含量以钠当量计为 0.6%（以 Na_2O 的分子当量表示，钠当量＝0.658K_2O＋Na_2O）。一般认为，当水泥中的碱含量超过 1% 时，对混凝土有较大危害，而碱含量小于 0.45% 时则基本无害。

SO_3、Cl^-、F^- 是熟料中的挥发性组分。其中，氟化钙很早就被认为是有效的矿化剂，它能提早液相出现的温度。氯化钙也具有良好的矿化作用，特别是能促进 B 矿的形成。在 Ca-Si 体系中加入 4% 石膏，C_3S 形成温度可由 1400～1500℃ 降至 1350℃，而且石膏对含碱熟料的形成有利。但在熟料的煅烧过程中，这些挥发性的有害成分能够在系统中循环富集，多组分共存时，最低共熔温度可能下降到 650～700℃，在系统 650～700℃ 区域内可能出现部分熔融物，粘结生料颗粒造成预热器系统的结皮和堵塞。

P_2O_5 对于熟料的烧成有强烈的矿化作用，当熟料中的 P_2O_5 控制在 0.1%～0.3% 时，能使 CaO 和磷酸盐先生成固溶体再结晶出 C_3S 和 C_2S，促进硅酸盐矿物的形成。但由于 P_2O_5 会使 C_3S 分解，当 P_2O_5 超过 0.5% 时，每增加 1% 的 P_2O_5，将减少 9.9% 的 C_3S，增加 10.9% 的 C_2S，会导致熟料的活性降低，同时增加熟料的 f-CaO。

除了上述主要影响之外，有关研究表明，部分金属元素对熟料性能还具有如下综合影响：

Cr、Ni、F——影响到水泥颜色

Pb、Zn、As、Cu、Cd——降低早期强度

Cr、Ni、V、Ba、F——提高早期强度

Zn、Pb、Sr、P、B、Mn——降低水化反应速度

Cr、Mn、Ti、Co、Va——提高水化反应速度

2. 微量元素与窑尾系统结皮

原燃材料中的碱、氯、硫等有害成分，会对窑尾结皮构成重大影响，是威胁熟料烧成系统安全运转的重要因素之一，绝对忽视不得。

1）原燃材料中的碱、氯、硫对结皮的影响

碱的来源主要是黏土质原料及泥灰质石灰岩，小部分来自燃料。黏土原料中常常含有部分分散的钾长石（$K_2O·Al_2O_3·6SiO_2$）、钠长石（$Na_2O·Al_2O_3·6SiO_2$）、白云母（$K_2O·3Al_2O_3·6SiO_2·2H_2O$）等，碱含量为 3.5%～5%；三氧化硫主要是由燃料以及黏土质原料带入；氯化物主要是由黏土质原料以及燃料带入的，部分石灰石矿山的含量也比较高，如果采用电石渣作为钙质原料，其氯化物含量一般是较高的。

碱氯硫对结皮的影响，可从生料、熟料与结皮料的化学成分对比中明显反映出来。建筑材料学研究院曾经对四平预分解窑的生料、熟料及结皮料进行过化学分析。结果表明，结皮

料中的碱氯硫含量比当时生料、熟料中这些成分的含量高得多，尤其是 SO_3，比熟料中的含量高 28 倍以上，这些都是在窑尾系统循环富集的结果。

由生料以及燃料带入系统中的碱氯硫的化合物，在窑内高温带逐步挥发成气体状态，首先是碱的氢氧化物，其次是碱的氯化物，最后是碱的硫酸盐。经过窑的烧成带，物料在 1450℃ 的高温下，氯盐几乎全部挥发，硫、碱的挥发率则与在高温带停留的时间及物料的物理形状有关。有一部分碱以 $K_2O \cdot 23CaO \cdot 12SiO_2 \cdot 8CaO \cdot 3Al_2O_3$、$K_2O \cdot 8CaO \cdot 3Al_2O_3$、$K_2SO_4$、$Na_2SO_4$ 等抗高温状态存在，可以保留在熟料中随熟料出窑。

挥发出来的碱氯硫与窑内烟气一起回到预热器内，被悬浮于热气体中的生料粉过滤接纳，碱氯硫便冷凝在生料颗粒表面，特别是 K_2O 在预热器中冷凝率高达 81%～97%，冷凝的碱氯硫又随生料重新回到窑中，如此在系统中循环往复逐步积累起来。

当系统内挥发物达到一定浓度时，随废气排出及熟料带出的碱氯硫增多，其排出系统的碱氯硫量与从原燃材料带进的量达到平衡时，系统内的挥发物含量被基本稳定下来，但其浓度已经远远高于系统的进入量和排出量。

建筑材料科学研究院对结皮物料还进行了物化检验，其 X 射线分析结果表明，八个结皮样中都有灰硅钙石和硫硅钙石。灰硅钙石是在 CO_2 气氛中，700～900℃ 的环境下形成的，与碱质和氯盐的作用有关，在一定温度下灰硅钙石具有较强的粘结性；硫硅钙石的形成则是由于燃料燃烧时放出的 SO_2 或生料中硫的挥发与碱作用生产硫酸盐，进一步与料粉中的 CaO 及 SiO_2 起作用而形成，这种硅酸钙－硫酸钙化合物具有异元熔融的特性，它在较低温度下就会出现液相。

2）碱氯硫结皮与温度的关系

碱氯硫等物质在系统运动过程中，随着温度的不同，它们本身的物相及其物理化学性质亦发生变化。在高温地带，这些物料受热挥发，随烟气带往窑后烟道、分解炉、预热器系统，并凝聚在生料颗粒表面上，使生料表面的化学成分改变，共熔温度降低。当这些物料处于较高温度下（如 1000℃ 以上），其表面开始部分熔化，产生液相，生成部分低熔点化合物。这些含有部分液相的料粉颗粒，特别是悬浮于烟气流中的这种颗粒，与温度较低的设备或管道内壁接触时，便可粘结在器壁上。

如果碱氯硫的含量较大，所处环境的温度较高，就会出现多而黏的液相，料粉就会在碰到器壁时层层粘挂，愈结愈厚。尤其在正对气流的器壁交叉或缩口处，因料粉与器壁的接触机会多，其三维结构又有利于结拱搭接，形成结皮的可能性增大。一般的结皮，层状多孔，疏松易碎，但如果在较高的温度下受热时间较长，也会变得坚硬。

3）防止结皮堵塞的措施

在窑尾系统设备结构合理的条件下，采取下列措施：

（1）对原燃材料的控制。悬浮预热器窑及预分解窑，对生料的一半要求是碱含量（R_2O）<1.5%，氯含量<0.02%，S 含量<1.3%，燃料中硫量<3.0%。避免使用高灰分及灰分熔点低的煤。在选择原燃材料时，应在合理利用资源的前提下，尽量采用碱氯硫低的原燃材料。

（2）采用旁路放风。如果原燃材料中的碱氯硫含量超出上述范围，为降低系统碱等循环浓度，可采取旁路放风措施，即将碱氯硫浓度较高的出窑气体在入分解炉之前，从旁路部分排出系统。但这要增加旁路投资和系统能耗，一般采用得很少，最好还是从原燃材料上控制。

（3）严格控制系统各处的温度。窑后气温愈高，含碱氯硫颗粒表面出的液相愈多，煤灰熔化的可能性愈大，则结皮的趋向愈高。一般控制出窑气体温度不超 1000℃，出分解炉气体温度不超过 950℃，并且完全燃烧。

（4）定期的检查吹扫清理。分解炉前后的气温为 950～1000℃，处于一些低熔物开始熔化的范围，所以一般结皮是难免的，但通过定期的检查吹扫清理，可以减少结皮的生根、长大、硬化的机会，将结皮影响控制到最小。

2.6　原料中微量元素对窑筒体的危害

前面讨论了由原燃材料带进回转窑内的诸多微量元素对生产运行有重要影响，现在继续讨论微量元素对烧成的关键设备回转窑的影响，主要是对窑筒体的腐蚀，对窑筒体构成腐蚀伤害的微量元素主要是氯、硫、磷。

硫是钢材的有害元素，能降低钢的延展性和韧性，在锻造和轧制时造成裂纹，通常要求硫含量<0.055%，优质钢要求<0.040%。但这是钢材生产中的控制指标，至于在钢材的使用中，硫的腐蚀先在钢材表面形成 FeS_2 密实层，然后再逐层深入，速度相对较慢，FeS_2 能增加钢材的热脆性。

磷的腐蚀也是从表层开始逐层深入的，速度相对较慢。但磷是影响钢材低温冷脆的主要元素，能增加钢材的冷脆性，降低焊接性和塑性，使冷弯性能变坏。所以，在钢材的生产过程中也给予了严格控制，通常要求钢中含磷量<0.045%，优质钢要求更低些。

氯离子则不同，由于 Cl^- 具有离子半径小、穿透能力强的特点，能够进入钢材内部进行深层次的破坏，"不仅自己深入敌后，还要找一个 K^+ 做夫人生产 KCl，建立根据地、扩大地盘"。KCl 又是相对疏松的多孔片层，渗透在钢材中的 KCl 相当于人肌体内的癌细胞，会大幅度地降低钢材质量，变得很脆很易碎裂。

需要注意的是，钢材的脆性破坏，不论是冷脆还是热脆，都会降低钢材的延展性和韧性，由于在加载后无明显变形，破坏前无预兆，这种破坏是钢材内部实质性的，破坏事件在窑筒体不是太薄的情况下即能发生，不易被提前发现，因此脆性破坏的危险性很大。

1. 氯离子的破坏机理及其防护措施

有关研究表明，氯离子对钢材不但有"氧化反应"和"电化反应"的危害，而且可以在碳钢中渗透，并吸收钾离子生成 KCl，形成结构疏松的 KCl 多孔片层。在腐蚀过程中，Cl^- 不仅在点蚀坑内富积，而且还会在未产生点蚀坑的区域富积，这可能是点蚀坑形成的前期过程。这种现象反映在基体铁与腐蚀产物膜的界面处，双电层结构容易优先吸附 Cl^-，使得界面处 Cl^- 浓度升高，基体被向下深挖腐蚀，导致点蚀坑不断扩大、加深。

图 2-12 是由奥地利奥镁耐火材料公司的《窑筒体锈蚀》资料整编而成，能看到钢板被硫和氯腐蚀后的内部结构，可供参考。

鉴于原燃材料的逐渐贫乏、废矿废渣"综合利用"为生产原料以及替代燃料的使用，带入回转窑内的硫、磷、氯，不但得不到有效控制，而且呈现出越来越高的趋势，那又如何防止其对窑筒体的腐蚀呢？

对此，奥镁公司进行了有机防腐材料涂层、无机防腐材料火焰喷涂、铺设不锈钢板防腐等试验。多种试验后的结论认为：不锈钢板是一种非常有效和经济的防护窑筒体被腐蚀的方法，且机械稳定性好，施工容易，在墨西哥的多条水泥窑上使用都十分成功，在巴西、多米尼加、意大利也屡试不爽。

窑筒体硫腐蚀层照片

窑筒体氯腐蚀层照片

硫腐蚀层显微照片

氯腐蚀层显微照片

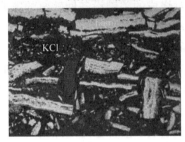

磁铁矿和FeS₂密实片层

赤铁矿和KCl多孔片层

图 2-12　由奥镁公司《窑筒体锈蚀》资料整编的参考图

具体的施工方法有两种，一是采用 0.38mm 厚、900mm 宽的不锈钢板，裁为 2～3m 长一段，铺在砖和窑筒体之间，如图 2-13 所示；二是采用 0.79mm 厚的不锈钢板，分块点焊在窑筒体上，如图 2-14 所示。

图 2-13　0.38mm 厚不锈钢板的防腐施工

图 2-14　0.79mm 厚不锈钢板的防腐施工

2. 窑筒体的腐蚀离我们并不遥远

前面谈了部分微量元素，特别是硫、磷、氯对窑筒体的腐蚀，除了使窑筒体变薄、强度降低以外，还会降低钢材的塑形、增大钢材的脆性，有可能导致窑筒体的脆性破坏。

话说得好像危言耸听，但这些危害在现实中到底有多大概率呢？实际上，有害成分对窑筒体的腐蚀案例不在少数，只是缺乏详细的分析和公开报道而已，仅见诸于公开分析报道的大型水泥企业案例就有：

新疆水泥厂，$\phi3.0m\times45m$、700t/d 预分解窑，1981 年 6 月投产，每次换砖都能发现 $0.2\sim0.7mm$ 厚的腐蚀层，1987 年大齿轮处筒体出现 700mm 长的裂缝。经测定，大齿轮前后 900mm 宽度上的平均厚度只有 14mm，裂缝处最薄只有 6.5mm，整个窑筒体都有不同程度的蚀薄，而窑筒体的原厚度为 25mm。

新疆水泥厂，$\phi3.0m\times48m$、800t/d 预分解窑，1983 年投产后，一直存在窑筒体腐蚀现象，1989 年窑过渡带大齿轮附近出现窑筒体开裂。

冀东水泥厂，$\phi4.7m\times74m$、4000t/d 预分解窑，1983 年 11 月投产，1985 年发现窑筒体有腐蚀现象，1988 年 2 月发现窑筒体距窑口 31.6m 处冒灰，检查发现有多条裂缝。

柳州水泥厂，$\phi4.5m\times68m$、3200t/d 预分解窑，1986 年投产后，每次检修都发现过渡带窑筒体有严重腐蚀，腐蚀层厚 $1\sim2mm$。

珠江水泥厂，$\phi4.7m\times75m$、4000t/d 预分解窑，1989 年 2 月投产，每次换砖都发现距窑口三四十米处筒体有严重的腐蚀现象。

新疆水泥厂，$\phi4.0m\times43m$、2000t/d 预分解窑，1992 年投产，2008 年 1 月发生自二挡轮带至窑尾节处窑体断裂、窑尾节掉下窑台的重大事故，也与硫、磷的腐蚀有关。

在 2013 年以后，又相继发生了安阳湖波、泉兴中联、卫辉春江、焦作千业等窑筒体脆性碎裂的恶性事故，现场惨不忍睹。从碎裂的现场来看，好像窑筒体根本就不是用钢材卷制的，而是陶瓷材质的，不是金属的断裂或撕裂，而是脆性非金属体的溃散，如图 2-15～图 2-17 所示。

　　出事的几台窑都不是刚投产的新窑，都已有几年的运行时间且都过了质保期，很难说是设备制造厂选材不当造成的；随着石灰石资源的减少、废矿废渣的使用，很难排除原料中的有害成分对窑筒体的腐蚀影响，钢材在使用中变质的可能性较大。

　　遗憾的是，由于各种原因大部分事故缺乏系统的分析资料，笔者只能提供几个相对完整的事故资料供参考。

图 2-15　安阳湖波窑筒体碎裂现场（2013 年 1 月 2 日）

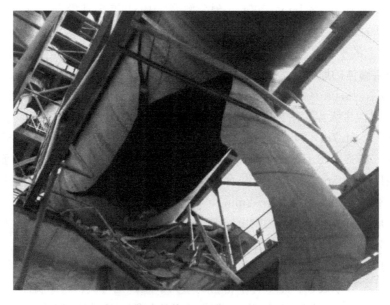

图 2-16　泉兴中联窑筒体碎裂现场（2015 年 1 月 17 日）

图 2-17　卫辉春江窑筒体碎裂现场（2015 年 11 月 21 日）

3. 冀东水泥厂 1 号窑案例

作为我国从国外引进的第一条预分解窑，能力 4000t/d，规格 ϕ4.7m×74m，由日本石川岛播磨引进，1983 年 11 月点火投产。

1988 年 2 月 26 日 16：00 时左右，在窑筒体距窑口 31.6m 处发现向外喷灰现象，该位置处于窑筒体二挡支撑段的进料端，即 65mm 加厚板与 28mm 正常板的连接处。停窑后经超声波探伤检查，在此处窑筒体的圆周上，出现了一条周长 2130mm 的主裂缝，四条分别长 190mm、250mm、240mm、270mm 的短裂缝。此时，距投产时间累计运行了 26987h，生产熟料 437 万吨。

据笔者当时了解的情况（不一定准确），期初采取了简单的焊接处理，并沿周向均布焊接了一些轴向拉板，但运行后又从拉板的两端开裂，最终还是更换了这一节窑筒体。当时的国家建材局、天津水泥工业设计研究院、日本石川岛播磨公司，当然包括冀东水泥厂，曾参与了问题的分析和处理。

综合各家的分析，导致窑筒体开裂的原因有：窑筒体的设计问题，使用中的温度高问题，窑筒体被腐蚀问题。但哪个是主要原因各家看法不一，原国家建材局总工程师黄有丰认为：窑筒体的耐腐蚀性差，窑筒体的温度过高，加速了对它的腐蚀作用。

关于设计问题，天津院和石川岛的核算结果基本一致，窑筒体的最大弯曲应力位于据窑口 47.8m 处，最大应力天津院计算为 15.6MPa、石川岛计算为 14.8MPa，第二大弯曲应力位于据窑口 31.6m 处，正是窑筒体的开裂处，天津院计算为 14.2MPa、石川岛计算为 13.8MPa，在正常情况下是足够安全的。

应该指出的是，在二挡支撑的加厚段，窑筒体的钢板由 65mm 厚直接过渡到 28mm 厚焊接，而且焊接坡口采用 1：3 锥度，这在机械结构上不尽合理，应该是一个应力集中点，起码是开裂的原因之一。

所谓"正常的情况下"，是基于设计 31.6m 处的筒体温度为 305℃，如果对这个温度值超出比较多，可就不一定安全了；所谓"正常的情况下"，当然不包括窑筒体被腐蚀变薄以及对钢材性能的改变，而在设计上，窑筒体的加厚段采用 65mm 后的 SM41AN 钢、普通段采用 28mm 厚的 SS41 钢，都是一般的普通钢材，耐腐蚀性能较差，很难保证不会发生腐蚀现象，也就不一定安全了。

关于温度问题，31.6m 处的设计温度为 305℃，1984 年 8 月使用石川岛砖，此处窑筒体表面温度已接近设计值；1985 年 6 月换成铬镁砖后，此处温度增加了 30～70℃；1987 年 7 月换成尖晶石砖后，此处温度又增加了 30～60℃，达到了 409～430℃；到 1988 年 2 月出事，此处砖的厚度已经由新砖的 200mm 厚降到了 70mm 厚，而且此处还曾发生过红窑。查窑筒体温度扫描曲线，此处的最高温度曾达到过 430～500℃。

温度的升高，一是直接降低了钢材的强度，二是导致了窑筒体的局部热胀抬高，增大了此处的弯曲应力。对于窑筒体的表面温度来讲，一般将 20～200℃ 称之为常温，200～400℃ 称之为中温，400～600℃ 称之为高温，高温将出现筒体蠕变。所以，使用温度过高也是开裂的原因之一。

关于腐蚀问题，1985 年 6 月换砖时发现 37～40m 段有腐蚀现象，1987 年 7 月发现 33～35m 段有腐蚀现象；1988 年 3 月发现 46～53m 段腐蚀比较严重，经超声波探测原 28mm 厚的筒体已腐蚀掉 2.6mm，且有较严重的片状剥落。

1988 年 8 月对窑筒体进行了整体检查，结果发现整个窑筒体都有腐蚀，只是在不同长度上被腐蚀的程度不同而已。其中以距窑口 46～48m 段较严重，筒体被腐蚀掉 2.5～2.6mm。

由筒体内壁取下的腐蚀物，为黑色多层结构，具有良好的导电性和磁性；部分溶于水，且水为浅绿色，部分溶于酸，且释放出 H_2S 气体，经钡盐检测无明显的 $BaSO_4$ 沉淀，说明有二价铁和硫化物存在。电子探针对不同点的腐蚀层测试结果见表 2-30，化学分析对严重段的腐蚀层检测结果见表 2-31。

表 2-30　电子探针对不同点的腐蚀层测试结果　　　　　　　　　　%

测点	Fe	Cl^-	S^{2-}	Al	Si	K
1	65.6	18.6	0	0	0	15.90
2	19.0	10.0	0	60.76	6.69	2.97
3	71.0	12.0	13.59	0	0	2.22
4	63.0	0	34.21	0	0	1.96
5	59.0	16.0	0	8.00	0	9.89
6	65.0	7.4	0	17.00	9.00	3.97
7～10	>98.0	—	—	—	—	—

表 2-31　化学分析对严重段的腐蚀层检测结果　　　　　　　　　　%

元素	$Fe_总$	Fe_0	FeO	O^{2-}	Cl^-	S^{2-}
含量	64.69	11.57	33.70	20.83	3.31	1.56
元素	SO_4^{2-}	Si	Al	K	Na	Mg
含量	0.52	0.87	1.94	1.40	0.02	0.021

由表 2-30、表 2-31 可见，腐蚀层铁的总量大幅度降低，说明已有大量其他元素的介入；单质铁更低，说明有大量的铁成为氧化物、硫化物、氯化物；且以氧化铁的含量最高，说明腐蚀以氧化为主，以硫和氯的腐蚀相伴，而且高温、硫、氯都能加速氧化过程。

4. 新疆水泥厂 4 号窑案例

新疆水泥厂 4 号窑，系原国家建材局于 20 世纪 80 年代末，通过"点菜拼盘"方式引进洪堡、富乐等公司技术，建成的 2000t/d 预分解窑水泥生产线，而且在国内率先采用了洪堡公司的 ϕ4m×43m 超短窑，1992 年建成投产，投产后各项指标运行良好。

2008 年 1 月 20 日，凌晨检修完毕，10：38 用油点火，10：53 给煤 1t/h 油煤混燃，火焰形状不太理想，将给煤量减到 0.5t/h 后火焰正常；然后逐步加煤，0.5t/h→1.0t/h→1.5t/h，尾温从 130℃ 升到 380℃，火焰正常、燃烧充分、没有爆燃现象。2008 年 1 月 20 日11：08，窑筒体在升温中自二挡轮带后瞬间断裂，二挡轮带至窑尾节掉到二挡托轮平台上，事故现场照片如图 2-18 所示。

图 2-18　新疆水泥厂 4 号窑窑尾节断掉现场

事故发生后，当即邀请了天津水泥工业设计研究院、新疆大学机械工程学院的有关专家，对事故进行了初步分析，初步结论为：在有初始裂纹、20g 材质在环境温度较低的情况下，因外力作用发生低温脆性断裂所致。

之后，又将断裂部分取样送国家钢铁研究总院测试中心，进行了包括"断口分析、材料化学成分、力学性能、硬度"等定量测试，钢研总院给出了非常详细的分析报告。对有关几种窑的筒体材料分析对比见表 2-32。

表 2-32　几种窑的筒体采用材料的分析对比

公司	型号	屈服强度/MPa	抗拉强度/MPa	C	Si	Mn	P	S	180°冷弯试验	备注
3 号窑	A3	235（16～40mm）	370～460	0.14～0.22	0.12～0.30	0.35～0.60	≤0.045	≤0.050	纵 1，5a	20℃冲击功为 69J

续表

公司	型号	屈服强度/MPa	抗拉强度/MPa	C	Si	Mn	P	S	180°冷弯试验	备注
4 号窑	20g	225（16～40mm）	400～510	≤0.20	0.15～0.30	0.40～0.80	≤0.035	≤0.035	纵 1a，横 2a	20℃冲击功为 27J
大河沿窑	Q235-B	225（16～40mm）	375～406	0.12～0.18	≤0.30	0.35～0.70	≤0.045	≤0.045	纵 1a，横 1.5a	20℃冲击功为 27J
天津院	Q235-C	225（16～40mm）	375～406	≤0.18	≤0.30	0.35～0.80	≤0.04	≤0.04	纵 1a，横 1.5a	0℃冲击功为 27J
5000t 窑	20g	225（16～40mm）	400～510	≤0.20	0.15～0.30	0.40～0.80	≤0.035	≤0.035	纵 1a，横 2a	
KHD	St37-2	225（16～40mm）	340～470	≤0.18	≤0.30	0.35～0.80	≤0.04	≤0.04	纵 1a，横 2a	
日本窑	SM41C	225（16～40mm）	340～470	≤0.18	≤0.35	0.60～1.0	≤0.035	≤0.035	纵 1a，横 2a	

报告认为，4 号窑筒体属于在大尺寸缺陷基础上产生的低温脆性断裂。筒体缺陷材料在温度较低的条件下，受到动载荷冲击和重力的作用，直接导致了快速脆性断裂的发生；在最终发生低温脆性断裂之前，缺陷材料经历过腐蚀损伤、热焊损伤、裂纹疲劳等扩展过程。应该说，这个分析报告的可信度还是比较高的，下面简单作一下概念性佐证。

（1）关于"大尺寸缺陷"和"热焊损伤"

由表 2-19 比较可见，窑筒体在原有选材上应该没有问题，而且已经安全运行了十多年，窑筒体的原有制造也应该问题不大，所谓"大尺寸缺陷基础"应该是后天形成的。

事实上，在这次 4 号窑筒体断裂源区二挡轮带处，于断裂前的 2005 年曾出现过长约 800mm 的裂纹缺陷。当时只是对裂缝做了简单的现场焊接处理，焊接质量是很难保证的，"热焊损伤"也在所难免，本次筒体断裂就是从此裂缝处两侧开始发展的。

最初裂纹沿补焊处两侧纵向开裂，向两端扩展到一定长度后分叉，逐渐在重力的作用下转为环向扩展，直至筒体断裂后掉在二挡托轮平台上。这符合事故现场的实际情况，断裂现场俯视照片如图 2-19 所示。

（2）关于"腐蚀损伤"和"低温脆性断裂"

新疆是高硫地区，煤质中硫含量通常在 3％～15％。4 号窑所用的几乎所有原料和原煤中，都含有一定量的氯、硫、磷等有害成分，这些有害成分在窑内被气化为腐蚀气体，与窑筒体母材发生腐蚀反应，蚀薄（降低强度）和改变（降低塑形）筒体母材的机械性能。

事实上，4 号窑在投产后，每次换砖时都能发现有 0.1～0.7mm 厚的腐蚀层，尤以二挡轮带处更严重些。在 2005 年二挡轮带处筒体裂纹时，曾对筒体厚度进行了测量，二挡轮带处筒体厚度原为 60mm，而测量宽度 900mm 范围的平均厚度为 50mm，裂纹最薄处只有 10mm；大齿轮处其余筒体厚度原为 28mm，也有不同程度的减薄，最薄处为 20mm；烧成带的窑筒体平均减薄至 25mm 左右。

4 号窑筒体所用材料为 20g 钢，其性能与原 A₃ 钢基本相同，精炼程度比后者要高。

尽管 20g 钢只做常温下的冲击功试验，对低温没有明确要求，但对钢材低温冷脆起影响的主要是磷，20g 钢要求磷的含量控制在≤0.035%，比 A₃ 钢严格，所以其低温性应好于 A₃ 钢。

但因新疆原煤中的磷相对高一些，窑内烟气中难免含有磷，与窑筒体母材在高温下接触反应，势必要提高筒体材料的低温冷脆温度；本次 4 号窑筒体断裂时的环境温度又较低（−7～−8℃左右），所以，也不能否认是低温脆性断裂。

图 2-19　新疆水泥厂 4 号窑窑尾节断裂现场俯视

（3）关于"动载荷冲击"和"裂纹疲劳"

4 号窑是两挡支撑的超短窑，其两挡的跨距相对三挡支撑的窑要大，窑筒体在二挡支撑前容易弯曲而且弯曲程度较大；该窑设计窑尾段悬臂长达 12m，窑的尾部下挠力很大，停窑后极易导致窑尾段下挠弯曲。

窑筒体在大齿轮前后的弯曲，势必导致窑的大小齿轮啮合不好，传动加载不能连续平稳地进行，窑筒体就会受到传动载荷的频繁冲击。事实上，4 号窑的大小齿轮顶间隙通常摆动在 10～20mm，严重时还有顶齿根现象。

一般在重新开窑后，后窑口的摆动量约有 100mm 左右，通过 1～3d 的热转窑才能逐步恢复正常。弯曲的窑筒体在开窑后即受到重力的交变作用，窑筒体的钢材就难免在交变应力作用下发生疲劳。

2.7　焦作千业 1 号窑碎裂事故分析

焦作千业水泥公司的 1 号窑，是最近发生的一起窑筒体碎裂事故，而且受到了该公司和河南省水泥协会的高度重视，他们按照事故的"三不放过"原则，进行了比较系统的事故分析和事故处理，对水泥行业有一定的借鉴作用，故单独作为一节列出，供读者参考。

该窑的规格为 φ4.8m×74m，设计能力为 5000t/d，由洛阳的中信重工机械有限公司制造，2007年2月投入生产。根据图纸概算，回转窑筒体部分重量为509.71t，其窑内耐火材料重量为673.53t，正常生产中窑内窑皮（长0~23m，厚0.3m）重量估算为130.4t，合计总重量约为1313.64t。

1. 事故经过概述

2015年10月25日至11月11日停窑检修（主要是环保治理）；12月5日16：00再次停窑（环保治理），停窑前回转窑运行平稳，未见异常现象；12月8日在距窑口26m前后挖补了372块较薄的耐火砖。

2015年12月11日，大约07：15，值班人员听到一声巨响，现场检查发现回转窑筒体发生了碎裂。加固排险后的现场如图2-20所示。

图2-20　加固排险后的回转窑筒体碎裂现场

窑筒体开裂分布在长约44m的筒体尾段上，主要有三条主线：

①二挡轮带至窑中42m处，有一道长约7.5m的纵向裂纹A，其窑尾端被一道环向裂纹B截断，如图2-21所示，参见三维模拟图2-23。

②裂纹B绕筒体螺旋回转延伸，穿过大齿圈通往三挡轮带，并在回转窑主电机的上方出现了较大的张口，可见到窑内的耐火砖有明显的松动和位移，有个别砖已经脱落出窑外，如图2-21所示，参见三维模拟图2-23。

③在大齿圈顶部，还有一道纵向裂纹C，延伸至窑尾末端，如图2-22所示，参见三维模拟图2-23。

2. 专家组分析意见

焦作千业水泥有限责任公司对这起事故高度重视，首先对事故现场进行了保护和安全排险，为事故分析奠定了基础；随即委托国家钢铁材料测试中心（钢研纳克检测技术有限公司）进行了现场勘验和取样分析，在对材料试验分析的基础上提交了"失效分析报告"。取样分析内容包括：断口分析、能谱分析、化学成分分析、金相组织分析、力学性能试验等。

图 2-21　纵向裂纹 A、环向裂纹 B 现场图

图 2-22　贯穿窑尾的纵向裂纹 C 现场图

2016 年 1 月 7 日，在钢研纳克"失效分析报告"的基础上，焦作千业又邀请来自于河南省水泥协会、天瑞集团水泥公司、中信重工矿研院、中材国际工程公司、洛阳理工机械工程学院、郑州大学材料科学与工程学院、国家钢铁研究总院等国内有关研究、制造、使用、分析方面的专家，进行了窑筒体开裂原因分析。

与会专家组成员首先对事故回转窑及其工作场所进行了认真仔细的勘

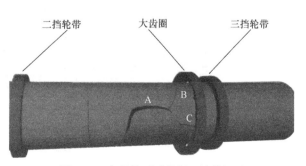

图 2-23　窑筒体开裂分析三维模拟图

察，调阅了回转窑的设备管理台帐及日常运行、维护记录，询问了有关当事人，听取了国家钢铁研究总院国家钢铁材料测试中心失效分析中心郑凯研究员所作的失效分析报告。然后，专家组成员本着实事求是的原则，经过认真分析和充分讨论，最终形成了以下一致意见：

① 焦作千业水泥有限责任公司熟料一分厂 $\phi 4.8m \times 74m$ 水泥回转窑筒体距窑头 32m 到 72m 处，于 2015 年 12 月 11 日 7 时许环保减排停机期间发生了开裂，造成约 40m 回转窑筒体开裂损坏。

② 专家组在认真仔细的调研中，未发现在生产运行中有违反工艺管理规程、设备管理规程的现象。

③ 与会专家一致同意国家钢铁研究总院检测分析结论：此次筒体开裂的起裂源有 4 处，每处均有弧形腐蚀坑，腐蚀坑呈裂缝状，形成严重的应力集中。经检测，腐蚀原因为 S、Cl、K 的长期腐蚀。起裂源处有效厚度最低为 18mm，与原始厚度 28mm 相比减薄 35.7%，导致筒体承载能力严重下降是导致筒体开裂的主要原因。

④ 冬季环境温度较低，事发时间回转窑温差变化较大，热胀冷缩给筒体造成较大的附加应力是导致筒体开裂的次要原因。

⑤ 结合其他企业类似情况，之所以在二挡、三挡中间容易开裂，是因为 S、Cl、K 等有害成分在相对低温下容易在窑体后部循环富集。

⑥ 在生产过程中要严格控制 S、Cl、K 等有害成分含量，尽量减少对窑筒体的腐蚀。也可采用表面涂层或在筒体与耐火砖之间铺设防锈层的措施。

⑦ 定期对窑筒体内表面腐蚀情况进行检查，也可采用超声波测厚仪等设备检测窑筒体的变化，对检查中发现筒体腐蚀比较严重的部分应及时进行更换处理。

3. 失效分析要点

1）现场勘查分析

从现场勘查和分析来看，本次窑筒体开裂具有以下特点，参见以下勘查分析图 2-24、勘查分析图 2-25、勘查分析图 2-26：

图 2-24　现场勘查分析图一

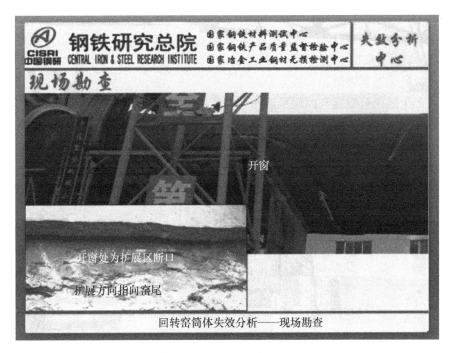

图 2-25 现场勘查分析图二

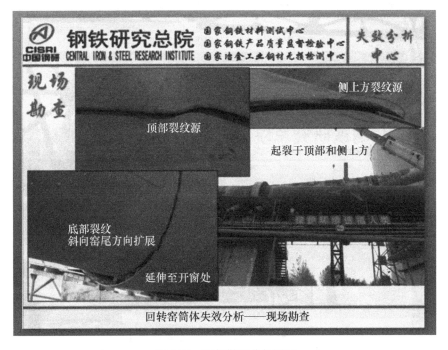

图 2-26 现场勘查分析图三

① 本次窑筒体开裂事故，基本定性为快速脆性开裂；
② 本次窑筒体开裂方向，整体上从窑头向窑尾扩散；
③ 本次窑筒体开裂源，起裂于窑中间区域的顶部和侧上方区域。

2）宏观断口分析

从断口的宏观分析来看，本次窑筒体开裂具有以下特点，参见以下宏观断口分析图2-27～宏观断口分析图2-29：

① 断裂源处为点腐蚀斑；

② 裂纹产生后向外表面和两侧扩散；

③ 筒体内壁腐蚀严重，局部有点腐蚀斑。

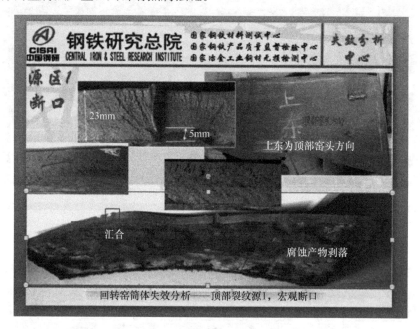

图 2-27　宏观断口分析图一

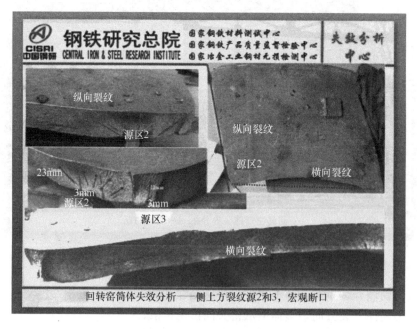

图 2-28　宏观断口分析图二

图 2-29　宏观断口分析图三

3）微观断口分析

从断口的微观分析来看，本次窑筒体开裂具有以下特点，参见以下微观断口分析图 2-30～微观断口分析图 2-32：

① 裂纹源区有较多的腐蚀产物，并含有高腐蚀性介质 S 和 Cl^-；

② 扩展区以解理脆性断口为主；

③ 靠近外壁的后断拉边区，断口呈现韧窝状。

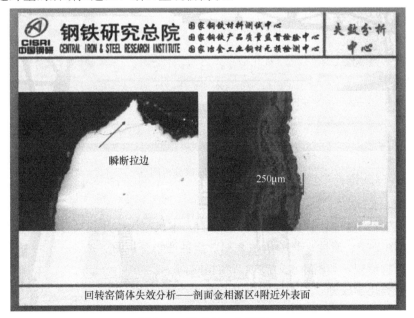

图 2-30　微观断口分析图一

61

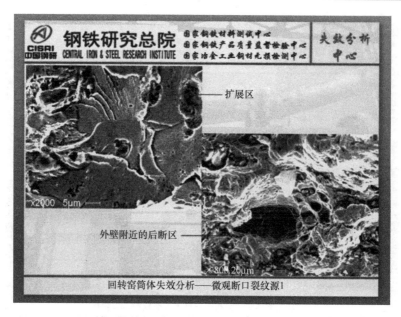

图 2-31　微观断口分析图二

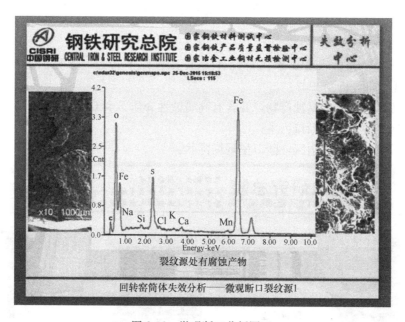

图 2-32　微观断口分析图三

4）腐蚀产物分析

从窑筒体内壁的腐蚀产物化学成分分析来看，本次窑筒体开裂具有以下特点，参见以下腐蚀产物分析图 2-33、腐蚀产物分析图 2-34、腐蚀产物分析图 2-35：

① 腐蚀产物形貌，和断口上的腐蚀产物相同；

② 腐蚀产物化学成分，和源区断口上的腐蚀产物相同。

5）截取窑筒体样品分析

本次分析从紧靠回转窑大齿轮的窑尾侧截取了一块样品，如图 2-36 所示。对样品的分

析和试验得出如下结果：所取样品的化学成分、能谱分析、金相组织、力学性能均符合规范
要求，说明制作窑筒体选用的钢材没有问题。

6）分析与讨论

① 窑筒体材料化学成分符合标准规范要求；

② 窑筒体材料为正常的铁素体＋珠光体组织，钢中非金属夹杂物较少；

③ 窑筒体材料的室温拉伸性能和低温冲击性能，均符合 GB/T 700—2006《碳素结构钢》标准规范要求；

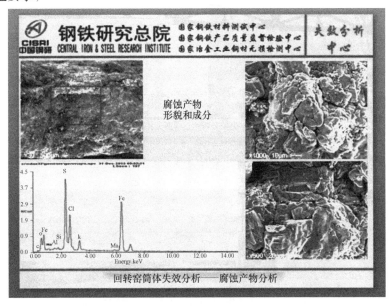

图 2-33　腐蚀产物分析图一

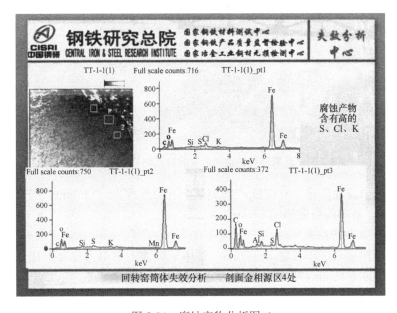

图 2-34　腐蚀产物分析图二

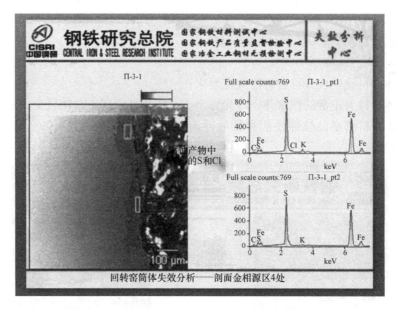

图 2-35　腐蚀产物分析图三

图 2-36　从紧靠回转窑大齿轮的窑尾侧截取了一块样品

④ 窑筒体内壁腐蚀严重，有腐蚀产物剥落，残留壁厚 23～25mm，局部腐蚀严重处形成凹坑状腐蚀斑，最小残留壁厚约 18mm。

7）窑筒体失效分析结论

① 内壁腐蚀严重，平均减薄 3～5mm，整体承载能力下降。局部形成点蚀坑，最大减薄处，残留壁厚仅仅 18mm，此区域为应力集中区，也是薄弱点；

② 二挡和三挡中间，位于窑筒体中间区域挠度是最大，结构上来说是受力最大区，而壁厚为最小 28mm；

③ 冬天温度低材料脆性增大；

④ 停窑后内应力。

由于以上四条原因的作用，在窑筒体的二挡和三挡中间、窑上方的薄弱腐蚀凹坑处，多源起裂并在应力作用下快速扩展，最终导致了窑筒体爆裂。

2.8 水泥中氯离子的含量与危害

镁、碱、硫对生产的影响，大家已有切身的体会，都比较重视，而对氯离子的危害，由于其含量一般在万分之几的数量级上，数量绝对值很小，往往对其不以为然、重视不够。

打开 GB 175—2007《通用硅酸盐水泥》国家标准，与以前的 GB 175 标准比较，最明显的变化就是增加了对水泥中 Cl^- 的限量，这在以前是从来没有过的。还有一个变化也与控制 Cl^- 有关，就是将助磨剂在水泥中的掺加量由 ≤1.0% 调整为 ≤0.5%。

氯盐是廉价而易得的工业原料，它可以为水泥生产和混凝土使用带来一定的好处。有关研究表明，氯盐可以作为熟料煅烧的矿化剂降低烧成温度，有利于节能高产；还是有效的水泥早强剂，可使水泥 3d 强度提高 50% 以上；而且可以降低混凝土中水的冰点温度，防止混凝土早期受冻。

对这么好的东西，国家为什么要严格控制呢？在我国，混凝土的破坏主要是冻融和钢筋锈蚀，氯离子在混凝土中的负面作用正是增加了冻融和钢筋锈蚀的。冻融和钢筋锈蚀已经成为当前最突出的工程质量问题之一，引起了社会和国家的关注，所以水泥新标准中才增加了水泥中的氯离子限值要求。

然而，该标准从 2008 年 6 月 1 日开始实施，到现在已经多个年头了，在部分企业中还没有受到足够的重视，其原因是这些企业对它给社会造成的危害，特别是对自己企业的危害认识不足，现就这一问题谈点粗浅看法。

1. 对 Cl^- 含量的控制标准

（1）中国有关标准的要求：

石灰石 Cl^- ≤0.015%、生料 Cl^- ≤0.015%；

水泥 Cl^- ≤0.06%、混凝土 Cl^- ≤0.20%。

（2）日本有关标准的要求：

生料 Cl^- ≤0.015%；

水泥 Cl^- ≤0.035%、特种水泥 Cl^- ≤0.02%。

（3）欧洲有关标准的要求：

一般控制生料 Cl^- ≤0.015%～0.020%；

德国要求水泥 Cl^- ≤0.10%。

2. 关于 Cl^- 的危害

1）对最终用户建筑物的危害

水泥中 Cl^- 的存在，会导致混凝土的冻融和混凝土中的钢筋锈蚀，会严重削弱钢筋的承载力和可延性，破坏混凝土的强度，最终影响到混凝土建筑物的寿命和安全。

氯离子对最终建筑物的危害，是国家下决心控制水泥中 Cl^- 含量的主要原因。这必将导致建筑物市场、特别是一些重点工程项目对水泥中 Cl^- 的严格控制，通常规定混凝土中氯离子浓度不得高于 0.2%，势必会影响到 Cl^- 含量高的水泥在市场上的销售。

钢筋在混凝土结构中的锈蚀，是在有水分子参与的条件下发生的湿腐蚀。钢筋锈蚀过程可表示为：

$$Fe+1/2O_2+H_2O \longrightarrow Fe(OH)_2$$
$$Fe(OH)_2+1/2H_2O+1/4O_2 \longrightarrow Fe(OH)_3$$

在 O_2 和 H_2O 共同存在的条件下，由于电化学反应使钢筋表面的铁不断失去电子而溶于水，从而逐渐被腐蚀，在钢筋表面形成红铁锈，体积膨胀数倍，使混凝土的强度降低，当铁锈的厚度超过 0.1mm 时，就会引起混凝土表面开裂。

氯离子引起的钢筋锈蚀最为严重，由于氯离子浓度的增加，使钢筋与氯离子之间产生较大的电极电位，诱导着锈蚀电化学反应，促进钢筋锈蚀，但在反应中氯离子并不被消耗。

通常规定混凝土中氯离子浓度不得高于 0.2%。在氯盐环境下，横向宏观裂缝处的钢筋截面受氯盐侵蚀可形成很深的坑蚀，会严重削弱钢筋的承载力和可延性，破坏混凝土的强度。

2）对中间商施工过程的危害

从早强的角度来讲氯离子是有效、有益的，但也正是它的早强机理，会导致水泥的需水量增大、塌落度损失加快、塑性效果变差。这既影响了混凝土的效益，又增加了施工难度。

优质的混凝土既要保持它有较高的强度，又要具有良好的施工特性，主要是减小需水量和塌落度损失，这主要靠一些特定的混凝土外加剂来完成。而氯离子的作用恰恰相反，会增大水泥的需水量和加快塌落度损失。

要在一定程度上弥补氯离子造成的影响，就要加大混凝土外加剂的用量，外加剂的成本比水泥要高得多，这势必会提高混凝土的成本，影响到中间商的效益，最终影响到水泥企业在市场上的产品竞争力。

氯盐曾经被作为有效的水泥早强剂，早强的机理主要是氯离子与水泥中的 C_3A 作用生成不溶于水的水化氯铝酸盐，由此加速了水泥中的 C_3A 水化。

氯离子与水泥水化所得的氢氧化钙生成难溶于水的氯酸钙，降低液相中氢氧化钙的浓度，加速 C_3S 的水化，并且生成的复盐增加了水泥浆中固相的比例，形成坚强的骨架，有助于水泥石结构的形成。

由于氯化物多为易溶盐类，具有盐效应，可加大硅酸盐水泥熟料矿物的溶解度，加快水化反应进程，从而加速水泥及混凝土的硬化。

3）对制造者生产过程的危害

主要是 Cl^- 在烧成系统中生成的 $CaCl_2$ 和 RCl 具有极高的挥发性，在回转窑内几乎全部挥发，形成氯碱循环富集，最终导致预热器中的生料的氯化物提高近百倍，使其危害性大幅度的累积放大。

特别是 KCl 的存在，强烈的促进了硅方解石 $2C_2S \cdot CaCO_3$ 矿物的形成，在预热器内逐层粘挂形成结皮。而且这种矿物在 900～950℃ 之间具有很高的强度，又使得这种结皮很难清理，最终导致通风不良和预热器堵塞。

3. 关于 Cl^- 的控制

根据有关研究，氯化物被发现是形成硅方解石 $2C_2S \cdot CaCO_3$ 矿物的促进剂，掺入一定量的磷灰石可以捕获一定的 Cl^- 形成 $Ca_5(PO_4)_3Cl$，减少或消除硅方解石的形成，但最终还是没有将氯离子清除出去，还是不能消除对混凝土中钢筋的锈蚀影响。

有人做过试验，在生料中加入 10%～20% 的 $CaCl_2$，可以在 1200℃ 以下烧成 KH＝0.90～0.95、SM＝2～3、IM＝1.3～3 的高强熟料，产量可以提高约 50%、煤耗可以降低约 35%。但 Cl^- 回收和对钢筋的锈蚀问题还没法解决，这是影响氯盐利用的关键所在。

旁路放风可以在较大程度上清除生料中的 Cl^-，但旁路放风将导致熟料的煤耗大幅度提高，而且由此所产生的氯碱废物又难以利用和处理。

有人认为熟料已经过水泥窑内的高温煅烧，Cl^- 在烧成系统中又具有极高的挥发性，所以水泥中的 Cl^- 主要来源于混合材。针对这一观点有关部门曾经做过试验，将 NaCl 置于高温炉中，在 810℃ 下 NaCl 固体开始变成熔融状，840℃ 全部变为熔融体，在 1400℃ 恒温灼烧 30min，其损失量只有 12.72%。

虽然回转窑内的最高温可以达到 1600～1700℃，但由于大工业生产的波动性，以及窑内物料具有一定的填充率和涌动现象，难免有些物料在 1400℃ 或 1500℃ 以下通过回转窑。因此，Cl^- 在熟料煅烧过程中不可能大部分地挥发掉，即使有挥发也只是相对很少的一部分。

对全国不同地区的多家水泥企业生产的熟料及使用的混合材进行检测的结果显示，熟料中 Cl^- 为 0.011%～0.053%，而混合材中的 Cl^- 只有 0.005%～0.012%。通过以上分析表明，水泥自身的 Cl^- 在一般情况下主要来源于熟料。

很遗憾，到目前为止，关于 Cl^- 的控制，还只能从原燃材料入手，不是万不得已，尽量不要选择 Cl^- 含量高的原燃材料。

4. 不仅是控制水泥的 Cl^-

鉴于氯离子对混凝土构筑物有重大危害，国家对氯离子的控制不仅限于水泥产品，足可见其危害的重要程度。所幸国家对水泥行业管理较严，水泥行业对氯离子的控制相对较好，目前还没有由于氯离子对构筑物形成重大危害的案例发生。但我们不妨看看其他行业，还是引以为戒的好。

2013 年 3 月 22 日，网上有一篇"海砂中超标氯离子将严重腐蚀建筑中的钢筋"的报道，现摘编于此，也为我们水泥行业打个预防针：

建造房屋时砂是必不可少的，近日央视 315 曝光：深圳"海砂危楼"事件，不符标准海砂中超标的氯离子将严重腐蚀建筑中的钢筋，甚至存在倒塌危险。而就是这样的"海砂危楼"在深圳比比皆是！就该事件，中国混凝土与水泥制品网记者近日采访了中国砂石协会秘书长韩继先。他表示，不达标的海砂对建筑工程质量有危害，按现在的传统洗砂工艺生产出的海砂，质量是不过关的，无法根除氯离子。提醒商品混凝土企业，应规范、谨慎使用海砂。

韩继先说，国家虽然有规程、规范规定了海砂使用标准，但从百年大计考虑，一般还是应不推荐使用海砂。海砂在混凝土中的应用当中受到一些限制，主要是因为海砂含有多种盐类等矿物质，会对混凝土产生不利的影响。海砂中所含盐类的主要成分其中以氯离子对钢筋混凝土的破坏最为严重，当钢筋锈蚀积累到一定程度时，由于钢筋体积膨胀致使混凝土构件胀裂或钢筋因严重锈蚀而断裂，从而使建设工程的安全遭受威胁。

按照中华人民共和国建设部 2004 年 9 月发布的《关于严格建筑用海砂管理的意见》中规定，建筑工程中采用的海砂必须是经过专门处理的淡化海砂。公共建筑或者高层建筑不宜采用海砂。钢筋混凝土抹灰面层不得采用未处理的海砂作砂浆。采用海砂的建筑工程应当严格工程质量检查；对结构构件的混凝土保护层不符合规范要求的，必须进行处理后，才得进入下一工序。

违反下列强制性条文的，应依据建设部令《实施工程建设强制性标准监督规定》进行查处：(1) 对重要工程混凝土使用的砂，应采用化学法和砂浆长度法进行骨料的碱活性检验；(2) 对钢筋混凝土，海砂中氯离子含量不应大于 0.06%；(3) 对预应力混凝土不宜用海砂。若必须使用海砂时，则应经淡水冲洗，其氯离子含量不得大于 0.02%。

《建设用砂》GB/T 14684—2011 标准中把淡化海砂列入了建设用砂的天然砂范围，在有害物质限量规定中，对海砂中的的氯化物（以氯离子质量计，%）特别做出规定，标准规定为Ⅰ级≤0.01，Ⅱ级≤0.02，Ⅲ级≤0.03（而对于我们水泥的限制为：水泥 Cl$^-$ ≤0.06%）。

韩继先向记者介绍，日本是一个岛国，上个世纪前半叶就出现"河砂短缺"现象，于是着手开发利用海砂资源。但在日本的建设用砂标准规范中，对海砂要求有严格的配比量、总量控制、用途（如，平房可用，高层建筑不可用）等诸多条件的界定。

第3章　燃料的使用管理及其生产安全

在我国，烧成熟料燃料基本上都是煤。煤是熟料和水泥制造过程中主要消耗的化石能源，在熟料和水泥的成本构成中占据很大的比重。煤价的高低和煤质的好坏将直接影响到每个厂熟料（或水泥）的产量、质量、能耗、成本等技术经济指标。因此，可以说，每个工厂的各个管理层级对煤的重视程度都非常高。

但重视程度高是否就说明，我们已把与煤相关的很多问题都搞明白了呢？进厂煤的指标好就说明它是好煤吗？花了买好煤的钱就能用上好煤吗？廉价的褐煤能否在预分解窑上用呢？低热值的煤矸石能否用于熟料烧成呢？压低出磨温度就能避免煤磨系统着火了吗？

3.1　煤质的特性与评价

1. 影响原煤可燃性的技术指标

对于水泥行业来讲，煤的主要作用，就是通过其燃烧，按照熟料烧成硅物化的工艺需求，实时且可控的提供能量，形成煅烧温度。熟料烧成是玩火的，而且要玩出花样、玩出水平、玩出 P—T—t，所以煤对熟料烧成是再重要不过了！

一种煤是否适合水泥熟料烧成使用，与它的可燃性有很大的关系，通常影响原煤可燃性的技术指标有：水分（M）、灰分（A）、挥发分（V）、固定碳（FC）、发热量（Q）、全硫（St）、胶质层最大厚度（Y）、粘结指数（G）、煤灰熔融性温度（灰熔点）、哈氏可磨指数（HGI）、吾氏流动度（$ddpm$）、烟煤的奥亚膨胀度（B）、焦渣特征（CRC）、透光率（PM）、干燥无灰基氢含量（H）、氧指数（OI）、着火点、燃烧速度等十多项。

但我们一般日常控制的进厂煤的技术指标只有水分、灰分、挥发分、固定碳、发热量、全硫这五六项。也就是说，有一半以上的与燃烧有关的技术指标处于失控状态。所以，对一种煤来讲，即使日常控制的各项技术指标都合格，它也不一定燃烧特性就好。

而且，煤的水分有内水和外水之分，内水是由植物变成煤时所含的水分，外水是在开采运输等过程中附在煤表面和裂隙中的水分。一般来讲，煤的变质程度越大内水就越低，褐煤、长焰煤的内水普遍较高，贫煤、无烟煤的内水一般较低。就现有的煤粉制备工艺来讲，内水是很难被烘干出来。

水分的存在对煤粉的燃烧是极其不利的，它不仅浪费了大量的运输资源，而且当煤作为燃料时，煤中的水分会成为蒸汽，在蒸发时还要消耗热量。理论上，发热量 6000kcal/kg 的原煤，环境温度为 25℃时，煤的水分每增加 1%，发热量降低约 80kcal/kg；实际上，水分的增加势必影响到煤粉的着火点和燃烧速度，影响到火力的集中度，其综合影响力约在 100～150kcal/kg 左右，这与经验中的感觉是相符的。

2. 煤岩的成因以及对烧成的影响

按照主流的煤岩成因说，地表上的各类植物在地质构造活动中，一旦被掩埋于地下，经过复杂的地质作用，原有的炭质结构被压实、碳化，就会逐渐形成可燃烧的煤岩。

从古生植物到煤炭形成，至少经历了 2500—4000 万年的复杂地质条件下的物理化学变化过程。煤炭在各个地质时代的形成情况如图 3-1 所示，煤炭的形成大致分为四个地质时段：①早古生代以菌藻类为主的浅海相聚煤模式，②晚古生代以蕨类植物为主的滨海过渡相聚煤模式，③中生代以裸子植物为主的大中型内陆湖泊、河流相聚煤模式，④新生代以被子植物为主的中小型内陆湖泊、沼泽相聚煤模式。

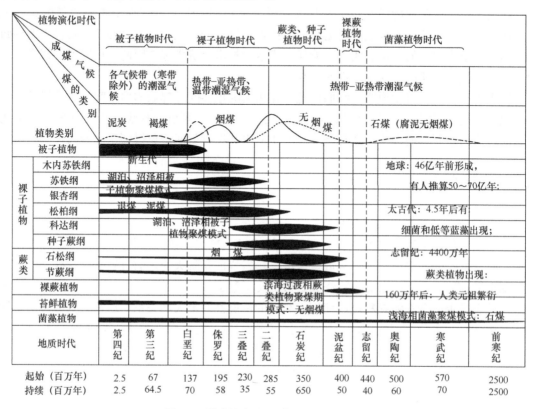

图 3-1 煤炭在各个地质时代的形成情况

1）早古生代以菌藻类为主的浅海相聚煤：

此时段主要以石煤为主，以早寒武纪多，其次是早志留纪。其生于古老地层中，由菌藻类等生物体在浅海、泻湖、海湾条件下经腐泥煤化作用转变而成，变质度深、含碳少、热值低、属劣质煤。多夹黄铁矿、石英、磷、钙质结核，伴生元素多达 60 种，主要有钒、钼、铀、磷、银等。高含碳量石煤呈黑色，低含碳量石煤呈灰色，密度在 1.7～2.3 之间，灰分 >60%，热值在 3.5～10.5MJ/kg 之间，属低热值燃料。

该煤种着火温度较高，燃尽温度也较高，热值较低，对于水泥生产控制来说，不是理想的选择，更不应该将此煤作为调制煤源混入其他煤种中使用，否则，生产操控将更加困难。

2）晚古生代以蕨类植物为主的滨海过渡相聚煤：

泥盆纪聚煤物主要是蕨类植物。早泥盆纪，由于植物体态矮小细长，分布稀疏，仅形成薄层炭质泥岩；中泥盆纪植物进化发展快，分布较集中，聚煤活跃，煤层较厚；晚泥盆纪海水向东北方向浸漫，裸蕨植物珠密发达，煤层较厚。

石炭、二叠纪，由于聚煤植物繁演，出现巨大石松、楔叶、树蕨，聚煤更加活跃，煤化程度以高、中级为主，此时期的煤多为无烟煤，尤其华南地区。早石炭纪聚煤主要在华南地区，以无烟煤为主，有少数贫煤和瘦煤；晚石炭纪由于海浸到高潮，聚煤暂停；石炭纪至二叠纪，由于古陆抬升海水南移，致使华北以腐殖煤为主，也有少许腐泥煤和角质煤。

自早二叠纪到晚二叠纪，华南聚煤作用自东南向西北呈阶段性迁移，聚煤期多在滨海附近，成煤以腐殖煤为主，其含硫较高。二叠纪早期煤质形态复杂、含硫较高、粘性较强，二叠纪晚期，聚煤由南向西北方向扩展，聚煤活跃。

无烟煤也称白煤，属煤化程度高的煤，其固定碳含量高、挥发分低、燃点高，燃烧时火焰短、少烟、不结焦，密度大、硬度大、较难粉磨。一般含碳量在 90% 以上，挥发分在 10% 以下，热值在 $6000 \sim 6500$kcal/kg 之间。

3）中生代以裸子植物为主的内陆湖泊、河流相聚煤：

中生代的中三叠纪，由于印支运动影响，华南大面积海退，形成了浅海、淡水湖泊、泻湖湿热气候，植物繁茂。苏铁、银杏、松柏等植物优势，使得晚三叠纪聚煤日渐活跃，该段聚煤期内多以烟煤为主，也有少量的无烟煤和褐煤。中生代沉积煤岩因环境变化较大而复杂。

鉴于古地址构造运动和气候变化，中生代聚煤作用自西南向东北迁移，因而形成聚煤带，主要集中在川西、滇东、湘、粤、赣中的狭长地带。晚三叠纪聚煤主要分布在秦岭以南，早中侏罗纪聚煤主要活跃于秦岭以北、天山、阴山以南；晚侏罗纪、早白垩纪聚煤活跃于阴山以北。

烟煤的煤化程度较大，不含游离腐殖酸。挥发分 10%～40%，含碳 75%～90%，高位热值 6500～8900kcal/kg，密度 1.2～1.5t/m³。大多有粘结性，块状外观呈灰黑色至黑色，粉末从棕色到黑色，由有光泽和无光泽两部分交合成层状，明显有条带状、凸镜状构造。按挥发分含量、胶质层厚度，又可分长焰煤、气煤、肥煤、焦煤、贫煤、瘦煤等。

4）新生代以被子植物为主的内陆湖泊、沼泽相聚煤：

新生代，由于燕山和喜马拉雅运动，形成了陆地湖泊、沼泽分布，生物演化以被子植物和哺乳类动物显著，为形成一系列中小型聚煤盆地创造了条件。

第三纪，由于存在一条横贯中部、呈东南与西北走向的干旱气候带，聚煤盆地主要分布在南北两侧的潮湿气候带上，出现了早第三纪和晚第三纪两个时段的聚煤期，主要以内陆、山间盆地沉积为主。早第三纪聚煤盆地主要分布在东北和华北东部地区，晚三叠纪主要分布在云南、广西、广东、海南、西藏及台湾地区。该纪形成的煤炭主要以褐煤为主，有少量的无烟煤和泥煤。

第四纪是主要的泥炭产生时期，主要集中在更新统和全新统，中更新统个别出现在第三纪上新世。由于该期气候变化出现冰期，影响了泥炭的区域变化，适于泥炭聚集的地理环境较多，且以中小型矿床为主，分布上西多东少、北多南少。长江以南主要以木本、草本、草木混合本为主，长江以北主要草本和苔草为主，全新世泥炭占到了全国泥炭的 97%。

成煤系统周围的地质、水文、温度等状况，都是成煤的重要外在要素；成煤后地质构造的变化、围岩的性质等，都将影响煤的成分和性质。比如陆相沉积的煤岩炭的氧化程度高，灰分中的 SiO_2 含量高、且颗粒较粗；海相沉积的煤杂质碎屑细，氧化程度低。

不同的煤岩结构将导致其具有不同的燃烧特性，比如树木全胶凝化形成的镜碳发热量高；暗煤由于掺入了较多的杂质，灰分高、发热量低；氧化程度较高的丝碳发热量低，但易燃；白煤虽然发热量高，但燃烧特性差。几种煤炭的燃烧特性见表3-1。

表3-1　煤炭的地质分类及燃烧特性

种类	发热量/(kJ/kg)	灰分量/%	对熟料烧成的影响
镜煤	>27170	0～10	灰分低热值高，比较适合，但价格高
亮煤	25080～20900	10～20	灰分热值适中、且易燃，比较常用
暗煤	20900～14630	30～40	灰分高热值低，着火慢燃烧慢，不易
丝碳	16720～8360	5～15	热值过低、虽易燃但燃烧慢，不易

煤的燃烧性能不同，就会影响熟料的烧成热耗。如难燃的煤（如石煤），由于燃烧特性较差，不易充分燃烧，会给系统带来一定的干扰，对系统稳定运行不利，增大烧成煤耗；高灰分、高含水量的泥煤，同样由于燃烧特性差，不仅会影响熟料质量，也会增加烧成煤耗。因此，在选择燃料时应该对煤的燃烧特性进行试验，以便据此合理确定烧成系统及操控方案。

对于水泥生产用煤，除了志留纪至寒武纪因浅海相菌藻聚煤模式形成的石煤和白垩纪至第四纪因湖泊、沼泽相被子植物聚煤模式形成的高挥发分气煤和烟煤外，大多数煤种（无论烟煤还是无烟煤）均适合水泥生产。但在选用煤质时，还要注意其挥发分不应高于40%；热值不要低于4800kcal/t.coal；内水不要高于8%；灰分不要大于38%，硫含量不应大于5%。基于热失重分析的不同煤种的燃烧难易程度见表3-2。

表3-2　基于热失重分析的不同煤种评价

起始失重温度/℃	150～200	200～300	300～400	400～500	500～600	600～700	700～800
终止失重温度/℃	300～400	400～500	500～600	600～700	700～800	800～900	900～1000
燃烧难以描述	极易着火	易着火	着火温度适中		较难着火	难着火	困难着火
煤种描述注意事项	白垩纪至第四纪成煤		志留纪至白垩纪成煤		志留纪到石炭纪成煤		志留至寒武成煤
	高挥发分气煤	高挥发分褐煤	大众化的烟煤和无烟煤种		变质程度极深，硬度较大		石煤
水泥生产使用基本描述	挥发分较高>40%，不易远距离输送和储存，不易用于水泥生产		适宜水泥生产使用，但要注意热值高低和干扰元素含量问题		用于水泥生产，需特殊设计处置	不建议使用，需特殊加工处理	不适合水泥生产使用，应避开
其他	无论何种煤，应注意挥发份<40%；热值>4800kcal/kg.coal；内水<8%；灰分<35%；硫含量<5%						

3. 混煤燃烧的误区

目前，混煤燃烧在中国被广泛使用，我们使用的煤大部分是从配煤场采购的，乐得各种指标都满足了要求，采购部门的工作受到了肯定；但其燃烧特性千差万别，而且波动很大，给生产部门带来了被动。

在煤的使用上，最忌讳可燃性相差大的煤配用，这一点国内外的专家已有很多的试验和论文，结论是一致的。奥镁的"砖"家在替代燃料的试验中发现，将燃烧特性差别大的燃料混合使用，水泥窑内会出现几段窑皮，也就是说，窑内出现了几个烧成带，这虽然是个极端的例子，但也佐证了配煤使用的副作用。

南京水泥设计院对不同的煤种进行过燃烧试验，曾对 7 家水泥厂的用煤、1 家水泥厂的生料、以及多煤种的混合煤进行了热重分析，所得热重分析曲线对比如图 3-2 所示。由对比图可见，除不同煤种的燃烧特性差别较大以外，多煤种的混合煤随着温度的升高出现了多次起燃，这是我们所不想看到的。

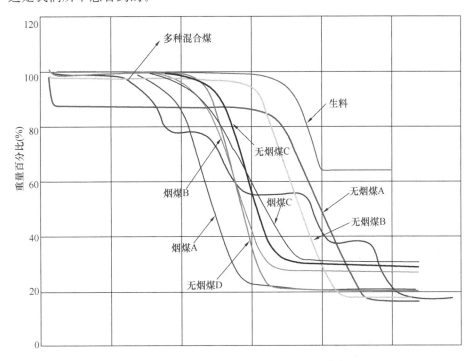

图 3-2 不同煤种及混煤、生料的 TG 曲线

针对这种情况，河南某公司做过相关研究，对燃烧性能相差较大的巩义金鼎煤和平煤天安煤，进行了"先混后磨"和"先磨后混"试验，对两种不同的掺混方式得到的混煤进行了热重分析，并对两种掺混方式下的混煤的"着火温度、燃尽温度、可燃性指数 Cb、综合燃烧特性指数 S、稳燃指数 G"进行了对比。结果表明，在相同升温速率、质量比的情况下，"先磨后混"要比"先混后磨"获得的混煤，其各项着火特性、燃烧特性都好得多。

实践表明，对于几种燃烧特性差别大的煤，无论如何的强化混合，其燃烧特性还是各行其是、无法均一的。这个问题一直困扰着燃烧专家，上述试验给出了一个理由：煤粉细度与其可燃性有着很强的相关性，可燃性好的煤一般都好磨，"先混后磨"工艺把需要放粗的煤给磨细了，可燃性更好；可燃性差的煤一般都难磨，"先混后磨"工艺却把需要磨细的煤给磨粗了，可燃性更差。

4. 掌控煤燃烧特性的方法

煤是一种复杂的有机和无机矿物的混和体，其化学结构至今尚未完全阐明。在燃烧过程中，不同煤种有着不同的燃烧特性，同煤种但产地不同的煤，其燃烧特性也可能有较大的差别。这不仅与煤的元素组成、与成煤的原始植物种类有关，而且还与成煤的地质条件、变质的客观环境等因素有关。

煤炭，从地质学角度来讲，也是一种沉积岩、变质岩。地表上的多种植物和极少部分的动物遗体堆积，经地质运动被掩埋到地表之下、或在水量充沛的沼泽水下，在与空气隔绝的情况下，首先完成泥炭化（植物遗体）/腐泥化（浮游生物、藻类、菌类遗体），再经过复杂的地质成岩作用，在较低温度和较小压力下，泥炭逐渐被压实、大量脱水、孔隙度减小、逐渐固结，逐渐变质形成褐煤→烟煤→无烟煤。

由于成煤系统受到多种因素的影响，比如地质构造、水文状况、温度压力、围岩特性等，所以每个成煤系统都不尽相同、后续演化更是千差万别，都会不同程度的影响到最终煤岩的燃烧特性。

实验表明，虽然煤的燃烧特性在很大程度上与其挥发分的含量有关，但它并不是唯一因素，对于个别煤种，只根据挥发分来判断其燃烧特性，有时甚至会得出相反的结果；有的专家、以及大部分教科书上，都推荐用煤的挥发分来确定煤粉细度，实践证明，是有很大偏差的。

多年来，人们一直在寻找一种能准确、方便地预测煤的燃烧特性的方法，近年来人们采用的热重分析曲线就是一种突破。具体定义如下：

TG（Thermal Gravity Analysis），指样品的升温速度与其重量减少速度的函数关系。在什么温度下样品的重量减少最多，在此温度下的分解或者其他化学反应最剧烈。

DTG（Differential thermal gravity），是 TG 的一次微分，它反映试样的质量随时间的变化率与温度（或时间）的函数关系。如果失重温度很接近，在 TG 上的台阶不容易区分，做 DTG 就可以看到明显的温度变化。

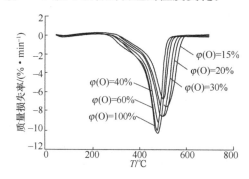

图 3-3 煤在不同氧体积分数下的 DTG 曲线

DTG 的峰顶对应于 TG 的拐点，即失重速率的最大值；DTG 的峰数对应于 TG 的台阶数，即失重的次数；DTG 的峰面积正比于失重量，可用于计算失重量。

例如，煤粉在不同的氧体积分数下，实验所得的热重分析（DTG）曲线如图 3-3 所示。

该热重分析（DTG）曲线能表明：

（1）随着氧体积分数的增加，使曲线向低温区移动，说明着火温度随氧体积分数的增加而降低；

（2）随着氧体积分数的增加，使最大质量损失速率增大，说明煤的活性随氧体积分数的增大而增强；

（3）随着氧体积分数的增加，使煤样燃烧的平均质量损失率增大，说明煤样的燃尽时间缩短，整体燃烧速率提高；

（4）随着氧体积分数的增加，燃烧曲线的后部尾端变陡，说明煤的燃尽性能提高。

应该说，热重分析曲线，是目前能方便有效地预测煤的燃烧特性的方法之一，水泥行业应该在煤的质量控制上推广这种方法。热重分析在对煤质的特性分析判断上具有如下功能：

a. 初步判断煤粉的品质：含水量、烧失量（可燃成分）和灰分高低；

b. 根据煤粉起始燃烧温度和终了燃烧温度，判断其燃烧难易程度；

c. 根据煤粉热失重出现台阶多少，判断是否混入了不同时代煤质；

d. 根据原、燃料热失重先后顺序，判断分解炉内各反应是否正常；

e. 根据热失重和差热分析，判断是吸热还是放热，是否存有相变。

3.2　燃煤进厂和使用的把关

1. 该怎样把好煤的进厂关

我们讲，煤对熟料烧成是再重要不过了！因此，我们反复要求供应部门要给我们采购好点儿的煤。但供应部门采购到好煤，我们就能用上好煤吗？答案是：不尽然！还需要把好进厂关和使用关。

多少年以前，笔者在与一个往山东运煤的老板吃饭时，老板接了一个电话，然后对笔者说："实在对不起，我得赶快回去一趟。"笔者问什么事这么急，老板说："唉，我请的一个装车大师，每天 100 元，现在不干了，要求加薪，每天 200 元，我得过去谈谈。"笔者好奇地问："什么大师？"老板说："人家能保证装上车的劣质煤，在卸车后都不会被买主发现。"

除了设专人监控装车以外，在运输过程中，还有司机在中途加劣质煤换饭吃的案例，有的公司便采取了装车后贴封条的办法，结果发现还是有的车掺假。经过一段时间的跟踪调查，才发现有的司机已经和贴封条的人串通一气了，封条是在掺假后才贴上去的。

如何把好煤的进厂关，进厂过程中的问题是防不胜防，包括进厂以后的验收也有文章可做。只有在进厂验收中采用全自动随机取样（图 3-4、图 3-5）、全自动原煤检验系统（图 3-6），最好是采用不需要取样检验的煤质在线分析仪（图 3-7、图 3-8），尽量排除人为因素，才可能做得好一些。

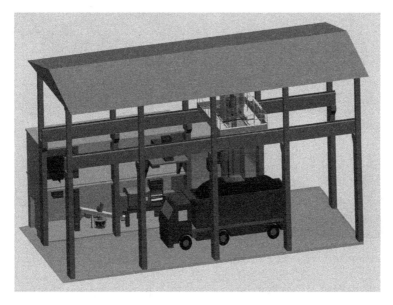

图 3-4　东方测控的汽车进厂煤全自动采制样在线分析一体机

值得一提的是，目前在用的煤质元素在线分析仪主要有两种：一种是中子活化瞬发 γ 射线分析仪，另一种是采用中子非弹性散射反应与热中子俘获原理相结合的分析仪。

前者采用锎源作为中子源，可检测物料中的氮（N）、硫（S）、铝（Al）、硅（Si）、铁（Fe）、钙（Ca）、钛（Ti）、钠（Na）、钾（K）等元素，能精确分析各元素含量和灰分、水

图 3-5 某公司在建的全自动进厂煤车随机取样设施

图 3-6 某公司的全自动原煤分析仪

分、硫含量，并能根据建立的数据模型来计算热值等相关工业指标，但其不能直接检测 C、O 元素。

而后者采用中子非弹性散射、热中子俘获原理，具有全元素、全流量、实时在线等特点。采用中子管（D-T）作为中子源，因其能量高，可以直接测量煤炭中 C、H、O、N、S、Si、Al、Fe、Ca、Ti、Na、K 等 12 种元素，理论上能准确地计量热值、水分、灰分、挥发分、固定碳、S 等分析值，为管理及考核提供很好的依据，对煤炭质量的检测监控具有重要意义。

图 3-7　东方测控的中子活化煤质在线分析仪

图 3-8　东方测控的中子活化旁线煤质分析仪

目前，国外荷兰帕纳科的 CAN 在线分析仪（图 3-9），就是采用中子非弹性散射反应与热中子俘获原理相结合的分析仪，而国内生产这类仪器的厂家主要是丹东东方测控技术股份有限公司。

2. 该怎样把好煤的使用关

除了把好煤的进厂关以外，还必须把好使用关，努力降低煤在使用过程中的贫化程度：

（1）合理控制原煤的进厂量，保持合理库存，改善堆存条件，防止长期堆存引起自燃；

（2）加强堆场管理，将原煤与其他物料分开堆存，并保持一定的距离，防止与其他物料混杂导致贫化；

图 3-9　荷兰帕纳科 CAN 煤炭在线分析仪

（3）不论是窑尾取风还是窑头取风，煤磨烘干用热风的含尘量，都是导致用煤贫化的重要原因，首先要选择在含尘量低的部位取风，必要时要在热风管路上设置沉降室或除尘器。

3.3　预分解窑使用褐煤技术

1. 各类煤质的燃烧特点

根据水泥生产的情况，一般将煤粗略地分为三类：褐煤、烟煤、无烟煤。

（1）褐煤：多为块状，质地疏松，易磨性好；含挥发分 40％左右，燃点低，上火快，火焰粗大；发热量较低，燃烧时间短。

（2）烟煤：一般为小块状、粒状、粉状，质地细致，含挥发分 30％左右，燃点不太高，较易点燃；发热量较高，上火快，火焰长，燃烧时间较长。

（3）无烟煤：有粉状和小块状两种，质地紧密，不太好磨；挥发分含量在 10％左右，燃点高，不易着火；但发热量高，刚燃烧时上火慢，火上来后比较大，火力强，火焰短，燃烧时间长。

2. 如何用好褐煤

从实际使用来看，水泥厂的燃料以烟煤为好，发热量与燃烧特性比较适中，但由于用途广泛，因而价格较高；以褐煤最差，不但发热量低，而且内水普遍较高，但由于用途较少因而价格具有绝对的优势。不论从资源利用的大局考虑，还是从企业成本的降低着想，都希望能够解决褐煤的使用问题。

遗憾的是，褐煤在水泥厂的应用业绩很不理想。我国云南和缅甸的几家水泥企业曾使用晾干的褐煤作燃料，暴露的问题主要是水分高、热值低，不能满足熟料烧成要求的温度，导致熟料质量较差，产量与使用烟煤相比也下降了 20％左右。那么水泥厂到底能不能用褐煤，又该怎么用呢？这里作一些进一步的分析，供大家在实践中参考。

水分的存在对煤粉的燃烧是极其不利的，它不仅浪费了大量的运输资源，而且当煤作为燃料时，水分在蒸发时还要消耗大量的热量。内蒙古工业大学化工学院就褐煤在水泥厂的利用作了一些研究，提出了利用水泥烧成系统热废气的褐煤脱水工艺，热平衡计算能将含水15%～50%的褐煤制成含水 5%～8%的煤粉，经计算每年能为 2500t/d 的预分解窑带来 1000 万元的效益。

先不说这套工艺系统是否可行，退一步讲，市场上可以直接买到内水 5%～8%的褐煤，如果能利用这一部分褐煤，对水泥厂来讲，效益已经十分可观了。

对于预分解窑用煤，有头煤和尾煤之分。由于褐煤具有内水高、热值低的两个特点，确实不适合作为窑前的头煤使用，但如果作为分解炉的尾煤使用，这两个特点都影响不大；而且褐煤还具有燃点低、燃烧时间短的另外两个特点，这另外两个特点更适合在分解炉内使用。

预分解窑的尾煤占整个用煤量的 60%左右，如果这 60%能用上价廉的褐煤，其经济效益应是十分可观的。但这需要增加相应的设施，要求头、尾煤能分别采购及进厂，分别储存及均化，分别粉磨及使用，因而需要增加一定的投资。

如果在一个厂区内有两条以上的煤粉制备系统，问题就简单多了，通过两个系统的分工制备、交叉使用，略作改造就可以完成头尾煤的"三个分别"（分别采购及进厂，分别储存及均化，分别粉磨及使用），使用褐煤的投资将会大幅度降低，可行性将更强。

据合肥水泥研究院的有关专家介绍，进一步的试验表明，在尾煤使用褐煤以后，预热器出口的温度有所降低，余热发电降低 1kWh/t 熟料左右；废气量有所增加，高温风机转速需要加大，电耗增加 1kWh/t 熟料左右；分解炉的燃烬率有所提高，煤耗降低 2kg/t 熟料左右。使用褐煤的正负生产效益基本持平，但采购成本却下降了，采购成本的下降就转化为使用褐煤的综合效益。

3.4　低热值煤矸石用于熟料煅烧

1. 低热值煤矸石用于熟料煅烧的思路

由于煤炭行业的技术进步，1000kcal/kg 以上的煤矸石已经很难找到了，但在一些产煤地区还有 500kcal/kg 左右的煤矸石资源可资利用。这部分煤矸石进厂价主要是运费，约 20 元/t，约合 0.04 元/1000kcal，而现用 6000kcal/kg 的原煤，约合 0.1 元/1000kal，相差 2.5 倍以上。

水泥行业是煤耗大户，燃料成本占水泥成本的一大块，而煤矸石的单位热值成本比原煤要低得多，如果能把煤矸石的热值用于烧制水泥熟料，对水泥行业是很有吸引力的。

遗憾的是这种低热值的煤矸石不能满足水泥窑的烧成需要，而且掺入好煤中使用更不划算，参与配料一是导致预热器烧高易造成堵塞，二是由于这种煤矸石的灰分很高，在配料上也掺不了多少。

那么能不能既不用于直接烧成、又不参与配料、还能利用它的热值呢？答案是能，我们今天就从理论上讨论一下这个问题，供同行参考，看有没有人敢于吃这第一个螃蟹。

其实原理上很简单，今天已有的水泥窑垃圾处理系统，不是已经解决了这个问题吗！所不同的是，垃圾处理系统的灰渣量小，可以入窑煅烧，实际上相当于现有的燃料灰在窑内又进行了二次配料，只是煤矸石的灰量太大，要另想办法处理。这也不难，我们只要把煤矸石燃烧后的灰渣拿出来，不让它入窑就是了，而且这部分灰渣也是宝贝，完全可以作为生产水泥的混合材使用。

2. 低热值煤矸石用于熟料煅烧的工艺方案

1）工艺方案一

利用现有的三次风管改造方案如图 3-10 所示，可将三次风管的一定长度抬高到一定的斜度，其斜度要确保煤矸石碎料在三次风管内能自然向下流动，并留有一定的富余量；而且每间隔 1m 设置一个可调节斜度的高温阀板，用于根据实际情况调节碎料的流速，以确保煤矸石碎料燃尽。

在三次风管的一定部位设置一个喂料仓，其至窑头的距离要大于确保煤矸石碎料燃尽需要的长度，可以通过煤矸石碎料的流速和燃尽时间计算出来。

将煤矸石破碎至 3～5mm，一是缩短其燃尽时间，二是增加它的流动性；碎料通过提升机送入三次风管上设置的喂料仓，仓下设置定量喂料设备，以保持煤矸石的喂入量与窑的喂料量同步而且可调。

煤矸石碎料在喂入三次风管后，在重力作用下自然流入篦冷机内；在高温三次风的助燃下在流动中燃尽；在碎料燃尽以后至进入篦冷机之前，设置一个水雾喷头，对燃尽后的煤矸石喷水，以改善煤矸石的颜色，减少对水泥颜色的影响。

这样，出篦冷机的物料，实际上就成了掺入了一定混合材的熟料；煤矸石所含的热值通过进一步加热三次风被带进分解炉，以减少分解炉的喂煤量，直至停止向分解炉喂煤。

碎矸石仓
皮带秤
提升机
流速调节板

图 3-10　三次风管煤矸石利用方案一示意图

2）工艺方案二

在三次风管上设置热风炉的方案如图 3-11 所示。在三次风管的合适部位设置一个"倾斜宽缝篦式热风炉"，热风炉与三次风管的高度要相适应，以实现三次风经热风炉水平穿过；

在热风炉上设置一个喂料仓，仓下设置定量喂料设备，在热风炉下设置一个喷水改色灰斗，以实现物料经热风炉垂直穿过。

将煤矸石破碎至 3～5mm，一是缩短其燃尽时间，二是增加它的流动性；煤矸石碎料通过提升机送入热风炉上设置的喂料仓，以实现煤矸石的喂入量可调；煤矸石碎料在喂入热风炉后，在倾斜宽缝篦子上不断跌落瀑布下行，高温三次风穿过篦缝间的料幕助燃，煤矸石所含的热值通过进一步加热三次风被带进分解炉，以减少分解炉的喂煤量，直至停止向分解炉喂煤。

经热风炉燃尽以后的煤矸石碎料，进入改色灰斗喷水降温，以改善煤矸石的颜色，减少对水泥颜色的影响；降低温度便于后续的输送和储存，最终作为生产水泥的混合材使用。

前面已经讲到了水泥窑的垃圾处理，在其系统中就有现成的垃圾焚烧设备可资利用，比如史密斯公司为垃圾焚烧开发的热盘炉，如图 3-12 所示，只需将其略作改造，把焚烧后的煤矸石放出来，不让它入窑就是了。

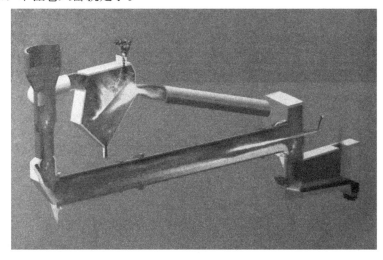

图 3-11　三次风管煤矸石利用方案二示意图

图 3-12　史密斯公司用于垃圾焚烧的热盘炉

3.5 煤粉制备系统的燃爆防治

煤粉自燃，在多数水泥厂，不论是管磨还是立磨，不论是开着的磨还是停着的磨，不论是开磨过程还是停磨过程，都有发生的案例；对于挥发分高的烟煤，甚至在原煤堆场、煤预均化堆棚就自燃。原因林林总总、案例不胜枚举，笔者就不忍多说了，不但对生产运行影响大、事故损失较大，而且威胁到人身安全，必须给予高度的重视，关键是如何避免。

1. 一个惨痛的案例

据 2010 年 01 月 25 日《江淮晨报》报道：巢湖市安徽瀛浦金龙水泥有限公司，昨日下午 2 时 20 分，6 名检修工人在检修煤磨袋式除尘器，其中 4 名工人来到顶楼，另外 2 名工人在顶楼下一层平台接应。只听见"轰"一声巨响，4 人受气浪冲击，从楼顶摔落死亡。经过专家现场勘查后初步分析，事故原因是一氧化碳浓度超标，与空气混合引起了爆炸。

自从水泥回转窑及其煤粉制备系统引进中国以后，关于煤粉制备系统的自燃和着火、甚至爆炸问题，可以说每年都有发生。但巢湖金龙这一次不同，死亡人数之多、教训之深刻，是目前为止最为惨痛的一次，让我们都来汲取教训，但愿这是最后一次。

实事求是地讲，这是有违反安全操作规程的原因，但有的煤粉制备系统也曾连续多次出事，领导反复强调安全，不能说是不重视，但还是难以避免。而且还有一个"祸不单行"的规律，不出事时可能很长时间都没问题，一旦出了事就很容易再次出事，甚至连续几次出事，把人搞得焦头烂额，这又是什么原因呢？

一些水泥厂在自燃几次以后，就被彻底吓怕了，不是去认真分析自燃的原因，而是一味强调煤磨的出磨温度，武断地将出磨温度控制得低低的，有的甚至下令"不得超过 50℃"，这种方法严重影响了煤磨的粉磨能力和烘干能力，影响了窑的正常生产，但煤粉自燃甚至爆炸还是在不断地发生，到底该怎么办呢？

2. 煤粉燃烧的基本条件

所谓自燃，实际上就是自我燃烧，在没有火源的情况下自己燃烧起来。我们首先来看看燃烧的条件是什么。

燃烧的三大要素是：可燃物、氧化剂、温度。三个要素缺一不可，就煤磨系统的自燃来讲，就是有足够浓度的煤粉（或由其蒸发的可燃气体，主要是一氧化碳）、氧指数以上的氧含量、着火点以上的温度。这既是防止着火的理论基础，也是灭火措施的理论基础。

（1）足够浓度的煤粉。就现有煤粉制备系统来讲，设计单位已充分考虑了安全问题，在正常生产中，只要系统的通风没有问题，气体中的煤粉浓度远远达不到自燃的条件；

（2）氧指数以上的氧含量。氧指数，是指着火后刚够支持持续燃烧时氧气含量的最小份数。现有的煤粉制备系统都能满足这个要求，包括从窑尾取热源的煤粉制备系统；

（3）着火点以上的温度。几种煤炭的着火点大致如下：无烟煤 550～700℃；烟煤 400～550℃；褐煤 300～400℃。连着火点最低的褐煤也在 300℃以上，煤粉制备系统的设计运行温度，入磨风温≤300℃、出磨风温在 70℃左右，不大于 80℃，也是有安全保障的。

3. 自燃的原因与防止措施

在搞清自燃的基本条件以后，我们再来分析一下是否具备这些自燃条件（着火的原因）

和如何避免这些自燃条件（防止的措施）：

（1）对于正常运行的煤粉制备系统，虽然气体中的煤粉浓度没有达到着火要求，但是在整个煤粉制备系统中，难免存在积存煤粉的死角，死角的煤粉浓度对着火来讲是富富有余的，这也正是在投产初期强调要先磨一些石灰石粉的原因，其目的就是填充这些死角，减少煤粉的积存机会。

对于正常运行的煤粉制备系统，虽然气体中的一氧化碳浓度没有达到着火要求，但在停磨特别是停风以后，系统中存积的煤粉会在氧化中不断放出一氧化碳，直至达到着火浓度。

需要强调的是，在煤磨系统自燃一次后，整个系统难免发生一些局部变形、产生一些新的死角，而且自燃的次数越多，产生的死角就越多，这也正是越是着火越爱着火，所谓"祸不单行"的原因。

（2）就现有的煤粉制备系统来讲，只要拉风生产，其氧含量总是超过着火要求的，即使从窑尾取热风也没有用。那为什么有的煤磨系统就着火，有的就不着火呢？同一个系统为什么有时着火而大部分时间不着火呢？所以，氧含量只是煤粉制备系统自燃的条件之一，而不是引起煤粉制备系统自燃的根本原因。

（3）既然我们把出磨温度控制在了 80℃ 以下，远远没有达到煤粉的着火点，那为什么煤粉制备系统有时还会着火自燃呢？无论是着火还是燃烧，都是煤粉的氧化反应，只不过是氧化反应的剧烈程度不同而已。

80℃ 虽然不能着火，但不等于不能氧化，氧化就要产生热量，堆积在死角的煤粉又不能及时将产生的热量散发出去，就会使煤粉内的热量越积越多，温度就会越来越高，直至达到着火点以上，最终着火自燃。

那么，为什么在系统停机以后，还会在检修期间引发着火甚至爆炸呢？前面谈到在停磨特别是停风以后，系统中存积的煤粉会在自燃中不断放出一氧化碳，从可燃物浓度上为燃烧创造了条件，但由于氧含量没有达到燃烧的氧指数以上，所以才暂时没有引起燃烧；但一旦有氧含量足够的空气进入，具备了燃烧的三个基本条件，就会立即引起燃烧甚引发爆炸。

通过以上分析，我们已经知道了防止煤粉制备系统着火自燃的主要措施，不是过分地控制出磨温度，而是应该努力避免和消灭煤磨系统中的死角，不给煤粉存留的空间，避免积存煤粉释放一氧化碳的可能，杜绝高浓度一氧化碳接触空气的机会。

4. 开停磨过程中的煤尘爆炸

以上谈了煤粉制备系统在正常运行和检修期间的自燃和爆炸问题，但在开停磨过程中，引发着火和爆炸的主要是煤炭粉尘。

在开停磨期间，开停磨的设备动作将导致积压在研磨体下面（球磨机）、积存在某些角落（立磨）的更细煤尘被抛向气流当中，不但导致气流中的煤尘浓度提高，而且这些更细煤粉具有更低的着火点，由于气流中的氧含量总是足够的，一旦煤尘浓度及与之相对应的温度同时达到着火条件，着火或爆炸就必然发生。

可燃物的着火点，不但与可燃物的浓度有关，还与可燃物的细度有关。煤尘就是煤粉制备系统的可燃物，更细的煤尘总表面积更大、挥发分的溢出更多、吸氧和被氧化的能力更强、着火点更低、火焰传播速度更快、爆炸的极限密度更小，更易引发起火和爆炸，这就是大部分事故发生在开停磨期间的原因。

应该说明的是，煤尘的着火点还与其所含的挥发分有很强的关联性，煤尘在特定条件下

（温度、压力、细度）释放出的可燃性挥发分会聚集于煤尘颗粒的周围，形成的可燃性气体包裹层着火点更低，在同样温度下更易起火爆炸。这就是高挥发分煤更易出事的原因。

一般说来，煤尘爆炸的下限浓度为 $30\sim50g/m^3$，上限浓度为 $1000\sim2000g/m^3$，其中爆炸力最强的浓度范围为 $300\sim500g/m^3$。通过试验可以得知煤尘中主要可燃气体的爆炸极限，见表3-3。

表3-3　煤粉中常见的几种可燃气体及其爆炸极限　　　　　　　　　　%

气体	甲烷	乙烷	乙烯	氢	一氧化碳	硫化氢	戊烷	己烷
下限	5.00	3.22	2.75	4.00	12.50	4.30	1.40	1.20
上限	16.00	12.45	28.60	74.20	75.00	45.50	7.80	7.00

因此，水泥企业煤磨爆炸预防需要从煤粉爆炸和挥发分爆炸两方面入手。而在实际生产过程中，由于不同煤炭品种和不同工况中各种挥发分含量不尽相同，煤尘的易燃性也不同，因此需要根据实际作出权衡。

从试验数据可以得知，煤尘爆炸必须具备以下几个条件，避免煤尘燃爆的措施就是避免这些条件的同时出现：

（1）煤尘本身具有爆炸性（水泥厂煤磨煤粉粒度在 $80\mu m$ 以下的占 $85\%\sim90\%$，在易燃爆范围内）；

（2）煤尘在空气中呈悬浮状态，并达到一定的浓度（爆炸上下浓度极限在 $30\sim2000g/m^3$ 范围内）；

（3）煤粉燃烧需要的引燃能量，可以是系统的高温或直接火源，一般认为温度在 $700\sim800℃$ 就可以引发燃爆。

5. 非约束性煤粉尘爆及预防

前面谈的都是在设备、容器、管道内的燃爆，属于约束性燃爆，那么在开放的空间中是否也存在燃爆呢？一般来讲，由于可燃物粉体的粒度较粗，多呈堆积状态，与空气接触面积较小，燃烧速度和火焰传播速度较慢，虽有燃烧但不至于燃爆；但弥漫在空气中的可燃物尘体不同，尘体粒度更细，与空气的接触面积更大，燃烧速度和火焰传播速度很快，一旦引燃会立即起爆，这就是尘爆。

煤的粉尘同金属粉尘（如铝粉、镁粉）、合成材粉尘（如塑料粉、染料粉）、林业品粉尘（如纸粉、木粉）等可燃粉尘一样，同属于爆炸危险品。当可燃粉尘在空气中的浓度达到爆炸临界浓度时，若遇有火星、电弧或适当的温度，其氧化反应即在瞬间完成，产生的热量和火焰迅速传给相邻的粉尘，又引起周围的粉尘燃烧放热。对于密集的粉尘燃烧，火焰传播速度之快每秒可达几十米乃至几百米，而一般的燃烧火焰传播速度只有每秒零点几米。

尘爆往往伴有二次爆炸，具有极强的破坏性。第一次爆炸产生的气浪能把沉积下来的粉尘吹扬起来，在爆炸后的短时间内爆炸中心区会形成负压，周围的新鲜空气由外向内填补进来，形成所谓的"返回风"，从而引起二次爆炸。由于二次爆炸时的粉尘浓度一般比第一次爆炸时高得多，故二次爆炸威力比第一次也要大得多。

尘爆事故多发生在煤矿，面粉厂，纺织厂、饲料、塑料、金属加工厂及粮库等企业。目前已知有七类物质的粉尘具有爆炸性：一是煤炭；二是金属（如镁粉、铝粉）；三是粮食（如小麦、淀粉）；四是饲料类（如血粉、鱼粉）；五是农副产品类（如棉花、烟草）；六是林产品类（如纸粉、木粉）；七是合成材料（如塑料、染料）。注意，不论是行业还是物资种类，煤炭始终是第一位的。

　　所幸在我们水泥行业，目前还没听说有尘爆案例发生，但这不等于不会发生。没有发生是因为我们管理得好，在整个煤粉制备系统不存在弥漫的粉尘，有的煤粉制备车间甚至可以穿白衬衣上班，但在少数企业或者再冠以"偶尔"，确实还存在跑冒现象，存在尘爆的安全隐患。君不见 2014 年 8 月 2 日江苏昆山的金属尘爆（图 3-13）、2015 年 6 月 27 日台湾新北的彩粉尘爆（图 3-14），两起事故是多么的惨痛，何况我们是煤粉乎！！！

图 3-13　2014 年 8 月 2 日江苏昆山的金属尘爆现场

2014 年 8 月 27 日时 37 分许，江苏昆山市开发区中荣金属制品有限公司汽车轮毂抛光车间，在生产过程中发生粉尘爆炸。死亡人数超过 65 人，另有 100 多人受伤。

　　那么，我们又该如何预防尘爆呢？有四个关键必须做好：①降低空气中的粉尘浓度并保持地面清洁。安装有效的通风除尘设备，加强密闭堵漏、减少跑冒滴漏；②采取有效的通风降温措施，控制好室内温度；③改善设备，控制火源。有尘爆危险的场所，都要严禁烟火，都要采用防爆电机、防爆电灯、防爆开关；④控制温度和含氧程度。凡有粉尘沉积的容器，要有降温措施，必要时还可以充入惰性气体，以冲淡氧气的含量。

　　还有一点需要注意：尘爆的性质比较特殊，对扑灭方式也有特殊要求。我们通常使用的泡沫灭火剂、干粉灭火剂以及直流式喷射水，都易引起沉积的粉尘受冲击悬浮引起二次尘爆，只有雾化水才是尘爆最有效的灭火剂；对于铝粉、镁粉引起的火灾或尘爆，切记不可用水扑救，因为水可加剧二者的燃烧，可用干砂、石灰等（不可冲击）进行扑救。

6. 水泥厂其他爆炸源及预防

　　由以上煤粉制备系统的分析可见，安全生产是一项非常细致、非常严肃的工作，是人命关天的大事，必须引起各级人员的重视，真正做到安全第一，不能有多个第一，其他都是第二以后的事情。做好水泥厂的安全生产，除了上述煤粉制备以外，这里顺便谈谈不可忽视的其他防火防爆问题。

　　（1）污泥烘干处理中的粉尘爆炸。

图 3-14　2015 年 6 月 27 日台湾新北的彩粉尘爆

2015 年 6 月 27 日台湾新北市八仙水上乐园，晚间举办上万人的彩虹派对，喷粉时意外着火，粉爆伤及 498 人，其中重度烧伤 202 人。

污泥的烘干干化过程中温度较高，存在引燃爆炸条件。同时污泥干化过程中水分越来越少，当污泥含水率低于 30% 时，污泥呈粉状，此时处理工艺如果密封性不好，透气会提供爆炸所需的氧气，含氧量达到 5% 以上，就可能产生爆炸。

预防措施：在污泥干化过程中，不宜追求过低含水量，一般污泥含水率降低至 50% 时已经适合焚烧。做好除尘工作，建立在线监控系统，及时了解空气中粉尘含量，及时发觉潜在爆炸危险。另外也可以采用常温下的机械脱水技术来进行污泥干化，杜绝因加热引发的爆炸可能性。

（2）脱硝过程中的氨水泄漏爆炸。

氨水又称氢氧化铵，为氨气的水溶液，无色透明且具有刺激性气味，易挥发，氨水泄漏后，从中分离的氨气具有强烈的气味，有毒，遇高温分解速度加快，可形成爆炸性气氛，进而引发安全事故。目前已知氨的燃点为 651℃，爆炸极限为下限体积 15.5%，上限体积 27.7%。

预防措施：储存于阴凉、干燥、通风处。远离火种、热源。防止阳光直射。保持容器密封。应与酸类、金属粉末等分开存放。露天储罐夏季要有降温措施。分装和搬运作业要注意个人防护。搬运时要轻装轻卸，防止包装及容器损坏。运输按规定路线行驶，勿在居民区和人口稠密区停留。安装泄漏报警装置，及时发现安全隐患。

（3）乙炔、燃油、液化石油气的火灾爆炸。

乙炔、燃油、液化石油气等是常见的能源物质，具有易燃、易爆性，在水泥厂中主要用于焊接、运输、工程施工和日常生活。如遇储存或使用不当，极易造成火灾和爆炸事故，带来巨大人员和财产损失。

预防措施：制定安全操作规程并严格执行，如发生泄漏起火事故，应采用二氧化碳或干粉灭火器灭火。储存设备必须保证严密不漏，罐体质量定期检查，注意防漏除漏。安装泄漏报警装置，提前防范。同时做好储存场所通风，严禁靠近火源。燃油、乙炔、液化石油气使用应做好登记台账，并且不得与氧气共存、共运，同时加强人员安全教育，减少人为造成的事故发生。

（4）水泥纸袋仓库的防火防爆。

我国袋装水泥数量依然巨大，特别是农村市场依旧以袋装水泥为主，因此水泥企业均有大量纸袋储备。纸袋属易燃物品，在使用过程中如有使用不善，在高温或明火作用下极易发生燃爆事故。

预防措施：制定并严格遵守安全操作规程，严禁携带火种进入现场，编织袋堆放整齐，禁止在纸袋库范围内吸烟、生火取暖及使用电炉等热源，同时定期对消防栓、灭火器进行检查，并设立安全警示标志。

（5）炸药存放和使用的安全问题。

炸药是石灰石开采必需品，但是近年来由于管理不善或工作人员操作疏忽等原因，导致爆炸事故时有发生，造成人员伤亡和财产损失，因此需要引起水泥企业高度重视。

预防措施：根据国家法律法规制定安全生产操作规程，并建立炸药储存、使用管理台账，将责任落实到人。严禁热源靠近炸药和爆破装置储存区域，爆破员必须穿戴防静电工作服，并通过严格的上岗培训取得相关资格证书，熟悉爆破器材使用方法，与此同时，在危险区域内需设立安全警示标志。

第4章 生料的均衡均化及其制备工艺

生料的制备是水泥生产"两磨一烧"中的重要环节之一，均质、稳定、合格的生料是搞好熟料煅烧的前提条件，生料粉磨电耗的多少事关水泥制造成本的高低。相比煅烧而言，可能很多人都认为粉磨没有什么太难的技术问题。

但事实却不尽如此，就解决好生料的均质、稳定方面，我们是否已很清楚，该如何去评价预均化堆场的均化效果，均化系数高是否就说明均化效果好；均化堆场和均化库是不是均化的全部；怎样才能实现全方位与全过程的均化，均化的终极目标与措施是什么；预分解窑工艺是不是就绝对离不开预均化堆场；如何才能实现准确性更高的配料。

在制备生料的过程中，我们是否也已弄明白，适当放粗生料细度是否就肯定能节电，降低 $80\mu m$ 筛余是否就能提高生料的易烧性；我们如何才能实现，在尽量减少生料粗颗粒的同时而又不增加电耗；辊压机既怕雨又怕土，我们如何才能把它在生料终粉磨工艺上用好。

4.1 全方位与全过程的均衡与均化

均衡与均化是预分解窑技术生产的基础，原料预均化堆场、原煤预均化堆场、生料均化库是目前常用的均化设施，这些都需要巨大的投资；还有生产过程中有意无意的搭配混合，也是重要的均化措施，应该引起足够的重视，这又需要我们不断的付出努力。

1. 均化系数高并不能说明均化效果好

我们已经认识到，均衡稳定是搞好预分解窑水泥生产的关键；如何搞好均衡稳定，则必须抓好整个生成系统的均化链管理；如何抓好均化链管理，必须把每一个均化环节都做到最好；每一个均化环节是否已做好了，就应该有一个量化的评价。那么，如何评价一个均化工序的好坏呢？

我们首先来看看投资最大、最重要的预均化堆场。原料预均化的原理是：采用"平铺直取法"，用堆料机把物料按一定方式堆成许多相互平行、上下重叠的料层，取料机取料时则按垂直于料层方向的截面对所有料层切取一定厚度的物料。由于取料中包含了所有各层的物料，所以在取料的同时完成了物料混合均化的过程。堆料层数愈多，取料时同时切取的层数也愈多，混合均匀性就愈好，出料成分也就愈均匀。图 4-1、图 4-2 分别为建设中的圆形预均化堆场和建成投运的长形预均化堆场。

那么，我们如何来评价预均化堆场的均化效果呢？按照预均化堆场的均化原理，目前通常采用均化系数来检测其均化效果。均化系数是用进料和出料的标准偏差之比来定义的，即：均化系数 $e=$ 进料标准偏差 S_1/出料标准偏差 S_2。

物料经预均化堆场的均化结果，受到诸如进料成分波动呈非正态分布、物料在堆料过程中产生的离析、料堆端部无法平铺的锥体状异化料层，以及堆料机行走速度及来料量不均衡

图 4-1　某公司在建的圆形预均化堆场

图 4-2　某公司在用的长形预均化堆场

等因素的影响。但不管什么原因，这些影响都是局限在预均化堆场这个工序上的，都应该在这道工序上努力解决，都可以归结为该工序的均化效果问题，用均化系数考核没有问题。

依此类推，谁的问题考核于谁，谁的问题由谁解决，职责分明，对生料均化库等均化环节来讲，也是合情合理的。

如果在矿山开采上，尤其在利用夹层和低品位原料时，不考虑均匀搭配，就会造成预均化堆场的进料成分波动远离正态分布曲线，甚至呈周期性剧烈波动，使原料沿纵向布料时也产生周期性波动，造成所谓长滞后的影响，从而增大出料的标准偏差，均化结果变差。因此，为了提高原料的预均化结果，生产中必须十分重视来料的均衡稳定。

但是我们发现，在这种生产管理下，预均化堆场的均化结果确实差了，可是其均化系数反而高了。这说明这个预均化堆场是好还是坏呢？

同样是一个设计院设计的预均化堆场、或生料均化库（图 4-3），设计图纸一样、甚至采购的设备也一样，但在不同的生产线上，其均化系数却大不相同，怎么会是这种结果呢？

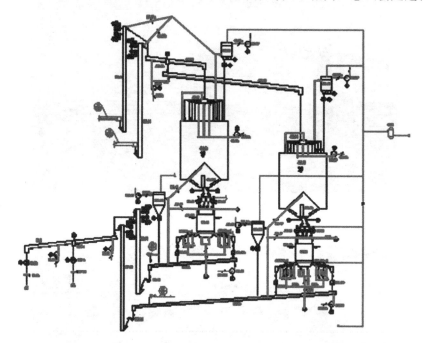

图 4-3　某公司万吨线的两个生料均化库系统流程图

实践证明，这个定义无法对不同的设施进行其均化能力的比较。这个院吹嘘他的库在某厂的均化系数达到了 13，并不能说明他设计的就好；那个厂抱怨某院给他们设计的库均化系数不到 3，也不能说明人家设计的就差。

我们再来仔细看看这个定义，对一个均化系统，其均化系数是用进料和出料的标准偏差之比 $e=S_1/S_2$ 来定义的。比如同一个生料均化库，它的均化能力 e 应该是一定的，但当 S_1 大时，e 就会大；当 S_1 小时，e 就跟着变小。同样是这个库，怎么会有不同的均化能力呢？显然这是不合理的。

当然，在 S_1 变大的同时，一般 S_2 也会变大，如果变大的比例相等这个定义就没问题了。但实践证明，S_1 与 S_2 变大的比例是不一定同步的，这与物料的粒度及工序的离析有关。S_1 越大 S_2 跟随性越强，S_1 越小 S_2 的跟随性越弱，当 S_1 小到一定程度后，S_2 就有可能等于 S_1，甚至有时会大于 S_1（离析作用大于了均化作用），你能说这个预均化堆场是负均化吗？

如果硬要比较一下，对这么一个重要的工序也应该有这个比较，首先要有个合理点的比较准则。

笔者认为以下两个定义都比现有定义更合理些，可供参考：

（1）最简单的方法，但仍不理想：$e=(S_1-S_2)/S_1$

（2）就像检验水泥强度要用标准砂一样，检验均化能力也要用一种标准物料。为了有操作性，也可简化为用一定标准偏差的物料，即将 S_1 设为定值，仍采用现有定义公式：$e=S_1/S_2$。

总之，均衡稳定是搞好预分解窑水泥生产的关键，我们大可不必拘泥于某个定义及指标，只有把"均衡稳定"的原则贯穿于整个生成系统各道工序的各级管理中，才能实现整个系统的均衡稳定。

2. 均衡稳定是现代化水泥生产的关键

只有"均衡稳定"的生产，才能生产出"均衡稳定"的产品，但远不止产品质量的需要。之所以说"均衡稳定"是搞好现代化水泥生产的关键，是因为它不但关系到生产能否正常进行，不仅影响到产品质量，还直接影响到生产的产量、消耗、成本、效益，特别还影响到安全和环境保护工作。

水泥生产从矿山开采到包装（或散装）出厂具有漫长的生产线，其中具有十多个工序和几十个环节，牵涉到物理变化、化学变化、物理化学变化，哪一个环节搞不好都出不来好产品。虽然预均化堆场和生料均化库的主要职能是均化，但仅仅把这两个环节搞好还远不能保证"均衡稳定"的生产。

可以说，"均衡稳定"是提高原料预均化效果的要求；是实现原料配料和烘干粉磨的必需；是保持预分解窑最佳热工制度的前提；是实现生产过程自动化的基础和目的；是提高收尘设备效率的需要；是降解利用二次燃料和废弃物的最佳条件。

（1）"均衡稳定"是提高原料预均化效果的要求。

如果矿山开采，尤其在利用夹层和低品位原料时，不考虑均匀搭配，就会造成进料成分波动远离正态分布曲线，甚至呈周期性剧烈波动，使原料沿纵向布料时也产生周期性波动，造成所谓长滞后的影响，从而增大出料的标准偏差。因此矿山开采时一定要注意各品位矿石的合理搭配，特别在利用夹层和低品位矿石时，更应注意"均衡稳定"问题。

在堆料机布料时也应重视"均衡稳定"，使料堆中每一料层在每米长度上的物料都保持相同数量。如果堆料机行走速度或进料量不能均衡稳定，也必然造成布料不匀，出现长滞后现象。

矿石破碎粒度不均，大颗粒物料过多，亦势必加大物料的离析作用，引起料堆横断面上成分的波动，产生所谓短滞后现象。这些也都会降低均化效果。因此，为了提高原料预均化效果，生产中必须十分重视"均衡稳定"问题。

（2）"均衡稳定"是实现原料配料和烘干粉磨最优控制的必需。

烘干粉磨是将原料烘干和粉磨两个工序在磨机系统同时完成，并日益广泛地利用窑尾预热器废气作为烘干介质，以节约能源。实现磨机系统生产的最优控制必然要求原料配料、烘干及粉磨三个环节均衡稳定的协调进行，任何环节的波动，必然引起磨机生产的变化，如不及时调整，甚至会造成生产过程的紊乱。

同样，由于种种原因引起的粉磨过程变化，必然会引起原料粉磨及烘干过程的变化；物料烘干过程的变化，也必然引起磨机负荷控制的变化及各种原料喂入量的相应调整。因此，"均衡稳定"对于磨机系统生产的最优控制是十分必要的。

（3）"均衡稳定"是保持预分解窑最佳热工制度的前提。

"均衡稳定"对预分解窑的生产最为重要，因为它不仅是气流和物料在悬浮状态下保持良好的热交换的必需，也是保持悬浮预热器及分解炉各部位合理风速的要求。物料在预热器及分解炉系统分布不均，必然影响气、料之间的热交换；燃料分布不均或与物料混合不匀，则影响燃料燃烧、气料热交换及分解炉内温度的均匀分布；燃料或生料的化学成分或喂入量的波动，影响废气生成量，致使窑系统各部位的风速发生变化；设备不能稳定运转，甚至故障频繁，生产难以正常进行。

根据理论分析及生产实践证明，窑系统各部位风速（包括窑内、分解炉及预热器各部位及连接管道等）都有一定的合理范围。风速过大，系统阻力加大并缩短燃料、物料及气流在系统各部位的停留时间；风速过低，影响它们之间的均匀混合，降低传热系数，严重时则影响物料在气流中的悬浮，甚至发生沉降、堵塞。因此，必须充分认识"均衡稳定"在预分解窑系统运行中的重要意义，把"五稳保一稳"作为预分解窑系统生产中最重要的工艺原则。

（4）"均衡稳定"是实现生产过程自动化的基础和目的。

生产过程自动化是利用各种检测仪表、控制装置、计算机及执行机构等，对生产过程进行自动测量、检验、计算、控制和监测，以保证生产的"均衡稳定"与设备的安全运行，使生产过程经常处于最优状态，达到优质、高效、低消耗的目的。反过来，"均衡稳定"又是实行生产过程自动化的基础，没有"均衡稳定"，生产过程频繁较大幅度地波动，自动化装置则难以正常工作，自动控制也不能正常进行。

"均衡稳定"与生产过程自动化互为因果，只有实行生产过程的自动控制，才能保证生产及时灵敏地调节，促进生产的"均衡稳定"；也只有生产的"均衡稳定"才能满足自动化装置的工作条件，为自动化装置的正常使用打下基础。

（5）"均衡稳定"是提高收尘设备效率的需要。

各种类型的收尘设备都有其具体的设计条件，对气流及物料的性质、入口及排放粉尘的浓度、风量、风速等都有一定的要求。只有在设计条件允许范围内工作，才能使收尘设备经常处于良好工作状态，发挥其应有的收尘效率。

生产波动必然会使收尘设备工作状态波动，不仅会降低收尘设备效率，严重时还会影响其安全运转。可见，"均衡稳定"生产对于提高收尘设备效率和保证收尘设备安全运转同样是十分重要的。

（6）"均衡稳定"是降解利用再生燃料和废弃物的最佳条件

由于二次燃料及各种废弃物的成分及热值波动较大，因之收集、处理、加工过程中需要妥善搭配，力求入窑前保持成分及热值稳定；喂入窑系统降解利用时亦应遵守严格的管理制度，按规定数量与一次燃料置换，以保持窑内热力稳定；同时，也只有在预分解窑工况稳定状态下，再生燃料及废弃物才能处于最佳的降解利用条件，取得最佳的降解利用效果。

3. 如何搞好全方位的均衡稳定

水泥成分，硅铝铁钙；水泥工艺，两磨一烧。合理的料配，在合理的工艺线上生产，就能生产出好的产品——水泥生产就是这么简单。

1）树立广义均化的理念

问题是如何把料配合理，如何确定合理的工艺线，正是这两个问题把水泥生产给搞复杂了——而这两个问题的实质是：时间上的均衡与空间上的均化。这就是笔者要谈的"广义均化"理念。

不论是最终产品水泥的生产，还是半成品熟料的生产，稳定生产是产品稳定的基础。大家都有了"几稳保一稳"的经验，所谓的"几稳"实际上可以归结为量稳与质稳——实质上又是时间上的均衡与空间上的均化。

均衡的理念比较简单，一是要均衡的组织生产，二是避免物流的失控和断料现象，三是要有准确的计量设施。当然，要得到理想状态也是很难的。

均化的理念既简单又复杂，狭义上的均化容易，就是对"一定的"物料通过横铺侧取、侧铺横取、反复混合，使其质量趋于均一；而广义上的均化就难了，水泥生产是一个动态的过程，需要一个连续的物料流，而且边进边出，量上就没有"一定的"这个前提，实际上是要求物料流在均衡中获取均化。

广义均化＝狭义均化＋均衡稳定＝空间上的均化＋时间上的均衡

那么，是否一定要搞这么复杂呢？水泥生产过程中，要经过原、燃材料配料，粉磨煅烧等一系列复杂物理变化和化学反应过程，要生产出高质量、性能好、成本低的水泥关键要有优质熟料，煅烧优质熟料最基本的条件是制备合格而稳定的生料，制备合格稳定的生料又需要合格稳定的原燃材料，而这种合格稳定的原燃材料越来越少，且价格高昂。

为了稳定水泥窑的正常热工操作制度，提高熟料质量，增加产量，保证窑系统的长期安全运行，水泥生产对入窑生料成分的均匀性提出了严格的要求。

生料的均化过程贯穿于生料制备的全过程。一般认为，矿山搭配开采、原料预均化堆场、生料粉磨过程的均化作用和生料均化库等四个环节构成生料均化链。每经过一个环节都会使原料或半成品进一步得到均化。各个环节的均化作用不同，均化效果也不一样。

原料预均化堆场和生料均化库是均化过程的主要环节，它们占全部均化工作量的 80%。那么剩余的 20% 呢？熟料以后的生产是否也需要均化呢？回答是肯定的，我们有必要将均衡与均化贯穿于水泥生产的全方面及全过程中。

2) 全方位与全过程均衡均化的价值

全方位与全过程的均衡与均化可给生产带来如下好处，笔者总结的很不全面，相信大家能说出更多的好处：

(1) 对原料的均化，能有效降低对原料品位的要求，充分利用低品位原料和废料，延长矿山使用年限，减少废料剥离，降低开采费用和采购费用。

(2) 对生料的均化，有利于稳定水泥窑热工制度，提高产量和质量，维持长期安全运转，降低能耗和维修维护费用。

(3) 对燃料的均化，有利于稳定水泥窑内的燃烧情况，稳定火焰形状，保护好窑皮，提高熟料的产量和质量，降低煤耗和耐火材料费用。

(4) 对熟料的均化，有利于稳定水泥细度和强度，提高混合材掺加量，提高台时产量，降低粉磨电耗。

(5) 对水泥的均化，有利于提高产品质量，提高产品在市场上的竞争力。扩大销售市场和提高销售利润；降低出厂水泥的标准偏差，压低出厂水泥的超标率，减少不必要的浪费，降低生产成本。

(6) 水泥库不仅是一个储存设施，它实际上是一个重要的工艺设施。水泥在库内均化后，可提高多库搭配出厂的准确性，加快库存水泥的周转次数，减少库存水泥的资金占用；水泥在库内均化后，可直接在库底或库侧散装装车，不必另建专用的散装水泥库，降低基建投资。

(7) 均衡可缩小袋重偏差，提高袋重合格率，压低每袋水泥的富裕重量，减少不必要的浪费，降低生产成本。

（8）均衡实际上是时间上的均化，能使空间上的均化产生更好的效果。

（9）通过全方面与全过程的均衡与均化，减小对原燃材料预均化堆场和生料均化库的依赖，缩小或取消这两种库，大幅度降低基建投资。

3）制备生料的均化链

如图 4-4 所示，一个完整的生料均化系统应包括四个环节：（1）原料矿山的搭配开采；（2）原材料的预均化；（3）生料磨的配料控制；（4）入窑生料的均化。四个环节相互连接，组成一条完整的生料均化链。

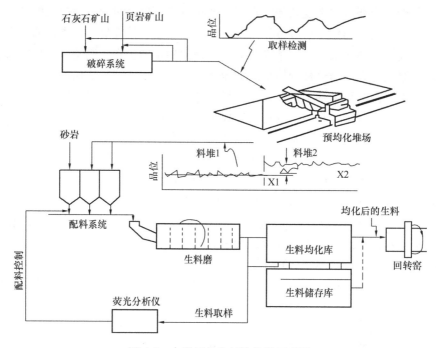

图 4-4 水泥厂的生料均化链示意图

（1）矿山的搭配开采与运输

矿山搭配开采的工作内容包括：生产勘探、爆破采掘设计；爆堆成分分布预测及装运设计；多台段采运搭配；入厂原料成分预测、检验与调节等。生产实践表明，由于大型矿山的机械化程度高、设备规格大、能力高、台数少，搭配开采在整个生料均化链中所负担的任务不宜太大，通常为总均化工作量的 10％左右；对一些中小型矿山上，其搭配开采在整个生料均化链中所负担任务比重可以适当大一些，达到 15％～20％是有可能的，也是经济的。

在矿山开采与运输这个环节上，受矿层储存情况和开采设计的影响，其矿石原料进厂成分的波动是不可避免的，且具有长周期、低频率、高振幅的特性，搭配开采的任务就是适当地缩短其波动周期和降低其波动振幅。

（2）原料的预均化与储存

原料预均化与储存主要是由预均化堆场来完成的。它在生料均化链中主要起两个作用：其一，消除进厂矿石原料成分以天计的长周期波动；其二，显著地降低原料成分波动的振幅，缩小其标准偏差。在料堆或堆场的储存期（天数）内，使出料的成分达到一定的均匀性，满足生料磨配料控制的要求。因而预均化堆场出料的成分波动具有周期短、频率高、振幅低的特性。

预均化堆场在生料均化链中担负着约占总均化工作量的 $35\%\sim40\%$ 的任务，其出料 $CaCO_3$ 的标准偏差 S_{B2} 可缩小到 $\pm1\%\sim\pm1.5\%$；或者在进料成分波动较大的情况下，其均化效果 S_{B1}/S_{B2} 可达 $7\sim10$，为生料磨提供成分已知而又较均齐的喂料。

（3）生料磨配料控制

生料磨在均化链中的主要作用是控制和调节配料，虽然就提高其出料 $CaCO_3$ 含量的均匀性来看，它并没有多大作用，但它保证出磨生料的平均成分在一定时期内接近目标值，且提高了生料中 SiO_2、Al_2O_3、Fe_2O_3 等其他成分的均匀性。

生料磨在均化链中完成的均化工作量约为总量的 $0\%\sim10\%$，之所以会有这么大的范围，这主要取决于配料控制的措施与水平、重量喂料机的精度和生料磨系统的类型。由于生料磨配料控制中的延时性与滞后性，及其在生产调节中的惯性与稳定性的影响，生料磨出料的成分波动具有以小时计的中等周期、中等频率、低振幅的特性。

（4）入窑生料的均化与储存

这是生料均化链的最后一环，它担负着均化总量的 40% 的任务。生料均化库的主要功能就是消除出磨生料所带来的成分波动，使出库生料的均匀性满足入窑要求，$CaCO_3$ 标准偏差达到 $\pm0.2\%$ 以下，保证入窑生料成分高度均齐，最终完成整个生料均化链的全部任务。

4. 均化的终极目标与措施

均化为了什么，比如生料，就是要使在一定空间内的生料，实现其化学成分的均一。其过程是配料和搅拌，两者是相辅相成的，配得好可以少搅拌，配得差就得多搅拌，可见配料是一个均化的关键环节。

配料的最佳方法是什么呢？就是我们在质量管理上提出多年的"先检验后使用"原则。这对连续性的大工业生产而言，要确实做到"先检验后使用"是不现实的，但这给我们指明了方向，我们可以向这个方向趋近。

比如，在线检测就是一个很好的方法，它可以在 $5\sim20s$ 内提供一个检测结果，根据检测结果每分钟可以调整一下配料比例；而我们现在用的荧光仪检测出磨生料，大约是滞后一个小时才调整一次配料。一分钟与一小时相比，可以说已基本接近了"先检验后使用"。

再如，生料均化库是目前预分解窑生产系统的一个重要设施，其均化效果好坏对入窑生料质的稳定影响很大，由于它用于大工业生产的物料流上，各研究单位对其下了很大的功夫，设计了多种上进下出、边进边出的生料均化库，但结果都不尽理想。

前面讲过，均化效果取决于时间上的均衡与空间上的均化，在一种设施不能同时满足两者时，应该采用"先检验后使用"的基本理念将两者割裂开来，先解决空间上的均化，再解决时间上的均衡，就简单多了。

德国的 polysius 公司是世界上著名的水泥装备公司，他对一些工厂的设计，大部分仍然采用了"先检验后使用"的原始库型，但却非常实用，具有良好的均化效果。

Polysius 给某 3200t/d 线设计的生料均化库是两个双层库（图 4-5），由此将入库、均化、出库从时间上分割开来；双层库的上层为间歇式搅拌库，配料系统累积调整实现库满时最终平均值合格，停止入库后用气力搅拌至质量基本均一，然后将上层搅拌库的合格生料卸入下层的储存库待用。

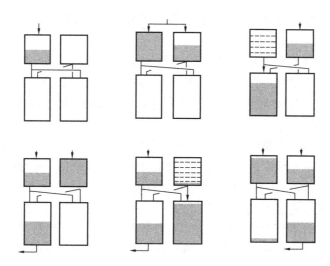

图 4-5　交替双层生料均化库工作原理图

这种设计好像是繁琐了点，但生产实践证明却非常实用。不但具有良好的均化效果，而且由于库的个数多，给生产管理带来诸多的便利。

4.2　无处不在的生料均化

就目前来讲，预均化堆场确实是减小生料波动，稳定熟料生产的经济有效的措施。但占地那么大、投资那么高，有的时候，确实不具备建设条件，难道我们就无路可走了吗？或者说强制上预均化堆场可能就不是最佳方案了。

1. 预均化堆场只是生料均化的措施之一

准确的说，预均化堆场应该只是生料均化的措施之一，生料的均化应该贯穿于生料制备的全过程。矿山搭配开采、原料预均化堆场、原料的准确配料、生料在粉磨过程中的拌混、生料均化库等多个环节构成生料的均化链。每经过一个环节都会使原料或半成品进一步得到均化。

进一步讲，每个环节的均化原理不尽相同，均化效果也不尽一样，其投资效果也有差别，但其各环节的均化效果具有叠加效应，是可以相互弥补的。一般来讲，原料预均化堆场和生料均化库是均化过程的主要环节，它们占全部均化工作量的 80% 左右。

某个环节的均化效果与其入料的标准偏差有很大的相关性。也就是说，上一个环节的均化效果好了，下一个环节的均化效果会自动降低，上一个环节的均化效果差了，下一个环节的均化效果就会自动提高，在整个均化链中，总的均化效果不是各环节均化效果的简单代数和。

由于空间上的均化都不能避免离析现象，在每个空间均化环节中，拌混和离析同时存在。随着入料标准偏差的增大，拌混作用加强而离析作用减弱；随着入料标准偏差的减小，拌混作用减弱而离析作用加强。

所以，就整个均化链来讲，拌混的次数越多、拌混的程度越大，均化效果就会越好。但均化到一定程度，当拌混作用等于离析作用时，均化效果就出现了一个极限值，做不到无限的提高。

现在把问题说回来，如果不具备建设预均化堆场的条件，就不要硬建，完全可以通过加强其他环节的均化作用来弥补。那么，在矿山搭配开采、原料的准确配料、生料粉磨过程的拌混、生料均化库几个环节中，哪一个环节还有较大的均化潜力可挖呢？就目前的技术来讲，应该是生料均化库和原料的准确配料。

2. 采用效果更好的生料均化库

生料均化库是目前预分解窑生产系统的一个重要设施，其均化效果好坏对入窑生料质的稳定影响很大。在上节的"均化的终极目标与措施"中，论述了生料均化库的设计运用状况，列举了 Polysius 给出的解决方案，说明了它的原理。图 4-6 是这种库的工艺布置图。

3. 采用准确性更高的配料技术

凡事都应该清楚最终目的，定一个总体方向。配料的最佳路线是什么呢？就是我们在质量管理上提出多年的"先检验后使用"原则。对于连续性生产的水泥工业而言，要切实做到"先检验后使用"是不现实的。但这给我们指明了努力的方向，我们可以朝这个方向日益靠近。

前文说到了在线检测技术可以在 5～20s 内提供一个检测结果。我们可以凭借这一技术，配置理想的在线分析配料系统，其功能是：在每个组分的配料秤前加一台在线分析仪，以及时检测该组分的化学成分，根据各组分的检测结果，通过计算机及时调整各组分的配料比例，使配料的各组分基本实现"先检验后使用"，并在出磨生料上保留现有荧光分

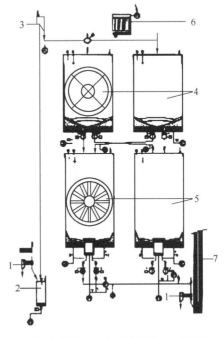

1—生料取样器；2—气力提升泵；3—膨胀仓；
4—气力搅拌库；5—多点卸料生料储存库；
6—收尘器；7—提升机

图 4-6　某 3200t/d 线生料均化选用的
两个双层库的工艺布置

析仪检测，以最终检验配出的生料到底怎样，对在线分析仪配料系统进行校正。

该系统能大大地减小对各组分原料预均化堆场、生料均化库的依赖，减小甚至取消这两种库的建设，节约占地、减少投资。

十几年来，国内已陆续有少数生产线配置了在线分析仪，并取得了越来越多的成功经验，与已广泛使用的 X 萤光分析仪相比，它对原料成分控制的水平和能力要主动、准确、均匀得多。

遗憾的是，国内大部分在线分析仪仍是用于事后检验，仍然没有在配料上前馈使用，原因主要是在线分析仪比荧光分析仪投资要高得多。实际上这是一个误区，在线分析仪与单一的荧光分析仪比确实贵了不少，但与原料预均化堆场比，它实在是太便宜了。

目前，在线分析仪的重要性，已经在国内得到逐步认识。比如，冀东集团在 2012 年就提出要求，所有新建生产线，必须采用在线分析仪；南方水泥集团也在 2012 年提出要求，新建生产线可以在预均化堆场和在线分析仪之间任选其一。

4. 保留预均化堆场的在线分析仪的使用案例

2012 年 7 月 19 日，笔者有幸考察了辽源金刚水泥在线分析仪的使用情况，现记录

如下：

该厂有两条5000t/d熟料生产线，每台窑配置两台中卸烘干生料磨。始建于2004年，2005年1号窑投产，2007年2号窑投产，现场5S管理搞的不错。该厂石灰石矿山较差，以收购为主，有20多个矿点供货，而且品位较低，石灰石CaO含量在40%～45%左右。1号窑投产后入窑KH合格率只有20%左右，生产极不稳定。

2007年，该厂为了扭转这种被动局面，给1号窑的两台生料磨配置了两台某进口品牌的在线分析仪（图4-7），入窑KH合格率提高到70%左右，产量、质量都有很大的好转。

2008年，该厂用1号窑的两台分析仪的配料结果同时间接控制2号窑的两台生料磨，也取得了较好的结果，使2号窑的入窑KH合格率提高到50%以上。

图4-7　辽源金刚公司1号窑在用的生料在线分析仪

2011年，该厂又给2号窑的两台生料磨配置了丹东东方测控的两台在线分析仪，不再用1号窑的分析结果间接控制，如图4-8所示。2012年4月份投入使用，使2号窑的入窑KH合格率提高到60%左右。

2013年7月16日，由于丹东测控的技术人员说他的在线分析仪效果已经超过了赛默飞世尔，笔者便与辽源金刚的主要生产领导通了电话，该领导说：原来丹东测控确实不如赛默飞世尔，但后来又作了两次升级改造，2012年年底改完，从今年的使用情况对比，丹东测控没有说谎，他的合格率确实比赛默飞世尔还高了一些，都能到70%以上。

问题已经清楚了，该厂虽然设有预均化堆场，但在上在线分析仪以前，入窑KH合格率只有20%左右，上在线分析仪以后合格率提高了50个百分点。我们一般的水泥厂，不上预均化堆场都能超过20%，也就是说，在上在线分析仪以后，入窑KH合格率都能超过70%。可以想象，如果再加上高效的生料均化库、甚至采用多台在线分析仪配料方案，再加强矿山的搭配开采，而取消投资几千万的预均化堆场，满足预分解窑工艺生产应该是没有问题的。

目前，在国内使用在线分析仪的已不罕见，相关的报道也有不少，但有一个疑点没有触及：我们知道，水泥生产的原燃材料是在不断的变化着，使用在线分析仪前后肯定不是同一

图 4-8　辽源金刚公司 2 号窑配置的东方测控在线分析仪

种物料，难道入窑生料的合格率高了全是在线分析仪的贡献吗？会不会是原燃材料的稳定性好了呢？巧了，笔者于 2014 年 8 月 15 日造访华北某厂时，正遇该厂用丹东东方测控的在线分析仪对其 2 号线进行改造，安装完毕的在线分析仪现场如图 4-9 所示。

图 4-9　华北某厂 2 号线生料入磨皮带上的在线分析仪

　　该厂有 2 条 5000t/d 线，两条线共用原燃材料，应该说基本相同。2 号线在 7 月份以前采用荧光仪检测控制，7 月份实施在线分析仪改造，7 月 31 日开始运行调试。笔者便调集了两条线的相关资料作了一个对比，虽然还不是最终结果，但已能说明一些问题。

　　2014 年 8 月 1 日至 14 日的出磨生料三率值中控画面曲线如图 4-10 所示，图 4-10 中黑体字为其相邻小字的放大，仅为看图方便。

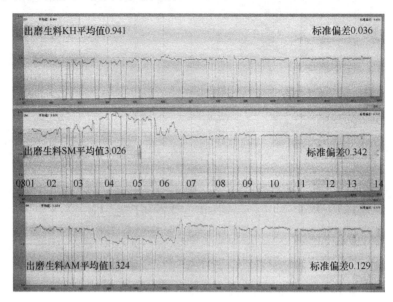

图 4-10　2 号线出磨生料三率值中控画面曲线截图合成

由图 4-10 可见，该在线分析仪刚投运调试，8 月 1—6 日三率值的波动还是比较大的，到 8 月 7 日后基本稳定下来，波动情况有了明显的好转。

以下是 2 号线出磨生料三率值合格率对比表。为了消除安装期间的可能影响，采用了安装前的 6 月份与安装后的 8 月份对比；为了消除在线分析仪以外因素的影响，同时采集了 1 号线 6 月份与 8 月份的对比。具体详见表 4-1～表 4-3。

表 4-1　出磨生料 KH 合格率（合格率统计取了整数，"均"为算术平均值）　　　　%

日	1	2	3	4	5	6	7	8	9	10	11	12	13	14	15	均
月	2 号窑系统 6 月份荧光仪检测配料，7 月份安装在线分析仪，8 月 1 日投用调试															
6	50	58	80	80	50	60	75	55	33	—	—	—	—	—	—	60
8	41	80	50	60	58	63	60	60	70	82	50	60	90	75	44	62
月	1 号窑系统一直使用荧光仪检测配料，与 2 号窑系统共用基本相同的原燃材料															
6	50	37	88	60	77	66	50	50	—	—	—	—	—	—	50	58
8	66	33	50	80	60	50	55	60	67	30	70	45	70	62	90	59

表 4-2　出磨生料 SM 合格率（合格率统计取了整数，"均"为算术平均值）　　　　%

日	1	2	3	4	5	6	7	8	9	10	11	12	13	14	15	均
月	2 号窑系统 6 月份荧光仪检测配料，7 月份安装在线分析仪，8 月 1 日投用调试															
6	62	50	70	60	50	70	91	55	66	—	—	—	—	—	—	63
8	58	60	90	90	41	63	70	60	90	72	75	40	45	83	77	67
月	1 号窑系统一直使用荧光仪检测配料，与 2 号窑系统共用基本相同的原燃材料															
6	60	37	66	60	66	75	90	50	—	—	—	—	—	—	75	64
8	77	66	50	80	20	50	11	40	67	40	90	63	60	75	90	58

表 4-3　入窑生料 KH 合格率（合格率统计取了整数，"均"为算术平均值）　　　　　%

日	1	2	3	4	5	6	7	8	9	10	11	12	13	14	15	均
月	2 号窑系统 6 月份荧光仪检测配料，7 月份安装在线分析仪，8 月 1 日投用调试															
6	50	33	50	50	33	66	66	66	50	—	—	—	—	—	—	51
8	50	33	33	100	66	50	66	100	50	66	83	100	66	66	50	65
月	1 号窑系统一直使用荧光仪检测配料，与 2 号窑系统共用基本相同的原燃材料															
6	66	100	83	66	66	16	50	100	—	—	—	—	—	—	33	64
8	50	100	0	50	50	66	66	100	100	66	100	33	66	66	33	64

由表 4-1～表 4-3 可见，在线分析仪检测控制与荧光仪检测控制相比，减去其他因素影响后，尽管还处于调试期间，已经取得了如下效果：

(1) 出磨生料 KH 合格率提高了 $(62-60)-(59-58)=1(\%)$；

(2) 出磨生料 SM 合格率提高了 $(67-63)-(58-64)=10(\%)$；

(3) 入窑生料 KH 合格率提高了 $(6-51)-(64-64)=14(\%)$。

应该强调的是，虽然出磨生料 KH 合格率只提高了 1%（应该说不明显），但由于标准偏差的减小（未作统计，但图 4-10 中波动明显减小）、检测的代表性强调控准确（人工抽检变为自动全检）、调整控制及时（5min 调整一次），使入窑生料 KH 合格率提高了 14%。

5. 取消预均化堆场的在线分析仪的使用案例

《中国水泥》杂志，在总第 139 期上刊载了沈欣等"水泥生料质量控制体系进展……》的文章，系统介绍了云浮天山水泥厂取消石灰石预均化堆场的经过和运行结果。

筹建中的云浮天山水泥厂拥有两处石灰石矿山，由于其矿石品位较低且波动较大，如果采用 X-射线荧光分析仪控制，依据 $CaCO_3$ 标准偏差 ≥2% 的界定，必须设置预均化堆场。两矿的石灰石化学成分及波动情况分别见表 4-4、表 4-5。

表 4-4　云浮天山两矿石灰石化学成份　　　　　%

矿山	烧失量	SiO_2	Al_2O_3	Fe_2O_3	CaO	MgO	K_2O	Na_2O	总计
石山矿	42.70	1.74	0.93	0.30	53.02	0.86	0.20	0.03	99.81
大岩顶	11.20	52.66	13.98	5.58	9.61	2.93	2.70	1.26	99.98

表 4-5　云浮天山两矿石灰石 $CaCO_3$ 标准偏差　　　　　%

矿山	采样点	标准偏差	采样点	标准偏差
石山矿	刻槽	2.63	钻孔	3.45
大岩顶	刻槽	3.78	钻孔	4.55

两个矿分别属于"高钙低硅"和"低钙高硅"灰岩，如果两种灰岩都要均化，这无异于配料。与其设置配料站和预均化堆场，莫如设置在线分析仪，既简化了工艺、又降低了投资，关键是是否能满足生产需要。为此，专门请某制造在线分析仪的公司做了模拟控制试验。试验结果见表 4-6。

表4-6　两种方案的调控周期对比

序号	项目	X-射线荧光分析仪	在线分析仪
1	调整时间	h	min
2	原料稳定周期	144~240（h）	144~240（min）
3	原料稳定时间段	6-10（d）	2.4~4.0（h）
4	稳定周期生料量	48000~80000（t）	800~1333（t）
5	稳定周期石灰石量	38400~64000（t）	640~1066（t）

由表4-6可见，在线分析仪调整240个周期，仅需要4h、调整1066t石灰石，每个周期的调整总量约为4.5t/min，1min内4.5t的石灰石应该不会有太大变化；而荧光分析仪则需要10天、调整6.4万吨石灰石，每个周期的调整总量约为266t/h，1个小时内的266t石灰石可就不知道怎么变了。依据这一分析结果，云浮天山最终选择了不设预均化堆场的方案。两种方案的投资对比如表4-7。

表4-7　在线分析仪方案与预均化堆场方案投资对比

序号	在线分析仪方案		预均化堆场＋荧光分析仪方案	
	项目	投资	项目	投资
1	2-φ18m×42m石灰石库	580	2-φ5m碎石配料仓	80
2	在线分析仪	350	φ80m预均化堆场	1193
3			预均化堆场占地30亩	30
4			φ10m混合石灰石库	70
5			φ5m高钙校正库	40
6			荧光分析仪	100
合计		930		1513

云浮天山后来的生产实践，也证明了用在线分析仪取代预均化堆场的正确性。因此，天山股份后续建设的阿克苏、库车、喀什、叶城、塔什干、溧水等生产线，都没有再设置预均化堆场。

6. 在线分析仪的普及与自身发展

在线分析仪对水泥生产的价值，已经在国内的水泥行业得到认可，随着国内制造商的出现其价格也在逐步降低，已经到了普及推广的阶段。

目前，进入中国水泥行业市场的在线分析仪厂商已不止一家。在国外厂家中，美国的思博雅（SABIA）是在线分析仪的创始公司，美国的赛默飞世尔（thermo fisher）业绩最多。其他主要厂家还包括澳大利亚的斯堪泰克（SCANTECH）、瑞士的奥塞斯（ASYS）、荷兰的帕纳科（原飞利浦分析仪器公司）、法国的索登（SODERN）。

国内的制造商主要有丹东东方测控技术股份有限公司和江苏广兆两家。东方测控已在短短的两三年间，在国内大型水泥集团应用超过60台，客户包括中国建材集团下辖南方、中联、北方、西南四大水泥集团，亚泰水泥，冀东水泥，天瑞水泥，台泥国际等国内大型水泥集团。江苏广兆依托东南大学的配料软件，由美国思博雅提供放射源，配套生产自己的产品，目前业绩尚少。

从整体应用性能看，丹东东方测控技术股份有限公司的仪器已达到国际同类设备水平，而且性价比较高。如图 4-11 所示，是东方测控推出的第四代中子活化水泥元素在线分析仪。

图 4-11　东方测控推出的第四代中子活化水泥元素在线分析仪

但综合上述国内外的产品，都是采用锎 Cf-252 放射源的 PGNAA 中子活化瞬发伽马射线分析技术，具有放射源半衰期短更换频繁，对 C、O、H 等轻元素检测精度不高的遗憾。

而另有一家产品 NITA II 在线分析仪，如图 4-12 所示，较好的解决了这些问题。该产品由南非矿物扫描公司和澳大利亚联邦科工组织 CSIRO 共同研发，由南非矿物扫描公司生产产品。

图 4-12　NITA II 在线分析仪

该在线分析仪主要用于矿业和煤炭检测，目前用于水泥行业的业绩还不多。国内 2015 年已有 2 台在新疆青松建化 7500t/d 线上投入使用，其中一台用于石灰石矿山质控，另一台用于厂内生料磨配料，目前尚未获得其使用效果的相关资料。这里就其设计的固有性能作一简单对比，供大家参考：

PGNAA 在线分析仪：

中子活化瞬发伽马射线分析技术；

锎 Cf-252 放射源，半衰期短 2.5 年，更换频繁；

只检测透射的射线，灵敏度不高，不能检测 C、O、H；

只检测透射的射线，仪器精确度不高。

NITA II 在线分析仪：

中子非弹性散射和热能中子捕捉分析技术；

镅铍 Am-Be 放射源，半衰期长达 432 年，无需更换；

同时检测透射和反射的射线，灵敏度高，可检测 C、O、H；

同时检测透射和反射的射线，仪器精度高。

Nita II 的相关技术参数见表 4-8。

表 4-8 Nita II 的技术参数

传送带宽度	$500\sim2200mm$
传送带载荷	最小 $30kg/m$
料层厚度	通常为 $100\sim500mm$
物料粒度	可达到 $500mm$
水分范围	0% 到 25% 取决于物料和料层的厚度
重量	$6800kg$（近似值），提高了设备外壳防辐射安全性
电压	$110\sim240V$
输入电流	传送带工作时皮带秤的输入电流为 $4\sim20mA$
输出	配置 3 个 1.0 触点满足终端用户的需求。分析结果和静态数据将被传送到工厂，通过数据协议输出或者与大部分工业标准的 SCADA 或 PLC 系统配套的接口。（Profibus，Anybus，Modbus，OPC；Wireless internet，etc.）
防护等级	IP 65
安全性	皮带空载时最高辐射通道最大辐射量低于 20 微西弗（符合国际标准）

需要说明的是，由于镅铍源中子发射率没有锎源中子发射率高，因此在中子活化技术开发的初期，乃至后来相当长的一段时间内，中子活化技术选择了锎源而不是镅铍源。但随着中子非弹性散射和热能中子捕捉分析技术的发展，这一问题已经迎刃而解。

特别是 Nita II 在线分析仪实现了同时检测透射和反射的两路射线，使其对中子发射率的需求大幅度降低。在采取了"同时检测透射和反射的射线"以后，不但解决了发射率低的问题，而且灵敏度更高，"可检测 C、O、H 等几乎所有元素"就是很好的例证。

4.3 生料细度与节电的关系

我们在生产中有一种体会，只要窑还能烧得住，总是不自觉的去想法放粗生料细度。因为直观上感觉，认为放宽生料细度就能提高生料磨台时产量，把库灌满就可把磨停下来，磨停下来就不用耗电了，难道这不是一种好事吗？

1. 生料细度放粗的利与弊

事实并非如此简单，试验表明，放粗生料细度，重要的是就会放粗硅质组分的细度，就会降低生料的易烧性（图 4-13），提高熟料烧成温度，煤耗肯定会增加；如果不提高烧成温度，就会导致熟料强度下降。

某公司曾做了自己生料细度与其易烧性的试验、生料细度与其水泥粉磨电耗的相关性统计，结果表明生料细度的放粗不仅影响到易烧性，还与水泥磨的电耗有关联（图 4-14）。把生料 $100\mu m$ 的筛余量由 10% 放粗到 20%，对于细度为 $350m^2/kg$ 的水泥来说．每吨水泥的研磨电耗会增加 $4kWh$。这一定量虽然在各厂不尽相同，但这种定性在各厂都是一样的。

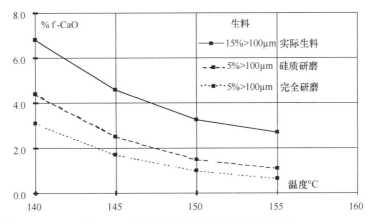

图 4-13　生料细度与其易烧性的试验关系

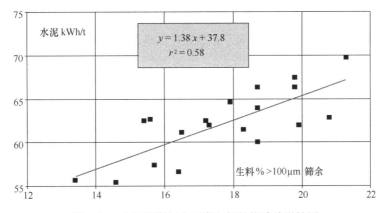

图 4-14　生料细度与水泥磨电耗的统计关联性图

　　生料细度该不该放粗，每个厂的情况是不一样的，取决于放粗生料细度带来的生料电耗下降，能否抵消其导致的熟料煤耗增加和水泥电耗的升高。这需要我们通过具体的试验，进行详细的分析研究，不能凭感觉办事。

　　问题还不仅如此，靠放粗生料细度、提高生料磨产量来节电，必然导致生料磨的频繁开停，不仅会增加生料制备系统的无功电耗，频繁的启动也会缩短系统设备的寿命。同时，由于生料制备系统与熟料烧成系统具有密切的相关性，不可避免地要引起烧成系统的一系列波动，进而影响到烧成系统的产量、质量、煤耗、电耗等。

　　有一个重要影响是躲不过去的，那就是窑灰的去向问题。窑灰的化学成分与生料不同，对易磨性好的石灰石窑灰的 KH 高，对易磨性差的石灰石其 KH 又低，特别是窑灰的有害成分含量比生料高许多；窑灰的量也在随时波动，其高值可以达到其低值的两倍以上。

　　目前设计的烧成系统，多数设计了入窑和入库两条通道，多数水泥厂有两种用法，一是不管开不开磨都入库，二是开磨时入库，停磨时入窑。但不管是前者或后者，开停生料制备系统，都将导致入窑生料中窑灰含量的大幅度变化，直接影响到入窑生料的稳定性，特别对有害成分高的原燃材料，是一个必须考虑的问题。

　　前者在停磨时入库，入进去的是纯窑灰，如何与库内现有的生料进行均化；后者开磨时入库使入窑生料中含有一份窑灰，停磨时入窑使入窑生料中变成了两份窑灰。这种工艺设计，要想取得较高的入窑生料稳定性，就必须强调窑磨的联动率，尽量保持窑磨的同步运行。

遗憾的是，关于窑磨的联动率问题，在多数水泥厂没有引起重视。如果硬要搞"停磨节电"，结果只能是是在降低生料电耗的同时，又会付出熟料质量降低和烧成煤耗增加的代价。

2. 生料细度也不是越细越好

当然，生料细度也不是越细越好，这除了对生料制备系统能力和电耗的影响以外，过细的生料对熟料烧成也未必就是好事。比如：

（1）过细的生料由于含气量高、内摩擦小，将增大生料制备、使用系统输送和扬尘治理的难度。如降低拉链机或斜皮带机的输送能力、加大提升机内的物料循环、增加空气斜槽的收尘负荷。

（2）过细的生料由于比表面积高、内聚力强，细粉容易结团和粘挂，粗细粉在气力搅拌中容易离析，不利于生料均化库的布料、均化、储存、卸料。

（3）过细的生料由于有更多的细粉，其粒径小于预热器旋风筒的切割粒径，将更多的粉尘和热能带入废气处理系统，不但增加了烧成系统的电耗和煤耗，也增加了废气处理系统的电耗和废气排放粉尘浓度。

（4）过细的生料由于其被带动的固气比高，在预热器旋风筒特别是连接管道内的停留时间短，不利于生料在预热器内的换热。

（5）过细的生料也由于其被带动的固气比高，不利于生料在预热器各级旋风筒内的固气分离，预热器内、特别是 C_4、C_5、分解炉的内循坏加大，导致预热器阻力增加电耗增大、出预热器的温度升高、煤耗增大，有害成分富集结皮堵塞的机会增大等。

由此可见，过细的生料不仅没有好处，而且会带来一系列危害，这一点应该引起重视。不管什么粉磨系统，其粉磨生料的颗粒分布都有一定的离散性，难免对部分生料的过粉磨，只有将生料颗粒的离散性控制在一定范围内，才能在控制其粗颗粒的同时控制其微粉含量，生料的颗粒级配是越窄越好。

在控制生料粗颗粒上，我们已经有了很多的经验和措施，并且在粉磨系统中设置了有效的选粉机，但在控制生料的过粉磨上，多数企业还用功不足。比较直观的措施是努力提高选粉机的选粉效率，收窄生料的颗粒级配；操作上适当增大循环负荷，缩短磨内停留时间，以将合格的生料及时选出；工艺上最好是采用分别粉磨，减少由于各组分的易磨性不同在这方面的影响。

3. 降低入磨粒度倒是好处多多

实际上，如果为了节电，与其从出磨细度上做文章，不如从入磨粒度上考虑。物料的粉碎包括破碎和粉磨两个环节，两个环节是互相搭接的，而且是可以相互弥补的。

由于两者的做功原理不同，其能耗的效率也大不一样，破碎工艺的效率要远远大于粉磨工艺，好的破碎机电能有效利用率可达 30% 左右。就我们早期使用的球磨机而言，其电能的有效利用率只有区区的 2% 左右，绝大部分电能被转变为热能和声能而消失掉了。

即使我们现在普遍使用的辊式立磨，其电能有效利用率也只是球磨机的 2 倍左右，远远达不到破碎机的水平；辊压机的做功原理更趋近于破碎机，因此生料辊压机终粉磨效率更高，但也提高得有限。

放粗出磨细度可以在生料粉磨上节电，但对后续的熟料烧成、水泥粉磨两大工序具有诸多不利影响；而适当降低入磨粒度则不然，尽管会增加一些上道破碎工序的电耗，但生料粉磨节了电，两道工序用电之和降低了。所以，现在更提倡"多碎少磨"工艺。

当然，入磨粒度也不是越小越好，应有一个合适的控制范围，每个厂的最佳粒度也不一样。关于入磨粒度的控制指标，通常的做法是根据使用要求或下道粉磨工序设备的要求而定。

国内企业的习惯来源于球磨机时代，一般按破碎后粒度＜25mm 的合格率为 85％～90％确定，主要是满足生料磨设备厂家的能力要求；由于多少年的延续，生料磨厂家、破碎机厂家也是按此要求设计、制造和供应设备的。

国外的有关控制指标为：

（1）当生料磨为管磨时，物料粒度控制为：＜20mm。

（2）当生料磨为立磨时，对易磨物料和非易磨物料给予了区别：

a. 易磨物料：＞0.06D 者应＜4％；＞0.025D 者应＜20％；

b. 非易磨物料：＞0.06D 者应为 0；＞0.015D 者应＜20％。

（3）对于辊压机，最大喂料粒度不应超过 0.05D。

例如，如果按一般易磨性考虑，通常入磨最大粒度应小于 0.05D，对于磨辊直径 2000mm 的立磨，则有允许入磨物料的最大粒度小于 100mm。这也是国内早期使用立磨的现状。

那么，这个最大粒径是怎么确定的呢？其基础数据主要来源于设备厂家的要求，设备厂家虽有多方面的综合考虑，但主要体现的是他这台设备的适应性，而非经济性，具体上主要是考虑磨辊对物料的钳入角，这个数值往往偏大。

多少年前，石家庄有条 5000t/d 线，在窑的能力达到 6000t/d 以后，生料磨就供不上窑了，朋友给笔者打电话问怎么办？我说改造石灰石破碎机，降低入磨粒度。他说已经降到了 80mm 了，不敢再降了，设备厂家说最好控制 100mm，怕引起生料磨振动。一旦把粒度降下来引起了立磨振动，破碎机还得改回去，我可担不起这个责任。

石家庄周边有不少石料场，笔者便建议他花点儿钱从石料场收购一天的碎石量，粒度控制在≤30mm 左右试试，一旦不成功损失也不大。一周后笔者又接到了他的电话，他高兴地说："立磨台时提高了 30 多吨，立磨也没有要振动的意思，改造石灰石破碎机的报告我们乡长已经同意了。"

适当降低入磨粒度，不但可以提高产量，自然也就降低了电耗，而且降低生料磨的磨耗。除了降低入磨物料粒度——主要是石灰石粒度外，特别需要强调的是降低硅质材料的入磨粒度。硅质材料、特别是高硅砂岩，不但易磨性差、磨蚀性强，而且单独降低它的粒度不会对生料磨的运行和操作构成多大影响，更适合"多碎少磨"。

硅质材料对生料粉磨系统能力和电耗的影响大家都有体会，这里不再赘述，重点讨论一下它对备件磨耗的影响：

现在的生料系统大都采用辊式立磨，磨辊和磨盘的衬板是其主要的磨蚀部件，这些衬板不仅起保护作用，而且是重要的粉磨做功者，它的磨损不仅是增加了材耗，而且会降低粉磨效率。与球磨机相比，它的磨损件数量和重量都要少得多，但它的磨耗却是球磨机的几倍，而且磨损件的价格更是球磨机无法相比，是一块重要的运行成本。所以，对辊式立磨来讲，磨耗是一个重要指标。

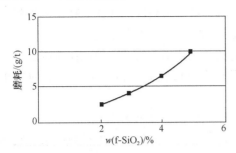

图 4-15　原料 f-SiO$_2$ 含量与立磨磨耗增量

影响辊式立磨磨耗的因素很多，但其中最重要的是原料中 f-SiO$_2$ 的含量及其粒度。f-SiO$_2$ 的含量越高，原料的磨蚀性就越强，辊式立磨的磨耗就越高。有人曾做了原料中 f-SiO$_2$ 含量（％）与磨耗（g/t 生料）的试验，试验结果如图 4-15 所示。

我们生产硅酸盐水泥就离不开硅质原料，用硅质原料就躲不开 f-SiO$_2$；要生产优质熟料就要高 SM 配料，要实现高 SM 配料就要用高硅砂岩，高硅砂岩的 SiO$_2$ 更高。怎么办，我们只能努力把入磨砂岩的粒度降下来。研究表明：

对于细度 $<90\mu m$ 的结晶氧化硅，$\delta = 0.6X^{1.4}$

对于细度 $<5mm$ 　的结晶氧化硅，$\delta = 10X^{1.4}$

式中　δ——磨耗值，g/t 生料；

　　　X——原料中结晶氧化硅含量，％。

从式中不难看出，磨耗与结晶氧化硅含量的 1.4 次方成正比；但更应该注意到，当结晶氧化硅的细度由 $<90\mu m$ 加大到 $<5mm$ 时，磨耗加大了 10/0.6＝16.67 倍！可见结晶氧化硅的入磨粒度对磨耗的影响有多大。

遗憾的是，对于入磨物料粒度，我们往往重视的是石灰石，却忽视了硅质材料。事实上，我们现有的破碎技术和装备，完全有能力将硅质材料的入磨粒度控制得更小一些，即便是高硅砂岩也没问题。

4.4　生料细度对易烧性的影响与控制

前面谈到了放粗细度对生料的易烧性不利，过细的生料对熟料烧成也有诸多问题，那么，把生料磨到什么程度比较合适呢？进一步讲，用 $80\mu m$ 筛余控制生料细度是不是就行了呢？

1. 生料筛余该如何控制

把生料磨得更细肯定会增加生料粉磨电耗，我们通常对生料细度的控制，目前各公司一般都以 $80\mu m$ 筛余作为控制指标，这个指标控制多少，在各个公司的感觉是不一样的，实际效果也是不一样的。有的公司控制在 18％还是感觉难烧，但有的公司已放到 25％了感觉还没问题，问题出在哪儿了呢？

碳酸盐分解是熟料煅烧的重要过程之一。碳酸盐分解与温度、颗粒粒径、生料中黏土的性质、气体中 CO$_2$ 的含量等因素有关。

影响碳酸盐分解的因素，更多是生料细度及其所含的粗颗粒。一般来讲，生料颗粒粒径越小，比表面积越大，传热面积增大，分解速度加快；生料颗粒均匀，粗颗粒就会减少，是在碳酸盐分解到一定程度后，进一步提高分解率的关键。

熟料的烧成是在固相与固相之间所进行的。由于固相反应是固体物质表面相互接触而进行的反应，当生料细度较细时，组分之间接触面积增加，固相反应速度就会加快。实验发现，物料反应速度与颗粒尺寸的平方成反比，因而即使有少量较大尺寸的颗粒，都可以显著延缓反映过程的完成。

研究表明，≥45μm 的石英颗粒和≥125μm 的方解石颗粒在正常烧成条件下反应不完全，这部分的颗粒是影响生料易烧性的关键因素。所以，控制生料的细度既要考虑生料中细颗粒的含量，更要考虑使颗粒分布在较窄的范围内，而且越窄越好，保证生料中的粗颗粒不至于太多。

因此，对于生料细度的控制，应该是控制粗颗粒比控制细粉更重要，控制 200μm 筛余比控制 80μm 筛余更合理。甚至只要控制好了 200μm 筛余，就可以放宽对 80μm 筛余的控制，至少不能对 200μm 筛余不管不控。

关于生料细度，对球磨机而言，一般宜控制 0.080mm 方孔筛筛余在 15% 左右，0.2mm 方孔筛筛余在 1.5% 以下。

对于立磨而言，一般宜控制 0.080mm 方孔筛筛余在 16%～18% 左右，0.2mm 方孔筛筛余在 1.0%～1.5% 以下。

对于辊压机终粉磨，一般宜控制 0.080mm 方孔筛筛余在 18%～20% 左右，0.2mm 方孔筛筛余在 1.0%～1.6% 以下。

注意，以上的建议考虑了粉磨工艺的区别，在同样原料同样细度组成的条件下，以辊压机终粉磨的生料易烧性最好；但都加了"一般"二字，生料的易烧性还与生料的化学成分、配制生料的组分、各组分的矿物组成、各矿物的成矿条件、以及所含微量元素的种类和多少有关，这些因素不仅对生料的易烧性有重大影响，而且 80μm 筛余的生料和 200μm 筛余的生料，对其易烧性的影响也不是等比例的，各公司要根据自己的实际情况确定，切忌盲目照搬。

实践表明，生料中的粗颗粒，别以为量小就影响不大，它就像血液中的癌细胞，个数不多但危害极大。一般只要将 0.2mm 方孔筛筛余控制在小于 1.0%～1.5% 以下，就可以将生料的 0.080mm 方孔筛筛余适当放宽到 20% 甚至 25%，这就是问题的关键所在。

FLS 公司提出，要严格控制 45μm 以上粗颗粒 SiO_2 的含量，以保证生料的正常煅烧；海德堡集团则要求，可以放宽 90μm 筛余到 15% 以上，而必须严格控制 200μm 筛余 <0.5%。

这里有一个 Christensend 经验公式：易烧性指标＝0.33LSF＋1.8SM－34.9＋0.56×（>125μm 的方解石颗粒含量）＋0.93×（>40μm 的石英颗粒含量）。

这个公式首先提示了生料粗颗粒对易烧性的严重影响，强调了控制生料中粗颗粒的重要性。但进一步分析就会发现，石英粗颗粒对易烧性的影响远大于方解石粗颗粒，这就启示我们：一是要重视石英粗颗粒、二是对两种粗颗粒要分别对待。

重视石英粗颗粒的影响自不必多说，就分别对待来讲，一是重视程度可以不同，二是要分别研究它们的影响机理，看是否有不同的最佳对策。我们知道，石英粗颗粒形成制约的瓶颈在熟料烧成阶段，而方解石粗颗粒形成制约的瓶颈主要在生料分解阶段。

那么，解决方解石易烧性问题的办法就至少有两个，一是把它磨得更细（但增加电耗），二是通过延长分解炉的停留时间（但增加电耗、煤耗和改造投资）或提高分解温度（但增加煤耗）。

这又成了一个煤电平衡问题，到底哪一个合算，还是要具体问题具体分析，以效益最大化为原则。随着生料粉磨细度的放宽，生料粉磨电耗肯定会下降，有专家给出了如图 4-16 的参考曲线。

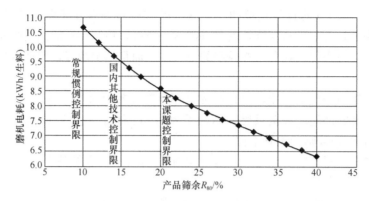

图 4-16 粉磨电耗与生料细度的相关性

2. 广西大学的有关研究

以上讲了生料的易烧性不仅与生料细度有关，还会受到多种因素的影响，就是针对一个公司的一条线，也很难找到其易烧性与各种因素的定量关系。但这并不影响我们对某些因素在约束条件下的定量分析，尽管对某一关键因素的定量分析不具有普遍性，但对指导现实中的生产还是很有意义。

广西大学就曾针对华润某公司的石灰石做过相关研究，研究所用生料由各组分经振动磨分别粉磨后配制而成，除石灰石外，其他各组分的细度均达到 80μm 筛余为 0.00%，所用原料的化学成分和配比见表 4-9。

表 4-9 试验原料的化学成分和生料配比

原料组分	各组分的化学成分/%					生料配比/%
	SiO$_2$	Al$_2$O$_3$	Fe$_2$O$_3$	CaO	MgO	
石灰石	0.60	0.30	0.08	51.51	3.09	71.73
高硅砂岩	81.58	9.80	3.49	0.43	0.78	8.43
黏土	32.10	10.48	8.66	21.43	1.56	19.60
低铝铁尾矿	59.19	5.90	25.79	0.61	0.14	0.05
高铝铁尾矿	15.87	24.10	42.91	0.49	0.19	0.20
配料三率值	KH=0.922 SM=2.58 IM=1.47					

石灰石全部通过 200μm 方孔筛，按 80μm 筛余量分别为 0.00%、5.00%、10.00%、15.00%、20.00%、25.00%、30.00%，配制了 7 个生料样品；又在石灰石 80μm 筛下物中，分别配入 0.00%、0.50%、1.00%、1.50%、2.00%、2.50% 的 0.2~1.12mm 的石灰石粗粒，配制了 6 个生料样品。

然后分别对两类生料进行了易烧性试验和回归分析。石灰石 80μm 筛余对熟料 f-CaO 的影响如图 4-17 所示，石灰石 200μm 筛余对熟料 f-CaO 的影响如图 4-18 所示。

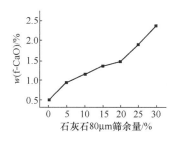

图 4-17　石灰石 $80\mu m$ 筛余
对熟料 f-CaO 的影响

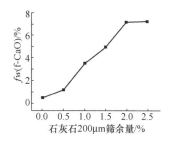

图 4-18　石灰石 $200\mu m$ 筛余
对熟料 f-CaO 的影响

对图 4-17 中第一组试验数据进行的一元二次线性回归，得出如下关系式：$Y = 0.0005X^2 + 0.0423X + 0.5326$，相关性系数为 0.9845。其中，$X$ 为生料中石灰石的 $80\mu m$ 筛余量，Y 为熟料 f-CaO 含量。

若按企业熟料 f-CaO 控制小于 1.5% 考虑，将 $Y = 1.5\%$ 代入回归方程式，求得 $X = 18.73\%$。也就是说，要想将熟料 f-CaO 控制在 1.5% 以下，生料中的石灰石 $80\mu m$ 筛余就不能大于 18.73%。

由回归方程式还可以推出，生料中的石灰石 $80\mu m$ 筛余每增加 1.00%，熟料中的 f-CaO 就会增加 0.04% ～ 0.06%。

对图 4-18 中第二组试验数据进行的一元二次线性回归，得出如下关系式：$Y = 0.1446X^2 + 0.3111X + 0.24$，相关性系数为 0.9820。其中，$X$ 为生料中石灰石的 $200\mu m$ 筛余量，Y 为熟料 f-CaO 含量。

若按企业熟料 f-CaO 控制小于 1.5% 考虑，将 $Y = 1.5\%$ 代入回归方程式，求得 $X = 2.07\%$。也就是说，要想将熟料 f-CaO 控制在 1.5% 以下，生料中的石灰石 $200\mu m$ 筛余就不能大于 2.07%。

由回归方程式还可以推出，生料中的石灰石 $200\mu m$ 筛余每增加 0.50%，熟料中的 f-CaO就会增加 0.2% ～ 0.6%。

需要说明的是，我们在日常生产中对生料 $200\mu m$ 筛余的控制比上述结论要严得多，这是因为生料的组分不仅是石灰石，还有比石灰石对易烧性影响更大的砂岩，而且砂岩比石灰石还要难磨，在筛余中砂岩的比例比生料更大，对易烧性的影响更大。

试验还对所得熟料进行了石灰石细度对 f-CaO 矿巢的影响研究，研究表明，随着石灰石 $80\mu m$ 筛余量的增加，熟料中 f-CaO 矿巢的数量并无明显变化；$200\mu m$ 筛余量开始也影响不大，但当 $200\mu m$ 筛余量大于 1.00% 以后，大尺寸的 f-CaO 矿巢数量明显增多。说明石灰石 $200\mu m$ 筛余量比 $80\mu m$ 筛余量对易烧性的影响更大。

生料中以石灰石的比例最大，以砂岩最难磨难烧，石灰石和砂岩是日常影响生料易烧性的两个关键组分。所以说，这是一组很有价值的研究试验；很遗憾，没有针对砂岩进行类似试验，希望能有人尽快补上。

3. 窄化颗粒级配的选粉机

前面讲到，控制生料的细度既要考虑生料中细颗粒的含量，更要考虑使颗粒分布在较窄的范围内，而且越窄越好，以保证生料中的粗颗粒不至于太多。那么，将生料的颗粒分布控制在更窄的范围内，有没有具体措施呢？应该说，目前已有在用的 LV 选粉机就具有颗粒分布窄的特性，更适合在生料制备上使用，下面作一简单介绍。

LV公司的选粉机专利，首先用于立磨内LSK选粉机转子的改造。其原理是设计了一圈有若干个LV气室的定子，使上升的气流所携带的粗颗粒与产品级细颗粒于此处几乎被截然分开，细粉中粗粉很少、粗粉中细粉很少，从而实现了成品颗粒级配的窄化。

LV公司提供了针对POLYSIUS生料立磨的改造案例（表4-10），改造后系统能力由225t/h提高到275t/h，系统电耗由20.5kWh/t下降到16kWh/t；特别在90μm筛余由16%放粗到22%的情况下，生料的200μm筛余却由5%下降为4%，印证了LV技术对颗粒级配的窄化功能。

表4-10 某公司一台 POLYSIUS 生料立磨的改造效果

Polysius 生料 51-26 立磨改造		改造前	改造后
系统能力	t/h	225	275
细度	90μm 筛余,%	16	22
	200μm 筛余,%	5.0	4.0
主机功率	kWh	2470	2600
风机功率	kWh	2150	1800
选粉负荷	g/m³	360	510
磨机压差	mmwg	735	720
循环负荷	%	45	30
系统能耗	kWh/t	20.5	16.0

LV气室还能使粗颗粒在回到磨盘的过程中不再与上升的颗粒碰撞，避免了能量损失，从而提高了气流上升速度、降低了系统压降、减少了转子的磨损；由于碰撞返回的物料减少，物料在磨盘上的厚度趋于稳定，不仅可以增加喂料量，而且减少了物料的溢出量。LV导向阀片和选粉机转子的关系见图4-19，LV气室分级原理图及实体照片如图4-20所示。

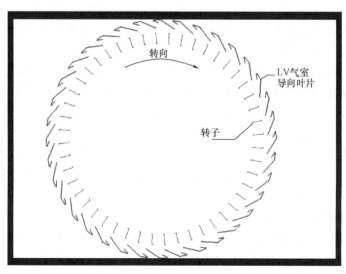

图 4-19　LV 导向阀片和选粉机转子的关系

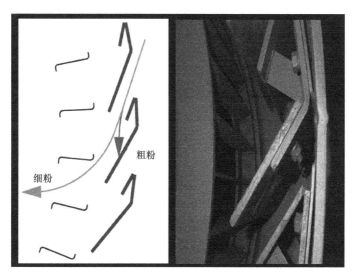

图 4-20　LV 气室分级原理图、实体照片

1999 年 FL-Smidth（FLS）公司与 LV 技术工程有限公司签署了协议，将 LV 技术应用到其 ATOX 系列立磨的改造上。2001 年合作协议进一步扩大，其制造的所有新磨机也采用了 LV 技术。

2008 年 LV 技术开始在中国应用。目前，已有多家公司应用了 LV 技术，比如：冀东水泥集团、陕西尧柏水泥集团、南方水泥集团、山水水泥集团、中联水泥集团、拉法基水泥集团、声威水泥集团、华新水泥集团、中材集团等，并取得了较好的改造效果。

4.5　生料的分别粉磨

1. 生料分别粉磨的概念和意义

你见过生料有采取分别粉磨的吗？这个问题的潜台词是：生料搞什么分别粉磨，那是画蛇添足。事实果真如此吗，我们先来看看分别粉磨的概念和意义。

分别粉磨这个概念起源于水泥粉磨系统，国内外在这方面已有诸多室内试验和工业使用案例，主要是针对"易磨性相差较大的不同组分"采取的措施，目前在国内外仍有使用的案例。而对于生料粉磨系统，目前确实尚未见到有关这方面的报道。既然分别粉磨，是针对"易磨性相差较大的不同组分"采取的粉磨提效措施，这项技术并没有绑定在水泥粉磨上，那么就生料制备来讲，是否也存在"易磨性相差较大的不同组分"呢？

实际上，就生料粉磨来讲，在不少的厂家，同样存在着"易磨性相差较大的不同组分"。比如硅质原料，特别是采用硬质砂岩配料的企业，其砂岩与石灰石等其他组分，其易磨性就相差很大。这一点在窑灰的成分上就有很好的体现，窑灰的 KH 明显高于生料的，就说明砂岩与石灰石的易磨性相差很大。因此，也有必要对生料的分别粉磨作一番探讨。

当砂岩与其他组分的易磨性相差较大时，其生料中的组分细度就会有较大差别。生料就会在预热器内发生分选现象，导致窑灰与生料的成分产生了较大的差别，给窑灰的使用带来一定的麻烦，最终导致了含窑灰的入窑生料在成分上的不稳定，势必要干扰窑系统热工制度的稳定。

　　更重要的是，较大的砂岩颗粒形成了制约固相反应的瓶颈。我们都知道，水泥熟料矿物都是通过固相反应完成的，生料磨的愈细、物料的颗粒愈小、比表面积愈大、组分间的接触面积就愈大、表面质点的自由能也就愈大，就能使扩散和反应能力增强，反应速度加快。

　　有人做过试验，当生料中粒度大于 0.2mm 的颗粒占到 4.6％时，在 1400℃烧成的熟料 f-CaO 为 4.7％；当生料中粒度大于 0.2mm 的颗粒减少到 0.6％时，同样在 1400℃烧成的熟料，其 f-CaO 竟然减少到 1.5％以下。可见粒度对生料易烧性的影响有多么大！

　　理论上，物料的固相反应速度与其颗粒尺寸的平方成反比，即使有少量较大尺寸的颗粒存在，都会显著延缓其反应过程的完成。所以，生产上，要尽量使生料的颗粒控制在较窄的范围内，特别是要控制好 0.2mm 以上的颗粒。

　　但在实际生产中，生料粉磨得越细电耗就会越高。我们怎么样在尽量减少生料粗颗粒的同时又少增加电耗呢？就是要将生料细度控制在较窄的范围内；对于易磨性相差较大的原料组分，怎么样在将砂岩磨细的同时，又不会把其他组分磨得过细呢？将砂岩与其他组分进行分别粉磨，就完全必要了。

2. 生料分别粉磨的工业实践

　　在这方面，亚东水泥的江西公司已进行了工业尝试，实践证明，对于同样细度的生料，其易烧性得到了大幅度提高，可以节约燃料。换句话说，在同样易烧性的情况下，可以将生料细度放粗，实现节电的目的。

　　江西亚东由原来外购软砂岩，改采用自有砂岩（硬质结晶），降低成本约 21 元/t（生料）。使用一套原有 RM56.4 立磨，既研磨砂岩粉又磨石灰石粉，不增加主设备投资。采用砂岩分磨技术后，初步的结果显示，对于熟料的强度有较大的提高，系统运行电耗下降，具体对比见表 4-11。

表 4-11　江西亚东砂岩分磨前后烧成系统运行指标及熟料质量对比

粉磨工艺	窑别	日期	电耗/(kWh/t)	煤耗/(kg/t)	3d 强度/MPa	28d 强度/MPa	产量(t/d)
砂岩分磨前	3 号窑	2012 年 8 月	25.46	133.06	32.4	57.9	5400
		2012 年 9 月	24.85	131.54	32.2	57.7	
		2012 年 10 月	24.96	130.95	31.4	58.6	
		2012 年 11 月	24.54	131.69	31.5	60.5	
		2012 年 12 月	24.19	130.88	32.9	60	
	4 号窑	2012 年 8 月	25.7	131.4	32.7	57.1	5500
		2012 年 9 月	23.9	128.3	32.4	57.4	
		2012 年 10 月	23.3	129.5	31.8	58.6	
砂岩分磨后	3 号窑	2013 年 1 月	24.09	133.06	32.4	60	5500
		2013 年 2 月	23.77	131.92	33.3	60.8	
	4 号窑	2012 年 12 月	22.8	130	32.4	59.2	5750
		2013 年 1 月	23.2	132	32.5	59.8	
		2013 年 2 月	23.2	130	33.5	60.5	

当然，要实现砂岩与其他物料的分别粉磨，是需要条件或一定投资的，如果不具备条件、又不想作投资，至少也应该严格控制砂岩的入磨粒度，必要时可进行砂岩的预破碎。

4.6　辊压机生料终粉磨

1. 三种生料粉磨工艺方案的比较

目前生料制备有中卸烘干磨、立磨、辊压机终粉磨三种方案，由于中卸磨能耗较高（22～26kWh/t），目前大都采用电耗较低的立磨粉磨生料（约 18kWh/t），近几年将辊压机终粉磨用于粉磨生料，进一步降低了电耗（11～13kWh/t）。三种粉磨方案系统的对比见表4-12。

表 4-12　2500t/d 窑系统所配生料制备系统的对比

项目	中卸烘干磨	立磨方案	辊压机方案
设计能力	185t/h	190t/h	200t/h
$90\mu m$ 细度	14％	14％	14％
主机规格	$\phi 4.6m \times (9.5+3.5)$ m	$\phi 3626mm$	$2-\phi 1800mm \times 1000mm$
主机功率	3550kW	2000kW	$2 \times 900kW$
选粉机功率	160kW	75kW	75kW
提升机功率	132kW	37kW	$2 \times 90kW$
系统风机	1000kW	2000kW	1000kW
主机装机功率	4842kW	4112kW	3055kW
主机装机电耗	27kWh/t	22kWh/t	15kWh/t
实际生料电耗	24kWh/t 生料	18kWh/t 生料	12kWh/t 生料
折合熟料电耗	37kWh/t 熟料	28kWh/t 熟料	19kWh/t 熟料
总投资	1264 万元	1516 万元	1605 万元

辊压机终粉磨用于生料制备，不但节电效果显著，而且操作和维护都较容易，备品备件费用也低得多，应该是今后的一个发展方向。

就粉磨系统来讲，生料的比表面积一般在 $200m^2/kg$ 左右，在这个阶段根本就谈不上易磨性，影响产质量的主要是易碎性；受易磨性影响的阶段，比表面积一般在 $320m^2/kg$ 以上，这就是水泥了。所以，对原料关注的应该是易碎性，而不是易磨性，辊压机用于生料粉磨比用于水泥粉磨更适合。生料辊压机终粉磨流程如图 4-21 所示。

2. 辊压机是否适合粉磨生料

几种粉磨设备对物料的挤压力顺序是：辊压机＞立磨＞辊筒磨＞球磨，所以辊压机最节能。

用于生料粉磨的辊压机，压力应该多大合适，压力大挤压效果肯定好，但我们要的是粉料，压成料饼不一定是好事，要看料饼中的成品能不能选出来，如果选不出来就没用了，所以生料辊压机提倡宽辊子，就是希望压强不要太大。

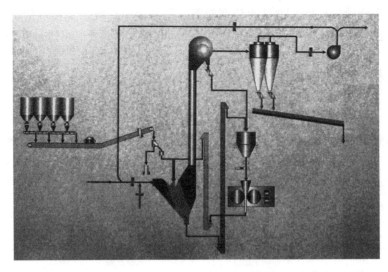

图 4-21 生料辊压机终粉磨流程图

几种粉磨设备对料床的控制力的顺序是：球磨＞辊筒磨＞立磨＞辊压机，所以辊压机对原料粒度、硬度的均一性要求较高。

几种粉磨设备对水分的适应能力的顺序是：立磨＞球磨＞辊压机＞辊筒磨，所以辊压机对原料的水分、黏度适应性较差，这在系统设计选择设备时要给予充分考虑。

据不全面的了解，辊压机终粉磨技术起源于亚东花莲公司，花莲公司原设计为辊压机加管磨，为了挖掘辊压机的节电优势，在停管磨的情况下，进行了辊压机单独粉磨试验，取得了意想不到的效果，随后请洪堡公司进行了系统改造，正式改为辊压机终粉磨系统，电耗只有 11～12kWh/t 生料。由此开始了在新建公司江西亚东、四川亚东的直接使用。

在江西亚东、四川亚东，均采用了由洪堡公司系统设计及设备配套的辊压机终粉磨系统，单位电耗在 11.5kWh/t 左右，取得了良好的节电效果。

鉴于生料辊压机终粉磨系统具有显著的节电效益，而且后续维护维修简单、运行成本低。笔者也凑了凑热闹，作了一些运行调查，了解到的几家公司的情况大致如下：

陕西满意水泥公司：采用 $\phi2000 \times 1600mm$ $2 \times 1800kWh$ 辊压机，台时 430t/h，电耗 10.7kWh/t 生料；

四川亚东水泥公司：采用 $\phi1700 \times 1800mm$ $2 \times 1800kWh$ 辊压机，台时 340～350t/h，电耗 15～16kWh/t 生料；

登封嵩基水泥公司：采用 $\phi2000 \times 1600mm$ $2 \times 1800kWh$ 辊压机，台时 430～450t/h，电耗 12kWh/t 生料左右；

邯郸太行水泥公司：采用 $\phi1700 \times 1000mm$ $2 \times 1120kWh$ 辊压机，台时 250t/h，电耗 13.5kWh/t 生料；采用钢渣配料时，台时 200t/h，电耗 17kWh/t 生料；

山西智海水泥公司：采用 $\phi1800 \times 1000mm$ $2 \times 900kWh$ 辊压机，台时 210～230t/h，电耗 12kWh/t 左右。

就目前的运行情况来看，台湾花莲地区雨水多，但原料含土少，其辊压机终粉磨系统运行良好；邯郸太行水泥公司原料含土多，但雨水少，其辊压机终粉磨系统运行良好；登封嵩基水泥公司是新厂设计，加大了物料堆存，具有较强的抗雨能力，其辊压机终粉磨系统也运行良好；四川亚东水泥公司所处地区雨水多、原料含土多、天气潮湿，经常发生粘堵现象，台时产量较低，但由于节电效果还是有的，目前仍在使用。

仔细分析各公司的情况，有成功的、有不理想的、也有失败的，但总体上节电效果都是肯定的，问题主要出在辊压机的粘堵上。

在北方干旱地区没有太大问题，而同样在南方多雨地区，为什么有成功有失败呢，进一步分析发现：辊压机终粉磨系统并不怕雨水多、也不怕含土多，怕的是两者都多，导致辊压机系统多处的粘结堵塞。只要不是两者都多，或者采取足够的防雨抗雨措施，生料辊压机终粉磨系统还是可以大有作为的。

因此，在选择辊压机生料终粉磨系统时，一定要慎重考虑辊压机的粘堵问题，适当加大防雨库存、加强系统保温措施、加强系统的烘干能力、甚至在破碎系统引入烘干功能，以确保在节电的同时能正常生产。对于雨水多而且原料含土多的生产条件要慎重采用。

3. 几个辊压机生料终粉磨案例

1）四川亚东水泥公司

1 号窑于 2006 年投产，生料采用了辊压机终粉磨系统（图 4-22），熟料电耗平均约为 56kWh/t 熟料。但辊压机终粉磨由于原料水分大，运行一直不太理想，主要是物料堵塞、产量较低，故 2 号、3 号窑采用了立磨系统。

该辊压机终粉磨系统的运行虽然不太理想，但工艺和设备本身没有发现什么问题，到目前仍在继续使用，所缺生料由立磨系统补充。辊压机终粉磨实际能力 340～350t/h，立磨实际能力 430～450t/h，总体上供 3 台窑富富有余。

四川亚东公司的辊压机终粉磨生料系统，由洪堡公司系统设计，主要设备和总体运行情况为：

辊压机：ϕ1700 × 1800（mm），2 × 1800kWh，洪堡设备；

图 4-22　四川亚东水泥生料辊压机终粉磨现场

V 型选粉机：63 万 m³/h 风量，宽×高＝2400×9100（mm），洪堡设备；

VSK 选粉机：ϕ4000mm 轮子，63 万 m³/h 风量，洪堡设备；

循环风机：10600m³/min 风量，洪堡设备；

设计：入料粒度≤50mm(max80mm)，产品细度（80μm 筛余）≤18 ％，台时 400t/h，电耗 12kWh/t 生料；

实际：入料粒度 50～60mm，产品细度（80μm 筛余）16％～17 ％，台时 340～350t/h，电耗 15～16kWh/t 生料。

造成台时产量低、电耗高的原因，主要是物料水分高、粘堵频繁。石灰石不但含土多，而且水分高达 5％～6％，加上四川的潮湿天气。

同样的系统在花莲，下雨不比在四川少，但并未影响使用，因为花莲天气不潮，石灰石含土少，雨后的石灰石会很快脱水。可见，生料辊压机终粉磨系统，既不怕雨多，又不怕土多，怕就怕两者都多。

2）河南登封嵩基水泥公司

该公司有一条 5000t/d 生产线，由南京凯盛院设计，于 2010 年 03 月投产运行。该生产线生料制备系统采用成都利君公司的"辊压机＋V 型选粉机＋循环风机＋卧式选粉机"系统组成（表 4-13），总装机容量约 6000kW，正常生产时台时产量达到 430t/h，产品细度 200μm 筛余小于 3％，80μm 筛余小于 18％，能满足窑上煅烧。

表 4-13　河南登封嵩基水泥生料制备系统主要设备配置

名称	型号	规格	配套电机	装机容量
辊压机	CLF200160-D-SD	$\phi2000\times1600$mm	2×1800kW	3600kW
V 型选粉机	—	—	—	—
循环风机	—	700000m³/h	1×1800kW	1800kW
卧式选粉机	—	—	-1×110kW	110kW
混料提升机	—	—	-1×110kW	110kW
细料提升机	—	—	-1×110kW	110kW
总装机	—	—	—	约 6000kW

该公司采用石灰石、高硅砂岩、低硅砂岩、硫酸渣、粉煤灰五组分配料，主要控制指标有 KH1.05～1.12，SM3.0～3.45，IM1.42～1.65，生料水分 0.3％～0.4％，200μm 筛余 1.8％～3.3％，80μm 筛余 18％～20％；f-CaO < 1.5％。系统台时产量最高能达到450t/h，生料电耗 12kWh/t 左右，熟料电耗 60kWh/t 左右。该辊压机终粉磨中控画面如图 4-23 所示，现场情况如图 4-24、图 4-25 所示。

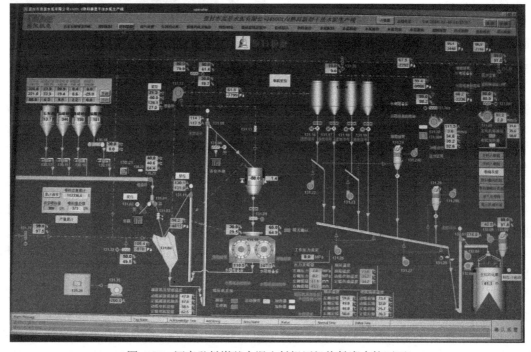

图 4-23　河南登封嵩基水泥生料辊压机终粉磨中控画面

图 4-24　河南登封嵩基水泥生料辊压机终粉磨现场（一）

图 4-25　河南登封嵩基水泥生料辊压机终粉磨现场（二）

　　该系统的优点是：效率比较高，运行平稳，噪声低，生料电耗低，维修、维护工作量都较小，工艺配置简单，值得推广应用。

　　该系统的缺点是：对物料的适应性不强，遇到多雨季节，台时产量下降较多，不适应带黏性物料的配料。

3）陕西满意水泥公司

　　根据铜川地区的自然条件，给 5000t/d 生产线配套了生料辊压机终粉磨系统。台时产量平均达到 430t/h 以上，综合电耗为 10.7kWh/t 生料。其具体的配置如下：

辊压机：CLF ϕ2000mm×1600mm，2×1800kWh

选粉机：VXR 型，110kW；

循环提升机：1400t/h，220kW；

旋风筒：4—ϕ4500mm；

系统风机：70 万 m³/h，6300Pa，1800kW；

系统装机功率：5970kW；

设计系统能力：420t/h。

4）太行水泥邯郸本部

在 3 台立波尔窑改为 2500t/d 熟料线后，生料制备系统仍延用原为立波尔窑配套的 4 台 $\phi3.2\times8.5$（m）中卸烘干生料磨，能力为 4×50t/h，系统粉磨电耗为 28kWh/t 左右；而且烘干用热风炉，烘干煤耗为 8～10kg/t。

为节电和节煤计，于 2008 年上了一套辊压机生料终粉磨系统，如图 4-26、图 4-27 所示，用窑尾废气取代了热风炉，取得了节电和节煤的双重效果。

经过一年多的生产运行及调整，验证了该系统的改造是成功的。工艺和设备系统运行可靠，运行维护简单，电耗由 28kWh/t 左右降到了 17kWh/t 左右，煤耗由 8～10kg/t 降到了 0kg/t。

图 4-26　太行水泥生料辊压机终粉磨现场（一）

图 4-27　太行水泥生料辊压机终粉磨现场（二）

该系统的设计能力为 200t/h，实际生产能力达 200～220t/h（采用钢渣配料时），不采用钢渣配料时预计可达 250t/h 左右；产品细度控制在 $80\mu m$ 筛余 17%～18%，$200\mu m$ 筛余在 3% 以下，完全能满足分解窑的需要。

该系统的主机配置如下：

辊压机：$\phi 1700 \times 1000$(mm)，2×1120kWh，通过量 $630 \sim 760$t/h；

V 型选粉机：32 万 m^3/h；

系统风机：40 万 m^3/h，1000kWh 电机。

5）山西智海榆次水泥公司

为 2500t/d 生产线配套的生料粉磨系统，采用 $\phi 1800 \times 1000$(mm) 生料辊压机终粉磨系统，设计能力为 $200 \sim 220$t/h，调试正常后该系统稳定在 $210 \sim 230$t/h，生料电耗为 12kWh/t 左右。系统流程如图 4-28 所示。

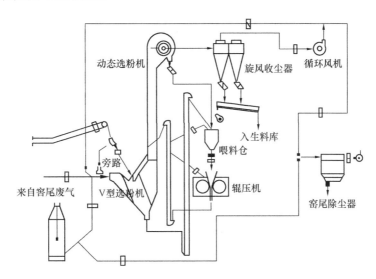

图 4-28　山西智海榆次水泥公司生料粉磨系统流程图

该系统的主要设备配置如下：

V 型选粉机：风量 $280000 \sim 360000 m^3$/h，阻力 $1.0 \sim 1.5$kPa；

辊压机：CLF180-100，通过量：$553 \sim 844$t/h，功率：2×900kW；

动态选粉机：XR3200，风量 $30 \sim 34$ 万 m^3/h，220t/h，75kW；

旋风除尘器：$2-\phi 4500$mm，风量 $31 \sim 40$ 万 m^3/h，阻力 $1 \sim 1.5$kPa；

循环风机：40 万 m^3/h，6200Pa，1000kW；

系统总装机功率为：3100kW。

生料辊压机终粉磨系统于 2007 年 5 月 10 日正式投产，从使用情况看，生料细度 0.08mm 筛筛余稳定在 12% ～ 14%，0.2mm 筛筛余稳定在 3.0% ～ 5.0% 之间。从窑上煅烧来看，由于经过辊压机生产的生料成品多为片状物料，0.2mm 筛筛余偏粗，但对本地砂岩的结晶硅有较好的破坏性，在生料成分同样的情况下，与一线球磨机生料相比耐火度下降，反而易于煅烧，熟料 f-CaO 正常稳定在 1.0% 左右，28d 抗压强度可达到 63MPa。

由于砂岩没有均化堆棚，在雨季时含水量偏高，而且砂岩破碎采用颚式破碎机，当物料粒度不均匀时，辊压机的辊缝差会偏大，下料不均，造成产量下降 10% 左右。但只要入辊压机物料水分不高于 8%，适当调整入辊压机的风温，生料成品水分都可控制在 <1.0%。

4. 辊压机生料终粉磨的系统配置

（1）2500t/d 规模的配置

对于日产 2500t 熟料规模的生产线，生料系统配置一套 φ180×100 辊压机（主电机功率 900kW×2、通过量 670t/h）＋VXR 选粉机，设计产量 180t/h，实际产量 210～230t/h，粉磨电耗 12～13.5kWh/t。

例一，广东新南华水泥有限公司 2000t/d 生产线，生料制备系统配置一台 HFCG160/120（900kW×2、通过量 580～670t/h）辊压机＋VXR 选粉机，设计产量 180t/h，实际产量 231t/h，粉磨电耗 10.64kWh/t。

例二，宁夏赛马集团银川一分厂 2000t/d 生产线，采用 φ180×100 辊压机＋VV9620F 选粉机＋XR3200 下进风双分离高效选粉机，易磨性差（生料粉磨电耗为 14.2kWh/t，辊磨易磨性系数为 0.87），实际台时产量 170t/h 左右；通过改进与调整（辊压机工作辊缝 34mm，工作压力 7.4 MPa 等），系统产量提高至 200t/h（生料 R80 筛余 12%～13%），系统粉磨电耗 15.7kWh/t。

例三，鲁南中联水泥有限公司 2500t/d 生产线，将两台 φ3.5m×10m 的中卸烘干生料磨更换为一套 φ180×100 辊压机的生料终粉磨系统，台时产量达到 240t/h（R80 筛余 14%± 2%），系统粉磨电耗由采用管磨机工艺时的 22kWh/t 降至 16kWh/t。

（2）5000t/d 规模的配置

对于日产 5000t 熟料规模的生产线，生料系统配置一套 φ200×160 辊压机（主电机功率 1800kW×2、通过量 1400～1800t/h）＋VXR 选粉机，设计产量 400t/h，实际产量 410～ 430t/h，粉磨电耗 12～13.5kWh/t。几种粉磨方案的系统比较见表 4-14。

表 4-14　几种生料制备系统的装机功率及电耗比较

项目		中卸磨	国产立磨	国产辊压机终粉磨
方案选择		φ4.6m×(10+3.5)m	磨盘 φ5000mm	φ2000×1600(mm)
系统设计产能/(t/h)		2×200	400	400
原料入磨粒度/mm		<25	75～100	50～55
原料入磨水分/%		≤6	6～8	≤5
装机功率/kW	原料磨	2×3550	3800～4200	2×(1800～2240)
	选粉机	2×110	200	110
	原料磨风机	2×1000	3800～4200	1800～2000
	出磨提升机	2×132	55	220+180
单位粉磨电耗/(kWh/t)		22～24	16～18	12～14

实例，东平中联 5500t/d 熟料超短窑生产线，配置一套 φ200×160 辊压机（主电机功率 1800kW×2、通过量 1400～1800t/h）＋VX12020 选粉机（处理能力 1800～2300t/h）＋ XR4000 选粉机（喂料量 900t/h）的辊压机生料终粉磨系统，设计能力 400t/h，实际产量 491.73t/h，系统粉磨电耗 13.8kWh/t。

（3）技术说明

由于辊压机生料终粉磨系统装机功率低于中卸烘干磨及风扫立磨，故其粉磨电耗一般要比其他两个系统低得多，但也有极少数辊压机生料终粉磨系统电耗高达 17～19kWh/t 的。系统能力及粉磨电耗，除与工艺配置有关外，主要还受原材料水分、粒度、易碎性以及生料细度等因素的影响。

进入辊压机的物料，粒径要求均齐，95% 以上应≤55mm，过大则辊压机运行不稳定；综合水分宜控制在<6%，水分过大则挤压后的料饼难以打散、分散，影响系统产量发挥；由于辊压机终粉磨的生料颗粒分布较窄、均齐性较好、大颗粒少，在生料细度 R200 筛余控制<1.5%的情况下，R80 筛余一般可较球磨机系统放宽 3%～5%而不会对其易烧性产生太大影响。

5. 中卸烘干磨改辊压机生料终粉磨的案例

华北某公司 2006 年投产的 3000t/d 窑生产线，配置的生料磨为 φ4.6m×(9.5＋3.5) m 中卸烘干管磨系统（图 4-29），设计台时 190t，配置总功率为 4800kW，吨生料设计电耗为 27kWh。近几年磨机台时在 185～190t，窑产量维持在 2900t/d 左右，生料工序电耗为 28kWh 左右，不能满足窑的生产需要。

图 4-29 改造前运行中的中卸烘干磨

为了降低生料粉磨电耗和提高生产能力，该厂在 2014 年 4 月，在准备好的情况下停窑 15d，将该系统就地改成了辊压机终粉磨系统（图 4-30），使系统装机功率下降了 1200kW。

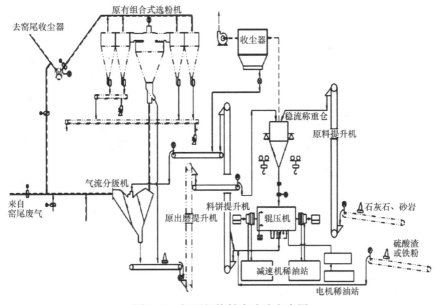

图 4-30 辊压机终粉磨改造方案图

该辊压机终粉磨系统的工艺主机为：一台 HFCG160-140 辊压机、一台 HFV4000 V 型气流分级机、一台 NBH1400D-25.50m 循环提升机。

由于是老厂改造，为了利用原有空间、厂房、部分设备，该系统增加了一台原料提升机、三条短皮带机，从而利用了原有中卸烘干磨的空间和厂房，解决了布置难题，降低了土建投资；系统利用了原有热风系统、废气处理系统，对选粉机进行了局部改造，降低了设备投资。

这套生料粉磨系统的改造，比新建方案投资降低了 600 多万元，最终的生料粉磨电耗被稳定在了 15kWh/t 生料以下。需要注意的是，任何事情都是有成本的，尽管取得了可观的节电效果，但没有达到 12～13kWh/t 生料的最佳水平，新建方案与改造方案相比哪一个划算，需要结合自己的实际情况权衡利弊。

改造后的辊压机生料终粉磨系统，于 2014 年 4 月 29 日投入运行。一周的试运行表明，细度控制在 80μm 筛余 16%，200μm 筛余在 1.5% 左右，台时产量在 190t/h 左右；细度放粗到 80μm 筛余 18%，200μm 筛余将上升到 1.7% 左右，台时产量在 210t/h。如果把细度放粗到 80μm 筛余 20%，200μm 筛余将上升到 2.0% 左右，估计台时产量能到 230t/h。

从一周的试运行来看，辊压机终粉磨系统所产的生料易烧性较好，80μm 筛余可以比中卸烘干磨放宽 2.0% 左右，该辊压机终粉磨系统 20% 细度生料的易烧性相当于中卸烘干磨 18% 细度生料的易烧性；生料电耗已经由原来中卸烘干磨的 28kWh/t 下降到 16kWh/t，改造总投资约 1390 万元，按节电 12kWh/t 生料，0.55 元/kWh，年产熟料 80 万吨，料耗 1.55t 生料/t 熟料算，年节电效益 800 多万元，投资回收期不到两年。

2014 年 8 月 6 日，该项目顺利通过了专家组验收，在生料细度 80μm 筛余 <18%、200μm 筛余 <1.8% 的情况下，台时产量达到 240t/h 以上，粉磨系统电耗为 15kWh/t 生料以下。

该系统验收当日的中控操作画面如图 4-31 所示，验收当日辊压机出料皮带上的物料如图 4-32 所示。

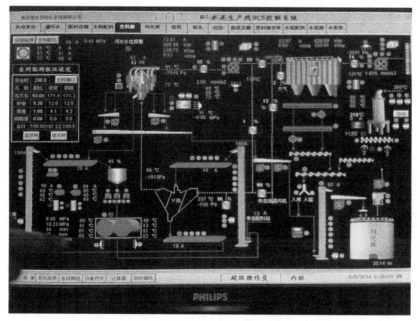

图 4-31　验收当日辊压机终粉磨中控操作画面

图 4-32   验收当日辊压机出料皮带上的物料

第二篇

熟料煅烧与操控

第5章　熟料煅烧中的质疑与辨析

要煅烧出优质、高产、低耗的熟料，必须熟知生料特性对煅烧过程固相反应的各种影响；要明白碳酸钙的分解并不是分解炉功能的关键所在，而燃烧才是其关键所在；要懂得盲目压低熟料 f-CaO 的指标，甚至对其加大力度考核，可能反而影响了熟料强度的提高；要知晓入窑分解率也不是越高越好，如果强制提高分解率，就需要提高炉温并延长物料的停留时间，这样会增加很多煤耗。

在生产过程中，可能会碰上 K_2O、Na_2O、SO_3、Cl^- 等有害成分随着时间不断地在系统内富集、造成结皮堵塞的现象，那时会不会想到利用旁路放风的老办法来解决这个问题，并配套余热发电系统，从而可以回收放风所造成的热损失呢？

当发现或听说 C_5 内筒损毁后，f-CaO 变得容易控制，甚至还有所降低；产量没有减少，立升重、台时产量反而有了显著提高；在低位发热量下降的情况下，实物煤耗还在下降，此时，是不是会在想，设计的这个 C_5 内筒可能真的有点多余了。但事实的真相又如何呢？

5.1　影响固相反应的生料特性

烧成的任务是把生料煅烧成熟料，而组成熟料的矿物，都是生料在具有一定液相的情况下，通过固相反应形成的，因此要把握好窑的生产，就必须对影响熟料固相反应的生料特性给予高度的关注、解析与控制。

1. 熟料煅烧固相反应的过程

熟料的烧结包含三个过程：生料共熔产生液相，C_2S 和 CaO 逐步溶解于液相中；C_2S 和 CaO 在液相中通过扩散、接触，逐步形成 C_3S 晶核；C_3S 晶核再经过发育和长大，完成熟料的烧结过程。

当生料加热到最低共熔温度时开始出现液相，液相主要由 C_3A 和 C_4AF 以及 MgO、Na_2O、K_2O 等组成，在液相的作用下熟料开始烧成；当液相出现后，C_2S 和 CaO 开始溶于液相中，C_2S 吸收游离的氧化钙形成 C_3S。其反应式如下：

$$C_2S(液) + CaO(液) \xrightarrow{1350\sim1450℃} C_3S(固)$$

随着温度的升高和时间的延长，液相量增加，液相黏度降低，CaO 和 C_2S 不断溶解、扩散，C_3S 晶核不断形成，并逐渐发育、长大，最终形成几十微米大小、发育良好的阿利特晶体；与此同时，晶体不断重排、收缩、密实化，物料逐渐由疏松状态转变为色泽灰黑、结构致密的熟料。

C_3S 的大量生成是在液相出现之后。普通硅酸盐水泥组成一般在 1300℃ 左右时即开始出现液相，而约在 1350℃ C_3S 形成的速度最快，一般在 1450℃ 下绝大部分 C_3S 生成，所以熟料的烧成温度可认为是 1350～1450℃ 或 1450℃。

任何反应过程都需要有一定时间，C_3S 的形成也不例外，它的形成不仅需要有一定的温度，而且需要在烧成温度下停留一段时间，使其能充分反应。硅酸盐水泥熟料一般需要在高温下煅烧 $20\sim30min$。在煅烧较均匀的窑内时间可短些，在煅烧不均匀的窑内时间需长些，但时间不宜过长，时间过长易使 C_3S 生成粗而圆的晶体，不但强度发挥慢，而且强度反而降低。

从上述分析可知，熟料烧成形成阿利特的过程，与液相形成的温度、液相量、液相性质以及氧化钙、硅酸二钙溶解于液相的速度、离子扩散速度等各种因素有关。尽管阿利特也可以通过固相反应来完成，但需要较高的温度（1650℃以上），这种方法在工业上没有实用价值。为了降低煅烧温度、缩短烧成时间、降低能耗，阿利特还是通过液相反应形成为好。

液相量的增加和液相黏度的降低，都有利于 C_2S 和 CaO 在液相中扩散，即有利于 C_2S 吸收 CaO 形成 C_3S。所以，影响液相量和液相黏度的因素，也是影响 C_3S 生成的因素。

实际上，这个道理大家都懂，在各种资料上也都有讲解，但总体上比较笼统、分散，不便于在实际生产中参考、引用和控制。这里也只是提炼出来，再作一次提醒，以引起管理者和操作者的重视。

2. 生料细度

不难理解，生料磨得越细，颗粒尺寸越小，比表面积越高，组分之间的接触面就越大，同时表面质点的自由能也越高，使得扩散和反应机会增多、能力增强，因此固相反应加快。

C_3S 的形成也可以视为 C_2S 和 CaO 在液相中的溶解过程，C_2S 和 CaO 溶解于液相的速度越快，C_3S 的成核与发展就越快。要加速 C_3S 的形成，实际上就是提高 C_2S 和 CaO 的溶解速度，而溶解速度受到 CaO 颗粒大小和液相黏度的控制，随着 CaO 粒径的减小其溶解速率会增快。

生料磨得越细，其粉磨电耗就越高，生料细度对熟料烧成的影响是耳朵听来的概念，其增加的粉磨电耗却是眼睛看得见的具体数据。细度磨到多少合适，应该根据各厂的实际情况，找出一个最佳的平衡点，但有些决策者的这个平衡往往会受到"眼见为实"的影响，失之偏颇。

大量的试验研究表明，对于易烧性好的原料，其粉磨加工产品目标细度可适当放宽。部分水泥企业不论原料的来源与构成，统一规定其粉磨细度控制在 $80\mu m$ 筛余 $<12\%$，有的甚至更低，势必造成不必要的能源浪费。在保证熟料煅烧质量的情况下，原料的粉磨细度需根据其自身特性和烧成系统的适应能力合理选定，以达到节能降耗的目的。

试验证明：对于生料中的方解石和石英，其粒度分别控制在 $125\mu m$ 和 $44\mu m$ 以下，对生料易烧性基本不产生影响。Christensend 试验统计出的"难烧性指标"经验公式为：

$$X=0.33LSF+1.8SM-34.9+0.56a+0.93b$$

式中　a——大于 $125\mu m$ 方解石颗粒含量；

　　　b——大于 $40\mu m$ 石英颗粒含量。

不难看出，对于含石英颗粒较少的生料，其生料的粉磨细度完全可以放宽，同时，对方解石和石英含量相对较多的生料，还可以通过提高在分解炉中的停留时间和操作温度来满足需要，在烧成煤耗与粉磨电耗的平衡上，不一定非要吊在生料细度这棵树上。

理论上，石灰岩（碳酸钙）颗粒大小对反应速度和过程有一定影响，但试验表明，只要环境温度稍有提高，分解反应的速度就会得到很大的提高。一个"稍有提高"、一个"很大提高"，为"煤电效益平衡"奠定了可能的基础。

某公司进行的细度与电耗的相关性试验结果如图 5-1 所示，结果表明，随着生料粉磨细度的不断放宽，其粉磨电耗随之有较大降低。当生料细度由 15％（80μm 筛余）放宽到 20％后，粉磨电耗由 9.5kWh/t 下降到 8.6kWh/t，而烧成系统却没有明显异常，每吨生料节电 0.9kWh，折算相当于吨熟料节电 1.3kWh。尽管各公司的原料特性不同、粉磨系统不同，但这种探索还是值得借鉴的。

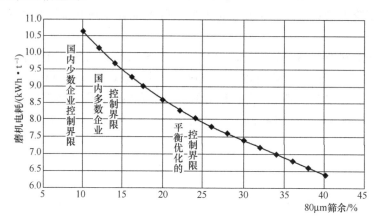

图 5-1 某公司细度与电耗相关性试验曲线

就现在一般的分解窑来讲，对于熟料的烧成，小于 100μm 的方解石和小于 55μm 的粗粒石英是没有任何问题的，过细的粉磨对熟料的烧成没有意义；而且在第四章第三节中已有过详细论述，过细的生料在具体的烧成过程中还有诸多弊端。因此，重点应放在抓好少数大颗粒上（＞200μm 或＞80μm），同时尽量避免少数微粉的产生（＜20μm 或＜45μm），做到既要能烧又不至于费电。

大多数水泥厂的生料细度以考核 0.08mm 筛余为主，而实际上起主要影响的却是 0.2mm 筛余，应该抓住这个重点。按通常的经验：

当 0.2mm 筛余≤1.5％时，0.08mm 筛余以控制在 16％以下为好；

当 0.2mm 筛余≤1.2％时，0.08mm 筛余可以放宽到 18％；

当 0.2mm 筛余≤1.0％时，0.08mm 筛余可以放宽到 20％。

同时，应建立起控制微粉的意识，积累一些检测资料，逐步探索可行的微粉控制指标。对于微粉的控制，应以控制＜20μm 的指标为好，但由于现实中 20μm 筛余不太好制作，退一步可以控制 45μm 筛余。

目前，取样后使用激光粒度检测仪室内检测 20μm 筛余已经没有问题，特别是已有在线的粒度检测仪投入使用，为控制微粉创造了极大的方便，同时可实现生料粉磨系统的智能控制。

3. 最低共熔温度

物料在加热过程中，两种或两种以上组分开始出现液相的温度称为最低共熔温度。最低共熔温度取决于系统组分的数目和性质。表 5-1 列出了一些系统的最低共熔温度。

表 5-1　不同系统的最低共熔温度

系统	最低共熔温度/℃
$C_3S—C_2S—C_3A$	1455
$C_3S—C_2S—C_3A—Na_2O$	1430
$C_3S—C_2S—C_3A—MgO$	1375
$C_3S—C_2S—C_3A—Na_2O—MgO$	1365
$C_3S—C_2S—C_3A—C_4AF$	1338
$C_3S—C_2S—C_3A—Na_2O—Fe_2O_3$	1315
$C_3S—C_2S—C_3A—Fe_2O_3—MgO$	1300
$C_3S—C_2S—C_3A—Na_2O—Fe_2O_3—MgO$	1280

由表 5-1 中可以看出，系统组分的数目和性质都影响系统的最低共熔温度。组分数愈多，最低共熔温度愈低。硅酸盐水泥熟料一般有氧化镁、氧化钠、氧化钾、硫酐、氧化钛、氧化磷等其他组分，最低共熔温度约为 1280℃。

适量的矿化剂与其他微量元素等可以降低最低共熔点，使熟料烧结所需的液相提前出现（约 1250℃），但含量过多时，会对熟料质量造成影响，因此，对其含量要有一定限制。

4. 液相量

水泥熟料的主要矿物硅酸三钙是通过液相烧结生成的。在高温液相作用下，硅酸二钙和游离氧化钙都逐步溶解于液相中，以离子的形式发生反应，形成硅酸三钙，水泥熟料逐渐烧结，物料由疏松状态转变为色泽灰黑、结构致密的熟料。

在硅酸盐水泥熟料中，由于含有氧化镁、氧化钠、氧化钾、硫酐、氧化钛等易熔物，其最低共熔温度约为 1250℃。随着温度的升高和时间的延长，液相量会增加，液相黏度会降低，使参与反应的离子更易扩散和结合，也就是说液相在熟料的形成过程中起着非常重要的作用，而且受到水泥熟料化学成分和烧成温度的影响。

既然液相量与化学成分有关，在配料上如何控制呢？根据以往的经验，先定义为 1450℃下（比较接近于生产实际）的液相量，液相量按下式计算：

$$L=3.0A+2.25F+M+R$$

式中，L、A、F、M、R 分别表示水泥熟料的液相量、氧化铝、氧化铁、氧化镁、氧化钠和氧化钾的含量。

在现阶段的工艺条件下（预分解窑），水泥熟料烧成时液相量一般控制在 20%～30% 的范围内。这个范围是对所有水泥厂而言的，就某个厂来讲显然是太宽了，各厂应根据自己的实际情况摸索出适合自己厂情的最佳控制范围。

液相量不仅和组分的性质有关，也与组分的含量、熟料烧结温度有关。一般铝酸三钙（C_3A）和铁铝酸四钙（C_4AF）在 1300℃ 左右时都能熔成液相，所以称 C_3A 与 C_4AF 为熔剂性矿物，而 C_3A 与 C_4AF 的增加必须是 Al_2O_3 和 Fe_2O_3 的增加，所以熟料中 Al_2O_3 和 Fe_2O_3 含量的增加会使液相量增加。

熟料中 MgO、R_2O 等成分也能增加液相量，但 MgO 和 R_2O 在含量较多时为有害成分，

只有通过增加 Al_2O_3 和 Fe_2O_3 的含量来增加液相量，才有利于 C_3S 的生成。但液相量也不是越多越好，过多的液相量易导致结大块、结圈等。

5. 液相黏度

液相黏度对硅酸三钙的形成影响较大。黏度低，液相中质点的扩散速度加快，有利于硅酸三钙的形成。液相黏度与液相组成有关，R_2O 含量增大时，液相黏度会增高，但 MgO、K_2SO_4、Na_2SO_4、SO_3 的含量增加时，液相黏度会有所下降。

虽然 C_3A 和 C_4AF 都是熔剂矿物，但它们生成液相的黏度是不同的，C_3A 形成的液相黏度高，C_4AF 形成的液相黏度低。因此当熟料中 C_3A 或 Al_2O_3 含量增加，C_4AF 或 Fe_2O_3 含量减少时，即熟料的铝率增加时，生成的液相黏度增高，反之则液相黏度降低。即液相黏度随铝率的增大而增高，几乎是呈直线关系。

从烧成的角度看，铝率高对烧成不利，使 C_3S 不易生成；但从水泥熟料性能角度看，C_3A 含量高的熟料强度发挥快，早期强度高，而且 C_3A 的存在对 C_3S 强度的发挥也有利，同时有适当含量的 C_3A，也能使水泥熟料的凝结时间正常。所以铝率要适当，一般波动在 $0.9\sim1.4$ 之间。

提高温度，离子动能增加，减弱了相互间的作用力，因而降低了液相的黏度，有利于硅酸三钙的形成，但煅烧温度过高，物料易在窑内结大块、结圈等，同时会引起热耗增加，并影响窑的安全运转。

既然液相黏度对硅酸三钙的形成影响很大，那么应该如何控制液相黏度对熟料烧成的影响呢？

我们知道，影响液相黏度的因素有温度和化学成分，这里同样先把温度定义为 $1450℃$（比较接近于生产实际），液相黏度就只与化学成分有关了。

再通过一定条件下的试验，测得每种组分在该温度下的液相黏度与其含量的关系，然后相加，就可以得到该熟料的一个有关"液相黏度"的值了，这个值与配料有关，可以人为控制。

值得说明的是，这个加起来所得的液相黏度值，并非该熟料真正的的液相黏度，因此需加一"准"字以示区别。但对于大工业生产来讲，重在控制其变化趋势，控制其稳定性远比控制其绝对值来得重要，因此利用这个加起来所得的"准液相黏度"概念，也能在一定程度上指导生产。

根据在一定条件下的有关试验，建立起来的有关因素与液相黏度的一些关系如下。虽然这些关系是有条件的，但可以先甩开条件，仅看看某因素对液相黏度的影响方向和影响力度，也已经是很有意义了。

液相黏度与铝率（Al_2O_3/Fe_2O_3）的关系：　　　$\eta_1 = 0.77p + 0.92$

液相黏度与碱（K_2O 和 Na_2O）的关系：　　　　$\eta_2 = 0.35R + 1.65$

液相黏度与三氧化硫（SO_3）的关系：　　　　$\eta_3 = 1.65 - 0.38S$

液相黏度与硫酸钾、钠（K_2SO_4 和 Na_2SO_4）的关系：$\eta_4 = 1.75 - 0.25Q$

液相黏度与氧化镁（MgO）的关系：$\eta_5 = 1.42 - 0.06M$　　（$MgO = 1\%\sim3\%$）

$$\eta_5 = 1.30 \quad (MgO > 3\%)$$

该水泥熟料的"准液相黏度"：$\eta = \eta_1 + \eta_2 + \eta_3 + \eta_4 + \eta_5$

6. 烧结范围

在前面提到，液相量与烧成温度有关，温度越高液相量越多。

就大工业生产来讲，在熟料烧成中并非液相量越多越好，而是要照顾到各方面的因素，有一个比较适中的范围。

在工业生产中，由于影响熟料烧成的因素很多，因此，烧成温度的波动是不可避免的，从而导致烧成液相量的波动。反过来讲，液相量的波动必须受到一定的控制，那么允许波动的温度也就受到了制约，这个制约的温度范围就是烧结范围，与原料的成分有关。

所谓烧结范围，指生料加热到出现烧结所必须的最少液相量时的温度（开始烧结的温度）与开始出现大块（超过正常液相量）时温度的差值。

生料中的液相量随温度升高而缓慢增加，其烧结范围就较宽；如果生料中的液相量随温度升高而增加很快，其烧结范围就窄。我们希望烧结范围越宽越好，这样窑的抗干扰能力强，热工制度稳定，当窑内温度波动时，不易发生跑黄料或结大块等现象。

一般硅酸盐水泥熟料的烧结范围在 $150℃$ 左右。

在其他条件允许的情况下，降低铁的含量、增加铝的含量，烧结范围会变宽。

7. 易烧性

所谓易烧性，是指实现煅烧目标所需花费的代价。在某种特定的设备中，把生料煅烧成具有期望性质的熟料，因各种生料的性质不同，所需花费的代价也不一样，反映了这种生料煅烧成熟料的难易程度。

在对生料易烧性经过不断的摸索后，进一步将煅烧过程的目标定义为熟料中未化合 CaO 的含量，仅当游离 CaO 足够低时才表明煅烧完全；煅烧所花的代价则为在一定温度下煅烧所需的时间。将一定代价下达到目标的程度，或达到一定目标所需的代价，作为衡量生料易烧性的尺度。

实践证明，生料的易烧性不仅与其细度和化学成分有关，还与其矿物组成结构甚至形成条件等有关，其最终的易烧性好坏只能靠试验。在我国，长江以南的原料普遍比长江以北的原料既好磨又好烧。

但基于试验下的细化研究，对探究易烧性的变化还是很有意义的。瑞士的 Kock 等曾对全世界 15 个地区的 168 种生料样进行了 35 项物理特性参数与易烧性的关系试验研究，从中选出了相关性较强的前 10 项供参考，如表 5-2 所示。

表 5-2　生料物理特性参数与易烧性的关系

特性参数	相关系数	备注
SM	8.91	生料的硅酸率
R_2O	1.5	生料中 K_2O 和 Na_2O 的含量
MgO	-0.9	生料中 MgO 的含量
Fe	-0.27	生料中含铁矿物的含量
R_{200}	-0.2	生料的 $200\mu m$ 筛余
SM·IM	-0.15	生料的硅酸率与铝氧率的积
GL	-0.15	生料中云母结构矿物的含量

特性参数	相关系数	备注
R_{88}	0.135	生料的 $88\mu m$ 筛余
LSF·SM	0.1257	生料的石灰饱和系数与硅酸率的积
Q	−0.08	生料中石英、氧化铝、页岩的含量

5.2　分解炉的关键功能

传统的回转窑，不论是湿法还是干法，生料的分解都要在窑内完成。由于生料在入窑后处于堆积状态，从料层表面流过的气流与物料的接触面积小而传热效率低，料层内分解出的二氧化碳向外扩散的面积小、阻力大、速度慢，料层内颗粒被二氧化碳气膜包裹，二氧化碳分压大，分解温度要求高，这些都增加了碳酸盐分解的困难，降低了分解速度。

分解炉就是为了从根本上改变这种不合理的状态而开发的，将生料预热预分解过程的传热和传质，移到分解炉内在悬浮状态下进行。由于生料悬浮在热气流中，与气流的接触面积大幅度增加，传热速度极快，传热效率很高，生料预热与煤粉燃烧同时在悬浮态下进行，均匀混合传热及时，生料分解迅速，大幅度提高了生产效率和热效率。

所以说分解炉的关键是碳酸钙分解。这句话既不能说对也不好说错，因为它叫分解炉，其主要作用就是分解 $CaCO_3$，说它是关键好像也有道理。

对于某些生产线，入窑分解率能达到较高的水平，但分解炉与 C_5 旋风筒的温度倒挂严重，不但出预热器的温度和熟料煤耗居高不下，而且导致 C_4、C_5 频繁结皮堵塞，这能说是一个好的分解炉吗？因此，对于分解炉的开发来讲，分解是分解炉的目的，但分解需要燃烧的支撑，对于实现分解目的来讲，燃烧又成为分解炉的关键。

1. 分解炉的关键

要完成 $CaCO_3$ 的分解，必须要有足够的温度，要达到一定的温度，就必须有足够的燃料和良好的燃烧，没有足够的燃料和良好的燃烧就不可能实现较高的 $CaCO_3$ 分解率；而且，如果煤粉不能在分解炉内完成基本燃烧，就会导致分解炉与 C_5 旋风筒的温度倒挂，就会加重预热器的结皮堵塞，还会增大熟料的煤耗，这些都是分解炉的常见难题。

谁是关键，取决于生料分散、煤粉燃尽、$CaCO_3$ 分解中谁是控制性因素。一个好的分解炉，应该具有较高的分解率、较低的燃料消耗、较低的系统阻力，要在气-固相的"输送、分散、传质、燃烧、换热"这五个方面具有良好的性能。

应该说这五方面都很重要、缺一不可，谁是关键就要看谁是难点了（即控制性因素）。对于分解炉，"分散是前提、燃烧是条件、分解是目的"，如果忽略了前提和条件，想达到目的就只能是空想而已。

传质与换热，在一般情况下速度都很快，不至于成为控制性因素；输送与分散，是气固流动的结果，就现有的分解炉来讲，只需要合理控制其动力消耗，也不会成为控制性因素。最后还是归结到燃烧与分解的比较上去了。

大量的试验证明，无论石灰岩采自何方、以什么矿物结构存在，都是从 680℃ 开始分解，700℃ 以后进入快速分解区，810～850℃ 其分解过程基本结束，相应的分解带宽不会超过 50℃。无论在分解炉还是预热器内，只要生料已被加热到 850℃，石灰岩或碳酸岩的分解反应即告完成。所以，只要温度足够，$CaCO_3$ 的分解并非难题。但为了保证生料能达到 850℃，载热气相应该再高出 30～40℃，而且要具备良好的换热条件，这也是为什么分解炉出口温度必须达到 880～900℃ 的原因。

在分解炉内，煤粉的燃烧属于低温无焰燃烧，燃尽时间通常大于生料分解所需的时间，如何加快煤粉燃烧速度，缩短煤粉燃尽时间，就成为分解炉设计和充分发挥其应有功效的关键所在。分解炉的设计应按燃料的燃尽时间考虑其停留时间取值，由于生产中燃料还有不可避免的波动，停留时间的取值还要留有相当的富裕量。

煤粉在炉内的燃烧是一系列复杂的化学反应过程，燃烧速率首先是温度的指数函数，其次还受到燃烧环境中 O_2 和 CO_2 分压的影响；$CaCO_3$ 的分解反应也要放出 CO_2，这又影响到燃烧的正常进行。所以，一般情况下，煤粉的燃烧速率比 $CaCO_3$ 的分解速率要慢许多，因此燃烧是控制性因素，是分解炉的关键所在。

经验表明，分解炉的分解率首先取决于炉温，在 850℃ 上下，碳酸钙分解过程很短（一般 1.5～3s），生料对炉内停留时间的要求有 3～5s 就足够了；但煤粉在分解炉的燃尽时间一般较长，有研究表明，即使比较理想的分解炉使用易燃性好的煤种，燃尽时间也在 4s 上，煤粉对炉内停留时间的要求应该达到 6s 以上，而且视不同煤种还有可能更长，特别是使用低挥发分煤或劣质煤的企业。

据有关资料介绍，史密斯公司从改变停留时间、改变炉内温度、改变分解炉出口烟气中 O_2 含量这三个方面，对挥发分为 18％ 和 30％ 的两种煤粉在分解炉内的燃尽情况进行了研究，煤粉在分解炉内燃尽率与停留时间以及与其挥发分的关系如图 5-2 所示。

试验结果表明，要想实现煤粉在分解炉内基本燃尽，挥发分为 30％ 的煤种，在炉内的停留时间至少需要 4s；挥发分为 18％ 的煤种，在炉内的停留时间至少需要 5s。

研究还表明，煤粉在分解炉内的燃尽率，还与炉膛温度以及氧含量有关，温度和氧含量愈高，愈能促进煤粉的燃烧，能在一定程度上缓解停留时间的不足。抬高分解炉的生料喂入点，或者将部分生料移出分解炉外喂入，既能减少 $CaCO_3$ 的分解吸热，提高分解炉的温度，又能减少由于 $CaCO_3$ 分解放出

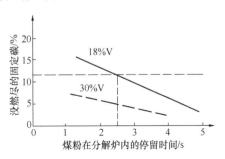

图 5-2　史密斯公司关于煤粉在分解炉内停留时间的试验结果

的 CO_2，提高分解炉的氧含量，这对于已经建成的生产线来讲，可能是一项简单有效的改进措施。

2. 2500t/d 生产线分解炉的改造案例

华北某公司 2500t/d 生产线，在改造前其预热器的分解炉出口温度与 C_5 旋风筒出口温度倒挂 20～30℃，预热器结皮堵塞严重，入窑分解率波动较大，预热器出口温度较高。将喂料点抬高 1.5m 以后（如图 5-3 所示），温度倒挂现象基本消失，预热器结皮情况有了很大的缓解，入窑分解率趋于稳定，预热器出口温度也降低了 10～20℃。

史密斯公司也做过这方面的试验，采用旁路通过部分生料，使此部分生料不进入分解炉，以减少反应吸热来提高炉内温度，促进煤粉加快燃烧和提高燃尽程度，然后依靠出炉烟

图 5-3　华北某 2500t/d 生产线分解炉喂料点抬高改造

气的热焓来加热分解该部分旁路生料，使其达到预定的分解率，并以改变旁路量作为一种调节炉温的手段，试验结果如图 5-4 所示。

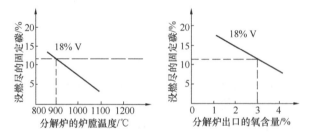

图 5-4　史密斯公司关于温度、氧含量对燃尽率的影响试验

5.3　预热器的关键功能

传统的回转窑，不论是湿法还是干法，生料的预热（包括烘干）都要在窑内完成。由于生料在入窑后处于堆积状态，从料层表面流过的气流与物料的接触面积小而传热效率低，从料层内蒸发出的气体包裹在生料颗粒表面形成热阻，影响了热气与生料的传热，降低了换热速度，水泥窑预热器就是为解决这些不合理的工况而开发的。

预热器的应用从根本上改变了这种不合理状态，将生料预热过程的传热移到预热器内在悬浮状态下进行。由于生料悬浮在热气流中，与气流的接触面积大幅度增加，均匀混合传热及时、传热速度快、传热效率高，大幅度提高了烧成余热的回收利用，降低了烧成煤耗。

1. 影响预热器热效率的主要因素

早期的预热器主要有旋风预热器及立筒预热器两种，现在主要采用旋风预热器作为热交换预热装备。预热器的主要功能在于充分利用回转窑及分解炉排出的大量余热，加热生料使之预热及部分碳酸盐分解，使高温废气与固态生料间产生良好的换热效果，具有气固两相的分散均布和高效分离能力。

旋风预热器的热交换单元由两个关键部分组成，如图 5-5 所示：① 旋风筒的主要功能是实现气固相分离，同时完成部分的气固相换热；② 各级旋风筒之间的连接管道，其功能是完成大部分气固相换热，固相在气相中的分散与均布是提高换热效率的重要途径。一般来讲，每个换热单元所交换的热量，80％以上在连接管道内完成，时间为 0.02～0.04s，20％以下在旋风筒内完成。

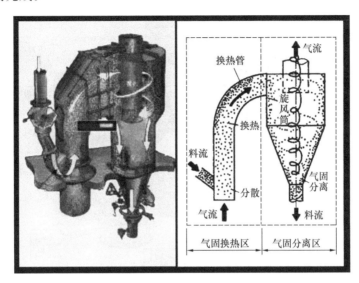

图 5-5　旋风预热器的热交换单元

影响预热器热效率的主要方面有：

（1）生料微粉对沉降性的影响，生料团聚对分散性的影响。对生料的细度来讲，总体上要细但微粉要少，颗粒级配分布越窄越好；

（2）连接管道长度对热交换时间的影响。较长的管道能延长固气热交换时间、提高换热效率，但过长的管道一是增大系统阻力，二是增大建设投资；

（3）连接管道的几何结构以顺畅为好，其不规则性会产生涡流和湍流，虽然有利于流场均化，但将导致气固均布的离析，影响换热效率；

（4）撒料装置的特性、安装位置、倾斜角度、探入长度等，对生料在气流中分散均布的影响；

（5）撒料装置底部留高对下部塌料和上部换热时间的影响。过低易向下一级旋风筒塌料，过高导致管道内的换热时间不足；

（6）上一级来料管道的不规则性和空间几何角度、管道上的重锤翻板阀设置高度，对撒料装置进料冲力和冲角的影响；

（7）旋风筒本身的几何结构，对气固分离效率、继而对预热器整体热效率的影响；

（8）旋风筒下重锤翻板阀的锁风效果对旋风筒气固分离效率的影响。锁风效果越好对分离效率的影响越小，高频微闪对下一级预热单元的影响越小；

（9）旋风筒和连接管道等整体预热单元，其漏风（包括内漏）和散热对预热器整体热效率的影响。

2. 影响旋风筒固气分离的主要因素

通常我们希望每个工艺设备都有更高的功能效率，但这里需要指出的是，以提高旋风筒气固分离效率为目的的措施，一般会导致其阻力的增加，阻力的增加必然导致系统电耗的增大，具体设计上需要在气固分离效率（煤耗）与其增加的阻力（电耗）之间寻求平衡。

旋风筒是组成旋风预热器的主要设备，其具体构成如图5-6所示，影响其气固分离效率的关键尺寸如图5-7所示。具体到旋风筒本身的几何结构，影响其气固分离效率的因素主要有：

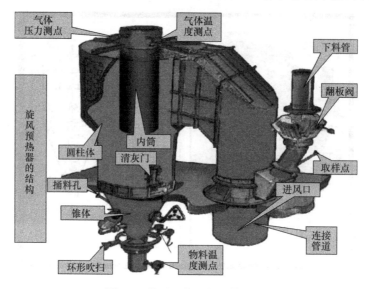

图5-6　旋风预热器的具体构成

（1）旋风筒的规格：在其他条件相同的情况下，旋风筒直径 D 越小其分离效率越高，增加旋风筒的高度 H 有利于气固分离效率的提高。为了确保旋风筒的处理能力 Q，增加旋风筒的高度也是缩小其直径的必然跟进。

旋风筒的规格是不是越细越高越好呢？不然，不论是缩小直径还是增加高度，都会导致旋风筒的阻力增大、系统电耗增高，导致预热器的整体高度增高、基建投资增大。

旋风筒柱体的有效直径 D 是整个旋风筒设计的基础数据，它决定着旋风筒的处理能力 Q，其依据是通过旋风筒柱体的断面风速 V。旋风筒直径通常以经验公式 $D = (4Q/\pi V)^{0.5}$ 确定为宜。

风速大有利于缩小旋风筒内径、提高分离效率、降低设备投资，但流体阻力会增大、耗电量增加；风速小有利于降低电耗，但会增大旋风筒直径、增加设备投资，而且过小的风速不利于气固分离。通常的断面风速选取，以 C_1 取 $3\sim4\mathrm{m/s}$，C_2、C_3 取 $\geqslant 6\mathrm{m/s}$，C_4 取 $5.5\sim6\mathrm{m/s}$，C_5 取 $5\sim5.5\mathrm{m/s}$ 为宜。

旋风筒柱体的高度 H_1 关系到生料粉是否有足够的沉降时间，增加高度有利于提高分离效率，但过高会增大系统阻力和基建投资。通常，旋风筒柱体高度按经验公式 $H_1 \geqslant \pi D^2 V/1.24 V_\lambda(D - d)$ 选取，其中 V_λ 为旋风筒的进口风速。

旋风筒的圆锥体，能有效地将"靠外向下的旋转气流"转变为"靠轴心向上的旋转气流"，有利于在收集排出的同时减少生料

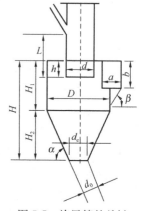

图5-7　旋风筒的关键
尺寸示意图

D—旋风筒内径；H—旋风筒总高度；H_1—圆筒部分高度；H_2—圆锥部分高度；h—内筒高度；d_e—排料口直径；d_0—下料管直径；L—喂料位置；（喂料口下部至内管下端）；α—锥体倾斜角；a—进风口宽度；d—内筒直径；b—进风口高度；β—进风口外壁内化倾角

再次被气流带走，确保旋风筒的整体分离效率。加大圆锥体的高度 H_2 有利于提高旋风筒的分离效率，但考虑到经济性的平衡，一般除 C_1 锥体高度小于或等于柱体外，其他几级锥体的高度均大于柱体。

考虑到排料口直径 d_e 与锥边的仰角 α 太大时，排料口及下料管的填充料低，易产生漏风吹扬已经分离的生料、降低旋风筒的分离效率，反之易引起排料不畅、甚至引发粘结堵塞。综合平衡后 α 以 $65°\sim75°$ 为宜。

（2）旋风筒的进风口：进风口结构应以保证进风能沿切向入筒，以减小涡流干扰、提高分离效率、减小流体阻力为指向。进风口多采用蜗壳式，固气流体通向排气口的距离长、可防止短路，固体颗粒在离心力作用下向筒壁离析，有利于提高分离效果，蜗壳的包角越大分离效率越高，但流体阻力也会越大。

进风口截面早期为矩形，现趋向于采用菱形或五边形，以引导流体向下偏斜运动，这有利于提高分离效率并降低流体阻力，同时减少进气道积料的机会。进风口的宽高比越小，旋风筒的分离效率越高且流体阻力越小，通常 C_1 的宽高比以 $0.4\sim0.5$ 为宜，$C_2\sim C_5$ 的宽高比以 $0.5\sim0.6$ 为宜。

进风口的截面尺寸应能保证进口处工况风速不低于 $15m/s$，以避免生料沉积。实验表明，进口风速 V_λ 在 $15\sim21m/s$ 时分离效率最高，过大或过小都会降低分离效率，而且进口风速越大流体阻力越大。

（3）旋风筒的内筒（出风管）：在通常情况下，内筒的直径越小、插入越深，旋风筒的气固分离效率越高，但阻力也越大。

内筒直径 d 与旋风筒内径 D 的比值，通常 C_1 的内旋比以 $0.4\sim0.5$ 为宜，$C_2\sim C_5$ 的内旋比以 $0.6\sim0.7$ 为宜。

关于内筒的插入深度 h，C_1 大于或等于进风口高度；C_5 温度较高，为避免烧损，除改变材质和加大壁厚外，插入深度也不易太大，一般取 0.25 倍的内筒直径，以确保安全运行周期；$C_2\sim C_4$ 取 0.5 倍的内筒直径，以减小阻力。

3. 影响生料分散均布的主要因素

上面谈到生料在气流中分散均布对预热器效率的重要性，分散均布依托于撒料装置，其撒料原理基于来料的冲力反弹。目前，这一逻辑在部分水泥厂还没有引起足够的重视，成为其预热器效率低、C_1 旋风筒出口温度高、烧成系统煤耗高的一个症结，有必要给予专题讨论。

预热器的撒料装置，目前虽有多种规格型号，但大致可归结为撒料板和撒料箱两大类，如图 5-8 所示。其主要功能是：当来料下冲喂入连接管道时，首先撞击在撒料板上被击散并反弹折向，再由上升的气流冲散悬浮于气流中。

撒料装置可避免生料下冲动能过大时，直接短路（塌料）进入下一级旋风筒；可将成团的生料击散（预分散），避免因风速不够成团掉落进入下一级旋风筒；预分散和折向的生料在气流的冲击下，能更好地分散悬浮、在管道的整个断面上均布，有利于生料与热气流进行充分的接触和热交换；在减小了塌料风险以后，可进一步降低撒料装置的底部留高，为延长连接管道内的固气接触时间、提高预热效果创造条件。

撒料装置底部留高对下部塌料和上部换热时间具有关联影响，过低易向下一级旋风筒塌料，过高导致管道内的换热时间不足，在保证不塌料的情况下是越低越好。一般喂料点距下

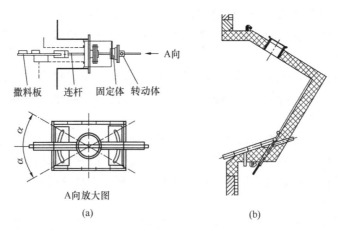

图 5-8 预热器的两类撒料装置
(a) 撒料板；(b) 撒料箱

一级旋风筒出风管起始端应有＞1m 的距离，但这与来料的均衡性、来料的下冲动能、撒料装置的反击能力、管道内的风速、下一级内筒的插入深度有关。

目前，大部分预热器出口废气带走的热量，约占到熟料烧成理论热耗的 17％～22％左右，是烧成热耗最大的支出部分，降低预热器出口温度是降低熟料热耗的重要途径。旋风预热器的物料预热主要在换热管内进行，如果换热管内的物料分散不均，甚至出现下冲短路，将导致预热器热效率的下降。

预热器撒料装置的效率依赖于来料的冲力和冲击角度，上一级下料管的布置制约着来料的冲力和冲击角度，撒料装置的反击角度需适应来料的冲击角度。冲力的大小以及与冲击角度、反击角度三者的匹配性，共同影响着撒料装置的反弹喷射，继而影响到管内的撒料效果，撒料效果影响着预热器换热效率。

增大下料管内生料的下冲动能，并合理地匹配来料的冲击角度以及撒料装置的反击角度，确保喂入生料的击散和折向反弹，是降低预热器出口温度的有效措施之一。

因此，增大来料冲力和优化冲击角度、反击角度，就成了增大分散度、增大换热效率的关键。通过改造以增大下料管的角度和高度、调整优化撒料装置的反击角度、提高翻板阀在下料管上的位置，可以有效地提高换热效果，降低预热器的出口温度。

4. 西南科技大学对降低 C_1 出口温度的研究

西南科技大学齐砚勇教授等曾对国内外的几十条水泥窑进行过热工标定和技术诊断，进行了烧成系统的理论热平衡，推导了预热器 C_1 出口温度与烧成煤耗的相关性，其总结的系统理论热平衡如图 5-9 所示。

理论上的平衡和推导发现，降低 C_1 出口温度是降低烧成煤耗的有效措施之一，应该引起各水泥厂的高度重视。理论推导预热器的 C_1 出口废气每降低 10℃，可降低熟料烧成标准煤耗 0.8kg/t 熟料。

标定发现，对于五级预热器烧成系统，大部分水泥厂的 C_1 出口温度高达 300～360℃；A 厂为六级预热器烧成系统，但 C_1 出口温度却高达 337℃，六级预热器形同虚设，没有发挥出应有的优势。

对比较为优秀的厂家，C_1 出口温度能达到 290℃左右；对比理论推导，预热器的 C_1 出口

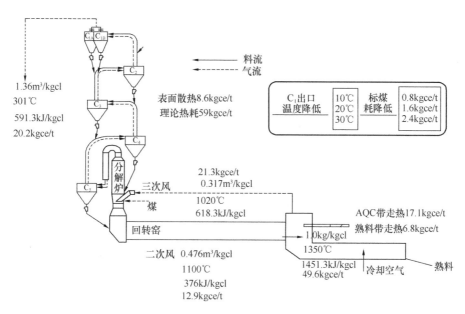

图 5-9　烧成系统的理论热平衡

温度，五级预热器应该能达到 270℃、六级预热器应该能达到 250℃。由此可见，对于大部分水泥厂来讲，预热器的 C_1 出口温度仍然具有较大的降低空间。

那么，导致 C_1 出口温度居高不下的原因又在哪里呢？标定特例对比，G 厂分解炉出口温度为 892℃，C_1 出口温度为 290℃；H 厂分解炉出口温度为 870℃，C_1 出口温度 328℃。G 厂分解炉出口温度高于 H 厂，但 C_1 出口温度却远低于 H 厂，说明 C_1 出口温度高除分解炉温度高的跟进以外，还应该另有其他原因。

进一步分析的实测数据，H 厂各级旋风筒的进风管道测温断面分布见表 5-3，实测显示 C_2、C_3、C_5 进风管道的断面温度分布极不均匀，揭示了生料分散均布差是导致其局部换热效率低的症结所在，降低了整个预热器系统的换热效率，致使 H 厂预热器的 C_1 出口温度高达 328℃。

表 5-3　H 厂旋风筒进风管道截面温度实测

管道截面测点	C_2温度/℃	C_3温度/℃	C_4温度/℃	C_5温度/℃
外测点	468	621	768	780
中测点	407	560	765	748
里测点	315	460	765	848

相邻两级旋风筒出口的温度差值，能直接反应其换热效果，对于五级预热器而言，换热良好的预热器，相邻两级旋风筒出口的温度差，理论上应该大体上达到如表 5-4 所示的水平。

表 5-4　理论上相邻两级旋风筒出口的温度差

	C_1—C_2	C_2—C_3	C_3—C_4	C_4—C_5
各级出口温差	180℃	160℃	130℃	110℃

标定特例分析 C_1 出口温度高达 350℃ 的 D 厂和 F 厂，其两级预热器间的实测温差如表 5-5 所示。显示其 C_1—C_2、C_2—C_3 温差较大，说明换热较好；显示其 C_3—C_4、C_4—C_5 温差较小，说明换热较差。说明预热器的局部问题也会导致整个预热器系统换热不良，C_1 出口温度严重偏高；尽管预热器技术已经相对成熟，但局部的考虑不周还在一些水泥厂存在。

表 5-5　D 厂、F 厂两级预热器间的实测温差

	C_1—C_2	C_2—C_3	C_3—C_4	C_4—C_5
D 厂 A 列两级温差/℃	191	169	106	70
D 厂 B 列两级温差/℃	210	158	106	62
F 厂的两级间温差/℃	180	163	110	67

现场发现，D 厂和 F 厂两家的下料管曲折多、角度小、高度低、物料缓冲严重冲量小，使得物料分散不均，"风、料"混合不好，是导致预热器局部换热效率低、C_1 出口温度高的主要原因。即便拥有 6 级预热器的 B 厂，其 C_1 出口温度也高达 337℃。B 厂和 D 厂的 C_3、C_4 旋风筒下料管如图 5-10 所示。

图 5-10　B 厂旋风筒下料管（左图），D 厂旋风筒下料管（右图）

在生料由下料管进入下一级预热器的换热管道时，如果有合理布置的下料管和撒料装置，机械碰撞能实现生料流的折向和预分散，并使料团尺寸显著减小，再经上升气流的二次分散，生料浓度的空间分布将更加均匀，这不但能显著减小预热器换热管内的压力损失，同时能实现迅速、高效的生料与高温气流在悬浮状态下的传质、传热，有效提高预热器系统的热效率。

遗憾的是，一些水泥厂为了降低投资，片面地强调节约面积和降低高度，对下料管的高度和角度重视不够；片面地强调检修、维护、巡检方便，翻板阀在下料管上布置得过低。安装时下料管角度偏低、下料落差不够，即使撒料装置及布置合理，也会使生料因冲量不足而不能有效分散，造成各级预热器换热不佳，导致预热器 C_1 出口温度偏高。

5.4　入窑分解率高低的把握

顾名思义，预分解烧成工艺的主要特点就是 $CaCO_3$ 在入窑前的预分解，所以入窑分解率是其重要指标。预分解烧成工艺之所以产量高、质量好、能耗低，关键是把生料的分解移

到了窑外,相对于其他窑型,入窑分解率有了大幅度提高。

就现有工艺装备来讲,生料入窑的 $CaCO_3$ 分解率应该至少达到 90%,否则,势必加重窑的负担,预分解窑的优势就会大打折扣。入窑分解率也不是越高越好,实践证明,对现有的预分解窑生产线,入窑分解率不宜超过 95% 或 96%。

1. 入窑分解率并非越高越好

$CaCO_3$ 的分解是吸热反应,如果完成了分解,紧随其后就有硅酸盐矿物形成,就会转变为放热工艺。放热和吸热对工艺装备的要求是大不一样的,如果在分解炉内就开始放热反应,极有可能导致分解炉的烧结堵塞。

分解率的高低主要依赖于分解炉为生料提供的温度和停留时间。就现有的分解炉设计,一般考虑的分解率在 $92\% \sim 96\%$ 之间,停留时间是一定的,要提高分解率就只有提高温度,但单靠提高温度而不延长停留时间,强制提高分解率是很不经济的。

强制提高分解炉温度,就会导致各级预热器的温度相应升高,就会增加预热器结皮堵塞的机会;预热器温度的升高又会导致其 C_1 筒出口废气温度的升高,使废气带走的热量增加,从而增加了煤耗。

就已有的预分解窑来讲,长径比都是一定的,都是按照分解率在 $92\% \sim 96\%$ 之间设计的,长窑内的烧成工艺不适合过高的分解率。

入窑分解率的提高,缩短了物料入窑后的进一步分解、过渡烧成、液相烧成时间,如果现有烧成制度不变,就会在液相烧成带生成大晶格的 C_2S,此类 C_2S 和 f-CaO 很难结合,物料也难结粒,继而进入高温烧成带后,生成大晶格的 C_3S,此类矿物不易成球,易生成飞砂料。

入窑分解率的提高,缩短了熟料的整体烧成时间,如果现有的窑内温度分布不变,烧成的熟料不能及时地出窑快速冷却,从 $1250℃$ 开始到出窑冷却前,C_3S 会缓慢地分解为 C_2S 和 f-CaO,β 型 C_2S 会粉化转型为 γ 型 C_2S,熟料中的方镁石会结晶析出,既影响了熟料的安定性,又降低了熟料强度,还会在 SM、IM 较高时产生飞砂;如果强制拉长火焰,延长烧成时间,就会降低新生 CaO 的活性,增加烧成能耗。过长的烧成带也会增加大晶格 C_3S 的生成,形成难磨的飞砂料。

按照洪堡公司的试验结论,当入窑分解率达到 $97\% \sim 98\%$ 时,窑的长径比应该缩短到 $7 \sim 8$,而不是现在的 15 左右。

2. 入窑分解率的控制

对于一个成熟的工艺设计的预分解窑系统,如果有相对稳定的原燃材料,在正常运行情况下,入窑分解率是相对稳定的,偶尔跳动一下也无大碍,并不需要频繁地检测和调整,只要努力稳定系统的热工状况就可以了。

但当工艺系统出现异常、原燃材料发生较大变化、系统的热工状况难以稳定和恢复时,入窑分解率就成为一个分析问题的重要依据。如果找不到直接原因,就要检测一下入窑分解率,与正常情况下的入窑分解率对比,看看有无变化,往往可以缩小问题的疑似范围,及时找到问题的原因。

如果入窑分解率过低($<90\%$),就要查看入窑生料量的大小和波动、头尾煤量的大小和波动、预热器的换热和塌料、预热器系统的温度和压力分布、分解炉内的燃烧和 C_5 旋风筒的温度倒挂、窑头的燃烧和窑尾的温度、二三次风温的变化和窑内通风,看有无影响入窑

分解率的因素，进一步缩小范围，分解问题，找出原因，采取措施。

有必要说明的是，目前各企业对入窑分解率的检测，多数采用"烧失量法"，这种方法有检测结果误差大、检测过程时间长的缺点，从而弱化了对生产的指导意义，建议采用"二氧化碳体积法"，更准确、更快速。

由于检测样品从末级旋风筒下料管约 1000℃ 的环境中取出，样品中的 CaO 为新生态、活性大，在送达检验的过程中，会吸收空气中的水分生成 $Ca(OH)_2$，将增加样品的烧失量。如果采用"烧失量法"，最好采用一个耐高温的密闭容器储送，尽量减少样品与空气的接触时间。

3. 二氧化碳体积法测定生料分解率

采用二氧化碳体积法测量入窑生料的分解率，与烧失量法比较不但相对准确，而且速度较快（约 10min）。

鉴于目前国家还没有分解率的测量标准，这里不妨给大家作一介绍，以方便在生产管理中使用。该测量法的具体配置如图 5-11 所示。

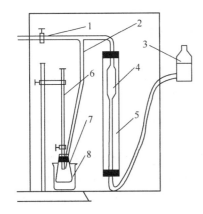

图 5-11　二氧化碳体积法测入窑
生料分解率示意图

1—放气开关；2—进气开关；3—平衡瓶；
4—量气管；5—水套；6—酸式滴定管；
7—锥形瓶（50ml）；8—烧杯
（内装冷却水）

1）试剂配制

（1）（1＋1）盐酸溶液：将 1 体积浓盐酸加入到 1 体积水中，混匀；

（2）氯化钠饱和溶液：秤取 100g 氯化钠置于 400mL 烧杯中，加入 250mL 蒸馏水搅拌制成饱和溶液，然后加入 0.5g 碳酸氢钠和 12 滴 1g/L 的甲基红指示剂溶液，再用（1＋1）盐酸中和至溶液呈淡红色，搅拌除去过剩的二氧化碳。

2）操作步骤

（1）在水套 5 内装满水，将氯化钠饱和溶液加入平衡瓶 3，在滴定管 6 内加入（1＋1）盐酸溶液至某一刻度；

（2）关闭进气开关 2，打开放气开关 1，举起平衡瓶 3，使量气管 4 中的液面上升至标线处，立即关闭放气开关 1，检查系统漏气情况。如果液面不下降说明不漏气，可开始检测，否则需要处理；

（3）称取 0.5g 试样置于 50mL 的锥形瓶 7 中，按图示接入检测系统；

（4）打开进气开关 2，用酸式滴定管 6 缓慢滴入（1＋1）盐酸溶液 5mL，轻轻摇动锥形瓶 7，让试样完全分解并冷却至室温；

（5）关闭进气开关 2，举起平衡瓶 3 沿量气管 4 上下缓慢移动，直至平衡瓶 3 内液面与量气管 4 内液面达到同一高度，记下量气管 4 中 CO_2 气体体积 V。

3）计算

（1）试样中二氧化碳的质量分数按下式计算：

$$w(CO_2) = V(p-q) \times 273 \times 0.001977 \times (100/76)(273+t) \times W$$

$$= 0.71015895 VW(p-q)(273+t) = L_2$$

式中：　V——测得的 CO_2 体积（mL）；

　　　　W——试样重量（g）；

　　　　p——当地大气压（Pa）；

　　　　q——饱和氯化钠溶液的蒸气分压（Pa）（随温度改变，见表 5-6）；

　　　　t——测得 CO_2 气体的温度（℃）（此值测定困难，且对结果影响不大，可取室温代替）；

　0.001977——标准状况下 CO_2 的密度（g/mL）。

表 5-6　饱和氯化钠溶液蒸气分压与 CO_2 气体温度的对应

$t/℃$	q/Pa	$t/℃$	q/Pa	$t/℃$	q/Pa	$t/℃$	q/Pa
5	4.9	13	8.5	21	14.1	29	22.7
6	5.3	14	9.1	22	15.0	30	24.0
7	5.7	15	9.7	23	15.9	31	25.3
8	6.1	16	10.3	24	16.9	32	26.8
9	6.5	17	11.0	25	17.9	33	28.4
10	6.9	18	11.7	26	19.0	34	30.0
11	7.4	19	12.4	27	20.2	35	31.7
12	7.9	20	13.2	28	21.4	36	33.4

（2）分解率按下式计算：

$$f(\%) = (L_1 - L_2) \times 100 / L_1(1 - L_2)$$

式中　$f(\%)$——入窑生料分解率（%）；

　　　L_1——出库生料 CO_2 的百分含量（%）；

　　　L_2——所取样品 CO_2 的百分含量（%）。

4）注意事项

（1）严防检测系统漏风或堵塞。在打开进气开关 2，滴加（1+1）盐酸之前，量气管 4 内液面略有下降（<0.5mL）属正常，否则就是锥形瓶 7 瓶塞处漏气或进气开关 2 堵塞，需要处理；

（2）称样之前应将试样搅拌均匀，称样的过程要及时、迅速，以防试样水化；

（3）平行样的读数允许误差±1mL，否则要查找原因。

4. 入窑分解率能否再提高

就现有工艺装备而言，生料入窑的 $CaCO_3$ 分解率应该至少达到 90% 以上，但也不是越高越好，实践证明对现有的预分解窑生产线，入窑分解率不宜超过 95% 或 96%。那么，入窑分解率是不是就不能再提高了呢，答案是还可以提高，但需要改进烧成工艺。

研究表明，环境温度愈高，固相反应启动愈快，随后，反应层内部的温度会迅速升高，形成温度升高和固相反应加速的叠加效应，反应活化能也由 147.52kJ/mol 下降至 114.34kJ/mol。

洪堡公司的研究表明，分解率的提高是一个方向，但窑的长径比应该进一步缩小，当入窑分解率达到 97%～98% 时，长径比应该缩短到 7～8，高的入窑分解率不适合用长窑。

洪堡公司的管式分解炉，如图 5-12 所示，采用四级预热器，出口温度也能到 320～

340℃，入窑分解率进一步提高，熟料热耗进一步降低，但他们采用了两挡短窑，长径比为10。

图 5-12　洪堡公司的双管式分解炉和预热器

建材总院的试验表明，不同温度下分解出的 CaO 活性，以 1100～1200℃分解出的 CaO活性最高，煅烧温度从 900℃ 升高至 1200℃时，新生物相反应活性提高了约 60%，各种温度条件下的固相反应显著加速，提高的幅度可达 11%，最终实现节煤的效果。

进一步提高分解炉的温度，提高入窑分解率，减轻窑的热负荷是提高烧成系统效率、降低熟料热耗的重要研究方向之一。需要围绕提高入窑分解率，就如何延长炉内停留时间、如何提高分解炉温度、如何让分解炉适应温度的提高、如何让窑内烧成适应更高的入窑分解率，对现有工艺和装备做相应的改进，而不是简单的"提高"。

预分解窑是从湿法长窑、干法长窑、半湿法窑、半干法窑、预热器窑逐渐发展而来的，经历了入窑分解率不断提高的过程，确实实现了窑的容积产量不断提高、能耗不断降低的效果。窑的产能随入窑分解率的同步发展的统计结果如图 5-13 所示。

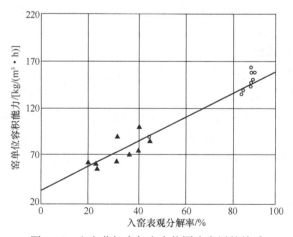

图 5-13　入窑分解率与窑产能同步发展的关系

技术发展的思维惯性，让人们盯住入窑分解率久久不放是可以理解的，因为它的效果确实很大。但我们应该同时看到，在入窑分解率一大再大的同时，回转窑的结构也发生了很大变化。这不仅是机械结构的相似性放大，而是跟随窑内硅物化 $P—T—t$ 轨迹的改变而作的适应性进化。

凡事都有个度，入窑分解率发展到今天，已经达到 95％ 左右了，即使再提高到 100％ 也没有多大的潜力可挖了，而且会带来诸多负面作用。我们的视野应该更开阔一些，比如取消回转窑、比如取消熟料工序，事实上这些技术已经处在研发之中了。

5.5　熟料游离氧化钙的合理控制

目前，大多数水泥企业对熟料 f-CaO 的控制，要求合格指标为≤1.5％，合格率要＞85％。这种指标已经沿用了几十年，基本上是照搬了传统回转窑的习惯。熟料 f-CaO 的指标设置与控制，其主要目的，一是确保安定性合格，二是稳定窑的生产运行，生产出优质稳定的熟料。

另外，熟料 f-CaO 过高，还将导致水泥的需水量增加和混凝土外加剂的效果变差，致使混凝土搅拌站增加了使用外加剂的成本。所以，有的混凝土搅拌站对水泥提出了 f-CaO 含量≤1％的要求。

确保安定性合格是必须的，单从这方面讲，熟料 f-CaO 是越低越保险，但熟料 f-CaO 的降低是需要付出成本代价的。因此，在确保熟料安定性合格的前提下，熟料 f-CaO 的控制指标并不是越低越好。熟料 f-CaO 控制过低有以下不利之处：

（1）熟料质量下降。在 f-CaO 低于 0.5％ 时，熟料往往呈过烧状态，甚至是死烧。此时的熟料缺乏活性，强度不但不会提高，反而会下降。

（2）降低烧成带窑衬寿命。因为降低 f-CaO 含量的重要手段之一就是提高烧成温度，回转窑耐火砖为此承受了高热负荷，使用寿命必将缩短。

（3）需要消耗更多的燃料。为使少量残存的 f-CaO 被 C_2S 吸收，就要提高烧成温度，付出更多的热量。有国外学者的研究结论为，熟料 f-CaO 每降低 0.1％，熟料热耗要增加 58.5kJ/kg。按热值为 5800kcal/kg(24244kJ/kg) 的煤来算，相当于增加煤耗 2.4kg/t 熟料。

（4）熟料的易磨性变差。研究表明，f-CaO 每降低 0.1％，水泥磨的系统电耗要增加 0.5％，这不仅因为熟料死烧难磨，还因为 f-CaO 在水泥粉磨之前的消解膨胀，能改善熟料的易磨性。

就生产优质稳定的熟料来讲，影响因素是多方面的，过分的压低熟料 f-CaO 指标，可能会制约其他措施的采取，反而影响了熟料强度的提高。盲目地压低熟料 f-CaO 指标，甚至加以大力度的考核，还有可能迫使生产系统、质控人员的简单应付，采取限制 KH、SM 的措施，反而影响了熟料强度的提高。

特别对 MgO、R_2O、SO_3 等有害成分含量高的原料，煅烧上需要提高 SM，强度上需要提高 KH，这都会导致熟料的 f-CaO 上升，使这些措施无法采用。反过来讲，在熟料安定性没问题的前提下，适当放宽熟料 f-CaO 的控制指标，更有利于合理地确定配料方案，获得强度较高的熟料。

应该说明的是，适当放宽熟料 f-CaO 指标，不等于放宽对熟料 f-CaO 的控制。生产优质稳定的熟料，需要均衡稳定的生产。要均衡稳定的生产，就要抓好熟料 f-CaO 的稳定。

具体讲就是，熟料 f-CaO 的指标可以适当放宽，但熟料 f-CaO 的波动却是越小越好。我们的着力点应该放在对熟料 f-CaO 的大点控制，特别是对连续大点的控制和缩小熟料 f-CaO 的标准偏差上。

5.6　余热发电提携的旁路放风

在一些生产企业，由于原燃材料的原因，抑或废矿废渣的综合利用，导致其烧成系统存在较高的 K_2O、Na_2O、SO_3、Cl^- 等有害成分，对烧成系统和产品质量构成了较大影响，为了降低其危害程度，我们首先会想到旁路放风，但又因为其能耗成本太高而不敢涉足。

现在不同了，随着水泥窑余热发电技术的成熟，旁路放风可以与余热发电协同设计、一并运行、优势互补，既解决了有害成分对熟料烧成的影响，拓宽了对有限资源的利用，又可以为企业带来一块用电差价效益，旁路放风的高能耗已经是不足为虑。

1. 用旁路放风降低有害成分的问题

K_2O、Na_2O、SO_3、Cl^- 这些有害成分是熔点低易挥发的物质，在熟料烧成系统中，它们随着生料一起入窑，在达到自己的沸点温度后气化挥发，随废气返回预热器内；它们在预热器内与生料进行充分接触，在达到自己的凝固点温度后就会凝结在生料颗粒的表面上，再一次随生料进入窑内；这样往复多次地挥发回预热器、再凝固入窑，就形成了有害成分的循环过程。

随着时间的延长，将有越来越多的有害成分加入循环过程，使入窑生料中的有害成分越来越高，出窑熟料中的有害成分也随之增高，直至出窑熟料中的有害成分与入窑生料中的有害成分达到平衡，循环过程中的有害成分达到最高。

旁路放风就是在有害成分循环富集的窑尾烟室上部，在粉尘含量最低的部位开口放风，寻求以较小的放风量获得较大的有害成分放出，从而减小有害成分对生产过程包括质量在内的影响。

早期的旁路放风系统，是将放出的温度高达约 1100℃ 的废气掺入冷空气降温至 450℃ 左右除尘排放，每放 1% 的风就会使熟料烧成热耗增大 17～21kJ/kg 熟料，这确实是一种巨大的浪费。但对于无法选择原料的工厂来讲，由于这种浪费比有害成分对生产（包括质量）造成的损失要小得多，故还是有一些工厂在不得已的情况下采用了旁路放风。

现在不同了，已有的水泥窑烧成系统大都配套有余热发电系统，对旁路放出来的高温废气，不用再掺入冷空气降温，可以给旁路放风系统配套一台余热锅炉，利用余热锅炉吸热降温，将余热锅炉产生的蒸汽用于余热发电，这就避免了热能的巨大浪费。即使对于可以选择原料的工厂来讲，也未尝不合适。

早期的旁路放风系统，多数采用一级除尘系统，放出的粉尘量大且"有害成分"含量低，处置起来有一定难度。实际上，我们完全可以采用二级除尘系统，一级采用旋风除尘器（和/或余热锅炉）、二级采用袋式除尘器，对两级除尘器的集灰分别处理。

有害成分的凝固有一个温度窗口，由于废气进入两级除尘器的时间不同、温度不同、粉尘粒径不同、除尘器的特性不同，导致了两级除尘器的集灰在量和化学成分（表 5-7）上大不相同，这就给我们分别处置创造了机会。旋风除尘器（或余热锅炉）的集灰量大且有害成分含量低，可以返回生料库继续使用；袋式除尘器的集灰量小且有害成分含量高，可以加入对有害成分要求不高的低标号水泥中当混合材使用，还能在一定程度上起到对其他混合材的激发作用，也可以作为农业化肥或工业原料出售。

表 5-7　某水泥厂旁路放风两级除尘器集灰的化学成分对比

化学成分/%	烧失量	SiO_2	Al_2O_3	Fe_2O_3	CaO	MgO	K_2O	Na_2O	SO_3	Cl^-
一级旋除尘	2.09	17.22	4.18	0.39	60.66	0.25	5.84	0.14	8.39	0.057
二级袋除尘	3.21	5.79	3.02	0.31	39.99	0.45	22.25	0.33	24.47	0.335

2. 旁路放风系统配套余热发电技术方案的实践

那么，给旁路放风系统配套余热发电以回收放风热耗的工艺，是否具有可行性呢？新疆阿克苏天山多浪水泥有限公司用实践回答了这个问题，他们在这一方面进行了大胆的尝试，并取得了较好的效果。

阿克苏天山多浪水泥有限公司，在阿克苏、喀什各有一条实际熟料产量分别为4800t/d、2600t/d 的预分解窑水泥熟料生产线，由于原料中的碱含量较高，导致熟料中的碱含量高达 0.9%～1.2%，远超过相关标准，严重影响了熟料生产和水泥销售。

为降低熟料碱含量以提高熟料质量、节约能源以进一步降低产品成本，公司与某余热发电工程公司合作，在两条线上配置了窑尾旁路放风系统（图 5-14），同时配套建设了装机容量分别为 12MW、7.5MW 的余热电站（图 5-15），利用窑头冷却机废气、窑尾预热器废气，同时利用旁路放风排出的废气进行余热发电，于 2012 年 3 月投入正常运行。

图 5-14　新疆阿克苏天山多浪水泥公司窑尾旁路放风除碱系统

旁路放风在阿克苏天山多浪水泥有限公司的应用表明，在旁路放风率为 5%～30% 时，取得如下效果：

图 5-15　阿克苏天山多浪水泥公司旁路放风余热回收锅炉

（1）熟料产量增加率为 2%～9%；

（2）发电功率增加率为 5%～40%；

（3）熟料碱含量降低率为 5%～50%；

（4）在旁路放风率＜25% 时，熟料热耗基本不增加。

应该说明的是，旁路放风肯定是直接牺牲熟料烧成热能的，但同时由于旁路放风提高了煤粉燃烧效率和窑的产量，从而降低了单位熟料能耗，才使得能耗的增减量持平，最终显示出能耗没有增加。

5.7　C$_5$ 旋风筒内筒的重要性辨析

预热器的 C$_4$、C$_5$ 旋风筒，前几年多采用耐热钢材质的挂片式内筒，由于所处的环境温度较高、热负荷大，有的有害成分高、高温腐蚀严重，很容易被烧损、脱落、堵塞预热器，不论是临时排险式处理还是彻底换新，都需要较长的时间，是水泥窑安全运行的一大隐患。

1. C$_5$ 内筒对生产运行的影响

为了减小对生产的影响，许多厂在遇到内筒挂片烧损时，多采取临时排险的措施。为了减小对旋风筒效率的影响，不得已去掉容易掉的部分，尽量保留还能用一段时间的部分，这不是为了省钱而是为了省时间，然后就提心吊胆地带病坚持生产了。

所以，从对生产运行影响的角度讲，C$_4$、C$_5$ 旋风筒的内筒确实是一个必须给予高度重视的部件。图 5-16 就是一个刚刚处理完的耐热钢挂片内筒。

不过，进入 21 世纪以后，陶瓷内筒首先在国内被研制和开发出来，鉴于其具有抗侵蚀、抗氧化、抗热振、耐磨损、耐高温、高温抗拉抗折性能好等特点，迅速在预热器使用环境最恶劣的 C$_4$、C$_5$ 内筒上得到应用。

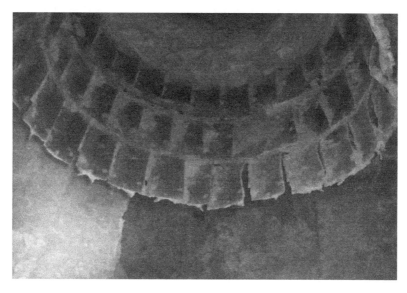

图 5-16　被去掉下两环后依然摇摇欲坠的 C_5 内筒

　　陶瓷内筒所用材料的耐火度一般在 1600℃ 以上，荷重软化温度也在 1400℃ 左右，完全能够满足在水泥窑预热器内 800～1200℃ 环境下使用，而且这种陶瓷材料的耐磨性及抗氧化性很好，也是耐热钢无法比拟的。

　　陶瓷内筒与耐热钢内筒相比，不但使用寿命由 1 年左右延长到 3～5 年，而且由于其易碎性好，即使掉了也好处理（清堵），还不会给下道工序的破碎机、立磨、辊压机等留下隐患。因此，从生产运行角度讲，C_4、C_5 旋风筒的内筒对生产的影响已经没有那么重要了。图 5-17 所示为一个刚刚装好的陶瓷内筒。图 5-18 所示为某公司的旋风筒内筒基座结构图。

图 5-17　新安装的预热器 C_5 陶瓷内筒

问题并没有结束，以上都是从"生产运行角度"讲的，那么从预热器的整体性能来讲，C_5旋风筒内筒又是否重要呢？不管寿命长短，总还是要投入的，而且肯定要增加系统阻力，也就是增加电耗，我们不要他是不是可行呢？

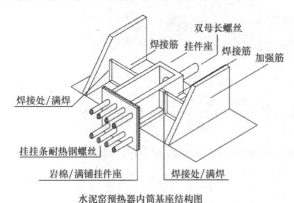

图 5-18 某公司旋风筒内筒基座结构图

鉴于上面述及的情况，对于C_5旋风筒来说，不管是什么原因，也不管它该与不该，保留部分内筒的短期运行，或没有内筒的短期运行，事实都是存在的。如果内筒脱落后仍坚持运行，哪怕时间很短，人们很自然的要比较在有无C_5内筒情况下的运行情况，工艺参数、产量、质量、煤耗、电耗等，它们有什么变化吗？变化会多大呢？

2. 现有C_5内筒损毁后的怪异现象

太行集团的 4 号窑，曾烧坏过C_5内筒。在没有内筒的那段时间里，物料入窑分解率略高，产量没有减少，f-CaO 有所降低。

牡丹江水泥厂 2 号窑，末级预热器内筒曾多次被烧坏过。预热器为早期的四级旋风预热器系统，当末级预热器C_4（相当于五级预热器的C_5）内筒被烧坏以后，C_4的进出口温度差由 120℃变为 60℃、压力差由 1.3～1.5kPa 变为 0.85kPa 左右，入窑分解率由 78%～92%提高为 81%～94%，操作感觉比较顺畅。该厂后来就干脆没有再装末级预热器（C_4）内筒。

武安新峰的 3000t/d 熟料生产线，2009 年 9 月 16 日C_5内筒挂片开始脱落，堵塞了C_5下料管和锥体，停车 7 小时 20 分，处理完毕后继续开车，之后又断断续续多次脱落，每次脱落总要造成预热器堵塞。

由于脱落的挂片常卡住下料翻板，而且不易掏取，便将翻板阀顶起处于常开状态，后来干脆将翻板拆卸抽出，C_5在既无内筒又无翻板的情况下运行。应该说，其分离效率降到了最低点，会不会对烧成系统构成重大影响呢？

但观察发现，分解炉的出口压力由-1.3～-1.4kPa 变为-1.1kPa 左右，C_1出口压力由-6.2kPa 变为-6.0kPa 左右，明显地感觉物料比过去好烧了。过去 KH 大于 0.90 时，f-CaO 就不容易合格，现在 KH 只要不超过 0.920，f-CaO 就没有问题。其前后的变化见表5-8。

表 5-8　武安新峰 3000t/d 熟料生产线 C_5 有无内筒情况下各项指标对比

日期	KH	SM	IM	f-CaO	立升重/(g/L)	台时产量/(t/h)	3d强度/MPa	标准煤耗/(kg/t)	烧成电耗/(kWh/t)	内筒
0906	0.909	2.57	1.57	1.16	1.299	147.89	29.7	108.39	30.95	有
0907	0.910	2.53	1.53	1.22	1.310	150.00	28.9	107.04	30.54	有
0908	0.910	2.56	1.51	1.16	1.303	150.13	27.9	107.66	30.60	有
平均	0.910	2.55	1.54	1.18	1.304	149.34	28.8	107.07	30.70	有

续表

日期	KH	SM	IM	f-CaO	立升重/(g/L)	台时产量/(t/h)	3d强度/MPa	标准煤耗/(kg/t)	烧成电耗/(kWh/t)	内筒
0910	0.919	2.55	1.49	0.89	1.341	152.05	29.2	108.08	30.62	无
0911	0.915	2.55	1.52	0.74	1.354	152.41	29.9	109.59	30.62	无
平均	0.917	2.55	1.51	0.82	1.348	152.23	29.6	108.84	30.62	无

由表 5-8 可见，由于 f-CaO 易控制，在无内筒的 10～11 月份，KH 均值得以大幅度提高，熟料 3d 强度基本稳定在 29MPa 以上；立升重、台时产量也都有了显著提高；在实物煤的低位发热量下降的情况下，实物煤耗还下降了。

还不仅这些，这一系列的案例都让我们不得不思考，C_5 内筒到底该不该要。山水集团总部的 3 号窑就没有安装末级内筒，也运行良好。那为什么绝大多数预分解窑都设计有内筒呢？

3. 现有 C_5 内筒的重要性分析

我们先来看看教科书上是怎么讲的吧："充分利用分解炉（或/和窑尾）排气中的大量热能预热生料以降低烧成热耗，是预热器的唯一任务"。由于旋风筒的换热效率一般只有 20％左右，为了充分利用废气余热就必须采用多级单体旋风筒、组合串联多次换热。为了保证预热器的整体换热效率，就必须强化每一级旋风筒的分散、换热、分离三大功能。

预热器的下游与分解炉和回转窑相连，图 5-19 就是三者的关联图，它们（特别是预热器与分解炉）又存在相互关联的作用。

对分解炉来讲，分解是目的、分散是前提、燃烧是关键。燃烧速度是温度的指数函数；其次还要受到环境中 O_2 和 CO_2 分压的影响，分解反应还要放出大量的 CO_2 对燃烧构成干扰；燃烧还与煤的特性、分解炉结构、停留时间有关。

目前的预分解水泥窑，多数为五级旋风预热器加分解炉系统，每一级旋风筒都设计有内筒，而且特别强调了 C_1 筒和 C_5 筒的分离效果，由于内筒的主要作用是分离，实际上就是强调了 C_1 筒和 C_5 筒的内筒的重要性。

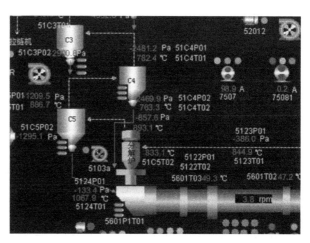

图 5-19　预热器、分解炉、回转窑的关联图

相关资料对预热器各级旋风筒分离效果的重要性排序为：$C_1 > C_5 > C_2$、C_3、C_4。

鉴于 C_1 筒关系到预热器整体的分离效果，对工序分割和能耗都影响很大，而且理论和实践也是一致的，把它排第一可以理解。但 C_5 筒为什么要排第二呢？实际上不止一个案例表明 C_5 筒的内筒并不重要。

由图 5-19 可见，C_5 与分解炉、C_4 构成了一个循环系统，如果 C_5 的分离效果不好，必将加大预热器其他各级的分离负荷，影响预热器的整体换热，特别是会加大分解炉的物料循环，加大分解炉的固气比，影响分解炉的燃烧环境，甚至导致分解炉带不起料来，出现塌料现象。所以，重视 C_5 筒的分离效果，也就是强调 C_5 筒的内筒是必要的。

那么，理论和实践的相反结论又如何解释呢？实际上，当 C_5 内筒掉了之后，C_5 筒的分离效率肯定降低，C_5 筒、C_4 筒、分解炉的物料循环被加大，部分物料及少量煤粉的停留时间被延长，气固热交换更充分，导致出分解炉煤粉的燃尽率提高、入窑物料的分解率提高。这对于一个煤粉燃烧和物料分解不是太好的烧成系统来讲，正好弥补了它的短板，去掉 C_5 内筒的正面效果大于其产生的负面作用，所以总体上的结果是积极的。

这种情况多数发生在早期的预分解窑上，正说明这个烧成系统（特别是分解炉）存在问题，实际上早期的预分解窑就曾经有过给分解炉设置循环旋风筒的设计。我们必须清楚，在分解炉本身的问题解决以前，去掉 C_5 内筒的总体效果虽然是正面的，但这不等于其没有副作用。

因此，去掉 C_5 内筒只是治标而不治本的措施，理想的办法是从根本上直接解决分解炉的问题，而不要去掉非常重要的 C_5 内筒。

4. 关于无内筒旋风筒的研究

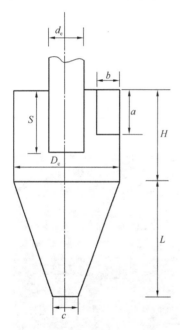

图 5-20　旋风筒结构示意图
a—旋风筒进口高度；b—旋风筒进口宽度；c—旋风筒下料口直径；d_e—内筒直径；D_e—旋风筒直径；S—内筒长度；H—旋风筒柱体长度；L—旋风筒椎体长度

就现有旋风筒（图 5-20）来讲，研究表明，旋风筒的分离效率不但与内筒相关，进一步讲与内筒的长度密切相关，内筒越长效率越高，但相应的旋风筒阻力越大。

试验表明，在 $S/d_e < 1.0$ 时，S 的变化对分离效率的影响很大，随 S 的变大分离效率显著提高，但提高率逐渐减小；在 $S/d_e = 1.0$ 时，旋风筒的分离效率达到最高值；在 $S/d_e > 1.0$ 后，旋风筒的分离效率又随 S 的变大缓慢下降。

实际上，在旋风筒的结构设计上，有一个分离效率与设备阻力的平衡问题。如果具体到预热器，就有一个系统效率与系统阻力的平衡问题，由于旋风筒的分离效率影响到系统出口温度、其阻力大小影响到系统风机的输出功率，最终体现为系统煤耗与电耗的平衡问题。

按照对预热器各级旋风筒分离效率的顺序要求，$C_1 > C_5 > C_2$、C_3、C_4，一般取值为：$S/de_{C_1} = 0.8 \sim 1.25$；$S/de_{C_5} \geq 0.7 \sim 1.25$；$S/de_{C_2, C_3, C_4} = 0.6 \sim 1.25$。

须注意，这是在现有旋风筒基础上的内筒影响，按照这一推论，内筒越短分离效率越低，取极限值内筒长度为零，其分离效率将会大幅度降低，将对预热器构成重大影响，得出不能取消内筒的结论。

实际上，影响旋风筒分离效率的因素远不止一个内筒，就现有旋风筒来讲，就还有如下诸多因素：

（1）入口形状：长边平行轴线的矩形入口比其他形状更好。因为，在面积相同的情况下，该形状可使气流携带粒子的沉降距离（外层旋流厚度）最小。因此，该截面应该是长边与轴线平行，即 $a > b$。

（2）入口截面宽度：为了防止入射气流撞击在排气管（内筒）的外壁上，避免在入口处形成死角，就必须满足如下条件：$b \leqslant 0.5(D_C - d_e)$。

（3）入口截面的高度：为了避免入射气流短路，以免严重影响分离效率，内筒插入的深度 S 应该大于入口截面的高度 a，即 $S > a$。

（4）处理能力：对气体的处理能力必须满足设定要求的最大值，即 $D_C = 2d_e$。一旦处理能力不够，将严重影响分离效率。

（5）摆脱现有旋风筒的局限，设定 $S = 0$，研究发现旋风筒的分离效率与内筒（已成为排气管）的直径密切相关，这就是我们要的无内筒旋风筒。

有关冷模试验得出如下重要结论：

（1）当 $d_e/D_C = 0.363$ 时，旋风筒的分离效率随固气比的加大而增高。虽然未设内筒，但在固气比大于 0.1 的条件下，其分离效率仍达到 90％ 以上。其有关试验数据如表 5-9 所示。

表 5-9　$d_e/D_C = 0.363$ 的无内筒旋风筒模型试验

编号	进口风速 13.1m/s		进口风速 13.2m/s		进口风速 14.3m/s	
	固气比	分离效率	固气比	分离效率	固气比	分离效率
1	0.024	82.4	0.290	91.4	0.038	78.6
2	0.088	87.0	0.350	94.9	0.052	87.1
3	0.132	87.3	0.582	93.7	0.087	92.9
4	0.157	88.9	0.676	95.1	0.124	93.1
5	0.253	91.7			0.275	93.1
6	0.385	92.9			0.513	90.7
7	0.488	92.4				

（2）对于无内筒旋风筒，随着排气管直径的扩大，分离效率显著下降。当 $d_e/D_C = 0.524$ 时，在固气比大于 0.1 的条件下，旋风筒的分离效率降到了只有 84％～86％。其有关试验数据如表 5-10 所示。

表 5-10　$d_e/D_C = 0.524$ 的无内筒旋风筒模型试验

编号	进口风速 13.7m/s		编号	进口风速 13.7m/s	
	固气比	分离效率/%		固气比	分离效率/%
1	0.065	76.2	4	0.482	83.9
2	0.128	85.3	5	0.518	86.4
3	0.275	84.4			

（3）在排气管适当加大的情况下，即使设置了一定长度的内筒，旋风筒的分离效率并未

因内筒的设置而有明显增高。其有关试验数据如表 5-11 所示。

表 5-11 $d_e/D_C=0.466$，$S/a=0.68$ 的有内筒旋风筒模型试验

编号	进口风速 12.6m/s		进口风速 14.3m/s	
	固气比	分离效率/%	固气比	分离效率/%
1	0.033	84.6	0.202	88.6
2	0.083	86.0	0.325	93.8
3	0.106	93.5	0.494	91.3
4	0.160	90.8	0.562	92.7
5	0.255	90.0	0.603	91.3
6	0.366	93.2		
7	0.492	92.1		

由此可见，在实际操作范围内，固气比为 0.2～0.5 时，无内筒旋风筒模型试验具有 90% 以上的分离效率，并且在进口风速 12～14m/s 范围内分离效率也比较稳定，完全可以作为预热器末级的分离设备使用。

需要说明的是，旋风筒内壁的光滑程度对分离效率影响很大，试验模型为有机玻璃制作，内壁极其光滑，物料颗粒反弹返混的机会极小，而在实际的水泥生产线上是不可能做到的。因此，模型试验的分离效率必然高于实际生产上的旋风筒，但这并不影响对比研究结果。

应该指出的是，无内筒旋风筒的分离效率与排气管的直径关系密切，分离效率越高，要求 d_e/D_C 越小，即相同的处理能力要求无内筒旋风筒的直径必须做得更大；试验表明，由于无内筒旋风筒的排气管道内气体的旋流性更强，导致其阻力远大于一般的通风管道，即无内筒旋风筒与有内筒旋风筒相比，其阻力并不能降低多少。

总结认为：无内筒旋风筒完全可以作为预热器末级旋风筒使用，但与有内筒的旋风筒相比，除了无需维护内筒以外并没有太多的好处，这也正是无内筒旋风筒没有发展起来的原因。

5.8 预热器的防堵和清堵问题

水泥的干法工艺发展到今天的预分解窑时代，每条生产线都存在一个预热器（这里包括分解炉一并考虑），预热器是预分解窑不可分割的关键组成。有预热器就回避不了预热器堵塞问题，差别只是轻重不同而已，所以我们谈水泥生产就不能不谈这个问题。

预热器的堵塞有各种原因，包括原燃材料的原因、配料不当的原因、操作不当的原因、维护维修的原因、系统设计的原因。但不管是什么原因，其对生产以及安全的影响都是不能忽视的；不管什么原因，由于预热器堵塞导致的烧伤烫伤案例举不胜举，导致的死亡案例也不止一两个，所以必须引起我们的高度重视。

1. 预热器堵塞的原因分析

预热器的作用就是利用窑尾、分解炉的废气余热对入窑生料进行预热，对烧成系统起到提高产质量和节能降耗的作用。为了提高预热的效果和效率，预热器设计为风料逆流，即高

温气体与高温生料换热、低温气体与低温生料换热，以实现高温废气热焓的多次释放、低温生料热焓的多次吸收；为了使气体与生料能够充分的换热，设计上采用了多级旋风筒和连接管道，以提高生料在气体中的分散度和换热次数。

预热器的如此设计，必然产生了一系列"通道瓶颈"（以下简称瓶颈），诸如旋风筒锥体下部、旋风筒下料管、下料管上的翻板阀，一旦这些瓶颈不能满足生料通过的需求，势必会发生堵塞。因此，预热器的堵塞按照瓶颈的成因大致可以分为三类：设计瓶颈堵塞、异物瓶颈堵塞、结皮瓶颈堵塞。

1）设计瓶颈堵塞

所谓设计瓶颈，这里不是指由于设计者失误设计小了，而是指由于功能需要必须设计小的部位。在预热器的几何设计时，已经充分考虑了生料的通过能力，而且留有足够大的富裕量，因此在正常生产中是不可能由于设计的几何尺寸不够而发生堵塞的。

设计瓶颈堵塞，一定是由于来料过大，而且是不正常的过大。比如，入窑生料喂料秤失控、入窑生料输送斜槽堵塞后开通、预热器风速过低导致的塌料、预热器某些部位存料到一定程度后由于风速变化发生的塌料。但总体来说，设计瓶颈堵塞不是太多，而且查找原因和解决措施也比较容易一些，预热器堵塞主要是异物瓶颈堵塞和结皮瓶颈堵塞。

2）异物瓶颈堵塞

所谓异物瓶颈堵塞，就是在本来就狭窄的瓶颈处又卡上了一些异物，包括翻板阀失灵卡死，进一步减小了瓶颈的通过能力，当通过能力小于通过量时就要发生堵塞。这类异物主要有：垮落的结皮、垮落的耐火材料、垮落的金属部件（比如预热器内筒挂片、翻板阀的翻板等）。

其中，耐火材料和金属部件的垮落以及翻板阀的卡死，多数属于检修维护不到位，只要能及时发现和及时修复，大部分是可以避免的；唯有结皮垮落不容易治理，由于运行中可以生成新的结皮，所以无法依靠检修彻底解决，只能通过各种措施减少结皮的生成，没有结皮也就不存在垮落了。

3）结皮瓶颈堵塞

所谓结皮瓶颈堵塞，指本来可以满足来料通过的瓶颈部位，由于各种原因在瓶颈处形成结皮并逐渐增厚，导致瓶颈的通过能力进一步减小，当通过能力减小到小于来料能力后发生涌堵结拱直至堵死。大部分容易堵塞的预热器，多数是因为这个原因，也是最难治理的一个原因，下面就重点谈谈这个问题。

烧成系统的结皮是物料在设备或管道内壁上逐步分层粘挂，形成疏松多孔的层状覆盖物。系统结皮在预热器的各个部位都可能发生，另外也多发在窑尾烟室、上升烟道、分解炉等部位，这些部位的结皮虽然不至于堵塞到通不过来料，但会使该部位的有效截面缩小、通风阻力增大，进而影响到系统通风、影响到煤粉燃烧，由此形成的还原气氛及未燃尽煤粉，将促进预热器各处（包括各瓶颈）的结皮以及结皮的垮落，应是不可忽视的间接原因。导致结皮的原因主要有：

（1）原燃材料中碱、氯、硫对结皮的影响

关于结皮的原因，国内外都在探讨中。一般认为结皮的发生与所用的原、燃料成分及系统温度变化有关。

碱，主要来源于黏土质原料及泥灰质石灰岩，小部分来自燃料。黏土原料常常含有部分分散的钾长石（$K_2O \cdot Al_2O_3 \cdot 6SiO_2$）、钠长石（$Na_2O \cdot Al_2O_3 \cdot 6SiO_2$）、白云母（$K_2O \cdot 3Al_2O_3 \cdot 6SiO_2 \cdot 2H_2O$）等，碱含量为 3.5%～5%。

硫，主要由燃料以及铁质原料、黏土质原料带入，如果采用废渣配料，其硫含量可能比较高，需要关注和控制。在煅烧过程中，硫易与碱形成 R_2SO_4，降低生料的最低共熔点、增大液相黏度，而且与 C_2S 形成固溶体，不利于 C_3S 的形成。

氯，主要由黏土质原料以及燃料带入，它在生料中的含量一般为 0.01%～0.1%，在窑内氯化物与碱反应，形成氯化碱（RCl）。需要提醒的是，如果采用废渣、特别是电石渣配料，其氯离子含量可能很高，需要给予关注和控制。

碱、氯、硫对结皮的影响，可从生料、熟料与结皮料化学成分的对比中明显反映出来。建筑材料学研究院对四平预分解窑生料、熟料及结皮料的化学分析表明，结皮料中的碱、氯、硫含量比当时生料、熟料中这些成分的含量要高得多。尤其是 SO_3 比生料、熟料中的含量高 28 倍以上。结皮料中的碱、氯、硫含量，为什么比生料、熟料中的含量高出这么多？

生料和燃料带入烧成系统中的碱、氯、硫的化合物，在系统一定高温下逐步挥发呈气体状态，挥发的顺序依次是碱的氢氧化物、碱的氯化物、碱的硫酸盐。物料在 1450℃ 的烧成带，氯盐几乎全部挥发，硫、碱的挥发率则与在高温带的停留时间及物料的物理形状有关，未经挥发的硫、碱化合物则固溶在熟料中被熟料带出窑外。这些固溶于熟料中的硫、碱，主要为以下几种矿物状态：

K_2SO_4，Na_2SO_4

$K_2O \cdot 8CaO \cdot 3Al_2O_3$

$K_2O \cdot 23CaO \cdot 12SiO_2 \cdot 8CaO \cdot 3Al_2O_3$

挥发出来的碱、氯、硫化合物，又与窑内气体一起被带回到预热器内，与悬浮状态下的生料粉进行热交换，并大部分冷凝在生料颗粒表面上（少量随废气排出预热器）。特别是 K_2O，在预热器中的冷凝率高达 81%～97%，Na_2O 的冷凝率则要低一些；冷凝的碱、氯、硫再次随生料回到窑中，如此在烧成系统内往复循环，并逐步积累加大。

随着系统内挥发物浓度的提高，随废气排出及熟料带出的碱、氯、硫增多，直至达到进入量与排出量的平衡，系统内挥发物的浓度达到最大值。其值尽管与其挥发性和挥发条件有关，但要远远高于进入生料或出去熟料中的含量。

当这些挥发出来的碱、氯、硫化合物在温度稍低的生料颗粒上冷凝时，它们也会在温度更低的边壁上冷凝，而这些边壁上的冷凝物是无法随生料入窑的，只能逐渐加厚形成结皮。

建筑材料科学研究院还对四平预分解窑的结皮物料进行了物化检验，其 X 射线分析结果表明，八个结皮样中都有灰硅钙石和硫硅钙石。前者是在 CO_2 气氛中、700～900℃ 的环境下形成的，与碱质和氯盐的作用有关。在一定温度下，灰硅钙石的粘结性更强，更易在预热器的高温区形成结皮。

硫硅钙石的形成，首先由系统中的 SO_2 与碱作用生产硫酸盐，然后再进一步与生料中的 CaO 及 SiO_2 化合而成。这种"硅酸钙—硫酸钙"化合物具有异元熔融的特性，它在较低温度下就会出现液相，更易在预热器的低温区形成结皮。

此外，结皮的形成还与煤粉灰分的成分有关，如果煤灰属于低熔灰分，则它在较高气流温度下也会出现液相，而后在温度稍低的边壁上冷凝为结皮。

（2）温度变化对结皮的影响

主要是温度超高对系统的影响。结皮堵塞多数与系统烧高有关。预热器内的低熔点矿物一般在 650～800℃ 即可出现液相，当系统温度超过 900℃ 以后，系统内已经出现较多液相，堵塞的概率随即增加。

造成这种现象的因素较多，多数是因为窑头或分解炉的煤粉量难以控制，甚至出现跑煤现象；入窑生料的不稳、甚至断料，喂煤又没有及时撤下来也会导致烧高；特别在升温投料初期，一般给煤量偏大，加料前又要先加风、煤，一旦加料未能及时跟上，必然导致系统烧高、还可能导致长焰后烧，所以投料初期成为预热器堵塞的危险期。

有些企业为了缩短故障停窑时间，习惯于止料留火抢修，由于故障处理的不确定性，往往在时间上一拖再拖，最终导致留火时间过长；特别在处理预热器系统故障时，还要保证预热器有足够的负压、拉风偏大，往往导致预热器烧高。预热器系统烧高，加之留火期间的煤灰富集，都会导致某些部位的液相量增加，为结皮堵塞埋下了祸根。

当然，较长时间的系统烧低也会导致预热器堵塞。当系统生料量大或给煤量小时，生料分解吸热将造成分解炉内温度低于正常值，导致煤粉的不完全燃烧。未燃尽的煤粉被转移到预热器系统继续燃烧，导致预热器系统局部高温引起结皮堵塞。不完全燃烧还会形成还原气氛，能促进有害成分的挥发，也是导致结皮堵塞的一个原因。

碱、氯、硫等物质在系统中运动时，随着所处部位温度的不同，其物相及物理化学性质亦发生变化，它们在高温区受热挥发，随烟气被带往窑后的烟道、分解炉、预热器系统，并凝聚在生料颗粒表面上，即改变了生料表面的化学成分，并降低了其共熔温度。

被凝聚有碱、氯、硫化合物的生料表面，在较高温度下（如 1000℃ 以上）部分熔化、产生液相，生成部分低熔点化合物。含有部分液相的生料颗粒，特别是悬浮于烟气中的这种颗粒，与温度较低的设备或管道内壁接触时，便粘结在器壁上形成结皮。

如果碱、氯、硫的含量少、温度低，出现的液相很少，其粘挂速度低于冲刷速度，就不至于形成结皮；如果其含量较高、温度较高、液相多而黏，就会使生料粉层层粘挂，愈结愈厚。尤其在正对气流的器壁交叉或缩口处，由于涡流的存在增加了接触次数，减小了冲刷力度，更容易形成结皮。一般的结皮为层状多孔、疏松易碎，但在较高温度下、受热时间较长，也会变得坚硬。

（3）预热器结皮堵塞的具体原因

在实际生产中，导致预热器结皮、堵塞的具体原因很多，一时难以一一列举，这里权且列出几条供读者参考，更多的还要靠读者自己结合结皮的成因和条件，逐步摸索总结：

① 物料中碱、氯、硫含量过高。挥发性组分在系统内循环富积，在高温下挥发又到低温区凝聚，导致预热器结皮，料流不畅，直至堵塞。

② 生料成分波动。若有时生料易烧性变得太好，又没来得及减煤，就很容易将料子烧熔，从而引起结皮、堵塞；若生料中易挥发的成分含量增加，也易引起结皮、堵塞。

③ 喂料不均匀。若喂料量时多时少，喂煤量难以及时调整，系统温度波动较大，也易将料子烧高粘堵。

④ 喂煤不稳定。喂煤计量系统下料不稳，喂煤不均匀，从而易造成系统煅烧匹配失调，也易造成预热器系统粘堵。

⑤ 燃烧火焰不当。若窑内火焰过长，将火拉到后面烧，易造成窑尾温度过高，料子过热易熔，从而导致预分解系统堵塞。

⑥ 煤粉燃烧不完全。燃烧不完全的煤粉会被热气流带到上一级设备内继续燃烧，产生局部高温熔融，从而引起结皮、堵塞。

⑦ 窑尾、预热器漏风，包括外漏和内漏。外漏风主要是改变了漏风处的温度场分布，增大了局部温差，为液相冷凝创造了机会；内漏风主要是改变了系统的物料场分布、增大了物料的内循环，同时导致高温废气的短路，局部温度升高，内循环和高温都会导致液相量的增加，给结皮堵塞创造了机会。

⑧ 预热器系统衬料剥落。失去衬料的筒体直接与外界及带有料子的热气流接触，由于内外温差增大，料子极易在此处聚集。

⑨ 翻板阀动作不灵活。导致生料下料不均匀和造成系统内部短路漏风，产生局部高温熔融，从而引起结皮、堵塞。

⑩ 系统通风不良。系统通风不良，燃烧不好，容易造成还原气氛，与结皮互相促进、形成恶性循环。

2. 预热器清堵及其四项原则

前面将预热器的堵塞分为"设计瓶颈堵塞、异物瓶颈堵塞、结皮瓶颈堵塞"三类，对于前两种堵塞只要查出原因、采取相应的改进或避免措施，一般是不难解决的；难题在于无法根治的第三种堵塞，要分三个层次解决，首先要避免形成结皮的因素，二是发现结皮后就要及时清理防止其增厚，三是一旦发现有堵塞迹象，要果断地止料处理。

这里反复强调"果断"二字，果断、果断、一定要果断！

不管是哪一种堵塞，一旦发生是必须要处理的，而且处理得越早越好；在发现和处理预热器堵塞上，要树立"宁可信其有不可信其无"的思想。因为堵塞的料量集聚很快，处理的时间与集聚的料量成正比，根据集聚的料量不同，处理时间短则十几分钟、长则几十小时；而如果判断错了，不就是重新投一次料吗，十几分钟也就够了。孰轻孰重，十分了然。

1）预热器清堵的四项基本原则

（1）先封闭后开放的原则。主要是在封闭状态下动用空气炮处理，如果空气炮无效再考虑其他措施；

（2）先疏通后捅堵的原则。就是首先疏通下部通道，为涌堵的物料找到去向，为后续清堵打下基础；

（3）先原因后结果的原则。这里的原因指造成堵塞的直接原因，指卡堵的异物或结皮的根部，往往也是疏通下部的必要；

（4）先容易后难题的原则。当堵塞的集聚料较多、甚至烧结结块时，难以一捅就通，首先要清理靠近通道的物料和容易清除的边际料。

2）预热器清堵的具体措施

（1）按清理的及时性和动作的大小权衡，首先强调的是及时，由及时的小动作逐步向随后的大动作升级。

如果堵塞处于空气炮可以触及的部位，要首先考虑使用空气炮处理，这种方式属于"中医"式处理，不需要改变预热器的封闭状态和破坏外部壳体，来得及时、方便；对一些容易堵塞、又没有空气炮的部位，要考虑在事后尽早加装一些空气炮，以备今后使用。

如果空气炮处理没有取得效果，就要动用"外科手术"了，或者打开已有的各种孔门人工清理，或者根据需要开一些临时孔口人工清理；对于一些容易堵塞又缺乏必要的清理孔门的部位，可以在事后尽早地补开一些孔门，以便于今后的使用和恢复封闭状态。

（2）按照堵塞和疏通的起始点权衡，首先要把造成堵塞的异物处理掉，同时考虑先把堵塞的下部疏通好。堵塞集聚的生料都在异物的上方，在下部疏通以前集聚在上部的生料没有去向，想一次性贯通很难；当然，在清除异物及疏通下部有困难时，也可采用外排式清堵，但这对安全和环保都是不利的，需要采取必要的防护措施。

（3）具体的人工清理方法还有很多，但都各有利弊，需要根据现场情况综合考虑。比如，利用捅料棒处理、利用高压风管处理、利用水炮处理、利用高压水枪处理、利用火炮处理等。事实上由于高压水枪作用范围有限，水量小效果有限，而且移动不太方便，一般不予采用；由于火炮（雷管、炸药）处理很不安全，属于不得使用。

较常用的清理方法主要是前三种，但其清理效果与安全性负相关，往往是根据清理的难易程度交叉混合使用。① 利用捅料棒捅堵，这是最安全的方式，但由于堵塞的集聚料疏松、黏软，捅料棒从上往下一捅一个眼，一抽又堵住了，往往作用不大；② 利用高压风管捅堵，由于出口风具有扩散力和冷却料温的作用，捅堵效果要好一些，而且有可能穿透聚集料层实现下部的优先疏通；③ 如果清堵比较及时、聚集料温度尚高，可以利用水遇高温料急剧蒸发产生的爆炸力清堵，往往可以获得明显的清堵效果。

必须注意，有效果的水炮爆炸力都很强，有可能发生向外喷料和涌料现象，在操作方法上一定要注意安全；最好不用水管直接插入料中放水炮，否则水量不好控制，也难以保证打开后的水源能彻底关死，一是可能断续爆炸很不安全，二是浇水过多伤及到耐火材料。

3）使用水炮的作业程序

首先在预热器的各层都要设有风源和水源，以便各种施工、维修和清堵预热器使用；在容易堵塞的层级，要备有能与风源插接的软管、能与软管插接的硬管，以作为清堵预热器的工具使用。

（1）打开堵塞物料上方附近便于施行水炮处理的孔盖，在必要的时候也可以开割新孔。在清堵孔位置的选取上，要避开相关设备和电缆，以防喷料、涌料造成损毁；要便于清堵人员的快速撤离，以防喷料、涌料对清堵人员造成伤害；

（2）先用捅料硬管探测堵塞情况，并选定和试捅水炮硬管的插入位置、深度，为后续施行水炮创造条件；

（3）将硬管插入软管的一端，并用铁丝捆扎牢靠。软管要有足够的长度，以便水炮控制者能躲到安全位置上；

（4）水炮控制者将软管彻底打折，确保风、水不能通过；辅助人员向软管内灌入适量的水，插接到风源上并用铁丝捆扎牢靠；辅助人员打开风源并迅速撤离；

（5）在所有人员都撤离到有退路的安全位置以后，水炮控制者迅速松开打折的软管，软管内的水便在压缩空气的推动下被快速吹进高温物料，一般会有效果不同的水炮作用；

（6）在确定各处不再有喷料、涌料的情况下，首先要关断风源，方可靠近清堵孔检查水炮效果，确定下一步如何进行。

3. 预热器清堵的安全问题

预热器系统发生堵塞后，如采用压缩空气吹扫、空气炮作业等封闭式运行清堵无法疏通时，就必须止料、停窑进行人工清堵作业。由于堵塞部位的料温、气温通常都在几百度以上，而且堵塞后正压外喷的几率很高，运行中的开孔人工清堵十分危险，应该严格禁止。

即使止料后的人工清堵，清堵工具不当或操作使用不当、个人防护不当或相互配合不当、位置选择不当或逃生退路不当、作业程序不当甚至交叉作业，都很容易给清堵人员造成烧伤、烫伤、击伤、摔伤等人身伤害，给现场的设备、设施造成烧损等事故损失，所以必须强调安全第一、没有并列第一！在清堵预热器时，必须注意以下相关事项：

1）清堵前期准备工作

（1）成立清堵小组，明确指挥人员、清堵人员、监护人员、安全负责人。小组成员要有一定的清堵经验，并接受过相应的安全培训；清堵作业实行统一指挥、专人监护，严禁违章作业。

（2）清堵小组要分析存在的危险因素，提出排除、控制的措施。清堵作业前，指挥人员和安全负责人必须现场确认安全措施已经落实到位。

（3）制定清堵方案和应急预案。清堵作业前，小组成员必须全部熟悉清堵方案、作业程序、注意事项，确认逃生路线；逃生路线应通往捅料孔的旁侧，并尽可能选择上方和上风方向，并将作业现场清理干净，保障逃生通道畅通。

（4）清堵前，要对现场可能危及的机电设备、仪器仪表、各种电缆以及其他可燃物，采取必要的防护措施。

（5）设置必要的警戒区域和警示标志。设置警戒线和警示标志的区域包括，清堵作业现场、预热器系统各入口、地面物料溅落区，以及窑头平台、篦冷机内、熟料输送地坑等危险区域。

（6）办理危险作业申请，经安全生产管理部门审查、批准。

（7）清堵前，要有规定的专人（最好是中控操作员），提前通知窑巡检、篦冷机、熟料输送等相关岗位，以及机修、电修、仪表、质控的负责人，要求他们的现场人员撤出危险区域和注意安全防护，并得到回话确认。

（8）清堵前，小组成员必须安全着装。小组成员应全部穿戴安全帽、全棉工作服、手套、防热阻燃鞋；具体清堵人员作业时必须穿戴合身的、短时耐热温度不低于1000℃的隔热防护服，包括披肩防尘头罩、面罩、上衣、裤子、手套、脚罩，穿戴前应检查其完好性，穿戴时应扎紧领口、袖口、裤口、鞋罩。

（9）完成所有清堵作业的前提条件。

2）清堵作业的外围要求

（1）止料停窑，分解炉、窑头停止喷煤及其他燃料。

（2）煤磨停机，通往煤磨的热风阀门关闭。

（3）关联的余热发电、脱硝等设备设施停止运行。

（4）窑头罩、篦冷机、窑头除尘器、熟料链斗输送机无检修作业，检修门、观测孔处于关闭锁紧状态。

（5）预热器系统的所有空气炮及高压空气清扫喷吹管内部气体要泄压排空，现场关闭电磁阀和手动阀门，锁定现场控制开关或挂"禁止操作"警示牌。

（6）预热器系统要保持一定的负压。但注意把三次风闸板开大，以防窑内降温过快，既不利于对窑内砖和窑皮的保护，也不利于预热器的清堵。

（7）不允许在两个及以上的部位同时作业，除唯一的清堵孔以外，其他各孔、口、门都必须处于关闭锁紧状态。

（8）清堵期间喷出的高温物料应及时清理，临时堆放的高温物料应设警戒线和警示标识。

（9）清堵小组与中控室必须保持通讯畅通。

3）清堵作业的自身要求

（1）清堵作业前，必须将作业点以下的所有翻板阀打开、作业点以上的所有翻板阀关闭，并在翻板阀两侧均采用钢丝绳或钢环链可靠固定。

（2）预分解系统多处堵塞时，清堵作业必须自下而上逐个进行；就进行单处的清堵作业来讲，一般也要自下而上逐步进行。

（3）严禁两个和两个以上捅料孔同时进行清堵作业。除清堵作业打开的捅料孔外，其余捅料孔、检修门均应处于关闭锁紧状态。

（4）具体实施清堵的人员不应超过 2 人，而且要分工明确、互相照应。

（5）清堵作业人员不得正对捅料孔，而且随时作好躲避准备。应站在捅料孔上方，尽量选择上风方向，侧身对着捅料孔作业。

（6）采用高压空气清堵时，要有专人控制高压空气阀门。打开高压空气阀门前，清料管必须插入物料内一定深度并固定，清堵人员撤离至安全区域。取出清料管时，应先关闭闸阀，然后取出清料管。

（7）采用高压水枪清堵时，应由专人控制高压水泵，清堵人员操作高压水枪，严格遵守高压水枪操作规程。高压水枪应在插入捅料孔后才能打开高压水，关闭高压水并泄压后才能撤出捅料孔。

（8）清堵作业时，注意不得将捅料工具或其他能够引起堵料的物品掉入预热器系统内。

（9）清堵作业人员允许的持续接触热时间与休息时间，按 GB/T 4200—2008《高温作业分级》国家标准执行。

4）监护和应急处理要求

（1）清堵作业时监护人员应不少于 2 人，监护人员所处位置不应低于捅料作业面，而且不影响清堵人员逃生。

（2）监护人员必须坚守岗位，对清堵作业人员的不安全行为有制止权，遇到紧急情况应协助清堵人员迅速脱离危险区域。

（3）清堵作业完毕，应及时清点人数、清点工具，将现场设备、设施恢复到清堵前的正常状态，并将现场清理干净。

（4）清堵作业现场附近应有必要的应急处理设施，并确认完好。主要有淋浴器、洗眼器、灭火器、急救箱，清堵作业现场附近宜设置紧急避险装置。

（5）当清堵作业发生人身安全事故时，应启动相应的应急预案。现场救助完毕后，应保护好现场，并配合事故调查，以便对事故进行分析和处理。

4. 生产运行中的防堵措施

前面谈了预热器堵塞的原因、危害和有关清理措施，确实是一项既麻烦、又危险、损失较大的故障。所以，最好还是不堵塞、不用清理，这就要根据造成堵塞的原因，采取相应的措施，树立"预防为主"的思想，从根本上解决堵塞问题，或将堵塞解决在萌芽状态。

预热器的堵塞分为"设计瓶颈堵塞、异物瓶颈堵塞、结皮瓶颈堵塞"三类。对于前两种堵塞，不论是查原因、定措施，还是加强管理，都不算什么难题，一般堵塞几次后都能逐步解决；难题在于无法根治的第三种堵塞，从建厂选址、工艺设计，到原燃材料的采购、设备运行的稳定、具体操作的适当，需要全方位的考虑和综合平衡，也只能是减少堵塞的频次，还不敢说能彻底解决。但聊胜于无，以下勉强探讨一些注意事项，供读者参考。

总体上来讲，避免堵塞或有效减少堵塞频次，有几个方面要引起重视：① 提高原燃料的质量，降低其有害成分的含量，并努力减小其质和量的波动；② 根据已定型的工艺配置、结合原燃材料的资源情况，综合平衡选择合适的配料方案；③ 通过维护维修提高在用设备和设施的完好率、可靠性、稳定性、可控性；④ 通过加强管理，强化密闭堵漏（包括内漏问题），确保系统的良好密封；⑤ 采取各种措施，努力降低不完全燃烧和避免烧高现象；⑥ 通过技术培训提高操作员的素质，通过严格考核提高操作员的责任心，强化操作、优化操作、统一操作，努力稳定系统的热工制度。

（1）要及时清理窑尾烟室的结皮和烟室斜坡堆料。由于清理烟室的危险性相对较小，在注意安全的情况下，可以在正常生产中进行。虽然窑尾烟室的几何空间较大，不会由于结皮而堵塞，但结皮会严重影响到系统通风，加大还原气氛和不完全燃烧，催化预热器系统的结皮；虽然斜坡的上方空间较大，不至于形成直接堵塞，但进入斜坡的料管直径不大，斜坡上的堆料有可能将进料管堵死。

（2）当预热器系统发生堵塞后，应尽可能早地止料停窑处理，处理不及时将导致堵塞的物料越聚越多，增加清堵的工作量；甚至将堵塞物料烧结成整体硬块，大大增加清堵的难度。

（3）要严格控制原燃材料中有害成分（碱、氯、硫等）的含量，加强均化减小其质量（包括有害成分）波动。虽然造成结皮堵塞的原因很多，但有害成分的影响非常之大；表面上有害成分在原燃材料中的绝对值不是很大，但其在烧成系统的循环富集会成倍、甚至几十倍地放大，从而为结皮提供了物质基础。

原燃材料中的有害成分不仅能导致系统结皮，还会影响熟料烧成的热工过程，降低熟料质量，应在合理利用资源的前提下，尽量采用碱、氯、硫低的原燃材料，避免使用高灰分及灰分熔点低的煤。

（4）结皮的原因除了必要的物质基础外，其环境条件主要是能使有害成分形成一定液相的温度。温度越高，有害成分出现的液相越多，煤灰熔化的可能性就越大，结皮的可能性越大。实践证明，结皮堵塞往往与系统或局部的温度烧高有关，必须给予严格控制。一般控制后窑口气体温度不超 1100℃，出分解炉气体温度不超过 900℃。

烧高的主要特征体和原因：窑尾温度高，头煤不完全燃烧或长焰后烧等；分解炉出口温度高，尾煤偏大或跑煤等；C_5 锥体温度高、出口温度高，尾煤不完全燃烧；预热器整体温度高，尾煤大或投料少或拉风大；预热器单系列温度高，分料阀跑偏；个别旋风筒锥体温度高、翻板阀内漏等；个别旋风筒出口温度高，撒料板问题或翻板阀内漏。

（5）随时搞好密闭堵漏和内漏治理。预热器系统、窑尾烟室、三次风系统以及废气系统的各孔口门都要关闭锁紧，并保持密封材料完好；预热器系统、三次风系统以及废气系统的各种风阀料阀，其轴端要密封良好，必要时采用迷宫式密封或岩棉密封；后窑口密封要随时检查，保证其始终处于完好状态，特别在停开窑以后，窑筒体的偏摆对其有较大影响；内漏治理主要是各旋风筒下料管上的翻板阀，一是要保持阀板完整、在位，二是要保持其灵活好用。

（6）在窑止料处理故障（非预热器堵塞）期间，如果处理时间很短，头煤可以减煤留火，但高温风机要慢转运行且将闸板关小，将三次风闸板开大以控制窑内通风，止料后留火时间不得超过 30min，留火用煤在维持燃烧的情况下尽量减少，严防把预热器烧高，减少煤灰在预热器的沉积。一般的留火用煤量控制，2000～2500t/d 生产线用煤 1～1.5t/h，4000～5000t/d 生产线用煤 2～3t/h，8000～10000t/d 生产线用煤 4～6t/h。

（7）不论留火还是升温期间，都要保证火焰燃烧良好，不得长焰后烧，防止形成还原气氛和未燃尽的煤粉沉降，避免给结皮堵塞创造条件；在升温投料前要作好喂料系统的运行准备，以防温度升上去了、尾煤也给上了，生料却迟迟投不上，导致预热器烧高。当窑内温度不足以保证煤粉的正常燃烧时，要用油枪适当地喷油助燃，必须保证喷入的煤粉能完全燃烧。

（8）投料期间要注意维持前窑口负压的平衡，防止高温风机已拉起来而生料还没有投上，窑内风速过高，将窑内的蓄热拉空，导致头煤燃烧不好和长焰后烧，烧成带烧不起来导致跑黄料。一旦跑了黄料，要果断地止料重投，不止料强制煅烧只能恶化燃烧条件，不但很难把窑烧起来，而且会加重结皮堵塞。

（9）每次检修期间，都要彻底检查、清理一遍预热器结皮和平烟道积灰，特别注意旋风筒的膨胀仓及下料管的隐蔽部分，并彻底搞一次密闭堵漏；正常生产中，除了环吹清扫和空气炮的程序工作以外，还要定时对易堵部位进行人工检查和简单清理，以便将结皮堵塞消灭在萌芽状态。

另外，随着预分解窑生产技术的发展，近几年在预热器结构上也作了一些防堵改进，看看有没有一些适合自己的措施可以借鉴。比如：大包角蜗壳旋风筒、不对称歪斜的锥体布局、减小平烟道面积设计、垂直弯管的内弧段改为小角度折线、取消导流板和降阻器等部件、最新结构的翻板阀、优化的卸料管直径、优化的锥体和卸料管角度、优化的内筒结构和材质等。

第6章 选好用好非常重要的燃烧器

燃烧器的好坏，不仅是其使用寿命问题，而且直接影响的是煤粉的燃烧，进一步是火焰特性对熟料烧成以及环保排放的影响。既影响熟料的产量和质量，还影响 NO_x 的生成与排放，甚至影响到工艺和设备的安全运转；既影响到熟料烧成的煤耗和电耗，还会影响到水泥粉磨的电耗，甚至影响到水泥质量和市场销售，所以说它非常重要。

燃烧器的质量不大但其价格不菲，在2000年左右，进口一根5000t/d熟料线的好燃烧器就得小200万元；燃烧器的结构不复杂，机加工难度也不大，所以制作燃烧器的厂商一大堆，但是能把它做好的却是凤毛麟角，甚至把图纸给他都做不好，因为它不仅是一个比较简单的设备，更是一个非常重要的工艺过程，所以其价格居高不下。

单从质量上讲燃烧器是贵了点，但比起他的影响这又算不了什么。所以，一定不要在燃烧器上省钱，一定要买最好的燃烧器，当然是最适合自己的、使用效果最好的燃烧器！

燃烧器对熟料煅烧的重要作用是不言而喻的，玩好燃烧器那是必须的！但你是否已经明白，什么样的燃烧器才算一个好的燃烧器；风道数越多是不是燃烧器就越好；一台好的燃烧器，又怎样才能用好呢？

6.1 什么是好的燃烧器

一般来讲，多风道燃烧器具有燃烧强度高、一次风用量小、火焰形状可调节幅度大、对煤质及其细度适应性强、NO_x 产生量较低等特点。但什么都有个度，都需要适应自己的具体情况，也不是通道数越多就越好。

本节开篇作一下说明，各公司关于通道数的说法不太统一，本文也没有进行统一，敬请各位读者在类比时注意。燃烧器的主要通道为直流风道、旋流风道、煤风道，次要的风道有中心风道、冷却风道、点火风道、可燃废弃物风道，有的公司在强调多风道时往往将次要风道也算在内，在强调少风道时往往又不含次要风道，没必要较真，就算是一种商业包装吧。

1. 通道数过多也有弊端

这里有一个多少年以前的真实故事：时值多风道燃烧器在国内兴起的时代，在一次讨论会上，多数人认为三风道好，四风道更好，但有一位曾在日本小野田工作一年多的领导说，"我那个厂的窑头放有两风道、三风道、四风道的燃烧器，随便使用，基本没什么差别"，双方争论得非常激烈。

笔者看争论不休就插了嘴：你们说的很对，目前三风道、四风道的燃烧器确实比我们用的两风道好；但龚总说的也不错，龚总是专家型领导，他不会说谎。大家怪笔者"和稀泥"，笔者解释道：这要看你用什么煤，日本人用的是进口的大同煤，还强调要优质的，而我们用的是本地煤，还是廉价的洗混煤，它们对燃烧器的要求是不一样的，两者怎么能相比呢？细粮怎么做都好吃，而粗粮必须细做才能可口。

实际上，为了控制生产成本，目前国内的水泥厂都舍不得用好煤，这就对燃烧器提出了更高的要求。由于现在的多风道燃烧器是由最初的单风道发展来的，所以给人的直观感觉就是风道越多越好。但事实并非如此，什么都有个极限，风道数也不是越多越好。

多通道燃烧器起步于三通道燃烧器，由中心向外排列形成了 3 个同轴环形喷嘴出口，依次为旋流风通道、煤粉通道、直流风通道。在多通道燃烧器的发展初期，由于受到三通道燃烧器成功的鼓励，将燃烧器的研发导向了更多的通道。

但随着燃烧器的改进，一次风用量不断被减小，为维持一定的一次风射流动量，在减少一次风用量的同时就必须提高其出口速度，过多的通道难以适应这一要求，在以下几个方面使通道数的增加受到了限制：

（1）由于出口速度高和一次风用量低的要求，过多的通道将导致各通道的环形出口缝隙往往很小，机加工和使用过程中难以保证较高的同轴度要求，将引起火焰变形偏转。

（2）多股风因出口缝隙小，核心速度衰减过快，射流穿透深度不够，导致火焰的"刚度"不足，成形效果差。另外也由于多股风在出口处相互干扰，增加了不必要的溢流强度，使出口阻力损失增大。

（3）过多的通道数，减少了外风通道的通过风量，使燃烧器外套管得不到足够冷却，引起变形从而导致燃烧器外层耐火浇注料的过早损坏。

实践证明，燃烧器的通道越多，火焰的刚度就越差。由于多通道燃烧器的上述缺憾，国际上又有一些公司反向发展了几种双通道燃烧器，如 Unitherm 公司的 M. A. S 燃烧器、F. L. Smidth 公司的 DULFLEX 燃烧器就属于这一类型。

双通道燃烧器，取消了内风通道以增强外风的旋流强度，采用改变旋流器角度的方式调整火焰形状，将煤粉通道布置在中心以延缓煤粉和二次风的混合，降低火焰峰值温度，减少氮氧化物的生成。山东章丘水泥厂就引进了 1 台 Unitherm 公司的双通道燃烧器，据反映使用效果很好。

实践证明，多股风因出口缝隙小，核心速度衰减过快，射流穿透深度不够。形成火焰粗大、局部高温、易产生大量 NO_x，而火焰后段"刚度"不足，成形效果差。这不得不进一步提高一次风机压头，但由于空气压缩因子和空气中音障的存在，过高的压力并不能有效地转化为速度头。

由于出口速度高和一次风用量少的要求，导致旋流风及直流风环形出口缝隙往往很小，机加工和使用过程中难以保证较高的同轴度要求，易发生火焰变形偏转。若改用多个小喷嘴结构，则由于引射面积的增大，大幅度增加了燃烧初期二次风的引射量。既不利于热力 NO_x 的控制，也不利于火焰形状的控制。

过多的通道数，导致了外风通道的通过风量减小，使燃烧器外套管得不到足够的冷却，冷却不足引起变形从而导致燃烧器外层耐火浇注料的过早损坏。

2. 好的燃烧器应该具有的特点

那么，怎么样才算一个好的燃烧器呢？笔者认为，一个好的燃烧器应该具备以下特点。

（1）具有较小的一次风量，能形成理想且可调的火焰形状。火焰整体上粗细匀称而不发散，火焰高温区较长但整体又不是太长；火焰整体温度高但温度峰值较低，对熟料煅烧能力强但氮氧化物含量较低；一次风用量小但强劲有力，煤粉燃烧稳定而且燃烧完全。

（2）将旋流风设置在煤风以外，有利于对二次风的卷吸作用和对煤风的剥削作用，在强化风煤混合的同时又不至于将煤风吹散；具有较高的一次风出口风速，以延长固定碳的燃烧放热长度、降低火焰峰值，同时强化一次风的卷吸和剥削作用。但风速也不是越高越好，当出口风速接近音速（340m/s）时，给一次风加压只能是浪费电能，而不会增大多少风速。

（3）具有较多的、有效的、方便的现场调节手段，对煤种和窑况的适应性强。因为各厂家使用的都不是固定的原燃材料，而且窑的煅烧工况也在不断地变化。

（4）最好能在中控室进行远程操控，由操作员根据窑况随时可以进行调节。具有远程操控功能的燃烧器如图6-1所示。

远程在线调节装置　现场在线调节装置

图6-1　中控远程在线调节燃烧器

就现有的大部分燃烧器来讲，基本上都没有远程操控功能，加之现场调节也不太亲和，造成了"操作员在使用燃烧器，而调节燃烧器的却是别人"的尴尬局面，又怎么能保证把火嘴用好呢？

（5）内外风各设1台调速风机供风，取消内外风调节阀门。就现有的燃烧器来讲，一般消耗在调节阀上的阻力约占30%左右，取消内外风调节阀门能有效降低一次风电耗；内外风的比例调节，完全可以由风机调速功能代替，而且避开了内外风在调节中的相互制约。

（6）在确保燃烧特性良好的情况下，能有效地调整火焰长度。用调节火焰长度的方式，来取代燃烧器在窑内的机械进出。

（7）中心盾头大小合适，能在火焰根部形成一定的热烟气回流。这对于着火点高的煤非常重要，不仅是减少点火油耗的重要措施，也是减少过早的卷吸二次风产生氮氧化物的措施。

（8）中心盾头具有一定的旋流功能，以促使煤粉的浓淡分离，形成局部的高浓度区。研究表明，煤粉浓度越高越容易着火且氮氧化物越低。

（9）设有大小合适、分布合理的中心风。中心风量不需要很大，一般有一次风量的1%左右就可以了；中心风的量也不宜过大，过大的中心风将影响热烟气回流，不利于火焰稳定。

中心风的主要作用，一是抵消一部分因一次风射流在出口中心区形成的负压，调节中心区的负压不致过大；二是避免回流（回火）过大，同时起到一定的通风降温作用，防止燃烧器头部的高温变形和减缓烧损；三是从中心供一部分氧气，更有利于煤粉燃烧和火焰的稳定。

出口中心区的负压过大，将导致部分煤粉回流，回流煤粉燃烧后的余灰将在燃烧器头部结焦、粘挂（俗称长胡子），影响燃烧器的特性，严重时会造成火焰分岔，这对于易燃性好、灰分大的煤尤其重要。某公司由于调节不当导致的燃烧器胡子如图6-2所示，可以想象得出其对燃烧及火焰的形状构成什么样的影响。关于长胡子的处理，只要燃烧器没有设计上的先天缺陷，一般通过调节几道风的配合是能够解决的。

顺便指出的是，某些水泥厂的"燃烧器胡子"长得比较旺，不是从燃烧器的结构和调节上找原因，而是专门设计配置了从油枪管进入的清理头部结焦的"剃须刀"，据说还很好用，殊不知这是治标不治本的被动措施。某燃烧器厂商更是急用户之所急，在燃烧器出厂时就给配送有"剃须刀"，如图 6-3 所示，

图 6-2　某公司停用中心风后燃烧器出口的粘挂物

图 6-3　某燃烧器商清理头部粘挂的"剃须刀"

6.2　国际上几种典型的燃烧器

燃烧器是熟料烧成中的关键设备，更是预分解工艺稳定窑况的重要手段，因此受到了各

水泥企业、设计研究院所、设备厂家的高度重视。从二十世纪八十年代以后，在预分解窑发展的拉动下，燃烧器的研发在中国国内"遍地开花"，得到了运动式的发展，部分燃烧器的头部断面结构如图 6-4 所示。

图 6-4　部分燃烧器的头部结构

由图 6-4 所见，目前国内在用的燃烧器，大大小小林林总总，有几十个厂家的几十个型号，虽然在性能上参差不齐，但从总体上来说，都取得了一定的效果。下面介绍几种使用较多在国际上具有影响的燃烧器。

1. Pillard 公司的燃烧器

法国的 Pillard 公司成立于 1919 年，是世界上最著名的专业研究生产燃烧器的公司，一是他们只生产燃烧器，二是可以生产各行各业用的燃烧器，三是具有近百年历史的燃烧器制造经验，技术力量雄厚、重视研究开发，有自己的实验厂和试验厂，对不同的用户坚持针对性设计，而且制作加工严格认真。

Pillard 公司可以说是多通道燃烧器研发的始祖，20 世纪 60 年代他们首先开发了燃油的MY 型、VRGO 型双油道燃烧器和油煤混燃的两通道燃烧器；20 世纪 70 年代开发出真正意义上的多通道（三通道）煤粉燃烧器，如图 6-5 所示，成为多通道燃烧器研发史上的典型代表作，也成为后来水泥窑用燃烧器进一步研发和改进的基础。

该公司在 20 世纪 80 年代末又在三风道基础上增加了中心风通道，成功推出了 RO-TAFLAM 型旋流式四风道煤粉燃烧器，在风道以外也作了设置火焰稳定器、采用拢焰罩、多股型外风、延缓煤风混合等重要改进，改进后的 ROTAFLAM 型煤粉燃烧器如图 6-6 所示。

改进后的 ROTAFLAM 型煤粉燃烧器具有如下特点：①采用火焰稳定器稳定火焰根部的涡流循环，降低内风的旋转，大幅度降低了一次风量；②采用拢焰罩约束喷出气流的过分扩张，使火焰形状更加合理；③外净风在环形出口上间断地增加了 U 形出口，将氧含量低的二次风经小孔之间卷吸到火焰根部，通过降低氧含量减少 NO_x 的生成；④旋流叶片设置在内风道的前端，延缓煤粉与一次风的混合，以降低火焰的温度峰值；⑤将旋流风道设置在煤风道以外，以减弱旋流风对火焰的过度扩散，同时降低火焰的极值温度以减少氮氧化物的生成。

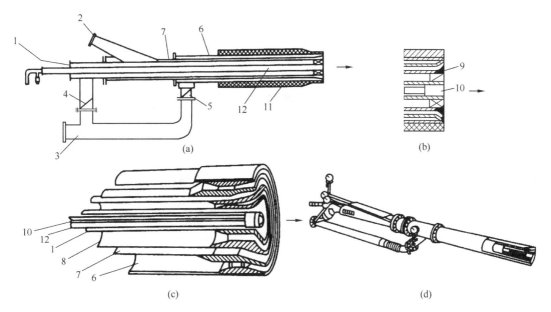

图 6-5　Pillard 公司早期研发的煤粉三通道燃烧器

（a）原理图；（b）端部放大图；（c）端部立体图；（d）KP-K 型外形图

1—调节器；2—煤风入口；3—净风管道；4—内风调节阀；

5—外风调节阀；6—外风通道；7—煤风通道；8—内风通道；

9—钝体；10—燃油点火器；11—耐火保护层；12—供油管

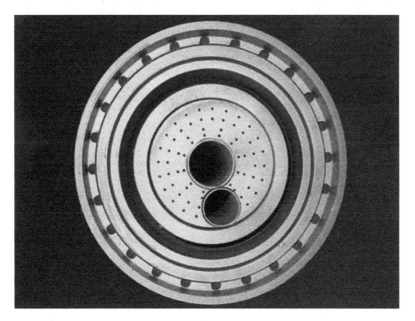

图 6-6　改进后的 ROTAFLAM 型煤粉燃烧器

　　该公司在 20 世纪 90 年代末曾经推出过五风道煤粉燃烧器，也曾搞过六风道、七风道的燃烧器开发，但目前推行的还是三风道、四风道（增加中心风的三通道）的煤粉燃烧器，2010 年以后主推的四风道煤粉燃烧器如图 6-7、图 6-8 所示。

图 6-7 Pillard 公司最新的四风道燃烧器端面

图 6-8 Pillard 公司最新四风道燃烧器的旋流器

Pillard 公司也进行了缩减通道数的研发，并于近年推出了将内外风道合二为一的 NO-VAFLAM 系列回转窑煤粉燃烧器。NOVAFLAM 将轴流风旋流风合并为一个一次风通道，在一次风出口处又机械地分为外轴流风和内旋流风，煤粉通道在内旋流风的内侧，中间设有中心风和油枪通道。

这种简化了的 NOVAFLAM 系列回转窑燃烧器，在使用和改造方面变得非常简单。轴流风与旋流风合并为一个一次风通道，减少了从一次风机出口到燃烧器头部之间的管道压力损失，动量更高效，火焰更强劲；旋流器采用 17°到 50°的渐变角度设计，使用中只需要改变旋流器的轴向位置就能调节旋流度改变火焰形状，通过增减一次风风压来调节火焰强度，使调节更加简单。

NOVAFLAM 系列回转窑燃烧器，目前已有 400 多台设备在线使用，总体上取得了较好的效果。但也应该指出，这种燃烧器由于无法调节风道断面，难以在变换一次风量的条件下保证出口风速不变，必须使用与设计要求相近的原煤。

该燃烧器在设计时就针对性地根据提供的原煤样品，将内外风的比例固定了下来，在 2000 年以前一般为 50％轴向风量/50％径向风量，2000 年以后一般为 70％～80％轴向风流量/20％～30％（径向风流量＋中心风流量），这又要求必须使用与设计相近的原煤。

必须使用与设计相近的原煤，反过来说就是这种燃烧器的适应性较差。这一要求看似简单，实际上在国内的一些企业中是有一定困难的，这也正是大名鼎鼎的 Pillard 燃烧器在一些企业投入使用时不太顺利、甚至重新设计的原因所在。包括其他公司的将内外风合并在一个通道的燃烧器，就像"傻瓜"照相机一样，当满足了它的要求时确实很好用，但一旦偏离了它的要求，效果也就谈不上了。

设计时所取原煤样品的代表性怎么样、生产中原煤特性的波动大小、对原煤的均化措施怎么样、以及进煤渠道是否要变化，这些问题不是所有企业都能做好的。事实上，据 Pillard 公司的调试人员讲，关于轴流风与旋流风合并为一个一次风通道，pillard 公司内部也是有不同看法的。

2. KHD 公司的燃烧器

德国的 KHD 公司和丹麦的 F. L. Smidth 公司，尽管不是专门的燃烧器的生产商，但却是世界上知名的水泥技术、装备、设计和建设商，他们更了解水泥生产及其需要，在对其他水泥装备的开发上都有不错的业绩，这是他们相对于 Pillard 公司的优势。因此，对他们开发的煤粉燃烧器不能不有所了解。

KHD 公司在 1981 年推出了自己的 PYRO-JET 煤粉三通道燃烧器，一改传统的环形通道出口，将外风通道出口改为 8～18 个沿圆周分布的小圆孔（$\phi 15 \sim 25mm$），将外风由环形风改为多股射流风，这一理念应该是 KHD 公司在燃烧器上的创新，后来在 Pillard 等公司的产品中也得到了体现；采用大速差设计（外直流风速 130～350m/s，中煤风风速约为 28m/s，内旋流风速 140～160m/s），以提高对煤粉的分散功能和对二次风的卷吸作用。PYRO-JET 煤粉三通道燃烧器的头部结构如图 6-9 所示。

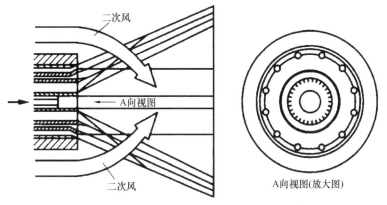

图 6-9　PYRO-JET 煤粉三通道燃烧器的头部结构

PYRO-JET 煤粉三通道燃烧器，由于采用了小圆孔喷口和大速差设计，从而减小了出口面积，提高了喷出风速，降低了一次风量。其较低的一次风量，不仅能降低煤耗，而且能减少火焰高温区的氧含量，降低火焰峰值，缩短煤风在高温区的停留时间，减少 NO_x 的生成。

时至今日，KHD 公司已对 PYRO-JET 煤粉三通道燃烧器作了十多次改进，改进后的 PYRO-JET 煤粉三通道燃烧器端面如图 6-10 所示，其具有如下主要特点：① 气流设计和燃烧特性更加合理；② 在燃烧器的最外层设置了冷却风，减少了燃烧器在使用中的下挠变形和高温烧损；③ 将外直流风的圆形钻孔改为小喷嘴，小喷嘴为螺纹连接方便更换，既能应对高风速的磨损，又能通过改变喷嘴的口径以调整风速；④ 在燃烧器的中心部位增设了可燃废弃物通道。

洪堡的燃烧器旋流风小，而且设在煤风里边，由于火焰中心缺煤、缺氧不会结焦，故不设中心风，而且低 NO_x 燃烧；在近年的富氧燃烧试验中，由于给相对缺氧的燃烧器补氧，故洪堡的燃烧器表现的效果最好。

KHD 公司在 1985 年又发展了自己的 PYRO-JET 煤粉四通道燃烧器，主要是在三通道基础上增加了中心风通道。该公司认为，在燃烧器的中心设置少量的中心风，可清扫火焰回流携带的粉尘，以防止其沉积、结焦、粘挂。KHD 公司的 PYRO-JET 煤粉四通道燃烧器原理和主要特性如图 6-11 所示。

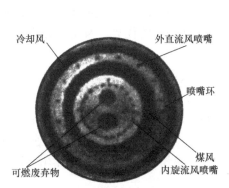

图 6-10 改进后的 PYRO-JET
三通道燃烧器端面

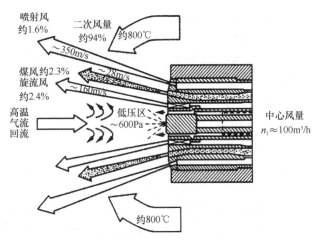

图 6-11 PYRO-JET 煤粉四通道
燃烧器原理图

3. F. L. Smidth 公司的燃烧器

丹麦 F. L. Smidth 公司，是另一家具有水泥技术背景的公司，他们的第一代煤粉三通道燃烧器 Swirlax，及其改进型 R. Swirlax 如图 6-12 所示。

Swirlax 煤粉三通道燃烧器，它的不同之处在于调节方式的创新，外风道的外管、煤风道的内管是固定不动的，外风道的内管、内风道的内管可以通过调节机构前后移动，靠外风道外管前部的收缩口、内风道内管前部的扩散锥改变出口的截面积，不需要调节阀门开度就可以实现外风、内风的风速调节，从而使燃烧器的调节更加方便。

R. Swirlax 煤粉三通道燃烧器，是 Swirlax 的改进型，主要的改进之处是在出口处去掉

了一段外轴流风与煤风之间的分隔管，让外
轴流风与煤风在喷出之前提前混合，以加速
煤粉的运动，供给煤粉更多的燃烧空气，缩
短喷出煤粉的起火时间，使火焰更短、温度
更高、燃烧也更加完全，这种燃烧器更适合
在二次风温较低的工况下使用。

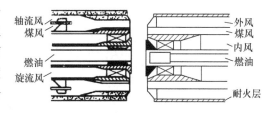

R.Swirlax 改进型三通道燃烧器　　Swirlax 原始型三通道燃烧器

图 6-12　Smidth 第一代三通道燃烧器
Swirlax 及 R. Swirlax

　　F. L. Smidth 公司首先提出了燃烧器的
"相对动量"概念，即"一次风的百分数与喷
出气流速度的乘积"，也称"相对冲量"。大
量的研究表明，相对动量是燃烧器获得最佳
火焰的重要参数，该公司认为燃烧器的相对动量应该在（1200～1300）％·m/s 之间。

　　国际火焰研究基金（IFRF）资助的欧洲 CEMFLAME 研究所也认为，燃烧器的喷出推
力应该控制在一个合理的范围内。推力过大不仅无助于燃烧，还会因火焰温度峰值加高而增
加 NO_x 的生成、因火焰冲击物料而生成还原性熟料，因火焰冲击耐火材料而缩短其寿命，
单位比动量以 3～7N/MW 比较合适。

$$\text{单位比动量 N/MW} = （\text{一次风量} \times \text{一次风速}）N \div \text{燃烧器的能力 MW}$$

式中　　N——为推力的单位，牛顿；

　　　　MW——为燃烧发热量的单位，兆瓦。

　　F. L. Smidth 公司在 20 世纪 90 年代末，又针对低质煤和无烟煤推出了自己的旋流式四
风道燃烧器 Centrax。该燃烧器可以说在点火和稳定燃烧上下足了功夫，内外风均采用小喷
嘴射流设计，其相对动量为 1200～1500（％·m/s），单位比动量为 4.1～5.1N/MW，一次
风量可以降至 3％～4％，火焰细、短、低涡旋，可以稳定地燃烧低值煤和无烟煤。Centrax
燃烧器的结构如图 6-13 所示。

　　Centrax 燃烧器具有遥控自动点火功能，用电点燃可燃气，可燃气点燃雾化油，雾化油
点燃煤粉。所谓四风道，除内外风和煤风以外，该燃烧器又专门设置了点火旋流风——在内
风道的出口端设置有一些切向风翼，风翼上有大小可调的狭缝，可以将少量的内风引为旋流
风以稳定火焰，火焰稳定后则可以关闭。

　　F. L. Smidth 公司于 1996 年又在 Swirlax、Centrax 的基础上，推出了自己的第三代双

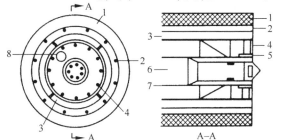

图 6-13　F. L. Smidth 公司的 Centrax
旋流式四风道燃烧器

1—耐火保护层；2—外净风喷嘴；3—煤风通道；
4—内净风喷嘴；5—切向风翼；6—燃油管
保护管；7—燃油管；8—燃气点火装置

调节 Duoflex 燃烧器。所谓双调节，指既
可以通过风管上的阀门调节内外风量；也
可以通过煤风管的前后伸缩，在直流风与
旋流风的比例不变的情况下，调节净风量
的大小。

　　该燃烧器将煤风置于直流风和旋流风
的双重包围中，能适当提高火焰根部的
CO_2 浓度，在不影响着火速度、燃烧速度
的情况下，维持较低的根部温度，以抑制
NO_x 的生成。该燃烧器的一次风比例为
6％～8％，相对动量约为 1800（％·m/s）。

Duoflex 燃烧器的实物如图 6-14 所示，其头部模型如图 6-15 所示。

图 6-14　FLSmidth 公司 Duoflex 燃烧器

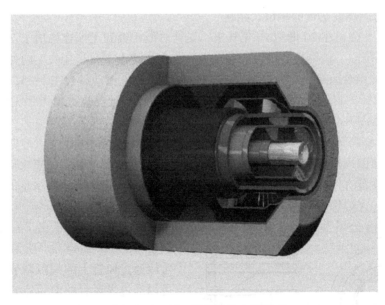

图 6-15　Duoflex 燃烧器的头部模型

　　Duoflex 燃烧器的主要特点：直流风与旋流风可在较大的混合室内预混合，然后从同一个环形通道喷出，可以降低气流喷出时的压损；由于混合室前端的缩口作用，直流风在混合时可穿透旋流风流向气流中心，由此提高了喷出气流的旋流强度，加大其对高温烟气的卷吸和回流作用。

　　混合室空间的大小调节情况如图 6-16 所示，通过燃烧器尾部的蜗轮调节煤风管的前后伸缩来实现，伸缩长度约为 100mm，正常生产中煤风管在伸缩区间一般居中位。当煤风管前进到最前端时（图 6-16 左图），煤风管与外套管出口平齐，获得最小出口截面，净风量也最小，火焰趋于平直、细长、柔和友好；当煤风管退到最后端时（图 6-16 右图），获得最大出口截面，净风量也最大，燃烧能力增强，火焰趋于短粗、扩散、刚劲有力，而这时恰好在燃烧器的前端形成了约 100mm 长的拢焰罩，可以对火焰形状起到约束作用。

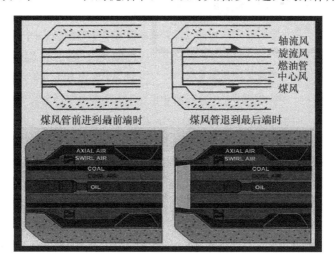

图 6-16　Duoflex 燃烧器混合室的大小调节

4. Unitherm Cemcon 公司的燃烧器

奥地利 Unitherm Cemcon 公司不是设备厂家而是水泥企业，他们在对不同燃烧器的使用中进行了总结、研究、提高，开发出一种结构上别开生面的单风道回转窑燃烧器 MAS（Mono Airduct System），如图 6-17、图 6-18 所示。尽管这种燃烧器在用的不是太多，但由于是水泥企业自己开发的燃烧器，而且与众不同，可能更多地体现了使用者的愿望，不得不给予另眼相看。

图 6-17　Unitherm Cemcon 公司的 MAS 燃烧器

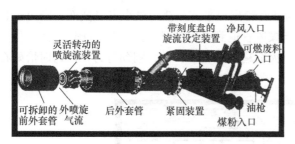

图 6-18 奥地利 MAS 燃烧器的装配总成

MAS 燃烧器实际上是窑用四风道燃烧器的一种变形，所谓"单风道"是指将外直流风与内旋流风合为一个净风的说法。据有关资料介绍，该燃烧器成功地解决了传统燃烧器由于有两个一次净风风道使调控结构过于复杂的问题，同样取得了如下效果：① 降低一次风量；② 调节出更好的火焰；③ 减少 NO_x 排放；④ 更容易操作调控；⑤ 喷嘴的使用寿命更长；⑥ 质量可减轻 30%。

对于燃烧器来讲，一次风的压力和流量决定了火焰外循环区的大小。外循环区过小会减弱火焰温度的二次峰值，过大会冲淡可燃混合物中氧含量并挤占燃烧空间，引起燃烧速度降低，增加火焰长度，所以外循环的大小有一个最佳范围，不是越大越好；而增加火焰内循环量，可以使下游炽热的燃烧产物回流到火焰根部，提高该处一次风和煤粉温度，确保低挥发分燃料的持续点燃，内循环的产生及其大小主要取决于旋流强度。

Unitherm MAS 燃烧器可以在一次风动量不变的情况下，通过调节喷嘴角度来改变旋流强度，从而做到在不改变外循环最佳范围的同时，增加内循环量，改善火焰形状，加强火焰温度峰值。固体燃料与一次风的混合区长度可控制在 1∶3 以内，与传统燃烧器的 1∶15 相比，混合效果更好，火焰刚度更高。

Unitherm MAS 燃烧器的剖面结构如图 6-19 所示，净风小喷嘴、环形转动盘、金属软管联接如图 6-20 所示。净风小喷嘴的转动角度与火焰扩散程度的对应关系如图 6-21 所示。

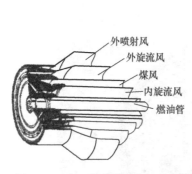

图 6-19 MAS 燃烧器的剖面结构　　图 6-20 MAS 燃烧器的小喷嘴、转动盘、金属软管

Unitherm MAS 燃烧器的尾部与一般的多风道燃烧器差别不大，只是喷燃管的头部构造特殊，净风由多个（2500t/d 窑为 12 个）相同的小喷嘴喷出，小喷嘴均布在一个可以转动的环形盘上，小喷嘴与喷燃管的固定部分采用金属软管联接，通过尾部的调节装置使环形盘转动。当环形盘转动时小喷嘴随之改变角度，小喷嘴可在 0°～40°之间无级调节（一般在 10°～40°之间调节），以改变净风的旋流强度。

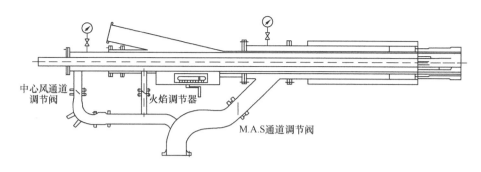

中心风通道
调节阀　　　　　火焰调节器

M.A.S 通道调节阀

燃烧器的整体结构图

喷嘴角度 5°时风的流向　　　　　　　　喷嘴角度 40°时风的流向

图 6-21　净风小喷嘴角度与火焰扩散程度的对应关系

由于该燃烧器采用了独立小喷嘴引射结构，多个小喷嘴产生的多股引射流在燃烧器出口形成一个低压区，能使二次风快速均匀地进入火焰内部，加强了火焰内部引入高温二次风的作用；加快并增强了二次风与燃料的混合，能使燃料快速起火。这种结构能以较少的一次风量获得足够的燃烧动力，更适合使用劣质煤、无烟煤和石油焦的煅烧。

该燃烧器的一次风用量为 6%～8%，在改善了燃烧环境的同时，也降低了对所用燃料的要求，可以 100% 使用烟煤、无烟煤及石油焦，更能适应劣质燃料的燃烧，同时可以加入可燃固体废料，是新一代的多功能燃烧器。

尽管有关资料对该燃烧器介绍得很好，但尚缺更加详实的应用资料，而且还没有看到在国内使用的报道。据中材建设有限公司薛俊东等在《水泥》杂志（2012 年第 3 期）上的文章介绍，他们在承建的匈牙利 NOSTRA 2500t/d 生产线上，有使用该燃烧器的经验，而且是 100% 使用石油焦燃料，并且取得了较好的应用效果。笔者摘录如下以供参考：

中材建设有限公司承建的匈牙利 NOSTRA 2500t/d 生产线，在投产时的过程大致为：先使用天然气点火升温；窑尾温度达到 800℃时，开始加入煤粉，逐步减小天然气流量，待煤粉能稳定燃烧后停用天然气；窑尾温度达到 1000℃时开始投料，投料量达到 120t/h 保持运转 12h 后，逐渐减少煤粉用量，加大石油焦用量，使用混合燃料，在燃烧稳定后开始进行 24h 的性能测试；24h 测试结束后经 72h 逐步过渡到 100% 使用石油焦。

从投产初期的运行来看，UnithermMAS 燃烧器运行可靠，点火方便，火焰调节灵活，能快速提升烧成带温度，比较适合应用于多种燃料并用的生产环境，运行结果令人满意。

5. Pulysius 公司的新型燃烧器

奥地利 UnithermMAS 燃烧器的成功，引起了世界水泥行业的重视，譬如在水泥装备和生产技术上都具有世界一流水平的德国 Polysius 公司，就甩开自己已有的燃烧器技术，在UnithermMAS 燃烧器之后开发了类似的 Polflame 燃烧器，同样取得了很好的应用效果。而且 Polflame 燃烧器已经在中国的芜湖海螺 12000t/d 线上得到应用。

芜湖海螺水泥公司的 12000t/d 线，水泥窑的规格为 $\phi 6.2 \times 96$m，最大能力可达 13000t/d。所用 Polflame 燃烧器的基本参数为：一次风比例为 $6\% \sim 8\%$，喷嘴数量为 10 个，喷嘴直径为 $\phi 45 \sim 55$mm 可换，喷出速度为 210m/s，喷煤量为 46t/h。所用一次风风机为离心风机，标牌风量 12800m³/h、出口压力 37kPa，装机功率 315kW，变频调速。

从实际使用效果看，Polflame 燃烧器具有良好的工艺性能，能更多地裹挟高温二次风，强化煤粉与二次风的混合，促进煤粉的燃烧；Polflame 燃烧器具有较宽的调节范围，不仅可调整风量和风速，还可以调整旋流角和扩散角，操作弹性较强；Polflame 燃烧器调节灵敏、手段便捷，能够在线调节，具备实现中控室远程调节的设备基础。

该生产线投产初期，由于窑尾缩口处理不当导致窑内风速过大，火焰被风速大幅度拉长，若是用其他的燃烧器就必须停窑处理，所幸该线采用了可以在线调节的 Polflame 燃烧器，硬是将火焰长度由 10m 左右缩短为 5m 左右，满足了当时的生产需要。

要知道这个调节幅度是很大的，是其他燃烧器不可能做到的。目前国内在用的燃烧器，在应付特殊窑况或处理窑内结圈结蛋时，有时需要推进或拉出火嘴，如果使用 Polflame 燃烧器就不用推进或拉出了。另外，这一点对使用高硫煤作燃料具有重大意义。

Polysius 公司的 Polflame 燃烧器，其原理类似于 UnithermMAS 燃烧器，喷煤口设置于外圈，中圈是具有旋转机构的数个小喷嘴，小喷嘴数量根据用煤量确定，小喷嘴为一次风通道。其头部解剖图和实体照片分别如图 6-22、图 6-23 所示。

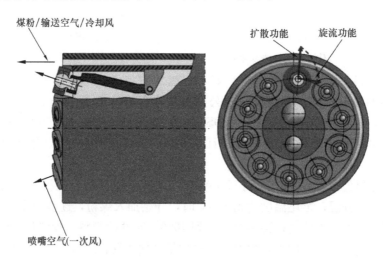

图 6-22　Polflame 燃烧器头部解剖图

小喷嘴总成是由卡套固定在燃烧器端部的，当燃料的性能发生很大变化时，可以更换规格不等的小喷嘴，以适应新的煤种。小喷嘴可以通过两个液压缸手柄分别在线调扩散角和旋流角，其调节幅度分别显示于两个刻度盘上。

图 6-23　Polflame 燃烧器头部实体照片

耐火材料
头部压盖
喷嘴总成

煤粉通道
点火装置
温度传感器
雾化油枪

一次风小喷嘴可以根据需要，分别将扩散角和旋流角调节到不同的角度位置上，扩散角的调节范围为 $-5°\sim25°$，旋流角的调节范围为 $10°\sim40°$，不同的角度组合可以获得不同特性的火焰。不同角度组合的火焰如图 6-24 所示。

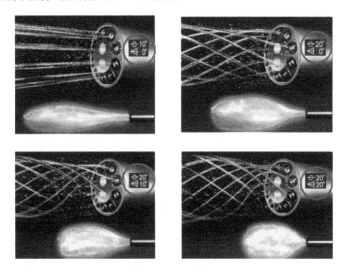

图 6-24　几个典型的扩散角与旋流角组合的火焰特性示意图

Polflame 燃烧器通过一次风的高速和卷吸，能与燃料粒子实现充分、有效的混合；同时能提高二次风的引入速度，提高二次风对燃料粒子的携带量，由此强化了燃料与高温二次风的混合，促进了燃料的燃烧。

6.3　用好燃烧器的方法

燃烧器对熟料煅烧的重要作用是不言而喻的，但由于每条窑的情况不同，而且就同一条窑来讲，原燃材料和工艺状况也在不断的变化着，所以，其使用的好坏还与对其适时合理的调整至关重要。如果调整不好，一台好的燃烧器就不一定能取得好的效果。

只有合理调整燃烧器一次风的风量、风压，调整外风、内风、中心风的蝶阀开度，调整各风道的截面积、出口风速，调整燃烧器在几何上的三维定位、倾斜度，提高煤粉着火前段的煤粉浓度，强化各风道的回流混合，加强燃烧器对高温气体的卷席作用，才能达到好的燃烧效果和火焰形状。

应该强调的是，对燃烧器的每一次调整，都要有专人做好认真仔细的记录，以为以后的调整和烧成工况的分析提供依据，切忌多人管理和记录，造成不应有的混乱局面。熟料烧成要求火焰的形状要完整、活泼、有力，这不是一件简单的事情，需要长期的观察和经验总结。

内风不能开得太大，否则，可能导致煤粉在着火前就已被稀释，这样反倒不利于着火，或者可能引起高温火焰，冲刷窑皮，大幅度提高 NO_x 的生成；内风也不能开得过小，否则煤粉着火后不能很快与空气混合，就会导致煤粉反应速率降低，引起大量的 CO 不能及时地氧化成 CO_2，在窑内形成还原气氛。

外风不宜开得过大，否则，会造成烧成带火焰后移，窑尾结厚窑皮或在过渡带附近出现结圈、结蛋现象；外风也不宜开得太小，否则不能产生强劲的火焰，不利于煅烧出高质量的熟料。

因此，应根据具体情况选择合理的操作参数，根据煤质的好坏、细度、水分、二次风温度、窑内情况以及熟料易烧性和耐火度的好坏而定，通过调整最佳的外风、内风和中心风的比例关系和风速，以及燃烧器在窑口的合理定位和倾斜度，才能确定适宜的煅烧制度。

1. 燃烧器的定位

许多公司的燃烧器采用"光柱法"定位，控制准确，但操作不方便。最好采用位置标尺在窑头截面上定位，一般控制在窑头截面第四象限稍偏料的位置效果较好。在特殊工艺情况下可做少许微调。

安装时，燃烧器水平布置，燃烧器出口的中心点要与窑的截面中心点处于同一个点上，其轴线与窑的轴线有一个交叉点。安装完成后，再通过角度的调整，将燃烧器出口的中心点定位在窑口截面的合适位置上。

由于各厂的情况不同，习惯也不一样，目前定位在四个象限的都有，以定位在第四象限的居多；定位的横坐标、纵坐标也不一样，但一般都在100mm以内。每次检修结束前要对燃烧器的位置进行一次校正和核对。正常生产时，还要进行适当的微调。

应该说明的是，目前有一些厂家倾斜布置燃烧器，使燃烧器的轴线趋向于与窑的轴线平行，而且取得了较好的效果。理论上，燃烧器与窑平行布置，能使火焰更加顺畅，有利于提高煅烧能力、提高窑的台时产量，但对窑况的稳定和游离钙的控制是不利的。这一措施，对生产管理较好的生产线是有利的，对生产管理较差的生产线是不利的，不可盲目照搬。

从窑上看，火焰的形状应该完整有力、活泼，不冲刷窑皮，也不能顶料煅烧，以火焰的外焰与窑内带起的物料刚好接触为好。如果燃烧器的位置太偏上，火焰会冲刷到窑皮，窑筒体局部温度偏高，且烧成带的窑皮会向后延伸，窑内的热工制度紊乱，严重时，投料不久就会红窑。

如果燃烧器的位置离料太近，火焰会顶住物料，造成顶火逼烧，未完全燃烧的煤粉被翻滚的物料包裹在内，烧成带的还原气氛加重，导致熟料的还原料增加和烧失量提高，严重影响到熟料质量；还原气氛严重的气体被带入预热器系统，降低物料液相出现的温度，使预热器系统结皮，甚至堵塞。

在中控筒体扫描图像上看，烧成带的窑皮应在 20～25m 之间（小窑的窑皮短一些，大窑的窑皮要长一些），筒体温度分布均匀，没有高温点，温度在 300～350℃，过渡带筒体温度在 350℃左右。说明此时火焰完整、活泼、顺畅，燃烧器的位置比较合适，烧成的熟料也是理想状态。

如果前面的温度较高，而烧成带后面部分温度正常，说明燃烧器的位置离料远了，或者火焰已经分叉、变散，火力不够集中。解决措施一是及时清理火嘴上的积灰和结渣，二是适当调整火焰形状，使火焰根部保留适当的黑火头。

如果烧成带后部分温度较低，烧出的熟料大小不一、结粒不均匀，说明燃烧器的纵坐标太低了，有顶火扎料现象，应该适当调高一些。

如果烧成带后温度偏高，特别是 2 号轮带以后，甚至在 380℃以上，说明燃烧器的纵坐标太高了，一般后窑口的温度也会较高，时间长了会出现长厚窑皮，甚至结后圈，严重时发生后窑口漏料现象，应该将燃烧器的纵坐标适当调低一些。

如果烧成带的温度较低，过渡带的温度也不高，说明烧成带的窑皮较厚，燃烧器靠物料太近，火焰不顺畅，往物料中扎，熟料经破碎后有黄心料。

2. 火焰形状对煅烧的影响

燃烧器设计的最佳火焰形状是轴流风和旋流风在（0.0）位置，此时各风道通风量最大，火焰形状完整而有力。

应该说明的是，大部分教科书上都把理想的火焰定义为"毛笔头"形状，其实这是对早期的燃烧器而言的，对现在低风量、高风速、大推力的燃烧器，就不太合适了。对现在的燃烧器，理想的火焰形状应该是"细而不长且强劲有力"，如果硬要给个形状概念，应该像一枝"秃了头的毛笔"。

火焰形状是通过旋流风和轴流风的相互影响、相互制约而得到的，一般燃烧器的旋流风压控制在 25～26kPa、轴流风压控制在 23～25kPa、一次风压力控制在 30kPa 上下比较适中，要尽量在各风道的通风截面积不小于 90% 的情况下对各参数进行调整，以寻求风压和风量的最佳平衡点。

火焰形状的稳定是通过中心风来实现的，中心风的风量不能过大，也不能过小。一般中心风的压力应该控制在 6～8kPa 之间比较理想。要想使火焰形状发生改变需要有稳定的一次风出口压力来维持，通过稳定燃烧器上的压力，改变各支管道的通风截面积来达到改变火焰形状的目的。

需要强调的是，对火焰的调整不可操之过急，要本着"小幅多次"的原则，在每一次调整后都要耐心地观察一段时间，看看窑上的变化再作进一步的调整，这种变化可能要等几个小时。在调整火焰形状的时候，要杜绝走极端的现象，当火焰过粗的时候也会很长、很软；当火焰过细的时候也会很短。

3. 煤质变化对火焰形状的影响

当煤的灰分变高时，煤粉的燃烧速度将变慢、火焰变长、燃烧带变长。应该采取的措施有：

（1）提高二次风温度或利用更多的二次风，强化一次风和二次风与煤粉的混合程度；

（2）进一步降低煤粉的细度和水分；

（3）改变轴流风和旋流风的用风比例，适当加大旋流风；

（4）增加一次风量，减小煤粉在一、二次风中的浓度。

当煤的挥发分变高时，煤粉着火将加快，焦炭颗粒周围的氧气浓度降低，易形成距窑头近、稳定性低、高温部分变长的火焰。应该采取的措施有：

（1）增加火焰周围的氧气浓度；

（2）增加轴流风的风量及风速；

（3）增加一次风风量。

当煤的水分含量增加时，其外在水分可以通过提高出磨废气温度来降低，而内在水需要在110℃左右才能蒸发，煤磨对内在水分无能为力，只能从原煤采购上控制。内在水分高的煤粉入窑后火焰将会变长，燃烧速度变慢，火焰温度低，黑火头变长，这时应该适当地加大旋流风的比例，加强火焰对二次风的卷吸，把燃烧器退出一些，适当提高二次风温度，加大二次风对火焰的助燃作用，提高煤粉的燃烧速度，达到提高火焰温度的目的。

4. 正常情况以及不正常情况的调节

在正常情况操作中，如果窑内烧成带温度低时，应开大内风蝶阀开度，关小外风蝶阀开度，使火焰缩短，提高窑前温度；当烧成带温度偏高时，应开大外风蝶阀开度，关小内风蝶阀开度，使火焰伸长，保持窑一定的快转率，提高熟料的产量和质量。

如果发现窑内有厚窑皮或结圈时，可将燃烧器全部送入窑内，外风蝶阀全开，内风蝶阀少开，中心风蝶阀也要开大，使火焰变长，烧成带后移，提高圈体温度；如果发现烧成带有扁块物料，说明后圈已掉，应将燃烧器退回窑口位置，关小外风蝶阀开度，开大内风蝶阀，中心风蝶阀也要关小，缩短火焰，提高窑速，控制好熟料结粒，保护好烧成带窑皮。因为结圈的因素很多，应根据窑型和结圈的结构，具体情况具体分析，不能一概而论。

现有华东某3200t/d线的一次调整案例供读者参考。

1）黑火头过长的调整

该公司采用SR5-11燃烧器，端面从内到外结构依次为中心风、送煤风、外旋流风和轴流风。正常生产时黑火头偏长，在600mm左右。在保持窑头送煤罗茨风机出口风压波动小于1.5kPa的前提下，逐步将风机的频率由48Hz减至42Hz。调整后燃烧器黑火头缩短至200~300mm，二次风温提高到1070℃以上，烟室温度由1130℃下降到1100℃左右。

将一次风机出口风压分别设定为39kPa、35kPa和30kPa各烧4h，对比出窑熟料的结粒情况最终选定35kPa。在此压力下，熟料的立升重高（平均值为1330g/L），f-CaO最低（平均值为1.38%），窑前亮度较高，煤粉燃烧良好。

2）熟料结粒过大的调整

点火初期，SR5-11燃烧器膨胀节标尺定在0位，外旋流角度为10°，熟料结粒偏大、黄心料较多。先将膨胀节标尺调到−10mm，外旋流角提高到18°，但2h后发现熟料结粒变大，黄心料的比例在升高，窑口持续有ϕ200mm大块熟料滚出，说明膨胀节的调整方向可能错误。

又将膨胀节标尺调整为+10mm，窑口滚出的ϕ200mm大块熟料基本消失，熟料整体结粒变小，90%以上的熟料粒径小于ϕ60mm，飞砂料的比例小于5%，但熟料中仍有5%左右的疏松黄心料存在；再将膨胀节标尺调整至+15mm，再烧2h情况依然没有好转。

3）熟料黄心料的调整

考虑到燃烧器初期定位与窑的交点在 60m 位置，特别在一次风压由 30kPa 提高到 35kPa、燃烧器膨胀节标尺由 0 位调整至＋15mm 以后，有可能出现火焰扎料现象。黄心料可能由于火焰尾端的煤灰沉降以及高碱料提前出现液相、粘结生料滚大成球、大球进入烧成带后烧不透所致。

遂决定调整压低燃烧器的尾端定位，每次调整 10mm，相当于燃烧器头部每次抬高 3cm，2h 后观察熟料结粒情况，疏松黄心料比率逐步减少。在连续调整 3 次（总计 30mm）后，疏松黄心料基本消失，95％以上的熟料粒径小于 $\phi 40mm$，飞砂料的比率小于 5％，熟料结粒和色泽都基本正常了。

5. 一次风加热对燃烧的影响

我们知道，煤粉的燃烧效率与其着火点和环境温度有着直接的关系，直接用温度较低的环境空气作为燃烧一次风，将直接影响到煤粉的起火速度和燃烧效率。在水泥熟料的生产过程中存在大量可资利用的余热，如果用一部分余热去加热一次风，不但能提高煤粉的燃烧效率，而且能减少一次风入窑后加热过程对烧成温度的影响，起到助燃和节能的双重目的，也有利于低质煤的利用。下面有两个不完整的试验供参考。

华北某厂 5000t/d 熟料生产线，2011 年 10 月初制作了一次风加热器（如图 6-25 所示），将其置于煤磨烘干用风的沉降室内（如图 6-26 所示），结果使一次风温提高了 60℃左右，使回转窑内的火点温度提高了 80℃左右，窑的煅烧能力得到明显提高。遗憾的是，由于各种原因，这次试验没有形成详细的分析总结材料，但增产、节煤是肯定的。

无独有偶，华北某厂 3000t/d 熟料生产线，2012 年 2 月初也进行了一次一次风加热试验，其不同点是将一次风加热器置于篦冷机的侧墙上，其试验原理如图 6-27 所示。试验将原直径 DN250 的一次风管引入篦冷机中温段，并对管道通风面积进行 4 倍放大（并列四排），利用篦冷机该区域 400～500℃的环境温度进行加热后再进入燃烧器，考虑到试验与原有系统的切换问题，增加了 3 个截止阀进行控制，原有的一次风管路保留为备用。

图 6-25　华北某厂 5000t/d 熟料线
一次风加热器

为了降低试验费用，加热后的一次风与燃烧器的连接采用了普通软管，加热器采用普通钢板卷管制作，本次试验所用材料及人工费只有约 3 万元。试验实测加热后的一次风温达到 190℃左右，燃烧器的黑火头由加热前的 1.0 米多缩短到 0.5 米左右。遗憾的是，面对 190℃的一次风，在运行 4 个小时左右后连接软管就被烧坏；由于高温熟料的冲刷，在运行 3 天左右后加热器就被磨穿。

本次试验虽然以失败结束，但实践证明其原理是成功的。特别是大家担心的一次风加长管路、增加弯头，必将导致一次风阻力增大、一次风机电流增大、电耗增加；但试验中电流、电耗不但没有增加，反而有明显降低，验证了一次风加热后工况风量未变、标况风量减少、一次风机需要降速运行的推断。

图 6-26 华北某厂 5000t/d 线煤磨烘干用风沉降室

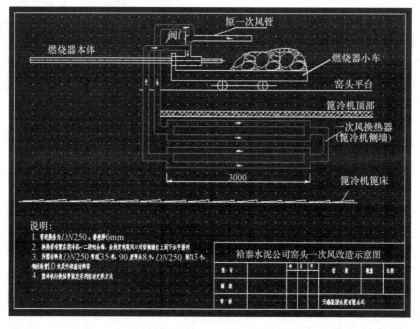

图 6-27 华北某厂 3000t/d 线一次风加热原理图

由于本次试验的直观效果是明显的，原理是成功的，一次风机并不需要增大，存在的只是连接管耐热和加热器抗磨问题，这些问题并不难以解决，进一步提振了试验者的信心。他们又做了一些改进，将一次风与燃烧器的连接改为金属软管，加热器采用耐热钢管制作，为减轻熟料对加热器的冲刷，将加热器布置于篦冷机的顶板上，又于 2012 年 2 月 20 日开始了第二次试验。在篦冷机顶板布置的一次风加热器如图 6-28 所示。

从 2 月 20 日窑投料运转到 3 月 10 日止料停窑，燃烧器用一次风一直使用加热器加热。几次检测加热后的风管表面温度均在 185℃ 左右，据此推测管道内的一次风温应至少在 190℃ 以上。和预期设想的一致，同样控制入燃烧器的一次风压为 27000Pa，一次风机转速较以前生产时下降了 10Hz，但由于加热管路系统阻力较以前增加了 4000Pa 左右，一次风机的运行电流基本没有变化。

图 6-28　华北某厂在篦冷机顶板布置的一次风加热器

该厂的试验得出如下结论：在不增加新能源消耗的前提下，利用篦冷机余热把一次风由常温加热到 200℃ 甚至更高是可行的，在完全不影响原窑一次风机系统及燃烧器使用的情况下，达到了助燃、节能的目的，试验是成功的。

在加热器布置上，还是以装在篦冷机的侧墙上为好，便于安装和维护；至于加热器的抗磨问题，只要在加热器的管道外面焊接一定的鳍片（类似于暖气的散热片），既能加强加热器的吸热功能，又能隔离加热器的管道与篦冷机内高温熟料粉的接触，对加热器起到防磨保护作用。

效益的计算主要包括两部分：

风量为 4554m³/h、风压为 27000Pa 的一次风，利用余热将常温 20℃ 的空气加热到 200℃，理论上减少窑内吸收热量 63481kcal/h，折合标煤 9kg/h；利用余热将一次风由常温 20℃ 加热到 200℃，在工况风量不变的情况下，标况风量可减少 431.5m³/h，按把这部分风加热到火焰温度 1800℃ 计算，理论上可减少吸收热量 255767kcal/h，折合标煤 36.5kg/h。总之，这一块效益并不大。

更大的效益在于，一次风预热后，通过观察对比，燃烧器黑火头由加热前的 1.5m 缩短到 0.5m 左右，火焰更加发亮，说明确实起到了一定的助燃作用，这在一定程度上有利于回转窑煅烧能力及熟料质量的提升，也有利于低质煤的利用，但由于窑的煅烧工艺较为复杂，试验周期较短，这块更大的潜在效益，一时还难以通过理论计算或统计计算给出。

6. 一则看似无关却有关的案例

华北某水泥公司 3000t/d 熟料生产线，窑的规格为 $\phi4.3m\times62m$，斜率 3.5%，转速 0.39～3.95r/min，主电机 420kW，设计能力 3200t/d，2006 年上半年建成投产后生产运行基本正常。

2007 年 03 月 09 日～03 月 21 日大修，包括窑内和分解炉换砖。22 日 13 时 45 分点火，23 日 13 时 35 分投料，约 16:00 时中班接班后发现后窑口漏料，这在以前是从未出现过的。

反思原因，大修中窑尾喂料舌头没有大的问题，只是修补了两侧边缘；窑尾密封的扒料勺检查正常，没有发现问题；窑内换烧成带和过渡带砖，没有发现窑内有结圈现象；大修后投料只有短短 2 个多小时，也不至于形成严重的结圈。那么，问题出在哪儿了呢？只好等待观察。

24 日 8:00 时白班接班后，发现后窑口漏料严重起来，应该是窑内填充料过高所致。难道是投料量过大？但表观投料量只有 220t/h，还没有达到以前正常投料的 230t/h。难道是喂料秤出了问题，实际投料量偏大？但从输送斜槽的填充料、入窑提升机电流、预热器的温度和压力以及烧成用煤量来看，好像喂料量也并不大。

难道是窑速过低？但以前 3.2r/min 窑速投料也没有发现问题。不管怎么说吧，先提窑速看看，遂将窑速由 3.2r/min 调至 3.4r/min，9:00 时进一步调到 3.6r/min，漏料情况依然没有改善；10:00 时又调至 3.8r/min，约半小时后不漏料了。

从筒扫温度上看，又经过现场点温枪核对，显示在距前窑口 50m 左右可能有结圈，分析认为窑后部的填充率过高，导致后窑口漏料，这与提窑速后不漏料了相吻合。但下午调回到正常生产的 3.6r/min，结果又开始漏料，只好又调回到 3.8r/min，半个小时后又不漏料了。

但好景不长，虽然窑速维持在 3.8r/min 运行，到 25 日夜班又开始漏料了，漏料现场照片如图 6-29、图 6-30 所示。分析认为 50m 左右的结圈可能又长高了。为什么结后圈？应该是火焰后烧、火点后移、液相量提前出现所致；为什么后烧？可能与火焰过长有关。

图 6-29　某公司后窑口漏料夜班现场照片

图 6-30　某公司后窑口漏料白班现场照片

导致火焰过长的可能因素有：火嘴轴流风过大、火嘴断面定位过高、窑内拉风过大（特别是投料初期）、煤粉太粗或煤质太差。在查证排除了其他因素之后，把查证的重点锁定在火嘴在窑口断面定位的上。

以前正常的火嘴定位在前窑口断面坐标的［40，－30］上，这次大修实测为［30，－50］，可能与火嘴受热和头部积料后下挠有关，检修后将火嘴断面定位调到了［30，－40］。与大修前比，实际上相当于把火嘴抬高了 10mm。

分析认为，由于火嘴的抬高，使火嘴吃料减少，火焰过于顺畅，煤灰甚至未燃尽的煤粉沉降在窑后部的生料中，导致生料的液相量增大；由于后部的温度升高、液相量提前出现，导致料黏流动性变差。这是初期后窑口漏料的原因；而后同样由于料黏，逐渐形成后结圈，这是后期在提高了窑速后仍然漏料的原因。

26 日 10:10 时将火嘴向料侧调整，定位在［60，－30］上，到 20:00 时左右后窑口就不再漏料了，从筒扫上看，50m 左右的结圈也逐渐淡化了。

28 日 9:00 时将喂料量加至 230t/h，窑速仍然维持 3.8r/min；30 日 11:00 时又将喂料量加至 240t/h，窑速仍然维持 3.8r/min。但从 26 日调整火嘴坐标后，后窑口一直正常，没有再发生漏料现象。

无独有偶，2008 年 1 月份，该窑又发生了一次类似的情况。首先核对检修期间的火嘴定位，但经过认真核查，火嘴定位没有发现问题；经现场观察发现火嘴紧贴在窑门火嘴孔的下边缘上，调查了解是火嘴的浇注料打粗了，在关窑门时窑门上的火嘴孔又把火嘴托起来了。怎么办？正常生产中火嘴的浇注料不能动，只好将窑门上的火嘴孔向下扩大了一些，才解决了问题。

第7章 关爱水泥厂的心脏——回转窑

人只有身体好，才能工作好，对于窑来讲，道理也是一样的。只有保证窑本身的健康运转，才可能获得更好的经济效益。这个道理大家都知道，但实际情况又如何呢？

窑筒体冷却，是吹风好，还是淋水好，抑或是两个都不好，那又该如何？支撑回转窑运行的托轮和轮带，只要出事肯定就是大事，在使用和维护上必须慎之又慎。也正因如此，有的公司温度高一点就上水，摩擦大一点就上油，这到底是有利还是有弊？

有的公司检修时看到砖的厚度还可以，就舍不得更换，结果导致刚开窑不久就又被迫停窑换砖。什么时间该换砖，在作出换砖的判断之前，是否已十分清楚耐火砖的损毁机理？砖是在高温状态下使用的，大家是否注意到，耐火砖厂给我们提供的"理化指标"为什么都是常温指标呢？砖厂是否已明确给出对窑筒体有害的成分的限量，如果没有，砖里难道果真就没有有害成分了吗？

因为一直没出什么大事，窑不当升温的教训，很多人可能就没有切身体会。但当看过两个案例后，是否还觉得，升温这事还是那样的简单？在生产实际中，多数厂都是在照抄其他厂家在多少温度段恒温多长时间的规定，是否思考过，这究竟科学不科学呢？

7.1 对窑筒体冷却的质疑

在回转窑的运行过程中，很多生产线喜欢把窑筒体的冷却风机全部开起来，如图 7-1 所示。

图 7-1 某公司 5000t/d 预分解窑筒体冷却风机

理论上，窑筒体的表面温度控制在 280℃以下，是为了保持窑筒体具有较高的强度和刚度。但在实际运行中，窑筒体表面温度大多在 300℃以上，有的甚至达到 380～390℃，也没发现有什么大的问题。

笔者认为，只要筒体表面温度均匀，整体膨胀基本在设计范围内，温度在 350℃以下，窑筒体就大可不必进行冷却。这样既可以节电，还可以降低煤耗。但如果窑筒体表面出现严重的温度不均匀，为了防止窑筒体出现不均匀膨胀而影响到窑的工况，引起托轮瓦发热，还是应该进行吹风冷却。

有的厂家仍然沿用窑筒体淋水降温方式，如图 7-2 所示。特别是窑筒体温度已经烧高后的淋水，使窑筒体的膨胀对砖膨胀量的吸纳作用大为减小，增加了对砖的挤压力。为了延长砖的使用寿命，有必要取消窑筒体淋水方式。

实际上，窑体淋水虽然能很快地补挂窑皮，但这种窑皮并不结实，好挂但也容易掉。多次停窑检查发现，在窑筒体淋水部位的窑皮为裂块瘤状厚窑皮，如图 7-3 所示，而未淋水部位的窑皮相对平整光滑。

窑皮是时长时掉的，淋水段的窑皮在局部垮落后，由于内外温差较大，能迅速地粘挂上新的窑皮，但由于生长快、时间短，很难与周围的窑皮融合为一个整体，所以在窑况的波动中也极易垮落。

图 7-2　某公司 3000t/d 预分解窑的窑体淋水系统

窑体吹风也是这个道理，只不过是比淋水危害小点儿罢了。实际上，只要平时注意保护窑皮，并及时补挂窑皮，这种窑皮就比通过吹风或淋水强挂的窑皮要好得多。

实际上，取消了吹风淋水这个拐棍，增加了操作员平时注意补挂窑皮的责任，更能减少窑皮脱落造成的风险。所以，有的公司在近几年新建的预分解窑上，干脆不再设置窑筒体冷却风机，事实证明这没有什么问题。

图 7-3 某公司 3000t/d 预分解窑淋水部位的瘤状窑皮

7.2 对托轮和轮带的呵护

回转窑是现代水泥生产的重型设备，特别是支撑其运行的托轮和轮带，只要出事就是大事，在使用和维护上必须慎之又慎。也正因为大家重视，有的公司温度高一点就上水，摩擦大一点就上油，到底是有利还是有弊？

1. 在托轮上用水的问题

有的公司习惯于在托轮的水槽内长期存水，以降低托轮的运行温度。在托轮瓦温高时，甚至直接向托轮上浇水降温，以控制事故的发展。表面上看，没有出现因水而引起的炸裂现象，但实际上这对托轮以及轮带都是危害极大的。

某公司一条 2500t/d 生产线，几个托轮表面都有较大的坑，如图 7-4～图 7-6 所示，而

图 7-4 某公司 2500t/d 线轮带、托轮的过水情况

且坑里面的钢材呈多层疏松状。笔者认为这是水槽里的水造成的，建议公司把水放掉。经过大约 3 个月后，那些坑没有再发展，而且托轮表面的接触情况也明显好转。后来在检修时对有坑的部位进行挖补，刨掉疏松部分，坑的深度竟然达到了不可想象的 100 多毫米。

图 7-5　某公司 2500t/d 线轮带的剥蚀情况

图 7-6　某公司 2500t/d 线托轮的剥蚀情况

　　无独有偶，有条 5000t/d 生产线，由于调试期间托轮瓦频繁发热，曾多次较长时间给托轮淋水降温，托轮上的水不可避免地要与轮带接触，结果导致轮带上出现了多处坑蚀，如图 7-7、图 7-8 所示。

　　该公司明知问题严重，该轮带有随时断裂的危险，但由于缺少备件，不得不临时进行挖补堆焊以维持生产，挖补的最大深度竟然达到了 90 多毫米，如图 7-9 所示。实际上这个轮带已经报废了，该公司立即定制了一幅新轮带，订购价格就达几百万元。

图 7-7　某 5000t/d 线剥蚀严重的二挡轮带

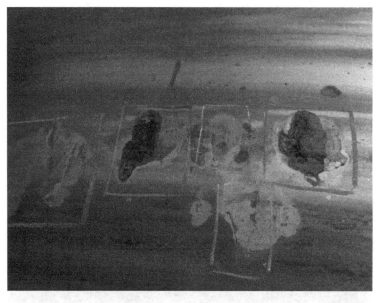

图 7-8　某 5000t/d 线二挡轮带清理后的点蚀坑

　　托轮及轮带属于大型铸件，绝对没有铸造缺陷是不可能的，那些微裂纹、砂眼、气孔等缺陷就会把水存到里边。当轮带和托轮接触时，在重负荷下就会产生局部的弹性变形，形成的是平面接触而不是线接触，会把气孔或砂眼的口牢牢封死。从而对里面的水产生很大的压力，托轮或轮带表面的微裂纹会在水压的作用下进一步扩展。而裂纹扩展后存水量又加大，从而形成恶性循环，最终导致托轮或轮带的缺陷越来越大，形成疏松的材质大坑，严重时甚至会出现大的裂纹。

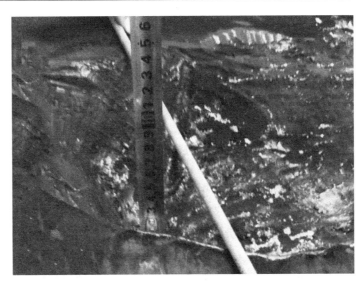

图 7-9　某 5000t/d 线二挡轮带刨掉疏松层的点蚀坑

2. 在轮带表面抹油的问题

有些生产线常年在轮带表面抹油，目的是减小托轮所受的轴向力，避免托轮的轴肩发热，这样做有两个很大的弊端。

（1）在轮带表面抹油会造成与水危害相似的结果，只不过由于油的流动性、渗透性比水差，比水造成的危害要小一些罢了；

（2）受益于此的托轮中心线与窑的中心线平行度一般差距较大，而托轮的转动是靠和轮带接触面的摩擦力带动的，由于抹油后摩擦力减小，有时会造成托轮丢转，丢转的结果会造成托轮局部与轮带摩擦，时间长了托轮表面就会失圆，变成一个不规则的多棱体。

3. 托轮瓦发热的水处理

现在有些单位在处理这类问题时采用对托轮轴淋水降温的方法，笔者认为很不可取。这种方法是从湿法窑和半干法窑处理托轮瓦发热沿袭下来的，由于当时瓦的包角大多在 60°～70°，有些甚至到 90°，发热后很容易造成瓦抱轴的事故，淋水迅速降温主要目的是避免抱轴事故的发生。虽然当时能把温度降下来，维持一段时间的运行，但最终还是要把瓦抽出来进行刮研才能彻底解决。

尤其在轴温较高，局部已经出现拉丝或粘连情况的时候，往轴上淋水会造成轴的直接损坏。有一条 5000t/d 生产线中档托轮瓦发热淋水后，由于反复出现温度大幅度波动，不得不停下来抽瓦检修，在用油石磨光轴表面时，轴表面出现多处面积 1cm² 左右、深度 0.5mm 左右的剥落，而且脱落部位基本都有粘连的铜末，不得不把托轮拆下来对轴进行重新加工。

事后分析认为，由于轴温较高，在淋入冷水后，造成轴表面急剧降温，而轴内部降温较慢，致使轴表面应力过大，而铜的收缩系数大于钢材，收缩过程中产生拉力，从而使有铜粘连的部位产生微裂纹，造成轴表面的损坏。

4. 托轮润滑油的选用

有很多单位在选用托轮油时，认为黏度越高，形成的油膜就越厚、越好。但黏度越高，托轮在运行时克服油膜的阻力就会越大，势必造成窑运行电流的加大。而且，黏度越高，油的流动性就越差，这样油对发热点的冷却效果会变差，其换热性能就会大打折扣。

一般设计院在选择托轮润滑油时，比较多的是 2500t/d 生产线选择黏度等级为 460 的润滑油，5000t/d 生产线选择黏度等级为 680 的润滑油，还是很有道理的。在满足工况要求的前提下，应该选择黏度相对较低、黏温特性好的润滑油。

这里强调的是油的黏温特性，也就是油的黏度受温度的影响较小。如果油的黏温特性较差，适合低温的油在高温段就会变稀，承载力就会大幅度下降，以至于形不成油膜，无法满足润滑要求；适合高温段的油在低温段就会过于黏稠，流动性变差，甚至油勺根本就扛不上油来，无法润滑。

大家知道，水泥窑的开停是难免的，托轮瓦的温度是变化的，但在各种情况下都要求托轮瓦必须有良好的润滑，这也就要求所选用的润滑油要尽量满足托轮瓦在多种温度下的工作，或者通过其他辅助手段（或人工浇油、或设有辅助油泵）后满足。

5. 托轮润滑情况的检查

有些单位非常重视托轮的润滑情况，要求巡检工巡检时必须检查托轮的油膜情况。但由于巡检工的责任心不同，有时开观察孔盖时不注意清理，反而会因此掉进杂物，造成托轮瓦发热；有时即便清理干净了，但由于空气环境较差，检查过程中有粉尘进入，也可能因此造成托轮瓦发热。

因此，巡检工在检查托轮润滑情况时，应重点检查油位和瓦的漏油情况，检查托轮冷却水的供给情况，尽量减少观察孔的开盖次数。

另外，由于托轮轴瓦发热导致的停窑在大多数水泥厂都有发生，对生产和设备有较大影响。原因有方方面面，但托轮所处的环境过于恶劣应该是原因之一，这一点应该引起重视。

特别是一档的托轮，不但所处环境温度较高，而且粉尘较多，还是磨蚀性很强的熟料颗粒，既不利于托轮运行，也不利于巡检人员检查，巡检也是匆匆忙忙了事，怎么能保证托轮不出事呢？

事实上，改善一下托轮的运行环境并不难，有的公司已经让托轮住进了"别墅"，如图 7-10 所示。这个防护罩既隔热，又防尘，既改善了托轮的运行环境，又给巡检者安心，

图 7-10　某公司 5000t/d 窑给托轮设置的防护罩

仔细检查创造了条件。

7.3 用好耐火砖

回转窑内耐火砖的主要任务就是保护窑筒体。具体讲，使用良好的耐火砖，可以避免窑筒体高温软化和氧化、避免烧成物料对筒体的直接磨蚀、减缓有害成分对窑筒体的化学侵蚀，同时减少窑筒体的散热损失。因此，回转窑内的耐火砖对窑的正常使用和生产非常重要，用好耐火砖是用好回转窑的前提。

1. 用好耐火砖的一些基本理念

为了讨论问题的方便，有必要提前建立一些水泥窑内耐火砖使用的基本理念，这些理念也是正确使用耐火砖所必需的。

（1）关于耐火材料的消耗对熟料烧成的重要性不言而喻，实事求是地说，经过这几年方方面面的努力，从耐火材料的制造质量到水泥行业的合理使用，都取得了长足的进步。但必须清楚，同国际先进水平相比，我们还有不小的差距，国内耐火材料消耗与国际水平的对比如表 7-1 所示。

表 7-1　国内耐火材料消耗与国际水平的对比

项目	碱性砖消耗	全系统消耗
国内先进水平	0.5kg/t 熟料	1.0kg/t 熟料
国际先进水平	0.05kg/t 熟料	0.5kg/t 熟料

（2）控制砖的升温速度，主要是控制砖的热面与冷面的膨胀差值，这与砖的导热系数有关。另外还要考虑砖的热面温度与窑筒体的温度差值，实际上是砖的膨胀量与窑筒体的膨胀量相适应的问题。如果砖膨胀得快而窑筒体膨胀得慢，砖将受到窑筒体的挤压，砖的膨胀力是非常大的，有可能超过砖的耐压强度而损坏。因此，由于砖热面的升温膨胀在先，在砖热面升到一定温度后，要有一段恒温时间，以便让砖的热面膨胀等待一下砖的冷面膨胀和窑筒体的膨胀。

（3）国内厂家对升温多以窑尾烟室废气温度为标志进行间接控制，由于窑尾烟室废气温度受窑内通风、煤粉质量、火嘴调节导致的火焰长短不同等影响，其与砖的热面温度的相关性较差，这一点应该给以充分考虑；还有一种间接控制方法，国外的一些厂家在升温期间，以窑筒体筒扫的最高温度为控制基准，其优点是与砖的热面温度相关性较好，但存在滞后时间较长的问题。

关于窑内用砖的升温控制，最好是直接控制砖的热面温度，但对于封闭的窑内耐火砖，由于无法实现直接检测，也只能是间接控制。应该说，上述两种间接控制方法各有千秋，又都不尽理想，最好是两者共用、互相参考。

（4）对于干砌的镁铬砖，其升温的关键在中间阶段，普通镁铬砖 300～800℃、直接结合镁铬砖 300～1000℃（视砖的成分而定，有的直接结合镁铬砖在 300～1200℃），升温速度需控制在 30～50℃/h。

在 300℃ 以下，由于其膨胀量不足以超过砖缝，升温或降温较快对砖也无大碍，因此在砖面温度 20～300℃ 区段，容许升温速度达到 240～300℃/h。

在 800℃以上的普通镁铬砖，或 1000～1200℃或更高温度下的直接结合镁铬砖，因为砖内熔体的出现已经发生了一定的软化，形成了一定的应力松弛，因此升温稍快也无大碍。普通镁铬砖在砖面温度 800℃（直接结合镁铬砖 1000℃）～1450℃区段，升温速度以 60℃/h 为好。

（5）对窑皮不稳的生产线，使用白云石砖较镁铬砖更好些，但要特别注意白云石砖的防潮防水，不仅是在用前的管理上，还要避免在砌筑完成后迟迟不予烘窑、投料、挂窑皮，将砖长时间暴露在空气中。应该指出的是，目前国内生产的白云石砖还不尽如人意。

对于白云石砖，在烘烤中不像其他砖那样敏感，稍快或稍慢的升温制度对其无显著恶果，因此烘烤白云石砖的新窑衬时，升温速度取决于其他部位的耐火材料。烘烤中即使筒体表面温度瞬时超过 400℃，但因白云石砖很早就能挂上窑皮，会迅速降回到 250℃以下。

（6）一般来讲，在挂窑皮期间产量都比较低，但这不能理解为产量低有利于挂窑皮，而是低窑速有利于挂窑皮。减产的目的是为了降低窑速并保持合理的填充率，较低的窑速和适当偏高的填充率才是挂窑皮的基本条件（取其极端，停窑能压补就是这个道理。注意：停窑压补在操作中是严禁行为）。

（7）窑内烧成带的火焰温度可达 1700℃以上，已经达到了砖的耐火度和荷软温度极限。窑皮的导热系数为 1.163W/(m·K)，而碱性砖的导热系数为 2.67～2.97W/(m·K)，如能维持 150～200mm 的窑皮，则碱性砖热面温度可维持在 600～700℃，使热面层的热膨胀率由无窑皮的 1.5% 降到有窑皮的 0.6%～0.7%，这就是窑皮的作用。无窑皮时，碱性砖热面层的热膨胀率很大，造成窑衬内温差压力可达 30～70MPa，超过砖的强度，导致砖的开裂和随皮而剥落。

（8）窑体淋水，特别是窑筒体已经烧高后的淋水，使窑筒体的膨胀对砖膨胀量的吸纳作用大为减小，增加了对砖的挤压力。为了延长砖的使用寿命，有必要取消窑筒体淋水。实际上，窑体淋水虽然能很快补挂窑皮，但这种窑皮并不结实，好挂也好掉。

窑体吹风也是这个道理，只不过是比淋水危害小点罢了。实际上只要平时注意保护窑皮并及时补挂窑皮，这种窑皮比通过吹风淋水强挂的窑皮要好得多。所以，一些企业近几年新建的分解窑，已经不再设置窑筒体冷却风机。

（9）正确选择和使用火嘴（燃烧器）对延长耐火砖的寿命非常重要。对水泥厂生产熟料来讲，火嘴决定着火焰的力度和形状，不仅影响到熟料烧成，而且对耐火砖具有致命影响。火嘴就是我们手中的枪，能否有一杆好枪，能否把好枪用好，直接关系到战斗的胜负，不要企图在火嘴上省钱，那是要吃亏的。

2. 耐火砖现有理化指标的局限性

这里先讲一个真实的案例。和其他公司一样，某万吨线耐火砖的薄弱部位在窑口，损坏形式主要是被挤碎。为了解决这一难题，设计时还专门采取了冷却带缩径（$\phi6.2m \rightarrow \phi6.0m$）的措施，如图 7-11 所示，企图靠缩径过渡段（长 1.76m）来抵挡后部砖的推力。

按照设计，在窑的烧成带，使用理化指标稍低的、每吨 5000 多元的镁铁尖晶石砖，实际使用寿命在 1 年左右；在窑口冷却带，使用理化指标较高的、每吨 8000 多元的镁铝尖晶石砖，但实际使用寿命却只有 1～2 个月，一直是该窑运行的薄弱环节。分析认为，窑口砖的损坏主要是砖的高温抗折强度不够，便对两种砖做了高温抗折强度对比检验，结果发现理化指标高的镁铝尖晶石砖在高温抗折强度方面反而不如理化指标低的镁铁尖晶石砖。

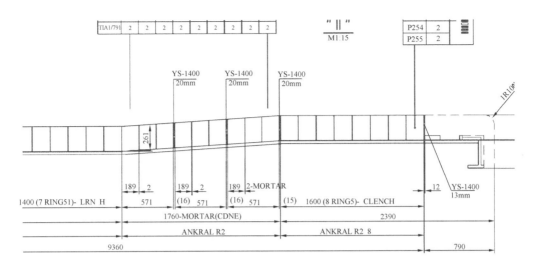

图 7-11 某万吨线的前窑口缩径及过渡段图

于是在 2011 年 1 月大修时，在窑口试用了镁铁尖晶石砖。到 2011 年 11 月 11 日窑口掉砖挖补时，该窑运行了将近一年。这就进一步证明了高温抗折强度对窑口砖的重要性。砖是在高温状态下使用的，为什么耐火砖厂提供的理化指标都是常温指标呢？

关于这个问题，笔者曾经请教了某国际著名的耐火材料公司，笔者得到的回答是："我们公司非常重视这个问题，配有高温强度检测设备进行抽查检测。"当笔者走进该公司以后，确实看到了放在角落里的高温强度检测设备，但上面放有奖状、饭盒、水壶等杂物，看不出有任何使用过的痕迹，如图 7-12 所示。为了不给该公司造成不良影响，已对奖状里显示的公司名称作了处理。

图 7-12 某公司放在角落里的高温强度检测设备

此外，还有一个问题需要指出，大家可以翻翻手头的产品样本，几乎所有耐火材料公司给出的化学成分都不外乎 SiO_2、Al_2O_3、Fe_2O_3、MgO、CaO、ZrO_2、Cr_2O_3 等有益成分，而没有一个提及对窑筒体有害的成分的限量。难道真的就没有有害成分吗？事实上，在有的公司部分产品中，不但含有 Cl^- 等有害成分，而且含量还很高。

例如，用在水泥窑过渡带的抗剥落砖，为了提高其热震稳定性，就需要加入一定量的 ZrO_2。但 ZrO_2 是一种成本较高的材料，这就不可避免地增加了砖的生产成本。据一些不可查证的内部消息，有的公司为了降低生产成本，在制砖时加入的不是锆英石原料，而是玻璃池窑的废砖，这些废砖中往往富集有含量较高的 Cl^- 等有害成分。

由于锆英石原料具有良好的惰性，抗玻璃和炉渣溶液的侵蚀力较强，所以玻璃池窑常用含锆的耐火材料，如电熔 AZS 砖，含锆量在 32.5%～40.5% 之间。ZrO_2 在玻璃溶液中的溶解度很低，所以在玻璃池窑废砖中就存留了较高的 ZrO_2 成分。从而，这些废砖便成为某些耐火材料公司廉价 ZrO_2 原料的来源。

3. 耐火砖的损害机理

水泥窑内的耐火砖都是被烧坏的吗？答案是：不尽然。对于水泥窑内的耐火砖，主要有8种破坏因素，即熟料熔体渗入、挥发性组分的凝聚、还原反应或还原氧化反应、过热、热震、热疲劳、挤压和磨刷等。这8种因素对窑内不同功能带砖衬的破坏作用各有特点，其行为表象也各有不同。研究一下耐火砖的损坏机理，对减少耐火砖的损坏和判断耐火砖的损坏程度是非常必要的。

预分解窑内一般分为4个功能带，即分解带、过渡带、烧成带和冷却带。四个带中，烧成带窑衬最为关键，热力、机械力和化学力这三种因素构成了窑衬内的应力并导致窑衬被破坏。随窑型、操作及窑衬在窑内位置的不同，上述因素的破坏作用亦不同。其中起决定性作用的是火焰、窑料和窑筒体的变形状况，它们使窑衬承受着各种不同的应力。

（1）熟料熔体渗入

熟料熔体主要源自窑料和燃料，渗入相主要是 C_2S、C_4AF。其中渗入变质层中的 C_2S 和 C_4AF 会强烈地熔蚀镁铬砖中的方镁石和铬矿石，析出次生的 CMS 和镁蔷薇辉石（C_3MS_2）等硅酸盐矿物，有时甚至还会析出钾霞石。而熔体则会充填砖衬内气孔，使该部分砖层致密化和脆化。加之热应力和机械应力的双重作用，导致砖极易开裂剥落。因 C_2S、C_4AF 在 550℃ 以上即开始形成，而预分解窑入窑物料温度已达 800～860℃，因此熟料熔体渗入贯穿于整个预分解窑内，即熟料熔体对预分解窑各带窑衬均有一定的渗入侵蚀作用。

（2）挥发性组分的凝聚

预分解窑内，碱元素的硫酸盐和氯化物等组分挥发凝聚，反复循环，导致生料中这些组分发生富集。生产实践证明，窑尾最热级预热器中生料的 R_2O、SO_3 和 Cl^- 含量往往分别比原生料增加至 5 倍、3～5 倍和 80～100 倍。当热物料进入窑筒体后部 1/3 部位（800～1200℃区段），物料中的挥发性组分将会在所有砖面及砖层内凝聚沉积，使该处高度致密化，并侵蚀除方镁石以外的相邻组分，导致砖渗入层的热震稳定性显著减弱，形成膨胀性的钾霞石、白榴石，使砖碱裂损坏，并在热力-机械应力综合作用下开裂剥落。因预分解窑从窑尾至烧成带开始整个无窑皮带，越靠近高温带，窑衬受碱盐侵蚀的深度就越深，窑衬损坏就越严重，因此要特别注意对该部位窑衬的选型。

（3）还原或还原-氧化反应

当窑内热工制度不稳时，易产生还原火焰或存在不完全燃烧，使镁铬砖内的 Fe^{3+} 还原成 Fe^{2+}，发生体积收缩，而且 Fe^{2+} 在方镁石晶体中迁移扩散的能力比 Fe^{3+} 强得多，这又进一步加剧了体积收缩效应，从而使砖内产生孔洞、结构弱化、强度下降。同时，窑气中还原与氧化气氛的交替变化使收缩与膨胀的体积效应反复发生，砖便产生化学疲劳。这一过程主要发生在无窑皮保护的镁铬砖带。

（4）过热

当窑热负荷过高，会使砖面长时间失去窑皮的保护，热面层基质在高温下熔化并向冷面层方向迁移，就会使砖衬冷面层致密化，热面层则疏松多孔（一般易发生于烧成带的正火点区域），因而导致砖不耐磨刷、冲击、震动和热疲劳，易于损坏。

近年来，在冷却带和过渡带，有不少企业使用了硅莫砖，大部分硅莫砖的事故是由于过烧造成的，很少是其他原因。硅莫砖主要由碳化硅和莫来石构成，其中碳化硅起着非常重要的作用，理论上当温度上升到 2500℃ 左右时，碳化硅才开始分解为硅蒸气和石墨。但实际上，在窑内还原气氛的条件下，碳化硅在 1700℃ 左右即已开始分解，从而对硅莫砖构成致命的破坏。

（5）热震

当窑运转不正常或窑皮不稳定时，碱性砖易受热震而损坏。窑皮的突然垮落，致使砖面温度瞬间骤增（甚至高达上千度），会使砖内产生很大的热应力。此外，窑的频繁开停，也会使砖内频繁产生交变热应力。当热应力一旦超出砖衬的结构强度时，砖就突然开裂，并沿其结构弱化处不断地加大加深，最后使砖碎裂。窑皮掉落时会带走处于热面层的碎砖片，使砖不断地损坏。热震现象极易发生在靠近窑尾方向的过渡带区域。

（6）热疲劳

窑运转中，当砖衬没入料层下，其表面温度降低，而当砖衬暴露于火焰中，则其表面温度升高。窑每转一圈，砖衬表面温度升降幅度可达 $150\sim230℃$，影响深度可达 $15\sim20mm$。如果预分解窑转速为 3r/min，这种周期性温度升降每月将达 130000 次之多。这种温度升降的多次重复，就导致碱性砖的表面层发生热疲劳，加速了砖的剥落损坏。

（7）挤压

回转窑运转时，窑衬会受到压力、拉力、扭力和剪切等机械应力的综合作用。其中，砖和窑皮的重量以及砖自身的热膨胀，会使砖承受静力学负荷；窑筒体的转动、窑皮垮落，会使砖受到动力学负荷；特别在窑筒体的椭圆度、窑筒体的轴线偏移量较大时，会使砖受到额外的机械力作用。

此外，衬砖与窑筒体之间、砖衬与砖衬之间的相对运动，以及挡料圈和窑筒体上的焊缝等，均会使砖衬承受各种机械应力作用。当所有这些应力之和超过了砖的结构强度时，砖就开裂损坏。该现象在预分解窑整个窑衬内都会发生。

对于紧靠挡砖圈的砖，大部分损坏是由于挤压力造成的。国外某公司专做窑口砖，其使用寿命可以保证 3 年以上，我们把它与其他砖作了检测对比，发现其差别主要在高温抗折强度上，而国内耐火砖的标准根本就没有把高温抗折强度列进去，这一点应该引起耐火砖生产厂家的重视。

（8）磨损

预分解窑窑口卸料区没有窑皮保护时，熟料和大块窑皮又较硬，会对该部位的砖衬产生较严重的冲击和磨蚀损坏。

实际上，不要以为窑口没有窑皮是正常的，在有条件的情况下，保持冷却带有一定的窑皮，不但能有效地保护窑口砖，而且对拓宽窑的操作弹性、稳定产质量都是有好处的。

4. 降低窑衬消耗的基本措施

1) 注重衬料的选型和合理匹配

新型干法窑特别是大型预分解窑，使用了热回收效率在60％以上的高效冷却机以及燃烧充分且一次风比例较少的多通道喷煤嘴（火力集中，灵活可调），窑头和窑罩又加强了密闭和隔热，因此，出窑熟料温度可高达1400℃，入窑二次风温可高达1200℃，从而造成系统内过渡带、烧成带、冷却带及窑门罩、冷却机高温区以及燃烧器外侧等部位的工作温度远高于传统窑。因此应注意下列几点：

（1）烧成带正火点是窑内热力强度最大的部位，不仅对砖的耐火度要求高，而且必须具有良好的挂窑皮性能，可使用直接结合镁铬砖、特种镁砖、镁铁尖晶石砖或白云石砖。

（2）正火点前后两侧，视设备、操作和原燃料情况，可采用与正火点相同的砖或档次稍低的普通镁铬砖。最近开发的可挂窑皮的硅莫砖，也正在向烧成带的末端发展。

（3）过渡带只有不稳定的副窑皮或没有窑皮，砖经常直接暴露在高温工况下，而且受到的机械力较多，所以被冠以"麻烦带"的雅号，对砖有特殊的要求。主要使用镁铝尖晶石砖、镁铁尖晶石砖、含锆增韧白云石砖。近年开发的硅莫砖特别是增加了红柱石的硅莫红砖，热震稳定性有了很大提高，在过渡带取得了很好的效果，而且不挂窑皮的品种可有效防止后结圈。

（4）窑卸料口内衬需要承受高温热震、熟料磨损、整个烧成带砖的下行推力，是大型窑窑衬中最薄弱环节之一。新窑或规则的窑上可用碳化硅砖、硅莫砖、硅莫红砖、尖晶石砖或直接结合镁铬砖。对窑口温度较低的窑，可使用抗热震稳定性优良的高铝砖或磷酸盐结合高铝砖；若窑口变形，则可用刚玉质或钢纤维增强刚玉质浇注料或低水泥型高铝质浇注料。

2) 把好进货质量关和窑衬施工质量关

（1）要严格遵守"水泥回转窑用耐火材料使用规程"中的相关要求，选购耐火材料时，应要求供货商提供产品质量担保书，并应取样送有关权威监测部门复检；严格进厂验货，以杜绝假冒伪劣产品。对查出的不合格品严禁入库，砖库内不得有任何不合格砖。

（2）由于砖对窑的生产影响很大，各厂的使用条件不尽相同，对砖的要求也不会一样，所以一般不要轻易地更换供货商。如果必须更换，对新开发的供货商，第一批砖最好试用，而且量不要太大，以免给双方造成大的损失。对试用砖，最好不设预付款，达到试用期后一次付清，宁肯砖价高一些。

（3）对施工质量亦要进行严格的监督，以确保窑衬的耐火性、密封性、隔热性、整体性、耐久性。重点应对耐火泥的配制、砖缝和膨胀缝处理等一系列技术问题严格把关。首先，更换窑衬前要编制施工方案，按砌筑要求在窑内划出纵向和横向控制线；其次，每天召开有关负责人协调会，及时解决施工中出现的问题；第三是实行项目负责制，设立专人跟班监督；最后，要求砌筑选用耐火砖不得缺角少棱。

（4）把好出库关，这是大多数厂容易忽略的问题。耐火材料对保存和搬运有严格的要求，各厂的储运条件又参差不齐，在砌筑前必须进行严格的再检验，严防破损、掉角、裂纹、受潮的砖入窑。对查出的不合格砖，要当场销毁，更不得回库存放，以免再次混入窑内。

3）准确把握局部挖补与整段更换窑衬的界限

对窑内在用的砖，检修时什么样的砖该换、什么样的砖可以不换，这个尺度没有准确的说法。有的公司只看砖的厚度还可以，就舍不得更换，结果导致刚开窑不久就又被迫停窑换砖，这种情况多数发生在局部挖补与整段更换、安全生产与满足销售的平衡上。

事情就是这样，该省的钱要省，不该省的钱绝对不能省。该换的砖舍不得换，最终并不能少换，而且肯定还要多换，多换的砖还是小钱，问题是还要多停一次窑。现在的窑规格都比较大，停一次窑就要损失几十万元，多少砖才能够省回来呢？结果只能是劳民伤财，很不划算。

判断砖该不该更换的一般原则为：砖的厚度不低于原砖厚度的 60%，并且砖的实际使用时间不长，未受过恶劣条件的折腾，结构未发生裂缝和排列错乱现象，可以不换，否则就需要进行更换。

有的砖表面看起来还不错，厚度也不薄，其实其内部已发生了变化，已有了不同程度的内伤，产生了过烧、断裂、酥松、碱蚀、氧化等缺陷，这个厚度（内伤）已经不是那个厚度（新砖）了，各种理化性能指标已经很低，不能再用了。图 7-13 就是耐火砖的内部已经结构性损坏的四个例证。

图 7-13　在用耐火砖的内部结构性损坏举例

正确的判断，不仅不会造成浪费，实际上是在降低窑衬的消耗，缩短停窑时间，减少停窑损失，还可以提高窑的运转率，提升多种技术指标和产品质量。

对于水泥窑内的耐火砖，会有多种破坏因素，这些因素对窑内不同功能带砖衬的破坏作用各不相同，其行为表象也各有不同，所以不能单凭一个外形尺寸就判断它是否可以继续使用。

当然，这个道理说起来人人都懂，但具体执行起来，特别对于有生产成本、材料费用考核指标者来讲，往往是举棋不定，舍不得花小钱而最终花了大钱。大家有必要再琢磨一下耐火砖的损坏机理，以利于做出正确的判断。

4）坚持合理的烘窑升温制度

窑衬砌筑好后还须妥善烘烤，烘烤时升温不能过快，以免产生过大的热应力而导致砖衬开裂、剥落。

由于耐火砖的品种较多，根据实践及文献介绍，使用 B 型砖时，因砖数量较多，对砖衬膨胀的补偿量较大，按 $0.5 \sim 1℃/min$ 区段内的升温制度烘烤时，砖衬内压应力总是低于砖的强度，非常安全。因此，预分解窑一般都选择 B 型砖作为窑衬。

有些厂家更换窑衬后急于投料生产，常采用 $6 \sim 8h$ 的快速烘窑制度，加之缺乏必要的措施来保护窑体和窑衬的安全，导致窑体及窑衬遭到不必要的损坏。尤其直接结合镁铬砖对 $6 \sim 8h$ 的快速烘窑不适应，应注意。

窑衬烘烤必须连续进行，直至完成，且要做到"慢升温，不回头"。为此烘烤前必须对系统设备联动试车，还要确保供电。此外，停窑时窑衬的冷却制度亦对未更换砖的使用寿命有很大影响，因此停窑不换砖时必须慢冷以保窑衬安全。对于大型预分解窑，在停窑时可用辅助传动进行慢转窑、扣风，并在 24h 后方可打开窑门进行快速冷却。

值得注意的是，有些新建的水泥厂，由于各种原因在窑砌完砖后迟迟不具备点火投料条件，这对湿砌的砖、对雨季砌的砖，特别是烧成带的碱性砖是非常不利的，最好安排一次对窑内碱性砖的烘干，一般将窑尾温度控制在 $150 \sim 200℃$ 烘 24h 即可，以避免碱性砖受潮。如果窑内湿汽较大，红窑时要注意定期转窑，以免水汽在窑筒体内壁凝结，沿筒体内壁下流，对下部的砖造成浸蚀。

5）窑皮的粘挂及保护

烧成带及其前后的过渡带，砖衬上窑皮的稳定与否，是影响砖衬使用寿命的决定性条件，挂好窑皮和保护好窑皮是回转窑稳定运行的关键。

新砖砌好，按正常升温制度达投料温度后，即进行投料。第一层窑皮的形成就是从物料进入烧成带及前后过渡带时开始，必须严格控制熟料结粒细小均齐、配料合理；耐火砖热面层中应形成少量熔体（俗称：出汗），使熟料与砖面牢固地粘结。粘结后，砖衬表面层温度降低，熔体量减少，黏度增高，粘结层与砖衬面间粘结力增大；而熟料继续粘到新粘结的熟料上，使窑皮不断加厚，直至窑皮过厚，窑皮表面温度过高而造成该处熟料中熔体含量过多且黏度低，熟料不能再相互粘结为止。

第一层窑皮粘挂的质量优劣对延长窑衬寿命有重要的作用，窑皮的实质是窑内物料的流量和化学成分。窑正常运行时，入窑燃料的质和量及其燃烧性状，以及耐火砖在高温下的性态等是不断变化的。因此，为了挂好窑皮且保护好窑皮，必须采取相应的保护措施：

（1）砌完砖必须进行窑内清理；投料后应严格保证系统温度及烧成带温度，使第一批窑料和该处耐火砖同时处于良好的挂窑皮状态。挂窑皮时喂料量按正常量的 80% 即可。

（2）由于挂好第一层窑皮是非常重要的，确切地说，挂好窑皮比挂高质量的窑皮更重要，尤其重要的是在初始投料后不得跑黄料。挂窑皮期间按正常的配料方案比较好，不用专门配制生料。有些公司为了挂高质量的窑皮，专门配制高 KH 的窑皮料，实际上对一条新投产的窑来讲，由于各种不确定因素很多，很难保证窑况达到最佳状态，高 KH 配料容易跑黄料，即使随后挂上了窑皮，也会形成很多空洞窑皮，好心会做了坏事。

（3）开窑前要严格检查燃烧控制系统、喷嘴结构和位置及火焰形状，并使之保持正常。预分解窑挂窑皮时间一般为 1d。

6）努力减少停窑次数，提高窑的运转率

所谓："机怕开，电怕停，耐火砖最怕开开停停"。由于频繁的非计划开停窑，往往是紧急止料停窑，会造成衬砖热面迅速冷却，收缩过快，砖内产生严重的破坏应力，应力随多次停窑频繁作用于砖内，导致其过早开裂损坏；再次开窑时，砖热面层往往随窑皮剥落，还使窑衬砖位扭曲，降低窑衬使用寿命。那么，如何减少开停窑次数呢？

（1）对生产者来讲：首先是设备运转要稳定，这是前提；第二是煤和料的质量要稳定，这是基础；第三是煤和料的量要稳，这是责任。

（2）对操作者来讲："预打小慢车，防止大变动"。关键在一个预字，只有预想预料预计，才能预见，才能做到预调和预处理；只有预调和预处理，才能防止大波动和大事故；只有杜绝大波动和大事故，才能防止大变动。

7）重视回转窑轴线偏移量的控制

实践证明，在生产过程中窑筒体的轴线偏移量不宜超过 3mm，否则须及时进行调整纠偏。热态下的窑筒体在轴线调整较准、偏移量较小时，窑内耐火砖受到的机械力较小，耐火砖的损耗速度会明显下降，使用寿命明显延长。

同时，当窑筒体的轴线偏移量较小时，筒体的弯曲和扭曲降到最小，各支点上的荷重分布比较均衡，回转窑的筒体、轮带和轮带下的垫板、支撑筒体的托轮、托轮轴以及托轮轴瓦等，所受到的压力较小，能大幅度提高窑的运转率。因此，加强对热态下回转窑轴线的在线检测和偏移量的及时纠偏，应该引起水泥企业管理者足够的重视。

8）重视回转窑筒体椭圆度的控制

椭圆率是反映回转窑筒体椭圆变形程度的重要指标，瑞士的 Holderbank 公司最早提出了定量控制椭圆度的椭圆率概念，他们的研究表明，砖的损耗速度与热窑椭圆率有一定的相关性。椭圆率的定义公式为：

椭圆率

$$W' = W/D_a = (4/3) \times (D^2\sigma/D_a) \times 100\%$$

式中　W'——椭圆率（％）；

　　　W——椭圆度；

　　　D_a——窑的有效内径（m）；

　　　D——筒体外径（m）；

　　　σ——筒体测示仪测得的最大偏差值（m）。

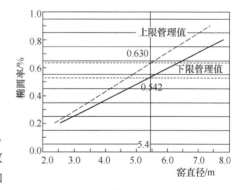

图 7-14　椭圆率的管理值与窑直径的关系（瑞士 Holcim 公司）

一般将 Holderbank 公司提出的椭圆率管理数值作为椭圆率的管理基准值，这个数值有上限值和下限值，与窑径呈直线关系，上限和下限之间的部分为理想范围，如图 7-14 所示。

上限值是因荷重或间隙引起的大窑变形而造成的耐火砖损伤所能允许的最大界限值，如果超过上限会给砖带来不良影响，造成砖脱落等事故，引起耐火砖破损；下限值是为了避免间隙不足时，窑筒体产生所谓轮带夹紧现象的数值。

椭圆率管理不仅对于稳定窑的运行、延长砖的使用寿命有重要的意义，而且通过定期测定热窑椭圆度也可以准确地掌握机械状况，从而制定出更加准确的大窑维修计划。

他们的经验表明，总体上窑期（窑从开始运行至停产检修的时间）为半年时，热窑椭圆率要控制在 0.78% 以下；窑期为 1 年时，热窑椭圆率要控制在 0.42% 以下。但是对烧成带区段，由于椭圆率的增大会造成窑皮的不稳定，从而引起耐火砖的高温损伤等异常损耗，所以对烧成带要进行更加严密的椭圆率管理。

7.4　硅莫砖的特性与正确应用

硅莫砖在 20 世纪 90 年代被开发出来，打破了西方人"在水泥窑的高温带，包括烧成带和过渡带，都只能使用碱性砖"的论断，在水泥窑过渡带取得了良好的使用效果。这也是中国人对预分解窑生产工艺的贡献之一。

由于硅莫砖具有强度高、耐磨蚀、抗侵蚀、抗热震、荷重软化温度高的特点，在一些供应商的推荐下，有不少生产线将它用到前窑口，结果却不尽如人意。

华北某公司 5000t/d 线的前窑口原来一直在使用镁铝尖晶石砖，使用情况基本良好。为了降低采购成本，曾在前窑口试用了 5 环东北某砖厂的硅莫红砖，在投料运行 6 天后出现了大面积蚀坑，最深处达到了 170mm，如图 7-15 所示。"砖家"们认为是火嘴定位不好烧坏的，但那后面的镁铁尖晶石砖、前面的浇注料为什么却都安然无恙呢？

图 7-15　某 5000t/d 线在前窑口使用 5 环硅莫红砖的情况

笔者认为，尽管硅莫砖在过渡带用得不错，却不太适合在前窑口使用。但有几个厂家却向笔者提出了这个问题，"不都是过渡带吗，为什么我们的前窑口总是出事？"在这里，我们有必要先澄清一下这个"过渡带"的概念。

1. 过渡带的概念

有人肯定要说，关于过渡带的概念还需要解释吗？对水泥窑功能带的划分，本来在水泥工艺上是十分明确的。对早期的干法窑来讲，主要有"预热带、分解带、过渡带、烧成带、冷却带"之分；对预分解窑来讲，已将对物料的预热功能交给了预热器，将大部分分解功能交给了分解炉，窑内的预热带就已经不存在了，分解带也已大幅度地缩短，因而，就只有"（分解带）、过渡带、烧成带、冷却带"了。

但自硅莫砖出现以后，水泥窑的各功能带被"砖家"们按照各自的意图强制地分割命名，并在自家的产品样本、杂志广告、杂志文章中屡屡使用，各水泥厂和水泥专家们好像也都默认下来，大有"谎话说多了就是真理"的感觉，给这个本来清晰的概念造成了混乱的局面。应该说，这是因为我们水泥人的宽厚，但这可能也是我们水泥人的悲哀。

什么前过渡带、后过渡带、上过渡带、下过渡带，甚至还有入窑带、安全带，不一而足，各行其是。他们讲的"过渡带"，你就根本不知道他们指的是哪儿，早已"不都是过渡带"了。图 7-16 所示的是几个商家对过渡带的命名举例，我们可以见识一下。

图 7-16　几个商家对水泥窑功能带的不同划分

硅莫砖是近几年在水泥窑过渡带使用的主要砖种，它确实具有抗热震稳定性、抗热负荷疲劳性、高温机械柔性和耐磨性、抗还原性气氛等方面的诸多优点。但任何产品都不是万能的，都有自己的薄弱环节。比如，硅莫砖同时具有如下致命弱点：

（1）1000℃以上时可被熔融的 R_2O 快速侵蚀；

（2）1300～1500℃之间，SiO_2 保护膜破裂，抗氧化性变差，SiC 氧化加快；

（3）1627℃以上时，SiO_2 保护膜气化破坏，SiC 将很快分解蒸发。

所以，在窑内气氛以还原性为主、温度不是太高的过渡带，使用硅莫砖就较好；但在窑内气氛以氧化性为主、温度很难保证不超过 1300℃的冷却带，使用硅莫砖就不太适合；特别是当熟料的碱含量较高时，硅莫砖的损坏就会更快。

2. 硅莫砖的开发

有人在网上发文称"硅莫砖最早是作为水泥窑窑口砖使用的"，还煞有介事地编有开发故事，使不少水泥企业相信了这一点，在耐火砖的选用上造成了一定的误导，这里只好给大家道一下实情：

硅莫砖主要是针对水泥窑的过渡带开发的。当时，河北太行集团熟料制备厂的 2000t/d 分解窑自 1994 年投产后，由于控制信号电压过低、煤质较差、工艺及设备问题较多等原因，开停车十分频繁，投料预热器极易堵塞，导致其过渡带用砖寿命过短，成了一个老大难问题。先后使用了普通镁铬砖（使用寿命 100d）、直接结合镁铬砖（使用寿命 124d）、高荷软砖（使用寿命 48d）、抗剥落砖（使用寿命 63d）等砖，这一问题依然没有得到解决。

1996 年，笔者时任该熟料制备厂厂长，在与宜兴耐火器材厂的副总经理路盘根反复交流以后，提出了一种反向解决问题的思路——"当用一个低档的产品通过提高其性能来满足使用要求较难时，为何不考虑一下用一个高档的产品通过降低其性能来降低其成本呢？"下坡总比上坡容易，降质总比提质简单。

这一思路不仅适合耐火砖的开发，其实对所有的新技术研究、新产品开发，都是一条应该首先考虑的捷径。由于各行业发展的不平衡、也不可能平衡，有些问题在本行业还是难题的时候，可能在其他行业早已做得很好了。比如在军工等重点行业，他们有政策、人才、技术、资金、信息等优势，有好多新技术、新产品，我们完全可以全部或部分拿来或借鉴，甚至可以根据自己的具体要求降质降价使用。

两人于是一拍即合，商定以强度、耐火度、热稳定性俱佳但价格昂贵的碳化硅砖——钢铁行业的水口砖为基础，加入热稳定性好但价格便宜的莫来石进行降档降价，开发一种新的适合在过渡带使用的耐火砖。

路盘根回厂后在"倒焰窑"上反复试验，寻找降质降价的平衡点，终于开发成功一种新的硅铝质耐火砖。注意，这里强调了"倒焰窑"，它和隧道窑的窑内气氛是不一样的，这是初期试验得以成功的幸运巧合。当然，只要调控合适，后来在隧道窑上生产也是没问题的。

SiC 是硅与碳元素以共价键结合的非金属碳化物（天然的称为碳硅石），工业上主要是以硅石、焦炭在电阻炉内加热到 $2000 \sim 2500$℃制得。开发硅莫砖时采用的优质碳化硅留样如图 7-17 所示。

图 7-17　开发硅莫砖时采用的电熔优质碳化硅留样

工业 SiC 有黑色和绿色两种，纯净的 SiC 为无色透明，含杂质时呈黑色、绿色、蓝色、黄色，具有玻璃光泽，密度为 $3.17\sim3.47g/cm^3$，莫氏硬度 9.2。抗拉强度为 171.5MPa，耐压强度为 1029MPa，线性膨胀系数（$25\sim1000℃$）为 $5.0\times10^{-6}℃$，热导率（20℃）为 $59W/(m\cdot K)$，化学性质稳定。

以碳化硅为主要原料烧成的耐火制品，即碳化硅砖，特点是 SiC 为共价键结合，不存在通常的烧结性，而是依靠化学反应生成新相达到烧结，即反应烧结。黏土结合碳化硅砖，多用 3％的黏土和 5％的纸浆废渣，92％的黑色 SiC 配料，成型后在自热干燥条件下干燥 2～4 天，然后于 1400℃在隧道窑内烧成。

天然莫来石很少，一般采用人工合成。是以 $3Al_2O_3\cdot2SiO_2$ 结晶相为主要成分的耐火材料，晶体呈柱状、针状、链状排列，针状莫来石在制品中互相穿插构成坚固的骨架。莫来石化学成分稳定，不溶于氢氟酸，密度 $3.03g/cm^3$，莫氏硬度 6～7，熔点 1870℃，热导率（1000℃）为 $13.8W/(m\cdot K)$，线性膨胀系数（20～1000℃）为 $5.3\times10^{-6}/℃$。

莫来石制品具有密度高和纯度较高、高温结构强度高、高温蠕变率低、热膨胀率小、抗化学性侵蚀性能强、抗热震等优点。莫来石的制造，按理论组成配料制坯，在回转窑、隧道窑等窑炉中在 1700～1750℃烧成，可得含莫来石 86％以上的产品。莫来石砖是以莫来石为主晶相的硅铝系列耐火制品，耐火度可达 1850℃左右。

经路盘根试验，这种以碳化硅和莫来石为主要原料研制的新砖，其质价平衡点在优质 SiC 含量约 20％～23％左右。由于主要配料为电熔碳化硅和烧结莫来石，在签订协议时需要一个名称，路盘根提出就叫它"硅莫砖"吧，笔者和当时的技术处陈处长都认为这个名字起得好，就这么定了下来，没想到这个名字后来不但响遍中国，而且走向了世界。

1997 年 2 月 18 日～3 月 17 日在 20～28m 窑第一次试用。使用一个月后，检修换掉时，与新砖没有多大差别。

1997 年 3 月 31 日～11 月 24 日第二次试用，实际运转 175 天，残砖厚度仍有 110～130mm，同时具有不挂窑皮不结圈的特点，应该说取得了相当大的成功。

之后，相继在太行水泥公司的中空余热发电窑、立波尔窑上推广使用也效果不错。路盘根高兴地说，硅莫砖为硅铝系列砖，用于过渡带不炸不裂、不剥离，经渗炭处理后挂不上窑皮，还能防止后结圈，这种砖被定型为 AZM1650。

1998 年，为了延长分解带砖的使用周期，拟用硅莫砖取代磷酸盐砖，又开发了档次更低、价格更便宜的 PSS1450 型硅莫砖，实际上就是在配料中加了部分铝矾土以进一步降低价格。

1999 年，为了将硅莫砖推广到冷却带及烧成带，又开发了 AZM1680 型硅莫砖，主要是增加 SiC 含量以提高耐火度，增加铁含量以改善挂窑皮性能。但经在河北几条窑上试用不太成功，也就没有推广开来。

3. 硅莫砖的物化性能

硅莫砖是一种含 SiC 的高铝质耐火材料，其优良的品质多来自于 SiC。一些公司又通过加入红柱石、蓝晶石、硅线石之某个"三石族"矿物，发展了硅莫红砖等延伸产品。要谈硅莫砖就不能不谈 SiC，公平地讲，SiC 的抗氧化性总体上还是不错的，但毋容讳言，偶尔也有掉链子的时候。

当硅莫砖加热到 1000℃时，表面的 SiC 开始氧化形成一层 SiO_2 保护膜，阻止了氧的进一步扩散，保护了砖内的 SiC；这层膜一旦被破坏，还可以由砖内部的 SiC 氧化生成 SiO 和 CO 气体蒸发至砖的表面，SiO 气体在砖的表面继续氧化又形成了 SiO_2 保护膜，完成保护膜的自我修复，从而延长了硅莫砖的使用寿命。

当温度进一步升高达到 1300℃时，SiO_2 保护膜开始析出方石英，并伴随着方石英的晶型转化导致膜的开裂，SiC 便在不断自我保护和不断开裂中加速氧化蒸发，不但在砖的表面形不成封闭良好的保护膜，而且导致了砖内部的孔隙率增加，造成结构疏松，缩短了硅莫砖的寿命。

当硅莫砖处于 1500～1600℃之间时，由于 SiC 的氧化加快，将形成更厚的 SiO_2 保护膜，砖内的 SiC 又重新受到保护，硅莫砖仍可长期工作。

但是，当温度进一步升高到 1627℃以上时，SiO_2 将和 SiC 反应形成 SiO 气体，SiO_2 保护膜气化被彻底破坏，砖内的 SiC 将很快氧化蒸发殆尽，硅莫砖也将被很快烧毁。

研究一下硅碳氧三元系统的平衡，对硅莫砖的生产和在使用中的注意事项无疑具有重要意义。SiC 是在"超高温、强还原"条件下，由 C 和 SiO_2 反应合成的，合成反应式为 $SiO_2 + 3C \Longrightarrow SiC + 2CO$，合成反应取决于系统多项反应的热力学和动力学条件。Si—C 系统相图如图 7-18 所示。

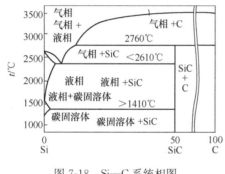

图 7-18 Si—C 系统相图

在使用 SiC 以及硅莫砖时，SiC 不可避免地会发生逆向的氧化反应，其砖内的反应式为 $SiC + O_2 \Longrightarrow SiO + CO\uparrow$ 砖表面的反应式为 $2SiO + O_2 \Longrightarrow 2SiO_2$。这就使我们有可能利用反应在表面形成的 SiO_2 薄膜，对耐火砖起到保护作用。如果此时注意避开 SiO_2 保护膜的开裂和在气化温度段使用，就可以很好地延长耐火砖的使用寿命。另外，还有两点需要注意：

（1）试验表明，单纯 SiC 在大气中的熔点为 2050℃，在还原气氛中 2600℃开始分解，但在浓 H_2PO_4 中 230℃即开始分解。一些厂家在砌筑时使用火泥，而部分火泥使用磷酸二氢铝作结合剂，这一点要引起足够的重视；

（2）莫来石与碱类物质接触时，在 1450℃以上就会分解，但在还原气氛下 1370℃以上即分解。

鉴于硅莫砖的这些特性，把它用在前窑口是不合适的。实际上，硅莫砖是挂不上窑皮的，就前窑口来讲，始终将砖的温度控制在 1300℃以下，不是每个窑都能做得到的。因此，完全没有必要纠结在硅莫砖上，我们可以在前窑口使用与烧成带同样的砖，注意挂好窑皮，完全没有问题。

4. 国外生产的硅莫砖

莫来石具有抗高温性能好、抗热震稳定性好的特点；SiC 具有耐磨性好、抗碱侵蚀好、抗热震稳定性好的特点，国外有关公司早想研制一种同时具有两者优点的耐火产品。

生产含 SiC 的高铝质不定形耐火浇注料没有问题，但在研制含 SiC 的高铝质耐火砖时却遇到了困难。生产高铝砖的温度均超过 1200℃，而产品中的 SiC 在 900～1000℃会被氧化生成 SiO_2，给制造带来困难，以至于在较长的时间内没有形成产品。

到了 20 世纪 90 年代，奥地利奥镁公司（RHI）通过浸渍方法开发出自己的"硅莫砖"。首先将 SiC 和一些挥发物质浸渍到高铝砖的孔隙内，然后再通过加热将易挥发的物质排出，把不易挥发的 SiC 和一些氧化物留在孔隙内，将孔隙隔离和封闭起来。

这样制得的高铝砖，容重增加得很少，孔隙率有所下降，实验室测试其耐碱性能却有了大幅度提高，竟然达到了原砖的 3～7 倍。在生产线上试用，其效果与实验室结果相近，使用周期提高了将近一倍。

7.5 窑的升温与恒温

窑衬砌筑好后需要妥善烘烤，烘烤时升温不能过快，必要时甚至需要恒温，以免产生过大的热应力而导致砖衬开裂或剥落。

有些厂家更换窑衬后急于投料生产，常采用 6～8h 的快速烘窑制度，加之缺乏必要的措施来保护窑体和窑衬的安全，导致窑体及窑衬遭到不必要的损坏。

窑衬烘烤必须连续进行，直至完成，且要做到"慢升温，不回头"。为此烘烤前必须对系统设备联动试车，还要确保供电。

控制砖的升温速度，主要是控制砖的热面与冷面的膨胀差值，这与导热系数有关。另外还要考虑砖的热面温度与窑筒体的温度差值，实际上是砖的膨胀量与窑筒体的膨胀量相适应的问题。否则，砖膨胀得快而窑筒体膨胀得慢，砖就将受到窑筒体的挤压。砖的膨胀力是非常大的，有可能超过砖的强度而使砖破坏，也有可能超过窑筒体的强度而使窑筒体破坏。

由于砖热面的升温膨胀在先，在砖热面升到一定温度后，要有一段恒温时间，以便让砖的热面膨胀等一下砖的冷面膨胀和窑筒体的膨胀。

在这一方面，多数厂都是照抄其他厂家在多少温度段恒温多长时间的规定，实际上这是很不科学的，应以窑筒体高温段的温升速度为判断标准，当温升速度快时就应该继续恒温一段时间，而当温升速度已经很慢时就可以停止恒温了，没必要再浪费时间。

1. 两起深刻的教训

这里有一张非常惨烈的照片，如图 7-19 所示。时间："最近几年"，地点："中原大地"，公司："是谁并不重要"。

从图 7-19 上看，窑筒体不是韧性被撕裂的，而是脆性被碎裂的；这个窑筒体不像是钢质的，而像是陶质的。

以前，笔者孤陋寡闻，没有见过，也没有听说过。以后，笔者也不想再看到或听到了，但愿这是一个"空前绝后"的案例。现在，把它收藏起来，让我们大家共同接受这个深刻的教训。

遗憾的是，由于种种原因，对这起事故无法进行详细的分析。但可以肯定的是，窑筒体是钢质的，绝不是陶质的，而且是国内非常正规的、在水泥行业有大量业绩的、某国有大型企业生产的。

从碎裂的表象看，很可能是氯盐在钢材中渗透的结果。有无据可查的说法是，该公司在近年为了降低成本，曾采用过大量工业废渣配料，难保没有有害成分，包括氯盐和钾钠。

这起事故发生在检修后、开窑前的升温过程中，已经非常脆弱的窑筒体可能是事故的内因，而过急的升温则是导致事故的外因，不当的升温过程充当了"压垮骆驼的最后一根稻草"。

图 7-19 某甲公司不当升温促成的恶性事故

有关研究表明，氯离子对钢材不但有"氧化反应"和"电化反应"的危害，而且可以在碳钢中渗透，并吸收钾离子生成 KCl，形成 KCl 多孔片层。渗透在碳钢中的 KCl，会大幅度降低钢材质量，使之变得很脆，很易碎裂。

无独有偶，正当大家对上一个甲公司的管理窃窃私语的时候，就在附近的另一个乙公司，窑筒体也发生了碎裂，只是该国有公司的管理相对规范，事故没有那么惨烈而已。从现场看，碎裂断口平齐，呈有光泽的晶粒状，非常对应脆性破坏的性状，如图 7-20 所示。

图 7-20 某乙公司拆掉的 5000t/d 窑碎裂筒体

该公司先用拉板把开裂的筒体拉起来，但最后还是更换了这一节窑筒体。什么原因，"说不清楚"，但从锈蚀层（图 7-21）中也检测出了"较高的"氯离子，该公司也是快速升

图 7-21 某乙公司 5000t/d 窑的锈蚀层和筒体

温投料的积极倡导者。

2. 但愿第三次真能"绝后"

吾非圣人，人微言轻，美好的愿望总是落空。笔者希望甲公司的窑筒体碎裂事件能够"空前绝后"，但一年以后不幸又出了个丙公司。2015 年 1 月 20 日 14:08 水泥人网发出了一条手机微信，迅即在水泥行业传开：

"2015 年 1 月 17 日，泉兴中联水泥 1 号窑发出一声响，工作人员赶赴现场后发现，水泥窑窑体发生爆裂。据水泥人网了解，该事件发生的前两日（即 1 月 15 日），泉兴中联水泥就已经采取了停窑措施，水泥窑爆裂时，该生产线并没有在运转。"泉兴中联水泥 1 号窑窑筒体碎裂的现场如图 7-22 所示。

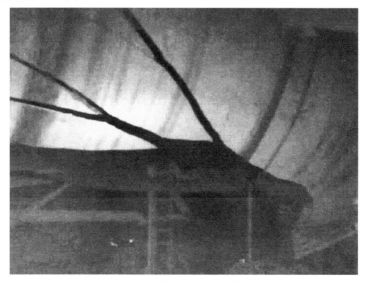

图 7-22 泉兴中联水泥 1 号窑窑筒体碎裂现场

报道说"该事件发生的前两日（即 1 月 15 日），泉兴中联水泥就已经采取了停窑措施"。但不知他们发现了什么，决定提前两天停窑，也不知他们采取了什么有效措施，减轻了事件的危害。

报道说"据业内人士分析，一般造成窑体爆裂的原因有多方面，例如筒体氧化腐蚀、原燃材料有害成分含量高、筒体扭矩力过大、材质问题等"。希望该公司能够实事求是地认真分析，找出真正的原因，制定切实可行的措施，让整个水泥行业吸取教训，不再有类似的事件发生。

从甲公司和丙公司的事故情况来看，两次事件都发生在停窑以后，都处于非运行状态，所不同的是一个在升温过程中，另一个是在冷却过程中。共同点：一是都处于停窑状态，窑筒体的温度比生产中低得较多，其工况韧性降低、脆性增大；二是都受到热胀或冷缩的影响，几十米长、几百吨重的窑筒体在热胀冷缩中将产生很大的内应力，这个内应力的破坏作用不可小视。

材料在加热或冷却到某一温度时冲击韧性发生突变，此温度称为材料的脆性临界温度。低于常温的脆性临界温度称为低温脆性，高于常温的脆性临界温度称为高温脆性。脆性破坏断裂时，断口平齐，呈有光泽的晶粒状。

在窑筒体材质正常情况下，内应力的破坏应该先从筒体的薄弱处撕开，破坏表象应该相对整装、规则。而现场情况却是不规则的碎裂，碎裂断口平齐，呈有光泽的晶粒状，这符合脆性破坏的性状。

引起钢材脆性破坏的因素有：化学腐蚀（氯、硫、磷等）、冶金缺陷（偏析、非金属夹杂、裂纹、起层）、温度（热脆、低温冷脆）、冷作硬化、时效硬化、应力集中、三向应力状态。但对一条已经运行了 10 年、开停了无数次的窑来讲，几乎可以排除所有投产前的因素为主要原因，很有可能是材质在使用中出了问题，窑筒体的冲击韧性降低了，脆性增大了。

两台窑都是正规大型水泥设备企业的产品，材质再差也不至于如此，材质在使用中变差的可能性较大。那么，是什么导致了窑筒体的材质变差呢？具体原因一时还难以说清，但断裂现场符合"奥镁公司《窑筒体锈蚀》资料"的一种结果：渗透在碳钢中的 KCl，会导致碳钢在结构上形成多孔层片，大幅度地降低钢材质量，使之变得很脆，很易碎裂。

随着石灰石资源的减少和废矿废渣的使用，使窑筒体受到 KCl 等有害成分破坏的危险性提高，不能不引起足够的重视。可以利用检修的机会，关注和检查一下窑筒体受有害成分的腐蚀情况。特别是原燃材料氯和钾含量都高的公司，要注意一下窑筒体材质的脆性变化，必要时可请专业厂家进行微创性抽芯检验。

3. 新窑第一次升温操作

鉴于预分解窑系统对耐火材料的种种苛刻要求，对第一次耐火材料的烘烤大家都要引起高度重视。耐火砖衬里砌筑后必须经过足够的烘烤，确保衬料内的水分彻底蒸发干净。

预热器的内衬量很大，可以考虑单独烘干，但通常是与窑统一考虑、互相兼顾、一并烘干。烘烤时一定要严格按照升温曲线进行，升温速度不易太快，以免产生过大的应力而导致砖开裂或剥落。产能在 2000 t/d 以上的窑型，可以采取 25℃/h 的升温速率。

浇注料的理论烘烤方案如下：

20～200℃——15℃/h；

200℃保温——20h；

200～500℃——25℃/h；

500℃保温——110h；

500℃～工作温度——30℃/h。

综合这两种内衬的特性，同时干法线大多采用复合内衬，内层的硅酸钙板水分蒸发较慢，而且大多工程在施工时有下雨的情况存在，实际烘烤时间往往远大于上述时间。一般约需要10d时间。

一般具体的升温操作，可参考图7-23和表7-2、表7-3。

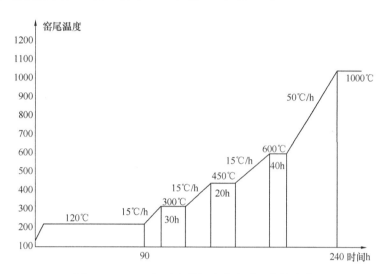

图 7-23　2000t/d 以上分解窑首次升温曲线参考

表 7-2　升温速度控制参考

升温段	升温速率	保温时间/h
常温～120℃		90
120～300℃	15℃/h	
300℃保温		30
300～450℃	15℃/h	
450℃保温		20
450～600℃	15℃/h	
600℃保温		40
600～工作温度	15～50℃/h	

表 7-3　升温期间间歇转窑控制参考表

窑尾温度/℃	盘窑间隔	旋转量
100～200	24h	100°
200～300	8h	100°
300～400	4h	100°
400～600	1h	100°

续表

窑尾温度/℃	盘窑间隔	旋转量
600～700	30min	100°
700～850	15min	100°
大于850	10min	100°

注：下雨时，窑尾温度低于600℃时，视雨量大小间歇转窑；窑尾温度高于600℃时，连续转窑。

4. 检修换砖后的升温操作

计划检修时，窑内一般要更换部分耐火材料，更换30m以上的可以采用50℃/h的升温速率，一般控制在12～15h之间。对于不同规格的窑，可参照图7-24、图7-25所示的曲线。

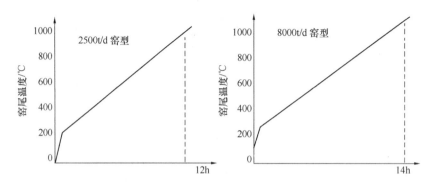

图7-24　2500t/d和8000t/d窑的检修换砖升温曲线

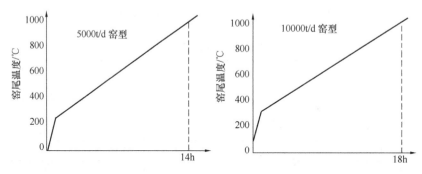

图7-25　5000t/d和10000t/d窑的检修换砖升温曲线

一般来讲，不同规格的窑升温时间也不相同。窑的规格越大，其升温时间就要长一些，这主要考虑以下几个因素：

（1）窑径越大，其耐火材料的厚度越厚，需要的热量就越多，达到温度平衡的时间就越长；

（2）在窑内蓄热不够时，煤粉不能充分燃烧，过早投料就难以建立起烧成系统的热平衡，窑况就会难以稳定；

（3）生料进入烧成系统后，将会吸收消耗大量的系统热量，在窑内蓄热不够时强制投料，受燃烧器能力的限制又得不到及时的补偿，会导致整个系统温度的极速降低，最终导致跑生料的现象；

（4）大窑升温过快，轮带与筒体的膨胀不同，有可能导致抱死筒体。

5. 临时停窑后的升温操作

故障临时停窑时间一般较短，而且一般处于窑内保温状态，可以参照窑尾温度，在停窑三小时以内，按停几小时就升温几小时考虑。

停窑在 10h 以内，升温时间原则上减半，但升温过程一定要平稳，切不可拉风过大，特别要注意窑内的温度，不能单纯看预热器的出口温度。

开窑时可先启动尾排风机，不要急于启动高温风机，适当打开高温风机风门，调整三次风闸板，控制好系统拉风和窑头的负压。

根据窑内温度情况，温度高时可直接喷煤，温度低时要先喷油，再油煤混烧。随着温度的升高，不断减少油的用量直至完全用煤，即可正常升温。

在故障停窑时，一定要控制降温速度，一般都要关闭各挡板保温。时间较长时其降温的速率不要超过 100 ℃/h，以免造成耐火材料的爆裂损坏。

7.6 耐火材料的管理、检查、维修

前几节论述了一些有关用好耐火材料的概念，足见耐火材料直接关系到熟料生产线的安全运行和运营成本，但对于用好耐火材料大多数公司尚缺乏一个系统完整的管理文件。

为了满足本书读者的有关需要，笔者结合自己多年在水泥行业选配使用耐火材料的点滴经验、拟或是教训，以华北某集团公司为模型，模拟编制了一个"耐火材料管理办法"，但愿对读者有所帮助。

本模拟办法力求系统完整，对耐火材料的配置与选型、采购及验收、砌筑施工与换砖原则、使用及验收等基本管理进行了规范，强调了针对性、应用性和可操作性，以达到提高耐火材料使用功效的目的。但鉴于各公司的实际情况千差万别，提醒读者不可盲目套用，仅供参考。

1. 模拟某集团公司的管理办法

第一章 总则

第一条 为规范公司耐火材料各项管理，提高耐火材料使用周期，保证回转窑长期安全稳定运行，特制定本办法。

第二条 本办法适用于回转窑、预热器、篦冷机、窑头罩、三次风管、燃烧器等设备的耐火材料检查、施工管理等。

第二章 管理机构和职责

第三条 集团供应部是公司耐火材料的采购和仓储管理部门，负责建立健全公司耐火材料消耗管理台帐，统一规划各品种耐火材料的合理库存和采购入库安排，统一调配公司的耐火材料库存资源，组织耐火材料质量反馈评审。对子公司的耐火材料库存、保管条件、余料回收和再利用工作进行检查指导。

第四条 子公司是耐火材料使用和消耗控制的责任部门，负责耐火材料的运行和停机检查、维修计划申报、施工过程监控、质量验收、余料回收检查工作，拟定耐火材料升温曲线图，整理耐火材料技术台帐，并组织对本公司耐火材料的异常消耗进行分析，提出操作改进和材料选择优化建议。

第五条　为有效组织好耐火材料的检查、施工管理，延长使用周期，降低消耗成本，由集团公司技术分管领导牵头，成立集团公司耐火材料专业组，成员由经验丰富的技术骨干组成；子公司应成立由分管生产副总经理（任组长）、生产处工艺技术主管、供应处分管领导、制造分厂生产分管领导、制造分厂技术员、窑操作员组成的耐火材料管理小组，主要职责如下：

（一）集团公司耐火材料专业组的职责

1. 负责对窑炉耐火材料进行合理选型，根据窑炉运转周期和耐火材料的使用质量与寿命，做好各种窑炉耐火材料的配套，以利于集团供应部统一采购、调配使用；

2. 负责耐火材料的技术谈判工作，对技术文本提出要求，对引进耐火材料的品质负审查责任，制订窑用耐火材料的验收标准和管理台账；

3. 负责对每台回转窑耐火材料的配套、消耗指标和消耗定额的审定，并提出改进措施；

4. 负责本年度耐火材料使用质量分析，确定各种规格、品种耐火材料的合理库存；

5. 负责监督指导各子公司耐火材料的施工、验收；负责监督指导各子公司耐火材料的烘烤；

6. 负责组织外出考察和技术交流，吸收国内外先进管理经验，积极推广应用新技术、新工艺、新材料，降低生产成本，提高使用寿命和经济效益。

（二）子公司分管生产的副总经理的职责

1. 根据窑前期运行情况，制定耐火材料现场检查方案，组织实施检查，形成书面检查报告。

2. 根据耐火材料检查报告，制定耐火材料更换维修方案，报集团公司批准后组织实施。

3. 负责协调筑炉公司编制施工方案和计划，组织协调好内部力量的配合，确保按期、按质、按量完成。

4. 组织制订耐火材料施工规范，安排工艺技术人员、中控操作人员跟班监督检查耐火材料施工质量，组织施工结束后的质量验收。

5. 组织工艺技术人员和中控操作人员对耐火材料检查情况进行研讨，分析异常消耗产生的原因，制订优化操作的措施，并督促操作员落实和改进。对耐火材料的施工质量、使用周期和更换及消耗成本负责。

（三）子公司制造分厂和生产处工艺主管的职责

1. 按照检查程序和要求，组织工艺技术人员、中控操作员对耐火材料实施测点检查，并填写检查报告。

2. 按照施工规范，制订工艺技术人员和中控操作员跟班作业计划，检查耐火材料施工进度和质量，把好耐火材料施工质量关。

3. 填写耐火材料施工质量检查验收表（见附件六），整理汇总施工管理台账，报生产工艺分管领导审批。

4. 校验燃烧器，拟定窑升温曲线，并报子公司分管领导批准后组织实施。

5. 根据耐火材料使用检查情况，组织内部操作人员和工艺技术人员进行研讨分析，提出改进及优化操作的意见；对耐火材料的施工质量和消耗成本负责。

6. 参与耐火材料的进厂验收。

（四）子公司烧成技术员和窑操作员的职责

1. 参加耐火材料的检查、施工过程的跟班监控和施工结束后的质量验收，并通过耐火材料的检查和施工管理，全面掌握耐火材料的配比和使用性能。

2. 参加燃烧器的校验和回转窑关门前的检查，讨论拟定窑的升温曲线，报分厂和子公司生产分管领导审批后实施。

3. 根据耐火材料的使用检查情况，对耐火材料的消耗情况进行研讨分析，优化操作。

4. 分窑编制"回转窑耐火材料历次更换表图"，为耐火材料的使用分析、烧成系统的优化操作提供参考。每次换砖后都要及时在表内填绘一张以窑轴线为横坐标的耐火砖实际厚度分布图，标出不同区段耐火砖的品种及关键点的实际厚度；对当次更换的区段涂以醒目颜色，并填写简要备注。对耐火材料的消耗成本负责。

（五）子公司供应处的职责

1. 根据批准的耐火材料维修计划组织供货，组织入库质量验收，按耐火砖的配比型号和现场施工进度均匀分批发放。

2. 检查筑炉公司在施工过程中的材料管理情况，督促做好防护和二次搬运过程中的保护工作，杜绝野蛮作业。

3. 施工结束后，组织施工单位对剩余耐火材料进行清理回收，分品种、规格重新包装并标识后退回仓库，严禁不能用的残次品回库存放。

4. 建立耐火材料库存和出库、退库台账，定期检查耐火材料的储存保管状况，掌握耐火材料的入库期，防止过期造成失效或使用性能下降。对发现失效的耐火材料要及时隔离并做好醒目标识，尽快联系返回原耐火材料厂恢复性能，对恢复无望的失效品要及时清理出库。

5. 每月进行耐火材料的成本消耗分析，收集耐火材料使用性能和不同厂家产品质量的反馈意见，并与集团同类型生产线的耐火材料消耗情况进行比较，提出管理建议。对耐火材料的储备定额、保管和消耗负责。

第三章　耐火材料的检查

第六条　窑内砖及窑口浇注料的检查

（一）停窑后由子公司分管生产的副总经理牵头，耐火材料管理小组成员、筑炉公司技术人员共同对窑头罩、燃烧器等浇注料及窑内耐火砖状况进行全面检查，并提出维修意见，按第十四条的规定程序报批。

（二）窑内耐火材料的检查要求

1. 无窑皮区域：在砖面平整区域每间隔 5m 检测一环；在砖面不规则区域，每间隔 2m 检测一环，并在本环中分别检测最低厚度、最高厚度和平均厚度。

2. 窑皮覆盖区域：每间隔 2m 检测一环，按 120° 均分取三个测点；对重点高温部位（指前期运行中筒体温度超过 400℃ 或出现暗红的部位）应每间隔 1m 检测一环，按 120° 均分取三个测点。

第七条　预热器、篦冷机、三次风管等耐火材料的检查

（一）由子公司制造分厂领导牵头，耐火材料管理小组成员、筑炉公司技术人员共同对耐火材料状况进行全面检查。

（二）子公司制造分厂应根据工艺特点，对耐火材料、耐热件的使用情况进行系统的检

查，重点检查其剥落、脱落、磨损、抽签、侵蚀等损坏程度并作好记录，经子公司分管生产的副总经理现场确认后，提出维修意见。

第八条 检查结束后，子公司分管生产的副总经理要组织召开碰头会，理出耐火材料更换维修基本意见和措施等；并根据检查结果，提交耐火材料使用状况分析报告，报告要重点对各热工设备的耐火材料具体状况进行详细描述。

第九条 每次检修更换耐火材料应进行详细的记录，对于使用寿命达不到设计寿命的，应通知供应部门（必要时通知集团公司物资采购部与生产技术部一起现场分析）、知会耐火材料供货厂家，进行共同分析，确因耐火材料质量原因造成寿命不足的，要按规定进行索赔。

第四章 耐火材料更换原则及审批程序

第十条 耐火材料维修管理，要贯彻按标准更换的基本原则，耐火砖更换应该按残砖厚度和强度、碱蚀和断裂情况，结合窑皮的完整情况进行综合判定，严禁随意拍板和按使用时间换砖。在第十一条更换标准的基础上，同时考虑距离下次检修的时间，如果时间距离较近，可以进一步减薄换砖标准以减少浪费。

第十一条 窑内耐火砖更换标准

（一）12000t/d 生产线回转窑：烧成带的窑皮不稳定区域、过渡带耐火砖平均厚度低于130mm，窑皮稳定区域耐火砖厚低于 110 mm，窑尾硅莫砖厚度低于 90mm，可考虑更换（检查时要根据窑的热工特点、窑皮情况、耐火砖的表面侵蚀情况以及运行记录等进行综合考虑）。

（二）2000～5000t/d 生产线回转窑：烧成带的窑皮不稳定区域、过渡带耐火砖厚度低于 120mm，窑皮稳定区域耐火砖厚低于 110mm，窑尾硅莫砖厚度低于 80mm，可考虑更换（检查时要根据窑的热工特点、窑皮情况、耐火砖的表面侵蚀情况以及运行记录等进行综合考虑）。

（三）窑内单环砖中，厚度低于上述标准且周长在 1/4 环以内的，可考虑挖补；大于 1/4 环时，应对整环砖进行更换。

第十二条 其他部位耐火砖更换标准

（一）平面部位的耐火砖残余厚度低于原厚度 1/2 以下时，可考虑更换。

（二）拱型部位（如三次风管）的耐火砖残余厚度低于原厚度 2/5 以下时，可考虑更换。

第十三条 耐火浇注料更换标准

（一）根据耐火浇注料的局部烧损和剥落情况，实行挖补。

（二）耐火浇注料大面积均匀烧损，残余厚度低于 100mm，可根据现场实际情况考虑整体进行更换。

（三）对于窑口及窑尾浇注料，应检查其磨损、厚度、脱落、侵蚀及窑口护铁状况，以判断是否需要更换。

（四）窑头罩顶部出现开裂、脱落、质地松散，则整体进行更换。

第十四条 耐火材料更换报批程序

（一）窑内砖及窑口浇注料更换报批程序：由子公司分管生产的副总经理牵头，根据耐火材料的检查状况及下周期运行目标，确定具体换砖部位及砖的品种规格，形成书面更换和费用预算报告（见附件二、附件三）。

更换数量在 5m 以内的，由子公司总经理审批；超过 5m 的由子公司总经理初审后，经集团公司生产部、技术分管领导审核，报集团公司总经理审批或授权集团公司生产副总经理审批。

检修结束后，将实际检修内容及费用形成书面报告，上报集团公司生产部、分管领导、总经理。

（二）预热器、篦冷机、窑头罩、三次风管、燃烧器等耐火材料更换报批程序：由子公司分管生产的副总经理牵头，依据检查结果和运行周期，形成更换维修书面报告，由子公司总经理审批；对于提高配置要求，选用高档次耐火材料或大面积更换残厚超过 100mm 的浇注料，必须报集团公司生产部、分管领导审批。

第五章　耐火材料的统一选型配置要求

第十五条　根据以往各公司不同的配置方案和使用经验，为逐渐规范统一集团内耐火材料的配置，对各子公司较为成熟的配置方案进行归纳和整理，各子公司原则上按此配置，有特殊情况及时与集团公司生产部沟通调整，在今后的生产管理中进一步优化和统一配置。

第十六条　集团公司各回转窑耐火材料统一推荐配置方案见下表。各子公司可根据具体情况作适当调整，报集团公司备案。

（一）2500～3200t/d 生产线

m

窑口浇注料	1680 硅莫砖或镁铝尖晶石砖	镁铁尖晶石砖	镁铝或镁铁尖晶石砖	1650 硅莫砖或隔热型镁铝尖晶石砖	1600 硅莫砖
0～0.6	0.6～1.6	1.6～21.6	21.6～30	30～45	45～60

（二）5000t/d 生产线

m

窑口浇注料	1680 硅莫砖或镁铝尖晶石砖	镁铁尖晶石砖	镁铝或镁铁尖晶石砖	1650 硅莫砖或隔热型镁铝尖晶石	1600 硅莫砖
0～0.6	0.6～1.6	1.6～25.6	25.6～35	35～50	50～72/74

（三）10000～12000t/d 生产线

m

AM-92 钢玉质尖晶石浇注料	镁铝尖晶石（平直段）	异型镁铝尖晶石（变径段）	镁铝尖晶石（冷却带）	镁铁尖晶石砖（烧成带）	镁铝尖晶石（过渡带）	1650 硅莫砖或隔热型镁铝尖晶石砖	1650 硅莫砖	1650 或者 1600 硅莫砖	AM-92 浇注料
0.99	2.39	4.15	2.62	24.00	11.2	14.2	8.00	23.8	0.65

第十七条　耐火材料整体配置要求

（一）回转窑内烧成带有稳定窑皮的部位用镁铁尖晶石砖，在过渡带和冷却带窑皮不稳定的地方使用镁铝尖晶石砖。对在前窑口使用的砖，要求供货商提供并保证高温抗折强度，以供选配时参考。

（二）硅莫砖的使用。除万吨线外，其他窑型窑口前 1m 段一般使用 1680 硅莫砖或者使用镁铝（镁铁）尖晶石砖（部分生产线出现过前窑口硅莫砖烧蚀的现象，在找到原因和采取措施前对硅莫砖应谨慎使用）。

为了降低筒体表面热损失，2500～3200t/d 生产线要求 30m 以后使用 1650 硅莫砖或隔热型尖晶石砖；为了降低成本，45～60m 段可以使用 1600 硅莫砖。

5000t/d 生产线，35～50m 须使用 1650 硅莫砖或者隔热型尖晶石砖，50m 以后可以使用 1600 硅莫砖。具体配置见上表（根据实际情况，具体使用位置可以作适当调整）。

（三）预热器、三次风管、衬里表面温度低于 1200℃，采用高强耐碱砖和耐碱浇注料，分解炉系统采用抗剥落高铝砖或者高强耐碱砖和耐碱浇注料。窑尾烟室以及 C_4～C_5 下料管采用 SiC 抗结皮耐碱浇注料。窑口（前窑口和后窑口）使用钢玉质莫来石耐磨浇注料。

（四）窑头罩、三次风管拐弯段、篦冷机侧墙以及高温段矮墙使用莫来石防爆浇注料，篦冷机冷端矮墙及侧墙、三次风管无拐弯段使用钢纤维耐磨浇注料或者高铝质高强浇注料。

（五）喷煤管使用钢玉莫来石喷煤管专用浇注料。

（六）耐火材料使用寿命要求见附件十五～附件二十。

（七）从回转窑更换下来的外形残砖，强度降低不多的可以用作篦冷机矮墙、斜坡等浇注料使用量大的部位的填充料，填充率可达 30%。

（八）回转窑内耐火砖理论配置见附件十三。

第六章　耐火材料进厂验收

第十八条　外包装验收。包装、标志、运输和储存按 GB/T 16546—1996《定形耐火制品包装、标志、运输和储存》进行。耐火材料出厂时应附有质量证明书，质量证明书应该包括：供方名称、需方名称、合同号、生产日期、产品名称、标准编号、牌号、批号、尺寸、外观及理化指标等内容。

第十九条　尺寸验收。主要是验收耐火砖长、宽、高、楔面、凸凹度、扭曲度、表面缺陷等指标。要求每种规格的砖至少要验收三块，然后取平均值。见附件十四。

第二十条　对于耐火材料体积密度、气孔率、常温耐压强度、热震稳定性、荷重软化温度、化学成分等理化指标，企业不具备检测条件的，由集团公司物资采购部选择一家具有资质的耐火材料检测单位，各子公司送检并获取《检测报告》。对检测结果产生分歧时，与供货商协商，将产品送往国家建筑材料工业耐火材料产品质量监督检验测试中心进行检测并出具《检测报告》。

原则上每批次送检一次，其余的进行抽检，第一次使用的耐火材料必须送检。对于耐火砖的送检，每个型号送检数量不少于 3 块，检验结果以这 3 块砖中最差数据作为该批次的检验结果，不得平均。如果检测指标不符合企业采购要求的，需要由供货商重新供货，对已使用的对企业造成损失的，由供货单位赔偿直接经济损失与间接经济损失。各种不同耐火材料理化指标见附件十五～附件二十。

第二十一条　验收完成后填写《耐火砖入厂验收单》，验收人员要签字。经验收合格后由子公司供应处指定位置存放；如果不符合验收标准，责令其返厂重新供货，直到符合企业采购计划要求为止。

第七章　耐火材料的仓储管理

第二十二条　仓储管理原则：减少自然损耗，维护耐火材料质量。做好通风、防雨、防潮工作，需分类、分规格、分堆存放，坚持先进先出原则，避免出现积压过期造成不能使用或影响使用效果。

第二十三条　耐火制品应按种类、用途、砖型和等级分别进行堆放，并标明牌号、砖号、批号、日期等。具体要求如下：

（一）采用箱或者板包装的耐火制品，箱或板叠放时，不得超过 4.8m；为有效利用库容，堆放木托盘箱式包装的耐火砖，应堆放 3～4 层；袋包装的耐火材料采用平码堆放，每垛不得超过 25 包。

（二）为延长耐火浇注料的保管期限，要求生产厂家对浇注料提高包装质量，确保浇注料的存放周期能达到设计要求。

第二十四条　现场回收散砖的码放。划定专门区域，分品种、按规格分类，按原包装方式码放码垛，控制在 2～3 层，并采取必要的防潮措施，加盖原包装盒、包装袋，并优先出库使用。

第二十五条　用料管理

（一）领料：对耐火材料的领用，必须按照审批计划和施工进度，分批发料。本着用多少领多少、先用上次检修剩余回库的，先进库的先出库、先散箱（包）后整箱（包），并优先考虑廉价代用的原则进行发放。主砖的出库经配比测算后以整箱发放，异型插缝砖的出库必须以块数发放，不得多发。

（二）开箱：拆箱管理。施工单位严格控制开箱数量，一个品种耐火砖开箱后剩余数量不得超过一整箱，由使用单位进行监督。

（三）防护：耐火材料出库后，施工单位要做好外型及破损等质量复验和保管工作，使用单位有责任督促施工单位做好保管保质管理，防止受潮。各批次耐火浇注料、火泥在使用前必须提前做小样试验，以检验耐火材料的质量是否达到要求。

（四）留样：为做好耐火浇注料质量鉴定和避免质量纠纷，骨料和粉料按规定配比混合搅拌均匀后，分品种留取 5 公斤样品封存，标明日期、品种、取样人，并做好防潮措施。

（五）回收：检修剩余的耐火材料不能随地堆放，由施工单位及时整理后办理退库手续，填报退库材料档案，及时调剂或下次使用或代用。

第八章　耐火材料维修与施工管理

第二十六条　施工准备

（一）施工方案：施工单位根据初步计划编制施工技术方案，施工方案要涵盖以下几方面的内容：施工人员分工及主要职责、施工的总体进度计划、施工的组织网络、施工的质量控制体系、重点部分的技术方案、施工安全管理、施工要求及施工应急预案等。

（二）施工材料、工器具、施工人员的准备：施工材料应由专人负责其存放和运输，并依据材料的性质，做好护理工作；专用设备及工器具准备到位，同时要对专门设备（拆砖机、砌砖机、切割机、顶杠、风镐等）进行保养检查，确保完好，必要时考虑准备备用设备。施工人员应具备相应的专业水平和素质，施工单位必须指派专业技术人员予以专项负责，确保文明施工和施工质量。

（三）子公司业主单位的准备：业主单位耐火材料管理小组应进行合理分工，要组织以窑操为主体的监控组对过程进行监控，组织以岗位巡检工或者技术人员为主的保障组对耐火材料库存进行盘点，按照初步计划做好耐火材料的备料工作，并做好耐火材料运送设备的检查。

第二十七条　施工监督

（一）子公司耐火材料现场管理小组在施工监督过程中应该做到：

1. 跟踪打砖操作，掌握真实的砖厚情况，防止多拆。

2. 拆砖时，当发现砖虽较厚，但出现较多断层或有深度碱侵蚀时，要及时进行汇报、会检和处理。

3. 对砌筑质量进行把关，主要是对砖的配比、尺寸、火泥、砖缝、垂直度、封口等操作进行把关，并进行详细的记录，发现不合格项必须随时纠正。

4. 施工结束后，负责耐火材料的施工质量验收和整理汇总施工台账。

5. 负责现场施工剩余材料的清点，检查剩余材料的破损及退库材料的质量情况，并对施工实际工作量进行现场核实后，与筑炉公司双签字确认。

（二）在施工检查过程中，子公司制造分厂要安排好窑操作员分组倒班，进行不离人全程监控，在专门记录本和记录表上描述检查情况，班次交接时应签字明确责任，施工结束后形成砌筑检查报告经小组成员签字后存档。

（3）具体施工要求与施工过程控制见附件一。

第二十八条　安全管理

（一）耐火材料的施工强度高、人员密集、交叉点多、现场环境差，筑炉公司应安排专人负责安全管理工作，耐火材料小组成员也应关注施工过程的安全状况，发现问题要及时督导整改。

（二）施工场所要保证有足够的照明和通风条件，采取必要的防尘措施，满足施工人员的现场作业环境要求。

（三）作业人员必须正确穿戴劳动保护用品，高空作业必须系好安全带，不准在施工场所和材料堆放区域休息，防止发生意外。

（四）窑内打窑皮和拆砖作业，应合理划分施工人员的活动区域；在预热器进行清理和耐火材料拆卸作业时，应对下游区域采取防护隔离措施，严禁在回转窑内作业；废料排放点和材料吊运通道应圈定范围，拉醒目的警戒绳防止人员进入。

（五）交叉作业场所，必须采取可靠的隔离防护措施，施工过程中加强相关作业组织之间的联络。

（六）耐火材料检修期间，大型风机、煤粉输送风机、窑主传必须办理停电手续，窑的慢转必须由子公司制造分厂指定专人负责，转窑前事先通知窑、冷却机、预热器内的作业组暂停施工，全面确认设备内外无检修人员、材料和机具已撤离到安全区域后，方可慢转窑。

（七）子公司安全环保部门必须做好安全方面的组织落实、布置安全防范措施，检修前要与施工单位签订安全附加条款协议，轮班现场监督，及时纠正不安全隐患，必要时开具安全罚单，甚至勒令停工。

第二十九条 施工清场及验收

（一）检修完毕后，子公司应督促施工单位及时做好清场工作，将剩余的耐火材料分品种、分规格进行整理退库，入库后做好标记。

（二）工程施工结束后，子公司要及时对工程进行验收，并填写《耐火材料施工验收会签表》，确认砌筑质量、施工工作量，验收剩余材料回收及其质量情况，签署验收表（见附件六）。

第三十条 耐火材料烘烤

（一）原则：新线建设或者检修砌筑完成，经验收合格的窑衬方可交付烘烤。烘烤是耐火材料使用效果好坏的关键环节，严格遵守烘烤制度和"慢升温，不回头"的原则，烘烤升温要求均衡稳进，过程中不准发生温度忽降忽升或者局部过热的情况。

（二）新线烘烤要求

1. 新建熟料生产线耐火材料砌筑量大，大部分位置都是采用硅酸钙板与耐火浇注料组成的复合衬里，施工工期一般在 3 个月左右，施工期间可能多次遇到雨水天气。为了使耐火材料衬里的自由水和化学水能够得到充分的烘烤以满足生产需要，在预热器、三次风管及篦冷机系统采用木柴进行初期烘烤的前提下，回转窑采用燃烧器烘烤升温时间不低于 5 天时间。

2. 预热器、三次风管、分解炉及篦冷机等部位施工结束并验收合格具备烘烤条件时，可采用木柴进行初期烘烤，窑点火正式烘烤时可同时烘烤。

3. 回转窑点火升温曲线

采用窑用燃烧器烘烤是主要的烘烤阶段，用辅助木质材料烘烤的系统，夏天正式烘烤时间不低于 120 小时，冬天不低于 140 小时（见下图）。

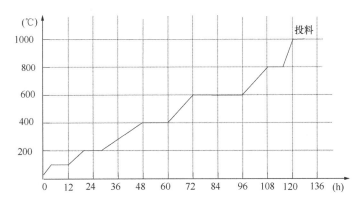

4. 转窑制度

烘烤期间，采用辅助传动装置按照下表转动窑体。

窑尾温度/℃	旋转量（圈）	旋转间隔时间/min
＜100	1/4	240
100～300	1/4	60
300～450	1/4	30
450～600	1/4	15

续表

窑尾温度/℃	旋转量（圈）	旋转间隔时间/min
600~800	1/4	10
>800	1/4	主传最慢转窑

注：升温期间若遇下暴雨，转窑时间减半。

（三）检修烘烤要求

1. 当停窑时间大于两天，窑内温度降到常温，回转窑内不更换耐火材料或者更换量较少（指窑内小面积挖补或者换砖长度小于 10m）时，升温时间 12 小时左右。

2. 回转窑烧成带换砖长度 10~20m 之间，或者 40m 以后换砖长度大于 20m 时，升温时间 15 小时。

3. 回转窑烧成带换砖在 20m 以上，且窑头、窑尾更换有部分浇注料，烘窑时间在 18~20 小时。

4. 当窑头罩、三次风管有大面积更换浇注料时，除了正常的烘窑时间以外，在窑投料后必须小料生产，控制二次风温在 500℃ 以下，利用高温熟料余热烘烤 4 小时以后方可逐步正常生产。

5. 带预燃室的分解炉在烘烤预燃室时，正常热气流是不经过预燃室的，必须抬起 C_4 翻板阀、关闭三次风闸板，让烟气强行从预燃室通过；另外在投料后严格控制预燃室温度不得超过 500℃，可以采用小料投料，或者投料后停一阵的方法，4 小时后方可逐步恢复正常。

第九章 耐火材料档案管理

第三十一条 窑内冷却带、烧成带、过渡带以及其他关键部位砖的异常提前损坏，子公司分管生产的副总经理要组织制造分厂、供应处、生产处、耐火砖供货商等部门召开技术研讨分析会，查明原因，形成书面报告及处理意见报集团公司，如属耐火砖质量问题应对供货商进行索赔。

第三十二条 耐火材料的技术档案

（一）记录回转窑的初始状况：轮带、大牙轮、挡砖圈、窑中检修门、后窑口拔梢、异变的前窑口的位置、窑内配砖分布等。

（二）记录自回转窑投产以来每次计划检修耐火材料更换情况，耐火砖使用周期，更换时残砖厚度，耐火材料供货厂家，更换时间、更换部位、耐火砖品种型号、具体长度等；记录篦冷机、窑头罩、窑口护铁、三次风管的耐火材料更换情况，更换品种、数量、耐火材料供货厂家、使用寿命、单次更换浇注料总质量等。

（三）简要记录与耐火材料相关的机械项目，如窑口窑尾护铁的更换、轮带垫铁的更换、喷煤管的更换等。

（四）做好完善的总结。每次检修完成后对耐火材料的检测、更换、验收、烘烤进行详细的总结。

第十章 费用结算

第三十三条 检修前，根据集团公司批准的耐火材料更换报告，招标后须由子公司与筑炉公司签订施工管理合同，明确耐火材料施工工作量，界定双方的责任和义务，确定各种耐火材料施工规范、质量和使用周期，约定质保期和不低于10％的质保金等。

第三十四条　检修结束并验收合格后，由子公司会同筑炉公司整理汇总施工材料，包括施工管理合同、耐火材料更换审批报告（表）、耐火材料施工记录表、耐火材料施工验收表、现场材料回库及报废情况等，核算实际工程款，报子公司总经理审核、报集团公司总经理审批后，由子公司按决算额扣除质保金后付款。待耐火材料维修达到质保期后，由子公司按合同约定直接支付质保金。

第三十五条　集团工程审计部作为耐火材料施工工程的中介监管部门，负责监督审查耐火材料更换审批量和实际量的差异、是否按标准更换，并按实际工作量及现场验收签证材料进行审核决算等。对未按标准更换或未报集团公司批准的工程量及材料量予以剔除，不得办理结算手续。

第十一章　奖惩

第三十六条　耐火材料消耗情况，纳入各子公司和相关部室领导班子目标责任制考核。对违反耐火材料管理规定，因施工浪费、库内保管不良、库龄超期等原因，给公司造成经济损失的，对责任人给予行政处分并责令其给予经济赔偿。

第三十七条　筑炉公司不按子公司要求更换标准拆砖，而导致耐火材料超额更换的，其造成的损失由筑炉公司全额承担，子公司在施工费用中扣除。若子公司内部人员未按程序及耐火材料更换标准，指使筑炉公司多拆，其超额部分造成的损失由子公司分管领导和相关责任人承担损失。

第三十八条　由于施工管理不到位出现破包、破箱、破块、受潮包、受潮箱、受潮块导致不能使用的，如属筑炉公司的责任，由筑炉公司全额赔偿，如属子公司制造分厂监管不到位，对制造分厂相关人员给予必要的处罚。

2. 模拟管理办法的相关附件

附件一：耐火材料施工要求与过程控制

1. 耐火砖的施工要求

（1）预热器、分解炉及上升烟道等处有大量的工艺孔洞，要逐个查清，精心施工，锥体部分要分段施工，斜壁表面斜度要准确，衬里表面要平滑，以保证生产运行中下料畅通，不存料。

（2）墙体的耐火砖应该错缝砌筑，不得出现歪斜、脱空和爬坡等现象。砖与硅钙板接合时，应分步施工，不得同硅钙板通缝，且按设计要求留设膨胀缝；灰浆饱满度达到95％以上，砖表面多余部分灰浆要刮平；圈梁上面的砖应该等圈梁混凝土有一定的强度后方能施工。

（3）窑内施工前要对窑壳体进行全面检查，找正窑筒体中心线，壳体上不平处（焊缝、焊渣）要进行打磨，窑内杂物要打扫干净。

（4）窑内测量放线。窑纵向基准线要沿圆周长每1.5m放一条，每条线都要与窑的轴线平行。环向基准线每10m放一条，施工控制线每1m放一条，环向线均应互相平行且垂直窑的轴线。

（5）窑内砌砖的基本要求是：砖衬紧贴壳体，砖与砖靠严，砖缝直，交圈准，锁砖牢，不错位，不下垂脱空。要确保砖衬与窑体在运行时可靠同心。

（6）砌筑时耐火砖要求：砖衬顶部要与筒体面充分贴紧，不留缝隙，相邻单砖大面之间要完全接触，加工砖长度不得小于原砖的 70%，厚度不得小于原砖的 80%。为便于封口时砖型加工，在做砖储备时可以考虑采用 1 圈长 230～250mm 的异型封口砖。

（7）砌筑火泥的要求：砌筑硅莫砖时，不得使用含磷泥浆。不同质泥浆要用不同的器具，火泥采用清洁水，准确称量调制，均匀混合。调好的泥浆不得任意加水稀释。灰浆饱满度要大于 95%，保证砖缝密实，表面砖缝要用原浆色勾缝。无法校正部位用泥浆找正。

（8）砖缝要求：环砌法砌筑时，选砖的长度需均齐，每米环缝长偏差小于 2mm，但单环长度偏差最大不超过 8mm。

（9）砌砖用插缝钢板要求：每环上的插缝钢板不得多于 3 块，且不得连续插缝。厚度一般在 1～2mm，要求平整，不卷边，不扭曲，无毛刺。板宽小于砖宽约 10mm。砌筑时钢板不得超出砖边，不得出现插空、搭桥现象。每条缝中最多允许使用一块钢板。

（10）锁砖时要求：砖砌至合拢部位时，在最后 5～6 块砖的位置，选择合适尺寸的插缝砖和普通砖，要用整砖锁紧。相邻环锁砖要错开 1～2 块砖，终端的加工砖圈要提前 1～2 环锁砖。

（11）施工时注意事项：施工时不能使用铁锤，杜绝耐火砖出现以下现象：大小头倒置、抽签、混浆、错位、倾斜、灰缝不均、爬坡、离中、重缝、张口、脱空、行缝、蛇行弯、砖体鼓包、缺棱少角等。

（12）全窑耐火砖砌筑完成后，在点火前对砖衬进行全面的清理和必要的坚固，必须环环检查，坚固后不宜大幅度转窑。

2. 浇注料的施工要求

（1）浇注料施工前检查设备的外形和清洁情况，锚固件的型式、布置、焊接及膨胀补偿处理，壳体上不平处（焊缝、焊渣）要进行打磨，周围要采取防失水措施；材料的预试验情况及施工用水质量，锚固件的焊接质量检查一是用手锤敲击无松动，二是用脚蹬不脱落。

（2）浇注料搅拌必须要用清洁的饮用水，浇注料必须采用机械搅拌和振实，加水量严格按照产品技术要求过磅控制，搅拌好的浇注料 30min 内完成浇注，已经结块的浇注料严禁重新搅拌或加水使用。

（3）砌筑前要认真放好基准线，旋风筒、分解炉圈梁内要焊接锚固件，各膨胀缝要按要求预留。

（4）膨胀缝的留设：大面积墙体衬里必须设置膨胀缝，浇注料按每 1.5m² 左右区域设置，膨胀缝应留在锚固件间隔的中间位置。每层托砖板所承托的墙体段节的顶部与上层托砖板相连的地方，需设置横向膨胀缝，在缝中填满耐高温的纤维棉或耐火纤维毡。硅酸钙板内一般不设膨胀缝，膨胀缝一般要小于 10mm。

（5）锚固件的开口要相互交错，焊接时一定要满焊，并在锚固件上缠上胶布（或涂上沥青、石蜡等）以防止锚固件受热膨胀而将浇注料胀裂。

（6）浇注料的振捣必须分层进行，每层高度不大于 300mm，振动间距为 250mm 左右为宜。

（7）大面积浇注施工要分层分块施工，视使用部位温度的高低，每块浇注料面积控制在 1.0～2.0m² 左右。

（8）与浇注料接触的隔热层表面必须涂防水剂，模板与浇注料接角的一侧必须涂隔离剂（机油、沥青等），以防止吸收水分，便于脱模。模板的固定要牢固，密封性好，不漏浆。浇注料强度达到 70% 以上才可以脱模，脱模时要小心，轻轻敲击，防止损坏浇注料。模板拆除后要检查表面是否平整，有无孔洞，如有，及时修复，问题严重处必须凿开，露出锚固件，再用同质浇注料修补，严禁用水泥灰浆抹平掩盖缺陷。

（9）当环境温度或炉体表面温度低于 5℃ 或高于 40℃ 时，不能进行耐火材料的施工。要求耐火材料的混合搅拌温度应高于 5℃，在进行浇注或捣打施工前，应保证其不凝固，施工完进行空气养护时，仍应控制环境温度，环境温度在 72 小时内应保持在浇注料的凝固点之上。

（10）硅钙板的施工要求：大面积施工可以用粘合剂粘牢，小面积施工中不规则处可以用手锯锯成小块粘合；浇注料内的硅钙板应用细铁丝在锚固件上缠绕固定，表面应刷防水材料。

（11）特殊部位施工。在窑尾分解炉缩口、烟室斜坡等影响通风的部位施工时，一定要严把尺寸关，要保证模板牢固，防止施工振打变形，支模后要测量外形尺寸，施工完毕还要测量尺寸。如果发现尺寸偏离，若量小，可在模板拆除后局部修补以满足通风尺寸，若偏离较大，应拆除重新施工。

（12）在窑进行大修期，凡浇注料施工部位，各公司应统筹合理安排，一律使用支模板浇注的方式施工，严禁使用喷涂料施工。喷涂料施工只允许在临时停窑小修补应急使用。

3. 施工过程控制

（1）施工单位要成立以项目经理为主，由现场施工技术员和施工人员组成的质量控制小组，负责对施工质量进行不离人全过程控制。

（2）业主单位耐火材料专业小组应指定专人对施工质量进行监督协调把关，会同施工单位现场技术人员对施工过程中发生的质量问题进行处理，并进行详细的记录，施工结束后参加验收，并整理施工台账。

（3）耐火材料供应厂家应派专业技术人员驻厂监督、指导施工，确保施工质量。

（4）浇注料的施工应分步做好支模、搅拌、振捣等过程的监督，严格控制加水量，振捣必须用振动棒，而且要均匀振动，严禁在同一地方长时间振动，在脱模时要认真检查混凝土表面是否有缺陷，有缺陷的地方要按要求进行修补，无法修复的坚决返工。

（5）窑内耐火砖的砌筑把关，要注意以下几点：

a. 控制耐火砖品种，严禁不同品种的砖混砌。

b. 控制砖型的比例，对砌筑的砖型比例要进行跟踪记录，与理论配比相差过大时要及时进行调整，严禁脱空、爬坡、砖大小头倒置。

c. 控制耐火砖的环向距离，避免歪斜，勤测量环向线与砖的距离，避免上下扭曲。

d. 加强锁砖的控制。一环锁砖的数量不得超过四块，锁砖只能用原状砖，不得使用加工砖，锁砖不得相连使用，且要与窑筒体紧贴；每环锁紧铁板的数量不得超过三块，若用几块铁板锁紧时，应均匀分布在整个锁砖区域内，严禁几块铁板连用。

e. 加强新旧砖接口部位的控制。此部位也是最薄弱的地方，一般与旧砖紧靠的一环砖不得加工，通常要跨越连接的距离大于 198mm 时可用加长砖进行加工，如果小于 198mm 时要注意加工的砖长度不得小于砖长的 70%，必要时采取两环加工砖的办法，加工砖的切割误差小于 2mm，新老砖接口处应该采用湿砌。

附件二：窑内耐火材料更换计划申请表

窑内耐火材料更换计划申请表

公司名称：　　　　　　　生产线名称及规格：　　　　　　日期：　　年　月　日

停窑前工况分析	
停窑检查情况	窑内砖状况描述：　　　主窑皮 0～49m，厚度 200～250mm　　浮窑皮 29～49m 0　0.41　　　7.81　　15.01　　30.6　　　　54.6 95　96M LN－70　　AG－85　　　RG－85　　　　FG－90　　　PX－83 YRS－70　　　G－16K

	测点													
	砖厚 /mm													

申请更换内容	拟更换部位	
	砖的型号	
	砖的数量	
	估算金额	
	上次更换时间	
	升温时间	制表人：

审批意见	公司分管领导	公司负责人	水泥公司分管领导	水泥公司总经理

本表一式七份，分报：子公司分管领导、生产处（制造分厂）、办公室存档、筑炉公司、集团工程审计部、集团公司分管领导、总经理。

附件三：窑内耐火砖检查断面图表

窑内耐火砖检查断面图表

公司名称：　　　　　　　　生产线名称及规格：　　　　　　日期：　　年　　月　　日

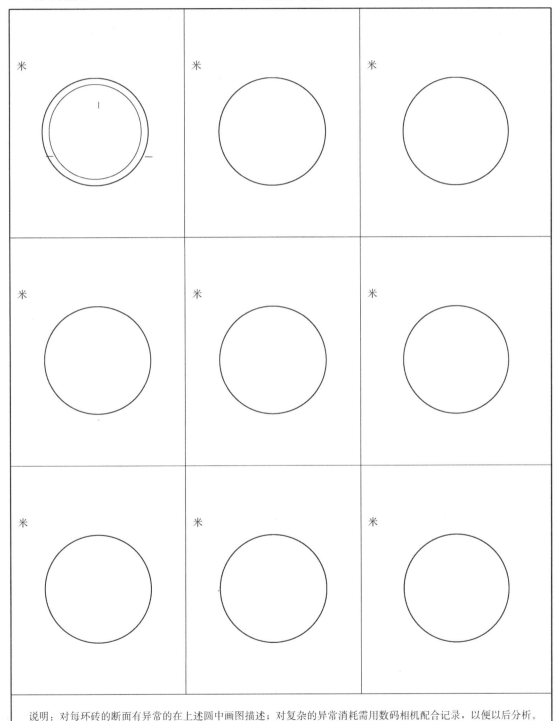

说明：对每环砖的断面有异常的在上述圆中画图描述；对复杂的异常消耗需用数码相机配合记录，以便以后分析。

审核：　　　　　　　　　　　　　　　　　　　　　　　　　　　制表人：

附件四：回转窑耐火砖施工记录表

回转窑耐火砖施工记录表

公司名称：　　　　　　　　生产线名称及规格：　　　　　日期：　　年　月　日

施工部位		施工量	
耐火砖型号		用　量	
耐火砖理论配比		耐火砖实际配比	
封口砖位置		封口砖品种	
火泥品种		火泥使用情况	
热膨胀处理		橡皮锤使用	
加工砖位置及砌筑方式		加工砖长度	
钢板规格		钢板用量	
施工开始时间		施工结束时间	

加工砖、封口砖、钢板等施工情况：

耐火砖的砌筑总体情况：

其他说明情况：

更换时间　　年　月　日	使用寿命　　　天

备注：本表一式五份，子公司分管领导、生产处（制造分厂）、办公室存档、筑炉公司、集团工程审计部各一份。

审批：　　　　　　　　　　审查：　　　　　　　　　　记录：

附件五：浇注料施工记录表

浇注料施工记录表

生产线名称及规格：　　　　　　　　　　　　　　　　　日期：　　年　月　日

施工位置		施工量	
长、宽、厚		用　量	
锚固件形状		锚固件高度	
锚固件直径		锚固件排列	
锚固件间距		热膨胀处理	
其他部位钢板情况		模具材质	
膨胀缝留设		膨胀缝材料	
浇注料品种		浇注料型号	
生产日期		浇注时间	
加（胶）水量		带模养护时间	
脱模养护时间		总养护时间	

脱模后浇注料表层情况：

详细描述浇注料损坏情况：

更换时间　　年　月　日	使用寿命　　天

备注：本表一式五份，子公司分管领导、生产处（制造分厂）、办公室存档、筑炉公司、集团工程审计部各一份。

附件六：耐火材料施工验收会签表

耐火材料施工验收会签表

生产线名称及规格：　　　　　　　　　　　日期：　　　　　　　　　年　月　日

现场实际施工量：
现场施工质量：
剩余材料退库情况：
整改内容：

施工管理 人员会签	耐火材料管理 小组意见		筑炉公司 现场负责人意见	
			供应处负责人意见	
部门领导 会签	制造分厂 负责人意见		生产处负责人意见	
公司分管领导意见：				

备注：本表一式五份，子公司分管领导、生产处（制造分厂）、办公室存档、筑炉公司、集团工程审计部各一份。

附件七：回转窑耐火材料技术管理台帐

————公司回转窑耐火材料技术管理台帐

生产线名称及规格：

档案号：

日期：　　　　年　　月　　日

窑基本参数	
窑皮分布情况	
当前耐火材料分布	
耐火材料使用天数	签名：
耐火材料检查状况	签名：
耐火材料更换情况	签名：

备注：本表一式三份，子公司分管工艺领导、生产处（制造分厂）、办公室存档各一份。

附件八：回转窑升温曲线技术管理台账

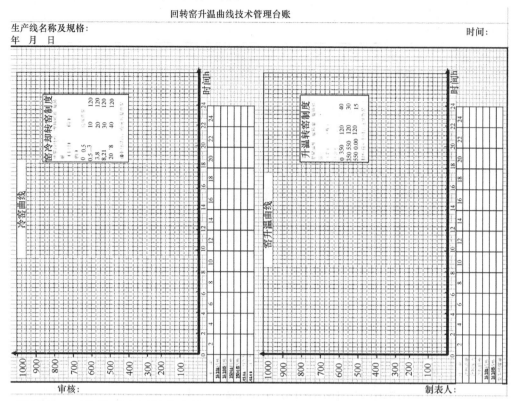

附件九：预热器耐火材料技术管理台账

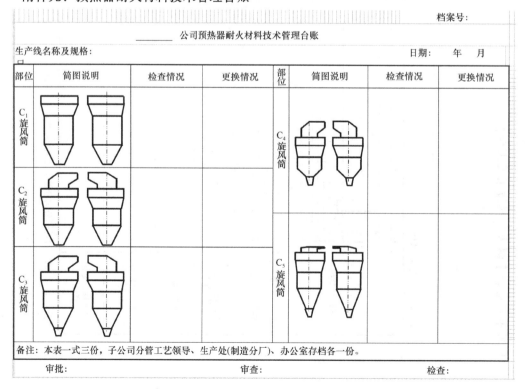

附件十：篦冷机耐火材料技术管理台账

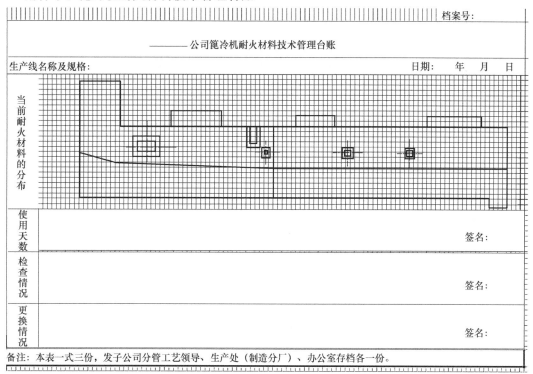

档案号：

————公司篦冷机耐火材料技术管理台账

| 生产线名称及规格： | | 日期：　年　月　日 |

当前耐火材料的分布		
使用天数		签名：
检查情况		签名：
更换情况		签名：

备注：本表一式三份，发子公司分管工艺领导、生产处（制造分厂）、办公室存档各一份。

附件十一：窑尾烟室及分解炉耐火材料技术管理台账

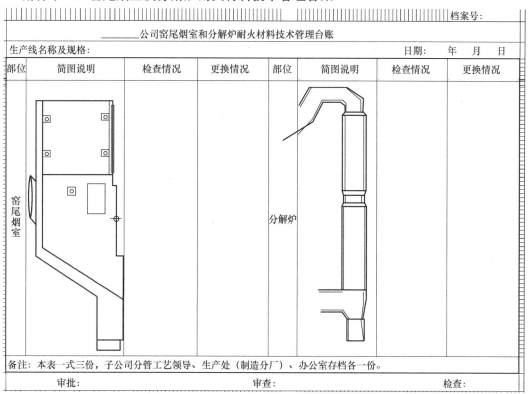

档案号：

————公司窑尾烟室和分解炉耐火材料技术管理台账

| 生产线名称及规格： | | | | | | | 日期：　年　月　日 |

部位	简图说明	检查情况	更换情况	部位	简图说明	检查情况	更换情况
窑尾烟室				分解炉			

备注：本表一式三份，子公司分管工艺领导、生产处（制造分厂）、办公室存档各一份。

审批：	审查：	检查：

附件十二：常用耐火砖尺寸

砖型号	尺寸/mm			
	a	b	h	l
B322	76.5	66.5	220	198
B622	74	69	220	198
A322	103	88	220	198
A622	103	95.5	220	198
A525	103	92.7	250	198
A825	103	96.5	250	198

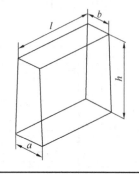

非标砖按图纸，插缝砖按 GB/T 17912—2014 执行。

附件十三：理论配砖比例

窑型	窑筒体内径/m	每环砖理论块数		每环砖理论块数		说明
		B322	B622	A322	A622	
2500t/d	$\phi 4.0$	110	56	62	60	此表为理论配砖比例，随着窑运行时间的增加，窑失圆加剧，2500～5000t/d 生产线 622 砖在原比例基础上增加 2%～3%，12000t/d 生产线 A825 的砖在原比例基础上增加 1%～2%
3200t/d	$\phi 4.3$	97	82	53	78	
5000t/d	$\phi 4.8$	75	126	38	108	

窑型	窑筒体内径/m	每环砖型理论块数		说明
		A525	A825	
12000t/d	$\phi 6.2$	90	99	

附件十四：耐火砖尺寸偏差验收标准

项目		内控
尺寸允许偏差	长、宽、高	高度公差±0.5%，最大±1mm。大小头差值公差 0.5mm，长度公差 0.5mm
	楔形大小头尺寸差值	楔形面大头与小头宽度公差±0.5mm
	扭曲	砖受压面的平整度：棱与中央面之间的高度差值小于 0.5mm
	缺角、缺棱	边损、角损：允许热面或冷面有两条边的损坏达 15mm 和 2mm 深（分别在砖的两侧），但不准超过，热面只许有一处角损，角损处三条棱的角损之和不超过 10mm；冷面允许有两处角损
裂纹	宽度<0.1mm	允许
	0.1～0.25mm	裂纹长度≤40mm
	>0.25mm	不允许
形位扭曲公差		不超过 0.3%
凹坑、熔迹、鼓包		凹坑、熔迹、鼓包和裂缝：允许凹坑和熔迹最大直径为 5mm，最大深度 5mm；鼓包最大 0.5mm，不允许有平行于磨损面的裂纹
气泡		表面无肉眼可见气泡
外形单向偏差		尺寸偏差允许值一半以上的单向偏差≤70%（一次抽查不小于 20 块砖）
说明		尺寸验收标准按 GB/T 10326—2001 标准《定形耐火制品尺寸、外观及断面的检查方法》进行验收，主要指标有砖尺寸、楔度、扭曲（凸度与凹度）、缺角、缺棱、熔洞、裂纹、表面突破和压痕、飞边、断面检验等

附件十五：硅莫（红）砖理化指标

硅莫红砖理化指标	GM1680	GM1650	GM1600	GM1550
	内控	内控	内控	内控
w（Al_2O_3）/%≥	69	67	65	60
w（SiO_2）/%≥	10	10	10	
w（SiC）/%≥	20	18	10	8
耐火度/℃	1790	1790	1790	
体积密度/（g/cm^3）	2.7	2.7	2.7	2.55
0.2MPa 荷重软化温度/℃≥	1680	1650	1620	1550
1200℃保温 0.5h 高温抗折强度/MPa≥	8	8	6	6
常温耐压强度/MPa≥	100	100	95	95
显气孔率≤	17	17	17	19
热膨胀率/%（1000℃）≥	0.3	0.3	0.3	0.3
导热系数/［W/（m・K）］≤	1.7	1.7	1.7	
热震稳定性（1100℃，水冷次数）	15	15	12	12
耐磨系数≤	7	7	7	7
使用部位	窑口 0.8～1.8，过渡带 27～45		45～60，60～72	三次风管
使用寿命	窑口、下过渡带≥12 个月		上过渡带≥24 个月，预热带≥36 个月	≥60 个月

附件十六：镁铝尖晶石砖理化指标

镁铝尖晶石砖理化指标	内控标准
w（MgO）/%	86～89
w（Al_2O_3）/%	9～12
w（SiO_2）/%	0.8
w（Fe_2O_3）/%	0.5
w（CaO）/%	0.8
体积密度/（g/cm^3）	2.95～3.0
荷重软化温度/℃≥	>1700
常温耐压强度/MPa≥	≥80
高温抗折强度/MPa≥	12
显气孔率/%≤	≤16
线性热膨胀率（500℃）	0.51%
线性热膨胀率（750℃）	0.84%
线性热膨胀率（1000℃）	1.20%
导热系数/［W/（m・K），500℃］	≤4.3
导热系数/［W/（m・K），700℃］	≤3.5
导热系数/［W/（m・K），1000℃］	≤3.0
热震稳定性［1100℃，水冷次数］	≥12
热震稳定性（空冷次数）	>100
使用部位	烧成带、过渡带
使用寿命	烧成带不低于 12 个月，过渡带不低于 12 个月
说明	行业标准：JC/T 2036—2010《水泥窑用镁铝尖晶石砖》

附件十七：镁铁尖晶石砖理化指标

镁铁尖晶石砖理化指标	内控标准
w（MgO）/%	87～91
w（Al_2O_3）/%	4
w（SiO_2）/%	0.9
w（Fe_2O_3）/%	4～6
w（CaO）/%	1.4
体积密度/（g/cm^3）	2.95～3.0
荷重软化温度/℃≥	＞1700
常温耐压强度/MPa≥	80
高温抗折强度/MPa	12
显气孔率/%	≤16
线性热膨胀率（500℃）	0.51%
线性热膨胀率（750℃）	0.84%
线性热膨胀率（1000℃）	1.20%
导热系数/［W/（m·K），500℃］	≤3.6
导热系数/［W/（m·K），700℃］	≤3.0
导热系数/［W/（m·K），1000℃］	≤2.7
热振稳定性（1100℃，水冷次数）	10
热震稳定性（空冷次数）	＞100
使用部位	烧成带、过渡带
使用寿命	烧成带不小于12个月，过渡带不小于12个月

附件十八：高强耐碱砖理化指标

高强耐碱砖理化指标	内控标准
w（Al_2O_3）/%	30～40
w（SiO_2）/%	60～65
w（Fe_2O_3）/%	≤2
体积密度/（g/cm^3）	2.2
荷重软化温度/℃≥	1350
常温耐压强度/MPa≥	60
显气孔率/%	≤17
线性热膨胀率（1000℃）	0.7
导热系数/［W/（m·K），1000℃］	＜1.2
热振稳定性（1100℃，水冷次数）	＞25
耐碱度（1100℃×5h）	一级
使用部位	预热器三次风管
使用寿命	三次风管不低于3年，预热器不低于5年
说明	参照 JC/T 496—2007《水泥窑用耐碱砖》

附件十九：抗剥落高铝砖理化指标

名称	抗剥落高铝砖	名称	抗剥落高铝砖
牌号	XL—70	热振稳定性（1100℃水冷）≥	20
$w(ZrO_2)/\% \geqslant$	6%	热膨胀系数/% 1000℃	0.4～0.6
$w(Al_2O_3)/\% \geqslant$	70%	导热系数/〔W/(m·K)〕	1.4
耐火度≥	1790	显气孔率/%≤	20
0.2MPa荷重软化温度/℃≥	1470	使用部位	分解炉
常温耐压强度/MPa≥	60	使用寿命≥	5 年
体积密度/（g/cm³）	2.5～2.6		

附件二十：不定型耐火砖验收标准

产品名称		刚玉莫来石窑口耐火浇注料	钢纤维耐磨浇注料	刚玉莫来石喷煤管专用浇注料	莫来石高强防暴浇注料	高铝质高强浇注料	碳化硅抗结皮耐火浇注料	抗侵蚀抗结皮耐火浇注料
牌号		JC-80MK	JCF-16K	JC-80MP	JC-M70	JC-16	JC-C13	JC-C13H
最高使用温度/℃		1780	1600	1780	1650	1500	1300	1400
体积密度/（kg/m³）≥	110℃×24h	2800	2600	2700	2700	2550	2400	2500
化学成分/%	SiC	—	—	—	—	—	SiC＋SiO₂ 40～60	SiC＋SiO₂ ≥55
	Al_2O_3	≥80	≥75	≥80	≥70	≥72	—	—
	SiO_2		—		$SiO_2 \geqslant 15$	≤25	—	—
	MgO＋CaO	—	—	—	—	—	—	—
冷态耐压强度/MPa	110℃×24h	≥100	≥100	≥70	≥100	≥70	≥70	≥80
	1100℃×3h	≥110	≥100	≥110	≥120	≥110	≥80	≥100
	1350℃×3h	≥130	—	≥120	≥130	—	—	—
冷态抗折强度/MPa	110℃×24h	≥6	≥10	≥7	≥11	≥7	≥8	≥11
	1100℃×3h	≥7	≥11	≥7	≥12	≥8	≥8	≥12
	1350℃×3h	≥13	—	≥13	≥13	—	—	—
烧后线变率	1100℃×3h	≤±0.3	≤±0.5	≤±0.3	≤-0.5	≤-0.5	≤±0.4	≤±0.4
	1350℃×3h	≤1	—	—	—	—	—	—
耐碱性试验		JC/T 808—2013《硅铝质耐火浇注料耐碱性试验方法》						
施工参考用水量/%		5～5.5	6～7	5～5.5	6～7	6～7	6～7	5～6
使用部位		前窑口	箅冷机冷端矮墙、侧墙	喷煤管	窑头罩顶部等*	三次风管无拐弯段	烟室、后窑口、分解炉缩口	预热器
使用寿命≥		1 年	3 年	1 年	2 年	3 年	后窑口2年，烟室3年	五级、四级3年，三级、二线、一级5年
备注		* 窑头罩顶部等：窑头罩顶部、四周侧墙、箅冷机一段二段矮墙、三次风弯管、三次风闸板						

7.7　水泥厂大修的顶层设计

大修一般放在年初的水泥销售淡季，有比较充裕的检修和改造时间，是恢复系统完好率和实现技术进步的良机。这既是为来年的生产经营打基础，也是弥补平时没有时间实现技术进步的好机会，吸纳借鉴部分新材料、新技术、新工艺，以进一步提高自己的竞争力。

基于预分解工艺的水泥生产随着社会文明、科学技术的进步一直处在快速完善和提高中，熟料生产线已有减少到每班 3 人的定员，熟料强度已有超过 72MPa 的案例，可比熟料综合电耗低至 45kWh/t、吨熟料烧成煤耗低于 100kg、余热发电量实现烧成系统对外界电能的"零消耗"，这些已不是个别案例，都是我们技术进步的现实目标。

各企业要结合自己的实际情况，分析有哪些可以采用、哪些可以部分采用、哪些可以借鉴融通，特别在产能严重过剩、企业竞争激烈的今天，唯有技术进步能够提高企业的竞争力，不进则退，不进步就不能生存，这都是大修中应该考虑的问题。

在产能严重过剩、迫切淘汰落后产能的大环境下，各种环保要求愈来愈严、各种限制能耗的指标愈来愈低，在环保、能耗、安全、质量上不达标或相对落后的企业，就有被淘汰出局的危险。对于这方面的法规、政策、要求，我们准备好了吗？离要求还有多大差距、在同行中处于什么地位、离淘汰边界还有多远、相应的措施在哪里？这都是大修中应该考虑的问题。

为了抓住这个机会，各水泥企业在大修前都要制定大修计划、准备技改方案，那么这个大修计划由谁来制定呢？对于成熟的工艺和装备，由于基层更掌握现场实际，通常都由基层做起、顶层审定；但现在不同了，不论是工艺还是装备，都迫切需要技术进步，由于顶层人员了解的信息更多、掌握的资源更多，能够从全局角度进行全方位的统筹，更有利于集中有效资源，高效快捷地实现目标。

1. 什么是大修的顶层设计

我们常说"只有落后的领导，没有落后的职工"，我们又说"领导带了头，职工有劲头"，这都是在说顶层的重要性。凡事要有一个目标、有一个努力的方向，喊出自己的口号、扛起一面旗，才能凝聚一个团队、干一番事业！当然，顶层不是顶尖，这里的顶层不仅是一把手，而是一个包含企业各方面顶尖人才的高素质团队。

具体到我们的大修和技改又何尝不是如此呢？那么，谁来带这个头、谁来定这个目标呢，这就提出了顶层设计！当然，顶层设计不是让一把手亲自动手，而是有一个能贯彻企业全局理念的班子，结合有关政策的变化（这几年主要是环保、能耗、税收、去产能），结合专业技术的前沿发展和同行标杆，结合自己的实际情况展开。

顶层设计这一概念来自于"系统工程学"，其字面含义是自高端开始的总体构想。在系统工程学中，顶层设计是指理念与实践之间的"蓝图"，总的特点是具有"整体的明确性"和"具体的可操作性"，在实践过程中能够"按图施工"，避免各自为政造成的混乱无序。

从工程学角度来讲，顶层设计是一项工程"整体理念"的具体化。顶层设计是运用系统论的方法，从全局的角度，对某项任务或者某个项目的各方面、各层次、各要素统筹规划，以集中有效资源，高效快捷地实现目标。顶层设计具有以下三方面的特性：

一是顶层的决定性：鉴于顶层了解的信息更广、掌握的资源更多，顶层设计更有利于企业的技术进步和长远发展。因此，顶层设计是自高端向低端展开的设计方法，核心理念与目标都源自顶层，因此顶层决定底层，高端决定低端。要实现理念一致、功能协调、结构统一、资源共享、部件标准化等系统论的方法，从全局视觉出发，对项目的各个层次、要素进行统筹考虑。

二是整体的关联性：顶层设计强调设计对象内部要素之间围绕核心理念和顶层目标所形成的关联、匹配与有机衔接。要坚持统筹兼顾、突出重点，从全局出发，提高辩证思维水平、增强驾驭全局能力，把各领域各环节协调好，同时要抓住和解决牵动全局的主要工作、事关长远的重大问题、关系生产的紧迫任务。

三是实际可操作性：设计的基本要求是表述简洁明确，设计成果具备实践可行性，因此顶层设计成果应是可实施、可操作的。其优势在于，有利于解决体制性障碍、深层次矛盾，全面协调推进相关的体制创新；需要注意的是，顶层设计要防止远离基层、脱离实际，要充分征求基层的意见。

顶层设计包括以下六个要素：

① 前瞻性预判：要有长远观念，不能只顾眼前；

② 从后往前看：制定出清晰的愿景，反推应有的措施；

③ 系统化思考：理清目标的前提条件和边界条件，寻求问题的"根本解"，而不是"一时解"和"半路解"；

④ 方法论支撑：把系统思考上升到理论高度，将个案措施总结为可供推行的共性方法；

⑤ 数据化分析：强调用数据说话，避免空洞的理念和原则性忽悠；

⑥ 科学化分解：将"目标、措施、责任"层层分解，落实到具体的个人头上，并明确阶段性完成时间和总体完成时间。

顶层设计更强调与基层创新的结合，不能脱离实际。要把"重点、难点、关键点"的基层人员请进来，了解他们在实际工作中遭遇的困惑，汲取他们在解决问题中凝聚的智慧，倾听他们在长期实践中凝练的建议，才能使顶层设计更加符合实际，才有利于顶层设计的稳步落实。

2. 搞好大修的六条原则

准确评价生产系统的运行状态是顶层设计的基础，实时选用新理念、新技术、新成果是顶层设计的重要内容，有序安排对整个系统的维护、检修、优化、技改的资源分配和进程交叉，是顺利完成顶层设计的具体细节。因此，搞好大修应该遵循以下六条原则。

（1）抓好运行的巡检细致性和重点要点预诊断

在检修前要加强对整个系统的巡检和要点部位的诊断，为大修（含技改）计划的编制打下基础。认真细致的巡检能够提前发现问题，有计划有步骤地安排大修，防止检修漏项和检修忙乱。

要特别抓好岗位人员、维修人员、工程技术人员的三级巡检，并强调记录和总结；要对影响生产的重点、要点设备或问题，进行一次由主要领导和工程技术人员参加的全面会诊。就水泥生产而言，搞好运行的关键不是解决问题而是发现问题，解决问题尚有外部力量可以借助，而发现问题只有靠我们自己。

（2）抓好备件的相对可靠性和寿命周期充分性

在大修（含技改）计划编制完成以后，要跟踪落实好相关设备、备件、材料的进厂工作。通过分析总结各供应商的实际性价比，努力采购价格合理质量可靠的设备、备件和材料，为长期稳定的运行打好基础；认真作好统计分析，摸清各种备件和材料的寿命周期，根据寿命周期和实际运行状况，在尽量减少资金占用的情况下确保大修（含技改）的顺利进行。

（3）抓好检修的适度彻底性和强调检修检查性

在条件允许的情况下，大修（含技改）要尽量全面彻底，宁肯检修时间安排得适当长一点，也比开起来又停划算；同时做好检修期间的检查工作，因为有些设备或部位在运行中是无法检查的；在定员相对偏紧的情况下，对一些整装及较大项目要尽量委托外部完成，早开一天窑比什么都划算，自己的人员则要偏重于认真检查和完成追加性的项目。

（4）抓好检修的持续改进性和改造方案系统性

不能只搞简单的重复性检修，特别对于大修，要根据生产运行中的薄弱环节，结合新工艺、新技术、新设备、新材料的不断出现，创造性地和检修结合起来推进技术进步，力争每检修一次，系统技术水平就要提高一次；在每次改造中，不能就事论事，而要考虑到对整个系统的影响和整个系统的需要，做到局部与整体的结合、短期与长远的结合。

（5）抓好检修的堵漏完好性和润滑清理彻底性

密闭堵漏是一项常抓不懈的工作，漏的危害性不言而喻，包括内漏、外漏、正漏、负漏、漏风、漏料、漏油，运行中的堵漏往往不够彻底、或不够规范，检修期间具备上下内外的检查和施工条件，要进行一次完好性恢复；对一些需要拆卸加油的部位，对一些需要大面积停电才能清理的部位（主要是电器部分），机会难得，不可错过。

（6）抓好事故的管理严肃性和措施上的预防性

在大修（含技改）结束后，必须认真仔细地抓好检修和技改项目的试车和逐项验收，抓好检修事故的管理和考核工作。对于检修事故，岗位人员、检修人员、验收人员都要予以考核；要严格按照事故管理的四不放过原则办事，从事故中汲取教训和堵塞漏洞，学费可以交但不能白交；抓事故管理的重点要放在事故的预防措施上，要让大家都感到事故就是高压线，是碰不得的，都去努力寻找和积极采取预防措施。

3. 优化改造技术进步路线图

对"现代化预分解窑水泥厂"的优化改造，在现有所谓"新型干法"生产线的基础上，以"全方位均衡稳定"为指导思想、以"智能化与节能降耗"为技术路线，融合近几年发展起来的（或嫁接其他行业已经成熟的）新材料、新工艺、新技术，对现有生产和经营实施全方位的"研发型或嫁接型改造"。

集合部分研究单位和水泥企业近几年的单项成果，构成一个初步的年度技术进步路线图，不同企业可结合自己的实际情况，作为大修顶层设计的选项参考。其具体内容：包括以下 24 项通用生产技术、3 项重大工艺装备改造技术、3 方面管理升级技术。

1）24 项通用生产技术

（1）稳定矿山质量的计算机配采、配运技术。该技术主要是缓解石灰石质量在地质分布上的不均衡，为取消石灰石预均化堆场创造条件。如果石灰石矿山的质量比较均衡、或石灰石预均化堆场的效果还可以，或入窑生料质量波动不大，改造的必要性就不大了；但对于新建厂，始终是必要的，因为这套技术可以省掉投资很大的石灰石预均化堆场的建设。

①以地勘资料为基础，根据化学成分的分布情况，在一定范围内进行可行的多采面均质搭配开采；

②以爆破穿孔的化学成分为基础，必要时辅以爆破后取样检验，以化学成分为基础，对不同的采面进行搭配装运进厂。

（2）稳定配料的石灰石高中低品位三分配料技术。该技术主要是为了充分发挥生料成分在线分析仪的作用，也是为取消石灰石预均化堆场创造条件。

在进厂石灰石的主输送皮带上设置 1 台石灰石成分在线分析仪，根据一定时间段的 $CaCO_3$ 含量分为高中低三个品种，分别送入 3 个石灰石配料库，以便配料中按比例搭配使用。

（3）稳定生料质量的成分在线分析仪检测、配料技术。现有普遍采用的 X 射线荧光仪成分检验配料系统，一是存在人工取样的代表性问题，二是存在约 1 个小时的滞后问题，都严重影响到系统调节的准确性。

①在入磨配料皮带上设置 1 台生料成分在线分析仪，检测配料后的实时化学成分，并根据各组分物料的化学成分实时调整物料配比；

②保留原有生料粉磨后的荧光仪检验，以核准和把控在线分析仪配料系统的效果。

目前已有多个国外的在线分析仪可供选配，尽管效果不尽相同，但总体上都有可观的效果；丹东工控作为国内开发在线分析仪的唯一厂家，近几年也取得了不错的业绩，而且逼迫国外设备实施了大幅度降价，有利于水泥行业推广普及在线分析仪，特别对那些由于价格问题还在犹豫者是一个好消息。

（4）生料粒度在线分析仪技术。生料磨的主要平衡是质量与电耗的平衡，进一步细化就是细度与台时产量的平衡，要想比较精准地把握平衡点，就必须有实时的量化数据作支撑。

①现有生产系统的台时产量，已有实时的配料秤给出；

②生料细度，虽然也有具体的抽检指标，但不是全检，存在一个代表性问题；而且不够实时，一般要滞后 1 个小时左右；还有一个需要强调的问题，对生料的微粉实施控制。

（5）立式生料磨喂料锁风技术。生料粉磨电耗约占到熟料电耗的 1/4 以上。好的水泥厂能将吨生料电耗控制到 12 度左右，而不少较差的厂家则达到 18 度以上。这虽然与系统工艺和装备有关，但降耗最容易、效果也最明显的措施就是密闭堵漏。根据对多条生产线的检测总结，发现系统漏风对风机电耗有着重大影响，一般系统漏风 10%，将增加风机耗电 30% 左右。

目前的现实情况是，对于多数熟料生产线，漏风问题主要存在于生料粉磨系统，而生料粉磨系统又主要是立磨的喂料锁风阀。目前，立磨的喂料锁风阀基本上全部采用分格轮锁风，而且绝大部分效果不好，为了应对黏湿物料的堵塞，有的厂干脆拆掉不用了。生料立磨的喂料锁风。特别是对于物料黏湿的生产线，尤其是北方的冬季，一直是大家头疼的问题。

目前，用于立式生料磨喂料锁风改造的，主要是潍坊几个厂主推的"全密闭料封"技术。第一代产品有：称重料封仓＋全密闭喂料皮带、称重料封仓＋全密闭板式喂料机，优点是锁风效果良好，缺点是占用空间较大、检查维护不便、维护费用较高；目前，已有第二代产品在用，料封仓＋转子喂料机，保留了第一代的优点、克服了第一代的缺点。

（6）增大下料管冲力降低预热器出口温度技术。目前，大部分预热器出口废气带走的热量约占熟料烧成理论热耗的 17％～22％，是烧成热耗最大的支出部分，降低预热器出口温度是降低熟料热耗的重要途径之一。旋风预热器的物料预热主要在换热管内进行，如果换热管内的物料分散不均，甚至出现下冲短路，是导致预热器热效率下降的一个普遍问题。

预热器撒料装置的原理依赖于来料的冲力和冲击角度，上一级下料管的布置制约着来料的冲力和冲击角度，冲力的大小和冲击角度影响着撒料装置的反弹喷射，继而影响到管内的撒料效果，撒料效果影响着预热器换热效率。

因此，增大来料冲力和优化冲击角度就成了增大分散度、提高换热效率的关键，而改造后增大下料管的角度和高度、提高翻板阀在下料管上的位置，可以有效地提高来料冲力，提高换热效率，降低预热器的出口温度。

（7）稳定入窑生料的新型转子秤计量、喂料技术。以稳定入窑喂料量为根本，改用更稳定的喂料和更精确的计量系统；当给料的稳定性与计量的准确性相矛盾时，以稳定性为主选择计量设备。即宁要稳定的大误差、不要波动的高精度。

给料系统和计量系统是喂料系统不可分割的两个部分，两部分的相互制约和关联性很强，这一点在引进的菲斯特煤粉秤上有明确的体现，要求使用他们的秤必须同时使用他们的给料系统。

其典型的代表是某公司近年开发的司德伯秤，将给料和计量集合内置到一个设备内完成，取消了喂料调节阀，不但简化了系统工艺，方便了现场布置，降低了故障率，节省了备件费用，而且大幅度提高了对中间仓仓位波动的适应性。

（8）均衡稳定的煤粉新型转子秤计量、喂料技术。应该说大家都已经认识到稳定煤粉的重要性，近年在煤粉计量秤的选用上普遍选用了较好的设备，但遗憾的是，不少生产线上依然存在着断煤和跑煤现象。问题主要体现在煤粉仓的棚仓塌料上，其因素主要有煤粉水分、煤粉仓的结构和负压、煤粉给料和计量的锁风问题。

煤粉新型转子秤计量、喂料技术，将供给料部分视为计量控制系统的一个重要组成，科学合理地设计和选配了供料仓和预给料装置，在稳定给料上下足了功夫，保证了连续、稳定、可控的给料，从而保证了计量设备能够稳定运行、正常运行、准确计量。

与现有的煤粉喂料秤相比，主要的改进有：

①为防止煤粉仓的棚仓断料和塌料，在煤粉仓内增加了破拱搅拌器；

②为减小煤粉仓仓压对下料量的影响，初期是增加了一个控制下料的调速分格轮，继而又设置了一个料位稳定仓，并在仓内设置了一个可回转的刮壁曲杆。

（9）稳定烧成工况的尾煤、头煤智能控制技术。以稳定分解炉出口温度和窑头火点温度为基准，参照其他与燃烧和温度有关的工艺参数，对尾煤和头煤的给煤量进行智能调控。

目前的状况是，①对尾煤的智能控制相对成熟；②对头煤的控制，由于现用的燃烧器还不具备中控室实时调节的功能，还很不理想。

（10）稳定燃烧情况的窑头燃烧器中控室操控技术。燃烧器是操作员手中的枪，对煤粉燃烧和烧成工况有重大影响，不能由操作员实时调节是很尴尬的事情，就更谈不上智能控制了。

①给燃烧器加装必要的现场执行机构，②将量化的调节幅度传回中控室。由中控操作员根据窑况的变化、火力的分布、煤粉的燃烧情况，对燃烧器实现中控室实时调节，也为智能

化调节打下基础。

其典型的代表是奥地利 Unitherm 水泥公司开发的 MAS 单风道燃烧器，该燃烧器将内外风合二为一，由多个相同的、均布在一个环形盘上的小喷嘴喷出，转动环形盘可以方便地改变火焰的形状、角度、长度，从而为燃烧器的智能化调节奠定了基础。

(11) 提高燃烧效率以节煤的一次风加热技术。对一次风加热能显著提高煤粉的燃烧效率，这在 20 世纪 90 年代初就引起了水泥工作者的重视，并有多个水泥厂进行过尝试，其具体方案是将一次风机变成了高温风机，遗憾的是都以失败而告终。

现在的方案不同，一次风机的介质依然是自然的环境空气，只是将出一次风机的冷风先通过篦冷机内置的预热器预热，然后再进入燃烧器使用，一次风可加热到 200℃ 以上。由于加热后标况风量的减小，尽管管路加长较多，但一次风机的电流不但不会增加，反而有所减少。

(12) 合理用风的气体在线分析仪智能控制技术。在后窑口和分解炉出口设置气体在线分析仪（不少生产线已有安装），根据在线检测的气体成分（O_2、CO、CO_2）判断系统的用风是否合理，并结合其他相关工艺参数智能地调节用风，避免用风过小（不完全燃烧增加煤耗等）、或用风过大（增加电耗和煤耗等）。

(13) 根据新的环保要求，大部分生产线都已安装了 SNCR 脱硝系统，但遗憾的是氨水（或尿素）消耗量太大，给水泥企业的成本控制增加了额外负担。目前在降氨脱硝方面，已有成熟的分级燃烧技术、改进中的低 NO_x 燃烧器、探索中的水蒸气协同脱硝技术，都已取得了可喜的业绩，可供选择参考。

(14) 耐火材料的配套和新型耐火材料技术。为了满足大型化的烧成系统和协同处置废弃物的需要，国内外的耐火材料专业公司近几年都有新的、针对性的砖种出现，为重新优化配置提供了可能；

另一方面，以前普遍重视的是常温指标，实际上是在高温下使用，常温和高温是有差别的，必须重新认识、重新配置。

(15) 氢氧化铝微珠复合绝热材料应用技术。利用现有航天设备上的绝热材料或技术，直接使用或通过降质降价寻求可接受的性价平衡点，将其移植到水泥行业。该技术虽然还处于开发初期，但有丰厚的优惠条件及良好的发展前景，感兴趣的企业在不影响生产的情况下不妨一试。

①更换现有复合砖底部的隔热层，或直接在窑筒体内壁喷涂，可大幅度降低回转窑筒体的表面温度，既有利于设备的安全运转，又可获得显著的节煤效果，甚至改变回转窑的结构和降低其重量；②对预热器旋风筒、连接管道、三次风管的内壁或外壁进行绝热喷涂，同样可获得显著的节煤效果。

(16) 稳定篦冷机工况的智能控制技术。其终极目标是，在保证熟料快速冷却的前提下，用最小的风量实现熟料余热的最大回收和最佳利用。

以稳定篦冷机高温段的篦下压力为基准，以通过调整篦速、稳定料层厚度为主要措施，辅之对不同篦区的篦下风机调节，实现篦冷机冷却用风的智能控制，以进一步提高冷却效果、降低冷却电耗。

(17) 直接使用或部分借用第四代篦冷机技术。目前，国内外已有多种型号、不同原理的第四代篦冷机投入使用，尽管还存在不同程度的不同问题，但总体上都有自己的优势，可供第三代箅冷机的优化参考。

除了国内外箅冷机最前沿的先进技术以外，近几年在第三代箅冷机的优化改造方面，各水泥厂、特别是几个专门从事箅冷机改造的团队，也获得了不少的成功经验和使用业绩，而且简单易行、投资不大，可资利用。

（18）箅冷机中段或尾段熟料辊式破碎机技术。箅冷机的熟料辊式破碎机已经相当成熟，不但破碎效果好，而且电耗低、维修量小、运行可靠，是锤式破碎机的换代产品。

如果能用在中段更好，还能显著提高对熟料的冷却效果；退一步讲，用在尾端取代现有的锤式破碎机也是非常值得的，而且改造的空间也具备。

（19）熟料入库采用皮带裙板输送机技术。该技术起源于某公司 20 世纪 90 年代初研发的熟料配料皮带秤，不但较好地解决了熟料皮带的抗高温和抗磨损问题，大幅度减少了熟料输送机的维护量和维修费用，还有很好的节电效果。

缺点是当箅冷机跑红料时容易烧皮带，对箅冷机的冷却效果要求较高。但对于第四代箅冷机、特别是将辊式破碎机设置在中段的箅冷机，一般不会有问题，这在泰安中联已有成功验证。

（20）稳定水泥细度的水泥磨粒度在线分析仪技术。在配料组分有效控制的情况下，水泥细度是操作员把控的主要质量指标，把控细度的主要措施都影响到粉磨系统的产量，产量的高低又影响到电耗。

实时地对细度调节能有效发挥粉磨系统的能力和降低粉磨电耗，实时的调节需要实时的检测结果。因此，水泥粒度在线分析仪就成为必要。

（21）水泥磨节电的陶瓷研磨体技术。经过近 2 年的开发试验，用于水泥粉磨的陶瓷研磨体已获得明显的节电效益，而且还有很大的优化空间，是一项近乎零投资、零风险、高回报的技术，已经在几家大集团的粉磨系统上取得成功。

①价格贵了一倍，重量轻了一半，磨损率大幅度降低，与现有金属研磨体相比，占用的资金基本相当；②成功了可以获得丰厚的效益，失败了最多是重新装一次球而已，在水泥市场供过于求的今天，风险极小；③对不同粉磨系统和不同水泥品种的试用，节电效果尽然达到了 4～7kWh/t 水泥的高水平，按电价 0.5 元/kWh 算，对一个 200 万吨/年的企业，每年的受益达 400～700 万元。

（22）辊压机联合粉磨系统优化技术。辊压机联合粉磨系统已成为国内水泥粉磨的主流工艺，但由于该工艺近年来在国内的不断完善，特别是其专用喂料设备和分选设备的发展，以及陶瓷研磨体的介入，各企业的技术水平参差不齐，还有很大的优化空间。

比如，同样是辊压机联合粉磨系统，有的入磨细度能控制到 30%（80μm 筛余）以下，而有的系统则高达 70% 左右，导致系统粉磨电耗也差距较大。

（23）离心风机的高效率改造技术。就一条完整的水泥生产线而言，约有 25 台左右的工艺离心风机、还有 100 台左右的非工艺离心风机，其装机容量占到生产线总装机容量的 25%～30% 以上，消耗着整个工厂 1/3 左右的电能，是粉磨主机之后的第二大耗电装备群。

风机又是水泥厂最具节能空间的装备之一。在选型时就考虑了最大需求，还留有一定的富裕；在生产过程中，由于受多种复杂因素的影响，风机的实际运行负荷与装机容量偏离较多，一般都有约 15%～30% 的节能空间。风机系统的总效率不仅与风机有关，还包括风机所在的工艺系统，对这一点必须有一个清醒的认识。

风机的最佳运行点（最大效率）与其所在系统有着密切的关系，系统的风量、阻力、温度都对风机的最佳运行点有重要影响，而这些参数都是设计之初预先假定的，与生产中的实际情况不可避免地存在偏差，偏差的大小直接影响到风机的效率/电耗。

前几年主要是给风机配置调速系统，以适应已有的工况，但这不能提高风机本身的效率，甚至还会有所下降；近两年开始改造或更换风机，以提高风机本身的效率以及对工况的适配性。应该指出的是，风机调速与改造风机并不矛盾，两者各有优势，是相辅相成的，具体如何改造要结合自己的现场、时间、投资情况，综合平衡选择。

（24）水泵、风机、空压机节电的串级调速技术。设备的高效率只能是对应某一工况确定的，由于生产不可避免地要应对不同的工况，系统的高效率就有调速节能的空间，这与设备的高效率改造或直接采用高效率的设备并不矛盾。

对风机泵的调速节能已被多数水泥企业所接受和使用，不同的是目前多数水泥厂使用的主要是变频调速，然而变频器不但投资高而且比较娇贵，对防尘、降温要求较高；而近几年悄然兴起的串级调速，价格只有变频器的 $1/3 \sim 1/2$，而且更适合水泥行业较高的温度和粉尘环境，故障率低得多。

2）3 项重大工艺装备改造技术

（1）降低电耗的生料辊压机终粉磨技术。如果生料磨为管磨工艺，在资金允许的情况下改为辊压机终粉磨工艺；如果生料磨为立磨系统，则以投资和节电以及维修费用和事故率的平衡情况决定是否改为辊压机终粉磨。

生料辊压机终粉磨比立磨更加省电已经得到证实，问题在于对黏湿性物料的适应性较差。事实上，在雨多的南方也有成功的案例，在土多的北方也有成功的案例，只要土少不怕雨多、只要干燥不怕土多，怕只怕两者都多，这又为拓宽生料辊压机终粉磨的使用空间提供了依据。

（2）第四代篦冷机升级改造。有人说第四代篦冷机的电耗不但没有降低，甚至还有所增加，如果孤立地看待一台篦冷机确实如此，但篦冷机是烧成系统的一台工艺设备，就应该把它放在整个系统中去全面地权衡利弊。

篦冷机的作用不仅是冷却熟料，还关联着熟料的质量、煤耗、电耗，甚至还关联着水泥磨的电耗。同时，篦冷机的结构形式还制约着辊式破碎机的中段使用；篦冷机的冷却效果还制约着皮带裙板式输送机的使用。

（3）水泥制成的分别粉磨技术。分别粉磨不仅能根据水泥各组分的易磨性区别粉磨时间和组分细度，实现最佳的粉磨效率和节电效果，而且能根据水泥各组分的特性，区别控制水泥中各组分的比例和细度，方便地满足不同用户对水泥特性的不同需要。

在目前供过于求的市场情况下，强烈推荐新建的水泥粉磨系统采用这项技术；而对于已有的水泥粉磨系统改造，企业需根据自己的资金情况、市场的需要、投入产出分析，进行综合平衡后决定。

3）3 方面管理升级技术

（1）建设信息物理融合系统（CPS），实现企业生产运营的自动化、数字化、模型化、可视化、集成化，提高企业劳动生产率、安全运行能力、应急响应能力、风险防范能力和科学决策能力；

（2）在生产管控和经营决策中，通过大数据平台建设，应用商业智能系统（BI）和产品生命周期管理（PLM），建立对采购、生产、仓储、销售、运输、质量、资源、能源和财务等全方位的智能管控平台，实现产品、市场和效益的动态监控、预测预警，提升各环节的资源优化配置能力和智能决策水平；

（3）建立与供应商和用户的上下游协作管理系统，按照供应商提前介入（EVI）、准时生产技术（JIT）等模式，统一企业资源计划（ERP）等企业业务系统间信息交换接口、标准和规范，通过信息共享和实时交互，实现物料协同、储运协同、订货业务协同以及财务结算协同。

第8章 熟料煅烧中的操控与管理

上一章专题讲了燃烧器对熟料煅烧的重要性，但也不是只要玩好了燃烧器就高枕无忧了，还有方方面面很多的工作需要去做。熟料烧成是一个系统工程，每个环节都很重要，缺一不可。

就熟料煅烧来讲，窑头微负压操作，抓好系统的漏风，挂好窑皮，保护好窑皮，减小窑灰对熟料质量的影响，操作好篦冷机，稳定窑的运行等，大家天天都在做，应是简单平常的事。就是这些稀松平常的事，你是否又去深究过：窑头正压的成因是什么，该如何消除？窑头负压是不是越大就越好？怎样才能彻底根治系统的漏风？窑灰该从哪儿入窑才最好？篦冷机的漏风串风怎样才能解决好？通风截面积足够，是否就不会影响通风了呢？

绝大部分生产线几乎天天都在超产运行。但超产多少才合适，怎样才是最经济合理的，超产是否会对设备造成安全隐患呢？如果对这些问题没有彻底搞清楚，弄不好一超产，反而还造成热耗的增加、质量降低和运转率的降低。

8.1 窑头负压的正确控制

窑头一般要求微负压操作，但部分操作员认为，窑头控制在微正压状态较好，有利于稳定火焰、稳定二次风温、f-CaO 好控制，只要工况稳定生产正常，偶尔稍微脏一点也不算什么。

一些企业由于"生产紧张"或追求连续运转，对系统漏风、预热器结皮、窑内结圈、设备带病运行等引起的窑内通风不足、窑头正压得不到及时处理，认为只要少停一次窑就是合算的，坚持一段时间也问题不大。

1. 窑头正压的危害

从烧成工艺来讲，长时间维持正压操作，严重影响到窑内通风，影响到煤粉燃烧，增加了还原气氛，对窑的产质量都是非常不利的，应该及时地停窑处理，不要将就着生产。

窑头正压，一般为窑内通风不足，必然影响到火焰向窑尾的伸展，影响到窑内火焰的完整性，严重时将伤及窑皮及耐火砖；短焰急烧加还原气氛，将严重影响熟料质量。

窑头正压，一般为窑内通风不足，必然影响到高温二次风的入窑，不利于降低烧成热耗；影响到篦冷机高温段用风，不利于熟料的快速冷却。

从设备管理来讲，窑头正压直接威胁到窑头摄像头、比色高温计等仪表仪器的安全，导致检测结果失真，甚至将其烧损致坏。

长时间维持正压操作，由于窑头二次风温度一般都在 1000℃ 以上，甚至达到 1200～1300℃，正压时势必造成风冷套处在高温氧化的氛围中，一方面使风冷套氧化变薄，另一方面造成风冷套变形。

由于窑口护铁是靠风冷套内的冷风降温的，风冷套氧化变形后势必造成冷风短路，窑口护铁得不到均匀冷却，造成窑口护铁和窑口筒体温度大幅度提高，同样处在高温氧化氛围中，造成护铁提前失效，窑口筒体变薄、张喇叭口甚至裂纹。所以一定要制止窑操作人员的正压操作。

华北某公司曾发生过由于长期正压操作，风冷套被烧坏，窑筒体被烧裂的事故，如图8-1所示。从紧急购置窑筒体到修复后开窑，该公司在销售旺季被迫停窑20多天，给企业造成了重大损失。

图 8-1 某 5000t/d 线烧损严重的前窑口

2. 窑头正压的成因与消除

窑头正压的原因往往是多方面的，而且有多种因素关联和相互影响。一般导致窑头正压的原因有：

（1）窑尾风机能力不足，包括由于风阀没有开到位，窑尾系统漏风量大，或预热器及后窑口有堵塞、结皮现象，或窑内有长厚窑皮、甚至结圈等原因；

（2）篦冷机排风机能力不足，或没有开足，风阀没有开到位；

（3）篦冷机高温段用风过大，包括高温段料层过薄，压不住风；

（4）熟料煅烧温度过高，窑内热阻力变大；

（5）二次风温升高，窑头罩的气体工况体积变大；

（6）窑内烧成温度过低，煤粉燃烧不稳定，有瞬间爆燃和跑生料现象。

至于如何消除窑头正压现象，就是针对以上形成窑头正压的原因，对症下药，采取相应的措施。

3. 窑头负压也不是越大越好

窑头负压也不是越大越好，一般控制在负的 50～100Pa 为好。负压过大会有如下负面影响：

（1）负压靠风机形成，过大的负压必将增加系统的电耗；

（2）负压过大将导致预热器的风速增大，出预热器的温度升高，熟料烧成煤耗加大；

（3）负压过大还会增加预热器系统的冷风漏入，不但影响生料的预热和预分解，还会加重预热器系统的结皮堵塞；

（4）负压过大将增加窑头冷风的漏入。大量的冷空气进入窑内，挤占了入窑的高温二次风比例，降低了窑前温度，影响到头煤燃烧，致使高温带烧成温度降低，增加了头煤煤耗；

（5）窑头冷空气的漏入，将导致三次风温度降低，不仅影响到出窑余热的回收利用，而且影响到分解炉的尾煤燃烧，导致尾煤的煤耗增大；

（6）要维持烧成系统热工制度的稳定，必须稳定回转窑和分解炉的风量/风速，就要维持窑头排风机和窑尾排风机的能力平衡，以获得一个稳定的窑前零压点。因此，窑头负压过大，一定存在着头排与尾排的争风问题，争风消耗着无谓的能量，导致前后排风机的电耗同时增加；

（7）负压过大还会增加密闭堵漏的难度。

当然，正常的负压操作也必须搞好窑头的密闭堵漏，特别是难以杜绝的前窑口密封、燃烧器周围、两扇窑门的合口以及周围。不要强调"难以杜绝"就放任不管，不要借口"一直这样"就习以为常。

前窑口的密封方式有石墨块密封、米宫式密封、柔性密封、鱼鳞片密封等形式，但不管采用哪种型式的密封，特别在高温高尘的情况下，都存在着松动、磨损和老化问题；而且回转窑不仅是在转动、串动，事实上还存在弯曲、失圆导致的摆动，摆动一直在冲击挣脱着密封的约束。所以，不要以为用了密封就万事大吉了，还要加强正常的维护和检修工作，才能维持一个较好的密封状态。

这里值得赞赏的是，上述华北某公司在修复了前窑口以后，也对窑前的漏风有了新的认识，就窑前工作进行了系统的分析总结，完善了操作制度，加强了现场治理，不但窑前不再正压飞砂，而且加强了密闭堵漏，基本做到了窑头不见火。该公司治理前后的火嘴周围密封情况如图8-2、图8-3所示。

图8-2　某5000t/d线治理前的燃烧器周围密封情况

图 8-3　某 5000t/d 线治理后的燃烧器周围密封情况

8.2　漏风与散热对烧成的影响

就水泥生产来讲，说起系统漏风（包括内漏风和外漏风）的危害，大家知道的很多；说起密闭堵漏的重要性，大家也能讲个三天五夜。但在一些水泥企业，漏风就像慢性病一样，总是在不断地发作，久治不愈。为什么会这样呢，究其原因有二：

（1）关于密闭堵漏，单独说起来都很重要，但遇到与其他问题平衡时就降为次要的了；

（2）密闭堵漏是一项常抓不懈的工作，不可能一劳永逸，而一些企业却总是在搞突击。

1. 后窑口漏风的几个案例

这里先来回答某公司领导的质疑：现在正处于熟料紧张的黄金十月，因为窑尾密封不好就停窑损失太大，再说快到年底大修了，多用几个月还能省点备件费；漏点风怕什么，后窑口不是还往里鼓风吗？

窑尾密封的主要作用就是防止冷空气进入窑尾。有些管理者虽然知道漏风的危害，但为了保产量、保运转率，在窑尾密封损坏后，还是不情愿停窑处理，大量冷空气进入预热器，导致了煤耗和电耗大幅度增加。

曾经有一条 5000t/d 窑，由于窑尾烟室沉降，导致窑尾密封石墨块全部损坏，如图 8-4 所示。但为了满足市场需求，没有及时停窑处理，导致当月熟料标准煤耗超过 140kg/t 熟料，比正常情况高了 20 多 kg/t；熟料电耗达到 87kWh/t 熟料，比正常情况高了 20kWh/t。

该公司领导后来反思到，如果当时能够在准备好的情况下，果断地把窑停下来修复一下，不就是停几个小时窑吗？孰轻孰重一目了然。所以窑尾密封的损坏虽然没有直接影响到窑的运行，但对系统的经济性运行影响很大，出现问题应该尽快处理。

华北某公司的一条 2500t/d 生产线，在集团年终检查时被警告窑尾密封有问题，便花了近 20 万元投资，将石墨块密封改成了柔性密封，经验收通过，密封效果良好。

图 8-4　某公司 5000t/d 窑损坏严重的窑尾密封情况

但仅仅两个月后，现场检查就发现柔性密封的锁紧钢绳的配重不见了，密封弹簧片也成了呲牙咧嘴的样子，漏风又不可避免地开始了，现场情况如图 8-5 所示。这说明再好的设备，没有良好的管理也是不行的，密闭堵漏治理得再好，没有持续的关注也是不行的。

图 8-5　华北某公司 2500t/d 线窑尾缺失配重的柔性密封

还有一点，早期设计的部分预分解窑，在窑尾设有专门的冷却风机，其目的是对窑尾下料溜子进行冷却。东北某公司 5000t/d 熟料线，在后窑口配置的冷却风机如图 8-6 所示。在我们对密闭堵漏唯恐不及的同时，为什么还要用台风机消耗着电能往窑尾掺冷风呢？

图 8-6　东北某公司 5000t/d 熟料线的窑尾冷却风机

实际上，不管采取什么措施，窑尾漏风都是难以彻底避免的，窑尾溜子又是耐热钢材质，而且还有耐火材料保护，完全能够适应窑尾的工况，不需要专门为其设置冷却风机。所以，后来设计的预分解窑，都取消了这台风机，事实证明没有任何问题。

2. 漏风与散热对预热器的影响

预热器（含分解炉）是预分解窑系统的核心设备，其工作介质是烧成系统内部的比环境温度高得多的"热风"，系统外部环境空气的漏入将对这个"热风"的量和温度构成严重干扰，势必要影响到介质的工作质量，影响到预热器的效率，最终影响到整个烧成系统的正常生产。

漏风不仅影响预热器内的固气比，减小传热系数；还会降低预热器各级旋风筒内的气流温度，使每个传热单元的初始温差减小，换热效率降低；还会增加废气带出的热损失，增加排风机电耗。表面散热降低了系统的热效率，它使气流温度降低，传热效果下降，物料获得的热量减少，还将降低入窑生料的分解率，使系统能耗上升，产量下降，生产成本提高。

人们常常以预热器 C_1 旋风筒出口的温度来衡量预热器内气固间传热的好坏，而漏风和散热一般会降低 C_1 旋风筒出口气体的温度，造成预热器气固间换热效率高的假象，误导人们忽视预热器系统存在的问题。

关于这方面，西南科技大学的齐砚勇教授对"漏风和散热对预热器各级旋风筒出口气体温度的影响"有过专题研究，对预分解窑的水泥生产管理颇具指导意义，希望能引起我们的重视。

齐砚勇教授的研究以表 8-1 中设定参数为基础，漏风系数固定为 0.05，且假定每一级预热器旋风筒的散热损失相等均为 65kJ/t 熟料，对预热器各级旋风筒出口气体温度的分布进行了模拟计算，计算出的结果见表 8-2 和图 8-7～图 8-10。

表 8-1　模拟计算设定的基本参数

参数名称	数值
预热器级数 N	5 级
生料料耗 M	1.53kg 生料/kg 熟料
环境温度 T_0	25℃
喂入预热器物料温度 t_0	50℃
入预热器废气温度 t	1100℃
各级筒料预热后与废气温度差 Δt	30℃
各级旋风筒的分离效率 $\eta_1 \sim \eta_5$	95，88，89，90，90（％）
漏风系数 b	0.05
每级旋风筒的散热损失 q	65kJ/t 熟料

表 8-2　漏风和散热对各级旋风筒出口温度的影响（℃）

各级旋风筒出口温度	t_1	t_2	t_3	t_4	t_5
未考虑漏风和散热时温度	358	593	730	849	966
仅考虑漏风时的温度	202	578	713	829	958
仅考虑散热损失时的温度	311	585	668	769	921
同时考虑漏风和散热时的温度	145	450	617	768	921

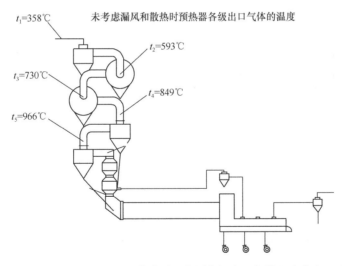

图 8-7　未考虑漏风和散热时预热器各级出口气体温度分布

对比图 8-7 和图 8-8 可以看出，当漏风系数为 0.05 时，预热器 C_1 旋风筒出口温度增高了 156℃，$C_2 \sim C_4$ 旋风筒出口温度分别降低了 15℃、17℃、20℃和 8℃。漏风对预热器各级出口温度都有影响，其中对 C_1 旋风筒的影响最大，高达 156℃。可见漏风对预热器内气固间的传热影响是不容忽视的。

对比图 8-9 和图 8-8 可知，当只考虑预热器散热损失时，预热器各级出口温度都降低了，$C_1 \sim C_5$ 旋风筒出口分别降低了 47℃、8℃、62℃、80℃和 45℃。散热对预热器各级旋风筒出口气体的温度影响较大，但小于漏风对其的影响。

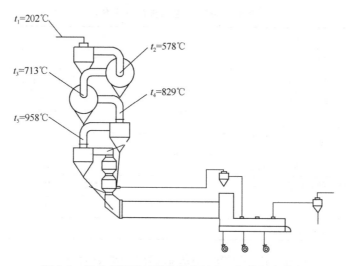

图 8-8　仅考虑漏风时预热器各级出口气体温度分布

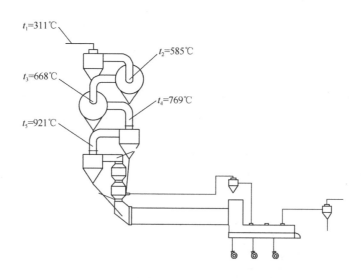

图 8-9　仅考虑散热时预热器各级出口气体温度

对比图 8-10 和图 8-7 可知，当同时考虑漏风和散热损失时，C_1 旋风筒出口温度增高了 213℃，C_2～C_5 旋风筒出口温度分别降低了 143℃、113℃、81℃和 45℃。

通过上述研究分析，齐教授认为：漏风和表面散热在表观上显示降低了预热器的出口废气温度，但必须注意其实质上导致了预热器内物料温度的下降；漏风和散热不但造成了能量的大量损失，还会使入窑物料温度降低，相应的入窑分解率也会降低。可见漏风和散热将对煅烧操作产生严重的影响，在生产中必须注意预热器的密闭堵漏和保温工作。

3. 预热器系统的漏风与治理

水泥企业普遍存在着或多或少的系统漏风现象，是影响正常生产和节能降耗的重要因素之一，特别是处于高负压状态的预热器系统，其漏风的量和对熟料烧成煤耗、电耗的影响是非常之大的，这里简单分析一下预热器系统漏风的原因、影响和治理措施。

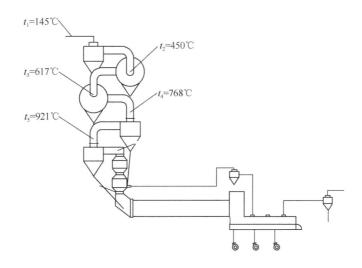

图 8-10　同时考虑漏风和散热时预热器各级出口气体温度分布

1) 看不见的预热器内漏风

对预分解窑烧成系统，都有一个五级（有少数生产线是六级）预热器，单列的有 6 个旋风筒、双列的有 12 个旋风筒，每个旋风筒的卸料管道上都有一个锁风卸料翻板阀。

每个翻板阀都设有配重，正常情况下翻板阀被调至微平衡常关状态，有料时被适量冲开，料大开度大、料小开度小，在料封的作用下起到卸料锁风的作用。由于来料量的波动是难免的，翻板阀的开度就是根据来料量的大小随时自动调节的，视觉上翻板阀的平衡杆应该是不停地闪动。

在实际生产中，往往存在翻板阀闪动不灵的情况，导致翻板阀不动或动作过大，实质上造成翻板阀长期或间断地开度过大；过大的开度就失去了锁风作用，导致下一级旋风筒的热风绕过两级旋风筒之间的连接管道、短路进入上一级旋风筒。这种短路俗称内漏，主要有六大危害：

① 预热器对生料的预热主要在连接管道内进行，绕过了一段连接管道就牺牲了一段预热功能，预热器的效率必然下降，出预热器的废气温度必然升高，烧成煤耗必然增大；

② 热风从卸料管内漏上去，将严重干扰旋风筒内的气体流场，导致旋风筒对物料分离收集的效率下降，并导致预热器的总体收尘效率下降、出口含尘浓度增高，不但会增大后续除尘器的负荷，还将增加回灰的输送电耗；

③ 在相同温度下，物料的热焓要大于气体的热焓，故预热器出口含尘浓度的增加对预热器效率的影响比温度升高还要严重，必将导致预热器的余热利用率下降，徒令烧成煤耗增大；

④ 当内漏的热风从旋风筒的下锥体进入后，会在下锥体下部逐渐失速形成涡旋回流，导致热风带上来的物料在这里高温沉降，如果生料的有害成分较高或裹挟有未燃尽的煤粉，就会在这里形成结皮，并逐渐加厚直至堵塞；

⑤ 还有一个问题，就是内漏将使下料管的温度升高，由于下料管的保温材料较薄、传热效果较好，导致下料管内气流的中心与边壁温差加大，为"挂窑皮"创造了条件，也很容

易形成结皮堵塞。

⑥ 危害间接地延伸，上述预热器效率的下降，将会加重回转窑内的热负荷，影响到整个烧成系统的产量和质量；预热器出口的粉尘浓度和气体温度的升高，将会加大对高温风机以及后续废气处理系统的磨损和热损害，缩短其使用寿命。

导致翻板阀闪动不灵、内漏加大的六大原因：

① 翻板阀的重锤平衡没有调好，或是调好后重锤滑动了，导致翻板阀始终处于常开状态。有的是重锤配置过轻，有的是定位不合适力矩太小，总体是对平衡杆的压力不够，无法平衡翻板阀的重量；

② 翻板阀的平衡杆被人为地用铁丝吊起，翻板处于常开状态。有的是为防止烘窑、升温、投料期间的料少冲不开翻板阀导致堵塞，在投料正常后忘记放下来了；有的是由于该生产线在正常生产中，塌料、掉结皮等卡住翻板阀堵预热器的次数较多，为防万一，人为地给吊起来了。

操作者认为，吊起翻板阀虽然会发生内漏，但由此堵预热器的几率可能会减少，热耗高一点总比堵了预热器停窑处理强。事实上并非如此，吊起翻板阀是饮鸩止渴的行为，短时间可能会减少堵塞的几率，但就长期来讲会加重系统的结皮和掉结皮，反而是增加了堵塞的几率，其后果只能是形成恶性循环。

③ 翻板阀被平衡在长期大开的位置上。外漏风等导致翻板阀处结皮后，限制了翻板阀的自由活动，当这种限制大到一定程度后，翻板阀就停止了闪动，料小时发生内漏，料大时就会堆料堵塞。

这种情况有两种可能，一是大开是自然形成的，在发现后听之任之，或者在处理后又多次出现，也就习以为常了。生料在预热器内的波动是难免的，这种情况在料量波动在低点时的内漏较小，但在料量波动在高点时的堵塞概率较大；

二是在发现翻板阀由于结皮闪动不灵后，为了防止堆料堵塞，人为地将其调在大开位置。人为的调节往往调得过大，在短期内料量波动在高点时的堵塞概率较小，但在料量波动在低点时的内漏较大。

但无论如何这都是一种短期行为，容易形成恶性循环。应该先处理结皮恢复翻板阀的正常闪动，而后尽快找出结皮的原因，有针对性地采取措施，从根本上解决翻板阀闪动不灵的问题；

④ 由于翻板阀的轴承卡死而闪动不灵。这有几种可能性，或是轴承进灰卡死，或是受热膨胀卡死，或是轴承磨损严重，或是轴承缺油转动不灵等原因所致。但不管什么原因，都应该及时处理，以防内漏甚至堵塞预热器。

⑤ 轴与阀板脱开，平衡杆失去了作用，翻板阀处于常开状态。翻板阀经过长时间使用，特别是多次的开停窑热胀冷缩后，翻板阀的轴与阀板的套子会发生松动，或紧固螺栓松动，轴和阀板已经不再联动。

现场检查时，外部平衡杆虽然晃动灵活，但内部的阀板实际上没有动，而且阀板处于常开状态，失去了锁风作用。但只要稍微留意点就会发现，此时的平衡杆是过度垂落的，而且抬起时比较费力。

⑥ 翻板阀磨损严重、部分掉块、整体脱落，总之其通过面积已经满足或大于卸料需求，失去了物料的冲击作用，也就不再闪动了。这是比较严重的情况，需要尽快修复，以减少各

种不利影响。

2）听得见的预热器外漏风

预热器的内漏风是看不见的，实际上由于预热器为负压运行，其外漏风也是看不见的。不过由于预热器的负压较高，抽吸作用较强，可以在疑似点利用粉尘进行测试；由于外漏风的速度较高、漏风口较小，一般具有口哨效应，虽然看不见但是听得见，这也为检查漏风情况提供了方便。

外漏风是指预热器系统以外、环境温度下的自然空气通过不正常的渠道进入到预热器系统内，使预热器系统的热工制度发生变化，导致内部气体温度下降，热耗增加；为了维持漏风点之后（包括回转窑）的通风稳定，废气系统的负荷就必须随外漏风的增加而增加，相应的高温风机、废气风机就必须相应地开大，导致两风机的电耗增大。

通过认证、仔细、不断的系统检查，特别对有外保温材料的隐蔽部位及时发现外漏风通道，实时采取堵漏措施，对节能降耗是十分重要的。对以下疑似部位要给予重点关注：

① 旋风筒、膨胀节以及连接管道的全密闭壳体，被开焊、腐蚀、磨透、烧穿，被热胀冷缩变形或撕裂；

② 有关组合部位、仪表孔的螺栓松动，形成漏风孔隙；

③ 一些观察孔、捅料孔、检查孔、检修孔、入孔门等没有关严，或者由于变形严重、浇筑料脱落等难以关严，或为了方便改用简易的孔盖，甚至为了方便在用完后干脆不予关闭。

④ 这些相关部位填充的密封材料脱落或老化，看似密闭良好，实则还存在漏风孔隙；

⑤ 一些风量调节阀、入窑生料回转卸料器、旋风筒翻板阀、三次风闸板等，存在相对运动的轴头密封没有处理好；

⑥ 一些冷风阀、点火烟囱等没有关到位，或已经失修、不够完好。需要注意的是，由于这些部位的检查不太方便，往往检查得不够认真，甚至存在漏检或不检的情况。

另外，还有两处隐蔽的外漏风需要引起关注，尽管这些漏风不是来自周围的大气，但也不是预热器需要的气体，也属于外漏风：一是入窑生料回转卸料器，它实际上是一个锁风分格轮喂料机，当其锁风失效以后，将会导致大量的冷风漏入；二是一般预热器都有的空气炮，在其排气阀关闭不严的情况下，将有压缩空气进入负压的预热器。

8.3　立式生料磨的漏风与治理

生料粉磨系统是新型干法水泥生产中重要的一环，也是熟料电耗的主要组成部分，约占到熟料电耗的 1/4 以上。好的水泥厂能将吨生料电耗控制到 12 度左右，而不少较差的厂家则达到 18 度以上。这虽然与系统工艺和装备有关，但降耗最容易、效果也最明显的措施就是密闭堵漏，漏入的空气将直接增加生料粉磨系统循环风机和窑尾废气系统排风机的负荷，白白的增加了系统电耗，这也是一些企业吨生料电耗居高不下的重要原因之一。

1. 生料磨系统漏风对熟料电耗的影响

诊断生料磨（目前多数为辊式立磨）的方法，主要是通过现场的看、听，以及通过中控立磨压差、两大风机的电流等数据进行初步判断；必要时再通过测量立磨入口、出口、循环风机入口、循环风管等各部位的温度、风量、气体成分，综合判断准确找出漏风部位及漏出风量，实时采取堵漏措施。

根据对多条生产线的检测总结，发现系统漏风对风机电耗有着重大影响，一般系统漏风10%，将增加风机耗电30%左右。有两个特征参数可以大致反映出系统的漏风情况，一是窑尾废气烟囱的含氧量，如果能控制在6.5%左右，说明系统的漏风治理良好，如果达到8.5%以上，说明系统存在着较严重的漏风；如果系统漏风主要来自生料磨（立磨），其旋风筒进出口的压差可作为一个判断依据，系统正常时压差应该<1000Pa，如果>1000Pa就说明系统存在着漏风问题。

下面是西南某公司2500t/d线的中控操作画面，对比可见堵漏前后对粉磨电耗的影响有多大。堵漏前的操作画面如图8-11所示，画面显示喂料量215t/h，主机电流137A、压差8.95kPa，循环风机电流127A、入口压力－11.44kPa，尾排风机电流53A；堵漏后的操作画面如图8-12所示，画面显示喂料量245t/h，主机电流113A、压差6.8kPa，循环风机电流75A、入口压力－9.41kPa，尾排风机电流21A。

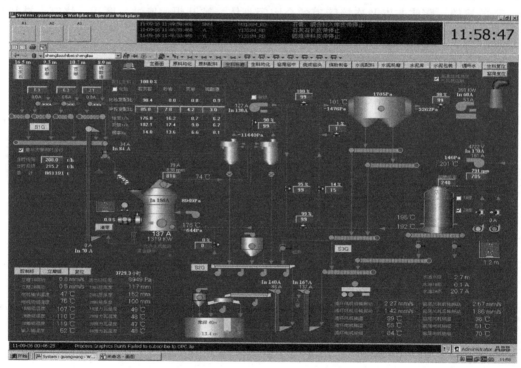

图8-11　某2500t/d线生料系统堵漏前的操作画面

目前的现实情况是，对于多数熟料生产线，漏风问题主要存在于生料粉磨系统，而生料粉磨系统又主要是立磨的喂料锁风阀以及排渣锁风阀。排渣锁风阀主要是设计布置不合理以及管理和维护问题，并不难解决；而喂料锁风阀则是选取的锁风设备存在原理上的缺陷，是一个普遍的问题。

目前，立磨的喂料锁风阀基本上全部采用分格轮锁风，而且绝大部分效果不好，为了应对黏湿物料的堵塞，有的厂干脆拆掉不用了。生料立磨的喂料锁风，特别对于物料黏湿的生产线，尤其是北方的冬季，一直是大家头疼的问题。

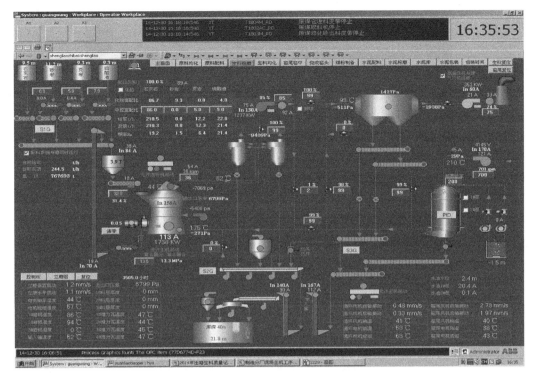

图 8-12　某 2500t/d 线生料系统堵漏后的操作画面

2. 安阳某 5000t/d 线的技术改造

为了解决生料立磨的喂料锁风问题，国内外的设计单位、设备厂家应该说是下了不少功夫，但主要是集中在分格轮锁风喂料器的结构改进上，效果十分有限。因此，"受苦受难"的用户不得不自己动手，结合自己的现场实际进行各种方式的改造，安阳某公司就是其中之一。

安阳某 5000t/d 熟料生产线，生料制备采用德国非凡兄弟公司的 MPS5000B 立式辊磨，其锁风喂料机为分格轮形式。生产期间分格轮的每个格子里都堆积粘挂有大量土质原料，特别是格子两侧的底部，其堆积的物料非常坚硬，不但严重影响了喂料能力，而且卡跳停车频繁。

分格轮格子中的粘挂物料，需要停磨后人工用风镐一点点清除，一般每班需要清理一次，严重时每班需要清理三至四次，不但费时费力，而且严重影响了生料磨的正常运行，继而影响到水泥窑的正常生产。在被逼无奈的情况下，该公司对锁风喂料机进行了悬挂链条改造，改造后的分格轮格子如图 8-13 所示。

如图 8-13 所示，该分格轮直径为 ϕ2000mm，中心轴直径为 ϕ100mm，宽 2000mm，径向分割为 8 个格子。改造在分格轮轴向上并排均布了 10 根贯通（打孔）8 个格子的链条，开孔径向布置于直径 ϕ1000mm 的圆周上，链条采用 ϕ10mm 圆钢制作。

周向贯通 8 个格子的链条，在每个格子中的长度调匀后，其自由下垂时的最低点略小于分格轮的外圆，确保其在不撞击分格轮外壳的同时能撞击到格子的底部。在每个格子中的链条长度调好后，将链条于隔板的贯通处焊接固定起来。

图 8-13　悬挂链条后的分格轮格子

改造完成后，从几年的实际运行来看，基本解决了分格轮内的物料粘挂现象，即使在雨季料湿的情况下也很少因为分格轮粘挂物料而停磨，应该说改造的原理是成功的。但是，也存在以下两个瑕疵，在使用中不得不给予高度重视。

（1）在使用一段时间后，链条会发生磨损，可能导致从焊接处断开。由于转子与壳体的间隙比较小，断开的链条一般不会卡进分格轮的缝隙中，但实践证明，会导致运行阻力加大、分格轮跳停。当遇到断链卡停的情况时，只需反转分格轮将卡住的链条退出，然后停机把断开点焊好。

（2）也有发生链条两端的焊接点同时断开的情况，极有可能导致链条脱落进入生料磨内，对磨盘、磨辊构成直接威胁，这是最不愿意看到的结果。但链条一旦脱落是没有什么好办法的，只能以预防为主，一是要有计划地检修，二是每有停磨机会都要认真检查，发现链条磨损严重的要及时更换，发现焊接处有开裂或松动的要及时修复。

3. 安县某 5000t/d 线的技术改造

多年的生料磨配料系统防粘堵的经验已经告诉我们，应对粘湿物料的最佳锁风设备不是分格轮、而是板式喂料机，板式喂料机不但可以加大进料口尺寸减少物料结拱，而且具有在料封状态下强制卸料的功能。

事实上，在来料皮带与生料立磨之间，设置一个足够缓冲来料波动的料封仓和一台全密闭板喂机，料封仓内设置一个料位计，通过板喂机调速始终保持仓内有一定的锁风物料存在，就能起到很好的锁风作用，同时具有防粘堵功能。生料立磨板式锁风给料机的结构和原理如图 8-14 所示。

安县某 5000t/d 线就采用了这种改造，将分格轮锁风改为了板喂机锁风，取得了很好的锁风效果。改造后生料粉磨系统的循环风机（10000V 高压电机）电流由 215A 下降到135A，生料粉磨电耗降低了 2.768kWh/t 生料。

该立磨采用分格轮锁风时的操作画面如图 8-15 所示，画面显示其喂料量为 440t/h，主机电流 202.6A、压差 9.39kPa、循环风机电流 214.7A、频率 48Hz、入口压力 −11.0kPa；改用板喂机锁风后的操作画面如图 8-16 所示，画面显示其喂料量为 477t/h，主机电流 180.6A、压差 7.18kPa、循环风机电流 135.5A、频率 41.5Hz、入口压力 −8.8kPa。

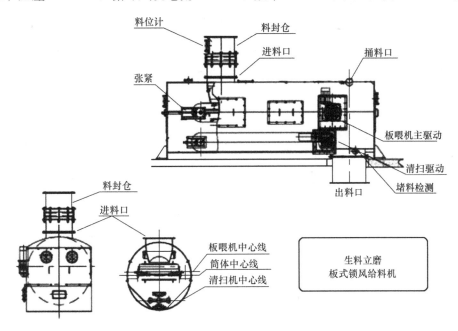

图 8-14　生料立磨板式锁风给料机的结构和原理

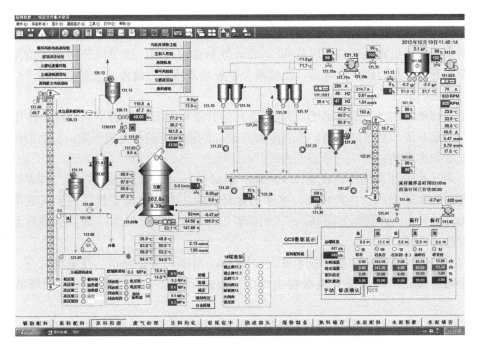

图 8-15　采用分格轮锁风时的操作画面

图 8-16　改用板喂机锁风后的操作画面

4. 焦作某 5000t/d 线的技术改造

焦作公司有两条日产 5000 吨熟料生产线，原料粉磨系统均采用史密斯的 ATOX52.5 立磨，给料系统使用史密斯配套的原装 $\phi2000mm$ 分格轮锁风阀。由于该公司采用黄河淤沙配料，不但水分含量高，而且含泥多，使喂料分格轮经常堵料、跳停、卡死，严重影响了立磨系统的正常生产。

为了维持正常生产，不得已于 2013 年 2 月给分格轮设置了旁路下料系统，停用了分格轮喂料。旁路系统虽然解决了堵、卡、停的问题，但漏风、漏料更加严重，对立磨的台时和电耗构成了很大影响。

2015 年 5 月利用协同停窑机会，又采用"料封仓 ＋ 全密闭板喂机"对二线立磨进行了喂料改造，6 月 30 日投入生产使用。半年的运行表明，改造取得了较好的锁风效果，系统漏风大为降低，台时产量明显提高，于 2016 年 2 月大修期间，又对一线立磨喂料系统进行了相同改造。

"料封仓 ＋ 全密闭板喂机"技术原理如图 8-17 所示，主要包括：计量料封仓、控流棒条阀、全密封板式给料机及其清漏料皮带机。改造后的全密封板式喂料机现场如图 8-18 所示。

由图 8-17、图 8-18 可见，与原有分格轮相比，系统庞杂了许多，占用空间增加了不少，平面接口错位较大，在不能改变原有土建结构的基础上改造，整个工艺布置和装备尺寸受到了很大限制，只能进行针对性专项设计，不可避免地要牺牲一些合理性。

具体改造上，在原有分格轮的四层平台以上，废掉原有立磨排渣仓，将其改造为计量料封仓；在三层平台上布置控流棒条阀、全密封板式给料机。应该说改造确实取得了良好的锁风效果，运行的可靠性也大幅度提高，但不足的是由于空间狭小，给管理和维护带来诸多不便。

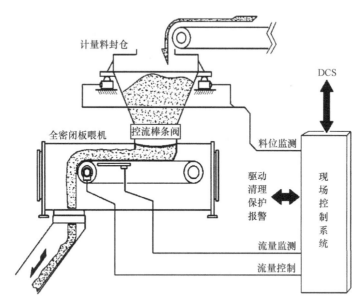

图 8-17　料封仓 ＋ 全密闭板喂机技术原理

图 8-18　改造后的全密封板式喂料机现场

实践表明，"料封仓 ＋ 全密闭板喂机"方案是瑕不掩瑜，改造是成功的。焦作公司对两台生料磨的改造都取得了较好的运行效果，焦作公司一线生料立磨改造前后与同期对比见表 8-3 所示。

表 8-3 焦作一线立磨锁风喂料改造前后同期对比

序号	项目	2015 年 4 月份平均值	2016 年 4 月份平均值
1	立磨台时产量/（t/h）	426	446.14
2	立磨主机电流/A	235	230.5
3	入磨风温/℃	206	189.2
4	出磨风温/℃	86.1	77.7
5	循环风机电流/A	254.6	242.4

5. 持续改进的潍坊天晟公司

鉴于分格轮式锁风喂料器结构上的先天不足，潍坊天晟公司在开发出第一代"料封仓＋全密闭板喂机"立磨锁风喂料机之后，发现全密封锁风喂料机（板喂机或皮带机）的结构复杂、维护量大、维修费用高、占用空间大（设备以及料封仓），给广大用户带来诸多不便，结合自己在多家水泥企业的标定检验和智能控制上的优势，又开发了第二代"小料封仓＋齿辊锁风喂料器"

理论上，齿辊锁风喂料器，不但具有良好的锁风效果，而且不粘堵物料、不会卡停，设备简单、占用空间小、维护量小；特别是将称重计量和智能调节用于料封仓的料位控制上，从而大大缩小了料封仓的空间体积，强化了料封效果，而且不用破坏原有立磨排渣仓设置，其结构和原理如图 8-19 所示。

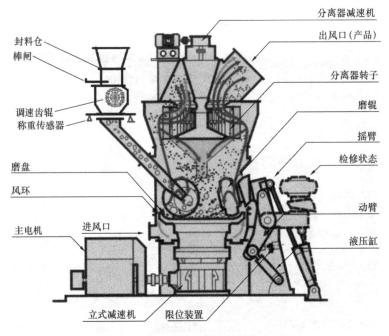

图 8-19 齿辊锁风喂料器的结构和原理

齿辊锁风喂料器将喂料和锁风职能细化分开，设置在来料皮带与生料立磨之间，依靠齿辊的高可靠性和强悍的防粘堵卸料能力，确保了喂料设备的低故障和高运转率；为防止物料的卸空或溢出，面对不可避免的来料波动，要求料封仓必须有足够的缓冲容积，为了缩小这一缓冲容积，系统将齿辊设置为串级调速，根据来料的波动实时调节卸料的大小，确保料封仓的进出平衡，将料封仓内的物料稳定在一个需要的料位上。

为了防止粘挂、离析、物料粒度对料位缓冲的影响，设计将料位计控制改为称重控制，以系统的整体重量（包括设备、仓体、物料）变化速率作为齿辊调速的应变量，确保了调节的及时性和调节幅度的准确性。

料位稳定控制软件是该系统的核心技术之一，没有及时准确的齿辊调速，就难以实现料位的稳定（锁风效果的稳定），就难以将料封仓小型化（锁风效果受制于现场空间）。遗憾的是，经过厂内试验平台的反复试验，"小料封仓＋齿辊锁风喂料器"的调控软件遇到困难，锁风效果很不理想。

天晟公司锲而不舍的精神值得佩服，他们又相继开发了第三代"料封仓 ＋ 转轮锁风喂料器"——司德伯立磨锁风喂料器。该产品已经在几条 5000t/d 熟料线上投入使用，并取得了较好的锁风和运行效果。其整体结构如图 8-20 所示，其产品样本（实物照片）如图 8-21 所示。

该产品利用进料的冲刷效应解决了对转轮的粘挂问题；小间隙设计和高精度加工使转轮本身具有较强的锁风和防卡效果，加之恒重控制的料封仓在锁风效果上起到了双保险作用；小间隙设计和转轮的外围密封结构，保证了转轮的圆周方向不卡料；联锁旁路系统确保了喂料器发生故障时不影响生产。

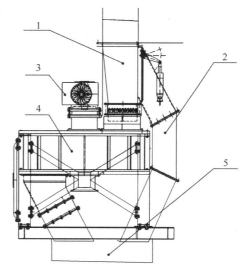

1—进料口；2—旁路通道；3—驱动装置；
4—设备本体；5—出料口

图 8-20　司德伯立磨锁风喂料器的整体结构

图 8-21　司德伯立磨锁风喂料器的产品样本

司德伯立磨锁风喂料器不仅解决了分格轮锁风堵、卡、停的问题，而且解决了"料封仓＋全密闭板喂机"结构复杂、维护量大、维修费用高、占用空间大、布置困难的一系列问题，具有耐磨性强、可靠性高、锁风效果好、结构简单、维护简便、占用空间小的特点。

6. 半路杀出的郑州中建公司

关于生料立磨的喂料锁风问题，已经引起了越来越多人的关注和重视，部分机械厂也积极参与了新产品的研制开发，使得设备的原理更加成熟、结构更加简单、锁风效果更好、维护量更小、故障率更低。

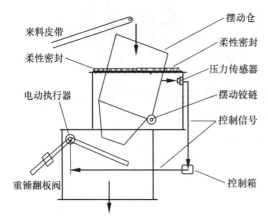

图 8-22　摆动仓锁风给料机器的结构和原理

比较典型的，如郑州中建建材机械设备有限公司，正在开发的摆动仓锁风给料机，其原理如图 8-22 所示。笔者作了一些了解，与转轮锁风喂料器相比，设计别出心裁，构思更加巧妙，原理更加简单，结构更加紧凑。由于目前还缺少使用业绩，这里只能作一简单介绍供读者先睹为快，最终还要通过实践检验评定其好坏。

其主要机械构造为，摆动仓＋重锤翻板阀＋电动执行器；锁风原理采用简单可靠的料封锁风，就这么简单。来自配料站的原料首先进入摆动仓，摆动仓能根据摆动的幅度输出一个料位信号，经控制箱转换以后控制电动执行器的开度，以维持仓内的锁风料位。

重锤翻板阀的结构与我们预热器上使用的重锤翻板阀没有什么差别，而且此处温度低得多，不会有结皮卡堵；不同的是加了一个电动执行器，重锤只起平衡减负作用，都是成熟可靠的配置，应该不会有大问题。但在实际应用中会怎么样呢，让我们拭目以待。

8.4　截面积与通风阻力

风速与风路的截面积有关，在风量一定的情况下，风速确实只取决于通风的截面积；但对于一定的风机及开度，风量还与风路的阻力有关，阻力除与风路的截面积有关外，还与风路的截面形状（不同的截面形状其阻力系数是不同的）有很强的相关性。

对于特定的有流场要求的工艺设施，比如预热器、分解炉和后窑口，其流场分布直接依赖于风路的截面形状，这一点不能不引起足够的重视。

1. 河北某 3000t/d 线的检修案

河北某公司的 3000t/d 窑在 2005 年的一次检修后，窑的煅烧能力急剧下降，查找了几天也没有找到原因。然后逐项排查这次检修的异常变化，了解到在分解炉的下锥体修补浇注料时，锥体上口的 5 个浇注料外凸灌入口的模板，由于领导催着开窑，就没有拆除。

当时是请示过现场工程师的，分析认为，该外凸位于下锥体的上口，即使有外凸存在，此处的截面积也远大于下锥体的下口，不会对风、料构成影响，所以就没有拆除。

尽管大家没有取得一致意见，但鉴于没有找到其他的原因，便决定先停窑解决这个问题。于是停窑，将外凸彻底打掉，再开窑一切都归于正常了。

真是"吃一堑长一智",只有这个教训才使大家统一了认识,事后分析认为,尽管这几个外凸没有影响到通风截面积,但却影响到这个锥体的通风阻力,更严重的是影响了分解炉内的流场分布。

2. 东北某 5000t/d 线的建厂案例

无独有偶,东北某公司的 5000t/d 3 号窑在 2010 年投产初期,产量只能加到 3000t/d 左右,再加料就出现预热器塌料、窑内窜料现象。

厂方经与先期投产的 1 号、2 号窑相比,没有发现什么不同,甚至图纸都是一样的。后经设计院、施工单位等多方查找,也没有发现大的问题,只是发现窑尾烟室的后墙浇注料给打厚了,墙面距后窑口的距离由设计的 1920mm 打成了 1600mm,减小了 320mm,如图 8-23 所示。

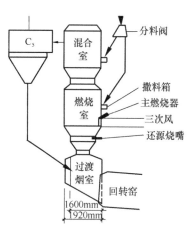

图 8-23　东北某公司 3 号窑窑尾烟室示意图

难道是这个原因?尽管减小了 320mm,但其通风截面积还是远大于其上部的分解炉下缩口。该厂的生产老总抱着疑虑给笔者通了电话,我说"你就打吧,很可能就是这个原因",我又给他举了上述 3000t/d 窑的案例,他答应了试试。

该公司抱着试试看的心态,停窑将多出的浇筑料打掉,没想到再开窑后一切都正常了。事后分析认为,尽管此处不是风路上的最小截面积,不构成通风的瓶颈,但其截面积的减小,特别是此处为涡流区,还是增大了通风阻力,最终影响了分解炉下缩口的通风。

8.5　挂好窑皮的关键

一般来讲,在挂窑皮期间产量都是比较低的,但这不能理解为产量低就有利于挂窑皮,而是低窑速和适当偏高的填充率才有利于挂窑皮。实践证明,在填充率过低时往往挂不上窑皮。

减产的目的是为了降低窑速,并保持合理的填充率。较低的窑速和适当偏高的填充率,才是挂窑皮的基本条件。取其极端,停窑能压补就是这个道理(注意:停窑压补在操作中是严禁行为)。

当然,适当减少投料量,让窑况有一定的富裕能力,能够提高窑的抗波动能力,有利于稳定窑况,这对挂好窑皮也是非常必要的。

另外,有的企业考虑挂窑皮前烘窑时间较长,窑内沉积有大量的煤灰,为防止过低 KH 的熟料出现,所形成的窑皮熔点较低,窑皮比较疏松,运行时容易脱落,而专门配制高 KH 的挂窑皮生料。其实,这是没有必要的,高 KH 的挂窑皮料有利也有弊,有时会事与愿违。在挂窑皮初期,最重要的是先挂上窑皮,而不是挂好窑皮。

在新砖投料初期,往往是新窑试生产或大修后第一次开窑,很难保证窑的设备和工艺是稳定可靠的,也就很难保证窑的热工制度的稳定,很难保证第一锅高 KH 料能烧得住,一旦烧不住跑了黄料,就会在窑皮下面形成空洞,空洞一旦形成,之后再补挂窑皮就很难了。

而低KH生料形成的窑皮虽然不太结实，但是减少了跑黄料的风险，避免了空洞的形成。至于窑皮不太结实，会在后续的正常运行中逐渐被正常的窑皮替换掉，窑皮本来就不是一劳永逸的，而是不断更替的。

有的企业，不但要专门配制挂窑皮料，还要进行专门的挂窑皮操作，习惯于调长窑头火焰，降低一次风压力，用细软的火焰挂窑皮。其实，完全没这个必要，对预分解窑来讲，既不需专门的挂窑皮料，也不用担心正常的窑头火焰会影响挂窑皮。只要保证窑况正常，保持热工制度的稳定，窑皮自然会生长完好。

下面是柳州水泥厂一个老看火工在湿法窑操作方面的经验总结，虽然时代已远，工艺也大不相同了，但看看这些原始的资料，即使对现代化的分解窑，对加深挂窑皮的理解还是颇有意义的。

1. 怎样挂窑皮

1）喂料量与时间的配合

当前对于这个问题的看法，虽然在国内各个水泥厂的看火工中还没有统一的认识（主要是由于各厂的具体情况不尽相同），但基本看法还是一致的。

（1）喂料量与时间的配合

一般说来在开窑的头24h，应保持正常喂料量的$60\%\sim70\%$；过了24h后，根据窑皮的具体情况，可每隔8~16h，将喂料量增加$5\%\sim10\%$；在60~72h内可把喂料量增加到正常的喂料量。

如果在太短的时间内粘起很厚的一层，也就是在太短的时间内将喂料量增加到正常的喂料量，这样热力强度一提高，窑皮就会垮下来（因为是疏松的）；相反，如果挂窑皮时间太长，也不会有太大好处，而且对产量影响也太大。应该指出，能否使回转窑长期运转，第一层窑皮是很重要的，但更重要的是，还要在正常情况下保护好窑皮。

因而，适当地减少喂料量，能更好地稳定窑的热工制度，控制好烧成带中物料的粒度，使窑皮粘结得更坚固。至于如何减少喂料量，在保持正常料层的条件下，可采用降低窑速的方法。

（2）挂窑皮时的生料成分

用正常操作下的生料成分，对于直径较小的窑或者平常烧的生料饱和率（KH）比较低的窑是可以的，因为它易于粘挂；对于直径较大的窑或者平常烧的饱和率（KH）很高的窑，挂窑皮时生料成分的碳酸钙滴定值可以比正常窑操作下低一些，低多少应根据各厂的具体情况来决定，但必须保证熟料质量。

2）控制烧成温度

挂窑皮时所控制的烧成温度应以熟料结粒细小、均齐为标准，也应适当注意熟料的立升重，使其略比正常的立升重低一些。挂窑皮时，又要求烧成温度稳定，变动范围越小越好，高温带部分的分布要求也应合适，只有这样才能使窑皮挂得结实、致密、平整。

应该指出，在整个挂窑皮期间严禁大火流火，同时也应该避免跑生料。当前，有两种不同的挂窑皮操作方法：

（1）一种是等物料到达烧成带时，严格控制烧成的温度，以保持颗粒细小、均齐为原则，既不结大块又不跑生料（至于熟料的立升重，在这时仅作参考），这对窑皮的致密均齐是有很大好处的。

（2）另一种是等物料稍一到烧成带时，就将烧成带的温度提高到比平常挂窑皮下的温度还高一点，等到挂上第一层窑皮后，再将烧成带的温度降低到平常挂窑皮的温度，以使第一层窑皮与耐火砖粘接得很坚固，从而不易垮落掉。以后就在正常温度下进行操作，陆续粘挂窑皮，达到规定的时间和厚度为止。

2. 保护窑皮和粘补窑皮

1）保护窑皮

保护窑皮是一件经常性的工作，窑皮保护得好坏常常取决于回转窑的操作情况。因此，保护窑皮应贯穿于整个操作中，窑皮保护得好，就能保持窑长期、安全的运转。保护窑皮从操作上着手，应具体注意以下几点：

（1）要保持正确的火焰形状，高温部分不能集中，控制火焰不扫窑皮；

（2）要防止局部高温，严格防止大火，控制熟料的颗粒细小均齐不结大块；

（3）要及时烧掉窑口圈（煤粉圈），发现有大块滚不出来时应及时取出；

（4）要定时检查窑皮和及时补挂窑皮；

（5）要努力稳定窑内的热工制度；

（6）交班时应详细检查窑皮，并向接班者介绍上一班窑皮的变化情况，以使接班者能更及时地掌握窑皮的情况。

2）粘补窑皮

当窑皮的厚度不够，或因不平整产生局部脱落时，就应及时粘补窑皮，避免窑皮恶化，影响窑的正常运转。当发现整个窑皮都薄时，应适当降低生料的耐火成分，或者适当减少喂料和降低窑速，重新粘挂窑皮。

当发现窑皮局部不好时，应适当移动火点位置，但每次的移动不能太多，一般以 150～200cm 为限。如果这样做仍未见效，窑皮不良的情况还比较严重时，可以在料较多的时候，把烧成温度适当提高一点，进行慢窑"压补"。

一般来说，有冷却水的窑，压补 15min 左右就可以；没有冷却水的窑，需要 30min 左右。应该注意，在压补时不要损害窑体；如果发现窑体发干或者红窑时，应立即停窑换砖，严禁无砖压补。

8.6　关于窑灰的去向

窑灰往哪里去？设计院设计往哪里就往哪里，设计院都是专家，有定型的工艺方案，这个问题还值得讨论吗？

其实不然，我们不妨来个班门弄斧，浪费点时间试试看。窑灰的化学成分与生料不同，对易磨性好的石灰石，窑灰的 KH 高；对易磨性差的石灰石，窑灰的 KH 又低。更重要的是，窑灰的有害成分含量比生料高许多，窑灰的量也在随时波动，其高值可以达到其低值的两倍以上。

1. 几种方案的利弊分析

窑灰直接影响到入窑生料质和量的稳定性，特别对有害成分高的原燃材料，是一个非常值得关注的问题。关于窑灰的处理办法，有几种方案可供选择，如图 8-24 所示。

目前的烧成系统，多数设计了入窑和入库两条通道；多数水泥厂有两种用法，一是（方

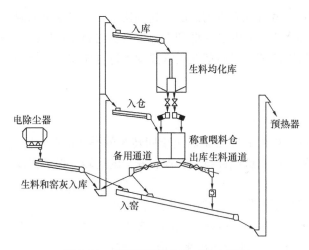

图 8-24 窑灰处理的几种工艺方案图

案一）不管开不开磨都入库，二是（方案二）开磨时入库，停磨时入窑；少数工厂采用（方案三）开不开磨都入窑。这三种方案都不尽理想。

方案一，在开磨时入库，入进去的是一份生料加一份窑灰；在停磨时入库，进去的是纯窑灰。对于均化效果有限的生料均化库，如何实现出库生料的均质稳定呢？

方案二，开磨时入库，使入窑生料中含有一份窑灰；停磨时入窑，使入窑生料中变成两份窑灰，由于窑灰与生料的化学成分差别较大，必将引起入窑生料的较大波动。

方案三，开不开磨都入窑，其好处是恒定了入窑生料中一份生料一份窑灰不变，谁跑的窑灰谁吃进去，这似乎是合理的，但仍然无法解决由于窑灰量的波动导致的入窑生料总量的波动。

实际上，早期设计的分解窑生产线，曾经有过窑灰入喂料仓的方案四，对方案三进行了完善，遗憾的是随着生料均化库的改进，使得方案四行不通了，也就见不到这种设计了。

实际上，如果把喂料仓移至库外，既能降低生料均化库的建筑高度，投资并不高（降低了库的无效高度，喂料仓可放在窑尾平台上）、运行费用也不会增加（增加了入仓提升机，但降低了入库提升机），又给窑灰入喂料仓创造了条件。亚东水泥的多条生产线就采用了这种设计。

如果继续采用方案一和方案二，又要取得较高的入窑生料稳定性，就必须强调窑磨的联动率，尽量保持窑磨的同步运行。一般设计中，磨的能力总是大于窑的能力，磨的高产运行与库满停磨就成了一项节电措施，导致事实上有人考核生料电耗却没人抓窑磨联动率。如果不采取一定的工艺措施，结果就是在降低电耗的同时，却付出了质量和煤耗，得不偿失。

还有一个方案五，在生料均化库侧建设窑灰小仓，这实际上是方案三的变通与完善。方案五的窑灰仓无需过大，能存储一个班的窑灰量足矣，其作用不是存储窑灰，而是缓冲窑灰在量上的波动；窑灰仓下要设可调卸料装置，其开度比正常的窑灰量略大即可，起到在量上的滤波作用；窑灰仓下要设计量装置，以便与喂料仓下的计量器具合成控制总的入窑量。

2. 某公司的改造案例

华北某公司 5000t/d 的生产线，设计窑尾回灰直接入生料均化库；采用石灰石、硬砂岩、铝矾土和钢渣四组分配料。由于硬砂岩和钢渣在粉磨后细度偏粗，导致回灰中二氧化硅含量和铁含量降低，KH 升高。该公司出库生料和回灰料的成分见表 8-4。

表 8-4   出库生料和回灰料的成分（两个月的平均值）

名称	CaO	SiO$_2$	Fe$_2$O$_3$	Al$_2$O$_3$	烧失量	KH	SM	IM
生料	44.00	13.79	1.85	3.12	35.94	0.99	2.77	1.69
回灰料	45.82	12.97	1.53	3.51	36.56	1.09	2.57	2.29

立磨正常开启时，回灰混合出磨生料进入均化库，入窑生料没有问题。但在立磨停机 2h 后，入窑生料的 KH 升高、IM 升高、SM 降低，严重干扰到窑系统的稳定运行，对整个生产构成了较大影响。

事实上，当收尘器工作周期、窑产量、窑尾拉风、生料磨产量、窑操作温度、原料易磨性等因素发生变化时，都会造成回灰料量与成分的较大波动。为了改变这种被动局面，该公司于 2013 年 4 月在均化库旁边增加了一个 250t 储量的窑灰仓，如图 8-25 所示。

图 8-25　华北某公司 5000t/d 窑新建的窑灰喂料仓

窑灰喂料仓于当年 5 月就投入使用，立磨停车时将回灰入窑灰喂料仓储存；当立磨开启正常后，再以 5～10t/h 的量与出库生料一起喂入入窑提升机内，均匀地入窑。至此，该公司较好地解决了回灰料对回转窑生产质量的影响。改造前后开停磨对入窑生料质量控制的影响如表 8-4 所示。

表 8-5　改造前后开停磨对入窑生料质量控制的影响

窑灰处理方式	入窑生料		出窑熟料	
	标准偏差	KH 平均值	标准偏差	KH 平均值
改前开磨入库	0.022	0.977	0.0173	0.892
改前停磨入库	0.016	0.992	0.0143	0.898
改后一直入窑灰仓	0.020	0.979	0.012	0.891

由表 8-5 可见，使用新建窑灰仓之后，出窑熟料 KH 的标准偏差明显减小，对稳定窑系统的生产取得了较好的效果。

8.7　箅冷机的操作要点

箅冷机运行的好坏对熟料烧成系统影响极大，要想稳定窑的运行，就必须操作好箅冷机；要想降低烧成煤耗，就必须提高二、三次风温，这也必须维护和操作好篦冷机。对于一条通常的预分解窑生产线，如果有人说他的熟料标煤耗小于 100kg/t，而他的二次风温不到 1200℃、三次风温不到 1000℃，就可以断定这个数据有问题。

影响篦冷机性能的主要因素，包括它的配风情况、漏风串风情况、篦板的出风口宽度、篦板的周围间隙、特别是侧篦板间隙、风道及篦缝的堵塞情况，这些问题的存在都可能导致供风不均和局部短路，继而导致不走料、红河、漏料、熟料冷却不好等现象发生。

篦冷机除了冷却熟料，便于其运输、储存和粉磨外，还有三大主要职能：一是给回转窑提供量足、温高的二次风，满足煤粉燃烧和熟料煅烧的需要；二是努力提高热回收率，通过提高二、三次风温，降低系统热耗；三是通过快速冷却，提高熟料质量，改善熟料的易磨性。

篦冷机的操作手段主要是：通过调整篦速实现对料速和料层厚度的控制，通过调节冷却风量控制对熟料的冷却效果（提高熟料强度、改善熟料易磨性），提高热回收效率，保持稳定较高的二、三次风温。看起来篦冷机的操作并不复杂，但实际上要操作好一台篦冷机是比较难的，具体原因如下。

（1）篦冷机是一个承受窑头、窑尾两端抽风的设备，要实现上述目的，就得适时控制好篦冷机内的零压点，即两端抽风的负压平衡。否则，不但会影响出窑熟料的冷却，而且还将影响到窑内通风→影响到煤粉燃烧→影响到熟料烧成；

（2）影响窑尾抽风的因素较多，除三次风与窑内通风的平衡以外，预热器及窑内的阻力变化既复杂又频繁，这些阻力的变化不仅与系统的结皮、结圈、漏风、漏料有关，还与窑的喂料量、窑速、温度、熟料液相量、结粒，甚至煤粉的燃烧情况等有关，整个平衡工作是在建立和打破之间反复进行的，不可能一蹴而就、一劳永逸；

（3）除了两端抽风和上述主要职能以外，大多数篦冷机还要给煤磨系统提供烘干热源（风温、风量），还会受到余热发电提取热源（风温、风量）的影响，这两大因素都将影响到前述两大主要职能的实现和所有职能的综合平衡。

1. 影响篦冷机操作的几个重要参数

（1）篦床负荷（篦床单位面积的产量）：篦床负荷大，料层厚，产量高；反之料层薄，产量低。篦床负荷一般应控制在 1.5～1.8t/（m² · h）。

（2）料层厚度：料层厚度取决于篦床负荷和熟料在冷却机内的停留时间（一般为 15～30min）。对于高温区，为了提高冷却机的热交换效率和冷却效率，目前以厚料层操作为好（厚度控制在 600～800mm），热效率可提高 10% 左右，冷却效率提高 15% 左右，同时厚料层操作还起到保护篦床的作用；对于低温区，料层厚度一般控制在 200～300mm 为宜。

（3）篦床宽度：篦床太宽，布料困难，熟料分布不均匀，致使料层阻力不均，中间部位料层厚，两侧料层薄，局部区域出现露篦板和风吹透的现象，从而降低二次风的风温和热效率；篦床太窄，会使料层太厚，冷却困难，所以一般篦床的热端（进口）比冷端（出口）要窄，而且发展趋势是越来越窄。

篦床的初始宽度在设计中已经定型，但在实际使用中，可以根据需要在篦床的两侧配置不带篦孔的盲板，它既不能透过空气，又要减小对熟料的推动作用，达到调整篦床有效宽度的目的。有的公司干脆在篦板的端头焊接一定高度的耐热钢挡板，起到一定的阻料作用，保持篦板上有一定厚度的死料层，还能起到保护篦板的作用。

篦冷机两侧的矮墙，特别在红料侧，容易被推动的熟料磨损掏空，加速边侧篦板的漏料和烧损，是影响篦冷机运转率的主要原因之一。有的公司在篦冷机的细料侧（有的甚至在两侧）设置一列固定篦板（将原有的活动篦板与活动梁脱开，与前后相邻的固定篦板焊接在一起，如图 8-26 所示），既起到收窄篦床的作用，同时又保护了篦冷机两侧的矮墙，收到了很好的效果。

改造前的活动篦板

原有固定篦板

活动算板改为固定篦板

图 8-26　篦冷机边侧活动篦板改为固定篦板

（4）篦冷机的相对位置：熟料的出窑，是在被窑回转带到一定高度后再滚落到篦冷机内的，由于惯性力的作用，落料点并不在回转窑的中心线上，一般要偏离窑中心线 e，$e=$（0.1～0.15）D，D 为窑筒体内径。这需要在设计和安装中给予考虑。

但在实际生产中，e 值与带料高度有关，带料高度又受到窑速和液相量、液相黏度的影响，不但影响到熟料在篦床上的料层均布性，而且会加重熟料在篦床上的粒度离析。如果设计与实际偏差较大，对篦冷机的性能是有较大影响的，就要在篦冷机的前墙上用耐火材料采取导料措施。

出窑熟料是以侧向进入篦冷机的，在篦冷机的横向分布上，难免要产生离析现象。如果篦冷机与窑的相对位置把握不好，熟料的结粒又不均齐，将导致篦冷机的一侧多是大颗粒，而另一侧全是粉料。空气对粉料的穿透性较强，最终在篦冷机的粉料侧形成红河，既影响到熟料冷却，又威胁到设备安全。

（5）风压与风量：风机风量与风压的确定，视各风室上方篦床的料层厚度及熟料的设计温度而定。风压根据篦床阻力（含料层阻力）确定，风量根据各室被冷却的熟料量及温度确定。

由于篦冷机在设计上存在诸多不确定因素，往往与实际情况存在较大的偏差，所以各风机都设计有一定的富裕能力，通过阀门或调速实现所需风量。但这个调节能力是有限的，而且调节后的风机运行点多数不在特性曲线的高效率区间，有时不得不对配置的风机进行组配改造。

我们现在都认识到厚料层操作的必要性，但在实际运行中，当料层加厚到一定程度后（主要是一室），再加厚料层反而降低了冷却效果，主要是篦床阻力（含料层阻力）超过了风机的压力导致供风不足所致。需要探讨的是，在这一方面，如果采用罗茨风机供风，比现用的离心风机要好得多，为什么不改用罗茨风机呢？

最初设计选用离心风机主要是罗茨风机还不过关，有电耗高、故障率高的缺点，而随着罗茨风机的发展，与离心风机相比电耗已经差不多了，故障率也大幅度下降，笔者认为已经可以在篦冷机（主要是一室）上一试了。郑州奥通公司就做过一例这样的改造，据说效果不错，但这样的尝试还不多。

还有一个问题需要引起注意，关于篦冷机所配的一系列风机，甚至整个水泥生产线所配的风机，特别是高温风机等大型风机，我们对其性能的完好性缺乏足够的重视。您可能不愿意承认这一点，敬请回答如下问题：

a. 我们所选配的风机都是按设备样本上的参数选定的，但风机的加工精度会对其有较大影响，您是否能确认出厂前进行过检测？

b. 运输过程中是否发生了变形，安装精度是否到位，对风机的特性曲线都有影响，您是否在调试运行后进行过检测？

c. 我们都在承受风机的不尽如人意，但在分析查找原因时，风机的特性曲线怎么样、效率如何，您是否进行过检测？

风机特性曲线的变化对其所在的系统性能、系统电耗都将产生重大影响，当我们分析篦冷机冷却效果差、甚至熟料电耗高时，一定要考虑风机的因素。

2. 篦冷机的操作要点

篦冷机的操作以稳定一室篦下压力为主，保证篦下压力的恒定是篦冷机用风合理的前提，调整篦速是实现篦下压力恒定的手段。一般二、三段篦速与一段的比值以 $1:1.5:2.5$ 为宜，另可结合实际料层厚度和出料温度根据实际情况进行调节。

需要强调的是，篦速的调整要有预见性、提前量，根据窑内的烧成情况提前作出调整，一定要"预打小慢车，防止大变动"。在调整上没有预见性、无提前量，是固有篦冷机"仪表自控回路"失败的主要原因，而当下发展的"智控回路"不同，纳入了窑内温度、窑的转速、窑的主机电流等多个因变量，在一定程度上实现了调整的"预见性和提前量"。

用风应遵循以下原则：熟料在篦冷机一、二室必须得到最大程度的急冷；三室风量可适当减少，但三室风量调节需达到经一、二、三室冷却后，确保总冷却效果达到 90％ 以上，不能让四、五室承受过大的冷却负荷；四、五室风量能少则少，以保证熟料冷却效果和窑头负压为宜；还应根据料层的变化情况适当增减各风机进口阀门的开度，以保证各风机出风量。

（1）操作上要注意料、风的配合。熟料越多需用的冷却风量就会越大，既要加大篦下供风，又要同时加大窑头引风机的拉风，以保持风量的供排平衡，维持篦冷机内零压点的稳定，减小对窑系统的影响；由于高温段的富裕能力是有限的，熟料的增加将导致冷却负荷的后移，还应适当增加低温段用风量的比例。

当料层增厚、一室篦下压力上升时，加快篦速，开大高压风机的风门，同样还会引起窑头排风机入口温度和熟料输送设备负荷上升，并且篦下压力短时间内又会下降。所以在操作中，提高篦速后，只要一室篦下压力有下降趋势就可以降低篦速。因为窑内不可能有无限多的料冲出来，这样就可以使窑头收尘器入口温度和熟料输送设备负荷不至于上升得太高。当然，如果窑内出料太多，必须首先降低窑速。

当料层减薄时，较低的风压就能克服料层阻力而吹透熟料层，形成短路现象，熟料冷却效果就差。为避免"供风短路"，应适当降低篦床运行速度，关小高压风机风门，适当开大中压风机风门，以利于提高冷却效率。同时应根据窑头引风机的特点（入口温度越高，气体膨胀导致风机抽风能力越弱），在窑内可能产生冲料时，应提前加快篦速，增加低温段冷却风机用风量，同时增加窑头引风机风量，保证熟料冷却效果。如果等到料层已增厚才增大窑头拉风量，会因窑排风机进口温度高、抽风能力减弱，而导致窑头负压无法控制。

两段式的篦冷机在操作中更要注意一、二段的配合，否则极易造成窑头排风机温度过高或篦床压死。当窑内出料过多，窑头收尘器温度会超高时，可提前增加二段风机风量，适当降低二段篦速，以保证良好的冷却效果，并且不致使温度和熟料输送设备负荷超高。当料层偏薄时，应适当减小二段风机风量，以降低电耗。

（2）操作上要注意风量的平衡。在篦冷机内，冷却供风量与二、三次风量及煤磨用热风量、余热发电取风量、窑头风机抽风量，必须达到供排平衡，维持好窑头的微负压和篦冷机内的零压点。如何稳定零压点，对于保证供给窑内足够的、高温的二、三次风是非常重要的。

在窑头排风机、高温风机、余热发电取风量、煤磨引风机等抽力的共同作用下，篦冷机内存在相对的"零"压区。如果加大窑内通风或增厚料层，高温段冷却供风没有增加，零压点就会前移（向窑头方向），导致二、三次风量下降，窑头负压会增大；如果减小窑内通风或料层减薄，高温段冷却风量没有减小，零压点就会后移，二、三次风温下降、风量增大，窑头负压就会减小。

加风要由前往后，以保持窑头负压；减风要由后往前，才能保持窑头负压。通常先开大抽风机挡板或增大速度，再开大冷却机风机转速或开大挡板。

3. 解决漏风窜风问题

篦冷机对熟料的冷却效率，一要重视篦床上的熟料分布，二要重视篦床下的供风分布，只有抓好了"两个分布"，才能保证冷却功能的合理分布，才能获得理想的冷却效果和最大的余热回收。要抓好篦下的供风分布，解决系统漏风和室间串风是一项常抓不懈的任务。

鉴于篦板的加工和安装质量问题，篦板之间的间隙往往过大、透风严重，这是影响篦冷机效率的一个不可忽视的重要原因。要减少篦板间透风，除了强调篦板的外形公差和安装质量以外，有的公司采用了侧边搭接式篦板，四川新船城 5000t/d 线的改造就取得了很好的效果。

对于第四代以前的篦冷机，篦下集料斗的放料锁风阀是一个关键部位，而且用好的不多，有必要着重谈一下这个问题。篦冷机集料斗内为正压运行，一旦放料锁风阀不好用，就会造成篦下长期泄漏或放料时瞬间失压，不但熟料的冷却用风得不到保证，而且导致一些熟料颗粒进入篦板间隙，增大磨损、增大漏料。这会带来一系列的问题：影响到熟料冷却，影响到二、三次风量和风温，影响到煤磨的研磨和烘干，影响到余热发电，威胁到篦床的安全，威胁到后续输送设备的安全，等等。

目前，篦下集料斗的放料锁风设施主要有"重锤双翻、电动双翻、电动双插板、电动弧形阀"等几种，采用弧形阀的较多，但都有卡堵关不严的情况，离不开料封的锁风辅助。

放料程序主要有"定时放料、限位放料"两种,但用得都不太好。定时放料必须满足最大放料时间,又不能跟踪篦床漏料量的变化,就难免出现无料封放料,导致篦下失压;限位放料多数采用旋阻式料位计,但由于工作环境异常恶劣,很难保证其可靠性,一旦不能及时放料,就可能导致篦下料满,造成恶性事故。

最好是两个程序都要,正常运行以限位放料为主,当限位放料超过一定时间没有动作时,就自动启用定时强制放料,防止篦下料满。应该注意的是,两个程序的设定值必须通过运行检验,根据现场实际情况进行调整,而且要根据实际情况的变化及时地重新调整。

理论上限位放料是一个很好的思路,应该进一步优化料位计硬件或改善其应用环境,提高其可靠性。比如,检测限位的元器件不一定要设置于灰斗内,可在灰斗外间接完成。不同的料位有不同的重量,不同的重量就会给放料阀不同的压力、不同的压力会传到灰斗外,这就给实施间接检测提供了可能。

定时放料也不是不可行,最好采用电控气动双插板,目前在篦冷机改造上主推的也是这一方案,如图 8-27 所示。一方面由于气动插板力量大,一般卡点小料挡不住其关闭到位;另一方面,插板卡阻的主要部位发生在插板导槽上,可以将插板导槽由矩形改为向下开放的大弧形,对于下插板可以实现导槽内不存料,对于上插板可以给积料一个移动空间,以减小插板的关闭阻力。

图 8-27 篦冷机灰斗放料电控气动双插板

4. 提高篦冷机的效率

由上述讨论可知,影响篦冷机冷却效率的因素很多,但从第三代篦冷机开始,技术上已相对成熟,总体上失修失护的问题比改造升级更加迫切。尽管这几年的篦冷机已经发展到第四代,相对第三代又开发了新的技术措施,但如果没有很好的维修维护保障,即使第四代篦冷机效率也是难有提高的。

对一台在用的篦冷机,就提高冷却效率来讲,功能上依然是消除漏风窜风以及供风系统的集料甚至堵塞。具体到维修维护和维修质量上，对备品备件的外型加工和安装精度要给予足够重视，要严控篦板之间的间隙和上下搭接间隙，防止影响用风的效率以及漏料和运行阻力。

需要强调的是，篦冷机的冷却介质是空气，空气由篦下风机加压供给，风机的性能对篦冷机的冷却效果有重大影响。风机的质量不仅是设备质量，还包括它的供风特性，这一点说起来大家都明白，但大部分企业对风机的设备质量重视有加，而对其供风质量却重视不够。这除了在采购、进厂、安装、调试过程中，关注其是否满足它设定的特性曲线以外，在使用过程中也应该进行定期或不定期的标定校正。

应该指出的是，由于变频调速、串级调速技术的发展，为我们在风机使用上的节能提供了手段，但也导致了在风机选型配置上的不认真，依赖于偏大选型、调速节能，似乎减小了选型风险。要知道，调速虽然也能节能，但若已偏离了风机的特性曲线，这样的节能效果还是不如选型合适、无须调速的好。

面对一台效率不高的篦冷机，改造不是唯一的出路，也不是最佳出路。建议遵照如下步骤提高效率：

① 首先解决失修问题。处理好装配质量、窜风漏风、风道及篦缝堵塞；

② 核准风机的特性曲线。标定风机特性是否运行在最佳效率点上；

③ 论证风机的配置是否合理。包括风机的选型和布局是否与冷却需求吻合；

④ 在以上措施都采取以后，如果效率依然低下，再考虑篦冷机的技术改造。

8.8　关于第四代篦冷机

目前，国内在篦冷机的技术进步上做了大量工作，也取得了可观的成果，这一点是肯定的。但在新技术应用和推广上显得比较混乱，有可能给用户的选择造成误导，个别已经造成了误导，以为只要是对第三代篦冷机作了一些改动的都称其为第四代，甚至有的公司已经推出了自己的第五代、第六代产品。

1. 谈谈产品换代的概念

换代产品：指在原有产品的基础上，采用或部分采用新原理、新结构、新材料、新工艺，消除了原有产品的重大缺陷，或原有功能得到较大提高，或具有了较大使用价值的新功能，能更大程度地满足消费者的需要。例如，在黑白基础上开发的彩色电视机、在显像管基础上开发的液晶电视机、在视频基础上开发的网络电视机、在模拟基础上开发的数字电视机等。

新一代篦冷机，应该是具有新的有较大使用价值的功能；或在功能实现上采用了新原理，使原有产品性能得以提高；或者对机械结构作了实质性改进，使产品在使用维护上更加简便；或者对机械结构作了实质性改进，为性能的较大提高奠定了基础。

对篦式冷却机来讲，供风方式由室供风（面供风）→梁供风（线供风）→单篦板供风（点供风），供风篦板由运动式改为固定式，这些都是实质性改进，可称其为第三代、第四代产品。而在此基础上的一些完善提高，都不应该称其为换代产品，最多只是这一代产品的一个改进型。

笔者认为，对现有的篦冷机产品而言，判断其是否为第四代篦冷机，应该具备两个特征条件：

（1）采用了固定篦床；

（2）采用了单篦板风量自控调节阀。

众所周知，设备产生故障和磨损的原因，主要是它有运动，一旦让它静止下来，故障和磨损都会大幅度降低，篦式冷却机的故障和磨损主要在篦床及其动力系统上。所以说，把篦床固定下来是非常必要的。

篦式冷却机的效率不高主要是用风不当，用风不当的主要原因是分室不合理，制约合理分室的一个主要原因是各室间不好密封，一旦把篦床固定下来，这些问题都迎刃而解了。所以说，把篦床固定下来是篦式冷却机的一次实质性改进，是一代新的产品；

单篦板风量自动控制调节阀（图 8-28），可以进一步缩小供风单元，实现每块篦板的单独供风，且可根据篦床上料层的厚度自动调节风量，使通过整个篦床全宽上熟料层的风速基本相等，达到冷却空气均匀分布、按需供风的最佳状态，提高了单位风量冷却效率，降低了不必要的能耗。所以说，采用机械式风量自控调节阀是非常必要的。

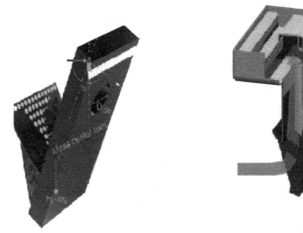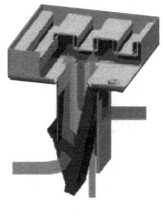

图 8-28　单篦板风量自控调节阀

下面简单介绍一下目前国内主推的几种新型篦冷机：列动篦床步进式篦冷机、固定篦床交叉棒篦冷机和固定篦床摆扫式篦冷机。

2. 列动篦床步进式篦冷机

步进式篦冷机，是目前三大水泥院主推的所谓第四代技术装备，笔者认为，尽管其在性能上比现有第三代篦冷机有所提高，但还是解决不了由于篦床运动给使用者带来的一系列麻烦，不能称其为第四代篦冷机。复杂的步进式篦冷机的动力系统如图 8-29 所示，步进式篦冷机篦下密集的四连杆润滑管网如图 8-30 所示，在使用和维护上都存在一系列问题。

比如：由于篦床为一体式水平布置，料床厚度不能分段控制，这对实现熟料急冷和提高二次风温都形成了制约；由于料床整体较长，对安装精度要求过高，稍有偏差就会导致动力系统负荷过大、列间密封磨损过快不时出现漏料现象；步进系统结构复杂、润滑点达到上千个之多，很难保证每个润滑点的实时润滑；由于料床为水平布置，在检修或处理事故前无法将篦床上的熟料大部分卸出，给检修维护造成了很大的不便。

图 8-29　步进式篦冷机的动力系统照片

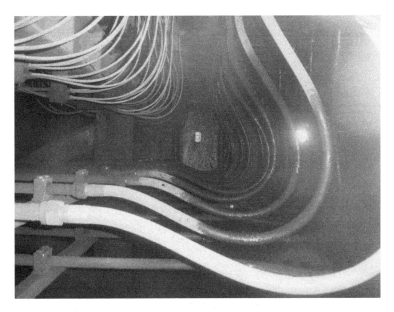

图 8-30　步进式篦冷机篦下密集的四连杆润滑管网

天瑞水泥曾于 2007 年引进了 3 台步进式篦冷机，是国内该型篦冷机的最早使用者，分别应用于其卫辉公司、大连公司、光山公司的 5000t/d 生产线上。其中卫辉公司于 2008 年 4 月 28 日第一家投产，投产后不论工艺还是设备都出现了大量无法运行的问题，随后大连公司、光山公司由于借鉴了卫辉公司的改进措施，问题相对就少了许多，但至今运行仍不尽如人意。卫辉公司在投产后暴露在设备上的主要问题有：

（1）由于篦板、框架等部件的制造精度不够，长篦床又导致了较大的累积偏差，致使篦床的运行阻力较高，所配套的液压缸、液压站能力不够，多次导致篦床开不起来和高压油管爆裂事故；

（2）篦床输送能力不够，导致篦床上的死料层过厚，不仅运行压力较高、运行成本较高，同时限制了大窑产能的发挥；

（3）最初提出的配风方案能力过小，除六室风机外其他各室风机均不能满足生产需要，尤其一、二室的参数要求和实际运行相差甚远，严重制约了箅冷机的冷却效果，出箅冷机的熟料已经不是红河，而是震撼的红料瀑布；

（4）箅列间的密封条很容易磨损和烧损，时不时地"漏料"；动力液压缸频繁脱落、油管经常漏油，也是影响正常运行的原因；

（5）室间密封结构繁琐，短期内脱落较多，造成室间窜风严重；箅板下的气量调节阀间隙过小多数被卡死，起不到自动调节作用。

不可否认，有关设计院近几年针对步进式箅冷机的缺点，确实做了大量的改进工作，并取得了运行可靠性的实质性提高。比如天津院，就通过对四连杆机构的倒置处理，大幅度减少了四连杆的数量，也就减少了相应的润滑点；将一些磨耗大的焊接件改为加厚的铸造件，较大的延长了其使用寿命。天津院改进后的四连杆机构如图 8-31 所示。

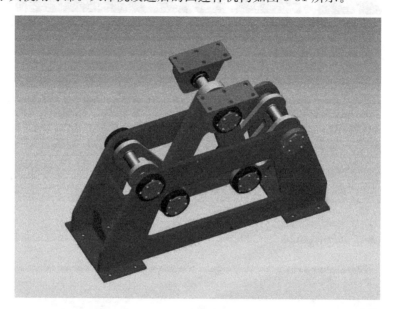

图 8-31 天津院改进后的四连杆机构

但是，步进式箅冷机依然采用"风机→箅下风室→机械式控风阀→箅板"的供风路线，箅下各风室对风量和风压的要求是不一样的，各风室之间的窜风就成为一个问题，在箅床没有被固定下来的情况下，室间密封谈何容易。

在室间密封不好的情况下，要保证风压就必须过盈供风，过盈供风又会增大窜风，过盈供风和室间窜风都是风能的浪费。

3. 固定箅床交叉棒箅冷机

固定箅床交叉棒箅冷机，是目前国内使用最多的第四代箅冷机，如图 8-32 所示。国外的产品以史密斯公司为主、国内的产品以江苏瑞重为主，其最大贡献是将熟料输送功能和熟料冷却功能分开，将箅床固定了下来，从而为采取降低运行故障、提高冷却效率等措施打下了基础。

熟料输送功能由箅床推动改为箅上的交叉棒推动，交叉棒的运行模式如图 8-33 所示，从而为供风系统的单元细分、为机械结构的模块化制造创造了条件，特别是动力系统的负荷大幅度降低，结构大大简化，为安全可靠的运行提供了保障，其动力系统的构件组合如图 8-34 所示。

图 8-32　史密斯最新固定篦床交叉棒篦冷机

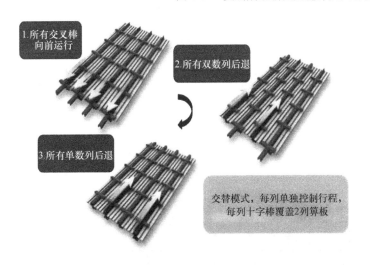

图 8-33　史密斯交叉棒的运行模式

图 8-34　交叉棒动力系统的构件组合
1—推力板密封件；2—推料交叉棒；
3—交叉棒固定块；4—交叉棒推力
板；5—固定块螺栓

与步进式篦冷机相比至少具有如下优点：采用空气炮控制式进料端，如图 8-35 所示，消除了堆雪人的麻烦；采用了如图 8-36 所示的固定篦床设计，为供风模块的细化和各种密闭分割创造了条件，消除了篦床运动带来的磨损和故障；篦床上的料层较薄，运行阻力小、电耗较低；篦床可以分段设置，为在中部设置辊式破碎机创造了条件；交叉棒可以将篦床上的熟料基本清理干净、为检修维护创造了方便。

　　史密斯的固定篦床式篦冷机虽然将物料输送功能交给了交叉棒,不再由篦板承担,但交叉棒的动力依然由篦下供给,靠穿过篦列间的推力板往复运动传递,如图 8-37 所示。这就带来了推力板磨损和篦列间密封问题,尽管采取了相应的措施,而且取得了不错的效果,但毕竟为这种新型的篦冷机留下了一点缺憾。

　　江苏瑞重曾试图解决这一问题,将篦上的交叉棒改为拨料辊,但由于存在大块卡堵问题,试验没有取得成功。

4. 固定篦床摆扫式篦冷机

　　固定篦床摆扫式篦冷机是成都水泥院在近几年开发的固定篦床式篦冷机,除具有史密斯的主体结构特点外,熟料输送采用了独特的摆扫式输送装置。

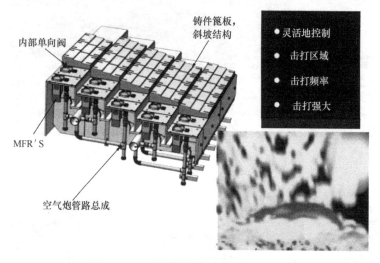

图 8-35　史密斯的空气炮控制式进料端

图 8-36　史密斯篦冷机的固定篦床设计

图 8-37　穿过箅床的交叉棒推力板

　　成都水泥院的摆扫式固定箅床箅冷机，在熟料推进的同时，能产生强制搅动均化和翻滚前进两种运动叠加，使料层分布更加均匀；同时，熟料颗粒的均布主动平衡了料层阻力，使冷却空气分布更趋均衡，换热效率及换热速度明显提高。

　　特别是输送动力，由史密斯型的推力板改为由摆扫轴传递，尽管仍然需要穿过箅床，但一个旋摆的轴与往复移动的板相比，密封和磨损问题就简单多了。摆扫式固定箅床箅冷机的箅下驱动机构如图 8-38 所示，箅上熟料摆扫装置如图 8-39 所示，穿过箅床的动力摆扫轴结构如图 8-40 所示。

图 8-38　成都水泥院的动力系统照片

图 8-39　成都水泥院的篦冷机主体标准模块

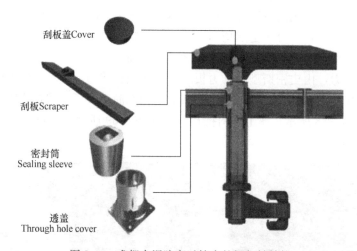

图 8-40　成都水泥院穿过篦床的摆扫轴结构

目前该篦冷机已在云南壮山、重庆台泥、洛阳万基等 30 多条 2500t/d 和 5000t/d 生产线上成功使用，并取得了良好的运行效果和冷却效率，使水泥行业的熟料冷却机又前进了一步。

固定篦床摆扫式篦冷机主要由篦床主体、破碎机和壳体三大部分组成。篦床主体是由一个进口模块和若干个尺寸完全相同的标准模块组合而成，应用时可根据需要变更标准模块的行数或列数，从而组合出不同规格的篦冷机。

进口模块由固定篦板组成，成阶梯状布置，篦床采用空气梁供风，主要作用是急冷和分散物料，该模块不需要驱动装置；每个标准模块都由篦床框架、S 型低阻力无漏料固定篦板、SCD 摆扫式输送装置、FAR 流量自动调节器及驱动装置组成，篦床水平布置，采用风室供风。

物料通过刮板的往复摆扫从篦冷机的进料端向出料移动，同时对整个料床具有均布作用，越靠近篦冷机的出料端料层就越平整，其摆扫输送动作过程如图 8-41 所示。但对于篦冷机的前两室篦板，由于料床尚未来得及均布，采用单篦板风量自控调节阀还是必要的。成都水泥院的单篦板风量自控调节阀如图 8-42 所示，其对不同料层厚度的自适应原理如图8-43 所示。

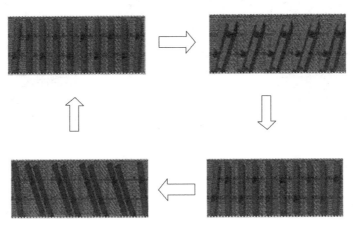

图 8-41　刮板摆扫输送动作过程示意

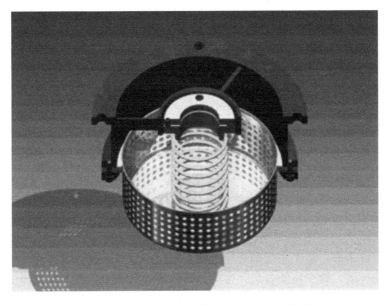

图 8-42　成都水泥院的单篦板风量自控调节阀

单篦板风量自控调节阀能实现对每块篦板供风的精细控制，自动适应熟料粒度和料层厚度的变化，对料床的稳定不再依赖于高阻力篦板，篦板阻力的降低可以降低对篦下冷却风机的压力需求，从而达到节电的目的，同时也减小了篦下室间密封的难度。进入风室的冷却风通过流量自动调节器及篦板对物料进行持续的冷却，流量自动调节器可以根据物料的阻力自动调节冷却风量，避免冷却风短路，达到均衡供风的目的。

特殊设计的 S 篦板，均匀的篦缝确保冷却风对物料的冷却效果，同时又防止物料进入风

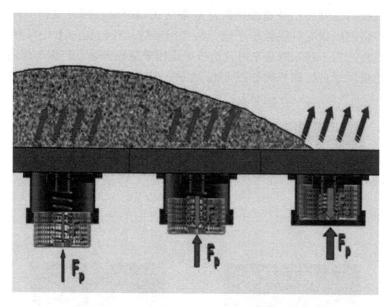

图 8-43　调节阀对不同料层厚度的自适应原理

室，使箅冷机实现真正意义上的不漏料。由于箅板与接触箅板的物料层无相对滑动，因此理论上箅板没有磨损，因此无需更换箅板。由于刮板装置相比第三代箅冷机的活动箅板及其活动框架的自重较小，因此推料时所消耗的功率自然也就更低。

箅冷机出口端的熟料破碎采用辊式破碎机，平行排列的若干辊子通过特定布置和回转达到挤压破碎物料的目的，比锤式破碎机具有更小的振动和磨损，箅冷机废气粉尘浓度也因此有一定程度的降低。

SCD 摆扫式输送装置采用单线递进式干油润滑系统，多点润滑泵按程序控制将润滑脂分别送至各行分配器，行分配器再分配给各列分配器，列分配器再送至各轴承润滑点，该系统能确保各润滑点均能按设计给脂量得到润滑，通过完备的故障报警诊断装置能快速确定故障点并排除故障。

8.9　烧成系统的科学超产

就系统的设计来讲，整个系统都进行了能力平衡和效率平衡，都有一个设计能力。对于一个成熟的市场环境，效率与效益是一致的，应该按设计能力运行才是最经济合理的。

但我们国家的水泥行业是从严重短缺的市场中发展起来的，最初的效率与效益存在严重的背离，所以往往有为了追求效益而牺牲效率的事情发生。时至今日，仅管市场已经发生了重大变化，已经由严重短缺变成了严重过剩，但由于思维惯性，追求高产、超产的理念还是挥之不去。

1. 系统超产对设备负荷的影响

这里先不谈效益的最大化问题，仅就超产运行对设备的影响作一下概念性探讨。尽管系统设备在设计上都有一定的富裕能力，但随着窑系统产量的提高，大部分设备的负荷会相应增大。但到底应增大多少呢？是否会对设备造成安全隐患呢？这是有关生产管理人员回避不了的问题。

尽管每个水泥厂的情况不同、超产幅度不同、每个设备的富裕能力不同、每个设备对增加负荷的承受力不同，但作为生产管理人员，特别是设备管理人员必须有一个清晰的概念。

我们知道，由于熟料的烧成过程，牵涉到物料的物理、化学、岩相等一系列变化，设备负荷与投料量并非线性关系，实际的变化情况需要现场测定才具有实际意义。

为了使大家有一个概念性的认识，笔者曾为此在一条 3000t/d 线上专题做了较为系统的统计工作，希望对相关同仁有所帮助。

某 3000t/d 线在正常生产时，其投料量一般控制为 240t/h（约日产 3200t 熟料）。2007年 4 月试验时，将投料量分别增加到 245t/h、250t/h、260t/h、270t/h（约日产 3600t 熟料）。待整个烧成系统运行稳定后，现场用卡表测得该系统设备的运行电流和负荷率变化情况，见表 8-5。

表 8-5　某 3000t/d 线设备运行电流和负荷率随投料量的变化

试验日期	4 月 12 日		4 月 13 日		4 月 15 日		4 月 18 日	
投料情况	245t/h		250t/h		260t/h		270t/h	
测定项目	电流	负荷	电流	负荷	电流	负荷	电流	负荷
单位	A	%	A	%	A	%	A	%
窑主传	645	63.24	892	87.45	741	72.65	754	73.92
高温风机	92	92.00	96.2	96.2	97	97.00	95	95.00
尾废气风机	26	62.42	26.6	63.87	26.1	62.67	26.7	64.11
头废气风机	16.6	55.43	21.8	72.79	24.4	81.47	24	80.13
入窑提升机	165.4	68.92	172	71.67	175.5	73.13	173.3	72.21
入窑皮带秤	3.1	51.67	3	50.00	2.9	48.33	3.1	51.67
篦冷机一段	44	43.56	43	42.57	50	49.50	45	44.55
篦冷机二段	50	49.50	53	52.48	53	52.48	47	46.53
篦冷机三段	44	52.38	44	52.38	43	51.19	41	48.81
熟料破碎机	103.3	59.71	92.5	53.47	96.4	55.72	90.7	52.43
熟料输送机	74.2	45.24	77.5	47.26	70.6	43.05	73.5	44.82
一次风 2621	69	81.18	68.6	80.71	72.5	85.29	71.9	84.59
一次风 2623	73	85.88	64.5	75.88	75.5	88.82	74	87.06
煤风机 2723	87.2	37.11	82.7	35.19	86	36.60	82	34.89
煤风机 2725	91.5	38.94	98	41.70	107	45.53	92	39.15
煤 FK 螺旋泵	13	41.40	15	47.77	13.7	43.63	12.4	39.49
冷风机 2607	75	89.29	77.2	91.90	78.3	93.21	73.9	87.98
冷风机 2608	114	68.26	124	74.25	116.8	69.94	113	67.66
冷风机 2609	131.4	78.68	136	81.44	135.4	81.08	129	77.25
冷风机 2610	102	50.75	103	51.24	102.3	50.90	97	48.26
冷风机 2611	107	53.23	109	54.23	109.5	54.48	101	50.25

续表

试验日期	4月12日		4月13日		4月15日		4月18日	
投料情况	245t/h		250t/h		260t/h		270t/h	
测定项目	电流	负荷	电流	负荷	电流	负荷	电流	负荷
单位	A	%	A	%	A	%	A	%
冷风机 2612	92.7	56.52	89	54.27	90.3	55.06	83	50.61
冷风机 2613	91.8	55.98	89	54.27	89.5	54.57	84.5	51.52
冷风机 2614	107	76.43	109	77.86	112.2	80.14	104	74.29
冷风机 2615	173	86.07	185.5	92.29	188.2	93.63	166.9	83.03
冷风机 2616	160	79.60	164.6	81.89	167.8	83.48	150	74.63
冷风机 2617	124	61.69	123	61.19	153.4	76.32	141	70.15
冷风机 2618	105	52.24	103	51.24	132.6	65.97	124	61.69
窑头变压器 1	1324	73.38	1313	72.77	1464	81.14	1369	75.88
窑头变压器 2	879	48.72	897	49.72	695	38.52	863	47.83
窑中变压器	542	46.94	679	58.80	647	56.03	644	55.77
生料变压器	2075	90.06	2054	89.15	2110	91.58	2156	93.58

由表 8-5 可见，尽管产量由 3200t/d 增加到 3600t/d，提高了 12.5%，但设备的负荷都还在允许的范围内，有的甚至还有所降低。应该说明的是，在整个加产试验过程中，烧成工况和熟料质量都是基本正常的。因此，说明该生产线在工艺上具有较高的富裕能力，这正是能够继续增加产量的基础。

从表 8-5 还可以看到，在加产试验过程中，一是箅冷机箅下冷却风机的负荷总体是在减小，说明随着产量的增加、箅床料层的加厚，箅冷机的冷却风量反而减小了；二是窑头废气风机的负荷增大很多，说明箅冷机的冷却效果已经变差，废气温度的升高导致了气流热阻的加大。

事实上，在投料量增加到 275t/h 时，箅冷机的冷却能力已严重不足，大量的红料开始进入熟料破碎机，被迫终止了此次试验。由此可见，是否能够超产运行，不仅仅取决于设备能力，首先生产系统要有足够的工艺能力，如果工艺系统上超了负荷，设备的运行状况将会迅速恶化，那就绝不是表 8-5 中的结果了。

2. 超产运行不仅是设备负荷问题

系统超产运行不仅影响到设备负荷，首先要有工艺基础，应该全面衡量。表 8-5 只是说明，在工艺和设备都允许的范围内，超产运行无疑能够降低系统的电耗，但没有进一步说明它的负面影响。为此，笔者下面作进一步的分析。

1）超产运行有可能增大热耗

低产运行不可能有最低的能耗，但超产运行不一定能耗就低。特别当系统的工艺能力已经不充分时，超产运行将导致预热器、回转窑、箅冷机内的热交换能力下降，还会致使散热损失及漏风现象加剧，这些本是预分解窑系统热效率高的基础，它们的效率下降必将造成系统热耗的增大。

2）超产运行有可能降低质量

比如，当窑的排风能力已经不足，无法满足增加产量所需要增加的通风量时，就有可能导致如下结果：

（1）风量的不足会导致预热器内的固气比过大，物料悬浮不好造成塌料现象，部分生料尚未分解就直接入窑，使熟料中混有大量夹心料，游离氧化钙难以控制；

（2）空气量不足会导致窑内通风不足，燃料不能充分燃烧，窑内形成还原气氛，黄心料较易发生，熟料强度将会大幅降低；

（3）篦冷机的冷却风量不足，将导致出窑熟料得不到急冷，降低了熟料的质量。

3）超产运行有可能降低运转率

台时能力和运转率是产量的两个组成部分，两者既统一又对立，管理不好两者都低，管理得好两者都高。不论如何增加产量，都会增大设备的负荷，负荷的提高都会缩短设备的使用寿命。

对于超产运行，特别是在运行负荷超出设备的能力时，就有可能导致设备故障的发生，这就不仅仅是设备的使用寿命问题了。寿命问题在短期内可能看不到对运转率的影响，而设备故障则会立即让你尝到苦头，就会严重影响到运转率，最终导致产量的下降。

3. 水泥生产追求的目标是什么

话又说回来，超产运行不是目的，降低电耗不是目的，降低能耗也不是目的，更不是核心目的。特别在市场供过于求、效率与效益已经基本一致的今天，水泥生产追求的目标应该是：通过精细化管理，实现优质低耗、稳定高效、经济运行。

这一点儿不同于近年流行的、水泥生产以节能降耗为核心目标的精细化管理。在某一方面片面地强调节能降耗，已经在一些企业的生产管理中出现了一些不良反应。比如：为了降低电耗而不顾一切地超产运行，为了降低煤耗而一味地要求用好煤，为了降低能耗而不自觉地调低了 KH 和 SM 等。

实际上，精细化管理是一种理念，不存在一个具体的定义或范围、甚至目标，是要求在方方面面都要做到精细准严。

（1）精是全面做精，追求整体最优；

（2）准是准确准时，对分项指标的最佳把握；

（3）细是把工作做细，把管理做细，把流程管细；

（4）严就是执行，主要体现在对管理制度和流程的执行与控制上。

对一个企业来讲，搞精细化管理，就是要搞好企业内的"五四运动"，在管理上抓好"五精四细"。

所谓五精：

（1）精华：有效运用文化精华、技术精华、智慧精华等来指导、促进企业的发展；

（2）精髓：企业必须拥有为数不多，但深谙和运用企业管理精髓的企业家和一批企业管理者；

（3）精品：要处理好质量精品、差异化产品、零缺陷产品之间的关系，为企业形成核心竞争力和创建品牌奠定基础；

（4）精通：要精致打造畅通于市场和客户间的渠道；

（5）精密：企业内部凡有分工协作的部门、前后工序关系的环节，其配合与协作要精密，与企业相关联的机构、客户、消费者的关系要精密。

所谓四细：

（1）细分市场和客户，全面准确地把握市场变化和客户需求，企业发展战略和产品的定位要细；

（2）细分企业组织机构中的职能和岗位，企业管理体系健全，责权利明确、到位、够细；

（3）细化分解每一个战略、决策、目标、任务、计划、指令，使之落实到人，做到事事有人管、人人有事干；

（4）细化企业管理制度的编制、实施、控制、检查、激励等程序、环节，做到制度到位。

总而言之，企业存在的唯一目的就是创造效益，追求的目标就是效益最大化。当然，效益最大化源于对每项工作的精细化管理，但这并不意味着每项工作都要效益最大化，一定要着眼于全局，打破本位思维，实现整个系统的效益最大化。

第9章　不能不谈的中控操作员

对于一条生产线，要想获得行业内领先的技术指标，领先的技术和装备是关键；但要想摆脱落后的技术指标，则摆脱落后的生产管理就成为了关键。挖掘节能的潜力，除了不断的技术进步以外，主要是通过加强管理，减少停机次数（提高运转率）、缩短开机时间（减少无效、低效运转）、稳定且高效地运转（稳定重于高效），这些措施的实现都与中控操作员有直接的关系。

中控操作员对每一个水泥厂的重要性是不言而喻的，大家都有切身的体会。厂里的领导们都希望有几个好的操作员，操作员也都希望成为优秀的操作员。但不少公司在操作员的使用、培养、教育上，操作员自己在努力的方向上，都存在或大或小、或多或少的偏差，这里就不得不说说这个问题。

但问题是如何才能成为一个好的操作员，一个操作员对自己应该有什么样的要求，自己应该朝哪个方向发展，一个操作员在企业中应发挥什么样的作用？或者换句话来讲，企业对操作员应该有什么样的要求，企业该如何培养和用好操作员？

9.1　操作员的定位与培养

企业是由各个岗位组成的，每个岗位都是企业的组成细胞。要保持身体健康，就必须保持每个细胞都健康，当每个细胞都有了活力时，身体不可能没有活力。中控操作员也是一个岗位，而且是一个非常重要的岗位。

要保持每个岗位的良好运转，企业要逐步建立"各司其职、各负其责"的管理架构，让每个员工都树立起如下的岗位观：自己的岗位就是"自己的企业"，与自己相关的岗位只是"你的客户"，自己必须为"自己的企业"承担起全部责任。

"自己的企业"有困难要由自己克服，是没法推给"你的客户"的，这里没有推诿扯皮；你给"你的客户"造成了损失，"你的客户"有理由、有动力按制度向你索赔，这里不存在老好人。如此将对少数人的不认真进行"行政处罚"式管理，变为多数人的较真的"利益索赔"式监督，何愁制度不公平，何愁制度不落实。

你就是"自己企业"的总经理，总经理就要对整个企业全面负责，只有自己的问题和责任、没有推卸的理由和机会；你的主管就是你企业的董事长，董事长要为总经理提供尽可能多的资源和支持，总经理必须接受董事长的管控，但总经理不能把难题和责任推给董事长。

1. 如何成长为"三员型"操作员

优秀的操作员应该能够利用所拥有的操作和管理资源，按照应有的程序与方法，根据现场实际作出判断和选择，两害相权取其轻，两利相衡取其重，获得优秀的生产和技术指标，从而实现最佳操作和管理。

个人要做一个好的操作员，就应该努力修炼自己的"三员能力"，既是操作员，又是技术员，还是调度员。"三员能力"是相互关联和相互制约的，不具备其他两员能力就不可能做好操作员，只想"运筹帷幄"而不想深入实际，是不可能"决胜千里"之外的。

个人要成为一个"三员型操作员"，首先要严格要求自己，培养自己的"三有三能"素质，在日常工作和学习中要力争做到"有责任心、有事业心、有团队精神""能吃苦、能吃亏、能受委屈"。不能仅仅满足于呆在中控室里、趴在电脑上操作，那是修不成"三员能力"的。

个人要成为一个"三员型操作员"，就要不断地学习、进步，在书本中学习理论、到现场中学习实践，在行业内部模仿学习，到不同行业借鉴学习，学习别人的长处以使自己进步，学习别人的教训以使自己警戒，在公司内部随时学，到兄弟公司参观学，参加培训系统学，向领导请教管理知识，向工程师请教专业知识，向岗位工请教维护常识，在事前要做好预案研判，在事后要做好分析总结，所有学习都要白纸黑字做好笔记，所有学习都要逻辑严谨系统成文。

学习是件苦差事，你必须坚持不懈，怕苦怕累是成不了气候的；学习操作员不是在学校，你必须靠自己努力，像老师一样唠叨你的人在企业是不多的。在学习的殿堂里，有三个王国需要你自行穿越：

第一个是"必须王国"，被动接受"自然规律"的约束。各种知识扑面而来，你必须认可、必须接受，才不至于过于被动；

第二个是"必然王国"，主动按"自然规律"展开思维。你已具备了一定的基础，"书"已经没那么厚了，你可以选择了，已经不再是你的负担；

第三个是"自由王国"，驾驭、协调、平衡各种"自然规律"。"书"已越读越薄，问题越看越透，你开始有了自己的知识。

本书开篇就提出了做学问的宗旨：格物当至极致知。至极是方法，致知是目的，浅尝辄止是不可能得到真知灼见的。正如杜甫在《望岳》诗篇中所言：要有"荡胸生层云"的激情，要有"决眦入归鸟"毅力，要有"会当凌绝顶"的雄心，要有"一览众山小"的气概。

开篇同时引用了《论语·子罕》中关于孔子的榜样，圣人孔子曰："吾有知乎哉？无知也。有鄙夫问于我，空空如也。我叩其两端而竭焉。"——孔子是我们的祖师爷，我们应该学习他对待知识的态度，学会他掌握知识的方法。

2. 学会科学地分析和解决问题

本书通篇强调，凡事的目的，都应该把握总体，做到统筹兼顾，做得恰到好处，不是把某个指标做到最高，而是把总体做得最好；分析的过程，都要注意不可片面、不可偏激、不可过度、不可脱离自己的实际情况，要进行"叩其两端"的全面调查、"知其所以然"的研究分析，要学会唯物辩证地解决问题。

下面列举一些容易理解的身边小事，讲讲在处理问题时的一些大道理，供读者在分析问题、解决问题时参考，看看我们在具体的水泥生产管理中是否犯了类似的错误。

从哲学角度讲，真理只有一个，具有唯一性；但对某一个问题的看法，为什么又说"仁者见仁，智者见智"呢？这是因为每个人面对的现实不同、掌握的信息不同、看问题的角度不同。我们在分析问题时，既不能片面地强调某一方面，更不能颠倒了因果关系，也不能把"治标"当成了"治本"。

比如，笔者在 2015 年曾经有半年左右膝关节无力，甲大夫认为是缺钙，让我喝牛奶后大有好转；后在体检中发现血脂增高又去看医生，乙大夫认为是缺蛋白质，让我停牛奶改吃鸡蛋后也效果明显；又担心胆固醇增高再去看医生，丙大夫说，现在的生活条件，缺什么钙和蛋白质呀？认为是年龄大了，"关节软骨蛋白多糖生物合成异常"，让笔者服用"盐酸氨基葡萄糖胶囊"，促进自身蛋白多糖的合成，提高软骨细胞的修复能力，结果用药一周就显著见效，用药一个疗程（40 天）后就彻底痊愈了。

三个大夫的疗法都取得了较好的效果，你能说哪一个不对呢？实际上他们都是补充了蛋白多糖，只是补充的路径和程度不同。甲是无意中的外补，乙是在一定偏差下的外补，丙才是对症下药，解决了笔者自身的合成问题。在治疗方法上他们有不同的经验，在因果逻辑上他们就有不同的认识。

比如，看见一个"嘴上生疮在吃三黄片"的人，有人认为是"因为上火生疮，所以在吃三黄片降火"；也有人认为是"因为吃三黄片上火了，所以才导致了嘴上生疮"。两人的分歧在于"三黄片"和"嘴上疮"，到底哪个是因哪个是果，在因果关系上未作认真的调查研究。就这么浅显的问题，却是我们在分析陌生问题时很容易犯的一个错误。

不是吗？轴承的良好润滑是其正常运行的重要条件，我们始终在强调要给轴承加足够的油，加足够的油本身没有错，但不是油加得越多越好。油加得过多，就会导致四处漏油，不但造成浪费、污染环境，更严重的是还会影响散热，烧毁轴承。那么，到底是缺油导致了烧轴承呢，还是油多导致了烧轴承呢？这就是调查研究的重要性，凡事不可以不加分析就主观臆断。

比如，我们在酒桌上经常听到"喝点儿酒有利于降血压，起码是短时内降血压"的说词，笔者作过测试，结果是有的人确实降，但有的人却是升。笔者为此请教过老中医，平均动脉压＝心输出量×总外周阻力，酒精能使心率加快增加心血输出量，升高血压对每个人都是一样的；但同时导致每个人的末梢血管扩张程度不一样，对外周阻力的减小程度不一样。

当影响"扩张"（降压）大于影响"加快"（升压）时，总的血压表现为降（体征为肤色变红的人），反之表现为升（体征为肤色变化不大甚至变黄、变白的人）。所以，"他山之石并不是拿来就可以攻玉"，要结合自己的情况具体分析，切勿对别人的经验盲目照搬。

再如，一台水泥磨产量低，甲工程师认为是平均球径小了，乙工程师认为是平均球径大了，甲把平均球径加大了产量还是低，乙又把平均球径大幅度减了下来，降到比原来还小，产量还是没上去，于是两人统一了认识，认为产量低与平均球径没关系。经正反两方面试验得出的结论就正确吗？

丙是当时的中控操作员，经历了整个调整过程，丙分析认为，甲把平均球径加大后产量低的原因是易跑粗，乙把平均球径减小后产量低的原因是易饱磨，总的还是平均球径的事，结果重新调整后产量真的上去了。两位工程师何以不如一个中控操作员呢？因为操作员掌握的情况最全面，而且"透过"产量低的"现象"看到了为什么低的"本质"。

再如，一个直接用手取火的人，结果只能被灼伤，我们并不认同他的勇敢；而一个害怕灼伤就连火都不敢取的人，我们也不认同火是不能取的。凡事既不能盲目去干，也不能胆小不干。为什么不能做好防护后（比如戴上绝热手套）直接取、或用一个工具间接取呢？这是我们在进行技术改造时经常遇到的问题。

什么叫废物，什么叫资源，什么叫宝藏？其实，废物不是天生固有的特性，而是人类认知的赋予。随着科学技术的发展，随着人类认知的深入，好多的废物已经、正在、即将变成宝贵的资源。君不见，古有一块顽石变成了宝玉，中有一堆油污变成了能源，20世纪曾经让我们叫苦不迭的水渣和粉煤灰，如今每吨已卖到几十元。今天的废物可能是明天的资源，你手里的废物可能是别人的资源，对一切事物都应该辩证地、发展地去看。

3. 企业的重视与培养

企业要培养一个好操作员，就要给他一定的相应"三员"的权力、机会和动力。因为操作员掌握的信息最全面、最直接、最及时，由他们直接的优化操作、排除故障、调度人员，在技术上不断进步、不断提升，才能获取最高的效率和最大的效益。

从管理上讲，操作员岗位是最大效率岗位，所有上面的管理岗位和下面的支持岗位，都应该围绕操作员岗位运转，操作员岗位应该成为整个生产系统的核心岗位，但这要求操作员必须具备一定的"三员能力"。

不具备怎么办？企业领导首先要支持和鼓励操作员向"三员型"努力，给他们一定的权力，帮他们树立威信，为他们创造机会，还要扶上马送一程。有位领导说得好，领导不是坐在车上赶马车的，而是调动所有资源为马车清除路障的，操作员才是赶马车的。

管理就牵涉到责、权、利，这是不可分割的三大元素。对操作员也不例外，要高工资严考核，不能干好干坏都一样，不能只搞"赶鸭子上架"，要引导他们上路；考核要具体化、数据化、时效化，操作员岗位具备这个条件。

"三员能力"，牵涉到机电装备、生产工艺、自动控制、原料准备、人员管理等与生产有关的方方面面，在大专院校目前还没有操作员这个专业，"三员能力"只能在企业培养。这除了操作员自身的努力外，最重要的是企业要为他创造下现场的条件。说得直接点儿，最起码是中控室的定员不要太紧，不要把操作员困在中控室里动弹不得。

当过操作员、特别是一个优秀操作员，应该作为生产系统领导的基本任职条件，用不了几年，你这个企业就会出现人才济济的局面。

9.2　一个值得总结的案例

前两年，笔者有一个朋友从沿海总部调往西南某公司，总结了该公司搞不好的主要原因是留不住人，特别是操作员。

1. 如何成了初级操作员培训基地

公司投产三年了，但在岗的操作员最长的岗龄还不到一年，操作员更换频繁，实际成了一个"初级操作员培训基地"。公司所在地比较偏僻，工资水平总体偏低。高素质的操作员招不来，只能招当地的毕业生培养，刚培养了一点操作基础却又跳槽走了。结果是生产搞不好，企业没效益，工资稍高的中层干部也拿不到钱，导致公司上下人心不稳、见异思迁。

操作员们认为：

（1）当地的工资水平总体偏低，中层干部的工资也不会太高，操作员的工资又不能超过中层干部，难以养家糊口；

（2）由于工资本来就不高，公司就没法严格考核，结果只能是干好干坏都一样，看不到公司的前途；

（3）由于进厂时间短，对生产线不熟悉，实际上操作员只能听班组长调遣，甚至听岗位工指挥，自己的水平难以提高；

（4）比如窑操，每月只有 1000 多元的死工资，虽然在当地不好找更好的单位，但走出去尽管离家远了点儿，却能找到工资高、环境好的单位。现在的交通发达，只要有了钱千把公里不算远，不就是一两个小时吗。

这位老兄到岗后，首先提高了操作员的工资，甚至超过了所有中层干部，下有按原工资保底、上有不封顶的考核，大大调动了操作员的责任心和积极性。开始中层干部还有不小的意见，但到一个月开资以后，部分操作员的工资上去了，中层干部的工资也跟着上去了，企业开始有活力了，大家也没意见了。

2. 操作员如何拿不到工资只能责怪自己

第二步开始对操作员进行"具体化、数据化"考核，将操作员的考核工资分解到产量、质量、能耗、有效运转率上，一一对应，按实际完成的结果拿工资，变"完不成指标领导扣工资"为"完成指标后自己拿工资"，完成多少就拿多少工资。操作员的心态也平衡了，原来对领导扣工资不尽合理有意见，现在拿不到工资只能怪自己水平低了。

第三步进行"时效化"考核，操作员的工资仍是每月开一次，但每天考核一次、每天考核的代数和就是操作员的月工资。在中控室计算机上设置了一个工资核算程序，操作员在下班后就能立即从操作画面上查到今天挣了多少工资。

原来操作员对班后碰头会有意见，多数是不得已应付，现在开始主动找人帮自己分析当天的工作了。今天的工资为什么没拿全，明天我应该注意什么、改进什么？今天的工资拿全了，明天我还有什么新的措施，如何把考核指标完成得更好，我还能再多拿多少工资？

原来要求操作员下现场，操作员不是没时间就是应付领导，象征性转一圈了事；现在不同了，操作员开始主动往现场跑了，离不开操作台时开始让其他操作员（窑操找磨操，磨操找窑操）帮忙代看了。现场一旦有事，首先着急到现场的就是操作员；现场没事，主动去现场找问题的也是操作员。

比如窑操，接班、班中、交班，会认真查看交接班记录、中控室台帐、操作画面、化验室的各种报表；会主动与岗位工联系了解各岗位的运行情况；会主动联系了解维修人员的到岗情况；会主动与化验室联系及时了解质控数据，甚至主动要求化验室加点检验或加大检验频次；会多次深入现场，比如前往窑头和熟料输送机，去查看窑内的煅烧和熟料的烧成情况。

他们还自发地组团在熟料输送机旁设置了熟料查看台，放置了敲熟料的锤子，挂上了查看记录本，如图 9-1 所示。

3. 中层领导和工程师如何也想干操作员

前段时间，听说这位老兄又在搞什么晋级机制，将操作员分了个一、二、三级，每一级有不同的基本工资（也是保底工资），规定新提拔到生产系统的中层干部乃至公司领导，必须有三年以上的操作员经历（如果是工程师，必须有一年以上的操作员经历）。

现在，中层干部、工程师也开始想干操作员了，具备"三员能力"的操作员也越来越多了，生产越来越正常了，企业效益越来越好了，职工的工资越来越高了，听说这位老兄又要调回总部了。

图 9-1 某公司熟料输送机旁的熟料查看台

9.3 树立凡事预则立思维

前面讲过，操作员应能主动担当起本班生产的统领者，上能协同领导、下能携同职工，首先要减少故障停机，在连续运行的系统上搞好操作调控，共同搞好本班的生产。

就现代化的水泥生产系统来讲，具有预配料、预均化、预热器、预分解、预破碎、预粉磨等带"预"字的设备和功能，"预"字理念已经深深贯穿于整个生产过程。要操作好这个充满"预"字的系统，在操作上也要树立"预"字理念。

不管是窑还是磨，不管是主机还是辅机，不管是设备还是原料，在操作和管理上都要遵循"预打小慢车，防止大变动"的理念。没有预打小慢车就难以防止大变动，大变动的结果只能是"出力不讨好"，自己付出了辛苦、企业受到了损失，轻者受一顿批评、重者还要被处罚。

我们讲"凡事欲则立"，但欲而不预又如何立？关键是一个"预"字，只有预想、预料、预计，才能有预见，才能做到预调和预处理；只有预调和预处理，才能防止大波动和大事故；只有杜绝大波动和大事故，才能防止大变动，实现稳定生产和优秀的技术指标。

1. 水泥磨操作中的预字

俗话说"台上十分钟，台下十年功"，成为一个优秀的操作员又何尝不是如此。操作调整能够迅速准确，处理问题能够及时到位，这些都是知识和经验的体现，都需要平时的留心和积累，都是在为关键时候作"预"备。这里再讲一个笔者在伊拉克的故事：

某天由于石膏的变化，两个班过去了，水泥 SO_3 的指标不是大就是小，就是调不合格，伊方经理追问化验室主任，化验室主任着急得向总经理告状。笔者说"让我来试试看，不一定能调过来"，但上去一把就调成了。什么原因，"化验室越催、操作员越急，调整、取样、检验都有个时间差，所以他们调不准"。而笔者不同，早在这方面作了"预"备，笔者的

"预"字有以下几个方面：

（1）大家一般认为，SO_3 的调整并不复杂，高了就减石膏，低了就加石膏，减多少加多少一般凭经验"跟着感觉走"也就是了。笔者注意到 SO_3 的指标一般为 $2.0\pm0.2\%$，石膏的掺加量一般为 3.5% 左右，只是比别人多"除"了一下，"预备"了一个概念："预调 0.1% 的 SO_3，需要调 0.175% 的石膏"；

（2）在实际调整中，由于磨系统还有大量的存料，调整效果的滞后时间较长，如果只是根据上一个点的实际值调整，往往是调整过头形成反复振荡。笔者又在检修后空磨开车时测试了磨系统的大致存料量，在开磨后关闭循环风机喂料，统计回粉量达到正常值时的总喂料量，又"预备"了一个概念："正常粉磨时，磨系统存料量约为 30t"；

（3）笔者又对上述两个"预备"作了进一步的预处理。要保证喂料合格，欲调 0.1% 的 SO_3 需要调 0.175% 的石膏；冲洗存料合格，欲调 0.1% 的 SO_3 需要调 0.175% 的石膏，冲洗时间为"系统存料量 X/正常喂料量 Y"小时。又预备了一个概念："欲调 0.1% 的 SO_3，先将石膏增减 $2\times0.175\%=0.35\%$，待 X/Y 小时后再将调整幅度减增为 0.175%"，并"预备"了一个调整参考表，参见表 9-1。

表 9-1　卡尔巴拉水泥厂水泥磨 SO_3 调整参考表

水泥磨台时产量/（t/h）	60	70	80	90	100
磨机系统存料冲洗时间/min	30	25	22	20	18
SO_3 实际值与目标值的偏差/%	0.1	0.2	0.3	0.4	0.5
冲洗时石膏调整量/%	0.35	0.70	1.05	1.40	1.75
冲洗后石膏调整量/%	0.175	0.350	0.525	0.700	0.875

（4）从取样到报出 SO_3 含量，一般需要 30min，在这段滞后时间内生产的问题水泥已经被连续取样器取进了取样桶，也必须进行冲洗处理才能使下一个点的平均样合格，故上述冲洗时间还需延长 30min。或者冲洗时间不变，仍按上述方案调整，但在 30min 内的调整量再增加一个 0.175 石膏/$0.1SO_3$。

这个案例只是借 SO_3 说明了"预"字的重要性，这种方法同样适合于其他参数的调整，处处留心皆学问，点点滴滴都有用啊。比如窑功率曲线，就应该给予特别的关注，为发现和应对各种特殊工况作好预备。

2. 回转窑操作中的"预"字

现代化水泥厂的生产线为我们设置了一大堆的检测仪表，进一步在中控室 DCS 系统上生成了一系列的变化曲线，这些都是适时把握窑况进行准确调整的依据，都是为我们预备的素材。

特别是窑功率（或窑电流）曲线，它的变化综合体现了窑内及整个烧成系统的运行状态，窑喂料量、生料特性、预热预分解程度、窑转速、火嘴的定位、烧成温度、液相量及黏度、熟料结粒、窑皮状况，甚至大窑托轮的运行状态等，都与其有一定的相关性。

它能提供窑内的重要信息以及工艺、机械方面的故障前兆，都能作为调整操作、处理问题的依据。图 9-2 所示就是某公司总结的窑转矩变化与部分窑工况的对应关系，就是一种很好的预备。

应该说明的是，由于每条窑的条件不尽相同，其对应关系也千差万别，但这确实是一种

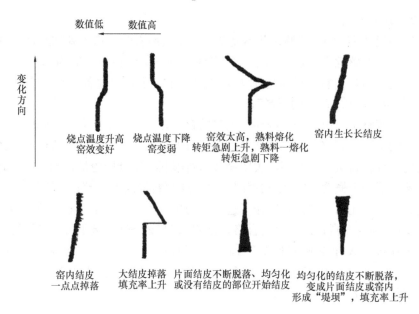

图 9-2　窑转矩变化与部分窑工况的对应关系

应该借鉴学习的好方法。操作员要结合自己的实际情况，勤观察多总结，预先找出自己窑上的对应规律，从而提高自己分析的全面性、判断的准确性，提高自己解决问题的能力。

至于具体的中控操作，多位专家在多种场合已有多次讲解，在多本书籍上也有详细论述，就不再浪费大家过多的时间了。

9.4　要有会诊防范意识

对一个生产系统来讲，解决问题不如防范问题，包括生产问题、工艺问题和设备问题。努力实现系统的完好运行，是水泥及其他行业长期追求的目标，是企业实现优质、高产、低成本的重要手段。如何实现一条生产线的零问题完好运行，必须将精细化管理贯穿于它的整个生命周期，主要涵盖这几个阶段：规划设计、设备采购、安装调试、生产组织、运行维护、检修技改。

在上述各阶段，各企业都作出了很大努力，取得了不少经验，特别是在运行维护阶段，主要抓了这几个方面：备品备件、检修技改、多级巡检、润滑管理、技术培训等。但尽管在上述各阶段的各方面，大家都付出了很大努力，却仍然存在一些漏洞，如何尽量减少这些漏洞，就成为完好运行的关键，不仅要搞好事后处理、更要搞好事先防范，会诊防范不失为一项重要措施。操作员是生产组织、运行维护的组织者和参与者，不能不树立这种意识。

1. 会诊防范的意义

会诊，本来是一个医学术语，指几个医生共同诊断疑难病症。由于其具有集各家之长的优势，能解决一个人解决不了的问题，现在已引入生产、经济、科研、管理等社会领域，同样也可引入事故防范中来。会诊防范具有如下意义：

（1）集中多人所长

我们经常讲"尺有所短寸有所长""各庄有各庄的高招"就是这个道理。由于家庭环境、性格特点、教育程度、所学专业、工作经历等方面的不同，每个人在某些方面都会有所长短，解决问题的思路和方案也难免有些缺失，而多人会诊就能各取所长、互相启发、相互弥补，最终拶出一个最佳思路和解决方案来。

（2）共享多家资源

由于受资金、成本和社会分工所限，每个岗位、每个企业都一样，都不可能备齐所需的装备资源、技术资源、人力资源，只有相互协作、互相补充，才能充分发挥资源优势，同时降低资源投入。

（3）解除经验桎梏

就现有生产管理来讲，防范故障的关键是发现问题，而不是解决问题。因为解决问题可以借助外部的力量，而发现问题多数企业是在靠自己。

当一个人在某个环境里待久了，就会对这个环境里不正常、不合理的事情习以为常，很难全面彻底、认真反复地对问题进行仔细查找，也就很难发现问题继而解决问题，所谓"大夫看不了自家病"是耶。而会诊防范就能借助于外部的力量，打破内部的组织惯性，发现新问题，继而提出新措施。

北大于鸿君教授讲过一个《猴子与香蕉的故事》：

将5只猴子关在一个顶上挂有香蕉的笼子里，很快就有猴子爬上去摘香蕉，导致连锁控制的喷头对着整个笼子喷水淋湿了所有猴子；又一个猴子去摘香蕉所有猴子再次被淋。重复数次后，猴子们明白了，只要摘香蕉大家都会受到伤害，从此再没有猴子敢去尝试摘香蕉了。

试验换一个新猴子A进去，猴子A到笼子后对香蕉事件一无所知，它和从前的猴子一样看见香蕉就要摘，结果被其他猴子暴打一顿，重复数次后，猴子A认识到摘香蕉就会挨打，也不敢去摘了；再换一只猴子B进去，和猴子A一样，猴子B也被教训得不敢摘香蕉了。

循环5次后笼子里全部被换成了新猴子，却依然没有一个敢去摘香蕉，尽管它们对最初的香蕉事件毫不知情。笼子里的猴子又换了好几拨，顶上喷头也早已拆除掉，但只要有新进来的猴子去摘香蕉都会遭到其他猴子的暴打，在这种组织惯性中形成了猴子不吃香蕉的笼子文化，靠一两个猴子已很难打破。

在现实的企业管理中，有很多类似这个故事的事件，一个企业在连续的领导指示与师傅相传中，也会形成一种笼子文化，导致许多事情在时过境迁以后，本应有所改变，但由于受惯性思维的桎梏，一味恪守前人经验，很难发现新问题、采取新措施。

如何打破这种笼子文化，借助外力就成了一个非常必要的选项。我们继续来做试验：再换一个新猴子C进去，同时采取措施保护猴子C在摘香蕉时不被挨打，并让猴子C摘到香蕉、吃到香蕉，笼子里的猴子们很快又恢复吃香蕉了。

（4）共同学习提高

解决问题的过程是最好的学习过程，这比专门设置培训班、开所谓经验交流会要管用得多，这也就是各企业重视事故分析会的原因。遗憾的是，我们并没有将这种好习惯引入到事故防范上来。进一步将分析会引入事先预防，就是所谓的会诊防范。

当我们遇到难题时，都会听听别人的看法，开个会商量商量，找专家给指点指点，打个电话问问同行，有针对性地出去看看，等等。实际上，这些我们平时在做的事情，就是所谓的会诊，只是没有进行系统的概念整理、没有主动地去组织实施罢了。

2. 会诊防范的形式与分类

会诊防范的形式多种多样，总的就是根据问题的大小难易，集中多方面的资源发现问题、解决问题。具体的会诊形式及分类主要有：

现场实地会诊与远程联络会诊、同岗交流会诊与异岗启发会诊、专家内行会诊与外行异议会诊、某个专业会诊与问题全面会诊、企业内部会诊与外部专家会诊、定期预防会诊与不定期抽查会诊、某个阶段会诊与跨阶段组合会诊、正常防范会诊与异常问题会诊与事故分析会诊、查找问题会诊与解决方案会诊与处理效果会诊。

上述各类会诊不一定要同时展开，可以结合自己的实际情况，重点针对自己的薄弱环节和问题的特性，进行不同的取舍组合，编制具体的实施计划，形成自己的会诊防范制度。

实际上，在日常管理中，已经在有意无意地应用会诊，只不过将会诊用于解决问题的较多，而用于预防问题的较少；遇到问题后被迫会诊的较多，而发生问题前主动会诊的较少。这就是本文将"会诊防范"特别提出，并加以强调的原因所在。

3. 如何开展会诊防范

这里以设备"异常问题会诊"为例。

1）基础资料的收集

简单来说，在设备运转状态下，"异常问题会诊"就是通过对设备实际运行状况和正常运行状况的对比，找出非正常因素，分析判断设备的故障点。因此，必须要掌握设备正常运行状态的数据，主要包括以下几个方面：

（1）电机空载运行的电流、温度（温升）、振动值。电机在检修后，都要进行空载试运行，可以根据这些数据判断电机检修效果是否理想。而且设备出现问题但一时难以判断故障点时，可以通过空试电机对电机进行排除。

（2）设备空载运行的电流、温度（温升）、振动值。每次设备开机后，可以通过这些数据的对比，判断设备是否存在问题。比如一台胶带输送机，初始记录的空载电流是 20A，而现在空载电流为 22A，就要对胶带机进行检查，是否托辊不转，是否有异物摩擦等。而如果电流变小为 19A，在检查没有发现异常情况后，就应对记录的空载电流进行修改，说明设备通过一段时间的磨合后，已经达到了较理想的运行状态。

（3）设备带负荷状态下电流、温度（温升）、振动曲线。设备绝大多数时间处于带负荷工作状态，故障的发现也大多在带负荷状态下。因此，最好建立相应的运行曲线，以判断设备运行的状况。

电机空载数据和设备空载数据最好是在安装调试阶段取得。提醒注意的是，由于目前水泥企业的安装进度都很快，有不少企业没有按程序进行试车和记录，许多竣工资料的数据是后补的，存在很多错误甚至是编制的假数据，应用这些数据不但没有意义，而且还可能被误导。所以，这些正常的空载数据，要在今后的检修试车阶段进行不断的修正。

负荷状态下的数据需要通过在生产过程中长时间的积累才能够取得。这就需要工程技术人员付出更大的努力，对设备运行的各种状态做好记录。

2）建立点巡检制度

现在的生产线集中控制程度越来越高，电流、温度、振动、压力等许多数据都传到了中央控制室，设备运行中的许多问题可以由中控操作员来发现。但还有许多现场的问题是中控室看不到的，如设备的噪声、气味、跑冒滴漏等。因此，必须建立点巡检制度，及时发现和处理现场出现的问题，并作好记录，为"异常问题会诊"积累必要的分析资料。

（1）巡检工要按时对设备进行检查、清理，他们对设备的振动、噪音等情况最为熟悉，一经出现异常他们能很快发现。

要充分调动巡检工发现问题的积极性。这一点在管理与考核上要特别注意，避免"谁发现问题让谁解决、谁发现问题叫谁挨训、谁发现问题给谁处罚"的现象发生，否则最终导致对问题"视而不见、隐瞒不报"的局面。

（2）技术人员要定期对设备进行巡检，并强调做好记录，认真和基础数据进行比对，提前判断设备运行的发展趋势，并提出相应的预防措施，从而预防事故的发生。

（3）对于在运行中不能够检查的部位，在设备停机时要主动进行检查，掌握零部件的使用状况，以便提前采取应对措施。

3）重视润滑油的使用

设备事故的发生，很多都是因为润滑不良造成的，选好用好润滑油、实施专业队伍润滑、贯彻清洁润滑，是减少设备故障的最重要环节，也是"异常问题会诊"对故障预判的重要手段。

（1）水泥行业相对于其他行业来讲，属于重载、高温、高粉尘、工作环境相对恶劣的行业，在选择润滑油的时候，在满足经济性的前提下，一定要使用满足上述条件的润滑油，以确保设备的安全稳定运行。

（2）努力治理设备的跑冒滴漏，防止设备因缺油发生故障。几乎每一个企业都存在设备漏油的问题，有的是没有引起足够的重视，有的是采取措施后没有取得应有的效果。

对设备运行来说，每一个漏油点都是一颗定时炸弹，虽然有些漏油点会越漏越少，但更多的是越漏越多，如果检查不到位，随时会造成事故的发生。

（3）对润滑油的品质进行定期检测。润滑油中蕴含着大量的设备运行信息，是"异常问题会诊"的重要资讯材料。

如设备的磨损情况、密封情况、漏水情况等，通过对油的定期检测，既可以对油品的质量进行判断，避免提前换油造成的损失和滞后换油对设备造成的危害，又可以判断出设备是否存在隐患，提早采取应对措施。

4）建好、用好设备技术档案

每个工厂都有设备技术档案，建好、用好设备技术档案是做好"异常问题会诊"的一项重要措施。

遗憾的是，很多工厂在生产之初把档案建好后就不闻不问了，对设备的检修情况、问题的处理情况、备件的更换情况等不再进行更新，让设备技术档案成了一种摆设。

有些厂虽然对检修情况进行了更新，但却是为了完成任务，更新之后又被抛到了一边，档案也没有起到应有的作用。

设备技术档案既是设备使用的历史记录，又是设备特点的总结提炼。通过设备档案的不断积累，很容易提炼出各种零部件的使用周期，可以为我们提前预防、提前准备奠定基础。

5）及时进行"异常问题会诊"

在发现设备运行出现异常情况后，要及时组织"异常问题会诊"，找出造成异常情况的根源，制定出明确的应对措施，切忌因"害小而不为"，为了生产盲目地任其发展。

进行"异常问题会诊"，还有很多措施，每一类设备，甚至每一台设备在实际使用过程中可供诊断的具体方式都有不同，但归根结底就是一句话：

"异常问题会诊"，就是正常状态和非正常状态的对比，或者说是对非正常状态发展趋势的判断。

4. 会诊防范举例

豫南某公司的生料磨 3800kW 减速机，投产以后运行得一直比较平稳，而且是世界一流水平的马格公司的减速机，开始并没有引起该公司的特别关注。在实行会诊防范以后的换岗会诊时，一个窑巡检工发现并提出了减速机的润滑油中有铁屑存在，问题才提了出来（异岗启发会诊）。

这是因为窑巡检岗位的特点，培养了巡检工对窑托轮瓦用油的变化比较重视、对油中的铁屑比较敏感的素质，而在生料磨巡检工身上一般不具备这种素质，这就是换岗巡检的好处。

公司首先集中机械专业的技术力量，展开现场调查，分析问题所在（现场实地会诊），认为减速机内部存在不正常的磨损部位。但由于温度、压力、振动、流量、电流等各种运行参数都在合理的范围之内，判断不影响正常运行，只是向集团生产技术部作了日常汇报。

集团生产技术部认为，一台进口的大型减速机价值近千万元，责任重大，必须进一步查清原因，并立即赶赴现场展开联合会诊（专家内行会诊）。遗憾的是问题仍然没有找到。只好向马格公司在中国的办事处作了电话通报（远程联络会诊），马格公司的工程师仍然未能确定问题的所在，但明确要求立即停止运行，并迅速赶到现场进行处理。

马格公司的工程师在现场观察了一个班，并就图纸、制造、安装、调试等资料进行了查阅分析（跨阶段组合会诊），还是没有找到原因。便提出了拆开检查的要求。拆开检查即使没有问题，也需要停窑一周左右，损失会很大，该公司总经理提出不能轻易停窑（外行异议会诊）。虽然在专业上他是外行，但他提出了在网上搜查看有没有其他公司发生过类似情况的要求。

经过网上搜查，发现广东某 2000t/d 线发生过类似情况，拆开检查的结果是"减速机的行星轮与上壳体摩擦"所致，处理方法是"将行星轮拆下后运到上海某厂，在行星轮的上面车去 2mm"。处理后运行正常，但事故前后共导致停窑一个多月，损失很大。面对如此大的损失，在运行基本正常的情况下，是否有必要进行处理，还有没有另外简便的办法，便成了一个需要认真权衡的问题。

通过认真分析减速机的设计图，如图 9-3 所示，发现"行星轮与上壳体的设计间隙为 1.1~2mm"，如果安装得稍有偏差，就免不了碰撞摩擦。对一个直径 3 米多的行星轮，与上壳体的间隙设计得如此之小，有这个必要吗？设计者又是出于什么目的呢？

现场专家只好与马格公司总部的设计者直接沟通（问题全面会诊、外部专家会诊、跨阶段组合会诊），搞清了设计的目的主要是为了确保"减速机基础的施工精度和立轴的安装精度"不出问题。那么，在保证了这两个精度的情况下，就不一定非要确保行星轮与上壳体有如此小的间隙了。

通过这一系列的会诊，在搞清了这些问题之后，研究认为，实际上在其他方面正常的情况下有点摩擦并无大碍，"待运行一段时间之后，该磨损的都磨掉了，也就不会再磨了"。

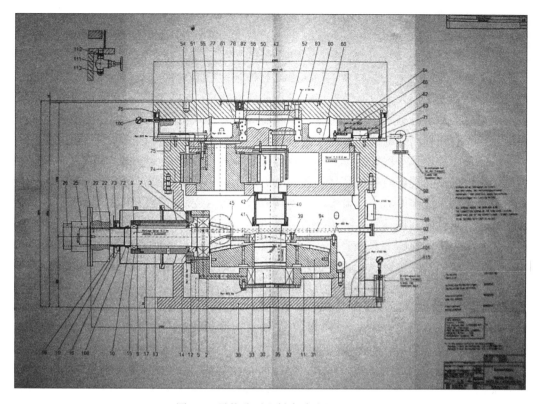

图 9-3　马格公司生料磨减速机原理图

　　这个分析结论在获得马格公司现场工程师认可、并报经总部同意后，在更换润滑油和强化现场监控下维持运行，一周后润滑油中的铁屑现象基本消失，一切恢复了正常。

　　通过这一系列的会诊防范措施，既避免了长期停窑造成的重大损失，又防范了价值近千万元的大型减速机的报废性损坏。

9.5　要重视与现场岗位的协作

　　前面已经讲了中控操作员的重要性，操作员是本班生产的实际统领者，素质目标是具有"三员能力"。在现代化水泥厂的设计上，操作员的能力可通过 DCS 系统体现，决策依赖于中控室 DCS 系统反馈的信息，操作借助于 DCS 系统发出指令，其下一层级依赖于现场固定的各类仪表和执行器，理论上已经形成了一个逻辑完善的闭环系统。

　　然而，尽管这一系统一直被逐渐完善，但时至今日依然存在不同程度的缺失和可靠性问题，这些缺失和可靠性还离不开现场岗位工的弥补。包括目前世界上自动化、智能化最高的生产线，在全厂每班 3 个人的定员中（包括质控职能），除了 1 个中控操作员以外，另外 2 个全是现场巡检员。

　　因此，岗位工是中控操作员在现场的移动仪表和执行器，是操作员在现场的耳目和手足，是现场的智能型机器人，是操作员发挥能力不可或缺的重要元素，操作员必须搞好与现场岗位的协作。

1. 协作的必要性

中控室作为水泥生产的现场指挥控制中心，其重要性好比人的大脑，现场岗位如同人的耳目和手足，如果从大脑发出的指令得不到手足的执行，或耳目了解的信息传递不到大脑，岂不就成了一个瘫痪的废人。如果生产线出现这种情况，难免的小问题就会发展为大问题，小损失就会演变为大损失。只有做好中控操作和现场岗位的协调配合，才能形成一个有机整体，完成对生产系统的有效控制，将损失控制在最小，将效益发挥到最大。

中控操作和现场岗位的协作好坏，关系到生产系统的正常运行、关系到企业生产的成本和效益，加强中控操作和现场岗位的沟通与协作，应该成为每个操作员努力的工作氛围。由此可见，中控操作和现场岗位的高度沟通与默契协作，不仅是重要的，也是必要的！

中控室作为水泥生产的中枢大脑、现场岗位作为有效控制的耳目和手足，两者的高效协作是生产稳定运行的前提条件，两者是一个有机整体的两个组成部分，缺一不可，谁也离不开谁，只是分工不同而已。双方要站在系统高度上正确认识自己的工作岗位，培养自己的良好心态，相互协作共同生产、互相学习共同提高，双方都要加强自己的责任心，提高工作的主动性，为了同一个生产目标不懈努力，努力成为协作的黄金搭档。

鉴于 DCS 系统能为中控操作员提供大量的即时信息，特别是具体的数据化信息，中控操作员与现场岗位之间，在一定程度上具有指挥与执行的关系，在生产管理上要求现场岗位必须"听从"中控室的指挥。但需要强调的是，这里的"听从"不能是被动式听从，由于现在的 DCS 系统仍然不能反映现场的全部信息，或反映的信息存在可靠性问题，还有大量信息需要现场岗位提供或核实，现场岗位对中控室的指挥，应该结合自己的实际情况给中控室的决策提出建议，以减少中控室的决策失误。

一个有责任心、技能水平高的现场岗位，对现场存在的设备隐患能做到及时提醒，提出有价值的建议，对中控室操控能起到非常大的帮助引导，可以防患于未然。比如，窑系统的篦冷机岗位，设备多、系统复杂，一些漏油点、温度测点、振动测点在中控室是看不到的，如果现场岗位能对这个区域加大巡检力度，就能大幅度降低故障的发生率。

比如，熟料输送机的脱轨事故在有些企业经常发生，在正常生产中操作员虽能通过电流或摄像头对其监控，但这仅仅是设备运转的局部信息，不足以准确判断即将发生的设备故障。而一个经验丰富的岗位工，能在现场及时发现输送机行走的异常情况，如能将发现的异常情况及时反馈到中控室及时停车，特殊情况下甚至现场紧停，不仅能迅速排除设备隐患、避免重大设备事故的发生，还能将事故损失降到最低。

再如，当中控室发现入窑斗提功率有所变化，但对变化的具体原因却难以掌握时，就要通知现场岗位立即检查相关的入窑斜槽和斗提的运行情况，为决策提供准确可靠的信息。现场岗位根据检查的结果，提供是斜槽堵料还是斗提本身出现故障拟或是其他问题，并根据检查的异常程度提出决策建议，既能避免不必要的盲目停窑，又能防止延误停窑导致的事故扩大化。

又如，当中控室发现预热器局部压力或温度异常时，需要立即通知现场岗位检查处理。如果预热器岗位没有及时到现场处理，很可能导致预热器堵塞事故而停窑；如果能及时赶赴现场并迅速采取有效措施，可能只需要晃动几下重锤翻板阀就避免了一起止料停窑。在正常生产中的类似情况很多，但只要现场岗位与中控室密切配合、精诚协作，就会大大降低故障的发生频率。

2. 协作中的注意事项

中控操作员与现场岗位工都是水泥生产的重要工种，两者是相辅相成、缺一不可的分工协作关系，是情同手足的同志关系。一般来讲，中控操作与现场岗位的协作不是太难，只要双方为了一个共同的目标，严格按照职责分工做好各自的每一项工作，相互支持、互相理解，就能配合协作得很好。

但在某些企业的日常生产中，由于双方的工作性质差别、看问题的角度不同、或沟通不到位、甚至认识上的偏差，导致中控与现场配合不够默契的现象也偶有发生。虽然构不成什么大问题，但会给双方的工作带来不便，甚至影响到共同维护的正常生产，还是注意一些少发生为好。

在实际生产中，由于中控操作员与现场岗位人员存在某些认识上的偏差，尤其在紧急情况下，中控室掌握的危害面更宽，心中无底危机感更重，更加着急，而现场岗位掌握的危害面较窄，认为心中有数感觉可控，没那么着急，在"听从指挥"的力度和速度上就会认识不一致，认识的不同就会导致态度的不同，态度的不同就有可能导致言行过激。

对于一个不太正常、特别是事故频发的生产系统，中控操作员与现场岗位人员都想尽快扭转被动局面，都比较着急，容易感情用事，特别在找不到自身原因的情况下本能地去分析对方的可能性，现场认为中控操作可能有问题，中控认为现场巡检维护可能不到位，就可能引起互相埋怨、协作受阻，反过来又加重了事故的频发。

中控操作员在发现有异常情况时，需要联系现场岗位前往检查处理，本属于工作上的配合协作，只是各自的任务、分工不同，不存在谁支配谁的问题。但如果操作员缺乏生产经验，底数不清，判断不准，事无巨细都需要现场岗位查看确认，特别是现场岗位被多次"狼来了"狼却没来，多次奔波、疲惫不堪、无效劳作时，难免对操作员指挥的正确性产生怀疑，怀疑累积为抵触情绪，"中控放个屁，现场岗位唱台戏"导致了双方的误会。

如果现场岗位缺乏经验，对本职岗位底数不清，甚至就不具备上岗条件，对中控室的指挥理解不透，虽然认真但查不到点上，反馈的信息不能满足中控室的要求，中控操作员在情急中就容易情绪化，难免语气过激，导致双方的误会，使现场岗位产生抵触情绪。

与现场岗位相比，中控室负责整条生产线的稳定运行，责任更大，对操作员的知识结构、技术水平、协调能力要求比较高，收入待遇方面相对比较高；为保证中控室各种设备的稳定运行，操作员的工作环境相对整洁、舒适，但这些都是工作需要，也都是通过更大的努力竞争而来，现场岗位不应该简单地认为中控操作员不但不"劳动"，而且环境和工资都远远超过现场岗位，由于心态不平衡而产生抵触情绪。

化解以上等诸多问题的措施，不仅是操作员，中控操作员和现场岗位人员都要以高姿态用事：强调共同目标、注重换位思考、摆正岗位心态、互相理解支持，提高技术水平、减少工作失误，多些帮助、少些指责，严于律己、宽以待人、互相学习、共同提高。

另外，中控室在发出"指令"时要考虑到岗位的感受，注意说话的方式和语气，虽然制度上规定"对中控室发出的指令，现场岗位必须无条件执行"，但如果能更加人性化地沟通，让大家在愉快的环境中协作，相信效率会更高。

如果操作员的水平有限，或责任心不强，导致现场岗位从事大幅度的体力劳动时，有时不能按时下班，甚至有安全风险，这种事情几次可以，多则现场岗位就难以容忍了。比如由于操作员的疏忽导致溢仓溢库，比如由于操作员判断失误导致预热器堵塞，都需要现场岗位付出大量体力才能恢复正常生产。操作员最好能主动把责任承担起来，征得大家的理解。

3. 如何促进两者的协作

以上讲了中控操作员与现场岗位高效协作的重要性，其协作的好坏直接影响到企业的成本和效益，这不仅是中控操作员与现场岗位的个人问题，同时应该引起企业的重视，采取一些必要的措施，比如通过岗位认知培训、岗位技术培训，通过管理和考核，为他们的协作创造一定的氛围，引导他们向高效协作努力。

1）岗位认知培训

通过培训等方式，明确中控操作员和现场岗位工各自的职责范围，讲透两者只是所在的岗位不同、工作性质不同，每个岗位都肩负着重要的责任，是缺一不可的互补角色，没有地位高低和工作轻重之分，双方只有密切配合和主动协作才能完成好自己的工作，实现共同的生产目标。

中控操作员只有勤下现场，特别在事故处理中坚守现场，加强对现场工艺、设备、人员的了解程度，增加与现场岗位人员的感情联络，才能获得足够的信息，才能准确把握现场岗位提供的信息，才能提高操作的预见性，减少操作和指挥的失误，减少现场岗位的工作量和无效的体力劳动，顺利地在中控室操控和有效的调度指挥。

为了更好地优化操作，也需要操作员到现场检查，了解现场的工作程序，掌握现场处理问题的技巧，以便发现问题、解决问题、把控问题；在生产线停机和检修期间，操作员要抓住运行中没有的机会，了解掌握运行中无法到达和检查的部位，了解检修的技术、过程、结果，了解现场硬件设施的变化，为日常操控、危害判断、人员调度储备必要的知识。

对现场问题及时有效的整改，不仅是管理人员的责任，操作员也有责任从操作运行角度提供有价值的信息和建议。设备运行正常了，生产运行受控了，现场环境改善了，现场岗位的劳动强度降低了，对操作员的抱怨、摩擦、矛盾也就会自动减少，相互间的配合更融洽，协作上更高效。

要实现生产系统的稳定运行，单靠中控操作员的稳定操作是不行的，单靠DCS提供的信息是不够的，还需要现场岗位的主动配合，与中控室及时地沟通设备运行、原燃材料变化等各种情况，及时地将各种问题消灭在萌芽状态，这就要求现场岗位要有高度的责任心，充分发挥好自己的"耳目"作用。

一个合格的岗位工，基本职责是在设备正常运行时积极主动地发现并处理隐患，如果自己判断不准或处理不了，就要立即向相关人员汇报。不能抱有"现在不用用时再说""我们班不用下一班再说""设备在正常运行不会马上有问题""即使有问题中控也会打电话通知"等投机心态，经常去查看设备的运行状况、料流是否畅通，这就是责任心。

以生料制备系统为例，原材料物理性质的变化不仅直接影响磨机的运行状况，而且可能预示着化学成分的变化，比如粒度、水分、颜色的变化，在中控室是无法提前观察和感知的，而岗位工在现场可以直接看到，若能及时地发现异常后反映给中控室，操作员就能及早地采取加减产量、调整入磨风温、通知质控处调整配比等措施，避免或减少对系统生产的影响。

2）岗位技术培训

上面讲到中控操作与现场岗位的协作问题，其中双方的技术水平欠缺或不对等是造成误会、互相埋怨、影响协作的重要因素。因此，加强对中控操作员和现场岗位人员的技术培训，就成为高效协作的重要措施，只有技术水平的提高，进而成为现场的能手或专家，才好有效沟通、消除误会、高效协作。

技术培训，包括对现场的熟悉程度、基本的巡检常识、个体装备的特点和要害、整个系统的工艺流程及其功能。要求中控操作员和现场岗位人员，都要熟练掌握自己所处的工艺流程、工艺设备代号，熟知自己管辖设备的工作原理、结构和技术参数，掌握系统启、停组的顺序联控及设备的操作要领，而且要求中控操作员对现场岗位具有一定的指导能力。

前几节已经重点谈了对中控操作员的培养问题，这里主要强调对现场岗位人员的一些要求。现场岗位人员还要掌握自己所管设备的使用、检查、维护方面的技术，通过听声音、感震动、看润滑，及时准确地判断设备故障，确保设备的完好运行以及对问题的准确汇报和现场建议。

加强岗位培训是各企业都在强调的问题，遗憾的是多数培训流于形式，没有取得应有的效果，原因在于没能很好地结合岗位个体现有差异而因材施教。即使同一个岗位的人员，其素质也不可能一样，特别是现场岗位，有的"差别咋就这么大呢"？因此，在策划现场岗位培训时，一定要采取有利于不同层次人员都能提高的方式。比如，除集中培训"高深理论"、给予培训人员充足的问答时间外，最好再有一个结合他们自己岗位的现场讲解。要苦口婆心地反复讲、要不厌其烦地手把手教，最好再给予几次演练。

关于培训师资的选择，除安排高水平的专家以外，最好同时安排中控操作员讲解，最好再安排同岗位的优秀者讲解，最好再给一些"困难生"安排几个师徒配对，既有利于结合生产运行中的实际案例提高培训者的学习兴趣，又有利于他们之间联络感情，在培训后的实际工作中随时请教、干中再学，同时减小了请教中的"面子"影响。

关于培训内容，既要照顾到基础较差的个体，不能越过基础知识，又要考虑基础好者的需求，有一定的深度和广度；既要充分结合现场岗位让其知其然，又要上升到工艺系统让其知其所以然；既要求他们必须参加现场岗位培训，又要鼓励他们在自愿的情况下参加中控操作员培训。现场岗位对工艺系统的了解、对中控操作的了解，不仅能开阔眼界、树立全局观念，而且能增进对中控室操控和调度的理解，使双方协作得更加默契。

3）管理考核引导

中控操作员与现场岗位人员的协作不仅重要，也很必要，只有两者高效的协作与密切的配合，才能体现出团队作用的高效率，才能保证生产运行的高效率，降低生产成本，提高企业效益。因此，企业应该为他们的协作创造良好的氛围，在管理和考核上给予引导。

（1）中控操作和现场岗位要有相向统一的目标

为了引导他们的协作，中控操作和现场岗位生产上要有一个统一的目标，考核上要有一个相向的指标，比如考核上都与工资挂钩，让他们形成一个利益共同体。部分企业的大目标过于空洞，小目标难以量化，结果是人人有责任，谁都负不了责，导致了人浮于事、得过且过的局面。

而管理好的企业，则是将目标分解量化到具体岗位，并配套了严格的考核制度，干多少活拿多少钱，责权利相一致。比如，某企业对窑系统中控操作员和现场巡检员就采用了动态工资与窑运转率挂钩的捆绑考核，将巡检员的动态工资定义为操作员的 0.7 倍。而且，当发生下列现象时，操作员和巡检员都要接受岗位工资降级、甚至被淘汰的处罚：

a. 一年内岗位主要考核指标累计六个月、或连续三个月未完成考核指标者，将予以降级处理；

　　b. 中控操作失误或现场巡检不到位，年内出现三次以上较大工序质量事故或一次以上重大质量事故者，将予以降级处理；

　　c. 中控操作不当或现场巡检失责，导致跑料或严重堵塞，影响正常生产的，将予以降级处理；

　　d. 因操作不当或巡检不到位，发生重大安全、工艺、质量、设备事故的，将予以淘汰处理。

　　中控操作员和现场巡检员有了共同的目标，在思想上就有了高度的认同感，促使中控操作员和现场巡检员为了共同的利益只有精诚合作，互相埋怨的少了，共同提高的多了，只能共同为完成公司下达的生产任务和考核指标而努力。

　　考核引导，只有共同努力，才能让个人利益和整体利益达到最大化；只有协作配合，才会在遇到分歧时以利益最大化为根本；不再因为工作中的摩擦而耿耿于怀，不再因为利益的不平衡而斤斤计较，更顾不得公司对自己的一时错待而怨恨于心了。

　　（2）制定切实可行的管理制度和激励机制

　　切实可行的管理制度和激励制度是中控操作和现场岗位协作的保证。制定岗位职责和管理制度的目的是规范工作流程、提高工作效率，只有切实可行的规程才能很好地被执行。在管理制度方面可以制定如《中控室操作规程》《设备巡检制度》，让他们的配合与协作有据可依；制定如《中控操作和现场巡检协作明星标准》《红旗设备评定考核办法》等，调动他们配合与协作的积极性。

　　在责任制度的基础上建立奖惩制度。有一个明确的奖惩机制，将会提高中控操作和现场巡检的责任心和积极性。谁做得好就应该得到奖励，谁做错了就应该受到惩罚，得当的奖罚措施能产生较大的激励效应。奖励多少、如何处罚，应该事先让每个员工一清二楚；谁拿到了奖励、谁受到了处罚，应该及时的通报公示，让每位员工都能感受到配合与协作的重要性。

　　合理的薪酬制度是提高责任心的基本条件之一，也是直接影响员工切身利益的重要因素。在薪酬激励方面，巧妙地运用工资额度、级别的调整和升降，使个人所得与其各自付出的努力大体相当，对其给企业创造的价值有所体现，形成能够调动职工积极性的利益激励机制，营造出每个员工都能工作有劲头、努力有盼头的氛围。

　　（3）为优秀的操作员和巡检员提供发展平台

　　不仅要在管理上有明确的奖罚制度，更要在组织人事上有明确的晋升机制，给优秀者提供一个看得见的努力通道和够得着的发展平台，以提高他们的工作热情和努力向上的积极性，促使他们与企业同呼吸共命运，心往一处想、劲往一处使，为了企业的共同利益求同存异、配合协作。

　　（4）为中控和现场创造一些沟通交流的机会

　　比如，定期组织中控操作员和现场巡检员之间的交流座谈，根据某一时段的操作体会和现场巡检出现的问题展开讨论，总结经验、分析教训、提出改进措施，以便在今后的生产中更好地协作，以提高系统的整体运行效能。

　　也可以通过组织双方"联谊会""体育比赛""公益活动"等多种形式的接触交流，为他们联络感情、增进了解、消除误会、互相帮助、配合协作、培养团队精神创造机会，营造一种团结友好、相互学习的氛围，并把这种氛围延续到工作中去。

第三篇

水泥制成与储销

第 10 章　水泥粉磨过程中的一些问题

球磨机是在水泥粉磨中服役的老兵了，结构简单，性能稳定可靠。虽然我们对球磨机已非常的熟知，但并不意味着我们已经把装载量、级配、补球、清仓、除铁除渣等工作已经完全弄得非常好了。事实上，围绕怎样进一步提高球磨机的粉磨效率，还有好些东西需要我们细细地琢磨，才可能把工作做得更好。

辊压机对提高联合粉磨系统的粉磨效率所起的作用是越来越大。正因如此，我们是否应该重新审视一下对辊压机的生产管理了呢，是否也应该对辊压机系统进行选粉效率、循环负荷、产品颗粒级配的管理呢？怎样让辊压机发挥更大的作用，怎样才能提高辊压机的运行电流？说到这些问题时，那你注意到侧挡板、斜插板和喂料溜子上的棒闸对喂料仓下压力的影响了吗？此外，当辊面花纹磨损到剩余 1/3 时，你是否又及时去堆焊修复了呢？

选粉机的选粉效率是不是越高就越好？实际上，就生料粉磨和水泥粉磨而言，对选粉效率的要求是不一样的。再者，在生产过程中，过低的选粉效率和过高的循环负荷，会延长对物料的粉磨时间，加大过粉磨现象，粉磨效率就势必下降；而过高的选粉效率和过低的循环负荷，会缩短对物料的粉磨时间，对物料粉磨不足，未能将物料磨细就提前出磨，也会降低粉磨的效率。

以球磨机、辊压机和选粉机为主体的水泥联合粉磨系统，是目前水泥粉磨的主流工艺。要提高水泥粉磨系统的粉磨效率，除了抓好上述三大主机的管理和生产调控外，还必须关注与出磨废气温度相关问题的处理，明确水泥细度控制手段的核心是什么，选择合理的细度控制指标，从而指导好水泥的生产。此外，还需要抓好熟料和水泥的均化，控制好出厂水泥的温度。

10.1　要加强对辊压机的管理

1. 辊压机已成粉磨系统的关键

就现有的联合粉磨系统来讲，辊压机与球磨机的装机容量比已经从初期的不到 0.7 逐步提高到 0.9、1.0、1.3、1.8、2.0 以上，呈现出越来越大的趋势。实际结果是，系统粉磨效率越来越高，电耗越来越低。

辊压机在粉磨系统中的作用越来越大，应该说，辊压机在粉磨系统中的地位，已经从辅机上升为主机。现在已有大辊压机配单仓磨的系统在运行，辊压机半终粉磨系统在试运行，两台辊压机配一台球磨机的联合粉磨系统在运行，甚至辊压机终粉磨系统也在开发。那么，我们管理的重点也应该逐渐向辊压机倾斜了，这才是提高系统粉磨效率的关键。

例如，合肥水泥研究院最近推出的 $2 \times \phi 1800mm \times 1600mm$ 辊压机 $+ 1 \times \phi 4.6m \times 14.5m$ 球磨机联合粉磨系统，辊压机与球磨机的装机容量比为 1.28。生产 P·O 42.5 水泥时，能力达到了 356t/h，系统电耗只有 28.43kWh/t；生产 P·C 32.5 水泥时，能力达到了 383t/h，系统电耗只有 25.75kWh/t。

再如，广东罗浮山水泥集团惠阳双新水泥公司采用 $1\times\phi1800mm\times1600mm$ 辊压机＋$1\times\phi3.2m\times13.0m$ 球磨机联合粉磨系统，辊压机的装机功率为 $2\times1600kW$，球磨机的装机功率为 $1\times1600kW$，辊压机与球磨机的装机容量比为 2.0，在生产 P·O 42.5 水泥、细度 $R_{0.080}<2\%$、比表面积达到 $370\sim390m^2/kg$ 时，能力达到了 152t/h，系统电耗只有 29.0kWh/t。

天津水泥设计院的辊压机配置也呈逐步加大的趋势，如图 10-1 所示。

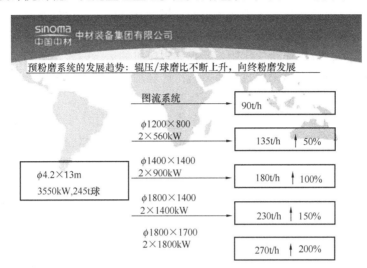

图 10-1　天津水泥设计院的辊压机配置趋势

2. 重新审视辊压机的生产管理

就现有联合粉磨系统来讲，辊压机与球磨机的责任不应该再职责不清了，应该由各自承担起来，这个分界点就是入磨物料粒度。辊压机系统要把入磨物料粒度控制在 $80\mu m$ 筛余 20％左右，最大不应该超过 23％，这应该作为我们日常管理中的一个过程控制指标。过粗了，就说明辊压机系统没有完成自己的任务，就应该查找原因，采取措施。

应该提醒的是，物料的比表面积是其密度的函数，而入磨物料的密度与水泥的密度是有较大差别的，也不像水泥那样稳定。有些厂直接套用水泥的密度来做入磨物料的比表面积是没有价值的，更没有可比性。所以，对于入磨物料的细度控制，还是用筛余控制比较好，也简单得多。

对于球磨机的管理，我们已经积累了很多经验。对研磨体的级配、磨机的筛余曲线、产品的颗粒级配等，都在进行着认真的管理。特别是对闭路系统，还对系统的选粉效率和循环负荷进行管理。那么，在辊压机成为粉磨系统主机的今天，是否也应该对辊压机系统进行选粉效率、循环负荷、产品颗粒级配的管理呢？事实上，我们目前在这方面做得还很不够。

大家都承认辊压机对于水泥粉磨系统确实重要，但在实际行动上却很不理想。不是这样的吗？目前各公司在辊压机系统上存在的问题，大部分在《使用说明书》里都能找到答案，那就只能说你没有认真阅读《使用说明书》，有的人可能干脆就没有看过。这能说你重视辊压机吗？

鉴于在球磨机前增加辊压机系统之后，球磨机内研磨体的级配已经做了很大的调整，研磨能力得到大幅度的增强，粉碎能力大幅度地减小，对粗颗粒的适应性也已大大地削弱。对入磨物料中的粗颗粒，特别是在开路辊压机系统中，球磨机就对边缘漏料导致的块状料特别敏感，别以为量小就影响不大，它就像血液中的癌细胞，个数不多但危害却极大。

3. 宝贵的喂料仓下压力

就现有联合粉磨系统来讲，提高效率的重点在辊压机，体现辊压机效率的主要指标是辊压机的运行电流，一般要求辊压机的运行电流要达到其额定电流的$60\%\sim70\%$。提高辊压机运行电流的重点是其喂料系统，喂料系统的关键部位是其侧挡板和斜插板。遗憾的是，目前大家普遍对这"两个板"重视不够。

我们听到的往往是辊压机的装机功率，而现场看到的往往是运行电流，如何判断其运行电流在什么水平上呢？这里给大家一个简单的算法，70%的额定电流≈额定功率/20。

有些厂，一说要发挥辊压机的作用，要提高辊压机的运行电流，就想到去提高辊压，似乎压力越高效率就会越高。结果事与愿违，辊压已经加到了极限，但辊压机的运行电流不但没有提高，甚至还有所降低。这又是什么原因呢？

我们知道，物理学中有一条不能违反的基本定律，"作用力与反作用力大小相等、方向相反"，没有大小相等的反作用力，作用力就无法形成。辊压机是通过压碎物料而做功的，要提高辊压就必须有耐受这个压力的物料。如果物料不能耐受这个压力，其结果只能是辊缝变窄，通过量减小，运行电流降低。

有的厂，在加大辊压后，为了保持原有的辊缝宽度，保持通过量不至于减少，便加厚了垫块儿，调宽了原始辊缝。其结果是辊压加上去了，通过量也没有减少，但辊压机的运行电流却还是上不去。那么，加大的这部分作用力为什么没有做功呢？事实上，作用力与反作用力还是相等的，只是作用力由两部分反作用力承担了，一部分作用在物料上做功，而另一部分则作用在辊缝的垫块儿上给浪费掉了，所以运行电流不会增加。

辊压机是靠喂料仓的下压力强制喂料的，这个下压力将分解为物料的耐受力和通过量。在下压力一定的情况下，物料所受的辊压越大，其通过量就会越小；在一定辊压的情况下，物料的下压力越大，其通过量就会越大；在一定通过量的情况下，对物料的辊压越大，就必须有与之相适应的下压力。

喂料仓的下压力是辊压机提高辊压、提高运行电流的前提。所以，我们必须珍惜这个下压力，努力减少这个下压力的损失。侧挡板与辊端的间隙过大，必将导致漏料泄压，物料进入辊压机挤压区的强制性就会大打折扣，导致辊压机的效率难以提高。

有必要指出的是，辊压机的喂料仓以细高型为好，可以有效地减少仓内的物料离析。部分技术人员也认识到喂料下压力对辊压机的重要性，但只是在强调喂料仓的容量和仓重，而忽略了喂料仓的高度。特别在受到空间高度限制时，他们为了保证有足够的下压力，将辊压机的喂料仓设计得矮胖些，结果不但没有保证了下压力，而且导致了物料在喂料仓内的离析，加大了喂料量的波动和辊压机运行的不稳定。

4. 侧挡板与挤压辊的间隙控制

目前，多数辊压机的侧挡板布置于挤压辊的端外，侧挡板与辊端的间隙是越小越好。事实上，由于辊压机的动辊在运行中难以避免轴向窜动和径向摆动，这个间隙一般控制在10mm左右就不错了。为了防止侧挡板对挤压辊的摩擦伤害，侧挡板的硬度一般不是太高，加上熟料的磨蚀性较强，又是在压力下通过，所以侧挡板的磨损是较快的。如果不能及时地调整和维修，就很难维持这个10mm的间隙。

事实上，这个间隙在安装时还能保证，但在运行中却很难维持，有不少厂经常在20mm左右运行，个别厂甚至达到50mm左右，漏料就在所难免，泄压也在所难免，运行电流就难以提高。此外，辊压机的边料效应加大，对闭路的辊压机系统是增加了循环量、增大些电耗，而对开路的辊压机系统，则是增加了入磨物料中的大颗粒，这对已经降低了粉碎能力的球磨机影响是很大的。

目前，已有将侧挡板移至辊上的改造案例，如图 10-2 所示，在控制辊端漏料上取得了较好的效果。从表面上看，是缩短了辊子的过料长度；但实际上，辊子的有效挤压长度并没有缩短，甚至还有所延长，辊压机的最大压力也有所提高，总体使辊压机的效率得以提高。

图 10-2　无锡某公司辊压机侧挡板（布置在辊子上面）

办法总是有的，为了减小侧挡板移至辊上的不利一面，某设备公司推出了一款新的侧挡板，如图 10-3 所示。新的侧挡板在轮廓上与现有的侧挡板没有变化，以维持现有的功能不

图 10-3　辊压机侧挡板实物（总体在端外、局部在上面）

会减弱。但在其中间部位设置了一个凸台，以使新的侧挡板总体在辊子端外，局部在辊子上边，从而以对辊子过料长度的最小影响实现了侧挡板的上移功能。

5. 可随时调整入料横坐标的进料装置

辊压机喂料溜子在两辊之间的布局，直接影响到辊压机的入料横坐标，入料横坐标将会影响到辊压机的电能效率，这也是辊压机振动的原因之一。由于最佳横坐标受影响的因素较多，每条线上的辊压机的最佳横坐标都不一样，而且还在随时变化，目前还难以找到统一的规律。只有大家自己辛苦点，在实践中不断地摸索调整。

如果物料中细粉较少，入料横坐标（喂料溜子）要偏向于定辊，让工作条件好的定辊来承担物料的下压力，以减小工作条件差的动辊的移动阻力和负荷波动，稳定辊压机的运行。如果物料中细粉较多，比如循环负荷大的辊压机闭路系统，入料横坐标（喂料溜子）就要偏向于两辊的中间，以便利用动辊的移动促进细料的排气，减少辊压机的气振现象，稳定辊压机的运行。

实际上，在辊压机的喂料溜子上还有一个对称于两侧的棒闸，如图10-4所示，其作用除调节喂料量以外，还有一定的调整入料横坐标的功能，只是调整幅度有限，而且不管哪一侧钢棒的深入，都会增加溜子的下料阻力，实际上是在减小宝贵的仓压。所以，在正常运行中，棒闸还是全部打开为好。那么，能否强化一下斜插板的调节功能呢？

图10-4　某公司1号水泥磨的天津院辊压机喂料装置

在关于入料横坐标众说纷纭、莫衷一是的情况下，目前已有了一种折中的解决方案，有的设备公司开发了一种新型双向调节进料装置，如图10-5所示，可以根据实际情况随时调整入料横坐标。该装置不仅能根据物料粒度的大小灵活地调节辊压机的入料横坐标，调控仓压的大小，为辊压机进料溜子上的插板全开创造了条件，而且实现了中控操作员随时方便地调节，也避免了由于现场调节麻烦而懒得调整的状况。

华北某粉磨站在2013年就采用双向调节进料装置对其2号水泥磨进行了改造，改造后的进料装置如图10-6所示。该公司改造前的进料装置示意图参见图10-7，改造后的进料装

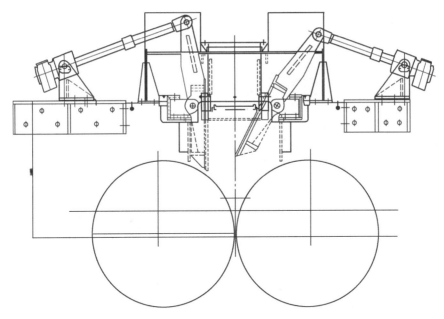

图 10-5　新型双向调节进料装置

图 10-6　某公司 2 号水泥磨采用的双向调节进料装置

置示意图如图 10-8 所示。

　　改造后的运行情况显示，辊压机的压力稳定了，振动减小了，运行电流提高了，水泥磨的台时产量提高了 10～15t/h。也就是说，此改造不但提高了辊压机的效率，而且减小了辊压机的振动危害。该公司在尝到甜头以后，2014 年又对其 1 号水泥磨进行了相同改造。

　　该公司事后总结了改造成功的原因有：

　　(1) 溜子上的棒闸全部打开了，施加于辊压机上的仓压稳定了，棚仓断料的现象也减少了；

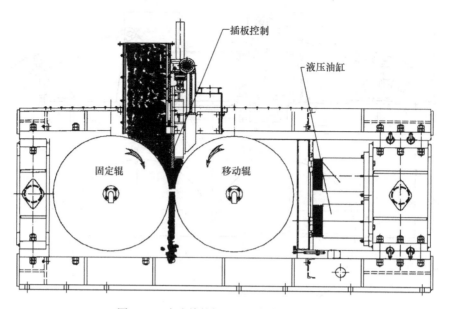

图 10-7　改造前的辊压机进料装置示意图

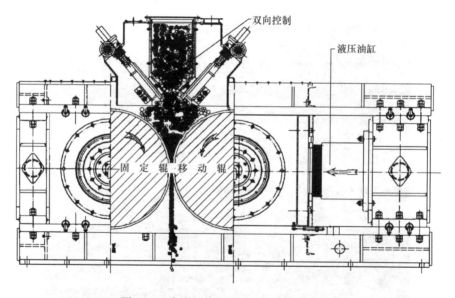

图 10-8　改造后的辊压机进料装置示意图

（2）下料量和入料横坐标可以在中控室及时有效地进行调节了，避免了原来人工现场调整不及时、不到位的现象；

（3）同时解决了原有斜插板进料装置的下述三个问题：

①拉得过高：料柱压力大，入辊压机的物料多，辊缝间隙大，较细的物料会穿过辊压机受不到应有的挤压，使辊压机的能效下降；

②插得过低：料柱压力小，辊压机上方得不到稳定的仓压，咬入辊压机的物料少，使辊压机的电流下降、产量降低，还易导致下料不稳，引起辊压机振动；

③插板前后：插板前后的料量相差很大，部分仓压将通过物料向插板背后损失，仓压

减小和动辊上料少都将影响辊压机对物料的咬入。

图 10-9、图 10-10 所示是德国洪堡公司的两张辊压机喂料装置图片，洪堡公司对辊压机有自己独到的研究，列出来供大家参考。

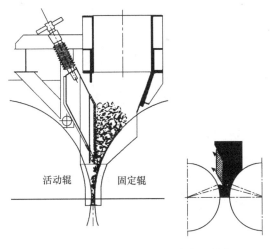

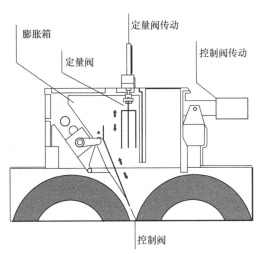

图 10-9　洪堡公司的调整滑块式喂料装置

图 10-10　洪堡公司的组合闸门喂料装置
（带放气膨胀箱、细料定量阀）

6. 辊压机辊面花纹的作用

目前，对辊压机效率影响较大的因素，除喂料装置以外，还与其入料钳角有关，入料钳角与辊子上堆焊花纹的完好程度有关，完好的花纹有利于将物料强制咬入挤压区，这一点应该引起足够的重视。当花纹磨损到剩余 1/3 时就应该及时堆焊了，而一些企业往往由于"生产不允许"，花纹已经磨光了还顾不上堆焊，导致辊压机效率大幅度下降。

这里有一个典型的案例很能说明问题。华北某粉磨站的辊压机，年初淡季时看辊面还可以，为了降低维修费用就没舍得堆焊，后来到了旺季又怕影响销售没机会堆焊，导致辊面严重失修。结果是，要产量台时产量上不去，要成本粉磨电耗下不来，不但影响了销售，而且增高了成本，由此受到了上级公司的严厉批评，并勒令其在 6 月份停磨大修。在大修期间拆下的辊子如图 10-11 所示，剥落得惨不忍睹，已经没法再修复了。

该粉磨站在事后进行了统计分析，大修前的 5 月份与大修后的 7 月份相比，部分反映粉磨效率的运行指标如表 10-1 所示。由此可见辊压机适时维修的重要性，也可见舍不得维修的经济损失有多大。

表 10-1　某粉磨站辊压机失修对运行指标的影响

生产品种	P·C 32.5 水泥			P·O 42.5 水泥		
技术指标	辊压电流	台时产量	粉磨电耗	辊压电流	台时产量	粉磨电耗
单位	A	t/h	kWh/t	A	t/h	kWh/t
5 月	20~25	162.40	36.82	20~25	141.56	41.14
7 月	40~50	189.86	33.96	40~50	170.90	38.14
比较	−20~−25	−27.46	+2.86	−20~−25	−29.34	+2.00

图 10-11　华北某粉磨站剥落严重的辊压机辊子

还有一点需要强调的是，由于在线堆焊具有较短的维修时间、较低的维修费用和诸多的方便，所以大家采用在线堆焊的居多。但是必须指出，由于堆焊条件和焊接环境的巨大差异，在线堆焊和离线堆焊在质量上是无法相比的。另外，由于在线堆焊的质量较低，堆焊频次势必要增加，这将加速辊子基层的剥落现象，加速辊子的失效报废。

7. 慎对辊压机的堆焊修复

辊压机问世 20 多年来，经过技术上不断地改进，其高效节能的优势愈加明显，在水泥行业得到了较好的普及。辊压机辊面在使用中必然产生磨损，而堆焊又是目前减少辊面磨损最有效的方法，因而，在行业内形成了一个较大规模的耐磨堆焊修复市场。

初期，只有少数具有这方面很高专业技术的单位在从事这项工作。而当辊压机数量急剧地增加后，市场需求也就多了，堆焊修复的蛋糕也就大了，想吃的人也就多了，很多装备类的公司也就纷至沓来。这其中，不乏一些不知名的小公司，没什么技术实力，也没什么技术储备，只以低价来抢夺市场。竞争是好事，可以不断地促进技术、质量和服务的进步，同时还会给我们带来价格和成本的不断降低，但不好的是，一些从事堆焊修复作业的公司利用水泥厂疏于辊面维护，而又急于提高辊面耐磨性能的心理，在毫无科学依据、毫无技术实力的情况下，仅出于商业利益考虑，就轻率地做出辊面使用寿命的承诺。此举往往会给水泥厂带来无法挽回的损失。

事实上，辊压机堆焊是一项看似简单、实则有很高要求的技术。辊压机工作时恶劣的工况，要求其辊面既要有优良的耐磨性，又要有优良的韧性。这些都要靠优异的焊接材料性能和合理的堆焊工艺设计来实现。

近年来，随着水泥市场竞争不断地加剧，为降低生产成本，水泥企业在粉磨时，掺加的混合材种类是越来越多，质量是越来越差。虽然各地可资利用的资源不同，各水泥厂所采用的混合材也会有所不同，但较常用的混合材有高炉矿渣、砂岩、锰渣、磷渣、煤矸石、烧结煤矸石、火山灰等。混合材种类不同，其易磨性也不同。掺加易磨性差的混合材，通常情况下都会不同程度地加速辊压机辊面的磨损和剥落。它们对辊面造成损害的原因复杂多样，有的是由于本身硬度高（如矿渣、钢渣、锰渣、烧结煤矸石等），有的是本身含铁量高（如矿渣、钢渣），有的是物料中游离 SiO_2 含量较高（如砂岩、火山灰等）。

基于此状况，对于辊压机辊面的耐磨性及抗剥落性能，水泥厂就必须提出更高、更苛刻的要求。因而，辊面堆焊修复的材料以及堆焊修复的工艺，也必须适应水泥厂这种工况的变化，必须随时地改进，唯有此，才能满足水泥厂的需求。

因此，在辊压机堆焊修复时，就应当对堆焊修复厂家做出全面、慎重的考察，切不可一味地追求低价。主要来讲，应从以下几个方面去考虑：

（1）选用耐磨性及抗剥落性能优良的堆焊材料，确保堆焊层一次性使用（无需堆焊）时间尽量长。这样既可提高辊压机的运行效率，又可减少辊面堆焊次数，从而延长辊子的使用寿命。

（2）由于辊压机在运行中难免会产生意外情况，如进入铁块、产生冲料等，都会导致辊面剥落或磨损的加剧。如果产生这些情况，就必须及时对辊面进行在线焊补。因此，既是在线焊补，就必须选择堆焊工艺简单、冷焊不易出现裂纹的焊接材料。

（3）针对不同的工况，从事堆焊修复作业的厂家必须能及时提供满足不同需求的堆焊材料以及堆焊修复的工艺方案。因而，不能仅凭从事堆焊修复作业厂家的简单承诺和较低的价格，就与其合作，而是要考虑与真正有堆焊修复技术实力的厂家合作，这是非常有必要的。

国内从事堆焊修复作业的厂家中，郑州机械研究所是各方面实力都不错的一家。该研究所是研究机械工业基础技术、基本工艺的多专业综合研究所，是中央直属大型科技企业，也是国内从事焊接材料、工艺及设备研究的主要科研单位之一，已有近 60 年的科研工作历史。

1991 年辊压机技术刚刚引进到中国时，郑州机械研究所就开始从事辊压机挤压辊表面耐磨堆焊材料的研究和开发。经过多年的精心改进及大力推广，其研制生产的辊压机专用系列耐磨药芯焊丝及手工焊条已在国内众多水泥厂得到应用，可达到辊面连续使用 8000～10000 小时不需补焊的效果。

郑州机械研究所的最大优势在于，既从事堆焊材料的研发和生产，还能进行在线和离线堆焊修复的施工作业，并且能制定堆焊修复的工艺方案，同时能为用户提供有力的技术支持和优质的服务。

10.2　球磨机仍需要精心管理

由于球磨机具有结构简单可靠、对物料的适应性强、对产品的适应性广等诸多优点，所以一直被水泥行业广泛采用。即使在节能粉磨工艺、装备大发展的今天，包括现在主推的水泥联合粉磨系统、有条件使用的辊压机半终粉磨系统，球磨机仍然是水泥粉磨系统的重要设备之一。

1. 球磨机的装载量并非越多越好

研磨体是球磨机做功的唯一介质，有球磨机就离不开研磨体，只有磨机带动研磨体运动才能粉磨物料。目前公认的研磨体在球磨机内的运动轨迹，其数学模型如图 10-12 所示。

那么装多少研磨体合适呢，是不是越多越好呢？其利弊平衡点主要是粉磨效率。特别在

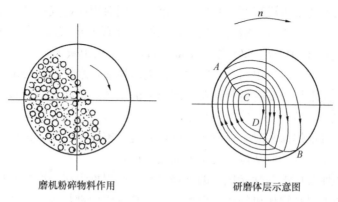

磨机粉碎物料作用　　　　　研磨体层示意图

图 10-12　研磨体在球磨机内的轨迹模型

市场供大于求的今天，具体点讲就是，能力低一点问题不大，关键是单位产品的粉磨电耗能不能降低。

从理论推测到模型观察，研磨体在纯内圆磨内的运行轨迹，近似于分层按同心圆弧提升，再按抛物线落回起点的闭环运动。在较小装载量的情况下，研磨体形成的多层闭环中心存在一个空腔，实现各层之间互不干涉。

从几何学上可以推出，研磨体装载量越大，这个空腔就会越小。在确定研磨体装载量时，务必使这个空腔大于最大球径。否则，研磨体就会在降落时互相干扰碰撞损失能量，降低粉磨效率，增加单位产品的粉磨电耗。

从几何学可以进一步推出，保留这个空腔的最大填充率为 42％。实际上，研磨体的运行轨迹，还会受到磨机转速、衬板形式、研磨体的形状与级配、被研磨物料的性质等因素的影响。

根据实践经验，磨机的最佳填充率一般常在 25％～35％ 之间选取，而以 28％～30％ 居多。过高的填充率，必然增加研磨体的干扰碰撞，无谓地增加能量损失，增加单位产品的粉磨电耗。

2. 磨筒体的转速对研磨体的影响

上文提到，研磨体在球磨机内的运动轨迹符合如图 10-12 所示的数学模型，近似于分层按同心圆弧提升，再按抛物线落回起点的闭环运动，并强调了在多层闭环中心存在一个"空腔"的重要性，由此限制了研磨体的填充率。

那么，在一定的填充率情况下，能否通过适当地提高研磨体的提升高度，以提高研磨体的冲击动能，从而提高研磨效率呢？比如适当提高磨筒体转速（当然是小于临界转速），这样既不影响那个重要的"空腔"，又增加不了多少电耗，岂不两全其美吗？

事实上，今天的磨内工艺，包括研磨体的级配和填充率、衬板的形式和带球能力、磨内分仓和隔仓板形式，甚至磨内的通风等，都是基于一定的磨筒体转速研究检验、总结改进不断完善出来的，一旦这个转速发生了变化，其他的条件都将受到影响，都需要作相应的调整。

2016 年东北某大型水泥设备厂，异想天开地推出水泥磨变频调速节能增产技术，但在广东两个厂的试验都以失败告终。因为没有搞清水泥磨调速节电的机理是什么。减速不可能增产，加速不可能降低运行负荷，而且加速还会带来磨内结构的一系列不适应。

除了这种想法不科学外，也有在减速机的选配上图方便、不认真的情况，认为磨筒体的转速稍差点儿不会有问题，事实上却并非如此简单。我们还是来看一个实际案例吧。

东北地区某 1993 年建成的 2000t/d 熟料线，配套的 $\phi4.0m \times 3.5m + \phi4.6m \times$ （4.0m＋3.5m) 中卸烘干生料磨，设计磨筒体转速为 15r/min，能力为 180t/h，投产后基本正常；后来由于采用了硬质砂岩配料，只是台时产量降到了 150t/h 左右，其他未见异常。

但在后来更换生料磨主减速机时，阴差阳错地把磨筒体的转速提到了 16.4r/min，结果呢？台时产量下降到 120t/h 左右，生料已供不上窑用；不断地从磨内向外跑球，继而钢球砸坏选粉机，减小了 10% 的研磨体也没能扭转跑球现象，使生产受到严重影响。2014 年 8 月 10 日，该公司的老总给笔者打来电话，想听听我的看法。

分析认为，由于磨筒体转速的提高，其带球能力增强，将研磨体带得更高了，有部分研磨体抛落后砸不到物料，所以台时产量降低了；研磨体在磨内难免相互撞击产生水平分力，水平分力将改变其抛落轨迹，部分研磨体被带高后的这个改变了的抛落轨迹经过隔仓板的中心孔，所以钢球被抛出磨外。怎么办，就是想法降低磨筒体的带球能力。

磨筒体的带球能力与转速有关，还与磨内衬板的形式有关。最好是更换减速机，把转速降回到原设计值，但投资较大、时间较长；其次是通过改变磨内衬板形式，降低其带球能力。具体来讲，暂时将靠近隔仓板的三环阶梯衬板换为平衬板，观察效果如何再进一步调整；下一步请专家根据新的磨筒体转速，重新设计阶梯衬板的锥度，减小大小头高差。

后来，那位老总又给我打来电话，果真将靠近隔仓板的三环阶梯衬板换成了平衬板，球不再跑了，台时产量也恢复到了 150t/h，说效果不错。我问是否重新设计了阶梯衬板，他说以后再说吧，又不认真了。

3. 研磨体级配对粉磨效率的影响

要想使研磨体在磨内发挥出最大效率，不仅与其重量有关，还与其大小和级配关系密切，这一点在初装研磨体时都是比较认真的。但在随后的补装过程中，大部分是补充该仓最大规格的研磨体，或凭感觉搭配补装，就不那么认真了。

被粉磨的块状物料，由于分子键的作用具有一定的团聚力，对于同一种物料，粒度越大团聚力越强。在球磨机内，当研磨体的冲击力小于物料的团聚力时，研磨体就不能粉碎物料，会造成能量的浪费；当研磨体的冲击力大于物料的团聚力时，在粉碎物料后的剩余能量就将作用于磨机衬板及其他研磨体，转化为热能和声能，也会造成能量的浪费。只有当研磨体的冲击力略大于物料的团聚力时，才能在粉碎物料的同时，又把能量的浪费减至最少。

在研磨体能对物料进行有效冲击时，冲击的次数越多，粉磨效率就越高。也就是说，粉磨效率与研磨体的有效冲击次数正相关。在一定装载量的情况下，研磨体的规格越小，其个数就会越多，对物料的冲击次数就越多。也就是说，在满足对物料有效冲击的情况下，研磨体规格是越小越好，既可以减小冲击力的浪费，又可以增加冲击次数，从而提高粉磨效率。

实际上，在球磨机内的物料有大小不同的多种粒径，为了适应不同粒径对研磨体的冲击需求，研磨体也要有与之相应的不同规格，这就是研磨体的级配。各公司的入磨物料粒径组成是不一样的，所以研磨体的级配也应该是不一样的，而且应是随着物料粒径组成的变化而改变的。

对于初装磨机，由设备厂家提供的原始级配，不一定符合你的实际情况，应该在运行中给予校正；对于运行的磨机，在补充研磨体时，也必须考虑其级配的变化，给予及时校正。那么，如何确定合理的研磨体级配呢？

（1）根据粉磨系统的不同工艺、磨机结构的分仓情况、入磨物料的筛析分布，参照设备厂家提供的原始级配进行试配。首先确定各仓研磨体的平均球径、最大球径、规格级数，再确定研磨体的具体级配。一般粗磨仓的配球为 3～5 级，细磨仓的配球（或段）为 1～2 级，前后两仓之间要交叉一级。

（2）然后根据运行中各仓的磨音大小、磨机的通风阻力、出磨细度及比表面积、各仓筛余曲线的下降速度、各仓料面对研磨体的覆盖厚度，采用优选法进行多次调整，最终获取较佳的配球方案。

能力偏大的仓要减小平均球径，能力偏小的仓要加大平均球径。出磨细度粗但比表面积不小，要减小头仓的平均球径；比表面积小但细度不粗，要减小尾仓的平均球径。磨机产量低时要加大平均球径，细度粗时要减小平均球径。

对于细磨仓（联合粉磨系统的球磨机）来讲，由于入仓（磨）物料的粒径较小，配置的研磨体规格也较小，一旦有粗料串仓（辊压机边料入磨），研磨体就将无能为力。特别对开路球磨机，出磨细度是制约台时产量的主要因素，粗料串仓将严重影响到台时产量和粉磨电耗。有研究表明，10％的粗料串入将导致 20％的效率降低。

对隔仓板（联合粉磨系统的辊压机侧挡板）的维护不到位，是粗料串仓（大块入磨）的主要原因。隔仓板损坏严重时，还将导致研磨体串仓，打乱研磨体的级配，严重影响粉磨效率。

一旦发生研磨体串仓，就必须清仓重新配置研磨体，才能使研磨体的级配恢复到正常状态。遗憾的是，由于清仓的劳动量比较大，目前又没有一个理想的分级设备，有的公司几年都不清一次仓，实际级配与设计级配已相去甚远，还要谈什么粉磨效率。

据介绍，某公司已开发有一种套筒式回转半自动钢球分选机，如图 10-13 所示，可以对

图 10-13　套筒式回转半自动钢球分选机

研磨体进行较好的分级，并已经在国内拉法基等多家公司使用，且有少量出口，据说使用不错，不妨考察了解一下。

你也可以自己动手就地制作，也不一定要用回转式，只要能分级就行。笔者在 20 世纪 80 年代使用的就是振动式多层分级筛，主体结构是砖混的，分级筛是用钢筋焊接的，喂入系统使用轨道卷扬机，效果不错，只是体积太大了点，这套装置当时还获得了建材部的科技进步成果奖。

实际上，现在常用的是辊压机联合粉磨系统，研磨体的规格和级数已经大幅度减小和减少，企业及周边的机械加工能力也有了很大提高，自己动手做一套研磨体的筛分装置已经不是什么问题了。

如华北某公司，有 4 套 φ4.2m×13m 的水泥联合粉磨系统，使用 φ10～40mm 的 6 种规格的研磨体，他们就自己动手做了两套可移动式筛分装置，每套分选 3 种规格，图纸如图 10-14 所示，实体如图 10-15 所示。使用两年多了，不但分选效果不错，而且使用也很方便。总投资才 7.6 万元，按他们计算，仅与人工分拣的费用相比，一年就可以收回投资。

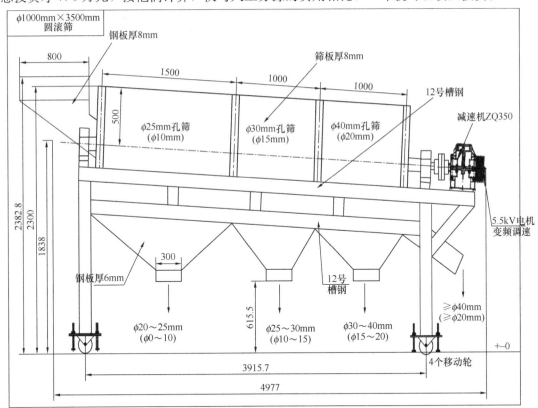

图 10-14　可移动 φ1000mm×3500mm 钢球圆滚筛图纸

4. 不该丢掉的物料易磨性系数

上面讲到，在球磨机内研磨体的冲击力小于或大于物料的团聚力，都会造成能量的浪费，只有当研磨体的冲击力略大于物料的团聚力时，才能在粉碎物料的同时，又把能量的浪费减至最少。在满足对物料有效冲击的情况下，研磨体规格是越小越好，既可以减小冲击力的浪费，又可以增加冲击次数，从而提高粉磨效率。

图 10-15　可移动 ϕ1000mm×3500mm 钢球圆滚筛实体

由此可见，球磨机的能力和效率取决于"物料的团聚力、研磨体的冲击力和冲击次数"，前面已经谈了研磨体的装载量和级配与物料的粒度直接相关，实际上还与物料的易磨性直接相关。

在球磨机内，有不同易磨性的多种物料，易磨性越差的团聚力越强（即使粒度相同）。不同的团聚力需要不同的研磨体冲击力和冲击次数，研磨体就要有与之相应的不同规格，这也需要调整研磨体的级配。

各公司的入磨物料易磨性是不一样的，而且是随时变化的，所以研磨体的级配也应该是不一样的。要搞好球磨机的管理，就不能不考虑入磨物料的易磨性，并及时掌握其变化情况。

某公司水泥磨比其他公司产量低、电耗高，分析认为是熟料易磨性差，便按照 GB 9964—88《水泥原料易磨性试验方法》的要求，购置了"粉磨功指数"试验设备。

实际上，用于生产管理的数据，重要的是方便、快速地进行比较，与自己的纵向比较、与别人的横向比较，以便及时找出问题、采取措施，并不要求那么准确的"粉磨功指数"。这也难怪他们，近几年已很少有人知道还有个"易磨性系数"。

物料的易磨性系数，表示对其粉磨的相对难易程度，用各公司都有的化验室统一小磨就可以方便地进行测定，测定的基准物料是检验水泥强度用的标准砂，国内各公司是统一的，所以易磨性系数在国内具有较高的可比性。

先将被测物料破碎至 5～7mm 的粒度，与标准砂在相同的粉磨条件下（最好是同一台小磨），分别粉磨相同的时间，然后分别测定其比表面积（也可用筛余细度），两个比表面积的比值就是易磨性系数。

易磨性系数用 K 表示，K 值越大，表示物料越容易粉磨，磨机的产量越高、电耗越低。具体测定计算式为：

$$K = S_{物} / S_{标}$$

式中　K——物料的易磨性系数，或称物料的易磨性；

$S_{物}$——被测物料粉磨后的比表面积（m^2/kg）；

$S_{标}$——标准砂粉磨后的比表面积（m^2/kg）。

5. 定期清仓配球的必要性案例

华北某公司有两套 $\phi4.2m\times13m$ 带辊压机预粉磨的水泥粉磨系统。7 月底对 1 号磨清了仓，没想到一仓清出 10 多吨不合格球，二仓清出 20 多吨的小球、碎球、铁渣子，开磨后效果明显，台时产量提高了 10t/h 左右，需水量下降了 1%。

为什么特别提到了需水量？因为该公司的水泥比表面积已经控制到了 $400m^2/kg$ 以上，水泥需水量居高不下，一直是销售人员反映的一个问题。

清仓为什么能降低水泥需水量呢？对于水泥辊压机联合粉磨系统，由于入磨细度已经达到 $80\mu m$ 筛余 20% 左右。为了提高粉磨效率，研磨体的规格已经控制得够小了，而且在磨内还会越磨越小。研磨体规格的减小将导致水泥颗粒分布变窄、水泥需水量增加。所以清出过小的研磨体能够拓宽水泥颗粒的分布，降低水泥的需水量。

有研究表明，当研磨体的规格 $<\phi13mm$ 以后，联合粉磨系统的水泥颗粒分布甚至比采用辊压机终粉磨的水泥还要窄，将严重影响到水泥的需水量。事实上，在球磨机内，$<\phi13mm$ 的研磨体是很难避免的。

6. 适时补充磨耗的研磨体

球磨机在运行一段时间后，研磨体将因磨损消耗而减少，实际填充率将会降低，这时就应适时地给予补充。常用的补充依据有：

（1）按实测的研磨体表面高度下降量进行补充。这要在初装时测出研磨体在磨内的基准表面高度，并测算出研磨体的密度；

（2）按磨机运行功率的下降量进行补充。对比的基准功率一般很容易找到，一般每减少 1t 研磨体，功率会下降 $10\sim12kW$，最好在后续的运行中给予校正；

（3）按统计的吨产品磨耗进行补充。这要在磨机运行较长时间以后，经过统计才能获得一个大概值，最好是通过清仓过秤取得；

（4）按统计的运行时间磨耗量进行补充。这也是一个大概值，因为研磨体的实际磨耗还与物料的易磨性、磨蚀性有关；

（5）通过清仓过秤，按实际缺少量进行补充。但由于清仓的工作量较大，不可能过于频繁，每年有一次就不错了。

对于研磨体的形状，主要有棒、球、段，还有椭圆球、橄榄球等，目前用得最多的是球和段。一般粗磨仓用球，细磨仓有用球的，也有用段的，到底哪一个更好呢？理论上，段的表面积大，研磨能力强，磨内流速慢，更适合开路磨；球为点接触，粉碎能力强，磨内流速快，更适合闭路磨。但实际上，由于细磨仓的研磨体是微介质，体积较小，两者差不了多少，视性价比选择就可以了。

7. 不可忽视的除铁和除渣

清仓的作用，不仅是要重新获得比较准确的研磨体级配，同时还能除去磨内的小球段、碎球段、废铁渣、废铁屑，减少研磨体在磨内的无用功，特别是减少堵篦缝现象，提高研磨效率。废铁渣、废铁屑，在研磨体与被研磨物料之间，起着降低研磨效率的垫层负作用，应该及时除去。

除了定期的清仓以外，还要注重粉磨过程中的除铁。对原材料的除铁主要是从设备的安全考虑，而在粉磨过程中的除铁则是从提高粉磨效率考虑，两者是不能相互取代的。

（1）对于带辊压机（或预破碎）的粉磨系统，如果有矿渣（或钢渣）作为配料组分，在辊压机（或预破碎）与球磨机之间，再进行一次除铁，因为有的铁粒被包裹在矿渣（或钢渣）里，在破碎之前是除不掉的。

（2）做一个单面带箅条的箱体形"磨门"，定期代替实体磨门，在不清仓的情况下，筛一下磨内的铁渣。现在的研磨体规格都小了，用不着要求这个临时磨门有多么结实。

（3）在选粉机回粉的合适部位，装一个管式除铁器，及时清除与物料一起出磨的废铁渣、废铁屑。这项措施已有多家公司在采用，就是在其回粉溜子上加装一个管道除铁器，如图10-16所示，都取得了较好的效果。

图10-16　某公司在选粉机回粉溜子上加装的除铁器

8. 磨内箅板的防堵改进

前面强调了清仓和除铁，其目的之一就是减少箅板的堵塞，降低对磨内通风和料流的影响，提高粉磨效率。但不论清仓和除铁工作做得多好，小球小段还是存在，堵箅缝的现象还是难以彻底解决，因此就有了对箅板的改造，而且取得了较好的效果。

华北某公司水泥粉磨采用"$\phi 4.2 \times 13$（m）球磨机＋辊压机"的双闭路联合粉磨系统，出磨箅板厚度70mm，箅缝为有效宽度6mm的双面喇叭口设计。在正常生产中箅缝很容易被堵塞，严重影响到磨内通风，磨尾排风机的风门需全部打开才能勉强保证磨头不冒灰；在停磨检修清理箅缝后，刚开机的一两天内磨尾排风机的阀门开度及电流均有所下降，但一两天之后整个箅缝又会堵满，排风机的阀门又要开大，风机电流又上去了。

为解决出磨箅板的堵塞问题，该公司制定了如下改造方案：①重新制作与原装箅板形状一样，但厚度为3mm、箅缝宽3mm的不锈钢筛板；②将原箅板拆掉，把穿螺栓的部分及边框保留，其余部分用气割割除；③用加工后的箅板将筛板压装在出料箅板的原底板上。2015年3月26日至28日，对其1号水泥磨出磨箅板进行了试验性改造。制作中的不锈钢防堵箅板如图 10-17 所示，部分改造中的出磨篦板如图 10-18 所示。

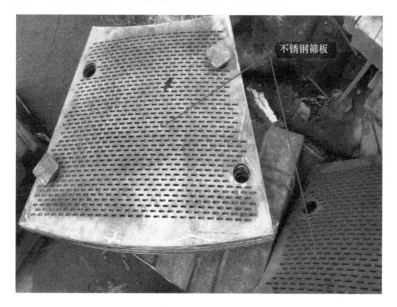

图 10-17　制作中的不锈钢防堵篦板

图 10-18　部分改造中的出磨篦板

　　由于是试验性改造，仅更换了全部五圈篦板的内两圈，即已取得了很好的效果：在正常生产中，磨尾排风机的阀门开度从 100％降到了 65％～70％，风机电流从 123～135A 降到了 100A 左右，出磨负压由 4778Pa 降到了 1600Pa，台时产量提高了 10t/h 左右。由于薄板窄缝不易夹堵异物，运行近一个月后进磨观察，仅有少量的碎段能夹在筛板上，但基本不影响磨内通风。

　　由于试验性改造效果不错，一个月之后，又对其同规格的 4 号水泥磨进行了类似改造。

但考虑到在通风和物料流速上，环形篦缝不如放射形篦缝顺畅，故全部采用了放射形篦缝。

4号水泥磨在改造后，其粉磨PC32.5水泥的台时产量，由180～190t/h提高到220～230t/h，取得了比1号水泥磨改造更好的效果。改造用4种筛板的图纸如图10-19～图10-22所示，改造中的出磨篦板如图10-23～图10-25所示。

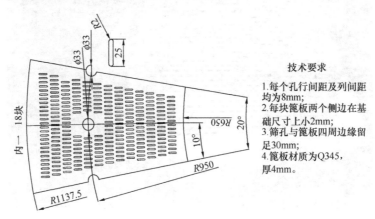

图 10-19　水泥磨出口筛板内一环图

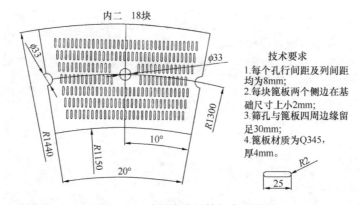

图 10-20　水泥磨出口筛板内二环图

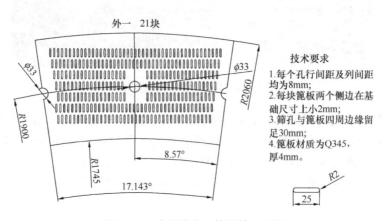

图 10-21　水泥磨出口筛板外一环图

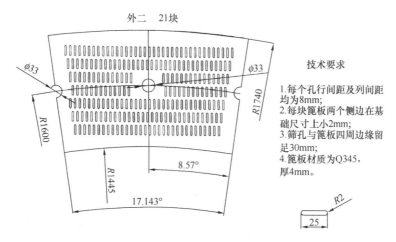

外二　21块

技术要求

1.每个孔行间距及列间距均为8mm;
2.每块篦板两个侧边在基础尺寸上小2mm;
3.筛孔与篦板四周边缘留足30mm;
4.篦板材质为Q345,厚4mm。

图 10-22　水泥磨出口筛板外二环图

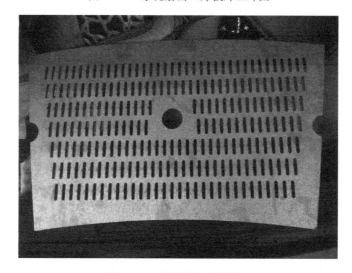

图 10-23　安装前的出磨筛板

图 10-24　安装后的出磨筛板

图 10-25　改造中的出磨箅板

9. 磨筒体也不是越长越好

东北某 5000t/d 生产线，在扩建第二套水泥联合粉磨系统时，坚持认为提高装载量可以提高粉磨效率，同时也接受填充率不易过高的观点，便提出了加长球磨机筒体的要求。尽管设备制造厂存在异议，但用户是上帝，他们还是接受了"上帝"的要求，将 $\phi 4.2m \times 13m$ 的球磨机改成了 $\phi 4.2m \times 14m$。

投产以后，这套 $\phi 4.2m \times 14m$ 的 2 号水泥磨与 $\phi 4.2m \times 13m$ 的 1 号水泥磨相比，在共用相同原料的情况下，并没有显现出优势。不但台时产量没有提高，而且粉磨电耗还有所增加，过粉磨现象加重，水泥需水量也有所增加。公司领导认为是 2 号磨的管理操作上有问题，便与 1 号磨系统的生产人员进行了整体调换，结果还是不行。

事实上，球磨机是从没有辊压机的时代发展过来的，是按进料粒度<25mm、粉磨到细度<80μm 以下为基础设计的，球磨机需要承担细碎、粗磨、细磨的所有功能，在增加了辊压机预粉磨以后，球磨机的结构并没有作大的调整。现在已发展到的联合粉磨系统，进料粒度已达到 80μm 筛余 20% 左右，比表面积也已达到 200m²/kg 左右。原来由球磨机承担的细碎功能已经由辊压机完成了，原有的球磨机已经过长了，再加长还能有什么好处呢？

对此，世界一流的水泥装备公司 Polysius 公司，曾进行过比较详细的研究试验，其试验结果如图 10-26 所示。

试验是在入磨物料的比表面积为 220m²/kg 条件下进行。由图 10-26 可见，在辊压机联合粉磨系统中，当入磨物料的比表面积为 220m²/kg 时，闭路磨的长径比为 2.0~2.9、开路磨的长径比为 4~5 之间其效率最高。

现在回到东北某公司的设备选型上，如果同意按以上 Polysius 公司的试验结果选型，那么对于这台 $\phi 4.2m$ 的球磨机，其长度计算结果如下：

$$4.2 \times (2.0 \sim 2.7 \sim 2.9) = 8.4 \sim 11.34 \sim 12.18m$$

因而，其长度应该在 8.4~11.34~12.18m 之间，可见 13m 长已经足够了，14m 确实

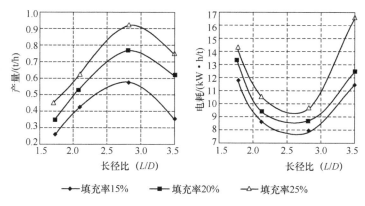

图 10-26　球磨机填充率、长径比与产能、电耗的关系

有点过长。实际上，如果一定要提高这台 $\phi4.2m$ 球磨机的产能和效率，最佳的方案是把联合粉磨系统的辊压机再配大一些，既能提高台时产量，又能降低粉磨电耗。

10.3　选粉效率与粉磨效率

　　一些设备厂家反复吹嘘自己的选粉机效率有多么多么的高，潜意识中给人灌输了一种思想，似乎粉磨系统的选粉效率是越高越好，而且他的选粉机效率最高。实际上，对于水泥粉磨来讲，选粉效率并不是越高越好，这里强调的是，单凭一个"选粉效率"值并不能说明这台选粉机的选粉效率就高。

　　事实上，选粉机的选粉效率值还与其选用的筛析等级有关，系统的选粉效率还与其运行的循环负荷有关，这一点在日常管理和系统对比时要引起注意。这就像一个人说"我的个子比你高，空高两米的房间都碰头"，却避而不谈他穿的是高跟鞋，避而不谈他是在床上站立时才碰头的，这是在钻人们惯性思维的空子，对比一定要有一个同一平台。

　　记得在 O-sepa 选粉机引进的初期，我们知道离心式选粉机的选粉效率只有 38% 左右，一位日本专家在推介时吹嘘"O-sepa 选粉机的选粉效率能达到 90% 以上，比你们使用的离心式选粉机提高 50% 以上"，笔者问其"你是采用什么筛析等级对比的，是不是同一个筛析等级"？他回答"O-sepa 选粉机是采用 $45\mu m$ 筛余做的，对离心式选粉机没有做，是水泥厂提供的日常数据"，笔者说"你不用解释了，最好在同一个平台上做对比"。

　　为此事，笔者后来专门在普通闭路磨上做了对比检测：将循环负荷控制在 200% 左右，如果采用 $80\mu m$ 筛余做对比，离心式选粉机的选粉效率为 42% 左右，O-sepa 选粉机的选粉效率为 70% 左右；如果采用 $45\mu m$ 筛余做对比，离心式选粉机的选粉效率为 60% 左右，O-sepa选粉机的选粉效率为 90% 左右。日本人没有撒谎，但偷换了概念。

1. 不同粉磨系统的选粉效率

　　选粉机是闭路循环粉磨系统的一个重要组成设备，主要功能是及时将粉磨到一定粒度的合格细粉选出，粗粉重新返回进行再粉磨，防止细粉在磨内过粉磨及粘附研磨体而引起缓冲作用，从而提高磨机的粉磨效率，调节成品的粒度组成，防止粗细不均，以保证成品的质量。选粉机的工作原理，是按物料的粒径切割分选的，选粉效率的高低必将影响到其产品的颗粒级配或粉磨效率。

对于不同的粉磨系统，选粉效率高的，其产品的颗粒级配分布就窄，对生料而言是一件好事，而对于水泥来讲就未必是好事；对同一个粉磨系统，把选粉效率调整得过高，不但提高不了粉磨效率，甚至还会降低粉磨效率。

对于生料而言，影响其易烧性的主要是生料中的粗颗粒，而与它含有多少微粉关系不大。过多的微粉将导致生料磨产量降低、粉磨电耗增加、预热器效率降低、烧成煤耗增加。要想减少生料中的粗颗粒，同时又不增加过多的微粉，生料的颗粒级配是越窄越好，也就是说选粉机的效率是越高越好。

而对于水泥就不同了，过窄的颗粒级配有利于控制水泥中的粗颗粒，但同时减少了水泥中的微粉含量。能提高粉磨的效率、降低粉磨的电耗，但却会导致水泥中的微粉含量过少、水泥的需水量增加，继而影响到水泥的和易性，导致水泥用户的成本增加，反过来影响到水泥的销售。这一点，我们在开路磨改闭路磨、普通选粉机改高效选粉机的过程中，是有切身体会的。

这里需要说明一下，水泥中微粉的过多或过少都会导致其需水量的增大。微粉过多是由于水泥早期水化速度快导致需水量增加，微粉过少是由于水泥颗粒流动性差导致需水量增加，两者并不矛盾。

2. 选粉效率和循环负荷的关系

接下来，我们再来看看选粉效率和循环负荷的关系及其相互影响的情况。

选粉效率是指闭路粉磨中，选粉机选粉成品中某一规定粒径以下的颗粒占出磨物料中该粒级含量的百分比，可用以下的公式计算：

选粉效率 $\qquad \eta = (100 - c)(b - a)/(100 - a)(b - c)$

循环负荷是指选粉机的回料量与成品量之比，可用以下的公式计算：

循环负荷 $\qquad K = (a - c)/(b - a)$

选粉效率高，磨机产量不一定高，只有在合适的循环负荷下，设法提高选粉效率，才能提高粉磨系统的产量。

选粉效率 η 与循环负荷 K 的关系为：$\eta = (100 - c)/(1 + K)(100 - a)$

其中：a、b、c 分别表示选粉机的喂料筛余、回料筛余、成品筛余。

对于一个正常生产的粉磨系统，我们会努力稳定成品细度以稳定成品质量，努力稳定出磨细度以稳定生产工况，也就是努力做到 a、c 基本不变。在 a、c 不变的情况下，由上述关系式可以进一步推出：$K\eta =$ 一个常数。

生产实践告诉我们，这个常数与磨机的粉磨能力有关，对于不同的粉磨系统、不同的物料特性、不同的产品要求，这个常数也是不同的。

也就是说，随着选粉效率的提高，循环负荷肯定是下降的。只有当选粉效率的提高大于循环负荷的下降时，系统产量才能提高；而当选粉效率的提高小于循环负荷的下降时，系统产量反而会降低。因此，在调整一个粉磨系统的运行状况时，必须同时考虑选粉效率和循环负荷两个指标，才能获得比较满意的结果。

就闭路粉磨系统来讲，产品是磨成的而不是选成的，选粉机只是减少过粉磨而已，磨始终是选的基础，选只是磨的辅助。

过低的选粉效率和过高的循环负荷，会延长对物料的粉磨时间，加大过粉磨现象，粉磨效率势必下降；过高的选粉效率和过低的循环负荷，会缩短对物料的粉磨时间，对物料粉磨不足，未能将物料磨细就提前出磨，又怎么能提高粉磨效率呢？两者都是弱化了闭路功能，不但提高不了粉磨效率，甚至还会降低。

3. 在较高循环负荷下提高选粉效率

前面讲到，对于一个正常生产的粉磨系统，$K\eta$＝常数，也就是说，随着选粉效率的提高，循环负荷肯定是下降的。就闭路粉磨系统来讲，产品是磨成的而不是选成的，过高的选粉效率和过低的循环负荷，只会缩短对物料的粉磨时间，不但提高不了粉磨效率，甚至还会降低。

我们追求的应该是在较高的循环负荷下提高选粉效率，而不是简单地调整选粉机。比如：采用更先进的粉磨工艺（联合粉磨、半终粉磨）和高效的粉磨设备（立辊磨、辊筒磨、辊压机），改善原料的易磨性（主要是熟料）和入磨物料的物理性能（水分、温度），改进选粉机的性能（对物料的分散能力、对粒径的切割能力）和降低入选粉机物料的团聚性（比如静电）。

比如，芬兰 Ecofer 公司研发的 V 选静电中和器（专利 DE69809251T2），如图 10-27 所示，就可在一定程度上提高 V 选中物料的分散性，提高选粉效率，在辊压机闭路系统中取得了较好的效果，这里作一简单介绍。

在配有闭路辊压机的水泥粉磨系统中，辊压机闭路工艺一般采用 V 型静态选粉机，有的在 V 选之后还配有动态选粉机，被选物料的分散性对两级选粉机的选粉效率都有较大影响，最终影响到系统的粉磨效率。

物料在辊压机的压制过程中受力断

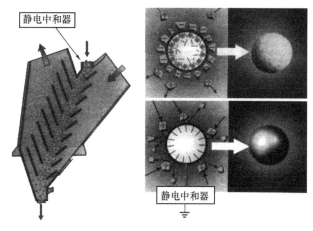

图 10-27　Ecofer 公司的 V 选静电中和器原理与布置

裂，不可避免地呈现出电物理现象，尽管料饼内的不同颗粒之间已存在许多微裂纹，但这些颗粒在静电的作用下粘结在一起；当料饼进入 V 选以后，又要在 V 选内与阶梯布置的冲击板多次冲击摩擦产生静电，又加重了物料的团聚能力。静电使小颗粒团聚为大颗粒，干扰了选粉机对物料按粒径的切割，势必要降低选粉机的选粉效率。

有报道显示（No. 3/2014Z. K. G），芬兰 Ecofer 公司的静电中和器设置在 V 型选粉机的进料口（图 10-27），能使带正电荷的物料被有效中和，消除物料的静电团聚现象，提高选粉机的选粉效率，进而提高了系统的粉磨效率。

报道显示，该静电中和器于 2010 年在土耳其的三个水泥厂进行了试验，均取得了满意的效果。Akcansa 水泥厂台时产量从 125t/h 提高到 140t/h；Mardin Oyak 水泥厂台时产量从 102t/h 提高到 110t/h；Cimsa Niqde 水泥厂台时产量从 108t/h 提高到 138t/h。

10.4　磨内通风与水泥温度

出磨废气温度的高低，不仅影响到磨尾轴瓦的温度，影响到设备的安全运行，而且还影响到出磨水泥的温度，继而有可能影响到出厂水泥的温度，影响到产品的销售，这是大用户在夏季特别关注的一项指标。

1. 磨内通风与出磨温度的关系

特别对于开路粉磨的工艺系统，出磨水泥的温度是生产者必须关注的一个重要参数。怎样才能降低出磨温度呢？特别在磨尾轴瓦温度高时，有效地降低出磨温度显得更加迫切，但往往因为措施不当效果不佳，甚至事与愿违。

这里有一个实际案例：有一台高细开路磨，当磨尾瓦温度高后→发现出磨废气温度也高→为降低出磨温度加大了磨内通风→结果导致出磨细度跑粗→为解决跑粗问题只好降低了磨头喂料量→结果发现出磨温度不但没有降低，反而有所升高。为什么会这样呢？

磨内通风直接影响到磨内流速，对出磨细度的影响是非常大的；对于开路磨来讲，出磨细度就是产品细度，没有后续的调整措施，必须给予保证。盲目地加大磨内通风打破了原有的工艺平衡，导致了出磨跑粗，这时操作者没有去寻求新的平衡、或者恢复原有的平衡，而是简单地采取了降低产量的办法，进一步破坏了工艺平衡，入磨物料减少了，但研磨体的做功并没有减少，无用功的加大，导致磨内产生的热量加大，所以出磨温度不可能降低。

实际上，出磨温度高往往是工艺操作存在问题，粉磨效率低，研磨体的无用功做得多，发热量大所致。正确的做法应该是，通过分析粉磨系统中的各种因素，找出影响粉磨效率的主要问题并采取相应的措施，粉磨效率提上去了，磨内的发热量回归正常，出磨温度也就下来了。

由以上分析可见，磨内的通风不仅影响到出磨温度，还影响到磨内流速，还能及时将微粉带出，减少过粉磨现象。还有，影响到整个粉磨系统的烘干能力，以及对物料水分的适应性，这一点儿对北方粉磨系统的冬季运行尤为明显。

2. 磨内通风与系统结露的关系

地处东北的某公司，在 11 月份生产中，随着环境气温的下降，出现了磨内糊球、糊篦缝、选粉机糊导风叶片、袋除尘器开始结露的现象，影响了系统的正常运行。该公司磨尾排风机的结露情况如图 10-28、图 10-29 所示。

图 10-28　东北某公司水泥磨尾排风机的结露情况

图 10-29　水泥磨尾排风机的结露情况放大

首先检查了系统的保温和密闭堵漏，都没有发现什么大的问题。只是入磨物料水分含量偏高，约在 2.5% 左右。

应该说，进一步降低入磨水分含量是最简单有效的措施，但由于受到周围原料的限制，自己又没有烘干设施，不可能降得太多。该公司同时采取了降低入磨水分含量、减小系统温差的综合措施，取得了较好的效果，如图 10-30 所示。

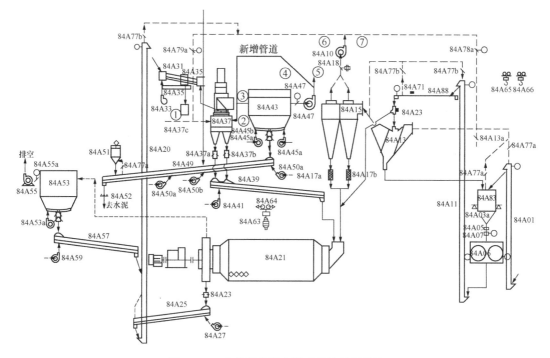

图 10-30　东北某公司水泥磨的抗结露措施

（1）通过掺加矿渣微粉，减少了配料中的水渣用量，在一定程度上减少了入磨水分。但不可能用微粉取代水渣，因为生产成本会增加较多；

（2）适当加大磨内通风，一是降低了出磨废气的湿含量，二是降低了出磨废气的温度，减小了与环境的温差；

（3）如图 10-30 所示，加大了 V 选循环风进选粉机的阀门⑥的开度，由开度 60％ 开到 100％，并将 V 选循环风阀门⑦彻底关死。减小了选粉机一次风从冷风阀①补充环境冷风的比例，降低了循环风在 V 选循环中湿含量的富集；

（4）如图 10-30 所示，进行了如图中"新增管道"所示的管道改造，并增加了④、⑤两个调节阀门，将部分袋除尘器排放风引至选粉机，作为选粉机的二次风使用，并将原选粉机的二次风阀②关死，也减少了选粉机的环境冷风掺入。

需要注意的是，引部分袋除尘器排放风作为选粉机的二次风使用，其好处是提高了废气温度，降低了废气与环境的温差，有利于减少结露；但也有不利的一面，就是增加了废气的湿含量，更容易结露。要通过实际摸索其合适的引入量，掌握好利弊平衡。

我们知道，在气压一定的情况下，系统的结露说明其温度低于了露点，这既与废气的温度有关，又与废气的湿含量有关。对于一定的湿含量，使废气中的水汽含量达到饱和时的温度，称为露点温度（简称露点）。

对于水泥磨系统，通风的气压是基本稳定的，要想避免结露，就要使废气的温度高于其露点。这有两个途径可以考虑，一是加强系统保温等措施，包括废气循环使用，通过提高废气温度使其高于露点；二是加大系统通风、降低入磨物料水分、降低用风的湿含量，包括减少循环风的使用，通过降低废气的湿含量使其露点降低。可见，关于循环风的使用，既有减少结露的一面（温度），又有增大结露的一面（湿含量），关键在一个露点。

对于解决一个系统的结露问题，确定其不同工况下的废气露点是至关重要的，但露点的确定需要一系列的标定和复杂的计算，对于指导变化中的水泥生产不太实用。那么，如何在各种工况下快速地判断其露点呢，这里提供一个简单的近似方法供生产中使用：使用干湿球温度计，按照两球的温度之差，在表上找到所对应的相对湿度，沿着同一竖行看下去（就是两球温差不变），看到相对湿度为 100％ 时所对应的最高温度即为露点。

3. 限制和导致水泥温度高的原因

随着建筑工程速度和质量的不断提高，越来越多的建筑工程对水泥的出厂温度提出了严格的要求。以前仅有水库堤坝、隧道桥梁、港口码头等大体积工程对水泥温度有限定要求。现在道路及民用高层建筑等工程，也要求水泥的销售温度低于 80℃，有的甚至要求低于 60℃。对水泥温度的限制已成为当今水泥市场的一项重要指标。

现在的水泥，由于比表面积越来越大，水化速度加快，水化热增大，流动性变差，塌落度下降；而现在的混凝土，高强度要求水泥配比加大，更大的体积更加不易散热，更小的构件要求强度更高。这两方面的原因导致混凝土构件早期的开裂现象增多，应该说都与混凝土的温度不无关系，这就是对水泥提出温度要求的内因。高温还导致混凝土的需水量增加，外加剂的适应性变差，影响到混凝土的施工性能和强度，这也是限制水泥温度的原因。

那么，导致水泥温度高的原因又是什么呢？

首先，导致水泥温度高的最直接因素，莫过于熟料的入磨温度。特别是与熟料线在一个厂区内的粉磨系统（水泥粉磨站要好得多），熟料的入磨温度是决定水泥磨内温度、出磨温度、入库温度、出厂温度的重要因素之一。当篦冷机冷却效果不好时影响更加明显，当夏季气温高时问题会更加突出。

其次，水泥在粉磨过程中会消耗大量的电能，这些能量除少部分用于水泥粉磨增加比表面积（有用功）以外，大部分被转化为声波和热能，做了无用功。这些无用功，除少部分被磨筒体导出散发于环境中以外，大部分作用于磨内的物料和气体上，导致出磨水泥温度和出磨风温的升高。粉磨系统的粉磨效率越低，流程越短，散热面积越小，通风越差，水泥的温度就会越高。

还有，随着散装水泥的普及，水泥储库大型化，水泥在储存、运输过程中的散热面积减小、温降减小，这也是导致用户买到的水泥温度高的一个原因。

4. 降低水泥温度的措施

市场对水泥温度的限制越来越严，作为水泥企业又有哪些降温措施呢？除了严格控制物料的入磨温度以外，最好能通过提高粉磨效率，从而降低直接加热水泥的热源。其次是通过散热、冷却等手段降低出磨、入库、出厂水泥的温度。目前，用于这方面的措施主要有：

（1）选择粉磨发热量小的立磨终粉磨、大辊压机联合粉磨、辊压机终粉磨等粉磨效率高的粉磨系统；

（2）选择粉磨流程长、散热面积大、通风能力强的闭路、双闭路粉磨系统。特别是熟料基地的水泥粉磨系统，由于其熟料温度比粉磨站更高，最好不要选择开路粉磨；

（3）对现有粉磨装备，如磨机筒体、选粉机壳体等，采取间接淋水的降温方式。该措施虽然比较简单，但降温效果有限，电耗水耗较高，而且对冷却的设备有不利影响；

（4）采取向水泥磨内喷水的直接冷却方式。但对于更需要降温的开路粉磨系统，由于其通风量有限，致使喷水量受限，所以降温效果有限；

（5）采取水泥冷却器等后续冷却方式。尽管解决不了高温对粉磨工序的不利影响，但这是最后一道关也是受限制最小的一道关。

这些降温方式都有一定的效果，但都各有利弊而且能力有限。单选一项不一定能满足降温的要求，有时候需要几项并用，但鉴于现实情况，又不是都具备应用的条件。所以，控制水泥温度对某些企业仍然是个难题。

5. 降低水泥温度的装备

1）水泥磨磨内喷水系统

磨内喷水是随着磨机大型化和水泥比表面积的增大，为了降低越来越高的磨内温度，20世纪 50 年代在国际上兴起的一项降温技术。它不仅能有效降低出磨水泥温度，而且能减少包球和糊衬板现象，还能起到一定的助磨剂作用，提高球磨机的粉磨效率。

根据 FLSmidth 公司的有关试验（1975 年 5 月 5 日～9 日 FLSmidth 专家来华讲座资料），在出磨废气温度达到 120℃以上后，喷水作用能使比表面积增大 $10m^2/kg$ 或更大。

磨内喷水的原理是，喷入的水遇到温度足够高的水泥时，快速蒸发汽化，并由磨内的通风将蒸汽带出磨外。喷入的水和水泥的接触时间极短，水泥被水化的机会极少，不会对水泥的性能构成影响。

因而，也并不要求喷入的水雾化到极细的程度，不需要过高的压力和结构复杂的喷嘴。该技术的关键是，温控自动开停系统准确好用，回转接头能够长期稳定可靠地运行，而且要易于操作和维护。

在使用磨内喷水系统时，有两点需要强调：

（1）磨内有足够高的温度是可以喷水的先决条件，以满足喷入的水能快速蒸发汽化的需要。一般出磨废气温度要达到 125℃左右；

（2）磨内有足够的通风是控制喷水量的运行条件，以满足被蒸发汽化的水能及时排出磨外的需要。从这一点上讲，开路粉磨系统受到了一定限制。

笔者在伊拉克的卡尔巴拉水泥厂曾使用过 Polysius 的磨内喷水系统，有过切身体会。并于 1989 年 12 月 29 日在其 φ4.2m×14.5m 的 4 号闭路水泥磨上做过试验：给二仓连续喷水（600L/h）运行了 3 小时，比表面积平均为 3136cm²/g，台时产量平均为 89t/h；停止喷水后又运行了 3 个小时，比表面积下降到平均为 3028cm²/g，台时产量下降到平均为 84.7t/h。

有一次磨内喷水的喷嘴堵塞后，由于没有备件，笔者就干脆去掉喷嘴，将喷水管砸扁后使用了一段时间，也没有发现问题。但需要注意，水不能喷到隔仓板上导致隔仓板淌水，水要基本洒开洒匀，防止过于集中的水来不及蒸发汽化。

该技术国内已引进多年，使用的效果和意义已得到广泛认同。只是由于用户对水泥温度的要求没那么迫切，以及喷水系统的设备结构和控制技术还存在一定的问题而没有得到普及。目前，国内已有多个厂家的设备用于多个水泥企业，使用效果和运行的可靠性也不尽相同，总体上以合肥水泥研究设计院的设备业绩较好，其系统及主要装备如图 10-31 所示。

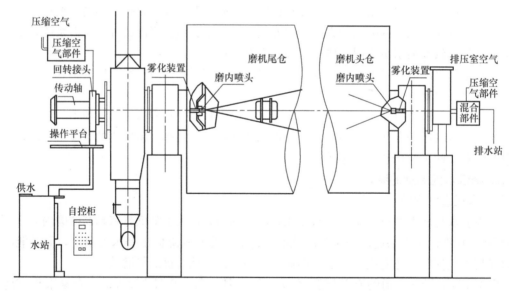

图 10-31　合肥水泥研究设计院的磨内喷水系统

2）水泥立筒螺旋冷却器

对水泥的冷却总体上分为直接冷却和间接冷却两种方式。按照冷却介质的不同，又分为水冷和风冷两种方式。

水泥立筒螺旋冷却器为间接水冷方式，具有冷却效果好、运行稳定可靠、易于操作控制的优点，已经在一些水泥企业得到应用。但也由于其投资较高，设备体积大，占用空间大，系统环节多，对原有水泥粉磨系统的工艺布置影响较大，后续维修量大，特别是运行电耗高

（冷却器＋水泵）、水耗高的缺憾，影响了其进一步的普及推广。

水泥立筒螺旋冷却器在某水泥企业的现场照片如图 10-32 所示，其主体结构和工作原理如图 10-33 所示。

图 10-32　某公司水泥立筒冷却器的应用现场

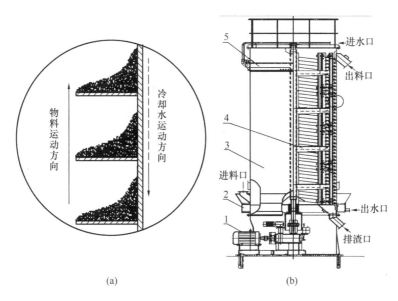

（a）换热过程示意图；（b）主体结构示意图
图 10-33　水泥立筒冷却器的工作原理

如图 10-33 所示，水泥立筒螺旋式冷却器底部为驱动转子的传动装置 1，其上方是一圈用于汇集水幕的集水装置 2，中间的主体是圆筒形的壳体 3，内部为带螺旋叶片的转子 4，筒体顶部是环形的布水装置 5。冷却水在输水管内被输送至筒体顶部，通过布水装置形成水幕，均匀地沿筒体外壁流下，进入下部的集水装置；同时，高温水泥从筒体下部的进料口喂入，在螺旋转子的带动下，沿筒体内壁向上螺旋运动。

水泥在离心力的作用下紧贴筒体内壁上行，热量通过筒体外壁与冷却水形成的水幕进行热交换，使水泥在提升的过程中逐步被冷却水冷却，从而把水泥的温度降下来，被冷却后的水泥从筒体上部的出料口排出。

水泥立筒螺旋冷却器在国外早有使用，国内的云浮水泥厂和珠江水泥厂率先分别引进了 Polysius 和 FLSmidth 的设备，国内便有了模仿制造的立筒螺旋冷却器投入使用。目前，该冷却器在国内的应用并不多，但已有几家公司推出了自己的产品，主要有 VCC 立筒式水泥冷却器、KT 系列水泥冷却器（表 10-2）。

表 10-2　KT 系列水泥冷却器性能

型号 项目	KT25-60	KT28-70	KT32-75	KT36-10
水泥系统生产能力/(t/h)	50～70	70～100	100～130	130～200
水泥入冷却器温度/℃	约 120	约 120	约 120	约 120
水泥出冷却器温度/℃	≤60	≤60	≤60	≤60
冷却水水温/℃	≤30	≤30	≤30	≤30
冷却水用量/(t/h)	50～80	70～110	100～140	130～180
主机功率/kW	55	75	90	132

3）深槽水管式冷却器

笔者最近走访某粉磨站时，巧遇该公司正在研究自己的水泥降温问题。他们在对目前的水泥冷却方式调研后，分析认为都不太适合自己选用。

磨内喷水当属首选，但由于自己是开路粉磨系统，通风量受到限制而不易采用，目前国内的产品运行可靠性也不是太高；而立筒螺旋冷却器体积太大，在布置上有困难，特别是电耗高难以承受；牵涉到热管、能量分离器的冷却方式，比如斜槽式、流化床式、卧式螺旋式，热管的质量存在不确定性，对冷却效果影响较大。流化床水管式，一是用压缩空气电耗高、二是输送斜槽容易堵塞。

在经过一番分析后，他们决定自己动手研究制作。结合自己的实际情况，在输送斜槽上进行水管式间接冷却，并将这个方案命名为深槽水管式冷却器，其结构原理如图 10-34 所示。

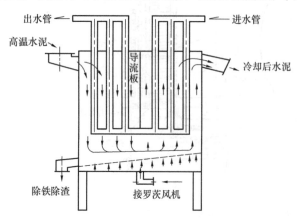

图 10-34　深槽水管式冷却器

深槽水管式冷却器具有如下特点：

（1）与现有斜槽等宽，纵向设置两列冷却管，进出料端与现有斜槽直接对接，便于现场布置；

（2）高度为现有斜槽的两倍，料层不是太厚，用罗茨风机供风电耗不是太高；

（3）在纵向的中间设置一个导流板，以引导水泥先下进再上出，延长停留时间，增强冷却效果；

（4）底部设有排渣口，减少堵塞的可能。

尚不知他们的冷却器使用效果如何，但笔者非常佩服他们敢于质疑、勇于创新的精神，单凭这一点就可以相信他们最终会取得成功。

10.5　关于水泥细度的控制

在水泥粉磨系统中，闭路磨是由开路磨演化而来的，早期以开路磨居多，现在则以闭路磨居多。控制主要是针对其短板，开路磨的短板是粗颗粒多，闭路磨的短板是微粉少，因此其控制原理和侧重也不尽相同。

1. 控制水泥细度的实质

开路磨的水泥微粉较多，水泥的比表面积一般问题不大。但因对出磨后的粗颗粒缺乏补救措施，要把好产品的细度关，就要控制好筛余。所以，早期的水泥厂以控制筛余为主。

闭路磨的选粉机就是按粒径分选的，水泥的筛余问题一般不大。但因产品中的微粉较少，要把好产品的细度关，就要控制好比表面积。所以，现在的水泥厂以控制比表面积为主。

这是从控制质量的薄弱环节考虑的，既有一定的道理，又是一种巧合。这些道理是对的，但并不全面，不能一概认为控制筛余就是落后的，控制比表面积就是先进的。目前，对于水泥细度的控制，仍然有筛余和比表面积两种方式，到底采用哪一种更好呢？

这要综合考虑，甚至两种方式同时采用，互补不足。除了上述从质量上"控制薄弱环节"的理念以外，不要忘记水泥的核心组分是熟料，好的水泥必须有好的熟料。从生产效益的角度出发，要努力把熟料的作用发挥到极致，对细度的控制也不能偏离熟料这个核心，才能生产出质量好、效益也好的水泥。

筛余体现的主要是难磨物料的细度，比表面积体现的主要是易磨物料的细度。采用哪种方式控制水泥细度更好，取决于哪种方式更有利于发挥熟料的核心作用，这对于不同的粉磨系统，结果是不一样的。

具体点讲，如果其他组分的易磨性比熟料好，采用筛余控制更好一些，以确保把熟料磨到足够的细度；如果其他组分的易磨性比熟料差，采用比表面积控制更好一些，也是为了把熟料磨到足够的细度。

2. 筛余、比表面积、颗粒级配

上述内容是局限在筛余与比表面积之间，究竟哪个更好的问题，但水泥细度对水泥的影响还不止这些，因此，对水泥细度的控制也不是如此简单。

我们在生产中经常发现，有时候水泥的筛余相同，比表面积也相近，但水泥的性能却表现出很大的差异。研究发现，这与水泥的颗粒级配和颗粒形状有关，因此又引出了颗粒级配的细度指标。

实际上，在具体的水泥细度控制上，三个指标孰优孰劣都有不同的特定情况，总体上是各有利弊，应根据自己的具体情况综合考虑，按需侧重，按需取长。这里有必要谈谈三个指标的基本概念。

关于筛余：筛余是水泥生产中最常用、最原始的细度控制方法，也是最简单实用的方法。在国家水泥标准中，就有直接且明确的筛余要求，你不控制筛余，又怎么知道你生产的水泥是否满足国家标准呢。

比如，GB 175—2007《通用硅酸盐水泥》国家标准规定，矿渣硅酸盐水泥、火山灰质硅酸盐水泥、粉煤灰硅酸盐水泥、复合硅酸盐水泥，细度以筛余表示，要求 $80\mu m$ 筛余不大于 10%，或 $45\mu m$ 筛余不大于 30%。但在实际生产中，现在的水泥已经磨得很细了，大部分水泥的 $80\mu m$ 筛余已经到了小于 1.0% 的水平，这样的控制指标也就失去了意义。

关于比表面积：比表面积表示单位质量的水泥颗粒的总表面积，反映的是水泥颗粒的总体细度，其值越大表明水泥总体上越细。与筛余相比，比表面积更侧重于总体细度，但对少数"闹事者"（粗颗粒）却有所放松，因此也有其局限性。比如，比表面积很高的水泥其强度却不一定就高；而比表面积不一定高，但颗粒级配合理的水泥，其强度却有可能高。

关于颗粒级配：水泥是由不同粒径的小颗粒组成的，最小颗粒可以小于 $1\mu m$，而最大颗粒可以大于 $80\mu m$。这么多大小不等的颗粒组成的水泥，一定有很多种组合，其不同组合的水泥性能就会千差万别。通过研究控制水泥的颗粒级配，就能在一定程度上优化水泥性能。

目前对水泥细度的管控，一般是三种手段同时并举，时有侧重而已。对正常的生产管理，更多的采用 $45\mu m$ 筛余和比表面积相结合的控制方法，用 $45\mu m$ 筛余反映颗粒级配和有效颗粒的含量，用比表面积适时掌控水泥中的微粉含量，以便及时地调整粉磨工艺，实现水泥性能的最优化。

3. 颗粒级配对水泥生产的指导

当粉磨系统或水泥产品出现较大的异常时，也会在水泥的颗粒级配上体现出来，我们就可以通过对水泥颗粒级配的检测，发现问题和制定对策。

（1）尽量减少水泥中小于 $1\mu m$ 的微粉含量。小于 $1\mu m$ 的颗粒含量高，说明系统过粉磨严重。不但系统的产量低，单位产品的电耗高，而且 $1\mu m$ 以下的颗粒在加水搅拌过程中就能完成水化，导致水泥的早期水化热高，混凝土收缩量大。

（2）合理控制小于 $3\mu m$ 的颗粒含量。只要能满足 3d 强度的要求，这一级别的颗粒还是以少为好，大部分企业将小于 $3\mu m$ 的颗粒控制在 $12\%\sim15\%$ 左右。小于 $3\mu m$ 的水泥颗粒，除了少量易磨性好的混合材外，大部分是破碎的 C_3S 和 C_3A 晶体，具有水化快、早期强度高的特点，但也具有混凝土需水量大、坍落度损失大的缺点。

（3）尽可能增加 $3\sim32\mu m$ 的颗粒含量。这是水泥颗粒中发挥作用的主力军，对混凝土施工性能的影响小，而对水泥 3d、28d 强度的贡献大。大部分企业将这一级别的颗粒含量控制在 $50\%\sim58\%$ 左右，也有个别企业控制到了 68%。造成这一级别颗粒含量低的原因，大部分与球磨机内研磨体的填充率和级配有关。

10.6　熟料和水泥的均化

熟料烧成后还需要均化吗？水泥制成后还需要均化吗？大家对这个问题的回答，肯定是无需思索，张口就会说，"需要！重要！"但往往在实际行动上却重视不够，忽视了它对质量、成本、效益的影响。在这儿，我们就再来强调一下熟料和水泥的均化问题。

1. 熟料均化的意义与措施

熟料是生产水泥的主要组分，而且是水泥活性的主要来源，熟料质量的波动必将导致水泥质量的波动。由于影响熟料生产的因素很多，熟料不可能没有波动，但均化可以减小波动，因此对熟料的均化必须给予高度重视。

对熟料的均化，有利于稳定水泥细度和强度，有利于提高混合材掺加量，有利于提高台时产量、降低粉磨电耗。我们可资利用既有设施对熟料进行均化的措施有：

（1）利用库底多口同时卸料进行搭配均化；

（2）利用多库搭配向水泥磨头仓供料均化；

（3）采用机械倒库的方法进行均化；

（4）建设专用的次品库搭配好料使用均化。

一般每台窑都有自己的熟料库，库底均设有若干个卸料口。这种库的均化原理与原料预均化堆场类似，也是横铺侧取。熟料从顶部中心点进料，在重力作用下实现在熟料倒锥上的"横铺"（不是水平而已），通过对某个口的连续卸料实现在该卸料口的"侧取"。

比如，某公司的熟料库如图 10-35 所示，在库下就设有三条出料皮带，共设有 7＋9＋7

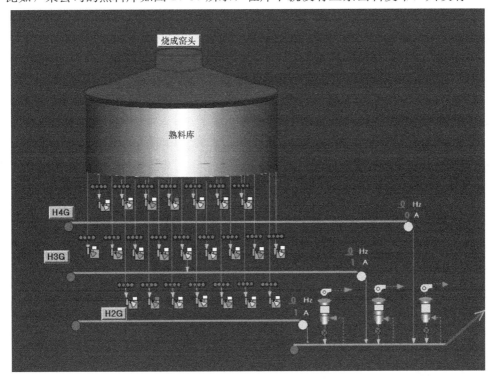

图 10-35　某公司的熟料储库中控操作画面

347

＝23 个卸料口，为熟料出库的搭配均化创造了条件。

质量管理者只要多操心，随时掌握入库熟料质量和库位的变化，并作好记录，就能大致摸清各个卸料口的熟料质量，采取相应的卸料口组合，就能实现熟料的合理搭配，减小出库熟料质量的标准偏差。

2. 水泥均化的意义与措施

我国水泥企业质量管理规程规定，水泥 28d 抗压强度的标准偏差应不大于 1.65MPa。这不但是保证水泥强度稳定的需要，而且是保证其他质量指标（安定性、细度、凝结时间、有害化学成分等）均衡稳定的需要，也是保证水泥制品、构件、建筑工程质量和方便使用的需要。

为了确保出厂水泥的质量，如果没有足够的均化措施，就只有提高水泥的富裕质量，势必要增加生产系统的质量成本，最终牺牲的还是生产企业的效益。反过来讲，加强水泥的均化有利于降低出厂水泥的标准偏差，压低出厂水泥的超标率，减少不必要的浪费，降低生产成本；有利于提高产品质量，提高产品在市场上的竞争力，扩大销售市场和提高销售利润。

水泥均化与生料均化同属粉状物料均化，可用的均化手段有：多磨入库、多库配出、机械倒库、间歇式空气搅拌库、连续式空气搅拌库等。

需要指出的是，袋重合格率也是水泥质量的一项重要指标，受到各级质管部门的严格管控，是水泥质量抽查的必检项目之一。所以，提高袋装水泥的袋重合格率，缩小袋重的标准偏差，也是重要的均化。

袋重合格率是不能有问题的，袋重的波动只能靠提高平均袋重来弥补，而提高平均袋重就意味着生产厂要多装水泥，导致成本的提高。水泥袋重的均匀性具有如下意义：

（1）袋装水泥出厂一般均按袋数计算发货质量，每袋水泥超量或不足都会给供需双方带来经济损失；

（2）在施工中，往往是按每袋水泥 50kg 计算配制混凝土，质量不足会降低混凝土的标号，影响工程质量，超量则造成水泥不应有的浪费；

（3）袋装水泥的配比与混凝土的强度具有很好相关性，配比要根据其相关性调整，长期超重会误导相关性，给用户调整供货商带来风险；

（4）对用户的各种影响，最终都会反射回来，最终会影响到水泥生产者的产品竞争力，影响到市场和售价。

第 11 章　水泥市场反复强调的需水量

水泥的需水量，准确的说法应是混凝土的标准稠度用水量，这个反映水泥使用性能的物理性能检验指标，因其牵涉到水泥的使用性能，以及混凝土的工作性能和力学性能，直接关系到用户产品的品质、成本和效益，由此直接关系到水泥的销售，水泥企业也不得不重视。

虽然影响水泥需水量的因素很多，但也受粉磨工艺的制约。换句话说，就是不同的粉磨工艺生产出来的水泥，其需水量是不一样的，这个道理大家都明白。然而正是因为大家都明白这个道理，所以如果要提升粉磨系统的效率，无论我们采用何种更为先进的粉磨工艺，都必须考虑该种工艺所生产的水泥的需水量是否合适。否则，我们就必须在粉磨效率、粉磨成本和需水量三者之间寻求平衡。

因而，本章阐述的不仅仅是需水量本身及其影响因素，实际上还要探讨的是，为了提高粉磨效率而采用的不同粉磨工艺对需水量有什么影响，如何突破需水量对粉磨工艺的制约，抑或是该如何解决其相关的弊端？因篇章划分角度不同的缘故，本章只讨论联合粉磨工艺和半终粉磨工艺方面的内容，水泥的立磨终粉磨和筒辊磨终粉磨等内容列在后面的章节。

11.1　影响水泥需水量的因素

水泥标准稠度需水量（以下简称水泥需水量）是指能使水泥浆体达到一定的可塑性和流动性所需要的拌和水量。它是水泥使用性能的重要指标，直接影响到混凝土的水灰比，继而影响到混凝土的强度、抗蚀性、抗冻性、耐久性，影响到制备混凝土时水泥的用量以及外加剂用量，影响到用户的成本和效益。

水泥需水量已经引起水泥用户的高度重视，尤其是在商品混凝土发达的地区，越来越多的用户对水泥需水量提出了越来越高的要求。混凝土生产商都希望选择需水量少的水泥，这反过来影响到水泥产品的竞争力和售价，影响到水泥生产者的成本和效益。

1. 水泥需要水干什么

我们先来看看水泥需要水干什么？水泥在使用时需要加水搅拌成浆体，使其产生一定的流动性便于施工塑型，加入的水主要用于以下需求：

（1）填满水泥颗粒的间隙，称为填充水。与水泥的颗粒级配和颗粒形状有关，即与水泥的堆积密度有关。

（2）湿润水泥颗粒表面，形成足够厚的水膜，称为表面层水。与水泥的颗粒形状和大小有关，即与水泥的比表面积有关。

（3）满足水泥的初期水化，称为水化水。主要与水泥的矿物组成有关。

（4）水泥中如含有疏松多孔组分，会吸收水分到孔隙内部，称为吸附水。

水泥是混凝土的主要凝结组分，在混凝土生产中同样需要水来实现上述目的，在混凝土中加入合适的水量才能确保其流动性和可塑性，最终实现混凝土的使用性能。

混凝土的组分不仅是水泥，混凝土的需水量不等于水泥的需水量。试验表明，混凝土的工作性能和力学性能，或者说混凝土的需水量，与水泥的需水量不存在完全的对应关系。在其他组分不变的情况下，水泥的需水量以介于 26%～28% 之间时配制的混凝土整体性能较好。

混凝土的需水量并不完全取决于水泥的需水量，还会受到混凝土其他组分的影响，但要实现其他组分的最小需水量也有一个质量成本问题。水泥需水量的减小，能在一定程度上弥补其他组分的影响，放宽对其他组分的要求，在水泥供大于求的市场环境下，对水泥要求严一点可能是经济的。

2. 水泥需水量对混凝土的影响

（1）水泥需水量对混凝土用水量的影响

匡楚胜以水泥标准稠度需水量 25% 作为标准值，试验得出混凝土用水量与水泥标准稠度需水量有以下关系，可供参考：

$$\Delta w = C(N - 0.25) \times 0.8$$

式中　Δw——1m^3 混凝土用水量的变化值（kg/m^3）；

　　　C——1m^3 混凝土水泥用量（kg/m^3）；

　　　N——水泥标准稠度用水量（%）。

由上式可见，欲降低混凝土用水量，必须降低水泥标准稠度用水量。

（2）水泥需水量对混凝土强度的影响

配制混凝土的强度计算公式为：

$$f_{cu} = Af_{ce}(C/W - B)$$

式中　f_{cu}——28d 混凝土立方体抗压强度（MPa）；

　　　f_{ce}——28d 水泥抗压强度实测值（MPa）；

　　　A，B——回归系数，与骨料品种、水泥品种等因素有关；

　　　C/W——灰水比。

由上式可见，混凝土强度与用水量成反比，因此，要提高混凝土强度就必须减少用水量。

由上述分析可见，标准稠度用水量越大，则水泥净浆达到标准稠度的用水量、水泥砂浆达到规定流动度的用水量，以及水泥混凝土达到一定坍落度的用水量也都越大，使其净浆、砂浆、混凝土的水灰比越大、其颗粒间孔隙越多、密实度越低，从而使水泥及其混凝土的施工性能、力学性能和耐久性能变差。

直观地看，混凝土的配方设计有三个基本参数：水灰比、用水量、砂率。三个参数中，有两个涉及到水，足见水泥标准稠度用水量问题在混凝土中的重要性。混凝土强度同用水量成反比，故为了提高混凝土强度必须减少用水量。理论上要保持混凝土的强度不变，当混凝土的用水量发生变化时，应保持水灰比不变，相应调整水泥用量，但这在实际生产操作中很难做到。

由于试验条件和工艺设备的限制，预拌混凝土厂很难根据每批水泥的需水性变化而调整水泥用量。大多数情况下的做法反而是保持水泥用量及砂石等材料用量不变，而根据坍落度值来调整用水量。这样混凝土实际水灰比将随水泥需水性的变化而变化，相应地影响混凝土的强度。故为了稳定混凝土的强度，必须稳定水泥的标准稠度用水量。降低水泥的标准稠度需水量对降低混凝土单立方用水量，进而提高其强度，降低水泥用量以节约混凝土生产成本具有十分重要的意义。

3. 影响水泥需水量的主要因素

1) 水泥比表面积、颗粒级配、颗粒形状的影响

有关研究表明，水泥比表面积为 $300\sim400m^2/kg$ 时，如果水泥的粒径分布斜率 n 和熟料反应活性不变，则比表面积每增加 $100m^2/kg$，水泥的标准稠度需水量将增加 1.6%。其中，水泥粉体的孔隙率和形成水膜的物理因素变化，将使需水量增加 0.8%；熟料反应面积的增大所引起的化学因素变化，将使需水量增加 0.8%。

据有关资料介绍，德国水泥研究所曾对一些不同强度等级的水泥，进行过比表面积、颗粒级配、颗粒形状对水泥需水量的影响试验，现摘编如下供参考。

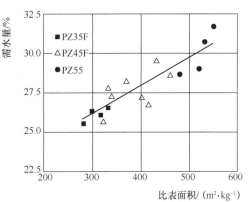

图 11-1　比表面积与需水量的关系

水泥比表面积对水泥需水量的影响试验结果如图 11-1 和表 11-1 所示。由图 11-1 可见，水泥需水量与比表面积的相关性很强，随比表面积的增大需水量上升明显；由表 11-1 可见，水泥比表面积每增加 $100m^2/kg$，水泥需水量就会增加 $1.0\%\sim1.2\%$。

表 11-1　比表面积对水泥需水量的影响

项目	单位	不同比表面积对应的需水量		
水泥比表面积	m^2/kg	323	426	473
水泥需水量	%	24.90	25.80	26.40

试验表明，水泥颗粒级配对水泥的需水量有较大影响。良好的水泥颗粒级配其颗粒间孔隙减少，可以降低填充水量进而减少水泥需水量。水泥颗粒分布越窄，堆积孔隙率越大，需水量越大。

对于水泥强度，$3\sim32\mu m$ 的颗粒起主导作用，尤其是 $16\sim24\mu m$ 颗粒对水泥性能非常重要，其含量越多越好；$<3\mu m$ 的细颗粒容易结团，特别是 $<1\mu m$ 的颗粒在加水后很快水化，对混凝土强度作用很小，但对水泥的需水量却影响较大，还容易引起混凝土开裂，影响混凝土的耐久性，也影响水泥与外加剂的适应性；$>65\mu m$ 的颗粒水化很慢，对 28d 强度贡献很小。研究表明，水泥的最佳性能颗粒级配见表 11-2。

表 11-2　水泥最佳性能颗粒级配

项目	单位	水泥中的颗粒分布需求			
粒径	μm	$3\sim32$	<3	>65	<1
含量	%	$\geqslant65$	$\leqslant10$	最好是没有	

试验表明，水泥颗粒形状对水泥的需水量也有较大影响。水泥颗粒的球形度越高，颗粒表面积越小，所需润滑的表面积越小，水泥需水量就越少；球形度越高，颗粒间的内摩擦越小，流动所需表面水膜厚度越小，水泥需水量就越少；球形度越高，颗粒堆积的孔隙越小，

所需填充水越少，水泥需水量就越少。

相反，水泥的条状颗粒或菱形颗粒越多，其颗粒表面积越大、颗粒间内摩擦越大、颗粒堆积孔隙越多，所需润滑的表面积越大、所需表面润滑水膜厚度越厚、所需颗粒间的填充水越多，水泥需水量就越多。水泥颗粒球形度对其需水量的影响如表 11-3 所示。

表 11-3　水泥颗粒球形度对其需水量的影响

项目	比表面积	颗粒球形度	水泥需水量
单位	m^2/kg	%	%
试样 A	345	47	30.40
试样 B	348	73	27.30

由表 11-3 可见，在比表面积基本一致的情况下，当水泥颗粒圆形度从 47% 提高到 73% 时，水泥需水量从 30.4% 下降到 27.3%。

在相同原材料的情况下，不同粉磨工艺生产的水泥，由于其颗粒级配和颗粒形状的差别，其需水量是不同的。与圈流磨水泥相比，开流磨水泥颗粒分布较宽，圆度系数大，水泥需水量较少；而采用辊压机、立磨生产的水泥，包括终粉磨、半终粉磨、联合粉磨，由于水泥颗粒分布范围窄，以及颗粒形状球形度不高，比球磨机系统生产的水泥需水量多。

2）水泥混合材种类和掺加量的影响

水泥中所用混合材的种类和掺加量，对水泥标准稠度需水量有很大影响。有些混合材可降低需水量，有些对需水量影响不大，有些会使需水量增加较多。

在水泥中掺加石灰石，一般能使需水量下降。有关试验表明，当掺加量从 0% 增加到 30% 时，需水量从 25.0% 下降到了 23.6%。这主要是石灰石比熟料易磨，在相同粉磨条件下，石灰石比熟料更细，因此能填充熟料颗粒之间的孔隙，减少其孔隙填充水。

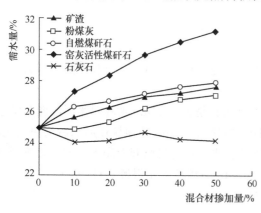

图 11-2　混合材种类和掺加量对水泥
需水量的影响

对于需水量为 25% 的熟料，其他混合材从 0% 增加到 30% 时，对水泥需水量的影响分别为：掺矿渣的需水量基本不变；掺粉煤灰的需水量略有增加；掺沸石的需水量提高到 28.6%；掺煤的矸石需水量增加到 27.0%。

混合材种类和掺加量对水泥需水量的影响，有学者进行过专题研究试验，其试验结果如图 11-2 所示，但由于试验条件可能存在差异，仅供参考。

需要说明的是，随着水泥中各种混合材掺加量的增加，水泥中熟料含量势必相应减少，影响凝结时间的主要矿物 C_3A、C_3S 等含量相应减少，水泥凝结时间随混合材的增加而延长。

由图 11-2 可见，石灰石的掺入可以降低水泥需水量，但随着石灰石掺入量的增加，水泥需水量变化不大。这是因为石灰石比熟料易磨，在相同粉磨条件下，石灰石比熟料更细，更容易填充熟料颗粒之间的孔隙，减少水泥的填充水；而且石灰石为惰性混合材，不会因过细而加快初期水化，不会增加水化水量。

除石灰石外，掺加其他四种混合材后，水泥需水量都有不同程度的增加，并且随掺加量的增加而增大，这是因为较大比表面积的活性混合材，随着掺加量的增加，容易吸收更多的水分，表现为需水量增加。尤其是加窑灰的活性煤矸石活性最强，需水量增加幅度也最大；自燃煤矸石虽然活性不大，但由于其比表面积较大，需水量也大。

火山灰质混合材因其为层状结构、疏松多孔，吸附水较大，通常需水量较大；优质粉煤灰结构以玻璃体为主需水量不大，但含碳量较高的 Ⅱ、Ⅲ 级粉煤灰，因煤灰中含有较多的未燃尽碳粒、呈多孔状，有着巨大的内表面积，吸附水较大，通常需水量较大。

3）石膏对水泥需水量的影响

掺加不同的石膏，对水泥的需水量也有较大影响。石膏有多种形态，它们的溶解度和溶解速率各不相同，势必影响到水泥水化早期水泥颗粒表面钙矾石晶体的形成，继而影响到水泥的流变性和需水量。

水泥中水化最快的是 C_3A，它决定着水泥的凝结时间，加入石膏的目的就是控制它的水化速度。在有石膏存在时，C_3A 的水化过程为：

$$C_3A + 3C\overline{S}H_2 + 26H \longrightarrow C_6A\overline{S}_3H_{32}（钙矾石）$$

$$C_6A\overline{S}_3H_{32} + 2C_3A + 4H \longrightarrow 3C_4A\overline{S}H_{12}（单硫型水化硫铝酸钙）$$

只要有硫酸盐离子存在，钙矾石就是最初的稳定水化产物，钙矾石就会聚集到 C_3A 的表面形成连续的覆盖层，减缓 C_3A 的水化，起到缓凝作用；但当石膏被消耗、硫酸盐浓度降到一定临界值之下时，钙矾石就变得不稳定了，就会转变为单硫型水化硫铝酸钙，使覆盖 C_3A 的保护层破裂，导致 C_3A 恢复水化。

C_3A 的活性还有高低之分，水化速度有快慢之别，这就要求与之相配的石膏也应有不同的形态，其溶解速率要有快有慢。活性高的 C_3A 溶解快，水泥早期水化中 Ca^{2+} 和 Al^{3+} 的浓度高，所用的石膏中应有适量溶解速率快的组分，以便及时形成钙矾石覆盖层，起到缓凝作用；活性低的 C_3A 溶解较慢，为了使水泥水化中的 Ca^{2+} 和 Al^{3+} 不会在早期就消耗完，影响水泥的水化进程，所用的石膏中也应有适量溶解速率慢的组分。

石膏的形态通常有生石膏（$CaSO_4 \cdot 2H_2O$）、天然硬石膏（$CaSO_4$）、半水石膏（$CaSO_4 \cdot 0.5H_2O$）、可溶性硬石膏（$CaSO_4$）。其溶解度和溶解速率见表 11-4。

表 11-4　不同形态石膏的溶解度和溶解速率

石膏的形态	化学表达式	溶解度/(g/L)	溶解速率	缓凝作用
生石膏	$CaSO_4 \cdot 2H_2O$	2.08	较快	有
天然硬石膏	$CaSO_4$	2.70	较慢	小
α 型半水石膏	$CaSO_4 \cdot 0.5H_2O$	6.20	较快	有
β 型半水石膏	$CaSO_4 \cdot 0.5H_2O$	8.15	较快	有
可溶性硬石膏	$CaSO_4 \cdot 0.001 \sim 0.5H_2O$	6.30	较慢	有

目前，有不少水泥企业掺用脱硫石膏，试验表明，不同掺量的脱硫石膏与天然石膏相比较，对水泥物理性能的影响不大。对于水泥的 1d 强度，掺脱硫石膏好于掺天然石膏；对于水泥的后期强度，掺天然石膏好于掺脱硫石膏。随着脱硫石膏掺量的增加，水泥标准稠度用水量也相应减少。

4) 熟料对水泥需水量的影响

俗话说，"巧妇难为无米之炊"，米的质量对饭的好坏至关重要，好米不一定能做成好饭，但糙米肯定是做不成好饭。水泥的需水量除与其粉磨工艺以及可调控的因素有关外，还与其主要的胶凝组分熟料直接相关，粉磨生产对水泥需水量的调节力度是有限的。熟料的 C_3A 含量、碱含量、f-CaO 高低、烧失量大小等，都是影响熟料需水量的重要因素。

① 熟料中主要矿物的需水量，其大致顺序为 $C_3A>C_3S>C_4AF>C_2S$，与其水化速度基本一致，C_3A 的含量与水泥需水量呈线性关系；

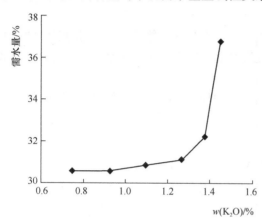

图 11-3 熟料中 K_2O 对水泥需水量的影响

② 熟料中 f-CaO、烧失量的增加，同样会使水泥的需水量增大；

③ 温度对水泥早期水化速率影响较大，温度升高能使 C_3S 的诱导期缩短、水化加速、水泥温度越高、水化越快，其需水量越大。

④ 熟料中碱含量增加，会使水泥的需水量增大。研究表明，随着碱含量的增加，水泥需水量增大，特别是当碱含量大于 1.6% 以后，需水量会显著增大。有试验显示，当水泥碱含量从 1.0% 增加到 2.20% 时，水泥需水量从 27.3% 增大到 30.3%，影响很大。图 11-3 为熟料中 K_2O 对水泥需水量的影响，供参考。

11.2 粉磨工艺对需水量的影响

水泥需水量已经引起水泥用户的高度重视，已经影响到水泥产品的竞争力和售价，影响到水泥生产者的成本和效益。生产实践表明，对于不同的粉磨工艺，即使采用同样的原材料，采用同样的质量控制指标，生产的水泥其需水量仍有较大差别，而且粉磨工艺一旦建成是难以彻底改变的。所以，在建厂前期的工艺选择上，就要考虑到其对水泥需水量的影响。

1. 开路、闭路、联合粉磨水泥的需水量

就现有常用的粉磨工艺来讲，其生产的水泥需水量的排列顺序为，双闭路联合粉磨＞单闭路联合粉磨＞闭路磨＞开路磨。

目前大多数水泥企业的水泥粉磨，采用了"辊压机＋球磨机"的双闭路联合粉磨系统，电耗确实降低了，但由于水泥颗粒分布过于集中，需水量却居高不下，这势必要增加混凝土减水剂的使用量，增加混凝土搅拌站的成本，搅拌站不太买账，最终就会影响到企业的销量和售价。

除辊压机对水泥颗粒形状的影响以外，一般来讲，闭路粉磨系统，特别是采用高效选粉机的闭路系统，其水泥粒度分布比较窄，粒度均匀性系数在 1.0~1.2 之间，需水量高达 26.0%~28.0%；而开路粉磨的水泥，粒度分布范围比较宽，均匀性系数在 0.9~1.0，水泥的需水量在 24% 左右。

这里有一组西南科技大学的试验比对，开路粉磨系统与闭路粉磨系统的水泥粒度分布情况的差别如表 11-5 所示。

表 11-5　开路粉磨系统与闭路粉磨系统水泥粒度的分布差别

粒径/μm	≤3	3～32	32～65	65～80	≥80
开路粉磨	13.95	53.87	19.38	4.46	8.33
闭路粉磨	15.09	61.38	21.42	2.05	0.09
差值	1.11	7.51	2.04	−2.41	−8.24

　　水泥的粒度分布比较窄时，由于其堆积密度比较小，包裹水泥颗粒的水膜较厚，将导致混凝土减水剂使用量的增加，所形成的混凝土内部结构孔隙率较大，就会降低混凝土的密实性、强度和耐久性。所以，要求水泥具有较宽的粒度分布是十分必要的。

2. 拓宽水泥粒度分布的试验

　　那么，怎样才能拓宽联合粉磨系统水泥的粒度分布范围呢？我们先来看看下面西南科技大学的有关试验：

　　从表 11-2 可见，开路与闭路水泥的粒径分布，（试验样品）最大区别在于粒径≥80μm 的部分相差 8.24%，减小差别的最简单方法，就是用不同颗粒级配的水泥进行颗粒调配。第一次调配，向闭路水泥里加入了 8.24% 的≥80μm 的水泥颗粒，调配后的闭路水泥与开路水泥的粒度分布如表 11-6 所示。

表 11-6　第一次调配后的闭路水泥与开路水泥的粒度分布

粒径/μm	≤3	3～32	32～65	65～80	≥80
开路粉磨	13.95	53.87	19.38	4.46	8.33
闭路调配	13.91	56.71	19.79	1.9	7.7
差值	−0.04	2.84	0.414	−2.57	−0.63

　　由表 11-6 可见，向闭路水泥颗粒中加入 8.24% 的≥80μm 的水泥颗粒后，二者的粒度分布的差别主要在 3～32μm 和 65～80μm，前者闭路所含的颗粒比开路的多 2.84%，后者闭路所含的颗粒比开路的少 2.57%。因此，又进行了第二次调配，再次向闭路水泥里加入 2.57% 的 65～80μm 的水泥颗粒。第二次调配后的闭路水泥与开路水泥的粒度分布见表 11-7。

表 11-7　第二次调配后的闭路水泥与开路水泥的粒度分布

粒径/μm	≤3	3～32	32～65	65～80	≥80
开路粉磨	13.95	53.87	19.38	4.46	8.33
闭路调配	13.61	55.46	19.35	4.05	7.53
差值	−0.34	1.59	−0.03	−0.41	−0.8

　　由表 11-7 可见，经第二次调配后的闭路水泥，与开路水泥相比，粒度分布大部分已经接近，仅在粒径为 3～32μm 处相差 1.59%，但由于 3～32μm 处的水泥粒度对强度的贡献较大，可以抵消其因为堆积不紧密而造成的强度损失。经试验证明，两者的需水量已基本接近。

　　西南科技大学的这项试验，也正反映出过高追求选粉效率的副作用（分别粉磨的除外）。

凡事都有个度，都应适可而止。

3. 拓宽水泥粒度分布的路径

以上试验揭示出，在具体的生产中，如果用选粉机选出≥80μm 的水泥粗颗粒加入到闭路粉磨的水泥中，一方面可调整闭路水泥的粒度分布，另一方面还可降低粉磨过程中的电耗，具有一定的实用价值。

要实现上面的结果，也可以通过调整选粉机的转速和用风量等措施、适当地降低选粉效率而获得，但在调整量的把握上难度较大，且具有不确定性，不如拿出来再加进去的准确。当然，如果实在不愿意降低选粉效率，完全可以先把粗粉选出来，然后再把粗粉加进去，就权当是一种生产上的练兵吧。

如果企业的一个车间有多台水泥磨，就可以区别控制每台磨的产品细度，然后混合入库，就能在不增加电耗的情况下，拓宽水泥的粒度分布范围，降低需水量，提高水泥品质。

如果企业采用了分别粉磨工艺，那就更简单了。可以把易磨的石灰石磨细到 3μm 以下，把难磨的钢渣等磨到 65~80μm，尽量把宝贵的熟料控制在 3~32μm 范围内，就能在降低粉磨电耗的同时提高水泥品质，还能降低熟料的掺加量，真正做到物尽其用。

值得关注的一个问题是，对于水泥辊压机联合粉磨系统，入磨细度已达 80μm 筛余 20%左右，入磨比表面积已达 200m^2/kg 左右。由于入磨粒度已经很小，球磨机的细碎任务已被辊压机完成，只剩粗磨和细磨了。所以，为了提高粉磨效率，大幅度地减小研磨体规格就成为一种趋势。

但事情并没有如此简单，研磨体规格的减小，将导致水泥的颗粒分布变窄，水泥的需水量增加。试验表明，当研磨体的规格<φ13mm 以后，联合粉磨系统的水泥颗粒分布，甚至比采用辊压机终粉磨的水泥还要窄，将严重影响到水泥的使用性能，其中包括需水量。

11.3　半终粉磨与水泥的需水量

上一节已经谈了不同粉磨工艺对水泥需水量的影响，近几年有人将半终粉磨工艺作为一项主要的节电措施推广，实践证明其节电是肯定的，而且节电效果显著，那么它对水泥需水量的影响如何呢？

1. 半终粉磨的概念

所谓半终粉磨，准确地说就是在粉磨系统的预粉磨阶段，提前选出一部分细度已经合格的半成品，将其直接加入到成品中，让细度已经合格的产品提前离开粉磨系统，不再接受后续粉磨，从而提高整个粉磨系统的选粉效率，减少过粉磨现象，减少粉磨能的浪费，提高系统的粉磨效率。

半终粉磨工艺，实际上是利用选粉设备的闭路工艺，对原有粉磨工艺的一种优化。根据所选预粉磨设备的不同，有多种具体形式，但由于系统选粉效率的提高，其提高粉磨效率是一定的。

关于半终粉磨工艺的水泥需水量问题，几种半终粉磨工艺不尽相同，具体要看其在预粉磨阶段采用什么设备，提前选出的这部分细度已经合格的半成品与原有的成品有何不同，导致最终成品中的微粉含量、颗粒级配和颗粒形状有何变化。微粉含量的增加、颗粒级配的窄化、颗粒形状的非球形化，都会导致水泥需水量的增加。

比如早期的两台球磨机串联粉磨工艺（第一台是闭路的）就是最早的半终粉磨，能提高粉磨效率，减少过粉磨现象，减少水泥的微粉含量，确实能降低水泥的需水量；比如近年有将生料中卸烘干磨改造的水泥磨，应属于紧凑型的半终粉磨，但由于其水泥的颗粒级配较窄，水泥的需水量有所增加。

现在常说的半终粉磨，实际上指的是辊压机半终粉磨，就是将辊压机闭路系统收集的部分细粉直接加入到水泥成品中。一些商家在推行中有一种说词是值得商榷的，据说：一是能增加产量降低电耗，二是能改善水泥的颗粒级配，减少其微粉含量、拓宽其粒度分布，降低水泥的需水量。

实际上，在半终粉磨这个概念提出以前，辊压机联合粉磨系统的单风机优化方案，就已经形成了不太彻底的辊压机半终粉磨系统，天津院设计的单风机方案如图 11-4 所示。其优化的目的，主要是从工艺上取消磨损严重的循环风机，顺便简化系统流程，降低装机功率和粉磨电耗。

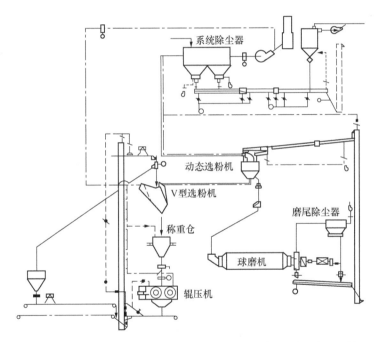

图 11-4　天津院设计的单风机联合粉磨系统（卫辉 1 号、光山 1 号）

这个单风机方案，将辊压机系统的粗粉分离器与水泥磨系统的选粉机组合在一起，事实上完成了一定的半终粉磨功能。只是这一组合从设备上弱化了粗粉分离器的效率，从工艺上弱化了来自辊压机系统、细度已经合格的水泥分选功能，由于其半终得不够彻底，与随后形成的、专题设计的辊压机半终粉磨系统相比，提产有限、节电有限，但水泥需水量增加的也不多。

2. 辊压机半终粉磨系统

辊压机半终粉磨系统如图 11-5 所示，就是将辊压机闭路系统中一部分未加整形的水泥颗粒直接加进了水泥成品之中，由此提高了整个粉磨系统的选粉效率，使细度已经合格的部分物料不用再通过球磨机粉磨，提高产量和降低电耗那是必然的，这一点毋容置疑。

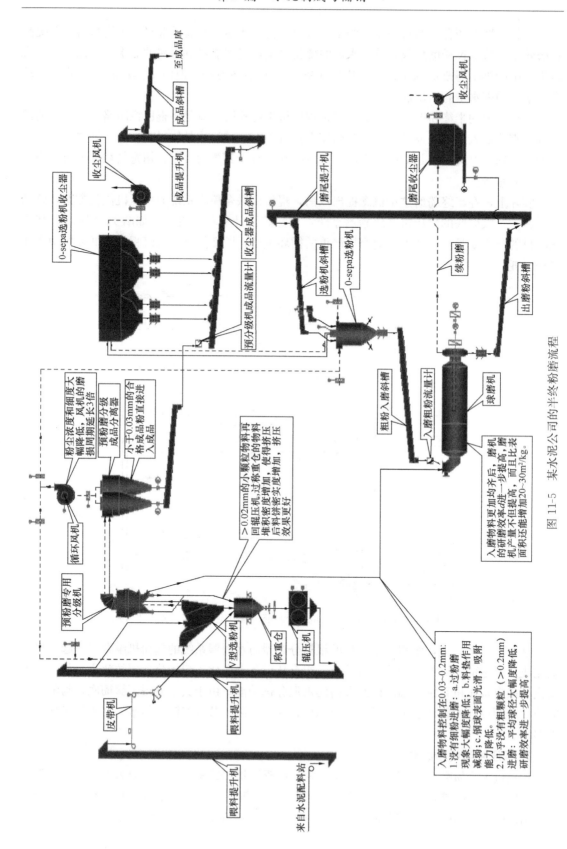

图 11-5　某水泥公司的半终粉磨流程

至于辊压机半终粉磨的水泥需水量既取决于水泥的微粉含量（水化速度）、颗粒级配（堆积密度），还与水泥的颗粒形状（流动内摩擦）有关。微粉含量的减少、级配的拓宽能降低水泥的需水量，但颗粒形状的异化（非球形化）又能增加水泥流动的内摩擦、增加水泥的需水量。

实践证明，辊压机半终粉磨系统的水泥其需水量总体上是增加的。至于增加多少，与进入辊压机的原始物料的特性及细度有关，即辊压机对其颗粒形状的异化程度有关。

如图 11-5 所示，由于其在 V 选与旋风收尘器之间加了一台选粉机，从而确保了旋风收尘器收集的物料，细度全部达到水泥成品的要求，并将其直接加入到水泥成品之中。

这种改进，能提高粉磨系统的产能、降低粉磨电耗，但同时也降低了对成品水泥颗粒级配的拓宽能力，这对降低水泥的需水量是不利的。姑且不论是否能拓宽颗粒级配的分布范围，但可以肯定，这部分物料主要是没有通过球磨机整形的辊压机细粉，其颗粒的球形度是较差的。

影响水泥需水量的堆积密度和流动性除与水泥的颗粒级配有关外，还与水泥的颗粒形状有关，圆度系数（与颗粒投影面积相等的圆的周长与颗粒投影面积的实际周长之比）越高，水泥颗粒的内摩擦就越小、与水的接触表面积就越小，标准稠度需水量就越少。

辊压机为料床挤压一次破碎，效率高，但球形度不好；球磨机为多次冲击研磨，效率低，但球形度高，这也正是辊压机甩不掉球磨机的主要原因，甚至辊压机配单仓短球磨的试验也尚未成功。所以，半终粉磨系统不可能改善水泥的需水量，事实证明半终粉磨系统生产的水泥，其需水量反而比较高，不太受用户欢迎。

实际上，如果考虑拓宽水泥的颗粒级配，降低其需水量，将球磨机磨内通风的收尘粉直接加入成品中更加合适。但要注意收尘粉的细度，如果存在过粗的颗粒，则可以在袋除尘器之前加一级旋风除尘器。

但这不是否定辊压机半终粉磨，不等于说辊压机半终粉磨系统就没用了，反倒可以说是精细化管理的一项成果。辊压机半终粉磨虽然具有水泥需水量高的缺点，但对提高粉磨系统的产量和降低电耗还是确实有效的。

任何性能的提高，都伴随着针对性提高和适应性下降，只要我们能用其长避其短，辊压机半终粉磨还是能有所作为的。

比较适应辊压机半终粉磨的条件有：对于辊压机异化颗粒形状小的物料（比如较细的粉煤灰），对于水泥需水量不敏感的市场和用户，对于大部分低标号水泥，对于水泥开路粉磨系统，对于比表面积控制比较低的水泥，对于需水量不高的熟料，对于外掺矿渣微分的水泥。

不太适合辊压机半终粉磨的因素：对于水泥需水量要求苛刻的市场和用户，对于大部分高强度等级水泥，对于水泥闭路粉磨系统，对于比表面积控制比较高的水泥，对于需水量高的熟料，对于比较差的石灰石矿山，对于碱含量比较高的原料。

实际上，上述条件都不是一成不变的，有时适应有时不适应。我们可以设计为"半终粉磨"和"联合粉磨"并存的工艺，按需切换，各取所长，互相弥补，在具备条件的情况下把产能发挥到最大，把电耗降到最低。

3. 辊压机半终粉磨未增加需水量的案例

这里有一个特殊案例，2014 年初，华北某水泥公司在一番调研后，加了一台三分离选粉机，将自己的一台 $\phi 4.2m \times 13m$ 水泥联合粉磨系统改成了辊压机半终粉磨系统，其改造后的系统流程如图 11-6 所示。

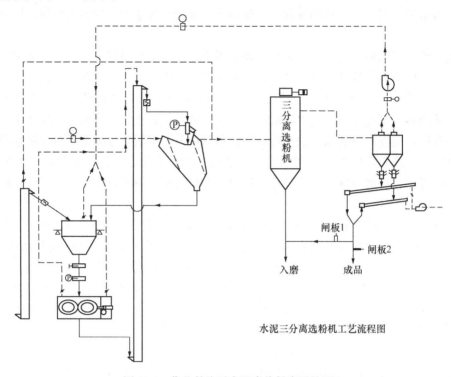

水泥三分离选粉机工艺流程图

图 11-6 华北某公司水泥半终粉磨系统图

改造后，生产 P·C32.5 水泥，产量比原来的每小时 270 多吨提高了 20％以上，电耗尚未详细统计，但肯定有较大的降低。水泥强度，特别是大家强调的水泥需水量，看不到有什么变化。老板兴奋地说，"我说行，你们说不行，这不很好吗，设计院不是说需水量会增大吗？有时候设计院的话也不一定就对。"

一周后，该公司总经理突然接到施工单位的电话，说水泥质量出问题了。该公司有全面的质量指标统计，生产中没发现任何问题，施工中又怎么会有质量问题呢？该总经理立即赶到现场，结果看到墙上的水泥砂浆难以推平，小车中拌好的水泥砂浆表面浮着 10 多毫米厚的一层水。

坏了，是水泥的保水性出问题了。该总经理回厂后立即下令停止了试生产，并给三分离选粉机加了一个旁路管道，恢复了联合粉磨生产系统。该总经理十分纳闷地说，设计院不是说需水量会有问题吗，没有人说过保水性出问题呀！老板这一次又有话说了。

实际上，老板和总经理都不要怪设计院，辊压机半终粉磨系统不利于控制水泥需水量，这话没有说错，是一个共性问题。该公司的问题肯定有其特殊性，是一个个性问题，要具体问题具体分析。

事后了解到，该公司 P·C 32.5 水泥的粉煤灰掺加量达到 30％以上，而且掺加的是经过二级粉煤灰选剩的余灰，细度总体较粗，微粉已经很少。"成也萧何败也萧何"也，需水量没出问题，保水性出了问题都是这个粉煤灰的原因。

需水量之所以没有像其他公司一样出问题，是因为其掺有大量的粉煤灰。粉煤灰本身为球形颗粒，一部分未通过辊压机的粉煤灰经风路被直接选进水泥成品中，不会恶化水泥的总体颗粒形状；由于粉煤灰总体较细，另一部分即使经过了辊压机，因为在其他组分大颗粒的掩护下，粉煤灰的颗粒形状也不会有多大改变。如此，辊压机半终粉磨系统对水泥的颗粒形状改变不大，所以其需水量也不会有多大变化。

那水泥的"保水性"为什么会出问题呢？粉煤灰是表面致密的球形颗粒，吸附水的能力本来就差，大掺量粉煤灰水泥的保水性，即使没出问题也已经处于临界状态。保水性与粒度成反比，该公司所掺的粉煤灰又是经过二级粉煤灰选剩的余灰，细度总体较粗，微粉已经很少，再不经过球磨机研磨改善，水泥的保水性肯定要恶化。

实际上，还有一个没有引起大家重视的问题，选粉机虽然与易磨性关系不大，但其选粉性能与各组分的体积密度和容重相关联。比如，如果你采用粉煤灰做混合材，则粉煤灰与熟料的容重就相差较大，选粉机对粉煤灰和熟料的选粉性能是不会"一碗水端平"的，其选出的产品中熟料较细，而粉煤灰较粗，等于放松了对影响保水性的粉煤灰的把关。

我们知道，选粉机的分选原理是按物料的粒径切割分离的。一般讲某台选粉机在某种特定情况下都存在一个切割粒径，小于切割粒径的物料进入成品，大于切割粒径的物料则进入回粉当中，被视为不合格品返回粉磨系统继续研磨。

选粉机对粒径的切割，依赖于气流施予物料的速度，以及选粉机转笼叶片（或导风板）作用于物料的失速回弹，而这两个因素对不同容重的物料其效率是不同的。对于容重大的熟料，由于其表面积小，获得的速度较小，受到的回弹力较大，通过选粉机转笼的机会就少；对于容重小的粉煤灰则不同，由于其表面积大，获得的速度较大，受到的回弹力较小，通过选粉机转笼的机会就大。

如此分析，该公司也不一定就要把辊压机半终粉磨系统废掉，可以通过调整选粉机，把水泥成品细度控制得再细一点，就有可能解决其保水性问题。当然，调整后产量就高不了那么多了，电耗就降不了那么多了。在不得已的情况下应该退而求其次，在电耗与保水性之间找一个平衡点，看看是否还能有利可图。

4. 辊压机半终粉磨效率与需水量的平衡

任何事物都是一分为二的，辊压机半终粉磨也不例外。虽然具有增加水泥需水量的缺点，但对提高产量和降低电耗却是实实在在的，辊压机半终粉磨工艺可以说是对联合粉磨系统精细化管理的一次深入探讨。

任何性能的提高，都将伴随着针对性提高和适应性下降。对任何事物我们追求至善至美没有错，但在某一方面不能退让时，必须懂得从另一方面退而求其次，用其所长避其所短，寻求一个两方面都能接受的平衡点。

应该说，尽管大家对辊压机半终粉磨的看法还不统一，但都在关注它的存在和发展。特别是在江苏盐城，辊压机半终粉磨几乎成了一个产业，是多家公司主推的工艺技术，已经由一味地唱好逐步转变为实事求是了，应该是一种进步。在 2014 年 8 月 15 日的《中国建材报》上，发表了一篇由陈开明等撰写的《谈水泥半终粉磨系统改造实践的体会》的文章，应该具有较高的参考价值。

该文详细介绍了他们在华东某水泥公司对半终粉磨系统的调试体会，文章既讲到"系统产量在原有基础上提高了 20％～25％"，又同时讲到"这种工艺形式也不完全是尽善尽美的，如果一味注重系统产量的提高，而忽视了水泥质量的稳定，那么最终也是得不偿失的，业内已有多家水泥生产企业将原本拆除了的旋风式分离器重新恢复使用（笔者注：就是将半终粉磨恢复到联合粉磨）便是明证。"

文章进一步提出了"半终粉磨系统改造的提产幅度，一般情况下控制在 20％～25％为宜"的结论。这一点是有问题的，这只是在一个厂一定时期的结论，还不具备推而广之的可信度，但毕竟提出了限产的概念。"提产幅度应该控制"不错，但具体控制多少合适，各个厂的情况是不一样的。这取决于通过辊压机的物料中含有多少细度合格的微粉，与原始物料的特性和细度有关，选粉机只能选出合格的产品而不能制造合格的产品，各厂切勿盲目照搬。

华东该水泥公司原有 4 条水泥生产线，均为 $\phi1.7m \times 1.2m$ 辊压机＋$\phi4.2m \times 13m$ 球磨机＋O-sepa4000 选粉机的联合粉磨系统。系统装机容量约 8500kW，生产 P·O 42.5 水泥，配料为：熟料 81％、粉煤灰 2％、石膏 5％、矿渣 5％、石灰石 7％，比表面积 340～350m^2/kg，台时产量 220t/h，标准稠度用水量在 26.8％～27.5％之间，综合电耗为 32～35kWh/t。

该公司先对其中一台水泥磨进行了辊压机半终粉磨改造，将 V 型选粉机后续的旋风分离器更换成 FV4000 型涡流选粉机，并进行了一系列的适应性调整和产质量平衡后，产量稳定在了 270t/h。与相同条件未改的 4 号粉磨系统相比，在台时产量提高了 20％的情况下，标准稠度用水量达到了可以接受的 27％～28％之间。

起初，因改造后系统阻力的增加，使得风速下降，V 型选粉机中占比较大的中粉无法进入磨机系统，球磨机因"吃不饱"使磨内温度升高，超过了磨瓦报警温度而频繁停机。同时，系统产量不仅没有增加，反而从 220t/h 下降到 180t/h。解决办法是优化系统工艺布置，降低系统阻力，同时提升风机性能，克服系统阻力，系统产量迅速提升到 320t/h。

在系统产量大幅度提高的同时，随之而来的是水泥需水量的同步上升，最高时达到了 29.5％，严重制约了水泥的销售。随后，在调试过程中对熟料与混合材的配比、水泥的细度等方面进行了调整，将系统的产量降回到 270t/h，水泥需水比才得以稳定在 27.5％左右。

综合改造及调试情况，作者对水泥半终粉磨系统的改造总结了一些注意事项，现整编如下：

（1）不可一味追求高产量，更不应夸大宣传，这样会对用户会产生误导作用。无论提产的空间多大，必须要保证产品的质量，具体表现在水泥的需水量和早期强度两个方面。

（2）产量提高 20％时，水泥的需水量和 3d、28d 强度几乎不发生变化；产量提高 25％时，需水量增加了 3％～5％，水泥的 3d、28d 强度都不同程度出现小幅下降；产量提高 30％以上时，水泥的需水量就超出了市场的承受能力。辊压机半终粉磨系统改造的提产幅度，一般情况下控制在 20％～25％为宜。

（3）辊压机半终粉磨导致入磨物料的微粉减少，打破了原有一二仓能力的平衡。实践证明，在一仓加入一定数量 $\phi80mm$ 的钢球是必要的；为弥补在预粉磨系统中选出的水泥颗粒形状不好的缺陷，使得通过球磨机的水泥颗粒的形状更加重要，应控制好球磨机的磨内流速，减小磨内通风和增设挡料环都是必要的措施。

5. 风选磨半终粉磨水泥的需水量

前面谈了半终粉磨能提高粉磨能力，降低粉磨电耗；谈了辊压机半终粉磨，由于水泥的颗粒球形度不好，是增加水泥需水量的主要原因。那么，是否有一种不用辊压机的半终粉磨，既提高产量、降低电耗，又不增加或者少增加水泥的需水量呢？

南京苏材重型机械有限公司近期推出的"风选磨半终粉磨"系统（图 11-7、图 11-8）就有这种特性。该系统实际上是球磨机串联粉磨的一个变种，具有如下两个特点：

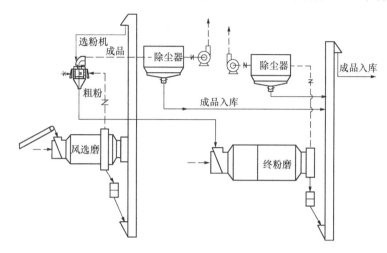

图 11-7　南京苏材的风选磨半终粉磨工艺流程

图 11-8　扬中大地水泥公司的风选磨半终粉磨系统

（1）由于用风选磨取代了半终粉磨系统的辊压机，回避了水泥颗粒形状的球形度问题，就缓解了水泥的需水量问题，这已在球磨机串联粉磨上得到验证。更准确点说，是在较大程度上改善了半终粉磨水泥的需水量问题。因为任何半终粉磨都是提高了整个系统的选粉效率，选粉效率的提高必然带来颗粒级配的窄化，水泥颗粒分布的窄化必然导致需水量的增加，这是风选磨半终粉磨系统也回避不了的。

（2）由于用风选磨取代了球磨机串联粉磨的"第一台"球磨机，相当于结合水泥技术装备的发展对球磨机串联粉磨工艺进行了优化，使粉磨效率得到进一步提高。但概念必须清楚，单就某台设备来讲，尽管风选磨的效率比"第一台"球磨机高，但它还是没有辊压机高，这是它的粉磨原理所决定的。

尽管风选磨的效率没有辊压机高，但由于其改善了辊压机半终粉磨的水泥需水量问题，在同等水泥需水量的情况下，使得风选磨半终粉磨的系统效率反而比辊压机半终粉磨系统有所提高，系统粉磨电耗进一步降低。而且风选磨半终粉磨系统的投资比辊压机半终粉磨系统低一半左右。综合平衡起来，特别对于已有生产线的改造，应该是一种不错的选择。

该系统的特点，除了采用半终粉磨新工艺以外，关键还采用了风选磨这个新设备，这里有必要作一简单介绍。所谓风选磨，如图 11-9～图 11-11 所示，实际上是大家已经熟悉的球破磨的一个改进型，主要改进之处在于采用了筒体边缘排料，并在出料处设置了粗细筛分装置。应该强调指出，这一改进对半终粉磨系统是非常重要的，单就粉磨效率来讲，球破磨半终粉磨达不到风选磨半终粉磨的效果，是无法与辊压机半终粉磨相比的。

图 11-9　安装卸料罩的风选磨

管磨机在回转过程中筒体内的物料会产生粗细离析，较大的颗粒倾向于分布在筒体的中心，细粉倾向于分布在筒体的周边。中心出料具有中心料优先的特点，既容易导致中心的粗颗粒跑粗，又容易造成周边的细粉过粉磨，这显然是不合理的。风选磨改为边缘出料，给分布于筒体周边的细粉以优先出磨的机会，较好地解决了球破磨的跑粗和过粉磨问题，提高了粉磨效率。

风选磨设置有出料筛分装置，使出磨物料的颗粒受到严格控制，设计大于 1mm 的颗粒不得出磨，留在风选磨内继续粉碎直至达到出料要求，从而为半终选粉打下了基础，为后续球磨机减轻了负担，为系统提产创造了条件。

风选磨的出磨物料细度一般控制在 $80\mu m$ 筛余 50% 左右。2014 年 7 月 17 日，经对扬中大地水泥公司的风选磨出料取样，由南京工业大学进行了电镜粒径分析，测得的粒径分布如图 11-12 和表 11-8 所示。

图 11-10　未装卸料罩的风选磨

图 11-11　风选磨的出料仓筛板

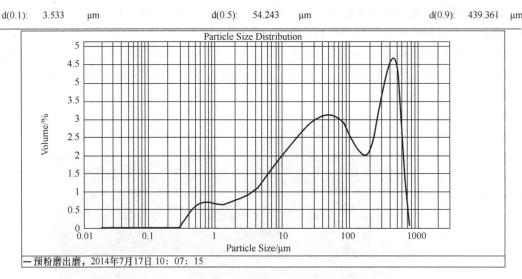

d(0.1):　3.533　μm　　　　　d(0.5):　54.243　μm　　　　　d(0.9):　439.361　μm

—预粉磨出磨，2014年7月17日 10：07：15

图 11-12　风选磨出磨物料电镜粒径数据分布

表 11-8　风选磨出磨物料电镜粒径数据

测量粒径	μm	3.31	10.00	15.14	30.20	45.71
小于之累计量	%	9.60	19.82	25.88	38.20	46.50
测量粒径	79.33	91.20	181.97	316.23	416.87	724.44
小于之累计量	57.59	60.12	70.53	80.51	88.39	100

由表 11-8 可见，风选磨的出磨物料最大粒径为 724.44μm，全部达到了 1mm 以下，这对于球破磨以及通常的球磨机是做不到的，说明了风选磨出料筛分装置的有效性。但应该指出，这一结果的基础是风选磨采用了边缘出料，控制了跑粗行为，为出料筛分打下了基础。如果是球破磨或现在的球磨机，即使设置了出料筛分装置，也不可能得到这一结果。

2014 年 8 月 4 日的《中国建材报》，刊出了一篇《南京苏材风选磨半终粉磨工艺通过专家评议》的报道。报道指出，江苏省建材行业协会组织有关专家，近日对南京苏材重型机械有限公司研制的"风选磨半终粉磨工艺及装备"，听取了报告，考察了使用，审阅了资料，进行了质询和评议。

江苏扬中大地水泥在会上详细介绍了实际运用情况：公司原有 $\phi3.5m×13m$ 开路水泥磨机 1 台，今年春天采用南京苏材风选磨半终粉磨工艺进行了技术改造，增加了 1 台 FM40 风选磨（$\phi4.0m×5m$）作为预粉磨工艺的设备，增加了 1 台新型 SX1500 型选粉机作为前（风选磨）闭路、后（球磨机）开路工艺的选粉设备，合格成品直接入库，粗粉进入原有球磨机再粉磨。改造后，系统台时产量由 65t/h 提高到 120t/h，粉磨电耗由原来的 36kWh/t 降低到了 28kWh/t，熟料利用率提高 3%～5%。扬中大地水泥公司的风选磨半终粉磨系统中控操作画面如图 11-13 所示。

专家评议会一致认为，该系统具有工艺简洁、设备简单、操作方便、工作稳定可靠、工况适应性强、投资运行费用低等突出优点。经江苏、贵州部分厂家实际使用，与辊压机半终粉磨工艺相比，产量相当，电耗进一步降低 2～3kWh/t，混合材多掺 3%～5%。

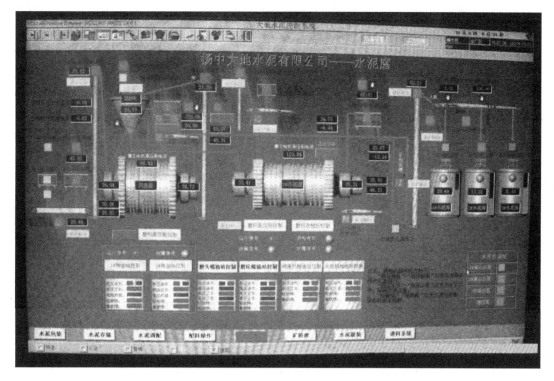

图 11-13　扬中大地公司风选磨半终粉磨操作画面

水泥是由整个粉磨系统生产的，而不仅是其中的某台设备生产的，辊压机的粉碎效率高并不表示它所在的系统粉磨效率就高。前面关于华东某公司的调试已经谈到这个问题，尽管辊压机的能力可以使半终粉磨系统的产量提高 30％以上，但由于受水泥需水量的制约，只允许辊压机半终粉磨系统提高 20％的产量。

关于需水量的制约问题，对风选磨半终粉磨系统的影响比对辊压机半终粉磨系统的影响要小得多。这就是说，尽管辊压机能力较强，但不允许它全部发挥出来；虽然风选磨能力较小，但允许它充分发挥。最终使得风选磨半终粉磨系统的效率并不比辊压机半终粉磨系统的效率低，甚至还有所提高。

11.4　分别粉磨与水泥的需水量

前面已谈到了生料的分别粉磨，实际上分别粉磨这个概念，在水泥粉磨系统早有应用，是普通开流磨年代的主要增效措施之一。后来，由于选粉机的出现，特别是由于辊压机的出现，直至发展到目前的联合粉磨系统，分别粉磨的光环逐渐被掩盖。

实际上，选粉机和辊压机与分别粉磨技术并不冲突，它们可以互相叠加使用，在节电（降低电耗）、节料（减少熟料消耗）、降碳（减少碳排放）的情况下，还可以优化水泥性能。

如何在各组分的易磨性相差很大的情况下，实现对水泥中熟料等各组分的最佳颗粒分布，应该说分别粉磨是目前的最佳选择。分别粉磨可以分别设定和实现水泥各组分的最佳粒度分布，以达到熟料活性的最大利用，混合材活性潜能的充分挖掘。目前，先进国家的水泥厂已经很少再用混合粉磨工艺了，日本的矿渣水泥几乎全部采用了分别粉磨。

这里再扣一下主题，分别粉磨不仅能根据各组分的易磨性优化工艺，提高粉磨效率、降低电耗；能根据各组分的成本和对水泥强度的贡献优化配比，把关键的熟料用在刀刃上，降低熟料消耗；分别粉磨还能根据各组分在不同粒级下的不同特性，设计和控制水泥颗粒级配中各粒级段的组分权重，满足用户对水泥性能的不同要求，比如水泥的需水量。

前面章节已讲到，水泥的需水量除与其组分的特性有关外，还与其颗粒级配以及颗粒形状有关，而分别粉磨的优势之一就是能方便地调节颗粒级配；水泥中的微粉既由于其能增加水泥的流动性降低需水量，又由于其能加快水化速度增大需水量，分别粉磨为我们平衡这一对矛盾创造了条件。

进一步分析就会发现，影响水泥水化速度的主要是熟料组分，只要减少熟料的微粉、增加其他惰性混合材（比如石灰石）的微粉，就能满足矛盾双方对降低水泥需水量的要求。

1. 分别粉磨对能效、质效的意义

德国的研究表明，在混合粉磨的矿渣水泥中，熟料的特征粒径小于水泥，矿渣的特征粒径大于水泥，石膏的特征粒径远小于水泥；而在分别粉磨的水泥中，在物料组成和比表面积相同的情况下，熟料的特征粒径平均降低了 $2.0\mu m$，矿渣的特征粒径平均降低了 $7.5\mu m$。所谓"特征粒径"，实际上是"体积平均粒径"的一种近似体现方式，这就是说在同样比表面积的情况下，分别粉磨能将熟料和矿渣磨得更细，这正是我们所期望的。

对于水泥在混凝土中的使用性能来讲，应该说 $0\sim80\mu m$ 的颗粒都是必要的，但对于水泥强度的贡献，则主要是 $3\sim32\mu m$ 的熟料颗粒。熟料颗粒 $>32\mu m$ 就会影响到其水化速度，影响到其活性的发挥，影响到其对水泥强度的贡献，应该尽量控制；$<3\mu m$ 的颗粒虽能显著提高水泥的早期强度，但会导致水泥的后期强度降低，引起水泥强度的前后不平衡，也是水泥需水量高的原因之一，是应该努力减少的。由于熟料是水泥配料中成本最高的组分，所以水泥中的其他粒级应该尽量减少对熟料的占用，而由其他成本较低的组分来补足。

用于粉磨水泥的不同组分的易磨性是相差很大的。目前的配料后共同粉磨工艺，对水泥强度起主要贡献的熟料组分，很难将其磨到最佳的细度，由此造成一定的潜能浪费。而比较易磨的其他组分又很难做到不产生过粉磨现象，增加了除尘难度，影响磨内通风，产生包球及糊篦缝，最终是降低了台时产量和增加了电耗。

对于比熟料更难磨的矿渣，也以分别粉磨为好。就普遍采用的共同粉磨工艺，当水泥的比表面积已达到 $350m^2/kg$ 时，矿渣的比表面积一般只能达到 $230\sim280m^2/kg$ 左右。而应该磨至 $450m^2/kg$ 以上，才能使矿渣的活性得到充分发挥。因此，如果对矿渣进行单独粉磨，将其磨至最佳的活性细度时，它就发挥出下面的作用：

（1）将磨至最佳活性细度的矿渣按配比掺入水泥中拌匀，既可把矿渣的活性发挥到最大，又可优化水泥的最终颗粒级配，提高水泥的性能，或降低熟料的消耗。

（2）磨细的矿渣在混泥土水化时，能够承担起混凝土的填充作用，减小孔隙率，提高密实度，不但能起到矿物减水剂的作用，有利于减少需水量，提高混凝土的流动性和保塑性，而且能提高混凝土的抗渗性、抗冻性，提高抗腐蚀性、减小收缩率。

（3）将矿渣磨细到最佳细度，就能够提高矿渣的掺加量，减小熟料的消耗量，不但能降低水泥的碱度，提高混凝土的抗腐蚀性，而且能降低水泥的早期水化热，减少因水化热对外加剂的消耗，减小混凝土的温度裂缝和温度收缩。

实际上，还有一个没有引起大家重视的问题，选粉机虽然与易磨性关系不大，但其选粉性能与各组分的体积密度和容重相关联。选粉机的分选原理是按物料的粒径切割分离的，一般讲某台选粉机在某种特定情况下都存在一个切割粒径，小于切割粒径的物料进入成品，大于切割粒径的物料则进入回粉当中，被视为不合格品返回粉磨系统继续研磨。

选粉机对粒径的切割，依赖于气流施予物料的速度，以及选粉机转笼叶片（或导风板）作用于物料的失速回弹，而这两个因素对不同容重的物料其效率是不同的。对于容重大的熟料，由于其表面积小，获得的速度较小，受到的回弹力较大，通过选粉机转笼的难度就较大；对于容重小的粉煤灰则不同，由于其表面积大，获得的速度较大，受到的回弹力较小，通过选粉机转笼的机会就大。

所以，如果采用粉煤灰做混合材，由于粉煤灰与熟料的容重相差较大，选粉机对粉煤灰和熟料的选粉性能就不会"一碗水端平"的。即使用同一台选粉机，在相同的工况下对两者的切割粒径也是不一样的，其选出的产品中熟料较细，而粉煤灰较粗，就不能够按照理想的设计进行不同组分颗粒级配，这一点也是以分别粉磨为好。

2. 水泥的颗粒调配试验

现代水泥粉磨系统的高效改进，大都带来了水泥颗粒分布过于集中的问题，导致了水泥使用性能变差。用户对水泥提出了更高的要求，水泥厂就被迫采取了一些措施，如降低磨内风速，降低闭路循环负荷，向水泥中掺加出磨物料，多台磨分别控制不同的细度再混合入库，甚至将闭路磨改为开路磨等。

上述措施都在一定程度上改善了水泥的使用性能，但却降低了系统的粉磨效率，而分别粉磨却为我们提供了另外一条路径。分别粉磨不怕颗粒分布集中、不怕选粉效率高，而且选粉效率越高越好，既能改善水泥的使用性能，又能提高系统的粉磨效率。

分别粉磨为调整水泥的最终颗粒分布提供了条件，可以将不同的物料分别粉磨成不同颗粒分布的水泥组分，然后根据设计进行不同的调配组合，生产出完全符合设计需要的颗粒分布的水泥，从而满足不同用户的不同需要——这就是所谓的"水泥颗粒调配法生产工艺"。

天津水泥设计研究院的李鹏儒等曾进行过"颗粒调配法"生产水泥的专题研究，对颗粒分布窄、水泥需水量多、外加剂适应性差的联合粉磨 P·O 42.5 水泥，进行了外掺调配试验。试验表明，"颗粒调配法"生产水泥，能够在保持甚至提高水泥强度的条件下，有效改善水泥的需水量与外加剂的适应性。

试验用熟料的特性和水泥配比如表 11-9 所示，试验用超细石灰石粉的颗粒分布见表 11-10，试验用粗石灰石粉、粗矿渣粉的细度见表 11-11。

表 11-9　试验用熟料的特性和水泥配比表（%）

KH	SM	IM	C_3S	C_2S	C_3A	C_4AF
0.89	2.66	1.57	55.0	21.2	7.9	9.7
品种	熟料	石膏	粉煤灰	矿粉	石灰石	合计
P·O 42.5	82	5	5	5	3	100

表 11-10 试验用超细石灰石粉的颗粒分布表

比表面积/（m²/kg）	1030							
粒径/μm	＜0.50	＜1.00	＜3.00	＜5.00	＜10.0	＜15.0	＜20.0	＜25.0
累计分布/％	6.65	18.86	54.46	75.31	93.84	98.51	99.86	100

表 11-11 试验用粗石灰石粉、粗矿渣粉的细度

调配混合材 种类	比表面积 /（m²/kg）	水筛法筛余/％		
		80μm	45μm	30μm
粗石灰石粉	308	47.9	38.7	26.7
粗矿渣粉	167.7	63.9	49.1	22.4

1）石灰石细粉和粗矿渣粉的调配试验

试验首先用相同配料比例的物料，生产出 1 号开路磨水泥、2 号联合粉磨水泥，再用 2 号水泥外掺 6％的超细石灰石粉和 4％的粗矿渣粉调配出 3 号水泥，再按 3 号水泥的实际配比用开路磨生产出 4 号水泥。所得四种水泥的物理性能如表 11-12 所示，对外加剂的适应性如图 11-14 所示。

表 11-12 四种水泥的物理性能对比表

试验水泥序号	比表面积 /（m²/kg）	＜3μm	3～30μm	n 值	需水量 /％	45μm 筛余 /％	3d 抗压 强度 /MPa	28d 抗压 强度 /MPa
1 号（开路）	376.8	20.93	56.18	0.88	24.3	6.6	30.3	54.8
2 号（联合）	361.3	17.75	65.49	1.08	28.3	1.8	34.7	65.0
3 号（调配）	401.0	21.59	60.47	0.95	26.4	3.3	30.1	56.4
4 号（开路）	404.4	22.55	53.51	0.82	24.3	8.2	27.5	53.0

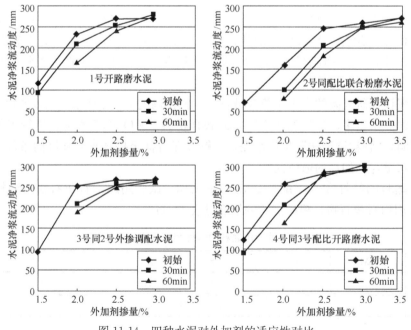

图 11-14 四种水泥对外加剂的适应性对比

2）石灰石细粉和粗粉的调配试验

试验用 2 号水泥外掺 5％的超细石灰石粉和 5％的粗石灰石粉调配出 5 号水泥，再按 5 号水泥的实际配比用开路磨生产出 6 号水泥。所得四种水泥的物理性能如表 11-13 所示，对外加剂的适应性如图 11-15 所示。

表 11-13　四种水泥的物理性能对比表

试验水泥序号	比表面积 /（m²/kg）	<3μm	3～30μm	n 值	需水量	45μm 筛余 /%	3d 抗压 强度 /MPa	28d 抗压 强度 /MPa
1 号（开路）	376.8	20.93	56.18	0.88	24.3	6.6	30.3	54.8
2 号（联合）	361.3	17.75	65.49	1.08	28.3	1.8	34.7	65.0
5 号（调配）	395.5	22.86	59.85	0.90	26.9	2.9	32.8	59.4
6 号（开路）	409.6	25.37	52.74	0.80	24.1	7.9	27.8	51.3

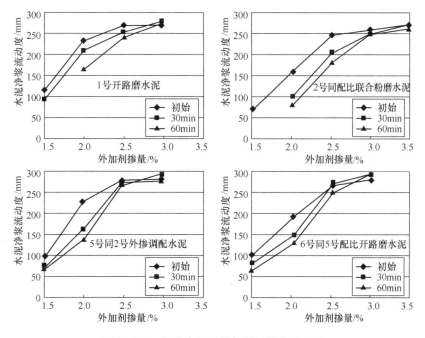

图 11-15　四种水泥对外加剂的适应性对比

3）调配水泥配制混凝土试验

试验分别采用 1 号、2 号、5 号水泥配制了 C30 和 C60 混凝土，混凝土的物料配比如表 11-14 所示，坍落度及经时损失对比如图 11-16 所示。

表 11-14　试验用 C30、C60 混凝土的物料配合比

混凝土等级	水胶比	水 /（kg/m³）	水泥 /（kg/m³）	砂 /（kg/m³）	大石 /（kg/m³）	瓜米石 /（kg/m³）	外加剂/（kg/m³）	
							萘系	聚羧酸
C30	0.51	171.0	380.0	820.0	501.0	501.0	10.6	—
C60	0.33	171.0	163.7	510.0	514.0	514.0	—	5.6

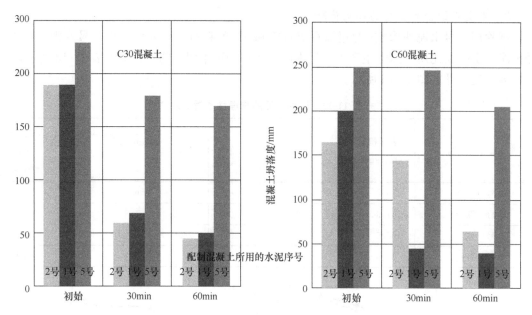

图 11-16　三种水泥配制的混凝土坍落度对比

对以上试验数据进行分析后，此次试验表明：

（1）外掺 6％的超细石灰石粉和 4％的粗矿渣粉调配的水泥，能够在保持水泥较高强度的条件下，有效改善水泥与外加剂的适应性；

（2）外掺 5％的超细石灰石粉和 5％的粗石灰石粉调配的水泥，其 28d 抗压强度比同配比的开路磨水泥提高了 8.1MPa，同时还获得了较好的外加剂适应性；

（3）在相同的外加剂掺加量条件下，用调配后的水泥配制的 C30、C60 混凝土，具有坍落度高、坍落度经时损失小的优势，混凝土的工作性能良好。

3. 国外的分别粉磨案例

分别粉磨在国外的运行一直没有停止，包括辊压机、立磨、辊筒磨这些新装备的出现也未能将其淘汰出局，其使用案例很多，这里仅就一个分别粉磨的典型案例作一介绍。

有一个向混凝土搅拌站供水泥的公司，为了满足搅拌站对水泥的多种要求，也为了降低自己的生产成本，竟然开发了将近 20 个有针对性的水泥品种。为了实现不同水泥的生产，并进行方便的品种转换，该公司采用了由三个子系统组成的分别粉磨系统，其系统流程如图 11-17 所示。

熟料粉（包括石膏、石灰石，有时加入粉煤灰）由一个子系统粉磨，根据混合材品种及掺量、SO_3 的含量、细度要求的不同，生产 3～5 种熟料粉。该系统由辊压机、球磨机和选粉机组成，辊压机为边料循环的预粉磨，球磨机和选粉机组成闭路系统，部分粉煤灰从选粉机加入。加入石膏是为了便于对最终水泥 SO_3 的控制；是否加入石灰石和粉煤灰，根据最终的水泥品种确定；粉煤灰加入选粉机是为了提前选出细粉，以提高系统的粉磨效率。

球磨机的尾仓使用了直径最小的研磨体（$\phi15mm$），有利于提高研磨能力和提高熟料颗粒的球形度。系统采用了高选粉效率的 O-sepa 选粉机，以实现分别粉磨的颗粒窄分布（这一点不同于混合粉磨）。该系统生产的熟料粉颗粒分布接近最佳性能的 RRSB 方程，均匀性系数高达 1.28，在加入石灰石和粉煤灰时，更多的细粉是石灰石和粉煤灰，熟料的均匀性系数会更高。

矿渣粉由一个立磨子系统粉磨，生产比表面积为 $450m^2/kg$、$600m^2/kg$、$800m^2/kg$ 的三种矿渣粉。采用立磨主要为了降低粉磨电耗；加入使矿渣粉的 SO_3 含量接近于水泥的石膏，是为了让最终水泥中的 SO_3 含量不受矿渣粉加入量的影响，也是为了便于对最终水泥的 SO_3 进行控制。

另外，还有一个单独的粉煤灰子系统，该系统为球磨机和选粉机组成的闭路粉磨系统，根据对水泥品种的要求，实现加入粉煤灰粒径的最佳分布和均匀性。由于粉煤灰和熟料的密度不同，而且差别较大，选粉机对两者的切割粒径是不一样的，两者混合选粉将导致粉煤灰的粒径偏大，而熟料的粒径偏小，这不符合分别粉磨的最初愿望。

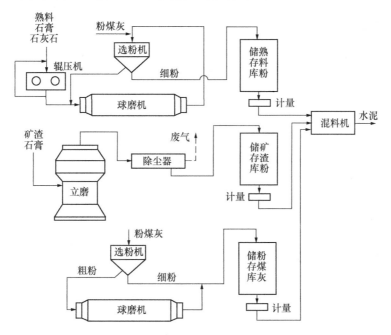

图 11-17　三个子系统组成的分别粉磨系统流程

该公司的分别粉磨获得了如下好处：

（1）熟料粉的粒度分布接近最佳性能 RRSB 方程，影响水泥和混凝土性能的熟料细颗粒很少，影响水化速率的熟料粗颗粒也很少；

（2）混合材的细度显著比熟料细，与熟料粉混合后水泥的粒度分布接近 Fuller 曲线，保证了水泥具有较低的孔隙率；

（3）不同粒度分布的熟料粉与不同粒度分布的混合材，按一定比例组合，可以实现水泥的颗粒级配设计，生产预期性能的水泥；

（4）不但水泥的早期强度高，而且后期的、长期的强度发展良好；

（5）水化热特别是早期的水化热低，与减水剂相容性好，而且混凝土具有良好的工作性；

（6）可以掺入多种混合材生产多元组合的水泥，从而发挥不同种类、不同颗粒分布的性能互补和叠加效应，优化水泥性能；

（7）可以灵活多变地组织生产多品种水泥，改产过程迅速便捷，可满足不同顾客的不同需求；

（8）即使掺有难磨的高细矿渣粉，生产比表面积在 $350\sim420m^2/kg$ 的水泥，水泥的综合电耗也只有 $31\sim35kWh/t$。

4. 国内建设的分别粉磨案例

目前，联合粉磨系统可挖的潜力已经不多，为了进一步节能降耗，分别粉磨在国内又逐步被重视起来，在国内的水泥厂、粉磨站，都已经有了设计、改造、运行的案例。这里简单介绍一下拉法基瑞安东骏公司的水泥分别粉磨情况，供大家参考。

东骏公司拥有一条 4000t/d 的预分解窑水泥生产线，于 2005 年 6 月点火生产，设计年生产水泥 148 万吨。水泥粉磨采用分别粉磨工艺，粉磨设备采用两台史密斯的 OK33-4 立磨，其熟料（熟料＋石膏）粉磨系统、混合材（矿渣＋石灰石）粉磨系统分别如图 11-18、图 11-19 所示。

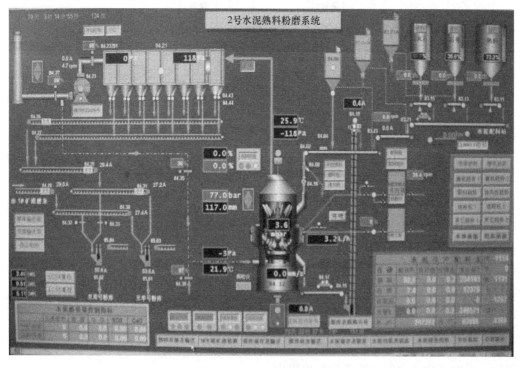

图 11-18　熟料粉磨系统

熟料和石膏用一台立磨粉磨，矿渣和石灰石用一台立磨粉磨，分别送入相对应的粉料库储存。然后，根据市场对水泥品种的需求，经冲板流量计计量按比例配合后，喂入两台 KM3000D 型混合搅拌机，经过搅拌混合（图 11-20）后送入水泥储存库储存及出厂。

立磨设计生产能力为：矿粉比表面积 $>420m^2/kg$，台时产量 84t/h；熟料粉比表面积 $>330m^2/kg$，台时产量 150t/h。其中熟料磨可以粉磨熟料粉或者直接生产水泥成品，矿渣磨可以在矿粉库满时先用熟料洗磨，然后调入熟料粉库粉磨熟料粉，可以根据生产情况和市场需求灵活多变地组织生产。表 11-15 是 2009 年该系统电耗情况的统计，2009 年水泥粉磨系统综合平均电耗为 31.13kWh/t，各品种水泥电耗如表 11-16 所示。

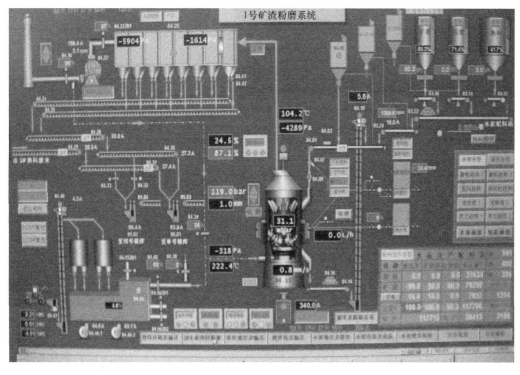

图 11-19　混合材粉磨系统

图 11-20　混合搅拌系统

表 11-15 2009 年系统电耗情况统计

品种	年累计用电量/kWh	年累计单耗/（kWh/t）
熟料粉	29144408	26.74
纯矿渣粉	4195665	46.70
混合材矿粉	9271879	34.82
搅拌水泥	3097326	2.30

表 11-16 2009 年各品种水泥的电耗

品种	P·O 52.5	P·O 42.5R	P·O 42.5	P·SA 32.5R	P·SA 42.5	P·SA 32.5
电耗/（kWh/t）	30.56	29.16	30.63	36.71	31.90	34.08

通过以上数据可以清楚地看到，该公司选用立磨进行水泥的分别粉磨是具有极大优势的。在当前的行业形势下，在原材料价格一路攀升的情况下，它可以有效降低水泥的粉磨电耗。需要指出的是，东骏公司水泥磨系统的大型电机采用的是已淘汰的水电阻启动方式，如果采用先进的变频调速技术，水泥粉磨电耗还能进一步降低。

5.国内改造的分别粉磨案例

酒钢集团宏达建材有限责任公司原建设有两套"熟料＋矿渣＋粉煤灰＋石膏"混合粉磨的"辊压机预粉磨＋闭路球磨机"系统，P·O 42.5 水泥混合材掺加量为 13％，P·C 32.5 水泥混合材掺加量为 30％，作为水泥混合材年消纳矿渣量仅为 15 万吨。而酒钢集团自有粒化高炉矿渣年产出量达 85 万吨以上，大量的矿渣因无法利用堆弃于戈壁滩上，既污染了环境又浪费了资源。

为了解决水泥混合材掺量偏低的问题，进一步降低粉磨电耗和熟料消耗，降低生产成本，也为了消纳更多的矿渣外弃，减轻资源浪费和环境污染，酒钢宏达公司立项对水泥混合粉磨系统进行分别粉磨改造，并列入甘肃省科技计划资助项目。方案为通过新增两台矿渣粉立磨将原有混合粉磨工艺改造为分别粉磨工艺，项目于 2008 年 8 月建成投入使用，改造后的水泥粉磨系统流程如图 11-21 所示。

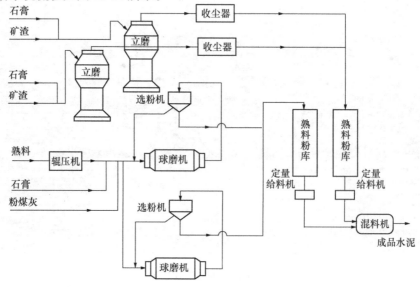

图 11-21 酒钢宏达公司改造后的水泥分别粉磨系统流程

改造完成以后，从 2009 年 2 月到 2009 年 11 月，进行了大量的小磨试验和大磨调整，获得了比较满意的效果，生产的 P·C 42.5 水泥混合材掺量达到 27%，P·S·B 32.5 水泥混合材掺量突破 60%，P·S·A 42.5 水泥混合材掺量突破 30%。截止到 2009 年 11 月 25 日，包括调整期在内，全年混合材平均掺加量由 2008 年的 18% 提高到 24%，同比降低熟料配比 6%，仅节约熟料 5.1 万吨一项，就获得约 1530 万元的效益。

值得一提的是酒钢宏达公司在摸索调整期间的一系列试验，对说明分别粉磨的意义和其他公司的借鉴具有一定的参考价值，不妨摘录如下：

研究表明，混合粉磨的矿渣粉粒径大部分在 $60\mu m$ 以上，其潜在的水硬活性难以得到正常发挥，在水泥水化过程中仅作为填充材料使用，掺量必然受到限制；而分别粉磨能够有效解决矿渣不能磨细的生产"瓶颈"，能提高矿渣微粉中 $20\mu m$ 以下高活性颗粒比例，从而为提高矿渣掺量创造条件。

（1）关于单掺与双掺的试验

酒钢宏达公司自有足量的矿渣资源，周边具有丰富的粉煤灰资源，矿渣和粉煤灰都是水泥生产中常用的混合材，但其对水泥性能的影响不尽相同，为了最大限度地掺入混合材且确保水泥各项性能合格，首先进行了"矿渣单掺""矿渣、粉煤灰双掺"的"分别粉磨"小磨试验。

试验所用原料：熟料为宏达公司 1 号水泥窑熟料，矿渣为酒钢宏兴炼铁粒化矿渣，粉煤灰为酒钢宏晟热电粉煤灰，石膏为 SO_3 含量 $\geqslant 40\%$ 的赤金石膏。

试验用 $\phi 500mm \times 500mm$ 化验室统一小磨作为粉磨设备，将熟料磨细至比表面积（350 ± 10）m^2/kg、细度 $80\mu m$ 筛余 $\leqslant 4.0\%$，将矿渣磨细至比表面积（440 ± 10）m^2/kg，石膏、粉煤灰分别单独磨细至全部通过 $80\mu m$ 方孔筛。根据设计方案对熟料粉、矿渣粉、粉煤灰、石膏进行掺配，按照 GB 175—2007《通用硅酸盐水泥》进行全套物理性能检验，结果如表 11-17 以及图 11-22、图 11-23 所示。

表 11-17　分别粉磨及混合材单掺、双掺试验

序号		熟料 /%	矿渣粉 /%	粉煤灰 /%	混合材掺量 /%	比表面积 /(m²/kg)	初凝时间	终凝时间	3d 强度 /MPa		28d 强度 /MPa		三氧化硫 /%	28d 抗压强度活性 /%	28d 抗压强度增进率 /%
									抗折	抗压	抗折	抗压			
1		100	0	0	0	354	2：07	3：12	5.2	24.5	9.1	46.6	2.76	100.0	190.2
2		80	20	0	20	335	2：35	3：30	4.6	18.7	8.4	46.7	2.33	100.2	249.7
3	单掺矿渣粉系列	70	30	0	30	340	2：59	4：05	4.1	15.9	8.2	44.1	2.13	94.6	277.4
4		60	40	0	40	352	3：04	4：05	3.4	13.6	8.3	42.8	1.84	91.8	314.7
5		50	50	0	50	356	3：17	4：06	3.1	11.1	8.1	41.4	1.44	88.8	373.0
6		40	60	0	60	364	3：28	4：21	2.4	8.2	7.3	35.8	1.11	76.8	436.6
7		80	10	10	20	339	3：17	4：10	4.1	17.9	7.8	40.9	1.86	87.8	228.5
8	双掺矿渣粉煤灰系列	80	15	5	20	339	2：44	3：38	4.3	18.0	8.1	43.5	2.32	93.3	241.7
9		70	25	5	30	353	3：17	3：46	3.9	15.5	8.2	41.7	1.78	89.5	269.0
10		60	35	5	40	359	2：59	3：58	3.4	12.9	8.2	39.2	1.69	84.1	303.9

由表 11-17、图 11-22 可见，在单掺矿渣粉时，水泥的 3d 抗压强度随着掺量的提高呈明显下降趋势，从纯熟料粉到掺 20% 矿渣粉，3d 抗压强度由 24.5 MPa 下降到 18.7MPa；当

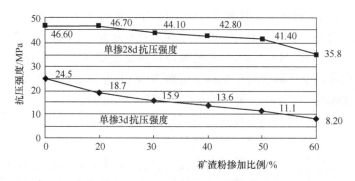

图 11-22　单掺矿渣粉强度变化趋势

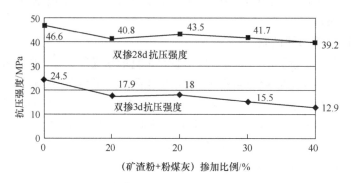

图 11-23　双掺（矿渣粉＋粉煤灰）强度变化趋势

单掺量达到 30％时，3d 抗压强度进一步下降到 15.9MPa；当单掺量达到 40％时，3d 抗压强度已下降到 13.6MPa。

28 天抗压强度却不尽相同，呈现先升后降的趋势，在单掺矿渣粉 20％时 28d 抗压强度甚至超过了纯熟料粉，但当矿渣粉的掺量超过 25％后 28d 抗压强度随着掺量的增加开始降低，当掺量达到 30％时 28d 抗压强度已由 46.6MPa 下降到 44.1MPa，已不能满足 42.5 级普通硅酸盐水泥 28d 的富裕强度，超过 40％时已达不到 42.5 级普通硅酸盐水泥 28d 的商品强度了。

由表 11-17、图 11-23 可见，双掺（矿渣粉＋粉煤灰）时，在混合材掺量一定的条件下，

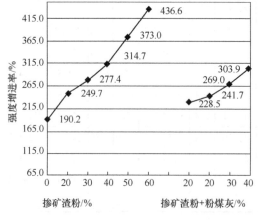

图 11-24　"单掺"与"双掺"抗压强度增进率的比较

双掺的 3d 抗压强度比单掺平均低了 0.6MPa；在混合材掺量同为 20％时，粉煤灰代替的矿渣粉越多 3d 抗压强度越低。

28d 抗压强度的变化趋势与 3d 抗压强度基本相当，在双掺达到同样掺加量时，28d 抗压强度低了 3～6MPa，并且粉煤灰替代的矿渣粉愈多，强度下降愈大。即在同样掺加量的情况下，"双掺"（矿渣粉＋粉煤灰）强度低于"单掺"（矿渣粉）强度。

试验同时作了强度增进率和抗压活性的比较，分别如图 11-24 和图 11-25 所示。从图 11-24 明显看出，水泥强度增进率随着混合材

掺量的增加而呈线性增长，单掺矿渣粉的增长幅度更加剧烈一些，双掺（矿渣粉＋粉煤灰）后的增长趋势则较为平缓，矿渣粉表现出了后期增长率高的良好性能；由图 11-25 可见，当用一定量的粉煤灰代替矿渣粉时，强度活性会有所下降。

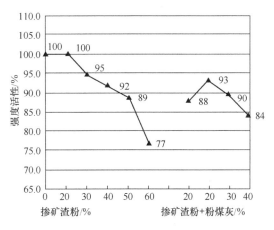

图 11-25　"单掺"与"双掺"抗压活性的比较

由此可见，从降低熟料消耗的角度考虑，要达到同样的质量指标，可以多掺矿渣粉而少掺粉煤灰；从降低粉磨电耗的角度考虑，虽然粉煤灰的活性不如矿渣粉，但在和熟料粉共同粉磨时粉煤灰有一定的的助磨作用，可有效提高熟料粉的台时产量而降低电耗。在具体的生产控制上，双掺时矿渣粉与粉煤灰的比例各占多少，还需要根据效益最大化的原则作出平衡。

（2）关于熟料粉和矿渣粉比表面积的控制

为了获取分别粉磨生产中熟料粉和矿渣粉的合理的细度控制指标，基于粉磨细度对物料活性的不同贡献，在固定一组分比表面积为 400m²/kg 的情况下，对另一组分做了比表面积与最终水泥强度的试验，试验结果如图 11-26 所示。

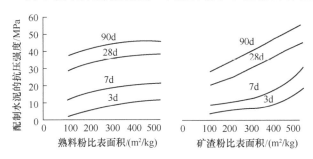

图 11-26　熟料粉或矿渣粉比表面积对水泥强度的贡献

由图 11-26 可见，当矿渣粉的比表面积固定在 400m²/kg 时，改变熟料的比表面积，超过 350~400m²/kg 以后，混合料水泥的强度基本不再增加；相反，当熟料粉的比表面积固定在 400m²/kg 时，改变矿渣的比表面积，超过 350~400m²/kg 以后直至 500m²/kg，混合料水泥的后期抗压强度长势不减，而且早期强度开始加速增长。

由此可见，矿渣粉的细磨比熟料粉的细磨更有利于强度增长。基于此，该公司经过一段摸索，将熟料粉的比表面积控制逐渐降低到 360m²/kg，后期基本稳定在了 340m²/kg；而将矿渣粉的比表面积控制由投产初期的 380m²/kg 逐渐加大，到 2009 年 3 月以后已调整至 420m²/kg。

第12章　水泥无球化粉磨的研究与发展

预分解窑水泥生产工艺在我国突飞猛进的发展是近十来年的事，众多的新线高度集中在一个时间段建设，无需思考、无需论证、无需创新，抢的就是建设时间，所有新线采用的工艺技术都是现成的，都是很成熟的，因而也就基本相近、基本雷同了。在水泥粉磨环节，"辊压机＋球磨机"的双闭路联合粉磨工艺也就成为了目前的主流粉磨工艺。

而事实上，有些源自过去、一直未曾中断研究和中断发展的粉磨工艺，时至今日已经成熟了，能大幅地提高粉磨的效率，并可改善水泥的粉磨性能，但采用者却寥寥无几。很多人虽然憧憬着无球化粉磨，但对迈进无球化粉磨却也顾虑重重。

问题的焦点是对这些新的粉磨工艺不十分了解，担心技术上的不成熟——水泥颗粒分布不好，水泥颗粒形貌不好，需水量大，物料适应性差，水泥使用性能差，装备性能差，粉磨效率到底又如何？如果你能细细地品读完本章，通过对不同粉磨工艺的原理、试验及研究、工业实践、工业化应用案例等有一个全面、系统、深入的了解，那些源自于感性上的担忧可能会有所改变。

12.1　长成的立磨水泥终粉磨

1. 蹒跚地走进无球化时代

石磨、石碾两种粉磨工艺设备，在中国已有上千年的历史，主要用于粮食的面粉加工，是祖先们为摆脱石块（研磨体）抛砸的低效率发展而来的。石磨为上下两盘的齿面相对旋转实现对物料的粉磨，石碾为齿辊在齿盘上相对旋转实现对物料的粉磨。石碾就是现代立磨的原型，尤其是由水力驱动的碾子更接近于现代立磨（图12-1）。

就料床特征来讲，石磨料层较薄、挤压次数较多、料床自由度较低，具有粉磨效率高、颗粒级配窄的特点；石碾正好相反，料层较厚、挤压次数较少、料床自由度较高，粉磨效率相对较低、颗粒级配相对较宽。两种粉磨工艺的千年并存，说明在历史上就有粉磨效率与产品质量的平衡问题。

球磨机依托于研磨体的抛砸，虽有诸多优点，但粉磨电耗不可能再低。目前国内的水泥粉磨系统，虽然以"辊压机＋球磨机，双闭路联合粉磨系统"为主，但由于球磨机的粉碎机理属于单颗粒破碎，粉磨效率不可能太高。

100多年来，尽管球磨机的结构和工艺系统有了很大改变，但其粉碎机理依旧，所以能量利用率没有大幅度的变化。由于破碎粉磨效率低下，绝大部分钢球的冲击能转变为热能，少部分冲击能转变为噪声，不但浪费了能源，而且污染了环境。

辊式磨电耗是低，但大家一直担心其产品的颗粒球形度差和颗粒级配窄，担心水泥的使用性能差，担心水泥的需水量高，推广速度依然不快。

尽管立磨终粉磨系统具有粉磨烘干效率高，对入磨物料的适应性好，工艺流程简单，空

图 12-1　立磨粉磨工艺在中国已有上千年的历史

间布置紧凑，维护费用低等诸多优点，但由于水泥粉磨是保证水泥成品质量的最后一关，人家对立磨水泥的使用性能，尤其是对水泥的需水量高仍很担忧，导致这一水泥粉磨的工艺技术应用仍很有限。因此，虽然人们一直想将水泥行业推进到无球化时代，但球磨机却仍然长期占据着水泥粉磨的主导地位。

我们已经呼唤了多年的水泥"无球化时代"至今仍未到来，还有到来的希望吗？事实上，水泥"无球化时代"已经悄悄地向我们走来，水泥立磨终粉磨已经长大成熟。

2. 立磨终粉磨工艺的工业化应用

实际上，水泥立磨终粉磨产品完全可以和球磨机媲美，能够满足各种工程需要。根据中国水泥行业的资深专家高长明的统计，在历年新建水泥项目中，水泥立磨终粉磨工艺的选用率已经呈现出逐年提高的趋势，见表 12-1。

表 12-1　水泥立磨终粉磨工艺选用率呈现逐年提高的趋势

地区	2000 年	2005 年	2010 年
世界（不含中国）	15%	45%	70%
中国大陆	0.0%	0.2%	0.8%

据有关资料显示，2005～2008 年，世界新建水泥生产线约 360 条（除中国大陆以外），水泥年产能达 4.4 亿吨，采用了水泥粉磨装备 600 余台套，其中水泥立磨的选用率由 2005年的 45% 上升为 2008 年的 61%，而水泥球磨的选用率则相应地由 50% 下降为 27%。

2004 年 9 月台湾幸福水泥公司在越南福山（phuc son）设计的无球化工厂，设计能力为 5000t/d，采用 1 台 LM48.4 的生料磨、2 台 LM46.2＋2C 的水泥磨和 1 台 MPS3070BK 的煤磨，整个水泥厂的吨产品电耗降到 78～80kWh/t。

2006年2月，云南国资水泥东竣有限公司（史密斯立磨OK33-4）水泥立磨投产；成都建材工业设计院设计的阿联酋10000t/d生产线，全部采用了立磨粉磨，也于2006年投产；印度新建的10000t/d生产线也投入运行，全部采用立磨，分别粉磨原料、煤、水泥，都取得了良好的业绩；2009年3月，湖北亚东水泥公司（莱歇LM56.3＋3）水泥立磨成功投产。

在国内，湖北亚东、云南东骏、四川星船城等水泥公司采用了进口水泥立磨，目前这些水泥立磨系统均运行正常，已成功地生产出了普通水泥、中热水泥、矿渣粉等。可以认为，各品种的水泥均能采用立磨系统正常生产。

2009年张家口金隅水泥有限公司率先采用两台国产TRMS3131立磨粉磨水泥，磨机产量和主机电耗都达到了预期的指标，实现了国产水泥立磨的工业应用；成都院的CRM4622水泥立磨也于同年被用于山东鲁碧建材有限公司的水泥粉磨系统中。

2010年6月，华新东川水泥公司采用华新设计的HXLM4300水泥立磨用于水泥粉磨。其水泥成品的颗粒分布和标准稠度需水量与球磨系统的产品相当；混凝土的性能也达到了工程要求的优良水平。截止到2013年7月，立磨粉磨水泥的工艺已在华新得以普及，华新公司的水泥粉磨系统已有29台立磨在运转，全部是华新自己制造的立磨，产品质量没问题，节电效果显著。

立磨终粉磨工艺集烘干、研磨、选粉于一体，工艺流程简单，设备数量少，粉磨效率高，物料停留时间短，设备装机功率低、电耗低、运转率高，建筑面积和占地面积小，运行费用低，操作维护简单，单机规格大。

特别是立磨终粉磨系统允许入磨物料综合水分含量更高。目前国内还有历史遗留的大量原来湿排的粉煤灰资源可资利用，这在干排粉煤灰资源已经紧张、价格大幅度上涨的今天，优势更加突出，是降低生产成本的有效措施之一。

3. 水泥立磨的优化调整

伴随着立磨终粉磨工艺的工业化应用案例的逐步增多，这一技术也在进一步完善和成熟。现在，通过对立磨本身的优化、调整，以及对立磨终粉磨系统操作参数的调整，原来大家所担心的水泥颗粒形状和级配、细度控制、需水量等对水泥性能影响的问题，现在也就不成其为问题了。

通过对磨盘和磨辊研磨曲线的组合，对磨内选粉机性能的改进，对磨盘转速及压力的调整，就可以实现对水泥颗粒形状和级配的优化。在系统操作方面，还可以通过提高立磨磨内温度，对石膏的脱水施加影响，来优化水泥的性能。

降低磨盘转速、加高挡料环高度，可以延长物料在磨盘上的停留时间，增加物料被研磨的次数，以此增加粉磨产生的细粉量。同时为了适应厚料层操作，均需提高研磨力，尽管各种立磨结构不同其压力有所区别，但一般均较生料磨有较大提高。

为使立磨水泥产品的RRB曲线趋于平缓，各公司都对选粉机作了改进，主要的措施是将原有的选粉机改成设有导风叶片的高效笼式选粉机，其细度、比表面积可以通过转子的转速进行调节。提高选粉机转速和/或降低磨内风速，可以在降低水泥筛余的情况下增大比表面积，从而降低RRB曲线的n值，拓宽颗粒级配。

生产实践表明，当立磨水泥比表面积相同时，增加其挡料圈高度，或增加磨辊压力，都会使成品水泥的粒径范围变宽，抗压强度降低，标准稠度需水量变小；增加磨内风量，其效果则与前者相反。综合运用这些调控手段，可以在较大范围内调控立磨水泥的性能，使其颗粒级配比甚至比球磨水泥更加合理，水泥强度也达到或超过普通球磨机粉磨的水泥。挡料圈高度、磨辊压力、磨内风量对水泥性能的影响如表 12-2 所示。

表 12-2　挡料圈高度、磨辊压力、磨内风量对水泥性能的影响

调整参数	立磨水泥比表面积相同时			
	粒径范围	$+30\mu m$（％）	抗压强度	需水量
挡料圈高度↑	宽	↑	↓	↓
磨辊压力↑	宽	↑	↓	↓
磨内风量↑	窄	↓	↑	↑

值得一提的是，莱歇公司就是采取下面的两项措施，较好地解决了原有立磨生产的水泥球形度不好以及颗粒级配分布过窄的问题，从而改善了立磨水泥的和易性。莱歇公司水泥立磨的结构如图 12-2 所示，原理如图 12-3 所示。

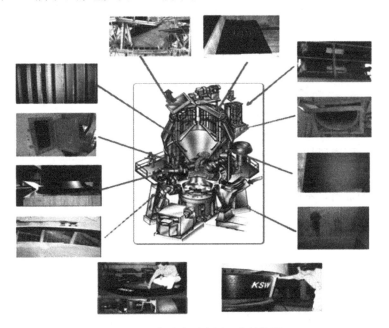

图 12-2　莱歇公司水泥立磨结构图

（1）增加辅辊预碾压，可提前实现回料的排气和预压，形成一个有一定承载力的料床，避免主辊与磨盘的直接冲击引起振动。同时，料床研磨比冲击研磨更能提高颗粒级配的分布宽度。

（2）较大的磨盘、较短的磨辊在边缘辊压，采用大锥度的磨辊，让每个接触点的线速度尽量保持一致，使磨辊、磨盘实现相对滚动，有利于使磨盘与磨辊给予物料的力趋于同向，从而减小了由于相对搓动导致的剪切力，使研磨部件的磨损更均匀，使水泥颗粒的形状更球形化。

4. 立磨终粉磨水泥的性能

生产实践已经证明，立磨终粉磨工艺生产的水泥完全能达到国家标准的要求，混凝土的使用性能也根本没问题。

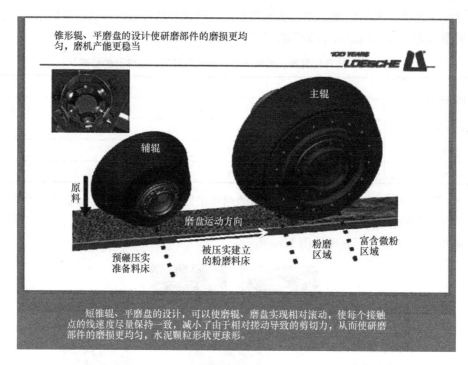

图 12-3　莱歇公司水泥立磨原理图

接下来，通过西南科技大学的一项关于不同粉磨系统水泥的性能和所配制混凝土性能的调查研究，我们会对立磨终粉磨水泥的性能有更全面、更正确的认识。下面就是西南科技大学关于此项研究的资料，不同粉磨系统的水泥标准稠度用水量对比如图 12-4 所示。

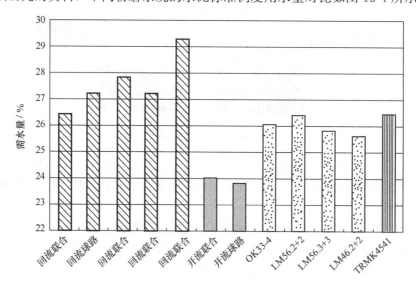

图 12-4　不同粉磨系统的水泥标准稠度用水量对比

由图 12-4 可见，需水量最高的是闭路联合粉磨系统的水泥，而不是立磨终粉磨系统的水泥。

对于立磨终粉磨系统的水泥性能，调查资料给出了不同磨别的普通波特兰水泥（P·O）

性能的对比，如表 12-3 所示。

表 12-3　不同磨别的普通波特兰水泥（P·O）性能对比

水泥磨		球磨	立磨
细度	比表面积/（m²/kg）	375	377
	+45μm 筛余/%	5.3	1.3
水泥性能测试（ISO）	标稠需水量/%	27.0	26.5
	初凝/min	125	110
	终凝/min	170	160
抗压强度/MPa	7d	39	42.8
	28d	60.5	60.3

由表 12-3 可以看出，在水泥比表面积基本相同时，立磨水泥 45μm 筛余远远小于球磨水泥，说明其粗颗粒含量较少。但两者的标准稠度需水量、初凝时间、终凝时间以及抗压强度等指标都非常接近。

为了进一步说明立磨水泥质量稳定，表 12-4 列出了立磨水泥与球磨水泥所配制混凝土性能的比较。

表 12-4　不同磨别水泥配制混凝土性能比较

磨别	水泥等级	水泥 28d 抗压强度 /MPa	混凝土等级	混凝土试验配比/kg					混凝土水灰比	混凝土初始坍落度 /mm	混凝土 28d 抗压强度 /MPa
				水	水泥	砂	石子	JF-9 型减水剂			
立磨	P·O 42.5R	54.9	C30	155	287	685	1271	2.30	0.540	45	39.6
			C35	150	341	629	1277	2.73	0.440	40	47.1
			C40	150	375	562	1310	3.00	0.400	48	50.9
球磨	P·O 42.5R	54.5	C30	165	284	682	1267	2.27	0.580	46	39.4
			C35	160	340	626	1271	2.72	0.470	45	46.2
			C40	155	369	562	1311	2.95	0.420	42	51.1

从表 12-4 可看出，配制相同强度等级的混凝土，立磨水泥用水量均比球磨水泥低；立磨水泥配制混凝土的减水剂用量略高，坍落度相当；水灰比因为水泥用量少，均比球磨水泥低。

水泥产品的使用性能还会受到熟料品质、混合材品质、水泥品种、存储条件和时间、混凝土配比等因素的影响，即使使用相同的水泥熟料，使用不同的水泥粉磨系统也会对水泥产品产生较大影响。

通过以上各方面数据的分析，可以比较清楚地反映出立磨水泥与球磨水泥的性能基本一致，对混凝土的适应性与球磨水泥相当。水泥立磨终粉磨技术已经成熟，其产品水泥完全可以满足各种工程的需要。

5. 必须注意的石膏脱水问题

总体上水泥立磨终粉磨技术已经成熟，没必要对其过分担忧，但这不等于在具体的应用中就可以不重视。立磨与球磨机在粉磨原理上毕竟不同，在使用细节上也各有特点，也有一个需要熟悉和掌握的过程，好东西还须会使用。如果简单地按球磨机的习惯去使用立磨，一些小的问题就可能造成大的影响。

水泥立磨终粉磨在推广初期遇到的问题，除了部分属于设备本身的原因之外，应该说主要是使用不当，还没有摸准它的脾气。比如，我们最担心的立磨水泥使用性能，当发现它有问题时，在潜意识中首先是否定这种工艺，而对为什么不好、有没有解决的办法，却没有去认真地分析研究。实际上，立磨水泥早期出现的使用性能问题，有不少厂家只是因为石膏脱水，应该说这不是什么大问题。由于今后还会有新的使用者遇到这个问题，这里有必要把它搞个明白，以引起大家重视。

我们谈到立磨水泥的使用性能，主要问题是凝结时间和需水量、坍落度经时损失，这都与那个调凝的石膏有关。你可能说，与球磨机使用石膏的品质、用量、方式都一样，为什么立磨就不行呢？这是因为立磨与球磨机的粉磨温度不同，难以稳定二水石膏向半水石膏的脱水转换。

在2002年"第五届水泥制造工艺技术国际大会"上，就有德国的水泥专家发布了这方面的论文，研究了球磨机粉磨和辊压机粉磨对石膏脱水的影响对比，详见本章第三节。粉磨同样的42.5R水泥，使用同样的石膏（均为一半硬石膏和一半二水石膏），由球磨机粉磨的水泥中半水石膏的含量（质量分数）达到1.9%，而辊压机粉磨的水泥中半水石膏的含量（质量分数）只有0.4%。就粉磨温度来讲，立磨终粉磨与辊压机终粉磨具有相同的特性。

试验表明，要二水石膏脱水为半水石膏，被粉磨物料的温度应该≥90℃，这在我们习惯的球磨机中几乎总是可以达到的，而在立磨终粉磨工艺中，由于粉磨过程的温度较低，只有少量二水石膏转变为半水石膏，或者根本就不可能转变。试验表明，在相同的环境温度下，硬石膏、二水石膏、半水石膏的溶解度是不一样的。

立磨水泥与球磨机水泥相比，尽管其石膏含量是一样的，但在水中的溶解度是不同的，正是这个不同的溶解度对水泥的凝结过程产生了不同的影响。不论是假凝还是速凝，都会影响到水泥浆的凝结时间和需水量、坍落度经时损失，导致水泥的使用性能出现问题。所以，对立磨水泥粉磨中的石膏脱水问题，必须引起重视并给予解决。

实际上，对于风扫式的立磨工艺，石膏脱水可以通过用风温度进行调控，比如靠近水泥窑的粉磨系统必要时可用篦冷机废气，没有水泥窑的粉磨站必要时可以增设热风炉解决，或者是直接掺加部分"已脱水的二水石膏"（半水石膏）。

6. 立磨粉磨工艺的进一步探索

由于水泥粉磨电耗占水泥生产过程中总电耗的三分之一以上，降低水泥粉磨电耗一直是水泥行业技术人员研究的重要课题。那么，就现有的水泥立磨工艺来讲，还有没有进一步降低电耗的可能呢？

目前水泥行业普遍采用的水泥立磨终粉磨均属内循环立磨，即选粉机置于上方并与立磨本体融合为一个整体。原理上，由喷嘴环射入高速的喷射气流将大部分物料吹起并带入选粉区域，立磨内部需要通入大量的风，且本体阻力损失大，因此其系统的风机消耗的功率是很大的。实际上在磨内进行的是物料的气力输送，即使是水泥终粉磨系统，其成品电耗也要在28~34kWh/t之间，粉磨节能优势并不是非常明显。

我们知道，就输送电耗来讲，机械输送远低于气力输送。为进一步发挥水泥立磨终粉磨的技术优势，进一步降低其粉磨电耗，我们能否将该系统的气力输送也改为机械输送呢？具体讲就是将气力输送的内循环立磨改为机械输送的外循环立磨，国内某公司曾做过这方面的研究试验，并取得了一定的成果，笔者整编如下供读者参考。

　　1) 两种粉磨工艺的分析比较

　　现有的内循环水泥立磨终粉磨系统工艺流程如图 12-5 所示。来自水泥配料站的物料经提升机、喂料皮带经锁风阀喂入内循环立磨，物料在立磨中随着磨盘的旋转从其中心向边缘运动，同时受到磨辊的挤压而被粉碎。

　　粉碎后的物料在磨盘边缘处被从喷嘴环射入的高速气流带起，粗颗粒落回到磨盘再粉磨；较细颗粒被带到选粉区域，经选粉机分选后的粗粉由内部锥斗返回到磨盘进行循环粉磨，分选出的合格细粉被带出立磨，进入袋除尘器收集为水泥成品，通过空气输送斜槽、提升机等设备送入成品库中。

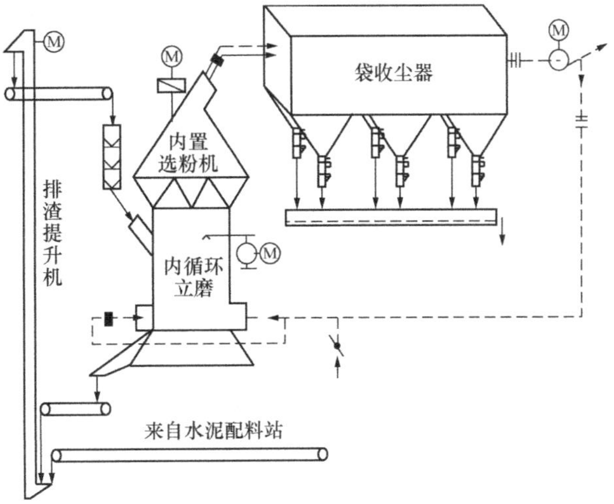

图 12-5　内循环水泥立磨终粉磨系统工艺流程

　　对于部分难磨物料的大颗粒，由于其不能被风环处的射流风带起，只能通过排渣口排出并进入排渣提升机。排出的大颗粒物料，经提升机提升后与新喂物料一起再次进入立磨内接受粉磨。

　　外循环水泥立磨终粉磨系统工艺流程如图 12-6 所示。来自水泥配料站的物料经配料皮带机喂入立磨，物料在立磨中随着磨盘的旋转从中心向边缘运动，同时受到磨辊的挤压而被粉碎。粉碎后的物料从磨盘边缘甩出，并由立磨下部刮料板刮出至循环提升机。外循环立磨与内循环立磨的主要不同点就在于用磨外循环提升机完成了磨内的气力提升功能。

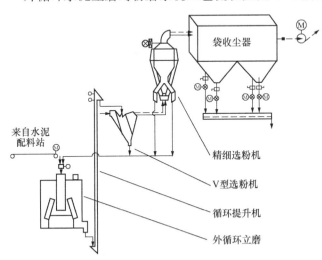

图 12-6　外循环水泥立磨终粉磨系统工艺流程

　　循环提升机将粉碎后的物料送至设置在磨外的 V 型选粉机进行初步分选，分选后粗料再次进入立磨粉磨，细料则随风带入精细选粉机；V 选后的风料由精细选粉机再次分选，粗料返回立磨继续粉磨，细度合格的成品由袋除尘器收集，经斜槽、提升机等设备送入成品库储存；经 V 型选粉机、精细选粉机的气体，由袋式除尘器除尘后由系统风机排入大气。

　　由两种立磨终粉磨系统的比较可以看出，内循环水泥立磨和外循环水泥立磨的工艺流程基本相似，其区别在于：内循环水泥立磨将动态选粉机集成在设备本体内，被粉磨后的物料绝大部分靠气力提升由粉磨区域进入选粉区域，只有少量物料（排渣）被排除磨外，靠机械提升实现外循环。

外循环水泥立磨将选粉系统置于立磨之外，并分成粗选（V型选粉机）和精选（精细选粉机）两部分，物料全部靠机械提升进入选粉系统。比较而言，外循环水泥立磨工艺流程要复杂一些，但物料全部采用机械提升，比绝大部分采用气力提升的内循环水泥立磨更加节能；而且选粉系统的外置为其进一步分割和调控创造了条件，更有利于系统在操控上的优化。

2）两种粉磨工艺的运行比较

山东某水泥公司采用KVM46.4-C外循环水泥立磨终粉磨系统新建了一条年产100万吨水泥粉磨生产线，主要生产P·O 42.5R水泥。其生产中水泥原料的配比大致为：熟料75.6%、石膏5.4%、石灰石4.0%、矿渣5.5%、粉煤灰5.0%、电石渣4.5%，熟矿合量81.1%。

外循环水泥立磨到底怎么样，还需要与在用的内循环水泥立磨进行比较，用使用数据说话。但影响水泥原料易磨性、台时产量、粉磨电耗、水泥细度、水泥质量等的具体因素很多，在各公司又很难获得基本一致的条件。但有总比没有强，这里权且选择一些系统比较接近的进行一些初步的方向性类比。

在系统比较接近的情况下，鉴于显著影响水泥原料易磨性的主要是熟料和矿渣的含量，故在这里先建立一个"熟矿合量"的概念，实际上就是熟料含量加上矿渣含量，而将其他因素遗憾地忽略一下。

山东KVM46.4-C外循环水泥立磨终粉磨系统与国内在用的几个内循环水泥立磨终粉磨系统两者之间的实际运行电耗比较如表12-5所示。

表12-5 外循环立磨与内循环立磨运行电耗比较

系统类型	磨机型号	熟矿合量/%	比表面积/（m²/kg）	主机电耗/（kWh/t）	系统电耗/（kWh/t）
外循环立磨	KVM46.4-C	81.1	360	16.3	23.6
内循环立磨	TRMK4541	84	360	18.1	>27.2*
	LM46.2+2	82.5	348	17	26
	LM56.3+3	91.6	356	20	28
	LM56.2+2	90	382	20	31
	OK33-4	89	318	21	34

注：1. 外循环立磨系统电耗为从配料站至水泥入库的整个粉磨系统总电耗，包含设备、水、气及车间照明等；
2. 内循环立磨系统电耗数取自相关文献报道，其中标"*"电耗指"立磨+排风机+选粉机"电耗，其他内循环立磨系统电耗统计范围不详。

由表12-5可见，在水泥原料"熟矿合量"比较接近、比表面积控制相当、主机电耗差别不大的情况下，外循环水泥立磨系统电耗比内循环水泥立磨系统电耗较低。由此可见，采用外循环立磨终粉磨系统，在充分利用立磨主机料床粉磨优势的同时，系统节能优势也得以充分发挥，使得单位水泥电耗进一步降低。

外循环立磨系统主机电耗较内循环立磨只是稍低，那么，其系统节电应该主要来自于辅机方面。主机节电除与磨辊、磨盘等本体结构有关外，另一方面可能与其独特的运行方式以及料层控制有关；辅机节电是主要部分。内循环系统以 TRMK4541 为例。进一步的用电分解如表 12-6 所示，可见外循环立磨系统风机电耗仅为内循环立磨系统风机的 45％。由此可见，采用机械提升取代气力提升是系统节电的主要原因。

表 12-6　外循环立磨与内循环立磨的电耗组成比较

立磨系统类型	熟矿合量 /%	系统电耗组成/ (kWh/t)					系统电耗 / (kWh/t)
		立磨主机	选粉机	系统风机	提升机	其他辅机	
内循环	84.0	18.1	0.3	8.8	不详	不详	＞27.2
外循环	81.1	16.3	0.5	4.0	0.9	1.9	23.6
差值	−2.9	−1.8	+0.2	−4.8	—	—	＞−3.6

另外，从立磨系统的阻力上分析，也佐证了机械提升取代气力提升是系统节电的主要原因。外循环立磨系统，其立磨出口的压力一般在 −300～ −500Pa，袋除尘器入口压力在 −3200～−3400Pa 之间，袋除尘器出口压力在 −3700Pa 左右；而内循环立磨系统，其立磨（含选粉机）出口的压力就在 5500～6500Pa 之间，其袋除尘器出口压力可达 −7500Pa 左右。两个系统的通风阻力相差 2000～3000Pa 左右，其系统风机的电耗差别焉能不大。

在对比佐证了外循环立磨系统的节电效果以后，我们对水泥立磨系统终粉磨一直比较担心的水泥细度、颗粒级配、标准稠度需水量等指标又有什么变化呢？两个系统的相关质量指标对比如表 12-7 所示。

表 12-7　外循环立磨与内循环立磨的质量指标比较

比表面积 / (m²/kg)	需水量 /%	水泥颗粒级配（μm) /%						筛余 /%
外循环立磨水泥		≤3	3～32	32～65	≥65	≥80		45μm
360	26.9	1.75	71.26	25.78	1.2	0.14		5.3
内循环立磨水泥		≤5	5～10	10～30	30～45	45～60	≥60	45μm
330	26.4	26.19	13.74	31.86	13.80	9.38	5.03	16.3

由表 12-7 比较可见，在水泥标准稠度需水量方面，两种立磨终粉磨的水泥均在 27％以下，而且相差不大；外循环立磨系统水泥需水量稍高，与其水泥细度控制得更细有关。

在水泥粒度分布方面，对水泥强度起主要作用的 3～32μm 粒级，外循环立磨水泥的含量达到了 71.26％，这有利于水泥强度的提高；而内循环立磨水泥，对水泥强度起主要作用的 5～30μm 粒级，其含量仅为 45.6％。如果为了提高水泥强度，进一步降低其水泥粒度，不但其系统产量将下降、电耗会增加，而且其水泥的标准稠度需水量将会增大。

由此可见，在水泥性能上，由于外循环立磨系统的选粉机在设计上更为灵活，在操作上更加方便可控，使得外循环立磨水泥的颗粒分布更趋合理，这对水泥强度的发挥更有利，而对水泥需水量的影响却不大。

12.2　半路秀出的水泥辊筒磨

实际上，辊筒磨并不是什么新鲜玩意儿，也不是国外的发明，早在我国民国初年就有了辊筒磨的石制雏形，只是在后来没有得到发展和推广。2015 年在三门峡黄河故道出土的水力辊筒磨如图 12-7 所示。

图 12-7　三门峡黄河故道出土的水力辊筒磨

实事求是地说，对水泥粉磨来讲，现代辊筒磨确实具有粉磨电耗低、产品颗粒级配和颗粒形状与球磨机接近、水泥和易性好的特点，在其开发投运以后也取得了几十台的业绩，而且效果都不错。但从长远看，其发展前途并不明朗，至少目前还看不出能在水泥粉磨中异军突起的迹象。

1. 辊筒磨的发展与应用现状

辊筒磨作为新一代磨机，虽然已经取得了显著的成果，但现在仍处于改进、完善或攻关阶段，国外参与开发的主要有两家，即法国 FCB 公司的 Horomill、丹麦 FLS 公司的 Cemax，国内介入此事的主要有华新水泥的 HXL、江苏科行的 KHM。由此可见，辊筒磨这个领域总体上还是比较冷清的。

1）辊筒磨的发展情况

1991 年，法国机械设备集团（FCB）研制出的第一台（ϕ1600mm）试验用辊筒磨，被称为 HOROMILL，如图 12-8 所示。

随后，世界上第一台辊筒磨 ϕ2200mm 工业样机于 1993 年 9 月在意大利的 Buzzi 公司 Trino 水泥厂投入使用。投用伊始就显示出它的诸多优点，如比球磨机节电 35％以上、低噪

图 12-8 FCB 于 1991 年推出的第一台辊筒磨（ϕ1600mm）

声、低磨耗、占地面积小、对生产和市场的适应性好等，而受到水泥行业的关注。

该辊筒磨的规格为 ϕ2200mm×2000mm，装机功率 500kW，磨辊直径为 ϕ800mm，设计生产 350m²/kg 水泥的能力为 25t/h；实际生产水泥比表面积为 320～400m²/kg，生产能力为 19.7～30t/h，磨机电耗为 17.1kWh/t，系统电耗为 25.9kWh/t，出磨水泥温度为 41℃。

意大利的 Buzzi 公司 1994 年又为在墨西哥的 TPZ 水泥厂 2500t/d 熟料线配套了一台规格为 ϕ3.8m 的 Horomill 水泥辊筒磨，主机功率为 2600kW；选粉机为 TSU-4000 型，处理风量 22 万 m³/h，装机功率 110kW；系统设计为比表面积 420m²/kg，台时能力 105t/h；当掺加火山灰作混合材时，水分含量高达 20%，可通入 250℃ 的箅冷机热风作烘干介质。该机投产后生产运行正常，产品质量稳定，系统实际生产能力 100～108t/h，主机电耗 17kWh/t 水泥，系统电耗 24.5kWh/t 水泥。该粉磨系统的流程如图 12-9 所示。

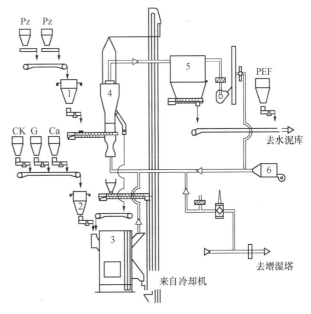

1—火山灰；2—熟料石膏；3—辊筒磨；
4—选粉机；5—袋收尘器；6—热风炉
图 12-9 TPZ 水泥厂 ϕ3.8m 水泥辊筒磨系统流程图

在拉法基水泥公司的大力支持下，FCB 公司的 Horomill 相继在一些水泥厂投入试用。已有 21 台运行在美洲，17 台运行在欧洲，16 台运行在亚洲。现在 FCB 已有直径 4.4m 的生料辊筒磨（420t/h）在巴西的巴罗索水泥厂运行，基本可以满足 5000t/d 级大型水泥厂的需要，FCB 提供的辊筒磨规格如表 12-8 所示。

表 12-8　FCB 辊筒磨规格和预计生产能力（t/h）

规格 /mm	普通硅酸盐水泥		火山灰水泥		矿渣水泥	
	$300m^2/kg$	$400m^2/kg$	$350m^2/kg$	$450m^2/kg$	$350m^2/kg$	$450m^2/kg$
2000	20	12	25	15	12	8
2200	25	15	30	20	15	10
2400	30	20	40	25	20	13
2600	40	25	50	35	25	17
2800	50	30	60	40	30	20
3000	60	35	70	50	35	25
3200	70	45	85	60	43	30
3400	80	50	100	65	50	35
3600	95	60	115	75	60	40
3800	110	70	130	90	70	50
4000	125	80	150	100	78	60
4200	140	90	170	115	90	65
4400	160	100	190	130	100	70
4600	180	115	215	145	110	80

墨西哥的 MOCTEZUMA 水泥厂，生料和水泥均采用了 Horomill 粉磨系统，2 台 $\phi3.8m$ 辊筒磨用于生料粉磨，2 台 $\phi3.8m$ 辊筒磨用于水泥粉磨。其中，水泥粉磨系统的辊筒磨生产细度为 $420m^2/kg$ 的水泥时，能力达到 108t/h，磨机电耗为 17.0kWh/t，系统电耗为 24.5kWh/t。与球磨机相比，水泥颗粒级配相近，水泥强度略有提高，其他各项水泥性能指标正常。

1995 年 FLS 公司推出了自己的 CEMAX 系列产品，1997 年 12 月在墨西哥 Cemax 水泥公司所属的西班牙 MoratadeJalon 水泥厂首次投入试生产，设计能力为 P·O 水泥 140t/h，其水泥粉磨系统电耗约 25kWh/t；第二台于 1998 年安装在印度的 Saurashtra 水泥厂。2 台 Cemax 粉磨系统都达到了设计要求，但还有一些机械方面的问题需要改进。

FLS 公司还开发了另一种 RRM 辊筒磨（即 Ring Roller Mill），与 CEMAX 相比，主要特点是采用了亚临界转速和风扫式推动，但由于料床难以稳定而没有继续推进。

至于国内的情况，天津院在 90 年代中期曾进行过研究，后因故停止；南京院于 1997 年立项并列入国家"九五"科技攻关项目，1998 年完成 $\phi0.8m$ 实验室辊筒磨（图 12-10）及配套选粉机的设备设计，1999 年建成了辊筒磨系统试验基地（图 12-11），2000 年完成中间试验及优化工作，基本掌握了辊筒磨的设备结构参数，积累了一些系统操作参数，2001 年与冀东水泥合作进行 $\phi1.6m$ 辊筒磨水泥预粉磨试用，2003 年 9 月 25 日带负荷运行，2004 年 5 月完成应用技术研究鉴定报告，但未见后续相关报道。

图 12-10　南京院的 ϕ0.8m 实验室辊筒磨

图 12-11　南京院的辊筒磨系统试验基地

华新水泥公司的 HXL 辊筒磨的研制也在同期展开，设计能力为 P·O 水泥 100t/h，或 450m²/kg 的矿渣微粉 45t/h，但在 1999 年 9 月底投产后就没了消息，应该不会有大的进展；江苏科行近年又开发了自己的 KHM 辊筒磨，主要用于矿渣粉磨，但目前也没有多大进展。

作为国产大型辊筒磨的研发，仍有不少技术难点有待攻克，比如筒体的整体制造、刮料板材料的选取等等。

中国第一重型机械集团公司凭借自己的装备制造实力随后跟进，得到了国家发改委"重大产业技术开发专项项目"的支持，研发项目被列入"国家先进污染防治技术名录"和"国家鼓励发展的环境保护技术目录"，在引进消化吸收国外技术的基础上，对辊筒磨的结构、性能、技术、应用，结合中国国情进行了一定的完善，研制出自己的辊筒磨，并于2013年4月通过了发改委高技术产业司的项目验收。

据有关报道，中国一重的第一台 $\phi 3.8m$ 辊筒磨于2010年1月开始制造，2011年9月在唐山新宝泰钢铁有限公司安装调试，2013年7月进入试生产阶段。从试生产情况来看，钢渣粉可以达到台时产量50t/h，比表面积460m²/kg，主机电耗<32kWh/t；矿渣粉可以达到台时产量80t/h，比表面积460m²/kg，主机电耗<18kWh/t。笔者相信在工艺性能上面没有太大问题，关键还是看其装备以及备件能否经得起时间检验。

目前世界各地已有10多个国家、20多家水泥企业、近60台辊筒磨在使用，效果总体良好，中国也有牡丹江和汉中的两个水泥厂引进使用了该设备。但辊筒磨也和很多进口设备一样，因其昂贵的设备、高价的配件及漫长的供货周期、较大的维护维修动作、较慢的本地化速度，使得它在世界范围内没有能够得到广泛推广，尤其是在水泥产能最大、发展速度最快的中国，最近几年内几乎没再有销售业绩。

2) 辊筒磨在国内的应用

（1）牡丹江水泥集团：在1号立波尔窑易地改造时，配套建设了一套年产72万吨水泥的粉磨系统，在国内首次采用了FCB的HRM3800辊筒磨。其设备规格为 $\phi 3.8m$ 辊筒磨，有效内径 $\phi 3.572m$，磨辊直径 $\phi 1.82m$，磨辊辊压宽度1.365m，主电机功率2400kW，磨筒体转速35.5r/min，液压缸压力21.5MPa；选粉机为TSV4500，装机功率132kW。设计生产 P·O 42.5 水泥，比表面积330m²/kg，系统能力120t/h，系统电耗24～26kWh/t 水泥。

2002年开始安装，2003年6月投产，台时产量稳定在118～125t/h，细度、比表面积等指标合格率均为100%，具有产量高、质量好、电耗低、噪声小的特点。2003年6～10月的运行情况如表12-9所示。

表12-9　牡丹江水泥厂辊筒磨 2003 年运行统计

项目	运转率	台时产量	细度	比面积	SO_3	混合材	系统电耗
单位	%	t/h	%	m²/kg	%	%	kWh/t
6 月	54.58	110.60	0.6	350	2.36	6.2	26.4
7 月	78.41	115.91	0.5	343	2.42	9.9	26.2
8 月	76.81	116.35	0.3	356	2.43	10.3	25.8
9 月	80.13	120.36	0.3	354	2.44	11.1	24.3
10 月	83.93	119.54	0.2	352	2.41	10.0	24.6
平均	74.77	116.56	0.4	351	2.41	9.5	25.5

（2）陕西汉江建材股份有限公司：2002年引进了国内的第二台FCB的HRM3800水泥辊筒磨，装机功率为2500kW，设计能力为生产 P·O 42.5 水泥时台时产量为82t/h，该系统的中控操作画面如图12-12所示。

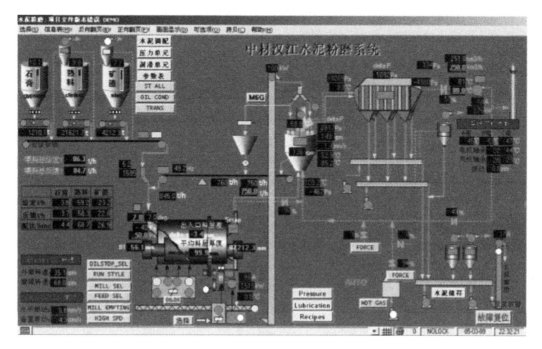

图 12-12　汉江公司水泥辊筒磨系统中控操作画面

该线于 2005 年 1 月投入使用，实际生产 P·O 32.5 水泥时台时产量在 100t/h 以上，生产 P·O 42.5 水泥时台时产量在 80t/h 以上，水泥质量容易控制，生产系统相当稳定。

生产中的主要参数控制值：磨辊液压缸压力 180bar（18MPa），磨机垂直振动≤8mm/s，磨机水平振动≤2mm/s，磨滑履温度≤90℃，磨滑履压差－10～20bar（－1～2MPa），液压缸温度≤70℃，出磨斗提功率 90～110kW。

（3）冀东水泥二分厂：原有 1 台 ϕ3m×11m 球磨机、O-sepa 选粉机的闭路粉磨系统，各辅机能力均在 65t/h 以上。在生产比表面积为 350m²/kg 的 P·O 32.5 水泥时，系统产量为 37.4t/h，系统电耗为 37.2kWh/t 水泥。

后采用南京院研发的 ϕ1.6m 辊筒磨进行了预粉磨改造，应该说在调试初期并不顺利，一开始就发生了辊筒磨基础被拉裂的事故，主要是由于刮料板焊接质量不到位，在物料冲刷下整体垮落，然后被卷入磨辊与筒体之间，造成压力臂支架地脚螺栓拉断；开始试验时，在辊筒磨的卸料区，物料还出现了反分级现象，返回磨内的料反而比卸出的料要细得多，后通过对卸料装置的反复调整才得以解决。

预粉磨投入使用后，在生产比表面积为 350m²/kg 的 P·O 32.5 水泥时，水泥磨系统产量提高到 48.7t/h，系统电耗下降到 28.2kWh/t。产量提高了约 30%，电耗降低了约 24%，辊筒磨主机设备运行稳定。

2. 辊筒磨的工作原理

辊筒磨是基于料床粉碎原理，融合了球磨机、立磨和辊压机的一些优点，依靠辊柱外面与筒体内环面组成的挤压通道，利用中等挤压力，在中等线速度下，实现了对物料的一次喂入、多次挤压，在一定程度上改善了球磨机冲击粉碎电能效率低、辊压机高挤压力一次通过颗粒球形度差、立磨线速度高气力提升分选颗粒分布窄的缺点。

395

料床挤压粉碎理论，即物料在压力作用下，产生应力集中引起裂缝并扩展，继而产生众多微裂纹，形成表面裂纹最终达到物料破碎。它避免了球磨机等冲击破碎时产生的物料飞溅、金属撞击导致的能量浪费，从而使能耗降低，占据了新一代磨机粉磨理论的主导地位。立磨、辊压机、辊筒磨都属于料床挤压粉碎，这些设备除了能量有效利用率较高以外，还具有结构紧凑、占地面积小的特点。

辊筒磨理论上有"单辊机械输送、单辊风扫输送、多辊机械输送、多辊风扫输送"几种方式，目前以"单辊机械输送"为主体型式，但这种方式由于磨辊两侧料床存在高差，刮板和导料板的工作环境十分恶劣，物料的外循环负荷也比传统球磨机系统要高许多，导致辅助设施的规格偏大。

"单辊机械输送"式辊筒磨的粉磨原理是：辊筒磨筒体以 1.2～1.6 倍的临界转速旋转，入磨物料在离心力作用下，紧贴磨筒体内壁形成 45～60mm 厚的均匀料层接受辊筒间挤压；挤压后的物料（厚 20mm 左右）贴挂在筒壁上被带起至设定高度；再通过刮板和导料板实现物料的磨内循环，完成多次辊压；出磨物料由机械提升，经过选粉机选粉，粗料返回磨内继续粉磨，细粉作为成品收集。辊筒磨的工作原理如图 12-13 所示。

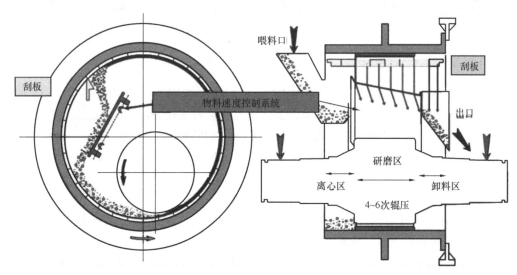

图 12-13　辊筒磨的工作原理图

辊筒磨的磨内按功能可划分为：前段喂料区、中段粉磨区、尾段卸料区，三个区段在粉磨功能上各有侧重，但又相互关联。

喂料区：物料通过进料端盖板上的进料口进入磨机筒体内，在离心力的作用下迅速贴附于筒体内壁，随筒体一起转动。当旋转到设定位置时，贴附于筒体内壁上的物料，被设置在筒体内的刮料板刮下，落到下方的导料板上，经导料板的轴向作用进入筒体的粉磨区。

粉磨区：导料板与筒体轴向成一定的角度且可调，用于在磨内推进物料，调节推进速度和循环挤压次数。进入粉磨区的物料，被辊子与筒体形成的钳角咬入，形成料床，磨辊在摩擦力作用下被料床带动旋转。随着磨辊与筒内壁的间隙逐渐缩小，料床物料逐渐被加压的磨辊压实、破碎、粉磨，完成第一次挤压。

挤压后的物料仍然紧贴内壁随筒体旋转，再次转到设定位置时，又被刮料板刮下；在导料板的轴向推进下，物料沿筒体轴线前进一段距离，再次于粉磨区内被咬入、压实、粉碎、刮下、推进，如此循环往复。物料在粉磨区的循环粉碎次数，可通过调整导料板的导料角度和调整物料的推进速度来实现。

卸料区：物料在粉磨区经过多次（一般为 4～8 次）推进，完成多次挤压粉碎以后，被导料板推出粉磨区，进入卸料区。物料进入卸料区后，继续紧贴内壁随筒体旋转，当旋转到设定位置时被刮料板刮下，落到下方的出料导流板上，被导流板卸至磨外。少量未落到导流板上的物料，再次被旋转带起、刮下、导流，直至被全部卸至磨外。

3. 辊筒磨的系统组成

辊筒磨的系统组成和内部结构分别如图 12-14、图 12-15 所示。辊筒磨的系统由回转筒体及传动装置、磨辊及加压装置、刮料板及导料板、液压系统、润滑系统、测控系统、调节系统组成。筒体的长度小于直径，支撑在两组滑履轴承上，通过边缘传动以超临界转速运转，其内侧装有耐磨衬板。磨辊横卧在筒体内，其两端穿过筒体的进、出料端盖，凭借液压缸拉力向衬板上的物料施压，并在摩擦力作用下随筒体以相同线速度转动。贴附在筒壁上的物料由刮料板刮下，由导料板推进，推进速度可通过调节导料板的角度进行调整。

图 12-14　辊筒磨的系统组成图

1）机架和加压部分

框架的坚固结构提供了机器支撑，将粉磨压力和冲击载荷直接传递给基础。针对粉磨区进出两端料床高度、颗粒组成的差异，为了降低辊筒磨振动，确保安全稳定运行，采用压臂和平衡杆的扭力杆平衡加载结构，如图 12-16 所示，这种结构能有效稳定料床并改善磨辊轴承受力状况，强制两侧加载油缸同步并降低了基频。

压臂中央的铰支点通过自润滑滑动轴承支撑在机架上，两压臂的一端头部均有轴耳与液压缸相连，压臂通过 U 形螺栓与磨辊轴承座相连，两压臂的另一端用螺栓通过平衡杆连成一个 U 字形框架。

压臂与机架之间设有可调的限位块，通过调节限位块的厚度来确定磨辊与磨筒内壁间的

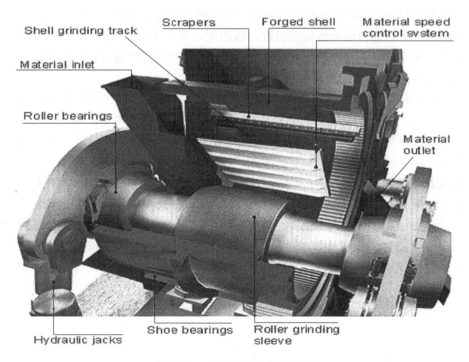

图 12-15　辊筒磨的内部结构图

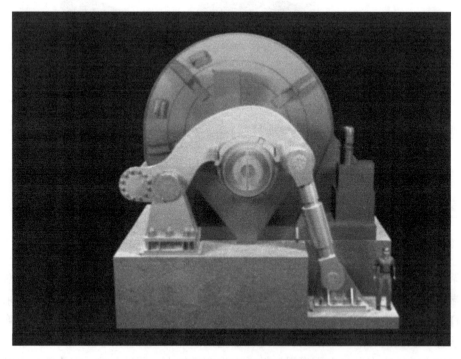

图 12-16　辊筒磨的压臂和平衡杆结构图

最小初始间隙，同时确保磨辊在任何状态下不与磨筒相干涉。在进料侧的压臂上（设备最大震动处）安装有测震传感器。

2）磨筒体以及衬板

磨筒体部分包括进料端盖、磨筒、导料装置、刮料装置、出料端盖等，是辊筒磨的核心装置。借助于超临界区域产生的离心力来控制料流的运动，刮料装置将物料数次刮下，并通过可调角度的导料装置将物料推进一段距离后，再次喂入磨辊下，实现物料层在连续加工过程中受到多次循环挤压的作用。

磨筒体是辊筒磨的关键部件之一，它连续承受交变的动载荷和瞬时强冲击，并处于长期高速运转状态。喂料区和卸料区筒体内表面采取一定的措施以增加带料能力，粉磨区内敷设耐磨衬板，衬板表面堆焊网状花纹，以增加物料的咬入能力。从高可靠性出发，为避免衬板在高压粉磨过程中发生脆断或脱落等情况而酿成严重事故，同时为减少筒体受压区的应力集中，衬板采用特殊的无螺栓固定方式，衬板间的安全销用以确保衬板的牢固固定，如图12-17所示。

图 12-17　喂料区、卸料区的带料设计/粉磨区的衬板安装

3）导料板和刮料板

导料装置由导料板、导料板支架及调节装置等组成。控制料流走向的导料板安装在导料板支架上，导料板上设有可供调节导料角度的螺杆，工作时在端盖外侧就能调节导料板角度，导料板角度调节范围按最大内循环次数来设计。

刮料装置由刮料板、刮料板支架及安全装置等组成。考虑到几个区内物料的密度不同，磨损也不同，刮料板表面有耐磨层且可更换；刮料板安装在支架上，其高度方向（与筒体内表面间的距离）可根据情况进行调节。

4）出料端盖和出料方式

出料端盖设有上部的排风口、下部的出料口，以及入孔门、观察门、导料装置和刮料装置的固定支座，并安装有端盖与筒体、端盖与辊轴的密封装置。出料口出料方式基本有

两种:

(1) 强制排料的上出料。完全依靠刮料板将磨筒体卸料区内的物料刮下,并经固定的导流板送入端盖上的出料口,通过流槽将完成粉磨后的物料排出。这种出料方式的优点是结构紧凑,可减小磨辊轴承间的跨距,出料口可布置得相对较高,便于出料斗提机的布置。不足的是,当辊筒磨紧急停机时,磨内积料难以排出,给下次启动带来困难;端盖与磨筒体间的密封无成熟结构,实施较困难;出料端盖布置较难;无法排空磨内所有物料,空间较小,检修不便。

(2) 强制排料与自然排料并举的下出料。磨筒体出料端呈开放状态,外接带出料端盖的出料罩。物料可自然流出,并依靠刮料板将磨筒体卸料区内的物料刮下,经固定导流板直接送至下部出料口。这种出料方式的优点是完成粉磨后的物料排出迅速通畅;当辊筒磨紧急停机时,磨内积料通过慢驱迅速排空,给空载启动带来方便;可排空磨内所有物料,空间较大,检修方便;出料端盖布置较容易;端盖与磨筒体间的密封结构成熟,实施容易。

5) 密封问题及密封措施

密封是辊筒磨不可忽视的问题,早期辊筒磨的运行显示,如果密封处理不好,将造成漏油、漏料、冒灰等不良后果,甚至会严重影响辊筒磨的正常运行,尤其是磨辊轴与两端端盖、筒体与两端端盖间的密封。因暂时还没有彻底解决的可靠方案,只好采用疏导的方式,将这些部位漏出的物料,用横穿于辊筒磨本体基础中的螺旋输送机送至出磨斗提机。

由于辊筒磨结构紧凑,要在有限的长度和空间内设置多个部位的密封,且保证密封良好,难度很高。主要的密封部位有:

(1) 机罩与筒体间的密封。这个部位的密封主要是防止润滑油外漏,以及粉尘进入齿轮和滑履表面。可充分利用磨筒体的高速旋转特点,采用疏导和密封并举的方法,如采用机械、橡胶和冲填油脂的组合方式进行密封。

(2) 磨辊轴与两端端盖间的密封。该部位的密封作用是防止粉磨过程中磨筒体内部的物料和灰尘外泄。两端端盖上各有一个很大的椭圆孔,以使辊轴伸出筒体外,工作时端盖静止不动,辊轴既作高速旋转,又作上下高频摆动,况且磨内又布满物料。针对这种恶劣工况下的复合运动,只能采用几种密封的组合装置进行密封。

(3) 筒体与两端端盖间的密封。该部位的密封作用也是防止粉磨过程中磨筒体内部的物料和灰尘外泄。其中出料端盖如果采用下出料方式,密封面为罩壳与磨筒体间的径向密封,该处的密封装置采用简洁可靠的弹簧自补偿式毛毡密封结构。筒体与进料端盖间的密封,由于筒体高速旋转,密封部位又紧邻喂料区,物料的大量堆积对密封形式及密封件材质的选择都有极高的要求。可考虑充分利用筒体高速旋转、离心分离的特性,采用组合机械密封形式。

6) 磨辊结构及耐磨润滑

磨辊系统是辊筒磨的核心部件之一,辊筒磨通过磨辊给予物料粉磨力。它类似于辊压机的辊子,虽受力较辊压机小,但转速高、跨距大。磨辊的直径和长度是辊筒磨的重要参数,它的取值直接影响着粉磨压力、料层厚度、生产能力和装机功率等参数。

辊轴采用整体优质合金钢锻件,表面堆焊硬度逐层增高的硬质合金层,最外层还需堆焊菱形网状花纹,以增强对大块物料的咬入能力。这种结构具有安全可靠、对物料适应性强、耐磨、寿命长等特点，且磨损后可以重复堆焊使用。

磨辊系统由辊轴、轴承座、辊轴与进出料端盖的密封装置、磨辊水冷却装置等组成。辊轴两端轴承采用稀油润滑，及时带走运行过程中产生的污物和热量，减少日常维护工作量，降低运行成本。

4. 辊筒磨与立磨、辊压机的比较

立磨、辊压机、辊筒磨，都是基于料床粉磨原理的粉磨设备，与球磨机相比，都具有能量有效利用率高、能耗低、结构紧凑、占地面积小的优势，但它们又有各自不同的特点，三种料床粉磨设备的技术特征对比见表 12-10。

表 12-10　立磨、辊压机、辊筒磨的技术特征对比

项目	单位	立磨	辊压机	辊筒磨
挤压施力的几何体现		圆柱外切平板上切	圆柱外切圆柱外切	圆柱外切圆环内切
料床特征		侧面自由	四周受限	侧面基本受限
挤压次数		大量重复	一次通过	多次挤压
钳入角	(°)	～12	6	～18
投影辊压	kN/m²	400～1500	5000～10000	1500～3500
线速度	m/s	3.0～7.5	1.0～1.8	3.7～7.5
料层厚度	mm	—	10～14	22～23
能量利用率	cm²/J	45.0	60.0	50.0

1）钳入角的比较

以料床粉磨机理工作的设备都有一个很重要的参数，即对被挤压物料的钳入角。钳入角也叫咬入角或拉入角，用物料颗粒与两个与之相接触的挤压面的切线夹角表示。

辊压机、立磨、辊筒磨的钳入角，如图 12-18 所示，取决于几何要素和物料特性。辊压机的钳入角一般为 6°；立磨的钳入角取决于辊子和盘的断面形状，圆柱辊和平盘的钳入角一般只有 12°；辊筒磨的压辊和筒体衬板的钳入角比较大，为压辊外径 D 与筒体内径 ϕ 比值的函数，已有辊筒磨的 D/ϕ 为 1/3～1/2，对应的钳入角约为 18°～24°。

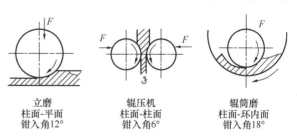

立磨
柱面-平面
钳入角12°　　辊压机
柱面-柱面
钳入角6°　　辊筒磨
柱面-环内面
钳入角18°

图 12-18　三种料床粉磨设备的钳入角比较

对辊筒磨取极限，当筒体内径 ϕ 无穷大时，筒体被展开为一张平板，已等同于立磨的磨盘。此时，D/ϕ 趋近于 0，对应的钳入角为 12°。

料层厚度与钳入角和辊子的直径成正比，即钳入角越大，辊径越大，料层的厚度也越大。由于辊筒磨的钳入角最大，带料能力最强，因此，其料床比辊压机和立磨的料床厚，稳定性就更好。

如法国奎亚斯（Cruas）水泥厂的辊压机用于终粉磨时，辊子的直径为 800mm，料层厚度为 8～10mm；意大利特利诺粉磨车间的辊筒磨，辊子直径和该辊压机的相同，也是 800mm，但其料层厚度却是 22～27mm。

2）粉磨压力的比较

辊压机的工作压力较高，在高压力下运行的设备，不仅其构件负荷大，动力消耗也大；物料挤压成料饼需要消耗能量，料饼还要打散也要耗费能量；而且在高压下的高效快速粉碎，导致其产品的颗粒球形度差。

立磨的工作压力较低，其操作安全可靠，而且不会因压成料饼而影响粉磨效率；但物料须在磨内进行气力输送和选粉，不仅物料循环量大，气力输送能耗也高；气力提升加选粉将导致其产品的颗粒分布范围窄。

辊筒磨的工作压力介于立磨和辊压机之间，兼具二者的优点，可以获得较高的节能效果和较低的金属磨耗；而且低压力慢速粉碎，厚料床多次循环研磨，机械输送不选择颗粒大小，其颗粒形状和颗粒级配都比较好。

3）运行的平稳性比较

应该说，这三种设备对粉磨物料中硬质的大块料都比较敏感，同时在喂料不稳时都极易产生振动。辊筒磨的优势在于其料床的稳定性更好，而且其独特的结构为解决和控制振动提供了有效的方法：

（1）同步装置解决了在料层不稳时仍能保持压辊的水平；

（2）刮料装置采用了防剪销，可有效地防止大块料在刮刀和筒体衬板之间被卡死。

4）粉磨电耗比较

从国内外的使用情况看，辊筒磨的单位产品能耗是目前所有粉磨设备中最低的。下面是FCB给出的，两个厂家分别采用自己的同一种物料（物料的易磨性相同），在不同的粉磨系统中粉磨水泥，其单位产品电耗对比，如表12-11所示。另外，与牡丹江水泥厂辊筒磨产品电耗有关的几个指标如表12-12所示。

表 12-11　不同系统粉磨同一种物料的水泥电耗对比

生产厂家	辊筒磨	辊压机＋球磨机	球磨机＋选粉机	比表面积
牡丹江某厂	25kWh/t	—	42kWh/t	350m²/kg
墨西哥某厂	23.5kWh/t	33kWh/t	37kWh/t	350m²/kg

表 12-12　牡丹江水泥厂辊筒磨的运行指标

水泥厂家	Horomill 规格	粉磨系统	台时产量 /（t/h）	比表面积 /（m²/kg）	系统电耗 /（kWh/t）	系统投资 /万元
牡丹江	φ380	终粉磨	120	330	24～26	6000

FCB还给出了一套粉磨生料的对比数据，对某厂的同一种物料，采用立磨粉磨时电耗是21.0kWh/t，而采用辊筒磨粉磨时电耗是13.1kWh/t。

辊筒磨的料床稳定，不仅产质量受辊面磨损的影响小，而且对物料的适应性强。比如，对流动性超大的粉煤灰，在超细粉磨时，球磨、立磨、辊压机等都难以适应，而辊筒磨则要好得多。

5）水泥质量比较

辊压机和立磨都在水泥的终粉磨上使用过，但都不太理想。立磨终粉磨生产的水泥粒度分布范围窄，辊压机终粉磨生产的水泥颗粒球形度差，都比球磨机生产的水泥需水量大。如果要保持相同的混凝土稠度，一是多加水，将导致混凝土强度降低；二是增大减水剂用量，将导致混凝土成本提高。

而辊筒磨生产出来的水泥，在使用过程中意外地发现，需水量比球磨机生产的水泥还略低一些。对这两种水泥的颗粒级配与颗粒形状的分析发现，两种水泥的颗粒级配非常接近，辊筒磨水泥的颗粒球形度还要略好于球磨机水泥，各龄期的水泥强度辊筒磨也要略胜一筹。辊筒磨与球磨机的水泥颗粒级配、颗粒形状对比如图 12-19、图 12-20 所示。

图 12-19　辊筒磨与球磨机的水泥颗粒形状对比

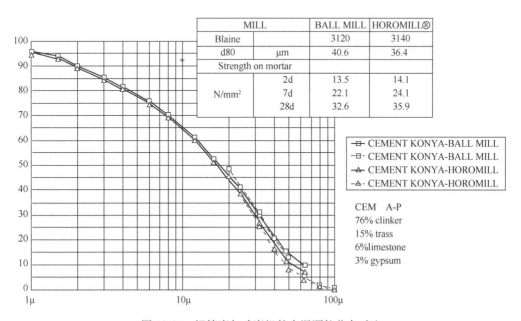

MILL		BALL MILL	HOROMILL®
Blaine		3120	3140
d80	μm	40.6	36.4
Strength on mortar			
	2d	13.5	14.1
N/mm²	7d	22.1	24.1
	28d	32.6	35.9

□─ CEMENT KONYA-BALL MILL
□- CEMENT KONYA-BALL MILL
△─ CEMENT KONYA-HOROMILL
△- CEMENT KONYA-HOROMILL

CEM　A-P
76% clinker
15% trass
6%limestone
3% gypsum

图 12-20　辊筒磨与球磨机的水泥颗粒分布对比

6）粉磨系统比较

牡丹江水泥厂在选择粉磨系统时，曾进行了辊筒磨与已有辊压机预粉磨系统的比较，结果显示：按年产 72 万吨水泥、电价 0.48 元/kWh 计，年节约电费 800 多万元；尽管辊筒磨系统总投资略高，但单位生产能力的总投资还略低一些。两个系统的对比如表 12-13 所示。

表 12-13　牡丹江水泥厂对辊筒磨与辊压机预粉磨比较

粉磨系统	辊筒磨系统	辊压机＋管磨机 预粉磨系统
生产能力	P·O 42.5 水泥 115t/h	P·O 42.5 水泥 110t/h
比表面积	360m²/kg	360m²/kg
磨机规格	HORO 3800，2300kW	ϕ3.8×13m，2500kW
辊压机	—	RP140×100，2×800kW
选粉机	TSV500，132kW	O-sepa N-1500，132kW
系统风机	500kW	75kW
循环风机	—	280kW
提升机	132kW	155kW
系统装机功率	3064kW	4742kW
单产装机功率	33kW	47.4kW
单产电耗	25.6kWh/t	42.7kWh/t
单产金属磨耗	3.5g/t	32g/t
系统设备费	3348 万元	2844.58 万元
建筑工程费	128 万元	388.45 万元
安装工程费	139 万元	280 万元
工程总投资	3615 万元	3513.13 万元
台时能力投资	31.43 万元/（t/h）	31.94 万元/（t/h）

5. 有待完善的方面

辊筒磨作为新的粉磨技术和装备，在投入水泥粉磨系统的实际应用中并不总是理想，机械设备和工艺操作等方面的问题仍需解决。

（1）机械方面：刮料板断裂与磨损问题，磨机易发生震动问题，轴承发热与漏油问题，辊面磨损与损坏问题，隐蔽部件的监控问题，本体密闭较难，维护维修不方便等。辊筒磨现场维修需要整套拆出的磨辊及支撑如图 12-21 所示。目前，国内机械加工能力不足，耐磨材料是否能达到要求也制约着它的发展。

（2）工艺方面：物料循环量波动大影响系统稳定性，物料瞬时峰值特大易造成系统堵塞，烘干能力不足对入磨水分含量需控制较严，磨外辅机配置大维护维修较难，磨外系统容易结露等。

（3）辊筒磨烘干能力欠缺限制了其系统的灵活性。磨内物料都是被压实刮下的料饼，又没有烘干热风通过，只能在磨机与除尘器之间的选粉机及连接管道内引入热风，选粉机又限制了热风温度和风量，也就限制了系统的烘干能力。

由于选粉机立轴的下轴承处于选粉机内部，其温度上限为 110℃，加之袋收尘器的入口温度上限为 100℃，这就决定了通过选粉机的风温不得超过 100℃。此外，选粉机兼具对料块的打散功能和对料粉的分选功能，其产品又有粒度和颗粒级配的制约，也限制了通过选粉机的风量，除非专题研发大风量选粉机。现有辊筒磨的烘干工艺如图 12-22 所示。

图 12-21　维修中需要整套拆出的磨辊及支撑

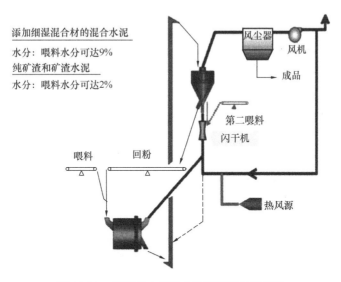

图 12-22　带烘干功能的水泥辊筒磨粉磨系统

（4）较大的外部循环使配套的辅助设备规格较大。水泥辊筒磨粉磨系统的循环负荷率一般在 1∶9～1∶10 之间，大大超过了常用的球磨机、辊压机、立磨等闭路粉磨系统。如果要设计相同能力的粉磨系统，辊筒磨的辅机要大得多，这些辅机可能需要专题开发。换句话说，就现有的辅机能力来讲，辊筒磨粉磨系统的能力可能受到辅机能力的限制，目前不可能做到球磨机、辊压机、立磨等闭路粉磨系统那么大。

6. 能否迈向未来

1991 年 FCB·Ciment 公司的第一台（φ1600mm）试验用辊筒磨面世以后，从 1993 年 9 月第一台工业样机（φ2200×2000mm）在意大利的 Buzzi 公司 Trino 水泥厂投产，到今年已经 20 多年了，用于水泥、生料、矿渣粉磨的业绩，总的加起来还不到 60 台，应该说与立磨、辊压机的推进相比，发展确实慢了点。特别是介入其开发研究的国际大公司寥寥无几，积极性不高，只能说明供需双方都还在观望阶段。

怎么会是这种局面呢？笔者认为，目前在水泥粉磨上有竞争力的装备主要有立磨、辊压机和辊筒磨。与立磨和辊压机相比，现在的辊筒磨，由于其结构上的集中性和隐蔽性，设备的可靠性和维护维修的方便性并不被看好。但由于其更低的粉磨电耗，其粉磨的水泥具有和易性好的突出优势，所以能让水泥行业眼前一亮，能在市场上争得一席空间。

将来的辊筒磨，由于其原理和结构的特点，其设备的可靠性和维护维修的方便性目前还看不到可能有大的突破。但随着技术的发展，人们相信立磨和辊压机将同样能生产出和易性好的水泥，进一步降低粉磨电耗，而且设备的可靠性和维护维修的方便性都比辊筒磨要好，到那时辊筒磨将优势不再。所以，辊筒磨属于"现在股"，而非未来的"潜力股"。

辊筒磨作为一种新型节能粉磨设备，在进一步降低了粉磨电耗的同时，克服了现在立磨和辊压机终粉磨水泥和易性差的缺点，其终粉磨能够生产与球磨机品质接近的水泥，从而为选择节能粉磨工艺提供了一条可行的途径。从国内引进的两台用于水泥终粉磨的大型辊筒磨的运行情况看，确实具有节能效果显著、操作灵活便捷、其粉磨的水泥和易性好的特点。

但辊筒磨机械和工艺的密封难度较高，更换辊套及筒体衬板极其麻烦，其设备投资和运行维护费用也确实较高，尤其当矿渣掺入量较高时，辊面耐磨层的寿命不甚理想。辊压机联合粉磨工艺技术已经成熟，立磨终粉磨水泥的和易性已得到改善，甚至辊压机水泥终粉磨工艺也在研发之中，辊筒磨作为水泥终粉磨设备的优势在将来还能否保持，现在看来也并不是绝对的。

12.3　期待的水泥辊压机终粉磨

众所周知，辊压机和立辊磨，是近几年在水泥行业粉磨系统中广泛采用的节电设备，应该说都取得了显著的效果。但立辊磨已经广泛应用于生料终粉磨，应用于水泥的终粉磨也已经起步。而辊压机却晚了一步，辊压机生料终粉磨才刚刚起步，辊压机水泥终粉磨还徘徊在研发阶段。

实践证明，辊压机用于生料终粉磨确实比立辊磨更加节电，那么用于水泥终粉磨能否也具有比立辊磨更节电的效果呢？大家普遍担心的对水泥颗粒级配和颗粒形状的影响，是否能够取得突破呢？

在球磨机粉磨系统中，对物料的粉磨是以无数次的冲击与摩擦混杂进行的。其中不乏钢球之间、钢球与磨体衬板之间的冲撞，做了不少无用功；包括选粉在内，物料在粉磨系统中停留时间长，粉磨效率低，单位电耗高。

与球磨机系统相比，物料在立磨粉磨系统中，所受的粉磨力以挤压为主，研磨为辅。物料在磨盘与磨辊之间被粉磨的次数较少，整个粉磨过程（包括选粉在内）进展快、时间短。因而粉磨效率高，节省了粉磨的电耗。

鉴于辊压机已成功用于生料终粉磨，并且具有系统简单、操作方便、管理维护容易、电耗低的特点，那么辊压机是否也可以取代立磨作为水泥终粉磨系统呢？辊压机与立磨同样属于挤压粉碎，立磨能生产性能合格的水泥，辊压机为什么就不能呢？

1. 辊压机终粉磨的研究试验

1）国外的研究

早在 1987 年，德国的 Polysius 公司、洪堡公司、Clauslhal 大学，就开始了对辊压机终粉磨的一系列研究试验。令人鼓舞的是，辊压机终粉磨确实能进一步降低粉磨电耗。对同一种水泥，不同粉磨系统的主机电耗如表 12-14 所示。

表 12-14　同一种水泥各粉磨系统的主机电耗对比

粉磨系统	球磨机闭路粉磨系统	辊压机预粉磨系统	辊压机联合粉磨系统	辊压机半终粉磨系统	辊压机终粉磨系统
主机电耗	35kWh/t	30kWh/t	25kWh/t	23kWh/t	20kWh/t
降低电耗	—	5kWh/t	10kWh/t	12kWh/t	15kWh/t

德国 Lägerdorf 水泥厂进行过不同比表面积情况下的粉磨电耗对比试验，参见高长明编著的《预分解窑水泥生产技术及进展》一书。在水泥辊压机终粉磨、辊压机联合粉磨、球磨机粉磨三个系统中，以辊压机终粉磨的电耗最低，可以将水泥的单位粉磨电耗降低到 20kWh/t 左右，其试验结果如图 12-23 所示。

让人遗憾的是，研究发现辊压机终粉磨水泥与球磨机水泥相比，在比表面积和三氧化硫基本相同的情况下，存在"需水量增大、凝结时间缩短、早期强度下降"三大问题。

研究进一步测试了几个因素对需水量的影响程度：

（1）二水石膏脱水不足，水泥需水量增加 $2.0\%\sim2.5\%$；

（2）硫酸盐分布不均，水泥需水量增加 $2.4\%\sim4.0\%$；

（3）水泥颗粒分布范围窄，水泥需水量增加 $1.0\%\sim2.0\%$；

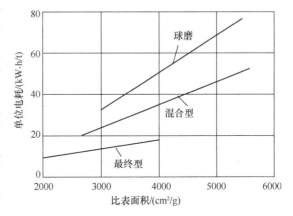

图 12-23　不同粉磨系统在不同比表面积时的粉磨电耗

（4）C_3A 活性提高及其他未知因素，水泥需水量增加 $5.0\%\sim8.5\%$。

研究还从粉磨原理上分析了几个因素对需水量的影响：

（1）辊压机粉磨出的水泥颗粒，绝大部分（80%以上）集中于 $5\sim30\mu m$ 之间，与球磨机水泥相比，在比表面积相同的情况下，$5\mu m$ 以下的微粉、$30\mu m$ 以上的粗粉含量明显偏少，粒径分布过窄，两种粉磨系统水泥的颗粒组成对比如图 12-24 所示。水泥粒径分布越窄，颗粒间的孔隙率就越大，所需的填充水就越多，所以需水量就越大。

（2）辊压机粉磨出的水泥颗粒呈片状和棱状，球形度差且表面粗糙，特别是大于 $63\mu m$ 的粗粉颗粒几乎全部是细长或不规则形，没有球形颗粒。虽然检测的比表面积相同，但实际比表面积可能相差较大。

为了定量研究颗粒形状的影响，研究引入了形状系数 f 的概念，并将其定义为：

$$形状系数\ f = 4\pi[颗粒的投影面积／投影面积周长^2]\times 100$$

以圆球形状为例 $f=100$，f 越小表明其形状越细长或其周边越曲折，颗粒投影形状与其形状系数 f 的对应关系如图 12-25 所示。

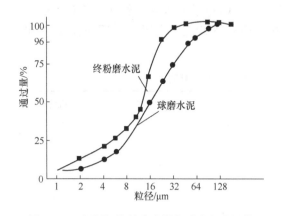

图 12-24　辊压机终粉磨水泥与球磨机水泥的颗粒组成对比

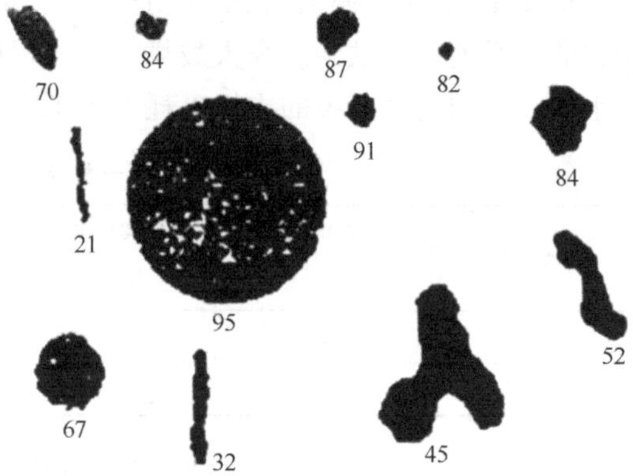

图 12-25　颗粒投影形状与其形状系数 f 的对应关系

研究所得辊压机终粉磨水泥与球磨机水泥相比，在不同粒级中颗粒形状的差异如表 12-15 所示。

表 12-15　两种水泥在不同粒径组成段的颗粒形状对比

粉磨系统	球磨机水泥				辊压机终粉磨水泥			
形状系数	80～100	70～80	50～70	10～50	80～100	70～80	50～70	10～50
粒径组成	不同形状颗粒所占的比率%				不同形状颗粒所占的比率%			
$>63\mu m$	50	10	25	15	0	3.5	21.5	75
$32\sim63\mu m$	60	18	18	4	45	15	22	18
$10\sim32\mu m$	60	17	18	5	50	10	23	17
$<10\mu m$	89	8	3	0	85	8	7	0

由表 12-15 可见，两种水泥的颗粒形状在 $<10\mu m$ 粒级段差别不大，绝大部分呈圆形或椭圆形，即 $f=80\sim100$ 的颗粒都占到了 85% 以上；在 $10\sim63\mu m$ 粒级段，两者的颗粒形状差别仍然不是很大；但在 $>63\mu m$ 的粗粉中，两者的形状就大不相同了，球磨机水泥中仍有 50% 左右的颗粒保持为基本球形，而辊压机终粉磨水泥中几乎全部颗粒都呈细长形和不规则形。

球形颗粒之间的孔隙率小所需填充水也少，球形颗粒之间的滑动摩擦小所需表面层水也少，所以球磨机水泥的需水量较少；反过来对于辊压机终粉磨水泥，特别是其 $>63\mu m$ 的部分，由于球形度极差导致了需水量增大。这就提示我们，在改善辊压机终粉磨水泥需水量方面，一是要减少其中的粗粉含量、二是特别要改善其粗粉的颗粒形状。

（3）研究表明，在高压的料床粉碎条件下，C_3S 和 C_2S 矿物的粉碎或断裂具有明显的方向性，粉碎生成的颗粒较粗且形状不规则；而 C_3A 矿物则比较容易被压碎生成较多的细粉。这就导致了不同矿物在不同粒级中的离析，使水泥中的 C_3A 更多地向细粉中集中、活性更强。

由于辊压机的粉磨能效高，在粉磨过程中产生的热量少，粉磨物料温度一般只有 $40\sim50℃$，导致石膏脱水不足，未能生成足够的半水石膏。

这样，对于辊压机终粉磨水泥，一方面是 C_3A 的水化加快，一方面是 SO_3 的溶解减慢，最终导致了水泥中 SO_3 溶解跟不上 C_3A 水化的需要，导致了水泥一定程度的急凝，使水泥的水化水量增大；

（4）具有韧性的石膏在辊压机挤压后呈片状和针状，细度显然不够，导致其在水化时分布不均。

面对辊压机终粉磨的一系列问题，研究并没有止步，主要以大循环为措施的进一步研究试验，借以加强对粗粉的研磨并改善其颗粒形状，同时强化了对石膏的研磨和均化，目前已经积累了不少经验。

德国的 Lägerdorf 水泥厂在 1988 年底、法国的 Cormeilles 水泥厂在 1989 年 4 月，分别投产了自己的水泥辊压机终粉磨系统，进行了一系列的工业试验，经过一年多的生产实践，证实了辊压机终粉磨水泥的性能能够达到球磨机水泥的水平，完全符合水泥工业标准。而且粉磨电耗得到进一步降低，按水泥品种和粉磨细度不同，可降至 $20\sim25kWh/t$ 水泥，比联合粉磨系统又降低了 $15\%\sim20\%$。

但应该指出的是，由于"大循环"（循环量约为喂料量的 $4\sim6$ 倍）为辊压机终粉磨的主要技术措施，大幅度改变了现有水泥粉磨系统主辅机设备的匹配性，对循环系统的设备规格提出了更大的要求。在完成这些设备的大型化研发以前，只能将辊压机终粉磨系统的能力限制在较小的范围内，上述两个厂的系统产量就只有 $50t/h$ 左右，这显然是不能满足现代化水泥厂需要的。

而且，在完成设备大型化以后，其节电效果如何、其综合效益是否经济，都还存在着不确定性，也正是这些不确定性阻碍了水泥辊压机终粉磨的进一步发展。

2）武汉工业大学的研究

尽管国外的研究进展不太顺利，但国内的研究和尝试并没有停止。我国在二十世纪末就有一个专题项目，直接叫"无球磨机挤压粉磨系统"项目，所指很明确，就是期望辊压机的节能优势在水泥粉磨中得到体现，迎接水泥行业"无球化"的到来。

1991 年，武汉工业大学北京研究生部进行了"无球磨辊压水泥粉磨系统"的研究试验。在大量的试验后认为，影响辊压机终粉磨水泥产品物化性能的主要原因，在于颗粒形状和颗粒级配。只要采取措施解决了这两个问题，其他问题即可迎刃而解，并提出了"多次循环辊压机终粉磨系统"的概念，与国外的研究不谋而合。

武工大针对水泥需水量增加的研究取得以下结论：

（1）辊压机终粉磨与球磨机相比，其生产的水泥需水量增加约 8% 左右；

（2）颗粒形状影响水泥需水量约 5%；

（3）颗粒级配影响水泥需水量约 4%；

（4）硫酸盐细度影响水泥需水量约 1％；

（5）矿物晶体畸变及 C_3A 活性提高影响水泥需水量约 0.5％；

（6）水泥产品微粉较少，水化较慢，化学结合水少，影响水泥需水量约 1％。

3）合肥水泥研究设计院的工业试验

合肥水泥研究设计院在水泥辊压机终粉磨工艺技术攻关期间，在安徽省安庆白鳍豚水泥有限公司，建成了一套水泥辊压机终粉磨生产线。在实际运行中，通过调整辊压机的液压压力、磨辊转速等操作参数，摸索了一些辊压机在挤压不同粒径、不同物料时的运行规律。

由于以前的预粉磨和联合粉磨来料颗粒较大，采用辊宽较窄的辊压机以防止传动系统负荷过大。而现在辊压机终粉磨来料较细，应适当增加辊宽，降低辊速，以提高主电机的利用率，防止产生气振。在挤压细粉时，辊宽加大后，为保证挤压效果，就必须提高液压系统的工作压力。

合肥水泥研究设计院还研制了颗粒分布调节器，用以控制返回辊压机重新挤压的回粉量和调节入辊压机物料的粒度分布，使水泥成品的颗粒形貌、粒度组成趋于合理。通过调整辊压机的循环负荷，实现了对水泥成品颗粒的整形，水泥性能等指标基本与普通圈流磨一致。辊压机终粉磨成品粒度分布如表 12-16 所示，颗粒形貌如图 12-26 所示。

表 12-16 辊压机终粉磨水泥的成品粒度分布   %

试样编号	$<80\mu m$	$<50\mu m$	$<30\mu m$	$<20\mu m$	$<10\mu m$
1	98.26	88.09	71.31	55.76	33.08
2	98.40	90.47	72.19	56.14	32.62
3	98.73	92.33	75.56	59.85	35.74
4	99.02	93.87	79.54	63.85	38.73

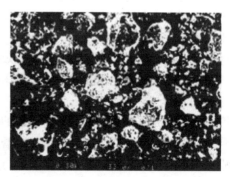

图 12-26 辊压机终粉磨工艺的水泥成品颗粒形貌

试验表明，在水泥成品比表面积 $>300m^2/kg$ 时，可以保证辊压机在安全、平稳的状态下运行，使辊压机的性能得到充分发挥；通过调整粉磨系统的循环负荷、打散分级机的分级转速以及选粉机转速等工艺参数，实现了水泥粉磨系统单位电耗 $<24kWh/t$，比表面积为 (300 ± 10) m^2/kg，质量符合 P·O 42.5 水泥标准的基本要求。

4）天津水泥设计研究院的工业试验

天津水泥设计研究院的研究也表明，在多次循环挤压料层的粉碎条件下，辊压机能够获

得 $2\sim3\mu m$ 的水泥颗粒，而且生产微细产品的能耗远远低于通常的粉磨系统。

对于颗粒分布要求高的水泥，提高挤压成品量就需要增加物料的循环次数，以达到改善水泥性能的目的。但物料多次挤压后会导致辊压机的入料粒度减小，辊压机在相同压力下的输出功率下降，挤压能效降低，也增加了振动的几率。

因此，水泥辊压机终粉磨既要较高的压力以提高产量，又要较多的循环次数以保证质量，两者是对立的统一，需要找到一个合理的平衡点。在保证循环次数的情况下，尽量提高操作压力。

天津院曾经在天津振兴水泥公司 2500t/d 生产线的联合粉磨系统上做过简单的终粉磨生产试验（图 12-27）。该系统为 $\phi180/140$ 辊压机＋$\phi3.8m\times13m$ 球磨机的联合粉磨系统，原生产能力为 180t/h。

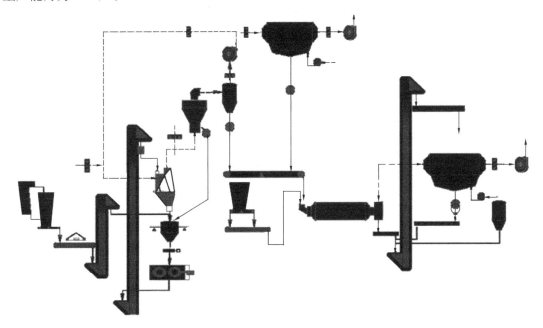

图 12-27　天津振兴水泥公司的水泥磨中控画面

终粉磨工业试验结果为：比表面积达到 $380m^2/kg$，产量达到 $120\sim140t/h$，系统电耗为 26.4kWh/t，标准稠度需水量检测为 28.3％。其中系统电耗的分项为：辊压机 20kWh/t，风机 4.0kWh/t，选粉机 0.4kWh/t，其他辅机 2.0kWh/t。

从天津院的试验可以看出，系统在专项设计后，电耗还有下降的空间。标准稠度需水量虽然偏高，但还没有到失控的状态，在采取一定措施后，还有下降的可能。

5）绵阳职业技术学院的试验

绵阳职业技术学院认为，国外学者的有关研究采用的熟料铝率高达 3.0，与我国硅酸盐水泥熟料的铝率相差甚远，不符合我国的实际情况。他们采用铝率较低的水泥熟料，对终粉磨水泥的颗粒级配、水化特性进行了小磨研究。

试验采用四川某厂硅酸盐水泥熟料，在熟料中加入 3％石膏后分成两部分，一部分进 $\phi500\times500$ 球磨，磨细成球磨水泥；另一部分经辊压机挤压成料饼（其中包含部分合格细粉），其中粗粉在试验室装入模具挤压至合格。熟料、石膏的化学成分如表 12-17 所示。

表 12-17 熟料、石膏的化学成分（%）

项目	烧失量	SiO₂	Al₂O₃	Fe₂O₃	CaO	MgO	SO₃	KH	SM	IM
熟料	0.62	19.34	6.24	4.72	63.24	1.34	—	0.95	1.72	1.32
石膏	22.57	10.26	0.24	0.39	28.48	1.10	36.96	—	—	—

对水泥颗粒分布采用 GXS-203A 光定点扫描式颗粒分布仪测定，比表面积采用勃氏法测定；对两种水泥的标准稠度用水量和凝结时间进行了测定对比；对两种水泥的净浆、砂浆强度（净浆采用 2cm×2cm×2cm 小试模）进行了测定对比。此次试验的数据如表 12-18～表 12-20 所示。

表 12-18 两种水泥的颗粒级配对比 %

方式	比表面积/(m²/kg)	筛余/%	<10μm	<20μm	<30μm	<40μm	<50μm	<60μm	<70μm	<80μm
球	310.5	9.24	28	35.57	51.08	62.35	76.92	83.14	86.43	90.76
辊	277.6	3.4	0.45	15.64	35.94	53.91	66.73	72.87	90.8	96.6

注：球—球磨机水泥；辊—辊压机水泥。

表 12-19 两种水泥的需水量、凝结时间对比

粉磨方式	标准稠度需水量/%	初凝时间（h：min）	终凝时间（h：min）
球磨机水泥	26.3	3：40	5：25
辊压机水泥	27.3	3：05	4：15

表 12-20 两种水泥净浆和砂浆的强度对比 MPa

项目	净浆强度，W/C=0.26			砂浆强度，W/C=0.26		
龄期	1d	3d	28d	1d	3d	28d
球磨机水泥	26.1	52.7	80.6	10.2	22.4	28.1
辊压机水泥	28.3	66.5	114.5	11.6	24.3	31.0

试验表明，辊压机终粉磨水泥与球磨机粉磨水泥凝结时间都正常，均符合国家标准；辊压机终粉磨水泥凝结时间较球磨机粉磨水泥短，辊压机终粉磨水泥标准稠度用水量比球磨机粉磨水泥大。

试验结论认为，对铝率在 1.3 左右的水泥，辊压机终粉磨水泥与球磨机粉磨水泥性能差别不大；辊压机终粉磨水泥凝结时间比球磨机粉磨水泥略短，需水量略大，早期强度高，完全可用于实际生产中。

2. 辊压机终粉磨的工业化实践

1988 年 12 月，德国的 Lagerdorf 水泥厂进行了世界首次水泥辊压机终粉磨工业试验，积累了一些基础资料。

1989 年 4 月，法国的 CLE 公司、Lafarge 公司的 Cormeilles 水泥厂，采用大循环工艺建成投产了水泥辊压机终粉磨生产线。生产实践表明，其生产的波特兰水泥和混合水泥（混合材为石灰石），产品质量可以达到球磨机系统的水平；但 4 倍以上的辊压机通过量、5 倍以上的物料循环量，大幅度增加了系统的设备规格和建设投资。

该线系统能力为 55t/h，辊压机的通过量高达 240t/h，循环提升机负荷为 310t/h。主要装备有：ϕ1.2m×0.8m-2×500kW 的辊压机 1 台，N1500 型-160kW 的具有打散功能的 O-sepa 选粉机 1 台，80000m³/h-160kW 的风机 1 台，振动筛 1 台，另有提升机和收尘器等。

1992 年下半年，比利时 CBR 公司的 Heiderberg Lixhe 粉磨站，在进行了反复的试验和论证后，决定采用一套辊压机终粉磨系统，淘汰其 20 世纪 50 年代初建成的 5 台水泥磨。辊压机终粉磨系统的工艺设计为辊压机和打散机、高效选粉机形成闭路循环操作，选粉机的细粉经袋收尘器收集，粗粉返回辊压机。该系统的工艺流程如图 12-28 所示。

该粉磨系统在设计方面考虑了如下问题：

（1）当粉磨勃氏比表面积为 300m²/kg 的水泥时，粉磨物料经辊压机的循环次数需达到 5 次，因此决定平行设置两列斗式提升机；

（2）辊压机喂料仓采用溢流操作，以保证在辊压机上方尽可能有稳定的料柱，这个喂料措施相当重要；

（3）辊压机采用变频调速，变频电机允许辊子的圆周速度可根据喂料细度在 1.00～1.65m/s 之间作相应调节，这对于辊压机的无振动操作非常必要。

在装备方面采用了一流的设备：Krupp Polysius 公司制造的规格为 POLYCOM 20/13、ϕ2.05m×1.30m，装机功率 2×1460kW 的辊压机 1 台；两列斗式提升机由 Rexnord 公司提供，输送能力为 2×660t/h，比系统的物料循环量要高；选粉机内置打散机，如图 12-29 所示，310 型 Sepol 选粉机和打散机采用一体化设计，由 Krupp Polysius 公司制造，选粉机的栅笼直径为 3.1m，最大分选风量为 285000m³/h；后置的袋收尘器为 4400m² 过滤面积。

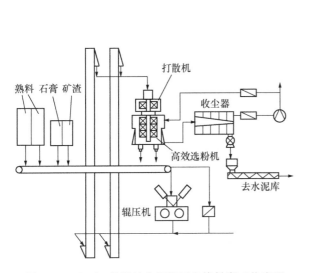

图 12-28　Lixhe 粉磨站水泥辊压机终粉磨工艺流程

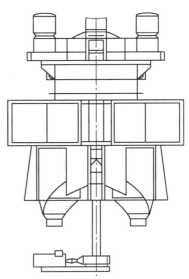

图 12-29　内置打散机的 SEPOL-IP
选粉机简图

413

该水泥辊压机终粉磨系统于 1995 年 4 月投入生产。在投产以后又进行了三项改造：

(1) 料层挤压强度由 350～450MPa 降低为 250MPa，以降低磨辊的磨损；

(2) 辊压机改用变频调速，以减轻运行振动；

(3) 采用了专家控制系统，以优化操作。

该系统在运转了 3000h、生产了 40 万吨水泥后，统计的节电效果和水泥性能如表 12-21、表 12-22 所示。

表 12-21　辊压机系统中各单机电耗　　　　　　　kWh/t

水泥品种	Ⅰ42.5	ⅡB32.5	ⅢA32.5
辊压机	11.5	9.0	13.0
碎散机、选粉机、主风机、提升机	7.9	5.2	11.9
水泥输送设备	7.6	5.8	12.1
总计	27.0	20.0	37.0

表 12-22　球磨系统与辊压机系统粉磨电耗比较　　　　　kWh/t

水泥品种	球磨系统	辊压机系统	节能效果/%
ⅡB32.5	41	20	51
Ⅰ42.5LA	40	22	45
Ⅰ42.5R	47	27	42
ⅢA32.5	54	37	34

对比球磨机系统和辊压机系统的水泥性能，生产的 Ⅰ42.5 快硬波特兰水泥的砂浆及混凝土性能如表 12-23 所示。

表 12-23　球磨机系统与辊压机系统水泥性能比较

水泥性能			球磨机系统	辊压机系统
比表面积/（m²/kg）			340	334.5
分布斜率 n			0.75	0.96
需水量/%			26	29
混凝土水灰比			0.54	0.54
初凝时间/h			3：30	4：10
抗压强度/MPa	水泥砂浆	3d	26.0	28.0
		7d	44.0	47.0
		28d	57.0	60.0
	混凝土	3d	20.0	20.3
		7d	36.0	35.5
		28d	47.0	46.5

注：数值 n 表示水泥在比表面积 340m²/kg 时水泥颗粒分布的斜率。

从以上数据可以看出，辊压机系统比球磨系统水泥颗粒分布窄，因为新粉磨系统装备了高效选粉机，需水量受其影响也由 26% 上升到 29%。而在混凝土上目前尚未暴露出问题，水灰比与抗压强度之间基本没有区别，在 CemⅢA32.5 高炉矿渣水泥的检测中结果也相同。

CBR 公司认为，辊压机终粉磨系统的可靠性可以同球磨系统相媲美，它能提供精确的辊子尺寸，适宜的运转压力。除了节能和总投资费用上的效益以外，该粉磨系统还有如下优点：

（1）水泥成品温度即使在夏季也低于 50℃；

（2）该系统适应不同品种水泥的粉磨，转换时间很短；

（3）该技术不需要辅助粉磨设备，这也是一种节约。

在某些销售市场，需水量高的水泥不被接受，但 CBR 公司很幸运，辊压机系统生产的水泥为顾客所接受，他们对水泥很满意。尤其在质量稳定性与水泥温度低两方面，即使夏季也<50℃，尽管需水量仍有些偏高，但销售状况良好。

3. 这个需水量不同于那个需水量

笔者认为，关于水泥的需水量，准确地说是在一定条件下检测的标准需水量，大致由三种因素叠加构成，即所用原料的固有需水量、水泥颗粒级配导致的需水量、水泥颗粒形状导致的需水量。就辊压机终粉磨系统与球磨机粉磨系统的比较而言，由于两者的需水量构成不同，故需水量产生的效应也有差别，相同的标准需水量不一定是相同的后果。

不论是哪种粉磨系统，其原料的固有需水量都是一样的，与所用的粉磨系统无关。球磨机粉磨系统的需水量受微粉含量的影响较大，辊压机终粉磨系统的需水量受颗粒形状的影响较大；微粉型需水量对水化速度的影响较大，形状型需水量对水化速度的影响较小。所以，辊压机终粉磨系统的需水量比球磨机粉磨系统的需水量对水泥的和易性影响小。

另外，水泥的使用需水量并不完全取决于水泥的标准需水量，还与其使用时的温度等有关，较高的温度能促进水泥的水化速度，增大水泥的使用需水量。这一点对最终的水泥使用者，特别在高温季节，其影响是不容忽视的。

总之，微粉型需水量与形状型需水量的后果不同，标准需水量与使用需水量有差别，才是"CBR 公司很幸运"，也是辊压机终粉磨系统很幸运的真正原因。

4. 这个比表面积不同于那个比表面积

水泥的比表面积定义为 1kg 水泥所含颗粒的表面积之和，其单位为 m^2/kg。常用的透气法测定的比表面积，是根据一定量的空气透过含有一定孔隙率和规定厚度的试样料层时所需的透过时间间接测试计算而得的。

对一定孔隙率的水泥层，其孔隙的数量和大小是水泥颗粒比表面积的函数，也决定了空气透过水泥层的阻力和在一定压差下的流速。对于一定量的空气，阻力决定流速，流速决定流量，流量决定透过时间，因此根据测得的一定量空气的透过时间可以间接计算出该水泥的近似比表面积。

物料越细、比表面积越大、颗粒之间的孔道数越多、孔道直径越细，则气流在孔道内的阻力越大、流速越慢、流量越小，一定量的空气透过同样厚度的料层所需的时间越长。试验表明，比表面积与一定量的空气透过同样厚度料层所需时间的平方根成正比：

$$S = S_s \sqrt{T} / \sqrt{T_s}$$

式中　S——被测试样的比表面积（m^2/kg）；

　　　S_s——标准试样的比表面积（m^2/kg）；

　　　T——被测试样一定量空气透过的时间（s）；

　　　T_s——标准试样一定量空气透过的时间（s）。

由水泥比表面积的透气法检测原理可知，比表面积是基于一定孔隙率的水泥层检测的，孔隙率与水泥的质量和压缩后的体积有关，压缩后的体积又与水泥的质量和密度有关。也就是说对于一定质量的水泥，这个一定的孔隙率与一定的密度有关，对于不同密度的水泥，在相同体积下的孔隙率是不同的，测得的空气流速也不同，需要对水泥密度加以校正。这一点在透气法测定比表面积时已经作了考虑和修正。

以上就是水泥比表面积的定义和透气法检测原理，尽管测出的比表面积不是其真实的比表面积，应该说对于日常的水泥细度控制还是相当有效并实用的，但也不是无懈可击。即使一定的水泥具有一定的密度和一定的孔隙率，从流体力学上我们知道，其水泥层的阻力还与其孔隙的形状和个数有关，在一定的压差下，不同的阻力会导致不同的流速，相同的比表面积就会得到不同的检测结果，这显然是不合理的。

孔隙的形状和个数与水泥的颗粒形状和颗粒级配有关，对于常规的水泥而言，其孔隙的形状和个数都相差不大，没必要如此深究，但对于颗粒形状和颗粒级配发生了较大变异的辊压机水泥，特别在水泥性能出现问题时，就有必要进行一下深入探讨了。只有进一步地细化分析，才能找出问题的真正原因和关键所在，这对针对性地采取有效措施就非常必要了。

辊压机水泥具有颗粒非球形化和颗粒级配窄的特点，从几何学上可知，其孔隙具有形状复杂和个大数少的特点，势必对水泥层的阻力构成影响，进而对检测值构成影响。也就是说，对于球磨机水泥和辊压机水泥的比较，即使两者的真实比表面积相同，并采用同样的检测方法（透气法），测得的比表面积也是不同的；或者说，如果测得的球磨机水泥与辊压机水泥的比表面积相同，反而说明其真实的比表面积是不同的。

（1）关于颗粒形状的影响。在水泥颗粒非球形化（辊压机水泥比球磨机水泥）以后，在相同的比表面积下，气流孔道会曲折多变，相应的通道阻力会增大，测得的比表面积会偏高。

如果辊压机水泥的检测比表面积与球磨机水泥的检测比表面积相同，就意味着辊压机水泥的真实比表面积没有球磨机水泥的真实比表面积高，细度偏粗导致需水量降低；但水泥颗粒的非球形化，会增大水泥颗粒的内摩擦，要达到相同的流动度，就需要增加水泥的填充水和表面层水，导致水泥的需水量增大。水泥颗粒的非球形化，一方面能使需水量降低，另一方面又能使需水量增大，最终取决于两个方面的平衡。

实践证明，辊压机水泥与球磨机水泥相比，在相同的比表面积（细度）下，辊压机水泥的需水量显著增大。但进一步分析就会发现，增大的主要是流动性需水量（填充水＋表面层水），而不是水化性需水量（水化水）；对于水化性需水量，可以通过石膏的掺加量得到一定的调节，但对于流动性需水量，调节石膏的掺加量几乎是无效的。

还应该说明的是，辊压机为挤压粉碎设备，与球磨机水泥相比，辊压机水泥的颗粒存在更多的非贯通性裂纹，这些裂纹相当于多孔结构，会导致水泥的吸附水增加，也是总的水泥需水量增大的原因之一。

（2）关于颗粒级配的影响。我们知道，相同比表面积的水泥可以具有不同的颗粒级配，辊压机水泥与球磨机水泥相比，在同样比表面积的情况下，辊压机水泥的颗粒级配显著收窄。

对于球磨机水泥来讲，由于熟料中不同矿物的易磨性差别，各种矿物在不同粒级中的分布是不一样的，C_3S 在细颗粒中的含量较高，C_2S 在粗颗粒中的含量较多，C_3A 和 C_4AF 在各粒级中的含量差别不大。为了有一个概念性认识，有学者对某水泥进行了检测，其不同矿物在不同粒级中的含量如表 12-24 所示。

表 12-24　某水泥不同矿物在不同粒级中的含量　　　　　　　　　　　　%

粒级/μm	烧失量/%	C_3S	C_2S	C_3A	C_4AF
全部	2.4	56	19	12	11
0~7	6.4	59	14	13	11
7~22	2.5	62	11	13	11
22~35	1.5	52	22	13	11
35~55	1.1	49	24	13	11
55 以上	0.9	47	25	14	11

对球磨机水泥的研究表明，在同样比表面积的情况下，颗粒级配越窄，即大颗粒和小颗粒都不多、水泥颗粒分布的均匀性系数越大，水泥的平均粒径会越小。粒径小的水泥水化较快，形成的水化产物有所增多，而且粒径小的部分中 C_3S 较多，水泥强度会有一定提高；但也正是因为这个"水化较快"，将导致水泥的标准稠度需水量增大。

对辊压机水泥来讲，在相同比表面积的情况下，其水泥的颗粒级配比球磨机水泥显著收窄，同样具有粒径小的水化水化较快，将导致水泥的标准稠度需水量增大。不同的是，由于辊压机属于挤压粉碎，对熟料中不同矿物的易磨性没有球磨机敏感，其水泥不同粒级中的不同矿物含量没有球磨机的差别大，由于"C_3S 较多"增加的需水量没有球磨机大。也就是说，总体上由于水泥的颗粒级配收窄导致的需水量增加，辊压机水泥比球磨机水泥要小。

5. 对其他粉磨工艺的借鉴

目前的研究都是局限在设备的适应性调整上，而没有从系统工艺和设备原理上进行改进，这是进展不大的根本原因。为此，我们不妨将辊压机水泥终粉磨工艺与辊筒磨粉磨工艺和立磨粉磨工艺的粉磨机理、优劣进行对比分析，或许从中可以得到很多的借鉴和启示。

1）辊筒磨的启示

实践证明，辊筒磨已经成功用于水泥终粉磨，而且其产品水泥的性能要优于立磨。根据 2006 年法国 FCB 提供的辊筒磨水泥资料，其粉磨的水泥颗粒级配与球磨机很接近，颗粒球形度甚至略好于球磨机，各项性能指标都不比球磨机差，各龄期的强度都高于球磨机水泥。

辊筒磨如图 12-30 所示（详细内容见前文），在一个圆柱形辊外面与一个圆筒内面间粉磨物料，具有如下特点：

（1）由于辊子由磨筒体带动旋转，中间还有物料，滑动不可避免，二者的角速度不同，有利于拓宽产品的颗粒级配；

（2）由于辊子较长，辊筒之间给予物料的力不是太大；由于辊筒磨的长径比较大，物料将受到多次循环粉磨。中等压力下的多次循环、反复磋磨，有利于产品颗粒形状的球形化。

那么，用于终粉磨的辊压机也可借鉴辊筒磨的特点，辊压机的两个辊子采用变径辊甚至不同步调速设计，控制转速甚至差速运行，也可作为优化水泥颗粒级配和形状的措施之一。

最简单的是将辊子设计为锥形结构，沿轴线方向呈一头大一头小，锥度无需太大，根据不同的物料，有 2%～6% 就足够了。将两个辊子调头装配，一支辊子大头与另一支辊子的小头置同一侧。这样，当两支辊子相对旋转时，即使两个辊子的转速相同，即辊子的角速度

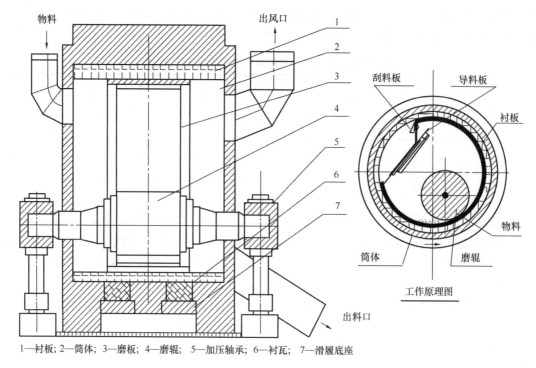

1—衬板；2—筒体；3—磨板；4—磨辊；5—加压轴承；6—衬瓦；7—滑履底座

图 12-30　辊筒磨的工作原理图

相同，但两个辊子上相对应点的线速度却不同，通过辊子的物料就会在受到压力的同时，在轴线上的不同点也受到不同的挤压、剪切、磋磨。

其一，剪切力的不同可以拓宽物料的颗粒级配；其二，在中等压力大循环的情况下，剪切力可以对物料反复磋磨，从而使挤压产生的片状、柱状、棱形物料被球形化。如果对两个辊子再分别施行变频调速，将进一步增大对物料的适应性和改善水泥的和易性。

中央电视台有一个《我爱发明》栏目，2015 年 5 月 15 日播出的"小麦奇遇记"中讲述了发明人苏连升对面粉机的改进，其中有一段介绍"将对辊磨由同步运行改为差速运行"，试验的结果是："粉磨产能提高了，面粉温度降低了，面条的口感好了"，就是将粉磨原理由"同步的挤压为主"变成了"差速的挤压＋磋磨"，提高了粉磨效率，增大了比表面积，改善了颗粒形状。

2）立磨的启示

辊压机与立磨的粉磨机理同样为料层粉碎，冲击物料的"飞溅能"得到比立磨更好的应用，因而粉磨能量利用率更高，粉磨电耗应该比立磨更低。但辊压机粉磨产品存在球形度差、石膏粒度偏粗、C_3A 活化不佳等问题，导致水泥的需水量较大，从而影响了水泥的产品性能。立磨水泥与辊压机水泥的颗粒形状对比如图 12-31 所示。

辊压机与立磨的不同点在于立磨是多次粉碎，而辊压机的粉碎次数要少得多。那么，是否能够通过增加辊压机闭路系统的循环负荷，以增加粉碎次数呢？法国 Cormeillers 水泥厂就是采用多次循环工艺建成投产了世界上第一条辊压机水泥终粉磨生产线。

这一点，国内外的研究都走上了这条路，我们也利用现有的水泥联合粉磨系统作了一定的研究试验，遗憾的是，结果很不理想。

出立磨物料（<0.15mm）的SEM照片

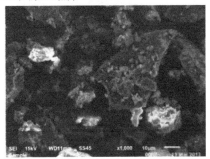

出辊压机物料（<0.15mm）的SEM照片

图 12-31　出立磨与出辊压机的颗粒形状对比

随着辊压机及其循环系统的进一步加大，结果是系统装机功率上去了，而辊压机的实际运行功率却要比预想的小得多，有的还有所下降。大辊压机只是干了小辊压机的活，导致了系统电耗不但不能降低反而升高，为保质量又牺牲了辊压机终粉磨的节电效益，系统投资也大幅度增加。

怎么会是这种结果呢？分析认为，辊压机对物料的粒度均一性要求较高，特别对易碎性比较差的物料更是如此。不像球磨机对大粒小粒都能做功，对物料颗粒的适应范围较宽。正如"天塌了有个儿高的顶着"，当辊压机被大颗粒撑开辊缝时，对小颗粒的做功就很有限了。所以单纯地提高循环负荷是没有用的。

问题讲清了办法也就有了，辊压机用于水泥终粉磨的根本问题，就是必须解决辊压机对物料粒度的均一性要求。

6. 可能突破的方向

综上分析，在对辊压机水泥终粉磨工艺目前需要解决的问题进行分析以后（叩其两端），便有了一个比较清楚的认识（得其中道）。下面就可以对系统工艺和设备原理上的改进作一些大胆的探讨。

1）解决辊压机入料粒度均一性的方案

要解决辊压机对物料粒度的均一性要求，最简单的措施就是采用二级辊压粉磨系统。第一级为辊压机预粉碎系统，采用常规的高压力辊压机，开路一次通过，主要是消除物料中的大颗粒；第二级为循环粉磨系统，采用中压力辊压机，闭路多次循环通过，经分级设备分选出合格产品。二级辊压粉磨系统的工艺流程如图 12-32 所示。

2）解决第二级辊压机料床稳定的方案

二级辊压机粉磨系统解决了物料粒度的均一性问题，但由于含气细料内摩擦力小，在两

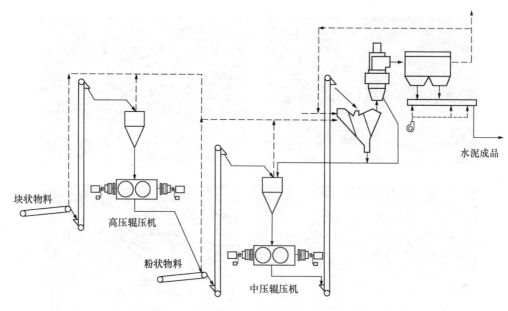

图 12-32 水泥二级辊压终粉磨系统流程图

辊之间形不成料床。内摩擦力与物料的粒度有关，与物料的含气量有关，还与辊缝有关。

辊缝过宽形不成足够的内摩擦力，不足以承载喂料仓的下压力，物料会一穿而过，形不成料床，就不能被辊子做功；辊缝过窄又严重制约着设备能力的发挥。为了保证在一定辊缝的情况下，弥补内摩擦力相对于仓压的不足，可以在两辊之间的出料区增设一个托料辊，如图 12-33 所示。

托料辊不能太粗，分析认为其直径设计为辊径的 1/4 比较适中；托料辊设计成可以上下调节，以最终实现料床粉磨。

3）辊压机水泥终粉磨系统设计方案

水泥辊压机终粉磨系统采用两级辊压系统，第一级为通用的高压辊压机一次通过，第二级为中压大循环通过；第二级辊压机采用两辊分别调速、不同步差速运行，甚至进一步采用锥形辊结构；第二级辊压机增设托料辊，且托料辊可以上下调节。第二级水泥终粉磨专用辊压机结构如图 12-33 所示。

以上只是一些理念性的设想，尚需大量的实践验证。今天谈这个问题还有点儿早，目的是想通过抛砖引玉，促进沟通交流，希望设计院、设备厂、水泥厂等都不要丧失信心，共同携手开发，让水泥辊压机终粉磨技术尽快成熟起来，服务

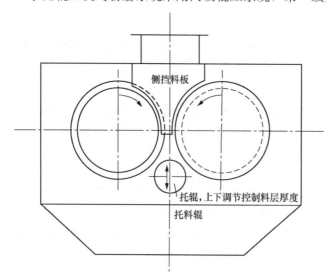

图 12-33 不同步调速锥辊水泥终粉磨专用辊压机

于水泥行业。

7. 必须注意的石膏脱水问题

在 2002 年"第五届水泥制造工艺技术国际大会"上，就有德国的水泥专家发布了这方面的论文。研究了球磨机粉磨和辊压机粉磨对石膏脱水的影响对比，粉磨同样的 42.5R 水泥，使用同样的石膏（均为一半硬石膏和一半二水石膏），测得粉磨后水泥中不同形态的石膏含量如表 12-25 所示。

表 12-25　球磨机和辊压机粉磨后石膏的脱水比较

项目	单位	球磨机	辊压机
粉磨后水泥温度	℃	115	60
水泥中硬石膏含量	%（质量分数）	3.0	2.7
水泥中二水石膏含量	%（质量分数）	0.1	2.3
水泥中半水石膏含量	%（质量分数）	1.9	0.4

由表 12-25 可见，由球磨机粉磨的水泥中半水石膏的含量达到 1.9%，而辊压机粉磨的水泥中半水石膏的含量只有 0.4%。

试验表明，要二水石膏脱水为半水石膏，被粉磨物料的温度应该≥90℃，这在我们习惯的球磨机中几乎总是可以达到的，而在辊压机终粉磨这些新的粉磨工艺中，由于粉磨过程的温度较低，只有少量二水石膏转变为半水石膏，或者根本就不可能转变。

试验表明，在 25℃ 的环境温度下，硬石膏的溶解度为 2.1g/L，二水石膏的溶解度为 2.4g/L，半水石膏的溶解度为 6.0g/L。这就是说，辊压机水泥与球磨机水泥相比，尽管其石膏含量是一样的，但在水中的溶解度是不同的，正是这个不同的溶解度对水泥的凝结过程产生了不同的影响。

对水泥辊压机终粉磨来讲，一定的粉磨温度对石膏的脱水是必要的。这与我们传统的观念不同，这一点已经在水泥立磨终粉磨中得到了佐证。

在球磨机粉磨系统中，我们一直强调"出磨温度不能太高，否者会引起石膏脱水，影响水泥的性能"，似乎温高对石膏的脱水是百害而无一利的。大家都这么认为，教科书上也是这么写的，有谁做过认真的研究试验呢？2013 年 11 月，合肥院的专家在天瑞讲座时就指出，他曾经做过出磨温度达到 150～170℃ 的大磨工业试验，结果没有看到对水泥性能的影响。当然，对系统的粉磨设备和粉磨效率是有影响的。

我们知道，石膏作为水泥的凝结时间调节剂，其在水泥中的硫酸盐溶解量应该最大程度地与水泥中铝酸盐的量和活性（影响水泥水化和凝结时间的主要因素）相匹配，才能将铝酸盐的水化速度和凝结时间调控在一个合适的范围内。

如果硫酸盐的溶解量过剩，就会形成钙矾石和二次石膏，二次石膏在形成时就把水泥浆颗粒间的孔隙连接了起来，导致水泥假凝；如果硫酸盐的溶解量不足，就会在形成的原生物质中不仅包括钙矾石，而且还有缺乏硫酸盐或不含硫酸盐的相，比如 C_4AH_{13} 和 AFm，水泥浆颗粒间的孔隙被变形的相结构连接，导致水泥速凝。二次石膏形成的假凝显微结构如图 12-34 所示，C_4AH_{13} 和 AFm 形成的速凝显微结构如图 12-35 所示。

由上述分析可见，不论是假凝还是速凝，都会影响到水泥浆的凝结时间、需水量和坍落度经时损失，导致水泥的使用性能出现问题。所以，对辊压机水泥粉磨中的石膏脱水问题，

图 12-34 二次石膏形成的假凝电子扫描显微结构

图 12-35 C_4AH_{13} 和 AFm 形成的速凝电子扫描显微结构

必须引起重视并给予解决。实际上，对于辊压机终粉磨工艺，石膏脱水可以通过系统的用风温度进行调控，比如靠近水泥窑的粉磨系统必要时可用篦冷机废气，没有水泥窑的粉磨站必要时可以增设热风炉解决，或者直接掺加部分已脱水的二水石膏（半水石膏）。

第 13 章　陶瓷研磨体对无球化的挑战

预分解窑水泥生产工艺在我国突飞猛进的发展是近十来年的事，众多的新线高度集中在一个时间段建设，无需思考、无需论证、无需创新，抢的就是建设时间，所有新线采用的工艺技术都是现成的，都是很成熟的，因而也就基本相近、基本雷同了。在水泥粉磨环节，"辊压机＋球磨机"的双闭路联合粉磨工艺也就成为了目前的主流粉磨工艺。

曾几何时，国内的水泥生产已经严重过剩，水泥粉磨系统的进步已经由增产为主转变为节电为主，由于立磨、辊压机、辊筒磨等"无球化"终粉磨设备电耗更低，"辊压机＋球磨机"的双闭路联合粉磨工艺遇到了新的挑战。

技术的发展是无止境的，而且常常有螺旋式的回归。随着材料技术近几年井喷式的发展，也将改变着各种制造工艺的发展，陶瓷研磨体的悄然出现就是其中之一。那么，陶瓷研磨体能否拯救球磨机呢？本章专题介绍一些有关陶瓷研磨体的兴起、应用、发展和前景概况，并简单探讨一下陶瓷研磨体对"无球化"的质疑和挑战。但可以肯定，采用陶瓷研磨体的球磨机，已经不同于使用金属研磨体的球磨机了。

13.1　无球化的目的与必要性

可能让读者感到意外，前一章用了不小的篇幅谈无球化的工艺进展，现在又怀疑无球化的必要性。但这就是中庸之道，这就是辩证法，正所谓孔子的"叩其两端而竭焉"，同时向两个相反的方向探索，才能使我们的路子越走越宽。

1. 球磨机已经寿终正寝了吗

由于球磨机具有结构简单可靠、对物料的适应性强、对产品的适应性广等诸多优点，所以一直被水泥行业广泛采用。即使在节能粉磨工艺与装备大发展的今天，包括现在主推的水泥联合粉磨系统、正在探索的辊压机半终粉磨系统，球磨机仍然是水泥粉磨系统的重要设备之一。

尽管出于节能目的，对水泥粉磨新工艺、新设备的研究一直没有中断，而且如前面几节所述，已经取得了不小的进展，但时至今日国内的采用者依然为数不多。人们对这些新的粉磨工艺还需要有一个认识过程，还存在对水泥颗粒分布、颗粒形状、需水量大小、使用性能好坏等的顾虑。

在这种情况下，我们不禁要反问一句，我们强调了这么多年的"无球化粉磨"到底有没有必要，"无球化粉磨"的目的又是什么？

我们想淘汰球磨机的原因是其粉磨电耗高，目前多数专家将电耗高的原因归结为："在球磨机粉磨系统中，对物料的粉磨是以无数次的冲击与摩擦混杂进行的，其中不乏钢球之间、钢球与磨体衬板之间的冲撞，做了不少无用功，原理上导致了粉磨效率低下、单位电耗高。"

球磨机仍然未被淘汰出局的原因，是它的粉磨更适合水泥性能的要求，准确点说，是球磨机的粉磨原理更适合在辊压机预破碎、预粉碎之后对水泥的研磨，所以联合粉磨系统才有了今天的地位。既然是它更适合，就不该说它是落后的，那些"不乏钢球之间、钢球与磨体衬板之间的冲撞"起码也不是主要问题，谈不上"做了不少无用功"，其粉磨原理并不是粉磨效率低下的原因。

那么球磨机电耗高的原因又是什么呢？我们把电耗细分一下就会发现，球磨机粉磨系统的电耗主要在主电机功率上。搞过球磨机管理的都知道，其主电机的运行功率受研磨体装载量的影响非常之大，说明球磨机的自重（包括筒体、衬板、隔仓板，主要是研磨体）才是电耗高的主要原因。

如果有朝一日，在不改变球磨机结构和粉磨原理的情况下，能把球磨机的这些"自重"降下来，主要是把研磨体的重量降下来（其他自重影响的主要是启动电耗），球磨机的粉磨电耗（运行电耗和启动电耗）必将有一个大幅度的下降。应该强调的是，随着近几年新材料的井喷式发展，这不是没有可能。

根据德国人对粉磨系统的研究，节电效果最好的辊压机终粉磨系统与辊压机联合粉磨系统相比，水泥粉磨电耗能降低 5kWh/t 水泥。其实，这个目标并不算太高，根据目前新材料的发展情况，这个进步通过改变球磨机自身的材料，即使不包括球磨机筒体，也是有可能实现的。

到了那个时候，辊压机联合粉磨系统将获得比辊压机终粉磨还低的电耗，我们还能说球磨机的效率低下吗？我们又不用担心水泥的性能问题，而且工艺、装备成熟，使用得心应手，我们还要强调"无球化"吗。

2. 陶瓷磨介能拯救球磨机吗

事实上，有一种轻质研磨体在水泥行业以外早已存在，但大部分用于价值较高产品的超细粉磨，而且所用球磨机的规格比水泥行业要小得多。对于超细粉研磨，由于研磨体的体积很小，也被称为陶瓷磨介。

江西某公司生产的几种陶瓷磨介及其性能如表 13-1 所示。这是一张非常重要的参考表，其破碎和磨削问题早已解决，水泥磨用陶瓷研磨体的早期意识也萌芽于此。

表 13-1　国内某公司生产的几种陶瓷磨介

品种	氧化铝珠	30 氧化锆球	95 氧化锆珠	硅酸锆珠
密度/(g/cm³)	3.6～3.7	3.2	6.02	3.9
表现密度/(g/cm³)	2.1～2.3	1.95	3.5～3.7	2.35
莫氏硬度	9.0	7.5	9.0	7.2
氧化锆/%	—	30	94.8	65
氧化硅/%	5.0	25	—	33
其他组分/%	氧化铝 90～95	氧化铝 45	氧化钇 5+其他	2.0
常用规格/mm	0.2～60	0.4～20	0.2～20	—
最大规格/mm	按需生产	按需生产	按需生产	按需生产
特性	价格较低	磨耗低、强磨削	百万分之几级极低磨耗	超强磨削

这种陶瓷磨介由"经过超细研磨的亚微米级原料滚球成型再高温烧结而成",适用于涂料、油墨、非金属矿、电子、釉料、造纸等行业,适用于卧式砂磨机、立式砂磨机、球磨机,具有磨耗低的特点,但没有提到水泥行业;其产品规格从直径 0.2mm 至 60mm 不等,而且可按用户的要求生产,从产品性能和规格来看,应该有可能找到适合水泥行业使用的产品。

这种强磨削轻质陶瓷研磨体的原料以刚玉粉为主,其次为氧化铝粉,还需要加入一些氧化锆、氧化硅等调质组分,以增加陶瓷研磨体的韧性,增强其磨削能力,这在表 13-1 中有明确的体现,其不同规格的实物产品如图 13-1 所示。

图 13-1　国内某公司生产的陶瓷磨介

如图 13-1 所示,我们的第一感觉首先是它光滑漂亮,但马上会想到如此光滑的研磨体又怎么能研磨水泥呢?甚至能否被球磨机筒体带起来都是问题。

对于水泥粉磨用大型球磨机的研磨体,需要具备"高强耐磨、高韧抗碎、表面粗糙磨削能力强、性价比能够被低利润的水泥行业所承受"这些特点,正是这些综合性能的同时要求,影响了陶瓷磨介向水泥行业的拓展。

13.2　陶瓷研磨体的悄然兴起

应该说明一下,这里的"陶瓷研磨体"是有特指的,与通常所说的"陶瓷球"和超细粉行业所说的"陶瓷磨介"是有区别的。笔者从重庆会议到井冈山会议、到芜湖会议,反复强调称其为"陶瓷研磨体",而没有叫它"陶瓷球",不是我不知道简单的称谓更上口,而是在强调它的特殊性。

陶瓷研磨体绝不是把陶瓷做成球就行了,而且目前已经有多种不同特性和不同用途的陶瓷球，"陶瓷球"的模糊概念已经够乱了，我们再乱上添乱只能是"乱了市场也乱了自己"。

对于水泥粉磨用大型球磨机的研磨体，需要具备"高强耐磨、高韧抗碎、表面粗糙磨削能力强、性价比能够被低利润的水泥行业所承受"这些特点，与通常所说的"陶瓷球"和超细粉行业的"陶瓷磨介"是有区别的。

由于要引进水泥粉磨系统的新研磨体，具有陶瓷材质、重量轻可以节电、表面粗糙磨削能力强的特点，而且由于规格较大再称为"陶瓷磨介"已经不太合适，从功能和特性上应该定义为"强磨削轻质陶瓷研磨体"，但为了叙述方便，兼顾水泥行业的已有习惯，笔者将其简称为"陶瓷研磨体"。

孔子曰"名不正则言不顺"，正名是关乎陶瓷研磨体技术顺利发展的一件大事，笔者呼吁相关的单位、部门以及专业人员，共同接受这个约定。

山东S公司生产的水泥磨用陶瓷研磨体（目前使用效果比较好的、压制成型的一家）如图 13-2 所示，至少从外观上没那么光滑；其电子扫描 $50\mu m$ 级显微照片如图 13-3 所示，电子扫描 $2\mu m$ 级显微照片如图 13-4 所示，足见其具有表面粗糙的微晶结构和较好的均质性。

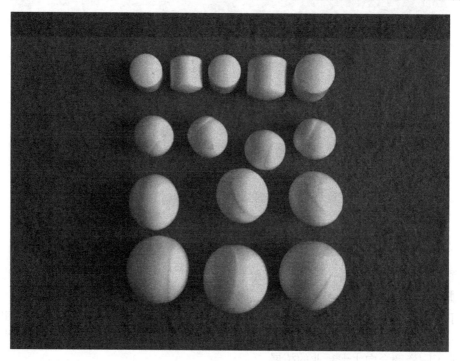

图 13-2　某公司生产的水泥磨用陶瓷研磨体普通照片

1. 陶瓷研磨体用于水泥粉磨的初期报道

2015 年 5 月 27 日《中国建材报》刊载了一篇"水泥非金属研磨材料及粉磨新技术研究获成功"的文章，报道指出：

近日，一项基于特种非金属研磨体的水泥磨机新型粉磨技术，在山水集团山东水泥厂有限公司联合粉磨系统上得到成功应用。

该成果是对水泥球磨机研磨材料和粉磨技术的一次革命性创新，改变了长期以来水泥球磨机依靠金属研磨材料的现状，能有效降低水泥粉磨系统电耗，降低水泥生产成本，同时减

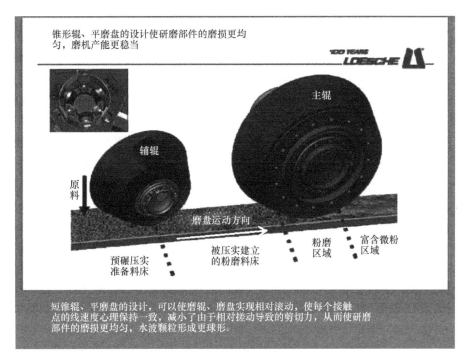

图 13-3　某公司水泥磨用陶瓷研磨体电子扫描 $50\mu m$ 级显微照片

图 13-4　某公司水泥磨用陶瓷研磨体电子扫描 $2\mu m$ 级显微照片

少助磨剂的使用，减少水泥中的铬含量。

　　水泥球磨机是将水泥熟料、石膏、混合材等进行粉碎制备水泥的关键设备，当球磨机筒体转动时，研磨体由于惯性和离心力、摩擦力的作用，被带到一定的高度，依靠重力作用而抛落，将筒体内的物料击碎，从而实现水泥粉磨，水泥行业目前在用的研磨体全是金属材质。

创新使用的特种非金属研磨体，是采取了改变其材料配比、进行了元素调控、改进了制备工艺等改性技术，制备出了适合水泥球磨机条件的新型特种非金属研磨体。与传统的金属研磨体相比，其优点是密度低，约为钢球的1/2；磨耗低，为钢球的1/3左右。

其诸多优势还包括：由于非金属研磨体不含铬离子，减少了水泥中的铬含量，比含铬的钢球或钢段更加绿色环保；由于粉磨做功方式的差别，改善了水泥过粉磨现象，调整优化了水泥粒径中 $3\sim32\mu m$ 的分布，改善了水泥水化质量；非金属研磨体还能减少静电吸附，有利于提高粉磨效率；由于新型特种非金属研磨体较钢球密度低，大大降低了磨机负荷，轴承轴瓦温度也随之降低，可对电机系统起到保护作用，维修率和故障率也大大降低。

2015年6月16日，在山东临沂"第七届国内外水泥粉磨新技术交流大会"上，临沂市佰思特耐磨材料有限公司作了"一种新型高效节能粉磨技术"的专题报告，主要是推出了一种适合在水泥球磨机上使用的陶瓷研磨体。佰思特公司的陶瓷研磨体产品介绍如图13-5所示。据介绍：

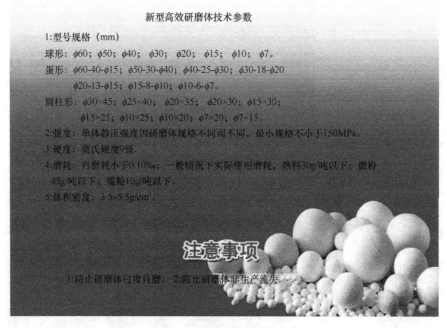

图13-5　佰思特公司的陶瓷研磨体产品介绍

技术背景：①铁质合金研磨体及衬板密度高，磨机动力负荷大，电能消耗高，设备运转存在不安全隐患。减速机、电机和齿轮等时常出现重大设备事故；②铁质材料决定了其易产生静电、影响粉磨效率、粉磨电耗高；③铁质晶型决定了其使用一段时间后表面光滑、研磨效率降低、粉磨电耗增高；④目前，注重研磨体外形和耐磨性的多，从研磨机理和材质上探讨提效和节电的少。

技术灵感：①砂轮切割机能切割钢铁，说明砂轮的耐磨性和磨削能力比钢铁高；②厨房的菜刀需要磨刀石磨一磨才能更锋利，说明磨刀石比菜刀更耐磨、磨削能力更强；③艺术品雕刻，金刚石可以刻水晶，而水晶不能刻金刚石，说明材料越硬其磨刻作用越强。

核心技术：①强磨削高效陶瓷研磨体的应用；②优化研磨体的装载量和级配；③适当提高研磨体的填充率，减少磨内空间的浪费；④优化磨机操作的通风；⑤轻质耐磨衬板的开发应用。

实际应用：高效陶瓷研磨体从试制到小磨试验到大磨试验历时已近一年，通过营海集团胜利水泥公司 $\phi 2.2m \times 13m$ 水泥开路磨、$\phi 3.2m \times 13m$ 矿粉开路磨，日照德升水泥公司 $\phi 2.6m \times 13m$ 水泥-粉煤灰开路磨和山西某公司 $\phi 3.8m \times 13m$ 水泥开路磨，三家水泥企业的实际使用都取得了非常理想的效果。高效陶瓷研磨体在营海集团胜利水泥公司的试验报道如图 13-6 所示。

图 13-6　高效陶瓷研磨体在营海集团的试验报道

使用该陶瓷研磨体后的变化：①磨机主机电流普遍降低 20％以上；②单位产品电耗降低 20％以上，具体耗电指标降低 5kWh/t 以上；③出磨水泥温度大幅度降低；④陶瓷研磨体的消耗比金属研磨体小得多；⑤在细度指标基本不变的情况下，球磨机产量未有较大变化。

以运行时间最长的营海集团 $\phi 3.2m \times 13m$ 矿粉磨为例，运行近一年的统计显示，主机电流从 186A 下降到 125A，电耗从 81.32kWh/t 下降到 57.14kWh/t，降低幅度达到 29.73％。

营海集团 $\phi 3.2 \times 13m$ 矿粉磨更换陶瓷研磨体 75 吨，按单价(含税)1.6 万元/t 计算，陶瓷研磨体投入费用为 75t×1.6 万元/t＝120 万元；按年产 18 万吨矿粉，平均电价 0.75 元/kWh 计算，每年仅节约电费就达 180000×(81.32－57.14)×0.75＝326 万元，静态投资回收期仅为 120÷326＝0.368 年≈5 个月。

佰思特公司在会上郑重承若：吨水泥粉磨电耗节电 5 度以上，而且在会议上公开摆出了"打赌擂台"，其 PPT 截图如图 13-7 所示。

图 13-7　佰思特耐磨材料有限公司张志村的 PPT 截图

2015 年 11 月 25 日由中国硅酸盐学会科普工作委员会、建筑材料工业技术情报研究所、全国水泥行业专家联盟共同举办的"2015 中国水泥技术年会暨第十七届全国水泥技术交流大会"在井冈山下的吉安国际酒店召开。

为全面展示水泥行业年度创新成果和前沿技术，全国水泥行业专家联盟在会上推出了 8 项实用新技术，并颁发了相关证书。水泥粉磨用陶瓷研磨体就是其中之一，某公司陶瓷研磨体获得的证书如图 13-8 所示。

图 13-8　某公司获得的最佳实用技术与装备证书

2. 陶瓷研磨体在大型集团的使用案例

鉴于应用陶瓷研磨体技术具有"零投资、零风险、高回报"的特点，虽然总体上大磨试用时间还不长、应用案例还不多、还缺乏起码的产品标准和基本的使用经验，但国内的大型水泥集团已经经不住诱惑，开始了自己的大磨试用。有的公司甚至在短期试用后即开始了全面推广，而且取得了不错的业绩。

所谓"零投资"，指金属研磨体也是用、陶瓷研磨体也是用，而且陶瓷研磨体的磨耗要低得多，直接的投资不大；所谓"零风险"，也就是说风险很小，即使失败了，也不过就是两次清仓装球的成本而已；所谓"高回报"，就目前使用效果好的来讲，只换研磨仓的可节电 3～5kWh/t 水泥，整磨更换的可节电 6～7kWh/t 水泥，其节电效益非常明显。

案例一：

2015 年 7 月 23 日～9 月 30 日，Z 水泥集团在其 YN 公司、$\phi 4.2m \times 13m$ 联合粉磨系统中的水泥磨二仓试用 D 公司的陶瓷研磨体。

原二仓钢球设计装载量为 160t，改装陶瓷研磨体按设计装载量的 60% 算应为 96t（填充率将增大约 1.2 倍），按填充率不变算应装约 80t（密度低了一半），但为防止串仓起见，7 月 22 日只装了 69t 陶瓷研磨体。

该厂已经配套了能源管理系统，各种粉磨参数（包括系统电耗）随时可见，从 7 月 23 日至 26 日生产 P·C 32.5 水泥的情况看，取得如下使用效果：

二仓装载量：由 160t→下降到 69t；

二仓填充率：由 32%→下降到 27.6%；

球磨机电流：由 171A→下降到 101A；

平均台时产量：由 216.35t/h→下降到 169.14t/h；

比表面积：由约 380m²/kg→增加到 >400m²/kg；

平均电耗：由 27.36kWh/t→下降到 25.86kWh/t 水泥。

分析台时产量降低的主要原因是装载量严重不足。进磨测量，球面距中心孔边沿还有约 150mm 空高，填充率只有 27.6%，原钢球填充率约为 32%，计划进一步增大装载量；由于换球后水泥细度仍按原有（9.0±3）% 控制，实际比表面积已经 >400m²/kg，比原有比表面积增大了约 20m²/kg，计划下一步将水泥细度放宽到 12%～13%。

在之后的 7 月底和 8 月初，又逐步进行了 2 次加球试验，为防止往双层隔仓板的卸料仓里窜球，用不锈钢筛板做了一个喇叭筒，把卸料口边缘加高了 60mm。在保证质量的前提下，台时产量提高到 192.58t/h。换球后生产 P·C 32.5 水泥的情况如表 13-2 所示。

表 13-2　换用陶瓷研磨体生产 P·C 32.5 水泥的情况

P·C 32.5 水泥	原装金属研磨体	换用陶瓷研磨体	＋4t 球	再＋4t 球
细磨仓装载量/t	160	69	73	77
细磨仓填充率/%	32	27.6	29.2	30.8
球磨机主机电流/A	171	101	105	109
系统平均台时产量/(t/h)	216.35	169.14	183.26	192.58
系统平均粉磨电耗/(kWh/t)	27.36	25.86	25.87	24.97

从 7 月底开始，在陶瓷研磨体装载量 73t 的情况下，交替生产 P·O 42.5 水泥，磨机电

流与所生产的水泥品种关系不大，没有明显变化；台时产量由原来金属研磨体的平均192.06t/h降到171.27t/h；系统粉磨电耗由平均30.45kWh/t下降到28.10kWh/t。

8月底利用检修时间，又将双层隔仓板卸料口的喇叭筒改为筛板倒锥，彻底将窜球通道封闭了起来，在解决了窜球后顾之忧后，又加了3t球；9月初开磨继续生产P·O 42.5水泥，截止到9月底，磨机电流变化不大，但平均台时产量已经达到190.80t/h，系统粉磨电耗已经下降到25.42kWh/t。

总之，ϕ4.2m×13m联合粉磨系统、水泥磨二仓改用陶瓷研磨体，进行的P·C 32.5和P·O 42.5水泥生产试验，尽管是初步试验，台时产量有所下降，但已经取得了明显的节电效果，初步试验的总体情况如表13-3所示。

表13-3　换用陶瓷研磨体生产水泥的总体情况

试验阶段	金属研磨体	陶瓷研磨体	＋4t球	再＋4t球	又＋3t球
时间段（月日）	0602～0720	0722～0726	0727～0731	0803～0823	0903～0930
细磨仓装载量/t	160	69	73	77	80
细磨仓填充率/%	32	27.6	29.2	30.8	32
球磨机主机电流/A	171	101	105	109	110
P·C32.5台产/(t/h)	216.35	169.14	183.26	192.58	205.59
P·C32.5电耗/(kWh/t)	27.36	25.86	25.87	24.97	23.28
P·O42.5台产/(t/h)	192.06	—	171.27	184.82	190.80
P·O42.5电耗/(kWh/t)	30.45	—	28.10	26.17	25.42

由表13-3可见，对于这台ϕ4.2m×13m联合粉磨系统来讲，在水泥磨二仓由160t金属研磨体改用80t陶瓷研磨体后，球磨机主机电流由171A下降到110A，在系统台时产量略有降低的情况下，系统的平均粉磨电耗P·C 32.5水泥降低了4.08kWh/t、P·O 42.5水泥降低了5.03kWh/t。

从理论分析上看，还有进一步增加研磨体的空间，YN公司的试验仍在继续，台时产量有望进一步提高、粉磨电耗有望进一步降低，让我们拭目以待。

案例二：

2015年11月初～12月中旬，浙江的H水泥集团在其ϕ4.2m×13m联合粉磨系统水泥磨二仓及其ϕ3.2m×13m联合粉磨系统水泥磨一二仓整磨，试用了J公司的陶瓷研磨体，在取得初步成功后，即决定在其集团内不同规格的水泥粉磨系统上全面推广应用。

该公司共有84台水泥粉磨系统，截止到2016年6月底，推广使用陶瓷研磨体的水泥磨已达50多台，而且剩余的水泥粉磨系统多数是不具备使用条件的，有的辊压机不闭路，有的干脆就没有辊压机。

该公司的推广速度不可谓不快，应该积累了不少的经验。但可能是由于商业机密的需要，该公司不大情愿对外宣传，所以笔者也缺乏详细的推广资料，这里只能就侧面了解的一些情况给大家作一介绍。

2015年11月初试用第一台，ϕ4.2m×13m水泥磨，只在第二仓上试用，在试用了10d后的总结显示：生产P·O 42.5水泥，台时产量降低了约5t/h左右，节电达4kWh/t水泥以上。

2015年12月初试用第二台，其CF公司的ϕ3.2m×13m水泥磨，生产P·C 32.5水泥，将一二仓全部更换为陶瓷研磨体，在试用了10d后的总结显示：粉磨电耗比试验前降低了6kWh/t左右，达到了＜20kWh/t水泥的高水平。

CF 公司有 2 台 $\phi3.2m×13m$ 开路球磨机联合粉磨系统，磨前配置有辊压机和打散分级机，将 1 号磨作为陶瓷研磨体试验磨。1 号磨改用陶瓷研磨体前，入磨物料细度为 $80\mu m$ 筛余＜20％，台时产量约 150t/h 左右，粉磨工序电耗约 25kWh/t 左右，将一二仓全部改用陶瓷研磨体的目标确定为粉磨工序电耗降到 20kWh/t 水泥以下。

试验自 2015 年 12 月初开始，经过几次适应性调整，到 2016 年 1 月份取得了如下结果：在比表面积基本不变的情况下，台时产量平均为 140 吨，比原来的 150 吨下降了 10 吨左右；工序电耗由原来的 25 度下降为 19.5 度。到目前为止，该磨机换用陶瓷研磨体后，已正常运行了半年多，陶瓷研磨体磨损很小，至今没有补球必要。

值得一提的是，该粉磨系统在使用陶瓷研磨体前的电耗就只有 25kWh/t 左右，生产 P·O 42.5 水泥，这在国内外都已经是非常先进的指标。何以如此，主要是将入磨细度控制得较细（ $80\mu m$ 筛余＜20％），一般在 17％～19％左右。

入磨细度 $80\mu m$ 筛余＜20％，是一个什么概念？这不是谁都能随便做到的，这不仅体现了使用者对辊压机系统的节电作用有充分的认识，而且系统的设计和装备要具备相应的能力，说明我们在辊压机系统的设计上还有潜力可挖，这一点值得大家深思。

案例三：

2015 年 3 月 13 日～4 月 12 日 S 水泥集团在其 SD 公司 $\phi3.2m×13m$ 联合粉磨系统中的水泥磨二仓试用 S 公司的陶瓷研磨体。试用前后球磨机内的研磨体装载量与级配如表 13-4 所示，试用前后粉磨系统与所生产水泥的主要技术指标如表 13-5 所示。

表 13-4　试用前后研磨体的装载量与级配

试前	一仓（粗磨仓）钢球					二仓（细磨仓）钢球				
规格 /mm	$\phi20$	$\phi30$	$\phi40$	$\phi50$	$\phi60$	规格 /mm	$\phi15$	$\phi17$	$\phi20$	$\phi30$	$\phi40$
质量 /t	1	6	12	8	3	质量 /t	5	20	30	5	0
均径 /mm	42	球面 /mm	2700	充率 /%	27.3	均径 /mm	19.42	球面 /mm	2766	充率 /%	31.2
试后	一仓（粗磨仓）钢球					二仓（细磨仓）轻质研磨体				
规格 /mm	$\phi20$	$\phi30$	$\phi40$	$\phi50$	$\phi60$	规格 /mm	$\phi15$	$\phi17$	$\phi20$	$\phi25$	$\phi40$
质量 /t	0	10	12	8	1	质量 /t	13.5	0	16	6.5	0
均径 /mm	40	球面 /mm	2738	充率 /%	28.2	均径 /mm	19.03	球面 /mm	2800	充率 /%	33.5

表 13-5　试用前后系统与水泥的主要技术指标

水泥品种	P·O 42.5R			P·Ⅱ 42.5R			P·O 52.5R		
项目	试验前	试验后	对比	试验前	试验后	对比	试验前	试验后	对比
台时产量/(t/h)	45	40	−5	36	32.16	−3.84	32.01	29.64	−2.37
电耗/(kWh/t)	30.11	25.72	−4.39	42.14	34.3	−7.84	41.33	32.43	−8.9
细度 $45\mu m$ 筛余/%	7.0	5.0	−2.0	6.0	4.5	−1.5	3.0	2.5	−0.5
比表面积/(kg/m²)	340	325	−15	360	340	−20	370	350	−20
粒度≤$3\mu m$/%	10.11	8.22	−1.89	10.51	8.62	−1.89	11.99	11.73	−0.26

水泥品种	P·O 42.5R			P·Ⅱ 42.5R			P·O 52.5R		
项目	试验前	试验后	对比	试验前	试验后	对比	试验前	试验后	对比
3~32μm/%	58.44	63.75	+5.31	61.52	64.21	+2.69	66.05	69.81	+3.76
≥32μm/%	31.45	28.21	−3.24	27.97	27.17	−0.8	21.96	18.46	−3.5
3d 强度/MPa	24.6	24.4	−0.2	27.8	27.6	−0.2	32.8	32.6	−0.2
28d 强度/MPa	52.8	53.4	+0.6	57.6	58.2	+0.6	59.8	61.3	+1.5

由表 13-5 可见,使用陶瓷研磨体后,在填充率略有提高的情况下,由于装载重量的减少,水泥磨主电机电流由 105A 降至 70A,水泥粉磨电耗的降低十分明显。其中 P·O 42.5R 降低 4.39kWh/t、P·Ⅱ 42.5R 降低 7.84kWh/t、P·O 52.5R 降低 8.9kWh/t。

产能方面,尽管台时产量有所降低,但都在 10% 以内,而且经过适应性调整已基本达到恢复;质量方面,在其他条件不变的情况下,各品种水泥都表现出 45μm 筛余和比表面积同时降低、3d 强度略有降低、28d 强度略有上升的规律,说明减少了过粉磨现象,水泥的颗粒级配更趋合理。

关于对水泥使用性能的影响,从颗粒级配的组成来看,生产的三个水泥品种都反映出 ≤3μm 和 ≥32μm 的颗粒有所减少,而 3~32μm 的颗粒增加明显,使水泥的需水量有所减少,出磨水泥温度明显降低,同时减少了助磨剂的用量,这都是减少了过粉磨的结果,使水泥与混凝土外加剂的适应性得到进一步改善,因此受到了混凝土企业的欢迎。

在试验期间,该公司利用检修机会进磨检查,所用陶瓷研磨体基本没有发现破损,从而验证了该研磨体确实具有高强、增韧、耐磨等特点,从而解除了对陶瓷研磨体降产量、增磨耗、易碎裂等的顾虑。

13.3 陶瓷研磨体的节电原理与应用

必须明确指出:陶瓷研磨体本省并不能节电,是其为系统节电创造了条件。要节电,必须在陶瓷研磨体之外做文章,在整个粉磨系统上下功夫,把整个粉磨系统"粉碎与研磨功能的再平衡、再分配"做到最优。

有关小磨试验的结果显示,陶瓷研磨体与金属研磨体相比,其粉磨效率在 300m²/kg 以下的比表面积区间以金属研磨体略占优势,在 300m²/kg 以上的比表面积区间以陶瓷研磨体略占优势。但就现有水泥实际控制的比表面积(350~380m²/kg)来讲,两者的粉磨效率总体上基本相同,没有明显的差别。

1. 强磨削轻质陶瓷研磨体的节电原理

陶瓷研磨体的节电原理,其实质是为水泥"联合粉磨系统"粉碎与研磨功能的再平衡、再分配创造了条件,让粉碎效率更高的预粉碎工序(辊压机或立磨)承担尽可能多的粉碎功能,让研磨效果更好的球磨机工序承担更多的研磨和整形功能,能者多劳、量才使用、扬长避短,充分发挥它们各自的长处,实现整个粉磨系统的效率最大化。

总体上为了把"粉碎与研磨功能的再平衡、再分配"做好,"联合粉磨系统"以"辊压机、球磨机双闭路"为佳。其中,强调辊压机闭路,以便严格控制入磨细度,以适应陶瓷研磨体粉碎功能的降低，尽量避其所短；强调球磨机闭路，以便适应陶瓷研磨体对于较粗的颗粒的无能为力，不再勉为其难。

钢球的密度约为 $7.6 \sim 7.8 g/cm^3$ 左右，现用陶瓷研磨体的密度一般为 $3.6 \sim 3.8 g/cm^3$，密度约降低了一半，在球磨机填充率不变的情况下，研磨体的质量就轻了一半，球磨机的负荷势必减小，电流势必下降，如果球磨机的粉磨效率不变、磨机台时产量不减，粉磨电耗势必降低。

球磨机是靠研磨体的冲击和磋磨做功的，研磨体质量轻了，其冲击力和磋磨力势必要减小，粉磨效率和磨机的台时产量能不降低吗？这就成为轻质研磨体能否节电的关键所在，以下就避免台时产量下降的途径作一下探讨分析：

球磨机对入磨物料承担着粉碎和研磨两大功能，粉碎依赖于冲击（主要在一仓），研磨依赖于磋磨（主要在二仓、或三仓），实现两大功能的机理是不同的。两大功能被封闭在一个流程内先后完成，流程能力必然取决于两者的短板，要想发挥出流程的最大能力，就必须根据入磨物料的粒度和易碎性、易磨性，分别进行单项功能供需平衡和两大功能的等效平衡。

对磨内研磨体的简单置换，研磨体质量轻了，冲击力和磋磨力势必小了，而且两者减小的程度不同，冲击力减小得更多些，这就会导致粉碎功能的供需失衡以及两大功能的等效失衡，两种失衡的叠加势必导致台时产量的大幅度下降。

如果暂时不想改变磨内结构建立新的平衡，冲击力小了就会导致粉碎能力供给侧不足，但可以从需求侧调整，通过降低需求达到与供给的平衡。降低需求主要通过降低入磨物料的粒度来实现，就是加强对入磨物料的预粉碎。好在大部分的水泥粉磨系统配置有辊压机，而且辊压机的效率比球磨机高许多，这是一种正能量的调整。所以，强调使用陶瓷研磨体的粉磨系统必须前置有辊压机、而且辊压机最好是闭路系统，这就是辊压机联合粉磨系统。

在辊压机联合粉磨系统上应用陶瓷研磨体，由于辊压机闭路系统的存在，使球磨机的入磨粒度大幅度减小并得到有效控制，由此对球磨机粉碎功能的需求大幅度降低，使球磨机的粉磨功能更多地依赖于研磨功能。因此，只要球磨机的研磨功能不降低就有节电的可能性。

至于研磨功能的供需失衡，主要是增加供给侧的调整。一是可以通过增大研磨仓的填充率弥补研磨功能的下降，二是通过减小一仓的平均球径将部分粉碎功能转化为研磨功能。好在研磨功能的下降不是很大，填充率的增加无须太多，一般增大 10% 左右就可以恢复到原有的台时产量上。

目前使用陶瓷研磨体后的填充率，多数使用者只增加了 6% 左右。实际上，在采用陶瓷研磨体之后，球磨机的结构强度和传动系统产生了约 50% 研磨体质量的富余能力，可以承受约 60% 的研磨体填充率。

同时，为了使陶瓷研磨体在冲击力减小的情况下不减弱或少减弱研磨功能，应强调的是陶瓷研磨体在高韧性陶瓷结构中应有微晶矿物的存在，因为具有强磨削能力的微晶矿物能强化对物料的磋磨作用、加大对物料的研磨能力。因此，具有强磨削能力的陶瓷研磨体更适合辊压机联合粉磨系统的功能需求；所以，通常只更换球磨机研磨仓的研磨体，其节电效果会更好。

陶瓷研磨体的微晶矿物具有仅次于金刚石的硬度，不但研磨体的消耗低，而且研磨体的功能不会受到磨蚀的影响，这是金属研磨体所不具备的。即使陶瓷研磨体在使用一段时间后，其表面看起来已经磨得很圆滑了，但在显微镜下还能见到有粗糙的微晶存在。

研磨体质量的减轻，为适当提高球磨机的研磨体填充率奠定了主机负荷基础；同时，由于研磨体的做功机理由冲击为主转变为磋磨为主，不再过多地依赖于研磨体的规则性抛落，为提高填充率从研磨机理上奠定了基础，从而使通过提高填充率以提高磨机产能成为可能。

同时，由于陶瓷研磨体是非金属材质，大大降低了研磨过程中的静电影响；由于陶瓷研磨体质量轻了，提升研磨体的用电少了，粉磨效率高了，磨内发热少了，磨内的粉磨温度也低了。这都有利于提高粉磨效率，还可以减少对助磨剂的依赖而降低粉磨成本；出磨水泥温度的降低，还提高了水泥对混凝土外加剂的适应性。

2. 陶瓷研磨体在使用中的注意事项

鉴于陶瓷研磨体兴起的时间尚短，与现有粉磨系统还磨合不足，成功者的效益较大，失败者的数量较多。在大家都在跃跃欲试的情况下，有必要谈谈陶瓷研磨体在使用中的注意事项，以提高成功的概率，减少失败的损失：

1）陶瓷研磨体与金属研磨体相比，质量轻了，降低了粉碎和研磨功能，但表面磨削能力强了，增强了研磨功能。由此更应强调对入磨粒度的控制，要加强辊压机系统的管理，要重视边料效应的影响，辊压机系统也要闭路。

在只更换研磨仓时，入磨细度在 $80\mu m$ 筛余 70％以下的粉磨系统就可以采用陶瓷研磨体；但最好将入磨细度控制在 $80\mu m$ 筛余 60％以下，而且越小越好。一般的辊压机 V 选闭路系统都有希望将 $80\mu m$ 筛余控制在 50％以下，这是一块可挖潜的节电效益。

对于原用金属研磨体的球磨机，设计上应该保证进入研磨仓的物料粒径＜1.5mm，在研磨仓使用陶瓷研磨体后，由于质量轻了，降低了粉碎功能，对一仓的粉碎效果提出了更高的要求。实际上，由于进入一仓的物料有 1～1.5m 的冲料效应，使一仓的实际粉碎长度大为缩水，对于一仓较短的球磨机，应该考虑加长一仓的长度，或在一仓设置挡料环减小冲料影响。

2）陶瓷研磨体的效果主要体现在研磨仓上，以研磨仓比粉碎仓（一仓）的效果更好。但这要看入磨粒度的控制情况，入磨粒度控制得好也是充分挖掘辊压机节电效果的需要。如果入磨细度 $80\mu m$ 筛余能达到 25％～30％以下，粗磨仓（一仓）也是可以更换陶瓷研磨体的，以获取更大的节电效果。

就多数辊压机联合粉磨系统来讲，V 选的分选粒径通常设计为 1.5mm，在实际运行中由于多种原因会超过这一数值，一般不宜简单地在一仓使用粉碎功能低的陶瓷研磨体；但对于在 V 选后设有（或增加）动态选粉机的系统，一般设计＞0.5mm 的物料回辊压机，由于入磨物料粒径已经远远＜1.5mm，在一仓使用陶瓷研磨体是没有问题的。

3）由于陶瓷研磨体质量减轻，大幅度降低了球磨机的承载负荷和运行负荷，从机械结构和动力设备上为加大研磨体装载量创造了负荷条件；由于粉磨原理更多地依赖于研磨功能，对研磨体的规则性抛落需求降低，从粉磨机理上为适当提高填充率创造了空间条件。

为了充分发挥球磨机的潜力，利用好已有磨内空间，陶瓷研磨体的填充率要比原用金属研磨体大一些。试验表明，在不改变磨内结构的情况下，陶瓷研磨体的最佳填充率应该在 36％～38％；如果能解决研磨体的串仓问题，比如给隔仓板的中心孔加筛网，最佳填充率可能更高，已有填充料＞42％的成功案例。但由于各粉磨系统的工况不同，建议填充率从 32％起步进行逐步增加试验，在生产中寻找自己的最佳值。

4）由于陶瓷研磨体的质量较轻，从做工机理上其"冲击力"比其"表面积"的重要性上升了；由于研磨功能的增强，为适当提高物料流速打下了基础（注意：对没有挡料环的球磨机，一般不需要增大磨内流速）。在配球方案上，平均球径（或段的规格）比原用金属研磨体要适当大一些，配球级数可以适当少一些，更有利于减少过粉磨、提高粉磨效率。

试用初期，可以仍按原有金属研磨体配球方案执行，然后在使用中逐步加大平均球径、减少配球级数，寻求其最佳值。对于研磨仓，一般用 $\phi15mm$、$\phi20mm$、$\phi25mm$ 三种规格的研磨体配球也就足够了。

至于在研磨仓使用的研磨体，是球好还是段好，这在我们使用金属研磨体的过去，已经争论了多年而难有定论，实际上"难有定论"正说明其差别不大；比如，认为段好的理由之一是说它在运行中处于线接触有利于研磨，但实际上由于段本身的长径比不大，而且球磨机与研磨体的规格比太大，运行中的段也大多处于点接触状态。因此，我们大可不必纠结于此，用球、用段、或是已经在用的柱球，还是优先考虑其制造工艺和成本为好。

5）由于陶瓷研磨体的质量轻了，平均球径大了，配球级数少了，静电效应弱了，粉磨温度低了，这些因素都会导致磨内流速的加快和对磨机通风需求的降低。因此，为了防止磨内流速过快，确保物料有足够的磨内停留时间，对磨尾排风机的阀板开度要适当关小一些（甚至有个案显示，需要关小一半左右）。由于各生产线的工况不同，具体在运行中自己摸索。

6）由于陶瓷研磨体质量较轻、表面相对光滑，而且填充率的提高，使球磨机筒体的带球效果会差一些。试验表明，球磨机的活化环能起到一定的改善作用，活化环的存在更有利于进一步加大研磨体的填充率。

由于陶瓷研磨体的填充料更高，为了适应对活化能力的需要，球磨机内已有的活化环有可能需要适当加高、加密；需要说明的是，球磨机研磨仓已有的这种环，有的叫活化环、有的叫挡料圈，名字不同、结构不同、作用也是不同的，在结构上要同时兼顾活化和挡料两种功能。

7）由于研磨体的填充率提高得较多，磨头的进料装置、一二仓之间的隔仓板、磨尾的出磨筛板有可能需要作相应的改造，以解决相应的进料困难、倒球串仓、磨尾跑球、出磨跑粗等问题。特别是中心部位的通风孔，或者是改造箅板缩小面积，或者是补加筛板阻止研磨体的通过。

8）试验表明，陶瓷研磨体的使用效果，粉磨低强度等级水泥比粉磨高强度等级水泥要差一些，台时产量降得较多，节电效果也差，而且节电效果差也主要是受台时产量下降的影响。

试验同时表明，在球磨机使用陶瓷研磨体后，对物料的入磨水分含量更敏感一些。低等级水泥掺加的混合材较多，入磨水分含量相对较高，陶瓷研磨体又大幅度降低了磨内温度，等于降低了对水分的烘干能力，影响了磨机产量。

所以，在使用陶瓷研磨体后，要更加重视对入磨物料水分含量的控制。必要时可考虑引入窑系统的热风，或加一个简单的热风炉。

9）由于粉磨温度下降得较多，会影响到天然石膏的脱水，影响到水泥的凝结时间和早期强度，这一点要给予关注。石膏有多种形态，它们的溶解度和溶解速率各不相同，势必影响到水泥水化早期水泥颗粒表面钙矾石晶体的形成，继而影响到水泥的流变性和需水量。不过也有例外，粉磨温度的变化对脱硫石膏的溶解影响不大。

石膏的形态通常有生石膏($CaSO_4 \cdot 2H_2O$)、天然硬石膏($CaSO_4$)、半水石膏($CaSO_4 \cdot 0.5H_2O$)、可溶性硬石膏($CaSO_4$),其溶解度和溶解速率是不同的,如表13-6所示。粉磨温度的变化会影响石膏的脱水程度,继而影响到其溶解度和溶解速率。

表 13-6　不同形态石膏的溶解度和溶解速率

石膏的形态	化学表达式	溶解度(g/L)	溶解速率	缓凝作用
生石膏	$CaSO_4 \cdot 2H_2O$	2.08	较快	有
天然硬石膏	$CaSO_4$	2.70	较慢	小
α 型半水石膏	$CaSO_4 \cdot 0.5H_2O$	6.20	较快	有
β 型半水石膏	$CaSO_4 \cdot 0.5H_2O$	8.15	较快	有
可溶性硬石膏	$CaSO_4 \cdot 0.001 \sim 0.5H_2O$	6.30	较慢	有

10）有的企业只有一台水泥磨,又不愿意废掉换出的金属研磨体,可以在陶瓷研磨体中添加10％左右的金属研磨体混合使用。有用户担心混合使用会加大陶瓷研磨体的破损率。如果连同规格金属研磨体的冲击都受不了,这本身还是陶瓷研磨体的质量问题。

陶瓷研磨体与钢球、或钢段混装使用,由于其密度不同、运动轨迹不同,可以在一定程度上强化碾磨效果。实践证明,从产能和能耗上没有太大副作用,只是金属研磨体的消耗将有所增大而已。

11）按钢球质量的60％加装陶瓷研磨体后（填充料约为原金属研磨体的1.2倍）,粉磨系统的台时产量试验有增有减不等,但多数都可控制在±10％以内。这里特别强调对入磨细度和入磨水分的控制,要充分发挥好辊压机闭路系统的控制作用,要像管理闭路球磨机系统一样地去用心管理闭路辊压机系统。

实际上,不论是使用陶瓷研磨体,还是使用金属研磨体,加强辊压机闭路系统的管理,都是保证粉磨系统台时产量的一个核心问题。

12）在陶瓷研磨体的试验调整结束、达到“最佳效果”的“最大填充率”以后,原有球磨机的动力和传动配置显然是大了,重新选配更换合适的主电机以及减速机,可以获取进一步的节电效果。但由于“最佳效果”和“最大填充率”的不确定性,不建议过早地更换。

以 $\phi 4.2 \times 13m$ 联合粉磨系统为例,主电机功率为3550kW,在更换球磨机二仓研磨体后,一般可减小主电机功率1200kW,换用小电机可解决大马拉小车问题,这本身就是一项节电措施。

13）仍以 $\phi 4.2 \times 13m$ 联合粉磨系统为例,对于只有1套粉磨系统的粉磨站,一般（如天瑞鸭河）最大用电负荷在7200kVA左右,主变压器的容量为10000kVA。在更换主电机的同时减小了系统的装机容量和用电负荷,还可以考虑改用小一点的进厂主变压器,降低变压器的无功损耗和基本电价。

在球磨机主电机减小1200kW以后,粉磨站的最大用电负荷可减小到6000kVA左右,变压器的容量可减小至8000kVA。按以变压器容量核算基本电费的方式,一般基本电费为20元/kVA·月,每年又可以节约基本电费:20×(8000-6000)×12＝48万元。

14）关于陶瓷研磨体的磨耗:多数供货商承诺单仓研磨体磨耗保证值为15g/t水泥。实际上这是一个保守的估值,由于陶瓷研磨体的总体试用时间太短,还没有具体的统计数据出来,但可以肯定比现有的金属研磨体小得多（当然,首先是不能破碎）。实际上,有个案显示，陶瓷研磨体在使用一个月后，用卡尺测量其大小，没有测出变化来。

需要注意的是，关于陶瓷研磨体的磨耗，不仅要看使用初期，还需要关注其中长期的磨耗情况。有个案显示，某公司生产的陶瓷研磨体，使用初期的表现很好，但在使用 2 个月后，其磨耗上升、破损率加大，台时产量也随之降低，这与其成型和烧成的内外均质性有关，存在表里不一的情况。

15）关于破损率：在开发初期曾遇到过较高的破损率问题，这与原料、成型和烧结工艺有关，这一问题在部分供货厂家已经得到解决。现有质量好的陶瓷研磨体，保证破损率≤0.5%已经没有问题了，关键是要选对供货商。

金属研磨体的破损率一般保证≤0.5%，多数陶瓷研磨体供货商也沿用了这一保证值，但也还没有取得具体的统计数据。问题是大家都在保证，实际上多数供货商没有做到。

16）对用户来讲，也应该避免野蛮装卸和野蛮使用问题。现在各企业的球磨机规格都较大，都采用电动葫芦吊装研磨体，入磨落差约达 3m 以上，陶瓷研磨体跌落在衬板上受到的冲击力较大，空仓装球时应先加入一些物料缓冲一下为好；同样由于球磨机规格较大，研磨体的运行抛落较高，受到的冲击力较大，运行中应该尽量避免空砸磨现象。

17）关于节电效果：由于不同工艺、不同规格的粉磨系统，对于不同的粉磨物料，主机电耗占系统电耗的比率不同，故节电效果的百分率差别较大，一般以粉磨系统球磨机主机的粉磨电耗降低 15% 为考核指标。

试验表明：球磨机的规格越大，系统的节电效果越好；水泥控制的比表面积越高，节电效果越好；所磨水泥的强度等级越高，节电效果越好。

18）关于性价比：为了使这项新技术得以在水泥行业推广应用，考虑到低利润水泥行业的承受能力，生产陶瓷研磨体的厂商在保证上述各项指标的情况下，最好将价格定位在用于水泥磨的研磨体资金基本不变的价位上。

陶瓷研磨体的质量是金属研磨体的一半，其价格大致为金属研磨体的两倍，这是目前供需双方都可以接受的价格。需要强调的是，不要一味地追求廉价产品，高价的不一定是好产品，但价格过低的肯定不是好产品。

19）那么，如何判断一个产品的好坏呢？对于用于水泥粉磨的陶瓷研磨体，主要是把控好破损率和磨削能力"两大性能"。需要提醒的是，目前大家关注的焦点都集中在破损率上，对磨削能力还没有引起足够的重视，而磨削能力直接影响到更换研磨体后的台时产量和节电效果。

破损率和磨削能力，在陶瓷研磨体的生产上，是一对相互制约的特性，通常有利于降低破损率的措施，也可能导致磨削能力的降低；提高磨削能力的措施，也可能导致破损率的升高。生产商不能只强调其一而避讳其二，只有两头兼顾的产品才是好产品。比如原料中的 SiO_2 含量，各生产商的控制差别很大，其磨削能力也差别较大，不能仅以破损率论英雄。

20）影响陶瓷研磨体破损率的特征指标，并不只是一个抗压强度，不能只以抗压强度说破碎。某经销商在进过一番调研后，对部分较好的陶瓷研磨体做了一次抗压强度检测对比，如表 13-7 所示，虽然谈不上检测的准确性，但应该相信它的公正性。除了 S 公司的抗压强度高、其破损率也低以外，就 J、G、P 三个公司来讲，很难找到其抗压强度与破损率之间的对应关系。

表 13-7　部分陶瓷研磨体的抗压强度

接受日期	试验日期	生产厂家	球（段）规格/mm	强度平均值/kN
2016 年 7 月 27 日	2016 年 7 月 27 日	J	$\phi20$	18.0
		G	$\phi13$	16.0
			$\phi17$	14.1
			$\phi20$	23.0
		S	$\phi20$	115.0
2016 年 9 月 2 日	2016 年 9 月 5 日	J	$\phi20$	43.6
			$\phi13$	14.3
			$\phi15$	16.0
		S	13×15	78.8
			15×17	77.1
			17×19	118.1
			20×21	119.3
2016 年 9 月 5 日	2016 年 9 月 5 日	P	$\phi17$	26.1
			$\phi13$	23.5

21）那么，如何选择陶瓷研磨体供货商呢？最好还是通过考察其业绩后亲自试用。好在试用的时间无需太长，即使试用失败也损失不大，只需把合同签得严谨一些，把控好付款方式也就行了。

13.4　在陶瓷研磨体生产中的问题

陶瓷研磨体在水泥粉磨中的应用，首先必须通过破损率这一关，而目前的现实情况是，大部分厂家的产品没有闯过这一关。甚至有个案显示，在供货商吹嘘和保证之后，实际使用一周的破损率竟然达到 50% 左右。

个别供货商对破损率降不下来，不是从产品本身找原因，而是强词夺理地说什么"水泥是干磨，没有水膜缓冲"。试问谁家的水泥是湿磨的？说什么"水泥磨规格太大、冲击力太大"，那你为什么不叫"小磨陶瓷研磨体"呢？说什么"衬板是钢的，材质不同，容易碎球"，要知道金属衬板的柔性比陶瓷强，连这都承受不了，换成陶瓷衬板硬碰硬，你能受得了吗？

你是"干磨""大磨""钢衬板"，难道别人就不是吗？同样的使用条件，为什么有的人就不碎呢？还是静下心来找找自己的原因比较好。

1. 关于陶瓷研磨体在成型阶段的问题

生产陶瓷研磨体的生料都是微米级的超细粉，目前都采用间歇式湿法球磨机粉磨工艺，如图 13-9 所示。有的厂采用一级粉磨，生料细度控制在 1000 目以上；有的厂采用二级粉磨，生料细度控制在 2000 目以上。实践证明，更细的生料对成型和烧成都是有利的，对降低烧成温度防止晶体过大、对降低热耗减少生产成本、对降低陶瓷研磨体的破损率是必要的。

图 13-9　某公司的间歇式湿法球磨机

　　当然，生料的细度与其所用原料的易磨性直接相关，市场上的原料往往具有较大的 α-Al_2O_3 晶体，易磨性较差。而某公司自己烧成的 α-Al_2O_3 原料，由于严格控制了晶体的长大，易磨性得到较大改善，他们也采用一级粉磨，却可将生料细度控制在 2000 目以上。

　　陶瓷研磨体的成型工艺，目前国内一般 $<\phi 30mm$ 的球体采用加"种子"滚动成型，少数采用无"种子"滚动成型，部分小规格的"柱球"研磨体采用压制成型，而 $\geqslant \phi 30mm$ 的球体需用模具压制或等静压成型。

　　普遍采用的（小规格球形研磨体）滚动成型设备如图 13-10 所示，国内研制的（大规格球形研磨体）批量压制成型设备如图 13-11 所示，国外引进的（小规格柱球研磨体）批量压制成型设备如图 13-12 所示，国外引进的（小规格柱球研磨体）单体压制成型设备如图 13-13 所示。由于不同的成型工艺其压制力不同，对成型水分含量控制不同，具有不同的密度和均质性。

　　在坯体的成型过程中，对其内部的密实度和均质性有较高的要求，内部不得存在气泡、气孔、分层等不均质现象。不均质（密度、成分）是烧成和冷却中炸裂以及使用中延裂破碎的主要原因之一。

　　对于传统的滚动成球工艺，首先由人工将专用的粉料做成"种子"，然后将"种子"放到滚球机里，通过不停地添料和加水，使这些种子层层粘附滚大成球。这样成型的料球其粘附的均质性本身就不高，而且还要包含一个不同质的"种子"，其整体的均质性较差，强度也较低。

　　某公司滚动成型的 $\phi 20mm$ 生料球摔碎后，其内部结构如图 13-14、图 13-15 所示。由图可见，一是有明显的分层现象，外围分层更加明显；二是碎裂从"种子"周围剥落，而"种

图 13-10 某公司陶瓷研磨体滚动成型设备

图 13-11 某公司陶瓷研磨体批量压制成型设备

子"完好无损。

鉴于陶瓷研磨体在水泥磨内受到的冲击力较大,破损率已经成为制约其推广使用的一个

图 13-12　某公司陶瓷研磨体批量压制成型设备

图 13-13　某公司陶瓷研磨体单体压制成型设备

关键问题，故预加"种子"的利弊就成为一个值得商榷的问题。从使用中破碎的陶瓷研磨体（成品）看，有几种现象比较普遍：

成型用种子

图 13-14 某公司 ϕ20mm 生料球摔碎后内部照片

图 13-15 某公司 ϕ20mm 生料球摔碎后内部照片

（1）球体的分层结构明显，密实度较差；

（2）"种子"有偏离现象，不在球体中心；

（3）"种子"有熔缩现象，球体出现空腔。

虽然尚未进行具体的研究试验，但在调查中发现，目前少数几个破损率低的厂家，他们在滚动成型时都未再加"种子"。

在某公司现场，对其未加"种子"的滚动成型陶瓷研磨体，在用手锤 N 多次敲击无恙之后，做了一次简单的直观检验，用一块约 10kg 的石块，举起后用力砸向一个 $\phi20mm$ 的陶瓷研磨体，陶瓷研磨体丝毫无损，如图 13-16 所示，石块却被摔得四分五裂，如图 13-17 所示。

图 13-16　被砸的 $\phi20mm$ 陶瓷研磨体丝毫无损

图 13-17　砸向陶瓷研磨体的石块被四分五裂

2. 关于陶瓷研磨体的原料和烧成问题

这种强磨削轻质陶瓷研磨体，原料以刚玉粉为主，其次为氧化铝粉，还需要加入一些氧化锆、氧化硅等调质组分，以增加陶瓷研磨体的韧性及其磨削能力；成型后的坯体需要最高达 $1450\sim1550℃$ 的烧结，烧结时间（包括烘干和冷却）一般需要 $2\sim3d$ 左右。这个温度和时间，由于各公司的原料、生料、工艺装备不同，各公司的把握有较大差别。

我们知道，同一种材料具有不同的晶体结构时，其形变和断裂的力学性质是不同的，将对研磨体的磨耗和磨削能力产生重大影响。为了控制陶瓷研磨体烧成后的晶体结构，对不同时段烧结温度的需求是不同的，因此对烧结工艺有比较高的技术要求。

从表 13-1 可见，加入氧化硅对提高研磨体的磨削作用是必要的，而且氧化硅加入得越多，其磨削作用就越强。但加入氧化硅不仅能提高其磨削作用，也同时增加了研磨体的脆性，更易碎裂，磨耗增高。再多加氧化锆可以平衡其脆性的增加，但由于氧化锆又太贵了，成本提高，价格必然上升，低利润的水泥行业能接受吗？

事实上，考虑到成本问题，目前几个公司推出的陶瓷研磨体，都没有考虑加入氧化锆；也有公司说他们生产的陶瓷研磨体加入了少量氧化锆，但没有拿出证据来，反倒有证据显示其卖出去的陶瓷研磨体是外购的。那么，不加氧化锆其破损率有保证吗？下面就来简单讨论一下这个问题。

陶瓷的破损率取决其机械性能，主要有耐压强度、抗张强度、抗冲击强度。遗憾的是，目前多数生产陶瓷研磨体的公司，几乎都没有这些检测手段。

一般陶瓷的耐压强度容易做得很高，在静压下能抵抗很高的静压力，这一点不用担心。但不要误会，虽然提高耐压强度有利于降低破损率，但耐压强度并不是影响破损率的主要指标，耐压强度高并不能说明其破损率就低。

陶瓷的抗张强度较差，不能负担较大的伸张应力，这才是影响破损率的特征指标。好在这一点除了热胀冷缩以外，水泥磨内不存在其他的外在伸张力作用，而且水泥磨内的温度变化幅度和变化速度也不大，其作用于陶瓷研磨体的伸张力是有限的而且是缓慢的。但是，对于陶瓷研磨体烧成后的冷却过程，却有上千度的温差，这是需要重点关注的。搞水泥的人都知道，对水泥熟料的急冷可以有效地增加其易碎性！

陶瓷的抗冲击强度很差，不善于抵抗剪切力（其主要原因也源于抗张强度较差）。陶瓷易碎就是输在抗张强度和抗冲击强度上，不善于抵抗冲击产生的动应力，这一点在陶瓷研磨体的制作上要引起足够重视。

然而，陶瓷研磨体生产厂家多数不具备抗张强度、抗冲击强度的检测手段。开始是直接拿到用户的水泥磨上去撞运气，后来有的公司先在出厂前进行小磨试用，将破碎的拣出来，剩下完好的再出厂。为什么就不能上一套检测设备呢？

影响陶瓷机械强度的因素包括：化学成分，各晶相的种类、含量、分布状态，晶体缺陷、成型缺陷、密实度和均匀性。使用表明，如果在这各个方面都把控得好，其机械强度就能得到较大的提高，就能在不加氧化锆、不过多增加成本的情况下把破损率控制下来。

由于莫来石晶体的机械强度比玻璃相高，特别是晶体交织成网状的莫来石强度更高，大量细小针状莫来石晶体相互交织比个大数量少的晶体强度要高，因此，增加莫来石的含量能提高其机械强度，而且莫来石的晶体越小瓷胎结构越均匀，机械强度就越高。

因此，在配料中保证一定的 Al_2O_3，有利于形成较多的莫来石晶相，有利于机械强度的提高；但是，如果烧结温度过高，在高温段的保温时间过长，会使莫来石晶体变大趋少，导致机械强度的降低。由此，保温和冷却又成为影响产品破损率的一对矛盾，需要在生产实践中平衡把握；另外，保持原料中适量的抑晶组分（比如 MgO），也是防止晶体长大的措施之一。

气孔的存在会降低瓷胎的致密化程度，导致其机械强度的降低。吸水率是间接判断其致密化程度的一个指标。一般来说，增加坯料中的溶剂组分、提高原料的研磨细度，适当提高烧成温度，都有利于气孔率的降低和致密程度与强度的提高。

气孔是瓷坯显微结构的气相成分，它是烧成时内部气体没有被排除干净而残留在瓷胎之内的。有的是生坯孔隙中的原有气体（与成型的密实度有关），有的是坯料中碳酸盐、硫酸盐、高价铁等物质在高温中放出的气体（与原料的化学成分和烧成把控有关）。

生坯在未烧结前气孔率高达 $35\% \sim 40\%$，这与成型方式有很大的关系。实践表明，由于滚动成型的含水量较高、密实度较低，故压制成型比滚动成型的陶瓷研磨体气孔率要低，密实度要高，机械特性好，使用中的破损率要低。

另外，滚动成型时必须加入的增强剂（粘结剂）的选择，也是影响其产品密实度的因素之一。虽然专用增强剂的价格较高，但廉价增强剂在烧成中会产生较多的多余气体，这对产品的密实度是不利的。

随着烧成温度的提高，液相产生并且不断增加，气孔不断被填充、减少；但有些气体，尤其是碳酸盐、硫酸盐、高价铁等高温放出的气体，往往被黏性较大的熔体所包裹很难顺利排出，被压缩到最大限度封闭于瓷胎之内，最终影响到陶瓷研磨体的机械特性。所以，在原料的选取上，要尽量减小碳酸盐、硫酸盐、高价铁等矿物的含量。

山东 L 公司生产的水泥磨用陶瓷研磨体（压制成型的一家，目前使用效果不是太好），其电子扫描 $50\mu m$ 级显微照片如图 13-18 所示，其电子扫描 $5\mu m$ 级显微照片如图 13-19 所示。

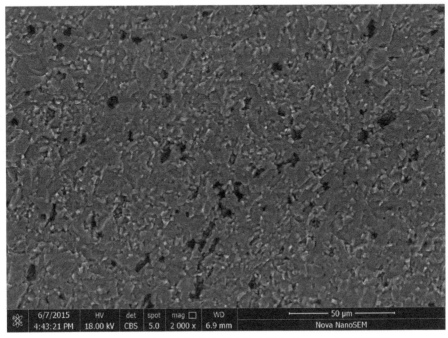

图 13-18　某公司水泥磨用陶瓷研磨体电子扫描 $50\mu m$ 级显微照片

图 13-19　某公司水泥磨用陶瓷研磨体电子扫描 $5\mu m$ 级显微照片

L 公司的电子扫描显微照片，与前述 S 公司的相比（图 13-3、图 13-4），其气孔有明显的增多、增大，其表面熔融光滑、磨削能力也相对较差。两个公司采用的是相同的压制成型工艺和设备，但气孔率大不一样，破损率大不一样，磨削能力大不一样，这应该在成型之外另有原因。

另外，不加氧化锆不等于不引入锆离子，依据氧化锆的相变增韧机理，已有人进行了掺加硅酸锆粉的试验，并获得了一定的增韧效果。硅酸锆粉虽然增韧效果较差，但比氧化锆粉便宜得多，适量地掺加对陶瓷研磨体的成本影响不大，这不失为增强陶瓷研磨体抵抗冲击动应力、解决破损问题的选项之一。

3. 关于硅酸锆增韧研究的参考资料

氧化铝陶瓷以其耐高温、抗氧化、耐磨损等优良特性成为当今世界上应用最广的陶瓷材料之一，但也像其他陶瓷材料一样，具有致命的弱点——韧性低、均匀性差。它的脆性限制了其优良性能的发挥，因此也限制了它的实际应用，陶瓷的韧化便成了近年来陶瓷研究的核心课题。

具有高耐磨性和较强韧性的增韧刚玉材料，目前已被各行各业所接受和应用，目前被证实最有效的增韧途径为氧化锆增韧。但氧化锆增韧存在成本高、工艺复杂的缺陷，实际应用中存在很大的局限性。由此，陶瓷工作者多年来针对反应烧结制备硅酸锆增韧氧化铝陶瓷进行了许多研究。

硅酸锆的主要矿物组成是锆英石，纯锆砂的化学成分约为 67% 的 ZrO_2 和 33% 的 SiO_2，密度为 $4.7g/cm^3$，莫氏硬度为 7.5，耐火度高，其熔点高达 $2430℃$，烧结点为 $1750℃$。但是，当其含有少量 Fe_2O_3、CaO、Al_2O_3 等杂质时，其熔点可降到 $2000℃$ 左右。

硅酸锆的熔点虽然很高，但可以在低于液相线温度以下分解为 ZrO_2 和 SiO_2。纯硅酸锆在温度达到 1540℃ 时即开始缓慢分解，超过 1700℃ 时迅速分解；当硅酸锆中含有其他物质时分解温度还会相应降低，这就为调控硅酸锆的分解温度提供了条件。

当 $Na_2O \cdot K_2O$ 与 $ZrO_2 \cdot SiO_2$ 作用时，硅酸锆在 900℃ 开始分解，1200℃ 迅速分解；当 CaO 与 $ZrO_2 \cdot SiO_2$ 作用时，在 1300℃ 即可迅速分解为 ZrO_2 与 SiO_2；在 Al_2O_3 与 $ZrO_2 \cdot SiO_2$ 作用时，在 1400℃ 才开始缓慢分解；当 MgO、TiO_2 与 $ZrO_2 \cdot SiO_2$ 作用时，在 1200℃ 时能促进 $ZrO_2 \cdot SiO_2$ 分解，分解后的 ZrO_2 在 1200～1400℃ 之间与 TiO_2 形成固熔体。

由于分解所析出的 SiO_2 具有较高的化学活性，硅酸锆的分解反应是可逆的，而且还容易与铝及钛等合金及氧化物发生化学反应。硅酸锆虽然在高温下熔融后分解，但在冷却过程中又生成了 $ZrO_2 \cdot SiO_2$ 微晶体。

实际上，国家工业陶瓷技术研究中心、山东理工大学、山东工业陶瓷研究院等有关人员在几年前曾联合进行过 $ZrSiO_4/Al_2O_3$ 复相耐磨陶瓷球的研究。他们以 $ZrSiO_4$ 和 $\alpha\text{-}Al_2O_3$ 为原料，采用 $Al_2O_3\text{-}ZrSiO_4$ 高温原位烧结反应原理，进行了 $ZrSiO_4/Al_2O_3$ 复相耐磨陶瓷研磨体的试验，并研究了不同铝含量对密度、耐磨性、以及烧结性能的影响。

研究采用氧化铝和硅酸锆高温烧结反应原理，试验在不同烧结温度下，不同配比时，陶瓷研磨体的密度、磨耗、吸水率的变化情况，探索了一条制备高性能的 $ZrSiO_4/Al_2O_3$ 陶瓷研磨体的技术途径，为我们提供了一定的参考借鉴。

研究表明，陶瓷球的密度随铝含量的增加而增高，但烧结温度并不是随着铝含量的增加而直线上升的。合理的烧结工艺能获得合理的晶相组成，是制备高耐磨 $ZrSiO_4/Al_2O_3$ 复相陶瓷研磨体的关键。在铝含量为 50%、60%、70%、80% 的陶瓷研磨体中，以铝含量为 60% 时的陶瓷研磨体烧结温度最低，以铝含量为 70% 时的陶瓷研磨体烧结温度最高；以 Al（60%）的陶瓷研磨体磨损率最低，以 Al（80%）的陶瓷研磨体磨损率最高。

1）硅酸锆增韧刚玉陶瓷的合成机理

$\alpha\text{-}Al_2O_3$ 是 Al_2O_3 的稳定晶型之一，属三方晶系，其结构紧密，密度为 3.96～4.01g/cm^3，莫氏硬度为 9。其烧制的产品强度高、硬度高，弱点是塑性变形能力差，耐磨性不太高。

ZrO_2 在不同的温度下以三种同质异型体存在，即立方晶系、单斜晶系、四方晶系。它们的密度分别为 6.27g/cm^3，6.10g/cm^3，5.65g/cm^3，其特点是四方晶系转变为单斜晶系时伴随有 7% 的膨胀，该材料的特点是韧性好、密度高。利用 ZrO_2 相变增韧及微裂纹增韧与之相匹配的陶瓷基体，是目前提高陶瓷材料韧性的主要途径。

莫来石陶瓷具有良好的高温性能，其特点是膨胀系数较低，但常温机械性能不够理想。根据以上各物质的特性，利用 $ZrSiO_4$ 高温分解产物 ZrO_2 粒子复合增韧刚玉和莫来石的效应以及莫来石低的膨胀特性，可提高刚玉材料的韧性及热塑性。其反应原理为：$2ZrSiO_4 + 3Al_2O_3 \longrightarrow 2ZrO_2 + 3Al_2O_3 \cdot 2SiO_2$

其特点是生成物 ZrO_2 在所生成晶相中弥散均匀，生成物氧化锆和莫来石在常温下强度高、密度较高、抗热变形能力强。粉体制备采用常规湿混共磨法，重复性好、成本低；所采用的烧结法工艺过程简单、产品成本低。

2）试验硅酸锆增韧刚玉陶瓷的制备

通过下面的试验，在 $ZrSiO_4$ 增韧刚玉陶瓷的基础上，试验氧化铝含量对最低烧结温度、体密度、吸水率、磨损率等性能的影响。试验所用的主要原料为：中值细度为 $1\mu m$ 的工业超细氧化铝粉、中值细度为 $2\mu m$ 的工业硅酸锆粉、工业用聚乙烯醇塑性剂。

采用计量和超计量 Al_2O_3 配比，按照超计量配方 A、B、C、D 分别加入快速磨混合，料、球、水之比为 1∶2∶3，外加聚乙烯醇 0.5％以及微量消泡剂，混合 60min，混合粒径分布达到 $1.5\mu m$ 后出磨，在 100℃的烘箱中保持水分不高于 0.5％，过 40 目筛造粒。

使用川西机器厂的冷等静压成形机（LDJ100/320—500）对各个样品粉料进行等静压成形，成形压力为 100MPa，保压时间为 180s。将成形后的瓷球放入硅钼炉中进行常压烧结，达到烧结温度后保温 120min，然后随炉冷却。

为确定不同铝含量瓷球的最佳烧结温度和性能，对每批样品陶瓷球进行多个温度的烧结，以烧结成瓷时其吸水率低于 0.2％的烧结温度为基准，提高 10℃烧制同一样品球坯，再提高 10℃烧制一个球坯，即每个铝含量点烧制 3 个球，每球烧结温度间隔 10℃。不同铝含量瓷球的化学成分如表 13-8 所示，不同铝含量瓷球的烧结温度及其他性能如表 13-9 所示。

表 13-8　不同铝含量瓷球的化学成分

序号	Al_2O_3/％	$ZrSiO_4$/％	外加剂/％
A	50	50	2.0
B	60	40	2.0
C	70	30	2.0
D	80	20	2.0

表 13-9　不同铝含量瓷球的烧结温度及其性能

w（Al）/％	烧结温度/℃	吸水率/％	密度/（g/cm^3）	磨损率/％
50	1440	0.056	4.05	0.063
60	1430	0.079	3.97	0.058
70	1460	0.023	3.86	0.076
80	1440	0.052	3.76	0.077

注 1：试验采用滚动方法测试陶瓷球的磨损率。把不同铝含量所制的陶瓷球一起放入球磨罐中，加入适量的水，调整球磨转速，磨损 T h 后，取出陶瓷球烘干测试。磨损率采用的计算公式如下：

$$W = 100\% \times (M_0 - M_1)/(M_0 \times T)$$

式中　M_0 为陶瓷球研磨前的质量（g）；M_1 为陶瓷球研磨后的质量（g）；T 为磨损时间（h）；W 为磨损率（％）。

注 2：试验以测定陶瓷球的吸水率来确定其烧结情况。吸水率采用的计算公式如下：

$$A = 100\% \times (M_2 - M_0)/M_0$$

式中　M_0 为瓷球的净质量（g）；M_2 为瓷球在水中浸泡 10min 后的质量（g）；A 为吸水率（％）。

注 3：试验根据排水法测定陶瓷球的密度，利用 SEM 对陶瓷球烧结体进行内部结构分析。

3）硅酸锆增韧刚玉陶瓷的检测与讨论

（1）不同配比瓷球的最低烧结温度

以烧结后陶瓷球的吸水率低于 0.2％为基准，确定陶瓷球的最低烧结温度。试验所得不同铝含量陶瓷球的最低烧结温度如图 13-20 所示，

由图 13-20 可见，铝含量在 50％～80％时，其烧结温度是先下降后上升然后再下降。其中氧化铝含量为 60％时陶瓷球的烧结温度最低（1430℃），铝含量为 70％时陶瓷球的烧结温

度最高（1460℃）。其中，最低烧结温度1430℃接近硅酸锆的分解温度1428℃。

为了使硅酸锆充分分解，确定1430℃为最低烧结温度，并且在实际烧结时需要保温一段时间。需要指出的是，这一烧结温度与现有陶瓷研磨体的烧结温度是基本一致的。

（2）不同配比陶瓷球的体密度

以烧结温度为横坐标，以陶瓷球的测量体密度为纵坐标，绘制每个不同铝含量陶瓷球在三个不同烧结温度下的体密度。试验所得不同铝含量配比陶瓷球的体密度如图13-21所示。

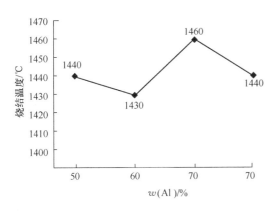

图 13-20 不同铝含量陶瓷球的最低烧结温度　　图 13-21 不同铝含量陶瓷球的体密度比较

由图13-21可见，不同铝含量的陶瓷球随着烧成温度的提高，其体密度的变化呈减小的趋势。一般来说，陶瓷球内部是存在气孔的，给陶瓷球施加一定的热量，如在烘箱中干燥或在高温电炉中进行初步加热时，陶瓷球的气孔率随着温度的升高而不断减少，表现为其密度不断增高。

但超过一定的温度后，随着温度的升高，其气孔率反而开始增加，此时表现为材料密度开始降低，其主要原因是在烧结过程中，一方面，小气孔向大气孔迁移或通过晶界扩散排除；另一方面，因陶瓷球内部晶粒迅速长大而局部收缩形成闭口气孔。

另外，莫来石的生成带来强烈的膨化反应，在1425～1550℃温度区间内，$ZrSiO_4$在不断地分解，并与Al_2O_3反应生成莫来石，这种反应伴生的体积膨胀可能达1.4%～1.6%左右，因此也进一步使陶瓷球的密度降低。

（3）不同铝含量陶瓷球的磨耗

对于不同铝含量的陶瓷球，其磨损率是不同的。试验所得不同铝含量陶瓷球的磨损率如图13-22所示。

由图13-22可见，随着烧结温度的提高，每个铝含量点的陶瓷球磨损率都在小幅度上升。这是由于晶粒的尺寸对陶瓷球的耐磨损性能有着巨大影响，随着烧成温度的提高，陶瓷球的晶粒也在不断长大，从而影响了陶瓷球的耐磨性。

由 图 13-22 可见， 从 Al（50%）到 Al

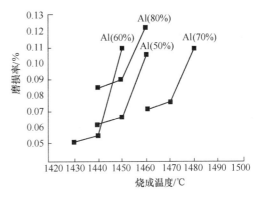

图 13-22 不同铝含量陶瓷球的磨损率比较

（60％）其磨损率呈下降趋势，从 Al（60％）到 Al（80％）其磨损率又是上升的。其中，Al（60％）的磨损率是最低的，Al（80％）的磨损率是最高的。这主要是由于烧结温度升高后，陶瓷球的气孔率增大，密度下降，也是造成陶瓷球强度下降、磨损率上升的原因之一。

研究结果认为，$ZrSiO_4/Al_2O_3$ 陶瓷球的磨损过程与其力学性能（弹性模量、硬度、断裂韧性等）、显微结构（晶粒的尺寸、孔洞、次晶相、晶界、裂纹等）以及工况条件（瓷球的运动状态、磨料的硬度、磨机的转速等）密切相关。Al（60％）陶瓷球由于烧结温度最低，使其在微观结构方面可能处于最佳状态，Al（60％）瓷球的密度适中，其磨损率相对来说也较低。

13.5 陶瓷研磨体的发展与前景

陶瓷研磨体在水泥球磨机上的应用，就前一段的情况来讲，总体上，是一项刚刚起步、尚未成熟的技术，尚需在制造和应用两个方面有待提高；市场上，是一项典型的一哄而起、"纷抢蛋糕"的技术，急需有一个标准或规范进行导向；使用上，是一项使大部分水泥人又爱又恨、迷茫观望的技术，希望能获得权威部门的甄别和专家团队的指导。

1. 陶瓷研磨体兴起一年来的使用概况

陶瓷研磨体在水泥粉磨中的应用，首先要过破损率这一关，而目前的现实情况是，大部分厂家的产品没有闯过这一关，还在以侥幸的心态找用户碰运气，既坑了别人也害了自己。甚至有个案显示，在供货商吹嘘和保证之后，实际使用一周的破损率竟然达到 50％ 左右，而且"精神可嘉、永不言败"。

从另一方面讲，使用陶瓷研磨体的水泥企业是该产品的直接受益者，在一项新技术的起步阶段，难免出现一些需要调整完善的事项，往往需要供需双方的密切配合。对陶瓷研磨体也要强调文明使用，不能把破碎责任一推了之；特别是对于台时产量的下降，具体使用者对现场情况了解更多，对粉磨工艺更加熟悉，更有发言权，应该积极主动地去协助采取措施。

在水泥球磨机上使用陶瓷研磨体总体上是成功的，但失败的也不少。现实的情况可概括为以下三点：

1）生产投放陶瓷研磨体的厂家杂乱，不客气地说是严重混乱，严重影响了陶瓷研磨体的形象和推广速度。什么陶瓷厂、耐火厂、钢球厂，甚至一些助磨剂公司、水泥公司都在开发生产，这本不是什么大问题，关键是他们有的不懂陶瓷生产，有的不懂水泥粉磨，有的对陶瓷水泥全不懂，其产品质量可想而知，首先是破损率这一关就过不去，还不知道从哪里找原因；

2）陶瓷研磨体的应用还处于初期起步阶段，多数供需双方都缺乏使用经验，而且从技术上缺乏陶瓷生产和水泥粉磨双方的供需融合。供方为推销产品盲目承担了现场的应用调试，需方为回避责任缺乏主动的沟通指导；而且双方还没有关注到陶瓷研磨体的磨削能力，甚至有的公司将陶瓷研磨体水磨得非常光滑，不知道光滑的表面对粉磨水泥是有害无益的；

3）就陶瓷研磨体的使用量来讲，成功的多于失败的，就陶瓷研磨体的供应商来讲，失败的远多于成功的；就水泥生产线来讲，成功的多于失败的；就水泥企业来讲，失败的远多于成功的。失败的影响远大于成功的影响，成功的效益又远多于失败的损失，导致大部分水泥人处在迷茫观望之中。

可喜的是，南方某公司试用陶瓷研磨体还不到一年，已经有 50 多台水泥磨在使用陶瓷研磨体，50 多台是什么概念？除了该公司以外，目前在全国试用和使用陶瓷研磨体的水泥磨，加起来也达不到这个数，你能说陶瓷研磨体不成功、没有推广价值吗？只能说我们在推广应用中出了这样那样的问题！

2. 如何规范陶瓷研磨体的混乱局面

陶瓷研磨体的混乱局面已经形成，那么如何规范这种混乱局面呢？说白了陶瓷研磨体只不过是一个产品而已，就像金属研磨体一样，一个高质量的产品既可以使用好、也可能使用不好。

要想规范市场，就必须把产品质量和应用技术的职责分开，各负其责。制造方更多地承担起产品质量和安全使用方面的技术指导（比如破损率和磨耗）；应用方更多地承担起如何使用和使用效果方面的责任（比如台时产量和电耗）。

打开混乱局面的钥匙，就是急需一个关于陶瓷研磨体的制造标准和产品标准。但鉴于陶瓷研磨体之化学成分、晶相构成、机械性能的多变性，加之陶瓷研磨体的试用时间尚短，目前还不好用几个技术指标表征必须把控的"两大性能（破损率、磨削能力）"，还缺乏必要的检测方法、检测标准和支撑数据，还不到制定一个标准的"产品标准"的窗口期。

如果制定了一个不够严密的标准，对于达到了"标准"要求、而又发生了严重破碎的情况，又怎么去评判是非呢？对于达到了"标准"要求、而由于陶瓷研磨体磨削能力不强影响了节电效果，又怎么去分清责任呢？

实际上这也没关系，有总比没有强。我们不妨"退而求其次"，以结果论英雄，就像金属研磨体一样，先制定一个不太规范的行业标准或试行标准，随后逐渐完善之。比如，先对陶瓷研磨体的破损率、磨耗确定一个合理的指标，其他问题暂时由各企业制定自己的"内控标准"完善之。

3. 关于陶瓷研磨体的发展前景

陶瓷研磨体与金属研磨体相比，上述分析已经给出了答案，陶瓷研磨体具有明显优势，关键的破损问题是可以解决的，台时产量的下降是可以解决的。

因此，只要辊压机联合粉磨系统不被淘汰，只要粉磨系统还需要研磨体，陶瓷研磨体就有市场前景！那么，辊压机联合粉磨系统（以下简称辊联系统），能否被其他粉磨系统淘汰呢？

目前，能与辊联系统竞争的粉磨技术，主要是立磨终粉磨系统和辊压机终粉磨系统，其优势也只是在于粉磨电耗的进一步降低。根据德国人对粉磨系统的研究，节电效果最好的辊压机终粉磨系统与辊联系统相比，水泥粉磨电耗还能降低 $5kWh/t$ 水泥。那么，辊联系统能达到甚至超过这个节电目标吗？

其实，这个目标并不算太高，根据目前陶瓷研磨体的试用情况，即使在现有技术水平下，一二仓全部更换为陶瓷研磨体的辊联系统已经超过了这个目标。更何况，在陶瓷研磨体的生产上，在陶瓷研磨体的使用上，特别在球磨机结构对陶瓷研磨体的适应性改进上，还有不少可以挖掘的潜力。

辊压机联合粉磨系统在采用陶瓷研磨体后，不但粉磨电耗更低，而且不用担心水泥的性能问题，工艺和装备成熟，使用得心应手，与辊压机终粉磨相比具有明显优势。由此，从目前的粉磨技术发展来看，辊压机联合粉磨系统还看不到被淘汰的根据，陶瓷研磨体是有发展前景的！

但必须明确指出，这不等于对"无球化"判了死刑。技术也是在竞争中发展的，也会像历史一样"螺旋式"循环，正像球磨机由费电到节电一样，"无球化"还可能出现下一个春天，但那时的"无球化"已经不是今天的"无球化"可比了，必须比采用陶瓷研磨体的辊压机联合粉磨系统更节电。

4. 关于陶瓷研磨体技术的发展方向

关于下一步的发展方向，应该由目前的"低台时低功率降电耗"（台时产量少降低、主机功率多降低，达到节电目的），转向"同功率高台时降电耗"（主机电流不降低、台时产量大幅度提高，达到节电的目的），以充分发挥原有主机及其动力系统的能力。在使用陶瓷研磨体后，不再是台时产量少降低的问题，而是台时产量如何大幅度提高的问题。

关于下一步的技术措施，至少有以下几点可以考虑，有些不是陶瓷厂和水泥厂能够解决的问题，就需要劳驾我们的行业专家们不辞辛苦了，希望有关的研究院、设计院、设备厂家能够积极地介入。

1）陶瓷研磨体具有节电效果，那么陶瓷衬板、隔仓板怎么样？减轻质量也有节电效果；尽管节电效果不如陶瓷研磨体，但其使用寿命会大幅度延长，这也是一块效益。而且陶瓷衬板为整体结构件，在抗碎方面比陶瓷球成熟。

2）陶瓷研磨体降低了出磨温度，为原来由于温度高而不敢采用的胶带提升机创造了使用条件。胶带提升机比板链、环链提升机具有明显的节电效果，这是深化改造的又一块效益。

3）采用陶瓷研磨体的前提是控制入磨细度，几乎不再需求破碎功能了。进一步讲，就是球磨机的做功机理发生了根本性变化，对研磨体的轨迹性抛落的需求降低了，其内部结构也应该做适应性改造。改造的方向主要是将抛落性冲击功能向滚动磨擦功能转变。

对抛落性冲击功能的需求减小，为提高研磨体的填充率创造了空间条件，这既是提高球磨机内空间利用率的需要（目前只有可怜的30％左右），也是充分利用原有传动能力的需要（单从传动能力上讲，研磨体的密度降低了一半，其填充率就可以增加一倍，应该提高到60％左右），更是向高效率的辊压机转移做功负荷、提高整个系统能力和效率的需要（目前，使用陶瓷研磨体的系统，多数台时产量是下降的）。

4）具体对球磨机磨内结构的改造，还需要在使用实践中"摸着石头过河"，但至少包括如下内容：

（1）高填充率研磨体如何分仓，是否分仓。

（2）高填充率研磨体进一步活化，包括活化环的型式和布局，包括筒体衬板的带球能力。

（3）磨头进料、磨中隔仓板、磨尾出口筛板等，对高填充率的适应性改造。

5）在磨内结构改进以后，有可能由改进的活化环取代现有的隔仓板（这在福建某$\phi 3.2m$磨机上的三仓改两仓初步试验是有效的），从而降低系统的通风阻力，降低系统风机的电耗，这又是一块节电效益。

6）使用陶瓷研磨体后，系统的台时产量不但不应该降低，相反应该大幅度提高才对。当然，系统台时产量的提高受其现有辅机特别是辊压机系统的制约，具体提高多少取决于对现有系统能力的再平衡，或在条件允许的情况下对系统辅机的改进程度。

我们在第三节中已经指出，陶瓷研磨体本身并不能节电，是其为系统节电创造了条件。要节电，必须在陶瓷研磨体之外做文章，在整个粉磨系统上下功夫，把整个粉磨系统"粉碎与研磨功能的再平衡、再分配"做到最优。

第14章 水泥的混合材与助磨剂使用

众所周知，在水泥的制成中掺加一定的混合材，除了能改善水泥的某些性能外，还可节约熟料的用量，增加水泥产量，从而有效地降低水泥的制造成本。然而我们的水泥产能已高达30亿吨，能找到的优质混合材已成为炙手可热的短缺资源。混合材价格的飙升以致其对降低水泥制造成本的空间已非常有限了。因此，本章我们不去谈那些优质的混合材，重点讲讲高MgO石灰石和煤矸石怎样用作混合材，顺便再谈谈助磨剂选用的问题。

原料石灰石和混合材石灰石都是生产水泥的组分之一，都对水泥的性能构成重大影响。但由于其作用和机理是不一样的，所以对它的要求也就不一样。高MgO石灰石能否用作水泥混合材呢？会不会导致水泥石的体积膨胀呢？除了MgO外，对于作为水泥混合材使用的石灰石，我们还应该控制点什么？

煤矸石可以用作水泥的混合材，但至今仍在使用的并不多，到底存在什么问题呢？煤矸石在煅烧后，其火山灰性会有所不同，这与煅烧的温度有关系，是不是所有的煤矸石煅烧后，都可以作为水泥混合材使用呢？煅烧后的煤矸石的特性如何？我们又该如何去煅烧比较好呢？

说到选用助磨剂，大多数人可能认为，要提高强度就选择"增强型"的助磨剂，要增产或节电就选择"增产型"的助磨剂。这好像无可厚非，但有时结果却并不理想。其原因何在？又该如何选用助磨剂呢？

14.1　关于混合材的资源和使用

在生产水泥的过程中掺加部分混合材，不但能改善水泥的质量和使用性能、调节水泥强度的前后平衡和水泥强度等级，降低熟料消耗和粉磨电耗、降低水泥生产成本，提高水泥产量和企业经济效益，而且还能实现废矿废渣的综合利用，减少这些废弃物对环境的污染，实现水泥工业的生态化。

1. 混合材的资源问题

按照GB 175—2007《通用硅酸盐水泥》标准中的有关规定，水泥混合材的种类包括粒化高炉矿渣、粉煤灰、火山灰质混合材、砂岩和石灰石五种，并根据GB/T 203、GB/T 18046、GB/T 1596、GB/T 2847几项标准，将粒化高炉矿渣、粒化高炉矿渣粉、粉煤灰、火山灰质混合材料分为活性混合材或非活性混合材，非活性混合材还包括石灰石和砂岩，其中要求石灰石的Al_2O_3不大于2.5%。

目前各企业使用的混合材尽管品种较多，但基本上都包含在以上几类中，使用最多的是矿渣（包括矿渣粉）、粉煤灰、石灰石。随着水泥产量的快速增长，矿渣和粉煤灰的数量已不足以满足水泥工业对混合材的需求，加之资源的分布不均，矿渣和粉煤灰在大部分地区已经成为稀缺资源。

而且，随着现代化预分解工艺的普及和落后工艺的淘汰，国内水泥熟料的总体质量得以提高，水泥中混合材的比率得以加大。统计显示，水泥中的熟料掺加量已经由 70% 左右逐步降低至 60% 左右，这更加剧了混合材资源的不足和价格的上涨，已经这成为影响水泥成本的又一个重要因素。

面对现有混合材资源的短缺和价格上涨，随着新技术新材料的开发和新废弃物的出现，各企业都在努力谋求和开拓新的混合材资源。已经在使用或正在开发的混合材，除了矿渣、粉煤灰、石灰石以外，还有一些活性不一的混合材资源可资利用，包括：火山灰、浮石、凝灰岩、沸石、硅藻土（石）、玄武岩、砂岩等天然矿物，煤矸石、页岩、黏土、稻壳等烧结灰渣，煤渣、磷酸渣、硫酸渣、钢渣、镍铁合金渣、锰铁合金渣、碳酸锂渣、铅锌渣、硅微粉、油页岩等工业废渣，建筑垃圾、焚烧垃圾灰等生活废渣。

2. 混合材的颜色问题

目前，除了广泛采用的矿渣和粉煤灰以外，余下的混合材主要是火山灰质混合材，以自燃煤矸石、烧结黏土、烧页岩使用得较多。这种混合材对水泥颜色的影响始终是制约其使用的一个主要因素，也是顾客投诉的热点问题之一，在混合材资源相对丰富的情况下，一般很少使用或只是少量配用。

自燃过的煤矸石和沸腾炉渣均显示暗红色，掺加一定量的此类混合材，会导致水泥颜色发生明显异化。对于使用这些混合材的水泥企业来说，除了降低混合材的掺加量外，应该从补色、掩蔽、吸附、除色、细度等物理化学方面采取相应的技术措施，以设法降低对水泥色泽的影响。

最简单的改变带色混合材影响的方法是掩盖，例如红色的混合材可以和黑色混合材搭配使用，降低红色对水泥色泽的影响；其次可以根据颜色互补原理，使用互补色将颜色调整为白色；还可以使用吸附剂使有色的混合材脱去颜色；适当调整混合材的细度也可以改善水泥的色泽。

通过化学的方式能有效改善混合材颜色，主要原理是金属变价处理。比如，烧结混合材的红色主要由氧化铁所致，对冷却过程进行缺氧处理，将红色氧化铁还原为黑灰色的氧化亚铁，就可以改变烧结混合材的色泽。

另外，认真细致地做好售前服务，实事求是地向用户解释清楚色泽的影响范围和程度，讲清水泥质量与水泥色泽没有必然的关联，改变用户对水泥色泽的认知；给用户以知情权和选择权，让用户根据具体的用途避害趋利，同时做好售后跟踪服务，让用户用得放心，就能逐步改变用户"谈虎色变"的状况。

3. 如何提高水泥的混合材掺加量

由于水泥产量的快速增长和特定工业废弃物的供应不足，导致了水泥混合材资源的短缺，在市场供不应求的情况下，引发了混合材价格的上涨，同时导致了混合材活性的下降。

随着煤炭和钢铁企业的整合，大型钢铁企业已经参与矿渣粉的制备，大型火电企业也在进行粉煤灰的分级，而且他们具有控制资源和产业链间的优化优势。比如钢厂可以采用闷渣工艺增加矿渣的易磨性和安定性，电厂可以利用除尘系统直接分级，使得粉煤灰和矿渣资源日益集中趋于垄断。

目前在一些地区的某些时段，粉煤灰和矿渣的价格已经超过了水泥熟料，搞得部分水泥企业买也不是不买也不是。为了降低生产成本，水泥企业不得不采用一些分散供货商的廉价混合材，而廉价混合材往往是低活性混合材，这又导致了熟料掺加量的增加，使成本升高。那么，还有没有提高混合材掺加量的措施呢？

（1）进一步提高水泥细度的利与弊

根据李文奎等的文章（见《湖南建材》，1992［1］），在混合粉磨系统中，复合硅酸盐水泥中 $3\sim32\mu m$ 的颗粒，只有达到 70% 以上才能充分发挥混合材的性能。研究表明：0.08mm 方孔筛的筛余每减少 1%，水泥的 28d 抗压强度提高 0.83MPa。换句话说，就是每减少 1 个百分点的 $80\mu m$ 筛余量，就能增加 1 个百分点的混合材掺加量。

对于如何提高水泥中混合材的掺加量，我们首先想到的就是提高水泥细度（比表面积），这是最简单的方法，也是多数企业的第一选择，但有如下问题必须认真对待，权衡利弊得失。

随着水泥细度的提高，必然导致水泥粉磨系统的能力下降，下降后还能否满足销售市场的需要，对销售效益有多大影响？

随着水泥细度的提高，必然导致水泥粉磨电耗的升高，增加混合材掺量的效益能否抵消增加电耗的成本？

目前国内的大部分企业，水泥细度已经够高了，水泥的需水量以及与外加剂的相容性已经引起了部分用户的异议，进一步提高水泥细度只能加重这些问题，用户能否承受，对市场和售价有多大影响？

（2）通过提高熟料强度提高混合材掺加量

单就水泥中的混合材来讲，提高熟料强度可以明显地降低水泥中的熟料消耗，继而提高混合材掺加量，但提高熟料强度也是有质量成本的。

就现有预分解窑生产系统来讲，目前多数企业的熟料 28d 抗压强度达到 60MPa 已经比较困难了，在现有条件下进一步提高的空间并不大。但通过其他的技术途径还是有可能的，尤其是在提高熟料早期强度方面。

目前一般的熟料早期强度大约在 $32\sim33MPa$ 左右，而使用电石渣部分代替石灰石作为钙质原料，可以得到早期强度为 38MPa 的熟料，这无疑是增加混合材掺加量的有效方式。

采取特种水泥熟料与普通水泥熟料的复合使用，也是提高熟料强度的方法之一。例如，普通熟料和硫铝酸盐水泥熟料搭配使用，可以提高 10% 以上的混合材掺加量。

（3）使用水泥外加剂提高混合材掺加量

混合材激发剂在国内已有多年的历史，不少激发剂对特定的混合材还是确实有效的，只是要注意它的有害成分是否超标。在使用前要做好小磨试验和大磨试验，不要盲目使用，以免造成不应有的损失。某公司采用某种混合材激发剂的效果如图 14-1 所示。

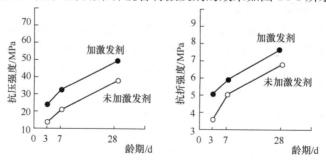

图 14-1　加激发剂与未加激发剂的水泥强度对比

由图 14-1 可见，在使用激发剂后，水泥 3d 抗压强度提高了 9.5MPa，28d 抗压强度提高了 11.5MPa。强度的提高意味着可以增加混合材的掺加量，这里对水泥中混合材的"激发"是通过提高水泥强度而实现的。

如果这就是"激发"，事实上水泥助磨剂也有类似的效果。助磨剂虽然有增强型和增产型之分，但不管是增强还是增产，都可以转化为混合材掺加量的增加。如果是提高了水泥强度，则可以直接增加混合材的掺加量；如果是提高了台时产量，则可以先通过提高水泥细度提高水泥强度，再增加混合材的掺加量。

有学者研究发现，大部分混合材激发剂都具有硫酸根离子。石膏在水泥中的作用主要是调节凝结时间，但石膏的化学成分含有硫酸根离子，具备混合材激发剂的重要条件。因此，多种石膏的搭配使用，可以起到一定的激发剂作用。

试验表明，天然石膏和磷石膏的合理搭配，既可以降低天然石膏的使用量，又可以提高水泥强度，在保持强度不变的情况下提高混合材的掺加量，达到降低水泥生产成本的目的。

（4）几种混合材的复合使用增加掺加量

一般水泥厂使用的混合材都不止一种，经验告诉我们，对两种或多种混合材的优化组配，往往可以获得 1+1＞2 的效果，不仅能够最大幅度地提高水泥强度，而且可以更多地利用廉价混合材和增加混合材的掺加量。

但是，同一种混合材与其配伍的混合材不同、组合的配比不同、面对的水泥品种不同，甚至在不同的水泥企业、同一企业的不同生产线上，都具有极不相同的效果，都需要在使用前做好分析研究、小磨试验、大磨试用，并在使用中根据变化及时调整。某公司对不同水泥品种进行的不同混合材配伍试验如表 14-1 所示。

表 14-1　不同水泥品种对不同混合材配伍的效果试验

组别	序号	水泥配比/%		混合材种类	80μm 筛余/%	抗折强度/MPa		抗压强度/MPa	
		熟料＋石膏	混合材			3d	28d	3d	28d
一组	1	85	15	煤矸石	3.9	5.1	8.6	21.5	50.3
	2	85	15	煤矸石、硅灰石尾矿	4.5	5.3	8.4	25.7	50.4
	3	85	15	粉煤灰	3.6	5.1	7.9	24.1	45.3
	4	85	15	粉煤灰、硅灰石尾矿	4.3	5.2	7.9	25.9	46.3
	5	85	15	煤矸石、粉煤灰	3.8	5.2	8.0	23.0	46.3
二组	1	70	30	矿渣	2.8	4.8	8.3	22.1	52.8
	2	67	33	矿渣、石灰石	2.7	5.2	8.4	27.0	50.9
	3	67	33	矿渣、硅灰石尾矿	2.3	5.0	8.2	25.3	50.5
三组	1	70	30	煤矸石	3.2	2.2	7.0	7.6	34.9
	2	65	35	煤矸石、石灰石	3.6	2.3	6.9	9.8	33.9
四组	1	70	30	沸腾炉灰	1.6	4.5	8.1	19.5	48.2
	2	65	35	沸腾炉灰、石灰石	2.8	4.7	8.1	22.6	50.7
五组	1	70	30	矿渣	2.6	3.9	7.5	15.3	43.4
	2	65	35	矿渣、煤矸石	2.8	3.3	7.3	12.2	43.7
	3	65	35	矿渣、煤矸石、石灰石	2.8	3.7	7.7	15.6	46.1

　　由表 14-1 可见，多种工业废渣的搭配与单一使用某种工业废渣相比，掺加量既有所增加，也有利于水泥强度的增长。例如第二组，矿渣配伍石灰石、矿渣配伍硅灰石尾矿与单独使用矿渣相比，在 28d 强度降低不多的情况下，可以弥补矿渣水泥早期强度偏低的缺陷，从而增加了混合材的掺加量。

　　根据有关试验，在混合材的优化组合上，可以按照混合材的酸性与碱性、活性与惰性、不同的易磨性等合理配伍，配伍的各类混合材性质差别越大，越有利于优势互补、短缺相弥。比如，如果要提高水泥的早期强度，就需要增加碱性、惰性、易磨性较好的混合材；如果要提高水泥的后期强度，就需要增加酸性、活性、易磨性较差的混合材。通过调整水泥的强度增进率，在前后强度平衡的情况下实现混合材掺加量的增加。

14.2　石灰石作混合材的 MgO 问题

1. 高 MgO 石灰石能否用作混合材

　　2012 年的某天，笔者到某熟料生产线看望一位朋友，遇到附近某粉磨站的总经理和质控处长。中午正吃饭时，看见二位满头大汗地闯了进来，笔者问何事如此着急，该处长说，"原来给我们供石灰石的石料场又要涨价，一吨石灰石要 30 多元，成本上实在受不了。我们老总便带我们来这里找石灰石，这里的石灰石到厂价也就是 10 多元。"

　　该总经理接话道，"这里的石灰石看上去很好，可就是 MgO 太高，找了一上午也没个着落，这不是把我们俩急的。"我问除了 MgO 其他怎么样？处长说其他没问题。笔者说，"不要着急了，混合材对石灰石的要求与生产熟料的原料是不一样的，MgO 没有那么大危害，你尽管用就是了。"

　　笔者那位朋友插话道，"如果是这样，我矿山剥离的废石有的是，就是 MgO 高了点儿，你只管拉去用就是了，我可以不要钱。"那位总经理激动地对笔者说，"高人啊，你可解决了我的大问题，早遇到你就好了，从这儿运到粉磨站，也才几块钱。"

　　原料石灰石和混合材石灰石都是生产水泥的组分之一，都对水泥的性能构成重大影响。但由于其作用和机理是不一样的，所以对它的要求也就不一样。

　　作为水泥混合材使用的石灰石，由于石灰石中的 MgO 没有经过煅烧，没有 f-MgO 的存在，不会导致水泥石的体积膨胀。因此，作为水泥混合材使用的石灰石，大可不必考虑 MgO 的高低，没有太大影响。

2. 来自葛洲坝的研究试验

　　前面提到，"作为水泥混合材使用的石灰石，大可不必考虑 MgO 的高低，没有太大影响"——水泥质量事关重大，就凭这么简单的一句话就能让人放心吗？当然不能想当然，鉴于笔者没有做具体的研究试验，这里就摘录引用一下葛洲坝集团水泥有限公司刘胜超等在《四川水泥》杂志上发表的"含镁石灰石作水泥混合材试验研究"成果，以供参考。

　　随着我国优质石灰石资源的日益短缺，石灰石矿山往往夹杂有高镁层，不剥离难以满足熟料生产需要，剥离又加大了开采成本、浪费了资源，如果能将其作为水泥混合材使用，将是一举两得的好事。试验表明，不同氧化镁含量的石灰石作为水泥混合材使用，对水泥质量影响不大，具有较好的可行性。

试验所用原料为：葛洲坝集团水泥有限公司生产的普通熟料，该公司自备矿山生产的石灰石，取自荆门热电厂的脱硫石膏及炉渣。试验所用原料的化学成分如表 14-2 所示。

表 14-2 试验用原材料化学分析（％）

原材料	烧失量	SiO_2	Al_2O_3	Fe_2O_3	CaO	MgO	SO_3	K_2O	Na_2O
熟料	0.72	22.12	5.15	3.20	66.22	1.97	0.53	0.94	0.24
炉渣	4.62	55.00	22.40	7.07	5.38	1.84	0.24	1.80	0.48
脱硫石膏	8.95	7.85	1.72	0.21	34.69	2.18	42.83	0.35	0.24
LSA	41.22	1.31	0.53	0.20	53.07	1.11	0.13	0.20	0.07
LSB	42.01	2.89	0.96	0.34	48.72	3.56	0.12	0.41	0.07
LSC	42.40	4.06	1.22	0.62	44.01	6.52	0.12	0.26	0.16
LSD	41.32	4.45	1.21	0.60	42.91	11.29	0.11	0.28	0.06
LSE	41.35	7.49	2.00	1.02	36.79	16.76	0.14	0.65	0.06

注：所用熟料的 f-CaO 为 0.86％，LSA~E 分别代表 A~E 五种石灰石。

由表 14-2 可见，编号为 A、B、C、D、E 的五种石灰石，其氧化镁含量逐渐上升，从 1.1％上升到 16.76％，而氧化钙含量则逐渐下降，其余组分差别很小。

将各种物料破碎至粒径小于 7mm，水分烘干至含量小于 1％；按表 14-3 的比例称量混合，总量 5kg，装入化验室统一试验小磨，各编号样品粉磨相同的时间。

表 14-3 制取样品水泥的物料配比

| 编号 | 熟料 /% | 石灰石 | | 炉渣 /% | 脱硫石膏 /% |
		种类	比率/%		
1	59	LSA	13	24	4
2	59	LSB	13	24	4
3	59	LSC	13	24	4
4	59	LSD	13	24	4
5	59	LSE	13	24	4
6	78	LSA	6	12	4
7	78	LSB	6	12	4
8	78	LSC	6	12	4
9	78	LSD	6	12	4
10	78	LSE	6	12	4
11	96	—	—	—	4

水泥细度按照 GB/T 1345—2005《水泥细度检验方法 筛析法》检验；水泥比表面积按照 GB/T 8074—2008《水泥比表面积测定方法 勃氏法》测定；水泥标准稠度用水量、凝结时间、安定性按照 GB/T 1346—2011《水泥标准稠度用水量、凝结时间、安定性检验方法》检验；水泥胶砂强度按照 GB/T 17671—1999《水泥胶砂强度检验方法（ISO 法）》检验。

对制得的各编号水泥的细度、比表面积、标准稠度用水量、凝结时间等性能进行检测，并按标准进行水泥胶砂试验。试验所得的结果如表 14-4 所示。

表 14-4　水泥物理性能检验结果

编号	细度 /%	比表面积 /（kg/m³）	标准稠度用水量/%	凝结时间/min		3d 强度/MPa		28d 强度/MPa	
				初凝	终凝	抗折	抗压	抗折	抗压
1	1.0	375	25.6	148	210	4.8	21.3	7.0	34.6
2	1.1	380	25.4	210	275	5.1	23.4	7.5	35.7
3	0.9	373	26.0	145	215	4.8	23.0	7.3	36.4
4	0.8	376	25.0	161	225	5.0	22.5	7.3	35.8
5	1.2	381	25.4	150	200	4.7	21.8	7.3	36.9
6	1.1	376	25.0	138	204	6.1	28.7	8.1	42.8
7	1.0	374	24.0	160	225	5.9	30.0	8.0	44.4
8	1.1	370	24.6	135	195	5.5	29.9	8.0	44.4
9	1.2	377	25.8	151	208	5.8	30.3	8.1	45.5
10	1.0	371	26.4	137	200	5.7	30.9	8.2	45.5
11	1.6	358	26.0	145	210	6.4	32.6	8.1	51.5

注：各编号水泥的安定性检测全部合格。

从表 14-4 中可以看出，试验所得的石灰石硅酸盐水泥的比表面积偏差不大，可以忽略水泥细度对其物理性能的影响。所有试样的安定性检测都合格，说明高镁石灰石作为通用硅酸盐水泥的混合材能保证水泥的安定性。另外，试样的标准稠度用水量波动也很小，凝结时间也能满足硅酸盐水泥的要求。

3. 石灰石作混合材要控制什么

作为水泥混合材使用的石灰石，虽然 MgO 对其影响不大，但这不等于可以放松对石灰石的质量管理，并不是什么石灰石都可以作混合材使用。作为混合材使用的石灰石，还要控制其铝含量、特别是控制其碱含量。

虽然混合材中的 R_2O 含量不存在对熟料质量及熟料煅烧的影响，但作为水泥组分仍有诸多危害：

（1）能缩短水泥的凝结时间，增大水泥的需水量，影响外加剂的适应性；

（2）导致混凝土的碱集料反应，在混凝土内部产生膨胀应力，引起混凝土开裂，进一步导致混凝土碳化、钢筋锈蚀加快，严重影响混凝土的强度和寿命；

（3）加重混凝土内部钙质的流失，导致混凝土结构疏松和表面返碱，造成清水混凝土构筑物的外表泛白，造成混凝土构筑物表面涂料或装饰物的脱落。

作为水泥混合材使用的石灰石，要尽量控制其铝含量。一般要求混合材石灰石的 Al_2O_3 含量≤1.5%，最好能≤1.0%，这是因为 Al_2O_3 含量高的石灰石一般含有较多的黏土。JC/T 600—2010《石灰石硅酸盐水泥》，对石灰石作水泥混合材的品质要求是，石灰石中 $CaCO_3$ 含量不小于 75.0%，Al_2O_3 含量不大于 2.0%。

黏土是颗粒非常小（<2μm）的硅酸铝盐矿物，矿物颗粒常在胶体尺寸范围内，比表面积大且带有负电，有很强的物理吸附性。在水泥水化时不但起不到集料的填充作用，而且吸附包裹在水泥颗粒表面，影响水泥矿物的正常水化，导致水泥的凝结时间延长和强度下降。

14.3　煤矸石作混合材的颜色问题

1. 煤矸石综合利用的现状

煤矸石是煤系中煤层间的夹石，是煤炭开采和洗选过程中产生的废弃物，排出量为煤产量的 $10\%\sim20\%$。我国是煤炭生产大国，每年都要排放大量的煤矸石，占工业固体废物排放总量的 40% 以上，而这些煤矸石大部分露天堆放，不仅占用大量土地，在一定的条件下还会自燃，给周围的生态环境造成较大污染。自燃后堆积的煤矸石如图 14-2 所示。

图 14-2　自燃后呈棕红色的煤矸石

为了推动煤矸石的综合利用，1999 年 10 月 20 日国家经济贸易委员会、科学技术部制定了《煤矸石综合利用技术政策要点》。

煤矸石中最常见的有炭质页岩、炭质粉砂岩、油页岩、细砂岩、薄层灰岩、砂砾岩。煤矸石含碳量一般小于 30%，热值较低，燃烧后的主要成分是 Al_2O_3、SiO_2 以及数量不等的 Fe_2O_3、CaO、MgO 和一些微量元素，具有比较好的胶凝活性。自燃或人工烧结后的煤矸石，早已被定性为水泥的火山灰质活性混合材，对其利用获得了国家综合利用免税政策。

由于国内经济形势的变化，原来泛滥成灾、需要政策鼓励才使用的废渣粉煤灰，如今已成为炙手可热的短缺资源，由原来的 10 元/吨以下，已经上涨到 100 元/吨，个别地区的个别时候甚至到了 150 元/吨，其大幅度的涨价已经严重影响到水泥的生产和成本。但这些地区尚存在大量的煤矸石资源，也有不少企业进行了用煤矸石作水泥混合材的探索，但至今仍在使用的并不多，到底存在什么问题呢？

2. 煤矸石煅烧后的特性

煤矸石分为以高岭石为主和以水云母为主的两大类，它们在煅烧后的火山灰性也有所不同，而且与煅烧温度也有关系，不是所有的煅烧煤矸石都可以作为水泥混合材使用。

GB/T 2847—2005《用于水泥中的火山灰质混合材料》中的技术要求如下：

（1）人工火山灰质混合材的烧失量不得超过 10%；

（2）三氧化硫含量不得超过 3.5%；

（3）火山灰性试验必须合格；

（4）水泥胶砂 28d 抗压强度比 R 不小于 65%。

火山灰性试验的步骤是：

（1）将（20±0.01）g 含 30%火山灰质材料的水泥置入 100mL 蒸馏水中，在（40±1）℃恒温箱中养护 8d 后，测定总碱度（OH^- mmol/L）和氧化钙（CaO mmol/L）；

（2）将测试结果表示在火山灰活性图中（图 14-3），注意试验点所在的位置。如果试验点落在 40℃氢氧化钙溶解度曲线（图 14-3）的下方，则可以认为该混合材料具有火山灰性；

（3）如果试验点落在曲线的上方或曲线上，则应重做试验，不过应在恒温箱中放置 5d 后再测定判断。

水泥胶砂 28d 抗压强度比，是掺 30%火山灰质材料的水泥与纯硅酸盐水泥二者的 28d 抗压强度比值。煤矸石的 28d 抗压强度比 R 除与煤矸石本身的特性有关以外，还与煅烧温度相关。有研究者对不同产地的四种煤矸石作了试验，四种煤矸石的矿物组成和化学成分如表 14-5、表 14-6 所示。试验将煤矸石经 600℃煅烧去碳，取出骤冷后进行相关试验，试验结果分布曲线如图 14-4 所示。

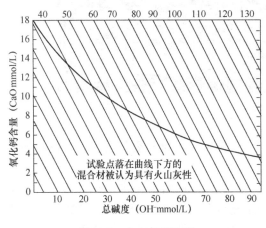

图 14-3　火山灰活性图

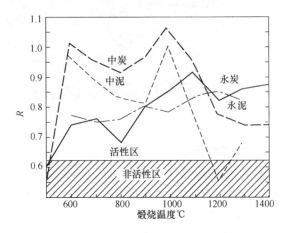

图 14-4　煤矸石强度与煅烧温度的关系

表 14-5　四种煤矸石的矿物成分

命名	主要矿物	次要矿物
中炭	高岭石为主，水云母 28%	绿泥石、绢云母次之，石英、水针铁矿少量
中泥	高岭石为主，水云母 30%	石英<7%，黄铁矿少量
永炭	水云母>60%，石英 28%	高岭石、绢云母、白云母少量
永泥	水云母>42%，石英>35%	高岭石、绿泥石、方解石少量，白云母偶见

表 14-6　四种煤矸石的化学成分

成分/%	烧失量	SiO₂	Al₂O₃	Fe₂O₃	CaO	MgO	SO₃	发热量（kJ/kg）
中炭	27.42	37.53	24.79	3.64	0.04	0.41	0.31	5530
中泥	15.98	41.21	32.37	1.76	0.04	0.52	微量	少量
永炭	30.28	43.14	17.12	3.41	0.29	1.50	0.04	8760
永泥	7.73	62.66	15.22	5.68	1.32	2.44	痕量	少量

　　有关试验将掺有 20％石灰石的未燃煤矸石在 1200℃下进行煅烧，煅烧后的改性煤矸石已经有 C₂S、C₃A 等胶凝矿物形成。改性煤矸石替代水泥熟料 30％后，其水泥的 28d 抗压强度仍可达到硅酸盐水泥 28d 抗压强度的 89％，也就是说其混合材活性指数达到 89％。这种改性煤矸石的理论热耗为 310kJ/kg，约为水泥熟料理论热耗的 16％。

　　煤矸石在水泥浆体中主要有两种作用，一是物理密实填充作用，二是对水的吸附作用。物理密实填充作用可有效地分散水泥颗粒，填充原充水空间，置换出更多的水来润滑水泥颗粒，掺加量较少时对标准稠度用水量影响不明显。但因为球磨煤矸石疏松多孔，对水有较强的吸附作用，当其掺量增加且比表面积大时，对水的吸附作用将加强，会导致标准稠度用水量的较大增加。

　　调查认为，燃烧后的（人为煅烧或自燃）煤矸石，在一定掺加量（一般不大于 15％）的情况下，是一种很好的活性混合材，其物理性能非常适合在水泥生产中添加使用。制约其使用的主要是其发红的颜色（图 14-5），不易与水泥颜色配伍，直接影响到水泥在市场上的销售。那么，能否在其颜色上有所作为呢？

扫码看图

图 14-5　自燃后的煤矸石断面颜色

3. 煤矸石煅烧后的颜色

煅烧煤矸石的颜色，与其所含的 Fe_2O_3 含量及其煅烧制度有关，可以通过选择 Fe_2O_3 含量较低的煤矸石和控制煅烧制度加以改善。

当 Fe_2O_3 含量<5％时，一般呈白色、灰白色，温度低时呈灰白色；当 Fe_2O_3 含量为 5％～10％时，一般呈黄色；当 Fe_2O_3 含量为 5％～17％时，一般呈红色，在 700～800℃煅烧时呈黑色，在 800～1000℃煅烧时颜色又变浅。

经验表明，当煤矸石煅烧完成后，在高温状态下喷水急冷，可制取大部分是黑色的水淬煤矸石。水淬煤矸石部分呈玻璃体状，有少量因急冷不均呈粉红色，少量未燃烧完全呈黑色，总体上对水泥颜色的影响已大幅度降低，完全可作为水泥混合材使用。在试验室经高温炉 1000℃灼烧，水淬后的煤矸石如图 14-6 所示。

扫码看图

图 14-6 经高温炉 1000℃灼烧及水淬后的煤矸石

采用煤矸石发电的沸腾炉渣，由于其燃烧完全，并经过了过水急冷，除有少量高钙白粒外，其颜色主要为黑青色（图 14-7），已被证明是很好的水泥混合材，并被水泥厂大量使用。

再看看目前在建筑行业大量使用的煤矸石烧结砖（图 14-8），由于没有经过水处理，其表面为橙红色，不适合与水泥颜色配伍。

但仔细观察就会发现，在隧道窑内砖垛顶层的砖，其表面被压住的部分呈黑青色；砖垛非顶层砖，其垛压面呈黑青色；被砸开的砖，其内部完全呈黑青色。这些黑青色完全适合与水泥颜色配伍。

颜色是否与烧结程度有关呢？我们取煤矸石烧结砖做了检验，表面烧红的部分烧失量为 1.22％，中心黑青色部分的烧失量为 4.04％。因此，不排除颜色与烧结程度有关。

扫码看图

图 14-7　采用煤矸石发电的沸腾炉渣主要为黑青色

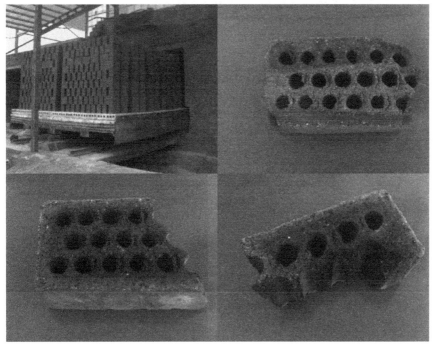

扫码看图

图 14-8　煤矸石烧结砖的颜色

那么，未烧透的黑青色煤矸石是否能用作水泥混合材呢？根据 GB/T 2847—2005 对混合材的要求，"人工的火山灰混合材料的烧失量≤10%"。应该说 4.04% 这个烧失量已经很低了，完全不影响其在水泥中使用。

同样是由煤矸石烧结，为什么会有不同的颜色呢？分析其直接原因，呈橙红的部分在其烧结中与空气有充分的接触，以氧化气氛为主；呈黑青色的部分在其烧结中都处于通风不良的状态，以还原气氛为主。

目前，烧结砖可以生产出不同的颜色，通常采用的着色料有：红色——氧化铁、赤泥、氢氧化铁泥；绿色——氧化铬、氧化亚铁、氧化钴；黄色——烧结砖石灰石、泥灰质黏土、二氧化钛；蓝色——钴粉、氧化亚铁；褐色——氧化锰或氧化锰泥；黑色——氧化锰。

由此可见，导致烧结煤矸石呈现红色的主要成分应该为氧化铁，如果能人为地控制燃烧环境，将铁氧化为氧化亚铁，就能有效地改善烧结煤矸石的颜色，适应与水泥颜色的配伍。事实上就是控制烧结气氛，这是可以做得到的。在试验室经高温炉 1000℃ 缺氧灼烧后的煤矸石如图 14-9 所示。

扫码看图

图 14-9　经高温炉 1000℃ 缺氧灼烧后的煤矸石

当然，烧结煤矸石的颜色还与其烧结程度有关，这也为我们控制烧结煤矸石的颜色提供了一条路径。

综上所述，对于烧结煤矸石，我们可以通过"高温灼烧后水淬""缺氧灼烧""控制烧结程度"等方法，有效改变其颜色，使其适合与水泥颜色配伍，不再因为颜色问题影响其作为水泥混合材使用，将煤矸石变废为宝。

4. 有可能的煤矸石煅烧产业

事实上，已经有人看到了这个商机。比如，鞍山市华杰石灰设计研究院就在有关室内研究的基础上，借用轻烧白云石生产线进行了回转窑煅烧煤矸石的试验，并按计划产出了合格的成品，煅烧后的颜色也不再是红色，如图 14-10 所示。

扫码看图

图 14-10　试验窑煅烧后的煤矸石（在 500～600℃时爆裂成片状）

试验表明，利用回转窑大规模煅烧低热值煤矸石，技术是先进的、可行的，为大规模处理低热值煤矸石提供了技术支持。利用煤矸石的煅烧活性可以生产水泥混合材，既可以变废为宝，又可以改善环境，同时可利用其燃烧热发电，可谓是一举几得。

由于是借用轻烧白云石生产线进行试验的，在试验中暴露了一些设备配置和技术参数匹配上的问题，主要有：

（1）由于煤矸石热值波动大，造成窑尾热烟气温度波动大。高温时，烟气围管被烧得红红的，需经常兑冷风来降温。

（2）由于煤矸石热值波动大，燃烧器给煤气量调整频繁（原轻烧白云石生产线为烧煤气）。

（3）煤矸石在 500～600℃时爆裂成片状，流动性不好，列管预热器推头推程需要加长，回转窑转速平均快了 15％左右。

（4）需控制窑尾温度，确保将煤矸石生烧率控制在一定范围之内。

（5）成品输送设备能力明显不够，多次出现跑料等现象。

该设计院通过试验优化，进一步开发了利用回转窑煅烧低热值煤矸石的工艺，并已为湖北某水泥厂进行了 2400t/d 生产线的设计和建设，目前已经进入生产调试阶段。

该生产线的工艺流程如图 14-11 所示，设计效果如图 14-12 所示，其主要设备配置如表 14-7 所示。

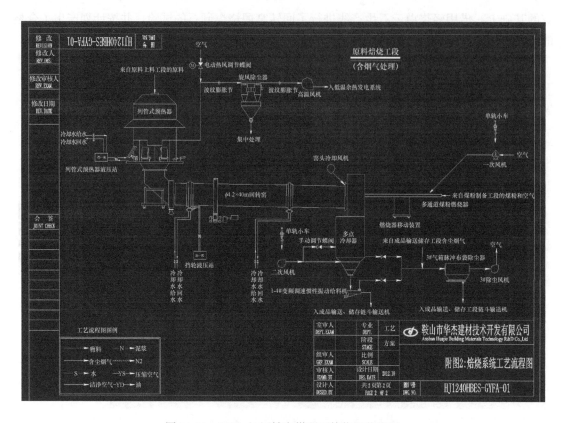

图 14-11　2400t/d 回转窑煤矸石焙烧工艺流程

图 14-12　2400t/d 回转窑煤矸石煅烧生产线设计效果

表 14-7　2400t/d 回转窑煤矸石煅烧生产线主机设备配置

序号	设备名称	设备规格型号	备　注
1	列管预热器	2400t/d	煤矸石粒度 10～60mm
2	回转窑	$\phi 4.5 \times 65m$	
3	多点冷却器	2400t/d	
4	专用煤粉燃烧器	HJRSQ-300	
5	余热锅炉	32t	
6	发电机组	7.5MW	
7	脉冲布袋收尘器	460000m³/h	
8	引风机	500000m³/h	

与试验设备（轻烧白云石生产线）相比，主要优化解决的问题有：

（1）设计增加了煤矸石预均化系统，解决了煤矸石发热量不稳定给生产控制带来的频繁调整问题；

（2）将煤矸石的热值限制在（400～600）×4.18kJ/kg。太低自燃速度慢，甚至不燃烧；太高燃烧速度快，窑尾烟气温度高。

（3）将煤矸石粒度限制在 30～60mm，热爆裂后仍能保持良好的透气性。

（4）增加了窑尾废气余热发电系统，增加了项目效益。

（5）合理控制煅烧温度，尽量减少 NO_x 的生成。

除比较正规的生产线以外，也有小的厂家利用 500kcal/kg 左右的黑矸石，先行破碎分选后，细粉配煤销售，块状通过鼓风在 600℃ 左右就地灼烧（图 14-13）。这种方法虽然不太环保，但与自燃相比，污染并未加重，还减少了耕地的占用，也算是一种途径。

就地灼烧法，每堆约 100t，鼓风机经预铺打孔的管道向灼烧堆内鼓风，灼烧时间约

图 14-13　某地就地鼓风灼烧中的煤矸石堆

30h，灼烧后的煤矸石呈现接近于水渣的土黄色，如图 14-14 所示。灼烧后的煤矸石对水泥颜色的影响已有所降低，再掺用部分炉渣或粉煤灰，即可供水泥厂生产使用。

图 14-14　就地灼烧后的煤矸石堆内部

14.4　助磨剂的选择和使用问题

1. 助磨剂的作用机理

助磨剂应用于水泥工业已经有很长的历史了。对于助磨剂的作用机理，国内外许多专家学者都进行了广泛持续的研究，并提出了各种理论和假说。但这些研究主要倾向于助磨剂本身，着重于这些表面活性物质的结构、链长、极性等性质的变化。

到目前为止，仍有不同的见解和观点提出，但能被大多数人认同的学说，主要是列宾捷尔提出的"强度削弱理论"和马杜里的"颗粒分散理论"。这两种理论都来自于生产实践和科学研究，先从生产实践中得到了启示和验证，然后再上升到微观结构进行理论分析和总结。

列宾捷尔认为，助磨剂分子吸附在固体物料的颗粒表面，从而降低了颗粒表面的自由能，使界面处的晶格内聚力降低。由于物料在开采过程中其表面本身就存在许多裂纹，经助磨剂吸附后发生渗透性的楔劈作用，加速了物料颗粒裂纹的扩展，导致物料表面的硬度和强度减弱，从而使物料颗粒更容易粉碎和研磨，有利于粉磨速度的提高和能耗的减少。

马杜里认为，在水泥粉磨过程中，颗粒的化学键主要是 $-Ca^{2+}-O^{2-}$ 和 $-Si^{4+}-O^{2-}$ 共价键被打断，并产生大量的静电荷，使邻近颗粒容易粘附和集聚。而助磨剂则可以吸附在物料表面上，使那些断开的价键得到饱和，颗粒之间的集聚力得到屏蔽，防止团聚现象的发生，起到分散物料的作用，促使粉料在机械力的作用下继续变细。极性助磨剂因其结构不对称，而且存在正或负电荷核心，因此更加容易吸附在破裂面的活性中心，从而使助磨效果更加显著。而水正是大量存在的极性化合物，三乙醇胺也是一种具有极好助磨作用的极性化合物。

实际上两种理论并不矛盾，它们在物料的粉磨过程中同时并存，只不过对于粉磨的不同阶段来讲，各自作用的大小不同而已。在粉磨初期，助磨剂主要起着降低熟料颗粒表面能的作用，促使颗粒表面裂纹扩大，有利于物料的粉磨。到了粉磨中后期，助磨剂主要通过分散作用，在物料表面产生选择性吸附和电性中和，消除静电效应，减少颗粒聚集的能力和机会，减少磨内包球和糊衬板的现象，消除由于钢球和衬板上粘附细粉带来的衬垫效应。

生产助磨剂的具体物质，液体类主要有：三乙醇胺、三乙丙醇胺、二乙醇单异丙醇胺、乙二醇、木质素磺酸盐、甲酸、硬脂酸、油酸、聚羧酸盐 HEA2、TDA、CBA；固体类主要有：硬脂酸盐类、尿素、煤粉、粉煤灰、石膏、石墨、滑石、膨胀珍珠岩以及三聚氰胺等。

现在水泥磨使用的助磨剂种类较多，液体类主要有胺类、乙二醇、醇类、醇胺类、木质素磺酸盐类等，其成分大都属于有机表面活性物质，有的是化工产品，有的是化工厂或矿山的废料废矿，现在科研工作者还在不断地开发更多的复合助磨剂。

2. 使用助磨剂不尽理想的原因

使用助磨剂已成为水泥粉磨过程中有效的节能降耗措施之一，作为一项有利于水泥企业提质增效、减排利废的技术，工业发达国家的水泥企业几乎都在使用助磨剂，但助磨剂在我国的使用还不尽理想。究其原因，与以下几点不无关系：

（1）由于各水泥企业的工艺条件千差万别，加入助磨剂后，助磨剂不能充分发挥自身的作用，因而使用效果达不到客户的预期目标，致使企业获得的经济效益不明显。

助磨剂具有十分敏感的适配性，其组分和含量、掺量的多少均会影响使用效果，应根据不同客户的实际条件调整水泥助磨剂的组分及用量。助磨剂对不同企业的水泥、不同品种的水泥其适配性是不同的，对不同熟料、不同混合材及不同物料水分的适配性是不同的，对不同规格的磨机其适配性也是不同的。

（2）一些中小水泥企业特别是粉磨站，由于其熟料都是外购的，购进的熟料内在质量不稳定，且又不能较好地均化，加之进厂的矿渣水分含量很高，又不具备烘干条件，这些都直接影响到助磨剂的使用效果。

使用助磨剂后，在物料的使用上要保持均衡稳定，工艺设备应保持在良好状态，能适时、适当调整工艺技术参数，同时要控制好混合材的水分含量，把握好混合材的掺量与台时产量的合理平衡，才能充分发挥助磨剂的功效。

（3）使用助磨剂后，可能使磨机的台时产量提高，但部分水泥企业的某些设备运行能力明显不足，如选粉机电流超高、出磨提升机能力不足、配料秤下料量达到极限等等，这些因素都可能会制约助磨剂的使用效果。

使用助磨剂后，要求物料的配比、计量、喂料量要准确稳定，附属设备要有一定的富余能力，系统的通风及密封状况要保持良好。磨内的物料流速通常会加快，可适当调整磨机通风量和各仓研磨体级配、装载量等，将物料流速控制在合理的水平上。

（4）使用助磨剂后，出磨水泥的细度（筛余或比表面积）指标不合理，对这些控制指标未作及时调整。

使用助磨剂后，磨机内的粉磨工况将发生变化，出磨水泥的细度与颗粒级配的相关性、与水泥物理性能的相关性将发生变化，细度的控制指标需要根据物理性能的变化重新确定。

（5）在使用前对助磨剂的选配、小磨试验、大磨试用、助磨剂调整等工作不够认真；在使用中对这些重要的工作，甚至在工艺、物料发生变化的情况下，都很少做，甚至干脆不做。

（6）应该特别强调的是，助磨剂产品的质量好坏，不仅仅在产品本身，其技术服务水平也是产品质量的重要组成部分。优质的服务水平、良好的服务态度、友好的沟通环境，是用户用好助磨剂的前提，而这恰恰也是我们助磨剂行业最需要完善的地方。

助磨剂的使用质量＝物质产品的实体质量＋技术服务的虚拟质量

对于水泥助磨剂的质量来讲，技术服务所占的比重很大。助磨剂商家，只有根据水泥用户各自的工艺特点为其提供"适时适配的助磨剂产品＋全面完善的技术服务"，并根据其变化作出及时的调整，才能真正达到理想的使用效果。

（7）必须指出的是，助磨剂不是"懒人"的技术，只有更多的试验优选才能保证其适配性，才能取得最佳的效果。要想获得较大的助磨剂效益，使用者必须积极主动地与助磨剂商家搞好配合和协调，因为助磨剂对适配性有很高的要求，对适配目标的了解，服务者不都是粉磨专家，不会全天候盯在现场，服务者不可能超过使用者。

助磨剂的使用效益＝助磨剂质量效益＋助磨剂服务效益＋使用者配合效益

（8）我们原来也讲用户是上帝，在水泥市场严重供过于求的今天，用户真的成了我们的上帝，与上帝争夺利益是肯定不会有好果子吃的。

助磨剂的平衡效益＝降低熟料消耗收益＋粉磨节电收益＋提高产能收益－助磨剂使用成本－对水泥销量的影响－对水泥售价的影响

需要注意的是，大部分用户不欢迎在水泥生产中使用助磨剂，更不欢迎使用有害成分含量高的助磨剂。

多数小掺量助磨剂（$\leqslant 0.1\%$）：醇胺类化合物＋减水剂＋增强剂＋其他。

多数大掺量助磨剂（$0.1\% \sim 0.3\%$）：醇胺类化合物＋碱性激发剂＋其他。

多数碱性激发剂采用工业盐（$NaCl$、Na_2SO_4）、片碱（$NaOH$）、氯化钡等废料或废矿，K、Na、Cl^- 等有害成分明显偏高，对水泥的需水量、对混凝土的和易性、以及对混凝土外加剂的相容性有较大影响，这些问题将影响用户的切身利益。

因此，当将使用助磨剂作为一种增效措施时，必须有所克制，必须顾及用户的利益。

3. 如何选好用好助磨剂

用户一般将助磨剂粗略地分为"增强型"和"增产型"两大类，应该如何选择呢？一般认为，想提高强度就选择"增强型"的助磨剂，想增产或节电就选择"增产型"的助磨剂。这好像是无可厚非，但有时结果并不理想。

实际上，就一个粉磨系统来讲，在强度、产量、电耗之间，它们是可以相互转化的，将水泥磨细点，就可以将产量和电耗转化为强度。相反，将水泥磨粗点，就可以将强度转化为产量和电耗。

助磨剂又可分为"高流速型"和"低流速型"两大类。我们知道，再好的药不对症也是没有效果的，助磨剂也是一样，应该首先找到这个粉磨系统的弱点，然后对症下药，选择适合自己的助磨剂，才能获得较好的结果。比如，出磨提升机能力本来就没有富余，又选择了高流速的助磨剂，由于系统还存在提产瓶颈，结果是不但不能增产节电，而且强度也得不到保证。

只要助磨剂有利于弥补粉磨系统的不足，就能获得较好的增强或节电效果，至于想要增强还是想要增产节电，完全可以通过细度的粗细进行转化。要想使助磨剂在水泥生产中达到预期的使用效果，就必须考虑助磨剂的适配性、针对性，就离不开小磨试验和大磨试验。

1) 在助磨剂的选择上要考虑如下因素

(1) 助磨剂对不同熟料、不同混合材以及它们各自的不同水分含量，其适配性是不同的。

(2) 助磨剂对不同工艺的粉磨系统、不同规格的磨机、甚至系统所配辅机有没有富余能力，其适配性是不同的。

(3) 助磨剂的组分和使用量直接影响助磨剂的使用效果。

(4) 助磨剂的适配性与针对性十分重要，影响到适配性的因素又方方面面，不可能考虑得十分周全，所以必须强调使用前和使用中的试验、试用，及时调整。

(5) 必须提醒的是，任何药物都有其副作用，助磨剂也不例外，在使用中要给予关注。

部分粉磨系统在使用部分助磨剂后，有可能影响到所产水泥的某些性能，主要表现有：胶砂流动度差、28d 强度增进率低、凝结时间延长或缩短等，个别助磨剂还会导致水泥与混凝土外加剂的相容性变差，影响混凝土的质量。

使用助磨剂虽然可以起到提产、节能的效果，而且助磨剂已经在水泥粉磨中广泛使用。但毋庸讳言，助磨剂的过量加入会导致水泥颗粒更加集中，使颗粒堆积的孔隙率增大，这对混凝土结构是不利的，已经引起了混凝土行业的反感，不得不引起水泥行业和助磨剂行业的重视，我们有责任找到有效的解决措施。

助磨剂掺加量增大或助磨效果增强，都能提高粉磨效率、增强节电效果，但同时也会带来颗粒分布集中的负面效应。若要减小颗粒分布的集中度，简单的办法就是要适当减少一点助磨剂的掺加量，在发挥助磨剂的节电效果上做到适可而止，而人们往往又不甘心。

看看国外的混凝土行业，并没有这么简单了事，他们为了调节水泥对混凝土的适配性，在混凝土的配制中，经常添加一些辅助性胶凝材料，即所谓矿物掺和料。其原理之一，就是增加粉料中 $<10\mu m$ 颗粒的微细集料，使粉料级配更接近于 Fuller 级配，从而达到减水、致密化的目的，即所谓的"微细集料效应"。

微细集料的作用，是通过填充水泥颗粒间的孔隙、降低孔隙率，从而提高混凝土的密实性。一般对微细集料的要求是，$<10\mu m$ 的颗粒、尤其是 $<3\mu m$ 的颗粒，要比一般水泥多 2~3 倍以上，即 $<3\mu m$ 的颗粒希望达到 30%~40% 以上。

也就是说，无论水泥颗粒组成如何，只要有相应的掺和料及其配套技术，就可以弥补水泥颗粒组成的不适应，配制出好的混凝土；也就是说，只要有相应的掺和料及其配套技术，水泥粉磨工艺的技术进步，包括使用助磨剂，可以不受水泥颗粒组成的制约。这也就是"分别粉磨工艺"和"掺和料校正工艺"可以分别在水泥行业和混凝土行业实施的基本原理和发展前景。

遗憾的是，水泥行业的"分别粉磨工艺"和混凝土行业的"掺和料校正工艺"，目前在我国还没有引起两个行业的足够重视。混凝土的适配性尚依赖于水泥的原有级配，这是我们面对的现实。

遗憾的是，我们的水泥行业，只知道对混凝土行业的"挑剔"怨声载道，为什么就不能掺加一定的矿物掺和料，利用"微细集料效应"改善我们的水泥性能呢？为什么就不能为我们添加理想的助磨剂量创造条件呢？

当然，"矿物掺和料"最好是由混凝土行业掺加，因为最佳的矿物掺和料不仅取决于水泥，还与混凝土所配其他物料的性能和颗粒级配有关。但是，在"我们的上帝"还不愿意做这项工作的时候，水泥行业可以先"宽于待人"一下嘛，因为想掺加助磨剂的是水泥行业，而不是混凝土行业。

生产和掺加"矿物掺和料"，虽然水泥行业没有混凝土行业发挥的作用彻底，水泥行业的掺加并不能取代混凝土行业的掺加，但水泥行业比混凝土行业具有无可比拟的生产和掺加条件！助磨剂的受益者主要是水泥行业，水泥行业可以先"严于律己"，主动承担起这个责任来！

2）使用助磨剂时的注意事项

（1）保持助磨剂掺加量及入磨物料的稳定：必须经常检查助磨剂流量，保证掺加量准确；避免大幅度调整助磨剂掺加量及大幅度提产，应在稳定生产中逐步调整，以免破坏磨况。

（2）跑粗或饱磨的处理：如出现产品细度或出磨细度（闭路磨）变粗，或出现循环负荷过高并产生饱磨现象，应适当降低助磨剂掺加量，或通过降低产量来调整饱仓、跑粗等现象。

（3）入磨物料颗粒的大小与稳定：入磨物料的颗粒大小应该控制合适并保持稳定，颗粒尺寸的频繁变动易导致磨内粉磨情况不稳定，影响助磨剂使用效果。

（4）如出现粗仓容易饱磨而细仓偏空的状况，一般是因为提产幅度过大，导致粗仓破碎能力不足、粗细仓能力不平衡所致，应适当调整磨机研磨体的级配，适当增强粗磨仓的破碎能力。

（5）要适时适当地调整粉磨工况：磨机系统的各工况参数（如磨内的风速和风量、选粉机的风量和转速、磨机各仓填充率和研磨体级配等）应该根据粉磨情况进行调整。

（6）对于增强型助磨剂，在入磨物料调整后（混合材适当增加，产量不变时）磨音可能会格外响亮。应降低磨内通风以降低物料流速，调整选粉机以增加回粉量，使物料得到充分的研磨，而不要以增加产量的方法降低磨音。

3）要把好助磨剂的进厂关

助磨剂一般采用散装罐车或桶装运输及储存，对每批次进厂的助磨剂（罐车每车为一个批次；桶装按品种每进厂一批为一个批次），首先由使用单位的质控人员和生产人员以及助磨剂供货商代表（也可委托助磨剂送货人员代表）三方联合取样。取样要求：

①　罐车：卸料过程中随机抽 2～3 次，总量至少 1000mL；

②　桶装：每批次抽查 3～5 桶，总量至少 1000mL。

将样品抽取到塑料或玻璃容器中混合均匀，一分为二。其中一份样品贴上留样条和封样条，作为封存样保存 90 天。留样条注明样品名称、编号（或批次）、取样时间、取样人等内容，封样条注明封存时间、共同封样人的签名。

另一份填写留样条后，进行密度、pH 值检测和小磨试验，留样保存 40d。一般检测结果与产品合格报告检验结果密度误差在 0.03g/mL 范围内判为合格。

4）提高小掺量助磨剂掺加量的稳定性

毋庸置疑，助磨剂掺加量的准确性和稳定性，对其使用效果和使用成本都有较大影响。

由于水泥大工业生产与助磨剂小剂量添加对管理要求的差异，特别对小掺量的助磨剂尤其明显，导致掺加量的波动尽管绝对值不大，但相对值不小，控制波动的难度也大一些。

这里有一个简单有效的辅助办法，就是将掺加量人为地"放大"。经助磨剂供需双方沟通，在使用方附近寻求一种对助磨剂和水泥生产均不构成影响的、价廉物美的填充液，将其预先掺入到助磨剂中搅拌均匀，将原有助磨剂的计量体积放大后使用。如此，在原有波动绝对值不变的情况下，波动的相对值就减小了。

4. 关于助磨剂的试验

助磨剂的试验包括小磨试验和大磨试验，是保证助磨剂适配性、降低优选成本的重要措施，两者的侧重各有不同，彼此不能代之。

小磨试验的目的有：用在用物料（正在使用的物料或准备使用的物料）初步优选助磨剂的品种和掺加量；用在用物料初步验证助磨剂的适应性（矿物组成、易磨性），以减少大磨试验的盲目性；用标准物料（自配留用）验证在用助磨剂的稳定性。

大磨试验的目的有：主要是在小磨试验的基础上，进一步验证小磨初选助磨剂对粉磨工况的适应性。影响助磨剂适应性的工况因素诸如，物料的易磨性、粘结性、水分、温度等，粉磨工况的通风、出磨温度、研磨体级配等，质控指标的细度、比表面积、颗粒级配、石膏掺加量等，使用性能的需水量、保水性、与外加剂的相容性等。

前面已经讲述了用前试验对助磨剂使用的重要性，但反复的试验特别对大磨试验，不仅要耗费大量的人力，而且对生产影响较大，试验成本也较高，这正是不少企业不情愿搞大磨试验的原因之一。

大磨试验对生产和试验成本的影响主要在于有一个空白试验，实际上除了特殊的需要以外，可以在进行大磨试验初期，选择一种适应性强的助磨剂作为对比助磨剂，在后续的大磨试验中用对比助磨剂试验代替空白试验，就可以减少助磨剂大磨试验的工作量。

1）助磨剂的小磨对比试验

每批次助磨剂进厂后，都应对助磨剂进行一次小磨对比试验，如数据出现异常，须再做一次小磨试验，或安排大磨试验，同时与助磨剂商家联系，共同查明原因并解决问题。

（1）原料准备：试验所需的熟料、天然石膏、各种混合材分别在水泥磨头（或堆场）随机取正常样品，破碎至粒度<7mm，烘干，混合均匀。

试验水泥熟料要求：3d 强度≥28MPa，28d 强度≥56MPa，$C_3S≥55\%$，$C_3S+C_2S≥75\%$，游离氧化钙≤1.5%，试验小磨水泥物料综合水分≤1.5%。

为提高试验结果的可比性，以及对大磨试验、大磨使用的指导性，要求试验所用熟料每月制备一次，混合材料每季度制备一次，石膏每半年制备一次，混合均匀备用，密封保存。

（2）标准水泥样品的制备：按上月该品种水泥平均实际物料（干基）配比，在试验小磨上掺加和实际生产相同比例的助磨剂（注：上批次助磨剂），粉磨达到本公司实际质量控制指标，制取 5kg 标准水泥样品。

（3）对比水泥样品的制备：与标准试验水泥物料配比相同，掺加本次进厂助磨剂，助磨剂用量、粉磨时间相同，制取 5kg 对比水泥样品。

（4）检验与对比：两种样品的检验内容可参考表14-8进行。对比水泥样品与标准样品相比，3d强度相差在±0.8MPa范围内，且其他项无明显异常时，可认为该批次助磨剂同上批次助磨剂质量一致。

表14-8 对比检验项目参考表

检验项目	粉磨时间	氯离子	碱含量	三氧化硫	烧失量	标准稠度	凝结时间	细度80μm	比表面积	安定性	3d强度	28d强度	流动度
标准水泥													
对比水泥													

2）助磨剂的大磨对比试验

使用助磨剂的水泥公司，原则上每季度至少进行一次大磨对比试验，当用户对助磨剂的质量有异议时，可根据自己的实际情况及需要随时进行大磨试验。空白试验和大磨试验生产的水泥质量，必须符合用户的水泥质控标准要求。

大磨试验的程序相对复杂，需要用户生产系统密切配合，一定要重视试验的组织工作。建议由用户质控处牵头，制订具体详细的试验方案，报用户生产领导批准后，召集用户相关单位和助磨剂商家共同开会、详细布置，做好试验前的各项准备工作。

（1）空白助磨剂试验

大磨试验须选在物料质量和粉磨工况正常且稳定的情况下进行。对于已经使用助磨剂的系统，为确保空白试验水泥样品各项质量指标达到内控标准的要求，在停用助磨剂前需先调整混合材配比，原则上下调混合材总量不少于6%，下调混合材的品种为最大掺加量的混合材，台时产量需下调5%～10%，调整要求分步调整到位，在物料调整完成30min后停用助磨剂。

待磨机工况稳定、水泥各项质控指标检验合格2小时后，对出磨水泥连续取样4小时以上，取样量不少于10kg。将所取样品混合均匀并通过0.9mm筛，作为大磨试验空白样品，留样分为三份封存，使用单位、助磨剂商家各一份进行检验，留一份备仲裁使用。

（2）使用助磨剂试验

在空白试验取样结束后，在保持磨机配比和喂料量不变的前提下，加入试验助磨剂。助磨剂的掺加量，按供需双方商定的的型号和掺加量加入，要求每30min对掺加量校准一次，如误差超过5.0%，应及时调整，并作好记录。

待磨机工况稳定，水泥各项质控指标检验合格1小时后，原则上逐步上调混合材总量不少于6%，上调混合材的品种为做空白时所下调过的混合材品种，台时产量上调5%～10%，调整要求分步调整到位，此过程需要3～4个小时。

待磨机工况稳定后连续取样4小时，取样量不少于10kg。将所取样品混合均匀并通过0.9mm筛，作为大磨试验助磨剂样品，将对比样品进行混合后留样。留样分为三份封存，使用单位、助磨剂商家各一份进行检验，留一份备仲裁使用。

（3）检验与对比

试验结束后，助磨剂用户和商家应及时进行样品检验，空白助磨剂试验与使用助磨剂试验两种样品的检验内容可参考表14-8进行，完成试验报告并互换确认。如使用单位与助磨剂商家对试验结果有分歧，可商定重新试验，或以双方认可的第三方仲裁为准。

（4）大磨试验的注意事项

要加强对大磨试验水泥的监控与管理，所产水泥必须符合用户的水泥质控标准要求。大磨试验期间生产的水泥，必须进入使用者质控处指定的水泥库，质控处要加强对该批水泥的监控力度和频次，待 1d 强度及其余各项质控指标检验合格后方可搭配均化出厂。

第 15 章 水泥的储存包装和销售问题

水泥粉磨出来就算制成了，然后通过袋装和散装的方式销售到市场上。用户在使用水泥后，可能对水泥的质量或性能有满意的，也有不满意的。这些事情，或者是这些过程，我们天天都在面对，就挖潜节能、提高企业经济效益而言，相比前面的"两磨一烧"，看不出有多大价值的事值得去琢磨。可事实却恰恰相反，不信的话，接下来你自个可瞧瞧看。

现在，我们可能已经忽略的是，水泥库不仅是一个储存设施，实际上也是一个重要的工艺设施；它不仅需要一定的储量，而且需要一定的个数。只有足够的水泥库个数，才能避免上入下出，才能实现多库搭配出厂。多库搭配可有效地提高出厂水泥的稳定性，减少质量的浪费。

时至今日，我们行业的四大水泥设计院仍然没有介入钢板库，是不是说明这里边还存在什么问题呢？对于多数大型落地水泥钢板库，投产以后卸空率确实能达到 95%。但一个月以后就下降了，一年以后卸料就有问题了。如果过一个销售淡季，水泥在库里压个两三个月不出，能否卸出来可就很难说了。

顾客就是上帝，说这话容易，但真要实实在在做到，却不那么容易。如果当客户有所不满时，连投诉都不愿意了，只能说明客户对这个企业已经失望之极。面对今天供过于求的市场，这个企业还能存活几天呢。处理水泥产品的投诉，我们除了要掌握正确的方法和技巧外，还要对假冒品牌质量问题、用户实验室质检不合格、水泥物理性能发生变化、水泥匀质性不好、水泥与混凝土外加剂适应性不好、混凝土施工性能和质量等问题的成因和处理办法，对此，要有一个系统、科学的认识才行。

最后，我们要探讨的是，水泥生产已全面进入了预分解窑的现代化时代，各企业生产的合格水泥确实差别不大了。要搞"差异化"，水泥产品从哪里差异，这些差异能否对用户形成吸引力呢？

15.1 不可忽视的水泥库均化

在一些企业的建设中，质控处长们往往要求多建水泥库。总经理们则回答，建那么多水泥库干啥，不就是装个水泥吗？一天产不了 5000t 水泥，我给你建了 2 万 t 的储库，这能说我不重视水泥库吗？

我们把用于储存生料的设施叫做生料均化库，而把用于储存水泥的设施叫做水泥库，是否就意味着水泥库没有均化任务，或者说均化就不重要呢？

1. 水泥库不仅需要容量

随着单个水泥库的容量越来越大，特别是近几年大型落地钢板库（图 15-1）的出现，其单个储量小则上万吨、大则几万吨，一些建成的水泥厂，水泥库的总存储量确实足够大了，但水泥库的个数却越来越少了，有意无意地忽视了水泥库对稳定水泥质量的作用。

图 15-1　某公司的大型落地水泥钢板库

水泥库不仅是一个储存设施，它实际上也是一个重要的工艺设施，它不仅需要一定的储量，而且需要一定的个数。尽管我们在水泥生产的各个工序上，采取了很多均衡稳定的措施，但还是很难彻底消除出磨水泥的波动。

我国《水泥企业质量管理规程》规定，水泥 28d 抗压强度的标准偏差应不大于 1.65MPa，这不但保证了水泥强度的稳定，而且保证了其他质量指标（安定性、细度、凝结时间、有害化学成分等）均趋稳定，也为水泥制品、构件、建筑工程质量提供了方便和保证。

如果没有足够的均化措施，为确保出厂水泥的质量，就只有提高水泥的富裕强度，势必增加生产系统的质量成本，最终牺牲的还是生产企业的效益。

反过来讲，对入库水泥的进一步均化，有利于降低出厂水泥的标准偏差，压低出厂水泥的超标率，减少不必要的质量浪费，降低生产成本，有利于提高产品质量，提高产品在市场上的竞争力，扩大销售市场和提高销售利润。

足够的水泥库个数，对于各水泥厂的质控处长，他们都有切身的体会和深刻的感受，在这方面要多听听他们的意见。

二十世纪建成的华北某民营粉磨站，年生产能力只有 60 万 t，只生产两个品种水泥，却建有 $2 \times 4 = 8$ 个 $\phi 12m$ 的水泥库（图 15-2）。这不是为了储量，也不是库的规格建不大，也不是为了节省投资，就是为了便于调配，搭配均化，稳定质量。难道他们不知道省钱吗？

反观现在华北某 2012 年建成的粉磨站（图 15-3），坐拥 2 套 $\phi 4.2m \times 13m$ 的水泥联合粉磨系统，号称年产量 280 万 t 水泥，生产线建得够现代化，厂区绿化得够美化，6 万 t 的水泥库储量也算可以，但生产 3 个品种的水泥，只有 4 个水泥库，也确实少了点。

图 15-2　某 60 万 t 粉磨站 2×4 水泥库群

图 15-3　某 280 万 t 粉磨站及 4 个大型落地水泥钢板库

实践证明，除了建设专门的水泥均化库外，保有合理的水泥库个数，是一种简单有效的均化措施。只有足够的水泥库个数，才能避免上入下出，才能实现多库搭配出厂。多库搭配可有效地提高出厂水泥的稳定性，加快库存水泥的周转次数，减少库存水泥的资金占用。

2. 水泥库还有个数要求

我们打开 1976 年出版的《水泥厂工艺设计手册》，有对水泥库个数的详细要求。虽然已经时过境迁，水泥工艺已经取得跨越式发展，但"满足生产控制的要求"没有变，对全面考虑这个问题仍然具有重要意义。《手册》对水泥库的个数是这样要求的：

水泥厂的水泥储存期一般考虑 16～20d；根据选定的水泥库的规格及其储量可计算水泥库的个数；水泥库的个数还应满足生产控制的要求。按照水泥质量检验的要求，水泥库的个数按下式计算：

$$n = (t_1 + t_2 + t_3)/t_1 + n_1 + n_2$$

$$t_1 = W/24G_1$$

$$t_3 = W/TG_2$$

式中　n——水泥库的个数（个）；

　　　t_1——装满一个库所需的天数（d）；

　　　t_2——水泥质量检验所需的天数（d）。一般按照 7d 强度的试验结果确定水泥强度等级，从取样到试验完成需 9d；

　　　t_3——卸空一个库所需时间（d）；

　　　n_1——如考虑水泥有搭配出库的可能，则需增加一个库；

　　　n_2——增加一个品种水泥增加一个库，即水泥品种数减一；

　　　W——每个库的有效储存量（t）；

　　　G_1——水泥磨车间的小时产量（t/h）；

　　　G_2——包装车间的小时产量（t/h）；

　　　T——包装车间每天生产时间（h）。

按照生产控制要求计算的水泥库个数，如与按储存期要求的个数不一致，应改变水泥库的规格进行调整；库的个数一般常取偶数；当生产一种水泥时，水泥库不宜少于 4 个。

也就是说，如果两种算法不一致时，可以通过调整库的规格达到一致，但不能调整库的个数。足见当时对水泥库个数的重视。

我们可能说，由于当时的技术落后，生产的水泥波动大，只有靠库的个数来弥补。而现在不同了，我们已经发展到所谓新型干法时代，水泥比那时稳定多了，不需要再靠水泥库弥补了。事实并非如此，从质量和效益两个角度考虑，只是没那么重要了，但不是没有必要了。

再打开 1999 年出版的《水泥工厂设计规范》，国内的新型干法已进入了成熟期，但对水泥库的个数也没有放任自流，依然有如下质量要求：

水泥库的个数应根据装车和卸车的要求、入库前的水泥质量控制水平、水泥成品质量的检验要求、同时生产的水泥品种，以及市场需要与运输条件等因素确定，并应符合储存期规定。

《规范》没有限定水泥库的具体个数，你的"新型干法"成熟度也不是定量的，你的各种条件也是弹性的，你都能找到各种理由解释你的水泥库个数。但你不妨问问自己，这个储存期你能"符合"吗？浪费的质量成本你心甘情愿吗？

3. 不可或缺的物料堆棚

在近几年投产的部分水泥厂中，特别是水泥粉磨站，与水泥库相比，物料堆棚就更排不上号了，使后续的生产受到很大影响。由于堆棚的建设相对简单，其建设投资和后续影响是不成比例的，影响之大远大于其投入，这里有必要强调一下这个"虽然知道但不重视"的问题。

有些领导认为：我们厂运输条件好，你用多少及时给你运过来就是了；特殊情况，办公楼前边还有场地，给你堆存一些；多给环保局做做工作，可花可不花的钱就不要花，要尽量压低投资规模，我们还要拿最低投资奖呢。

在这位领导看来，物料堆棚主要是满足环保要求，是锦上添花的事情，对正常生产和生产成本关系不大。其实不然，除了应该搞好的环境治理以外，我们再来谈谈物料堆棚的作用：

（1）在天干物燥时外堆的物料刮风天易扬尘，在多雨季节外堆的物料下雨天易流淌，真又成了"风天扬灰厂、雨天水泥厂"了，不但影响到厂区以内的环境，而且影响到厂区以外的环境。现在国民的环保意识都强了，如果经常到环保局告你的状，你的生产能不受影响？

（2）现在的运输条件确实好了，原材料的储量可以适当减少，但不管哪种物料，如果一点儿不存，用一点儿进一点儿，有两个问题是逃不掉的。一是偶尔有交通不畅怎么办，对现代化的连续大生产，停产是要付出很大代价的；二是供货商会借机卡你的脖子，进厂价难以降低。

（3）如果有条件，你当然可以在办公楼等处外堆一些，但下雨天怎么办？特别是到了冬季，进厂物料的水分含量往往偏高，外堆的物料不易脱水，输送系统容易堵塞，配料系统容易断料，生产系统容易结露，这种生产只能是产量低、能耗高、质量差，处处被动。

（4）对于现代化水泥生产，我们反复强调均衡稳定，没有一定的储量又如何实施均化，哪怕是搭配使用？进厂物料的品质是难免波动的，没有储量只能是来啥吃啥，又如何实现水泥性能的稳定？

（5）进厂的物料有好有坏，好坏的价格可是不同的。如果不能实现均化或搭配使用，其结果只能是花高价买的好原料也只能当差的原料使用，生产出品质差的水泥，以低价销售。高价进、低价出，又如何获得效益？

由此可见，物料的堆存绝不仅是一个环保问题，如果对储量和防雨措施考虑不周，不但会严重影响到企业的成本和效益，甚至根本就无法生产。

实际上，在几种水泥工艺设计手册上，都强调了物料储存期的重要性，给出了物料储存期的参考表，而且直接写明了库内物料的储存期，只是由于各厂的条件不同没有硬性规定而已。水泥厂物料的合理储存期见表15-1。

物料储存期不易过长，以免增加建设投资、占用生产资金、增加场内倒运距离等，抬高生产成本；但储存期也不能过短，否则影响了正常生产，也会使成本升高。由于各厂的条件不同，各厂的合理储存期也不一样，需要结合自己的实际情况具体考虑、慎重决策。一般遵循比实际需要略长一些的原则，不要因小失大。

表 15-1　水泥厂的物料储存期

物料名称	库内储存/d		露天储存/d	合计/d	备注
	湿料	干料			
石灰质原料	4～8	—	5～10	9～18	1. 石灰石外购者取上限，自备矿山取下限； 2. 煤、矿渣视来源和运输条件，一般取上限； 3. 雨季长的地区，则含湿原料如黏土、煤等取上限
黏土质原料	8～10	5～10	—	13～20	
铁质原料	20～30	—	—	20～30	
煤	7～10	—	15～20	22～30	
熟料	—	7～10	—	7～10	
石膏	15～20	—	20～25	35～40	
矿渣	—	3～5	20～30	23～35	
生料	—	3～5	—	3～5	
水泥	—	16～20	—	16～20	

15.2　欲说难休的大型落地钢板库

大型落地钢板库适用于水泥吗？这个问题回答起来比较绕口，有的库适用，有的库不适用；早期的库不适用，发展成熟后会适用；投产初期的库没问题，时间稍长一点就卸不空了。因为不同时期、不同厂商设计的库是不同的。

总体来说，是有条件的适用。早期的大型落地钢板库主要用于粮食储藏，而用于水泥就不同了。由于水泥的比表面积大，具有内聚性，水泥的水硬性和气硬性具有延时板结性，大型落地钢板库储存水泥就必须满足两个条件：结构上要多点卸料；使用上周转要勤。

这里应该特别庆幸的是，在大型落地水泥钢板库（以下或简称钢板库）的使用上，我们水泥行业的四大设计院（天津院、南京院、成都院、合肥院），以负责任的态度，没有跟风炒作，时至今日仍然没有介入，避免了给国家和企业造成更大的损失。

1. 高卸空率需要勤周转

结构问题后面慢慢地谈，先谈一下周转问题。近几年建成的大型落地水泥钢板库可以说是问题多多，但主要问题是出料和卸空率问题。

2010 年底在全国对大型落地水泥钢板库的一片哀叹声中，突然听到了"卸空率几乎100％"的声音。笔者便在半信半疑中，于 2011 年 3 月 15 日行程数千里，前往新疆农四师南岗建材集团的伊犁霍城水泥厂进行了实地考察，确实如此。

据厂方介绍，该厂大型落地钢板库（图 15-4）直径为 28m，设计储量 2 万 t 水泥。库内为开式斜槽充气系统，中心单点卸料。库底设有出料输送廊道（图 15-5），采用斜槽式卸料器、斜槽加提升机（图 15-6）输送出地面。和其他公司的钢板库相比没有太大的差别，而且还增加了库侧散装系统。

厂方介绍说，该库自 2008 年投入使用，至今使用良好，卸空率几乎 100％，也就是剩个二三百吨。对于一个 2 万 t 储量的水泥库来讲，这个余量确实是不大了，但它为什么能一枝独秀呢？

看到现场前来拉水泥的车排成了长队，笔者就咨询了周转情况。厂方介绍说，我们的水

485

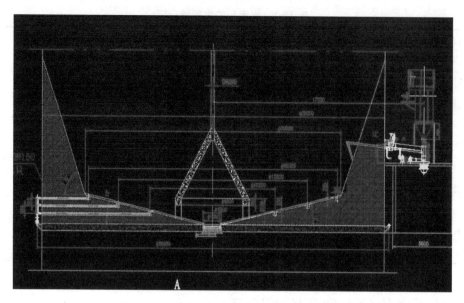

图 15-4　新疆伊犁霍城水泥厂钢板库结构图

图 15-5　新疆伊犁霍城水泥厂钢板库库底廊道和出料设备

泥一直供不应求，钢板库一直没有灌满过，一般储量也就是两三千吨左右，最大储量也就到过五六千吨，而且不断出现卸空现象。

这就是该厂大型落地水泥钢板库卸空率高的真谛！

2. 快速起步与盲目发展

大型钢板库，顾名思义，是用钢板做成的用以贮存粒状、粉状、液体等物料的储库。钢

图 15-6　新疆伊犁霍城水泥厂钢板库和出料提升机

板库技术源自于 20 世纪 60 年代，但局限于当时的技术和发展要求未能推广，主要限于在粮食仓储中应用，而且规格都不是太大。

到 20 世纪 80 年代，由于其基础结构和卸料技术上的突破，大型钢板库落地成功，具有了投资省、建设工期短、对地质要求低、储量大的优势。不但在水泥厂、在水泥中转站、在水泥港口码头，而且对其他行业的粉料储存与中转都极具诱惑潜能。

山东聊城东昌水泥厂吃了第一个螃蟹，建造了一座 $\phi30m \times 18m$ 的大型钢板库用于储存水泥，于 1984 年春节投入使用。相比混凝土储库的单位投资，落地钢板库的吨水泥投资可节省 80～100 元/吨水泥。以百万吨级水泥粉磨站设置四个 1.5 万 t 水泥库计算，每个粉磨站可节约投资 480～600 万元。进入 2000 年后，受冬储水泥的效益推动，大型落地钢板库储存水泥等粉料技术开始发展，并获得推广，且逐渐向大型化、超大型化发展。

东北地区一家设计年产 20 万 t 的水泥生产企业，由于冬季时间过长，生产的水泥无法储存，只有 7 个月左右的生产期，每年只能生产 14 万 t 左右。2003 年建造了两座储量 3 万吨水泥的大型钢板库，当年冬季充分储存，首次以 21 万 t 的年产量突破了设计能力，经济效益提高了 40%。南方地区的一家水泥生产企业，由于常年雨季，断断续续生产造成水泥储存不足。2004 年建造了一座储量 2.5 万 t 水泥的大型钢板库，使生产量大幅度增加，经济效益提高了 30%。

大型水泥企业，如东北的亚泰集团公司，相继在长春、双阳、吉林、哈尔滨先后两期投资建设了近 30 座钢板库，新增水泥储存能力 80 多万 t。据有关报道，其集团董事长曾说，"依托这些钢板库，就可以像蓄水池和期货买卖一样，在淡季时低价储存，旺季高价售出，从而根据市场需求变化进行自我调节，达到优质优价，进一步增强企业的创利能力。"

在商业利益的驱动下，钢板库建设厂家如雨后春笋般冒了出来。大约在 2007～2009 年短短的两三年内，多个商家一哄而上，携带种种"专利"和大胆的"承诺"在水泥行业迅速承建起来。他们先后在河南的邓州、周口、商丘、南召、卫辉、许昌，湖北的麻城、秭归，以及山东、湖南、安徽、四川、内蒙古、东北等地的水泥公司，建造了大大小小近70多座钢板库，大有历史潮流般气概。大型落地水泥钢板库在一些水泥公司的应用，如图15-7、图15-8所示。

图15-7　某公司大型落地水泥钢板库及进出料系统

图15-8　某公司大型落地水泥钢板库库群

3. 不仅仅是卸空率问题

然而，科学是严谨的事情，不经试验、试用，盲目地推广必将带来严重的后果。落实在合同上的承诺并不是都能负责的，早已被有限公司给"有限"化了。专利不等于成果，对最终的产品用户来讲，专利是靠不住的纸上画饼，这些将导致最终的损失都落到了最终用户头上。

所谓的"专利"，并不要求它是经过实践证明的，可以直接应用于工业生产的技术成果。它可以是一项解决技术问题的方案，或是一种构思，具有在工业上应用的可能性，但仅仅是可能性。

专利≠成果，专利的两个最基本的特征是"独占"与"公开"，以"公开"换取"独占"。科研工作通过查阅专利文献，可以提高科研项目的研究起点和水平，可以节约研究时间和研究经费，这就是推行专利的所有目的，仅此而已。

2006 年某集团公司业主委托聊城一家钢板库企业建造水泥钢板库群，由于缺少实际工程案例，业主方开始就对该方案的成熟性提出质疑，钢板库企业就打着"专利技术"和"绝对保证"的幌子招摇过关。

由于这个库群未经过基本的计算和实践检验，完全是"摸着石头过河"建成的，建成投用不久就出现了基础开裂、结构不牢、出料困难等关键问题。最终钢板库企业采用"金蝉脱壳"注销了公司，而该集团公司却为此付出了 1800 多万元的维修和改造费用。

这绝不是个例，无独有偶。2007 年东北另一家大型水泥集团公司委托某省级建筑设计院进行设计，由聊城钢板库企业承建的库群也出现了部分垮塌问题。随后，全国各地又陆续曝出大型钢板库塌库或运行失效等新闻。某公司大型落地水泥钢板库的变形情况如图15-9所示，某公司大型落地水泥钢板库的修复加固情况如图 15-10 所示。

图 15-9　某公司大型落地水泥钢板库的变形情况

图 15-10　某公司大型落地水泥钢板库的修复加固情况

《新世纪水泥导报》2011 年 04 期发表了《严寒地区两万吨级水泥钢板库倒塌的原因》，文章指出，目前大型水泥钢板库的使用越来越多，但是在北方冬季低温下 2 万吨级钢板库频发倒塌现象，是由于选材不适合零下 20℃的环境所造成的。

《水泥》杂志 2011 年 05 期发表了《2 万吨水泥钢板库倒塌的事故分析》，文章指出，由于水泥钢板库尚属新装备和新工艺，目前还没有成熟的规范标准，在吉林、湖南和内蒙古等地出现了钢板库倒塌事故。文中对北方某水泥企业 4 座 2 万吨水泥钢板库的倒塌原因，从库体 Q235B 材料的选用、结构设计以及施工中焊接工艺和焊缝质量方面进行了细致的分析，并做了大量的检测和试验。

《水泥》杂志 2012 年 05 期发表了《水泥钢板库质量事故研究及整改》，文章指出，吉林某集团水泥企业建有 21 座 2 万吨水泥钢板库，对其中 12 座出现的倒塌、裂纹、变形及结构缺陷进行了研究总结。

《中国建材报》2013 年 05 月 23 日，发表了《大型钢板库坍塌事故频发损失巨大》，文章指出，"2012 年年底，内蒙古霍林郭勒山水集团水泥公司新建的 2 座 5 万 t 水泥钢板库刚刚建成，便相继倒塌，造成几千万元巨大损失；与此同时，新疆天业电厂承建的 5 万 t 粉煤灰库，其中一座库也随后倒塌；包头祥顺达工贸有限公司所建的 2 座 5 万 t 水泥库，其中一座库倒塌；辽宁抚顺嘉禾实业有限责任公司 2 座 5 万 t 粉煤灰库，其中一座钢板库已倒塌。"几个公司钢板库的倒塌惨状如图 15-11～图 15-13 所示。

4. 基础与库体的理论与实践

对于较大的地上式钢板库，必须解决地基不均匀下沉的问题，对地质条件和基础要求较高，地上式已经不太现实，而且投资会大幅度增加，只能做成落地式。落地式可以取消钢板

图 15-11　2012 年 11 月霍林郭勒山水集团新建水泥钢板库倒塌惨状

图 15-12　辽宁抚顺嘉禾实业 5 万 t 粉煤灰钢板库倒塌惨状

图 15-13　2012 年 11 月新疆天业 1 万 t 水泥钢板库倒塌惨状

库的地上基础，对地耐力的要求也会大幅度降低，从而大幅度节省一次性投资。但落地式也存在基础不均匀下沉的问题，这是落地式必须首先解决的基础问题。

落地式为整体落地建造，其出料随之成为问题。如果模仿地上式出料，不但投资会大幅度增加，失去了落地式的本意，而且又加大了不均匀下沉的解决难度。出料和下沉形成了两个相互制约的问题，增加了解决难度。

实际上，大型落地钢板库之所以能够兴起，主要是已经在一定程度上解决了"不均匀下沉"这个问题。大型钢板库的结构原理完全不同于传统水泥库，其基础技术是根据锲力增压原理设计的锲力增压基础（图 15-14），理论上可适应各地水泥企业不同的地质条件。

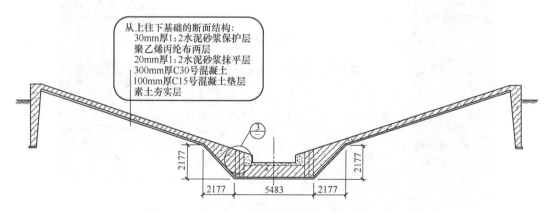

图 15-14　大型落地水泥钢板库锲力增压基础示意图

锲力增压基础可以达到无桩自浮的效果，即在基础负荷逐渐增压过程中，其基础也处在一个慢慢增压、密实的过程中，使整个大型钢板库基础成为一个整体，相当于一个独立的大的桩基，从而取得无桩自浮效果。正是这一无桩自浮基础技术，大型钢板库与传统混凝土水泥库需做桩基或筏基相比，才具有大幅度节省资金、节省工期的效果。

在基础设计方面，通过不断的模仿学习提高，富裕系数不断加大；在地上库体方面，改善所用钢材的抗热震性，局部加大了板厚，采用了内部或外部结构件支撑，提高了焊接质量。通过上述诸多措施，2010 年以后，应该说比较正规点儿的钢板库企业建造的钢板库已经很少出现结构问题了。

5. 先天不足的减压单点卸料

在解决了基础与库体的结构性问题以后，还有重要的卸料问题、卸空率问题。几乎所有的钢板库企业都承诺卸空率能达到 95% 以上，而且会提供有关用户的证明材料。但实际上呢？用户的"证明"并没有说谎，只是承建企业有所投机。

对于多数大型落地水泥钢板库，投产以后卸空率确实能达到 95%，但一个月以后就下降了，一年以后卸料就有问题了。如果经过一个销售淡季，水泥在库里压个俩仨月不出，能否卸出来就很难说了。

对于地上的混凝土库，可以根据直径大小灵活地设计为多点重力式卸料，平时一般不存在卸料问题，当然挂壁板结还是难以避免，要根据实际情况，每隔一到两年清一次库。但对于大型的落地库，装的又是水泥，而且是中心单点出料，这些因素都对出料构成负面影响，问题这就来了。

大型落地水泥钢板库的设计理念是，库壁和库顶采用钢板焊接而成，库体为圆柱体，库顶为一个球缺，通过定形型材的不同强度，形成无梁柱的结构应力，达到大面积的封闭覆盖。库底是下凹的倒锥形底部，用气化管设置环形充气区，气化管按照顺序交替充气，使高密度沉积的水泥在气渗中气化混合，形成流化状态，在料层压力下产生内聚外排，从中心单点卸出。

先入的水泥裹挟的空气会逐渐逸出，含气量降低，流动性就变差；后入的水泥含气量总是较高，流动性就更好。所谓"气渗中气化"的能力实际上是非常有限的，由于库中心的卸料流程最短、阻力最小，与地面上建的混凝土水泥库一样，就难以避免出现后入者先出的库中心鼠洞现象。

尽管在库中心下部设置了一个直径 $\phi2.5\mathrm{m}$ 的减压锥，但由于其直径相对太小，而且周围是敞开的，就难以改变上述工况，看不到其对鼠洞现象的抑制作用。水泥总是直接从倒锥所在的库中心部位卸出，边缘的水泥总是没有卸出机会，越积越久就形成死料区；死料区越来越大，卸空率就越来越低。

在巨大的压力面前，部分水泥厂用户和部分钢板库企业不得不携起手来，就卸料问题苦思冥想。一开始，简单地认为卸不出料来，是因为库底板锥度不够，便三番五次地加大库底板锥度（图 15-15）。结果费了不少事，花了不少钱，还是不见效果。

某公司的大型落地水泥钢板库（3 万吨级，直径 $\phi31\mathrm{m}$），在使用 2 年后，仅剩中心约直径 $\phi4\mathrm{m}$ 的部位可以下料，其余部位全部沉积为死料区。而且死料区不断成长，最终将库堵死，卸不出料来。

在采取了多种措施也无济于事之后，只好把库体割开一个大口，将铲车开进去清理。结果发现，库内水泥的流动休止角已达到难以想象的接近 $90°$，铲车挖开的垂直面根本不会塌落（图 15-16），哪还有什么流动性？这才认识到，单靠加大库底板斜度是不可能解决问题

图 15-15　某公司大型落地水泥钢板库加大库底板斜度改造

的，你能把库底板的斜度加大到 90°吗！这一结果又把大家打回到迷茫之中。

图 15-16　某公司大型落地钢板库内失去流动性的水泥

6. 勉强应付的库内多点出料

在一个个难题面前，相关人员逐渐认识到，对于大直径的水泥库，多点卸料才是根本的解决办法。

面对已经建成的大直径单点卸料库，在被逼无奈的情况下，也逐步形成了"堵塞库中心鼠洞，库内多点出料"的思路（图 15-17、图 15-18），在实施后取得了一定的效果，但最终还是难以彻底解决问题。

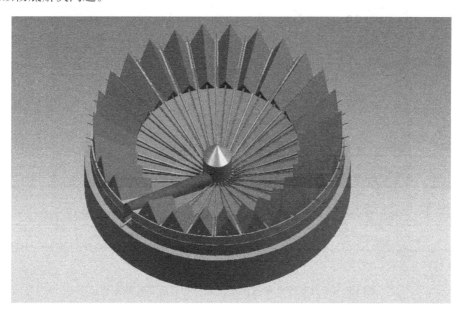

图 15-17　大型落地水泥钢板库库内多点出料概念图

图 15-18　大型落地水泥钢板库库内多点出料模型

现将这一改进简单介绍如下：

（1）将原来整个库底充气、呈环形布置的流化棒，改为流化棒呈放射状布置，并沿径向分为 N 个卸料区和中心区，共 $N+1$ 个大功能区，每个大功能区的径向长度不大于 6m，（1.5 万 t 库现设计为 1 个卸料区和中心区，卸料区和中心区的径向长度各为 6m）。改造中的大型落地钢板水泥库如图 15-19 所示。

图 15-19　大型落地水泥钢板库内分功能区布置的流化棒

（2）卸料区和中心区又分别各分为若干个（1.5 万 t 库现设计为 16 个）小充气区，每个小充气区的流化棒不多于 9 根，且每个小充气区设为单独供气系统，可根据卸料需要单独充气，以便减少用气量，降低卸料能耗。要求所有流化棒的最大间距不大于 450mm。

（3）把原来的中间减压锥封死为减压仓（图 15-20），防止中心区优先卸料，导致库边

图 15-20　大型落地水泥钢板库减压锥封闭为减压仓

物料堆实板结，同时起到物料的中转作用。减压仓的直径为大库直径的 1/10，柱体高度为 1.5m，锥体顶角不大于 90°。

（4）加装 N 层若干根（1.5 万 t 库现设计 1 层为 16 根）导料管或导料槽，最上一层为导料槽，其余层为导料管，呈放射状均布于小充气区之间。导料管的一头与减压仓连接贯通，另一头伸至卸料功能区内（1.5 万吨库现设计为减压仓距库边距离的 2/3 处），导料管内插有一根流化棒，用于管内流化输送。中心区为导料槽，导料槽内布置一根流化棒，同样与减压仓连接贯通，如图 15-21 所示。

图 15-21 大型落地水泥钢板库功能区至减压仓的导流槽

（5）减压仓从底往上设 N 层，每层开若干孔（1.5 万吨库现设计 1 层开 16 孔）分别与 N 个卸料区的导料管连接贯通，用于正常卸料；紧靠底层导料管接口的上层开若干个（1.5 万 t 库现设计为 16 个）进料口，用于中心区卸料。减压仓内的出料口如图 15-22 所示。

图 15-22 大型落地水泥钢板库各功能区在减压仓内的出料口

（6）改造后的工作流程

卸料时，可根据卸料量的大小选择 1 个或几个目标卸料区。先打开目标卸料区的 1 个导料管气阀，该导料管两侧的 2 个卸料小区气阀就开始充气，使物料处于流态化流进导料管，然后通过导料管进入减压仓，再从减压仓与库外连接的输送管道流出库外。输送管道的内径为 250～300mm，可满足 200～300t/h 的卸料量，这个量能满足一般后续设备的需要。

正常生产时，可根据需要定期更换目标卸料区，以便对卸出物料起到"横铺侧取"的均化作用。由于可控制目标卸料区的物料优先卸下，库的边缘始终是卸料通道的主体部分，所以库的边缘不会像以前那样产生物料堆实。

中心区可根据需要不定期使用，以防中心区产生物料堆实形成死料区，以及在特殊情况下需要卸空库时使用。中心区卸料只要开起 1 个或几个中心小区的气阀进行充气即可。大型落地水泥钢板库供气控制原理如图 15-23 所示。

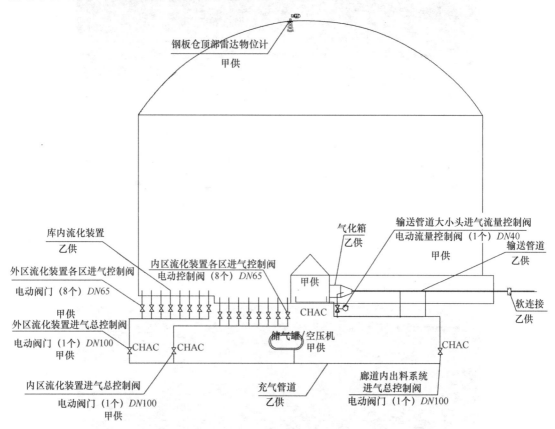

图 15-23 大型落地水泥钢板库供气控制原理图

7. 逼出来的库侧多点放料

库内多点出料改造，在卸料上应该说取得了一定进步，主要是理念上的进步。投运初期的效果还是明显的，也曾经令改造者欢欣鼓舞，但好景不长，功能就逐渐退化了。分析其原因，主要是各边缘功能区的水泥要经过导流管道送往减压仓，在停运期间管道内的水泥不可能被放空，管道内停止流动的水泥就会失去流动性，逐渐导致导流管道堵塞。

在被逼无奈的情况下，各家急病乱投医，什么招法都在试用，比较典型的就是在库侧开口放料。你不是在库侧形成死料区吗，我就在库侧开口放料，也算是对症下药吧。

开一个口试验有效，就开了两个口以至多个口；料既然放出来了，就增设了气力输送管道，以便将各口放出来的水泥集中到出库提升机里，某公司的改造现场如图 15-24 所示。改造既然取得了效果，就有"江湖医生"开始推行"治病"了，并进行了一定的规范包装，将气力输送管道规范为输送斜槽，某公司的改造方案如图 15-25 所示，改造现场如图 15-26 所示。

图 15-24　某公司采用管道输送的库侧多点放料

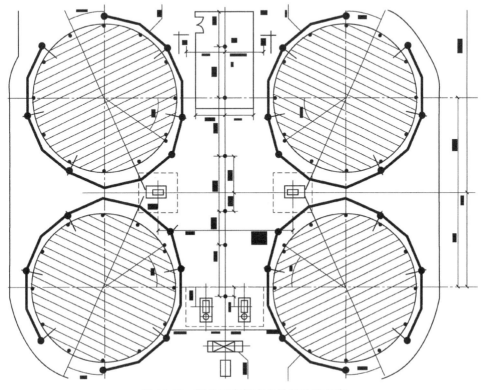

图 15-25　某公司库侧多点放料改造方案

图 15-26　某公司采用斜槽输送的库侧多点放料

很遗憾，这一方案也未能解决大型落地水泥钢板库的卸料问题。

其问题之一，在全国有多个大型落地水泥钢板库结构出问题的氛围中，出于安全考虑，还有几个人敢在库侧开多个放料孔呢；

其问题之二，实践证明，由于每个库侧放料孔对水泥的活化范围有限，库侧放料孔又不能开得太多，并不能使整个死料区的水泥活化连贯起来。因此，该方案仅能对库侧死料区起到部分改善作用，依然不能彻底解决问题。

8. 又回到传统的库底多点卸料上

就在大家一筹莫展的情况下，某公司提出了库底多点卸料方案，又回到了传统的、成熟的、地上式水泥库的卸料方案上。从而解决了落地基础与多点卸料的矛盾，使大型落地水泥钢板库的库底多点卸料成为可能。与建筑容积相比，该方案的设计使用容积虽然比原方案小了一些，但由于卸空率提高，实际使用容积却比原方案大了许多。

该方案设计，多点入料，多点卸料，气力均化辅助多点搭配排料，确保排空率在 90% 以上。该方案经几个厂家的实践检验，卸空率可达到 95% 以上。图 15-27～图 15-30 是规格 $\phi 28m \times 22m$、储量 1.5 万 t 水泥、大型落地水泥钢板库的设计方案。

由图 15-27～图 15-30 所示的方案可见，该方案采用库外多点（13 点）卸料，且每个卸料口的控制面积不大于 $\phi 6m$ 直径。在库底板之下锲力增压基础之上，设置有相互贯通的三条廊道，用于出库水泥输送斜槽的布置。每个库可实现多点卸料搭配，四个库可实现多库搭配出厂，有利于对出库水泥的均化，有利于出厂水泥质量的稳定。

2014 年该公司又开建了 4 个大型落地水泥钢板库，规格为 $\phi 22m \times 21.5m$，每个库的储量为 1 万 t。每个库底板设有 7 个卸料口，卸料口之下设有 1 主 4 副的 5 条输送廊道，大致

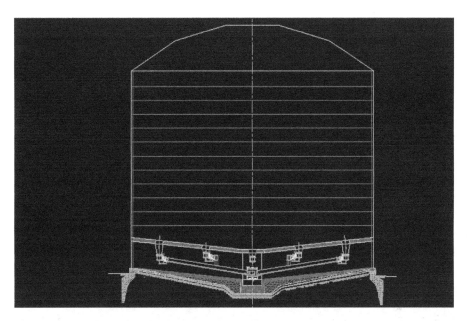

图 15-27　大型落地水泥钢板库库底多点卸料方案 I

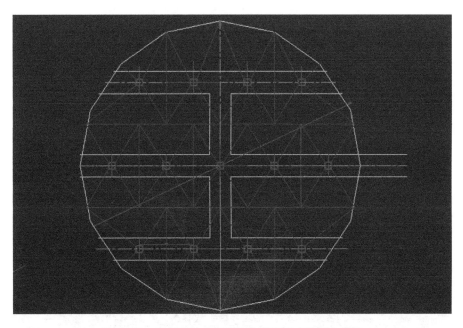

图 15-28　大型落地水泥钢板库库底多点卸料方案 II

相当于我们熟知的水泥厂熟料库的地下出料系统。可根据工艺需要，几个口同时卸料，搭配混合后一并送入出库提升机。

库底板的主体结构为水平，在安装完成卸料减压锥之后，于每个卸料口周围再用轻质材料做成六面体倒锥，以减小库存水泥的堆积死角，增大卸空率。建设中的库外多点卸料大型落地水泥钢板库如图 15-31～图 15-34 所示。

实际上，这相当于在地面上建造了一个 $N \times \phi6m$ 的水泥库群，而且还大量减小了各库

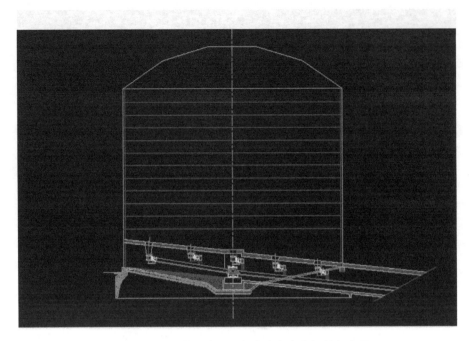

图 15-29　大型落地水泥钢板库库底多点卸料方案Ⅲ

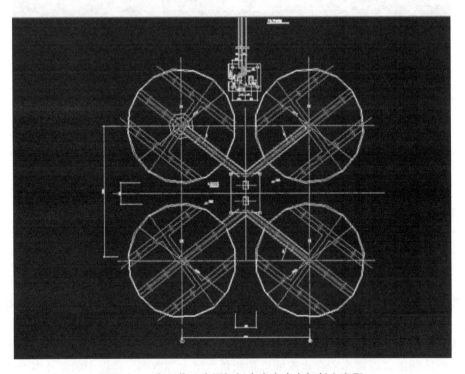

图 15-30　大型落地水泥钢板库库底多点卸料方案Ⅳ

图 15-31　建设中的 4 个 1 万 t ϕ22m×21.5m 钢板库

图 15-32　库底板上的 7 个卸料口分布

图 15-33　库内卸料口减压锥安装

图 15-34　库内卸料口周围做六面体倒锥

之间的间隔边壁，从而减小了水泥的下行阻力，同时减小了水泥的挂壁板结机会。

至此，大型落地水泥钢板库在硬件上应该没有太大障碍了，只要我们按照通常的生产管理运作，定期周转、定期清库，应该能满足水泥生产的需求。这些对于在地面上建设的混凝土水泥库也是必要的。

15.3　水泥包装袋的质价平衡

我们知道，一吨水泥需要 20 条包装袋，从个数来讲，它是水泥生产中的大宗采购品，其价格的高低对企业的效益影响很大。例如，每条袋子贵 0.1 元，每吨水泥成本就要上浮 2.0 元，按年产 5000 万 t 水泥算，一年就是一个亿。

这是我们看得到见摸得着，每天都有切身体会的一笔账，所以大家都在严格控制，这无可厚非。但"一分价钱一分货"，这是市场规律，特别在纸袋厂利润很薄的今天，便宜的袋子在质量上肯定要差一些。怎么平衡这个质与价的关系，"只要用户认可，没有太大的意见"也就行了，这又是我们多年来选择水泥包装袋的一个潜规则。

1. 袋子成本与水泥成本的平衡

我们来看看这个潜规则有没有问题。当然，让用户认可是首要条件，否则就会影响到销售，问题就大了。那么，除了用户认可以外，对水泥生产企业是不是就一定合算呢？答案是不一定。

比较差的包装袋，会加大出厂之前的装运破包率，导致包装袋的成本隐性增加；破包导致的水泥散失会增加成本，处理破包的人工也需要成本；袋子向外渗灰，加大岗位粉尘浓度，也会增加工人的保健成本。某厂采用劣质包装袋向外渗灰的情况如图 15-35 所示。

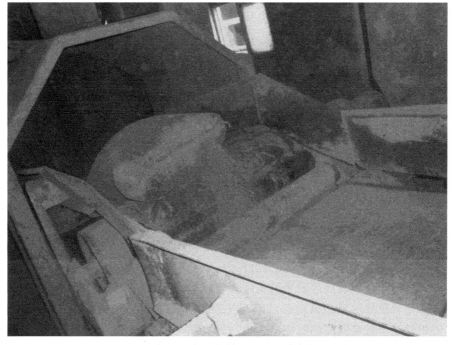

图 15-35　某公司水泥包装过程中的渗灰扬尘现场

比较差的包装袋，对水泥袋重的波动有较大影响。由于袋重合格率是水泥质量的一项重要指标，受到各级质管部门的严格管控，是水泥质量抽查的必检项目之一。所以袋重合格率是不能有问题的，袋重的波动只能靠提高平均袋重来弥补。而提高平均袋重就意味着生产厂要多装水泥，导致成本的提高。

原来河北磁县有一个粉磨站，他们就包装计量秤的改造，做过这方面的统计工作，改造后计量误差减小了约 1%，袋重控制的目标值降低了 1.2%，基本保证了袋重合格率不变。

如果由于降价导致的纸袋质量降低，从而影响到袋重合格率，按袋重控制的目标值增加 1.2%计算，每袋水泥就要增加 0.6kg，每吨水泥就要增加 12kg。如果仍然按年产 5000 万 t 水泥计算，每年就要多付出 60 万 t 水泥！按水泥出厂价每吨 200 元算，就要损失 1.2 亿元。

再回到水泥包装袋的质量与价格的平衡上，降低包装袋质量可能造成的损失，每个厂的情况也是不一样的。只有通过认真的观察和统计，考虑方方面面的质量成本，才能找准自己的平衡点，做到效益最大化。

2. 标准责任与办法责任的平衡

有些水泥用户是按水泥袋数计量的，水泥袋重的波动必将影响到混凝土实际配比的波动，最终影响到混凝土构筑物的质量。你可能认为只要袋重正偏差就行了，但事情并非如此简单。

对于重要的工程都要预先进行混凝土试配，然后再按试配方案进行生产。如果试配的水泥正好赶上你的最大正偏差，那么实际生产的混凝土可就大部分达不到设计配比了，由此就给工程质量埋下了隐患。如果试配的水泥正好赶上你的最大负偏差，那么在实际混凝土生产过程中就存在长期水泥过量问题，就要增加混凝土成本，最终影响到你的市场竞争力。

袋装水泥属于定量包装商品，相关国家标准和技术规范对其净含量都做了明确要求，主要有 GB 175—2007《通用硅酸盐水泥》国家标准和 2006 年实施的《定量包装商品计量监督管理办法》，以下分别简称为《标准》和《办法》。

1)《办法》的相关规定

2005 年国家质量监督检验检疫总局发布的第 75 号令《定量包装商品计量监督管理办法》，自 2006 年 1 月 1 日起施行。《办法》将以质量标注的定量包装商品的范围由 25kg 扩大到 50kg，首次将袋装水泥纳入了管理范畴，有如下规定与水泥行业有关：

第二条　在中华人民共和国境内，生产、销售定量包装商品，以及对定量包装商品实施计量监督管理，应当遵守本办法。本办法所称定量包装商品是指以销售为目的，在一定量限范围内具有统一的质量、体积、长度、面积、计数标注等标识内容的预包装商品。

第三条　国家质量监督检验检疫总局对全国定量包装商品的计量工作实施统一监督管理。县级以上地方质量技术监督部门对本行政区域内定量包装商品的计量工作实施监督管理。

第八条　单件定量包装商品的实际含量应当准确反映其标注净含量，标注净含量与实际含量之差不得大于本办法附表 3 规定的允许短缺量。

第九条　批量定量包装商品的平均实际含量应当大于或者等于其标注净含量。用抽样的方法评定一个检验批的定量包装商品，应当按照本办法附表 4 中的规定进行抽样检验和计算。样本中单件定量包装商品的标注净含量与其实际含量之差大于允许短缺量的件数，以及样本的平均实际含量应当符合本办法附表 4 的规定。

第十条　强制性国家标准、强制性行业标准对定量包装商品的允许短缺量以及法定计量单位的选择已有规定的，从其规定；没有规定的按照本办法执行。

2）《标准》在"9.1 包装"中的规定

"水泥可以袋装或散装，袋装水泥每袋净含量 50kg，且不得少于标志质量的 99%；随机抽取 20 袋总质量不得少于 1000kg。其他包装形式由供需双方协商确定，但有关袋装质量要求，必须符合上述原则规定。水泥包装袋应符合 GB/T 9774—2010《水泥包装袋》的规定"。

从中可以看出涉及计量检验的有以下几点：

（1）袋装水泥为 50kg 规格包装时，其标注净含量为 50kg；允许有其他规格形式的包装，具体包装规格形式由供需双方协商确定，双方协商确定的包装值，即为标注净含量值。

（2）允许短缺量但不得少于标志质量的 99%。如 50kg 规格包装的袋装水泥，允许短缺量为 0.5kg；25kg 规格包装的袋装水泥，允许短缺量为 0.25kg；40kg 规格包装的袋装水泥，允许短缺量为 0.4kg。

（3）50kg 规格包装的袋装水泥，随机抽取 20 袋总质量（是含包装袋的，不是净含量）不得少于 1000kg，其他规格包装形式的包装，可以按上述原则推算。如 25kg 规格包装时，随机抽取 40 袋总质量不得少于 1000kg，或随机抽取 20 袋总质量不得少于 500kg；40kg 规格包装时，随机抽取 25 袋总质量不得少于 1000kg，或随机抽取 20 袋总质量不得少于 800kg。

3）两者的比较与不同

（1）《标准》规定了 50kg 一个包装规格，其他规格参照此要求。《办法》的调整范围是从 0～50kg 规格的全部定量包装商品。

（2）《标准》要求袋装水泥每袋净含量为 50kg，且应不少于标志质量的 99%；《办法》从 0～50kg 作了分段规定，其中 15～50kg 规格的短缺量为 1%。

（3）《标准》要求随机抽取 20 袋总质量不得少于 1000kg（没说不含包装袋，不是净含量）；《办法》要求批量的平均实际含量应当大于或者等于其标注净含量，若按照《办法》附表 4 中的规定进行抽样检验和计算，样本的平均实际含量应当满足 $\geqslant (Q_0 - \lambda \cdot s)$ 的要求。

（4）《标准》对批量水泥没有允许出现短缺量超差件数的规定，但已有每袋水泥"不得少于标志质量的 99%"的要求。《办法》规定了"允许大于 1 倍，小于或者等于 2 倍允许短缺量的件数不超过规定的数量"。

仔细阅读就会发现，《标准》和《办法》对袋重的要求不尽相同。《标准》考虑水泥企业的现实情况和客观条件较多，比较容易操作；《办法》的判断准则更加合理，有利于企业对包装水平的管控和提高。

在包装质量控制过程中，太过苛刻的要求会增加成本和降低生产效率。但满足《标准》而不满足《办法》，有可能给企业带来不必要的信誉和经济损失。

15.4　推却不得的质量投诉

首先应该明确，水泥产品的国家标准只是对水泥产品的最低要求，而影响到构筑物质量的因素远不止国家标准提出的控制指标，最多只能说没有水泥厂的责任，但不能说与水泥没有关系。

1. 积极面对客户投诉的重要性

水泥是最重要的基建材料，基建是百年大计马虎不得，但是水泥并非最终产品，必须通过混凝土和建筑工程才能实现最终的基建产品。而基建产品的质量问题，往往要追溯到建筑质量、混凝土质量、水泥质量，不管哪一个环节出了问题，都很难避免对水泥产生怀疑。这就使得有关水泥的质量投诉增多，也使得对这些投诉的处理复杂化，并非水泥质量达到国家标准就可以拒绝顾客的投诉了。

图15-36是某记者到某小区调查用千斤顶加固的34层楼施工现场，购房业主质疑道"为什么已经封顶的房子需要将水泥墙敲掉放入千斤顶？""用上百根千斤顶撑起34层高楼还能住人吗？""花几十万买了这么一套'加固房'，实在让人提不起住进去的勇气。"

图15-36 出现严重质量问题的高层建筑

该楼的地产商发言人道：材料供应商提供的当批次混凝土存在质量问题，导致剪力墙强度不够，需要补强加固。业主向地产商讨说法，地产商说是混凝土的质量问题，混凝土的质量问题并没能将水泥排除在外，混凝土企业也不可能不查水泥。面对这样的问题，作为水泥生产企业还能置身事外吗？

用户是上帝，面对我们的直接用户（混凝土企业）、用户的用户（工程单位）、用户的用户的用户（基建产品的最终使用者），他们提出的任何问题，不管是不是水泥的质量问题，我们都必须做好耐心细致的工作，及时且正确地处理好各种投诉，才能建立并维持好企业的良好信誉，提高对顾客的忠诚度。

水泥和混凝土分属两个行业，由于行业的隔离，生产者和使用者相互了解不够、缺乏理解，以至于在工程中发生问题后相互推诿，不利于从根本上查找原因、解决问题。但水泥行业离不开混凝土行业，水泥只有通过混凝土才能实现其价值。水泥企业与混凝土及施工单位应该加强沟通、双向互动、增进了解、获得理解，才有利于减少问题和解决问题。

作为企业，最不愿遇到的就是被客户投诉。尤其是面对一些理由并不充分，反反复复，甚至是不正当的投诉。特别是水泥企业，因为销售的不是最终产品，具有多层次用户，自己明知道水泥没有质量问题还要面对投诉，难免有时会有些抵触情绪。但面对顾客投诉，不论是水泥自身品质的问题，还是使用后发生的问题，也不论其责任属于何方，水泥企业都应本着与客户良好合作的愿望，与用户共同进行调查分析，以求得问题的圆满解决。

实际上，如果我们能够以冷静的心态去看待投诉，即使质量没问题，也存在服务不到位的问题。不难发现客户投诉也给我们带来了相互了解的机会，对我们的实际工作有着很大的促进、鞭策和警示作用，能够帮助我们及时发现工作中各环节出现的问题。

如果我们能够真诚地对待客户，经常进行换位思考，多为客户着想，妥善地处理好客户投诉，就一定能够消除行业隔阂，拉近与客户的距离，更利于今后工作的开展。正确处理客户的投诉，也是与客户联络感情的机会，通过妥善处理事件，甚至产生"不打不成交"的结果，结识客户，进而发展客户。

客户投诉是最好的产品情报，不同客户对不同的公司，总有不同的价值取向。正确判断客户投诉中所包含的价值取向，有助于我们更有效率地响应客户，最大限度地满足客户需求，以便为我们强化某项旧功能，开拓某项新功能，促进我们的差异化生产和差异化销售，最终提高我们在市场上的竞争力。这对于这个已经成熟、差异化很小的水泥产品来讲，尤为重要。

顾客对企业的产品或服务感到不满意时，通常会有两种表现：一是显性不满，即顾客直接将不满表达出来，告诉销售企业；二是隐性不满，即顾客不说，但从此以后可能再也不来消费了，无形之中使我们失去了一个顾客，甚至是一个顾客群。我们不但要处理好用户的显性不满，而且要处理好用户的隐性不满。调查显示，隐形不满往往占到顾客不满意的 70％。

反过来讲，如果对客户投诉处理不当，会引起客户不满，有时甚至是纠纷，就会影响企业的信誉和口碑。而且这种负面影响会不断扩大，一传十、十传百，企业的损失就不仅仅是一位客户，而可能是一大批潜在客户。如果当客户有所不满时，连投诉都不愿意了，只能说明客户对这个企业已经失望之极。面对今天供过于求的市场，这个企业还能存在几天呢。这对于这个产能严重过剩的水泥行业来讲，不是尤为重要吗？

2. 处理客户投诉的理念与方法

客户的投诉有时是正确的，也有时是不够准确的。有的问题是属于生产厂的，也有的问题是属于中间用户的；有的属于客户自己使用不当的，但也确实有产品真正存在缺陷的。

对使用水泥后续发生的混凝土施工性能和混凝土质量问题，不能认为是"混凝土问题"就不理不管，而应立足于搞清原因，不管责任属于何方，都应认真的研究分析，拿出避免和解决这些问题的措施，减少最终用户的损失。

关于水泥自身的品质，水泥企业应该进一步放宽视野、扩大胸怀、严于律己，对自己提出更高的要求，树立用户的问题就是我们的责任、用户的需求就是我们努力的方向的观念。不能只满足于是否符合国家标准，还要争取产品具有更好的水泥匀质性、对混凝土外加剂的适应性、混凝土的施工和易性。

1）处理投诉的一般程序

（1）当用户对水泥提出"疑问"时，首先查证，对现场发现的问题进行调查落实，以获取第一手现场资料；

（2）然后查找原因，对已查证的问题进行分析，找出引发问题的具体原因。如果确实由水泥造成，则应复查验证；

（3）随后复查，可采用非破损检验技术，如回弹仪、取芯等方法进行鉴定，进一步确定问题的所在；

（4）如果确定是水泥问题，则应承担责任，商讨解决途径。如果不是水泥问题，则应向对方讲清道理，分清责任，并协助用户制定好防范措施。

2）处理投诉的一般步骤

（1）判断所投诉的水泥是否为本企业产品，运输、保管状况是否符合要求；

（2）如是本企业产品，其品质是否完全符合国家标准和合同承诺的要求；

（3）了解用户投诉的理由（事实依据、事故机理）；

（4）与用户共同分析判断问题是由水泥品质引起的，还是因施工、养护存在缺陷引起的，分清并落实责任；

（5）如由水泥本身原因引起，则应调查"问题水泥"用于工程的数量、产生的后果以及经济损失，按合同约定给予处置；

（6）若非水泥本身因素引起，企业可不承担责任，但要继续保持与施工部门的友好合作，协助其查清原因、制定措施。

3. 处理客户投诉的关键和技巧

鉴于处理水泥投诉的复杂性和重要性，因此，如果要处理好顾客的投诉，在处理过程中除了要有正确的理念、步骤和程序外，还必须能把握住问题的关键，同时得讲究技巧。

1）必须认真倾听

把80％的时间留给客户，允许他们尽情地发泄，以诚心诚意的态度来倾听客户的抱怨，千万不要打断。倾听时不可有防范心理，不要认为顾客吹毛求疵、鸡蛋里挑骨头，即使部分顾客无理取闹，我们也不可与之争执。客户无论对错，在他急风暴雨地发泄以后，便会自己冷静下来。不论投诉的原因是什么，也不论投诉者是谁，都应该首先感谢客户提出了宝贵意见。

根据客户投诉的强度，通过变更"天时、地利、人和"的方法，可以缓和气氛、双方透彻沟通、最终解决问题。即："变更场地"，将客户从门厅请入会客室，尤其对于感情用事的客户而言，变个友好的场所较能让客户恢复冷静；"变更人员"，请出更高一级的人员接待，以示重视和宽泛的沟通；"变更时间"，与客户约定另一方便时间，专门解决问题。

以"时间"换取冷却，告诉客户："我回去后好好地把原因和内容调查清楚，一定会以负责任的态度去处理。"这种方法是要获得一定的冷却时间，尤其客户所抱怨的是个难题时，应尽量利用这种方法。

2）一定冷静分析

顾客在开始陈述其不满时，往往都是满腔怒火，我们应在倾听过程中不断地表达歉意，同时允诺事情将在最短时间内解决，从而使顾客逐渐平静下来。

在聆听了客户的抱怨后，必须冷静地分析事情发生的原因与过程，分析客户的投诉哪些是正确的、哪些是有偏差的；哪些问题是属于企业的，哪些问题是属于商家的；哪些是属于客户自己使用不当的，哪些是真正的产品缺陷。找出客户意见的重点，明了客户的要求到底是什么。

3）尽力掌控局面

有些顾客往往因为自己的不良动机而故意夸大自己的不满，以求得"同情"，实现自己的"目的"。在这种情况下，需要工作人员在倾听过程中准确判断顾客的"真正"目的，有针对性地进行处理。

要少说不必要的话，以防节外生枝，事态扩大。不要讲自己的客观原因和解决问题的难处，因为客户关心的是他自己的金钱、时间、机会和损失，而不是企业的处境、困难、借口和感受。

即使是因客户本身错误而发生的不满，在开始时也一定要向他道歉；就算自己有理由，也不可立即反驳，否则只会增加更多的麻烦。这是在应对客户投诉时的一个重要法则。而更多的是要在自己身上查找原因，制定相应的改进措施，求得客户的谅解。

4）尝试找出分歧

企业的认识与对方所述可能会有偏差，首先应该确认自己理解的事实是否与对方所说的一致，将听到的内容简单地复述一遍，以确认自己能够把握顾客的真实想法。

要站在对方的立场上替顾客考虑，每个人有每个人的价值观和审美观，很可能对顾客来讲是非常重要的事情，而经销商却感到无所谓。

5）学会化解不满

诚恳地向客户道歉，并且找出客户满意的解决方法，解决方案应马上让客户知道，当然在他理解前应尽可能加以说明和说服。

为了恢复企业的信用与名誉，除了赔偿客户精神上以及物质上的损害之外，更要加强对客户的后续服务，使客户恢复原有的信心。

6）勇敢检讨结果

为了避免同样的事情再度发生，企业必须分析原因，检讨处理结果，吸取教训，使未来同性质的客户投诉减至最少。有关研究报告表示，一次负面的事件，需要十二次正面的事件才能弥补。

企业绝不能小看其销售及服务功能上的不足和欠缺，否则，不仅仅是影响企业的销量和售价，更重要的是影响到客户对企业的信任问题，关系到今后是否能够拥有长期固定客户的大问题。

4. 混凝土问题不仅与水泥有关

水泥客户的投诉主要体现在混凝土问题上，投诉的最终目的是为了解决混凝土问题，而混凝土的问题又不仅与水泥有关，如果一味地强调水泥问题，有时并不能很好地解决混凝土问题。

为了能准确地把握问题的所在，协助客户找到真正的原因，销售和服务人员还应该了解一些混凝土的常识。这里换个角度，看看一位混凝土工程师关于混凝土问题的总结，或许更有利于把握全局。

正常的混凝土总是相似的，但有质量问题的混凝土则各有各的问题！正如北京建筑大学宋少民教授所说，混凝土既是最简单的，但同时又是最复杂的，简单在于水泥、砂、石、水、外加剂拌和后就是混凝土，复杂在于影响混凝土质量的因素实在太多。

影响混凝土质量的诸多因素，不仅包括如原材料的性能、配合比的设计、施工过程、养护过程、生产的季节、各地的气候等，多种因素无不是牵一发而动全身地影响到混凝土的质量。

1）使用水泥的注意事项

① 不同品牌的水泥严禁混用；

② 使用出厂一个月的水泥，应进行复验，否则不能用于承重结构；

③ 严格控制水泥和水在混凝土中的比例，俗称干、稀、粘合度。夏季混凝土应稀，冬季应稠，春秋季适中；

④ 混凝土运输、浇注及间歇的全部时间不得超过 2h；

⑤ 混凝土的拌制最好选择搅拌机，时间控制在 2min 以上；人工拌制必须拌制四遍以上，拌制均匀，干稀一致。

⑥ 使用添加剂（早强、抗冻剂等），必须按厂家说明，严格计量。

2）混凝土养护的注意事项

① 在混凝土浇注完毕后：夏季，初凝（一般约为两个小时）后采用塑料薄膜、草袋、玉米秸秆等遮盖，终凝（一般不超过五个小时）后必须及时"补水"养护；冬季，初凝后必须采用草袋、玉米秸秆或其他物品遮盖，进行保温处理或增加抗冻早强剂；春初秋末，随时注意天气变化，果断采取保温措施。

② 混凝土养护时间：混凝土的养护时间不得少于 7d。

③ 混凝土拆模：梁板跨度在 6m 以内，强度必须达到 70％以上（即 7d 以上）；跨度超过 6m，强度需达到 100％（含悬挑结构）；柱体应达到 50％以上；如果模板急需提前拆除，必须采取早强措施。

3）关于混凝土的起皮翻砂

混凝土表面的起皮、翻砂现象，用脚踩搓出现一层白面，表现为上面约半厘米厚不凝固，下面却能达到凝固的效果。

① 可能的原因：初凝前混凝土失水过快，终凝前又加纯水泥反复压、抹，浇水过早，混凝土中含泥量大，冬季混凝土受冻破坏，配合比不确定、干稀不均匀等因素。

② 相应的预防措施：采用补水措施和保温措施；压抹时不可直接用水泥或纯水泥浆，必须增加部分砂（1:1 素灰抹面）；加强混凝土浇注的找平工作，尽量做到一次找平与二次压光完整结合，并且要注意一次找平和二次压光的适宜时间（不宜超过两个小时）；砂子要过筛，尽量选用净砂；严格按配比搅拌。

4）关于混凝土的凝固问题

混凝土凝固缓慢或受破坏，强度达不到要求，混凝土表层疏散，外表脱皮；冬季表面呈深灰暗淡色，夏季呈淡灰白色；用锤或其他硬物轻砸建筑物的边沿或外层，会出现破渣掉裂。

① 可能的原因：使用的水泥过期；使用的水泥受潮凝块；不同品牌的水泥混用；石子、砂中含有害物质，或含泥量过高；混凝土配合比不对；混凝土搅拌不均匀；夏季混凝土初凝前失水过快，终凝后受高温影响被"渴死"；冬季未及时采取保温措施被"冻死"，"冻死"后再保温已失效；混凝土结构在终凝时遭受了外力作用等。

② 相应的预防措施：出厂超过三个月的水泥禁止用于受力结构；不同品牌的水泥绝不可混用；混凝土的配合比必须正确；石子、砂的有害杂质必须清除干净；混凝土的拌制必须均匀且干稀一致；夏季的混凝土浇注成型后要立即遮盖加水，冬季要及时采取"保温"措

施；禁止在强度增长期间对混凝土扰动。

5）关于混凝土的碳化问题

主要表现为混凝土表面出现淡白色，用脚踩搓出现一层白面。

① 可能的原因：夏季气温炎热，混凝土浇注后未及时遮盖造成失水过快；未及时加水养护或已养护但超过混凝土强度最佳增长期，已被"渴死"，致使养护失效。

② 相应的预防措施：夏季混凝土初凝（两个小时左右）后，必须及时遮盖，终凝（五个小时左右）后要充分加水养护。

6）关于混凝土的裂缝问题

混凝土裂缝的类型主要有：温度裂缝、干缩裂缝、外力作用裂缝。

① 可能的原因：混凝土终凝前受外力作用；混凝土浇注时漏浆失水过快；同一结构浇注的混凝土干稀不一致；钢筋与混凝土"导热"、膨胀不一致。

② 相应的预防措施：加强混凝土的养护压抹；禁止混凝土凝固后的振动；控制混凝土干稀一致，做好"补水""保温"措施；对屋顶保温层上的找平（俗称捶房顶或砸房顶），在选择水泥时要按常规减少 20％的用量。

7）关于混凝土的蜂窝问题

主要表象为混凝土结构表面出现蜂窝状的窟窿。

① 可能的原因：混凝土石子间隙过大；混凝土配合比不准确，浆少石多；混凝土搅拌不均匀；混凝土浇注方法不当；振捣不实以及模板严重漏浆。

② 相应的预防措施：调整混凝土的配合比；加强混凝土振捣；入模过高时要用窜桶、溜槽；控制振捣时间；检查模板缝隙并封堵。

8）关于混凝土的麻面问题

主要表象为混凝土结构表面出现无数的小凹点。

① 可能的原因：模板润湿不够；浇注模板不严；振捣时间不够；养护不好；模板未刷隔离剂或脱模剂。

② 相应的预防措施：模板必须刷隔离剂或脱模剂；浇注前浇水充分润湿；混凝土入模后控制振捣棒振距和振捣时间。

9）关于混凝土的孔洞问题

主要表象为混凝土结构内存在孔隙，局部无混凝土。

① 可能的原因：浇注时漏振；未及时振捣，混凝土已初凝或受冻凝块；模内有泥块吸水膨胀。

② 相应的预防措施：浇注前彻底检查模内杂物；混凝土入模后随时振捣；控制振距和振捣时间。

5. 影响混凝土质量的春夏秋冬

在一年四季的建筑施工中，混凝土工程可能会出现各种各样的问题，这除了与季节无关的原材料和生产本身的共性问题以外，有些问题还与季节变化有关，呈现出某些问题易在某个季节集中体现的特点。但万变不离其宗，季节的影响，还是没有根据季节特点做好对混凝土的养护。加强对混凝土的养护，始终是确保硬化混凝土力学性能增长、防止裂缝产生、提高混凝土耐久性能的必不可少的重要措施。

无论何时何地，无论针对哪一种类型的混凝土构件进行养护，也无论采取何种养护方式，其想要达到的直接效果都可归结为稳定混凝土体系，减少构件的失水干缩和温差收缩，从而降低收缩应力，有效控制混凝土裂纹（宏观的、微观的，看得见的、看不见的）的产生。就减少混凝土干缩而言，最根本的是要解决"保湿"问题；对大体积混凝土来说，不仅要"保湿"还需要"温控"。

所谓"保湿养护"，可以理解为保水养护，也就是能保住混凝土中拌和水尽量不损失的养护，这种不失水、没有失水缺陷的养护被称为"完美湿养护"。混凝土中的拌和水有三大功能，除了满足施工性能的需要、胶凝材料水化的需要外，还有维持混凝土体系平衡、保持体积稳定的需要。只要拌和水不损失，混凝土体内就不会造成失水缺陷（如连通的毛细孔隙以及可见与不可见的裂缝）。

失水缺陷产生的收缩应力以及有害介质进入缺陷产生的膨胀应力，都会破坏体系平衡，导致混凝土体积不稳定。拌和水是维持体系平衡的重要元素，只有拌和水不损失，才能使混凝土体系稳定、体积稳定，提高抗裂性能，才能使混凝土实现"零缺陷"，达到高抗渗。反过来说，消除了失水缺陷，就消除了混凝土体系内最主要的不平衡因素，就能解决混凝土生产中的多数常见问题。

需要提醒的是，GB 50204—2015《混凝土结构工程施工质量验收规范》中第7.4.7条第1款"应在浇注完毕后的12h以内对混凝土加以覆盖并保湿养护"的规定，给一些不重视"及时进行保湿养护"的人员提供了"规范依据"。实际上，"保湿养护"根本就不应该设定实施的时间界限，应该强调"立即或及时进行保湿养护"。君不见，在干热有风的夏季浇注屋面板，时而后边还在浇筑抹面前边已失水发白、开裂，这种"12h的覆盖养护限期"如何能保证质量？

至于"保湿养护"期的长短，不应少于14d，尤其要关注前7d，这是黄金养护期；而且关键是前三天，特别是第一天，这是关键中的关键。这一时段的混凝土处在幼龄期，是胶凝材料水化最活跃、水化产物生成最多、强度增长最快的时段。反过来，如果不注意养护，也是混凝土拌和水丧失最快、最容易产生失水缺陷的时段。有人为了赶工期，不仅不覆盖、甚至连水也不浇，刚刚终凝就开始下一段的放线，结果只能是花更多的钱、浪费更多的时间去处理渗漏，同时降低了混凝土硬化后的耐久性能。

对于厚大底板、外墙、剪力墙等结构部位的养护，除了要及时保湿外，还要进行温度控制。要适当保温（覆盖塑料布和麻袋保湿保温），确保混凝土体中心与表层温差以及表层与环境温差都不大于20℃；要缓慢降温，每天降温不超过2℃。切忌在混凝土体表面温度较高的情况下浇凉水，防止急剧降温导致较大的温度应力，造成混凝土开裂。

混凝土的养护工作非常重要，说它对混凝土的抗渗抗裂性能以及硬化混凝土的质量起着决定性的作用并不过分。我们已经从理论上明确，混凝土配合比的拌和用水在混凝土密实成型以后是不可以损失的，这就是养护的目的。实际工程中，可以根据密实成型后混凝土失水的多少、失水缺陷消除的彻底程度，评价混凝土施工养护的质量，评估硬化混凝土的质量及其对耐久性的影响。

理论上，多数专家认为环境相对湿度不低于80%时，可以不需要有效养护；实际上，只要环境相对湿度低于100%，混凝土就会失水。混凝土一旦失水，不管失水多少，都会产生缺陷和内应力，在内应力作用下混凝土体系就会偏离原来的平衡，成为不稳定的体系，其体积也变得不稳定。混凝土失水越多，缺陷越严重，体积越不稳定。

"环境相对湿度不低于 80％"时，确实失水不是很多、混凝土没有开裂，但只要失水，就存在失水通道，存在连通的毛细孔隙缺陷，造成混凝土的抗渗性能降低。这些连通的孔隙缺陷加剧了混凝土硬化后在不利环境下的继续失水，使内应力不断地增加和积蓄，混凝土在中后期开裂的几率增大；这些连通的孔隙缺陷，也为环境有害介质的入侵提供了通道，造成混凝土耐久性降低。

因此，在混凝土硬化过程中不可以出现失水通道。要避免出现失水通道，就要防止混凝土失水。所以，只要环境相对湿度低于 100％就有必要养护，养护的目的就是防止混凝土失水形成失水缺陷。国际著名的混凝土权威 A. M. 内维尔在《混凝土的性能》中指出，"养护的目的是保持混凝土饱和或尽可能饱和，直到新拌水泥浆体中最初由水填充的空间被水泥水化产物填充到所期望的程度。"

1）春天的问题

每年在冬春交替和春季的建筑施工中，混凝土浇筑最易出现裂缝，这除了与季节无关的原材料和生产本身的原因以外，还与所处的季节特点有关。由于春季昼夜温差大，同期浇注混凝土在不同时间段温度变化较大，混凝土内外温差也较大，易形成温度收缩裂缝；由于春季空气干燥，湿度低（＜30％），风力一般都在 4～5 级，在空旷的施工现场楼面上风力更大，刚浇注的混凝土表面失水较快，易形成风干塑性收缩裂缝。

春季气温多变、昼夜温差大、晚上气温较低，易导致凝结时间延长，应注意做好保温养护工作。浇注完毕后必须严格执行养护制度，及时在混凝土表面覆盖塑料薄膜、草袋等，条件许可时建议喷洒养护剂进行养护，及时进行浇水保温养护，且养护时间不得少于 7d。特别是使用缓凝型高效减水剂时，更要注意温度对混凝土凝结时间的影响，对掺缓凝型外加剂或有抗渗要求的混凝土，保湿养护不得少于 14d。

在干燥的春季水分蒸发很快，有资料表明当风速为 16m/s 时，混凝土中的水分蒸发速度为无风时的四倍。混凝土浇注后若表面不及时覆盖、浇水养护，表面水分迅速蒸发很容易产生收缩裂缝；特别在混凝土掺了高效缓凝减水剂后，易导致表面被风干形成一层"硬壳"，为裂纹的产生留下隐患，应采用边喷水雾边浇注的方法，以解决混凝土的"结壳"问题。

在浇注完混凝土、第一次抹平后，应立即用塑料薄膜覆盖，依靠混凝土自身的水分进行保湿养护；需进行第二次抹光时，揭开薄膜抹完了仍要覆盖好。保湿养护不得少于 7d，对抗渗等有特殊要求的工程养护时间不少于 14d。混凝土拆模时要注意拆模的时间及顺序，对于梁、墙板等结构应适当延长拆模时间，且拆模后应继续采取措施进行养护。

2）夏天的问题

盛夏高温季节施工，特别在暴晒条件下混凝土失水加快、硬化加快，两快必将导致混凝土开裂的第三快。有条件的情况下应尽量避开在高温时段浇注混凝土，必要时可搭盖遮阳棚，防风防晒减少水分蒸发。在混凝土的生产上，除砂石可喷洒水雾降温外，必要时也可通过加入适量的冰霄（取代等量的拌和水）降温；在混凝土的输送上，搅拌车滚筒应适时喷水降温，输送混凝土的泵管应覆盖湿麻袋防晒散热，将混凝土的入模温度控制在 30℃以下。在混凝土浇注完成后，应及时进行保湿保温养护。

对于大面积混凝土，振动密实抹平后，要掌握好初凝前的二次抹压时间，错过了适宜的抹压时间将对混凝土质量造成难以挽回的影响。在二次抹压时，一定要一边抹压一边覆盖，并浇足水保湿。抹压是为了消除初凝前形成的失水缺陷和失水通道，覆盖是防止抹压后的混凝土继续失水。覆盖最好采用吸水性强的麻袋或土工布，一定要相互衔接，并保持覆盖物一直处于饱水状态。

覆盖塑料薄膜是比较简单快捷的方法，但一定要检查其防失水的效果如何。某工程在2016年夏季施工时，施工单位按技术交底覆盖了塑料薄膜，但还是发生了较严重的早期开裂，只好将楼面板打掉重新浇注。事后分析，当时覆盖的是很薄且破旧的薄膜，而且没有贴紧混凝土表面，有些地方与混凝土表面存在很大的间距。在烈日烘烤下混凝土失水很快，蒸发出来的水分部分又透过薄膜跑掉了，部分在远离混凝土表面的薄膜上凝结为小水珠，部分水蒸汽徘徊在混凝土表面与薄膜之间，未能起到阻止烈日下混凝土失水的作用。

失水多了混凝土开裂就是无疑的了，开裂严重反过来说明了混凝土的失水严重。所以，覆盖薄膜应选用不透气不透水的、相对厚一点的薄膜，一次抹平或二次抹压后应立即覆盖，并将薄膜压紧贴附在混凝土表面上，使拌和水难以蒸发出来。如果太阳很猛，对于重要工程，或大体积混凝土，在抹压覆盖完成后，最好能蓄水养护，这样质量更有保证。

对缺水地区的夏季混凝土施工，在没有充足水分养护大面积混凝土时，二次抹压后最好对混凝土表面飘飞一次水花，使混凝土表面充分润湿，然后用不透气、不透水的薄膜覆盖并压紧，再于上面加盖干草席或干麻袋，而且要互相衔接不留空隙，避免薄膜被太阳直接烘烤。千万不能让密实成型后的混凝土长时间裸露在太阳下暴晒，放任其失水。

夏季施工的另一个特点是雨水多，有时雨来得很急很猛，对未来得及覆盖的混凝土容易导致浆体的流失或增大水灰比。大雨到来之前应及早准备，用塑料薄膜将已振实抹平和未振实的混凝土全部予以覆盖；如果来不及全部覆盖，首先要覆盖的是未振实的混凝土以及已振实抹平的混凝土周边，使薄膜紧贴周边混凝土的表面，防止雨水冲走水泥浆。

夏季因为气温高，泵送混凝土的坍落度通常较大，但雨季施工时坍落度应尽量小一些，低坍落度的混凝土遇雨保浆能力较强，能减少雨水冲刷浆体的流失；未振实的混凝土更需要覆盖，其上有很多脚印能存积不易排除的雨水，在之后的振实中融入混凝土，导致水胶比增大，加之部分浆体流失，对混凝土质量的影响是很大的。在混凝土振实抹平时，最好能将周边略压高一点，能让雨水积蓄在混凝土表面，起到"即时水养护"的作用。

总之，养护方法是灵活多样的。不同的施工单位可能有不同的养护方法，判断一种养护方法是不是合理，能否满足混凝土生长发育的需要，能否保证硬化混凝土的质量，就看它是否能够有效防止拌和水的损失，是否彻底消除了失水缺陷。还要注意的是，不同的构件可能有不同的失水方式，要针对不同的失水方式采取相应的防失水措施。

3）秋天的问题

秋季，特别是中秋以后，由于昼夜温差加大，同期浇注混凝土在不同时间段温度变化较大，混凝土内外温差也较大，易形成温度裂缝和干缩裂缝；晚上气温较低，易导致凝结时间延长，应注意做好保温养护工作。秋季的温差影响与春季相当，其措施是浇注完毕后加强养护管理，具体参见上面"春天的问题"。

白天温度较高时浇注，可减少每层混凝土的浇注厚度，必要时可在混凝土内埋设降温水管；晚上温度较低时浇注，可适当延长拆模时间，并对混凝土表面进行覆盖保温；间隔浇注混凝土时，要避免新旧混凝土的温差过大，以降低旧混凝土的约束作用。

4）冬天的问题

冬天的问题和措施比较明确，主要是冻害和防冻。通常取第一个连续5天稳定低于5℃

的初日至第一个连续 5 天稳定高于 5℃的末日，作为冬期施工期。混凝土结构工程在冬期施工期内施工，必须采取冬期施工措施。

环境温度的降低导致水泥的水化反应减慢，影响到混凝土的强度增长。试验表明，环境温度每降低 1℃，水泥的水化作用降低约 5%～7%；在 1～0℃范围内，水化作用已急剧降低；当温度低于 0℃的某个范围后，游离水开始结冰，水化作用已经很小了；温度达到 −15℃左右时，游离水几乎全部冻结成冰，水泥的水化和硬化完全停止。

当混凝土中的水转化为固态冰时其体积约增大 9%，产生的内应力导致骨料与水泥颗粒产生相对位移以及内部水分向负温表面迁移，在混凝土体内形成冰聚体，引起局部结构破坏。新浇混凝土遭受冻结将大幅度降低其极限强度，强度损失率可能达到设计标号的 50%，甚至引起整体结构破坏；但当混凝土达到临界强度后遭受冻结，混凝土的极限强度损失较小，也不会发生整体结构破坏。

从地理分布来看，长江与黄河之间的中东部，气温虽然能降至 5℃以下但基本在 0℃以上的地区，冬季施工除规避极冷天气以外，只要加早强剂即可保证质量；黄河以北，气温会在 0℃以下达几个月，冬季施工就需要加防冻剂了；华北西北等最低气温在 −10℃以上的地区，则需使用早强型的防冻剂；至于东北、内蒙古、新疆，冬季气温经常在 −10℃以下的地区，冬季施工则必须使用防冻型的防冻剂。

在混凝土拌和水中掺入一定量的防冻剂能使水溶液的冰点降低，其冰点的降低幅度与防冻剂的种类和掺加量或溶液的浓度有关，防冻剂的使用效果在很大程度上取决于溶液的浓度以及混凝土硬化过程经受的负温值。掺入防冻剂的目的是在负温下仍能保持足够的液相，防止水泥的冻害并使水化继续进行，待转入正温后强度能进一步增长，并达到或超过设计标号。

混凝土的冬期施工，要求正温浇注、正温养护。对原材料的加热，以及混凝土的搅拌、运输、浇注和养护应进行热工计算，并据此施工。

（1）关于混凝土冬期生产的注意事项：

① 冬期施工拌制混凝土时，砂、石、水、水泥的温度，要符合热工计算需要的温度，达到混凝土拌和物出机温度不低于 10℃、入模温度不低于 5℃的要求；

② 冬期施工应优先选用活性高、水化热量大的硅酸盐水泥和普通硅酸盐水泥，蒸汽养护时用的水泥品种应经试验确定。水泥不得直接加热，使用前 1～2 天运入暖棚存放，暖棚温度宜在 5℃以上；

③ 由于水的比热是砂、石等集料的 5 倍左右，应优先采用加热水的方法。当加热水仍不能满足要求时，再对骨料进行加热。水和骨料的加热温度一般不超过 80℃和 60℃；当水、骨料达到规定温度仍不能满足要求时，可提高水温至 100℃，但水泥不得与 80℃以上的水直接接触；

④ 混凝土不宜露天搅拌，应尽量搭设暖棚，优先选用大容量的搅拌机以减少混凝土的热量损失。搅拌前先用热水或蒸汽冲洗搅拌机，先投骨料和已加热的水搅拌，然后再投入水泥，水泥不得与 80℃以上的水直接接触，避免水泥假凝；

⑤ 拌制掺有外加剂的混凝土时，外加剂应与水泥同时加入，而且搅拌时间应比常温时间延长 50%。

（2）关于混凝土冬期浇注的注意事项：

① 不得在强冻胀性地基土上浇注混凝土，在弱冻胀性地基土上浇注时，应对基土应进行保温，以免遭冻；

② 混凝土在浇注前，应清除模板和钢筋上的冻雪和污垢，尽量加快混凝土的浇注速度，防止热量散失过多。

③ 分层浇注厚大整体式结构混凝土时，已浇注层的混凝土温度在未被上一层混凝土覆盖前应不低于 2℃，采用加热养护时养护前的温度不得低于 2℃。

④ 浇注装配式结构接头的混凝土时，应先将结合处的表面加热至正温。浇注后的接头在温度不超过 4~5℃ 条件下养护至设计要求的强度。设计无规定时，强度不得低于强度标准值的 75％。

15.5　相关水泥质量的投诉

用户对水泥产品的投诉，包括没有投诉的抱怨和意见，一般有两类：

一是对水泥品质方面的投诉。水泥质量不符合国家标准而出现废品或不合格品的情况，在预分解窑水泥中已属少见，产品质量问题的投诉往往由下述问题引发：假冒商标品牌、质量（强度）与波动（标准偏差）、水泥与混凝土外加剂适应性差、水泥颜色差异、出厂环节出现的缺陷（如包装质量等）。

二是混凝土的施工性能和混凝土质量出现问题。原因可能是多方面的，但施工部门首先分析的是水泥，处理此类问题的投诉比较麻烦。但不管问题的发生原因和责任属于何方，水泥企业都不要轻言"不是我的责任"，而应积极主动地与施工单位共同进行调查分析，搞清原因，求得问题的解决。

1. 因假冒品牌质量问题引起的投诉

遇到此类情况，应首先判断该水泥是否为本企业产品。首先，对水泥包装标志、包装质量、出厂编号、出厂日期、运输、经销商资质等进行查对，初步判定是否为本企业产品。如还不能确认，再将投诉水泥与本企业同期出厂水泥的化学成分和物理品质做一比较。

例如，某厂的 P·C 32.5R 水泥在使用时，出现结构疏松不凝固，服务人员到现场查对后发现，现场所存水泥包装袋的标志与本厂使用的纸袋不符，又未打印出厂编号、日期，已基本可判定非本企业产品。

再如，假冒品牌水泥仿制了本厂的包装袋，一时难以确证，便将现场水泥与该厂封存水泥送质检机构检测。现场水泥的 $80\mu m$ 筛余为 7％，SO_3 含量为 1.18％，3d 抗压强度为 11.6MPa；而本厂封存水泥的 $80\mu m$ 筛余为 ≤3.0％，SO_3 含量为 2.1％~2.7％，3d 抗压强度 ≥16.0MPa，据此可判定不是该厂产品。

在判断水泥真伪时，还可比较水泥的密度、颜色。在判断真伪需要复验时，必须注意由双方共同取样签封，送省级以上国家认可的水泥质量监督检验机构进行仲裁检验。

2. 用户试验室质检不合格发生的投诉

接到此类投诉时，首先应核判断投诉水泥是否为本厂产品。如确认是本厂水泥，服务人员虽然自信本厂水泥的质量，但为了加强与客户沟通，寻找发生问题的真正原因，洗清对水泥的怀疑，增强顾客的信任度，提倡由双方化验室共同取样复验，看能否消除分歧。

如果不能消除分歧，则送有资质的第三方检验机构进行检测。复验结果可能出现确认产品是合格的或确认产品不合格这两种情况。

1）复验结果确认产品是合格的

虽然复验结果已确认产品是合格的，但仍要共同寻找产生差异的原因：邀请该用户到水泥企业化验室进行共检，找出试验条件、手法差异；到用户试验室了解其检验设备情况、检验人员的素质水平、取样方式、试验方法及养护条件，以判断用户检验结果的可靠性。

目前建筑工程施工业发展迅速，施工地多处乡村山区，有些试验室条件不完备，养护方法和湿度、温度的控制不理想，以及检验人员经验少、技术水平参差不齐的现象多有存在。例如，对某工地的养护条件检查，发现试体成型后 3d 强度测定前不在水中养护，而养护池水温控制不符合标准规定（常常夏季高、冬季低，其温度差在 1～3℃），强度影响在 2～3MPa。

影响强度检验结果的因素很多，但一般造成试验误差的因素主要有：

（1）试验条件：试体成型试验室温度、相对湿度控制应符合标准要求，水泥、砂、水和试验用具的温度应与试验室相同。而对水泥、砂、水的计量必须符合要求，否则强度出现差别。若水泥多掺 25g（5.5%），则 28d 强度增加 3～5MPa；加水量是最敏感的，加水量波动 1%，则抗压强度相应变化 2%。

养护箱的温度和湿度、养护池的水温必须严格控制。一些工地对养护箱温度、湿度极不重视，有时温度低 2～5℃，其抗折、抗压强度下降 1%～3%；湿度控制不好还会造成试体的干缩变形，影响强度增长。

（2）试验设备：试验设备必须从具有资质和信誉的厂家采购，必须经有资质的计量单位检定合格后方能使用，要实施按期周检制度。要及时进行调整和修理，公差不符合要求时，应及时更换。

不仅应注意主检设备（抗折机和抗压机）的进厂验收和安装质量，还必须注意抗折、抗压夹具的质量验收；抗压夹具球座要灵活，上下压板要对准、平行，否则会使试验结果偏低；压板表面要平整，否则强度值会有所下降。

（3）操作水平：一些试验室新手较多，操作经验不足，由于操作手法差异，往往会造成误差。常见的有：成型加水时未使用自控加水装置，加水量不准确，加水后量筒内的水未倒净；刮平操作用力不均，可能在试体中出现裂纹或缺陷；抗压强度测试时，试体未按规定置放，致使试块承受力不均，降低强度值；破型时加荷速度过快，往往使强度值偏高。

2）复验结果确认产品不合格

如果复验结果确认产品不合格，双方要共同取样，将签封的水泥送交有资质的水泥质量监督检验机构进行检验。如果认定水泥质量有问题，则应立即进入应急状态，防止事故蔓延：

（1）立即通知本批次水泥的所有用户停止使用，并派人到现场取样进行复检，直至确认现场水泥合格后才能复用；

（2）立即通知厂里停止本批次水泥销售出厂，并对待销水泥及封存留样进行复检，停产整顿，查清原因，制定落实行之有效的措施，方可恢复销售；

（3）对于原始投诉单位，则应诚恳地承担应有责任，双方共同核对给用户造成的损失，并给予合理的补偿，争取用户的理解，减小影响的扩散。

3. 水泥物理性能发生变化引起的投诉

从水泥出厂后的运输，到用户现场的贮存，如果防雨防潮不到位，会引起水泥的受潮或结块，贮存过久的水泥质量也会下降。对于这样的投诉者，尽管不是生产厂的直接原因，也要积极面对，主动到现场服务，协助用户查找原因、制定措施，并完善自己的使用说明，有条件的还可对用户进行使用培训。

例如，某厂接到某工地投诉，刚运输到场的 30t 水泥中有结块现象。服务人员赶到现场了解到，该工地处于山区峡谷，天气晴雨多变；经查运送水泥的车辆未盖篷布，恰遇断续的春雨；并发现仓库过小，部分水泥在下雨时无法遮护。他们不失时机地向工地仓库管理员讲解了水泥运输、贮存方面的知识，进一步获得了用户的信任。

同时向用户说明，水泥进仓库后不应存放过久，要"先到先用"。不能将"先到"的水泥放置于仓库的后部，为了方便而先用"后到"的水泥。因为储存过久，水泥强度会有所下降，下降速度和包装袋质量、当地温度、湿度有关。

4. 水泥匀质性不好引起的投诉

在用户碰到混凝土强度波动，或同一种外加剂与水泥适应性发生差异时，就有可能怀疑水泥品质发生了变化，严重时甚至要求"立即停用"某品牌水泥。要知道，用户不一定在理，但他有选择供货商的权力。

碰到此类投诉，如的确是水泥质量本身发生了波动，水泥厂应认真检查自身存在的问题。要保证水泥的匀质性与稳定性，主要在于保证原燃材料的稳定、生产过程的稳定、有效的均化措施、合理的储存量，必须着力消除生产、设备、质量管理方面存在的不稳定因素，将均衡稳定贯穿于水泥生产的整个过程。

尽管水泥强度都符合国家标准，但由于水泥强度的波动，如果"送检试样"水泥的强度高，用户按"送检试样"设计配合比生产，一旦水泥强度低于"送检试样"，就有可能导致混凝土强度达不到设计要求。因此，要尽量保持"送检试样"与供货水泥的一致性，不应为了商业竞争而刻意制样，那是在害人害己、自找麻烦。

例如，某厂 P·O 42.5R 水泥强度极差大，高的达 59.6MPa，低的只有 45.2MPa，标准偏差高达 3.5MPa 以上，导致混凝土强度的波动，个别试块强度值只有设计值的 92%。尽管该用户抓不到该厂的把柄，但给该厂取了个"麻烦制造者"的雅号，停止了对该厂水泥的使用。

还应强化与用户的主动沟通机制。水泥厂的生产条件不可能一成不变，但当生产条件（如原材料、混合材变化，设备、控制手段出现问题，不可抗拒的自然灾害等）发生变化时，应主动告知用户，采取适当的防范措施，防患于未然，用户一般会给予理解。

当然，混凝搅拌站或施工队也可能由于自身问题，造成了混凝土质量波动和施工性能的变化。诸如，混凝土配合比发生了变化（配料计量发生误差），原材料质量（如砂子中含土量、含泥块量增多、外加剂的含量变化）出现问题，甚至出现检验误差，都可能导致混凝土施工性能和强度的变化。服务人员也应该协助用户查找原因，包括查找水泥的原因，这同时也是在洗白自己。

5. 水泥与混凝土外加剂适应性不好的投诉

水泥与混凝土外加剂的适应性问题，是一个相互适应的问题。但由于外加剂的用量小、价格高，混凝土搅拌站选择的外加剂供货商少，水泥供货商多，一般是要求水泥来适应外加剂。

实际上，由水泥去适应外加剂，要比由外加剂来适应水泥的成本高得多。但混凝土搅拌站由于各种原因不愿意选择后者，这就使水泥企业与外加剂企业搞好互动、加强交流协作成为必要。

例如，某厂欲为某客运专线提供低碱水泥，在混凝土试配期间，水泥与外加剂的适应性成为问题。该厂开始由于适应成本太高而准备放弃，后与所用的外加剂厂相互配合，圆满地解决了这一问题，保住了这个重要客户。

从水泥本身出发，影响水泥与混凝土外加剂适应性的主要因素有：

(1) 水泥的碱含量。同一种外加剂在水泥中碱含量较高或不稳定时其适应性就会变得较差。有混凝土搅拌站统计发现，与外加剂适应性比较好的水泥，碱含量一般在 0.37%～0.52%左右；适应性较差或不稳定的水泥，其碱含量大约在 0.54%以上。

(2) 熟料的 f-CaO 含量。例如，某厂水泥与外加剂的适应性突然发生了很大变化，在外加剂掺量可调范围内，水泥的净浆流动度仍远小于 180mm。经过调查分析，混合材种类及掺加量、外加剂种类及掺加量等没有明显变化，但熟料 f-CaO 的含量出现了异常，熟料 f-CaO 最大值 8.11%，最小值 0.42%，平均值 2.21%。紧接着，当熟料的 f-CaO 稳定下来后，在其他条件未发生变化时，水泥与外加剂的适应性又奇迹般地恢复了正常。

(3) 混合材种类及掺加量。某厂曾对不同混合材以单掺、复掺和不同比例与熟料共同粉磨制成水泥后，与外加剂（聚羧酸盐系列）进行了适应性的研究，得出如下结论：

① 在水泥中掺入矿渣、粉煤灰和石灰石等混合材有利于改善水泥与外加剂的适应性，而复掺效果较单掺好。

② 石灰石作混合材能显著增大水泥的流动性，且保持较小的经时损失，但掺加量不宜过多，以 3%～7%为宜。

在该次试验条件下，得出的改善适应性的排序是：石灰石（比表面积 450m²/kg）＞矿渣（430m²/kg）＞矿渣（380m²/kg）＞粉煤灰（2 级灰）＞粉煤灰（磨细 550m²/kg）。

上述结论是在试验室条件下取得的，各厂的情况不尽相同，不能硬性套用。但为了适应混凝土外加剂而选择水泥混合材时，可以作为一个参考。

(4) 其他因素。对水泥与外加剂适应性的影响因素很多，除上述因素外还有：水泥细度和比表面积、水泥熟料的矿物组成、石膏的种类和掺加量、水泥颗粒级配和形貌、水泥温度和水泥的陈放时间，以及外加剂的种类及性质等。

6. 混凝土施工性能和质量问题对水泥的投诉

1）混凝土早期裂缝

混凝土裂缝的原因和因素是极其复杂的，早期裂缝一直是混凝土施工质量的问题之一，主要原因是初凝前后干燥失水引起的收缩应变和水化热产生的热应变。有研究认为混凝土应力有 2/3 来自于温度变化，有 1/3 来自于干缩和湿胀。

混凝土在凝结硬化过程中，水泥会释放出大量的水化热。特别是浇注后的前 7 天，由于混凝土构件内外温差较大，形成的温度应力导致了结构开裂。尤其是大体积的混凝土体，由于水化热不易散出，内外温差较大，影响更为严重。所以，大坝水泥对水泥的水化速度和水化热有严格的要求。

水泥厂就此可采取的措施有：减少水化速度快的组分，如水泥熟料的 C_3A 含量、水泥中的碱含量，选配合适的混合材、早强型助磨剂；控制水化速度快的物理特性，如水泥中的微粉含量（水泥细度及颗粒级配）、出厂水泥的温度；减小出厂水泥的标准偏差，提高其匀质性和稳定性，以便在混凝土配比中尽可能减少水泥的用量等。

使用者就此可采取的措施有：混凝土搅拌站以及施工方，也应在混凝土的选用材料、配合比设计、施工作业和养护制度各方面进行优化。如降低砂石骨料的碱含量，减少早强剂、速凝剂的使用，降低混凝土配比的水泥含量，控制好混凝土生产、构件施工和养护的环境温度，加强养护条件的管理等。

例如，某医院科技楼 3.2m 厚的防辐射隔墙，在施工初期就发现了两条裂缝。施工方随即向搅拌站投诉，搅拌站立即派人到该工地处理，结果发现其浇注后养护存在严重缺陷，在天气炎热的夏季，不加塑料薄膜覆盖（只盖了一些草袋），且不及时浇水保湿。他们向施工方提出按规范养护的意见，在后续施工中再未出现裂缝现象。

2）混凝土凝结时间偏长的原因

水泥厂方面：水泥凝结时间波动较大，尽管仍在合理的范围内，但在混凝土加了速凝剂、缓凝剂之后，波动可能就被进一步放大了；正常的水泥一般不会出现超缓凝问题，但生料中掺入了 CaF_2，水泥中加入了混凝土缓凝剂，石膏掺入量过多（特别是磷石膏），都会导致混凝土凝结时间大幅度延长；水泥混合材活性差或掺加量过大、水泥细度过粗等也会导致混凝土凝结时间延长。

使用者方面：在拌制混凝土时，缓凝剂或缓凝型减水剂掺量过大，造成混凝土凝结时间偏长；混凝土的水灰比大或水泥用量低、混凝土灰砂比小、混凝土养护温度低等也会使混凝土凝结时间延长；混凝土的凝结时间受环境温度的影响比较大，在环境温度低的情况下应少掺或不掺缓凝剂，这在初春和秋末温度变化较大的季节，要给予及时的调整。

例如，某厂水泥初凝时间差约为 1h 左右，终凝时间差 1.5h 左右。配制混凝土后，在不掺缓凝剂时，初、终凝时间之差分别为 2.5h 和 3.5h 左右，基本没有问题；而在掺加缓凝剂后就不一样了，初、终凝时间差均已超过了 5h 和 6.5h，出现了凝结时间过长的问题。

又如，使用单位反映某厂的水泥凝结时间过长，便简单地减少了石膏用量，其结果是凝结时间更长。后经过深入现场认真调查分析才发现，不是水泥的石膏加多了，而是加少了。石膏的不足导致了速凝，搅拌站操作工误认为加水不足，就多加了水，因而是加水过多导致了凝结缓慢。

3）混凝土凝结时间偏短

混凝土拌和物凝结太快无法顺利施工，甚至在运输途中就严重稠化，到目的地后无法卸出，一般统称之为"速凝"或"急凝"。尽管这类问题不排除水泥本身的原因，但大部分是由于水泥与外加剂适应性不好引起的。这里有几个案例可供参考：

（1）某搅拌站发现一直在使用适应性良好的某厂水泥，某日混凝土发生"急凝"，追究其原因是由于使用了工业副产品磷石膏所致。

（2）某搅拌站在改用某厂水泥后，搅拌车未到工地就发生了凝固。经查，水泥成分与原来的水泥厂并无差异，也用二水石膏。但后经检验，该石膏其 SO_3 含量虽在 35% 左右，但结晶水只有 4%，实际上是硬石膏与二水石膏的混生物，由于存在"溶解速度"问题，致使发生了不适应状况。

（3）水泥厂在粉磨水泥时，虽然使用了优质二水石膏，但如果控制不好磨内温度，仍可能由于温度过高导致石膏脱水，发生混凝土凝结过快的现象。

（4）某厂在试用水泥助磨剂（主要成分为三乙醇胺）后，部分水泥在现场搅拌时发生了"急凝"。如果按照有关水泥标准进行产品检验控制，不同的石膏对水泥的作用一般区别不大。但在掺加外加剂的情况下，有时却表现出大相径庭的塑化效果。

（5）对于外加剂的作用，要考虑"度"的问题。有些外加剂，在不同的掺加量段，其某方面的作用是不同的，甚至作用相反。比如蔗糖，在一定的量上能对水泥起缓凝作用，但在超出一定的量时反而会急凝。

4）坍落度小或经时损失大的原因

水泥方面：水泥本身需水量大，水泥本身有急凝、假凝现象，出厂水泥的温度太高，水泥与外加剂不相适应等。

混凝土方面：配合比不当，如水灰比小，单方混凝土中水泥用量过少，而未采取增加坍落度的相应措施；混凝土运输和现场等待时间过长，水分蒸发，特别在夏季高温季节尤甚。

例如，某工程在施工中发现，混凝土到达工地后，坍落度已由 180mm 左右降至小于90mm，加入备用外加剂再次调节后，才恢复到正常。既影响了施工，又增加了搅拌站的成本，向水泥厂提起投诉。

水泥厂查找的原因是，为了提高余热发电量→加快了箅冷机一段箅速→熟料冷却不好温度增高→出磨水泥温度增高→出厂水泥温度偏高，加之掺用的混合材是烧失量较大的粉煤灰，综合起来致使水泥初凝、终凝的时间间隔缩短，水泥净浆初始流动度由 180～200mm 下降至 150mm，1 小时后流动度下降至 130mm，需水量也有增大并出现假凝现象。

5）混凝土表面"起砂"

"起砂"的本质实际上是混凝土表面强度不足，这可能是水泥本身质量有问题，也有可能是混凝土其他组分有问题，但大部分是施工工艺和构件养护的问题。

如果水泥的保水性不好，泌水就将引起混凝土表面的水胶比增高，强度降低。从不少实例看，因泌水而导致混凝土表面"起砂"的情况居绝大多数。

如果配制混凝土的骨料质量不好，特别是细骨料中含土量过多；如果配制混凝土时外掺的粉煤灰或矿渣微粉过多，也会导致混凝土表面强度不足，发生"起砂"现象。

混凝土构件在建立起足够的强度之前，如果得不到及时的保湿养护，表层水分散失过快过多，表层的水泥得不到充分的水化，导致表层强度过低，也会发生"起砂"现象。

混凝土构件在表面硬化之前，表层还没有足够多的水化产物来封堵表层大的毛细孔，如果此时被雨水冲刷，造成表面水灰比过大，也会导致表层强度过低而发生"起砂"现象，尤其是掺有粉煤灰或矿渣的混凝土。

6）混凝土强度不足

这类投诉，有时是从工程现场发现而提出的，也有因混凝土试块检验强度低于设计值而提出的。一般说来，水泥企业只要按用户要求提供质量稳定的、品种和强度达到国家标准的、而且合乎约定要求的水泥，就不存在承担混凝土强度问题的责任。

但是，如果水泥的匀质性发生变异，强度发生较大幅度的波动，水泥与外加剂的适应性发生变化，水泥在储运过程中受潮淋雨，袋装水泥的袋重合格率过低，都可能影响到混凝土的施工质量，致使混凝土强度发生波动，严重时出现强度不合格的现象，水泥厂千万不能一推了之。

作为水泥生产企业，除努力稳定自己的产品质量外，还应加强与用户的信息交流。当水泥生产条件发生变化时，要主动告知用户，以采取适当应对措施，避免问题的发生。

15.6　水泥产品的差异化

在一个完全市场化的环境里经营，竞争是不可避免的，经理人总是在不停地寻求最佳竞争方式。赢得竞争的方式多种多样，不同的行业、不同的时期也有不同的竞争方式。很多经理人认为，尽管竞争方式多种多样，但不管那种方式，竞争就是做到最好。

实际上，企业的竞争就是对市场的竞争，就是对用户的竞争。然而最好的东西（经营文化、服务用户、产品质量）却不一定就是用户需要的东西，所以竞争的实质不是做到最好，而是满足用户的需要。或者说根据用户的需要，有针对性地把产品做到最好，把成本和售价降到最低。

有一种想法更加有用——如何做到与众不同，向用户提供独特的价值，满足不同用户的不同需要，这就是差异化竞争。企业是经营产品的，用户是消费产品的，所以差异化竞争主要是产品的差异化。

1. 水泥产品的差异化途径

产品差异化的主要因素有：特征、特性、易使用、低成本、一致性、耐用性、可靠性、易修理性、式样和设计。总之，能给用户带来好处，给用户带来收益。差异化产品是企业重要的经营战略，差异化竞争是企业重要的销售措施。

但就水泥来讲，自1824年10月21日英国Leeds城的泥水匠J. Aspdin获得英国第5022号的"波特兰水泥"专利证书，开始了现代水泥技术的发展后，经过近200年的发展，水泥这种产品已经非常成熟；中国的水泥产品早已被国家标准化，并有严格的等级划分，其主要用户的产品——混凝土，也有相应的国家标准和规范。水泥生产已全面进入了预分解窑的现代化时代，各企业生产的合格水泥确实差别不大了。要搞"差异化"，水泥产品从哪里差异，这些差异能否对用户形成吸引力呢？我们先看一个突破口：

有资料介绍，比表面积每变化$\pm 10m^2/kg$，就能使水泥强度变化$\pm 0.5\sim 1.0MPa$。部分水泥企业看到了这个关系，为了降低水泥中熟料的掺加量，采取了增大比表面积的措施，个别企业甚至将水泥的比表面积增大到了$400m^2/kg$以上，也确实取得了熟料掺加量降低的效果。

但事情并非如此简单，对于水泥性能，比表面积不是越大越好。增大比表面积，会加快水泥的水化速度，加大水泥的早期水化热，增加水泥的需水量，这些对混凝土的生产和质量都是不利的。这等于把水泥企业的效益建立在了混凝土企业的成本之上，实际上是在与自己的用户争夺利益，最终导致混凝土企业提出限制水泥比表面积的要求。用户是上帝，他可是有这个权利！

如果我们能另辟蹊径，通过提高熟料质量来提高混合材掺加量以降低成本，而不是随波逐流，通过增大比表面积去提高混合材掺量以降低成本，把水泥企业的利益与用户的利益一致起来，与那些将水泥企业利益建立在用户成本之上者相比，这不就是经营和产品的差异化吗。

实践证明，比表面积小的水泥，其耐久性也更好；通过增大比表面积，去掺加过多的混合材，以此降低水泥的生产成本，这对水泥构筑物来讲，也是一种严重的短期行为。只有用户满意的产品才是好产品、才有竞争力。水泥也不例外，其主要用途是混凝土生产，其主要用户是混凝土生产商，有利于生产混凝土的水泥才是好水泥，有利于混凝土生产商降低成本、提高效益的水泥才有竞争力，这就是我们水泥产品差异化的途径。

2. 可能差异化的水泥特性

要实施水泥产品的差异化，首先要对水泥的使用性能有清楚的了解和认识，才能明白用户的需求可能在哪里。下面就来谈谈这些特性，以便尽可能地把它做得更好，形成差异化的产品，以更好地满足用户的需要。

1）需水性

使水泥净浆、砂浆或混凝土达到一定的可塑性和流动性所需要的拌和水量通称为水泥的需水性。影响水泥净浆需水性的主要因素有熟料矿物组成、水泥粉磨细度、水泥中混合材料种类和掺加量、粉磨工艺等。

熟料矿物中铝酸三钙的需水量较大，游离氧化钙或碱含量高时，均会使需水性增大；水泥细度越细，需水性也会增大；所使用的水泥混合材料，如果含有较大孔隙，会使水泥需水性显著增大；对常用的水泥混合材，掺量大则水泥需水性也就大。

一般来讲，粉磨效率越高，颗粒级配越窄，颗粒球形度越小，水泥需水性也大。颗粒级配是影响水泥需水量的关键参数，RRB 分布曲线中的 n 值与需水量之间呈现较好的线性关系，即 n 值越小需水量越小。辊压机预粉磨系统中的颗粒级配和球形度主要决定于球磨机的配球和操作参数，控制物料在磨机内的流速可以有效改善成品的颗粒级配，从而调节水泥的需水量。

砂浆需水性与水泥净浆需水性有关，但两者关系并不完全一致。影响混凝土的需水量的因素很多，与混凝土的配合比有关，与粗集料、细集料的性质、粒度（细度）和形状均密切有关。

在配合比、粗集料和细集料条件固定的情况下，混凝土的需水性与水泥的需水性关系较为密切。水泥的需水性增加，混凝土的需水性通常也增大。但混凝土的工作性能和力学性能与水泥的标准稠度需水量并不存在完全的对应关系。混凝土试验表明，需水量介于 $26\%\sim28\%$ 之间的水泥配制的混凝土整体性能较好，但进一步降低水泥的需水量有可能给混凝土生产创造降低成本的条件。

2）保水性和泌水性

水泥在配制砂浆或混凝土时，会将拌和水保留起来，有的在凝结过程中会析出一部分拌和水。这种析出的水往往会覆盖在试体或构筑物的表面上，或从模板底部渗溢出来。水泥的这种保留水分的性能就称作保水性，水泥析出水分的性能称为泌水性或析水性。保水性与泌水性实际指的是一件事物的两种现象。

水泥在加水初期是物理保水，主要依靠水泥较大的比表面积形成表面附着水，另外水泥颗粒本身有微小的孔隙，也可以保持一些水。水化过程（强度形成）开始后（水泥加水后水化即开始了，30d 左右水化程度可达到 $70\%\sim80\%$ 左右），水泥在形成水化产物的过程中要消耗一定量的水，四种主要矿物的水化都会消耗水。构件表层水因物理蒸发后还要洒水养护，以保障水泥水化所需要的水分。

一般用增加水泥需水性的办法，都可以降低泌水性、提高保水性。水泥的保水性与其细度和矿物组成有关，细度越大，保水性越好。一般来说，水泥强度等级高，相应细度也大，保水性会更好些。做完坍落度试验后，观察拌和物，如果没有水从底部泌出，那么就是保水性良好。几种水泥的保水特点如下：

矿渣水泥：保水性较差。与水拌和时产生泌水造成较多的连通孔隙，因此，矿渣水泥的抗渗性差，不宜用于有抗渗要求的混凝土工程。

火山灰水泥：保水性好。因其水化后形成较多的水化硅酸钙凝胶，使水泥石结构致密，故抗渗性好。火山灰水泥干缩大，水泥石易产生细微裂缝，且空气中的二氧化碳能使水化硅酸钙凝胶分解成为碳酸钙和氧化硅的混合物，使水泥石表面产生起粉现象。因此，其耐磨性较差。火山灰水泥适用于有抗渗要求的混凝土工程，不宜用于干燥环境中的地上混凝土工程，也不宜用于有耐磨性要求的混凝土工程中。

粉煤灰水泥：粉煤灰是表面致密的球形颗粒，其吸附水的能力较差，即保水性差，泌水性大。其在施工阶段易使制品表面因大量泌水而产生收缩裂纹，因而抗渗性差，抗冻性差、耐磨性差。因为粉煤灰的比表面积小，拌和需水量小，故干缩小。粉煤灰水泥适用于承载较晚的混凝土工程，不宜用于有抗渗性要求的混凝土工程，且不宜用于干燥环境中的混凝土工程，以及有耐磨性要求的混凝土工程中。

砂浆保水性，指在存放、运输和使用过程中，新拌制砂浆保持各层砂浆中水分均匀一致的能力，以砂浆分层度来衡量。砂浆分层度，指新拌制砂浆的稠度与同批砂浆静态存放达规定时间后所测得下层砂浆稠度的差值。

砂浆的保水性用分层度测定，用配制好的砂浆在稠度测定仪上测得其沉入度，经 30min 后，去掉上面 20cm 厚的砂浆，剩余部分砂浆重新拌和后，再测定其沉入度，前后两次沉入度之差（以 cm 计）就是砂浆分层度。分层度大，表示砂浆的保水性不好，泌水离析现象严重。抹灰砂浆要求保水性良好，分层度应不大于 2cm。

一些普通的砂浆，采用纤维素（如羟丙基甲基纤维素 HPMC）当作辅料来提高砂浆的保水性、增稠性和施工性。保水剂也广泛用于建筑行业，在水泥、砂浆、混凝土等建筑材料中起到保水作用，保水效果非常好。实践证明，水泥石灰砂浆的保水性比水泥砂浆的保水性要好。

保水性不好的砂浆在运输和存放过程中容易泌水离析，即水分浮在上面，砂和水泥沉在下面，使用前必须重新搅拌；容易泌水离析，失去流动性，不便于施工操作，在涂抹过程中，水分容易被砖吸去，使砂浆过于干稠，涂抹不平；砂浆过多失水会影响砂浆的正常凝结硬化，降低了砂浆与物面的粘结力，使砌体强度下降，也导致砌体质量下降。

泌水性对制造均质混凝土也是有害的，它妨碍了混凝土层与层之间的结合，由于分层现象在内外都发生，将降低混凝土的强度和抗水性。

3）和易性

准确地说应该是混凝土的和易性，是指在一定施工条件下，便于操作并能获得质量均匀密实的混凝土的性能，是一项综合的技术性能，它与施工工艺密切相关，通常包括有流动性、保水性和粘聚性三方面的含义。

流动性，是指新拌混凝土在自重或机械振捣的作用下，能产生流动，易于输送，并易于均匀密实地填满模板的性能。

粘聚性，是指新拌混凝土的组成材料之间有一定的粘聚力，在施工过程中保持整体的均匀一致，在输送、浇灌、成型等施工过程中不发生分层和离析现象，以保证硬化后混凝土内部结构均匀。

保水性，是指新拌混凝土具有一定的保持水分的能力，在输送、成型、凝结等施工过程中，不产生严重泌水现象的性能。既可避免由于泌水，产生大量的连通毛细孔隙；又可避免由于泌水，使水在粗骨料和钢筋下部聚积所造成的界面粘结缺陷。保水性对混凝土的强度和耐久性有较大的影响。

新拌混凝土的和易性是流动性、粘聚性、保水性三个方面的综合体现，三方面之间既相互关联又相互矛盾，和易性实际上是三方面性质的矛盾统一。通常情况下，混凝土拌和物的流动性越好，其保水性和粘聚性就越差，反之亦然。

和易性良好的混凝土，既具有满足施工要求的流动性，又具有良好的粘聚性和保水性。不能简单地将流动性大的混凝土称之为和易性好，或者流动性减小就说成和易性变差。良好的和易性既要满足施工的要求，同时也是获得质量均匀密实的混凝土的基本保证。

影响混凝土和易性的因素很多，主要有用水量、水泥浆量和砂率等。砂率的大小，对混凝土拌和物和易性的影响很大。实际上存在一个最佳砂率，改变砂率可以适当调整和易性。

在实际工作中，为了调整拌和物的和易性，应该尽量采用较粗的砂、石，改善砂石（特别是石子）的级配，尽可能降低用砂量，采用最佳砂率。在此基础上维持水灰比不变，再适当增加水泥和水的用量，以达到要求的和易性。

3. 水泥产品的差异化方向

虽然国家标准对水泥产品的品质提出了最低的要求，但我们不能仅仅满足于此。从用户角度考虑，混凝土商对水泥还有更高的要求，这正是我们搞差异化的切入点所在。

（1）对工作性能方面的要求有：水泥的需水量要低，水化热要低，与混凝土所用的外加剂相容性好，生产出的混凝土流动性好、保塑性好，还要求不离析、不泌水等；

（2）耐久性能方面的要求有：具有良好的抗渗性、抗冻性、抗腐蚀性，并要求收缩膨胀率小，几何尺寸稳定性好。有些混凝土还要求耐磨性、耐火性、抗震动疲劳性、抗辐射穿透性好等。

生产混凝土对水泥的要求是多方面的，首先要满足国家标准要求的各项技术指标。除了水泥强度以外，混凝土企业更关注水泥的需水量。如果任其需水量增高，就难以保证混凝土的标号；如果使用减水剂保证混凝土标号，就要增加混凝土的生产成本，牺牲混凝土企业的利益。

所用水泥的需水量关系到混凝土企业的利益，势必影响到水泥企业的产品竞争力。多数水泥企业已经注意到了这个问题，一般将水泥的需水量控制在了 24%～26% 之间。也有一些企业给予了高度关注，已经把降低水泥需水量上升到企业的经营战略，作为提高产品竞争力的重要措施。

例如，台湾亚东水泥，在中国大陆，水泥需水量的控制指标为 22.5%。又如广东的塔牌水泥，水泥需水量的控制指标为 23.0%。他们的水泥产品因此受到了混凝土企业的青睐，有效地促进了销售量的增长。

总之，凡是有利于提高混凝土性能的水泥特性，有利于满足特种混凝土需要的水泥特性，有利于方便混凝土生产的水泥特性，有利于混凝土生产商降低成本、提高效益的水泥特性，都是水泥成品差异化的方向。

对整个中国来讲水泥是严重过剩了，但对某个企业来讲，中国每年有几十亿吨的消费需求，你只能生产区区的几百万、几千万，最多不过几亿吨水泥，能说需求不足吗？关键是你的产品缺乏竞争力、缺乏打败对手的差异化产品！

产品的差异化，可以应对供方的竞争压力，可以缓解买方的性价比压力，能给企业带来较高的收益。

追求产品的差异化，创造"别人做不到而我能做到"的独家所有，有利于提高市场占有率；当客户缺乏选择余地时，其价格敏感性也就不高了，有利于降低销售成本率（销售成本率＝销售成本/销售收入净额），提高企业在市场上的竞争地位。

第四篇

节能降耗与减排

第 16 章　相关措施的平衡与权衡

在水泥行业产能过剩的今天，市场竞争给企业的压力肯定是非常大的。对水泥这个同质化的产品而言，用产品创新的方式去应对竞争，其空间是非常有限的。于是乎，我们更多地将目光关注在如何降低水泥的制造成本上——如何降低熟料的煤耗和电耗，如何降低粉磨的电耗，抑或是围绕这个主题实施制造工艺的优化、技改和革新。在这个过程中，我们都在利用一切可以利用的资源或手段，极力想实现最低的煤耗、最低的电耗，但如此，你是否就果真降低了成本呢？

我们通常有意无意地让熟料的质量给熟料的成本让步，直观地认为这是最直接的降成本措施。而结果却相反，为了降低一粒芝麻的熟料成本，却牺牲了一个西瓜的水泥效益。因而，为了总体的效益最大化，不仅不要通过降低熟料质量去增加水泥成本，而且需要熟料主动地去为降低水泥成本做些事情。标准煤耗低也不能说明你的技术指标就好，这要看你生产了什么东西，熟料质量怎么样，强度有多高。

水泥粉磨的电耗并不是越低越好，较低的电耗意味着较粗的水泥，将导致熟料消耗的增加，就不符合企业效益的最大化。水泥也不是越细越好，细到一定程度可能在生产上获得了效益的最大化，但这个细度可能不符合客户的利益，就会影响到销量或者销价，最终影响的还是生产者的效益。因而，需要我们不断地在粉磨电耗与熟料掺加量之间、比表面积与粉磨电耗之间、最佳生产细度与最佳使用细度之做出平衡，看看怎样做才能合算。

峰谷电差价政策是一把双刃剑，既有谷电价格的降低，又有峰电价格的上涨，用好了能给企业带来效益，用不好也能对企业造成伤害。水泥企业多是连续运行的一体化大型装备，是关联性很强的高能耗系统，频繁地开停不仅对设备的危害性很大，对产品质量影响很大，也会增加煤耗和电耗，有可能导致省钱不省电，甚至费钱又费电。是否使用峰谷电价，如何用好峰谷电价，每个企业都是不一样的。各企业要根据自己的实际情况，认真、全面地进行分析核算，寻求使用的最佳平衡点，切忌只看收益而不考虑损失。

16.1　优化革新与能效目标

自由市场经济的法则就是优胜劣汰的丛林竞争法则。当你产品的性能或品质不能跟上或满足市场的需求；或者大家都在进步，而你却没有进步；或者你的成本高于别人的成本，那你迟早会被市场淘汰。

就工业企业而言，要不被淘汰，就需要不断地创新，优化自己的产品，不断地提升自己的生产效率和制造水平。随着技术的进步，需要不断地技改和革新。唯如此，工厂才有生命力。

唯变革创新才能技术进步，这也是中华民族五千年文明经久不衰的原因，《大学》云，"苟日新、日日新、又日新"，《诗经》曰，"周虽旧邦，其命维新"，《周易》说，"穷则变，变则通，通则久。"

1. 如何降低优化与改造的风险

变是永恒的，只有变革才能适应变化了的环境，只有不断创新才能立于不败之地。变就有不确定性就有风险，但不能怕风险就固步自封，在变革创新上我们应有直面风险、宽容失败的度量；但直面风险不等于鼓励冒险，宽容失败不等于纵容失败，反而更要重视风险、研究风险、降低风险，重视失败、分析失败、减少失败。

在一个新的地方用一个新的东西，肯定具有一定的不确定性，不可能没有一点儿风险。我们又不能因为有风险就不进步了，但可以通过遵循一些必要的原则，把风险降到最低。下面就谈一些这方面的注意事项。

优化改造的目的是为了解决问题。但必须清楚，改造只是解决问题的一个步骤，要解决问题就要先发现问题。解决问题可以借助于研究院、设计院、设备厂家、咨询机构等外部力量，但发现问题（全面的问题、真正的问题）多数只能靠企业自己。

发现问题的主要办法就是找差距，找与目标的差距、与别人的差距、与新技术的差距、与理论上的差距。所以，要搞优化改造，就有必要搞一下基础的东西，便于我们找出差距、发现问题。

我们首先看到的是直观问题，如果问题比较复杂，就要通过分析，将直观的问题先分解成若干个具体问题。再针对具体问题制定出切实可行的具体措施，进行具体的优化改造。

我们首先看到的是表面的问题，但这个表面问题的后面，它的深层原因是什么，它还与哪些方面相关联？只有进行全面系统的分析，才能找到问题的节点所在，才能制定出切实可行的解决方案。

由于每个公司、每条生产线的具体情况不尽相同，所以在不同的生产线上，相同的直观问题可能由不同的具体问题构成，应该采取的措施也不会一样。所以，优化改造这种事，一定要和自己的具体情况相结合，切忌盲目照搬。

"放之四海而皆准"的措施，在单项上往往不是最优的。强化了某些单项的措施，往往在其他单项上就会作出让步。优化改造就是对原有系统或设备的升级，升级就意味着某些性能的提高。而性能越高的系统或设备，其针对性越强，适应面就越窄。要认真考虑是否具备使用条件，以及这些条件的成本。

对具体的改造措施，最好能找到理论根据。理论上可行的措施，实践中不一定就行；但在理论上行不通的措施，在实践中绝大部分行不通。

对一个系统的优化改造，是一个系统工程，一定要考虑整个系统的平衡，找出系统的控制性问题（系统的瓶颈或短板所在）。在解决系统的控制性问题以前，其他的优化改造很难取得理想的效果。

对于优化改造，如何科学决策，少留遗憾，除了进行问题内的多方案对比、权衡利弊、量产出定投入外，还要跳出问题之外，分析机会成本。有些项目，就问题本身来讲是有价值的，但可能还有更关键的问题需要首先解决。

对于优化改造，不仅要重视发掘更重要的问题，制定完善科学的方案，还必须搞好方案的落实，做好实施过程的每一步。只有在实施过程中进一步优化完善方案（有些问题，只有在实施中才能发现），才能取得应有的效果，少留遗憾。

这里需要强调的是，当一个方案确定以后，对于这个"实施中的优化"，一定要慎重对待、认真研究、全面论证，必须让原方案制定者参与，让原系统的操作者参与，要给他们充分的发言权和解释机会，绝不可以想当然。

我们反对实施中的拖后腿者，但更要反对实施中的"拔苗助长"者。他们往往是以好心开始而以坏事告终，其危害性更大。这里不妨再"跑一次题"，看看这种不严谨的好心会造成多大的危害。

2. 一个并不跑题的行业外案例

美国《航天》杂志 2010 年 1 月号上，刊载了前美国驻外使领馆职员，于 2009 年初在云南昆明对杨国祥的专访记录。这里不谈这篇报道的可靠性，仅以借鉴不按程序办事的危害有多大！

杨国祥何许人也，1970 年 4 月底接到通知，他将执行第一次飞强-5 机空投一枚氢弹的任务（1966 年 12 月 28 日我国在 102m 高的铁塔上，成功进行了首次氢弹原理试爆；1967 年 6 月 17 日，徐克江机组驾驶 726 号轰-6 甲飞机，成功进行了首次氢弹空中试爆）。

1971 年 9 月，毛泽东主席决定这一年投掷一枚氢弹。一天，核武器研究所的负责人把杨国祥拉到一边，私下简要地跟他提了注意事项。因为杨国祥已练习过多次，所以他没有感到有什么不同。

强-5 机腹炸弹仓的空间有限，而氢弹有 2m 长重 1t，最后决定氢弹挂在机腹下一个半凹的空间里，采取两个挂钩的悬挂方式。之后又加了一个将炸弹弹出去的装置，这样投放炸弹时炸弹不会和飞机碰撞。由于这是第一次投放氢弹实弹，所有人都格外小心，机械装置在装上挂架前被细心的保存在一个温室里（这不是正常程序的一部分，是好心对程序的优化）。

这一天终于来到，天气情况良好，接近中午的时候杨国祥从基地起飞，飞向离基地 300km 的罗布泊零号地点。按照预定计划，以时速 900km 飞行，高度 300m；离目标 12km 时，开始 45 度角爬升，到达高度 1200m，开始投弹。

投弹操作后没有反应，氢弹没有和飞机分离！仪表显示氢弹还悬挂在机上。事先是有应急方案的，有三个独立的机械装置用于投弹，它们分别与挂钩连接，其中有两个机械装置是用来备份的，以防第一个装置失灵。杨国祥再次向目标飞去，准备第二次投弹，第二次接近目标时，他采用了同样的投弹方式，氢弹又没有投下。杨国祥调整方向，第三次飞向目标，炸弹同样没有投下。

情况万分紧急，此刻飞机的燃油已开始告急。杨国祥在起飞前温习过应急程序，他有三种选择：可以跳伞弃机，使飞机坠毁在罗布泊实验场周边的沙漠里；可以将飞机迫降在戈壁，这样就不会对他人造成伤害。

杨国祥想到人们在氢弹计划上花费的时间和努力，以及中国人民为之花费的巨大物质财富，他舍不得啊，私自决定将飞机和氢弹一起带回基地。杨国祥第一次违背操作规程、违反既定程序、违抗上级指令，执意返航！

这具有很大的风险，基地有一万多人，如果出了问题，成千上万人将要送命。要知道，在着陆时悬挂在机腹下的氢弹离地面仅仅有 10cm 高啊！杨国祥通过无线电向基地报告了他决定返航，周恩来总理被迫发布了人员撤离的命令！

基地拉响了撤离的警报，此时正是午饭时间，所有上万人都挤进了坑道，因为没人留在厨房，一个煮饭的大炉子还失了火。当他在基地降落关闭发动机后，机场死一般寂静，杨国祥体会了地球上完完全全就他独自一个人的滋味。

事后把投放装置送到北京去分析，正是这不按规程操作的"格外小心"导致了这一次投放失败。由于机械装置在装上挂架前被保存在温室里，当飞机和冷空气接触后，突然的温差导致机械装置部件变形超差，以至于投放氢弹失败。

中央决定于 1972 年 1 月 7 日进行第二次投弹，一切按程序进行，杨国祥按照程序飞行，氢弹按照预定设想和飞机分离。当氢弹离机时杨国祥调整方向脱离爆炸区域，接着他看到非常大的火光，感受到了冲击波，之后看到空中升起的蘑菇云，试验成功了！

所有这些都是高级机密，在接下来的 20 年里杨国祥的名字一直都被保密，直到 1999 年才被正式确认，那是在中华人民共和国成立 50 周年庆祝"两弹一星"会议上。

2. 我们的差距是多少

不甘落后、缩小差距、追赶先进，是我们不得不进行优化与改造的原动力。这里简单介绍一下我们水泥行业的国际先进水平，看看你所在的公司还有多大差距，对优化与改造的必要性有一个概念性认识。

当今世界，水泥工业生产技术的发展正经历着历史性的重大突破。随着预分解窑单机生产能力的进一步大型化，尤其是 12000t/d 水泥熟料的预分解窑问世，标志着水泥工业在生产工艺、机械制造和自动控制等方面又有了一次飞跃。

也正是由于预分解窑水泥生产装备的大型化，带动了各项新工艺、新设备和新技术的开发与应用，促进了水泥生产的技术经济指标取得突破性进展，大幅度地降低了水泥生产的能耗，也为企业赢得了竞争力和效益。

熟料生产的热耗，国际上最先进的技术指标，已经突破了 650kcal/kg 熟料（2717kJ/kg 熟料）；水泥生产的电耗，国际上最先进指标已降到 80kWh/t 水泥以下。如果考虑中低温废气余热发电，每生产 1t 熟料还能回收 35～45kWh 的电能，使水泥生产的净电耗降为 40～60kWh/t 水泥，已经开始颠覆水泥生产属于工业耗电大户的传统观念。

韩国三星水泥 9100t/d 生产线运行指标数据算是一个代表，如表 16-1 所示。

表 16-1　韩国三星水泥 9100t/d 生产线运行指标数据

工段	项目内容	设计数据	运行数据	
原料粉磨	1. 产量/（t/h）	350（干基）	353.0	355.9
	2. 产品细度 88μm 筛筛余/%	12	11.9	11.8
	3. 水分/%	最大 0.5（湿基）	0.02	0.02
	4. 磨机和选粉机系统的单位电耗/（kWh/t 生料）	16.7	15.64	15.49
生料均化	1. 标准偏差或均化效果/%	0.2 或 >7	0.16 或 >7	
熟料烧成	1. 产量/t/d	9100（ASTMI 型水泥）	9278	
	2. 热耗/（kcal/kg 熟料）	650	624*	
	窑系统的单位电耗/（kWh/t 熟料）	2.3	2.285	

水泥粉磨			1 号磨	2 号磨	3 号磨
	1. 产量/（t/h）	150	151.1	150.9	150.6
	2. 产品细度/（m²/kg）	>340	343.9	341.0	349.9
	44μm 湿筛筛余/%	<7	6.7	6.9	6.4
	3. 磨机和选粉机系统的单位电耗/（kWh/t 水泥）	23.4	17.98	17.04	17.99

续表

工段	项目内容	设计数据	运行数据	
			1号磨	2号磨
煤粉制备	1. 产量/（t/h）	25	25.0	25.2
	2. 产品细度/％	15	10.9	12.1
	3. 磨机和选粉机系统的单位电耗/（kWt/h煤）	13.5	10.0	9.8

注：1. 作为原料的煤质页岩的热值为900kcal/kg；

　　2. 作为原料的粉煤灰的热值为700kcal/kg。

由于单机生产能力的提高与自动控制技术的发展，水泥工业的劳动生产率也得到了极大提高，目前国际上水泥生产线最先进的劳动生产率指标可达10000～15000t水泥/（人·年）。

尽管这些具有国际最先进水平的技术经济指标在目前来说还是个别的，仅在部分预分解窑水泥生产线上得以实现，但是它们在技术上却是成熟的和可靠的，具有强劲的发展势头，是引领世界水泥工业技术发展的新潮流，也是水泥行业各企业的努力方向。

3. 我们的能效目标

2009年3月中国终端能效项目管理办公室发布了由中国水泥协会、天津水泥工业设计研究院有限公司编制的《水泥企业能效对标实施指南》，详细列出了水泥行业在能耗方面的全国平均水平、国内先进水平、国际先进水平，为我们找差距、定目标提供了方便。现将部分表格摘录在表16-2～表16-4中，供大家参考。

表16-2　近几年我国水泥工业预分解窑不同规模生产线设计能耗指标

序号	生产线规模/（t/d）	熟料烧成热耗/（kJ/kg）	熟料综合电耗/（kWh/t）	水泥综合电耗/（kWh/t）
1	1000	3387～3471	70	110
2	2000～2500	3094～3136	68	100
3	3000～3500	3053～3073	68	95～100
4	4000～5000	2969～3053	65	95
5	10000	2927～2969	60	—

表16-3　不同规模生产线及水泥粉磨企业能效对标基线

项　目		国际先进水平	国内先进水平	全国平均水平
1000～2000t/d（含1000t/d）	熟料综合电耗/（kWh/t）	66	73	82
	熟料综合煤耗/（kgce/t）	108	115	130
	熟料综合能耗/（kgce/t）	116	124	140
	水泥综合电耗/（kWh/t）	89	100	110
	水泥综合煤耗/（kgce/t）*	83.5	89	100
	水泥综合能耗/（kgce/t）*	94.5	101	113.5
2000～4000t/d（含2000t/d）	熟料综合电耗/（kWh/t）	58	65	74
	熟料综合煤耗/（kgce/t）	104	108	118

续表

项　目		国际先进水平	国内先进水平	全国平均水平
2000～4000t/d （含 2000t/d）	熟料综合能耗/（kgce/t）	111	115	127
	水泥综合电耗/（kWh/t）	83	90	100
	水泥综合煤耗/（kgce/t）*	80.5	83.5	91
	水泥综合能耗/（kgce/t）*	90.5	94.5	103.5
4000t/d 以上 （含 4000t/d）	熟料综合电耗/（kWh/t）	55	57	65
	熟料综合煤耗/（kgce/t）	100	104	111
	熟料综合能耗/（kgce/t）	107	111	119
	水泥综合电耗/（kWh/t）	80	85	95
	水泥综合煤耗/（kgce/t）*	77.5	80.5	86
	水泥综合能耗/（kgce/t）*	87.5	91	97.5
60 万 t/a 水泥粉磨企业水泥综合电耗/（kWh/t）		34	36	40
80 万 t/a 水泥粉磨企业水泥综合电耗/（kWh/t）		33	35	39
120 万 t/a 水泥粉磨企业水泥综合电耗/（kWh/t）		32	34	38

注：＊水泥综合煤耗＝熟料综合煤耗×75%＋2.5，其中 2.5 为混合材单独烘干煤耗；

　　＊水泥综合能耗＝熟料综合煤耗×75%＋水泥综合电耗×0.1229＋2.5。

表 16-4　不同规模水泥生产线主要工序电耗指标

项目		国际先进水平	全国先进水平	国内平均水平
1000～2000t/d （含 1000t/d）	原料破碎/（kWh/t 原料）	0.4	0.7	1.5
	原料预均化/（kWh/t 原料）	0.5	0.7	1.0
	原料粉磨/（kWh/t 生料）	16	20	24
	生料均化/（kWh/t 生料）	0.1	0.15	0.4
	熟料烧成/（kWh/t 熟料）	26	28	31
	废气处理/（kWh/t 熟料）	3	3	4
	煤粉制备/（kWh/t 煤粉）	24	30	32
	水泥粉磨/（kWh/t 水泥）	29	34	40
	水泥袋、散装及输送/（kWh/t 水泥）	1.2	1.5	2.0
	其他生产电耗/（kWh/t 水泥）	2.0	3.0	3.5
2000～4000t/d （含 2000t/d）	原料破碎/（kWh/t 原料）	0.4	0.7	1.5
	原料预均化/（kWh/t 原料）	0.5	0.7	1.0
	原料粉磨/（kWh/t 生料）	16	17	23
	生料均化/（kWh/t 生料）	0.1	0.15	0.5
	熟料烧成/（kWh/t 熟料）	23	25	28
	废气处理/（kWh/t 熟料）	3	3	4
	煤粉制备/（kWh/t 煤粉）	22	23	30
	水泥粉磨/（kWh/t 水泥）	28	32	40
	水泥袋、散装及输送/（kWh/t 水泥）	1.0	1.0	1.8
	其他生产电耗/（kWh/t 水泥）	1.5	2.0	3.5

续表

项目		国际先进水平	全国先进水平	国内平均水平
4000t/d 以上 (含 4000t/d)	原料破碎/ (kWh/t 原料)	0.4	0.7	1.5
	原料预均化/ (kWh/t 原料)	0.5	0.7	1.0
	原料粉磨/ (kWh/t 生料)	15	16	18
	生料均化/ (kWh/t 生料)	0.1	0.15	0.5
	熟料烧成/ (kWh/t 熟料)	21	22.5	25
	废气处理/ (kWh/t 熟料)	2	2.5	3
	煤粉制备/ (kWh/t 煤粉)	20	22	25
	水泥粉磨/ (kWh/t 水泥)	28	32	40
	水泥袋、散装及输送/ (kWh/t 水泥)	1.0	1.0	1.8
	其他生产电耗/ (kWh/t 水泥)	1.5	2.0	3.0

在 GB 16780—2012《水泥单位产品能源消耗限额》中，可比熟料综合煤耗限定值≤112kgce/t，可比熟料综合电耗限定值≤64kWh/t；2013 年 12 月发布的《水泥工业大气污染物排放标准》（GB 4915—2013）中规定，现有生产线自 2015 年 7 月 1 日始，熟料生产线排放浓度不得高于 SO_2 为 200mg/m³、NO_x 为 400mg/m³，重点地区分别为 100mg/m³ 和 320mg/m³，而且在部分地区还有进一步的降低。

2016 年 10 月 11 日，工信部又发布了《建材工业发展规划（2016—2020 年）》，要求水泥企业每吨水泥熟料综合能耗 2015 年达到 112kg 标煤、2020 年达到 105kg 标煤以下，2020 年水泥熟料原燃料中废弃物占比达到 20% 以上。一是对（环保、能耗、安全、质量）不达标的企业依法淘汰，二是采用差别电价，逼能耗高的企业退出。

16.2 熟料成本与水泥效益

现在的管理越来越细，考核越来越严，已将控制成本逐步细化为对各项指标的控制与考核。但各公司的具体情况又不一样，这就有一个民主与集中、细化与统筹的平衡问题，需要具体研究、区别对待。接下来，就熟料与水泥的质量与成本，去看看怎样才合算？

1. 熟料质量与水泥成本的平衡

熟料的成本与质量密切相关，有意无意地让质量给成本让步，是最有效的降低成本措施。生料细度放粗一点，煤粉细度放粗一点，都能有效地降低粉磨电耗；KH 降低一点，SM 降低一点，都能有效地降低煤耗（在南方某厂的试验表明，熟料 KH±0.01，标准煤耗将增减 0.85kg/t）；原料的有害成分放宽一点、原煤的水分放宽一点，都能有效地降低采购成本。

不错，提质量是有成本的；但是，质量让步也是有代价的。以上一些措施的采用，都会对质量构成不良影响，到底哪一个合算，必须以效益最大化为原则，要做详细的分析平衡工作。

需要强调的是，平衡点的选择很重要。由于在多数水泥企业中，包括分开的熟料基地和粉磨站，存在窑比磨重要、熟料烧成比水泥制成重要的概念，就习惯地、不自觉地把熟料效益作为了平衡点。实际上，熟料效益的最大化并不代表水泥效益的最大化，而企业最终销出去的产品却大部分是水泥。

熟料质量高一点，熟料成本就会高一点。但水泥中的熟料掺加量就会低一点，运费就会省一点，水泥粉磨电耗就会降一点，销售价格就可能高一点，水泥效益的提高就可能超过熟料成本的提高，最终实现集团效益的最大化。

合适的配料通过烧成能够获取水硬性，合适的物料通过研磨也能够获取水硬性，但都不是经济的手段，最经济的方法是烧和磨的有机结合。但在各公司各占多少比例是不一样的，与其原燃材料、生产工艺、市场分布，以及熟料烧成系统与水泥制成系统的空间距离，都有着直接的关系，这些都要靠我们在生产经营中具体地把握平衡。

由此延伸，还需要明确一个问题，煤耗低并不代表标准煤耗低，这要看所用煤的好坏；标准煤耗低也不能说明你技术指标就好，这要看你所用的原燃材料怎么样，生产的熟料质量怎么样、强度有多高。

如何判断你的技术指标好坏，如何评价你的管理水平高低，有一个更科学的技术指标，这就是"可比标准煤耗"，可比标准煤耗低才是煤耗真低；用较低的煤耗、较差的原燃材料，烧出强度较高的熟料，才是效益最大化的标志。

成本亦然，不同的质量肯定具有不同的成本，不能一概而论，不分青红皂白拿来就比，这是没有意义的，而且有可能形成误导。

2. 熟料烧成与水泥电耗的平衡

以上谈的是如何保证熟料质量，不要为了降低一粒芝麻的熟料成本，而牺牲了一个西瓜的水泥效益。进一步讲，在熟料与水泥的效益平衡上还不止于此。为了总体的效益最大化，不仅要求不要通过降低熟料质量去增加水泥成本，而且需要熟料主动地去为降低水泥成本做些事情。除了熟料质量以外，还有一个熟料的易磨性问题。

就改善熟料的易磨性来讲，在熟料上的付出可能很小，但对降低水泥的粉磨电耗却意义重大。那么，又如何烧出易磨性好的熟料呢？

在熟料生产上有几点需要注意：

（1）降低生料的筛余量，尤其是硅质原料的筛余量，可有效改善生料的易烧性，从而避免熟料的高温死烧，继而改善熟料的易磨性。试验表明，把生料 $100\mu m$ 的筛余量由 20% 降至 10%，对于比表面积为 $350m^2/kg$ 的水泥，水泥的粉磨电耗会下降 $4kWh/t$ 左右。

（2）控制好硫碱平衡，防止熟料中 SO_3 的过饱和。试验表明，熟料中的硫碱饱和量 $SO_3 = 1.29Na_2O$ 当量，SO_3 每过量 1%，对于比表面积为 $350m^2/kg$ 的水泥，水泥的粉磨电耗会上升 $5kWh/t$ 左右。

（3）努力控制熟料中 C_2S 的含量。在相同比表面积下，研磨电耗随 C_2S 含量的增加而增加，随 C_3S 含量的增加而减少。试验表明，对于比表面积为 $350m^2/kg$ 的水泥，每增加 10% 的 C_2S（或减少 10% 的 C_3S），水泥的粉磨电耗会升高 $5kWh/t$ 左右。

（4）操作上提倡薄料快烧，避免熟料在还原气氛下过烧死烧。短烧成带可提高熟料的易磨性以及熟料活性，获得高强易磨的熟料。在窑况稳定的情况下，窑的运行电流以小为好。

（5）加强篦冷机操作，实现熟料急冷，改善熟料易磨性。实践证明，熟料的急冷可减少

C_3S 分解为 C_2S，可防止 β-C_2S 转化为 γ-C_2S，可在熟料中保留较多的玻璃体相，可增加熟料颗粒内部裂纹，这些都能有效改善熟料的易磨性。

（6）不要忽视熟料中的 Fe_2O_3 含量控制，Fe_2O_3 含量高会增加熟料中 C_4AF 矿物的含量，增大熟料的抗磨性。C_4AF 多时液相黏度较低，有利于液相中离子的扩散，能促使 C_3S 的形成，同时会促使 C_3S 的晶体长大，大尺寸的 C_3S 晶体不仅活性差，而且不易磨。

这种情况并不多见，只是在个别企业偶有发生：在满足降低需水量、降低发热量的情况下，采取了降低 Al_2O_3 含量的措施，又为了保证足够的液相量，有意加大了 Fe_2O_3 含量；为了提高钢渣等含 Fe_2O_3 高的废渣的综合利用率，以获取政策优惠，无意中加大了 Fe_2O_3 含量。

这就趋近于生产道路水泥了。道路水泥的抗折强度与同标号 R 型硅酸盐水泥相比要求高 6%～8%，道路水泥的磨损量要求不超过 $3.60kg/m^2$，为了提高道路水泥的抗折强度，要求熟料中的 C_4AF 不低于 16%，最好在 18% 以上。

实际上，上述这些措施的采取，对水泥粉磨是重要的，对熟料烧成也是必要的，只是我们重视不够而已。

16.3 水泥粉磨电耗的控制

水泥强度＝物料的烧成活性＋物料的磨细活性

人类二百年来的经验证明，合适的配料通过烧成能够获取水硬性，合适的物料通过研磨也能够获取水硬性，但是单独采用某项措施都是不经济的。所以人们采用了两者的组合，逐步形成了现在的两磨一烧工艺。

问题是烧（熟料煤耗）和磨（水泥电耗）各占多少比例合适，对不同的工厂是不一样的，只有两者的最佳组合才能实现效益的最大化；对生产者和使用者是不一样的，这要在两者之间寻求平衡点，才能以较低的成本和较高的价格销售较多的水泥。而且这是一个不断寻优的过程，不可能一蹴而就。

1. 粉磨电耗与熟料消耗的平衡

熟料煤耗和水泥电耗的平衡，具体到一个粉磨系统来讲，就是"粉磨电耗"与"熟料消耗"的比例问题。

实际上，"粉磨电耗"与"熟料消耗"进一步分解就是"台时产量"与"比表面积"，是可以按照一定的关系相互转化的。对于 $\phi4.2m$ 球磨机的联合粉磨系统，一般每 $10m^2/kg$ 的比表面积相当于 $3t/h$ 的台时产量。

事实上，节电的效益与降低熟料消耗的效益往往不是对等的，这与电价有关、与熟料的生产成本有关、与混合材的进厂价有关。我们应该根据具体情况具体核算，看看是水泥磨得粗一点节一点电合算，还是把水泥磨得细一点增加几度电、降低熟料消耗合算。

熟料基地与粉磨站的情况不一样，不应该用同一个标准要求。熟料基地由于熟料是自己生产的，熟料成本相对较低，就应该比粉磨站多用一点熟料，少花一些电费，可能更合算。如果水泥效益的降低能够在熟料线上得到弥补，比如由此增加了窑的运转率，水泥效益降低一点也未尝不可。

而粉磨站则不同，由于距离熟料基地较远，增加了一块运输成本，熟料的使用成本较高，就应该用一定的电耗去换取一点熟料消耗的降低。当然，这都有个度的问题。

2. 比表面积与粉磨电耗的平衡

关于"粉磨电耗"与"熟料消耗"的关系，各公司的情况不同，这与所用的熟料质量有关。但"粉磨电耗"与"比表面积"的关系具有较好的相关性，对同一个粉磨系统，它基本上是一定的。目前，世界上各大设备公司，多以一定的能耗生产的比表面积作为衡量该系统能效的依据。

目前大家比较公认的关系式为：

$$E = K \cdot S^n$$

式中：E——单位粉碎能耗（kWh/t）；

　　　K——常数；

　　　S——勃氏比表面积（cm^2/g）；

　　　n——指数，各公司不同，一般为 $1.3 \sim 1.6$。

上式说明，随着比表面积的增大，单位能耗会相应增加。增加的速度不是线性的，而是以 $1.3 \sim 1.6$ 的指数增加的。也就是说，比表面积越大，单位比表面积增加的能耗越高。

法国 FCB 公司对几种熟料的粉磨试验结果如图 16-1 所示。试验表明，在比表面积 $2000 \sim 4000 cm^2/g$ 的范围内，比表面积与粉磨能耗的关系，在对数坐标系中呈现为直线。

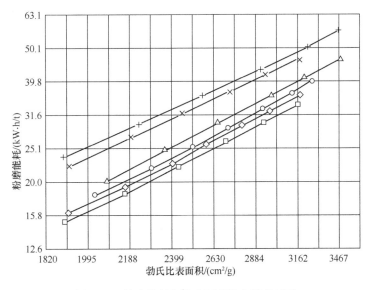

图 16-1　粉碎能耗与比表面积的相关性试验

粉磨电耗不仅与比表面积有关，而且与粉磨工艺直接相关。与其一味地减小比表面积，有可能增加熟料的消耗，导致成本升高，不如通过技术进步，采用更先进的粉磨工艺。在降低电耗的同时，也不增加熟料的掺加量，才能真正降低水泥成本，实现效益的最大化。

有研究对同一种水泥采用不同的粉磨系统，进行了不同比表面积的粉磨试验，以探讨哪一种系统更适合哪一阶段的比表面积，在粉磨系统的选择上可供综合平衡时参考，试验结果如表 16-5 所示。

表 16-5　不同系统、不同比表面积与粉磨电耗的关系

系统	球磨机系统		辊筒磨系统		立辊磨系统		辊压机系统	
比表面积	粉磨电耗	单比电耗	粉磨电耗	单比电耗	粉磨电耗	单比电耗	粉磨电耗	单比电耗
m²/kg	kWh/t	(kWh/m² · kg)	kWh/t	(kWh/m² · kg)	kWh/t	(kWh/m² · kg)	kWh/t	(kWh/m² · kg)
200	20.0	0.100	13.6	0.068	13.6	0.068	10.0	0.050
300	31.8	0.106	21.0	0.070	20.0	0.067	15.5	0.052
400	49.1	0.123	30.0	0.075	29.1	0.073	24.2	0.061
500	70.0	0.140	41.8	0.084	40.0	0.080	33.6	0.067

注：粉磨电耗——每吨产品的耗电量；单比电耗——单位比表面积的耗电量。

3. 生产细度与使用细度的平衡

水泥粉磨的电耗不是越低越好，较低的电耗意味着较粗的水泥，将导致熟料消耗的增加，不符合工厂效益的最大化。水泥也不是越细越好，细到一定程度可能在生产上获得效益的最大化，但这个细度可能不符合用户的利益，就会影响销量或者销价，最终影响的还是工厂的效益。

因此，最佳生产细度≠最佳使用细度，生产者必须进行认真平衡，才能获得真正的效益最大化。

自水泥标准 GB 175—1999 至 GB 175—2007 实施以后，由于生产者追求效益最大化细度（最佳生产细度），我国的水泥细度呈现逐渐变细的趋势。对此，多数水泥行业的专家认为这是好事，是水泥粉磨技术的进步。但混凝土行业的专家不这么认为，将近年来混凝土大量出现开裂、耐久性下降的部分原因，归咎于水泥比表面积偏大、细度偏细，从保证混凝土耐久性的角度出发，强烈建议将水泥比表面积控制在一个很低的水平上（最佳使用细度）。

由此，在两个行业之间，在混凝土耐久性和水泥足够程度的水化之间，应该寻求一种行业平衡。在水泥企业内部，在生产的低成本与销售的高量价之间，也应该寻求一种经营平衡。

水泥行业应该寻找既能使水泥有足够程度的水化，又不损害混凝土性能，特别是耐久性的技术途径。探讨水泥的最佳粒度分布，对提高水泥、混凝土性能，降低水泥工业的能源、资源消耗和环境污染都具有重要意义。

水泥中各组分的水化行为及其在水泥石微结构中的作用是不同的，各自粒度分布对水泥性能的影响是不同的，在探讨水泥最佳粒度分布时有必要分别对待。而以往的研究没有将水泥中的各个组分加以区分。

对水泥、熟料的最佳粒度分布普遍的观点认为，如果将水泥粉磨至接近 Fuller 曲线，则水泥中的大量细颗粒会导致水泥早期水化速率过快、早期水化热高、抗裂性差、与减水剂相容性不好等一系列弊端。这种观点的基础是熟料与混合材料共同粉磨，而我们的水泥大部分恰恰是共同粉磨。

在共同粉磨时，如果混合材料的易磨性比熟料差，则水泥中熟料细颗粒含量较多，早期水化过快。为了提高混凝土性能，特别是耐久性，大幅度地放粗水泥细度，必将导致熟料消耗量的增加、生产成本的增加，这一点又是水泥行业难以接受的。生产熟料所消耗的能源及产生的大气污染在水泥生产中占主要部分，从可持续发展及绿色化生产的角度考虑，将很多

熟料用于混凝土中充当微集料都是不可取的。

准确地说，损害水泥、混凝土性能的主要是熟料中的细颗粒，而不是混合材料的细颗粒，所以应该将水泥的粒度分布与熟料的粒度分布加以区别。这种要求在共同粉磨中是难以实现的，只有通过技术改造，实现对熟料和混合材的分别粉磨，才能实现最佳生产细度与最佳使用细度的平衡。

在平衡后的水泥中，熟料颗粒的粒度分布应该具有较少的粒径$<3\mu m$的颗粒，减少对混凝土的危害，以满足使用细度的要求。同时，具有较少的粒径$>32\mu m$的颗粒，最大限度地发挥其活性，使其得到充分水化，以满足生产细度的要求。至于混合材的颗粒分布，应该具有比熟料更多的细颗粒，使其与熟料粉混合后的水泥颗粒分布尽量接近 Fuller 曲线。

16.4　生产节能与终端节能

本书各章节叙述了不少问题，不管出发点有何不同，最终都跳不出节能这个原则。节能始终是生产和经营的主要管理目标之一，也是降低成本、提高效益的有效途径，但这都还是局限在了企业内部，局限在了生产节能。

水泥毕竟不是终端用品，如果把视野放得再开阔一些，从资源利用到建筑产品整个产业链上去全方位审视节能，也就是终端节能，就可能得到不同的结论。这个不同，表面上是更多地考虑了国家的环境大局和用户的现实利益，但更深层次的同时有利于企业的眼前经营和长远发展，已经成为企业不得不考虑的问题。

1. 生产节能与终端节能的区别及平衡

生产节能，是在满足水泥质量标准的约束下，尽可能地降低生产企业的能耗，而对终端产品的生产能耗和产品性能考虑不足。生产节能的主要措施如下：通过水泥磨细、优配和细磨混合材、使用增强型助磨剂等减少熟料用量；通过预粉磨、闭路磨、半终粉磨、立磨、辊压机、助磨剂等降低粉磨电耗。

终端节能，是在考虑了用户能耗和终端产品性能的约束下，尽可能地降低终端产品的整个产业链能耗、尽可能地改善终端产品的性能，包括终端产品的使用寿命。增加了对水泥在配制混凝土、构筑建筑物过程中，其工作性能、力学性能、体积稳定性、经济性、耐久性的考虑，直观地主要体现在水泥的强度、标准稠度、颗粒级配、与外加剂的相容性这几个方面。

影响水泥终端能耗的因素主要体现在如何从终端产品出发，首先是从用户出发，考虑以下几个方面：

① 熟料的矿物组成（配料设计和稳定性）；

② 矿物的生长状况（熟料烧成及冷却工艺）；

③ 水泥的颗粒组成和颗粒形状（粉磨工艺及设备性能）；

④ 混合材的品种、掺加量与细度；

⑤ 石膏的品种与掺加量；

⑥ 有害成分的影响（碱、硫、氯离子、氧化镁等）；

⑦ 水泥的出磨温度和出厂温度；

⑧ 助磨剂在水泥粉磨中的使用。

由此可见，终端节能与生产节能并不完全相同，生产节能的最大化并不等于终端节能的最大化，有时甚至是相矛盾的，例如，熟料的性能与能耗的矛盾（详见本章第二节）、水泥性能与粉磨能耗的矛盾（详见本章第三节）；有些有利于生产节能的措施，有时可能不利于终端节能，在这种情况下就产生了取得平衡的问题。鉴于有关问题已经在本章第二节、第三节中述及，以下仅就水泥颗粒组成对终端节能的影响展开讨论，以供在取得平衡中参考。

在颗粒组成对水泥性能的影响方面，华南理工大学的吴笑梅博士做了深入的研究，并在2015年南京第八届国际粉磨峰会上做了详细报告。现根据笔者的会场笔记和会议资料，按笔者的理解整编如下：

① 从紧密堆积角度出发，颗粒组成应靠拢 Fuller 曲线（$<3\mu m$ 颗粒含量 22.5%，$n=0.62$），有利于提高混凝土构件结构的致密性；

② 从水泥 28d 胶砂强度出发，$3\sim32\mu m$ 含量越多越好，应 $>65\%$，该级配最有利于熟料强度的发挥；

③ 在具体的生产指标控制上，以比表面积 $360\sim380m^2/kg$、0.045mm 筛余细度 10%～14%、均匀性系数 $n<1$ 为好。

2. 水泥颗粒组成对混凝土性能的影响

研究采用在其他条件基本相同的情况下，分别由开路磨和闭路磨制成的 P·Ⅱ 42.5R 水泥对比试验。由于其粉磨工艺不同，所得水泥的颗粒组成也不同，两种水泥的颗粒组成如表 16-6 所示。

表 16-6　开路磨和闭路磨所得水泥的颗粒组成

样品编号	粉磨工艺	$<5.5\mu m$	$5.5\sim10\mu m$	$10\sim30\mu m$	$>30\mu m$	$5.5\sim30\mu m$
C-1	开路磨	27.99%	39.18%	27.65%	5.18%	66.83%
C-2	闭路磨	16.66%	40.71%	33.5%	9.13%	74.21%

注：颗粒分布数据为沉降天平法测得。

1) 对水泥胶砂强度的影响

S. T. Sivills 对某Ⅱ型水泥的研究表明，水泥胶砂 28d 强度与颗粒组成及其分布 n 值存在如下关系：

$S_b=450m^2/kg$ 时，$S_{28}=0.219K+40.17$，$S_{28}=22.22n+33.54$

$S_b=400m^2/kg$ 时，$S_{28}=0.145K+41.70$，$S_{28}=15.75n+36.37$

$S_b=350m^2/kg$ 时，$S_{28}=0.128K+40.60$，$S_{28}=12.25n+37.40$

$S_b=300m^2/kg$ 时，$S_{28}=0.133K+38.32$，$S_{28}=11.23n+35.62$

式中　S_b——指水泥的比表面积；

$\qquad S_{28}$——指水泥的 28d 强度；

$\qquad K$——表示水泥中 $3\sim32\mu m$ 颗粒的百分含量。

研究表明，当比表面积 $\leqslant300m^2/kg$ 时，随着 n 值的增大，$3\sim32\mu m$ 的颗粒含量会减少，水泥的 28d 胶砂强度会降低；当比表面积 $\geqslant350m^2/kg$ 时，随着 n 值的增大，$3\sim32\mu m$ 的颗粒含量会增多，水泥的 28d 胶砂强度会增高。需要说明的是，这里描述的主要是水泥中的熟料颗粒，如果水泥中掺的混合材较多，易磨性差异较大时，这个规律会有变化。

分析原因认为，当比表面积 $\leqslant300m^2/kg$ 时，由于水泥中 C_3A、石膏与混合材的易磨性较好，在 $<32\mu m$ 的细颗粒中含量较多；当比表面积 $\geqslant350m^2/kg$ 时，由于增大比表面积可增加 C_3S、C_2S 在 $3\sim32\mu m$ 颗粒中的含量，故增大比表面积，水泥的强度系数会增大。

当混合材易磨性好、掺加量多时，要想发挥好熟料的作用，比表面积需要适当地控制大一些。但要注意，比表面积过大的水泥需水量也大。

2）对混凝土强度的影响

研究对两种水泥做了水泥胶砂强度（固定水灰比）和混凝土强度（固定工作性能）的对比试验，试验结果如表 16-7 所示。

表 16-7　两种水泥胶砂强度和混凝土强度的对比试验结果

胶砂	比面积	标准稠度	初凝	终凝	3 抗折	28 抗折	3 抗压	28 抗压
单位	m²/kg	%	min	min	MPa	MPa	MPa	MPa
C-1	390	23.5	123	163	5.9	9.0	34.4	53.0
C-2	377	25.3	138	176	6.2	9.1	31.8	56.5
混凝土	水泥	砂	石	水	FDN	水灰比	塌落度	28 抗压
单位	kg/m³	kg/m³	kg/m³	kg/m³	kg/m³	—	mm	MPa
C-1	282	898	1055	175	6.48	0.64	145	27.0
C－2	282	898	1055	175	6.48	0.64	45	27.6

根据水泥强度与混凝土强度的鲍罗米公式，为达到同一和易性，n 值越大，①减水剂掺量越大，成本增大；②增大用水量，水灰比增大，混凝土强度下降。即由于混凝土强度是在同一工作性能条件下检测的，它可充分发挥开路系统磨制颗粒组成的优势，足以抵消其胶砂强度稍低的劣势。

水泥的胶砂强度高，若配制混凝土时胶凝材料的颗粒分布不合理，则在混凝土中并不能在同等配制成本条件下发挥其胶凝性好的优势。水泥生产企业在粉磨水泥过程中应该重视水泥颗粒分布的影响。即使在水灰比相同的情况下，仍有细颗粒对混凝土中界面（过渡区）填隙作用的差异。

鲍罗米公式：

$$R_h = A \cdot R_c （C/W - B）$$

式中　R_c——水泥实际强度（MPa），当水泥 C 中含有减水剂 F 时，$R_c = R_{(C+F)}$；

　　　$R_{(C+F)}$——水泥含减水剂的实际强度（MPa）；

　　　A、B——与骨料性能、砂率等因素有关的常数；

　　　　F——减水剂；

　　　C/W——灰水比；

　　　R_h——试配强度（MPa）。

3）对混凝土耐磨性的影响

研究对两种水泥做了对胶砂耐磨性的影响试验，开路磨粉磨的 C-1 水泥，28d 磨损量为 3.4kg/m²；闭路磨粉磨的 C-2 水泥，28d 磨损量为 5.6kg/m²。

由此可见，尽管闭路磨水泥强度较高，但由于其<5.5μm 的微粉较少、>30μm 的粗颗粒较多，导致其致密度不高，故其胶砂耐磨性远远不如开路磨水泥。这一点对耐磨性要求较高的混凝土制品，如道路水泥，要引起足够的重视。

研究对两种水泥做了混凝土中水泥砂浆的耐磨度、混凝土的耐磨度、以及混凝土累计孔隙率的试验，分别如图 16-2～图 16-4 所示。

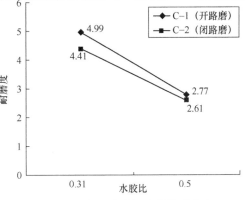

图 16-2　混凝土中水泥砂浆的耐磨度

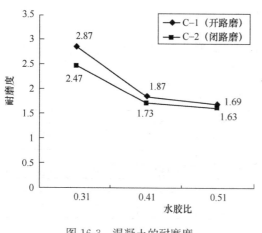

图 16-3 混凝土的耐磨度

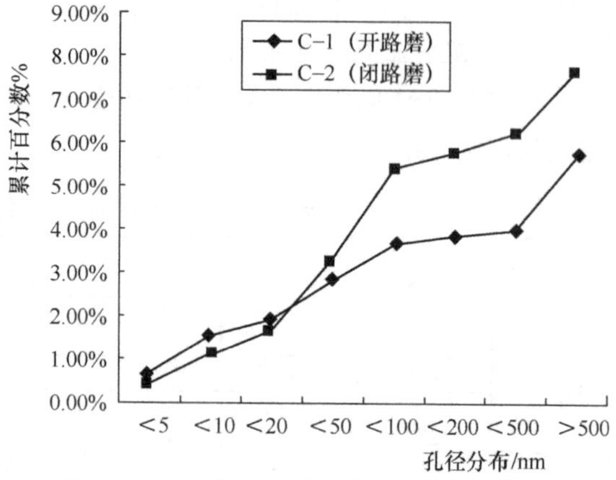

图 16-4 混凝土累计孔隙率

由图 16-2 可见，水胶比越低，水泥颗粒级配越差，对耐磨性的影响越大；由图 16-3 可见，由于在水胶比达到一定程度后，对耐磨性的影响趋于平缓，即使其水化率较高，也弥补不了孔隙率大的缺陷。试验表明，>20nm 以上的孔对耐磨性有较大影响。

由图 16-4 可见，开路磨水泥 C-1 虽然小孔多，但影响大的大孔少，总的孔隙率又低，所以总体对耐磨性的影响较小；而闭路磨水泥 C-2 则相反，小孔虽然少，但影响大的大孔多，而且总体孔隙率高，因此耐磨性较差。

4）对混凝土抗碳化性能的影响

研究采用在其他方面基本相同的情况下，分别由开路磨和闭路磨生产的另一组水泥样品，做了颗粒组成对混凝土抗碳化性能的对比试验，两种水泥样品的颗粒组成如表 16-8 所示，抗碳化试验曲线对比如图 16-5 所示。

表 16-8　两种水泥样品的颗粒组成见 %

样品编号	粉磨工艺	>80μm	60~80μm	50~60μm	40~50μm	30~40μm	5~30μm	<5μm
ZK	开路磨	11.00	2.92	2.22	3.20	5.01	52.78	22.86
ZB	闭路磨	7.40	2.53	2.02	3.06	5.08	63.06	16.84

注：数据为沉降天平检测所得。

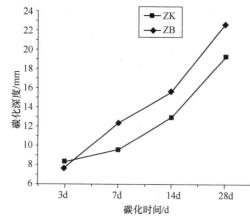

由表 16-8 可见，开路磨生产的 ZK 水泥颗粒分布较宽，闭路磨生产的 ZB 水泥颗粒分布较窄；由图 16-5 可见，ZK 的碳化曲线大致上在 ZB 碳化曲线下方。

可以认为，由颗粒分布较宽的水泥配制的混凝土抗碳化性能较好，由颗粒分布较窄的水泥配制的混凝土抗碳化性能较低。

也可以这样认为，由开路磨生产的水泥配制的混凝土抗碳化性能较好，由闭路磨生产的水泥配制的混凝土抗碳化性能较低。

图 16-5 两种水泥样品的抗碳化对比曲线

5）对混凝土干缩性能的影响

研究在其他方面基本相同的情况下，按不同的比表面积、不同颗粒组成的 Fuller 曲线 n 值制作了几种样品，并试验了 4 种样品对胶砂试块干缩性能的影响。4 种样品的比表面积和 Fuller 曲线 n 值如表 16-9 所示，4 种样品对胶砂试块收缩率的影响如图 16-6 所示。

表 16-9　试验样品的比表面积和 Fuller 曲线 n 值

样品编号	1 号	2 号	3 号	4 号	5 号	6 号
比表面积/（m²/kg）	320	320	320	380	380	380
Fuller 曲线 n 值	0.813	0.830	1.035	0.934	0.960	1.111
减水剂饱和点	0.7	0.7	1.1	1.2	1.2	1.4
Marsh 时间	22.09	28.98	26.61	22.63	41.23	47.67

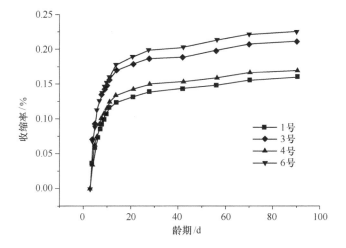

图 16-6　试验样品胶砂试块不同龄期的收缩率曲线

由图 16-6 中 4 号曲线和 6 号曲线可见，n 值越大，干缩率越大；由 1 号曲线和 4 号曲线可见，比表面积增大，干缩率增大。由此可见，n 值对干缩性能的影响大于比表面积对干缩性能的影响。

进一步分析认为，在同等比表面积条件下，颗粒集中、n 值增大，保水性变差，易造成混凝土表面的水灰比增大，沉降收缩与干燥收缩增大，开裂几率增大。

6）对减水剂相容性的影响

颗粒组成对水泥与混凝土减水剂的相容性影响，主要体现在对减水剂饱和点、对水泥浆马歇尔时间（Marsh 时间）、对水泥浆流动度经时损失三个特征参数的影响上，如果减水剂对这三个特征参数的表现优异，说明该水泥与该减水剂的相容性就好，相反则说明两者的相容性差。

减水剂的饱和点（或称饱和掺加量点），指减水剂刚好达到最大减水效果的掺加量。当减水剂的掺加量达到饱和点以后，再增大减水剂的掺加量，不但不再增加减水效果，而且还有可能降低减水效果，这体现了减水剂对混凝土减水效果的最大值。

马歇尔法（简称 Marsh 筒法），是评价水泥浆体流动性的一种简单实用的方法，其检测结果是注入 Marsh 筒（标准下带圆管的锥形漏斗）的水泥浆体，自由流下注满 200mL 容量筒的时间。这个时间被称为马歇尔时间（Marsh 时间），能很好地反映水泥浆体的流动性。减水剂对这个时间的影响程度，反映了该减水剂对该水泥减水效果的大小。

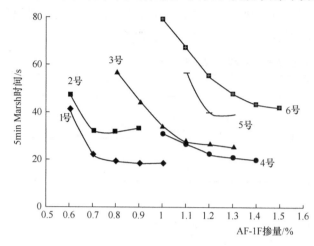

图 16-7　几种水泥的减水剂掺量与马歇尔时间曲线

减水剂的饱和点和马歇尔时间都体现了减水剂对混凝土的减水效果。试验表明，这个效果与所用水泥的颗粒组成有关，水泥的颗粒组成对减水效果的影响试验结果如表 16-9 和如图 16-7 所示。

由表 16-9、图 16-7 可见，水泥颗粒集中、n 值增大、比表面积增大，对水泥与减水剂相容性的不利影响十分显著，指向了闭路磨水泥不如开路磨水泥与减水剂的相容性好。具体有以下三点：

（1）分别对比 1 号～3 号水泥样品、4 号～6 号水泥样品，随着 n 值的增大，饱和点掺量增大、饱和点 Marsh 时间延长；

（2）对比 1 号水泥样品与 4 号水泥样品，随着比表面积的增大，饱和点掺量增大（开路）；

（3）对比 3 号水泥样品与 6 号水泥样品，随着比表面积的增大，饱和点掺量增大，Marsh 时间变化明显（闭路）。

由此表明，水泥与减水剂的相容性直接影响到水泥的使用价值及高标号混凝土的配制，这一点应该引起我们的重视。

但采用一定的掺和料，还是可以对水泥与减水剂的相容性起到一定的校正作用的。实验表明，细掺和料能使水泥的堆积孔隙率减小，饱和点掺量下降，饱和点 Marsh 时间缩短；粗掺和料能使水泥的堆积孔隙率增大，饱和点掺量增大，饱和点 Marsh 时间延长。

3. 影响水泥颗粒组成的因素与调控

上述讨论了水泥颗粒组成对水泥继而对混凝土性能的影响之大，不得不引起我们的重视，那么影响水泥颗粒组成的因素又是什么，这些影响因素又如何控制呢？现在就来讨论这个问题。

1）粉磨系统对水泥颗粒组成的影响

研究有针对性地对几种大型粉磨系统进行了取样检测，在控制比表面积（360±10）m^2/kg 的情况下，对其磨制的 P·O 42.5R 水泥做了检测对比，比对结果如表 16-10 所示，样品的 RRSB 曲线比较如图 16-8 所示。

表 16-10　几种粉磨系统及磨制的 P·O 42.5R 水泥比较

粉磨系统	颗粒组成/%			均匀性系数 n	标准稠度/%	混凝土适配性	粉磨效率
	$<3\mu m$	$3\sim32\mu m$	$>45\mu m$				
开路磨/康比丹	15	61.88	13.11	0.93	24.20	好	低
辊压机＋开路	13.84	62.04	12.51	1.03	24.80	较好	较低
辊压机＋闭路	11.14	67.03	9.93	1.17	27.20	较差	较高
Fuller 级配	22.50	35.49	$>32\mu m42.01$	0.62	—	理想	

注：颗粒分布数据为马尔文激光粒度检测仪所测得。

由表 16-10 中的数据可见：随着粉磨系统效率的提高（电耗低、产量高），粉磨过程中的过粉磨现象逐渐减少，水泥中 $<3\mu m$ 的颗粒减少、$>45\mu m$ 的颗粒也在减少，使其颗粒组成的 n 值增大（颗粒集中、级配收窄），导致水泥的堆积密度下降，造成水泥的标准稠度增高。有研究表明，水泥的堆积密度与其颗粒组成的 n 值关系如图 16-9 所示。

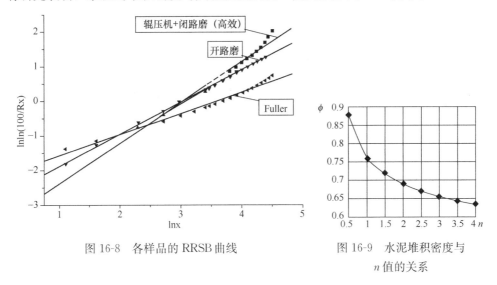

图 16-8　各样品的 RRSB 曲线　　　　图 16-9　水泥堆积密度与
　　　　　　　　　　　　　　　　　　　　　　　　　n 值的关系

由此可见，随着粉磨系统的技术进步，在提高粉磨效率的同时，也不情愿地改变了水泥的颗粒组成，结果是粉磨效率越来越高、水泥颗粒分布越来越集中、对混凝土的适配性越来越差，这与市场用户的需求不尽合拍。

目前对粉磨系统的研究和改造，主要着眼于对粉磨效率的提高上，有必要同时兼顾对水泥性能的影响。要懂得退而求其次的道理，在采用提高粉磨效率的措施时，适当控制一下对效率的追求，给水泥性能让一下步，在水泥性能可接受的范围内提高粉磨效率才是可行之道。

比如，对于辊压机＋开路磨系统、辊压机＋闭路磨系统，包括立磨系统，系统的设备都具有一定的运行调节范围，通过调整其操作参数，可以在一定程度上改变水泥的颗粒分布，尽管有可能带来粉磨效率的下降。具体如：

① 辊压机与球磨机功率比越高，系统的效率越高、节电效果越显著，水泥的颗粒分布越集中。我们可以适当地降低一些辊压机系统的循环负荷，提高一点辊压、降低一点循环负荷运行，就能拓宽一些颗粒分布范围。

② 闭路磨系统的选粉机效率越高，系统的效率越高、节电效果越显著，水泥的颗粒分布越集中。我们可以适当地降低一些选粉效率，减小一点风量、降低一点转速运行，就能拓宽一些颗粒分布范围。

2）混合材和助磨剂对颗粒组成的影响

在水泥中掺加易磨性较好、且自身需水量较低的混合材，如石灰石，有利于增加 $<5\mu m$ 的细颗粒，对降低水泥标准稠度有利。但要注意，水泥比表面积需要适当控制高一些，否则由于熟料不易磨细，会引起水泥强度下降。

掺加易磨性比熟料还差的混合材，如矿渣、铁渣等，有利于增加 $<32\mu m$ 颗粒中熟料的

含量，即熟料颗粒更接近 S.T 级配，对提高水泥胶砂强度有帮助。但由于颗粒组成与 Fuller 级配差异增大，对标准稠度改善不大。

因此，在混合材的选择上，既要考虑就地取材，也要考虑其对水泥颗粒组成、生产能耗及水泥使用性能的影响。

另外，使用助磨剂虽然可以起到提产、节能的效果，而且助磨剂已经在水泥粉磨中大面积使用，但助磨剂的过量加入会导致水泥颗粒更加集中，使颗粒组成的 n 值增大、堆积孔隙率增大，这对混凝土结构是不利的，已经引起了混凝土行业的反感，不得不引起水泥行业的重视。

助磨剂掺加量增大或助磨效果增强，都能提高粉磨效率、增强节电效果，但同时也会带来颗粒分布集中的负面效应。若要减小颗粒分布的集中度，就要适当减小一点助磨剂掺加量，在发挥助磨剂的节电效果上，应该做到适可而止。

3）混凝土矿物掺和料对颗粒组成的弥补

为了调节水泥对混凝土的适配性，在混凝土的配制中，经常需要添加一些辅助性胶凝材料，即所谓矿物掺和料。其原理之一，就是增加粉料中<10μm 颗粒的微细集料，使粉料级配更接近于 Fuller 级配，从而达到减水、致密化的目的，即所谓的"微细集料效应"。

微细集料的作用，是通过填充水泥颗粒间的空隙、降低孔隙率，从而提高混凝土的密实性。一般对微细集料的要求是，<10μm 的颗粒、尤其是<3μm 的颗粒，要比一般水泥多 2～3 倍以上，即<3μm 的颗粒希望达到 30％～40％以上。

反过来就是说，无论水泥颗粒组成如何，只要有相应的掺和料及其配套技术，就可以弥补水泥颗粒组成的不适应性，配制出好的混凝土；也就是说，只要有相应的掺和料及其配套技术，水泥粉磨工艺的技术进步，可以不受水泥颗粒组成的制约。这就是分别粉磨工艺和掺和料校正工艺的基本原理和发展前景。

但遗憾的是，目前中国的混凝土行业尚未发展到这个阶段，混凝土的适配性尚依赖于水泥的原有级配，这是我们面对的现实。

事实上，无论采用哪种粉磨系统磨制水泥，其颗粒组成均与理论上最紧密堆积的颗粒组成（Fuller 级配）相差甚远。按接近 Fuller 级配要求的程度，即从细颗粒的致密性作用角度出发，几种粉磨系统的比较是：开流磨＞辊压机＋开流磨＞闭路磨＞辊压机＋闭路磨。

16.5　审慎使用峰谷电

为了在发电与用电之间寻求平衡，减少发电与电网的资源浪费，减少发电设备的开停次数，以降低发电煤耗与成本，国家制定了峰谷异价的用电政策，鼓励用户在低谷时段多用电，在高峰时段少用电。

简单看来，响应国家政策是利国利民的，似乎无可非议，但仔细分析一下，却不一定合适。水泥企业多是连续运行的一体化大型装备，是关联性很强的高能耗系统，频繁地开停不仅对设备的危害性很大，对产品质量的影响很大，也会增加煤耗、电耗，有可能导致省钱不省电、甚至费钱又费电的结果。

1. 峰谷电的来历与目的

随着社会经济的发展，人们对于电力的需求量越来越大，电力供应矛盾日益突出。企业和居民的耗电量在一天 24 小时内变化很大。一般而言，夜晚，尤其是深夜耗电量要远小于白天，人们将对电力需求最旺盛的时间称为"高峰"时间，其余则为"非高峰"时间。

电力是一种特殊商品，难以储存或储存的成本太高，属于一种即时生产、即时消费的商品。为了应付一天中的高峰需求，供电厂必须按高峰时间的需求来设计生产规模或供电能力，而其中一部分设备在非高峰时间内是停转闲置的。因而，高峰时间供电的边际成本较高，因为所有设备都投入满负荷地运行；而非高峰时间的边际成本较低，因为只有最高效的发电机组在运转。因而可以对电力在一天或一个固定周期内按不同时段的消费数量收取不同的电费。

通过设置一种激励措施，鼓励消费者在非高峰时段增加电力的使用，在高峰时间节约使用。分时段价格歧视策略，就是让高峰时段消费电力支付高电费，非高峰时段消费电力支付低电费，实现利用价格杠杆调节电力消费的不均状况，从而有利于电力公司降低企业生产成本，均衡供应电力，并避免部分发电机组每日经常关闭和重新启动而造成发电机组的巨大损耗等问题。

实施峰谷不同电价，即调高高峰用电价，调低低谷用电价，可以有效地发挥电价的杠杆作用，抑制高峰时期用电量的快速增长，提高低谷时候的用电量，促使用电供需均衡，提高电网和整个社会的效益。

2. 峰谷电的政策与电价

由 2010 年 11 月 4 日国家发改委等六部委发布，自 2011 年 1 月 1 日起实施的《电力需求侧管理办法》可知，全国各省、各地区的峰谷电政策相同，但时段界定和相应的电价不尽相同，需要到当地的供电部门咨询。峰谷电政策并未强制推行，用电户有选择权，使用峰谷电政策需到当地供电部门申请。

工业峰谷电是供电部门提倡的，但电价各个地区不同，这里只能举例参考。例如在安徽，配变容量超过 100kVA 即可申请执行峰谷电；又如在杭州，用电户可以选择将非工业用电与一般工商业用电归并，允许这类用户自主选择执行电度电价或峰谷分时电价，允许受电容量在 315kVA 及以上的大型服务业用户选择执行大工业分时电价，以上选择选定后 12 个月内应保持不变。

一些地区的大工业用户和用电容量在 200kVA 及以上非普工业用户，实施分时电价的，峰谷时段划分如下：

高峰 8 小时：9：00～12：00，17：00～22：00。

平段 7 小时：8：00～9：00，12：00～17：00，22：00～23：00。

低谷 9 小时：23：00～次日 8：00。

各时段的销售电价标准如下：平段执行国家价格主管部门颁布的目录电价；高峰目录电价在平段目录电价基础上上浮 60%；低谷目录电价在平段目录电价的基础上下浮 50%。此外，每年 7、8、9 三个月高峰目录电价在平段目录电价基础上上浮 70%。

根据物价局、经济贸易委员会、电力工业局联合发文的文件精神，居民生活也可实行峰谷电，目前已在一些城市开展试点。如某市的峰谷电政策，将一天 24 小时划分成两个时间段，

0：00～24：00 共 24 小时为通常时段，通常电价为 0.538 元/kWh。

8：00～22：00 共 14 个小时为峰段，峰段电价为 0.568 元/kWh；

22：00～次日 8：00 共 10 个小时为谷段，谷段电价为 0.288 元/kWh。

如是"峰电"电价比"常电"上涨了 0.03 元，而"谷电"比"常电"便宜了 0.25 元。可见"谷电"用得越多越合算，但有时又不得不用峰电，究竟用"峰谷电"与用"通常电"能不能省钱呢？

测算显示，只有当低谷用电比率达到总用电量的 11％以上时，其平均电价才会低于普通居民电价。如果每月低谷用电比率在 11％以下的话，那么客户实际电费支出反而会比执行普通居民电价的客户有所增加。

3. 水泥厂使用峰谷电不一定有效益

以石灰石破碎为例，为了使用低谷电，破碎机安排在夜班运行。而矿山却无法在夜间采运，将白天运输的矿石堆在破碎机旁，夜间再用铲车喂入破碎机，电费是省了，但耗油及铲车的工本费却增加了。由于夜班工作的效率相对较低，加上必须的夜间照明，电耗不但不能降低，相反还可能有所增加。同时，铲车大堆作业也无法进行必要的质量搭配，降低了对进厂石灰石质量的管控水平。

以生料磨为例，当磨机能力大于窑的生产能力时，就"遇峰则停，逢谷再开"，每天要开停几次。从系统启动到运行正常要几十分钟的时间，只有电耗投入却无生料产出，势必会增加产品电耗。在开停过程中，生料的质量波动在所难免，继而影响到熟料烧成的质量以及煤耗、电耗。生料系统的开停，还会波及到窑系统的用风，波及到窑灰成分的变化，严重干扰着窑系统的稳定，继而影响到熟料烧成的质量以及煤耗和电耗。

熟料烧成系统是高温热工设备，开停车对产质量的影响很大，对能耗的影响很大，对耐火材料的影响很大，对设备也有较大的影响，由于投入产出比明显，一般没人利用峰谷电差价。

对于影响范围相对较小的水泥粉磨，频繁开停也会增加电耗，也会导致水泥质量的波动。因此，是否使用峰谷电价，如何用好峰谷电价，每个企业都是不一样的，各企业要根据自己的实际情况，认真、全面地进行分析核算，寻求使用的最佳平衡点，切忌只看收益而不考虑损失。

顺便一提的是，这不仅与开停车的次数有关，更与开停车的时间长短有关，对于工序较长、设备较多、关联性较强、设备完好率低的系统，在开停车期间对于产量、质量、能耗的影响更大；相反，对于流程简单的系统，开停车所用的时间较短，影响也较小。

例如，水泥粉磨的开路系统，就比闭路系统、联合粉磨系统更适合利用峰谷电；对于设备配置较高、开停车顺利的系统，比设备老化、负荷率高、开停车不顺利的系统，更适合利用峰谷电；对于有多条生产线，产品储存库较多，对生产和产品的调剂能力强的工厂，比单条生产线、储存库较少的工厂，更适合利用峰谷电。

总之，峰谷电差价政策是一把双刃剑，既有谷电价格的降低，又有峰电价格的上涨，用好了能给企业带来效益，用不好也能对企业造成伤害。国家之所以这么界定，是平衡了供电部门与用电户的双方利益，平衡了电力资源与其他资源的有效利用，鼓励有条件的用电户多用低谷电，但不鼓励没条件的用电户使用峰谷电，以免为了电而导致其他资源的损失。

第 17 章　粉体给料的稳定与计量的精度

计量，这个概念太大了，分布于各行各业、贯穿于各种特性、定义于各种单位，但总之要管理就必须量化，量化就是要数据，数据从计量而来，所以计量是管理的基础，计量非常重要。

最常用的如按质量计量，其系统流程不太复杂、计量设备尺寸不算太大，但要真正把计量搞好却不是一件容易的事情。现代化的生产线都有较高的自动化，且正在向智能化发展，而自动化和智能化系统都依赖于计量提供的数据，计量非常重要。

本章将范围缩小一下，主要就水泥工业谈原燃材料的粉体喂料系统。物料喂料系统的硬件包括给料设备和计量设备，软件主要是控制系统。给料设备和计量设备由控制系统联系在一起，两者是相辅相成的，应该说两者都非常重要。但对于大工业生产来讲，在不可兼得的情况下，哪一个更重要呢？

17.1　不可忽视的给料系统

1. 系统的稳定更加重要

这里仅局限在大工业生产系统的按质量给料上。具体就水泥生产来讲，其最终目的是实现系统生产过程的连续、均衡、稳定。由于计量只是实现连续、均衡、稳定的检测手段而不是措施，在满足基本计量精度要求的情况下，稳定的给料显得尤为重要。如果不能两者兼得，生产系统可以接受稳定的计量大偏差，但不能容忍高精度的给料大波动。

比如熟料的烧成系统，关键的成分重组反应有一个小时左右的融合时间，对质和量上的高频次秒级波动，具有自动均化与均衡功能，因此其危害并不严重，因此预热器各级旋风筒的卸料都采用了高频次波动的重锤翻板阀；比如生料入窑喂料量曲线，其平均值的波动（分级波动）比曲线的宽度（秒级波动）重要得多，分钟级的波动才是我们关注的重点。

我们强调均衡稳定，就是要努力消除各种因素导致的各种波动，就现代化的水泥生产而言，消除波动的措施之一就是被动调节，然而调节就要变动，变动就要波动，这实际上是在用被动的波动去制止主动的波动，所以调节的计量依据非常重要；特别对于自动化的调节回路，被动调节的依据来自于计量，计量值的变化就会导致调节，过于精准的计量往往会导致过于敏感的频繁调节，最终难以消除或减小波动。

所以，一个系统的计量精度要与其给料的稳定性相匹配。对于一个不稳定的给料系统来讲，计量精度不是越高越好，有时甚至会起到破坏稳定的作用，而给料系统的稳定更加重要。

水泥生产是连续性大流量生产，影响系统稳定的因素很多，计量精度固然重要，但不是全部。如果计量精度不是太高，但计量偏差相对稳定，生产系统会找到新的平衡点稳定下来；如果虽然计量精度很高，但计量偏差频繁跳动，生产系统就要不停地寻求平衡点，导致生产系统始终无法稳定。

2. 选择给料计量设备的注意事项

粉体物料种类多、应用面广，流动和黏滞等特性不但差异大，而且变化大，增加了给料计量系统设备的适应性难度，难以全面适应、长期适应，成了固体散装物料计量和配料控制方面问题较多的主要原因。

（1）计量精度高低和能否稳定可靠是由整个给料计量系统决定的。所以，不但要选好计量设备单机，更要做好系统的针对性成套，须相互协调匹配，确保流程顺畅，才能正常、稳定。尤其在供料仓和预给料部分，必须保证给料的连续性、稳定性、可控性。

（2）选用设备必须充分考虑具体的工艺流程和物料的特性，包括所用物料的流动性、黏滞性、对设备的磨蚀性，以及温度的高低、水分含量的多少、杂物的多少等。要充分了解所选设备对物料、对工艺系统的适应性，只有保证适应性匹配，才能运行得稳定可靠。

（3）切忌惯性思维，不能从印象出发选用设备。同一种设备，在甲厂用得很好，在乙厂却不一定能用好；甲厂制造的系统很好用，乙厂制造的可能就不好用。必须针对自己的实际条件，充分了解设备的技术和质量水平，不单纯追求低价设备，也不能盲目相信高价设备，而是以适应性为准则进行选择，以质论价，而且要选择有较强技术支持的产品。

对于固体物料，一般粒度＞10mm 的称为块状物料，粒度为 1～10mm 的称为粒状物料，粒度＜1mm 的称为粉状物料。这里所讨论的粉体物料是指粉状物料以及其小颗粒状物料的混合物料。

粉体物料细度高、流动性较好、易扬尘、压力传导性强，并随着仓压、水分含量、充气状态、粒度而变化，其流动性变化很大。在存储、输送、给料计量过程中，既容易起拱、粘附、结块、堵料，也容易塌料、冲料、跑料。从而给流量、计量和定量给料控制造成很大的困难和麻烦，也由此成为固体物料给料计量控制领域问题较多、技术复杂、难度较高的部分。

水泥的整个生产工艺过程，离不开粉体物料的计量和流量控制。由于粉体物料的性质不同，其流动状态和各生产环节的工艺要求差异大、变化大，所采用的给料计量设备也多种多样。常用的有：粉体物料定量给料（机）秤、固体物料流量计（包括溜槽式和冲量式等）、转子秤（包括：菲斯特型和粉研型等）、科里奥利质量流量计、失重给料秤、螺旋秤、粉体物料核子秤等。

在给料计量系统中，不能保持其连续、稳定、可控的供料和卸料问题屡见不鲜，常常导致计量控制设备不能稳定正常运行。所以，在对水泥生产过程中的主要粉体计量控制环节的设备选用时，必须对供料仓和预给料装置给予一并考虑。

17.2　常用的供料仓和预给料装置

计量设备的供料仓一般均应采用中间仓，尽量避免采用大库直接供料。供料仓的卸出料必须保持连续、稳定、可控，确保物料在仓内不起拱、不结团、不粘附、不堵料，确保不发生塌仓、自流、冲跑料现象。这是计量设备能够稳定运行、正常运行、准确计量控制的基础和关键条件之一。

在实际生产中，由于供给料系统发生上述不正常现象，导致计量设备工作不稳定、不能准确计量控制的情况屡见不鲜。因此，应该将供给料部分视为计量控制系统的一个组成部分，科学合理地设计和选配供料仓和预给料装置。

供料仓的容积和结构，要力求能保持仓内物料的"活化"不板结，有利于工作时仓压稳定，基本以"整体流"的卸料方式，靠物料的重力连续、均匀、稳定地自然卸出料来。避免产生"漏斗流"和起拱堵料、塌仓喷料，避免发生气栓性脉动冲跑料现象。

因此，料仓的容积不宜过大，一般为下级给料设备最大小时给料量的 2～4 倍左右，最大不宜超过 8 倍。仓容过大会使物料的存储时间过长，容易促成物料的板结，都是导致物料结团、起拱、粘仓、死角积料的因素，特别是水分含量较高和容易吸湿潮结的粉体物料更为明显；但也有它的好处，工作时料面变化慢，仓压波动小。仓容小时，其结果正好相反，具体应根据实际物料的流动、粘附等特性决定。

粉体物料中间仓的结构，主要有矩形和圆形断面的柱、台、锥料仓，其底部分为平底（包括坡形和鱼背形等）和锥形底。入窑生料粉基于其供料方式，多采用矩形平底仓，而其他环节多采用圆柱圆锥筒仓。基于上述对料仓设计的总体要求，料仓的锥体与水平的夹角应在 70° 角左右，最低不得小于 60° 角。料仓的高径比最好为 1～2 左右，一般可取 1.5。避免采用细高仓（辊压机喂料仓除外）或单面近乎垂直的非对称结构仓，否则流动性好的物料可能发生快速倾泻冲击下料。

为了达到靠物料重力以整体流方式自然卸料，减少和克服物料与仓壁之间的摩擦阻力和粘附，料仓锥体内壁也可加装高分子聚乙烯板或冷轧不锈钢板或特氟龙涂层等光滑材料。

对于圆锥底筒仓，尽量不采用空气助流。如果一定需要空气助流，建议首选"气壁"助流方式。对平底料仓一般均需采用空气流态化物料助流，须相应采取放气排气措施，即设置排气管、小料仓、收尘管等，要尽快尽多地排除空气，防止大量空气混压在物料中从料仓的出料口泻出。为了保证料仓卸出料顺畅，料仓的出料口可适当大一些。

另外，中间仓最好设计成称量标准仓（即料仓秤），其费用不多、作用很大，特别是对计量精度要求较高的生产环节。其作用如下：

① 显示控制仓内物料的质量和料位，可准确可靠地监控料位变化，并与给料设备联锁，确保不空仓不溢仓，保持和控制料位和仓压稳定。

② 可作为下一级计量设备的校验标准秤，对下级计量设备进行"在线"标定校验，简单、准确地及时进行实物标定，以保证计量设备长期运行在较高的精度状态下。

凡是倾泻性、流动性好以及流态化的粉体物料，给料计量系统一般需配置预给料装置。常用的预给料装置如：星形叶轮给料机、管式螺旋给料机、水平叶轮给料机、斜槽加流量阀给料设备，以及它们的不同组合等。

1. 星形叶轮给料机

星形叶轮给料机的结构如图 17-1 所示。在粉体物料给料中采用较多，具有结构简单、体积小、高度小、安装维护简单方便、投资少的特点。但大多结构设计不够精细，叶轮与壳体间间隙较大，常常不能有效地控制料流，容易发生漏料、跑料、卡料现象。虽然有的在叶轮上加装毛毡、聚四氟乙烯板或橡胶板等柔性密封材料，但往往磨损较快，维护工作量较大。另外，由于叶轮给料机转速不能过快，调节范围较小，对物料中的杂质、硬块敏感，不适用于黏滞性物料。选用时

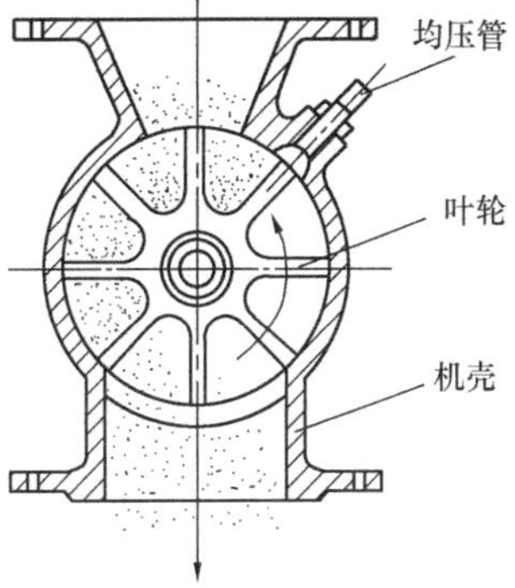

图 17-1　星形叶轮给料机

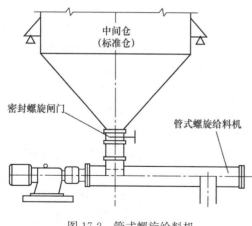

图 17-2 管式螺旋给料机

应充分考虑上述问题和使用要求。

2. 管式螺旋给料机

管式螺旋给料机的结构如图 17-2 所示。结构比较简单，制造容易，投资较少，虽长度较大，但安装高度很小，安装维护简单方便。由于其对物料性质变化和含少量杂物不很敏感，特别是可以根据物料的流动性和粘附性程度选用螺旋结构和进出料口距离，流量调节范围比较宽而且平滑，对物料和环境适应性较强，可靠性较高，维护量较少，使其成为非气化粉体物料计量系统优先选用的预给料设备。

3. 水平叶轮给料机

水平叶轮给料机泛指叶轮或分格轮水平旋转的粉体物料给料设备，如锁风喂料机，与叶轮给煤机、转子秤和科氏力秤配套的供给机等，水泥行业用得较多的是后两种，其结构如图 17-3 所示。

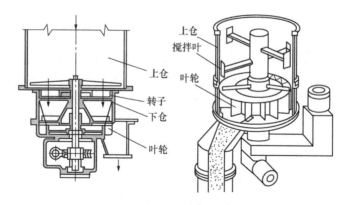

图 17-3 水平叶轮给料机

后两种水平叶轮给料机均设有物料搅拌叶，且分层分格设置，从而使物料"活化"，减小了仓压对下料的影响，给料比较均匀稳定，对流量控制较好。但结构比较复杂，制造要求高，设备高度大（一般在 1.5～2.5m），费用高。对物料的粘湿性、磨蚀性和夹杂物限制较严，严禁物料中含有较大杂物。这两种水平叶轮给料机主要与转子秤和科氏力秤配套使用，适用于中小流量给料。

4. 斜槽加流量阀给料设备

斜槽加流量阀给料设备，在一段空输送斜槽上配套了一个截止阀和一个调节阀，其结构如图 17-4 所示，对流态化的粉体物料进行给料控制，主要用在生料粉给料计量系统。

该设备体积小、质量轻，但价格较高。它是通过调控阀门开度大小来控制流量，物料则在斜槽中松动风作用下自然向下流动。所以，仓压、物料流动指数、水分含量和风量风压须比较稳定。

显然，在阀门开度较大时，料流更容易保持均匀稳定。所以，其更适宜用于大流量使用场合。如瞬时流量在 200t/h 时应优先选用。另外，其分为电动和气动两种，由于在流量控制方面气动流量阀更具优势，所以近些年来应用较多。但其对压缩空气质量要求较高，特别在高寒地区应慎重选用。

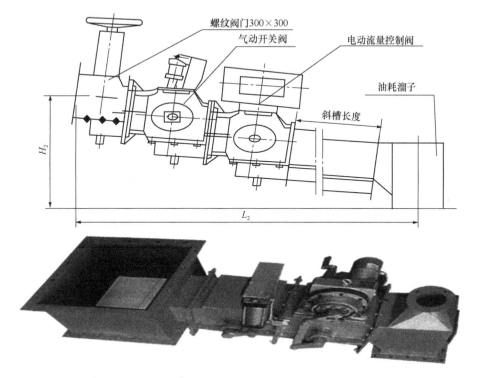

图 17-4　斜槽加流量阀给料设备

5. 切断式螺旋给料机

切断式螺旋给料机又称 π 绞刀，为近年发展起来的粉料喂料新设备，具备低负荷高锁定的稳流特性，具有较强的应对冲料效果。其主要特征是在管式螺旋给料机的中部设置了料流隔断，在隔断处采用了溢流输送稳流功能。

切断式螺旋给料机，根据冲料强度大小分为两种型号。当应对中等冲料强度时，只需在料流隔断处设置溢流箱即可，被称为切断式溢流螺旋给料机，如图 17-5 所示；当应对高强度冲料时，又在溢流箱内设置了立式调速分格轮，对冲料进行进一步的抑制，被称为切断式控流螺旋给料机，其原理如图 17-6 所示。

我们知道，粉体物料因水分含量与仓位动态工况的不同，加上新料加入时不同仓位落差产生的冲击力变化，在出料口会产生含气流动性的极大波动，特别是仓内中上部发生因下部卸料空化垮塌时，突然崩塌的粉体以高势能转化为高动能，并在坍落中裹挟大量气体，形成高压力高流态的粉气混合体，以接近液态的高压传导冲击出料口，造成给料装置的击穿性泄放，形成难以控制的冲料现象。

若采用常规的单管、双管螺旋给料机或钢性叶轮喂料机，在无法控制这种强力冲料时，给料量与驱动转速就失去了线性比例关系，若给料机的中心距稍短或叶壳间隙稍大时，甚至出现停机自流现象，使定量给料机丧失了定量功能。

昆明艾克工业自动化有限公司经过反复试验，于 2009 年 9 月成功开发生产出"π 绞

图 17-5　切断式溢流螺旋给料机

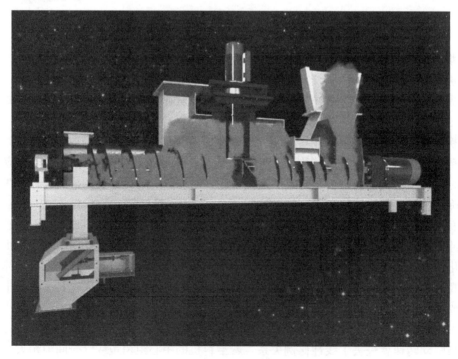

图 17-6　切断式控流螺旋给料机原理

刀"，全称为"切断式数字调速螺旋给料绞刀"，其入料口采用全开闸工作方式，融合"周期旋转断流满填充推送、正交变向对冲反馈自锁平衡、气密弹性缓释"等技术，使冲料影响得到有效控制，冲料时也能基本保持出料量与驱动转速的线性比例，较好地解决了冲料对定量给料的影响。

17.3　常用的入窑生料计量设备

入窑生料粉的均衡、稳定、准确与有效控制，是稳定窑的工况、达到优质高产、降低消耗的基本保障，是倍受生产厂家和行业重视的关键环节。在 20 世纪 70 年代、80 年代，干法水泥厂一般采用按容积控制的双管螺旋给料机作为喂料设备，我国的"粉体物料连续定量给料装置"研究课题，1982 年被列入国家科技攻关项目，1985 年在辽宁某水泥厂完成了工业试验，1986 年通过部级技术鉴定。

同时，在 20 世纪 80 年代成套引进的冀东、宁国、淮海水泥厂，都包含有粉体物料定量给料秤入窑生料计量控制系统。尤其在 20 世纪 80 年代至 90 年代初，建材行业引进了德国申克公司的"连续计量设备制造技术"，使粉体物料定量给料秤和固体物料流量计等计量设备，以及入窑生料计量控制系统得到广泛应用。截止到目前，这两种计量设备仍是入窑生料计量控制的主流设备。

1. 固体物料流量计

固体物料流量计具有设备结构简单、外形尺寸较小、无需动力、系统密闭防尘、安装维护简单方便、价格较便宜的特点。较常用的有两种，即冲量流量计（也称冲板流量计）和溜槽流量计（也称滑槽流量计）。但固体物料流量计的线性精度较差，称重控制系统最好具有线性校正功能，对要求较高的使用场合需要设置在线标定校正仓式秤。

冲量流量计，如图 17-7 所示，最早由日本三协创新公司设计开发，1968 年投入市场。其检测板为平直槽形结构，工作时物料从固定高度自由下落到检测板上，检测板所受的冲力和物料下滑摩擦阻力的水平分力通过差动变压器传感器检测，用其检测值表征物料的流量负荷。

其测量结果明显要受到物料的物性变化、流量波动、反弹系数，以及振动、温度、正负压气流等因素的影响，但检测板少量粘附物料影响不大。由于其并非直接测量料流负荷和速度等原因，冲量流量计往往计量精度不高，稳定性差。在 20 世纪 80 年代，多用于入窑生料粉和煤粉计量系统，现在已较少采用。

固体溜槽流量计如图 17-8 所示，由德国申克公司设计研发，1961 年投入市场。其检测溜槽为弧形底结构，物料由倾斜 70°角的导流管导入检测溜槽，在物料滑过溜槽时由于不断改变速度方向产生对溜槽的正压力，通过电阻应变负荷传感器测量正压力和摩擦阻力的铅直分力计量物料的流量。

其测量准确度受物料性质变化、流量波动、正负压气流、检测溜槽粘附物料等情况的影响较大，但不存在反弹系数的影响，抗振稳定性相对较好。所以，注意保持物料的水分含量、密度、粒度、料流状态的稳定，保证管路内无正负压气流，保持检测溜槽无粘附，就显得十分重要。在物料稳定的条件下，其计量精度为 $1\% \sim 2\%$。

固体溜槽流量计在水泥厂主要用于入窑生料粉、闭路粉磨系统的粗粉流量的计量等环

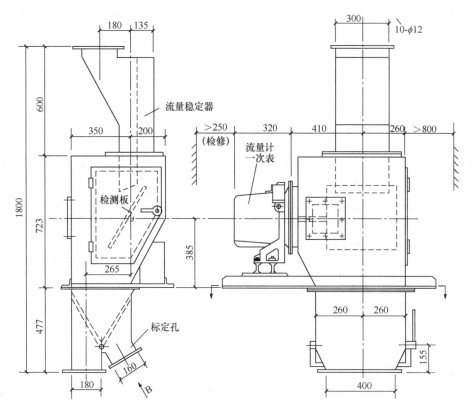

图 17-7　冲量流量计

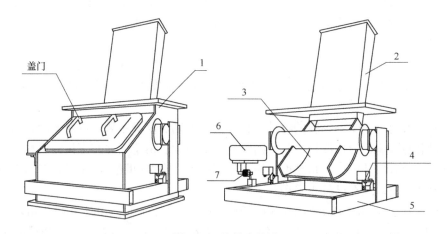

图 17-8　溜槽流量计

1—外壳；2—导向溜槽；3—测量溜槽；4—十字簧片支点；5—杠杆装置；6—接线盒；7—高精度荷重传感器

节，尤其在入窑生料计量控制方面，一直是主导常用设备。由于在瞬时流量较大时比较容易保持料流状态的稳定，对 200m³/h 以上的物料系统，应优先选用溜槽流量计，而对中小流量的物料系统应首选粉体物料定量给料皮带秤。

2. 粉体物料定量给料皮带秤

粉体物料定量给料皮带秤如图 17-9 所示，除了导流料斗外，其他部分与块粒状物料定量给料秤基本相同，主要包括秤架、皮带、振动装置、稳重及测速传感器、变频调速器和称重控制器等。

由于其结构相对复杂，外形尺寸较大，一般不作严格密封，安装维护稍显复杂。但由于其采用直接称重测量料流的负荷和速度计量物料，计量精度较高（0.5%～1.0%），且线性好，工作稳定可靠，对物料的水分含量、粒度、密度的变化，以及对物料中混带的杂物不敏感，适应性强、可靠性高，因而成为生料等粉体物料给料计量控制的主流计量设备。

随着计量控制流量的增大，使皮

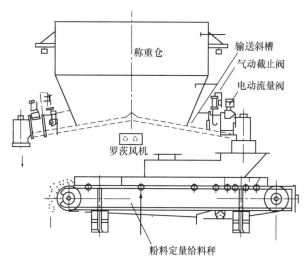

图 17-9　粉体物料定量给料皮带秤

带加宽、刚度增强，秤体也加大加重，给设备的布置、安装、维护和控制精度带来不利影响，所以粉体物料定量给料皮带秤，一般皮带宽度尽量控制在 1800mm 以下，瞬时给料量控制在 200m³/h 或 300m³/h 以下，超过此范围应优先选用固体物料流量计。另外，为了不使皮带过宽，必要时可以如冀东引进的 4000t/d 线那样，采用双系列给料计量控制。

3. 科里奥利质量流量计

德国申克公司于 1986 年推出科里奥利质量流量计，1993 年用于煤粉计量系统。国内的研发于 20 世纪 90 年代中期起步，21 世纪初开始推广应用，也主要用于煤粉计量控制系统，但近几年已用于入窑生料和粉煤灰等粉体物料给料计量系统。科里奥利流理计在国内通称科氏力秤，其测量系统的主要部分如图 17-10 所示。

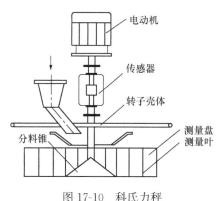

图 17-10　科氏力秤

测量盘沿径向均匀分布有格板，并随主轴作匀速运动。被测物料进入测量盘后，由于测量盘的转动而产生阻力，该阻力的反力被称之为科里奥利力，科里奥利力与物料的流量成正比，通过力矩传感器可测量科里奥利力的大小。

由测量过程和原理可知，被测物料应该清洁、不夹带杂物，特别是块状和纤维性杂物会影响测量轮正常旋转；主轴对非测量性阻力很敏感，必须保证主轴轴承密封良好、润滑良好、状态稳定，将非测量性阻力降到最低且保持稳定。

科氏力秤比较适用于条件好的中小流量系统。入窑生料系统的流量一般较大，还是不选用为好；流量在 200t/h 左右及以下时，应优先选用粉料定量给料秤；流量在 300t/h 左右及以上时，应优先选用溜槽式固体流量计。

4. 前馈内控准线性调节生料秤

上述典型的回转窑生料喂料系统，都是在生料均化库下设置称重仓，称重仓内的生料通过流量调节阀控制、计量装置计量后经输送入窑。不论采用哪种形式的计量装置，流量调节阀都是实时控制生料喂料量的调节执行机构，这就存在两个不可克服的问题：

（1）流量调节阀的阀门开度与实际流量呈非线性关系，而且受称重仓料位等系统参数变化的影响较大；

（2）计量装置与流量调节阀构成的闭环控制系统，除了检测干扰外，还存在不可消除的调节滞后问题。

这两个问题最终会综合影响到入窑生料的稳定性。鉴于此，潍坊天晟电子科技有限公司在消化和吸收国内外同类产品技术的基础上，结合该公司在粉体定量喂料控制应用方面的多年经验，于近年专题开发推出了"前馈内控准线性调节"的司德伯（SDB）秤，用于入窑生料给料计量系统，其总体构成如图 17-11 所示。

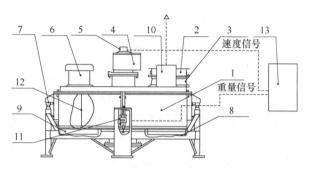

图 17-11　前馈内控准线性调节生料秤构成
1—秤体；2—气动阀；3—进料口；4—电机减速机；
5—测速装置；6—进气装置；7—刀口组件；
8—机架；9—出料口；10—排气装置；11—称重单元；
12—转子；13—控制单元

该系统取消了给料流量调节阀，避开了流量调节阀开度与实际流量的非线性和称重仓料位等变化的影响；该系统集计量与给料控制于一体，简化和缩短了计量与调节的闭环控制环节，从而消除了调节滞后现象，降低了检测干扰。

该系统的工作原理是：在除皮标定时，控制单元运算、存储整圈皮重；在生产运行时，粉体由开关阀喂入生料秤，进入生料秤的粉体由转子转动从进料口带至出料口并喂入下级设备。秤体内满实均匀填充的物料产生稳定的负荷率信号，转子旋转产生速度信号，并由控制单元根据当前物料负荷率预算到落料口所需的速度，在当前物料接近下料口位置时，控制单元输出预算的转速调节信号，实现稳定、高精度的定量给料。

该系统是新一代稳定可靠的生料定量喂料设备，经过对定量给料与转子计量两大功能分别论责，针对性地进行了分别改进和综合优化，使粉体物料精准计量和稳定给料的矛盾得到了较好的平衡解决，从而获取了更好的稳定效果。

该系统的核心技术在于前馈程序与秤体填充料的平衡对物料特性的适应上，这是缩小波动的关键所在。该系统具有如下特点：

（1）采用准线性调节机构，流量跟踪迅速，无滞后，无振荡，调节快速到位。实时控制偏差≤±1%；

（2）具有标定简单、计量准确的特点。标定后计量误差≤±0.5%；

（3）集计量和控制于一体，结构紧凑，占用空间小，布置安装方便，密闭性好，无扬尘，可靠耐用，维护量小且简单方便；

（4）采用高精度加工的密封结构，能有效防止出现冲料、跑料现象，避免了大幅度的调节振荡；

（5）设备控制单元间为 Rs485 总线通信，抗干扰能力强，数据精度高；

（6）目前已开发出与 2000～4000t/d 线、4000～6000t/d 线、7000～10000t/d 线配套的 3 种规格，可满足 10000t/d 及以下的生产线入窑生料使用，最大喂料量可达 800t/h 以上。

该系统经山水集团沂水分公司 5000t/d 熟料线使用，现场应用实体如图 17-12 所示。与原有的"流量调节阀＋固体流量计"系统比较，入窑生料量的波动大幅度降低，改造前后入窑提升机电流的波动对比如图 17-13、图 17-14 所示。

图 17-12　沂水公司 5000t/d 线的前馈内控准线性调节生料秤

这里讲一个某公司优选入窑生料秤的真实故事：笔者 2016 年 3 月从天瑞水泥退休后，闲来无事到水泥行业乱转，无意中又走进了某水泥厂，出于职业习惯，查看了其入窑生料喂料秤的运行情况。意外发现，我一直关注的入窑生料波动问题，已经在该厂得到了很好的解决。

该厂为华北南部的一个民营企业，有两条 5000t/d 级熟料生产线，现场管理得井井有条，花草树木本色依然，看得出女老板的管理有方。据该厂的领导介绍，两条线原设计均采用冲板式入窑生料计量系统，喂料量波动较大，对生产和成本构成了较大影响。

该厂的老板强调，大工业生产不是商品交易，计量只是实现连续、均衡、稳定的检测手段而不是解决问题的措施，给料的稳定性比计量的精准度更加重要。如果不能两者兼得，生产系统可以接受稳定的计量大偏差，但不能容忍高精度的给料大波动。什么是波动，不管是量的波动还是质的波动，波动就是成本，就需要煤耗、电耗，就要牺牲质量，波动就是浪费！

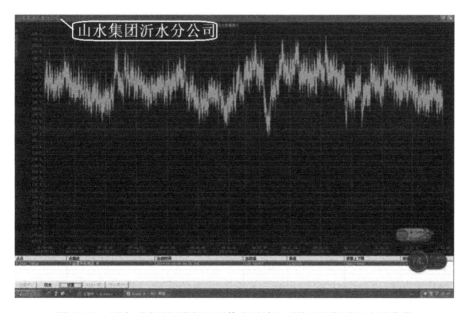

图 17-13　原有"流量调节阀＋固体流量计"系统入窑提升机电流曲线

是的，比如 1m³ 的水用一个断面 1m² 的容器装，如果水是静止稳定的，这个容器的高度大于 1m 就够了；但如果水是晃动的、水面不稳定，该容器的高度就必须大于 1m 再加上波动的高度，必须增大这个容器的制造成本。对于熟料煅烧，水相当于设定投料量，给煤量

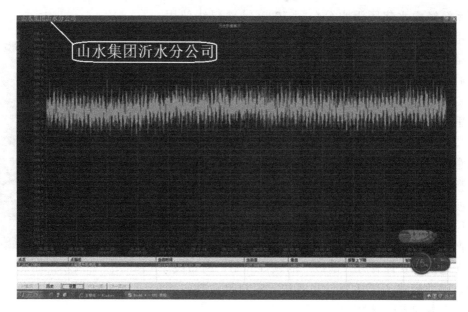

图 17-14　采用"前馈内控准线性调节生料秤"后入窑提升机电流曲线

相当于容器的高度，那么给煤量与投料量的关系为：给煤量＝（设定投料量＋投料量的波动幅度）×单位煤耗。无心中就会白白浪费掉了"投料量的波动幅度×单位煤耗"，这就是降低波动的必要性。

说得好，水泥生产是连续性大流量生产，影响系统稳定的因素很多，计量精度固然重要但不是全部。如果计量精度不是太高，但计量偏差相对稳定，生产系统会找到新的平衡点稳定下来；如果计量精度很高，但计量偏差频繁跳动，生产系统就要不停地寻求平衡点，导致生产系统始终无法稳定。

对于自动化的调节回路，被动调节的依据来自于计量，计量值变化就会导致调节，过于精准的计量往往会导致过于敏感的频繁调节，最终难以消除或减小波动，就像一个人过于精明就会有没完没了的麻烦。对于一个不稳定的给料系统来讲，计量精度不是越高越好，有时甚至会起到破坏稳定的作用。所以，一个系统的计量精度要与其给料的稳定性相匹配。

鉴于该厂对波动的充分认识和重视，在水泥行业竞争激烈的环境下，决心淘汰落后的冲板式入窑生料计量系统这匹"劣马"。那么"千里马"又在哪儿呢？首先是"相马"，对国内外水泥行业在用的入窑生料计量系统进行了考察调研，初选出两匹反映良好的 A 马和 B 马。

而后又是"赛马"，利用自己有两条熟料线的优势，2015 年 6 月在 1 号窑上采用了国内新近开发的 A 马（前馈内控准线性调节生料秤），在 2 号窑上采用了具有国际先进水平的国内制造的 B 马（生料转子秤），展开了为期 3 个月的比赛。

该厂对比赛进行了充分准备，比赛后进行了详细的数理分析，比赛结果既在情理之中、又在预料之外，得出如下结论：

① 不论是 A 马还是 B 马，在入窑生料量的波动以及对中间仓料位的适应性上，均好于原来的劣马（计量波动约±15t/h，提升机电流波动：1 号窑±10A，2 号窑±12A）；

② 就初选的两匹马来讲，国内新近开发的 A 马（计量波动＜±1t/h，提升机电流波动±2A），明显好于具有国际先进水平的 B 马（计量波动＜±3t/h，提升机电流波动：正常时

±5A，中间仓料位变化时±8～12A）。

比赛结束后，该厂又允许设备厂对 B 马进行了充分的"调教"，在对 B 马进行了半年多次调教仍然落后于 A 马的情况下，2016 年 3 月 27 日该厂果断地将 2 号窑上的 B 马拆除，也换成了 A 马。

那么，A 马好在哪里呢，该厂的技术人员说：主要是将先进的前馈控制原理巧妙地融合进了内置控制系统，由此取消了滞后的流量调节阀，不但减少了一个主要故障点，而且减少了中间仓料位对给料的影响。

17.4 常用的入窑煤粉计量设备

入窑（包括分解炉）煤粉的连续、准确、稳定，是保障窑的工况稳定、降低煤耗、提高熟料产质量、保证安全运行的基础和关键因素之一。煤粉的喂入量经常需要根据窑况的变化及时调节，所以要求煤粉的给料计量系统具有调节灵活、快速准确、稳定可靠的特性。

历年来采用的计量设备种类较多，如：冲量流量计、煤粉皮带秤、煤粉失重秤、FLK固体流量计、菲斯特型转子秤、粉研型转子秤、科氏力秤等等。现就常用的几种计量设备简单介绍如下。

1. 固体流量计

用于煤粉计量和定量控制的固体流量计主要有冲量流量计和 FLK 溜槽式流量计两种，都存在系统不稳定、计量精度低、故障率高的问题，目前在国内已被淘汰出局，很少有采用了。

冲量流量计前文已有介绍，虽然结构简单，价格便宜，但计量精度受物料性质、料流状态、管路中气压气流的影响很大，一般控制精度较低，且往往很不稳定，难以满足煤粉计量控制要求，所以进入 21 世纪后已很少采用。

FLK 型流量计如图 17-15 所示，是申克公司专为煤粉计量控制设计开发的固体流量计，国内引进制造技术后于20 世纪 90 年代开始使用。其结构和工作原理基本与前述溜槽式固体流量计类似，但由于其采用的溜槽流量计基本相同，即物料的性质变化、特别是水分含量的变化、给料状态变化和正负压气流等，都对计量精度产生较明显的影响。另外，负荷测量机构设计也不理想，尤其负荷力传递构件过于精细薄弱，不能适应高粉尘的工业生产环境，使用中故障率较高、维护困难，精度稳定性较差，所以进入 21 世纪以后基本被淘汰。

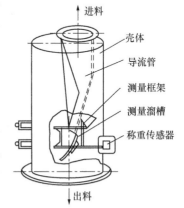

图 17-15 FLK 型流量计

2. 煤粉失重给料秤（简称失重秤）

失重秤如图 17-16 所示，它是基于负秤工作原理，即以称重仓单位时间物料减少的速率来计量物料流量的给料计量设备。称重仓采用断续进料连续出料的工作方式，按重量计量与容积计量交替进行周期计量控制，是一种连续给料和定量控制的准静态仓式给料计量系统。

申克公司于 1960 年就将失重秤用于工业生产，哈斯勒公司于 2001 年开始生产 RBP 型失重秤，我国 1987 年将入窑煤粉失重秤列入"七五"国家科技攻关项目，20 世纪 80～90 年代有些水泥厂引进了煤粉失重给料秤，有的使用效果良好，有的后期使用问题较多，维护困难。

由于失重秤采用负秤工作原理，对中小流量计量控制尤显优越。主体设备结构比较简单，料流系统密闭，没有漏料扬尘问题，对物料性质变化和环境适应性很强，计量精度高，运行可靠，维护工作量较少。但由于其设备高度较大，控制系统较复杂，工艺运行状态需精心控制，进口设备价格较高等原因，没有在国内推广开来，这几年选用的更少。

3. 菲斯特型转子秤

用于煤粉给料计量控制的转子秤主要有两种，一种是菲斯特型转子秤，另一种是粉研型转子秤。

菲斯特型转子秤的称重测量系统如图 17-17 所示，秤体内的转子是其核心部件，整个转子上均布盛料小格，

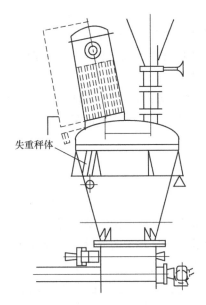

图 17-16　煤粉失重给料秤系统

置于上下密封盖板之间，通过螺栓调整控制其间隙，转子紧围在转动轴上，由减速电机拖动。

煤粉靠重力从进料管进入转子，随转子旋转到出料口排出。整个转子秤与上下设备软连接，通过三点铰连接挂在基础上，其中两个为吊挂点，另一个设有称重传感器为测重点。进

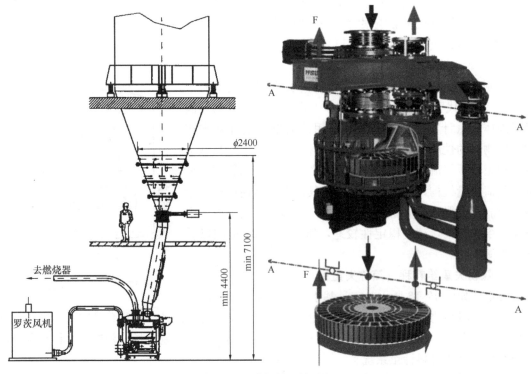

图 17-17　菲斯特型转子秤

料口到出料口的转子分格内充有物料，而对面一侧为空盘，从而使秤体产生偏转力矩，由称重传感器测量此偏重负荷，同时由测速传感器测量出转子转速，从而获得转子秤的瞬时流量。

菲斯特型转子秤结构较为复杂，加工制造技术要求较高，设备价格较贵；对操作维护要求较高，需经常检查控制转子上下密封板的间隙，转子需严格保持水平状态；煤粉中不得夹带异物，包括自燃焦渣和块状物等，否则容易磨损和卡坏转子。

但由于其密闭性好，由料仓直接供料不需要预给料设备并直接与风送提升系统连接，使工艺系统紧凑简单，正常工况下，计量精度较高，较为稳定可靠，使其成为当前入窑煤粉给料计量控制的主流设备，特别是大规模新型干法生产线采用更多。

转子与下盖板保持（0±0.1）mm 的间隙，与上盖板保持 0.25～0.35mm 的间隙，可根据物料水分含量适度调整；煤粉质量要尽量稳定，水分含量一般要求＜2％，最好在 1.5％以下；煤粉仓要做好密封、保温，确保不结露，下料顺畅稳定；仓位一般稳定在仓容的40％以上，秤体内腔的气压与料仓内一致，保持微负压状态。

4. 粉研型转子秤

粉研型转子秤又叫环状天平计重机，如图 17-18 所示。系统主要包括粉体预给料机、环状天平计重机、锁风机构。计重机在进出料口中线上设有两个支点，支承转子秤体。

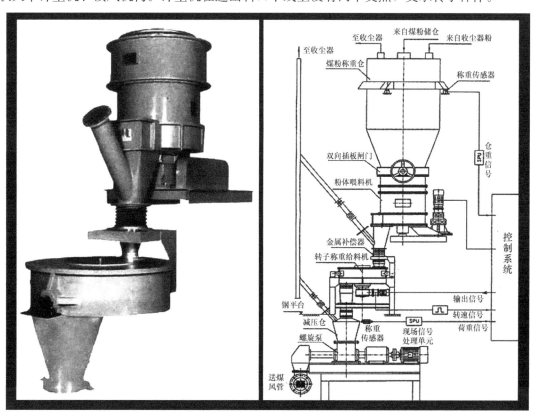

图 17-18　粉研型转子秤

均匀分有格子的转子是称重测量的核心部件，由减速电机拖动。物料从进料口靠重力进入转子的格子中，到出料口卸出。从进料口到出料口转子半边充有物料，而对应的半边是空盘，基于天平原理使转子产生偏转力矩，由对应边设置的称重传感器测量出偏重负荷，同时测速传感器测量出转子转速，从而获得转子秤的瞬流量。转子与上盖板采用耐磨毛毡柔性密封，以防物料窜动和落到空盘。出料由锁风阀（即密封叶轮给料机）锁风，以防卸出料处正压及风进入转子，影响负荷测量和正常运转。

粉研型转子秤结构简单，制造较容易，设备价格不足菲斯特转子秤的一半，系统密闭性良好，计量精度能满足煤粉计量控制要求，运行比较稳定可靠，所以也成为入窑煤粉给料计量的主流设备之一，特别在中小流量方面采用较多。

粉研型转子秤同样要求进出料口有良好的软连接，给料机和转子秤完全处于水平。特别是环状天平转子的水平度需在 0.01～0.02mm/m 以内。物料中不得夹带异物、重物。转子秤卸出料处处于微负压环境，不得有正压反风，保持锁风状态良好。需经常检查上下柔性连接状态，保持良好密封软连接状态，保证配套系统工作正常可靠。

5. 科氏力煤粉秤

科氏力煤粉秤即用于煤粉计量的科里奥利质量流量计，在前文生料粉计量控制部分已有介绍，但科氏力秤最多的还是用于煤粉的给料计量，也是当前在煤粉给料计量方面应用较多的计量设备之一。

科氏力煤粉给料计量系统如图 17-19 所示，其预给料一般采用水平叶轮给料机，要求供给料连续、稳定、可控。对于煤粉计量来讲，由于系统具有流量小、容重小、科氏力也小的特点，对非测量性阻力和电磁干扰的要求更严格，对主轴的密封和润滑要求更高。

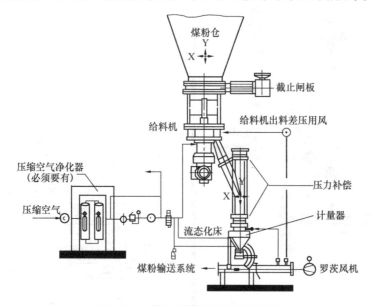

图 17-19　科氏力煤粉给料计量系统

另外，原理上测量盘采用恒速运转，但在实际运行时，由于供电频率、电压等的波动，测量盘往往不能保持恒速，必要时应采取恒速技术措施或速度补偿措施。总之，煤粉科氏力秤对给料连续稳定、物料性质稳定和系统的维护的要求更高更严，才能保持良好的稳定运行。

6. 煤粉计量给料系统的发展

由于煤粉具有细度小易流动、容重轻易粘附、燃点低易自燃的特性，而且受仓压、水分含量、充气状态、粒度变化的影响很大，既易冲料、跑料，又易结拱、塌料，还容易自燃、结焦，喂煤系统一直是水泥行业喂料方面麻烦较多的系统；由于煤粉在熟料烧成中具有量小作用大的特点，具有四两拨千斤的特性，给煤量的变化又是造成烧成工况波动的主要原因。

正如前述新乡的那位老总在生料喂料中强调的，"波动就是成本，生产系统可以接受稳定的计量大偏差，但不能容忍高精度的给料大波动"，这一点尤其适用于煤粉。遗憾的是，虽然我们在近几年引进、开发了一系列先进的计量设备，但在实际生产中，由于给料系统不正常、导致计量设备工作不稳定、不能准确计量控制的问题依然没有得到彻底解决。因此，应该将供给料部分视为计量控制系统的一个重要组成，科学合理地设计和选配好供料仓和预给料装置。

要想减小波动，必须稳定给料，给煤与计量是紧密联系不可分割的一个整体。所以，煤粉计量必须在稳定给料上下足功夫，保持连续、稳定、可控的给料，确保煤粉在仓内不起拱、不结团、不粘附、不堵料，不发生棚仓断料、塌仓冲料现象，才能确保计量设备能够稳定运行、准确计量、可控给煤。

实际上，在这方面，不仅是水泥生产者深有感受，而且有关专家、厂商也认识到其重要性，如潍坊某公司就已经在自己的给煤系统上做了多次改进，取得了显著的试验效果，这里仅做一图示介绍，供有关人员参考。

某公司煤粉转子秤给煤系统的改进如图 17-20 所示。与现有的煤粉喂料秤相比，主要的改进有：①为防止煤粉仓的棚仓断料和塌料，增加了破拱搅拌器；②为减小煤粉仓仓压对下料量的影响，初期是增加了一个控制下料量的调速分格轮，继而又增加了一个料位稳定仓，相当于生料喂料系统的中间仓。

通过稳定仓料位的变化调节分格轮的转速，通过分格轮的调节稳定这个小仓的料位。稳

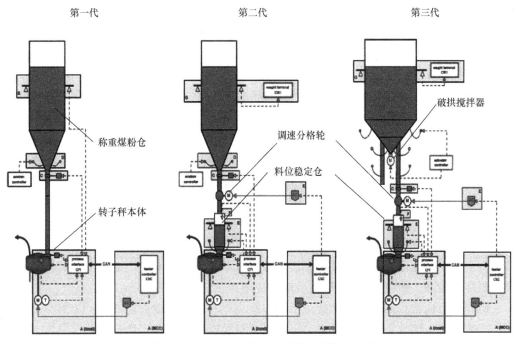

图 17-20　某公司煤粉转子秤给料系统的改进

定仓的料位是通过称重间接表示的，为了防止煤粉粘附对称重的影响，在稳定仓内特别设置了可贴壁回旋的刮壁曲杆。

17.5 粉煤灰、窑灰、矿粉等给料计量

粉煤灰、窑灰、矿渣微粉等，既是需要处理的工业废渣，又是水泥工业的原料资源，近些年在水泥生产中得到大量应用，不得不对其给料计量予以重视。

由于干粉煤灰、窑灰的细度较高、容重较小，倾泻性、自流性极好；对设备有较强的磨蚀性；又极易吸湿潮结、粘料、结团。所以在供给料和输送过程中，既容易扬尘、自流、冲跑料，又容易板结、起拱堵料、塌仓喷料，给计量和配料控制造成很大困难。

又由于工艺环境、使用要求差异较大，对控制精度要求一般也不像入窑生料和煤粉那样严格，导致了采用的给料计量设备多种多样。较为常用的有：螺旋秤、粉体物料定量给料（皮带）秤、固体流量计、粉研型转子秤、科氏力秤等，下面做一简单介绍。

图 17-21 螺旋秤给料计量系统

1. 螺旋秤给料计量系统

螺旋秤如图 17-21 所示，是在管螺旋给料机的基础上，基于悬臂式恒速定量给料秤的工作原理，设计开发的给料计量设备。系统主要由给料螺旋、计量螺旋和配套的电气检测控制装置组成。我国于 20 世纪 70 年代中期化工冶金行业开始研制试用螺旋秤，从 80 年代中期建材行业开始研制、应用螺旋秤。

螺旋秤具有设备结构简单、制造容易、价格便宜，设备高度很小、安装简单、布置方便，系统完全密闭无扬尘、漏料问题，对物料和环境适应性很强，操作简单、维护容易、维修量小等特点。这些特点很适宜粉煤灰、窑灰、矿粉等物料的计量和配料要求。但有些产品设计不够合理，有些供给料系统不能保证连续、稳定、可控地给料，造成计量精度低、稳定性差，甚至不能正常运行等情况，选用时应注意以下问题：

① 螺旋秤有"短螺旋秤"和"长螺旋秤"之分。所谓"短螺旋秤"，指计量螺旋秤体以支点为中心前后重量基本平衡（包括配重），进出料口距离很短，一般只有 1.0m 左右；所谓"长螺旋秤"，指不考虑秤体自重平衡，根据需要确定螺旋进出料口距离。

短螺旋秤主要应用在 20 世纪 80 至 90 年代，规格也仅有 $\phi 250mm$ 和 $\phi 360mm$ 等少数几种。由于计量螺旋承物段过短，螺旋间隙又较大，极易发生物料自流和冲跑料，往往无法控制料流，更谈不上准确计量；称重传感设置方式也不理想，容易受震动冲击影响，零点波动较大，损坏率较高。所以，从 90 年代后期已逐渐被长螺旋秤替代。

长螺旋秤可以根据需要确定螺旋进出料口距离，一般为螺旋直径的 8～12 倍左右。从而方便了工艺布置，增大了负荷采样量，提高了计量精度和工作稳定性；长螺旋秤体本身就有利于料流的控制，有利于克服冲跑料，同时也为进一步提高料流控制力采取"变距螺旋"

"上进料上出料"等措施创造了条件。

② 按支承方式，计量螺旋分为悬吊安装和支座支承安装，如图 17-22 所示。鉴于布置、安装、维护的方便性，目前以悬吊支承的较多。但悬吊支承安装方式的螺旋秤，由于在空间上处于悬浮自由状态，计量精度对秤体的震动十分敏感，这一点必须给予重视。

悬吊支承的螺旋秤如图 17-22（a）所示，由三根柔性索件吊挂安装，又有"全荷式"和"单荷式"之分。"全荷式"悬吊支承螺旋秤在每根吊索上均设置有称重传感器；"单荷式"悬吊支承螺旋秤只在出料端的吊索上设置一只称重传感器，而进料口处的两根吊索不设置稳重传感器。笔者认为，一般以"单荷式"比较合理，既简化了计重程序，提高了计重的灵敏度和确定性，又减小了进料冲击的影响，有利于零点稳定，还能减少不必要的投资。

支座支承的螺旋秤如图 17-22（b）所示，可采用轴承支承或簧片支承结构。其优点是结构简单、不怕粉尘、几乎不需要维护，秤体位置稳固、抗震减震性好、灵敏度高、性能稳定，有效减小了进料冲击、料柱变化和偏载的影响。因此，为了提高螺旋秤的计量精度和稳定性，应作为首选方案。

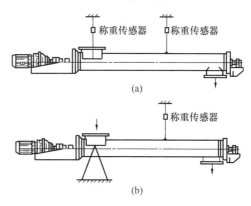

（a）悬吊式螺旋秤；（b）支座式螺旋秤

图 17-22　螺旋秤体的支撑方式

③ 预给料的连续、稳定、可控，是保证计量精度和稳定运行的基础，对于粉煤灰、窑灰等流动极好的倾泻性物料尤为关键。螺旋秤一般采用管式螺旋给料机给料，且多数采用单管螺旋机，但也有采用双管螺旋机给料的。双管螺旋给料机具有进料口尺寸较大、有利于料仓的顺畅下料的优点；但其一般进出料口距离较短，对料流的可控性较低，传动系统稍显复杂，容易发生故障。综合比较，还是单管螺旋给料机更好一些。另外，建议采用较大的矩形进料口和圆管形出料口，有利于下料通畅和对接安装。

螺旋的进出料口距和结构需充分考虑实际物料的特性，物料流动性好时，进出料口距应适当长一些，反之可短一些，一般为螺旋叶径的 8～12 倍左右。对于粉煤灰、窑灰等流动性极好的物料，应采用阻断螺旋结构，甚至上进上出的溢流结构，以防止冲料跑料；对于矿粉和其他流动性较差的物料，应采用变螺距螺旋结构，减小料流的前进阻力，以防堵卡料。

④ 从力学角度看，计量螺旋是以支点为轴的悬臂梁，若要保证准确测定物料负荷，必须保证进出料口等不受外力干扰，最好完全处于自由状态，所以做好和维护好螺旋秤进出料接头的软连接非常重要。但国内大多数螺旋秤的软接头较短，结构简单粗糙，软接头上容易粘料积料，容易导致软连接头变短、变硬以至失效，对称重测量产生不可忽略的干扰。

⑤ 基于螺旋秤的结构和工作原理，其计量精度具有很大的非线性，这是普通螺旋秤计量秤精度不高的主要原因之一。目前，国内已开发有"智能称重控制器线性校正"技术，能对螺旋秤的非线性进行在线校正，显著提高了螺旋秤的计量精度。

2. 粉体物料定量给料秤给料计量系统

粉体物料定量给料秤除了导流进料斗外，其他部分与块粒状物料调速定量给料秤完全相同，但它必须配置预给料装置。粉料定量给料系统主要包括：预给料装置、粉料秤体和电气测量控制装置。预给料装转置一般采用输送斜槽＋流量阀、星形叶轮给料机和管式螺旋给料机等，在前面已有较详细的专题论述。对于粉煤灰、窑灰和矿粉等物料的给料计量，建议优先选用螺旋给料机给料，如图 17-23 所示。

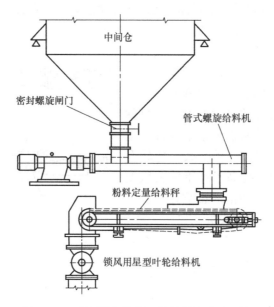

图 17-23　采用螺旋给料机的粉料秤计量系统

　　粉料秤计量系统具有设备比较简单、空间高度小、安装维护方便、设备价格便宜、对物料适应性强、运行稳定可靠、计量控制精度高的优点；最主要优点是直接测量料流的速度和负荷，皮重很小，测量信号较大，称重传感器容量较小，所以测量调节范围很宽；对物料水分含量、夹杂物、粒度变化等要求不严，这些是其他计量设备难以媲美的。

　　但粉料秤一般不能严格密闭，容易跑料、扬尘，设备体积也较大；粉料秤要求供给料必须连续、稳定、可控，给料稳定正常是准确计量、稳定控制的基础。由于皮带速度较慢，物料在皮带上相对静止，正常情况下皮带上没有冲跑料和扬尘问题，但在物料从皮带上卸料下落时会有扬尘，此处需做好导料，排气收尘。

3. 其他给料计量系统

　　粉煤灰、窑灰、矿粉等，这些物料多数是开放性运输进厂，易混入异物、硬质块状物导致冲击卡堵，其粒度、水分含量的变化较大，且这类物料富含玻璃体微粒，对设备的磨损性或粘附性很强。

　　由于其容易冲击卡堵、磨损或粘附检测溜槽，难以保证足够的计量精度和运行稳定，所以在这些物料的给料计量系统中，固体流量计已很少被采用。

　　倒是粉研型转子秤和科氏力秤还有一些应用，主要是基于系统的密闭性、防尘性好，在供给料稳定的正常条件下，可以保证较好的计量精度，一般都采用价格较便宜的国产产品。但与螺旋秤和粉料秤计量系统相比，由于其设备较复杂、占空间高度较大（一般在 3m 左右）、价格高出 3～4 倍左右、对物料的水分含量、粒度、杂物限制较严，故还是少用为好。

第 18 章　谈谈余热发电的有关问题

在水泥行业的人看来，余热发电已经不是什么新事物了。但这并不能说明我们已经弄得很好，或者说没多少事可做了。梯阶取热、分级用热、280℃以下余热的再利用，好些事我们都还没怎么着手。对于余热发电的考核，可能也还不怎么科学。

水泥窑余热发电的原则是不能影响水泥生产。我们在尽量降低水泥窑系统余热的情况下，充分将水泥窑余热用于发电，当然不是让水泥窑给发电系统去创造余热，更不是为了给多发电创造条件去牺牲水泥窑的稳定运行。

如果煤耗没有因多发电而增加，就应该努力多发电；如果煤耗在多发电的同时还在减少，这不仅说明余热潜力挖得对，更要查找余热多的原因并提出降低的措施。如何用好篦冷机的废气对余热发电至关重要，从篦冷机梯阶取热到余热锅炉分级用热就成为了必要，那么可行性又如何呢？

有人认为，任何补燃的做法都是在创造余热，不但不能提高原有的余热利用率，而且只能为窑增加更多难以利用的余热。但事实却是，烧成热耗的降低，少数企业只能减少 280℃（C_1 出口温度）或多数企业 325℃ 以上的余热，那这个温度线以下的余热用不完怎么办？补燃的目的正是在创造条件利用这部分现有纯低温余热发电技术用不完的余热，那在补燃之外是否还有其他的利用措施呢？企业不应该把自己禁锢在"余热发电"这个小概念上，必须把自己放在"综合能效"这个大概念中。

事实上，在水泥工艺没有把热耗降低到 710kcal/t（2969kJ/t）熟料以下之前，我们可以挖掘的最大潜力应在 114kWh/t 熟料以上，而我们现在采用的纯低温余热发电才仅仅挖掘了 40kWh/t 熟料左右。我们的思路能不能再开阔一些，不该让剩余的 70 多 kWh/t 熟料的热能在我们眼皮底下白白地"蒸发"了。

关于余热发电的考核问题，争论已非一日，因为余热发电与烧成煤耗有分不开的关联。是以多发电为主，还是以降煤耗为主？考核目标不一样，其结果就会不一样。我们的考核该把大家导向何方呢？

18.1　余热发电与熟料烧成

我们讲"余热发电"与"火力发电"的不同，在于一个是"余热"一个是"火力"，主要是热力系统的不同。进一步讲就是热源的不同，"余热"这个热源与"火力"相比，品质要低得多，利用起来要复杂得多，也就成了搞好余热发电的关键所在。

1. 余热发电对熟料烧成的影响与控制

水泥窑余热发电原则上要求不影响水泥生产，但在一条完整的熟料生产线上，无端地在窑头、窑尾各串接上相应的余热锅炉，已经改变了原有的工艺系统，对熟料烧成不产生任何影响实际上是不可能的，但设计上要将影响控制到最小，包括后续的优化改造。

确切地说"熟料烧成"与"余热发电"是主副关系，余热发电这个"毛"是依附于熟料烧成这张"皮"上的，俗话说"皮之不存，毛将焉附"，所以搞好余热发电的前提是必须先搞好熟料烧成，而且不得影响熟料烧成的正常生产。

在系统设计和建设完成以后，后续的运行管理及具体操作，也存在一个相互影响的问题，只有把这些不可避免的影响搞清楚，才能在相权决策上分清主次、保住根本，才能在搞好熟料烧成的情况下力争多发电。至于具体影响的部位、影响的程度、控制影响的措施，这里列举一些如下，供权衡决策时参考：

（1）窑尾高温风机：在窑尾SP锅炉几何结构、导流板布局、受热面配置、清灰除灰、废气管道设计合适、漏风控制较好的条件下，窑尾高温风机负荷将有所降低；但反过来讲，一旦这些条件恶化，将会加大窑尾高温风机负荷，就有可能影响到熟料烧成。

（2）增湿塔：余热发电的投入或解出对后续废气的温度有很大影响，要及时跟进调节增湿塔的喷水量，直至停止或全开喷水，以减小对后续设备和系统工况的影响。

（3）生料磨及煤磨：余热发电的投入或解出，将导致两磨的烘干废气温度产生较大幅度的变化，需要根据其温度的变化及时调整废气量进行弥补，或调整粉磨系统的运行方式，确保其产品的水分含量达到控制要求。

（4）窑尾收尘：如果采用电收尘，温度和水分含量都将影响到废气的比电阻，对其收尘效果总是有影响的，但由于各厂条件的不同其影响程度也不同；但如果采用袋收尘，一般余热发电对提高收尘效果是有好处的。

（5）窑头收尘器：余热锅炉（AQC）能起到对废气降温和预收尘的作用，能降低收尘器的工作温度、减轻收尘器的除尘负荷；但如果在篦冷机有喷水操作，在需注意收尘器的结露问题。

（6）窑系统操作：由于窑系统增加了两台余热锅炉，而余热锅炉废气不但取自水泥窑系统，而且还要送回水泥窑系统，因此势必需要增加窑系统窑头、窑尾、废气处理、生料粉磨、煤制备系统的操作环节。

2. 失去了熟料烧成也就失去了余热发电

余热发电的基础是水泥窑提供的余热，在工艺和装备已经定型的情况下，运行效果与窑操的操作密不可分，如何在中控室获取理想的操作效果，直接关系到余热发电的运行情况和经济效益。

实际上，对于余热发电窑的操作，是既复杂又简单。说复杂，是因为操作员被局限在既有的水泥窑和余热发电的工艺和装备上，如果对存在的问题不进行技术进步和改造，他所能发挥的作用是有限的；说简单，是因为余热发电要的无非是"供给锅炉足够稳定的温高量足的废气"，而满足这个条件的最佳措施，就是优化和稳定水泥窑的运行。

既然是水泥窑余热发电，余热发电就是以水泥窑废气余热为基础的发电，没有水泥窑的稳定运行，就不可能有稳定的废气余热，稳定的余热发电也就无从谈起。比如，喂料和喂煤的质和量的稳定与否，直接关系到能否"供给锅炉足够稳定的温高量足的废气"。它的波动必将导致锅炉温度的忽高忽低，严重时将导致发电系统时而排气运行，时而解列停运。相反，如果熟料系统生产稳定，锅炉与汽轮机的运行负荷就会稳定得多，发电系统就能发更多的电。

操作员的职责是在尽量降低水泥窑系统余热的情况下，充分将水泥窑余热用于发电，当然不是让水泥窑给发电系统去创造余热，不能为了给多发电创造条件而牺牲了水泥窑的稳定运行。否则，只能是为了多发电而牺牲了水泥窑，牺牲了水泥窑而导致了少发电，以多发电出发而以少发电告终。

例如，某生产线为了多发电，没有考虑自己原煤水分含量高，而且煤磨烘干能力不足的实际情况，盲目地将去煤磨的烘干用风改为发电用风，结果导致煤粉水分含量达到 4% 以上，窑内火焰黑火头变长，破坏了窑的原有热工制度，入篦冷机的熟料温度降低，入 AQC 的废气温度降低，这不是对余热发电"釜底抽薪"吗？改造的结果，不但影响了熟料的产质量，降低了余热发电的发电量，还导致了熟料电耗和煤耗的增加。

诚然，如果煤耗没有因多发电而增加，就应该努力多发电；如果煤耗在多发电的同时还在减少，这不仅是说明余热潜力挖得对，更要查找余热多的原因并提出降低的措施了。但这不影响在降低余热以前，还是应该把这部分浪费的余热尽最大可能地利用起来。

3. 对余热发电和熟料烧成都有利的措施

除去余热发电系统本身的问题外，在与熟料烧成的关系上，优化和稳定水泥窑的运行是提高余热发电的最佳途径。除此之外，我们还可以考虑如下对两个系统有益或无害的措施：

（1）及时跟踪和调整配料方案，控制合适的熟料结粒，这对优化发电供风和熟料烧成都是必要的。

（2）对余热发电来讲，更适合于高 KH 高 SM 配料方案，较高的烧成温度会产生较多的余热，这也正是预分解窑的优点所在。事实已经证明，双高配料有利于熟料强度的提高，较高的熟料强度有利于节能降耗和综合利用。

（3）适当控制水泥窑冷却带长度，充分发挥篦冷机的作用，优化发电供风，同时改善熟料质量和熟料的易磨性。

（4）调整篦冷机各室供风，在不影响水泥窑运行的情况下，优化发电供风。

（5）调整平衡篦冷机各段速度，优化各段料层厚度，优化发电风温。

（6）细化和优控篦冷机的供风系统，强化高温区的冷却效果，减少低温区的冷却用风，提高二三次风温，提高入 AQC 的废气温度，既有利于提高余热发电量，又有利于改善熟料的质量和易磨性，降低熟料的烧成电耗和煤耗。

对于篦冷机的操作，还要在温差和热焓间做好平衡，加大风量能提高废气的热焓，但必将导致废气温度的降低，而且增加了熟料烧成的电耗。

电能虽然来源于热焓，但离不开它们之间的转换。提高风量能有效提高热焓，但也能有效降低废气温度，减小锅炉的换热温差，继而减小锅炉的换热效率，最终导致发电量的降低。

18.2　梯阶取热与分级用热

目前的水泥窑纯低温余热发电，热力系统采用较多的是"双压系统"和"窑尾蒸汽到窑头进一步加热"的设计，应该说比以前优化了许多，也取得了明显的效果，但还有进一步优化的空间，还有大量的工作可做。如能将窑头余热进一步细分，把短缺的优质余热分离出来，用于锅炉的关键部位，就是所谓"篦冷机的梯阶取热与 AQC 的分级用热"。

1. 梯阶取热的必要性

水泥窑余热发电的热源，目前由预热器出口废气和篦冷机出口废气两大部分构成。其中，以篦冷机的出口废气贡献最大。

预热器废气量一般占到总废气量的 50%～60% 之间。虽然量大但温度相对较低，而且由于还要考虑生料磨的烘干用风，余热发电利用后的温度还受到限制，一般可资利用的温度降为 325℃—200℃＝125℃。

篦冷机的废气量一般占到总废气量的 40%～50% 之间。虽然量少一些，但温度相对较高，而且对余热发电利用后的温度没有限制。可以根据锅炉的效率尽量使用，一般可资利用的温度降为 360℃—95℃＝265℃。实际上，篦冷机废气还要对窑尾锅炉的水加热。因此，如何用好篦冷机的废气，对余热发电至关重要。

进一步分析发现，预热器的出口废气总体上比较均衡，用不着区别对待。而篦冷机的出口废气则不同，它是由篦冷机各段不同温度的废气汇集而成的，从发电蒸汽工艺上具有分别利用的需求，从篦冷机几何结构上具备分别取用的条件。因此，就有了从篦冷机梯阶取热到余热锅炉分级用热的可能与必要。

由于篦冷机的形式和性能不同，以及各公司的管理和操作存在差异，这里只能大致做一下篦冷机的用风分析，以图给出一个优化概念。优化前篦冷机内的温度分布如图 18-1 所示，其中实线为熟料温度，虚线为气体温度。由图 18-1 可见，优化前煤磨的取风温度达 500℃ 以上，而实际煤磨用风的上限又设置为 300℃ 左右，这就构成了优质余热的浪费。

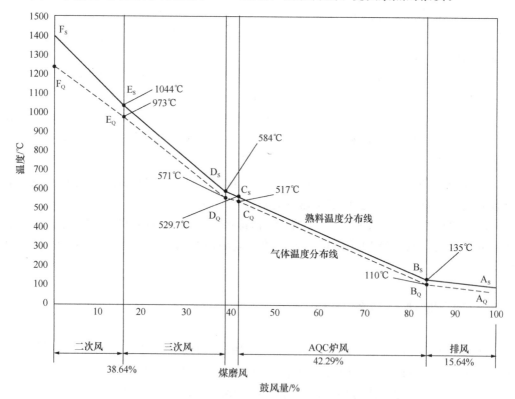

图 18-1　优化前篦冷机内的温度分布及使用图

在图 18-1 中有以下设定：篦冷机的进料温度为 1400℃，用于煤磨烘干的热风温度为 544℃，篦冷机的出料温度为 100℃，篦冷机的排气温度为 100℃，篦冷机的总鼓风量为 2.0948m³/kg 熟料。其中，用于窑用二三次风 0.8094m³/kg，合 38.64%；煤磨用烘干风 0.0719m³/kg，合 3.43%；AQC 锅炉用风 0.8859m³/kg，合 42.29%；余风外排 0.3276m³/kg，合 15.64%。

优化后篦冷机内的温度分布如图 18-2 所示，其中实线为熟料温度，虚线为气体温度。由图 18-2 可见，将煤磨取风温度由 544℃区段移到 270℃的区段，使进入 AQC 的最高热风温度由 517℃提高到 571℃。废气温度的提高意味着废气热焓的增加，将促使 AQC 的蒸汽量增大，最终提高发电能力。

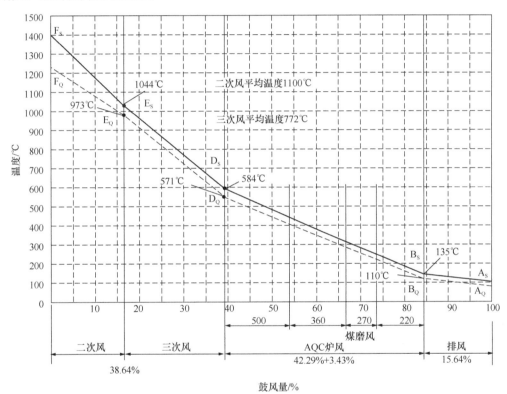

图 18-2　优化后篦冷机内的温度分布及使用图

2. 分级用热的可行性

优化前 AQC 锅炉的蒸汽工艺如图 18-3 所示，来自于汽轮机的冷凝水先进入 AQC 的水加热段，加热后的水一部分进入 AQC 的蒸发段，另一部分被送到窑尾 SP 锅炉的蒸发段，在蒸发段产生的蒸汽再分别进入各自的过热段，由 AQC 和 SP 产生的过热蒸汽混合后到汽轮机发电。

进一步分析 AQC 的热力过程，大致可以分为三个阶段：

① 把 60℃的回水加热到 169.8℃、0.789MPa 的饱和水，需要的热焓为 467.18kJ/kg；
② 将 169.8℃的饱和水转变为饱和蒸汽，需要的热焓为 2049.52kJ/kg；
③ 将 169.8℃的饱和蒸汽加热为 345℃的过热蒸汽，需要的热焓为 383.48kJ/kg。

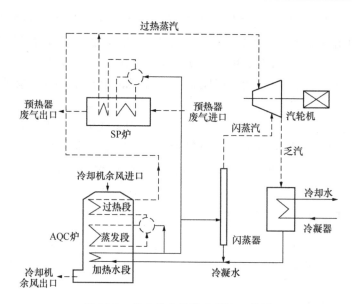

图 18-3 优化前余热发电蒸汽工艺图

考虑 AQC 还承担了 SP 的水加热过程,大致设定为 AQC 的 1.5 倍,则加热 SP 锅炉的饱和水需要热焓 700.77kJ/kg。由此可以算出 AQC 各阶段的热力负荷所占的比率为:加热段 32.43%、蒸发段 56.92%、过热段 10.65%。

由此可见,对 AQC 来讲,其三个加热段的热力负荷是不同的,需要的温度也是不同的,而且最需要高温的过热段其用风量又最小;篦冷机的废气又是可以按量和温度切割使用的,这就使 AQC 的分级用热成为必要和可能。在不提高废气温度的情况下,通过优化用热提高 AQC 的效率,进而提高发电能力。设想篦冷机的梯级取热和 AQC 的分级用热示意图如图 18-4 所示。

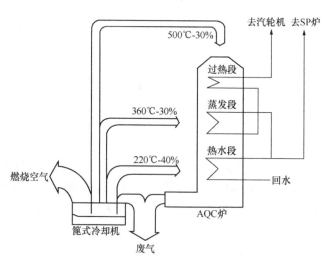

图 18-4 篦冷机梯级取热和 AQC 分级用热示意图

图 18-4 中的 500℃高温废气比率设得偏大,主要是为了与现有用风工艺衔接,为保守起见不至于变动过大,在通过实际使用积累一定的经验之后再进一步优化缩小。

从另一方面讲，也是为了给 360℃ 废气留一些富裕空间，以确保煤磨烘干用风的特殊需要。此外，通过分级用风优化以后，使原来由于温度低而废弃的窑筒体高温段散热，可以绕开过热段直接进入蒸发段使用成为可能。

要实现梯阶取热的有效利用，就涉及到锅炉的分级换热问题，就需要对 AQC 锅炉进行一定的分级用热改造。这里有 AQC 锅炉分级用热改造的两个方案可供参考，如图 18-5、图 18-6所示。

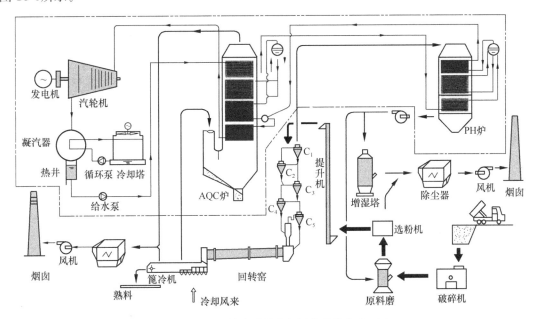

图 18-5　AQC 热力系统分级用热优化方案（a）

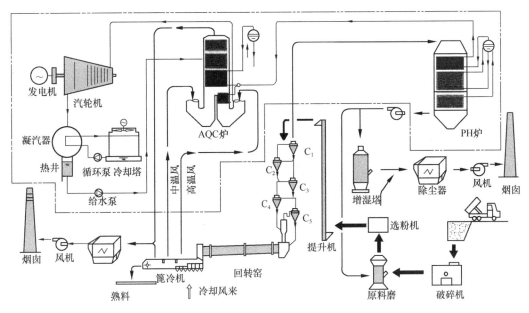

图 18-6　AQC 热力系统分级用热优化方案（b）

3. 先行一步的梯级取热

AQC 锅炉的分级用热尚处于萌芽阶段，特别是牵涉到锅炉的设计与改造问题，又是"安全第一"的问题，水泥企业是无能为力的，只能希望锅炉行业的专家和制造厂能够积极推进，国家也给予政策上的扶持。

在目前还没有分级用热的情况下，篦冷机及其外延（窑头罩、三次风管、窑头废气系统）的梯级取热，已经在部分公司得到部分实施并取得了一定效果，下面就是一些具体的措施：

（1）将余热发电在篦冷机上的取风口一分为二，实现高温废气与中温废气的分开使用，进一步提高锅炉的蒸发能力。

（2）在篦冷机篦上的二、三段之间加隔墙，防止三段低温废气串入对二段中温废气的贫化。

（3）在篦冷机的低温区增加一个取风口，作为煤磨用风的主风源。原有中温区的取风口仅作调节温度使用，把原来用于煤磨烘干的中温风让给发电。

（4）进一步增加篦冷机一、二段的料层厚度（必要时须对篦下风机进行提压改造），加强熟料中热量的集中释放，提高余热发电取风温度。

（5）利用窑头排放的废气（还有 100 多摄氏度）作为篦冷机一、二段的冷却风源，抬高余热发电的取风温度，也减少了废气排放。某厂窑头废气循环利用系统取风点如图 18-7 所示，某厂窑头废气循环利用系统供风点如图 18-8 所示。

图 18-7　某厂窑头废气循环利用系统取风点

（6）如有必要，也可以在三次风管内或窑头罩内增设蒸发器；或直接取少量的三次风或二次风用于锅炉的蒸发段；或采用有利于综合利用的补燃措施。图 18-9 所示为某厂在三次风管上并联的蒸发器。

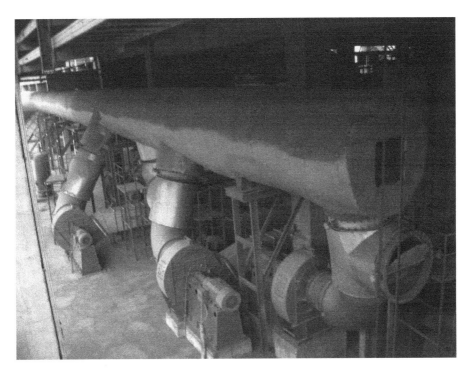

图 18-8　某厂窑头废气循环利用系统供风点

图 18-9　某厂在三次风管上并联的蒸发器

18.3 纯低温剩下的余热怎么办

纯低温余热发电就绝对不应该补燃吗？是啊，补燃就不是纯低温了，但为什么非要是纯低温呢？这个问题不太好谈，是一个敏感话题，国家的政策是明确的——不允许补燃。尽管私下也有一些人有不同的看法，但在公开场合，领导、专家、学者们都异口同声地不赞成补燃。

1. 被遗弃的纯低温以下余热

目前水泥行业应用的纯低温余热发电技术，各家不尽相同，但以蒸汽参数来分，基本上可以归为两类：一类为 0.69～1.27MPa、280～340℃的低压低温系统；一类为 1.57～2.47MPa、325～400℃的次中压中温系统。也就是说，对 280℃或 325℃以下的余热，很可惜被白白遗弃了！就是这个 280℃或 325℃的废气余热，也不是不够用，而是用不完，用不完也被浪费了。

就水泥行业来讲，现有的余热发电技术，不但有大量的低品质余热尚未能被利用，而且诸如预热器散热、窑筒体散热、空压机散热等，也是一块不小的资源。除少数企业冬季采暖利用了一部分外，大部分企业也都白白地浪费掉了。东北某公司利用窑筒体散热冬季供暖的情况，如图 18-10 所示。

图 18-10　东北某公司的窑筒体采热供暖系统

仅就烧成系统表面散热而言，有统计表明，表面散热损失占到了整个系统热支出的 8% 左右，相对于废气余热热损失部分的 25%，是一个相当可观的数目。其中，预热器系统散热占总散热量的 31%，回转窑筒体散热占 61%，冷却机和三次风管散热占 8%。

对于在基层的企业人来讲，他们是必须讲究实际的，浪费令他们心疼啊。你不让补燃，你又拿不出更好的办法，他们便"上有政策下有对策"，搞起了"变相补燃"，比较典型的如上文中图 18-9 所示，华北某厂就在三次风管上安装了换热器。

平心而论，笔者不赞成这种一刀切的"纯低温"政策，而且在多个会议上明确表示反对。"纯低温"不让补燃的目的是什么？

2. 不让补燃的理由

为什么不让补燃呢？因为余热发电属于小火电范畴，小火电效率低下，把有限的资源用于效率低下的小火电，就是浪费！听起来蛮有道理。

从具体装备上讲，水泥窑余热发电与小火电相比，确实有很多可以通用的设备，装备上确实属于小火电的范畴，事实上比现在要淘汰的小火电还要小，说你是小火电已经够客气了。

从热力系统上讲，尽管"余热发电"与"火力发电"都是热源发电，但各自所用的热源是不同的，一个是"余热"、一个是"火力"。"余热"这个热源与"火力"热源相比，品质要低得多，把它利用好要复杂得多。事实上，余热发电的热效率也确实无法与大火电相比，甚至不如小火电。

但是，从大道理上讲，余热发电不是小火电，是一项利国且利民、环保且创效、既节约资源又减少排放的技术，属于废弃物的综合利用范畴。

有的专家们认为："任何补燃的做法不仅是在创造余热，不在使用正经的热源，不但不能提高原有的余热利用率，而且只能为窑增加更多难以利用的余热。企业应积极采用降低热耗的各种措施，想方设法降低熟料热耗，让每吨熟料所需要热量降到 100kg 标煤以下。"

专家指出："尽管会降低发电量的考核指标，但却能使企业自身在市场上拥有更大的竞争实力。只有在单位熟料的热耗降到最低时，才应该再谈发电量的提高，现在还远不是煤耗降不下来之时，更不是应该鼓励多发电之日。无止境鼓励多发电，而不努力降低余热量，是最大的浪费。"

由此，有的专家提出要给余热发电设置上限，以防企业为多发电而变相补燃。说什么"目前的纯低温余热发电已经达到 40kWh/t 熟料，余热几乎挖掘殆尽，不补燃不可能再有大的进步，再多发就不是余热利用了，而是在变相补燃。"

3. 几乎挖掘殆尽了吗

至于纯低温余热发电达到 40kWh/t 熟料，余热是否已经真的"几乎挖掘殆尽"了呢？我们再来看看水泥熟料在生产过程中的热效率是多少，它浪费了多少能源，如果把这些浪费的能源全部转换成电，它又能够发多少电。

硅酸盐水泥熟料是由钙质原料、硅质原料、铝质原料、铁质原料的混合物，经高温煅烧形成的以硅酸盐矿物为主的多相组成烧结体。在高温热力学条件下，物料经过了扩散分解反应、固相反应、液相烧结等多个主控反应过程。

由于所用的原料不同，所得熟料的矿物组成有别，其理论热耗一般波动在 1630～1800kJ/kg 范围内（约 390～430kcal/kg），这与所采用的生产工艺没有关系。而我们现在的生产工艺，熟料热耗能达到 710kcal/kg（2969kJ/kg）熟料就已经是先进水平了。即使按这个先进水平讲，也就是说：现在熟料烧成的热效率约为 54.93%～60.56%；单位熟料浪费的热能约为 320～280kcal/kg（1338～1170kJ/kg）熟料；这些热能折算成标煤约为 45710～40000g 标煤/t 熟料；按国规发电对标系数 350g/kWh 折算，可发电 130～114kWh/t 熟料。

所以说，在水泥工艺没有把热耗降低到 710kcal/kg（2969kJ/kg）熟料以下之前，我们可以挖掘的最大潜力应在 114kWh/t 熟料以上，而我们现在采用的纯低温余热发电才仅仅挖掘了 40kWh/t 熟料左右，这怎么能说"几乎挖掘殆尽"了呢？

因此，还不能说我们今天的余热发电技术已经到顶了。纯低温余热发电不应该满足于现状，更不应该排斥其他非纯低温技术的采用。我们的思路应该再开阔一些，不该听任这剩余的 70 多 kWh/t 熟料的电能给白白地浪费了。

4. 再提高余热利用率的措施

其实，降低煤耗与补燃发电并不矛盾，你降你的煤耗，我补我的发电，各自都要搞好投入产出分析，包括整个水泥生产系统的能量平衡分析，一并追求资源利用的最大化，让两个最大化合成总体最大化。

按照现有的五级预热器预分解窑工艺，烧成热耗的降低只能减少 280℃ 或 325℃ 以上的余热，但减少不了 280℃ 或 325℃ 以下的余热。补燃也不是在创造余热，而是在创造条件利用余热。

就现有的水泥窑余热发电系统来讲，"低温余热"之所以不能被利用，主要是由于"蒸发余热"不足。补燃，并不是要给所有的余热补燃，而是通过给"蒸发余热"补燃来带动"低温余热"的利用。这种"塞翁失马"的买卖，焉知不能提高原有的余热利用率，又怎么会增加更多难以利用的余热呢？

就提高水泥窑系统的余热利用率而言，除了补燃提高发电量外，实际上还可作如下探讨：

（1）首先是纯低温余热发电技术的突破，把可利用的温度再降低一些。比如搞其他工质的朗肯循环，包括超临界 CO_2 循环。

（2）能不能搞一些低品质发电，用于一般的通风、照明、制冷、空调等对供电质量要求不高的装置上，比如螺杆膨胀机低温发电。

（3）能不能搞一点不纯低温，用少量的其他"综合利用资源"搞一点补燃，比如有机垃圾、煤矸石等。

（4）或者不发电，直接用汽轮机拖动设备。

（5）或者用于烘干、预热等其他工艺。

5. 替代燃料可否用于补热

有的专家讲：补燃就要消耗热值、消耗能源，"综合利用资源"也是能源。既然能把它用于补燃，也就应该能把它用于熟料烧成，国外搞的水泥窑"替代燃料"就是这个东西，国内的"替代燃料技术"也已开始起步。把烧成的"替代燃料"用在补燃上，不是浪费资源是什么？

这好像说得也不错，但仔细分析一下就会发现，水泥窑利用"替代燃料"并非那么简单，其对熟料质量的影响、对灰分的处理、对衬料的侵蚀等等，都不像用于补燃那么简单。

另一种说法是，这些"综合利用"燃料既然能直接提高发电量，就该用于发电厂，正规的发电厂要比水泥厂余热发电的能效更显著。实际上，"综合利用"的发电厂在国内起步并不晚，投运的项目也不少，包括煤矸石发电、包括垃圾发电，但目前都有一大堆不便明言的问题。

从另一个角度讲，包括使用"替代燃料"相对成熟的国家，水泥窑、发电厂等使用的"替代燃料"都还有限，消耗量小于产出量。"补燃"并没有与其争夺资源，相反是在帮助其共同消化废物，这有什么不好呢？

6. "烧放活发"四合一循环利用工艺

前几年我们的黑矸石确实在减少，部分地区甚至已找不到了，但这不是因为煤矸石发电厂把它吃掉了，而是因为煤炭市场的火热，也不知从哪个环节把它破碎后煤化了，我们搞水泥生产的应该深有体会。随着煤炭市场的降温，现在的黑矸石又多起来了。

实际上，这里有一个水泥窑"烧放活发"四合一循环利用工艺，能利用煤矸石的热值促进低温余热的利用，应该不算"补燃"了吧，如图18-11所示。水泥窑通过旁路放风能利用有害成分高的原材料，生产低碱等优质熟料。高温的旁路放风能促进煤矸石的燃烧，提高煤矸石的燃尽率用于发电，活化后的煤矸石可作为水泥混合材使用。高温的旁路放风通过煤矸石燃烧的进一步加热，可以生产高品质的蒸汽，带动熟料烧成系统超低温余热的利用。

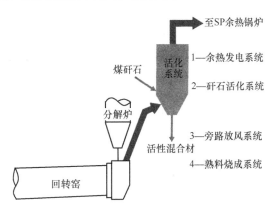

图18-11　水泥窑"烧放活发"四合一循环利用工艺

企业不应该把自己禁锢在"余热发电"这个小概念上，而必须把自己放在"综合能效"这个大概念中。如果"补燃"能增加综合能效、降低综合能耗，就应该适当补燃，国家制定有关政策的目的也无非如此。

7. 有机工质循环发电技术

有机工质循环发电系统，是区别于传统的以水（蒸气）为循环工质的发电系统，采用有机工质（如R123、R245fa、R152a、氯乙烷、丙烷、正丁烷、异丁烷等）作为循环工质的发电系统，由于有机工质在较低的温度下就能气化产生较高的压力，推动涡轮机（透平机）做功，故有机工质循环发电系统可以在烟气温度200℃左右，水温在80℃左右实现有利用价值的发电。

这项技术在发达国家是比较先进的应用技术。近年来，我国有的企业通过引进吸收，也掌握了这项技术，也有较优秀的产品在国内应用，比如西藏地区的地热（温泉）发电。

有机工质循环发电系统效率高、构成简单，没有除氧、除盐、排污及疏放水设施。凝结器里一般处于略高于环境大气压力的正压，不需设置真空维持系统。透平进排气压力高，所需通流面积较小，透平尺寸小，易于小型化设计制造，管理维护费用也低。

8. 二氧化碳循环发电技术

超临界二氧化碳循环发电系统，是以超临界二氧化碳液体为郎肯循环系统的工质，以二氧化碳透平专用涡轮机为核心技术的最新余热发电技术，被业界专家称之为"改变游戏规则"的技术。

超临界指的是气体和液体的界限消失，性质介于气体和液体之间的状态。二氧化碳在温度超过31℃和压力超过74个大气压时会达到超临界状态。

此发电系统在余热发电方面有较宽泛的应用优势，各项技术指标都优于目前使用的水蒸气郎肯循环系统和有机郎肯循环系统，特别是在发电效率和设备体积方面有着明显的优势，只是目前尚待成熟。

由于超临界二氧化碳的高密度液体使其具有更高的能量密度，意味着可以在不损失性能的情况下，使涡轮机、换热器和泵等器械的设计能够非常紧凑或体积变小，这样就会使整个系统的碳足迹更小，更符合当前人类活动的最新理念。

由于超临界二氧化碳循环发电系统是采用全封闭循环设计，在运行中不需要真空维持系统，其结构相对简单，没有蒸汽循环系统的水处理设备及相关的水处理技术管理人员，没有排污设备及相关的排污操作，简化了管理的程序，省掉很多的维护工作。与水蒸气循环发电系统相比，管理维护成本有较大的降低。

目前国内工业企业的 350℃ 以下的低温余热占余热总量的 60% 以上，因其利用价值较低，回收技术相对落后，回收率和回收价值低，且投资收回期长（6～7 年）而被大多数企业放弃。而超临界二氧化碳循环发电系统，适用于 200℃ 以上的热源利用，且效率高达 30%，在不补燃的情况下，可以进一步挖掘低温余热的发电潜力，对现实的水泥行业具有实际意义。

18.4　关于余热发电的考核

目前，大部分公司对余热发电的考核采用"吨熟料发电量"，应该说这个指标对余热发电非常重要，但仅仅在这个指标上考核未必就合适。在 2011 年 9 月 21 日的合肥"余热余压发电关键共性技术应用与研究研讨会"上，大家就提出了不同的看法。这里谈一下笔者的观点。

1. 几种考核方法的争论与质疑

关于余热发电的考核问题，争论已非一日，因为余热发电与烧成煤耗有不可分割的关联，特别在对一条线的运行考核上，是以多发电为主还是以降煤耗为主，其考核的导向结果是不同的。

笔者认为要根据具体情况具体分析，要互相兼顾，不应该因为重视了这一方面而否定了另一方面。放之四海而皆准的真理，对具体的情况而言，往往不是最佳的方案。

在"余热余压发电"合肥会议上，冀东水泥提出了"熟料标煤耗发电量"的概念，用于某条线的前后对比，考核其是否取得进步，是一个不错的想法。但对于集团内不同生产线的对比，就显出了它的局限性，由于其工艺、装备、原燃材料不尽相同，决定了它们的煤耗不可能相同。当煤耗降不下来时更应该多发电，更有条件多发电，如果强制地控制发电量，只能是造成人为的浪费。

冀东水泥提出"熟料标煤耗发电量"的本意是防止为提高发电量多烧煤，以便在降低煤耗的基础上多发电。后半句是对的，但前半句值得商榷。为什么要"防止为提高发电量多烧煤"呢？国家规定的发电对标系数为 350g/kWh，如果因为多烧了 300g 煤而多发了 2kWh 的电，又有什么不可以呢？事实上这种可能性是存在的。

笔者认为海螺水泥在会上的提法更科学一些：对 2005 年以前建设的窑，考核指标为 40kWh/t 熟料；2005 年以后建成的非四代箅冷机窑，考核指标为 37kWh/t 熟料；2005 年以后建成的第四代箅冷机窑，考核指标为 34kWh/t 熟料。

根据技术装备水平的先进程度，考虑它们具有的潜力大小，分别设置不同的考核指标，更具有可操作性，才不至于造成考核误导。举一个极端的例子，设计为四级预热器的窑，可以发电 44～46kWh/t 熟料，而设计为五级预热器的窑最多也就能发电 40～42kWh/t 熟料，不能按同一个"熟料标煤耗发电量"来考核。但这么具体的考核指标的制定依据又是什么呢？

目前即使配套了余热发电的水泥窑，仍然有大量的低品质余热未能被利用，所以余热发电的专家们才要搞什么"朗肯循环"。但在"朗肯循环"成熟以前怎么办？我们能不能利用少量的高温余热（可能导致少量的煤耗增加），去带动或者说激发一部分低温余热的利用呢（当产出大于投入时）？这一点，琉璃河水泥公司的余热发电已经给出了一个肯定的答案，是可以有所作为的。

2. 用熟料综合能耗考核更科学

问题是我们不应该把自己禁锢在"余热发电"这个小概念上，而必须把自己放进"综合能耗"这个大概念中。就现有的水泥窑和纯低温余热发电技术水平，正常的余热利用应该在 40kWh/t 熟料左右，再增加发电量就可能导致煤耗的增加。参照国家规定的 350g/kWh 的发电对标系数作为集团化的管理考核，为引导各公司寻求最低的综合能耗，应"以 40kWh/t 为基数，每多发一度电再奖励 350g/t 熟料的煤耗指标"，让各公司根据自己的实际情况追求最佳能效。

实际上，对某条水泥熟料生产线来讲，余热发电除了对煤耗有影响外，对熟料生产系统的电耗也有影响，余热发电的自耗电量也是一项指标。但不管是煤耗、电耗、余热发电、自耗电量，都是这条线的综合能耗问题。

我们很难把这些能耗分得清清楚楚，也没这个必要，更不能把熟料生产和余热发电割裂开来考核。如果我们不去细抠什么煤耗与发电，而是直接考核这条线的综合能耗不是更全面、更合理吗！

事实上这是行得通的最佳考核方法：

$$熟料综合能耗 ＝ 系统总煤耗 ＋ （系统总电耗 ― 余热发电） \times K$$

式中，系统总煤耗包括烧成煤耗、余热发电等增加的煤耗；系统总电耗包括烧成电耗、余热发电增加的烧成电耗、余热发电自耗电等；K 为煤电转换系数。

如果按国家规定的 350g/kWh 的发电对标系数，则 K 为 0.35kg；

如果以企业效益最大化考虑，按一般企业进厂煤价 0.8 元/kg、电价 0.6 元/kWh、余热发电综合成本 0.2 元/kWh 计，则：$K = (0.6 - 0.2)/0.8 = 0.5$kg。

进一步讲，就是在水泥窑余热发电上，如果"补燃或变相补燃"能降低综合能耗，就应该允许适当补燃。

当然，补燃不一定就是烧煤，生活垃圾、木业垃圾、矸石煤泥、工业有机垃圾、汽车轮胎、农业秸秆稻壳、食品工业的排渣等，都可以作为补燃的材料，既避免了这些垃圾对环境的影响，又增加了单靠余热发电没有用完的低温余热的利用，不是很好吗？

第 19 章　节能绕不过去的风机

风对于水泥生产是如此的重要。风从哪儿来，离不开生产风的风机。风机是水泥生产离不了的设备，到目前为止所有的水泥生产工艺，没有风机都将寸步难行，风机的装机容量占到水泥厂总装机容量的 25%～30%，这就是风机在水泥生产中的重要性！

同时，风机又是水泥厂最具节能空间的装备之一。不但其装机容量所占据的比率大，而且在选型时就考虑了最大需求，还留有一定的保守富裕；在生产过程中，由于受生产中多种复杂因素的影响，风机的实际运行负荷与装机容量偏离较多，一般都有约 15%～30% 的节能空间。由此可见，风机节能对降低水泥成本，提高企业竞争力，有着重要意义。

19.1　风机的重要性与技术性

搞水泥熟料烧成的，经常讲风煤料配合的重要性，可见风是熟料生产的三大要素之一。在熟料烧成工艺中，风不但是煤粉燃烧的必要条件，而且还对物料起悬浮、均化、流化、分散等传力作用，在燃料和物料之间还起传热、换热作用，其重要性不言而喻。

实际上远不仅如此，在熟料烧成工艺以外，原燃材料的烘干、磨内物料的卸出、粉磨系统的选粉、粉料的气力输送、生料库的搅拌均化、篦冷机的熟料冷却、生产环节的污染控制、某些工艺环节的助流防堵、除尘设备的清灰、某些设备的密封及冷却、某些执行机构的开关等都离不开风，或者还有气/压缩空气，但这都属于风。

1. 风机的重要性

用风就得有风机，风的重要性就是风机的重要性。对于水泥生产来讲，需要风机的地方实在是太多了，一个中等规模的水泥厂，仅就大型风机而言就有几十台之多，还需有多种规格的小型风机上百台。水泥生产线上的大型风机分布如图 19-1 所示。

尽管风机如此重要，但这个题目实在是太大了，鉴于篇幅所限不能全面铺开详谈，而且对水泥行业的读者来讲，也未必就有用、实用。还是压缩回来，拣一些实用的谈吧，比如大型风机（主要是离心风机），对水泥生产的能耗有着较大影响。节能是现代水泥生产的主题，这里重点谈这个问题。

以下结合图 19-1 具体谈谈离心风机对水泥生产的影响：

（1）原料磨循环风机，主要功能是输送生料气固混合物和分选出合格的生料成品，其系统压降很大。若生料粉磨采用立式辊磨系统，该风机是功率最大的风机。其实际运行功率与系统的漏风有密切关系，尤其是喂料口和排渣口的漏风，是一个常抓不懈的问题。

（2）预热器出口高温风机，该风机布置于预热器出口，主要功能是排出窑及分解炉燃料燃烧和生料分解产生的废气，为预热器系统中的气固换热提供悬浮动力。高温风机的设计及运行，对烧成系统的熟料产量及能源消耗有重大影响。若生料粉磨采用球磨系统，该风机的功率最大。

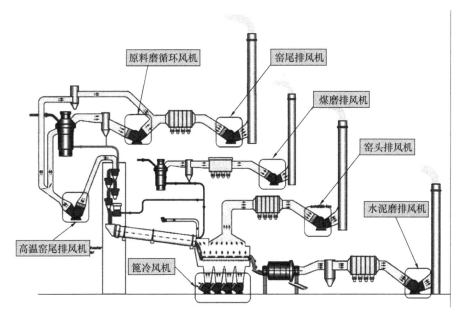

图 19-1 水泥生产线上的大型风机分布

（3）窑尾排风机（或称为原料磨排风机或烟囱风机），生产 1t 熟料约产生 2.2t 废气（成分主要是 CO_2、N_2、O_2、NO_x、SO_x），并含有一定浓度的粉尘，都需要经过该风机排出。

（4）窑头排风机（或称为冷却机废气风机），它将大约 1.8t 空气/吨熟料的多余冷却用空气排出系统，不参与燃料燃烧。该风机看似作用不大，实则与篦冷机及窑内的运行还是相关联的，特别是掉窑皮或跑黄料时，也只有它能维持窑头和篦冷机的负压，这可能导致安全问题。

（5）煤磨排风机，该风机虽然相对较小且有停机维护时间，但其故障停机有可能引起系统煤尘自燃甚至爆炸，牵涉到安全问题，故对可靠性要求较高。

（6）对于一条大型熟料生产线，受生产水泥的种类以及水泥磨产量的限制，一般设有 2～3 台水泥磨。每一套水泥磨系统，都有一台选粉风机和水泥磨风机；若采用辊压机联合粉磨系统，有 2 风机和 3 风机两种方案，当设有辊压机循环风机时，其磨损是比较严重的。

（7）篦冷机冷却风机，根据生产线规模设置，一般为 5～18 台之多，主要功能是为篦冷机输送能克服篦板和熟料层阻力的冷却空气，将熟料从 1300℃ 左右冷却至 100℃ 左右，对熟料进行急冷以保持住熟料中主要矿物（C_3S，C_2S，C_3A，C_4AF）的合适形态，这对保证熟料质量非常重要。

其他的作用还有，冷却过程同时可以保护篦冷机本身的设备及部件，冷却良好的熟料有利于后续设备的输送，冷却风与熟料进行热交换后用作二次风和三次风，可以改善烧成工况和降低煤耗。

尽管该风机相对较小，但对正常生产、熟料质量、煤耗电耗的影响却非常之大。如果设计及运行不好，将严重影响到系统能耗、熟料质量及其易磨性，会影响到熟料破碎、熟料输送等后续设备，有的企业甚至发生过水泥磨的喂料皮带秤被烫毁。因此，绝对不能小视这一堆不算太大的离心风机！

就水泥行业现有的篦冷机来讲，由于设计配置的依据都是投产前的经验性估计，与投产后的实际运行不可避免地存在偏差，所以绝大部分给篦冷机配置的风机不太符合实际运行工况，绝大部分篦冷机在投产后都进行过风机改造。那么，如何打破这种尴尬的局面呢？

如果在建厂初期，先由篦冷机厂商提供一批试配风机，经投产后标定核算、平衡校正，再重新配置正式风机；试配风机由篦冷机厂商收回，供下一个项目试用，就可将一个项目的风险分解给多个项目承担。事实上这不是给篦冷机厂商制造无谓的麻烦，而是为其提供一个有价值的服务商机！

（8）除了上述提及的主要工艺风机外，水泥厂还有 100 多台非工艺风机。这些风机中有的与袋收尘器配套对不同输送系统的粉尘进行处理，有的作为空气斜槽的充气风机，还有的用于冷却设备表面。

2. 风机的技术性

就一个系统的管理来讲，首先需要解决的是影响全局的重要问题，需要重视的是存在问题较多的重点和难点环节。有人认为，这个道理谁都明白，但重要的问题未必就是重点的问题——风机虽然对于水泥生产十分重要，但如图 19-2 所示，其原理简单、结构也不复杂，一般不会有什么问题，只要能运转、能满足生产需要就行了，这有什么好大惊小怪的？能有多少技术含量？

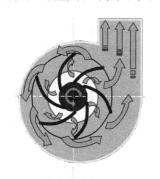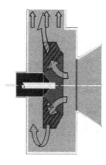

图 19-2 离心风机的简单原理和结构

显然，多数企业是这么想的、也是这么做的。你可能不大服气，但在国内除了拉法基的水泥厂以外，有几个公司是定期检测、评审风机效率的？有，但不多；偶然有，但不定期。更有甚者，某国际知名的大型风机公司可以为水泥企业的在用风机进行免费检测和评审，而且承诺保密不对外宣传、不附加任何条件，而一些公司的领导竟然将人拒之门外，继续自己的"鸵鸟精神"（鸵鸟遇到危险会把头埋进沙子里，以看不见为安全），信守"眼不见心不烦"、企图"不知者不怪罪"，这能说是对风机的重视吗？

我们实事求是地反思一下，从风机制造出厂开始，交货前制造厂会给一个风机特性曲线，这个曲线是不是这台风机的、做得准确性如何，我们在这方面关注了多少？风机在运输和安装中有可能变形，在安装中未必精准，都对风机的性能有重大影响，我们在安装、调试完成后，是否重新做过特性曲线？风机在使用中不可避免地会发生松动、磨损、变形，也对风机的性能有重大影响，我们是否又做过定期的检测、评审呢？

风机只要能运转、能满足生产需要就行了吗？事实上不然，风机作为完成水泥工艺的重要设备，消耗着整个工厂 1/3 左右的电能，是粉磨主机之后第二大耗电装备群，在节能降耗决定生存的现代水泥企业，能说其不重要吗？表 19-1 给出了两条生产线风机的规格及装机功率。

表 19-1　典型生产线的主要工艺风机的规格及装机功率

子项	工艺风机名称	工厂 D（3500t/d）			工厂 G（5000t/d）		
		流量 /（m³/h）	压力 /Pa	功率 /kW	流量 /（m³/h）	压力 /Pa	功率 /kW
	原料磨风机	490000	11500	2500	430000	10500	1800×2
烧成系统	尾排风机	688700	4000	1120	900000	3800	1400
	高温风机	679500	8000	2000	850000	7500	2500
	头排风机	447652	4000	800	620000	3500	900
	冷却风机 如：F1	18585	12360	12 台 1565	18478	12000	17 台 2011
水泥磨	辊压机循环风机				250000	3500	355×2
	选粉风机	165000	5650	400×3	231000	5800	560×2
	磨尾风机	57800	5650	160×3	72000	4500	132×2
煤磨	磨前风机	160000	2500	185	—	—	—
	排风机	144000	10300	710	90000	8000	315
主要工艺风机功率总计/kW		10560			12820		
全厂装机功率/kW		31800			41140		
工艺风机功率占全厂装机功率比率		33.2%			31.2%		

由表 19-1 可见，一条 5000t/d 生产线，总装机功率接近 41MW，主要工艺风机的总装机功率约为 13MW，约占总装机功率的 1/3 左右，已接近了磨机的装机功率，为第二大功率消耗设备群组。

风机的最佳运行点（最大效率）与其所在系统有着密切的关系，系统的风量、阻力、温度都对风机的最佳运行点有重要影响，而这些参数都是设计之初预先假定的，与生产中的实际情况存在着偏差，偏差的大小直接影响到风机的效率/电耗。因此，必须摸清情况才好确定是否存在问题、是否需要改造。

风机的选型是有一定富余能力的，但富余越多无功损耗就会越大，白白地浪费电能；当然可以加装变频或串级调速节能系统，但这是治标不治本的做法，降低转速后的风机其特性曲线变了，就不一定是在最佳点运行，而变频调速系统的故障率较高，本身还要耗能。

工艺管道上的大型离心风机的实际结构如图 19-3 所示，其导风筒、径向导风叶、风口盘、叶轮几何结构等，都有很高的技术含量，都对风机的性能有重大影响。不同厂家生产的同型号风机，具有不同的特性曲线，其效率是差别很大的。这就要求我们在选择生产厂家时不能重价格轻性能，还要对

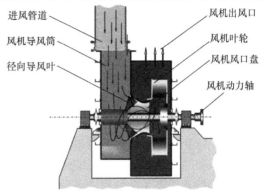

图 19-3　工艺管道上的离心风机实际结构

在用效率低下的风机痛下决心升级改造。

事实证明，制作一台高性能的离心风机并不是一件简单的事情，它需要不断的改进、完善、提高，需要长期的经验积累。它涉及到很多的不确定性流体力学，不仅需要尽可能地消除各种涡流、湍流、摩擦等浪费的功耗，又要受到工艺环境和现场空间的制约。

另外，机械加工能力也是制约风机性能的一个关键问题，机加能力往往制约着设计能力。风机的做功对象是风（气体），风是见缝就钻的。叶轮是高速旋转的，壳体和风口盘是固定不动的，它们之间应做到尽可能地无缝对接。间隙过大就会串风，串风就会泄压。在机加工质量不够高的情况下，间隙过小就会摩擦，摩擦不但有损设备，而且增加功耗。因此，做好一台离心风机并不是一件简单的事情，不是谁都能做好的，要承认存在着差距。

比如，我们常用的离心风机最大的技术问题就是风压上不去，所以我们在空压机的结构形式上选择了复杂的透平式或螺杆式，放弃了简单的离心式。然而，美国英格索兰的单级离心式空压机就可以做到 $25\sim850\mathrm{m}^3/\mathrm{min}$ 风量、$0.8\sim4.0\mathrm{MPa}$ 的排气压力，如图 19-4 所示。

4 个 MPa 呀！所以说，我们不能满足于现状。离心风机还有发展空间，还有可挖的潜力，我们还需要继续努力！

图 19-4　美国英格索兰公司的离心式空压机

19.2　风机对水泥生产能耗的影响

目前，在水泥生产中主要有三种类型的风机：离心风机、轴流风机、空气压缩机。空气压缩机，主要用于除尘清灰、空气炮助流、某些执行器或开关阀；轴流风机，主要用于冷却设备表面（如回转窑）以及某些场合的通风；直接用于工艺运行、而且是能耗大户的主要是离心风机，这里重点关注离心风机。

离心风机主要从其驱动电机获得能量，而后通过旋转的叶轮将动能传递给气体，以维持气体按预定的程序在工艺过程中流动和做功，其表象是将空气吹送进系统或将气体甚至固体颗粒一起带出系统。

1. 风机的特性曲线

每台风机都有自己的特性曲线，即风机压头与体积流量的关系曲线，如图 19-5 所示。当风机压头等于系统的压头损失（压降）时，系统达到一个平衡状态。风机特性曲线与系统压降曲线的交点即是风机在该系统的工作点，系统的压头损失就是系统压降，系统压降是超不过风机特性曲线的临界点的。

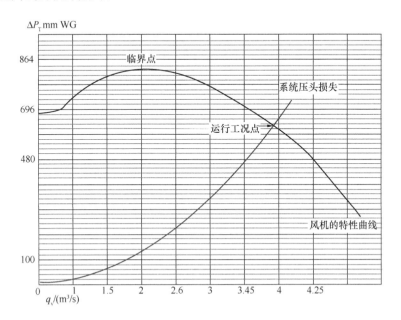

图 19-5　风机特性曲线

在实际应用中，风机的特性曲线不是一成不变的，会随着风机转速、风机进口阀门开度、气体温度及密度而变化，理论上系统的压头损失等于风机提供的功率，参见图 19-6。

由图 19-6 可见，若风机转速变化（图 19-6a），或风机进口百叶阀开度变化（图 19-6b），风机运行点将沿着系统压降曲线移动；若气体温度或密度发生变化（图 19-6c），风机特性曲线以及系统压降曲线将被改变。

对于固定转速的风机，当进口百叶阀开度从 100％关至 60％，按照风机的特性曲线，风

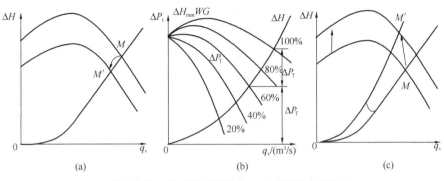

（a）转速变化；（b）阀门开度变化；（c）温度和密度变化

图 19-6　影响风机特性曲线的因素

机的压头将增大，体积流量随之减少，但作用于系统的压头不变，仍然等于系统阻力，系统的体积流量与风机流量等量减少。

这是因为风机在克服系统阻力之外，关风门产生的压降（ΔP_d）也需要风机克服，系统阻力与阀门阻力两者之和等于风机压头。这就是用调速装置来调节风机流量而不用阀门调节的原因，以此避免关阀门造成的能量损失。

2. 如何消除实际运行与设计的偏离

本章开篇讲到，风机在选型时就考虑了特殊工况的最大需求，而且还留有一定的保守富余。在生产过程中，由于受多种复杂因素的影响，其实际运行负荷与风机的固有特性偏离较多，一般都有 15%～30% 的节能空间。

那么，如何消除或减小这个偏离、减少能耗浪费，让其更符合实际需要呢？对一台已经在用的风机，在其使用能力（全压和风量）能够满足系统需要的情况下，需要调整的主要是风量，而且一般是减小风量。

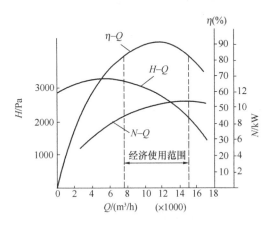

图 19-7　某风机的特性曲线

风量和风压是沿着风机固有的特性曲线运行的，需要指出的是，风机在其特性曲线上的不同点运行时其效率是不一样的。特性曲线在其最大效率点附近有一个可以接受的"经济使用范围"，出了这个范围就会导致风机运行效率的过度下降，增大不必要的浪费。举例说明，某风机的特性曲线如图 19-7 所示。

满足生产需要、减小风量的办法主要有三种：①在风机的进风口设置调节阀；②给风机配置调速系统；③改造或更换风机。那么，这三种方法哪一种更合理呢？在具体的决策过程中，不仅要考虑节能效果的对比，还要考虑不可回避的投资问题。

（1）在风机的进风口设置调节阀，通过增加风机的工作压力，使其沿着特性曲线降低风量，这是最简单、也是早期最常用的方法，如图 19-6b 所示。这种方法是人为地给风机增加系统以外的负荷，增加的这部分负荷对于系统来说是没有意义的，没有意义的负荷就是一种浪费，所以就有了调速和改造两种措施。

（2）就调速与改造对比，调速虽然不会降低风机效率，但也不会提高风机效率，只能提高风机的系统效率，而且投资较大，自身还要耗电，使系统复杂化，增加了维护维修费用；改造或更换更接近实际工况的风机，不仅投资较小、系统简单、不增加维护维修费用，而且在提高系统效率的同时，还可以顺便采用更新的风机技术，提高风机本身的效率。

3. 风机的效率诊断

工艺风机是水泥厂的第二大功率消耗设备群，如果要节电，就不仅要直面其存在的问题，还应在专家的帮助下积极地去发现问题和解决问题。只有进行定期的检测和评审，尽最大努力掌控风机效率及其系统效率，并与基准风机效率进行比较，才能及时地发现问题和采取措施，避免不必要的能源浪费。水泥厂的风机效率基准值见表 19-2。

表 19-2　风机效率基准值

风机名称	风机设计效率基准值
尾排风机（预热器废气风机）	＞80％
原料磨风机	＞80％
煤磨风机、球磨风机、高温风机、水泥磨循环风机	＞75％
头排风机（冷却机废气风机）	＞50％
一次风风机	＞60％
袋收尘器风机（电机功率 25～50kW）	＞65％
袋收尘器风机（电机功率＞50kW）	＞70％
篦冷机风机	＞80％

1）影响风机效率的主要因素

设计/制造阶段：风机壳体的设计，风机进风口、风机叶片的设计与机加工精度，电驱动方式（电机和调速装置）；

生产运行阶段：风机转速，叶轮上的灰尘沉积，风机壳体的损坏或变形程度，风机（即叶轮）使用时间，叶片尺寸的修改（有时改短或有时加长），性能曲线的运行工作点。

2）离心风机的运行规律（风机定律）

- 体积流量的变化与风机转速成正比；
- 风机压头的变化与转速的平方成正比；
- 风机功率消耗的变化与转速的立方成正比。

对于一定的技术水平和制造能力，在一定范围内制作的同类风机，其固有特性存在如下关系，详见表 19-3。需要指出的是，由于功率是风量与风压的乘积，三者都与转速成正比关系，所以风机转速的改变，不会导致风机效率的改变，或改变得很小，这是风机调速节能的前提和基础。

表 19-3　风机的 Q、H、N 及 η 与 ρ、n 及 D 的关系

	计算公式		计算公式
对空气密度 ρ 的换算	$Q_2 = Q_1$ $H_2 = H_1 \dfrac{\rho_2}{\rho_1}$ $N_2 = N_1 \dfrac{\rho_2}{\rho_1}$ $\eta_2 = \eta_1$	对叶轮直径 D 的换算	$Q_2 = Q_1 \left(\dfrac{D_2}{D_1}\right)^3$ $H_2 = H_1 \left(\dfrac{D_2}{D_1}\right)^2$ $N_2 = N_1 \left(\dfrac{D_2}{D_1}\right)^5$ $\eta_2 = \eta_1$
对转速 n 的换算	$Q_2 = Q_1 \dfrac{n_2}{n_1}$ $H_2 = H_1 \left(\dfrac{n_2}{n_1}\right)^2$ $N_2 = N_1 \left(\dfrac{n_2}{n_1}\right)^3$ $\eta_2 = \eta_1$	对 ρ、n、D 同时换算	$Q_2 = Q_1 \left(\dfrac{n_2}{n_1}\right)\left(\dfrac{D_2}{D_1}\right)^3$ $H_2 = H_1 \left(\dfrac{n_2}{n_1}\right)^2 \dfrac{\rho_2}{\rho_1}\left(\dfrac{D_2}{D_1}\right)^2$ $N_2 = N_1 \dfrac{\rho_2}{\rho_1}\left(\dfrac{n_2}{n_1}\right)^3\left(\dfrac{D_2}{D_1}\right)^5$ $\eta_2 = \eta_1$

注：Q—风机输出风量，通常指工况风量（m^3/h）；
　　H—风机产生的风压，这里指全压（Pa）；
　　N—风机的有效功率，称轴功率（kW）；
　　D—风机叶轮外径（m）；
　　n—风机转速（r/s）；
　　η—风机全压效率（％）；
　　ρ—空气密度（kg/m^3）。

4. 风机的系统效率与诊断

风机系统的总效率不仅与风机有关，还包括风机的驱动系统和风机所在的工艺系统，对这一点必须有一个清醒的认识，否则，想把有关风机的总电耗降到最低也是不可能的。

风机系统的总效率＝风机自身效率×风机驱动效率×工艺系统效率

风机自身效率和风机驱动效率与选配购置的设备特性和安装质量有关，在安装调试完成后只可能降低，不可能提高，在运行维护良好的情况下能基本保持不降低或少降低。而工艺系统效率则不同（如预热器系统），除部分取决于初始设计和安装施工外（旋风筒、内筒、连接风管等），还与系统的使用和维护有关（如系统的温度、固气比、漏风、结皮等），不可忽视这一块。

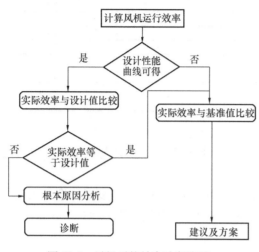

图 19-8　风机系统效率诊断流程

因此，要想把风机用好，就要定期对风机系统进行全面的诊断，对风机系统效率的诊断流程如图 19-8 所示。

19.3　天瑞荥阳循环风机改造案例

天瑞荥阳建有一条 12000t/d 熟料生产线，生料制备系统选用两套三风机工艺的 ATOX50 立磨，循环风机采用国内某知名企业规格为 3050 DI BB50 的大型离心风机，其设计风量 920000m³/h、静压 11000Pa、转速 994r/min、轴功率 3749kW，设计效率为 81.5%。

在熟料综合电耗分布中，生料制备的电耗占到 50% 左右。就立磨系统而言，与之配套的循环风机电耗又占到生料电耗的 40% 以上，可见循环风机效率的发挥对立磨系统的粉磨电耗有着重大影响。

天瑞荥阳立磨循环风机的效率到底怎么样？荥阳公司对 2015 年 1～7 月实际运行的生料电耗进行了单机统计，立磨循环风机的单机电耗如表 19-4 所示。单机统计表明，立磨循环风机平均电耗竟然高达 8.0kWh/t 生料，与目前行业先进水平的 5.8kWh/t 相比，存在较大的差距，应该具有较大的节能改造空间。

表 19-4　2015 年立磨循环风机单机电耗

月份	1月	2月	3月	4月	5月	6月	7月	平均
单位电耗/（kWh/t 生料）	8.0	—	7.9	8.1	8.5	7.9	7.9	8.0

1. 现场检测及改造方案的制定

为了摸清底数，找准问题所在，制定可行有效的改造方案，首先对立磨循环风机的运行状况进行了实测标定，其实测结果如表 19-5 所示。

表 19-5 立磨循环风机实测参数与设计参数的对比

参数名称	风机原设计参数		风机运行实测参数	
	单位	数据	单位	数据
进口流量	m³/h	920000	m³/h	828479
风机入口静压	Pa	−11000	Pa	−10313
全压升	Pa	11500	Pa	9338
电机功率	kW	4000	kW	3495
轴功率	kW	3749	kW	—
电流	A	273	A	232
转速	r/min	980	r/min	980
效率	%	81.5	%	61.5

从实测结果看，标定风机流量为 828479m³/h，低于设计的 920000m³/h；标定全压为 9338Pa，低于设计全压 11500Pa；实际运行效率只有 61.5%，远低于设计效率 81.5% 的水平。

注意，这并不足以说明风机的质量有问题，没有达到它的设计效率。足以说明的是，风机的设计与现场实际存在较大的偏离，没有运行在风机的最大效率点上。该风机设计选型偏大，存在严重的大马拉小车现象，风机的运行工况严重偏离了风机性能曲线。

依据现场标定结果，以及对实际运行工况的分析，有三个节电方案可供选择，从可行性和投资效率上选择了第三个方案。三个方案分别为：

方案一：风机电机加装串级调速装置，投资约 110 万元，设计、安装施工周期约为 3 个月。变频调速投资大、自耗电多、故障率高，故选用串级调速，天瑞已有成熟的串级调速使用经验。

方案二：更换高效节能风机，投资约 60 万元，设计、安装施工周期约为 4 个月，需要进行管道、电机基础的改造施工。应该说这个方案比较彻底，投资也不算太高，但改造周期太长、生产经营上时间不允许。

方案三：切削改造现有风机叶轮，改造目标是降低运行功率 200kW。从设计、准备到切削实施，计划 6 天即可完成，而且不需要对现场管道进行改造，需要投入的资金（18.6 万元）也很少。

切削现有风机叶轮改造方案，具体由专业的风机制造厂编制，与业主方讨论认可后实施。其理论依据是"中高比转数（$Ns=85\sim350$）离心风机叶轮切削定律"（杨诗成，王喜魁. 泵与风机 [M]. 北京：中国电力出版社）。

中高比转数（$Ns=85\sim350$）离心风机叶轮切削符合以下定律：

$$P_1/P = (D_1/D)^2, N_1/N = (D_1/D)^3$$

式中：P、N、D 分别代表叶轮切削前的压差、功率、叶轮直径；P_1、N_1、D_1 分别代表叶轮切削后的压差、功率、叶轮直径。

需要强调的是，上述切削公式是近似的方向性经验公式，与各公司的实际情况可能有较大误差，在具体实施上要留有余地，稳妥地逐步推进。因此，特提出以下注意事项：

（1）风机叶轮切削节能改造，仅适用于中高转速（$Ns=85\sim350$）、叶轮前盘为锥形或弧形的离心式风机；

（2）切削时应留有余地，一般$(D-D_1)/D$不超过8%。切割要分2~3次逐步推进。每次切割后应经现场测试核算，以防切削过量致使风机的出力不够；

（3）具体切割叶轮时，只车削叶片，而不要车削前盘、中盘，以保持叶轮外径与导叶之间的间隙，维持对气流的引导作用；

（4）由于叶轮在切割后原有的平衡被破坏，所以切割后必须重新做静平衡或动平衡试验，否则会引起风机的振动和噪声。

2. 改造方案的实施和效果

2015年9月，利用检修停产机会对立磨循环风机分两步实施了叶轮切削节能改造，总体上取得了预期的效果。

首次将风机转子叶片长度切削了50mm。仅对叶片进行局部切割，保留了原风机的前盘和中盘，确保其对出口气流起到引导整形作用。第一次切削后的叶轮如图19-8上图所示。

第一次切削完成后，开车运行检测实际运行情况，确认了改造方案的正确性。然后，再借停机时间对风机转子进行了第二次切削，又将转子叶片长度切去30mm，第二次切削后的叶轮如图19-9下图所示。

第一次切削后的叶轮
风机转子叶片长度先切去50mm，保留原风机前盘和中盘未动

第二次切削后的叶轮
风机转子叶片长度再切去30mm，保留原风机前盘和中盘未动

图19-9　生料磨循环风机两次切削后的叶轮

立磨循环风机叶轮经过两次对转子叶片切削改造后，大大改善了风机的运行状态，各项性能指标均能满足工艺系统需求，风机系统运行平稳。改造前后的运行对比详见表19-6，具体表现为以下几点：

（1）风机的做工能力更接近生产工艺要求，风量调节范围和调节精度均有明显提高，使用更加得心应手。

（2）收到明显的节电效果，正常满负荷生产时的循环风机电动机功率下降约310kW，达到了降低200kW的改造目标，生料电耗平均降低1.1kWh/t。

（3）从4个月的实际运行情况看，运转流量降低、电流减小、轴功率下降，经济效益明显，经测算每年可节约电费128万元。

表 19-6　风机改造前后的运行对比

	技改前	技改后
循环风机功率/kW	3555	3240
进口风量/（m³/h）	828479	799980
风压全压/Pa	9338	12100
风门开度/%	55.4	75.0
台时产量/（t/h）	473	470
循环风机电耗/（kWh/t）	8.0	6.9

　　值得一提的是，改造是一个逐步渐进的摸索过程，不可能一劳永逸，不可以一步到位。通过本次改造，进一步摸清了该风机的特性和现场工况的特点，确认了存在的问题和改进的措施。

　　荥阳公司在与有关专家共同对本次改造进行总结分析后，又确定了进一步的改造方案：在保留现有壳体和基础不变的情况下，重新设计制作新的风机叶轮，利用检修时间只更换叶轮，投资约 31 万元，目标是再降低运行功率 200kW。

第 20 章　更适合水泥行业的串级调速

对于变频节能而言，大家都非常熟悉的应该是近 20 年电力节能措施方面的主打技术。水泥行业也是从低压变频器一直用到高压变频器，确实帮我们省了不少电，节约出不少利润，好处可谓多多。但现在回过头来看，变频节能还是有需增加防尘、散热降温措施，维护麻烦等缺点。

节能和减排是如今社会发展的主流，因而节能方面的技术也在日新月异地革新。20 世纪六、七十年就已有的串级调速技术，在几经波折以后，如今老树发新枝，已成为比变频器更适合在水泥厂使用的节能技术。

对此，你可能不了解，也可能不相信。没关系，接下来我们可以把变频调速节能技术和串级调速技能技术作一对比，从变流（控制）电压、变流（控制）功率、节电率、调速范围、调速精度、机械特性、谐波影响、系统功率因数、使用运行环境、制造成本、适用电机、系统运行维护量和费用、装置尺寸、安装和耗材等方面，逐一进行分析和比较。如有耐心，看完心里也就有个七、八分了。

到此，你可能还是不相信，说的都是纸上谈兵，"俺老板可是不见兔子不撒鹰的角色，就凭这咱们厂可不会去充当那试验品。"实际上，试验品已经轮不到你了，别人早已在窑尾废气风机、窑尾高温风机和生料磨循环风机上，将原来的变频调速改成了串级调速，运行参数、节能数据都写在后边了，你只需再花几分钟仔细琢磨琢磨。

20.1　并不陌生的串级调速

水泥厂的很多设备是有调节能力的，诸如风机需要通过阀门开度来调整风量，空压机和水泵需要通过开停设备来稳定压力，但闸阀的节流和设备的开停都造成了大量的电能浪费。实际上，这些问题都可以通过对设备调速予以很好的解决。

水泥行业是众所周知的用电大户，节能降耗是降低生产成本的重要措施。鉴于变频器具有连续稳定的调速功能，同时可实现大电机的软停软起，在国家政策的引导下，变频器调速得以迅速地推广普及。

然而，娇贵的变频器不太适合水泥厂的高温高尘环境。特别是到了夏天，要防尘就要搞密闭，密闭了就影响散热，就得给变频器装空调，或者搞水冷却，搞不好就要出故障，维护起来比较麻烦。那么，还有没有一种更适合水泥厂的调速技术呢？答案是肯定的，串级调速就是其中之一。

串级调速不但能实现变频调速的全部功能，更适合水泥厂的特殊环境，维护量小、事故率低，而且投资也要比变频器低得多。

1. 串级调速的起源与发展

串级调速源于英语"cascade control"，意为"级联控制"，指当异步电动机转子与外附的直流电动机两级联接所形成的调速。虽然后来改进，用静止的电力电子变流装置和变压器取代直流电动机，但串级调速的称谓被习惯地沿用下来。

串级调速理论早在 20 世纪 30 年代就已提出。到了 60～70 年代，当可控电力电子器件出现以后，这一理论才得到更好的应用。20 世纪 60 年代以来，由于高压大电流晶闸管的出现，串级调速系统获得了空前的发展，出现了实用串级调速系统。

我国是在 20 世纪 60 年代末期开始发展串级调速技术的。到了 70 年代后期，西安整流器厂首先推出了系列产品，以后其他厂家也相继推出了系列产品，主要应用于钢铁、化工、煤炭、纺织、给排水行业，当时串级调速系统功率已达 1900kW。到 80 年代，在我国已有相当的应用。

1984 年，当时的机械工业部发布了串级调速装置的电工专业标准。1990 年国家技术监督局批准了半导体变流串级调速装置的国家标准（GB 1266—90），规范了这类装置的设计、试验要求。

到了 20 世纪 90 年代，由于工业现场鼠笼式电机的广泛使用，变频技术发展迅速，仅少量串级调速系统被用于工业现场。

进入 21 世纪，由于串级调速自身固有的优势，以及绕线式电机技术的发展，串级调速才被重新关注，并成为现代高效电机调速的两大技术之一。

2. 串级调速的基本原理

串级调速又称为转子串附加可调电势调速，属变转差率调速。在电机转子回路中串入可吸收电转差功率的可调附加反电动势，通过控制附加反电动势的大小，改变转子回路电流、电磁转矩，进而调节电机转速，同时回收转子回路的转差功率，达到高效节能的目的。特别对于平方转矩负载（如泵与风机类负载），串级调速装置最大变流功率仅为电机额定功率的 14.815%，变流电压范围仅为 100～1500V。

高频斩波串级调速系统主要由启动单元、整流器单元、斩波单元和有源逆变单元组成。逆变单元的逆变角固定为最小安全值，由此产生一恒定的附加直流反电势 U_1，而等效电势 U 的调节由斩波器来完成。通过调节斩波器导通时间与斩波周期的比率（即占空比或 PWM 调制脉宽），来改变串入转子回路的等效电势的大小，从而改变转子电流和转差率，达到调节电机转速的目的。当系统使用逆变变压器将转子回路的转差功率吸收并回馈至电网时，称为外反馈式高频斩波调速，其原理如图 20-1 所示。

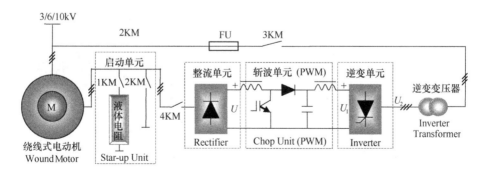

图 20-1　高频斩波串级调速系统原理图（外反馈式）

如果在电动机定子绕组嵌槽中同槽嵌放一个反馈绕组，则由定子铁芯中的反馈绕组和定子绕组构成代替了逆变变压器，将转差功率通过反馈绕组及定子绕组吸收并回馈至电网，这称之为内反馈式高频斩波调速，其原理如图 20-2 所示。

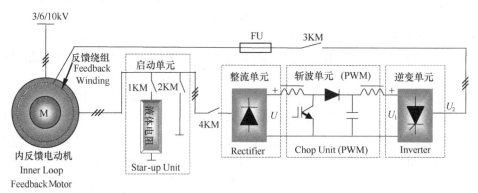

图 20-2　高频斩波串级调速系统原理图（内反馈式）

其中加有反馈绕组的电机称为内反馈电动机。通过增加内反馈绕组而省去了逆变变压器，同时也节省了相关的电气设备，使整个调速系统更为紧凑、简单。

3. 串级调速的系统构成

高频斩波串级调速系统工作原理框图如图 20-3 所示，系统构成如图 20-4 和图 20-5 所示，调速装置结构简图如图 20-6 所示，外反馈高频斩波串级调速系统典型电缆连接方式如图 20-7 所示。

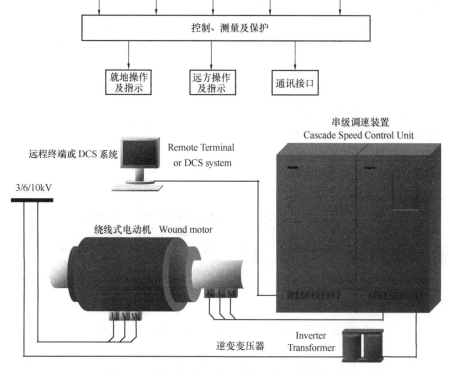

图 20-4　外反馈高频斩波串级调速系统构成图

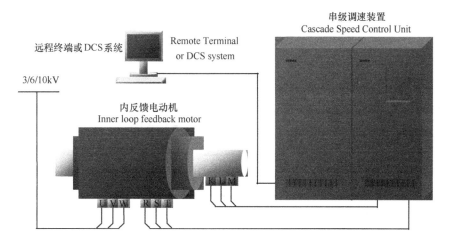

图 20-5　内反馈高频斩波串级调速系统构成图

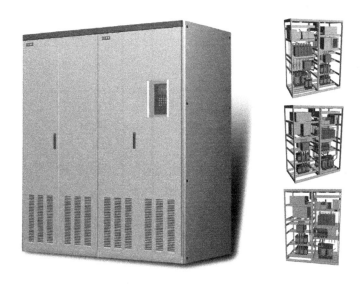

图 20-6　高频斩波串级调速系统结构简图

4. 串级调速的主要功能

（1）宽范围、平滑无级调速，双闭环控制，调速精度≥99.8%。

（2）调速装置自身功耗<1%电机额定功率，针对泵与风机类负载，达到目前节能调速类产品的最高节电率。

（3）开环/闭环、就地/远方、实验/工作、全速/调速、手动/自动等多种操作控制模式。

（4）既可直接进入调速工况，也可待电机启动全速后自动/手动转入调速状态。

（5）具有超远程监控功能。

（6）适应电网快切的功能。

（7）自动完成软启动过程，实现电机小电流、大转矩平稳启动。

（8）与任何集散控制、现场总线控制、集中控制系统的工业标准/非标接口无缝连接。

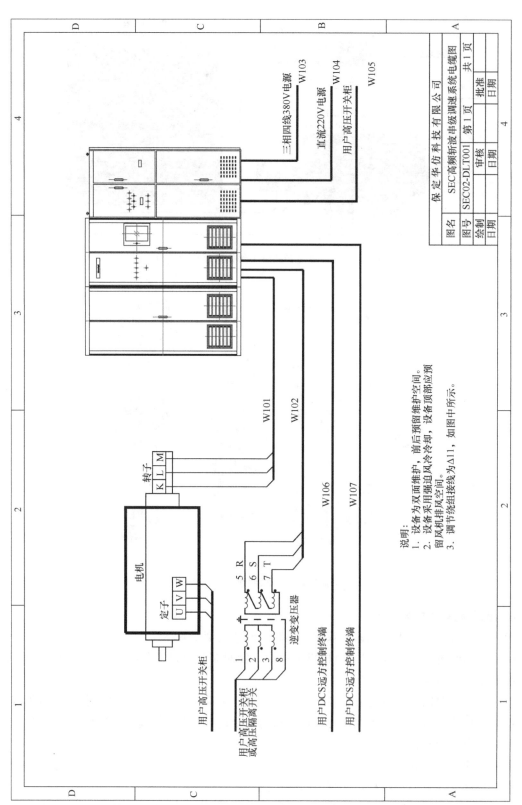

图 20-7 外反馈高频斩波串级调速系统典型电缆连接图

说明：
1. 设备为双面维护，前后预留维护空间。
2. 设备采用强迫风冷冷却，设备顶部应预留风机排风空间。
3. 调节系统组接线为Δ11，如图中所示。

（9）全面的故障诊断与实时保护功能（如直流过压、直流过流、逆变颠覆、快熔熔断、转子电流过流、反馈电流/电压过流/过压、缺相、超温等），保护动作时，自动切入旁路，电机或可保持原速运行或转为全速或停车。

（10）监控系统涵盖了完备的装置运行参数、工作状态、故障信息显示和与电机调速运行有关的所有操作。

（11）具有良好的硬机械特性和充分的过载能力。

（12）较少的占地空间，宽松的运行环境要求。

5. 主要技术参数

- 电机额定电压：3kV、6kV、10kV
- 电机额定功率：200～10000kW
- 调速范围：低限转速～100%额定转速，平滑无级
- 电机极数：4～24 极
- 额定频率：50Hz±2%
- 平均调速效率：$\eta > 99\%$
- 额定功率因数：>0.85
- 额定直流电流：315～3000A
- 额定直流电压：125～2500V
- 起动电流：≤1.2 倍的额定电流
- 谐波含量：≤3%
- 过载能力：≥1.8 倍的额定负载
- 调速精度：≥99.8%

20.2　串级与变频的技术比较

变频调速技术和现代串级调速技术都可以实现三相异步电动机平滑无级调速，但由于技术方法不同，带来各自的优点和缺点，现就主要的技术方面进行分析比较。

1. 变流（控制）电压的比较

变频与串级装置都是由半导体电力电子器件做成的变流器。由 p-n 结原理制造的各种半导体器件，都不容易做得耐压很高，因而对高电压的变流是变流器制造的主要困难之一。

1）变频调速

变频技术是将供电电源进行变流，因而变流电压是供电电压。就我们所讨论的高压电机调速而言，其电压是 6kV 和 10kV。由于目前大功率耐高压电力电子器件制造技术上的困难，难以承受 6kV 和 10kV 的高压，因而目前高压变频技术中多采用变压器分多路降压，分路多功率单元（变流单元）串联技术解决耐高压的问题。由于功率单元串联的均压和其他相关问题复杂，从而使变流电路变得复杂和故障因素增多，可靠性受到影响。

2）串级调速

现代串级调速的变流装置在转子回路，而电机的转子回路是低电压回路。转子的开路电压 E_{2E} 一般为几百伏至 1.5kV，而在转子回路经调速装置闭合工作时，实际回路工作电压 E_{2S} 还要乘以小于 1 的转差率：$E_{2S} = E_{2E} \times s$，所以一般其工作电压为几百伏至 1kV 左右。对

这样的电压单只半导体电力电子器件便可以承受。因而，其变流装置十分简洁，不存在串联的需要，器件选择可以有足够的耐压裕度，所以故障因素少，可靠性大大提高。

2. 变流（控制）功率的比较

由于大功率半导体器件制造上的困难，变流功率大是变流器制造时的又一主要困难。

1）变频调速

电网供给电机的全部功率都经过变频器，因而变频技术是电机全功率变流。就我们所讨论的高压电机而言，一般都是大功率电机，其功率范围在几百千瓦至上万千瓦。因而，变流装置的半导体电力电子器件又存在耐受高功率的困难。为此，在高压变频中同样采用功率分散变流的办法来解决，同样造成装置庞大、系统复杂和故障因素多、可靠性下降的问题，当然还有由此引起的下面将讨论的其他问题。

2）串级调速

由于串级调速技术工作在转子回路，电网供给电机的功率大多由转子变为机械功率输出驱动了负载。而输入串级调速装置进行变流的只是转子绕组回路中的转差电功率，是电机定子的输入功率减去机械功率。该转差功率的大小随负载性质不同而不同，随转速的变化而变化。例如，对最大量应用的泵和风机这类平方性转矩负载的拖动电机而言，其调速范围内的最大转差功率只是电机实际最大负载功率的 14.815%，或者说是变频变流功率的 14.815%。

因而，无论从泵、风机这类最大量的拖动负载角度讲还是特殊的负载，串级调速变流功率比变频要小得多，因而使装置简洁，故障因素少，可靠性可以更高。

变流电压的高低和功率的大小直接关系变流器（调速装置）制造的难易程度，为了更清楚地说明它们在这方面的区别，将两种调速装置在电机系统功率流中的安装位置分别表示在图 20-8 和图 20-9 中。

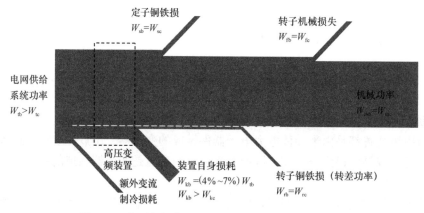

图 20-8 高压变频装置及电机系统功率流图所处位置

串级调速中不同性质负载的转子转差功率随转速（转差率）变化的计算公式如表 20-1 所示，曲线如图 20-10 所示。

表 20-1 串级调速中转子转差功率随转速（转差率）变化的计算公式

负载性质	转子输入功率 P_2	轴机械功率 P_M	转差功率 P_S	最大转差功率 P_{SM}
恒转矩	P_2	$(1-s)P_2$	sP_2	$1P_2$（当 $s=1$ 时）
线性转矩	$(1-s)P_2$	$(1-s)^2P_2$	$(1-s)sP_2$	$0.25P_2$（当 $s=0.5$ 时）
平方转矩	$(1-s)^2P_2$	$(1-s)^3P_2$	$(1-s)^2sP_2$	$0.14815P_2$（当 $s=0.33$ 时）

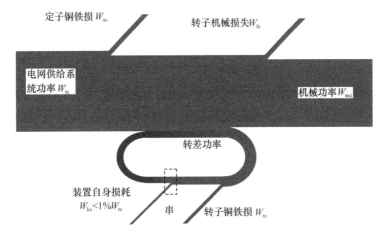

图 20-9　串级调速装置及电机系统功率流图所处位置

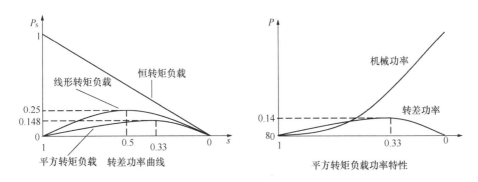

图 20-10　不同负载性质电机转差功率随转差率 s 的变化曲线

3. 节电率的比较

调速系统的效率决定了调速的节电率，而系统效率反映的是调速装置的效率，装置效率取决于装置（变流装置）的变流功耗，在相同变流技术条件下，变流功耗直接与变流功率的大小成正比。

1）变频调速

变频技术需变流电机的全功率，因而造成变流功耗大。不同的变频器变流技术水平不同，其变流功耗在电机功率的 $3\%\sim6\%$ 不等，效率在 $97\%\sim94\%$ 之间。

另外，作为大功率电机，$3\%\sim6\%$ 的变流功耗均变为大量的热量使装置发热严重，因而一般都要给变频机房加装相当容量的制冷空调以便将热量带走（以 1400kW 电机为例，1400kW 电机变频器机房内需配置功率约为 15 匹的工业空调），这些空调的功耗大约为电机功率的 $1\%\sim2\%$。因而高压变频器的使用效率应在 $93\%\sim95.5\%$ 之间。

2）串级调速

现代串级调速技术只变流 14.815%（泵、风机负载）的转差功率，因而，串级调速装置的功耗只是变频装置功耗的 15% 左右，其自身功耗不到电机额定功率的 1%，由于功耗小，因而装置发热量很小，在一般厂房温度下，不需空调制冷散热，因而其装置使用效率大于 99%，较变频的节电率高出 $3.5\%\sim6\%$。这对大容量电机是一个可观的数字。

4. 调速范围的比较

对调速范围的要求主要取决于生产工艺的要求。对一般绝大多生产工艺而言，三相异步机的调速范围要求在 $40\%\sim100\%$ 之间，只有极个别生产工艺有更低转速的要求。

1）变频技术

由于变频技术可以实现逆变频率自 $0\sim50\mathrm{Hz}$ 以上的变化，因而，变频技术可以实现零转速至额定转速，甚至超同步转速的调速，在极个别特殊生产工艺中有其优势。另一方面，由于大多使用三相异步机的场合，机械负载不允许超同步转速运转，以及过低转速只在启动过程中有一定意义外，其超同步调速的特点并无实际应用意义。

2）串级调速

现代串级调速中随串入反电势的大小，转速调整范围可以在零转速至额定转速间平滑无极调速，但串入反电势不能达到超同步转速。由于生产工艺实际需要的原因，绝大多数调速要求在 $40\%\sim100\%$ 之间（如风机，低于一定转速其出口压头将无法满足生产要求），因而串级调速的调速范围完全满足生产要求。串级调速技术也同样可以实现所谓零转速的软启动功能。

5. 调速精度的比较

对调速精度的要求同样依工艺要求不同而不同。可能除精密切割机械需要极高转速精度外，大多数泵、风机、轧制机械、牵引机械等对转速精度的要求并不高。

1）变频调速

变频技术的调速精度取决于逆变控制的精度，一般转速精度可达 99.8%。

2）串级调速

现代串级调速技术由于斩波频率的适度提高和优化设计技术的应用，系统的转速开环控制精度也已达 99.8%；如加入转速闭环控制，精度将进一步提高。

6. 机械特性的比较

机械特性是指在泵或风机等机械负载有扰动的情况下，调速系统抗击负载扰动和转速自平衡的能力。

1）变频调速

变频调速有硬的机械特性，具有一般抗负载扰动的能力，在小于最大允许过载量扰动下可以自平衡转速。

2）串级调速

现代串级调速同样具有硬的机械特性，同样具有抗一般负载扰动的能力。在小于最大允许过载量的扰动下可以自平衡转速。

7. 谐波影响的比较

电力电子变流是产生谐波的原因。因谐波会影响装置、电机和网上的用电设备，因而需将谐波限制在允许量内。变流产生的谐波功率与变流功率成正相关关系。

1）变频技术

变频技术是电机的全功率变流，且在电网和电机间进行，因而，在相同技术条件下变频器产生的谐波功率大，并已成为变频器制造中需突出解决的问题，所以变频器制造中需要采取一系列技术手段消除对网侧和电机侧的谐波功率的影响。由于谐波功率大，对高压变频器的安装和使用有一系列严格的要求和限制。

2）串级调速

由于串级调速装置的变流功率很小，因而变流产生的谐波功率相应也很小。另外，整流部分在转子回路进行，整流产生的谐波经转子、气隙向定子、电网侧的影响被进一步减弱。而逆变部分，一则功率小，二则可通过变压器绕组接线方式的变化而抑制主要谐波分量。如采用二级或多级逆变技术或最新多电平逆变技术，逆变谐波将十分小。目前即便采用普通的逆变技术，系统的谐波量均可满足国家标准要求。因而，在谐波控制上，串级较变频有着明显优势。

8. 系统功率因数的比较

用电设备功率因数影响本身效率和供电效率，因而要求较高的功率因数值。

1）变频技术

变频技术在变频中同时调压，从而保持系统有较高的功率因数，较好地解决了这一问题。

2）串级调速

现代串级调速采用了固定最小逆变角和斩波控制方法，已使系统功率因数大大提高。在不采取补偿措施的情况下，系统功率因数在向下调速中会有所下降。然而，分析其原因是在调速中无功功率下降较慢，而有功功率迅速下降所致，而不是系统自电网吸收大量无功造成的。在调速中定子电流随转速下降而下降。从这个角度讲，现代串级调速的使用不增加而是减小供电线路的负载和损耗。一般意义上讲，不加补偿装置，现代串级调速完全可以使用而不构成问题。

在对功率因数要求高的场合，可以在定子侧供电线路上加适当电容补偿便可容易地解决这一问题。因而，功率因数的问题不构成应用的问题。

9. 尺寸、安装、耗材的比较

1）变频调速

由于高压变频装置变流功率大，变流电压高，因而装置本身器件多，系统复杂，装置尺寸很大，装置的制造耗材多。一般 1400kW 左右的高压变频器装置净尺寸约为 4.4m×2m×2.2m（长×宽×高）。

2）串级调速

由于现代串级调速系统变流功率小和电压低的原因，装置本身结构简单，器件少，尺寸小得多。1400kW 左右的装置尺寸约为 2m×1m×2.3m（长×宽×高），是变频的 1/2～1/3。电机功率越大，尺寸的差距也越大。同样，串级调速装置的制造耗材要少得多，安装更为容易和方便。

10. 运行环境的比较

1）变频调速

由于变频装置的控制复杂性和高功耗，高压变频装置一般有严格的防尘和环境温度要求，一般需为其单独建造一间变频器机房，需要增加防尘措施，并使用大功率制冷空调（1400kW 电机变频器机房需配置功率约为 15 匹的工业空调）。

2）串级调速

由于其结构及控制简单，自身功耗很小，串级调速装置可安装运行于一般的泵房、风机房内。除灰尘过大的情况外，一般无需加防尘措施，也无需加装制冷设备。

11. 制造成本的比较

变频调速：由于装置的复杂和庞大，变频造价高。

串级调速：如前述的原因，装置造价要比变频装置低。

12. 适配电机的比较

1）变频调速

由于变频技术自电机定子侧施加控制，因而它适用于鼠笼式电机和绕线式电机，这也是变频技术最突出的优势。同时也要看到，变频技术的谐波问题对电机温度和寿命可能产生的影响。

2）串级调速

因串级调速自电机转子侧施加控制，因而须使用绕线式电机，从而带来绕线电机的滑环、炭刷的运行维护问题。这也是串级调速技术唯一难以避免的问题。

13. 维护量和费用的比较

系统的运行维护须全面综合考虑。

1）变频调速

变频调速系统应用于鼠笼电机的情况下，系统中鼠笼电机运行维护量较小，而维护量主要在变频装置的防尘除尘维护和空调制冷维护，这种维护是日常性的。由于变频装置造价高的原因，系统故障后的维修费用一般较高。

2）串级调速

由于使用绕线电机的缘故，绕线电机滑环和炭刷的部分在较长时间运行后需做维护工作。由于装置本身的结构简洁、功耗低、可靠性高，因而不需要防尘除尘、空调制冷等日常维护。同时，故障后的维修费用要低得多。

综上所述，现将变频调速与现代串级调速的综合比较汇总于表 20-2，以便读者总览参考。

表 20-2　变频调速与现代串级调速的综合比较汇总

序号	项目	串级调速系统	变频调速系统
1	控制电压	几百～1.5kV	6kV/10kV（为串级调速的 4/6.6 倍）
2	控制功率	$0.148P_e$（泵风机）	P_e（为串级调速的 6.74 倍）
3	装置效率	99%	94%～97%
4	调速范围	低同步以下	同步转速上下
5	机械特性	硬	硬
6	调速精度	高	高
7	装置尺寸	系统简洁、体积小	系统复杂、体积大（为串级调速装置的 3～4 倍）
8	运行环境	普通厂房（无需防尘、空调降温）	单独房间（防尘滤网、空调降温）
9	适用电机	绕线（滑环）	绕线、鼠笼变频机
10	谐波	不加滤波装置满足	加滤波装置满足

续表

序号	项目	串级调速系统	变频调速系统
11	功率因数	较低、但不增加无功	较高
12	维护难易	易	难
13	维护费用	低	高
14	适用容量	大	中、小
15	费用	较低	较高

20.3　水泥行业的应用案例

严格地讲，高频斩波串级调速并不是什么新东西，它的起步并不比变频调速晚，只是当时受到一些硬件的制约，成熟得没有变频调速早而已。随着近几年硬件的不断成熟，该技术正在逐步得到推广，只是在其他行业起步较快，而在水泥行业还用得不多。

华北某水泥集团公司 2010 年在于文化首席电气工程师的全方位推动下，进行了详细的对比分析与实际调研，慎重地引入了该项技术。于 2011 年 9 月，在其 W 公司 5000t/d 窑上，对 1400kW 窑尾排风机电机进行了试用改造，首次在水泥行业采用了高频斩波串级调速，取得成功以后，又陆续展开了推广应用。

通过总结分析这几年的运行情况，可得出以下结论。

（1）适用性：水泥现场粉尘较大，高频斩波串级调速系统因其发热量少，在普通厂房就能可靠运行，在水泥行业有其得天独厚的适用性；

（2）易用性：装置本身的结构简洁、功耗低、可靠性高，无需要防尘除尘、空调制冷等日常维护，极大地降低了维护工作量与人力成本；

（3）经济性：从理论分析以及在 W 公司中的实际经验可以得出，高频斩波串级调速系统节能效果更明显，并且是所使用过的高压调速系统中节电率最高的，能很好地满足水泥行业节能降耗的迫切需求；

（4）调速的平稳性与连续性：采用液阻启动方式，启动电流小，电机启动的冲击小。由全速转调速状态时，电机转速由最高转速平滑降至设定转速，电机转速变化连续性、平稳性好。同时调速系统温升不高，运行稳定可靠；

（5）调速的范围和精度：调速的范围宽，调速精度高，可每次调整 1 转。调速控制装置运行稳定，抗干扰能力强；

（6）电机温升：电机温度在 64～68℃之间，在正常范围之内，电机温升小，运行稳定可靠。

现就该项技术在该集团的使用案例进行介绍。

1. 在窑尾废气风机上的应用案例

W 公司 5000t/d 窑窑尾 1400kW 废气处理排风机节能改造——全速节流调节改为高频斩波串级调速系统转速调节。

1）电动机概况

W 公司的节能改造项目，是将全速节流调节改为高频斩波串级调速系统转速调节，如

图 20-11 和图 20-12 所示，被改造的电动机概况如表 20-3 所示。

图 20-11　W 公司水泥窑废气风机驱动电机

图 20-12　W 公司水泥窑废气风机串级调速系统

表 20-3　被改造电动机概况

项目名称	W 公司废气处理排风机调速节能项目		
负载名称	窑尾废气排风机	调速装置名称	高频斩波串级调速
电机型号	YRKK710-8	调速装置型号	W02－10/1400/8
数量	1 台	数量	1 套
电机额定功率	1400kW	控制电机额定功率	1400kW

项目名称	W 公司废气处理排风机调速节能项目		
额定定子电压	10kV	控制电机额定电压	10kV
额定定子电流	105A	额定直流电压	1941.3V
额定转子电压	1438V	额定直流电流	743A
额定转子电流	609A	谐波含量	≤3%
额定转速	774r/min	效率	99%
功率因数	0.82	调速方式	平滑无级
额定效率	94.0%	调速范围	387～774r/min
电机转速	387～774r/min	改造时间	2011 年

2）节能分析的模型建立

当风机采用挡板调节工质流量时，其实际风量、实际消耗功率等参数与扬程、风量、管路阻力特性、风机效率等因素有关。而这些特性随挡板的开度变化而变化，故理论计算功耗与风机实际消耗功率之间存在一定误差，模型计算结果基本上可满足工程实际需要。

根据流体力学、泵与风机理论，按照叶片式流体机械的相似规律，在工质密度变化不大的情况下，风机的流量 Q、压头（扬程）H、轴功率 P 与转速 n 之间有如下关系。

（1）输送工质流量与转速成正比：

$$\frac{Q_n}{Q_n'} = \frac{n}{n'} \tag{1}$$

（2）风机/泵耗功与转速的立方成正比：

$$\frac{P}{P'} = \frac{n^3}{n'^3} \tag{2}$$

故：在串级调速调节工况下，风机/泵功耗与输送工质流量关系近似为：

$$P_n = \left(\frac{Q_n}{Q_e}\right)^3 P_e \tag{3}$$

（3）全速挡板/阀门节流调节模式下，其风机/泵消耗功率计算经验公式为：

$$P_v = \left[0.45 + 0.55 \left(\frac{Q_n}{Q_e}\right)^2\right] P_e \tag{4}$$

（4）串级调速调节与全速挡板/阀门节流调节模式相比，在相同运行工况下所节约的功率为：

$$\Delta P = P_v - P_n = \left[0.45 + 0.55 \left(\frac{Q_n}{Q_e}\right)^2 - \left(\frac{Q_n}{Q_e}\right)^3\right] P_e \tag{5}$$

（5）在相同运行工况下，串级调速调节与全速挡板/阀门节流调节模式相比，节电率为：

$$\eta = \Delta P / P_v = 1 - \left(\frac{Q_n}{Q_e}\right)^3 \Big/ \left[0.45 + 0.55 \left(\frac{Q_n}{Q_e}\right)^2\right] \tag{6}$$

在以上各式中：

Q——风机/泵输送工质流量；

N——风机转速（r/min）；

P——风机/泵耗功（kW）；

Q_e——对应风机/泵输送工质的最大流量；

P_n——串级调速调节时风机/泵输送工质的流量；

P_e——对应风机/泵最大流量时的功耗（kW）；

P_n——串级调速调节时风机/泵功耗（kW）；

P_v——全速挡板/阀门节流调节时风机/泵功耗（kW）。

3）节能估算的边界条件

（1）按照全年运行 300 天，即 7200 小时计算；

（2）电价：0.563 元/度；

（3）考虑到设计裕度，假定挡板开度最大且电机全速运行时，P_e 为风机/泵额定轴功率（假设用户不考虑设计裕度，则风机/泵额定轴功率按照电机额定功率计算），此时对应工质流量为最大工况流量；

（4）风机的运行工况分别按照最大工况流量的 65％、75％及 85％估算；

（5）按照泵与风机理论，模型计算按照集总参数法考虑管网阻力特性。

4）节能效果估算

按照 W 公司 1400kW 废气处理排风机设备参数计算，其运行工况分别按照最大工况流量的 65％、75％及 85％估算。

（1）当风机出口工质风量为最大工况风量的 65％时，所节约功率为：

$$\Delta P = P_v - P_n = (0.45 + 0.55 \times 0.65^2 - 0.65^3)P_e = 0.40775P_e = 570.85(kW)$$

节约电量为：$W = \Delta P \times 7200 = 411.01$（万度）

节约电费：$E = W \times 0.563 = 411.01 \times 0.563 = 231.4$（万元）

（2）当风机出口工质风量为最大工况风量的 75％时，所节约功率为：

$$\Delta P = P_v - P_n = (0.45 + 0.55 \times 0.75^2 - 0.75^3)P_e = 0.3375P_e = 472.5(kW)$$

节约电量为：$W = \Delta P \times 7200 = 340.2$（万度）

节约电费：$E = W \times 0.563 = 340.2 \times 0.563 = 191.53$（万元）

（3）当风机出口工质风量为最大工况风量的 85％时，所节约功率为：

$$\Delta P = P_v - P_n = (0.45 + 0.55 \times 0.85^2 - 0.85^3)P_e = 0.23325P_e = 326.55(kW)$$

节约电量为：$W = \Delta P \times 7200 = 235.12$（万度）

节约电费：$E = W \times 0.563 = 235.12 \times 0.563 = 132.37$（万元）

5）节能分析

需要说明的是，因用于精确计算的某些参数用户难以提供，如管网较准确的沿程阻力、局部阻力、管道或挡板的漏风量、风机效率变化等，故上述的计算结果与实施串级调速调节后实际节能效果之间存在一定误差。但该误差满足工程需要，上述结论可用作串级调速节能方案论证的理论参考。

改造前后相关的参数对比如表 20-4 所示；窑尾风机全速运行，采用风门挡板调节流量（全速节流调节）与采用串级调速系统调节转速（转速调节）的实测运行数据如表 20-5 所示；实施节能调速后节电情况如表 20-6 所示；其转速-占空比和功率-占空比实测曲线分别如图 20-13 和图 20-14 所示。

表 20-4　改造前后相关的参数对比

项目	改造前	改造后
运行电流/A	75～78	56～61
有功功率/kW	1200	710
功率因数	0.97	0.9
转速/（r/min）	750	540
20 天累计耗电量/kWh	551256	336834
日平均耗电量/kWh	27562	16841
故障率	出现故障直接停车	出现故障无扰切换转全速运行
投资收益率	每月浪费 18 万元	3 个月收回投资

表 20-5　两种调节方式分别连续 7 天的运行数据

时间	全速节流日平均耗电量 /kWh	转速调节日平均耗电量 /kWh	调速比全速日节电率 /%
第 1 天	26538	13635	48.62
第 2 天	28464	16815	40.92
第 3 天	28812	17019	40.93
第 4 天	27447	17145	37.53
第 5 天	26313	16758	36.31
第 6 天	28374	19941	29.72
第 7 天	28197	17289	38.68
7 天累计耗电量	194145	118602	

表 20-6　实施节能调速后节电情况

电机功率	负载名称	改造前 日均耗电量 /度	改造后 日均耗电量 /度	日均 节电量 /度	年均 节电量 /万度	年均 节电费 /万元	日均节 电率 /%
1400kW	废气 排风机	27735	16943	10792	323.76	182.27	38.91

备注：全速节流调节改造为高频斩波串级调速系统转速调节。

电价 0.563 元/度，全年运行时间 7200 小时。

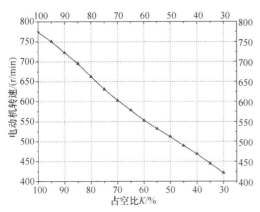

图 20-13　转速-占空比实测曲线

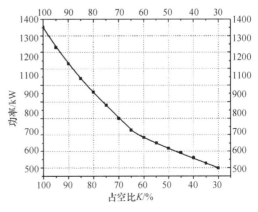

图 20-14　功率-占空比实测曲线

从表 20-6 可以看出，改造前即全速运行状态单靠风门挡板调节风量平均每天耗电 27562 度，平均功率 1148kW；使用串级调速设备进行调速后，靠降低电机转速调节风量时平均每天用电量 16841 度，平均功率 701kW，平均节电率 39%，按照电价 0.563 元/度，全年运行时间 300 天计算，窑尾排风机每年节约电费为：

$$(1148-701)\times24\times300\times0.563\approx181\ 万元$$

从运行数据的计算结果可以看出，窑尾废气排风机在经串级调速改造后，电机节能效果十分明显。

2. 在窑尾高温风机上的应用案例

S 公司 5000t/d 窑窑尾高温风机节能改造——液耦调速改造为高频斩波串级调速系统调速。

被改造的高温风机电动机情况如表 20-7 所示，采用高频斩波串级调速系统改造后的节电情况如表 20-8 所示。

表 20-7 被改造的高温风机电动机情况

项目名称	S 公司风机节能改造		
负载名称	窑尾高温风机	调速装置名称	高频斩波串级调速系统
电机型号	YRKK800-6	调速装置型号	W02-10/1000/4
数量	2 台	数量	2 套
电机额定功率	2800kW	控制电机额定功率	2800kW
风机轴功率	2130kW	控制电机额定电压	10kV
额定定子电压	10kV	谐波含量	≤3%
额定定子电流	196A	效率	99%
额定转子电压	2262V	调速方式	平滑无级
额定转子电流	762A	调速范围	596~993r/min
额定转速	993r/min	改造时间	2012 年
功率因数	0.865	改造后电机转速	760r/min
额定效率	95%	改造后运行电流	108A
调节方式	液耦调速		
电机运行转速	910r/min		
电机运行电流	125A		

表 20-8 高温风机采用串级调速改造后节电情况

电机功率	负载名称	改造前功耗 /kW	改造后功耗 /kW	年均节电量 /万度	年均节电费用 /万元	节电率 /%
2800kW	高温风机	1779.09	1625.59	107.45	65.97	8.62

备注：液耦调速改造为高频斩波串级调速系统调速。

电价 0.614 元/度，全年运行时间 7000 小时。

3. 在生料磨循环风机上的应用案例

G 公司 5000t/d 窑生料磨系统 3800kW 循环风机节能改造——全速节流调节改为高频斩

波串级调速系统转速调节。

被改造的循环风机电动机情况如表 20-9 所示，采用高频斩波串级调速系统改造后的节电情况如表 20-10 所示。

表 20-9　被改造的循环风机电动机情况

项目名称	G 公司节能改造项目		
负载名称	生料磨循环风机	调速装置名称	高频斩波串级调速
电机型号	YRKK900-6	调速装置型号	W02-10/1000/4
数量	1 台	数量	1 套
电机额定功率	3800kW	控制电机额定功率	3800kW
额定子电压	10kV	控制电机额定电压	10kV
额定子电流	266A	谐波含量	≤3%
额定转子电压	3060V	效率	99%
额定转子电流	760A	调速方式	平滑无级
额定转速	994r/min	调速范围	70%～100%
功率因数	0.87	改造时间	2012 年
额定效率	99.8%	改造后电机转速	870r/min
调节方式	全速节流调节	改造后运行电流	172A
风门开度	70%		
电机运行电流	206A		

表 20-10　循环风机采用串级调速改造后节电情况

电机功率	负载名称	改造前功耗/kW	改造后功耗/kW	年均节电量/万度	年均节电费用/万元	节电率/%
3800kW	循环风机	3105.6	2613.58	271.05	176.18	15.84

备注：全速节流调节改为高频斩波串级调速系统转速调节。电价 0.65 元/度。
　　　全年运行时间 5509 小时。

4. 对 Q 公司 4 台大风机的捆绑改造案例

华北某水泥集团公司，自 2011 年 9 月在其 W 公司 5000t/d 窑上，对 1400kW 尾排风机电机采用高频斩波串级调速改造取得成功后，就陆续在其他分子公司进行了推广应用，现就手头资料简单介绍一下其 Q 公司的改造结果。

该公司原料立磨 4000kW 循环风机、1 号水泥磨 450kW 循环风机、2 号水泥磨 450kW 循环风机，建厂的运行方式为液体电阻启动、启动后工频全速运行、风门挡板调节风量，不但运行电耗高，而且调节不便易造成风量浪费；2 号水泥磨 630kW 主收尘器风机，虽采用液力耦合器调速，但液耦本身耗损高、故障率也高。

该公司 2014 年对上述 4 台风机，采用 SEC 高频斩波串级调速进行了捆绑改造，改造后不但运行稳定、节电效果明显，而且降低了风机和电机的磨损，延长了设备的使用寿命。捆绑改造总投资为 112.41 万元，每年可节约电量约 378.68 万千瓦时，折合电费约为 227.2 万元，投资回收期约半年左右，改造前后的用电量对比如表 20-11 所示。

表 20-11　改造前后的月度用电量对比　　　　　　　　　　kWh

主机	原料立磨	1 号水泥磨	2 号水泥磨	2 号水泥磨
风机	循环风机	循环风机	循环风机	主收尘风机
改造前	2263080	200200	216000	360000
改造后	1991880	177150	192000	299000
节电量	271200	23050	24000	61000
节电率	11.98%	11.51%	11.11%	16.94%

第 21 章　水泥生产的脱硝问题

目前，选择性非催化（SNCR）脱硝措施已经在水泥行业得到强制推广，但大家用得怎么样，笔者没有做过调查，也就没有发言权。这里只讲一个真实的故事，说明并不是都用得很好。有一次我在山东开会期间拜访了一家水泥厂，到中控室一看，他们在线监测的 NO_x 排放量只有 $280mg/m^3$，氨水使用量只有 $150kg/h$。我问："检测系统有问题吗？"回答是没有问题，我说："你把氨水停了我看看。"操作员把氨水停了，NO_x 排放量反而降到了 $138mg/m^3$。我问："怎么解释？"大家默然。当然，这只是个别现象。

抛开使用情况不说，就单从脱硝能力和投资上来讲，似乎 SNCR 脱硝是一种比较适中的选择。但遗憾的是 SNCR 脱硝不仅能力有限，而且副作用较大，对水泥窑脱硝来讲，仍然是一种不成熟的过渡方案而已。事实上，SNCR 脱硝要发挥出最佳的效果，在技术上有两个难点，一是如何保证喷嘴始终处于温度窗口内，二是如何保证所有 NO_x 与 NH_3 有充分的时间进行接触。要解决好这两个难题，实际上是几乎不可能的。

SNCR 脱硝时，氨水消耗量巨大，一条 $5000t/d$ 熟料线，每小时就需要用 25% 的氨水约 $2.8t$。因为有 $2800kg/h$ 的氨水入炉，分解炉在用煤、用风上也要做必要的调整，熟料热耗也将直接增加约 $25kcal/kg$ 熟料，预热器废气量同时也增加约 $6000m^3/h$，排风机电耗会增加约 $20kW/h$。

SNCR 脱硝的不足在于大量使用氨水，搞不好会出现转嫁环境污染的行为。合成氨本身就是高污染产业，这种拆东墙补西墙的做法不一定明智；采用 SNCR 脱硝，氨逃逸在所难免，根据国家脱硫、脱硝工程技术研究中心的数据显示，SNCR 脱硝氨逃逸率可达到 $10\sim15ppm$。在解决水泥窑一种污染的同时，又造成了水泥窑的另一种污染。

SNCR 只能作为一项过渡措施，暂时满足现阶段的环保要求。随着环保要求的提高，单独依靠 SNCR 并不能稳定、可靠地实现减排目标，最终将采用燃烧工艺优化、分级燃烧等技术初步降低 NO_x 浓度，再采用选择性催化还原（SCR）技术进一步脱硝，才是切实可行的方案。

21.1　NO_x 的生成、分布与治理

窑炉内产生的 NO_x 主要有三种形式，高温下 N_2 与 O_2 反应生成的热力型 NO_x、燃料中的固定氨生成的燃料型 NO_x、低温火焰下由于含碳自由基的存在生成的瞬时型 NO_x。

1. 热力型 NO_x 的生成机理

热力型 NO_x 是在燃烧反应的高温下，空气中的 N_2 与 O_2 直接反应生成的。在以煤为主要燃料的系统中，热力型 NO_x 不是最主要的。一般燃烧过程中 N_2 的含量变化不大，根据泽里多维奇机理，影响热力型 NO_x 生成量的主要因素有温度、氧含量和反应时间。

热力型 NO_x 产生过程是强吸热反应，温度成为热力型 NO_x 生成的最主要的影响因素。

研究显示，温度在 1500K 以下时，NO 生成速度很小，几乎不生成热力型 NO；1800K 以下时，NO 生成量极少；高于 1800K 时，NO 的生成将以约 6～7 倍/100K 倍的速度增加。

一般废气中 NO_2 占 NO_x 的 5%～10%。温度在 1500K 以上时，NO_2 会快速分解为 NO；在低于 1500K 时，NO 将转变为 NO_2。排入大气中的 NO 最终生成 NO_2，所以在计算环境影响量时，我们还是以 NO_2 来计算。

可以说，窑炉内的温度及燃烧火焰的最高温度是影响热力型 NO_x 生成量的一个重要因素，也最终决定了热力型 NO_x 的最大生成量。因此，在窑炉设计中，尽量降低窑炉内的温度，并减少可能产生的高温区域，特别是流场变化等原因而产生的局部高温区。燃烧器设计中，要具备相对均匀的燃烧区域，以保证燃料的燃烧，为降低火焰的温度峰值创造条件。这些都是降低热力型 NO_x 的有效办法。

热力型 NO_x 的生成量与氧浓度的平方根成正比，氧含量也是影响热力型 NO_x 生成量的重要因素。随 O_2 浓度的增加和空气预热温度的增加，NO_x 生成量上升，但会有一个最大值，O_2 浓度过高时，过量氧对火焰有冷却作用。当利用空气燃烧时，O_2 含量增加意味着过剩空气系数增大，将带入更多吸热的 N_2，由此降低了火焰温度，NO_x 的生成量因温度降低反而会有所降低。

反应时间也是一个重要因素。热力型 NO_x 的生成是个缓慢过程，在高温区域，反应时间与 NO_x 生成量呈线性关系。窑炉设计中，应尽可能地减少燃料和介质在高温区域的停留时间，特别是在高氧含量高温区域的停留时间，可有效减少热力型 NO_x 的生成。在窑炉已成型时，在高温区域形成局部低氧或缺氧环境，在低温区域增氧，在保证燃烧充分的条件下，也可有效降低热力型 NO_x 的生成。

2. 燃料型 NO_x 的生成机理

燃料型 NO_x 是由燃料中 N 反应生成的。在以煤为主要燃料的系统中，燃料型 NO_x 约占 NO_x 总量的 60% 以上。燃料型 NO_x 主要在燃料燃烧初始阶段形成，主要是含氮有机化合物热解产生的中间产物 N、CN、HCN 等被氧化生成 NO_x。燃料型 NO_x 较热力型更易于生成。煤的氮含量约 0.5%～2.5%。

当煤热解脱去挥发分时，煤挥发分中的 N 一部分以胺类（RNH、NH_3）和氰类（RCN、HCN）等形式随挥发分析出。挥发分中 N 占煤中 N 的比率随煤种和热解温度不同而不同，其最主要的化合物是 HCN 和 NH_3。在 1800K 高温下，一般煤挥发分 N 转为 NO 的比率约 10%。

HCN 遇氧后生成 NCO，继续氧化则生成 NO。如被还原则生成 NH，最终生成 N_2。已经生成的 NO 在还原气氛下也可被 NH 还原为 N_2。NH_3 在氧化气氛中会被依次氧化成 NH_2、NH，甚至被直接氧化成 NO。在还原气氛中，NH_3 也可以将 NO 还原成 N_2。NH_3 可以是 NO 的生成源，也可以是 NO 的还原剂。

可见，挥发分中的 N 燃烧时，在氧化气氛特别是在强氧化气氛下，倾向于向 NO 转化；在强还原气氛下，其倾向于向 N_2 转化。

在实际生产中，燃烧过程大多数是在氧化气氛中进行的。由于反应和燃烧流场的复杂性，挥发分中的 N 不可能全部转化为 NO。即使在强还原气氛中，也不可能全部转化为 N_2，这取决于反应温度、氧含量、反应时间以及煤的特性。

焦炭中的 N 在燃烧时也可能生成 NO_x，一般占燃料型 NO_x 的 20%～40%。有人认为焦炭 N 可直接在焦炭表面生成 NO_x，或者和挥发分 N 一样，以 HCN 和 CN 的途径生成 NO。研究表明，焦炭 N 转变为 NO_x 是在火焰尾部焦炭燃烧区生成的，这一部位的氧含量比主燃烧区低，而且焦炭颗粒因温度较高发生熔结，使孔隙闭合，反应比表面积减少，相对挥发分 N 来说生成的 NO_x 量少些。即使在较强氧化气氛下，也会在焦炭颗粒周围形成局部还原区域，同时炭和煤灰中的 CaO 催化还原 NO_x，限制了焦炭 N 转化为 NO_x。

影响燃料型 NO_x 生成的因素较多，与温度、氧含量、反应时间及煤粉的物理和化学特性有关。

温度的升高对燃料型 NO_x 的生成量有促进作用。在 1200℃ 以下时，随温度升高显著增加；温度在 1200℃ 以上时，增速平缓。对于燃料型 NO_x，燃料中 N 越高、氧浓度越高、反应停留时间越长，NO_x 的生成量越大，而与温度相关性越差。

氧含量的增加，可以形成或强化窑炉内燃烧的氧化气氛，增加氧的供给，促进燃料中 N 向 NO_x 的转化。燃料型 NO_x 随过剩空气系数的降低而降低，在 $a<1$ 时，NO_x 生成量急剧降低。在氧含量不足时，氧被燃料中的可燃成分消耗尽，破坏了氮与氧反应的物质条件。在 $a>1.1$ 时，热力型 NO_x 含量下降，燃料型 NO_x 仍上升。

燃料型 NO_x 与煤的热解产物和火焰中氧浓度密切相关，如果在主燃烧区延迟煤粉与氧气的混合，造成燃烧中心缺氧，可使绝大部分挥发分氮和部分焦炭 N 转化为 N_2。

不同种类的煤，挥发分含量、氮含量等差异较大。通常挥发分和氮含量高的煤种生成的 NO_x 较多。煤粉细度较细时，挥发分析出速度快，燃烧速度快，加快了煤粉表面的耗氧速度，使煤粉颗粒局部表面易形成还原气氛，产生抑制 NO_x 生成的作用。煤粉细度较粗时，挥发分析出慢，也会减少 NO_x 的生成量。特别是对劣质煤或是着火点较高的煤，这种情况会更明显，可依据窑况和 NO_x 生成量综合考虑控制合适的煤粉细度。

煤挥发分中氧氮比越大，NO_x 转化率就越高。相同氧氮比条件下，过剩空气系数越大，NO_x 转化率越大。

3. 瞬时型 NO_x 的生成机理

瞬时型 NO_x 是在燃烧反应的过程中，空气中的 N_2 与燃烧过程中部分中间产物反应而生成的。以煤为主要燃料的系统中，瞬时型 NO_x 生成量很少。在此，我们不作为重点关注。

4. NO_x 在窑系统上的分布

氮氧化物在水泥熟料生产线上的分布情况如图 21-1 所示。尽管窑炉内产生的 NO_x 有几种形式，但都是在提高温度的过程中形成的。水泥窑的升温依赖于煤粉燃烧，所以在工艺流程上形成 NO_x 的部位处于窑头和分解炉的两个煤粉燃烧环节上。

由于 NO_x 的形成与温度有很强的相关性，窑头的火焰温度达 1600℃ 左右，是整个熟料烧成过程中的峰值区，所以窑头是水泥窑 NO_x 的主要来源，且以热力型 NO_x 为主。根据烧成工况的不同（主要是温度峰值的大小与波动），形成量约在 $(800 \sim 1500) \times 10^{-6}$ 之间，是关键的"预防为主"部位。

就分解炉来讲，温度分布在 800～1100℃ 之间，比窑头要低得多，形成的 NO_x 主要为燃料型，控制其形成的效果有限。但由于分解炉下部及后窑口存在一定的还原区，能起到一定的还原 NO_x 功能，所以在分解炉燃烧后废气的 NO_x 总量在 $(400 \sim 900) \times 10^{-6}$ 之间，反而比后窑口还低，而且可以通过分步给煤等措施，人为地强化其还原功能，是重要的"治疗为辅"部位。

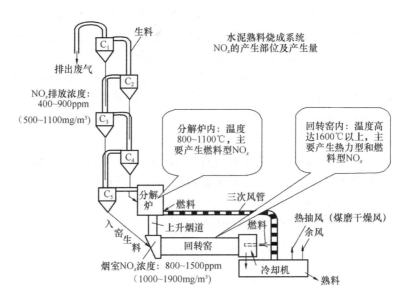

图 21-1 氮氧化物在水泥熟料生产线上的分布

5. 治理的功能说与阶段说

水泥窑烟气中 NO_x 的控制相对是一个非常复杂的问题，需要强调的是，降低 NO_x 的排放必须在保证水泥窑正常生产的前提下进行。

水泥窑烟气中 NO_x 的产生主要来源于燃烧，根据其燃烧过程的特点和燃料的生命周期，目前所掌握的 NO_x 控制方式按功能分主要有以下几类：

（1）针对 NO_x 主要来自燃料本身，对燃烧进行脱氮处理或者选择含 N 低的燃料、使用低 N 的替代燃料，以降低燃料型 NO_x 的生成，不可避免地成为一种选项。在燃料来源具备条件的区域，部分水泥厂采用此种方式也不失为一个办法。

（2）低氮燃烧技术是通过改变燃烧条件来控制燃烧关键参数，以抑制 NO_x 生成或破坏已生成的 NO_x 为目的，从而减少 NO_x 排放的技术。其主要方式有：采用低 NO_x 燃烧器、空气/燃料分级燃烧技术、改变燃料物化性能技术、改变生料易烧性等措施。

（3）针对烟气的脱硝技术，主要是根据 NO_x 具有的还原、氧化和吸附等特性开发出的一项技术。主要有比较成熟的 SNCR 和 SCR 法以及湿法脱硝、生物脱硝等。

虽然目前国内外水泥窑可采取的脱硝措施有多种，但如果按照在水泥窑工艺上的切入节点，我们也可将已经使用的脱硝措施大致按阶段分为源头治理、中间治理、末端治理三个阶段。

水泥窑脱硝措施在工艺上的切入节点，如图 21-2 所示。

（1）从源头治理，利用低氮燃烧和分段燃烧等技术减少 NO_x 生成，虽然脱硝能力有限，但投资较少，而且对熟料生产也有利；

（2）从中间治理，采用 SNCR 脱硝技术减少烟气中 NO_x 排放量，脱硝能力、改造投资和难度比较适中，是国外采用的主要技术；

（3）从末端治理，采用 SCR 脱硝技术减少烟气中 NO_x 排放量，虽然脱硝效果较好，但占用空间大、投资多、改造的难度很大，在国外用得也很少。

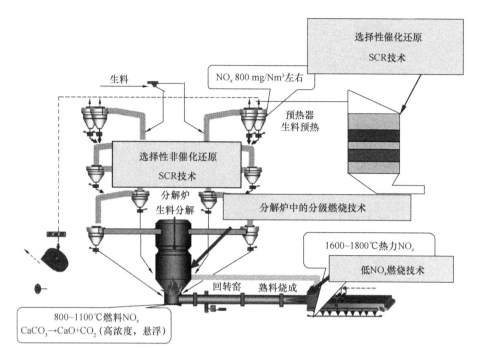

图 21-2　水泥窑脱硝措施在工艺上的切入节点

21.2　情非得已的 SNCR

选择性非催化还原（Selective Non-Catalytic Reduction，SNCR）技术是目前水泥行业主推的脱硝手段，是在合适的温度窗口喷入脱硝剂氨水或尿素，以此还原烟气中的 NO_x。单从脱硝能力和投资上来讲，似乎 SNCR 脱硝是一种比较适中的选择，遗憾的是 SNCR 脱硝不仅能力有限而且副作用较大，对水泥窑脱硝来讲，仍然是一种不成熟的过渡方案而已。

事实上，即使在国外，直接在水泥厂安装脱硝装置的情况也并不多见。据了解，国际水泥巨头拉法基的脱硝，第一步也并非安装脱硝装置，而是优化工艺，挖掘自身潜力，利用技术改造达到降耗减排的目的。

1. 难以控制的两个技术难点

SNCR 脱硝不用催化剂，而是直接使用压缩空气、经多个喷嘴将脱硝剂吹入烟气中，使 NO_x 在温度窗口内与 NH_3 充分接触一段时间后被还原为 N_2，其工艺流程如图 21-3 所示。

这里有两个技术难点，一是如何保证喷嘴始终处于温度窗口内，二是如何保证所有 NO_x 与 NH_3 有一定时间充分接触。

NO_x 的还原反应需发生在一个特定的温度区间内，这个温度区间被称为"温度窗口"。理论上氨水的最佳反应温度为 856℃，尿素的最佳反应温度为 890℃，而根据工业经验，这个温度窗口一般在 900～1100℃ 之间。低于这个温度会增加 NH_3 的逃逸率，导致脱硝效率下降，甚至造成 NH_3 和 CO 污染；高于这个温度，又会导致 NH_3 分解，使本来的脱硝剂反被氧化为 NO_x，可就真的成了好心办坏事。

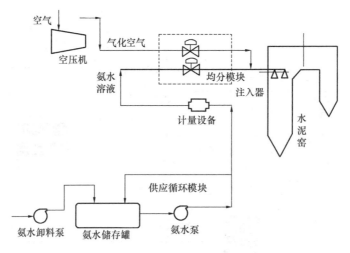

图 21-3　SNCR 脱硝工艺流程图

实际上，温度窗口在分解炉上的几何分布是不确定的，而且会随着原燃材料和热工状况的波动而无规则地波动，喷嘴又不可能做到及时跟踪，所以在实际使用中跳出温度窗口外的喷氨现象是很难避免的。

另一方面，还原剂在温度窗口内的停留时间与脱硝效率有很强的相关性。试验表明，要想获得理想的脱硝效率，还原剂在温度窗口内的停留时间至少要达到 0.5s 以上，这又增加了喷嘴的布置和跟踪难度。

由于 SNCR 与 SCR 比，具有一次性投资较小、运行成本较低、占用空间较小的优点，因此才成为目前水泥行业脱硝的主推技术。但我们必须清楚，SNCR 还存在上述多种缺点。

另外，氨水消耗量巨大。根据某使用者经验，一条 5000t/d 熟料线，每小时就需要用 25%的氨水约 2.8t，约为 SCR 的 16 倍之多，氨水资源也是个问题；还有，因为有 2800kg/h 的氨水入炉，分解炉在用煤、用风上也要做必要的调整。氨水作为脱硝剂加入炉内，升温、汽化、脱硝反应都需要吸热，将直接增加熟料热耗约 25kcal/kg 熟料，同时增加预热器废气量约 6000m³/h，导致排风机电耗增加约 20kW/h。

根据喷氨对温度窗口的跟踪情况，该项措施一般能降低 NO_x 排放 50%～80%。

2. 不得不说的遗憾

2012 年 3 月 17 日在杭州的脱硝会议上，行业知名专家高长明介绍，截止到 2012 年 2 月底，除中国外，全球水泥工业正式投运的 SNCR 共有 70 余套，占全世界水泥窑总数约 2%（70/3700）。其中，欧洲 60 套，占欧洲水泥窑总数约 9%（60/650）；德国正式投运的 SNCR 共有 28 套，占其水泥窑总数约 41%（28/68）。全世界水泥工业正式投运的 SCR 更是少得可怜，仅有意大利 Monselice（2006 年）和德国 Sudbayer（2011 年）两个水泥厂。

SNCR 脱硝技术的不足之处在于大量使用氨水，这在一定程度上存在转嫁环境污染的嫌疑。有数据显示，一条 2500t/d 熟料生产线，如果要把 1000mg/m³ 的 NO_x 排放降到 500mg/Nm³ 以下，采用 SNCR 技术，选用氨水（浓度 25%）作为还原剂，每年需要耗费氨水 62280t，相当于 25691t 标准煤。

合成氨本身就是高污染产业，这种拆东墙补西墙的做法似乎并不明智。采用 SNCR 脱硝，氨的逃逸不可避免。根据国家脱硫、脱硝工程技术研究中心的数据显示，SNCR 脱硝氨的逃逸量可达到 $10\sim15cm^3/m^3$，在解决水泥窑一种污染的同时，又造成了水泥窑的另一种污染。

重庆水泥协会会长马泽民曾提供了一组有关专家的推测数据：全国所有预分解窑水泥熟料生产线，如果均采用 SNCR 脱硝技术，脱氮率达 60% 时，用氨量在 100 万吨左右。而合成 100 万吨合成氨将会消耗 155 万吨标煤，还将产生 50 万吨废渣，387 万吨二氧化碳，105.4 万吨碳粉尘，11.6 万吨二氧化硫和 5.8 万吨氮氧化物。

近年来华北地区雾霾频发，已经引起了举国上下的高度关注。据清华大学和德国马克斯·普朗克化学研究所的研究表明，硫酸盐是重污染形成的主要驱动因素。重污染期间硫酸盐在大气 PM2.5 中是占比最高的单体，质量占比可达 20%，"在大气细颗粒物吸附的水分中，二氧化氮与二氧化硫的化学反应，是当前雾霾期间硫酸盐的主要生成路径。"

华北地区大量存在的氨、矿物粉尘等碱性物质，呈现特有的偏中性环境，使二氧化氮氧化机制的反应速率大幅提高，促使二氧化硫和二氧化氮溶于空气中的"颗粒物结合水"迅速生成。由此可见，硫氧化物是雾霾的内因，氮氧化物是外因，氨和碱性粉尘是催化剂。有研究表明，氨对雾霾的形成有很强的催化作用，尽管目前还缺少定量分析，但氨的排放和逃逸还是越少越好。

SNCR 只能作为一项过渡措施，暂时满足现阶段的环保要求。随着环保要求的提高，单独依靠 SNCR 并不能稳定、可靠地实现减排目标，最终将采用燃烧工艺优化、分级燃烧等技术初步降低 NO_x 浓度，再采用 SCR 技术进一步脱硝，才是切实可行的方案。

所以笔者认为，就现阶段中国的水泥窑脱硝来讲，没必要照搬国外的模式，应暂以降低氮氧化物的产生为主，通过工艺改造稳定窑的煅烧，窑前采用低氮氧化物燃烧工艺和燃烧器，窑尾采用分级燃烧工艺等低投入的措施。要发挥我们能集中力量办大事的优势，把重点放在 SCR 技术的突破上，降低投资和运行成本，在未来再增加 SCR 脱硝技术，以实现我国水泥工业 NO_x 排放的彻底解决。

21.3　正待突破的 SCR

上节讲了 SNCR 脱硝的局限性和负面效应，同时建议把重点放在 SCR 技术的突破上，SCR 的脱硝效率是无可置疑的，关键是一次性投资太大、运行成本太高。遗憾的是，目前 SCR 主要用在电力等其他行业，在水泥行业几乎都没有考虑。

1. 选择性催化还原脱硝 SCR

选择性催化还原（Selective Catalytic Reduction，SCR）技术，是目前世界上的脱硝主打技术。以氨水或尿素为脱硝剂，在吸收塔内的催化剂作用下作催化选择吸收，脱硝率可达 80%~90%。

SCR 目前已成为电力行业脱硝的主打技术，但在水泥行业的工业实践才刚刚开始，运行过程中还存在诸多问题。例如，烟气尘粒堵塞催化剂层问题，烟气中的碱性物质、CaO、SO_2 会使催化剂中毒失效问题等。

现在普遍应用的催化剂是以蜂窝状模块化多孔 TiO_2 为载体（图 21-4），表面敷有主催化

剂 V_2O_5、辅催化剂 WO_3，称为钒钛基催化剂，用 $V_2O_5-WO_3/TiO_2$ 表示。其中 V_2O_5 起催化作用，WO_3 起抑制 SO_2/SO_3 转换的作用。其中 V_2O_5 约 $1\%\sim5\%$，WO_3 约 $5\%\sim10\%$，$TiO_2>85\%$。

图 21-4　蜂窝状模块化多孔 TiO_2 载体

　　SCR 的核心技术是催化剂，催化剂的成本已占到总体成本的 $30\%\sim50\%$，我国以前全部依赖进口，直到去年才有国内的公司投产。目前世界上的催化剂生产厂家主要有：美国的康宁公司，欧洲的亚吉隆公司、托普索公司、巴斯夫公司、索拉姆公司，日本的日立公司、日立造船公司、日本触媒公司、触媒化成公司，韩国的 SK 公司等。

　　SCR 也有自己的温度窗口，一般在 $250\sim450℃$ 之间。需要强调的是，低于这个温度会增加 NH_3 的逃逸率，导致脱硝效率下降，甚至产生 NH_3 和 CO 污染，而且催化剂会促使烟气中的 SO_2 转换成 SO_3，NH_3 会与 SO_3 反应生成硫酸铵堵塞催化剂的反应通道；高于这个温度，特别是 $>500℃$，会造成 V_2O_5 烧结和挥发失效，损失可就大了。

　　工艺上可以考虑高尘和低尘两种布置方案：

　　(1) 为了减少堵塞，躲开高尘环境，将吸收塔安置在除尘器之后。但由于温度窗口的需求，需要对废气重新加热，使工艺复杂、投资增大、运行成本提高，所以一般不予采用。

　　(2) 为了适应温度窗口的需要，将吸收塔安置在预热器与高温风机之间。尽管此处含尘较多，但烟气温度在 $280\sim400℃$ 之间，与温度窗口对应，因而被多数采用。在此处布置的 SCR 脱硝工艺流程如图 21-5 所示，其反应器如图 21-6 所示。

　　SCR 虽然具有脱硝率稳定而且高的特点，但其一次性投资和运行成本大约都在 SNCR 的两倍以上。对已建有余热发电的窑尾系统来讲，在空间布置上也较困难，增加的系统阻力较大，电耗也较高。

　　以 5000t/d 熟料线为例，SCR 增加的系统阻力约 $700\sim1000Pa$，增加高温风机功率约 200kW，仅此一项烧成电耗就增加约 $0.75\sim1.5kWh/t$ 熟料。而且 SCR 催化剂一般采用二加一设计，通过初置两层、预置一层的方式来解决催化剂的老化问题，也就是说后期的系统

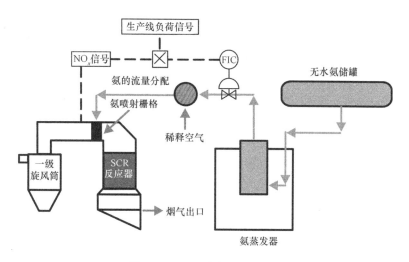

图 21-5　SCR 脱硝工艺流程图

图 21-6　SCR 反应器图片

阻力还会增加。

对已设有余热锅炉的系统，吸收塔只能设在锅炉前，吸收塔和前后连接管道的表面散热、脱硝剂的汽化和反应吸热，都将使余热锅炉的入口温度降低，导致发电量下降。

SCR 虽然氨水用量较小，以 5000t/d 熟料线为例，约为 160kg/h，但其催化剂的投入却很大，而且寿命估计只有 3 年左右。以 5000t/d 熟料线为例，初置的两层催化剂约为 70～80m³，目前的国内价格约 3.5 万元/m³，总投资高达约 245～280 万元，而且还有涨价的趋势。

在催化剂使用正常的情况下，该项措施一般能降低 NO$_x$ 排放 80%～90%。

2. 袋收尘协同 SCR 能否突破

鉴于 SCR 的优点和缺点，在 2012 年 3 月 17 日杭州的会议上，笔者提出了"袋收尘器协同脱硝"的设想，受到了大家的关注，并引起了部分催化剂厂、收尘器厂的重视和沟通。

袋收尘器协同 SCR 脱硝一旦获得突破，首先是可以躲开高温、高尘的工况，减少催化剂的中毒和堵塞问题；其二是解决了 SCR 在窑尾废气系统布置上的空间问题，减小了对现有烧成工艺的影响；其三是不用专门给 SCR 建造反应塔，也省却了体积庞大的多孔 TiO_2 催化剂载体，将使一次性投资和运行成本获得大幅度降低。

袋收尘器协同脱硝，必须解决两个关键问题，一是催化剂与收尘器滤袋的附载问题，二是降低烟气还原的温度窗口问题。SCR 之所以比 SNCR 温度窗口低，关键是采用了催化剂，那么有没有一种新的催化剂能进一步降低温度窗口呢，最好能容易地在收尘器滤袋上附载，再就是降低催化剂的价格。

查阅有关资料，国外室内阶段的研究成果有：

（1）Sebastian zurcher 采用泡沫陶瓷附载 V_2O_5 同时除尘脱硝，在 300℃ 下取得了较好的脱硝效果；

（2）Jae eui yie 采用 MnO_x，Young ok park 采用 $C\mu mnO_x$，附载于收尘滤布上，在 200℃ 下取得了脱硝率 > 90% 的效果；

（3）Weber 等研究了将催化剂附载于玻纤滤袋上，实验室的脱硝率也达到了 90% 以上。

实际上，国内的起步也不晚，南京工业大学的材料化学工程国家重点实验室，已经开发出"新型高效无毒稀土系列复合脱硝催化剂"，形成了"以稀土及过渡金属复合氧化物为活性组分的中低温高效脱硝催化剂"体系，其整体性能优于国际先进水平，在 110～180℃ 的温度区间，低温滤袋脱硝催化剂的脱硝率已达到 80% 以上；在 140～180℃ 的温度区间，低温滤袋脱硝催化剂的脱硝率已达到 90% 以上。

国内催化剂的技术突破，为收尘器协同脱硝奠定了基础。据说中材装备集团有限公司已经开始了工业化应用研究，相信在不久的将来会给水泥工业脱硝带来喜讯，采用分级燃烧和袋收尘器协同脱硝两项措施，就能比较容易地彻底解决水泥窑的脱硝问题。

21.4　不可忽略的其他措施

到目前，水泥行业的脱硝任务已顺利铺开，而且几乎肯定会完成。在完成脱硝的这一过程中，虽然出现的观点比较多，但在这些观点还尚未争论清楚前，不管大部分是主动地还是少部分被忽悠地、被逼无奈地，我们这个行业 99% 的企业可能都选择了 SNCR 技术方案，已经很快地完成这次突击任务。

说情非得已，那是比较婉转，不管怎样，水泥行业为了完成此次环境排放要求，增加了一种新的投入和新的成本，为我国的和世界的脱硝减排做出了贡献。

前两节对目前比较现实的 SNCR、效果最好的 SCR 作了一些基本介绍，但事实上能用于脱硝或有利于脱硝的措施远不止这两种，下面再谈一些目前比较成型的措施，供读者参考。

1. 水泥窑 NO_x 减排的理性思路

综合投入和使用一系列的低氮燃烧和还原脱硝技术，不仅可以有效地降低 NO_x 的生成量，最终达到水泥行业将执行的新排放标准要求，即使在排放要求较高地区，也是大幅降低脱硝成本的可靠措施。事实上，理性地逐步解决水泥窑 NO_x 的控制和减排，比较科学的逻辑顺序是：

（1）选取合适的原材料和熟料配料方案或使用矿化剂，在保证熟料质量的前提下尽可能地降低烧成温度，给 NO_x 的生成控制创造温度条件。这一点在硫铝酸盐水泥的生产中已得到充分验证；

（2）在具备条件的区域，使用优质低氮燃料；

（3）控制适当的煤粉细度来降低 NO_x 的生成量；

（4）优化操作，控制系统的漏风量，降低系统热耗，从总量上降低 NO_x；

（5）使用合适的低氮型燃烧器；

（6）设计或改造分解炉结构和炉容，在保证燃料充分燃烧的同时，分区控制合理的温度场；

（7）在窑尾（分解炉下锥体或窑尾烟室）采用分级燃烧技术；

（8）窑头一次风采用部分还原性气体（来自窑尾废气的低含氧气体，来自垃圾焚烧工艺的还原性气体）燃烧技术；

（9）投入 SNCR 和/或 SCR 技术的脱硝系统。

2. 优化操作稳定工况

水泥企业结合自己的原燃材料情况，进行详细的化学成分和物理性能分析，抓好整个生产过程中的均衡与均化，严格每个工序的质量管理，优化窑系统的操作参数，把窑系统调整到稳定优化状态，其 NO_x 排放就会有相应的削减。

事实上，从对部分窑的检测结果看，操作管理良好的水泥窑 NO_x 的排放量都相对较低，一般能达到 $800mg/m^3$ 以下，个别好的能达到 $700mg/m^3$ 以下，这主要是相应减小了煅烧峰值，拟制了 NO_x 的形成。相反的是，操作管理较差的水泥窑 NO_x 的排放量就相对较高，个别能达到 $1600mg/m^3$，甚至更高。

实际上，加强管理、优化操作和稳定工况，对提高窑的产质量、降低生产成本也是必要的。该项措施一般能降低 NO_x 排放 $10\%\sim15\%$。

3. 降低烧成温度峰值

我们已经知道，NO_x 的形成与烧成温度有很强的相关性。实验表明，燃烧温度从 $1550\sim1900℃$，NO_x 以指数方次急剧上升，特别在 $1750℃$ 后几乎是直线上升，而水泥窑的火焰温度峰值就在这个区间。

因此，要降低 NO_x 的生成，就必须控制好火焰温度，最好是降低一些火焰温度。既要降低火焰温度又要保证熟料的烧成，就必须降低熟料的烧成温度。

降低熟料烧成温度的措施有：

（1）稳定生产，特别是原燃材料要均衡稳定；

（2）合理平衡配料方案，在保证熟料质量的情况下，提高生料的易烧性；

（3）加入一定量的矿化剂，降低物料的最低共熔点，从而降低烧成温度。

对于生料易烧性较差的窑，该项措施一般能降低 NO_x 排放量 $5\%\sim10\%$。

这里有一个典型的案例可以佐证烧成温度对 NO_x 排放量的影响。2015 年 11 月中旬笔者受河南省环保局邀请，参加了对省内水泥企业脱硝设施及运行情况的检查，针对特种水泥要不要上脱硝设施、是否具备条件，一时难以决策，故决定在检查中根据具体情况再定。但在检查中发现硫铝酸盐熟料 1000t/d 预分解窑、混凝土膨胀剂熟料 1000t/d 预分解的废气中

NO_x 的含量都不高，这与其烧成温度低有直接的关系。硫铝酸盐熟料的烧成温度一般在1350℃，混凝土膨胀剂熟料的烧成温度只有1200℃左右。

由于两个厂都没有上脱硝设施，检查组认为在线分析仪的监测结果需要核实确认，于2015年11月12日调来标定人员，对焦作华岩实业有限公司的生产线进行了 NO_x 现场实测，其检测结果如表21-1所示。

表21-1　焦作华岩实业有限公司窑尾废气现场实测

烟气量	万 m³/h	5.83	5.83	5.85	5.83	5.87	5.85
NO_x 浓度 / （mg/m³）	实测值	244	236	206	225	217	239
	换算值	335	320	284	314	305	331
排放量	kg/h	14.2	13.8	12.1	13.1	12.7	14.0
空气过量系数	—	2.47	2.44	2.48	2.51	2.53	2.49

检测结果表明，不论是实测值还是换算值，NO_x 都比煅烧硅酸盐水泥熟料的预分解窑低得多。所谓换算值，是环保局为防止生产厂家往废气里掺净空气以冲淡排放浓度，用空气过量系数折算为不含过量空气的烟气中 NO_x 含量。

4. 低 NO_x 燃烧措施

低 NO_x 燃烧措施主要针对窑头燃烧器，有低氮燃烧、低氧燃烧、浓淡偏差燃烧、烟气再循环燃烧、替代燃料燃烧等措施。

如果现有的窑头燃烧器性能比较陈旧，就应该进行升级改造，更新采用大推力、低风量、混合好、火焰峰值温度低的燃烧器。这主要是应用低氧、低氮、控高温的原理，减少 NO_x 的生成。

将煤粉通道布置在轴流风和旋流风两层通道以内，煤风道以内不再设置旋流风，且具有较高的一次风出口风速，以实现火焰中心的煤粉富集，燃料主要集中在火焰的中心区域，形成燃料密集型火焰，在氧浓度较低的情况下低氮燃烧；以实现粗细匀称、拉长固定碳燃烧区的火焰，在峰值温度较低的情况下低氮煅烧。

也有专门开发的低 NO_x 燃烧器，除具备上述特点外，还采取了偏差燃烧、替代燃料等措施，这主要是应用燃烧中的同时还原原理。偏差燃烧可利用 CO 还原部分 NO_x，使用部分替代燃料不但能控制火焰峰值，而且替代燃料中本身就含有少量的脱硝氨。

还可采取烟气再循环燃烧技术，比如部分利用窑尾废气作为煤风使用，既实现了低氧、低氮，又增加了还原气氛，还控制了火焰峰值。

根据现有燃烧器的好坏和所采用的低氮燃烧技术的力度不同，该项措施一般能降低 NO_x 排放量 5%～30%。

5. 分级燃烧自还原措施

一是按温度分级，把不需要高温烧成的那部分煤放在窑头以外去烧，以减少 NO_x 的生成，现在的窑外分解窑就是这种工艺，所以它比其他回转窑排放的 NO_x 要少。

二是按气氛分级，具体根据分解炉的结构特点，将分解炉分为主还原区、弱还原区、完全燃烧区。一般分解炉的分级燃烧如图21-7所示，带预燃室的分级燃烧如图21-8所示。

先在分解炉的还原区内（还原气氛）还原窑内头煤高温燃烧形成的 NO_x，然后再于分解炉的完全燃烧区内（富氧气氛）把分解炉的尾煤燃尽。实际上，早期引进的 DD 型分解炉

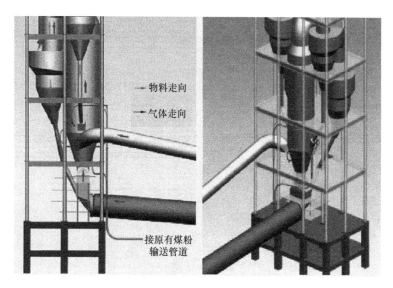

→ 物料走向

→ 气体走向

接原有煤粉
输送管道

图 21-7　一般分解炉分级燃烧示意图

就有这种功能。

主还原区设在分解炉的下锥部，对过剩空气不多的窑尾废气，在不给三次风的情况下再给一部分煤，使其形成更浓的还原气氛，实现对窑尾废气中 NO_x 的部分还原。

弱还原区设在中部，将剩余的分解炉用煤全部加入，但分解炉用三次风却不给全，在保证煤粉燃烧的情况下形成较弱的还原气氛，一是进一步还原窑尾废气，二是减少分解炉燃烧中的 NO_x 形成。

完全燃烧区设在分解炉的上部，在不给

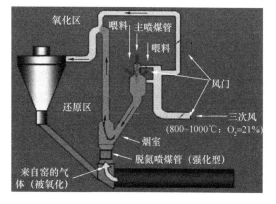

氧化区　喂料　主喷煤管
　　　　　喂料
风门
还原区
三次风
(800~1000℃；O_2=21%)
烟室
脱氮喷煤管（强化型）
来自窑的气体（被氧化）

图 21-8　带预燃室分解炉分级燃烧示意图

煤的情况下，增加一根管道（带调节蝶阀）将剩余的三次风补入，以确保煤粉在富氧条件下燃尽。

根据分级燃烧措施的合理程度，该项措施一般能降低 NO_x 排放量 30%～50%。

有例为证，华润田阳的 5000t/d 熟料生产线，由天津水泥工业设计研究院系统设计，建设采用了分级燃烧分解炉，但由于种种原因分级燃烧功能一直没有投用，预热器出口的 NO_x 排放浓度一直在 1200cm³/m³ 左右。2016 年 5 月邀请西南科技大学的专家到现场指导减排，在投运调整分级燃烧之后，预热器出口的 NO_x 排放浓度降到了 700cm³/m³ 左右，效果十分明显。天津水泥工业设计研究院设计的分级燃烧分解炉如图 21-9 所示。

事实证明，分级燃烧确实是一项很好的辅助脱硝措施，不但有显著的脱硝效果，而且其运行成本几乎为零。尽管其脱硝能力有限，但至少可以减少 SNCR 脱硝的氨水用量，降低氨成本和减少氨污染。由此，在我国水泥行业的 SNCR 脱硝全面推开以后，不少水泥厂又在积极地进行分级燃烧脱硝改造。

目前，在市场上推销分级燃烧改造的商家已不下几十家，但实际应用效果不尽理想。尽

图 21-9　天津水泥工业设计研究院设计的分级燃烧分解炉

管各家脱硝效果有些偏差，但总体上有效果是肯定的。问题在于分级燃烧给熟料生产带来的负面影响。据部分采用了分级燃烧的水泥厂反映，在分解炉进行了分级燃烧改造以后，导致了分解炉燃烧的不稳定，继而影响到窑内的煅烧和系统的产质量。

具体分析有两种可能：一是设计本身存在的问题，给还原区设计的空间过短；二是设计或操作不当的问题，还原区的给煤量过大。被分级到锥体还原区的煤粉，由于在还原区的停留时间过短，在其挥发分还没有完全释放的情况下，就被气流迅速带进燃烧区，在与高温高含氧的三次风接触后产生爆燃，导致了分解炉内燃烧的不稳定。目前还不能确定这种情况是否具有普遍性，或许只是个别案例，可能的原因是原有的分解炉设计偏小或是没有富余能力。

日本太平洋水泥公司的设计与我们不一样，没有将还原区设在分解炉锥体下部，而是设在了窑尾烟室，不仅对 RSP 分解炉如此，对 DD 型分解炉也是如此。他们可是几十年前 DD 炉的开发者，DD 炉原本就设有还原区，而且还原区就设在锥体的下部，为什么现在又改到窑尾烟室了呢？其主要目的就是为了减少分级燃烧对分解炉内的影响，这一点不能不引起我们的重视。

6. 氧化＋半干法氨吸收措施（OA）

前述所有方法，都是在企业投入以后产生社会环保效益，对企业本身没有直接的经济效益。而 OA 法则可以在脱硝的同时产出化肥，理论上能做到每年有所盈利，约 10 年左右可以收回投资，但存在系统复杂、技术尚未成熟的问题。

OA 法的温度窗口只有 100℃ 左右，从而使脱硝系统布置于收尘器之后成为可能，大大减轻了对水泥窑生产的影响和工艺布置的难度，它的副产品为铵盐，可以进一步加工成化肥，具有一定的经济效益，这些特点是其他措施不具有的，而且其脱硝率还能达到 70％ 以上，应该说具有进一步的研究开发价值。

半干式氨吸收法，是用特殊活化剂活化和雾化的氨水来吸收 NO_x 的，将气态氨、气态水与气态的 NO_x 进行气-气热交换反应，结合成铵盐和部分氮气，从而达到脱硝的目的，所以 NO_x 的水溶性就成了一个关键问题。

由于 NO 是难溶于水的，而烟气中 NO_x 的主要成分就是 NO，约占 90％ 以上，所以必须事先对其氧化，将难溶于水的 NO 用氧化剂氧化为高价态的 NO_2 和 N_2O_3，再进行吸收反应。最好的氧化剂是臭氧 O_3，但臭氧的成本太高，所以一般使用"氧化液＋纯氧或少量的臭氧"作为氧化剂，氧化液是由几种强氧化性的液体调配而成的。

OA 法的工艺路线大致有如下两个方面：

（1）收尘器排出废气——氧化器→氧化剂氧化废气中的 NO 为 NO_x——反应器→活化的氨水吸收 NO_x→铵盐＋ N_2——脱硝后的废气排放。

（2）化肥厂氨水→水泥厂脱硝→水泥厂铵盐→化肥厂结晶固化→化肥市场。

21.5　水蒸气脱硝原理与试用效果

目前，SNCR 脱硝措施已经在水泥行业得到广泛使用，但鉴于 SNCR 存在脱硝率较低、氨逃逸污染，特别是氨水用量大、成本高的缺点，大家仍在寻求降低氨水用量的辅助措施。其中，一些简单有效的措施，除了普遍采用的分级燃烧以外，水泥厂廉价的水蒸气就成了考虑的对象之一。

目前，多数水泥厂都有余热发电系统，都有 $100 \sim 200℃$ 的、富余的饱和蒸气，如果这些水蒸气能起到一定的脱硝作用，就能降低 SNCR 的脱硝负荷，降低其氨水用量和脱硝成本。

1. 水蒸气对再燃区脱硝的影响研究

再燃脱硝是一种成本和脱硝效率处于 SNCR 和 SCR 之间的方法，现在的预分解窑烧成系统本身就是一个再燃烧系统。国内外对再燃脱硝过程促进剂（氨水或尿素）及微量促进盐的作用和机理多有报道，但还没有关于水蒸气对再燃脱硝效率影响的文献。

关于这方面的研究，南开大学的有关专家曾进行过"以天然气和氨为还原剂，在高温环境中对烟气中 NO_x 进行还原"的专题试验，通过改变再燃区的温度、过量氧系数、喷氨量、喷水蒸气量等方法，在对这些参数进行优化以后，获得了脱硝效率的提高，从而为工业应用提供了依据和理论基础。

试验表明：适当浓度的水蒸气含量，能有效促进脱硝效率的提高，但过多的水蒸气对脱硝效率的提高没有多大意义；水蒸气的这种作用在温度较低和过量氧系数不高的情况下，其作用更加明显。

1）实验装置

实验所用的各种气体采用动态配置。载气为高纯氮（99.999％），天然气为再燃燃料，天然气以甲烷/乙烷（10：1）配制。

来自高压混合气瓶的天然气（天然气 3％，N_2 97％），NO（NO 1.5％，N_2 98.5％），NH_3（NH_3 1.5％，N_2 98.5％），O_2（99.999％）分别经减压器、流量计后进入气体混合器，最后进入石英管的反应器中。

石英管水平放置在高温加热炉内，加热炉的有效加热长度为 19cm，石英管内径为

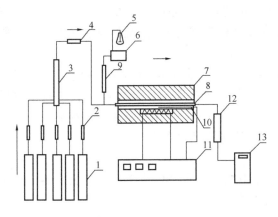

图 21-10 实验装置示意图

1—混合气；2—流量计；3—气体混合器；4—流量计；5—锥
形瓶；6—恒流泵；7—反应炉；8—石英管；9—预热器；10—
热电偶；11—温控仪；12—尾气预处理；13—烟气分析仪

$\phi 1.1cm$。加热炉温度由热电偶和温度控制系统控制。液态水通过恒流泵精确计量后进入预热器，再喷入反应区。整个系统的压力保持在 1atm。

尾气经过降温、过滤、干燥后由气袋收集。烟气由 KM900 烟气分析仪测试（精度为 1×10^{-6}）。反应前的烟气成分在气体混合器之后、水蒸气加入之前测试，反应后的烟气成分在烟气经过冷凝、过滤、干燥后测试。可以忽略由于水蒸气的稀释作用对烟气浓度产生的影响。实验系统如图 21-10 所示。

2）实验结果

实验中各种混合气的总流量（不包括水蒸气）为 1600mL/min，NO 的初始浓度为 680×10^{-6}，NH_3/NO 体积比例（1：1）在整个实验中保持不变，天然气与 NO 的体积比例不变，以 CH_4/NO 计算为 4/1。

选择 3 组温度作为考察对象，分别为 1000℃、1075℃和 1150℃，在同一温度条件下，其他参数保持不变。

过量氧系数选择为另外一个考察对象，分别为 0.56、0.71 和 0.99，在同一过量氧系数条件下，其他参数保持不变。过量氧系数 ϕ 在这里定义为：实际供氧量除以天然气完全反应所需的化学当量氧气量。

水蒸气的浓度为一个变量，其在烟气中体积浓度从 0%变化到 15%。在过量氧系数为 0.99 时，水蒸气含量及其温度对脱硝效率的影响如图 21-11 所示。

由图 21-11 可以看出，在反应温度条件下，随着烟气中水蒸气含量的增加，脱硝效率先增加、然后减小，大约在水蒸气体积含量为 5%时，其脱硝效率达到最大，但过量的水蒸气存在对脱硝效率的增加意义不大。

当烟气中水蒸气含量由 0%增加到 5%时，在 1000℃条件下，脱硝效率由 41%增加到 74%，增加了 33%；在 1075℃条件下，脱硝效率由 62%增加到 80%，增加了 18%；在 1150℃条件下，脱硝效率由 65%增加到 80%，增加了 15%。

由此可见，水蒸气的存在对再燃脱硝效

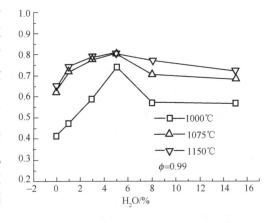

图 21-11 水蒸气及其温度对脱硝效率影响

率的提高是比较显著的，水蒸气对再燃脱硝效率的提高幅度，在低温时高于高温时。

在过量氧系数为 0.99 时，水蒸气含量及其温度对再燃区后的 CO 浓度的影响如图 21-12 所示。

从图 21-12 可以看出，在反应的温度条件下，随着烟气中水蒸气含量的增加，再燃区中

CO 浓度先减小，然后再增加。水蒸气体积浓度大约在 5％时，再燃区的 CO 浓度达到最小，但过量的水蒸气，会使再燃区 CO 排放浓度大大增加。

烟气中的水蒸气含量由 0％增加到 5％时，在 1000℃条件下，再燃区的 CO 浓度由 127cm³/m³ 降低到 58cm³/m³，降低了 69cm³/m³；在 1075℃条件下，再燃区的 CO 浓度由 638cm³/m³ 降低到 491cm³/m³，降低了 147cm³/m³；在 1150℃条件下，再燃区的 CO 浓度由 865cm³/m³ 降低到 671cm³/m³，降低了 194cm³/m³。烟气中水蒸气浓度从 0％增加到 5％时，CO 浓度的降低在高温下表现得更加明显。

由此可见，水蒸气的存在不仅能提高再燃的脱硝能力，而且能降低再燃区后 CO 浓度的排放量，从而达到减少燃尽区不完全燃烧物质的负荷，这对实际工业应用是非常有意义的。

在 1150℃时，不同的水蒸气含量以及不同过量氧系数对脱硝效率的影响如图 21-13 所示。

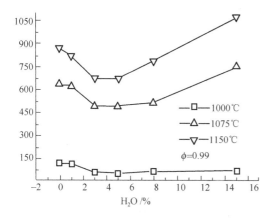
图 21-12　水蒸气及其温度对 CO 浓度的影响

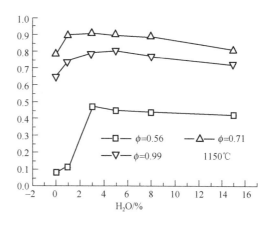
图 21-13　水蒸气以及过量氧系数对脱硝效率影响

从图 21-13 可见，在 1150℃温度下，过量氧系数为 0.56、0.71 和 0.99 的实验条件下，随着烟气中水蒸气体积含量的增加，其脱硝效率都是先增加、然后再减小。

对于过量氧系数为 0.56 的情况，当烟气中水蒸气为 3％时，比没有水蒸气存在的脱硝效率增加了近 40％；对于过量氧系数为 0.71 的情况，当烟气中水蒸气为 3％时，比没有水蒸气存在的脱硝效率增加了 12％；对于过量氧系数为 0.99 的情况，当烟气中水蒸气为 5％时，比没有水蒸气存在的脱硝效率增加了 15％。

在 1150℃时，不同的水蒸气量以及不同的过量氧系数对 CO 浓度的影响如图 21-14 所示。

从图 21-14 可见，在不同过量氧系数下，

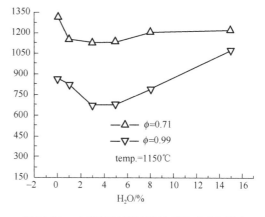
图 21-14　水蒸气以及过量氧系数对 CO 影响

随着烟气中水蒸气体积含量的增加，再燃区的 CO 浓度呈现出先减小、再增加的变化趋势，

在水蒸气体积含量约 3%～5%左右出现极低值。

2. 水蒸气协助脱硝在水泥窑上的实践

青州中联在实施了 SNCR 以后，虽然 NO_x 排放达到了环保要求，但其氨水消耗量居高不下，经常达到 2000L/h 以上，个别达到 3000L/h 甚至 4000L/h。为了降低脱硝成本，该公司在 2016 年 7 月实施了水蒸气协助脱硝改造，2016 年 7 月 19 改造完成，取得了较好的效果。

1）改造方案简述

水蒸气协助脱硝是一项综合性技术，并不是简单的水蒸气引入，其工艺流程如图 21-15 所示。主要工程内容包括：

（1）将三次风管入口由分解炉的锥体上部上移至分解炉的柱体下端，将分解炉燃烧器由锥体上部下移至锥体下部，以建立分解炉燃烧的还原区；用 4 根贫氧旋流燃烧器呈矩形 4 角喷煤，以延长在还原区的停留时间，分解炉贫氧燃烧器的平面布置如图 21-16 所示。

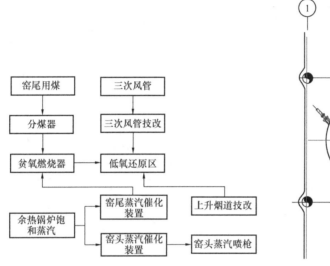

图 21-15 水蒸气协助脱硝工艺流程

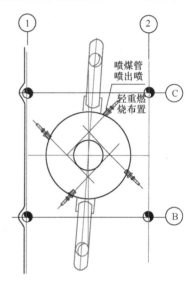

图 21-16 分解炉燃烧器的平面布置

（2）在分解炉燃烧器的下缘引入余热发电的饱和蒸气，与火焰中灼热的煤粒生成水煤气，以还原 NO_x；窑头则是将饱和蒸气直接引入燃烧器，通过燃烧器原有油枪管道的中心孔以一定的速度从火焰中心喷入，以降低火焰的核心温度和火焰的温度极值，减少了 NO_x 的生成。水蒸气取自出汽轮机后的干饱和蒸汽，高于 150℃即可，一般用量窑尾约 80kg/h，窑头约 40kg/h。

（3）将原 C_4 下料管改造为具有分料功能，将部分 C_4 热生料分到贫氧燃烧器上面与煤粉燃烧混合，利用热生料中的 CaO、Fe_2O_3、MgO 等金属氧化物的催化作用，以促进 NO_x 的还原反应。

2）改造效果评价

2016 年 8 月 2 日，笔者赶赴青州中联水泥公司，查看了其改造现场和中控室的 SNCR 运行画面和操作记录。实际上，这项改造不仅是水蒸气的引用，同时包含有分级燃烧技术。

从青州中联的试用情况看，在保证达标排放基本不变的情况下，改造前后的氨水用量约由 1400L/h 降到 400L/h，降低氨水用量约 70%。从改造后的短期试验看，停用窑尾水蒸气影响降低幅度约 40%左右，停用窑头水蒸气影响降低幅度约 3%～5%，也就是说分级燃烧改造应该有约 25% 的降低氨水贡献。

笔者查看的改造前后烧成系统全天正常运行的记录如下。

改造前，20160616 全天：氨水用量 1138～2011L/h，多数约在 1500L/h 左右；SO_2 约为 2.0mg/m³，NO_x 约在 320mg/m³。

改造前，20160617 全天：氨水用量 1400～2019L/h，多数约在 1500L/h 左右；SO_2 约为 1.6mg/m³，NO_x 约在 350mg/m³。

改造后，20160720 全天：氨水用量 275～650L/h，多数约在 400L/h 左右；SO_2 约为 1.5mg/m³，NO_x 约在 320mg/m³。

改造后，20160802 日 17 时 20 分 42 秒：中控室脱硝画面显示，氨水用量 358L/h，SO_2 4.0mg/m³，NO_x 299mg/m³。

3. 上海三融环保的研究与实践

在水蒸气协助脱硝方面，上海三融环保工程有限公司开发了自己的"ERD＋燃煤饱和蒸汽催化燃烧脱硝技术"，其工艺原理如图 21-17 所示，利用饱和蒸汽催化煤粉燃烧析出还原基的原理，提高了 NO_x 的还原效率。

该公司的研究认为，饱和水蒸气能促进 CO 的生成速度、加速燃烧空气中 O_2 的消耗速度，有利于还原气氛的产生；饱和水蒸气经催化能促进煤粉热解含氮产物 NH_3 与 HCN 的析出；饱和水蒸气经催化后加入，有利于煤粉的均相燃烧，降低燃烧区的极值温度，抑制 NO_x 的正向反应。其饱和水蒸气加入量对 CO 和 NO 生成量的影响试验结果如图 21-18 所示。

该技术在北京水泥厂有限公司改造投运后，所谓"ERD＋燃煤饱和蒸汽催化燃烧脱硝"与改造前正常运行的 3 个月对比表明：

（1）SNCR 脱硝氨水喷量由 0.6～1.2m³/h 下降到 0.2～0.6m³/h，平均氨水喷量降低率达到 52%；

（2）NO_x 排放浓度由 <200mg/m³ 下降到 <150mg/m³；

（3）在产量维持在 2800t/d 基本不变的情况下，标准煤耗由 116kg/t 熟料下降到 113kg/t 熟料；

（4）熟料 3d 抗压强度提高了 0.14MPa，28d 抗压强度提高了 2.05MPa。

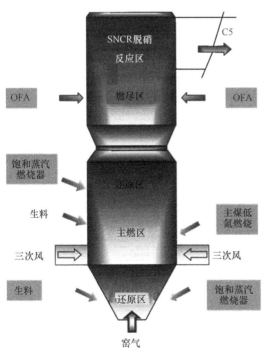

图 21-17　上海三融水蒸气协助脱硝工艺原理

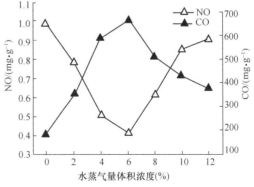

图 21-18　CO 和 NO 生成量变化曲线

21.6　全球的 NO_x 排放与限制

不论是一氧化氮（NO）还是二氧化氮（NO_2），它们排放进入大气后，都会通过与大气中的臭氧（O_3）反应而处于平衡状态。就这一点而言，它们都是消耗臭氧的物质，我们将其统称为氮氧化物（NO_x）。

一氧化氮（NO）和二氧化氮（NO_2），两种气体都是硝酸（HNO_3）的原始化合物，氮氧化物的存在将形成酸雨，对水源、森林、农作物等产生破坏作用。所以，必须对氮氧化物（NO_x）的排放加以控制。

1. 全球的 NO_x 排放情况

在高温状态下，空气中氮和氧的燃烧以及使用的原燃材料中氮化合物经热解和氧化反应形成 NO_x，这一过程不仅局限于水泥行业，比如火力发电、冶金、化工等有高温工序的行业，甚至我们日常生活的采暖、做饭、汽车，都有 NO_x 的生成与排放。就连贸易行业也是 NO_x 的一个主要来源，每年约有 1700 万吨的排放量，因为轮船和飞机要排放 NO_x。

近几十年来，世界大多数地区的 NO_x 排放量一直在上升，从 1970 年的约 7500 万吨/年上升至 2005 年的约 12000 万吨/年，上升了 60％左右。北美国家（主要是美国）是 NO_x 的主要历史排放来源，每年约有 200 万吨的排放量，但中国目前已上升至同等的排放水平。

2005 年的美洲、欧洲、非洲，与 1975 年比总的 NO_x 排放量基本没有增加，普遍维持在 4700～4800 万吨/年的水平上。除中国外，大部分新增加的 NO_x 排放来自于亚洲其他国家，主要是印度、中东和航运业。

2. 各国水泥行业 NO_x 排放标准

目前，世界主要国家对水泥厂 NO_x 的排放限值如表 21-2 所示。从各国收集的数据看，大部分国家对 NO_x 的排放限制在 500～1000mg/m³ 范围内。

表 21-2　世界主要国家水泥行业的 NO_x 排放标准

国家/地区	NO_x 的排放限值（mg/m³）
澳大利亚（新南威尔士州，替代燃料）	800
澳大利亚（维多利亚州）	3600g/min
奥地利	500
玻利维亚	1800
巴西	各州不同
加拿大	各省不同
智利（替代燃料）	无
中国（水泥窑及窑尾余热利用系统）	400（一般地区）/320（重点地区）
中国（独立热源的烘干设备）	400（一般地区）/300（重点地区）
哥伦比亚（传统燃料/）	800
哥伦比亚（非危险替代燃料）	200
哥伦比亚（危险替代燃料）	550
埃及	600

国家/地区	NO_x 的排放限值（mg/Nm³）
欧盟	200～450
德国（目前）	500
德国（2018 年 6 月 1 日起）	200
印度（行业推荐）	1200（现有厂），800（新建厂）
印度（国家推荐）	1000（现有厂），600（新建厂）
印度尼西亚	1000
印度尼西亚（推荐）	800
黎巴嫩	2500（老厂），1500（新厂）
尼日利亚（新厂）	600～800（取决于燃料）
尼日利亚（现有厂）	1200（老的或湿法厂）
挪威（Norcem Brevik 厂）	800
挪威（Norcem Kjøpsvik 厂）	800
巴基斯坦	400～1200（取决于燃料）
俄罗斯	各工厂不同
沙特阿拉伯（所有水泥厂）	600（平均 1 小时）
南非（替代燃料，建于 2004 年后）	1200
南非（替代燃料，建于 2004 年前）	2000
南非（建于 2004 年后）	1500
南非（建于 2004 年前）	2000
瑞士	800
特立尼达和多巴哥（推荐）	500（以 NO_2 计）
土耳其	1200
土耳其（2015 年起）	400
阿联酋	400
英国	900
英国（个别工厂）	800（将来 500）
美国（从 2015 年 9 月 9 日起）	1.5 磅/吨熟料

注：测量基准均采用 273K、1 个大气压、10%O_2 的干废气（基准含氧量哥伦比亚采用 11%O_2、中国独立热源的烘干设备采用 8%O_2 除外）。

由表 21-2 可见，各国的 NO_x 许可排放范围差别很大，从欧盟范围内的 NO_x 排放限值 200mg/Nm³，到黎巴嫩老旧水泥厂的 2500mg/m³，后者是前者的 12.5 倍。

巴西对水泥厂的 NO_x 排放没有限制；巴基斯坦 NO_x 的排放限值与所用的燃料类型有关，使用天然气、油、煤时 NO_x 的排放限值分别为 400mg/m³、600mg/m³、1200mg/m³。

与其他国家比，我们中国的 NO_x 排放限值是相对较低的，我们的 GB 4915—2013《水泥工业大气污染物排放标准》规定：水泥窑及窑尾余热利用系统的 NO_x 的排放限值为 400mg/m³，重点地区为 320，采用独立热源的烘干机、烘干磨、煤磨及冷却机，NO_x 的排放限值为 400mg/m³，重点地区为 300mg/m³。而且一些地方标准对 NO_x 的要求更为严格，如北京市 2016 年 1 月 1 日起，对水泥窑及窑尾余热利用系统执行 200mg/m³标准。

另外，有些国家的排放限值没有采用国际单位制。如美国的 NO_x 排放限值以熟料产量控制，为 1.5 磅/t 熟料（约为 0.75kg/t 熟料）；澳大利亚（维多利亚州）则以单位时间的总量控制，为 3600g/分钟。

3. 未来氮氧化物排放的控制趋势

2018 年德国的 NO_x 排放限值将仅为 200mg/m³；在特立尼达和多巴哥，目前还没有对 NO_x 排放加以限制，但讨论中的排放限值为 500mg/m³；土耳其从 2015 年起，水泥工业允许的最高 NO_x 排放为 400mg/m³。

印度水泥工业在目前还没有强制性 NO_x 排放限制的情况下，环境管理当局希望新的 NO_x 排放限值设定为 200mg/m³，虽然水泥行业还有不同意见，但总的趋势是更加严格。

从上述国家对 NO_x 排放的新规定看，表明世界范围内对 NO_x 的排放限值继续走低。通常，德国的环保意识在行业中领先，2018 年是有可能减少到 200mg/m³的，这将促进本年代后半叶其他国家新一轮的减排。

实际上，大部分欧洲水泥厂在实施的 NO_x 排放限值范围内运转得很好，这将反映在未来的 NO_x 排放限值规定中。

第22章　水泥生产的脱硫问题

就一般水泥生产线来讲，现有的预分解窑水泥工艺本身就具有脱硫功能，分解炉可以生成活性很高的 CaO，能很好地吸收烟气中的 SO_2。所以，对于原燃材料含硫量不是太高的生产线，SO_2 排放一般不会超标。

但对于少部分原燃材料含硫量较高的生产线，由于预热器在上、分解炉在下，硫化物的挥发在先、CaO 的生成在后，随烟气进入预热器的 CaO 极其有限，满足不了吸收烟气中 SO_2 的需求，还是存在 SO_2 排放浓度超标现象。

由于我国对水泥生产线 SO_2 排放的严格限制时间还不长，大部分生产线的 SO_2 排放一般不会超标，因此我们在脱硫措施的研究和使用上还处于起步阶段。就抑硫和脱硫措施来讲，在其他工业领域特别是电力行业，还有不少其他的措施可资借鉴，这些措施能否嫁接到水泥行业上来呢？

不管采用哪种脱硫措施，一是要付出成本代价，二是存在不可避免的逃逸（氨、硫酸铵、碳酸铵）存在二次污染，能不能通过工艺优化对 SO_x 进行控制呢？我们来看看日本太平洋水泥（中国）投资有限公司是怎么做的。

22.1　某公司对超标分析的典型案例

湖北某公司有一条 2500t/d 熟料生产线，在线监控系统显示，在窑磨联动生产时，窑尾排放烟气中的 SO_2 浓度合格，没有超标现象。但发现排放的 SO_2 随生料磨的开停波动很大，停生料磨时的 SO_2 排放浓度的小时平均值达 $210mg/m^3$ 左右，超过了 $\leqslant 200mg/m^3$ 的限定值。

该公司为了解决这一问题，确保不能因为 SO_2 超标而影响正常生产，进行了详细的逐层剖析，最终采取简单有效的措施进行了治理。尤其对问题分析得认真与仔细，值得读者参考学习。

1. 排放烟气中的超标现象

2015 年 3 月 16 日和 24 日，该厂窑尾烟气中 SO_2 部分时段在线监测数据如图 22-1 所示，显示 3 月 16 日停生料磨前（13：00～15：00）窑尾烟气中 SO_2 平均浓度在 $75mg/m^3$ 左右；停生料磨后（15：00～17：00）排放浓度超标，最高平均值达 $217.98mg/m^3$；3 月 24 日 21：00 停生料磨 1h，停磨前（20：00～21：00）和开磨后（22：00～23：00）SO_2 平均排放浓度分别为 $105.7mg/m^3$ 和 $125.07mg/m^3$，在停磨 1h 期间平均浓度超标，达 $224.25mg/m^3$。

以上检测数据表明，烟气中的 SO_2 含量会随着生料磨的停机而翻倍，并超出国家标准要求。据了解国内的其他水泥公司也存在类似的状况。为了进一步找出具体的原因，有针对性地采取有效措施，该公司对所用原燃材料进行了深入的测试分析。

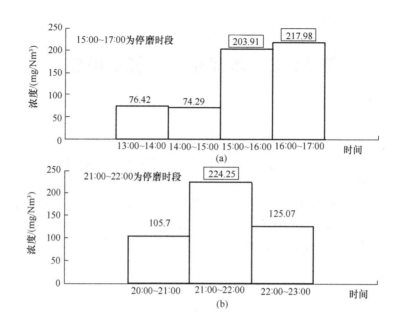

（a）3月16日监测数据；（b）3月24日监测数据

图22-1　窑尾烟气中 SO_2 排放浓度部分时段平均监测数据

2. 物料中硫含量的逐层测试

由于空气中的硫含量极低，烟气中的硫应该来源于原燃材料，首先需要对原燃材料进行硫含量分析。为了能够尽快地查清原因，该公司选取了一个烧高硫煤但硫排放量不高的生产线进行对比。

1）原燃材料含硫量测试

该公司入窑煤粉工业分析、煤中全硫测定数据，以及高硫煤生产线的对比数据如表22-1所示。表中数据显示该公司入窑煤粉硫含量为 0.95%，属中低硫煤，对比生产线的入窑煤粉含硫量 3.64%，属高硫煤。

表 22-1　煤的工业分析及全硫测定结果

项目	$M_{ad}/\%$	$V_{ad}/\%$	$A_{ad}/\%$	$FC_{ad}/\%$	$Q_{net,ad}/$ （kJ/kg）	$S_t/\%$
公司入窑煤	0.33	29.2	17.82	52.65	26550.33	0.95
高硫煤	0.54	13.27	23.67	62.52	25157.86	3.64

理论上，燃料燃烧产生的烟气都要经过分解炉，分解炉及 C_5 旋风筒内富含具有脱硫剂功能的新生 CaO，燃料分解氧化生成的硫化物将在预热器内生成钙硫酸盐，大部分循环富集于生料表面。入窑生料中的硫酸盐除部分参与窑尾的循环富集以外，部分硫酸盐参与熟料烧成，固化于熟料中随熟料带出窑外。如果煤中的硫不是太高，不应该引起窑尾烟气中的硫排放超标。

在实际生产中，该公司使用中低硫煤，所排放烟气中 SO_2 浓度较高且部分时段超标，而对比生产线使用高硫煤生产，烟气中的 SO_2 排放浓度反而较低，也从侧面佐证了该公司燃料

中的硫并非烟气中 SO_2 超标的主要原因。

根据有关资料，浙江某生产线由于石灰石和硅质原料紫泥中均存在较高的硫，导致窑尾烟气中 SO_2 含量超标。国家建筑材料工业技术情报研究所教授级高级工程师、水泥行业知名专家乔龄山也曾指出，如果原料中存在以 FeS_2 为主的硫化物，就会在 $370\sim420℃$ 氧化释放出 SO_2。因此，该公司又对使用的主要原料进行了测试分析，测试结果如表 22-2 所示。

表 22-2　生产用主要原料的化学成分　　　　　　单位为质量分数×100

名称	LOI	SiO_2	Al_2O_3	Fe_2O_3	CaO	MgO	SO_3	K_2O	Na_2O
石灰石	40.58	5.95	1.64	0.58	49.84	0.59	0.19	0.42	0.07
铁渣	0.12	18.04	5.26	22.01	46.56	7.79	0.11	0.02	0.04
高硅页岩	3.08	74.90	11.30	4.86	0.57	1.64	0.07	2.56	0.98
炉渣	3.77	52.12	30.29	7.10	4.03	0.46	0.38	0.70	0.20
硅砂	1.14	92.63	2.95	1.35	0.53	0.38	—	0.20	0.11

表 22-2 显示，各原料中硫含量从高到低依次为炉渣、石灰石、铁渣和高硅页岩。实际配料中炉渣、铁渣和高硅页岩的总含量仅占 $10\%\sim20\%$，而石灰石的配比超过 80%，尽管石灰石的硫含量不是最高，但由于掺加量大，对生料的硫贡献最大，故该公司又对石灰石进行了针对性分析。

该公司所用石灰石从外观上看，有黑色和白色两种，为了搞清它们的成分以及差别，分别对其进行了荧光仪测试，测试结果如表 22-3 所示。

表 22-3　石灰石荧光测试结果　　　　　　单位为质量分数×100

项目	LOI	SiO_2	Al_2O_3	Fe_2O_3	CaO	MgO
白石灰石	43.001	0.793	0.374	0.211	55.029	0.461
黑石灰石	41.397	2.563	1.257	0.280	53.049	0.556
项目	Na_2O	K_2O	SO_3	P_2O_5	SrO	Cl^-
白石灰石	—	0.042	0.036	0.005	0.034	0.015
黑石灰石	0.057	0.339	0.277	0.008	0.190	0.026

由表 22-3 可见，白色石灰石硫含量为 0.036%，属普通低硫石灰石；黑色石灰石中硫含量为 0.277%，为高硫石灰石。黑色石灰石的硫含量超出白色石灰石的 7 倍，可见黑色石灰石是原料中硫高的主要贡献者，也有可能是窑尾烟气中 SO_2 的主要贡献者。

2) 石灰石中硫的存在形式

鉴于熟料烧成工艺对硫化物反应的复杂影响（温度、分解、固化、循环），窑尾烟气中的 SO_2 不仅与生料的硫含量有关，还应该与其中硫化物的存在形式有关。因此，有必要进一步确定石灰石中硫化物的存在形式。

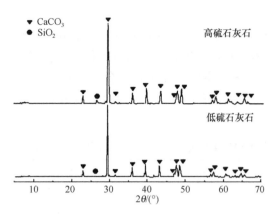

图 22-2 两种石灰石的 XRD 分析

为确定高硫及低硫石灰石中硫化物的存在形式，又分别对两种石灰石进行了 X 射线衍射（XRD）定性分析，其测试结果如图 22-2 所示。

从图 22-2 中可以看出，两种石灰石中的主要矿物均为 $CaCO_3$，也都含有少量的 SiO_2，由于石灰石中硫含量过少，受到其他物质峰的掩盖，XRD 无法准确测定其硫化物在石灰石中的存在形式。

由于 XRD 测试受限，无法体现石灰石中硫化物的存在形式，又分别对其进行了红外吸收光谱测试，希望根据物质分子中所含的基团对红外光中某些波长的光吸收情况，判断其中可能存在的物质。对低硫石灰石测试结果如图 22-3 所示，对高硫石灰石测试结果如图 22-4 所示。

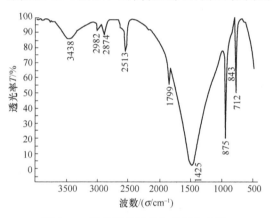

图 22-3 低硫石灰石的红外吸收光谱

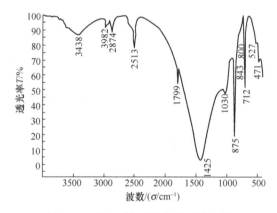

图 22-4 高硫石灰石的红外吸收光谱

由图 22-3、图 22-4 可见，两种石灰石共同含有 3438、2982、2874、2513、1799、1425、875、848、712（cm^{-1}）吸收峰，这些峰是石灰石中 CO_3^{2-} 离子、H_2O 及 SiO_2 分子中键的振动吸收红外光形成的。

两者的区别在于 1030、800、527、471（cm^{-1}）处的吸收峰不同，相关资料显示 1030（cm^{-1}）为砜类硫化物 S＝O 双键的振动吸收峰，800（cm^{-1}）为 S—O 键的伸缩振动吸收峰，527（cm^{-1}）、471（cm^{-1}）为 SiO_4^{2-} 振动形成的吸收峰。

测试结果确定该石灰石中一部分硫是以砜类硫化物的形式存在，而砜类硫化物的热稳定性相对较差，在 500℃左右易氧化分解为 SO_2。

3）两种石灰石的热重分析对比

通过上述测试，分析了石灰石中硫的存在形式。为确定其中硫的性质，又分别对两种石灰石进行了综合热分析，所得的热重分析曲线分别如图 22-5、图 22-6 所示。

从图 22-5、图 22-6 可以看出，低硫石灰石在 600℃之前失重（含所蒸发的水分）共 0.08%，高硫石灰石在 600℃前失重共 0.25%（200℃前蒸发水分 0.13%，200～600℃失重 0.12%）。

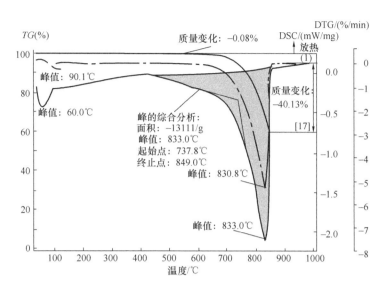

图 22-5 低硫石灰石的热重分析曲线

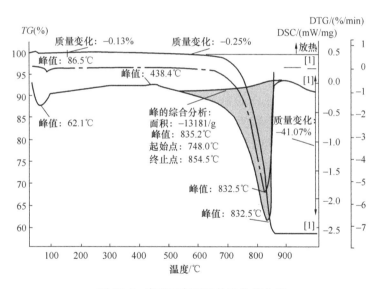

图 22-6 高硫石灰石的热重分析曲线

结合红外光谱分析，高硫石灰石 DSC 曲线存在 438.4℃放热峰，判断此放热峰为砜类硫化物集中氧化放热所致。

4）石灰石质谱分析

为了掌握升温过程中气体的变化情况，采用热重—质谱联合测试法，检测在升温过程中不同温度段的气体成分。两种石灰石的质谱分析曲线分别如图 22-7、图 22-8 所示。

图示说明：测试温度范围 0～1000℃，根据可能发生的气体变化反应，测试了四种气体在不同温度下的离子流强度。H_2O 质量数为 18，见图中 A 曲线；CO_2 质量数为 44，见图中 B 曲线；SO_2 质量数为 64，见图中 C 曲线；SO_3 质量数为 80，见图中 D 曲线。

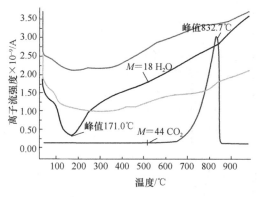

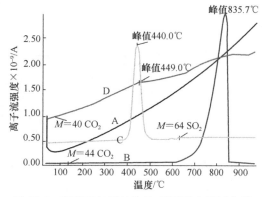

图 22-7　低硫石灰石的热重-质谱联合测试曲线　　图 22-8　高硫石灰石的热重-质谱联合测试曲线

图 22-7、图 22-8 显示了不同温度段几种气体的离子流强度。由图可见，高硫石灰石之 SO_2、SO_3 分别在 440℃ 和 449℃ 达到峰值，表明在此温度区间内石灰石中的硫集中氧化分解形成大量的 SO_2、SO_3 逸出；而低硫石灰石在整个温度区间都比较平缓，没有明显的峰值。由此判断，高硫石灰石会在 440℃ 左右氧化分解形成大量的 SO_2 气体。

3. SO_2 超标排放的综合分析

综合以上测试结果分析，总体上该公司生料中硫含量偏高，是窑尾排放烟气 SO_2 超标的主要原因。具体说是生料中含有高硫石灰石组分，而且高硫石灰石中的硫化物为易分解氧化的砜类硫化物。

由于在生料配料中掺有高硫石灰石，高硫石灰石中的砜类硫化物在 440℃ 左右时受热分解氧化，分解温度段又处于 C_1 与 C_3 级旋风筒区间，生料中的 $CaCO_3$ 尚未进行分解炉中分解，起脱硫剂作用的新生 CaO 含量很低，固硫效率极其有限，故硫化物大部分被氧化成 SO_2 或 SO_3 随着烟气逸散至窑尾烟囱。

至于煤粉中带入的硫化物，由于燃烧产物（包括窑头和分解炉）全部经过富含新生 CaO 的分解炉和 C_5 旋风筒，如果煤的硫含量不是太高，其分解氧化后生成的 SO_2 将在窑尾循环富集入窑，并在窑内大部分固化于熟料中排出窑外，不至于导致排放烟气中的 SO_2 超标。

至于生料磨开停对 SO_2 排放的影响，在生料磨工作时，大部分的烟气会经过磨内，由于生料磨中湿度较高且在粉磨过程中形成大量新生的 $CaCO_3$ 表面，这些条件能促使 $CaCO_3$ 的脱硫反应，因此排放烟气中检测的 SO_2 含量较低；而当生料磨停止工作后，全部烟气将在没有脱硫过程的情况下直接进入窑尾烟囱排放，最终导致排放烟气中的 SO_2 超标。

4. SO_2 排放的治理与效果

随着低品位石灰石、劣质煤、替代燃料的综合利用，水泥企业窑尾 SO_2 排放超标已成为熟料生产线的重要问题。为有效降低排放废气中的硫含量，同时又不会过高地增加生产成本，各企业应选择符合自身实际的脱硫技术。

就该线而言，由于受所在地原料的限制，石灰石无法更换，该公司根据相关经验和自身特点，从 2015 年 4 月起采用了"系统外加石灰粉"的脱硫措施，并取得了较好的效果。

具体方案为：在预热器底部增设一个石灰粉仓，当停生料磨时，按一定的比例向入窑生料中加入石灰粉，随生料一同提升进入预热器。石灰粉的主要成分为 CaO，CaO 是价廉高效的脱硫剂，从而将烟气中的 SO_2 固化于预热器内的生料中，达到控制出预热器烟气中硫含量的目的，进而减少排放废气中的硫含量。

该公司在采取以上脱硫措施后，即使在停生料磨的时段，窑尾排放废气的硫含量也不再超标。在采取脱硫措施后，窑尾烟气排放监测系统的时段平均数据如图 22-9 所示。

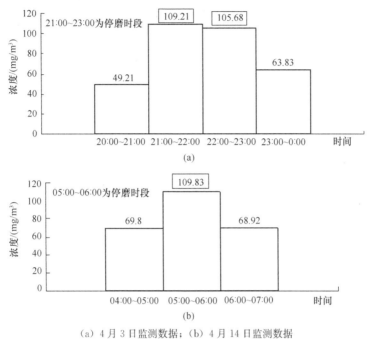

（a）4 月 3 日监测数据；（b）4 月 14 日监测数据

图 22-9　采取脱硫措施后窑尾排放监测时段平均数据

由图 22-9 可以看出，2015 年 4 月 3 日停生料磨前（21：00～23：00）排放烟气中的 SO_2 浓度平均值保持在 $50mg/m^3$ 左右；在停生料磨的同时由于向入窑生料中加入了一定的石灰粉，排放烟气中的 SO_2 浓度虽然上升至 $110mg/m^3$ 左右，但未出现排放超标现象。

2015 年 4 月 14 日 05：00 停生料磨 1h，停磨前（04：00～05：00）和开磨后（06：00～07：00）SO_2 浓度分别为 $69.8mg/m^3$ 和 $68.92mg/m^3$，在停磨 1h 期间烟气中 SO_2 浓度上升至 $109.83mg/m^3$，也未出现超标现象。这些数据表明，该脱硫措施基本解决了该公司烟气中 SO_2 浓度超标排放的问题。

该公司在总结中认为，采用外购石灰粉的方法虽然能降低窑尾烟气中 SO_2 的排放，但是也给企业生产带来了一定的影响，石灰粉的加入导致入窑生料的率值波动性较大，给窑的煅烧及熟料的质量都会造成影响，同时外购石灰粉也会增加企业的生产成本，不利于企业的节能降耗。

生产线中经分解炉高温分解的生料本身就含有大量的活性 CaO，可以利用这部分生料进行脱硫。可以从 C_5 下料口将分解后的热生料导出少部分，经外部冷却至入窑提升机所能承受的温度范围，然后作为生料的一部分重新入窑。通过这种收集和冷却活性生料脱硫的方法，不仅可以解决入窑生料的波动性问题，而且节省了外购石灰粉的成本，经济和质量控制上都更加可行。

22.2　部分企业的脱硫问题与措施

2013 年 12 月发布的 GB 4915—2013《水泥工业大气污染物排放标准》中规定：自 2015

年 7 月 1 日开始，现有熟料生产线 SO_2 排放浓度不得高于 $200mg/m^3$，重点地区不得高于 $100mg/m^3$。

就一般水泥生产线来讲，现有的预分解窑水泥工艺本身就具有脱硫功能，分解炉可以生成活性很高的 CaO，能很好地吸收烟气中的 SO_2。所以，对于原燃材料含硫量不是太高的生产线，SO_2 排放一般不会超标。

但对于少部分原燃材料含硫量较高的生产线，由于预热器在上，分解炉在下，硫化物的挥发在先、CaO 的生成在后，随烟气进入预热器的 CaO 极其有限，满足不了吸收烟气中 SO_2 的需求，还是存在 SO_2 排放浓度超标现象。

1. 分解炉 CaO 制浆脱硫工艺

海螺水泥为了解决部分生产线 SO_2 排放＞$200mg/m^3$ 的超标排放问题，曾多次组织技术会议分析排放超标的原因，并与有关高校及研究院所合作，开发了"分解炉出口取出 CaO、制浆后作为脱硫剂、喷洒于废气中"的脱硫技术，在海螺某生产线进行了试点应用。该技术发表在《水泥》2016 年第 1 期上，现将其主要内容介绍如下。

1）排放超标的原因分析及措施

分析认为，水泥熟料烧成系统中的硫是由原料和燃料带入的。在预分解窑系统内，由窑头和分解炉喂入燃料所带进来的硫，均被 CaO 和碱性氧化物吸收生成硫酸盐。原料中存在的硫酸盐在预热器系统中通常不会形成 SO_2 气体，大体上都会进入回转窑内；而原料中以其他形式存在的硫，则会在 $300\sim600℃$ 被氧化生成 SO_2 气体，主要发生在五级预热器窑的第二级旋风筒或者六级预热器窑的第三级旋风筒部位。

分析认为，由于分解炉内新生成的 CaO 活性很高，能很好地吸收烟气中的 SO_2，水泥工艺本身具有脱硫功能，所以一般水泥生产线 SO_2 排放都不是问题。但部分生产线由于原料中硫化物的含量较高，硫化物氧化产生的 SO_2 在通过上级旋风筒时不能被全部吸收，未被吸收的 SO_2 就随废气从预热器排出。

如果废气用于烘干原料，废气中的 SO_2 还能在原料磨中被进一步吸收，但需要指出的是：在温度低于 $600℃$ 的情况下，$CaCO_3$ 对 SO_2 的吸收效率要远远低于 CaO。由于上面两级预热器中 $CaCO_3$ 分解率很低，从高温部位带上去的 CaO 又很少，再加上该时段温度较低，排放前的停留时间较短，对 SO_2 的吸收效率不高，导致了较高的 SO_2 排放浓度。

海螺水泥某公司 5000t/d 熟料生产线石灰石原料中的硫含量较高，在原料磨停磨时 SO_2 排放高达 $600mg/m^3$ 左右，即使在原料磨开时也高于国家标准 $200mg/m^3$ 的排放要求。根据 SO_2 能被活性 CaO 吸收的原理，开发了通过生产线自身取 CaO 制成一定浓度的浆液，采用喷雾干燥脱硫技术喷入到生产线的合适位置，吸收系统中 SO_2 降低其排放浓度的措施。

2）具体减排技改工艺简介

从分解炉出口抽取含有高活性 CaO 的 $880℃$ 高温气体，通过稀释冷却器冷却至 $400℃$，经旋风分离器将物料收集下来，通入到 $40m^3$ 的制浆罐中，加水制备成 $20\%\sim30\%$ 的 $Ca(OH)_2$ 浆液，将制备好的浆液经 150t/h 循环泵送入 $20m^3$ 的储存罐，分别通过一台 15t/h 的泵将浆液喷射到增湿塔和生料磨出口，由此吸收烟气中的 SO_2。窑尾烟气脱硫工艺流程如图 22-10 所示，主要工艺设备如表 22-4 所示。

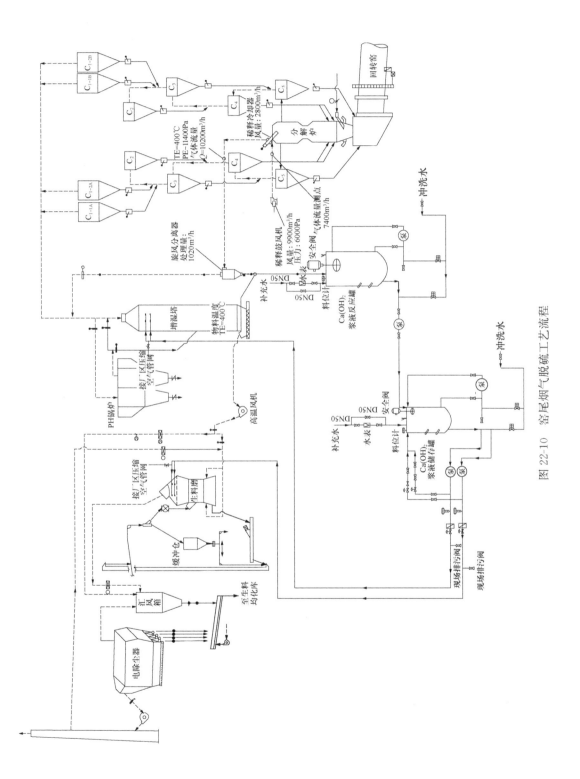

图 22-10　窑尾烟气脱硫工艺流程

表 22-4　主要工艺设备表

序号	名称	主要性能参数
1	稀释鼓风机	风量：9900m³/h　压力：6000Pa　功率：30kW
2	稀释冷却器	抽气量：2800m³/h　抽出气体温度：900℃ 冷却空气量：7400m³/h　冷却器出口温度：400℃
3	旋风分离器	风量：10200m³/h
4	电动闸板阀	工作耐温：400℃（最高500℃）
5	浆液反应罐	$Ca(OH)_2$ 储能：40m³
6	浆液储存罐	$Ca(OH)_2$ 储能：20m³
7	浆液输送泵	能力：35t/h，3 台
8	浆液循环泵	能力：150t/h，2 台
9	雾化喷枪	能力：2t/h，8 个

水泥生产线烟气脱硫设备主要包括四个部分：取料系统、制浆及储存系统、输送系统、喷射系统。

（1）取料系统，主要是利用现有生产线出分解炉物气中含有大量活性 CaO 的特点，在分解炉出口抽取含料气体，通过稀释冷却器冷却和旋风分离器分离将物料收集下来；

（2）制浆及储存系统，主要是将收集下来的物料送入储存罐进行预搅拌并进行储存。当制浆罐浆液达不到设定浓度时，储存罐向制浆罐输送一部分浆液，制浆罐通过搅拌器配制 20％～30％ 浓度的浆液。储存罐和搅拌罐均配置搅拌器和浓度计；

（3）输送系统，由输送泵组和循环泵组组成，主要是向喷射系统输送浆液并保持稳定的喷射压力；

（4）喷射系统，由若干组喷枪组成，喷枪具有耐磨、耐腐蚀等特性，且喷射嘴直径及布置角度等与生产工艺密切相关。

3）脱硫系统投运调试及运行情况

2014 年 11 月技改完成并进行了投运调试，至 2015 年 1 月先后进行了三个阶段的运行调试，调试时的 SO_2 排放浓度通过窑尾烟囱上的气体分析仪测定，具体情况如下。

第一阶段（11 月 11 日～17 日）。由于浓度计及液位计尚未安装，采用相对低的浓度浆液对原料磨及增湿塔系统进行了单路及联合喷浆试验。主要是对脱硫系统的工艺流程及设备运行状况进行测试，初步制定相关操作规程。

测试结果：采用增湿塔单路喷浆（流量：6～7m³/h），脱硫效率 20％～30％。

第二阶段（12 月 3 日～10 日）：浓度计、液位计安装到位，按照设计要求制备 20％～30％ 浓度浆液，对原料磨及增湿塔系统进行单路及联合喷浆运行试验。

测试结果：采用供增湿塔（流量：6.5～7m³/h）、供原料磨（流量：6～6.5m³/h）联合喷浆，脱硫效率 50％～60％。

第三阶段（12 月 30 日～1 月 10 日）：根据第一、二阶段的运行调试情况，将增湿塔喷枪由 4 杆增至 13 杆，喷头由不锈钢材料改为棕刚玉及碳化硅材质，拆除原料磨出口 4 杆喷枪；同时对前两次调试存在的问题进行了整改完善，在浆液浓度 20％～25％ 及喷浆量 15m³/h 左右的条件下，对喷枪的雾化及脱硫效果进行了试验。

测试结果：脱硫系统运行及脱硫效果趋于稳定，SO_2 排放浓度由 450mg/m³ 下降至 150～180mg/m³，脱硫效率为 60％～66％。

从试点生产线的测试结果来看，采用生石灰制备的 20％浓度浆液脱硫系统运行稳定，SO_2 脱硫效率在 60％以上，生产线排放浓度完全能控制在国家标准 200mg/m³ 的要求以内。后期又针对自制浆液时浆液颗粒物极易导致枪头堵塞的问题进行了优化，在其他 SO_2 排放超标的生产线上进行了推广应用。

2. 分解炉 CaO 直接脱硫工艺

分解炉 CaO 制浆脱硫工艺的主要特点，是利用水泥熟料生产线自身的分解炉高活性 CaO 吸收废气中的 SO_2。这套脱硫工艺的效果是肯定的，但仔细分析就会发现两个问题。

一是工艺流程过于复杂，牵涉到高温料气的取出、冷却、制浆、储存、输送、喷射，不就是利用分解炉的高活性 CaO 吗？必须搞得如此复杂吗？从市场上购置 CaO 制浆难道就不行吗？

二是该工艺的脱硫效果有限，成本较高，因为被 CaO 吸收的 SO_2 随着窑灰又被加入到生料中，实际是形成了 SO_2 的一个大循环，这个大循环对预热器系统的正常运行有没有影响？

随着生料中硫含量的不断升高，熟料中固化的硫也会增多，由此实现该工艺的脱硫效果。但不可否认，随着生料中硫含量的升高，SO_2 的排放也会升高，脱硫负担会逐渐加重，脱硫效果会逐渐降低，所需的脱硫 CaO 逐渐增多。

实际上，该工艺是把一个"低固硫、小循环、高排放"的平衡点，调整到一个"高固硫、大循环、低排放"的平衡点上。这个平衡点的建立根据生料库的大小可能需要几天的时间，在新的平衡点建立起来之前，任何检测的结果都不代表该工艺最终的实际脱硫效果。

既然认为原料中"以其他形式存在的硫，则会在 300～600℃被氧化生成 SO_2 气体，主要发生在五级预热器窑的第二级旋风筒或者六级预热器窑的第三级旋风筒部位"，分解炉又有"能很好地吸收烟气中 SO_2 的高活性 CaO"，为什么不能将分解炉的 CaO 直接加入到"五级预热器窑的第二级旋风筒或者六级预热器窑的第三级旋风筒"呢？既能起到同样的脱硫效果，又简化了工艺流程，降低了运行成本，这种分解炉 CaO 直接脱硫工艺方案如图 22-11 所示。

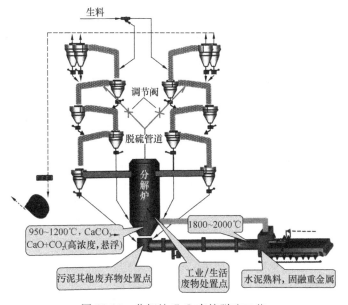

图 22-11　分解炉 CaO 直接脱硫工艺

实际上，"分解炉 CaO 直接脱硫工艺"同样具有"分解炉 CaO 制浆脱硫工艺"的问题，也是将"低固硫、小循环、高排放"平衡调整为"高固硫、大循环、低排放"的平衡，但整个系统工艺和运行维护要简单得多。总体上，投资肯定要低得多，运行成本也有可能要低。

问题是"分解炉 CaO 直接脱硫工艺"，目前还仅仅是一个未经验证的设想，距实用阶段还有一定距离，还有一些具体问题需要解决。主要是从分解炉出口抽取 CaO 的管道，细则——能否抽吸上去，是否容易结皮堵塞；粗则——短路的热风太多，必然影响到预热器的换热效率，导致烧成煤耗增加，从经济上能否平衡其他的脱硫工艺。

从经济角度考虑，"分解炉 CaO 制浆脱硫工艺"和"分解炉 CaO 直接脱硫工艺"，仅适合于 SO_2 超标量不是太多的生产线，而对于超标量比较多的生产线，则建议采用"预热器固硫加烟气脱硫"的复合方案，或"旁路放风加余热发电"的终极方案。下面重点介绍"复合方案"，"终极方案"请参阅本书第 5 章 5.5 节余热发电协同的旁路放风。

3. 固硫剂加脱硫剂复合脱硫

中材国际研究总院近年研究开发出一种复合脱硫技术，现根据研究者的有关资料介绍如下。

所谓复合脱硫，即先将催化固硫粉剂加入生料中，到预热器及回转窑内进行固硫、脱硫，然后再将催化脱硫水剂雾化喷入 C_2 至 C_1 旋风筒的上升风管处，对部分逃逸的 SO_2 进行二次捕获吸收，以此达到固硫、脱硫的双重效果。

该复合脱硫技术可适用于各型预分解窑生产线，在 SO_2 本底排放量 $200\sim3000mg/m^3$ 的范围内，均能实现良好的脱硫效果，确保其满足 SO_2 排放低于 $100mg/m^3$ 的环保要求。

脱硫粉剂与脱硫水剂均由基本剂（钙基与氨基）与核心剂（稀土、稀有金属等催化活性成分）组成，均为非危险品，不可燃，没有任何腐蚀性。产品原料安全，不含钾、钠、氯、硫等有害元素，氨基脱硫水剂中氨总量低于 4%（质量分数）。脱硫粉剂/水剂的使用均不会对熟料烧成、水泥质量、热工设备带来任何负面影响，也不会造成二次污染。

脱硫粉剂，以钙基成分为主，以包括稀土、稀有金属在内的多种金属氧化物或化合物为辅，并掺入一定量的有机物，经深加工而成的粉状物质。其中钙基主要起脱硫、固硫作用，其他金属氧化物及化合物，一方面有利于提高生料 $CaCO_3$ 的分解速率及钙基等的反应活性，使得钙基成分参与脱硫反应的效率大幅度提高；另一方面可使得固硫产物在窑内煅烧时形成高温固熔体与抑制 $CaSO_4$ 高温分解的熔融包裹物，提高固硫产物的高温稳定性。

催化固硫剂（粉剂）在入窑斗式提升机处加入，当带有固硫剂的生料进入一级至三级旋风预热器内，钙基与烧成系统内循环的 SO_2 在相对较多的区间、较长的时段起化合反应，生成稳定的复合硫酸盐等固硫产物。

主要固硫产物是 $CaSO_4$ 与硫酸钙的复合矿物，其将与其他原料一起进入回转窑内，要经历 1450℃ 以上的高温煅烧，部分 $CaSO_4$ 将被还原成 SO_2，增大系统内的硫循环，导致系统的固硫效率大幅度下降。在 C_2 至 C_1 的上升风管处喷入雾化的催化氨基脱硫水剂，通过催化剂增加钙基与氨基的反应活性，再对逃逸的 SO_2 进行二次捕获吸收。

1）复合脱硫的技术原理

复合脱硫将微量钙基催化脱硫粉剂掺入生料中实现高温固硫，既能使预分解水泥窑炉的煤粉燃烧潜能得以充分发挥，又能降低高硫原燃材料向大气中排放 SO_2，减小对大气的污染，而且对水泥熟料的性能没有任何负面影响。研究者基于的技术原理如下：

（1）SO_2 的氧化过程：在催化剂的作用下，烟气中的 SO_2 被迅速氧化生成 SO_3，能显著提高 SO_x 的反应活性及固硫反应速率。

$$SO_2 + O_2 = SO_3$$

（2）烟气的脱硫过程：烟气中 SO_3 与氧化钙、氢氧化钙、碳酸钡等物质反应生成硫酸盐，实现烟气脱硫。

$$CaO + SO_3 = CaSO_4$$
$$Ca(OH)_2 + SO_3 = CaSO_4 + H_2O$$
$$BaCO_3 + SO_3 = BaSO_4 + CO_2$$

（3）高温固硫过程：在水泥窑的烧成阶段，硫酸盐（$CaSO_4$、$BaSO_4$ 等）与氧化钙、氧化铝、氧化铁等发生固相反应，生成含硫矿物，实现高温固硫。生成的硫铝酸钙或硫铝酸钡钙矿物是典型的早强型矿物，可提高水泥熟料品质。

$$CaSO_4 + CaO + Al_2O_3 = (CaO \cdot Al_2O_3) \cdot CaSO_4$$
$$BaSO_4 + CaSO_4 + CaO + Al_2O_3 = (CaO \cdot BaO \cdot Al_2O_3) \cdot 2CaSO_4$$

2）复合脱硫的建设、使用与成本

复合脱硫设施的建设主要包括以下两个部分：

① 脱硫粉剂添加系统，主要包括粉料筒仓、仓底下料装置、螺旋铰刀输送计量装置、自动化系统（中控控制）等；

② 脱硫水剂添加系统，主要包括不锈钢储罐、泵送计量装置、雾化装置、自动化系统（中控控制）等。

复合脱硫系统在初次使用时，因前 30min 回转窑与预热器内富集的 SO_2 总量较多，粉剂使用量相应较大，约为入窑生料量的 2%；当 SO_2 排放值接近于达标值时，正常的使用剂量如表 22-5 所示，以确保稳定达标。表中脱硫剂用量比常规使用量上浮了 10%，以便用户企业设备选型之用。

表 22-5 常规工况脱硫剂使用剂量表（5000t/d 生产线）

SO_2 本底排放值（生料磨运行）/ (mg/m^3)	SO_2 排放目标值 / (mg/m^3)	粉剂添加量 /% (以生料计)		水剂添加量 / (m^3/h)	
		生料磨开	生料磨停	生料磨开	生料磨停
100~300	100	0.05	0.5	0.8~1.2	1.0~1.5
300~500	100	0.08~0.1	0.8~1.2	2.0~2.6	2.0~2.6
500~800	100	0.1~0.15	1.2~1.5	2.0~2.6	2.0~2.6
800~1000	100	0.15~0.2	2~2.5	2.0~2.6	2.0~2.6
1000~1200	100	0.25~0.35	2.5~3.0	2.0~2.6	2.0~2.6
1200~1500	100	0.35~0.45	3.0~3.5	2.0~2.6	2.0~2.6
1500 以上	100	0.45~0.5	3.5~4.0	2.0~2.6	2.0~2.6

关于脱硫剂的使用成本，按脱硫粉剂价格 1800 元/吨、脱硫水剂价格 580 元/吨（使用时自掺 40% 清水）出厂价计算，添加量根据各水泥企业 SO_2 本底排放值而定，在考虑到脱硫剂降低煤耗、熟料增产提强等综合效益后，本底排放低于 $1000mg/m^3$ 的生产线，最终运行成本在 4 元/吨熟料左右。

3）在华南某厂的应用情况

华南某省东南部某公司建有两条 5000t/d 生产线，由于该厂所用石灰石含硫量为 0.8%～2.0%（平均约为 1.2%），造成其水泥窑烟气中的 SO_2 排放浓度高达 1200～3800mg/m³，为国家排放标准的 6～19 倍。严重的超标排放促使该厂实施了复合脱硫技术改造。

改造前，结合该生产线的工艺流程，针对不同的 SO_2 本底排放值，调整粉剂与水剂的添加比例进行了正交试验，试验对水泥窑烟气中的 SO_2 进行了实时监测，最终确定了最佳脱硫剂掺量配比。粉剂固硫剂掺量（以生料喂料量为基数）试验了 0.25%、0.5%、1%、2% 四个值，水剂脱硫剂为 1.0～3.0m³/h 连续可调。

试验过程中，使用英国 KANEKM9106 烟气分析仪，对水泥窑烟气 SO_2 浓度进行了监测。为确保试验结果的准确性，在试验前一天，监测仪器由华南某省环保厅监测中心进行了校准，同时该仪器监测结果与该厂原有的烟囱处在线环保监测设备检测值基本一致。

技改完成后，通过查找中控室 DCS 系统保存的 SO_2 的历史趋势，对使用开始前两周的 SO_2 排放浓度数据进行了统计，结合试验期间现场监测情况，该生产线正常运转时的 SO_2 浓度均在 1200mg/m³ 以上，生料磨停磨时超过 2500mg/m³，最高达到 3800mg/m³。2015 年 9 月 6～9 日试验期间所测量的 SO_2 本底排放值平均为 3050mg/m³，监测结果如图 22-12 上图所示。

2015 年 9 月 13 日复合脱硫系统正式投入使用，当粉剂与水剂复合使用时烟气中 SO_2 浓度实际监测结果如图 22-12 下图所示。使用前烟气 SO_2 本底排放值 1600～1800mg/m³，当单独使用粉剂量为 2% 时，烟气中 SO_2 浓度可降低至约 200mg/m³ 以内；当粉剂量为 0.3%～

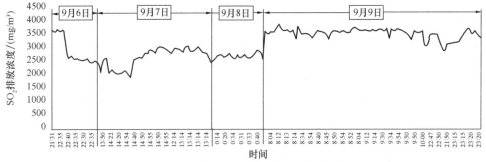

复合脱硫系统投运前废气烟囱的 SO_2 实测曲线

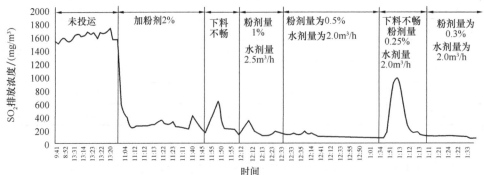

复合脱硫系统投运后废气烟囱的 SO_2 实测曲线

图 22-12　复合脱硫系统投运前后废气烟囱 SO_2 实测曲线对比

0.5％、水剂量为 2m³/h 时，烟气中 SO_2 浓度可稳定保持在 100mg/m³ 以内，减排效率达到 90％以上。

复合脱硫系统投运前后，出窑熟料的 SO_3 含量对比见表 22-6。由表可见，在 9 月 6～9 日复合脱硫系统投运前，出窑熟料的 SO_3 平均值为 1.33％，9 月 10～13 日复合脱硫系统投运后，出窑熟料的 SO_3 平均值为 1.51％，说明复合脱硫技术确实将一部分硫固定到了熟料中。

表 22-6　复合脱硫前后出窑熟料的含量对比

项目	复合脱硫前					复合脱硫后				
月日	09.06	09.07	09.08	09.09	平均	09.10	09.11	09.12	09.13	平均
SO_3/％	1.35	1.35	1.32	1.31	1.33	1.45	1.48	1.51	1.58	1.51

该脱硫系统经研发小组精心设计，采用专门定制的给料计量输送设备，实现了 1：100 范围内的连续稳定给料，自动化程度高。电气设备全部接入中控室 DCS 系统控制，操作与监控全部在中控室进行；脱硫剂用量可根据烟气 SO_2 排放自动跟踪反馈调节，SO_2 排放量被稳定控制在目标值范围内，系统已实现了无人值守自动运行。

4）生料磨运行对 SO_2 排放的影响

对于预分解窑生产线，其生料制备系统与熟料烧成系统是设计为一个整体的，生料粉磨需要使用烧成废气的余热烘干，而且两者共用一个废气处理系统。由于生料磨的能力设计得比窑大一些，所以存在磨停窑不停的情况。生产实践发现，当窑磨联动运行的时候，所排废气中的 SO_2 要远低于停磨开窑的时候，说明生料粉磨系统对水泥窑废气有脱硫作用。

当窑磨联动运行时，含有 SO_2 的窑尾废气进入生料磨以后，就会与生料中的 $CaCO_3$ 在 O_2 的参与下发生如下反应：

$$2SO_2 + 2CaCO_3 + O_2 = 2CaSO_4 + 2CO_2$$

这就是生料磨具有脱硫功能的基本原理。通常情况下这种反应是十分缓慢的，但在生料磨内情况就不同了，由于原料的烘干将产生大量水蒸气，用于烘干的窑尾废气具有较高的温度，$CaCO_3$ 在粉磨过程中会产生大量的新生界面，这一反应速度被大大加快。

生料粉磨系统对 SO_2 的吸收率与原料的湿含量、磨内气体氧含量、磨内温度、物料循环量、生料粉磨细度，以及废气在磨内的停留时间有关。据国外有关资料介绍，由于窑磨运行工况以及原燃材料含硫量的不同，当窑磨联动运行时，生料粉磨对 SO_2 的吸收率能达到 20％～70％。

窑磨联动运行不仅可以减轻生料成分（受窑灰影响）、烧成用风、余热利用的波动，对稳定烧成工况十分有利，而且还是消减窑尾废气中 SO_2 的工艺措施。遗憾的是，为了在生料磨上省几度电，大家普遍对这么重要的"窑磨联动率"重视不够，实际上为省那几度电而影响了烧成系统的稳定是得不偿失的。

22.3　通过工艺优化控制 SO_x 排放

日本太平洋水泥（中国）投资有限公司，在 2016 年 6 月 29 日北京"水泥窑协同处置废弃物技术交流大会"上介绍了他们控制 SO_x 排放的做法，根据硫酸盐在高温下的可逆反应原理，结合脱硝还原，改造增强了系统的可控性和稳定性，通过适当降低分解炉温度、加大系统用风量为逆向反应创造条件，在不加固硫剂的情况下，立足于工艺控制强化化学捕捉抑制 SO_x 排放，具有独到的见解，现整编介绍如下供读者参考。

1. 工艺优化控制 SO_x 的理论依据

SO_x 主要来源于原料、燃料、废弃物在燃烧过程中硫化物的高温分解或气化。现有的主要控制对策包括脱硫剂、脱硫塔、氨水、添加 CaO、电石渣等，一是增加脱硫成本，二是存在不可避免的逃逸现象（氨、硫酸铵、碳酸铵），寻求一种新的对策就成为必要。

石灰石中可能会含有硫化物、硫酸盐、单质硫和有机硫（极少）等物质，由于含量较低，且存在形态复杂，要精准确定十分困难。石灰石中可能的含硫物影响 SO_x 排放浓度的反应有：

(1) $FeS_2 + O_2 \longrightarrow Fe_2O_3 + SO_2$ （加热或自燃，300～400℃）

(2) $FeS_2 \longrightarrow (FeS_{1-x}) + S$ （反应温度区域 500～700℃）

(3) $FeS_{1-x} + O_2 \longrightarrow Fe_3O_4 + SO_2$ （反应温度区域 1000～1400℃）

(4) $CaS + 2O_2 \Longrightarrow CaSO_4$ （主反应，发生温度 820～970℃）

$\quad\quad 2CaS + 3O_2 \Longrightarrow 2CaO + 2SO_2$ （副反应，890℃以下可以忽略）

$\quad\quad CaS + 3CaSO_4 \Longrightarrow 4CaO + 4SO_2$ （副反应，反应温度范围 950～1150℃）

(5) $2SO_2 + O_2 \Longrightarrow 2SO_3$ （反应温度 500℃，催化剂）

(6) $CaSO_4 \Longrightarrow CaO + 1/2O_2 + SO_2$ （开始反应 1100℃，1450℃反应完全；开始逆反应 800℃）

(7) $S + O_2 \Longrightarrow SO_2$ （反应温度 232℃）

(8) $RCH_2CH_2SH \longrightarrow RCH - CH_2 + H_2S$ （反应温度 400℃，一般有机硫的反应温度为 527℃以下。沥青质石灰石）

2. 工艺优化控制 SO_x 的技术措施

在不同温度下，硫化物可能有如下反应。

(1) 对于原料中伴生的硫化物

$FeS_2 + O_2 \longrightarrow Fe_2O_3 + SO_2 \uparrow$ （高温：250～400℃）

$FeS + O_2 \longrightarrow Fe_2O_3 + SO_2 \uparrow$ （高温：燃烧）

(2) 对于原料中含有的硫酸盐

$$CaSO_4 \Longrightarrow CaO + 1/2O_2 + SO_2 \uparrow$$

其正反应至约 1100℃速度加快，到 1450℃反应完成；其逆反应从 800℃开始明显，825～880℃速度达到最佳。相关的室内试验结果如图 22-13 所示。

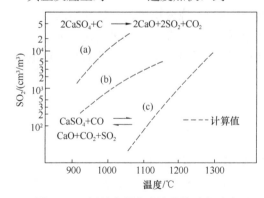

图 22-13　原料中所含硫酸盐的反应试验

由试验结果推论到水泥熟料烧成工艺，可得出如下结论：

(1) 温度越高，SO_2 挥发得越多，排放超标，窑内结圈速度越快。

(2) 当燃烧状态不好时，SO_2 发生速度加快的温度区间将大为下降，可降低约 200℃左右。

(3) 降低窑内温度、改善燃烧条件是减

少 SO_x 发生的重要措施。

由此可见，在窑尾以后的预热器内营造出有利于逆反应的条件和环境，可有效抑制 SO_x 的排放。关于 SO_x 的发生和吸收机理如图 22-14 所示，提高烧成过程的可控度、抑制 SO_x 排放的措施见表 22-7。

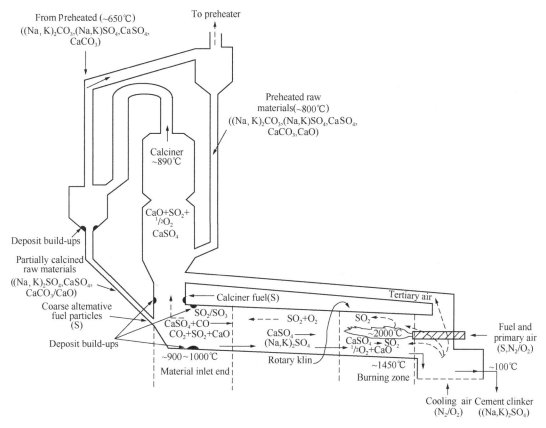

图 22-14　SO_x 在烧成系统的发生和吸收机理

表 22-7　提高烧成可控度、抑制 SO_x 排放的措施

预热器分解炉	导入分级燃烧系统 1. 设置窑尾分级燃烧器 2. 更换分解炉燃烧器 ➡ 优化烧成系统，改善烧成的可控性	抑硫燃烧器 安装位置 运行控制调整
窑、预热器、 箅冷机	1. 运行工艺参数、熟料烧成性能的优化、调整 2. 分解炉燃烧、箅冷机工艺调整等 ➡	营造抑制 SO_x、NO_x 发生的环境 节能、降耗、易烧性改善
原材料配比 参数调整优化	依据使用原燃料的成分和成本比例，制定出确保排放达标、易烧性改良的配合比及相应的工艺条件（在基本保持现行的操作参数不变的情况下）	

3. 工艺优化控制 SO_x 的实施与效果

太平洋公司的烧成系统，主要采用 RSP 分解炉，基于脱硝和控硫的需要，主要工艺改造为分级燃烧技术。其改造的示意如图 22-15 所示，分级燃烧器的现场布置如图 22-16 所示，分级燃烧器的实体如图 22-17 所示。

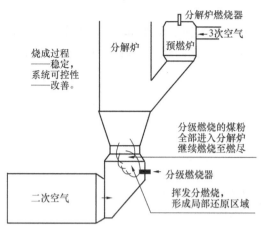

图 22-15　分级燃烧技术改造示意图

（图中文字）
分解炉燃烧器
3次空气
分解炉
预燃炉
烧成过程——稳定，系统可控性——改善。
分级燃烧的煤粉全部进入分解炉继续燃烧至燃尽
分级燃烧器
挥发分燃烧，形成局部还原区域
二次空气

如图 22-15 所示，将尾煤一分为二，一部分由主燃烧器进入预燃炉燃烧，一部分由分级燃烧器进入窑尾烟室燃烧。

由分级燃烧器进入窑尾烟室的煤粉，在随着窑内气流上升的同时，煤粉内的挥发分开始溢出燃烧，使烟室形成还原气氛空间，其主要作用是还原窑内高温区产生的 NO_x。进入烟室的煤粉，在烟室完成挥发分燃烧之后，剩余的 C 随烟室气流进入分解炉内分散后无焰燃尽，避免了局部高温导致的 $CaSO_4$ 分解。

这种改进可使烧成过程更加稳定，系统的可控性更强，避免硫循环在窑尾烟室和上升烟道结皮，将分解炉内整体温度控制在 850℃ 左右，营造出有利于逆向反应的条件和环境（正反应至 1100℃ 开始加快，逆反应从 800℃ 开始明显，825～880℃ 速度最佳），促进 $CaSO_4 \rightleftharpoons CaO + 1/2O_2 + SO_2\uparrow$ 的逆向反应，从而抑制 $CaSO_4$ 分解和 SO_x 的排放。

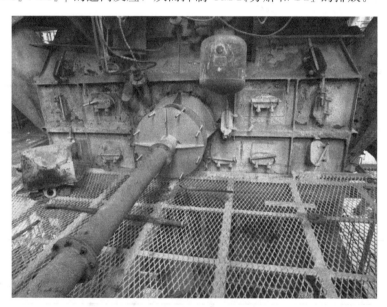

图 22-16　分级燃烧器的现场布置

利用工艺手段实现降低 SO_x 排放浓度的效果：

（1）SO_x 排放浓度≤100～200mg/m³（根据客户要求或当地标准调整，针对原料中 SO_3 含量等因素有时会对原料配合施加适当限制）；

（2）由于 SO_2 被 CaO 固化为 $CaSO_4$ 需要更多的 O_2（这一点对脱硝是不利的，需要给予适当的平衡），烧成系统的用风将需要增大，高温风机需要开大，因此单位热耗将增加约 1.5%，高温风机电耗将增加约 5%kW/h，但总体上还是比现有控硫措施简单、划算；

（3）由于取代了现有控硫措施（脱硫剂、CaO、电石渣、氨水等），控硫成本将会下降，

图 22-17 分级燃烧器的实体照片

投资只有现有控硫措施的一半以下，投资回收期约 1 年左右。

脱硝用分级燃烧器，由通常安置于分解炉锥部改为窑尾烟室，提高了整个烧成系统的可控性和稳定性，可以获得如下好处：

（1）烧成过程波动的减小有利于降低窑内烧成温度的波动高峰，减少硫酸盐分解，抑制 SO_2 的产生；

（2）窑尾烟室的还原气氛进一步降低了氧含量，有利于 $CaSO_4$ 的分解，抑制了硫循环在窑尾烟室和上升烟道的逆向反应结皮；

（3）在烟室完成挥发分燃烧的煤粉剩余 C，进入分解炉内均质分散于生料中无焰燃尽，避免了局部高温导致的 $CaSO_4$ 分解，抑制 SO_2 的产生；

（4）分解炉内 850℃ 左右的均匀温度场和均质物料分布，营造了有利于逆向反应的环境，为 SO_2 与 CaO 的结合创造了条件，使大部分新生 $CaSO_4$ 凝结于生料颗粒表面，而不是凝结于分解炉边壁上；

（5）出分解炉的硫化物以已经凝结于生料颗粒上的 $CaSO_4$ 为主，降低了烟气中有待凝结的 SO_x 含量，抑制了末级旋风筒及其连接管道的边壁结皮。

22.4 放眼工业脱硫措施大 PK

前两节介绍的都是目前水泥行业在用或试用的脱硫措施，实际上，就抑硫和脱硫措施来讲，在其他工业领域、特别是电力行业，还有不少其他的措施可资借鉴。或可嫁接到水泥行业上来，或可直接降低现有的脱硫成本，或可放宽水泥用煤的限硫指标，降低原煤采购成本；有的措施还能副产出有经济价值的产品，甚至改变脱硫措施只有投入而没有收益的局面。我们这里就不妨看看电力行业的部分脱硫措施，供读者参考。

电力行业的抑硫脱硫措施，按与燃烧工艺的结合点区分，主要有以下三类：①燃烧前脱硫——进厂前原煤脱硫；②燃烧中脱硫——锅炉内高温脱硫；③燃烧后脱硫——废气系统烟气脱硫。

炉内喷钙脱硫的脱硫效率较烟气脱硫偏低，但投资和运行费用较低，能耗较低，工艺过程简单，比较适用于小容量、燃用低硫煤的和排放量超标的老厂机组；对需要脱硫的大型机组，特别是燃用煤的硫含量较高时，可采用效率较高的 LIFAC 或其他脱硫工艺。

1. 进厂前原煤的脱硫措施

原煤脱硫的方法有多种，浮选工艺是工业应用最早的脱硫方法，其中强磁分选与微波辐射较受重视。脱除无机硫的措施有：机械分选、强磁分选、细菌处理、苛性碱浸提等方法；脱除有机硫和无机硫的措施有：微波辐射、溶剂浸提、热分解、酸碱处理、氧化还原处理、亲核置换等方法，以下介绍三种脱硫措施。

1）机械分选法（MF）

利用煤质与灰中无机硫的密度不同，用浮选法浮选，用水作浮选剂。脱硫效率一般可达 40%，该法已在国内外工业中应用。

国内采用跳汰机和摇床联合作业，同时达到原煤精选的目的，可以脱除 30% 左右的灰分。

2）强磁分选法（HMS）

利用强磁场将煤中顺磁性的无机硫与反磁性的煤质分离。由于无机硫的顺磁性较弱，需要 2T 以上的磁场强度方能实现有实用价值的分离效果。对无机硫的脱硫率可达 70% 以上，但对全硫只有 45% 左右。能同时达到原煤精选的目的，可脱除 30% 的灰分，其缺点是尾煤热损失较大，约损失 20% 左右。

3）微波辐射法（MCD）

用电磁波照射经水（或碱或 $FeCl_3$ 盐类）处理过的 50～100℃煤粉，能使煤粉中的 Fe—S 和 C—S 等化学键发生共振而裂解，形成的游离硫可与氢、氧反应，生成 H_2S、SO_2 低分子 ROS 等气体从煤中逸出，将逸出的气体收集处理，可以得到硫磺副产品，脱硫率可达 70%。

2. 锅炉内燃烧中的脱硫措施

1）石灰石注入炉内分段燃烧（LIMB）

为了抑制二氧化氮，后来发展为喷钙，采用合适的受热面布置，可使炉内温度控制在 850～950℃，因而抑制了二氧化氮。当 Ca/S 比为 2 时，同时获得 50% 左右的脱硫效率，该法适用于老厂改造。

如果用石灰石作脱硫剂，当 Ca/S 物质的量之比为 2 时，脱硫效率可达到 32% 左右；如果用消石灰作脱硫剂，当 Ca/S 物质的量之比为 2 时，脱硫效率可达到 44% 左右。

2）炉内注入石灰石并活化氧化钙法（LIFAC）

将石灰石注入锅炉的约 1150℃区段，碳酸钙迅速分解成氧化钙，同时起到一些固硫作用。在尾部烟道的适当部位（一般在空气预热器与除尘器之间）设置增湿活化反应器，能使未反应的氧化钙水合成氢氧化钙，可进一步提高脱硫效果，总脱硫率可达到 70% 左右。

如果采用压力消化石灰代替石灰石，可以进一步提高脱硫剂的利用率和脱硫效率，当 Ca/S 物质的量之比约为 1.5 时，脱硫率达 80%，这是因为加压水化后快速失压出料时，水合物爆裂形成高度分散的微粒，既有利于直接喷粉，且其脱硫率最高。但该法不能同时脱除二氧化氮，该法适用于老厂改造。

3. 废气系统干法的脱硫措施

废气系统的烟气脱硫，按照处理状态分为干法和湿法两类。所谓干法脱硫具有以下特点：脱硫过程多数属气-固反应，速度相对较低，烟气在反应器中的流速较慢，延长反应时间，故设备较庞大，但脱硫后的烟气降温较少或不降温，故不需再加热（耗能少）即可满足排放扩散要求。此外，二次污染少，无结垢、堵塞，可靠性高。

1）移动床活性炭脱硫（BF/FW）

用活性炭作脱硫剂，在脱硫移动床中与约 100℃ 的烟气错流接触，以脱除二氧化硫，脱硫率 90% 以上。

吸附了二氧化硫的活性炭在再生移动床中与 500～600℃ 的热砂（或其他热载）体合，被炭还原成二氧化硫逸出，用于制硫酸。向烟气中添加氨用双层床处理，可同时脱除 80% 的二氧化氮。

2）电子束照射法（EK）

含水分的烟气在电子束的照射下，烟气中的水被激活裂解成 HO、O 等强氧化剂，能迅速将二氧化硫和二氧化氮氧化成三氧化硫和五氧化二氮，再与添加的氨化合成硫酸铵和硝酸铵，用除尘器收集作为肥料副产品。

该法脱硫率可达 90% 左右，脱硝率可达 80% 左右。但整套装置电耗高，约占厂发电量的 10%。

3）喷雾干燥法（SDA）

喷雾干燥法是 20 世纪 70 年代发展起来的脱硫技术，用石灰浆作脱硫剂，用雾化器将石灰浆水溶液喷入吸收塔内，石灰浆以极细的雾滴与烟气中的二氧化硫接触，并发生化学反应，生成亚硫酸钙和硫酸钙。

同时利用烟气中的热量使雾滴的水分汽化，干燥后的粉末随脱硫后的烟气带走，用除尘器捕集，脱硫率 70%～90%。当 Ca/S 物质的量之比约等于 1.5 时，脱硫率为 85%。这实际上是一种在湿状态下脱硫、在干状态下处理脱硫产物的方法，所以亦被称为半干式。

喷雾干燥加布袋除尘，脱硫率可达 90% 以上，允许煤含硫量可达 3%，可与湿法相竞争。这种方法的主要特点是，因吸收塔出来的废料是干的，与湿式石灰石法相比，省去了庞大的废料处理系统，使工艺流程大为简化。该法的关键技术是，石灰石浆液的雾化器和吸收干燥塔，现在使用最广泛的是离心转盘雾化器。

4）粉煤灰干式脱硫

脱硫剂由粉煤灰、消石灰和石膏为原料，制成颗粒状，将它们装在吸收塔中形成移动层。当脱硫剂在塔中自上而下地移动时，其中的消石灰（氢氧化钙）与烟气中的二氧化硫反应生成石膏，而脱硫剂中的粉煤灰和石膏则起活性媒体的作用。用过后的脱硫剂还可以作为生产脱硫剂的原料被重新利用。

4. 废气系统湿法的脱硫措施

湿法脱硫的基本过程是用脱硫溶液洗涤烟气，气-液传质过程一般较气-固快，设备相对较小，效率较高（90%），运行可靠。主要缺点是：工艺复杂，占地面积大，投资费用高。由于净化后的烟温较低，需要对烟气再加热，以利排放后扩散。

1) 石灰石/石灰洗涤法 (LW)

使用氧化钙或碳酸钙浆液在湿式洗涤器中吸收二氧化硫，浆液从塔顶向下喷淋，烟气从塔底向上流动，使二氧化硫与浆液充分接触。大部分生成亚石膏固体，一般均将其氧化成石膏，可作为废渣抛弃，也可回收石膏。

研究发现：加入氧化钙可以将石灰浆的吸收能力提高 10～15 倍，关键技术之一是在泥浆洗涤中需防止堵塞与结垢，还有废液处理和排烟的再加热问题。

可采用石灰石＋石膏＋添加剂甲酸 (HCOOH)，生成易溶于水的硫酸氢盐，而不是难溶于水的亚硫酸钙，较好地解决了结垢与堵塞问题。

2) 亚硫酸钠循环洗涤法 (W-L 法)

由于石灰/石灰石法后期生成的副产品价值甚低，而且往往无法处理。在寻求回收副产品新途经时又发展了亚硫酸钠循环洗涤法。

利用 30％左右的碱液（如碳酸钠溶液）洗涤烟气吸收二氧化硫产生亚硫酸氢钠，在 105℃封闭系统中进行热分解，使亚硫酸钠再生，重复使用；同时获得浓二氧化硫气体，可压缩成价格较高的液体二氧化硫，也可制成硫酸或硫磺产品，脱硫率 95％。

该法缺点是：投资大，运行费用较高（碱耗高），系统中由于亚硫酸盐的生成，随之而来的是 pH 值的降低和腐蚀加剧，适用于有碱源的地区采用。

3) 磷铵肥法 (PAFP)

这是一种直接副产氮磷复合肥料的烟气脱硫方法。其过程包括催化脱硫制酸，即利用活性炭吸附将烟气中的二氧化硫脱除下来，再和水蒸气反应生成稀硫酸，然后用稀硫酸分解磷矿石制取磷酸。

再用氨中和磷酸制得磷铵作为二级脱硫剂，所得到的肥料浆经过氧化并在蒸发设备中浓缩和干燥机中干燥，最后变固体氮磷复合肥料。该法具有较高的经济效益，而且系统简单、投资费用低、运行可靠，无堵塞问题。

第五篇

前沿发展与探索

第 23 章　探索中的熟料生产

时代在进步，技术也在进步。技术的进步是永无止境的，对于水泥生产技术方面的创新和对水泥生产的更高效率方面的革新，实实在在地在我们身边发生。虽然今天我们还不能明确未来的水泥生产技术是什么，但科技发展的某些迹象已经隐约地显露了新一代水泥生产技术的曙光。

如果你想获取高强度的熟料，就可以去尝试搞懂关于熟料阳离子的交代烧成技术，然而交代技术并不是早先大家所熟知的矿化剂技术。双列交叉流预热器技术，包括高固-气比水泥悬浮预热预分解系统技术，是否已经成熟，预热器的出口温度到底会降多少，煤又可以节约多少呢？对于预分解技术，我们能不能在概念上或观念上有所突破——预烧成短流程窑与现有的预分解工艺技术相比，是有本质上的区别的。从山东淄博 1000t/d 流化床窑的试生产情况来看，在工艺技术上已无大的障碍，只要投入足够的技术力量，对现有系统进行一些必要的改造，明天你也可能玩上流化床窑了。

面对上述玄玄乎乎的技术和革新，你知道吗？你关注了吗？你有去尝试的勇气吗？你也曾想在某些方面做出创新吗？

中国水泥协会高级顾问、为我国引进预分解工艺的技术领头人——高长明，2014 年 10 月 20 日在《中国建材报》上发文呼吁：

我国水泥工业应加强组织协调工作，在第七代水泥生产技术革新换代过程中抢占制高点，切勿错失在国际水泥界把握发展战略重点的时机。下一代将会取代预分解窑（第六代）水泥生产技术的是什么？目前难以预料，但是国际上已经隐约地出现了一些或有可能的预兆，一些国际权威性的水泥研发机构和老牌跨国水泥装备供应厂商，他们近年来在预分解窑技术改良方面的研发虽然投入不多，但对下一代水泥工业的技术革命、革新换代方面的研发却一直在不遗余力，预计第七代水泥生产技术的来临可能还有 15 年左右的时间。

23.1　熟料阳离子交代烧成技术

我们在一些研究试验中发现，P、Mg、Cu、Zn、Sr、Na、S 等阳离子在一定条件下，能与水泥熟料 C_3S 晶格中的部分 Ca 离子实现交互置换，使 C_3S 形成一定的晶格缺陷，降低晶格的稳定性，由此可提高熟料活性，继而提高熟料的强度。这就是交代作用在水泥熟料烧成方面应用的理论基础。

1. 交代烧成技术

交代烧成技术，是"水泥熟料阳离子交代烧成技术"的简称。

我们知道，水泥熟料由 C_3S、C_2S、C_3A、C_4AF 等矿物组成，可以说水泥熟料就是一种人造矿石，是一种由"水泥原燃材料"多种矿物，按一定比例混合后，在人为控制下形成的人造变质岩，其变质过程应该与天然的地质学变质遵循一些共同的规律，具有一定的借鉴作用。

"交代"本是一个地质术语，但在水泥熟料的烧成过程中也伴随着交代作用，而且能在一定程度上影响到熟料的烧成过程和产品性能。熟料矿物的形成与地质矿物的形成具有一定的相通性，引入"交代"概念有利于对烧成过程的研究。

在熟料中掺加某种阳离子，能改善熟料的易烧性，能人为地制造一些晶格缺陷，使 C_3S 晶体的稳定性受到一定的破坏，从而提高 C_3S 的活性，提高熟料强度，这已是不争的事实。

磷渣或磷矿中的 P_2O_5 就具备这一特性，是一种很好的水泥熟料交代作用"种离子"。为了验证这种影响的存在和程度，由于条件限制尚未做工业试验，但在实验室做了一定的易烧性对比试验，试验结果如图 23-1 所示。

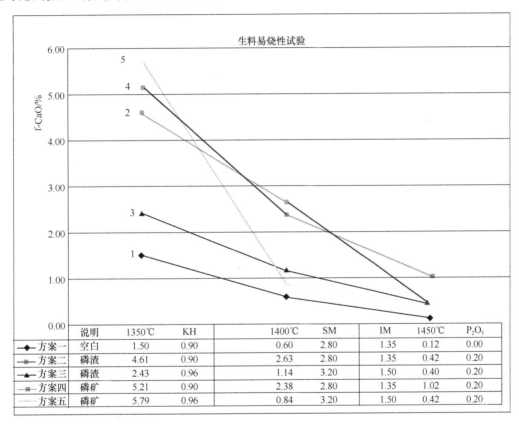

说明		1350℃	KH	1400℃	SM	IM	1450℃	P_2O_5
方案一	空白	1.50	0.90	0.60	2.80	1.35	0.12	0.00
方案二	磷渣	4.61	0.90	2.63	2.80	1.35	0.42	0.20
方案三	磷渣	2.43	0.96	1.14	3.20	1.50	0.40	0.20
方案四	磷矿	5.21	0.90	2.38	2.80	1.35	1.02	0.20
方案五	磷矿	5.79	0.96	0.84	3.20	1.50	0.42	0.20

图 23-1 河南某实验室 P_2O_5 对生料易烧性的影响试验

由图 23-1 可见，在向熟料中导入少量 P_2O_5 以后，不论是磷渣还是磷矿，与正常配料的熟料相比，易烧性反而明显变差，没有体现出矿化剂的作用，但在采用三高配料以后，其易烧性不但没有变差，反而得到明显的改善，与三高配料不易烧的理论相背离，已经不能用矿化剂降低共熔点来解释。

分析认为，交代原子的量一般控制在 0.1% 左右为好，针对 C_3S，熟料中的掺杂量应该在 0.2% 左右，本试验控制在 0.2% 应该是合理的。而作为矿化剂使用，一般控制熟料中的 P_2O_5 含量在 0.1%～1.0% 之间，本试验控制在 0.2% 就显得偏小，矿化剂的作用就不可能明显。

在常规配料的情况下，熟料中的 C_3S 浓度相对偏低，SiO_2—CaO 系统中的 Ca^{2+} 相对不足，Ca^{2+} 受到 $[SiO_4]^{4-}$ 的约束力较大，振动距离不足以接收掺杂离子，交代作用难以发生。

在采用三高配料以后，C_3S 浓度较高，Ca^{2+} 充足。在达到一定温度以后，系统中出现少量的流体相，被交代矿物"浸润"，为离子迁移创造了条件，Ca^{2+} 的振动距离足以容纳掺杂离子，从而为交代作用提供了机会。

虽然"交代作用"在水泥工艺上尚处于开发阶段，但介入硅酸盐产品的生产并不晚。比如在黏土矿物中，常有 Al^{3+} 和 Mg^{2+} 或 Fe^{2+} 的互相交代，交代后电价的不足，依靠吸附在细小黏土粒子表面上的正离子来补偿，陶瓷工艺就将这一特性用于制备稳定的黏土悬浊液泥浆。

理论上晶体中的质点总是沿三度空间呈有序的、无限周期重复性排列，但实际晶体中总有一些杂质溶入，总是或多或少存在着这样那样的缺陷。这些溶入的杂质原子（或离子）在晶体内部结构中所占的位置，或占据了原有质点位置，或分布于原有质点之间，破坏了晶体质点排列的有序性，造成晶体点阵结构的周期势场畸变，与理论晶体产生了偏离，形成晶体的缺陷。

研究发现，晶体中缺陷的存在会严重影响到晶体的性质。有些影响是决定性的，有时甚至可以把晶体本身看成是缺陷的基质。比如，许多离子晶体的颜色都来自于缺陷；晶体的发光差不多都和杂质的存在有关；半导体的导电性几乎完全由掺杂原子和缺陷所决定；陶瓷的烧结也与晶体中缺陷的存在有关。

再如，在硅酸盐水泥熟料中，有一种重要的组分 β—C_2S，很容易发生晶型转变影响熟料质量。通过加入 $5\%\sim10\%$ 的 MgO，或 SrO，或 BaO，使它们形成正硅酸盐，与 β—C_2S 生成置换型固溶体；或加入 1% 的 P_2O_5，使它们形成 $[PO_4]$，置换 $[SiO_4]$ 生成固溶体，都能有效阻止 β—C_2S 的转变。

当晶体的温度高于绝对零度时，原子吸收热能而运动，就要离开结构中的理想位置，但原子间的引力作用又约束这个原子不能离得太远，从而形成一个振动的距离。温度越高，平均热能就越大，这个振动距离就越大，当这个距离足以容纳掺杂的离子时，就有可能发生交代置换。振动距离与温度的关系与原有晶体的固有特性有关，发生交代作用所需的距离与掺杂离子的大小有关，因此，不是所有原子间都能发生交代作用的。

掺杂原子的量一般小于 0.1%。当其进入晶体后，由于掺杂原子与固有原子的性质不同，不仅破坏了固有原子的规则排列，而且掺杂离子周围的周期势场也会改变。掺杂原子形成的缺陷，一种是杂质原子跑到固有原子点阵间隙中，成为间隙杂质原子，起到矿化剂的作用；一种是杂质原子替代了固有原子，成为置换杂质原子，从而起到交代作用。在两种作用后的晶体中，原子的分布状态如图 23-2 所示。

实际上，水泥熟料的煅烧过程，就是原料矿物的变质过程，是一种为了某种需要在人为控制下的矿物再造。在水泥熟料

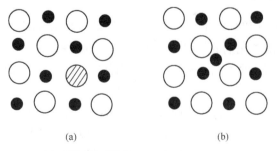

(a)　　　　　　　　　(b)

(a) 置换型杂质晶体；(b) 间隙型杂质晶体

图 23-2　两种作用后的晶体原子分布图

的煅烧过程中，不但人为地控制了矿物的组分，而且控制了变质的温度、压力、气氛，还有强制的经时历程，迫使原有矿物按照我们的目标进行变质性结构重组。如果用现成的地质概念讲就简单多了，就是人为操控了矿物变质的 $T—P—t$ 轨迹。

鉴于有关水泥熟料"交代烧成"的研究还很少，熟料矿物的形成与地质矿物的形成具有一定的相通性，我们不妨先来谈谈地质上的交代作用，看有无可供借鉴之处，或可对熟料烧成的研究有所裨益。

2. 地质学的交代概念

交代（replacement）：一种矿物直接置换另一种矿物的同时，保持了被置换矿物的大小和形态的化学过程。能显示这种置换关系的结构称为交代结构，交代结构大致有以下 4 类。

（1）漂浮自形晶结构：交代矿物以其自由的结晶形态彼此分离地出现（漂浮）在被交代矿物的背景中，晶体出现的密度可以比较均匀，也可受沉积成分或结构构造的控制，如有时只出现在基质或胶结物内，或只出现在颗粒中，有时则沿某个裂隙系统（如压溶面）分布等等。石灰岩被石英或白云石轻微交代时常常形成这种结构。

（2）交代残余结构（蚕食结构）：一部分颗粒、基质或胶结物矿物被交代矿物或矿物集合体部分置换，而另一部分仍残留着，在交代和被交代矿物之间形成一个不规则的蚕食状分界面。

（3）交代假象结构：这是交代残余结构的特殊表现形式，即交代矿物选择性地完全置换了被交代颗粒或矿物晶体，形成了假象或假晶。

（4）交代阴影状结构：当颗粒被同成分的基质或胶结物包围时，强烈的交代可能会突破交代假象的边界并使边界消失，或者基质、胶结物同时被交代。仅因结构或所含杂质不同，使原颗粒中的交代产物在晶体粒度、洁净度等方面与周围交代产物出现差异，结果原颗粒所在部位就变成了一个成分或结构都相对特殊，且边界模糊或呈过渡状的斑块，这种斑块就是原颗粒的阴影。

交代作用（metasomatism，metasomatosis）：固体岩石在化学活动性流体作用下，通过组分带入或带出，使岩石的总化学成分（除 H_2O、CO_2 等挥发分外）和矿物成分发生变化的过程。在变质过程中，围岩与侵入体发生物质交换，在带入某些新的化学组分的同时，也带出了一些原有的化学组分，从而使岩石的化学组成和矿物组成发生变化，形成了新的岩石，这种化学成分和矿物成分发生变化的作用就是交代作用。

交代作用基本上是在固体状态下进行的，岩石在交代过程中保持体积不变，基本上是等容积的交换。决定交代作用的因素，也就是热力学的平衡因素，包括温度、压力、溶液以及岩石化学组分的性质、组分的浓度和活度等。

流体在交代过程中起着物资搬运的媒介和催化剂的双重作用，是交代作用不可或缺的重要因素，流体相中活动组分的浓度或化学梯度是交代作用的主要动力，压力差也是组分迁移的驱动力。

按交代作用的特征可以分为：由浓度差驱动的称为扩散交代作用，由压力差驱动的称为渗滤交代作用。扩散交代主要发生在粒间孔隙溶液中，通过矿物晶格或沿颗粒表面进行；渗滤交代主要发生在裂隙溶液中。

交代作用的范围很广，可以有岩浆期交代作用、微晶岩期交代作用、接触交代期交代作用、各种水气溶液期的交代作用，甚至在风化作用、沉积作用、变质作用过程中也广泛发生交代作用。

交代作用具有如下特点：

（1）交代作用是一种机理复杂的成岩和成矿作用，它在自然界分布很广，可以在多种地质环境中和不同地质作用相联系。

（2）交代作用过程中，必需有一定数量的组分从外部代入岩石中，并在其中富集，另一些组分则被带出，结果使岩石总化学成分发生不同程度的改变。

（3）交代作用过程中，岩石中原有矿物的分解消失和新矿物的形成和增长基本同时，是一种物质逐渐置换的过程，而不是注入填充过程。

（4）交代作用过程中，岩石基本保持固态，但少量流体相的存在是十分必要的。实验表明，在干的环境中，交代作用很难大规模进行。

（5）交代作用过程中，岩石总体积基本不变，即交代作用反应的过程即遵守质量守恒规律，又必需体积守恒。因此，反应过程机理十分复杂。但在特殊条件下，交代过程中的体积也不是完全不变的。

交代作用的发展在很大程度上决定组分的迁移速度，只有加入组分不断地供应，而代出组分又能及时离开岩石——溶液系统，交代作用才能不断地以一定速度进行，所以组分迁移的方式和速度，是决定交代作用的强度和特点的主要因素之一。

一般认为在发生交代作用的情况下，引起交代作用的各种活动组分是"浸润"整个被交代的岩石，但另一方面后者又仍是连续的固态结晶质集合体。

活动组分穿越它们进行迁移的方式主要有两种：渗透作用和扩散作用。一般认为前者更为重要，能引起较大规模的交代现象。但一般情况下，这两种作用常以不同方式互相联系，仅有主次之分。

3. 关于蒙自瀛州的调查报告

2012年5月10日，水泥商情网发表了一篇"蒙自瀛洲高强熟料生产线"的报道。报道称，2010年1~5月，云南蒙自瀛洲水泥投产运行不到半年，水泥熟料28d抗压强度的月平均值已经超过65MPa。从2010年9月开始，熟料3d抗压强度达34MPa以上，28d抗压强度在68MPa以上，最高达到70MPa，创造了我国预分解窑烧成硅酸盐水泥熟料的新水平。该课题已通过国家科技部评审，蒙自瀛洲水泥这条2500t/d水泥生产线被国家科技部命名为"中国高强熟料生产示范线"。

为了搞清这篇报道的真实情况，笔者专程前往云南蒙自瀛州水泥公司（图23-3）进行了现场考察。该公司生产系统的主要领导和管理人员给予了热情接待，对整体生产情况和有关质量问题作了介绍，在中控室获取了部分操作画面和记录表（图23-4），查看了现场的工艺和装备（图23-5），并获取了现场的原燃材料样品。

蒙自瀛洲水泥有限责任公司有一条2500t/d生产线，于2008年1月开工建设，2009年10月建成点火，当地海拔高度1300多米。窑的实际能力为2800t/d左右，2010年7月采用磷渣配料后，熟料强度取得大幅度提高。

1）原燃材料情况

该公司使用本地无烟煤与烟煤混合搭配混合使用，全硫比较高，熟料中硫含量一般在1.3%~1.5%，但碱含量相当低，一般只有0.2%左右。该公司燃料检验记录摘抄如表23-1所示，现场所取原燃材料的检验结果如表23-2所示，现场所取磷渣的化学成分和衍射分析图谱如图23-6所示。

图 23-3　蒙自瀛洲公司的原料配料系统

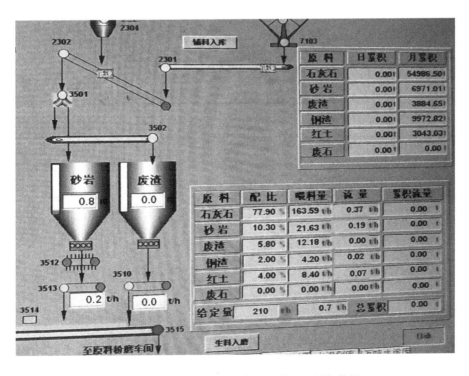

图 23-4　蒙自瀛洲公司中控室配料画面局部截图

图 23-5　蒙自瀛洲公司配料系统的磷渣喂料秤

表 23-1　蒙自瀛洲的燃料检验记录摘抄

日期	灰分/%	挥发分/%	干燥基热值/（kcal/kg）	煤粉水分/%	焦渣特征
6 月 18 日	38.96	14.21	4434	0.6	2
	38.51	14.57	4444	0.92	2
	37.71	13.28	4696	0.95	2
6 月 19 日	38.39	14.9	4444	0.97	2
	38.22	14.55	4445	1.2	2
	38.2	12.39	4660	0.91	2

表 23-2　现场所取原燃材料的检验结果　　　　单位为质量分数×100

试样	烧失量	SiO_2	Al_2O_3	Fe_2O_3	CaO	MgO	SO_3	P_2O_5	Na_2O	K_2O	Tot	R_2O
石灰石[①]	43.44	0.34	0.95	0.16	50.91	3.71			0.48	0.06	100.57	0.52
砂岩[①]	3.64	84.14	6.70	3.66	0.82	0.61			1.86	0.48	104.09	2.18
红土[①]		43.78	28.38	16.19	4.99	0.95	1.03		3.45	1.14	104.11	4.20
红土[②]	18.30	37.21	27.52	12.22	1.32	1.58			0.50	0.20	99.48	0.63
铜渣[①]	−3.51	33.64	8.51	33.64	15.55	6.54		0.21	0.50	1.30	97.74	1.36
铜渣[①]	−2.70	34.95	8.44	34.37	15.41	6.01			0.68	1.39	100.14	1.59
磷渣[①]	0.17	39.65	4.03	0.21	48.72	3.37	2.28	1.96	0.66	0.22	102.07	0.80
块磷渣[②]	0.10	39.27	4.17	0.10	48.72	1.58	3.43	3.03	0.46	0.56	102.25	0.83
入磨煤[①]	0.34	45.10	27.29	15.04	4.84	1.58	1.20		2.52	0.63	101.47	2.93
熟料[①]	0.62	19.62	5.43	3.76	66.13	1.77	1.36	0.28	0.24	0.22	99.81	0.38

① 控制室样品；② 堆场样品。

云南蒙自赢厂磷渣化学成分：

单位为质量分数×100

名称	烧失量	SiO₂	Al₂O₃	Fe₂O₃	CaO	MgO₂	合计	P₂O₅
磷渣	−0.11	39.95	3.26	0.77	48.00	2.76	96.64	2.01

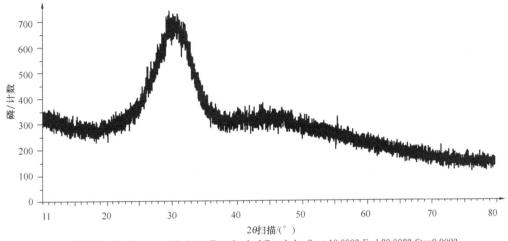

图 2-File: linzha-yunnan(12-6)raw-Type:Locked Coupled-　Start:10.000?-End:80.008?-Step0.009?-
Step time:19.2 s-Temp:25癥(Ro Operations:Import)

图 23-6　蒙自瀛洲公司黄磷渣衍射分析图谱

2）配料烧成情况

该厂采用石灰石、砂岩、黄磷渣、铜渣、红土五组分配料，其配比如表 23-3 所示。6
月 18、19 日所配生料成分及率值如表 23-4 所示；6 月 18、19 日熟料成分及率值（控制室取
样，光山公司检验结果）如表 23-5 所示。

表 23-3　五组分配料比例

原料名称	石灰石	砂岩	磷渣	铜渣	黏土
配比/%	78	10	6	2	4

表 23-4　所配生料成分（%）及率值表

日期	烧失量	SiO₂	Al₂O₃	Fe₂O₃	CaO	MgO	SO₃	合计	KH	SM	IM
0618	35.8	12.08	2.51	1.72	45.98	1.1		99.19	1.219	2.86	1.46
0619	35.92	11.69	2.4	1.66	45.86	1.31		98.84	1.26	2.88	1.45

表 23-5　熟料成分（%）及率值

日期	烧失量	SiO₂	Al₂O₃	Fe₂O₃	CaO	MgO	SO₃	合计	f-CaO	KH	SM	IM
0618	0.33	20.66	5.32	3.55	65.9	1.7	1.3	98.77	0.92	0.95	2.33	1.5
0619	0.26	20.08	5.32	3.61	65.95	1.62	1.57	98.41	2.24	0.975	2.25	1.47
取料	0.62	19.62	5.43	3.76	66.13	1.77	1.36		（从质控处生产控制样品间分取）			

注：控制室取样，光山公司检验结果。

3）掺加磷渣后熟料强度提高情况

磷渣中 P_2O_5 含量约 $1.0\%\sim1.5\%$，生料中 P_2O_5 含量约占 $0.06\%\sim0.10\%$ 左右，熟料中 P_2O_5 含量在 $0.2\%\sim0.4\%$ 左右。

掺加磷渣后熟料 3d 强度 34～35MPa，较不掺磷渣提高 3～4MPa，28d 强度 68MPa 左右，较不掺磷渣提高 2～3MPa。该公司的熟料强度检验原始记录照片如图 23-7 所示。

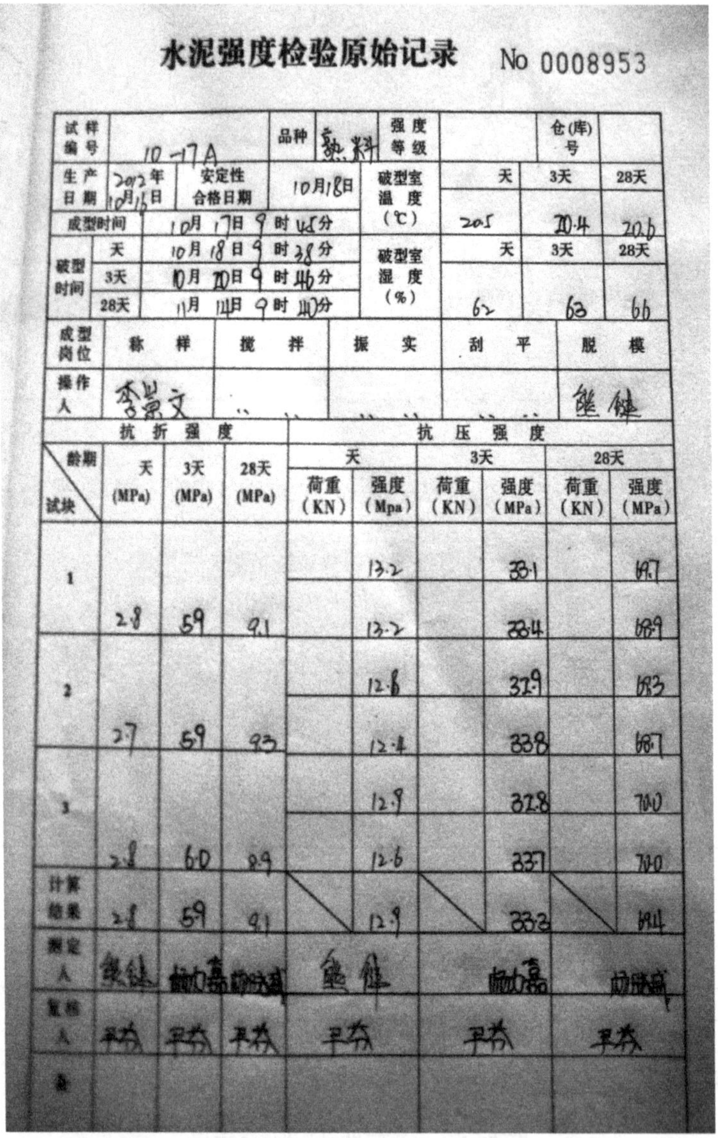

图 23-7　蒙自瀛洲公司的熟料强度检验原始记录

掺加黄磷渣后，如果磷含量达不到要求，其强度反而下降，超过一定的量也会使强度下降，一般要求熟料中 P_2O_5 含量在 $0.2\%\sim0.4\%$ 左右。

在掺加黄磷渣后熟料饱和比不得低于 0.94，反之可能导致熟料强度下降。一般控制在 $0.96\sim0.98$ 之间，这样能提高熟料易烧性，降低烧成温度和煤耗，提高熟料强度。

4）掺黄磷渣后水泥性能的变化

掺黄磷渣的熟料，主要变化是凝结时间有所延长，其他性能无明显变化。P·O 42.5 水泥在不掺黄磷渣时初凝时间为 90min，掺加后为 120min。

4. 磷渣配料提高熟料强度的分析

云南蒙自瀛洲公司 2500t/d 熟料预分解窑生产线，2009 年底建成投产，投产以后产量和质量就超过了设计目标。由于采用高饱和比配料，熟料 28d 抗压强度达到 65MPa 以上，但 3d 抗压强度稍低，不到 30MPa。为了进一步提高 3d 强度，2010 年 7 月在生料中增加了磷渣配料，其所用磷渣的化学成分如表 23-6 所示。

表 23-6　蒙自瀛洲公司配料磷渣化学成分　　　　单位为质量分数×100

烧失量	SiO_2	Al_2O_3	Fe_2O_3	CaO	MgO	P_2O_5	Σ
0.17	40.53	2.91	0.43	48.26	1.37	4	97.67

在采用磷渣配料前，该厂就一直采用高饱和比配料，其 KH 的控制值为 0.94～0.96，采用磷渣配料后进一步将饱和比提高到了 0.96～0.98，取得了令人满意的效果。熟料强度进一步提高，28d 强度最高达到了 77MPa，3d 强度能稳定在 32MPa 左右，最高达到了 40MPa（7 月 8 日）。2010 年采用磷渣配料前后的部分熟料强度对比如表 23-7 所示。

表 23-7　蒙自瀛洲公司磷渣配料前后熟料对比表

时段	月-日	f-CaO（%）	KH	SM	IM	抗压强度/MPa	
						3d	28d
采用磷渣配料前	5-01	0.95	0.945	2.42	1.63	27.2	65.2
	5-02	0.88	0.956	2.34	1.75	29.1	66.4
	5-03	1.78	0.965	2.28	1.66	27.7	65.1
	5-04	1.25	0.927	2.38	1.77	30.0	67.7
	5-05	1.09	0.939	2.26	1.62	23.8	63.9
	5-06	0.99	0.978	2.28	1.61	29.2	65.8
	5-07	0.99	0.982	2.30	1.57	29.6	67.1
	5-08	1.64	0.975	2.24	1.74	30.3	65.1
采用磷渣配料后	7-02	0.89	0.952	2.44	1.60	33.0	71.4
	7-03	0.95	0.972	2.39	1.53	34.4	73.2
	7-04	0.86	0.971	2.25	1.55	34.6	72.6
	7-05	1.22	0.960	2.32	1.62	34.8	72.1
	7-06	1.10	0.964	2.31	1.45	36.0	73.6
	7-07	0.98	0.978	2.26	1.55	36.6	73.4
	7-08	0.79	0.975	2.23	1.59	40.1	77.2
	7-09	1.34	0.975	2.30	1.53	36.3	71.4

目前也有一些水泥厂采用磷渣配料，但主要目标是改善生料的易烧性，满足于磷渣的低层次应用。尽管效果不同，但总体说来都有效果，熟料的产量、质量都有所提高。

磷渣配料的高层次应用，就是交代烧成技术了，创造条件将 P_2O_5 导入 C_3S 晶体，并与其中的部分 Ca 离子实现交代作用，致使 C_3S 晶格产生畸变，降低 C_3S 晶体的稳定性，从而提高熟料强度。

要实现交代烧成就必须提高煅烧温度，提高煅烧温度就必须提高熟料的耐火度，避免结大块现象，提高耐火度的常用措施就是采用高 KH 和高 SM 配料。采用磷渣配料后，如果仍然采用正常的率值配料，磷渣只起到矿化剂的作用。

应该强调的是，当磷渣作为矿化剂使用时，一般控制熟料中的 P_2O_5 含量在 $0.1\%\sim1.0\%$ 之间，范围较宽；而作为交代烧成使用，过高的 P_2O_5 会引起 C_3S 晶格的崩溃，反而降低熟料强度，因此其控制范围要窄得多，一般要求熟料中 P_2O_5 含量在 $0.2\%\sim0.4\%$ 左右。

该厂在试验中曾遇到过这样的情况，当时采用了新鲜的磷渣材料，但磷渣配比没有变，窑上也没有出现异常情况，但熟料强度却降低了。原因就是所用新鲜磷渣中 P_2O_5 含量较高，导致了熟料中的 P_2O_5 含量升高所致。后来减少了新鲜磷渣的配比，熟料强度又得以恢复。

23.2　双列交叉流预热器的发展

西安建筑科技大学徐德龙院士（现工程院副院长）的"高固气比水泥悬浮预热预分解系统"通过了科技成果鉴定，沉寂多年的"双列交叉流预热器"又成了水泥行业不可回避的话题。实际上，有国外的专家于 20 世纪 70 年代就提了这种工艺性想法，但由于缺少旋风筒乃至整个预热器的相应开发，这一技术没有发展起来。

奥地利的 VOEST－ALPINE 与德国的 SKET/ZAB 公司早在 1977 年就研制出 PASEC 法交叉流悬浮预热器；日本住友水泥公司于 1979 年研制并投产了 SCS 法交叉流悬浮预热器，提高了预热器的料气比及换热次数，将 C_1 筒出口温度控制在了 260℃以下，热耗大幅度地降低。

拿现在的 5 级预热器系统来说，就是把一个双列 5 级预热器改造成一个单列 8 级预热器。预热器的级数越多，整体的预热效果肯定就越好，预热器的出口温度肯定会降低，实现节煤的效果，这一点是毋庸置疑的。

但随着预热器级数的增加，预热器系统的阻力就会增大，电耗也会上升。随着旋风筒内固气比的提高，不但阻力会增大，而且能否把料子带起来都是问题。所以，简单的对双列预热器并联改串联是行不通的，必须首先开发出相应的"低阻力、高固气比旋风筒"。可喜的是，这项工作已经在徐德龙院士的带领下获得突破，这也正是"高固气比悬浮预热分解技术"有所发展的原因。

但问题又来了，既然有了"低阻力、高固气比旋风筒"的装备，那么，"双列交叉流预热器系统"与采用这种装备的单系列、或双系列的 6 级、7 级或 8 级预热器系统相比，哪一个效率更高、投资更省、运行效益更好呢？这些问题一时还难以确定。"高固气比水泥悬浮预热预分解系统"技术在国内的推进（图 23-8）较慢正说明了这个问题。

奥地利和日本只是经过了短期尝试后，就停止了进一步的研发，根本的问题应该还不止这些，应该是发现了他们认为"没有前途"的根本原因，只是还说不清楚而已，但至少有以下四点影响到这种工艺的发展。

（1）随着预热器级数的增多，整体的预热效果会更好，这一点毋庸置疑。随着预热器级数的增多，整体的预热效果随级数的提高率会越来越低。因为随着预热器级数的增多，各级

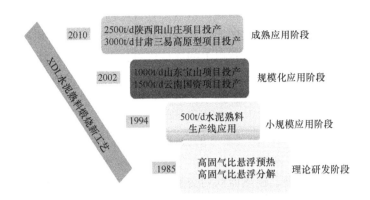

图 23-8　高固气比水泥悬浮预热预分解系统的研发与应用进展

预热器的料气温差减小了，换热效率降低了。

虽然在预热器级数增多以后，总的系统阻力等于各级阻力的代数和，总的预热效果也同样等于各级预热效果的代数和，这没有错；但是各级预热器的阻力还是增多前的那个阻力，而各级的预热效果却不是增多前的那个效果了，而且不是增加而是降低。

如此分析，随着预热器级数的增多，阻力（电耗）的增加是实实在在的，但预热效果的增加（煤耗的降低）却越来越小，尽管各条线的情况不同，但对于一定的旋风筒，各条线的预热器级数都有一个最佳平衡点。

（2）除了系统阻力（电耗）与预热效率（煤耗）的平衡以外，还有一个预热效率与表面散热的问题。随着预热器级数的增多，预热效果的增加率会越来越小，"降低"的煤耗会越来越小，但增加预热器级数就要增加散热面积，这个散热损失却是基本不变的，这就要"增加"煤耗。

当预热器的级数增加到"提高效率降低的煤耗＝扩大散热增加的煤耗"这个平衡点以后，再增加预热器的级数，不但不会降低煤耗，反而开始增加煤耗了。就现有在用的预热器旋风筒来讲，各条线都有自己的最佳预热器级数，这个最佳级数虽然一时还说不准是 5、6、7，但肯定不是 1、2、3，也不一定是 8、9、10。如果真不是 8、9、10，交叉流预热器也就失去了存在的意义。

（3）旋风预热器对生料的预热，主要在物料上下两级旋风筒之间的连接管道内进行，生料与高温废气的换热效果与连接管道内生料的分散度直接相关，如果分散不好，甚至出现下冲短路，将导致预热器的热效率下降。

为了提高下一级连接管道内生料的分散度，在生料入口处设置了撒料装置。由于预热器撒料装置的原理依赖于来料的冲力和冲击的角度，上一级下料管布置的高度和角度、锁风翻板阀以下的管路长度，都制约着来料的冲力和冲击的角度，影响着管内的撒料效果，撒料效果影响着预热器换热效率。这一点对于高固气比预热器尤为突出。

由于交叉流预热器普遍降低了物料上下级旋风筒之间的空间高度，导致旋风筒下料管布置高度和角度减小、导致锁风翻板阀以下的管路缩短，导致了生料进入撒料装置的冲力减小。因此，高固气比预热器的出口温度远低于其理论温度，甚至个别高固气比预热器比普通预热器的出口温度还高，没有发挥出高固气比预热系统的应有水平。

（4）即使各级预热器之间的空间高度不减小，撒料装置的来料管道各方面都足够理想，但由于高的固气比使生料的分散难度增加，也达不到普通预热器的撒料分散效果。

在目前还没有找到适应高固气比的撒料装置以前，为防止生料的塌落短路，就必须加高撒料装置以下的连接管道，而撒料装置以上的连接管道又不能缩短，势必导致各级预热器的整体高度增加。而整体高度的增加又会导致预热器系统的阻力增大、散热面积增大。

接下来，我们可以详细地了解一下这项技术的发展历程。

1. 奥地利 PASEC 系统

早在 1977 年联邦德国水泥厂协会举办的会议上，就有人提出了"装有分解炉的窑系统可以分成三种基本类型，这三种类型可以根据气体管道的布置方式进行分类"，大致可分为分解炉在线型、分解炉离线型、预热器双列交叉型。预热器双列交叉型的主要特点是平行的气流与串行的料流相结合。

奥地利的 Perlmoser 水泥公司，于 1984 年 8 月在自己的 Mannersdorf 水泥厂，采用预热器双列交叉型技术，建成投产了一条规格为 $\phi 4.0 \times 55m$、能力为 2200t/d 熟料线。

两列旋风筒和换热管道均采用相同规格，生料由最上级两列旋风筒中的一列喂入，然后在两列之间向下交叉串行；来自于窑尾和分解炉的气流，分列各占 50% 从下至上并行，窑气和炉气的平衡由专门设置在管道上的阀门调节。

就每个旋风筒来讲，与通常的预热器相比，实际上是 100% 的生料与 50% 的气流换热，生料粉的吸热机会增加了 1 倍，故换热效率得以提高，预热器出口温度有较大的降低，烧成热耗也得以下降。

1985 年 5 月进行的最后一次试验表明，当窑的产量为 2224t/d，预热器出口温度为 230℃，熟料热耗为 693kcal/kg。试验期间，熟料的平均饱和比达到 0.963，硅酸率为 2.2，铝氧率为 1.7，游离氧化钙在 0.79%～1.37% 之间；所用煤的灰分为 6.2%，挥发分为 31.5%，热值为 7380kcal/kg。应该说明的是，在试验期间窑的能力受到了喂料能力的限制。

该公司专业人员的总体评价为：由于该系统的运行只有 1 年，操作结果只能认为是"初步的"，但可以肯定地说，热耗和运转率都达到了预期的结果。对于预热器的级数可以断言，在中等水分的情况下，采用节能的 5 级预热器系统已是普遍接受的趋势。如果采用 4 级预热器系统，则 PASEC 法预分解系统的废气温度可达 280℃，热耗可达 725kcal/kg 熟料。

2. 日本的 SCS 系统

SCS 法交叉型预热器是日本住友水泥公司的技术，如图 23-9 所示。1979 年 9 月在八户水泥厂投产了第一台 4800t/d 窑，1980 年 8 月在岐阜水泥厂投产了第二台、第三台 2880t/d 窑，第四台用于赤穗一厂的 2000t/d 窑改造，1981 年 7 月又在赤穗一厂投产了第五台 5000t/d 窑。

SCS 法不同于 PASEC 法，具有自己的工艺特点：

（1）旋风预热器一般采用 5 级两列，一列走窑尾烟气称为 K 列、一列走分解炉烟气称为 C 列。两列的喂料量也不同，窑列喂 20%，炉列喂 80%。

（2）在两列预热器中，气流由下向上并行通过，但料流则由上到下交叉串行通过所有的旋风筒，气流换热达 9 次之多，因而热效率高。

（3）由于生料通过全部旋风筒，预热器内的固气比大，管道风速必须设计得较高（一般需 24～25m/s），所以预热器系统的阻力较大。

（4）为了降低预热器的系统阻力，除两列的 C_1 旋风筒为普通型外，C_2、C_3 旋风筒采用

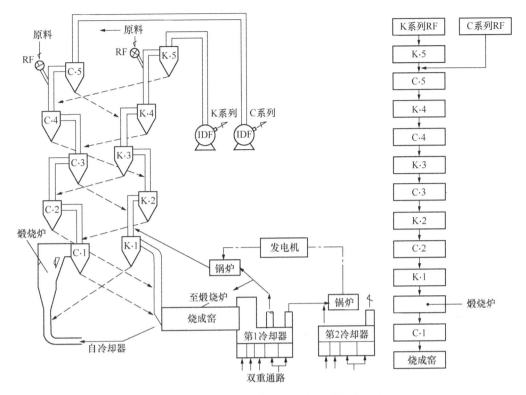

图 23-9　日本住友公司的 SCS 交叉流烧成工艺

了卧式旋风筒，C_4、C_5 旋风筒采用了轴流式旋风筒。

（5）为了便于操作调控，分别给两列旋风筒设置了单独的排风机。

3. 中国的 XDL 系统

西安建筑科技大学，徐德龙院士的"高固气比水泥悬浮预热预分解系统"（图 23-10）已先后在不同规模（300~3000t/d）的 10 余条水泥生产线上使用，并于 2011 年 5 月通过了科技成果鉴定。

鉴定结论是："高固气比悬浮预热分解理论属重大理论创新，以该理论成果为基础发明的高固气比水泥悬浮煅烧新工艺构思新颖，过程简洁可靠，投资少，热效率高，余热利用充分，适应性强，增产潜力大，经济和环境效益显著，多项指标创新型干法技术国际领先水平（与同规格普通预分解窑工艺技术相比，增产 40% 以上，节煤 20% 以上，节电 15% 以上，SO_2 减排 70% 以上，NO_x 减排 50% 以上），实现了回转窑水泥熟料煅烧技术一次新的突破，是具有我国自主知识产权的原创性工艺技术。"

自 2003 年起，应用该技术的工业化生产线相继动工或投产。2003 年山东 1000t/d 生产线投产；2008 年阳山庄 2500t/d 生产线动工；2009 年三易 3000t/d 生产线动工；2012 年陕西生态水泥 2×4500t/d 线，广西崇左南方 4500t/d 线，云南建工集团 2500t/d 掺电石渣生产线，甘肃甘草建材 4500t/d 线相继启动。

据徐德龙院士介绍，在该工艺中，高固气比悬浮预热分解技术通过预热器和分解炉的高固气比，使其反应更加充分。相比传统工艺，该生产线热能利用更加充分，反应后排出的有害气体（NO_x、SO_2、CO_2）更少、热耗更低，多项指标创新型干法技术国际领先水平。

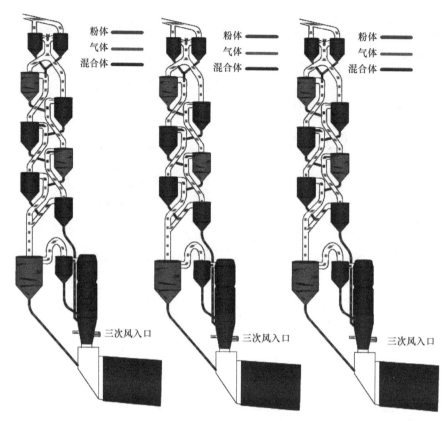

扫码看图

图 23-10 XDL 高固气比水泥悬浮预热预分解系统原理图

通过在陕西阳山庄水泥有限公司 2500t/d 生产线上的应用（图 23-11、图 23-12）检测表明，与同规格的普通预分解窑生产线相比（表 23-8），产量增加 40％以上；通过降低排气温度，使热耗减少 20％以上；通过增产和降低系统压降，单位电耗减少 15％以上；废气中的 SO_2 排放降低 70％以上，NO_x 排放降低 50％以上。

表 23-8 $\phi 4 \times 60m$ 回转窑的主要运行指标对比

项 目	高固气比预分解窑	普通预分解窑	变化/％
固气比	2.0	0.9	+122.00
产能/（t/d）	3592	2500	+43.68
热耗/（kJ/kg 熟料）	2839	3350	−15.25
综合热耗/（kJ/kg 熟料）	2366	3078	−23.13
废气温度/℃	260	320～360	−21.21
废气量/（m³/kg 熟料）	1.23	1.52	−19.08
烧成系统电耗/（kWh/t）	24.22	26～30	−13.50
SO_2 排放量/（kg/t 熟料）	0.075	0.305	−75.41
NO_x 排放量/（kg/t 熟料）	0.164	0.392	−58.28
用水量（有无增湿塔）/（t/d）	0（无）	420（有）	
入窑分解率/％	＞98	90～96	+4.26

图 23-11 陕西阳山庄水泥有限公司 2500t/d 高固气比生产线

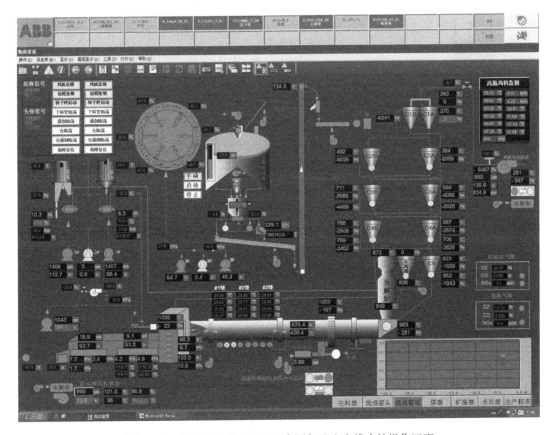

图 23-12 陕西阳山庄 2500t/d 高固气比生产线中控操作画面

23.3 预烧成短流程窑工艺

就目前的预分解窑来讲，当然并没有达到最优状态，还应该有进一步优化的可能。我们首先会想到进一步提高分解炉的温度控制，进一步提高入窑分解率，以减轻窑的热负荷。

但用纯 $CaCO_3$ 做试验，其分解率最高只能达到 70%，再提高温度分解率也上不去了。所以，如果还想在工艺上有所提高，就不能再禁锢在预分解上了，而必须在概念上有所突破。

1. 预烧成工艺的开发研究

鉴于回转窑中仍存在堆积态传热，窑尾部分生料传热及反应热量需求与热量供给间存在矛盾，限制了熟料烧成热耗的降低和单机窑产量的提高；提出通过提高入窑生料活性，缩短物料在窑内的缓慢升温，加快后续固液相反应，来解决上述问题。

基于熟料烧成过程中多阶段形成的客观事实，提出水泥预烧成技术，以期进一步增强换热效率，提高物料反应活性，减少回转窑热损失和热负荷，建立新一代高能效水泥窑炉工艺模型。

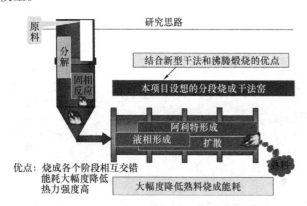

图 23-13　水泥窑预烧成工艺开发思路图

该工艺强调增强分解炉的煅烧功能，使物料全部分解反应及部分固相反应在分解炉中进行；物料入窑后直接进行后续的固相反应和液相反应，以此提高反应速率，增强有效传热，从而大幅度提高回转窑产量，降低生产热耗。

中国建筑材料科学研究总院 2009 年承担了"国家重点基础研究发展计划（973 计划）项目"——水泥预烧成热动力学理论研究，其开发思路如图 23-13 所示，其工艺热平衡如图 23-14 所示。

通过研究在悬浮态下进行的快速物理化学过程和热动力学机制，研究在窑尾系统进行预烧结的方法，研究堆积态下窑内的传热过程、窑料状态以及物理化学反应，确定多因素条件下熟料低能耗、快速形成的技术途径，形成了预烧成短流程窑工艺，已取得阶段性成果。

"预烧成"短流程窑与现有的"预分解"水泥技术相比，有本质的区别，具有更高的温度梯度和更高的烧成带温度（图 23-15），总院已经提出了高效窑炉系统工艺技术原型，并获得国家发明专利，这一成果已在山东某 2000t/d 预分解窑上得到初步验证。

2. 预烧成短流程窑的工业实践

采用预烧成技术改造的山东某厂 $\phi 4m \times 60m$、日产 2000t/d 窑如图 23-15 所示，目前熟料产量已经达到 3248t/d，比改造前产量提高 60% 以上，熟料标准煤耗降低了 17.9%，熟料综合电耗降低了 29.19%，总体达到了国内的领先水平。改造前后的主要技术经济指标对比如表 23-9 所示。

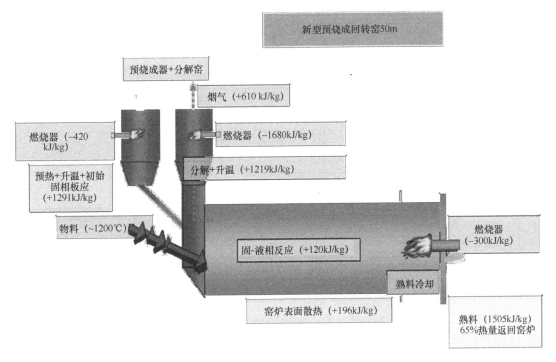

图 23-14　水泥窑预烧成工艺热平衡

图 23-15　采用预烧成技术改造的山东某厂 φ4m×60m 2 号窑

表 23-9　改造前后的主要技术经济指标对比

序号	内容	改造前	改造后	增减/%
1	生料系统能力/（t/h）	71.6×2	210	39.7
2	生料的粉磨电耗/（kWh/t）	22.44	11.9	−46.97

续表

序号	内容	改造前	改造后	增减/%
3	煤粉磨系统能力/（t/h）	14	19	35.71
4	煤粉磨系统电耗/（kWh/t）	45.7	36.08	−21.05
5	烧成系统的能力/（t/h）	84.5	135.33	60.2
	/（t/d）	2028	3248	60.2
6	熟料烧成电耗/（kWh/t）	37.87	32.75	−13.52
7	熟料综合电耗/（kWh/t）	81	57.36	−29.19
8	熟料热耗/（kJ/kg）	3966	3259	−17.9
	/（kcal/kg）	949	779	−17.9
9	熟料实物煤耗/（kg/t）	180	127.24	−29.3
10	熟料标准煤耗/（kg/t）	135.6	111.29	−17.9
11	窑尾收尘器排放浓度/（mg/m³）	150	<30	−80
12	煤磨收尘器排放浓度/（mg/m³）	100	<30	−70

　　由中国建筑材料科学研究总院研究开发的预烧成窑炉技术，已被中华人民共和国科学技术部列入 2014 年 1 月 6 日发布的"节能减排与低碳技术成果转化推广清单（第一批）"之中，如表 23-10 所示（原件扫描）。

表 23-10　科技部 2014 年节能减排技术成果转化推广清单

序号	技术名称	技术提供方	适用范围	技术简要说明	示范应用情况	节能与温室气体减排效果
1	水泥膜法富氧燃烧技术	山东烟台华盛燃烧设备工程有限公司、中国建筑材料科学研究总院	适合预分解窑技术改造，包括窑头、窑尾	该技术利用空气中各组分透过膜的渗透率不同，在压力差驱动下，使氧气优先通过膜而得到富氧空气；具有火焰温度和燃尽温度高，燃烧速度快，热量利用率高，排气量少，空气过剩系数低，可降低预热器废气带走热量，有利于劣质煤的燃烧	烟台海洋水泥有限公司 1000t/d 生产线；河南天瑞集团汝州水泥有限公司 5000t/d 生产线	与采用传统空气燃烧相比，膜法富氧燃烧技术可节约煤耗约 5%～10%，吨熟料二氧化碳排放量约降低 16～33kg
2	预烧成窑炉技术	中国建筑材料科学研究总院	用于预分解窑新线建设或分解炉系统技术改造	该技术通过提高回转窑入窑物料温度，大幅度减少或消除回转窑内残留的低效传热过程，解决水泥烧成的热瓶颈问题，实现熟料细粒快烧和高效冷却；采用抗结皮材料，改变回转窑长径比、转速和斜度等降低烧成热耗和粉磨电耗	鲁南中联 2 号窑 2500t/d 新型干法水泥生产线	较传统新型干法水泥技术，增加产量 10%～20%，降低烧成热耗 5%～10%，吨熟料二氧化碳排放量减约 15～31kg

序号	技术名称	技术提供方	适用范围	技术简要说明	示范应用情况	节能与温室气体减排效果
3	水泥行业能源管理和控制系统	中国建筑材料科学研究总院，清华大学	适用于水泥企业的能源管理和控制	该技术通过实时监控水泥生产企业的各种能源详细使用情况，对水、气（汽）、风、电等能源介质的使用过程数据进行监测、记录、分析、指导，通过数据分析，帮助企业优化工艺，促进能源合理使用，减少浪费，降低单位产品能耗及成本	华润水泥（平南）有限公司 5 条4500t/d 生产线安装了该系统	采用能源管理和控制系统的节能减排效果因企业而异，但总体上吨熟料降低煤耗 1%～2%，降低电耗 2%～6%，减排二氧化碳 4～7.2kg

令人遗憾的是，该成果的资料只显示了产量的提高与煤耗、电耗的降低，尚缺乏"预烧成"的佐证。我们通过扩大分解炉容积等其他措施，也能达到提高产能、降低能耗的效果。

据了解，该成果的工业试验确实扩大了分解炉，而且扩大的幅度还不小，分解炉容积由 340m³ 扩大到 1107m³，停留时间由 2.07s 延长到 7.67s。

当然，扩大分解炉也能作为"预烧成"的手段，但遗憾的是，又没有给出改造后分解率的绝对值和提高值。如果改造后分解率仍维持在 95% 左右，又谈何"预烧成"呢？

23.4 流化床窑技术的发展

就目前的生产工艺来讲，生产水泥就离不了熟料，烧制熟料就离不了回转窑和箅冷机。单就设备管理来讲，这也太麻烦了，不免让我们想起了投资低、好管理的立窑工艺。那么，能否找到一种既不要回转窑又能达到甚至超过预分解窑的新型工艺呢？答案是肯定的，现在就来谈谈这个问题。

1. 不用回转窑的预分解烧成工艺

水泥熟料的沸腾煅烧，就是取消了回转窑和箅冷机的新型工艺，设备的故障率由此将会大幅度降低，设备管理和维护将更加简单，而且具有系统投资低、产品质量高、生产能耗低、占地面积小的特点。应该说是水泥行业继预分解工艺之后的又一次重大的技术进步。

我国在 20 世纪 80 年代就做了一些研究，虽然成效不大，但毕竟指明了一个发展的方向。1983 年，武汉工业大学的沸腾煅烧技术已经烧出了熟料。1984 年，笔者曾经到武汉工业大学看过黄文熙的旋风烧成法，它是将分解炉、造粒炉、烧成炉合成在一个喷（中心）旋（周边）炉内，使物料在喷旋中多次上下循环，进行由分解到烧成的整个反应过程并结粒长大，熟料像小麦粒大小，据说热耗与预分解窑差不多，主要问题是存在物料旋壁粘结的现象。

1984 年，日本川崎重工业株式会社开始沸腾煅烧的基础研究，熟料烧成以流化床为基本结构，首先进行了 2t/d 试验窑试验。1989 年及之后，又进行了 20t/d 中试窑 4 年的运行试验，发展了关键的造粒技术和设备。1996年2月至1997年底，进行了2年的200t/d窑工业试验，其系统流程如图23-16所示。

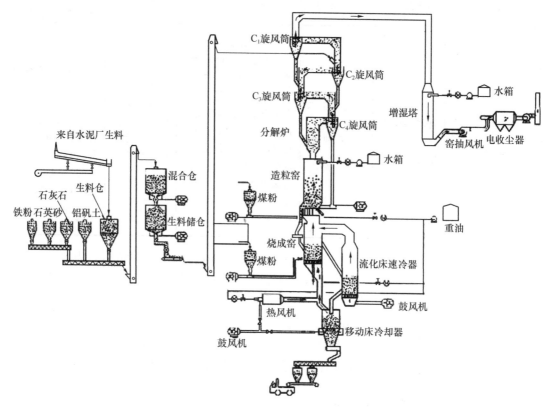

图23-16　日本200t/d流化床窑烧成系统

该系统以预热器、分解炉、造粒炉、烧成炉、冷却炉为工艺框架。试验表明，投资与预分解窑基本相当，占地面积大幅度降低，维护管理更加简单，吨熟料煤耗降低约20%，吨水泥电耗降低约20%。

1998年10月30日，笔者在第四届北京水泥与混凝土国际会议上，有幸获取了一把200t/d窑的熟料产品，大小均匀，像小米粒大小，颜色纯正，无欠烧现象。

2. 1000t/d流化床窑的建设与调试

2000年开始，日本新能源产业技术综合开发机构将流化床沸腾煅烧列入对华绿色援助项目，拟在中国实施1000t/d流化床水泥窑项目，其初步设计方案如图23-17所示。

2006年2月22日，中日合作1000t/d流化床项目在山东宝山生态建材有限公司正式破土动工，建设中的1000t/d流化床水泥窑如图23-18所示。2008年5月，土建工程全部结束，设备安装和设备调试基本结束。

2009年11月，世界上第一条1000t/d流化床水泥窑生产线在山东淄博市建成，该生产线已将造粒炉、烧成炉合二为一，在11～12月期间投料试运行了近1个月时间。

整个流化床窑烧成系统的组成为：5级旋风预热器、分解炉、流化床"造粒＋烧成"炉、流化床速冷器、移动床彻冷器。预热器及分解炉与现有预分解窑基本是一样的，造粒炉与烧成炉已合并为一体。

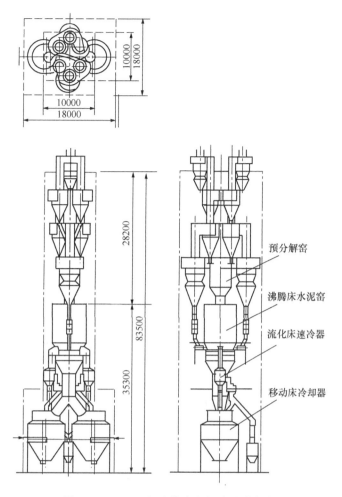

图 23-17 1000t/d 流化床窑初步设计方案

图 23-18 建设中的 1000t/d 流化床窑

流化床"造粒＋烧成"炉是沸腾煅烧的核心设备。在 1300℃ 条件下，生料在炉中结成 1～2mm 的料粒，并烧结成熟料。烧成的熟料进入流化床速冷器，由 1300℃ 迅速冷却至 1000℃，然后再进入移动床彻冷器，进一步被冷却至 150℃，冷却空气量进一步作为烧成炉中燃料燃烧所需的空气量。这种流化床速冷器和移动床彻冷器的组合是必要的，既保证了熟料的急冷，又获得了冷却过程中很高的热回收率。

2009 年 11 月 13 日 15：23：49 中控室操作画面截图如图 23-19 所示，画面显示当时的投料量为 62.8t/h，预热器出口负压为 -5.9kPa，最上一级旋风筒出口温度为 373℃、369℃，烧成炉出口温度为 1280℃，烧成炉中部温度为 1304℃、1275℃，流化板上部温度为 1125℃、1189℃，流化板下部的温度为 961℃，出速冷器的熟料温度为 675℃、731℃，出彻冷器的熟料温度为 215℃、133℃。

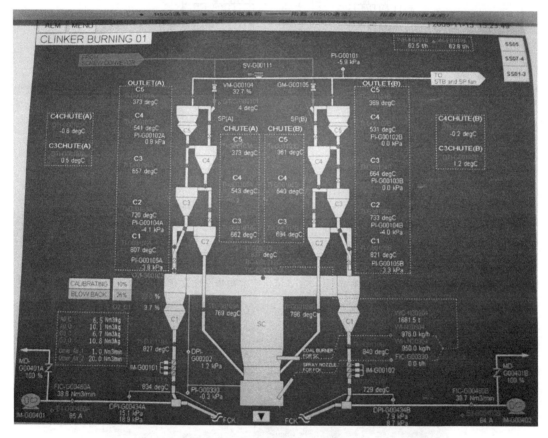

图 23-19　2009 年 11 月 13 日 15：23：49 中控室操作画面截图

2009 年 11 月 20 日烧成系统各点的温度分布如表 23-11 所示，2009 年的部分熟料成分如表 23-12 所示，熟料性能如表 23-13 所示。

表 23-11　2009 年 11 月 20 日烧成系统各点的温度分布（℃）

	7：30	8：00	8：30	9：00	9：30	10：00	10：30	11：00	11：30	12：00
C5A	459	413	393	387	372	374	374	368	375	370

续表

	7：30	8：00	8：30	9：00	9：30	10：00	10：30	11：00	11：30	12：00
C5B	455	405	398	380	383	371	366	360	379	370
C2A	766	764	748	754	741	740	740	779	783	782
C2B	769	756	750	745	742	734	730	727	741	736
SC	827	830	829	831	831	829	830	831	834	834
FCK	1319	1323	1323	1327	1312	1302	1314	1316	1314	1318
FBQ-A	742	836	875	882	895	845	884	833	882	686
FBQ-B	873	951	940	1015	918	955	980	1018	1033	1158
PBC-A 空气	319	387	411	418	389	373	398	413	484	479
PBC-B 空气	454	642	610	760	664	702	758	717	830	861
PBC-A 熟料	57	56	56	55	54	54	53	52	52	51
PBC-B 熟料	122	121	120	119	118	116	115	113	111	110

表 23-12　2009 年的部分熟料成分　　　　　单位为质量分数×100

部位	时间	SiO_2	Al_2O_3	Fe_2O_3	CaO	MgO	SO_3	Na_2O	K_2O	f-CaO
FCK 熟料	2009.9.7　10：30	21.49	5.49	2.56	66.04	2.79	0.37	0.21	0.45	3.23
	2009.9.7　14：30	21.12	5.55	2.62	65.92	2.78	0.34	0.22	0.46	3.10
	2009.9.7　14：30	22.42	5.13	2.81	65.55	2.71	0.25	0.23	0.30	3.26
	2009.9.7　14：30	22.49	5.33	2.96	65.74	2.80	0.31	0.24	0.35	2.45
	2009.9.7　14：30	21.60	4.81	2.85	66.64	2.81	0.29	0.22	0.30	4.02
	2009.12.18　18：30	21.32	4.94	2.73	66.70	2.88	0.31	0.24	0.30	6.59
	2009.12.20　18：30	21.04	4.94	2.78	66.44	3.59	0.33	0.23	0.33	5.25
L/V 大块	—	23.44	5.98	3.21	64.78	2.72	0.56	0.21	0.098	1.81
	—	23.47	6.17	3.36	64.24	2.72	0.61	0.15	0.10	1.87
	2009.8.15　0：30	21.79	5.48	2.53	65.78	2.93	0.35	0.22	0.40	2.23
	2009.8.15　4：30	21.64	5.49	2.53	65.72	2.92	0.40	0.22	0.45	2.04
PBC 入库	2009.9.7　11：30	21.32	5.69	2.51	66.03	3.11	0.37	0.21	0.38	2.72
	2009.9.7　15：30	21.26	5.70	2.51	65.97	3.12	0.37	0.21	0.37	2.53

表 23-13　2009 年的部分熟料性能

试样号	7 号	8 号	RunD5-06
细度/%	4.3	4.2	7.2
比表面积/（m^2/kg）	360	404	325
标准稠度/%	24.6	25.6	24.6
初凝时间（h：min）	0：55	1：06	1：58
终凝时间（h：min）	1：37	1：56	2：44
安定性	合格	合格	合格

续表

试样号		7 号	8 号	RunD5-06
抗压 强度 /MPa	3	32.3	36.4	26.1
	7	42.8	46.0	34.5
	28	56.4	58.1	46.4
抗折 强度 /MPa	3	6.6	7.0	5.6
	7	8.0	8.2	6.7
	28	8.8	9.2	8.7

2010 年 2 月 2 日，据川崎公司的工程师在荥阳介绍，淄博 1000t/d 流化床水泥窑已于 2009 年 12 月 30 日完成调试工作，目前正在整理现场资料，待报日本总部审核后，即可正式向中国公司移交生产。

出人意料的是，日本人在初步调试后，对调试结果并没有进行交接就撤走了。面对山东淄博这一条世界上唯一的 1000t/d 流化床水泥窑，这种新工艺，其命运如何，水泥界专家们的看法也莫衷一是。

3. 1000t/d 流化床窑的问题与改进

2012 年 7 月 18～25 日，淄博绿源建材有限责任公司在日本专家撤走以后，完全靠自己的力量对系统进行了检修后，成功组织了一次生产运行，烧出了合格的产品。恢复生产后的 1000t/d 流化床窑的主体塔架见图 23-20 所示。图 23-21 是 2012 年 11 月 19 日 20：38：20 正常生产中的中控室操作画面截图，图 23-22 是 7 月熟料留样。

图 23-20　恢复生产后的 1000t/d 流化床窑主体塔架

笔者有幸参与了后期的几次调试工作，从整个试生产情况来看，在工艺技术上没有什么大的问题，基本原理和工艺装备是可行的。之所以几经波折至今未能投入正常生产，主要是受到资金的影响。

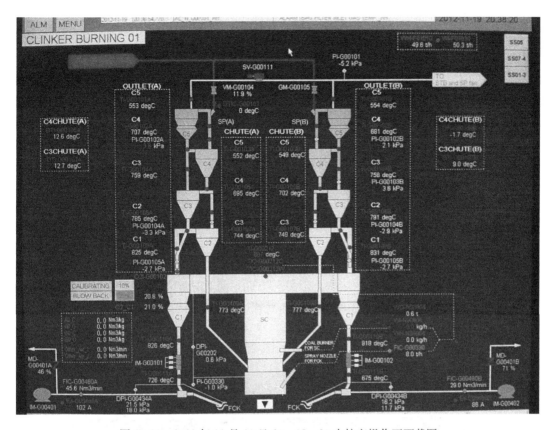

图 23-21　2012 年 11 月 19 日 20：38：20 中控室操作画面截图

图 23-22　2012 年 7 月的流化床窑熟料留样

　　从几次投料运行来看，烧成炉对生料的适应性还是比较强的，很少因为烧成炉的"粘结、堵塞、破坏沸腾状态"而停窑。也有过几次，但都有具体的原因，或是操作不当，或是喂煤失控，或是热电偶损坏导致烧成炉烧高，但都还不足以将这些问题归结为流化床水泥窑"烧成炉的烧结问题"。

比如，2012年7月第一次投料时烧成炉被烧结，主要是误判烧高所致。日本人在时，烧成炉下边的4个热电偶是插入物料中的，一个就上万元，我们怕烧坏就拔了出来，结果温度显示的就低了。升温后期，布风板上面的温度显示只有700℃，达不到投料要求的1300℃，我们就继续烧，实际上料温早就超过700℃，甚至远远超过了1300℃，最终把炉子烧结了。

中国水泥行业的权威专家胡道和教授认为，该项技术"思路合理、优点明显、意义重大"。这位资深老前辈的观点无疑是正确的，是对流化床水泥窑烧成技术和发展前景的肯定。

目前，影响流化床水泥窑运行的主要问题不在烧成炉，而在预热器系统的粘结堵塞上。预热器系统堵塞的主要原因是被长期烧高，预热器出口温度经常被烧到500℃左右，投料前甚至被烧到700℃以上。

对现在这台流化床水泥窑来讲，在升温和投料初期，不可避免地要将预热器长期烧高（图23-21），就难免造成预热器的堵塞。但另一方面，流化床窑的预热器烧低了也会堵。流化床窑在烧成炉烧低时，会严重影响到造粒，导致大量的生料粉在预热器内循环富集，最终堵塞。

日本人在烧成炉的出口增加了喷水装置（图23-23），说明他们已经意识到了这个问题的严重性，只是措施还不到位而已。

对于这台窑的主要工艺问题，笔者认为窑尾的高温风机选小了。这本是一个新工艺的首

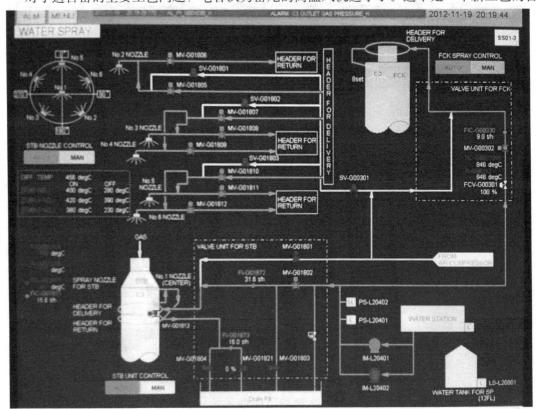

图23-23 增湿塔、烧成炉喷水系统中控画面

台工业化试验窑，肯定具有诸多不确定因素。对高温风机的选型应该有足够的富裕能力（当然，其他设备也一样），而且完全可以通过闸板或设置调速系统控制风量，并不会造成大的电能浪费。

遗憾的是，日本人似乎很有把握，一点富裕能力都没有考虑，比我们国内已经非常成熟的 1000t/d 预分解窑的高温风机选配的还要小。是过于自负还是考虑不周，就难以理解了。

流化床窑的预热器烧高，导致了增湿塔和烧成炉的大量喷水，产生的大量水蒸气需要通过高温风机外排。而这台风机的配置偏偏又没有富裕能力，严重影响到预热器的风量和风速，影响到预热器的带料能力。加之在投料初期由于结粒不好，就会有大量粉尘在预热器内循环富集。当固气比超过设计能力时，必然会塌料堵塞。

就这台窑的预热器系统来讲，目前主要存在两个问题：

（1）预热器被长期烧高，这在所谓"新型干法水泥窑"上也是不允许的，但在控制预热器烧高方面，我们是有很多有效措施的；

（2）日本人设计的预热器仍是 90 年代初的水平，而我们国家在预热器的设计上，已经就防堵问题做了大量的改进，并取得了明显的效果。

因此，笔者认为，只要我们投入足够的技术力量，对现有系统进行一些必要的改造，相信这种新的工艺最终会取得成功。图 23-24 就是避免预热器烧高的改造方案之一。

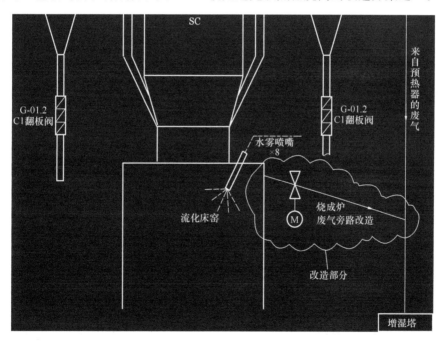

图 23-24　避免预热器烧高的烧成炉废气旁路改造方案

还有一个问题至今没有找到答案，日本川崎重工业株式会社于 1984 年开始研究的熟料流化床烧成技术，到 2009 年底完成 1000t/d 线的调试工作，用了 25 年的时间，付出了大量的人力物力，却于 2011 年底将全部技术专利以及在淄博的世界上唯一的 1000t/d 生产线资产无偿地转给了张店矿业集团所属的绿源公司。

凭日本人的本性，绝对不会把自己最先进的东西无偿地送给中国，日本人这一次何以如此慷慨大方？只有一种可能，是日本人又找到了比流化床更有价值的技术，但至今没有这方面的消息。

很遗憾地告诉大家，淄博绿源公司虽然进行了几年的拼搏，尽了自己的最大努力，对这条"世界第一线"进行了多次、多方案挽救，但由于人力、财力的缺乏，最终于 2015 年做出了放弃的决定，无奈中将其改造成了一条 1500t/d 能力的所谓新型干法预分解窑。

第 24 章　水泥窑与富氧煅烧

富氧煅烧——这个词在这两年有点热，热的背后是大家的期望——期望自家的窑能用上富氧，节十几个点哪怕几个点的煤，减少一点儿沉重不堪的煤负担。但又担心富氧煅烧这事能不能靠谱，就像"楼上那只一直没落下的靴子"，不知什么时候才能成熟落地。因此，我们有必要就水泥窑富氧煅烧的进展做个比较全面系统的介绍。

富氧煅烧是肯定节煤的，这在其他行业已有充分的证实。因其用比自然空气中氧含量高的空气来助燃，可以显著提高燃烧效率和火焰温度，提高对窑内传热非常重要的火焰黑度，降低燃料的燃点温度，减少燃烧后的排气量。但富氧煅烧在不同的水泥窑上的试验结果，却是千差万别、不尽如人意的，原因又何在呢？

事实上，在采用富氧煅烧时，有好多问题要结合自己的实际情况来统筹考虑。例如，最佳的富氧浓度是多少？全富氧好还是局部富氧好？富氧在什么部位，又如何进入烧成系统好？对不同的煤种，如何使用富氧更好，是否有利于使用劣质煤？

富氧煅烧也不是包治百病的灵丹妙药，如果不是对症下药，如果你本身就没病，再好的药物对你也是没有效果的。你的烧成系统存在的问题大不大、煤耗高不高，要具体情况具体分析。煤耗高又是什么原因造成的，可能有多种治疗方法，但不同的方法有不同的效果，也有不同的成本。

我们知道，NO_x 的形成与燃烧温度有很强的相关性，燃烧温度从 1550℃ 起到 1900℃，NO_x 浓度以指数次方急剧上升，特别在 1750℃ 以上几乎是直线上升，而水泥窑的火焰温度峰值就在这个区间。富氧燃烧会提高火焰温度和燃烧强度，加上氧气浓度的增加，水泥窑的 NO_x 排放浓度可能因为富氧煅烧进一步增高，就成了影响富氧煅烧推进的大问题之一。但在某 5000t/d 线上采用富氧煅烧以后，废气中氮氧化物的浓度不但没有增高，反而还有所降低，这又是为什么呢？

24.1　富氧煅烧的节煤机理

关于富氧煅烧技术在水泥窑上的应用，有一些否定者的理由是——氧气能产生热量吗？不能！既然不能产生热量它又怎么能节能呢？能量守恒定律是被无数的事实证明了的，是不可能改变的，能量不可能无中生有。

1. 说不清的氧化与碳化

除了核物理，一般的热量都来自于氧化反应（包括没有氧参与的氧化反应），是某种势能与热能的转换，而不是无中生有，这与能量守恒定律并不矛盾。对于煤炭的氧化反应，在反应以后碳和氧的势能都发生了变化，都对产生的热能做出了贡献。正确的理解应该是碳和氧反应的共同结果，而不是参与反应的某一方的贡献。

这与我们在历史上形成的概念有关，在物质（比如碳）与氧反应后称为该物质被氧化了，反应叫作氧化反应。同样是参与反应的双方，为什么就不能说氧被炭化了呢，为什么不能叫作碳化反应呢？

碳和氧反应能产生热能我们就说碳具有热值，氢和氧反应能产生热能我们又说氢具有热值。同样都对热能的产生做出了贡献，为什么就不能说氧具有热值呢？主要是因为氧能与多种元素发生"氧化反应"，而其他元素之间能发生"氧化反应"的不多，而且贡献的热能也有限。

实际上，这只是由于在语言的形成过程中，遵循从简和方便的原则而已。准确地说，既不存在氧气不能产生热量，也不存在煤炭就能产生热量的说词，而是在碳和氧反应后共同产生了热量。

2. 说得清的富氧与节煤

富氧煅烧不是要增加可燃物的燃烧能量，而是通过提高可燃物燃烧能量的利用率，减少浪费，达到节能的目的。

由于燃料在富氧中能够充分燃烧，提高了燃料的燃烧速度和燃尽率，将燃料本身具有的能量得以比较集中地释放出来，用在它该用的地方，从而减少了由于不完全燃烧导致的在不该用的地方后续燃烧造成的浪费。

由于燃料在富氧中的燃烧比较集中，而且提高了火焰黑度，热辐射迅速增强，提高了火焰对窑内物料的传热速度，从而使燃料本身具有的能量得以更多地传给物料，用在它该用的地方，从而减少了其释放出的能量不能全部传给物料而随废气流失造成的浪费。

富氧煅烧也可在一定程度上减少燃烧用风，提高火点温度，减少废气排放，降低热能损失。同时，减少废气排放，还具有减小废气处理系统能力、降低投资、降低高温风机和尾排风机电耗的好处。

3. 富氧燃烧的兴起与发展

富氧燃烧是高效燃烧技术的一种，发达国家将其称为"资源的创造性技术"。富氧燃烧起源于美国，成熟于德国，推广于日本，已经在燃烧的各个领域开始了应用。

在美国，1984 年将膜法富氧技术用于铜煅烧炉，取得了节能率大于 30％的显著效果。一玻璃厂用 23％富氧助燃，产量增加 12.3％，节能约 9％，成品率提高 3％～10％，灰泡数量下降 40％，炉龄延长了 5～6 个月。

在日本，先后有近 20 家公司推出了富氧装置。通过在以气、油、煤为燃料的不同场合进行的富氧应用试验，得到了如下结论：用 23％的富氧助燃，可节能 10％～25％；用 25％的富氧助燃，可节能 20％～40％；用 27％的富氧助燃，可节能 30％～50％等。

在中国，应该说我们的富氧燃烧起步并不晚，早在 1980 年，就在甘肃白银有色金属公司冶炼厂使用了富氧，达到了节约能源、强化熔炼和根治污染的目的，使冰铜富氧熔炼工艺获得完全成功。1989 年中科院大连物理化学研究所和北京玻璃集团合作，将"局部增氧"和"梯度燃烧"应用于玻璃池炉，所用富氧空气量仅有二次风量的 1％左右，而进风量和引风量均下降了 1/4～1/2 左右，节能增产和环保效益显著。

富氧燃烧采用比自然空气中氧含量高的空气来助燃，可以显著提高燃烧效率和火焰温度，但由于富氧成本较高，多年来未能进入利润较低的水泥行业，长久以来主要是应用在玻璃熔窑和金属冶炼等需要高温操作的行业，对产品质量要求较高、利润相对较厚的生产线上。

在中国的水泥行业，从 2004 年开始，就有人陆续提出了水泥熟料富氧煅烧技术，并有几家申报了专利，但能够真正应用于工业生产的并不多。随着膜法制氧技术的成熟和使用，随着富氧成本的不断降低，对高温、高煤耗、低利润的水泥行业，其诱惑力是可以想象的，富氧煅烧技术在水泥行业的试用已经起步。据笔者不完全统计，截止到目前，国内已进行过富氧煅烧尝试的水泥生产线已有大大小小 10 多条。

2013 年 2 月 4 日，水泥商情网和中国水泥生产技术专家委员会在郑州组织召开研讨会，并就"富氧煅烧技术在水泥熟料生产中的应用价值和可行性"进行专题讨论（图 24-1）。与会代表一致认为，富氧煅烧技术，在水泥熟料生产中，具有较高的应用价值和较好的应用前景。

图 24-1　中国水泥生产技术专家委员会郑州研讨会现场

4. 煤粉在不同氧含量中的燃烧实验

在以下关于煤的燃烧机理内容中，部分引用了北京紫光生物科技有限公司和合肥水泥研究设计院的有关研究资料，以供佐证和参考。

煤粉在不同氧的体积分数下的实验所得 DTG 曲线如图 24-2 所示。氧的体积分数 ϕ（O）的增加使得试样的 DTG 曲线向低温区移动，也就是着火温度降低；且最大质量损失速率随着氧的体积分数的增加而增大，说明煤的活性随着氧的体积分数的增大得到增强。

煤样燃烧的平均质量损失率也随氧的体积分数的增加而增大。这说明随着氧的体积分数的增加，煤样从开始燃烧到燃尽所需的燃烧时间缩短，煤中易燃物质整体燃烧速率得到提高。

还可看到，随着氧的体积分数的增大，燃

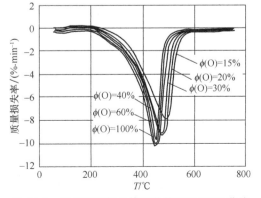

图 24-2　煤在不同氧的体积分数下的 DTG 曲线

烧曲线的后部尾端变陡，即煤的燃尽性能提高。

5. 富氧助燃能提高火焰的绝对温度

富氧空气的助燃直接影响到燃烧温度，在富氧空气状态下，燃料的燃烧温度起了变化。煤炭的低位热值越高，在同等的富氧率情况下，㶲损失就越少，煤炭的节约率也就越高。

低热值煤炭在不同全富氧浓度中的燃烧温度如表 24-1 所示。富氧助燃，有局部富氧助燃和全富氧助燃之分，就水泥窑来讲，为了降低富氧成本，把富氧用在刀刃上，多数采用局部富氧助燃。

表 24-1　低热值煤炭在不同全富氧浓度中的燃烧温度

氧浓度	理论空气量	实际空气量	理论烟气量	实际烟气量	燃烧温度	㶲损失	㶲损系数
$O_2\%$	$V_0/$ （$m^3 \cdot kg$）	$V_k/$ （$m^3 \cdot kg$）	$V_Y^0/$ （$m^3 \cdot kg$）	$V_y/$ （$m^3 \cdot kg$）	$t_{11}/℃$	$e_{xi}/$ （kJ/kg）	λ
21%	3.854	4.624	4.010	4.781	1244	6331	0.458
24%	3.372	4.046	3.529	4.203	1393	5923	0.428
27%	2.977	3.597	3.154	3.753	1539	5585	0.404
30%	2.698	3.237	2.854	3.394	1682	5300	0.383
33%	2.452	2.943	2.609	3.099	1824	5052	0.365
36%	2.248	2.698	2.405	2.854	1962	4839	0.350
39%	2.075	2.490	2.232	2.647	2099	4650	0.336

由表 24-1 可见，当富氧浓度达到 27% 时，对比普通空气（含氧浓度 21%），燃烧温度上升了 295℃，每公斤燃料减少㶲损失 746kJ，相当于节约 5.5% 的燃料；当富氧浓度达到 30% 时，燃烧温度上升了 438℃，减少㶲损失 1031kJ，相当于节约 7.6% 的燃料。

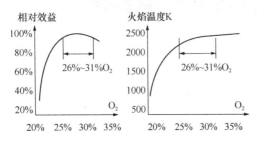

图 24-3　富氧浓度与火焰温度及相对效益的关系

在常规燃烧时，空气中仅有 21% 的氧气参与燃烧过程，而约为 79% 的氮气在吸收了大量燃烧反应放出的热量后，却作为烟气排出，造成能源浪费。

但富氧浓度也不宜过高，一般富氧浓度在 26%~31% 为佳。当富氧浓度再增加时，火焰温度增加得较少，富氧成本却增加得较多，综合效益反而下降。富氧浓度与火焰温度及相对效益的关系如图 24-3 所示。

6. 富氧助燃能提高重要的火焰黑度

加装富氧助燃节能装置后，因氮气量减少，空气量及烟气量均显著减少，故火焰温度和黑度随着燃烧空气中氧气比例的增加而显著提高，进而提高火焰辐射强度和强化辐射传热。

当将空气中的氧气浓度提高到 25% 时，火焰的黑度经计算为 0.2245，增加约 6%；同时水泥回转窑燃烧带火焰对物料的辐射传热量提高约 20.4%。这一点对水泥窑是很重要的，因为在窑内火焰对物料的传热方式以辐射为主。

7. 富氧助燃能加快燃烧速度促进燃烧完全

燃料在空气中和在纯氧中的燃烧速度相差甚大。例如，氢气在空气中的燃烧速度为

280cm/s，在纯氧中的燃烧速度是 1175cm/s，是在空气中的 4.2 倍；天然气则高达 10.7 倍左右。富氧的效果虽不及纯氧，但促进燃烧的原理是相同的。

室内的研究表明，富氧助燃能使热量的利用率提高。用普通空气助燃，当炉膛温度为 1300℃ 时，可利用的热量为 42%；而用 26% 的富氧空气助燃，可利用的热量增加到 56%，热量利用率增加了 33%。而且富氧浓度越高，加热温度越高，所增加的比率就越明显，节能效果就越好。

加装富氧助燃节能装置后，不仅可以提高燃烧强度，加快燃烧速度，获得较好的热传导，同时，温度提高后，有利于强化燃烧，促进燃烧完全，减少不完全燃烧导致的浪费。

在不同温度和氧浓度下石油焦的燃尽试验表明，石油焦尺寸越小，氧浓度和燃烧温度越高，燃尽时间就越短。特别是飞灰中的粉焦，在 33% 的富氧浓度下，燃尽时间缩短到原来的 144 分之一~192 分之一，从而能及时在炉膛内完全燃烧。不同温度和氧浓度下石油焦的燃尽时间（s）试验，试验结果如表 24-2 所示。

表 24-2　不同温度和氧浓度下石油焦的燃尽时间　　　　　单位为秒

石油焦直径 /mm	850℃			890℃		
	O_2 20%	O_2 33%	比	O_2 20%	O_2 33%	比
2.8~4.0	37.44	17.53	2.14	28.01	12.96	2.16
1.0~2.8	1.65	1.13	1.46	0.98	0.71	1.38
0.45~1.0	1.45	0.46	3.15	0.88	0.024	36.7
0.2~0.3	0.95	4.46E-5	2.14E4	0.56	1.56E-5	3.6E4
<0.098	0.109	2.26E-9	4.8E7	0.0583	4.46E-10	1.3E8
飞灰	0.0533	3.71E-4	144	0.0253	1.32E-4	192

8. 富氧助燃能降低燃料的燃点温度

燃料的燃点温度不是一个常数，它与燃烧状况、受热速度、环境温度等有关，如 CO 在空气中的燃点为 609℃，而在纯氧中的燃点仅为 388℃。

所以，用富氧助燃能降低燃料的燃点，提高燃烧的集中度和火焰强度，减少燃烧的边际效应，增加燃烧释放热量的利用率。

9. 富氧助燃能减少燃烧后的排气量

用普通空气助燃，只有约 1/5 的氧气参与燃烧，约 4/5 的氮气不但不参于燃烧，还要带走大量的热量。

如用富氧燃烧，氮气量相应减少，故燃烧后的排气量亦减少，热损失减少，从而提高了燃烧效率。一般来讲，燃烧用空气的氧浓度每增加 1%，烟气量约下降 2%~4.5%，从而能提高燃烧效率。

用富氧代替空气助燃，还可适当地降低空气过剩系数，燃料消耗也会相应减少，从而节约能源。从已应用的数十套局部增氧助燃系统来看，空气过剩系数一般降低 0.2~0.8。

日本节能中心技术部长小西二郎在工业窑炉节能措施中，着重于降低空气过剩系数的研究，他在一台热处理炉中经多次试验，将空气过剩系数从 1.7 降到 1.2，平均节能达 13.3%。

24.2　空气膜法富氧技术

从历史的发展来看，氧气对于水泥行业确实是奢侈品。在玻璃、冶金等行业使用氧气取得效果后，水泥行业早有人有过用氧的念头，但鉴于水泥的利润微薄，投入产出不划算，也就把这件事放到了一边。

时至今日，水泥行业已不再祈求昂贵的纯氧，"退而求其次"可以改用富氧了。随着技术的进步，各种制氧方法的成本也得以降低。特别是随着膜法制氧技术的突破，已经可以在水泥窑前十分方便地就地制取富氧。

1. 用空气分离富氧的方法

目前，通过空气分离富氧的方法主要有三种，即深冷分离法、变压吸附法（PSA）及膜分离法。

深冷分离法，利用深冷的液化空气各组分沸点的差异，利用沸石吸附剂的阳离子与氮分子的四极矩之间的较强作用，使氮气吸附在沸石分子筛上，氧气则吸附较少，从而使氧氮分离。

变压吸附法（PSA），利用吸附剂对特定气体的吸附和脱附能力，利用真空变压吸附分子筛制氧，设备常规设置两只吸附器，当一只吸附器产出氧气时，另一只吸附器处于抽真空再生状态，这样两只吸附器交替重复产氧和再生，实现连续制取氧气。

膜分离法，利用分离膜对特定气体的选择透过性能，将空气中的氧氮分离。三种方法的对比见表24-3。

表 24-3　三种空气分离富氧方法的比较

	深冷分离法	变压吸附法（PSA）	膜分离法
原理	利用液化后各组分沸点差异来精馏分离	利用吸附剂对特定气体的吸附和脱吸附能力	利用膜对于特定气体的选择渗透性能
技术阶段	历史久，技术成熟	处于技术革新	处于技术开发和市场开发
装置规模	大规模（设备费用大）	中小规模	小规模或超小型
各类气体	O_2、N_2、Ar、Kr、Xe 等	O_2、N_2、H_2、CO_2、CO 等	O_2、N_2、H_2、CO_2、CO 等
产品气浓度	纯度高（99%）	中纯度（90%~95%）	O_2 浓度（25%~40%）
耗电量（按照3.0%氧气浓度换算）/kWh/m³	0.04~0.08	0.05~0.15	0.06~0.12
其他特征	适用于大规模生产，低温，产品气为干气	产品气处于加压状态，塔阀自动切换，可无人运行，吸附剂寿命10年以上，产品为干气	可间歇或连续操作，操作简单，可无人运行，膜寿命可达数年，无噪声，清洁生产，产品为干气或湿润气体
富氧燃烧锅炉的应用	大型纯氧燃烧捕获 CO_2	垃圾焚烧炉降低二噁英和 CO	富氧燃烧用以提高锅炉效率
工程实例	IHI在澳大利亚300MW等级的示范工程	三菱重工供货垃圾焚烧炉：2004年奥地利264t/d，2005年日本3台250t/d	1998年在江苏省阜宁化肥厂20t/h燃煤锅炉应用富氧燃烧；1996~2000年在江苏、大港和胜利油田的2~4t/h的燃气和燃油锅炉应用富氧燃烧

应该说三种方法各有优缺点，由于富氧在水泥行业的应用案例还不多，水泥行业又有不同于其他行业的特点，比如空气中的粉尘相对较大，还有待于在使用中不断地进行比较、积累经验，具体要根据现场情况和使用条件酌情选择。这里只能罗列一下已知几种方法的缺点，供选择时参考。

（1）变压吸附（PSA）富氧：由于水泥窑是连续生产，需要连续供氧，变压吸附法在制取富氧过程中存在两只吸附器的切换问题，需要供氧系统多个气密阀门的频繁切换，致使阀门的使用寿命缩短，不但更换成本较高，而且影响到富氧系统的连续运行。

（2）深冷分离富氧：比如宁夏某公司采用深冷混配法供富氧，发现混配系统存在不安全隐患，富氧纯度受气候等因素影响较大，富氧气体含水量高，无法实现高温送风等，给用户企业带来诸多不便。

（3）膜法分离富氧：膜法富氧的关键是过滤膜，对过滤膜的质量要求比较高，相应的价格较贵；过滤膜比较娇贵，对粉尘和水分比较敏感，过滤前需要高效且稳定运行的除尘和除湿系统，而且除湿系统受环境温度的影响较大，已有因除湿系统不可靠导致过滤膜失效的案例。

2. 膜分离法富氧的原理与发展

利用膜法富集空气中氧的技术，是当今重要的膜分离技术之一。膜法富氧技术被发达国家称为"资源的创造性技术"，该技术系指利用空气中各组分透过高分子复合膜时的渗透速率不同，在压力差驱动下，将空气中的氧气富集起来获得富氧空气的技术。膜法制氧的原理如图 24-4 所示。

早在 20 世纪 80 年代初，许多发达国家就投入了大量人力物力来研究膜法富氧技术。至今，美、日等国已有用于强化燃烧和医疗方面的产品出售。例如，美国 GE 公司采用 P-11 型有机膜和日本松下电气产业采用硅氧烷改性膜的工业富氧燃烧系统，美国富氧公司（OE）和日本太田隆的医用富氧器等。

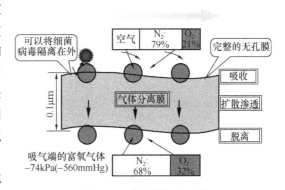

图 24-4　膜法制氧原理图

中国在 20 世纪 80 年代中期开始研究此项技术，并取得了可喜的成果。国内从事这方面研究的也有十多家单位，如清华大学、东北大学、中科院大连化物所、中科院广州能源所、辽宁省锅炉技术研究所等。中科院大连化物所自 1986 年起一直承担国家"七五"和"八五"科技攻关项目：卷式富氧膜、组件、装置及其应用和开发的研究，并且研制成功 LTV-PS 富氧膜。

膜渗透法制取富氧空气的过程没有发生物质的相变化和化学变化，制氧过程是在常温和低压下进行，大大减少了对工作环境的要求，扩大了适用范围。膜法制氧装置可将空气的含氧浓度从 20.9% 浓缩到 30%～40%，中空纤维组件的富氧效率可以达到 50%～60%。

膜法富氧技术最关键的部分为富氧膜。富氧膜的技术性能、制造成本，与膜法富氧助燃技术的开发价值及推广应用前景息息相关。随着以聚砜为膜材料、硅橡胶为涂层的中空纤维复合膜研究的进展，国内已经能够制备具有一定富氧效果及透气性能的富氧膜，富氧体积分

数达 30%，富氧透气率为 $1.0 \times 10^{-12} \mathrm{m^3/} （\mathrm{m^2 \cdot Pa}）$。卷式膜组件的价格也在逐步下降，为该技术的大规模推广应用创造了条件。

作为富氧透气薄膜，希望薄膜的氧气透过系数大，而且分离系数（氧气透过系数与氮气透过系数的比值）高。分离系数高，薄膜的气体分离效果就好，富氧的浓度就高。透气系数大，则透过薄膜的氧气流量就大。

气体膜分离技术的核心是膜材料，膜法富氧效率关键取决于膜材料本身的性质。从富氧机理上来讲，要求膜必须同时具有很高的透氧系数（渗透速率）和氧氮分离系数（选择性），一般氧气的透过系数 $\rho_{\mathrm{O_2}}$ 要大于 $5000 \mathrm{cm^3} \times \mathrm{mm/}（\mathrm{m^2 \cdot d \cdot MPa}）$，分离系数 $\rho_{\mathrm{O_2}}/\rho_{\mathrm{N_2}}$ 大于 2.5，这样才可保证获得大量且高氧气含量的富氧气体。

富氧膜材料有有机膜、无机膜、复合膜，其中有机膜材料应用最为广泛，目前工业化的气体分离膜主要是采用高分子膜。有机富氧膜材料主要有醋酸纤维素、聚砜（PSF）、聚酰亚胺（PI）、聚 4-甲基-1-戊烯、聚二甲基硅氧烷（PDMS，又称硅橡胶）、聚三甲基硅烷-1-丙炔等。其中以聚三甲基硅烷-1-丙炔性能最优，聚二甲基硅氧烷次之。

有机膜按其孔径大小分为多孔质膜和非多孔质膜（即致密膜）。用于气体分离的主要是致密膜，其膜中孔径是小至高分子链的热运动形成的 1nm 以下的空隙。常用的富氧膜材料如表 24-4 所示。

表 24-4　常用的富氧膜材料

材料	$\rho_{\mathrm{O_2}}$	$\rho_{\mathrm{O_2}}/\rho_{\mathrm{N_2}}$
聚氨基甲酸酯	78300	6.4
聚乙烯对苯二酸盐	39150	4.1
纤维素乙酸酯多孔质膜	10440	3.3
纤维素乙酸盐	16500	3.2
聚 4-甲基戊烯	15660	2.9
聚甲基硅氧烷/聚碳酸酯	1470	2.2
聚砜	1400	6.1

将来，富氧膜的发展将趋向于合成高性能膜材料，开发超薄复合膜制备工艺，杂化气体膜分离工艺，以及开发新型液膜用于气体分离。富氧膜是富氧装置最核心也是最关键的部分，富氧膜的发展与富氧助燃技术息息相关。

3. 膜分离法富氧制备系统

膜分离法富氧制备和供风系统，如图 24-5 所示。主要由空气净化和引风设备、过滤氧气的膜组件、过滤动力设备真空泵、给富氧除水的汽水分离器和脱湿器、满足使用的缓冲罐和增压风机等组成，下面分别介绍。

1）原料空气净化引风系统

原料空气净化和引风系统如图 24-6 所示，由组合式自洁空气过滤器、连接风筒、高压鼓风同步后流风机、通风管道等部件组成。在环境气体粉尘较多时将原料空气经过三级过滤净化后，向膜组件连续输送纯净新鲜的原料空气。

原料空气进风系统采用 PLC 自动控制，对 $1\mu\mathrm{m}$ 粒子的过滤效率为 99.5%，作用是保护二级空气过滤器，过滤器滤芯（图 24-7）的更换为便卸式。第三级为 VH 型高效空气过滤

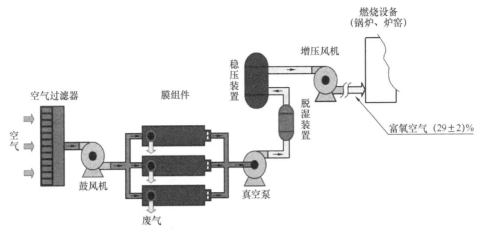

图 24-5　膜法制氧、富氧助燃节能装置系统流程图

图 24-6　某水泥厂提供富氧的原料空气进风系统

图 24-7　过滤器便卸式滤芯

器，对 $0.3\mu m$ 粒子的过滤效率为 99.99%，作用是保护膜组件膜片。过滤器的滤芯使用寿命为 $1\sim2$ 年。

2）膜组件

膜分离法制氧、富氧助燃节能装置的核心是膜组件，大型箱式组合式膜组件的外观总成箱体及连接如图 24-8 所示，其内部膜组件集成组合如图 24-9 所示。

膜组件配置有标准的富氧气体接口，可方便地进行模块化连接安装。整体连接后，仅需将富氧气体接口可靠地连接到真空泵入口，即可抽取富氧气体。

图 24-8　组合式膜组件外观总成箱体及连接

图 24-9　箱体内部膜组件的集成组合

3）真空泵

真空泵为分离系统提供足够的分离动力，建立膜组件两侧——原料空气与渗透气（氧气）之间的分离压力比，压力比一般要求为大于 4：1。

真空泵有干式和水环式之分，尽管水环式真空泵效率较低、真空度不高，但由于其占用空间小，可以获得大的排气量，吸气均匀，工作平稳可靠，操作维护简单，更适合在水泥厂富氧系统使用。水环式真空泵如图 24-10 所示。

图 24-10　　富氧制备系统的水环式真空泵

原料空气经过滤进入膜分离器后，因膜两侧有一定的分离动力（压力比），渗透能力快的氧气首先透过膜在渗透侧富集而得到富氧空气，并经真空泵不断抽走而连续不断地得到产品气——富氧气体。

4）气水分离器

气水分离器为一密闭的容器，内部设有气水分离装置，作用是将水环式真空泵抽取的富氧气体中的水分分离出来。

气水分离器中设有水位控制器和液位计。当罐内的分离水量达到一定的高度时，由水位控制器控制电磁阀启动，将罐内存水自动排出，维持水位在一定的高度上，并通过液位计直接观察液位情况。

5）脱湿器

脱湿器为一密闭的容器，内部设有脱湿装置，作用是将水环式真空泵抽取的富氧气体中的水分经气水分离器分离后进行二次脱湿。

脱湿器中设有水位控制器，当罐内的分离水量达到一定的高度时，由水位控制器控制电磁阀启动，将罐内存水自动排出，维持水位在一定的高度上。

6）富氧气体缓冲储罐

富氧气体缓冲储罐（图 24-11），其作用是进一步脱除富氧气体中的水分，平衡整个系统压力，减轻后级系统的气流脉动。

富氧气体缓冲储罐中还设有放空管路，管路中设有电动蝶阀，用以在真空泵制取富氧气体后，在不向炉窑输送富氧气体时将富氧气体放空。

图 24-11　稳定系统压力的富氧气体缓冲储罐

7）增压风机

增压风机采用罗茨鼓风机（图 24-12），其作用是对制取的富氧气体增压，克服管路系统及燃烧器的阻力，达到炉窑燃烧所需风压并向炉窑内输送。

图 24-12　克服输送阻力的增压罗茨鼓风机

该风机根据输送富氧气体的系统阻力设计。如果有能力克服输送系统阻力后，还能满足燃烧器的用风压力要求，一般设计时取消燃烧器的一次风机。

24.3　不断前行的工业实践

迄今为止，人类消费能源的 80％是通过燃烧途径得到的。但人类可用于燃烧的资源是有限的，而且燃烧过程的排放物也是造成环境污染的主要原因。为提高可燃资源的利用率，并在利用的同时尽可能地降低对环境造成的影响，各种高效率、低污染燃烧技术的开发非常活跃。

富氧煅烧至少在理念上是被多数人认可的，先后已有十多家水泥公司参与了富氧煅烧试验。但由于各生产线的情况不同、提供富氧煅烧技术的公司不同、富氧制备工艺不同、富氧助燃方案不同，各公司的试验结果也千差万别，一时难有定论。笔者将一些比较整装的试验情况整编如下，以飨读者。

1. 华东某 700t/d 线的工业试验

2011 年 4 月 1 日，水泥窑富氧煅烧技术首次在华东某 700t/d 预分解窑生产线上进行了短期的工业试验，见图 24-13。

图 24-13　华东某 700t/d 预分解窑的膜法富氧系统

富氧系统采用了膜分离法制氧技术，投运后进行了 3d 无富氧和 7d 有富氧的对比测定。在流量达 2700m³/h 的情况下，富氧浓度达到 30％左右，在不增加燃料的前提下，炉窑火焰温度提高约 180℃。

由于计量设施不太完善，生产厂估计节煤率在 10％左右。该系统正常运行了一个多月，后因分离膜系统进水失效停止了使用。

2. 华东某 1000t/d 线的工业试验

2013 年 5～9 月，华东某厂在 1000t/d 窑上进行了富氧煅烧试验，该富氧制备系统布置见图 24-14。窑的规格为 $\phi3.2m \times 52m$，设计产能为 1200t/d。采用五级旋风预热器和离线式分解炉，由于没有原料预均化堆场和 X 射线荧光分析仪，物料成分波动较大。

富氧制备系统为 2000Nm³/h 的膜分离法制氧，富氧浓度可达 30％，系统电耗小于0.5kWh/m³，现场设备运行良好。

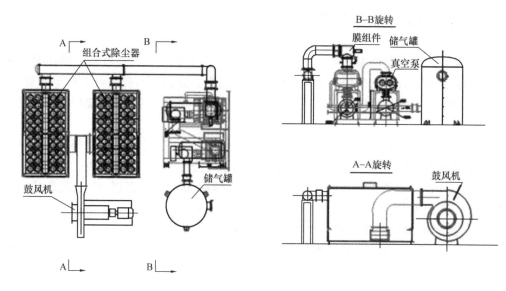

图 24-14　华东某 1000t/d 线富氧制备系统布置图

该厂分别进行了三通道燃烧器和四通道燃烧器给一次风通富氧气体试验。生料喂料量和熟料产量分别提高了 23.2％和 24.5％，吨熟料燃料消耗量分别降低了 20.4％和 24.8％。富氧对产量和煤耗试验结果汇总如表 24-5 所示，试验用煤粉的工业分析如表 24-6 所示，试验期间生料、熟料、煤灰化学成分如表 24-7 所示。

表 24-5　富氧对产量和煤耗试验结果汇总

项目		无富氧	三通道燃烧器 通富氧	四通道燃烧器 通富氧
生料喂料量/（t/h）		60.0	73.2	74.7
熟料产量/（t/h）		37.5	45.8	46.7
燃料消耗量 （煤粉铰刀转速 r/min）	窑头	533	519	506
	分解炉	233	232	211

表 24-6　试验煤粉的工业分析

项目	M_{ad}	A_{ad}	V_{ad}	FC_{ad}	$S_{t,ad}$	$Q_{net,ad}$		细度/％	水分/％
	％	％	％	％	％	kJ/kg	kcal/kg		
平均	0.30	21.99	29.58	—	1.17	24580	5878	1.24	3.12

表 24-7　生料、熟料、煤灰化学成分表（％）

项目	烧失量	SiO_2	Al_2O_3	Fe_2O_3	CaO	MgO	合计	f-CaO	KH	SM	IM
生料	35.19	13.78	2.97	1.77	43.89	1.37	98.94	—	0.994	2.92	1.70
熟料	0.07	21.78	5.21	2.86	66.10	2.01	98.01	1.67	0.926	2.70	1.82
煤灰	44.08	8.31	3.97	1.05	39.43	1.28	98.12	—	—	—	—

2014 年 11 月 20 日，据前往试验的专家介绍：去年的试验不理想，主要是他们的燃烧器不适应富氧煅烧。今年，由于他们的分解炉该大修了，想由离线型改为在线型。11 月初

在改造前再试一次。

这次试验，提前换用了专题研发的燃烧器，一周前又进行了一次试验，给上富氧以后，效果非常明显，窑前马上亮了起来，马上加料和减煤，投料量比平日增加了 20％以上。

煤耗不好说，但肯定是大幅度地降低了。采用溢流铰刀喂煤，运行很稳、很实用，山东不少小厂都采用这种方式。遗憾的是试验时间不长，试验了几天就停窑检修了，煤耗也没来得及标定。

3. 华北某 2000t/d 线的工业试验

华北某 2000t/d 生产线采用膜法制取富氧空气（图 24-15），采用了效率较高、真空度高的干式真空泵。

遗憾的是由于真空泵运行不稳定，真空度上不去，氧含量只有 23％～24％；富氧空气量设计为 4000m³/h，一会儿用在窑头试验，一会儿用在窑尾试验，很难判断具体效果。

据厂方人员说，节煤率为 3％～5％，效果不太理想。该生产线富氧系统操作画面如图 24-16 所示。

图 24-15　某 2000t/d 生产线的富氧机组

4. 东北某 3200t/d 线的工业实践

东北某 3200t/d 熟料生产线采用 $\phi4.3\times66$m 回转窑，设计能力 3500t/d，2010 年建成投产。2013 年 5 月开建变压吸附法富氧煅烧系统，2014 年 5 月 26 日开始设备调试，2014 年 7 月 12 日投入运行，富氧浓度为 28％～30％。

该变压吸附制氧装置产氧能力为 1300m³/h，产品氧气纯度 70％，纯氧再通过混氧装置降低至富氧浓度，送至窑头、窑尾进行富氧煅烧。其富氧系统与烧成系统的关联示意如图 24-17 所示，变压吸附法富氧制气系统原理如图 24-18 所示，中控室操作画面如图 24-19 所示。

据有关介绍，富氧投入 1h 后，尾煤着火燃烧时间提前，分解炉底部和中部温度上升；窑头黑火头变短，火焰温度升高，二次风温度升高。富氧投入 2d 后窑皮变薄变短，过渡带

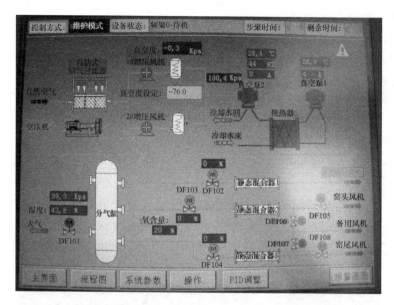

图 24-16　某 2000t/d 生产线富氧系统操作画面

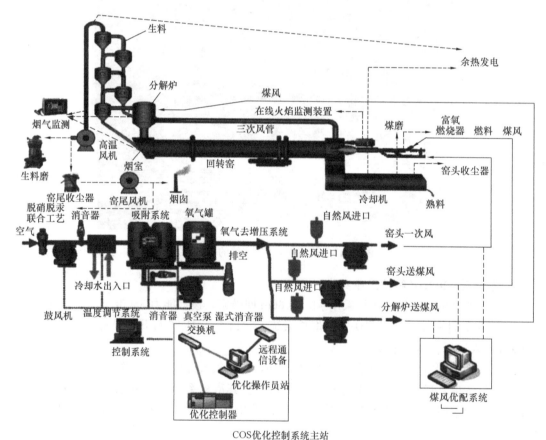

图 24-17　某 3200t/d 生产线与富氧系统的关联示意图

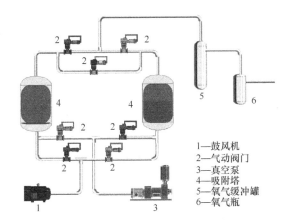

图 24-18　某 3200t/d 生产线变压吸附法富氧系统原理图

1—鼓风机
2—气动阀门
3—真空泵
4—吸附塔
5—氧气缓冲罐
6—氧气瓶

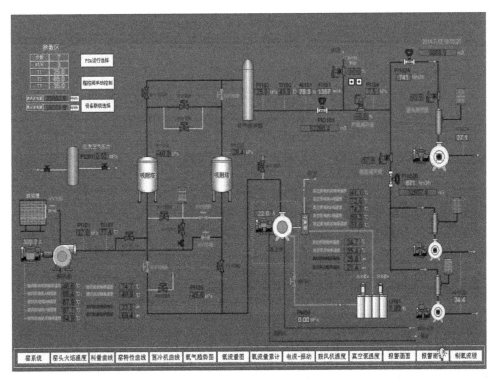

图 24-19　某 3200t/d 生产线变压吸附法富氧制气中控操作画面

附窑皮消失。

从投运一个月的试运行情况看，在原材料、配煤不变的情况下，富氧煅烧的投运使窑的煅烧状况有了明显的改善：火焰温度、二次风温、三次风温有明显的提高；过渡带附窑皮、窑内结蛋现象消失，窑内通风改善；因清理烟室、分解炉温度偏低引起的窑电流下滑、窑头冲料现象得到缓解，窑况波动易于恢复等。根据 SNCR 在线烟气检测装置数据分析，使用富氧后 NO_x 排放量没有增加。

熟料月平均台时产量提高了 4%～5%；为了进一步提高熟料强度，富氧投入后逐步提高了熟料 KH 和 SM 值，熟料 KH 最高可以配到 0.93，SM 超过 3.20，使熟料 3d 月平均强度比投入前提高了 2.59MPa；富氧投入后逐步加大了低发热量煤的使用比例，目前入窑煤粉发热量比投入前降低约 300kcal/kg（1254kJ/kg），窑煅烧情况很稳定。

该厂在富氧投运一年以后，结合投运前后的生产数据，总结了富氧投运前后一年的生产指标对比，如表 24-8 所示。

表 24-8　富氧投运前后一年的生产数据对比

项目	台时产量 / (t/h)	熟料电耗 / (kWh/t 熟)	熟料强度 (3d) /MPa	煤粉热值 / (kcal/kg)	实物煤耗 / (kg/t 熟)	余热发电 / (kWh/t 熟)
未投富氧	154.33	76.6	33.0	5817.67	138.88	31.28
投入富氧	158.73	73.37	33.2	5422.14	127.98	35.89
增减量	+4.4	−3.23	+0.2	−395.53	−10.90	+4.61
增减率/%	+2.8	−4.2	+0.6	−6.80	−7.85	+14.7

5. 西北某 5000t/d 线的工业实践

2013 年 9 月 26 日，水泥行业的资深专家谢克平在济南水泥节能技术会议上，介绍了西北某水泥厂的使用情况：该厂采用深冷空分富氧法制取富氧气体，利用旁路放风系统的废气余热，通过热交换器加热，将达到需求温度的富氧气体送到窑头一次风机，作为窑头一次风使用。

工艺线表现效果好的方面是：富氧提高了煅烧温度，同样的生料成分，熟料的立升重提高约 80g/L，游离氧化钙降低 0.8% 左右；窑电流由 650A 上升到 800A 左右，窑的喂料量增加了 15t/h，二次风温度上升到 1120℃ 以上；烧成带窑皮比前期延长约 5m，后部副窑皮减少，结圈可能性更小。

使用富氧燃烧后，将原 6200kcal/kg 的煤改成 5200kcal/kg 左右的煤。因仅窑头使用富氧，适当增加分解炉喂煤量比例，控制改为 6.5∶3.5。窑尾烟气的氧含量控制在 2%～3% 左右，说明窑内过剩空气系数在 1.10～1.15，保持微氧化气氛，减少了 CO。

熟料的饱和比由前期的 0.88±0.02 提高到 0.92±0.02，熟料 3d 抗压强度比前期提高 1.6MPa；对于易烧性差的生料和含碱量高的生料，有利于熟料质量的提高，碱的充分挥发可获得低碱熟料；使水泥具有快硬高强的特性；生产 42.5 普通水泥可多掺加约 5% 混合材。

但又认为在窑头使用中富氧浓度在 24.1% 时，火焰明显呈无力飘燃状态；若富氧浓度达到 29% 左右较为合理；而且富氧用于分解炉燃烧没有任何变化。

富氧燃烧经济效益分析：若每吨熟料节约 5% 实物煤，煤单价 320 元/吨，每年节煤 349.44 万元，吨熟料节煤 2.49 元。

扣除成本增加因素：固定资产投资 450 万元，折旧年限按 15 年，每吨熟料折旧费用 0.321 元；物耗维修费每年 20 万元，每吨熟料折合 0.142 元；3 个操作工，每吨工资增加 0.0714 元；制氧动力电耗在 0.8kWh/m³，电价 0.38 元/kWh，富氧用电 0.428 元/吨熟料。

每年获利：（2.49−0.321−0.142−0.0714−0.428）元/吨×140 万吨/年＝1.528 元/吨 ×140 万吨/年＝213.92 万元/年，投资回收期约 7 个月。按照 2% 的节煤核算，所产生的费用消耗与产生利润持平。

6. 华北某 5000t/d 线的工业试验

2012 年 10 月 10 日，水泥窑富氧煅烧技术在华北某 5000t/d 预分解窑上，采用膜法制氧系统实施了富氧煅烧试验，如图 24-20、图 24-21 所示。

图 24-20　某 5000t/d 水泥窑膜法富氧制备系统

图 24-21　某 5000t/d 水泥窑富氧系统的窑头接入

综合有关媒体的报道整理，该系统于 2012 年 11 月 14～18 日进行了 120h 连续无富氧运行测试；2012 年 11 月 19～24 日进行 144h 连续加富氧运行测试。富氧气体浓度达到 29%±2%，富氧气体流量为（12000±200）m³/h。

加装富氧助燃装置前，用紫外线测温仪测试的火焰温度为 1380～1450℃，加装富氧助燃装置后，火焰温度为 1580～1600℃，火焰温度平均增加 150℃左右。加装富氧助燃装置前，二次风温度为 1050～1100℃，加装富氧助燃装置后，二次风温度为 1144～1194℃，二次风温度提高 100℃ 左右。初步测定节煤效果达到 8.18%。

2012 年 11 月 25 日到 12 月 2 日，又进行了 192h 的正式有富氧运行观察，节煤率达到了 10.19%。自 2012 年 11 月 25 日正式投入运行，至 2013 年 1 月 9 日停窑检修，平均日产熟料提高约 200t/d 左右，平均节煤率为 10.73%。

对使用富氧煅烧，该生产线的操作员如此评价：

（1）炉窑操作运行稳定，窑内热负荷稳定，窑皮平稳；

（2）熟料质量稳定并有提高，熟料的外观颜色明显改善；

（3）有提高熟料产量的能力；

（4）不影响低温余热发电工作；

（5）向大气排放的污染物主要指标均呈下降趋势。

2012 年 11 月 19～24 日富氧装置总用电量为 219963kWh，富氧装置吨熟料电耗为 6.1kWh/t 熟料，这个数据还是比较大的，不尽理想。应该说明的是，这个数据还有较大的优化空间。如果下述问题处理得好，富氧煅烧增加的吨熟料耗电量，有望控制在 3.0kWh/t 熟料左右。

（1）由于是第一次试用，设备选型上总体偏大；

（2）分解炉富氧的效果不明显，如果取消分解炉富氧，电耗将会有较大的降低；

（3）如果生产系统的循环冷却水温度不高，完全可以不加富氧系统的凉水塔；

（4）在富氧制气系统及供气系统的布局，以及与原有风机的一体化整合上，还有优化的空间；

（5）富氧煅烧使熟料产量提高，高温风机降速都有明显的节电效果，尚没有计算在内；

（6）由于受到篦冷机能力的限制，在使用富氧期间窑还有提产空间，没能充分发挥出来。

24.4　富氧煅烧与 NO_x 排放

2012 年 1 月 18 日中国环境报报道，环保部副部长张力军在海螺集团考察时指出，"今年水泥产量将突破 20 亿吨，氮氧化物排放量成为电力之后的第二大行业。现在火电厂氮氧化物排放标准为 100mg/m³，而刚才看到的新型干法水泥窑的氮氧化物排放普遍在 800mg/m³ 左右，环境保护部正在研究的排放标准将会很严格。"

2013 年 12 月 27 日，环境保护部如期发布了 GB 4918—2013《水泥工业大气污染物排放标准》，并于 2014 年 3 月 1 日开始实施。新标准提高了 NO_x 的排放控制要求，将 NO_x 排放限值由原来的 800mg/m³ 收严到 400mg/m³。为照顾现有企业需要技术改造，给予新标准发布后一年半的过渡期，过渡期内仍执行原标准，到 2015 年 7 月 1 日后执行新标准。不管怎么说吧，氮氧化物排放标准是越来越严，甚至有向火电厂 100mg/m³ 看齐的趋势。

1. 富氧煅烧并不增加 NO_x 排放的案例

我们知道，NO_x 的形成与烧成温度有很强的相关性。试验表明，燃烧温度在 1550～1900℃ 之间时，NO_x 是以指数方次急剧上升，特别在 1750℃ 后几乎是直线上升，而水泥窑的火焰温度峰值就在这个区间。因此，要降低 NO_x 的生成，就必须控制好火焰温度，最好是降低一些火焰温度。

富氧煅烧恰恰是提高火焰温度的，它会不会导致氮氧化物排放量的增加呢？在这个严控氮氧化物排放的时候搞富氧煅烧，是不是有点不合时宜呢？我们先来看看采用富氧煅烧后的实际情况，如表 24-9 所示。

表 24-9　某 5000t/d 线使用富氧前后废气排放在线监测数据

日期	SO_2/（mg/m³）	NO_x/（mg/m³）	烟尘/（mg/m³）	流速/（m/s）	O_2/%
20121114	55.962	576.648	34.679	12.168	12.314
20121115	59.953	586.259	34.738	13.056	12.814
20121116	58.741	637.228	35.045	13.006	12.794
20121117	56.620	623.010	37.434	13.283	13.095
20121118	55.461	494.523	34.266	12.206	12.225
平均	57.347	583.533	35.232	12.744	12.648
20121119	43.103	425.643	34.551	12.059	12.791
20121120	52.085	474.565	34.547	12.292	12.525
20121121	54.632	534.261	33.677	12.105	12.286
20121122	56.513	513.332	35.297	12.936	12.489
20121123	54.979	431.206	34.807	12.781	12.833
20121124	56.250	574.883	34.125	12.588	12.682
平均	52.927	492.315	34.501	12.460	12.601

从表 24-9 可知，采用富氧煅烧以后，废气中的氮氧化物不但没有增加，还有所降低。这是怎么回事呢？

无独有偶，在东北某 3200t/d 线上的试验也表明，"实际运行中，根据窑头新增的火焰温度场在线监测和 SNCR 在线烟气检测装置数据，使用富氧后 NO_x 排放没有增加。"

笔者本人认为这个结果是可信的，在线监测的仪器是由当地环保局控制的，企业人为干预的可能性不大。

2014 年 9 月 25 日在中国水泥网、中国混凝土与水泥制品网于浙江宁波主办的第二届中国水泥发展论坛上，中国建筑材料科学研究总院高工房晶瑞做了《水泥行业碳减排技术》的主题报告。

房晶瑞在报告中总结了富氧燃烧的优势：根据炉窑具体情况，产能可以提高 5%～20%；可以节省燃料 3%～5%，最大可节约 10% 以上；当使用替代燃料时，燃料的节约效果更明显；可以延长耐火材料的使用寿命，减少烟气中的粉尘，提高炉窑稳定性。

房晶瑞的报告，还给出了富氧燃烧在国外水泥企业的应用情况，详见表 24-10。由表

24-10可见，不论是湿法窑、预热器窑、预分解窑，还是烧燃料油、煤、焦油、垃圾，都没有增加氮氧化物的排放。

表 24-10　国外水泥企业应用富氧情况

企业	地点	日期	窑型	燃料	效果
美国加州波特兰水泥厂	Mojave, CA	2003	预热器/预分解窑	煤和燃料油	产能提高20%；吨氧提高4～4.5吨熟料产能；没有增加氮氧化物排放
欧洲水泥生产厂家	意大利	2001	—	煤和燃料油	产能提高大于20%；没有增加氮氧化物排放
亚洲水泥生产厂家	韩国	1995	预热器窑	燃料油	产能提高10%；燃料节省6%；吨氧提高3～3.5t熟料产能
Hercules水泥厂	Stockertown, 宾州, 美国	1999-2001	预热器/预分解窑	焦油	产能提高8%～10%；燃料节约3%～5%；吨氧提高熟料产能4吨左右；没有增加氮氧化物排放
AshGrove水泥厂	Chanute, 堪萨斯州	1994	湿法窑	煤和垃圾	吨氧提高1.3t熟料产能
Mountain水泥厂	Laramie 怀俄明州	1994	预热器窑	煤	产能提高10%～14%；吨氧提高2.3～5.2t熟料产能；没有增加氮氧化物排放

2. 富氧煅烧并不增加 NO_x 的原因分析

对于前述案例中，采用富氧煅烧以后废气中的氮氧化物并没有增加的现象，鉴于目前还没有做进一步的研究试验，因此，笔者在此只能作一下探讨：

（1）虽然 NO_x 的形成与烧成温度有很强的相关性，试验表明燃烧温度从1550℃起到1900℃，NO_x 以指数方次急剧上升，特别在1750℃后几乎是直线上升，而水泥窑的火焰温度峰值就在这个区间。但由于富氧煅烧强化了燃烧条件，提高了燃烧强度，从而为拉长火焰、扩大火焰的分布空间、减小火力的集中度、降低火焰峰值创造了条件。

通过适当的加大火嘴轴流风，减小旋流风，就能把短粗火焰拉成细长。在保持火焰总体强度基本不变的情况下，增大火焰的分布空间，将火焰的核心燃烧区扁平化拉长。在保持烧成带煅烧强度的同时，降低了火焰的燃烧峰值，从而缩小了1700℃以上的峰值区间，加大了1700℃以下的核心区间，从而减少了氮氧化物的生成机会。

（2）从合肥院对全国部分水泥窑的检测结果来看，运行稳定的水泥窑 NO_x 排放都相对较低；相反的是，运行较差的水泥窑 NO_x 排放就相对较高。这主要是因为稳定的运行可以相应地降低煅烧强度，降低了火焰的燃烧峰值，抑制 NO_x 的形成。试验证明富氧煅烧能促进水泥窑的稳定运行，这一点大家是异口同声没有异议的，而稳定运行有利于抑制 NO_x 的形成。

早在2009年，中国建材研究总院和合肥水泥研究设计院共同对我国有代表性的9条1500～5000t/d预分解窑进行了 NO_x 排放检测。检测结果表明，≥5000t/d、≥2500t/d和≥1500t/d窑的 NO_x 排放，分别平均为600mg/m³、1100mg/m³和1600mg/m³。表面看好像是

规格越大的水泥窑 NO_x 排放越少，其实不尽然，主要是规格越大的水泥窑管理得越好，运行越稳定。

（3）对于 NO_x 来讲，氮气的存在是内因，高温和有氧条件是外因，内因通过外因而起作用。因此，内因比外因的影响要重要得多。这是分析问题的哲学基础，也同样适用于 NO_x 的形成。

由于富氧煅烧中的氮含量减少、煤耗降低导致的燃料氮减少，从根本上减少了 NO 的生成基础；富氧煅烧氧含量增加，将导致早期燃烧产物中的 CO 增加，有利于氮氧化物的早期还原。这都会使燃烧产物中的 NO 含量减少。

以平原地区为例，空气中的氧含量约为 21％，氮含量约为 78％，其他气体约 1％。当将空气中的氧含量提高至 30％时，就会使空气的氧含量提高 9％，相应的氮含量就减少了 9％，氮含量减少为 69％。

不错，高温能"促进" NO 的生成；但是，富氧又能"减少" NO 的生成。富氧煅烧对 NO 的生成，这个"减少"作用大于"促进"作用，其结果是总体上减少。NO 约占燃烧产物中氮氧化物的 90％以上，因而 NO_x 的总量也得以减少。

（4）有关研究表明，在一定温度和氧含量范围内，增加燃烧环境中的氧含量，通常会强化含碳燃料与 NO 的还原反应。随着氧含量的增加，炭黑与 NO 反应有更低的活化能。氧气氛会使炭黑层状结构内部融合，外表面增大，在煤焦表面形成丰富的表面碳氧基团，对强化还原反应起作用。

《燃烧科学与技术》第 14 卷第 3 期，范卫东等在《氧含量对炭黑与 NO 非催化还原反应影响的动力学分析》一文中，有如下结论：炭黑在不同氧含量下与 NO 还原反应的动力学可用一级反应表示。氧气氛对初始 NO 含量越大的反应影响越大，氧气氛会较大幅度地降低炭黑还原 NO 的活化能，活化能的降低会促使反应在更低温度下进行，这是炭黑还原 NO 的起始反应温度随氧含量增加而降低的原因。

（5）上面谈的都是关于废气中 NO_x 的含量问题，就环境保护来讲，还有一个问题必须考虑，那就是生产一吨熟料时 NO_x 的绝对排放量。在废气中 NO_x 含量相同的情况下，废气排放量的减少，意味着绝对排放量的降低。

根据齐砚勇教授的有关研究，当燃烧用空气中的氧含量由 21％提高到 30％时，5000t/d 熟料线预热器出口的废气量将由 $816067m^3/h$ 减少到 $624529m^3/h$，排放的废气量减少了 23.47％（详见《水泥商情网读者报》2012 年第 2 期《富氧燃烧条件下预分解窑废气量计算》）。

当然，以上分析存在很大的主观臆断，还需要一定的试验研究和实践检验，让我们共同努力。

24.5　就事论事说富氧

对水泥窑富氧煅烧技术，国内外已有许多研究机构和企业做了理论分析、实验室研究和工业实验，并已取得了积极的成果，证明了富氧煅烧技术在水泥窑上的应用是可能的。

为了估算一下富氧煅烧技术的保守效益，我们不妨设定一些数据：熟料标准煤耗按 110kg/t 熟料，富氧煅烧节煤率按 8％计算，原煤热值按 5500kcal/kg(22990kJ/kg)计算，进厂原煤成本按 600 元/吨计算，富氧煅烧耗电按 6.0kWh/t 熟料计算，供电价格按 0.55 元/kWh 计算。由此我们可以计算出富氧煅烧的保守效益为 3.42 元/吨熟料。实际上富氧煅烧的实际效益在一些企业比这个数要大，当然有的企业比这个数要小，各企业的情况不同，关键是采用富氧煅烧后到底节不节煤，或节约多少煤的问题。

至此，是否就意味着我们所有水泥厂马上就可以使用这项技术呢？是不是每个水泥工厂采用富氧就有经济效益呢？从目前富氧煅烧在我国水泥行业的发展情况看，还存在着未解决的技术难题吗？

1. 国家专项课题的研究进展

2012 年 9 月 7 日 "十二五"国家科技支撑计划 "水泥窑炉富氧和分级燃烧减排 NO_x 技术与示范应用"课题启动会在中国建材研究总院召开，并在中国建材研究总院成立了课题专家组，成员囊括了赵平、谢泽、崔琪、颜碧兰、汪澜、谢峻林等一大批知名教授。遗憾的是至今未见到正式的成果发布。

不过 2014 年，课题组有关成员朱文尚、颜碧兰（专家组成员）、王俊杰、汪澜（专家组成员）、齐砚勇、宋军华联合署名在《材料导报》2014 年第 S1 期上发表了一篇《富氧燃烧技术及在水泥生产中研究利用现状》的文章，也算有所交待吧。实话实说，对这篇文章的某些观点，笔者是有不同看法的，而且该文缺乏必要的数据支撑。到底如何，还是请读者自己鉴别吧。该文指出：

虽然富氧燃烧技术具有明显的节能与环保效益，在有色金属冶炼和玻璃窑炉中应用较多，但当前富氧燃烧技术在水泥回转窑中研究应用较少，仍处于探索阶段，而且有关富氧燃烧对水泥生产影响机理方面的研究还有所欠缺。

在水泥生产过程中，采用富氧燃烧技术可以提高火焰温度及黑度，提高燃料燃烧效率，降低废气排放量，有利于水泥生产和节能环保，应用前景广阔。但采用富氧燃烧技术将不可避免地改变水泥生产的原有工况条件，因而要在操作及设备方面必须做相应的调整，以满足水泥回转窑生产中所要求的火焰及温度场要求。

水泥窑中采用富氧燃烧技术虽然优点很多，但是同时也可能会产生以下问题：

（1）氧气从燃烧器中加入限制了能够被引入窑内氧气的总量，因为新型水泥干法窑入窑一次空气只占空气总量的 10% 左右，为了增加入窑空气氧气浓度，需要大大提高一次空气中的氧气浓度；

（2）由于煤燃烧速度的提高，使火焰长度缩短，若操作不当，易造成短焰急烧，使高温部分过于集中，易烧垮 "窑皮"及衬料，不利于窑的长期安全运转；

（3）富氧燃烧技术提高火焰温度和燃烧强度，加上氧气浓度增高，使得热力型 NO_x 生成量提高，进而造成水泥窑 NO_x 排放浓度增加，对环境不利。

为充分发挥富氧燃烧的优势而避免带来不利影响，必须在燃烧设备及工艺操作方面做相应调整。例如，采用新型的富氧低 NO_x 燃烧器，或在煤燃烧时提高煤粉喷出的速度，并努力实现烟气循环利用，加大窑内气流动量，改善窑内对流传热等，以满足生产对火焰长度及温度场的要求。

此外，富氧燃烧技术的应用还将受到制氧设备及成本的限制。但随着社会对节能环保要求的日趋强烈，以及高效制氧技术的发展和富氧燃烧技术的深入研究，其在水泥窑的应用前景将非常广阔。

2. 前进中还存在的问题

虽然同是富氧燃烧，但不同的行业其工况就会不一样，富氧燃烧的效果也就会不一样，不可简单地盲目照搬。多数行业的烧成系统只有一把火，而我们水泥行业的烧成系统却有两把火。

对水泥熟料烧成系统来讲，即使窑前的第一把火有一些不完全燃烧，它们还有机会在窑尾的第二把火继续燃烧；即使燃烧能量未能集中利用，还有一个庞大的预热器在等着它，甚至还有余热发电系统。这都不同于其他行业的烧成工艺，一旦一把火的燃烧能量利用不好，就白白地给浪费掉了。

在采用富氧煅烧时，有好多问题要结合自己的实际情况来统筹考虑。例如，最佳的富氧浓度是多少？全富氧好还是局部富氧好？富氧在什么部位，又如何进入烧成系统好？对不同的煤种，如何使用富氧更好，是否有利于使用劣质煤？

再如，富氧煅烧技术在不同的水泥窑上效果也是不同的，富氧的作用主要在窑前，而你的烧成系统的薄弱环节却又正好在窑尾，就有可能影响到富氧燃烧效果的发挥。不能弥补系统短板的技术又怎么能发挥作用呢？

另外，燃烧器要不要重新配置？海拔高度是燃烧器设计的重要参数，而海拔高度影响的实质是空气的氧含量。所幸的是，一次风富氧相当于降低了海拔高度，我们还可以讨论，如果是提高了海拔高度，那你的燃烧器是非换不行的。

当然，重新配置燃烧器更趋合理。由于一次风氧含量增加，具备了进一步降低一次风量的潜力，而降低一次风量是重要的节煤措施之一。继续使用原有燃烧器也没问题，但原有的一次风量不降低，只是富氧的节煤潜力挖掘的稍差而已。

关于不同的煤种如何使用富氧？富氧只是改善燃烧环境，促进燃烧结果，提高热能利用，减少资源浪费，而并不能够提高燃料的发热量。因此，我们首先要搞清是怎么个不同法。如果是燃烧特性不同，加富氧就能改善燃烧，并达到一定的节煤效果。如果是热值不同，则不要对富氧寄予太大的希望。事实上，对于低热值煤来讲，改进燃烧器比增加富氧更迫切。

通过加富氧使用低热值煤，这是大家都希望的，都希望从天上掉下馅饼来。但我们要知道，跟着低热值煤而来的变化有——烧成用煤量的增加，一次风需用量的增大，煤粉的细度有可能变粗，煤粉的水分含量有可能变高，煤粉输送系统和燃烧器的能力还够不够？这些不利因素的叠加，有可能导致这个"馅饼"最终变成了"陷阱"。

3. 最好的医生是你自己

如前所述，我们可以看出，富氧空气实际只是一种"药品"，提供富氧设备的公司只是一个"制药厂"，他们多数不具备做水泥生产"医生"的资格。如果不能对症下药，再好的药品也是没有用的。

对于水泥生产，我们已经有研究院、设计院这些正规的"医院"，还有不少的咨询公司这些"江湖医生"。只是他们对这一新的"药品"还没有经验，还没有开这个"专科门诊"。所以，在眼下，最好的"医生"实际上就是你自己。

第 25 章　水泥生产过程的智能化

中国的水泥行业的生产规模，从 1996 年 4.9 亿吨拿下世界第一以后，就一路领先到 2014 年突破了 24 亿吨，规模不可谓不大；工艺技术，已经对国内引进的生产线进行了大量改造，并且在国际上也得到认可；装备质量，已经在国外建设投产了多条生产线，包括世界单线规模最大的 12000t/d 生产线，与国外的差距也在缩小。但我们的劳动生产率还有较大的差距，先进水平的单线用工也还在 300 人左右，这除了装备的可靠性以外，主要体现在自动化和智能化方面。

建筑材料工业技术情报研究所的崔源声教授曾在 2015 年 6 月的临沂会议上介绍，对于一个 4000t/d 熟料能力的水泥厂（相当于国内的 5000t/d 线），目前中国定员的先进水平是 300 人，泰国的最高水平已达到 30 人。而世界上的最好水平是每班只有 3 个人，其中中控室 1 人（包括化验室职能）、现场巡检 2 人。如此高的生产效率，除了可靠的装备以外，必须依赖于高度的自动化和智能化。

促进水泥工业的两化融合与智能化发展，应用互联网、云计算、大数据、物联网与现代制造业有机结合，推动传统行业结构优化与产业转型，由自动化向智能化发展，是水泥工业发展的重要方向。不甘落后、避免淘汰、缩小差距、追赶先进，是我们不得不进行技术进步的原动力。这里简单介绍一下我们的技术水平与国际先进水平的差距，对技术进步的必要性有一个概念性认识。

根据 2009 年的有关统计资料，熟料生产的热耗，国际上最先进的技术指标已经降到了 650kcal/kg 熟料（2717kJ/kg 熟料）；水泥生产的电耗，国际上最先进指标已降到 80kWh/t 水泥以下。如果考虑中低温废气余热发电，每生产 1t 熟料还能回收 35~45kWh 的电能，使水泥生产的净电耗降为 40~60kWh/t 水泥，已经开始颠覆水泥生产属于工业耗电大户的传统观念。由于单机生产能力的提高，特别是自动控制、智能控制技术的发展，水泥工业的劳动生产率得到了极大提高。

25.1　智能化与自动化的区别

对当今工业生产的发展方向，美国提出了工业互联，德国提出了工业 4.0，中国提出了两化深度融合（指：信息化与工业化在更大的范围、更细的行业、更广的领域、更高的层次、更深的应用、更多的智能方面实现彼此交融）。无论提法有何不同，其本质是一样的，即自动化的范围向上发展到智能化，向下扩展到整个工业生产的全方位、全过程。

1. 关于智能化概念的探讨

工业化、自动化是我们推进了多年的工作，数字化、信息化、网络化在这几年也有了概念，现在又提出了智能化。那么，什么是智能化呢？现代社会这么多的"化"又是什么关系呢？中国人工智能学会名誉理事长涂序彦教授撰文指出，"什么是智能化？目前尚缺乏明确的、公认的、科学的定义。"

当然，这里说"目前尚缺乏科学的定义"，不是说我们没有一点概念，而是尚缺乏定义的"充要条件"。正因为如此，我们谈起来就比较复杂，但要搞智能化就回避不了这个问题，如果连什么是智能化都说不清楚，还搞什么智能化呢？我们今天就是硬着头皮也必须谈这个问题，谈谈这些"化"之间的关系，起码要做到能够"自圆其说"。

（1）基本定义

自动化（Automation）：指机器设备、系统或过程（生产、管理过程）在没有人或较少人的直接参与下，按规定的程序或指令，自行地检测状态、处理信息、分析判断、操纵控制，实现预期的目标。包括设备、系统、过程，均处于自动化状态。

智能化（Intelligent）：指利用现代通信与信息技术、计算机网络技术、智能控制技术、结合行业技术，汇集而成的针对某一个方面的应用，具有一定的人工智能或拟人智能的特性或功能。例如，具有一定的自适应、自学习、自校正、自诊断、自修复、自组织、自协调等功能。

（2）推理旁证

所谓的"人类智慧"，是从感知（信息的检测与传递）到记忆（信息的储存）再到思维（对信息的逻辑化处理、对已有逻辑的因果类比），这一过程被称为"智慧"；智慧的结果（因果类比的导向作用）产生了行为和语言，将行为和语言的表达过程称为"能力"；将智慧和能力合在一起就是"智能"。

智能一般具有这样一些特点：

一是具有感知能力。即具有能够感知外部世界、获取外部信息的能力，这是产生智能活动的前提条件和必要条件；

二是具有记忆和思维能力。即能够存储感知到的外部信息、再通过思维将信息转化为知识、累积为经验，同时能够利用已有的知识和经验对信息进行分析、计算、比较、判断、联想、决策；

三是具有学习和自适应能力。即通过与环境的交互作用，不断学习积累知识、不断类比获得经验，使自己能够适应环境的变化；

四是具有行为决策能力。即能对外界的信息做出反应，能在逻辑的驱动下形成意愿，然后通过语言和行为把意愿表达出来。

（3）基本特征

就智能化的系统和装置来说，它应该具有如下特征：

一是能自动完成某些任务，或在程序指导下完成预定工作；

二是具有进行某种复杂计算和修正误差的数据处理能力；

三是具有自检测、自校正、自诊断、自修复、自适应、自学习、自优化、自组织、自协调等某项"自"字功能；

四是便于通过标准总线组成多种装置的复杂系统，实现复杂的控制功能，并且能灵活地改变功能和扩张功能。

我们对具有上述智能特征的系统冠以"智能系统"，而对具有部分智能特征的系统冠以"智能化系统"。

（4）总结归纳

前面谈得很复杂了，不利于我们讨论问题。还是简单地说吧，智能化是自动化的高级发展，自动化是智能化的基础部分；智能化是在自动化的基础上，通过引入"数字化、信息化、网络化"，实现了一些智慧和能力的高级发展。

自动化相对要简单得多，一般的自动化系统或装置能够根据既定指令进行操作调整，实现无人控制。自动化一般会出现对于不同情况做出相同反应的结果，就像所有的生物具有一定的遗传本能一样，多用于重复性的工作或工程中，其过程类比于数学的一元一次方程。

智能化是自动化的高级发展，是在自动化的基础上又加入了类似于人类一样的智慧程序。智能化具有一定的学习能力，能根据外界的信息丰富自己，自主产生新的指令。智能化一般能根据多种不同情况做出不同的反应，就像高等动物除了本能以外还具有一定的自适应能力，其过程类比于数学的多元多次方程。

（5）涵盖范围

智能化的工作过程包括：信息的检测、采集、传输、处理与储存，指令的形成、调整与发出，指令的执行与结果的反馈，这些过程都离不开工业化、自动化、数字化、信息化、网络化这些基础，所以说智能化是一个系统工程，每一个环节都非常重要。

类比于人类，我们讲一个人非常"聪明"，本意是说他的脑子好用，但"聪明"的具体指向是"耳聪目明"，可见及时、准确、甚至量化的信息对"大脑"的作用是多么重要；我们说这个人"心灵手巧"，又强调了执行机构的重要性，没有理想的执行机构，再好用的脑子又有什么用呢？而且没有"巧手"的实践又如何演化出"心灵"的大脑呢？

（6）智能化的层级

以机器人为例，我们谈到技术前沿的智能化，往往谈到技术前沿的机器人，智能化是不是等于机器人、机器人算不算智能化？其实机器人只是一个载体，与智能化是两个概念，他既可以不是智能型的，也可以是初级智能型、中级智能型、高级智能化型的。

目前的机器人，绝大部分还停留在自动化水平上，实现的是机和物之间在一定条件下的互动工作，还不能算智能型的，主要用于精准设定的工作环境。虽然在精确、重复性的工作上效率很高，但当遇到从未执行过的新任务或没有确定性的新环境，机器人往往就"傻了"。

智能型起码要具有学习功能，浅层学习是机器人学习的第一次浪潮，目前的少部分机器人已经具有初级人工智能，实现的是现有蓝领的人和机之间的互动工作。主要是计算机系统从大量训练样本中学习统计规律，对未知事件做出预测，是人工神经网络的一种浅层模型。

美国路易斯维尔大学网络安全实验室主任罗曼·扬波利斯基认为，我们将看到计算机深度学习中卷积神经网络领域的迅速发展，超级计算机的使用将使这个领域成为人工智能发展的重点。下一代机器人将具有中级人工智能，实现的是现有白领的人和机之间的互动工作。

深度学习是无监督学习的一种，指通过构建多层的机器学习模型和海量训练数据来学习更有用的特征，目的在于建立、模拟人脑进行学习的神经网络，模仿人脑来解释数据。卷积神经网络就是一种计算机深度学习的结构，是当前语音分析和图像识别领域的研究热点。

人工智能领域领先的卡内基梅隆大学计算机学院院长安德鲁·摩尔说，美国国家科学院已经召集技术专家、经济学家和社会学家研究人工智能取代人工的问题。未来的机器人将具有高级人工智能，取代的不仅是蓝领工人的生产工作，实现的是传统认为它们不能取代的、需要人与人互动的白领工作。

摩尔认为，人工智能技术"感受"人类情感是这一研究领域最重要、也最先进的一个方向；扬波利斯基认为，计算机能够理解语言的能力最终会向人和计算机"无缝沟通"的方向发展。

越来越精准的图像、声音和面部识别系统能让计算机更好探地查人的情感状态。这种技术的发展将使机器人在教育、抑郁症治疗、临床预后评估、智能客服、网络购物等领域都有广阔的应用前景。

2. 官方赋予智能化的内涵

据工信部 2015 年"两化融合管理体系"贯标培训资料介绍：美国工业技术的发展，在 20 世纪 50 年代中，工业企业白领人员的数量已经超过了蓝领，由此促进了企业管理信息系统的发展；到 80 年代末 90 年代初，其管理信息系统已经基本成熟，然后又融合了已经发展起来的新技术，如电子邮件、互联网等，由此拉大了与我们的距离。相比之下，我们就落后多了。

从 2002 年中国共产党的十六大强调信息化和工业化的发展关系、2010 年十七届五中全会提出"推动工业和信息化深度融合"，到 2012 年十八大报告中提出"推动信息化和工业化深度融合"战略，并对两化深度融合的内涵和着力点进行了详细解读，足见其重要程度。

2015 年 5 月 8 日国务院更以"制造业是国民经济的主体，是立国之本、兴国之器、强国之基"的战略高度出台《中国制造 2025》，并将"推进信息化与工业化深度融合"列入其中的"战略任务和重点"之一。工业和信息化部于 2015 年 1 月 30 日发布了《原材料工业两化深度融合推进计划（2015—2018 年)》（以下简称"推进计划"）。

为了缩小我国水泥行业在智能化方面与国外的差距，"推进计划"同时对水泥行业提出了明确要求：在水泥行业选取 2～3 家先进企业，建设基于自适应控制、模糊控制、专家控制等先进技术的智能水泥生产线。到 2018 年，水泥行业应用优化控制系统的生产线要达到 50%；建成一批生产装备智能、生产过程智能、生产经营智能的智能化工厂。

工业和信息化部的"推进计划"，针对水泥工业生产流程化、产品大宗化、资源能源消耗高等特点，基本给出了一个智能水泥厂的概念。智能化的水泥厂包括如下内容：

（1）基于自适应控制、模糊控制、专家控制等先进技术，利用智能仪器仪表、工业机器人、计算机仿真、移动应用等信息系统与专用装备，进一步突出实时控制、运行优化和综合集成，基本实现矿山开采、配料管控、窑炉烧成、水泥粉磨全系统全过程的智能优化；

（2）应用机器人等技术，在矿山爆破排险、窑炉运行维护、投料装车作业、高温高尘抢修等，危害、危险、重复作业的环节，基本实现无人值守或机器人替代人工作业；

（3）建设信息物理融合系统（CPS），实现企业生产运营的自动化、数字化、模型化、可视化、集成化，提高企业劳动生产率、安全运行能力、应急响应能力、风险防范能力和科学决策能力；

（4）在生产管控和经营决策中，通过大数据平台建设，应用商业智能系统（BI）和产品生命周期管理（PLM），建立对采购、生产、仓储、销售、运输、质量、资源、能源和财务等全方位的智能管控平台，实现产品、市场和效益的动态监控、预测预警，提升各环节的资源优化配置能力和智能决策水平；

（5）建立与供应商和用户的上下游协作管理系统，按照供应商提前介入（EVI）、准时生产技术（JIT）等模式，统一企业资源计划（ERP）等企业业务系统间信息交换接口、标准和规范，通过信息共享和实时交互，实现物料协同、储运协同、订货业务协同以及财务结算协同。

根据"推进计划"的具体要求，智能水泥厂涵盖生产装备、生产过程、生产经营的全面智能化。但同时强调"到 2018 年，水泥行业应用优化控制系统的生产线要达到 50%"。可见生产线的控制系统智能化是水泥智能工厂的基础，没有生产系统的智能化，所谓的"智能工厂"只能是一个"残疾儿"。

25.2　自动化能力的局限性

看似简单的水泥工艺，其过程中包含有大量的物理反应、化学反应以及物理化学反应，囊括了地质学、矿物学、岩相学、流体学、燃烧学、热传导、结晶学等学科，要使整个过程处于受控状态，按照我们设计的 P—T—t 轨迹（矿物学术语）运行，不但需要维持物料的量和质的均衡稳定，而且必须维持好各系统各工序各个特征参数的稳定。

对于大工业生产，各种原燃材料以及各工序的工况，其波动是难以避免的，各项生产控制参数的稳定以及过程产品和成品性能指标的稳定，都需要通过及时地操作调整才能得以实现。对于如此艰巨的任务，自动化已经显得力不从心。

1. 仍在手动调节的自动化控制系统

水泥生产中的控制操作，可以是人工手动的，也可以是仪表自控的，但最好是智能程控的。因为变化无时不在，调节无时不需，而人的精力和经验是有限的。所以，从预分解窑生产工艺诞生的第一天起，人们就在谋求生产系统的自动化，在整个水泥的生产控制中，从原料开采直到水泥出厂，引入了几十种仪表自控调节回路。

这些自控调节回路主要采用 PID（比例—积分—微分）调节器完成。将仪器仪表对目标参数的测量值与设定值进行比较，当出现偏差时，调节器利用比例、积分、微分作用，按确定的目标参数与关联因素的相关性生成调节值，对关联因素的执行机构进行修正动作，以不断地消除与目标的偏差，使目标参数的测量值与设定值保持在较高的一致上。

输出的关联因素变化量与目标偏差成比例，称之为比例作用；当有偏差输入时，输出随时间不断地上升或下降之动作，称之为积分作用；输出与偏差的变化速度成比例之动作，称之为微分作用。在实际应用中，PID 三种作用相互协调，使调节过程处于最佳工作状态。

遗憾的是，大家在这方面费了不少劲，花了不少钱，但直到今天，仍然很不理想。虽然花钱装备了一系列自控调节回路，但多数仍然以手动调节为主。

2. 单变量自控调节模型的局限性

我国水泥工业在近十来年的产业升级过程中，几乎全部水泥企业都采用了新型干法生产工艺，实现了中央控制室的 DCS 集散系统操控、生产线全程流水生产作业，相比于其他很多行业的工业，自动化水平应在工业领域居于前列。

但是应该看到，虽然我们花钱装备了几十个自动调节回路，努力提高我们的自动化水平，但实际生产中我们仍多以手动人工调节为主。我们可以看看，在国内的上千条生产线上、每条线的几十个控制回路中，包括我们高度重视的尾煤控制，又有几个是好用的呢？为了找出目前自动化控制系统仍不能有效运行的问题所在，我们不妨就以大家认为非常重要的"预热器 C_5 旋风筒出口温度自控调节回路"展开一下讨论。

现有的自控调节回路认为，出 C_5 旋风筒的气体是窑尾废气和分解炉废气混合后的热气流。其温度的高低，一则反映着分解炉内煤粉的燃烧情况、出分解炉煤粉的燃尽状况，二则反映着 C_5 旋风筒内入窑物料的分解率，是一个非常重要的特征参数。

随着窑尾气体的变化及物料量的波动，出 C_5 旋风筒气体的温度势必会波动。通过调整分解炉的喂煤量以调整分解炉的废气温度，便可保持其相对稳定，继而减少入窑物料分解率的波动，为窑的热工制度的稳定创造良好条件。建立的调整数学模型为："分解炉的喂煤量"＝＞"C_5 旋风筒出口气体温度"。（注：A＝＞B 为逻辑学符号，表示命题 A 与 B 的蕴涵关系，后同）

实践证明，这个回路在烧成系统正常时有一定的作用，但在烧成系统出现较大波动、正是需要它发挥作用的时候，却"掉链子"了，不但几乎没作用，有时甚至起副作用。问题出在哪儿了呢？

仔细分析便会发现，调节模型建立得过于简单。影响"C_5 旋风筒出口气体温度"的因素，并不只是一个"分解炉的喂煤量"，还有诸如系统的喂料量、物料的易烧性、系统的通风量、分解炉的燃烧情况、煤质的变化、窑内的喂煤量、窑内的燃烧情况、窑的转速、篦冷机的冷却情况，甚至系统的漏风、环境温度变化对系统散热的影响等因素。

如果无法确立"分解炉的喂煤量"与"C_5 旋风筒出口气体温度"相对应的数学模型，也就不可能有正确的调节。

25.3　自控调节回路的智能化

我们之所以在"智能"后面加了一个"化"字，这个"化"是一个动词，就是变化，表示向"智能"的趋近，并不一定要求全部实现前面表述的所有"智能"特征。我们为什么不叫"智能系统"而叫"智能化系统"，就是给自己留了一点退路，退而求其次，先动起来再说。

事实上，由于"自动化"远远不能满足提高水泥生产效率的需要，我们已不自主地对一些"自动化"考虑了一些"智能"措施，而且取得了一定的效果。比如：我们考虑到依赖自动化的预均化堆场和生料均化库在物料均化上的局限性，引入了"先检验后配用"的终极思路，采用每种物料配置一台在线分析仪的措施，并将其集合成一个智能的配料系统，这就是稳定物料质量的智能化。你可能说这套系统的投资比荧光仪配料大得太多了，但我要说的是它比预均化堆场和生料均化库便宜得太多了，这就是智能化的优势。

总体而言，我国水泥生产的智能化水平还很低，其主要表现为过程控制关键参数的缺失和优秀控制系统的缺乏。与国际先进水平相比，过程控制关键参数的缺失，主要体现在窑炉火焰温度、窑炉气体成分、水泥细度等关键参数无法实现在线直接测量或软测量上；优秀控制系统的缺乏，主要体现在国内现有控制系统往往存在控制过程简单、控制效果差等问题。

1. 仿真人类的多变量智能调节

就某一个具体调节回路来讲，我们仍然以"预热器 C_5 旋风筒出口温度自控调节回路"为例展开讨论。

我们可以建立一个新的调整模型：分解炉的喂煤量＝＞Σ（C_5 旋风筒出口气体温度，系统生料喂料量，生料 KH、SM、细度，窑灰喂入量，C_1 出口的温度、压力、O_2、CO、NO_x，分解炉出口的温度、压力、O_2、CO、NO_x，煤粉的热值、挥发分、细度、水分，后窑口的温度、压力、O_2、CO、NO_x，二次风温度、三次风温度、三次风闸板开度……)

总之，只要你能想到的因素就只管往蕴含变量里加，然后进行相关性统计分析。根据不同的相关系数给予各蕴含变量不同的调节权重，各蕴含变量对于喂煤调节量的代数和，便是分解炉喂煤量的调节量。

相关性分析并不复杂，但如此大量而且频繁的统计工作也太麻烦了点儿，这也没关系，把它交给计算机，用计算机程序来做相关性分析是小菜一碟。计算机来做相关性分析是非常简单有效的，不仅可以从初始的统计分析开始，设定初始的调节权重，而且能每时、每天、每月、每年地一直做下去。

为了适应各种因素的新情况、新变化，设定按照"先入先出的原则"，滚动记录最近 10 天（可根据实际情况的异变速度和频次，确定和调整滚动天数）的数据，并进行相关性分析。根据最新的分析结果及时地调整调节权重的分配，使其在不断地循环调整中趋于合理化，自动调节回路（已经是智能调节回路）的效果就会越来越好。

粗略总结一下，就是将目前的"单变量、设定参数、线性调节"的 PID 自控调节回路，改为"多变量、相关性滚动优化参数、非线性权重组合调节"的计算机程序自控调节回路。在整个生产系统运行基本稳定的情况下，用相关性分析模拟人类的经验过程和经验积累，这已经具备了前面所述智能化的特性，不妨就叫作"多变量智能调节回路"吧。

推而广之，在水泥生产过程中，还有很多环节上可以按照这一思路实现智能化。比如：生料磨系统产量的智能控制、煤磨系统产量的智能控制、烧成系统喂料量的智能控制、窑头喂煤量的智能控制、窑尾高温风机转速的智能控制、冷却机篦速的智能控制、水泥磨系统的智能控制、水泥包装机的智能控制、循环水水泵的智能控制、压缩空气设备运行的智能控制等。

2. 原料配料智能化的国外概览

这里的配料系统特指熟料烧成前的原料配料。自动配料的前提是实时掌握各组分原料和生料的化学成分变化，并及时反馈给配料系统，通过调整各组分给料设备的给料量，实现生料成分的控制目标。因此，原料和生料化学成分的在线检测就成为实现自动配料的关键，目前的主流是检测配料后的结果。

近红外线光谱（NIR）分析和伽马中子活化，是目前在线检测生料成分较为流行的方法。近红外线光谱分析法原理是吸光度与目标成分的含量呈线性关系，总吸光度是各成分吸光度的线性组合；伽马中子活化分析是利用热中子辐射，俘获产生的伽马射线对物质进行成分分析，根据伽马能谱特征峰的能量和强度便能确定元素的种类和含量。

ABB SOLBASTM 技术，是其 NIR 方法用于矿物分析的一种延伸，其扫描速度非常快，波数测量范围是 $4000cm^{-1}$ 至 $12000cm^{-1}$，可提供准确连续的测量值。基于该方法的 Spectra Flow 在线分析仪可安装于空气输送斜槽或皮带上方，扫描的光谱传输到工业计算机进行数据处理，给出生料化学成分分析结果，故无需在取样站取样及在化验室分析。

分析仪主要包括一个基于 ABB FTIR 的光谱仪和相关操作装置，如图 25-1 所示，无需对空气输送斜槽或皮带进行改造。如阿曼莱苏特水泥厂，为了稳定生料的化学成分，在生料输运皮带上安装了一台 Spectra Flow 在线分析仪，据介绍投入运行后，已实现了节能 5％～10％、提产 3％的目标。

伽马中子活化技术，已被国外诸多水泥企业广泛采用，主要用于在线监测配料后石灰石

图 25-1　安装于斜槽（左）和皮带（右）上的在线分析仪

等原料的成分。根据其监测结果，由在线监测系统实时调整原料配比，控制出磨生料成分的波动，减小对生料均化库的依赖，提高入窑生料成分的稳定性，达到入窑生料控制要求、稳定生产过程。该技术已有国外的多个厂家以及国内的东方测控提供，已逐渐受到国内水泥企业的重视，近年已有多条生产线陆续使用，详见本书第 4 章。

德国水泥协会（VDZ）在"第五届水泥制造工艺技术国际大会"上表示，"结合有效的开采控制，借助于在线中子测试分析仪可使堆场原料化学成分均匀"，从而使得"生料均化库更多地是作为预防生料磨停机的缓冲储存，而非为入窑前生料均化而建立的"，其在水泥生产线上的用途将被进一步拓宽。

3. 生料粉磨智能化的国外概览

与熟料烧成和水泥粉磨相比，对生料粉磨智能控制的研究和应用明显偏少，主要是其大部分控制参数可通过传统 PID 实现一对一控制，而对于生料细度、水分等的复杂控制，则由于重视程度不够、测量过程滞后等原因进展缓慢。

对生料粉磨过程中较为简单的控制系统，如磨的入口压力与循环风门开度，系统风量与循环风机阀门开度等，均可通过基本的 PID 调节来实现；而针对自动喂料、自动调节研磨压力等具有非线性、长时滞特性的过程，可基于新型 PID 控制、模糊预测等方法，建立相关控制模型实现智能控制。

所谓新型 PID 控制算法的控制内容，包括磨内压差、出口温度、磨内通风和磨机入口负压等。如基于模糊 PID 控制通过考察磨内压差实际值与控制值的误差和误差变化率，在基于模糊控制规则的情况下，在线对 PID 控制参数进行修改，从而使磨内压差的控制具有响应速度快、到达稳态时间短等优势。

生料粉磨的主要智控目标是以最低的耗电量、最高的台时产量，获得需要的生料细度。生料粉磨的主要控制平衡是质量与电耗的平衡，进一步细化就是细度与台时的平衡。要想比较精准地把握平衡点，获得对整个粉磨系统的优化操作，就必须有实时的量化数据作支撑，特别是粉磨能力、粉磨电耗、粉磨细度三项主要指标。

实际上，就现有生料粉磨系统而言，粉磨能力（台时产量）已有实时的配料秤给出，粉磨耗电（总耗电量）也有相关的电表随时提供，而且都已经进入 DCS 系统，唯一缺乏的只是生料细度的实时数据。生料细度虽然也有具体的抽检指标，但不是全检，存在代表性问题，不够实时，一般要滞后 1 个小时左右，难以满足智能控制的需求。

生料粉磨系统（以立磨为例）智能控制模型的建立，需要确立如喂料量与磨内压差、磨机出口温度与喷水量、选粉机转速与生料细度等几个主要因子的关联性，需要一系列在线的实时数据。其中，喂料量、喷水量、振动值、压力、温度、转速等参数，均可通过现有传感器或计量装置实时测得，唯有生料细度的测定具有严重的滞后性，生料细度的在线监测就成为实现粉磨系统智能控制的关键。实际上，生料细度的在线监测技术已经获得突破，以下就此作一简单介绍。

生料细度的在线检测，目前已有软测量与实测量两种方法。前者指应用易测过程变量（辅助变量）和待测过程变量（主导变量）之间的数学关系，建立细度软测量模型，实现细度在线检测；后者指采用激光衍射仪等装置，在线实测与细度相关的变量，继而通过数学转换实现细度的在线测量。

软测量技术，是基于最小二乘支持向量机的实验模型，利用 DCS 系统的历史数据和相应时刻化验室离线分析值，通过生料喂料量、研磨压力、选粉机转速和磨内压差四个参数来预测生料细度，获得生料细度软测量模型，实现对生料粒度的在线检测。当然，除了基于最小二乘支持向量机的模型外，还可通过神经网络、模糊预测、专家规则等方式实现生料细度的在线软检测。

实测量技术，是应用激光衍射仪等装置，直接对物料粒度进行在线检测。其原理是激光在传播过程中，遇到颗粒时会发生一定的衍射和散射，其光能的空间（角度）分布与颗粒粒径有关，通过测量各特定角光能量即可反映颗粒粒径分布情况。实际上，早在 20 世纪 90 年代，日本就已将激光衍射用于水泥粒度的在线检测了，目前这一技术已经非常成熟，而且国内也有丹东百特、东方测控等在线粒度检测仪推向市场。

激光衍射仪，目前用于水泥粒度在线检测的业绩比较多，而用于生料粒度在线检测的业绩尚未见报道，这有两方面的原因：从技术角度上看，是因为生料中含有一定的黏土，给激光衍射仪的检测增加了难度；而更主要的原因在于粒度的在线检测还未上升为制约生料粉磨的主要矛盾。

无论是软测量还是激光衍射仪，目前对生料细度的在线检测，相比水泥，其应用并不广泛，因为生料粉磨（立磨）系统的操作难点在于避免立磨振动过大发生跳停，而对生料细度对粉磨电耗、煅烧能耗影响的认识还不到位，对该技术的需求尚缺乏紧迫性。

4. 熟料烧成智能化的国外概览

前面已经述及，智能化的前提是要有一个智控模型，智能控制模型的建立需要一系列实时的关键参数。实现关键参数实时测量的途径包括：采用硬件设备直接测量，以及应用神经网络、模糊预测、流体力学（CFD）模拟软件等软测量方法间接测量。

1）关键参数的实时测量

Powitec 公司的 PiTNavigator 非常重视关键参数的采集，如火焰温度、篦冷机料层状况等，认为"火焰就是描述窑内状况的语言"。他们采用了摄像机、侧视摄像头等设备，直接监测窑内的火焰温度、篦冷机内熟料层厚度与分布等情况。在获取了相关的视频信号后，采用指示器（数字图像处理）进行智能 CCD 或红外热成像分析，从而获得温度和火焰的瞬态变化。

除此之外，PiT Navigator 还具有软测量功能，基于神经监控网络的模型预测，对熟料的 f-CaO 含量、生产过程的 NO_x 浓度、C_3S 含量的变化等进行预测。该技术的预测精度非常高，其 f-CaO 预测值与实测值对比实验如图 25-2 所示，图中"曲线"为 f-CaO 含量的预测值，"圆点"为 f-CaO 的实测值，可见两者非常接近，绝对误差普遍在 0.1% 以内。

除了直接应用神经网络外，如模糊预测、模型预测等均可用于对相关参数的软测量。例如利用局部线性神经模糊（Locally Linear Neuro-Fuzzy，LLNF）技术，通过采集和选择生料喂料量、燃料消耗量、窑转速、高温风机转速、二次风压力等数据，经过高峰调节、均一化、数据延迟估算等前处理，采用局部线性模型算法进行网络结构和参数的寻优，可实现对窑内火焰温度、CO含量等参数的在线软测量，而且测量结果具有较好的精确度。

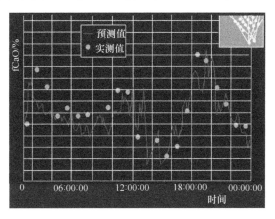

图 25-2　PiT Navigator 预测 f-CaO 的准确性实验

除了神经网络、模型预测等软测量手段外，应用 CFD 技术模拟水泥窑炉内温度场、速度场、化学组分浓度场等，也逐步成为对难以直接测量的参数进行监测的主要手段。例如通过 CFD 软件模拟仿真分解炉内风速、温度等参数，针对性地对分解炉进行技改，就取得了很好的效果。CEMEX Ostzement 水泥厂在应用简化后的 CFD 模型，对窑炉内气体和物料的温度、火焰内部信息、窑内矿物组分的变化等参数进行在线模拟，并将其整合到原有的操作优化系统中，就实现了替代燃料利用率的最大化。

部分国外水泥企业已经开始将 CFD 技术应用于 SNCR 脱硝上。通过在线 CFD 模拟获得分解炉温度场和速度场，如图 25-3 所示，显示出对应管道内的温度分布及流场分

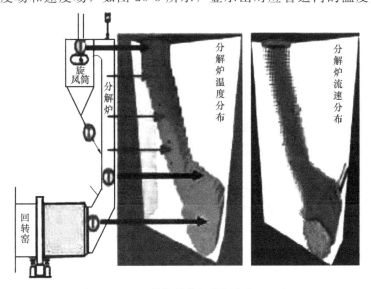

图 25-3　CFD 模拟的分解炉温度窗口（左）

布，揭示 SNCR 反应的温度窗口范围，据此控制不同水平喷嘴的喷氨量，以最少的氨水喷入达到最高的脱硝效率。该技术在德国水泥厂的应用表明，在 NO_x 初始浓度为 900～1000mg/m³ 的情况下，可以将排放浓度控制在 150～250mg/m³ 范围内，同时减少氨水用量 30％。

2）烧成过程的智能控制

理论上，基于生产运行的 DCS 数据以及实时采集的关键操作参数等，即可应用 PID 控制、神经网络、模糊预测、模型预测、专家系统等控制技术，对熟料烧成的过程进行智能控制。

就智控软件而言，2006 年以前装机较多的有 ABB 的 Optimiser/Linkman、史密斯的 ECS/Process Expert，近几年又有许多新的智控软件涌入市场，包括 Pavilion 公司的 Pavilion8MPC、Powitec 公司的 PiT Navigator，还有一些通常不单独提供的控制软件。如 Lafarge集团的 LUCIE 专家系统，一般只在其集团内部使用；Polysius 公司的 Polexpert-KCE/MCE 专家系统，一般只随其 EPC 总包项目提供。

（1）ABB Optimiser 专家优化控制系统，采用模糊逻辑理论及类神经网络和模型预测控制（MPC），通过调控燃料、喂料、窑速、冷却系统等多方面参数，寻求目标最优控制，如最低能耗、最大产量等目标。系统设置 6 个子系统：窑、篦冷机、生料磨、水泥磨、热能管理、电能管理。其中窑子系统包括窑输入处理模块、窑主模块和优化模块。

该系统在国外某水泥厂的应用，实现了最长 5 个工作日的窑系统无人值守，并保证了系统的稳定运行，实现了最大产量及最低能耗目标；巴西 Votorantim Cimentors 水泥公司，针对所用替代燃料的热值、成分等频繁波动问题，采用了该优化控制系统，系统设置了一种"虚拟燃料"，可根据 O_2 和 CO 的测量值调整喂煤量，从而实现了稳定窑炉工况、降低烧成热耗的效果。

（2）Pavilion8MPC 控制系统，采用多变量非线性过程优化控制技术，采用过程优化的数学模型来实施控制，可以保持生产过程一直在最优化的条件下进行。比如对窑系统的多变量非线性控制，操作变量是窑的进料量、燃料量、转速以及冷却速度，控制系统不断调整操作变量维持控制变量，比如将 f-CaO 含量维持在控制目标值范围内。而且能在其应用过程中，不断自我优化其数学模型。

德国 Dyckerhoff 水泥厂，为了优化由三种不同燃料组成的燃料系统，在其窑系统上安装了一套 Pavilion8MPC 控制软件，运行 9 个月的结论是非常成功，为公司大大降低了燃料成本。

（3）PiT Navigator 控制系统，除用于关键参数的测量外，在水泥窑优化控制方面也有成熟的技术方案。在应用摄像机、侧视摄像头、指示器等采集如火焰温度等关键参数后，系统首先对数据进行分析，如误差分析、依赖性分析、多维复原真实场景、分类归纳等，进而识别最重要的信息，给出可以优化的环节；而后基于分析结果和预测功能，采用复杂工艺的自动优化闭环控制（NMPC）对水泥窑炉和冷却机进行实时优化。

（4）LafargeLUCIE 专家系统，采用的是模糊控制理论，先将工艺操作经验和规则加以总结，再运用语言变量和模糊逻辑，归纳出一系列控制算法和规则供专家系统使用。专家系统在接收监控信号后，先进行信息处理，识别工艺运行的正常、可疑、异常状态，自动选择长期行动、短期行动，再根据归纳出的控制算法自动实施相关计算与评估，然后根据归纳出的规则实施操控，从而保持生产稳定、精准控制产品质量、氮氧化物的最小排放。

LafargeLUCIE 专家系统的核心，是根据大量实际操作经验编写的规则库，计算机系统根据预设的规则库进行推理、判断、实时控制。其包含有三个方面的问题需要注意：①系统控制精度取决于所编写规则的复杂性；②系统的调试有很大的难度，越是控制精度高的系统，相关的专家规则越多，则调试时间越长，可能存在的漏洞也越多；③系统的可移植性较差。

模糊预测是专家控制系统和模糊规则的融合，其灵活性和可移植性比专家系统稍好，但其基础仍然是专家规则，也不能从本质上解决专家系统的缺陷。这两者的优点在于，在设计中不需要建立被控对象的精确数学模型，因而使得控制机理和策略易于接受与理解，设计简单，便于应用。

神经网络模型预测控制，其优势在于神经网络有很强的非线性拟合能力，可映射任意复杂的非线性关系，而且学习规则简单，便于计算机实现，且具有强大的自学习能力，应用过程中可根据大量 DCS 历史数据建立控制系统模型。然而，其同样存在一定缺点，如无法解释推理过程和推理依据，而且当数据量不充分或者缺少相关参数时，神经网络所建立的模型精度有限。

5. 水泥粉磨智能化的国外概览

水泥粉磨过程的控制目的，在于在保证水泥细度、温度等指标的前提下，实现产量的最大化和电耗的最小化。与生料粉磨系统已经普遍"无球化"不同，水泥粉磨系统仍然广泛使用着球磨机，包括裸用球磨机系统、增设辊压机或立磨的预粉磨系统、带辊压机或立磨的联合粉磨等系统，其控制参数包括原料配比、入磨粒度或细度、磨内通风、循环负荷、磨机进出口压差、出磨细度和成品细度等。水泥粉磨智能控制的前提与前述其他系统的过程控制相同，仍是识别相关控制参数及控制模型。

在配料组分有效控制的情况下，水泥细度是控制系统调控的主要质量指标，调控细度的主要措施都影响到粉磨系统的产量，产量的高低又影响到电耗。实时地对细度调节能有效发挥粉磨系统的能力和降低粉磨电耗，实时的调节需要实时的检测结果，水泥粒度在线检测就成为水泥粉磨智能控制系统的重要技术。

水泥细度在线检测与生料细度在线检测类似，已经有基于激光衍射仪的直接测量、基于神经网络等先进算法的软测量，两种方法被广泛采用。而且，由于水泥原料中基本不含生料中的黏土，给激光衍射仪的检测打开了方便之门。

前述的熟料烧成智能控制系统，由于与水泥粉磨智能控制系统在控制方法上大同小异，一般也提供水泥粉磨的智能控制方案，这里仅对 PiT Navigator 系统和 LafargeLUCIE 系统作一简单介绍。

（1）Powitec 公司的 PiT Navigator 系统，在球磨机的进料端安装了两个"磨音指示器"，其中一个装于"有料侧"，另一个装于"无料侧"，用以反映磨内物料的填充程度；在选粉机入口、回料和成品收集的相关部位，安装了振动传感器，用以反映相关的物料量，继而求得循环负荷、选粉机效率等参数。

在上述硬件的基础上，系统配置有一个"水泥磨导航器"，对水泥磨机和选粉机等设备进行优化控制。该"导航器"可实现相关数据的自动采集与分析，并通过自适应、自学习的非线性模型预测控制，实现对水泥粉磨系统磨的智能控制，其控制测量流程如

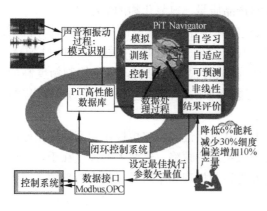

图 25-4　PiT Navigator 水泥磨控制系统

图 25-4 所示。

（2）Lafarge 的 LUCIE 系统，控制的基本原则是：稳定磨机物料总的通过量，优化水泥的细度，优化磨机物料总的通过量来提高磨机产量。该系统的控制方法为模糊控制，先将工艺操作经验和规则加以总结，再运用语言变量和模糊逻辑，归纳出一系列控制算法和规则进行控制。

总的控制过程是：首先采集磨喂料量、回粉量、磨机功率、磨音、出磨斗式提升机功率、选粉机转速、磨差压或出口压力等信号；继而应用标准化参数表对这些信号进行处理，转换成无量纲的数值；然后通过模糊控制的规则由输入的信号对磨机总通过量、磨内物料量、水泥细度等进行评估；最后通过模糊化参数表做出模糊决策，进行自动控制。

25.4　局部智能化在水泥厂的应用

对于上述的"多变量智能调节回路"，事实上并不是空想，目前国内已有几家自动化公司在做这个事情。虽然几家公司的方案不尽相同，但都取得了一定的效果。例如，河南某公司的 5000t/d 线尾煤系统在采用智能化控制后，我与该公司的中控室操作员进行了私下交流，他们一致认为智能控制与手动控制相比，有以下特点。

（1）预热器系统，快速建立和维持动态平衡的能力提高，系统工况稳定；

（2）能依据原燃材料的特性变化，协调系统各个环节的运行工作点，实施整体优化运行；

（3）大大降低了操作员的劳动强度，操作员将更多的时间和精力用于关注系统整体运行品质和排查事故隐患。

下面就我所了解的几家公司的智能化控制系统及其试用情况作一简单介绍，以图起一个抛砖引玉和推波助澜的作用。由于笔者的知识面有限、掌握的情况又不多，不当之处敬请相关公司指正。

1. 南京中泓的 EOC 智能控制系统及应用

南京中泓信息技术有限公司的"EOC 智能优化辅助操窑系统"，是基于浙江桐庐红狮水泥公司的智能化改造需要，结合桐庐红狮 5000t/d 熟料生产线的工艺特点、设备现状，定制开发的一套基于原有中控 DCS 基础上的高级应用软件包。

该系统于 2014 年底成功上线运行，并取得了较好的运行效果。"EOC 智能优化辅助操窑系统"的总体架构如图 25-5 所示，系统软件架构如图 25-6 所示。

系统针对水泥生产中能耗最高、污染最严重的烧成环节，通过智能控制技术对烧成系统中的关键部分进行多变量协调控制，以频繁而精准的智能控制取代了传统的人工操作和部分仪表自控回路，实现了窑系统关键环节的多变量智能优化自动控制。在稳定窑况、提高熟料质量的同时，也节约了能源的消耗，为企业的节能增效提供了有力的保障。

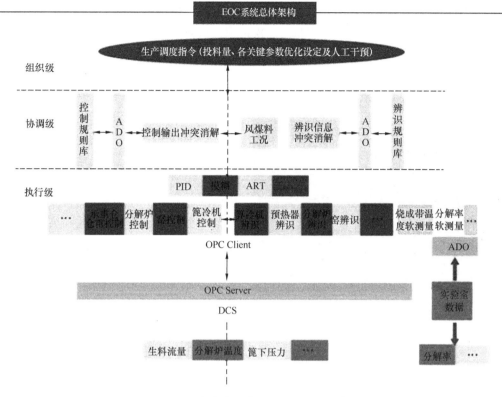

图 25-5 EOC 智能优化辅助操窑系统的总体架构

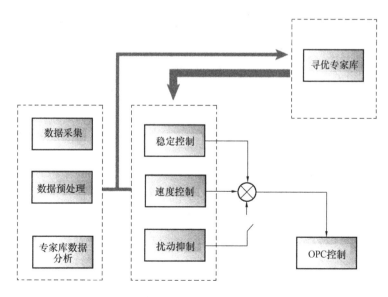

图 25-6 EOC 智能优化辅助操窑系统的软件架构

由于生料的高温分解主要在分解炉内进行，碳酸钙的分解率受分解炉温度的影响很大，其温度对于分解炉的操作、窑的操作、游离氧化钙的控制，或者说，对整个烧成系统的产质量和能耗都有重大影响，因此，控制和稳定好分解炉温度至关重要。

目前国内的预分解生产线虽然都设有仪表自控回路，但绝大多数都是手动控制分解炉的温度。由于受到煤质、喂煤量、喂料量、三次风温、煤秤波动等多方面因素的影响，而且这些因素还在随时不停地变化着，即使操作员不停地调整喂煤量，也无法稳定分解炉温度的波动。

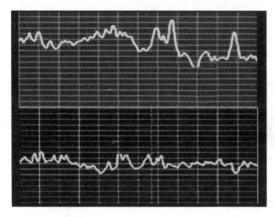

图 25-7　分解炉温度手动控制（上）
与 EOC 控制（下）的对比
（图片来源：中国水泥网）

EOC 系统针对分解炉温度的多因素、非线性、滞后性等问题，提供了有效的解决方案，将模糊控制、自适应控制与专家控制相结合，通过实时适量地调整喂煤量，实现了将分解炉温度的波动控制在一个较小的范围内的目标。从而在提高熟料产量、质量的同时，也减少了煤粉的消耗和热量损失，使单位熟料的能耗进一步降低。分解炉温度的波动情况，手动控制与 EOC 控制的对比如图 25-7 所示。

烧成系统的另一关键环节是窑头篦冷机，其作用是将高温熟料冷却并回收热量以降低煤耗，其原理是用透过篦床和熟料的冷却风作为介质交换出熟料中的热量。在熟料温度一定的情况下，更高的产量需要更多的冷却风量。

冷却风量由篦床下的离心风机供给，风量与供风阻力呈反比关系，产量越高、料层越厚，需要的冷却风量越多，而料层越厚料层阻力越大、供风阻力也就越大，供风量反而会越小。因此，稳定供风阻力对稳定篦冷机的运行、提高冷却效率至关重要。

由于篦床上的料层阻力是供风阻力的主要组成部分，篦床阻力又相对稳定，供风阻力的变化就相对反映了料层阻力和料层厚度的变化，篦下压力又约等于供风阻力，所以稳定篦下压力就等同于稳定供风阻力、稳定料层厚度、稳定篦冷机操作。

由于料层厚度影响到篦下压力、影响到冷却风量，篦冷机的篦床速度又能改变料层厚度、改变篦下压力，所以为了稳定篦冷机的运行，就有了篦床速度与篦下压力的仪表自控回路。

遗憾的是，与分解炉的仪表自控回路类似，影响篦下压力的也不仅是篦床速度，还与熟料的产量、结粒、温度、液相量，包括篦床阻力的变化，甚至环境温度等有关，同样需要多变量智能优化自动控制，才能将篦下压力稳定在一个较小的波动范围内。

针对篦冷机的运行特点，EOC 系统采用预测控制技术与专家控制技术相结合的方式，通过先进控制算法的优化计算，对篦速进行多变量智能优化自控，使篦下压力的波动大幅度减小。篦冷机篦下压力的波动情况，手动控制与 EOC 控制的对比如图 25-8 所示。

EOC 智能控制系统通过综合生料、喂煤、风量等多变量的综合平衡来实施燃烧控制，比人工拥有更及时、更精细、更持久的操作手段，使波动都降低了一半以上。分解炉温度正常工况波动降至 $\pm 5\,^\circ\!C$，全工况波动降至 $\pm 10\,^\circ\!C$，篦下压力正常工况波动降至 ± 100Pa，全工况波动降至 ± 200Pa。

EOC 智能控制系统通过将"先进控制技术（APC）"集成实施于新型干法水泥的窑系统控制，在多变量、大滞后、时变性、非线性水泥生产过程中，大幅度减小了分解温度以及篦冷机压力的波动范围，实现了操作层面上的经济运行。经测算吨熟料可以降低标煤耗 1.5%，年效益近 300 万元。

EOC 智能控制系统降低了窑操的工作难度和强度，为他们统筹生产管理腾出了宝贵时间；该系统的使用，还可以使操作人员通过人机配合更加全面地完成实时操作和精准调节，还能减小操作员之间操作不统一对生产的影响，减小生产运行对操作员技术素质的依赖等。

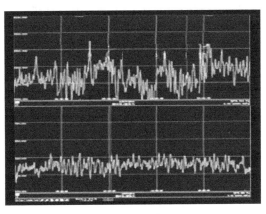

图 25-8　篦下压力手动控制（上）
与 EOC 控制（下）的对比
（图片来源：中国水泥网）

2. 沈阳卡斯特 MFA 智能控制系统及应用

沈阳卡斯特公司的"先进控制系统"于 2011 年 7 月试用于陕西汉中尧柏水泥公司，在进行了 3 个月的试运行后，获得了汉中尧柏的认可和赞许，随之转入了正常运行。该系统投运后，通过综合动态平衡，实现了料、煤、风的精细协调控制操作，稳定了热量回收，大幅度缩小了被控对象的波动范围。

由于对汉中尧柏的运行结果比较满意，2012 年 3 月又在蒲城尧柏特种水泥公司接入了"先进控制系统"，并于同年 11 月通过了验收。

1）"先进控制系统"的试运行评价

汉中尧柏在"先进控制系统"试运行 3 个月以后，出具了"尧柏特种水泥集团水泥生产先进控制技术与经济评估"的报告，洋洋洒洒列举了 7 条优点和总结，这里选取 3 条以供参考。

（1）稳定热工制度

应对燃煤来源的不确定性，克服燃煤热值、挥发分等特性变化对分解炉燃烧的不利影响，提高分解温度的稳定性和抗干扰能力。

应对生料配比组分的随机变化，在生料组分、喂料量变化时最大限度地保持碳酸钙分解需求与窑尾给煤量的平衡。

约束空气过剩系数的变化范围，保持燃煤量与风量的平衡，避免过度给煤或过度拉风等不合理操作，稳定燃烧效率，降低煤耗。

篦冷机篦下压力的自动控制不仅稳定了熟料的冷却运行，而且同时稳定二、三次风温，为回转窑和分解炉保持最佳燃烧状态创造了良好的条件。

先进控制通过综合生料、给煤、风烟等多变量的综合平衡来实施燃烧控制，比人工更精细、更持久地保持操作品质，突破克服扰动与整体平稳两者难以兼顾的技术瓶颈。

（2）节能降耗

随着生料成分、生料喂料量、燃煤特性的变化，应合理调整进入分解炉和回转窑的给煤量，任何过量给煤与过量送风都会增加排烟热损失，造成燃料的浪费，不利于熟料生产的经济运行。

先进控制通过回转窑—分解炉—预热器各级温度、压力、成分实时测量结果实施空燃比控制，抑制来自风—煤—料各个环节的扰动影响，避免偏烧，提高燃煤使用效率，在操作层面实现节能降耗的经济运行。

节煤效益：0.155（平均煤耗/吨熟料）×0.025（节能比率2.5%）×3100（熟料日产量吨）×300（生产日/年）×700（煤价格/吨）＝252.2625万元/年

节电效益：由于窑头负压波动明显减小，由原来的−35Pa调整为−25Pa，高温风机和窑头风机的电机工作频率平均下降4Hz。按总功率2100kW计算，年可节电约为64万元。

（3）提高产品品质

熟料的产品质量与配料组分的稳定紧密相关，在无法实施精确配料控制的条件下，入窑分解率和烧成转化率就成为影响熟料质量的重要因素。

通过实施自动控制可以大幅度减小分解温度的波动范围，并使其最大限度地逼近最佳分解温度点，在不增大结皮、堵塞隐患的前提下充分提高分解温度，建立和维持理想的碳酸钙分解率，改善回转窑内的煅烧条件，从而提高熟料质量。

结论：

上述情况表明，先进控制的应用优势明显，每年可给企业带来（节能降耗＋节约人力）300万元以上的经济效益，提高产品质量和延长设备寿命的间接费用也在百万元以上。更可贵的是实现了水泥行业可持续发展，增强了水泥企业的竞争能力。

通过这次试运行，证明卡斯特公司先进控制系统在水泥生产线复杂工况条件下能够满足控制要求，通过节能降耗、稳定生产操作，给企业带来可观效益。

2）"先进控制系统"的理论基础

所谓的"先进控制系统"，其实质就是一个"自适应控制系统"，主要是基于自适应编码调制（ACM）控制技术、采用MFA无模型自适应控制器、经过包装后的一个"美其名曰"。但应该说，对于我们水泥行业现有的自控回路还是进步了不少。

自适应控制系统首先开发于航空系统，是由于飞机的动力学参数会随着许多的环境因素（例如飞行的高度和速度）可能在相当大的范围内变化，为了使飞机在整个飞行过程中保证控制的高质量而开发的一项控制技术。该技术由美国麻省理工学院的Whitaker教授在20世纪50年代末期首先提出，经模拟研究和飞行实验表明，该模型在自适应控制系统方面具有满意的性能。

限于当时计算机技术和控制理论的发展水平，这一成果未能得到迅速的发展和推广。随着计算机技术的发展和控制理论的不断完善，自适应控制技术目前已经应用于多个工业部门和生物医学等于非工业部门。但应该指出，就现有关于应用方面的报道来看，自适应控制技术主要用于过程较慢的系统和特性变化速度不很快的对象。

所谓自适应，在日常生活中指生物能改变自己的习性以适应新的环境的一种特征，自适应控制器应当也具有能修正自己以适应对象和扰动的动态特性，即自适应控制的研究对象是具有一定程度不确定性的系统。所谓的"不确定性"，是指描述被控对象及其环境的数学模型不是完全确定的，其中包含有一些未知因素和随机因素。

任何一个实际系统都具有不同程度的不确定性，这些不确定性有时表现在系统内部，有时表现在系统的外部。从系统内部来讲，描述被控对象的数学模型的结构和参数，设计者事先并不一定能准确知道；作为外部环境对系统的影响，包括测量时产生的不确定因素，可以等效地用许多扰动来表示，这些扰动通常是不可预测的。面对这些客观存在的各式各样的不确定性，如何设计适当的控制作用，使得某一指定的性能指标达到并保持最优或者接近最优，这就是自适应控制所要研究解决的问题。

自适应控制（具备了智能化的一些特征）和常规的反馈控制（水泥生产现有的控制系统）一样，也是一种基于数学模型的控制方法，所不同的只是自适应控制所依据的关于模型和扰动的"先验知识"（见识和经验）比较少，可以在系统的运行过程中去不断提取有关模型的信息，在"后验调整"（学习和提高）中使模型逐步完善起来。

具体地说，可以依据对象的输入输出数据不断地辨识模型参数（称为"在线辨识"），随着生产过程的不断进行，通过"在线辨识"模型会变得越来越准确、越来越接近于实际，基于这种模型综合出来的控制作用也随之得以不断的改进。在这个意义上，控制系统具有一定的适应能力，具有了一定的智能。但也应当指出，自适应控制比常规反馈控制要复杂得多，成本也高得多。

3）"先进控制系统"的基本构成

卡斯特公司的"先进控制系统"是以无模型自适应（MFA）调节控制技术为核心，针对水泥生产过程的复杂控制特点，复合了多种复杂控制算法，开发的一种新型控制软件产品。该系统包含了抗滞后、多变量、非线性等特殊控制功能，具有安装调试周期短、适用性广泛、可移植性强、无人值守、维护简单、操作方便、监控上比人工更细致更持久等诸多特点。

MFA 控制技术采用均衡稳定控制策略，配置了多变量温度控制组件、多变量压力控制组件、多变量流量控制组件，采用多对一、一对多的交叉互补方式，综合了料、煤、风等多个变量对生产系统实施控制，解决了 PID 控制、模糊控制等无法解决的难题。

水泥生产运行的首要原则是平稳和平衡，当生产系统整体达到料流的质和量、工况的温度和压力都稳定以后，实质上就进入到了持续高效的运行状态。

"先进控制系统"在水泥生产过程中用于控制熟料烧成、原料磨、煤粉磨和水泥磨等多个子系统，能有效抑制原燃材料在质和量上、以及其他多种随机变化因素对水泥生产过程的扰动，达到系统稳定的目的。先进控制系统的总体控制思路和架构如图 25-9 所示。

（1）系统构成

卡斯特水泥生产装置先进控制软件，是一套基于 Windows 运行环境的软件产品，运行时需要安装 NI LabView RT 环境，可安装在 PC、嵌入式 PC 机中构成先进控制站，应用通用的通信协议和接口与原有 DCS（PLC）控制系统建立数据连接和共享。

其主要通讯连接方式有：支持 OPC Client 功能基础上的 OPC 通讯；支持主流 HMI 软件的 API 通讯功能，连接 HMI 软件的实时数据库；支持 DDE 通讯；支持现场总线连接；ControlNet；Profibus DP；工业以太网；MODBUS RTU；MODBUS TCP。

（2）基本功能模块

先进控制系统设置有六个功能模块，分别是：①分解炉燃烧控制模块；②回转窑燃烧控制模块；③篦冷机冷却控制模块；④原料磨运行控制模块；⑤煤粉磨运行控制模块；⑥水泥磨运行控制模块。

系统由以上六个功能模块构成多入多出的整体控制系统，实施综合解耦和统一调度，完成相关的全部控制功能。另外，系统还配置了"分解炉温度高选模块、篦冷机油压保护模

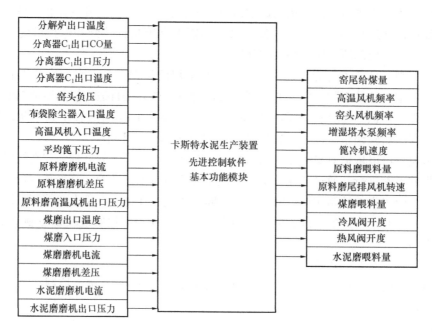

图 25-9　先进控制系统的总体控制思路和架构

块、输出激励模块"3 个辅助功能模块。

系统的控制变量有：分解炉出口温度、预热器 C_1 出口 CO 量、预热器 C_1 出口压力、预热器 C_1 出口温度、高温风机入口温度、除尘器入口温度、窑头负压、平均篦下压力、原料磨磨机电流、原料磨磨机差压、原料磨高温风机出口压力、煤磨出口温度、煤磨入口压力、煤磨磨机电流、煤磨磨机差压、水泥磨磨机电流、水泥磨磨机出口压力。

系统的操作变量有：窑尾给煤量、高温风机频率、增湿塔水泵频率、窑头风机频率、篦冷机速度、原料磨喂料量、原料磨尾排风机转速、煤磨喂料量、冷风阀开度、热风阀开度、水泥磨喂料量。

4）"先进控制系统"的效果验证

沈阳卡斯特公司的"先进控制系统"于 2011 年 7 月 25 日至 8 月 3 日在汉中尧柏熟料烧成系统进行了技术验证，验证期间先后投运了窑尾煤控制、篦速控制、高温风机控制、窑头风机控制、增湿塔水泵控制 5 个模块，除去通信数据准备、窑头停电和工程师站故障等，实际验证时间约为 5 天。

"先进控制系统"最重要的部分在熟料烧成系统，该部分特别强化了"预热器—分解炉—回转窑—篦冷机"各个子系统的协调操作，兼顾整体、综合平衡、稳定异化，最大限度地控制着系统的温度和压力变化。先进控制系统技术验证所在的熟料烧成系统的工艺流程如图 25-10 所示。

对"先进控制系统"熟料烧成部分 5 个模块的验证认为：①兼顾了多点变化的相互影响，实现了控制回路之间的协调控制，能维持整个烧成系统内热工制度稳定，具备较强的工况适应能力；②能承受一般变化对控制回路的冲击，达到故障发生时防止误动作、故障消除后快速收敛的操作效果，可维持较长的连续运行时间；③具有不同控制强度的自动转换功能，能实现"平稳运行"与"应急处理"两种模式的互斥切换，满足各种工况下对操作强度

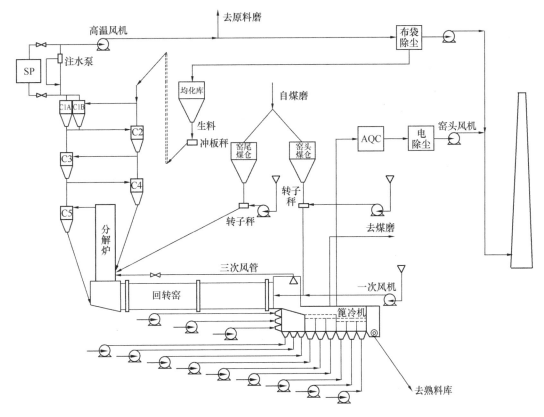

图 25-10　先进控制技术验证所在的熟料烧成系统

的需求。下面是 5 个模块的验证效果。

（1）窑尾煤控制回路

操作变量：窑尾给煤量。

控制变量：分解炉温度。

控制策略：通过分解炉温度与 C_5、C_4 出口和下料口温度的综合协调，确保各温度控制点的温度，避免低温和超温，实现一对多控制。

智能调节策略：监控分解炉及相关点温度的变化速度和幅值，实现大扰动强操作，小扰动稳控制的智能动态控制，抵御喂料量变化、塌料、生料和煤成分变化以及风温风量变化带来的不同量级的扰动。

关联补偿：关联入窑生料喂料量，实施窑尾给煤的实时补偿控制，减少温度的波动幅值。

验证曲线说明：全部数据取自没有生料喂料量变化的时间段；手动和自动纵轴单位一致，左纵轴为分解炉温度，右纵轴为窑尾煤给煤量。图中曲线 A 为分解炉温度测量值，曲线 B 为窑尾煤给煤量，曲线 C 为分解炉温度设定值。2011 年 7 月 28 日至 7 月 29 日手动操作的历史曲线如图 25-11 所示，2011 年 8 月 1 日至 8 月 2 日智能控制的历史曲线如图 25-12 所示。

由图 25-11、图 25-12 对比可见，自动控制时分解炉温度波动明显收窄。22：10 开始曾

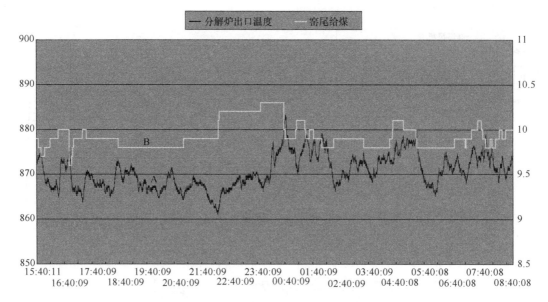

图 25-11　2011 年 7 月 28 日～7 月 29 日手动操作历史曲线

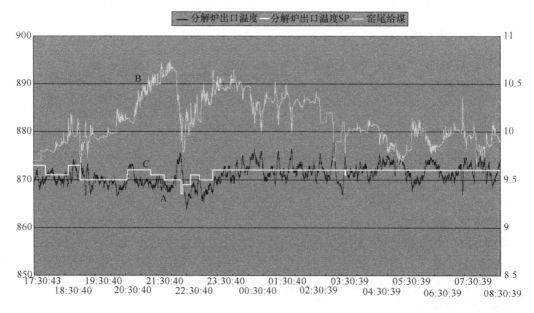

图 25-12　2011 年 8 月 1 日～8 月 2 日智能控制历史曲线

有一次塌料过程，炉温快速上升导致给煤量锐减，随后逐步恢复，可见智能控制能够修复一般塌料对工况的影响；操作曲线 B 中有部分台阶状操作动作，经查为手动操作。

（2）篦下压力控制回路

操作变量：篦冷机一段篦速。

控制变量：一段篦下平均压力。

控制策略：通过对篦冷机一段篦速的调整，可以改变篦床上的料层厚度，篦床上的料层阻力也随之改变，达到稳定篦下压力的目的。

智能调节策略：为避免个别风机跳停而引起篦速大幅度变化，对于平行的风机、风室，采用中选并按照台数加权平均的算法；在改变一段篦速时应维持一二段的篦速静差不变，单独加快二段篦速时一段篦速不跟随；为克服执行机构迟滞或回差，篦速的控制取整输出呈现阶跃控制方式，输出后实时测量其反馈量是否有响应，如无响应则应施加一定宽度和幅值的同方向的激励。

关联补偿：当一段液压＜120bar（12MPa）及二段液压＜100bar（10MPa）安全值时，篦速以篦下平均压力为控制目标。如果大于安全值，则先提高篦速以降低液压压力，待压力恢复正常后再恢复篦速正常控制。

验证曲线说明：全部数据取自没有生料喂料量变化的时间段；手动操作和智能控制纵轴单位一致，左纵轴为一段平均篦下压力值，右纵轴为一段篦速。图中曲线 A 为一段平均篦下压力测量值，曲线 B 为一段篦速操作值，曲线 C 为一段平均篦下压力设定值。2011 年 7 月 28 日～7 月 29 日手动操作历史曲线如图 25-13 所示，2011 年 8 月 1 日～8 月 2 日智能控制历史曲线如图 25-14 所示。

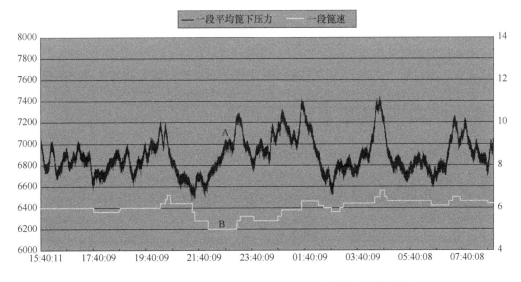

图 25-13　2011 年 7 月 28 日～7 月 29 日手动操作历史曲线

由图 25-13、图 25-14 对比可见，在智能控制时篦下压力波动明显收窄，现场入窑二次风温也趋于稳定。20：47 由于设定值输入错误，产生了一次较强的操作动作；现场篦冷机篦速液压控制系统对操作的响应存在不确定现象，从篦速反馈中经常可以看到较强的过冲，对篦下压力的控制有一定的影响，应在方便的时候对篦速液压控制系统检修一下。

（3）高温风机控制回路

操作变量：高温风机频率。

控制变量：C_1 出口温度。

控制策略：C_1 出口的温度和负压固然与喂料量相关，但两者相对于确定的喂料量是一对基本稳定的关系。为了统一操作，在基本确定的喂料量前提下，通过高温风机的拉风稳定 C_1 出口温度，以达到稳定预热分解过程的目的。

智能调节策略：增加 C_1 出口负压的约束，以避免出现特殊工况而导致 C_1 出口温度急速

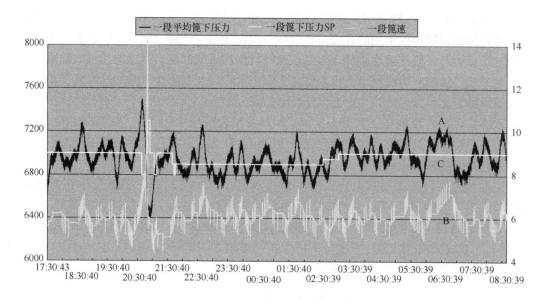

图 25-14　2011 年 8 月 1 日~8 月 2 日智能控制历史曲线

变化时高温风机的过强操作。

关联补偿：出口氧量（或 C_0）是判断烧成系统是否正常的重要参数，可以此修正 C_1 出口温度的设定值，达到喂料量改变时自动匹配控制参数的目的；在生料磨停运时，为了避免收尘器入口超温，需要喷水降温，喷水降温，需要根据喷水量核减高温风机频率。

验证曲线说明：全部数据取自没有生料喂料量变化的时间段；手动操作和智能控制纵轴单位一致，左纵轴为 C_1 出口温度，右纵轴为高温风机频率。图中曲线 A 为 C_1 出口温度测量值，曲线 B 为高温风机频率操作值，曲线 C 为 C_1 出口温度设定值。2011 年 7 月 28 日~7 月 29 日手动操作历史曲线如图 25-15 所示，2011 年 8 月 2 日~8 月 3 日部分智能控制历史曲线如图 25-16 所示。

由图 25-15、图 25-16 对比可见，在智能控制下 C_1 出口温度波动明显收窄。23：48 以后受到

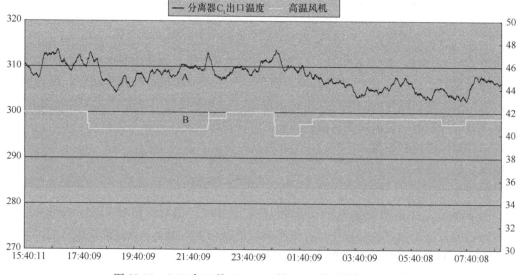

图 25-15　2011 年 7 月 28 日~7 月 29 日手动操作历史曲线

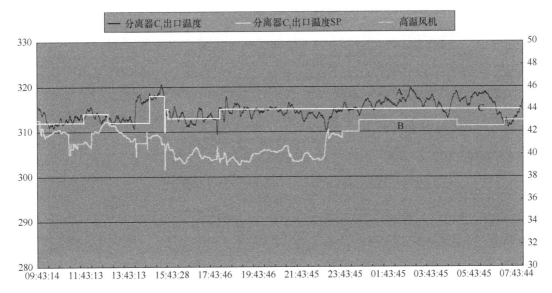

图 25-16　2011 年 8 月 2 日～8 月 3 日部分智能控制历史曲线历史曲线

加湿泵喷水量的影响改为手动操作控制，但可以通过喷水量的补偿控制进一步减小温度波动。

（4）窑头负压控制回路

操作变量：窑头风机频率。

控制变量：窑头负压。

控制策略：窑头负压与窑头排风机直接关联，通过调整窑头排风机的转速而调节其风量，窑头负压便随之被调整。

智能调节策略：窑头负压传感器的信号带有较大的随机干扰（估计是动压引起的），需要进行较大的滤波，以保证控制器输出平稳；增减煤、大塌料和掉窑皮都会对窑头压力产生较大影响，多数为随机扰动，扰动较大时需要控制器有较强的操作动作。

关联补偿：由于在满负荷附近，篦冷机篦下风机均已开满，受到较强扰动时，高温风机动作对窑头负压影响较大，因此需要解耦。

验证曲线说明：全部数据取自没有生料喂料量变化的时间段；手动操作和智能控制纵轴单位一致，左纵轴为窑头负压值，右纵轴为窑头风机频率值。图中曲线 A 为窑头负压测量值，曲线 B 为窑头风机频率操作值，曲线 C 为窑头负压设定值。2011 年 7 月 28 日～7 月 29 日手动操作历史曲线如图 25-17 所示，2011 年 8 月 1 日～8 月 2 日智能控制历史曲线如图 25-18 所示。

由图 25-17、图 25-18 对比可见，在智能控制情况下窑头负压波动明显收窄，并可在各种工况下运行。

（5）增湿塔水泵控制回路

操作变量：加湿泵频率。

控制变量：收尘器入口温度或高温风机入口温度。

控制策略：增湿塔水泵采用二选一控制，自动选择控制对象，确保收尘器入口温度或高温风机入口温度均不超温。收尘器入口温度设定值为 180℃（最高＜210℃），高温风机入口

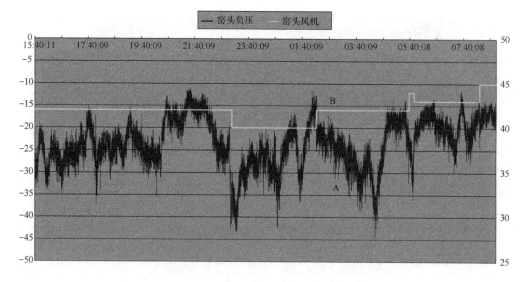

图 25-17　2011 年 7 月 28 日~7 月 29 日手动操作历史曲线

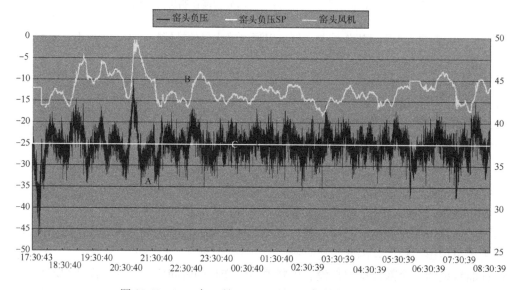

图 25-18　2011 年 8 月 1 日~8 月 2 日智能控制历史曲线

温度设定值为 350℃（最高<450℃）。

智能调节策略：在原料磨正常工作时，收尘器入口一般不会超温，因此可以不开加湿泵喷水或仅维持少量喷水量；当原料磨停运后，收尘器入口温度会快速升高，要求迅速加水降温。

验证曲线说明：由于涉及窑操和磨操协调控制的影响，该控制仅进行了简单投运，未来得及认真整定参数。但从控制角度看，该回路的投运会对高温风机的操作补偿提供良好的条件，有利于进一步减小 C_1 出口温度的波动。

3. 浙江邦业的 CAM 智能控制系统及应用

浙江邦业科技有限公司的"新型干法水泥智能控制系统（CAM）"主要是通过研究水泥生产工艺过程的特性，建立水泥生产智能化控制技术平台，实现生料分解、熟料冷却等关键过程的智能控制，目标是降低这些过程变量的标准偏差 25% 以上。

据有关资料介绍，"新型干法水泥智能控制系统（CAM）"技术，已设立有安徽广德、四川嘉华、洪山南方、富阳南方、桐庐南方、常山南方、宁波科环等多个水泥项目，该技术以"新型干法水泥稳定生产智能控制系统"为题，已被列入浙江省节能技术（产品）推广目录第八批之中。

1）CAM 技术原理

水泥生产是一个极为复杂的系统过程，存在气相、液相、固相，以及块状、粉体、流态的相互交叉与转化，呈现出动态的多变量特性，需要不断地对系统进行全面的分析和系统性调整，才能实现系统的稳定运行。

由于人的精力有限性，即使操作员是一个经验丰富的高手，也难以把整个系统稳定在一个最佳平衡点上。邦业科技的 CAM 智能控制系统将水泥专家的部分思维程序化，以此助力操作员的日常工作，提高整个系统的运行水平。CAM 部分智能控制水泥生产系统的思路如图 25-19 所示。

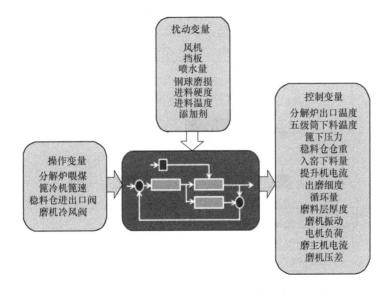

图 25-19　CAM 部分智能控制水泥生产系统的思路

例如，对于熟料烧成系统，以专家公认的"五稳保一稳"为基本宗旨，将熟料烧成系统分解为"生料稳料""生料分解""熟料冷却""风量优化"四大模块，从多个方向一起稳定生产过程，使这个复杂的系统得到了有效的控制。

CAM 智能控制系统各模块之间相对独立，又有一定的相关性，核心为 CAM 服务器组，以此形成了一个有机的整体。CAM 智能控制系统软件架构如图 25-20 所示，智能控制系统的网络架构如图 25-21 所示。

一方面，CAM 服务器组通过 OPC 数据服务器与工厂采用的集散控制系统（DCS）进行交互，从而实现关键过程参数和调节变量的采集、分析、计算、调节、反馈等各项功能。操作人员通过集成在操作员站的人机交互界面（HMI）与智能控制系统进行交互。

另一方面，CAM 服务器组也和位于工业以太网上的 Web 客户端，以及位于 Internet 上的运程维护客服端进行连接，供工程技术人员进行系统调试、维护等各项工作使用。同时，在 DCS 系统中新增人机交互界面，供操作人员日常使用。

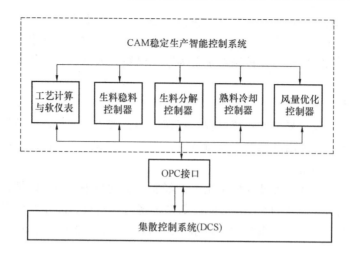

图 25-20　CAM 智能控制系统软件架构

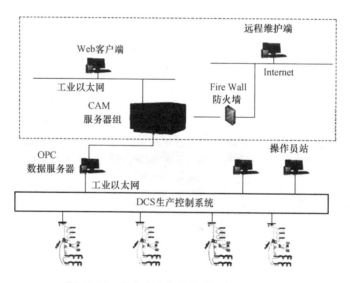

图 25-21　稳定生产智能控制系统网络架构

（1）工艺计算与软仪表

对于水泥企业，"测不准"是一个普遍性的问题。水泥生产的核心是"料""风""煤"。但很多企业只知道料风煤长时间的平均值，并不清楚短期内的变化情况。因此，在分析判断问题时，往往很难查清问题的真正原因。

CAM 智能控制系统利用相对准确的功率、电流、压力等信号，开发了包括"料"（入窑生料）、"风"（高温风机风量、窑头排风机风量、冷却风机风量等）、"煤"（分解炉喂煤量、窑头喂煤量）的软仪表，使"料""风""煤"的变化趋势可视化，大幅度降低了"测不准"的影响。一方面，为智能控制系统的实施奠定了基础；另一方面，也为工厂日常运行提供了良好的分析工具。

（2）生料稳定控制器

对于入窑生料的控制，目前水泥厂的主流配置是"稳料仓＋生料下料阀＋冲板式流量计"相结合的方案，稳料仓和喂料量采用 PID 调节控制。这种配置方案的现实是入窑生料不稳定的情况比较突出，情况比较好的工厂，入窑生料喂料量可以控制在±5t/h 以内，但很多工厂会有±10t/h 左右甚至更高的波动。

CAM 智能控制系统为此专题开发了生料稳定（智能）控制器——仓重与喂料量稳定控制系统（APC）。一方面，基于物料平衡原理，通过对仓重变化量及出仓物料量的衡算，实现对均化库下料阀的精细化调节，使稳料仓仓重稳定在±0.2t 以下；另一方面，有效克服了冲板流量计与生料下料阀之间的时滞以及仓重变化的影响，实现对生料喂料量的稳定控制。

仓重与喂料量稳定控制系统（APC）在工厂的实例，投运前后仓重与喂料量的波动情况分别如图 25-22、图 25-23 所示。

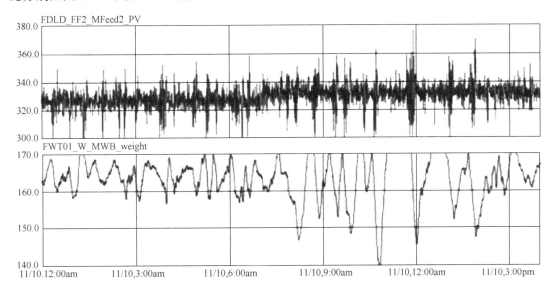

图 25-22　APC 投运前的仓重（下）与喂料量（上）波动情况

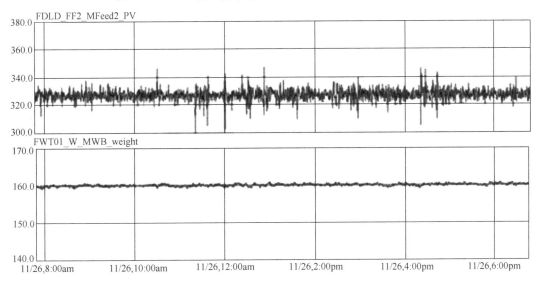

图 25-23　APC 投运后的仓重（下）与喂料量（上）波动情况

由图 25-22、图 25-23 对比可见，在仓重与喂料量稳定控制系统（APC）投运以后，稳料仓仓重的稳定性得到很大提高，入窑生料喂料量的波动减少了至少 50％以上，这对稳定整个烧成系统的运行是非常重要的。

（3）生料分解控制器

生料分解主要在分解炉内进行，一般的入窑分解炉都在 92％～96％之间。分解炉的作用是为生料中碳酸钙的分解提供足够且稳定的温度，过低了分解率上不去，影响窑内的煅烧；过高了不但浪费燃料，而且易导致预热器系统的结皮堵塞，所以稳定分解炉温度是整个烧成系统的关键所在。

分解炉的温度主要由调节其喂煤量控制，虽然大部分水泥厂都装有 PID 自控调节回路，但大部分都不好用，仍然以手动控制为主。仔细分析发现，分解炉温度不仅与喂煤量有关，还与喂料量以及三次风温度等都有关系，原料及煤的性质变化也对燃烧过程有影响，分解炉操作体现出复杂的多变量的特性。

由于分解炉温度控制的复杂性，虽然操作人员频繁地调整喂煤量，但是该温度的波动还是比较大。CAM 为了很好地解决该问题，专题开发了生料分解（智能）控制器，能使该温度的波动降低 30％以上。生料分解控制器的主要功能是稳定分解炉出口温度，具有如下特点：

① 采用"一主三辅"稳定控制，同时参考多块温度表，真正稳定分解炉。单个温度如出现结皮等故障，可一键切除。

② 根据"料""风"的变化，提前调节窑尾喂煤量，避免"料""风"波动对温度的影响。

③ 智能识别"冲煤""卡煤"等异常工况，及时调节喂煤量进行补偿。

④ 独有的温度变化趋势调节功能，能提前辨识"温度变化趋势"，有效克服和补偿不可测扰动的影响。

（4）熟料冷却控制器

篦冷机的原理是从篦下鼓入温度较低的环境空气（冷却风），与出窑的高温熟料进行热交换，被加热后的冷却风作为二三次风等利用，从而获取熟料冷却和热量回收的结果，一是保证了熟料质量，二是降低了烧成煤耗。就整个过程来讲，冷却风与熟料的热交换是系统的关键所在。

要获得充分稳定的热交换，就必须稳定冷却风量与熟料量的比例，要稳定这个比例，在篦下鼓风机的运行（风机转速、风门开度）一定的情况下，就必须稳定冷却风的通过阻力，这个阻力的具体表征就是篦下压力，因此稳定篦下压力就十分重要了。

冷却风的通过阻力取决于系统的固有阻力与料层阻力之和，由于固有阻力是不变的，料层阻力与料层厚度正相关，料层厚度与篦床速度负相关，因此通过实时地调节篦床速度即可实现料层厚度、料层阻力、篦下压力、直至冷却风量与熟料量的比例的稳定。

也就是说，通过调整篦床速度可以稳定篦下压力，但影响篦下压力的因素又不止篦床速度，两者之间实际上是一个非线性的多变量过程，多个篦压与多个篦速相互关联，因此篦下压力的稳定并不是一件简单的事情。CAM 为了很好地解决该问题，专题开发了熟料冷却（智能）控制器，能够及时、精准地调节篦速，实现了篦冷机的优化控制。熟料冷却控制器具有如下特点：

① 采用篦下压力加篦冷机液压的综合表征手段，有效保证料层厚度的稳定，使篦下压力波动保持在±150Pa 以内，从而提高热回收效率。在同等工况下，二、三次风温平均可提升 20℃以上。

② 智能控制器综合调节各段篦速，保证篦冷机各段液压、破碎机电流、斜拉链电流等在安全范围内，使设备安全运行，减少设备维护频次。

（5）风量优化控制器

风量优化（智能）控制器的主要目的是保持窑头负压的稳定，并减少窑头拉风量。风量优化控制器具有如下特点：

① 根据风量计算结果，对窑头排风机和末段冷却风机进行综合调节，大幅度降低窑头负压的波动。

② 综合参照熟料出口温度、余热发电温度等，尽可能降低风机电耗和窑头废气排放量，达到节能降耗的目的。

2）CAM 智能控制系统的应用效果

浙江邦业科技有限公司的"新型干法水泥智能控制系统（CAM）"，已在几个水泥生产线上获得成功应用，现以常山南方水泥有限公司的 4000t/d 熟料生产线为例，介绍一下实施智能化改造的效果。

（1）生料稳定控制器实施效果

生料下料的稳定是回转窑系统稳定的基础，而常山南方原生料喂料系统波动较大，主要原因是由稳料仓的波动造成的。

CAM 系统投用后，稳料仓的波动明显降低，CAM 系统投用前后稳料仓的波动情况如图 25-24 所示。

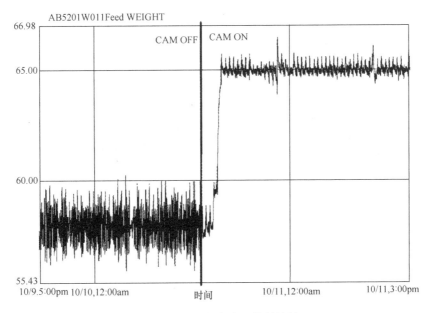

图 25-24　喂料仓仓重控制效果

由图 25-24 可见，CAM 控制器未投用时，仓重波动基本在±1t～±2t。投用后，仓重基本稳定在±0.2t 左右，偶因扰动而波动，也能迅速克服。

稳料仓仓重稳定后，生料喂料量的波动也大幅度降低，生料喂料量智能控制系统投用前后效果效果对比如图 25-25 所示。从图 25-25 可以看出，生料喂料量的波动降低一半以上，基本上保持在 ±4t/h 以内。

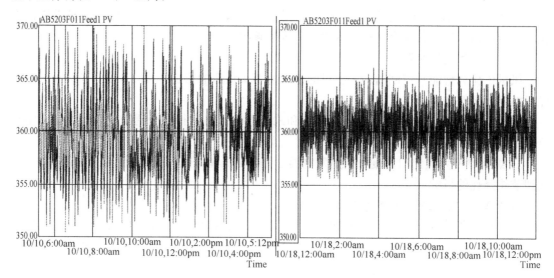

图 25-25　生料喂料量智能控制系统投用前（左）后（右）效果对比

（2）生料分解控制器实施效果

预分解炉实施 CAM 系统后，五级筒 C_5A/C_5B 物料温度的稳定性得到了明显的提高，效果显著。五级筒 C_5A 物料温度在 CAM 系统投用前后效果对比如图 25-26 所示。

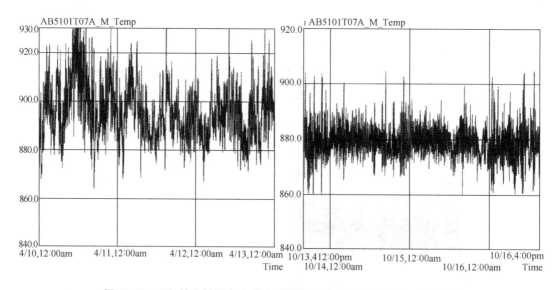

图 25-26　五级筒出料温度 A 优化系统投用前（左）后（右）效果对比

由图 25-26 可以看出，在 CAM 系统投用后，作为主控的 C_5A 物料温度波动幅度要小得多。物料温度的稳定，为整个窑系统的稳定奠定了良好的基础。

2014 年 4 月和 10 月的统计分析如表 25-1 所示。由表 25-1 可见，作为主控的 C_5A 物料温度标准偏差平均下降 50.37%，作为辅控的 C_5B 物料温度标准偏差平均下降 49.27%，达到了很好的控制效果。

表 25-1　CAM 系统投用前后分解炉温度统计分析

时间	CAM 系统是否投用	五级筒物料温度 A/℃		五级筒物料温度 B/℃	
		平均值	标准偏差	平均值	标准偏差
2014 年 4 月	未投用	893.5	12.938	891.9	19.735
2014 年 10 月	投用	876.23	6.42	881.71	10.01
波动下降幅度	—	—	50.37%	—	49.27%

（3）熟料冷却控制器实施效果

在篦冷机 CAM 系统实施后，一室篦下压力的稳定性得到了显著提高，其标准偏差降低了 54.71%。一段篦下压力智能控制系统投用前（左）后（右）的效果对比如图 25-27 所示，其稳定性统计对比如表 25-2 所示。

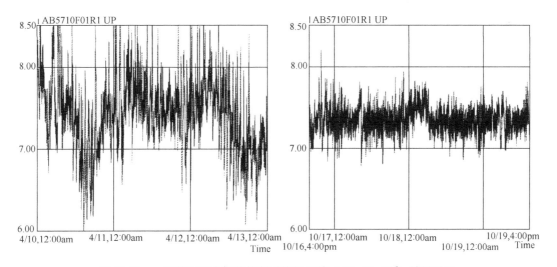

图 25-27　一段篦下压力智能控制系统投用前（左）后（右）效果对比

表 25-2　CAM 系统投用前后一室篦下压力统计分析

时间	CAM 系统是否投用	一室篦下压力/kPa	
		平均值	标准偏差
2014 年 4 月	未投用	7.6	0.53
2014 年 10 月	投用	7.26	0.24
波动下降幅度	—	—	54.71%

篦下压力稳定对整个系统的稳定有很大的帮助：一方面提高了篦冷机热交换的稳定性，使二、三次风温稳定在较高的范围内；另一方面也稳定了整个系统的风压，并保持窑内燃烧情况稳定，使装置进一步增产增效、节能降耗。

CAM 系统投用前后二、三次风温的平均值和波动幅度如表 25-3 所示。从表 25-3 中的统计数据可以看出，二、三次风温的平均值和稳定性都有明显的提升。

表 25-3　CAM 系统投用前后二、三次风温统计分析

时间	CAM 系统是否投用	二次风温/℃		三次风温/℃	
		平均值	标准偏差	平均值	标准偏差
2014 年 4 月	未投用	1031.69	41.60	872.55	31.55
2014 年 10 月	投用	1140.14	33.07	959.76	24.31
温度提升值	—	108.45	—	87.21	—
波动下降幅度	—	—	20.50%	—	22.94%

（4）风量优化控制器实施效果

风量优化控制器的主要作用是保持系统风量的稳定，并进一步优化风量，减少窑头和窑尾的废气排放量。

对于窑头而言，其中最为重要的是要保持窑头负压的稳定，CAM 系统投用后，窑头负压的波动得到了明显的降低。CAM 系统投用后窑头负压的波动曲线如图 25-28 所示、其统计分析如表 25-4 所示。

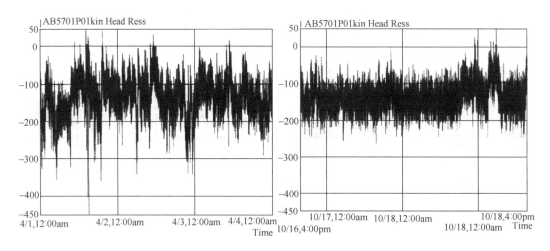

图 25-28　窑头负压智能控制系统投用前（左）后（右）效果对比

表 25-4　CAM 系统投用前后窑头负压统计分析

时间	CAM 系统是否投用	窑头负压/Pa	
		平均值	标准偏差
2014 年 4 月	未投用	−148.46	59.21
2014 年 10 月	投用	−132.21	40.78
波动下降幅度	—	—	31.12%

4. 杭州和利时 APC 智能控制系统及应用

杭州和利时自动化有限公司专注于工业控制 20 多年，一直致力于自动化软件技术的发展和创新，目前已拥有包括 HOLLiAS APC 先进过程控制软件、HOLLiAS MACS 过程控制系统软件、HOLLiAS Bridge 生产执行系统软件、HOLLiAS SCADA 综合监控系统软件在内的多个系列过程控制软件。

1）HOLLiAS APC 先进过程控制的概念

先进过程控制是对那些不同于常规单回路控制且比常规 PID 控制效果更好的控制策略的统称。先进控制的任务都是明确的，即用来处理那些采用常规控制效果不好，甚至无法控制的复杂工业过程控制的问题。通过实施先进控制，可以改善过程动态控制的性能，减小过程变量的波动幅度，使之能更接近其优化目标值，从而将生产装置推至更接近其约束边界的条件下运行。

目前，预测控制是应用得比较普遍和成功的先进控制方法之一。预测控制具有"预测模型、滚动优化、反馈校正"三个基本特征，是针对传统最优控制在工业过程中的不适用性而进行修正的一种新型优化控制算法，更加贴近复杂系统控制的实际要求。以下简要介绍一下三个基本特征的基本原理。

（1）预测模型

预测控制是一种基于模型的控制算法，这一模型称为预测模型。对于预测控制来讲，只注重模型的功能，而不注重模型的形式，预测模型的功能就是能根据对象的历史信息和未来输入预测其未来输出。

从方法的角度讲，只要是具有预测功能的信息集合，不论其有什么样的表现形式，均可作为预测模型。因此，状态方程、传递函数这类传统的模型都可以作为预测模型；对于线性稳定对象，甚至阶跃响应、脉冲响应这类非参数模型，也可直接作为预测模型使用；甚至非线性系统、分布参数系统的模型，只要具备上述功能，也可在对这类系统进行预测控制时作为预测模型使用。

预测模型具有展示系统未来动态行为的功能。这就可以利用预测模型来预测未来时刻被控对象的输出变化及被控变量与其给定值的偏差，作为确定控制作用的依据，使之适应动态系统所具有的存储性和因果性的特点，得到比常规控制更好的控制效果。

（2）滚动优化

预测控制的最主要特征是在线优化。预测控制这种优化控制算法是通过某一性能指标的最优来确定未来的控制作用的。

这一性能指标涉及到系统未来的行为，例如，通常可取对象输出在未来的采样点上跟踪某一期望轨迹的方差最小。但也可取更广泛的形式，要求控制能量为最小而同时保持输出在某一给定范围内等等。性能指标中涉及到的系统未来的行为，是根据预测模型由未来的控制策略决定的。

预测控制中的优化与通常的离散最优控制算法有很大的差别。这主要表现在预测控制中的优化不是采用一个不变的全局优化目标，而是采用滚动式的有限时段的优化策略。在每一采样时刻，优化性能指标只涉及到从该时刻到未来有限的时间，而到下一采样时刻，这一优化时段同时向前推移。

预测控制在每一时刻有一个相对于该时刻的优化性能指标。不同时刻优化性能指标的相对形式是相同的；但其绝对形式，即所包含的时间区域，则是不同的。因此，在预测控制中，优化不是一次离线进行，而是反复在线进行的，这就是滚动优化的含义，也是预测控制区别于传统最优控制的根本点。

这种有限时段优化目标的局限性，是其在理想情况下只能得到全局的次优解，但优化的滚动实施却能顾及由于模型失配、时变、干扰等引起的不确定性，及时进行弥补，始终把新的优化建立在实际的基础上，使控制保持实际上的最优。

对于实际的复杂工业过程来说，模型失配、时变、干扰等引起的不确定性是不可避免的，因此建立在有限时段上的滚动优化策略反而更加有效。

（3）反馈校正

预测控制算法在进行滚动优化时，优化的基点应与系统实际一致。但作为基础的预测模型，只是对象动态特性的粗略描述，由于实际系统中存在的非线性、时变、模型失配、干扰等因素，基于不变模型的预测不可能和实际情况完全相符，这就需要用附加的预测手段补充模型预测的不足，或者对基础模型进行在线修正。滚动优化只有建立在反馈校正的基础上，才能体现出其优越性。

因此，预测控制算法在通过优化确定了一系列未来的控制作用后，为了防止模型失配或环境干扰引起控制对理想状态的偏离，并不是把这些控制作用逐一全部实施，而只是实现本时刻的控制作用。到下一采样时刻，则首先检测对象的实际输出，并利用这一实时信息对基于模型的预测进行修正，然后再进行新的优化。

反馈校正的形式是多样的，可以在保持预测模型不变的基础上，对未来的误差做出预测并加以补偿，也可以根据在线辨识的原理直接修改预测模型。不论取何种校正形式，预测控制都把优化建立在系统实际的基础上，并力图在优化时对系统未来的动态行为做出较准确的预测。因此，预测控制中的优化不仅基于模型，而且利用了反馈信息，因而构成了闭环优化。

2）HOLLiAS APC 先进过程控制与优化软件

在工业自动化领域，电子技术、计算机技术、网络技术、信息处理技术的快速发展，带动了自动化的智能化发展。智能化带来的诸多技术革命和观念的转变，也在改变着传统自动化的作业模式，智能化已真正成为自动化行业未来发展最主要的趋势。

和利时自主研发的 HOLLiAS APC 先进过程控制与优化软件，与用户操作人员及过程工程师共同协作，可以有效解决复杂流程工业关键环节控制难题，简化复杂控制过程的工程调试和运行维护工作，实现生产企业长期"安全、稳定、连续、自动、优化"运行，达到改进生产、节能增效的目标。HOLLiAS APC 先进控制系统具备以下特点：

- 针对流程工业多变量强耦合、大惯性大滞后、强干扰多回路设计；
- 采用多变量模型预测控制技术、智能优化控制技术与专家经验相结合；
- 采用基于现代控制理论的模型辨识技术建模；
- 对过程输入、输出及扰动进行估算；
- 利用辅助的过程变化，增强不可测量的前馈扰动估算；
- 可根据过程变化对模型进行修正。

HOLLiAS APC 是具有智能自诊断策略的、基于控制目标实现可变状态空间模型的先进控制技术应用，可实现智能判断控制目标；基于多目标优化技术，自动改变控制模型，实现控制目标在线动态切换；智能判断多变量参数在线情况，自动修正对象模型，保持最佳目标优化控制。能适应具有强耦合、滞后大、动态响应慢、非线性严重、操作难度高等特点的复杂工艺过程。HOLLiAS APC 优化控制原理如图 25-29 所示。

在优化控制方面，和利时的实施策略是结合用户生产工艺情况分三步解决：一是利用和利时自整定 PID 算法工具解决好基础 PID 控制；二是提供复杂的增强型控制；三是提供先

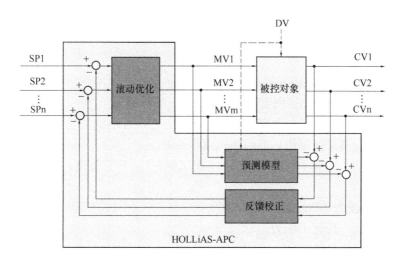

图 25-29 HOLLiAS APC 优化控制原理

进控制。

HOLLiAS APC 目前已在水泥行业获得了突破性的成功应用。其典型应用为水泥企业的熟料烧成系统优化控制，在应用后可以获得如下效果。

- 优化后分解炉出口温度标准偏差：比优化前减小 60％以上；
- 优化后箅下压力标准偏差：比优化前减小 30％以上；
- 优化后节煤效果：比优化前节省 1.5％以上；
- 保证了熟料产品质量的稳定（如熟料强度、游离氧化钙合格率等）。

（1）烧成系统的控制目标

烧成系统中稳定分解炉出口温度和稳定箅冷机箅下压力是水泥生产线上熟料生成的关键环节，加热、烧成、热回收及冷却过程的稳定与否对于熟料质量的稳定性至关重要，对于该工序的生产过程控制来说，具体要抓好以下两个过程参数的稳定。

① 分解炉出口温度：温度偏差尽可能稳定在±15℃以内，此过程量的稳定反映了生料加热分解过程的稳定，主要通过分解炉给煤量来控制；

② 箅冷机箅下压力：压力偏差尽量稳定在较小的范围内，此过程量的稳定反映了冷却过程熟料料层厚度的稳定，主要通过调节一段箅冷机转速来控制。

（2）烧成系统的控制难点

烧成系统一个复杂的物理、化学、物理化学的 T-P-t 过程，对该过程的控制具备如下的特点：

① 多变量耦合、强干扰。分解炉喂煤量、煤粉质量、入窑生料流量、生料质量、回转窑转速、系统风量、窑头罩温度、三次风温度、O_2 含量等，都会对分解炉温度产生影响；箅冷机箅床转速、生料量、熟料量、熟料的质量、各个箅冷机风机风量、窑转速等对箅冷机箅下压力产生影响。

② 大惯性、大滞后。影响分解炉温度或箅冷机压力的变量，都存在不同时间的滞后。例如：喂料的变化，约有 3～5min 才会影响分解炉的温度变化，需要更长的时间才能平稳下来（在其余量不变的情况下）；窑主电机电流的变化（反映料量的变化，或者掉窑皮和塌

料的情况）需要半小时甚至 1 小时才能反映到篦冷机压力的变化上，如果是掉窑皮的情况，掉窑皮的位置不同，反映到篦冷机压力的变化时间也不同。所以烧成系统是一个典型的大惯性、大滞后系统。

（3）烧成系统的 APC 控制方案

① 分解炉温度 APC 优化控制方案。

被控量：分解炉出口温度；氧含量。

控制量：窑尾分解炉给煤量；高温风机频率给定。

扰动量：生料量；分解炉中部温度；三次风温；C_5 下料温度；烟室温度；窑头罩温度等。

② 篦冷机篦下压力 APC 优化控制方案

被控量：篦冷机一段篦下压力；

控制量：篦冷机一段转速；

扰动量：窑主电机电流（间接反映经过煅烧后即将进入篦冷机冷却的料量的变化）；烟室压力；烟室温度等。

总之，烧成系统的运行，以稳定分解炉出口温度和稳定篦冷机篦下压力为关键环节，烧成系统的 HOLLiAS APC 优化控制系统如图 25-30 所示。

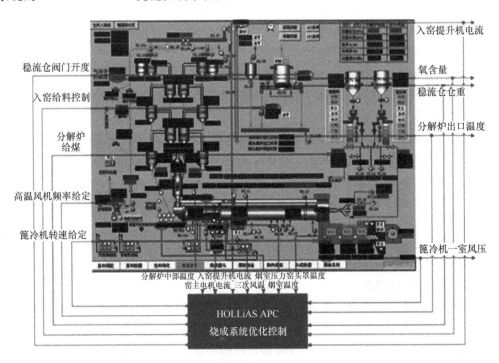

图 25-30　烧成系统的 HOLLiAS APC 优化控制系统

3）HOLLiAS APC 先进过程控制的应用效果

江山南方水泥公司的 2500t/d 新型干法水泥熟料生产线于 2013 年 5 月 18 日投运 HOL-LiAS APC 智能优化系统，在运行一年以后（投运率在 95% 以上），2014 年 6 月 18 日进行了项目验收，验收报告指出：

- 分解炉出口温度标准偏差下降了 60％以上，篦冷机一室风压标准偏差降低了 30％以上；
- C_1 出口平均温度下降了 8℃，窑头罩平均温度上升了 9℃；
- 吨熟料平均节实物煤耗 2.15kg，节煤比例为 1.47％；
- 熟料 f-CaO 合格率（0.5％～1.5％为合格）提高 10.02％；

（1）分解炉温度的控制效果

HOLLiAS APC 对分解炉出口温度的控制与手动控制的效果对比如图 25-31 所示。从图中可以看出，采用 HOLLiAS APC 控制时，分解炉出口温度显然比手动控制要稳定得多，分解炉出口温度的标准偏差比手动时降低了 60％以上。

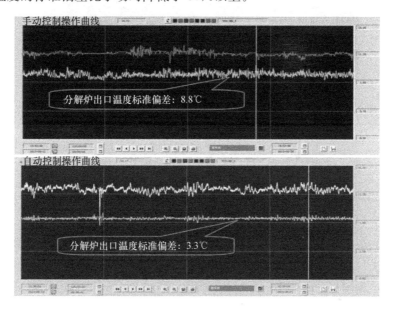

图 25-31　分解炉出口温度手动控制与 APC 控制曲线对比

（2）篦冷机一段风机出口压力的控制效果

HOLLiAS APC 对篦冷机一段 2 室风机出口压力的控制与手动控制的效果对比如图 25-32 所示。从图中可以看出，采用 HOLLiAS APC 控制时，一段 2 室风机的出口压力显然比手动控制要稳定得多，2 室风机出口压力的标准偏差比手动时降低了 30％以上。

（3）HOLLiAS APC 智能控制的综合效果。

江山南方的 2500t/d 新型干法熟料线对分解炉喂煤、篦冷机压力实施 HOLLiAS APC 智能控制以后，系统工况的稳定性显著提高，降低了由于操作员个体差异以及自身原因导致的操作异常，大幅度降低了操作员的工作负荷，使操作员能有更多的时间和精力用于处理特殊工况。

烧成煤耗有了进一步降低，吨熟料平均节煤量约 2kg，节煤比例约 1.5％；熟料质量有了明显提升，f-CaO 合格率平均提升约 10％，熟料 28d 强度平均提升约 1MPa。

受杭州和利时自动化有限公司委托，国家建材工业水泥能效环保评价检验测试中心在项目验收时对该项目进行了系统测试，于 2014 年 8 月 1 日给出了热工测试报告，测试报告如图 25-33 所示。测试报告指出：

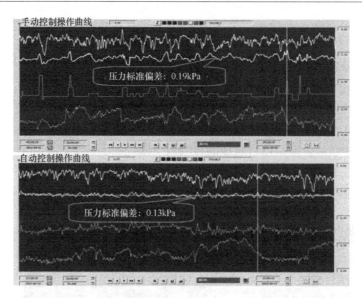

图 25-32　篦冷机一段 2 室风机出口压力手动控制与 APC 控制曲线对比

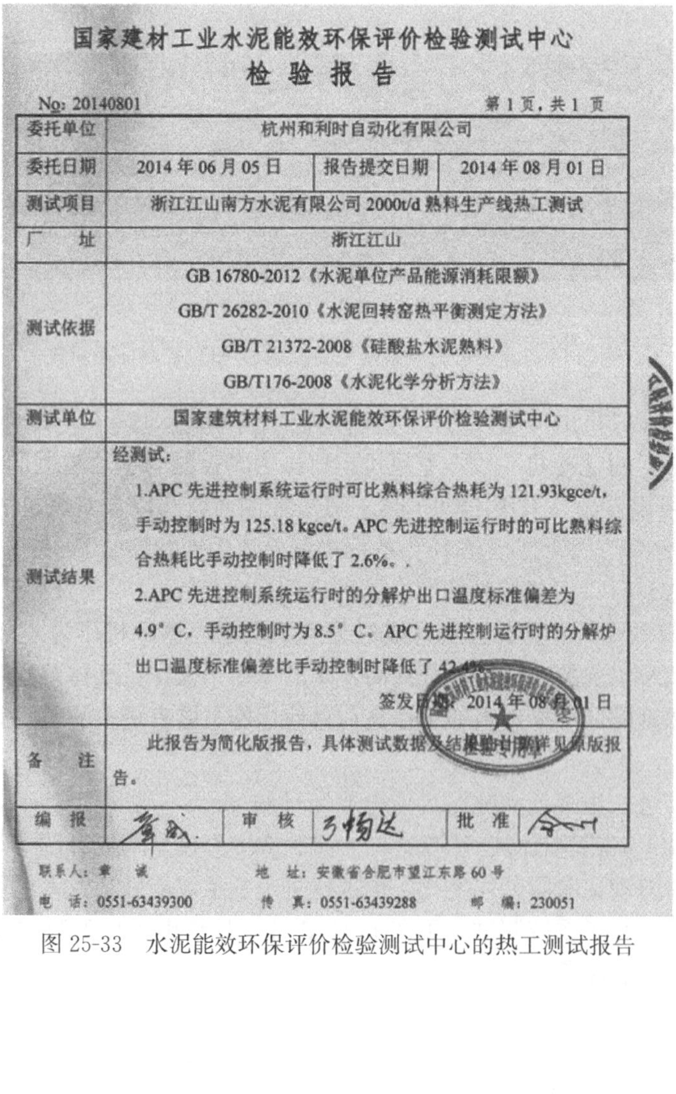

国家建材工业水泥能效环保评价检验测试中心

检验报告

No: 20140801			第 1 页，共 1 页
委托单位	杭州和利时自动化有限公司		
委托日期	2014 年 06 月 05 日	报告提交日期	2014 年 08 月 01 日
测试项目	浙江江山南方水泥有限公司 2000t/d 熟料生产线热工测试		
厂　址	浙江江山		
测试依据	GB 16780-2012《水泥单位产品能源消耗限额》 GB/T 26282-2010《水泥回转窑热平衡测定方法》 GB/T 21372-2008《硅酸盐水泥熟料》 GB/T176-2008《水泥化学分析方法》		
测试单位	国家建筑材料工业水泥能效环保评价检验测试中心		
测试结果	经测试： 1.APC 先进控制系统运行时可比熟料综合热耗为 121.93kgce/t，手动控制时为 125.18 kgce/t。APC 先进控制运行时的可比熟料综合热耗比手动控制时降低了 2.6%。 2.APC 先进控制系统运行时的分解炉出口温度标准偏差为 4.9°C，手动控制时为 8.5°C。APC 先进控制运行时的分解炉出口温度标准偏差比手动控制时降低了 42.4%。 签发日期：2014 年 08 月 01 日		
备　注	此报告为简化版报告，具体测试数据及结果详见原版报告。		
编报	审核		批准

联系人：章　诚　　　　地　址：安徽省合肥市望江东路 60 号
电　话：0551-63439300　　传　真：0551-63439288　　邮　编：230051

图 25-33　水泥能效环保评价检验测试中心的热工测试报告

江山南方的 2500t/d 新型干法熟料线在 HOLLiAS APC 智能控制系统投运时，分解炉出口温度标准偏差为 4.9℃，在切换到手动控制运行时，分解炉出口温度标准偏差为 8.5℃，两者相比，前者分解炉出口温度标准偏差降低了 42.4%；

在 HOLLiAS APC 智能控制系统投运时，可比熟料综合热耗为 121.93kgce/t，在切换到手动控制运行时，可比熟料综合热耗为 125.18kgce/t，两者相比，前者可比熟料综合热耗降低了 2.6%。

5. Polysius 的多变量水泥磨自控系统

到目前为止，国内厂家对球磨机自控系统也做了大量的工作，系统主要以磨音（或磨震）信号反馈控制喂料量，有的还引入了循环提升机运行电流，虽取得了不可否定的效果，但始终不尽如人意。

笔者在多年前使用过一个 Polysius 球磨机自控系统，不论水泥磨还是生料磨（风扫式球磨机）都感觉非常好用，与我们现用的系统相比，主要是对喂料量的控制引用了多个因变量，而且各因变量的调节权重是向操作员开放的，操作员可以根据自己不断的经验累积进行不断地优化调整。

虽然时过多年，但仍然值得我们借鉴。我们在 25.3 节中定义了一个"自控调节回路的智能化"，主要涵盖了"多变量"和"滚动优化"两个概念。按此定义，Polysius 的这个系统虽然还谈不上智能化，但已经采用了"多变量"控制，突破了现有自动化单变量控制的概念，只是将"滚动优化"交给了操作员而已，已经为我们进一步的智能化打下了基础。

1）该自控系统的构成

笔者有幸操作过 Polysius 设计的球磨机自控系统，不论是生料磨还是水泥磨，都感觉非常顺手。除开磨初期需要人工干预，防止较长时间的调节震荡外，正常运行中几乎不用操心，可以达到几天之内不需要人工干预。现将该系统粗略介绍如下。

该球磨机的控制原理如图 25-34 所示。现场画面显示为白色的为瞬时参数（见图中序号：

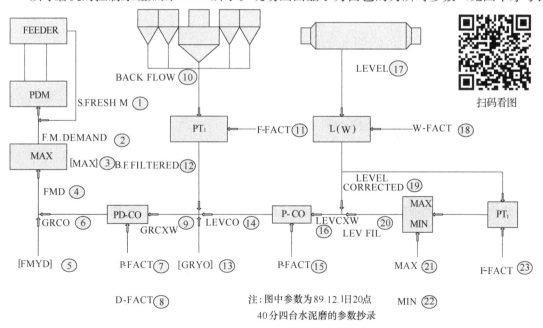

注：图中参数为 89.12.1日20点
40分四台水泥磨的参数抄录

图 25-34　Polysius 的水泥磨控制系统现场画面

1、2、4、6、9、10、12、14、16、17、19、20），现场画面显示为蓝色的为调节参数（见图中序号：3、5、7、8、11、13、15、18、21、22、23），包括控制调节参数和工艺调节参数。

图 25-34 中所标示设备为：

FEEDER：喂料设备。

PDM：脉宽调节器。该系统对喂料秤的控制输出采用脉冲信号，即输出一个信号后要维持一定的时间后再输出下一个信号，这个维持的时间就是脉宽。

MAX：限幅调节器。对通过调节器的数值进行限幅处理，限幅值可根据需要设定，对超过限幅的数据，一律以限幅值输出。

PD-CO：比例微分调节器。它不但能对输出参数与给定值的偏差进行比例调节，而且能对该信号进行微分处理，即可根据输出参数（被调参数）的变化速度进行"超前调节"，从而提高调节系统的稳定性。

PT_1：数字滤波器。它的功能是对采集的原始信号进行滤波处理，不但减少采集信号的外来干扰，而且能缓慢信号的变化速度。

P-CO：比例调节器。根据被调节参数与给定值的偏差进行比例调节。

L（W）：数字校正器。用于校正某一参数对采集信号的影响。

MAX、MIN：双向限幅调节器。即能限制最大的输出，也能限制最小的输出。

2）该自控系统的参数

① S. FRESH M 表示喂料量

② F. M. DEMAND

$N_1 G_{08}$—OUT Cement mill feed demand ％

水泥磨要求喂料量。

此值为喂料需求量④经限幅处理后，给出的喂料秤的百分比开度。比如此值 60％时，表示喂料量为 $150×60％＝90t/h$。

③ MAX

N_1 FM MAX Fresh material maximum ％

喂料最大值。

它的主要作用是对输出的喂料参数进行限幅处理。此值根据需要进行人为设定，一般取 60％～65％，避免由于过激调节引起反复震荡。

其功能关系式如下：②＝ MIN［③，④］

④FMD

N_1 FMD Fresh material demand ％

喂料需求量。

此值为限幅处理前的实际需求值，是经过回粉、磨位调整后的设定喂料量，其功能关系式为：④＝⑤＋⑥

⑤ FMYD

N_1 FMYD Fresh material ％

设定喂料量。

此值由操作员根据磨机能力初步设定，然后再由计算机根据回粉及磨位与设定值的偏差进行调节，最终建立一个相对平衡。

此值设定较高时，平衡后回粉及磨位也较高；此值设定较低时，平衡后的回粉及磨位较低。

但此值如果设得过大，超出了系统的调节范围，将引起回粉陡增，继而满磨；如果设得过小，又将引起回粉陡降，继而磨空。因此，要求此值设定尽量适中，也就是说要尽量减小计算机的调节负荷⑥，尽量使设定值⑤与输出值②统一起来。

当此值设定较高时，由于其具有较高的回粉量，这可作为在不动选粉机的情况下提高比表面积的一个手段。

设定喂料量＝预调回粉量×0.3×⑦

对于一定的立轴转速和循环风量，⑤与②的偏差越大，将使计算机系统对回粉的调节能力越强，从而强化了对回粉的调节，在这种平衡状态下生产，可减小回粉的波动幅度。

⑥ GRCO

N_1 GRCO Backflow controller output %

回粉控制器输出值。

此值是在设定喂料量的基础上，根据回粉及磨位与各自设定值的偏差而给出的调节量。当⑧＝ 0.000 时，⑥＝ 0.3 ×⑦×⑨

⑦ P-FACT

N_1 GRCP Backflow controller P-FACT

回粉控制器比例调节系数。

⑧ D-FACT

N_1 GRCD Backflow controller D-FACT

回粉控制器微分调节系数。

⑨ GRCXW

N_1 GRCXW Backflow controller deviation TP

回粉控制器输入偏差值 t/h。

⑨＝⑬－ ⑫＋ ⑭

⑩ Back Flow

选粉机的回粉量。

⑪F-FACT

N_1 GRFF Backflow filter factor

回粉过滤器系数。

⑫B. F. FILTERED

N_1GRF Backflow filtered TP

滤波后的回粉量 t/h。

⑬GRYO

N_1 GRYO Backflow YO TP

设定回粉量。

存在回粉是闭路系统具有较高产质量的根本所在，因此就选粉系统而言，如果提升机、选粉机的能力允许，应该尽量选择较高的回粉量，这样能够及时地将合格产品选出，减少过粉磨现象。

但从另一个角度来讲，回粉太大势必增高磨位。如果磨位太高，势必影响研磨体对物料的冲击与研磨，从而使粉磨效率降低。

鉴于上述两点，当磨位不是太高时（≥60%）应尽量选择较大的回粉，以充分体现闭路系统的功能。

就该厂而言，出磨物料一般控制在280t/h左右（计算和设计控制基准，实际中也可适当突破，在300t/h左右提升机仍能正常生产），还要考虑留出20t/h的波动能力，故回粉量的选择式一般为：

$$回粉量＝280－20－台时产量$$

⑭LEVCO

N_1 LEVCO level controller output TP

磨位控制器输出值

$$⑭＝⑮×⑯$$

⑮P-FACT

N_1 LEVCP level controller P-FACT

磨位控制器比例调节系数。

磨位控制器比例调节系数，即磨位百分比调节量对回粉相当吨的转换系数，它的大小在一定程度上反映着粉磨系统的稳定性。

如果此系数较小，磨系统以回粉调节为主，而回粉调节存在着滞后时间长且缺少稳定调节的弱点，易造成喂料、磨位、回粉三个参数的反复振荡，既不利于提高台时产量，又易造成水泥波动，影响斜槽输送。

如能适当地提高此参数，比如控制在10或15，就可以增加磨位调节的比重。磨位调节不但滞后时间较短，而且具有稳定的调节能力。虽然喂料调节频率提高了，显得操作不稳，但磨位却被大大地稳定下来，从而使回粉也稳定了下来，这对粉磨系统是相当重要的。

但此参数也不可控制得过高，否则，由于调节幅度较大，不利于磨位的回粉调节，容易造成反复振荡。

因此，当磨位处于回粉调节状态时，应将此参数设得较小一点，比如5，或者干脆手控干预；而当磨位处在稳定调节状态时，可将该参数设得大一些。

值得注意的是，当该参数设得较高时，由磨位调节比例的增加，同时降低了回粉调节比例，要求磨位上限设定值给予适当降低。提早进行回控调节，以免回粉过高引起振荡或压住提升机。

⑯LEVCXW

N_1 LEVCXW level controller deviation %

磨位控制器输入偏差值

$$⑯＝⑳－⑲$$

⑰LEVEL

磨位信号　%

此信号由磨音测量电耳测得。

⑱W-FACT

N_1 WATKF water injection factor

磨内喷水校正系数。

⑲ LEVEL CORRECTED

N₁ LEVK LEVEL CORRECTED ％

校正后的磨位信号。

⑳ LEV FIL

N₁ LEVF level filtered ％

滤波（限幅）后的磨位信号

当⑲＞㉒时，⑳＝ min［㉑，⑲］；

当⑲＜㉒时，⑳＝㉒

㉑MAX　磨位限幅调节器的最大值 ％

㉒MIN　磨位限幅调节器的最小值 ％

此限幅调节器具有双向限幅调节功能和范围内的稳定调节功能。磨位最大值或最小值的设定，除与填充率、通风量、喷水、回粉、物料易磨性有关外，设定时还应考虑到它是一个相对信号，并不能指示真正的磨位，有时甚至相差很大（调整不当时）。只有在设定磨位最大值或最小值时，将此偏差考虑在内，才能更好地适应控制系统的需要，进行优化生产。

㉓F－FACT

N₁ LEVFF level filter factor

磨位滤波器系数。

3）该自控系统的功能

Polysius 的水泥球磨机自控系统的特点是，在设定喂料量的基础上，进行对回粉、磨位两个参数的调节，再加以磨内喷水校正。

该系统以回粉调节为主，进行"回粉定量"调节，以磨位调节为辅。当磨位在上下限之间时，只进行稳定调节，延缓磨位的变化；只有在磨位超出上限或下限时，才进行磨位"回粉调节"。

磨位的调节是在比例调节器将磨位百分比转换为"相当吨"后，与回粉调节量叠加输出的，整个控制系统是以磨位稳定并达到合理的比表面积为目标的。

应该说明的是，该水泥粉磨系统的现场设置有比表面积在线检测仪，遗憾的是笔者到现场时这个在线检测仪已经停用了。何时停用的、什么原因停用的、为什么水泥球磨机自控系统没有将"比表面积"这个重要的参数引进来？由于该厂已经投产多年，管理和生产人员几经更换，这些问题的原因都难以说清了。

事实上，Polysius 的球磨机自控系统仍然是用多变量纠偏，只是不带滚动优化而已，各因变量的相关性由人工判断调整。尽管不是前沿技术，但这正是多变量优化纠偏的前生或基础，对完善现有的自控回路，进一步发展为"多变量优化纠偏的智控回路"都具有借鉴意义。

6. XOPTIX 水泥在线粒度监控系统及应用

在第 25.1 节中我们讲到，"智慧"包括信息的检测、传递和储存，对信息的逻辑化处理，对已有逻辑的因果类比；因果类比的导向作用产生了"行为和语言"，行为和语言的表达过程就是"能力"。将"智慧"和"能力"合在一起才是"智能"，可见智能化离不开信息这个基础，信息的获取又离不开检测装置。

我们知道，水泥的粉磨细度是粉磨系统最重要的控制指标，既影响到水泥的质量（强度等），又影响到系统产量（电耗等），而且质量和产量是系统操作中主要需平衡的一对矛盾，这个平衡点就是一个合适的粉磨细度。

如何控制这个粉磨细度，早期主要是控制 $80\mu m$ 方孔筛筛余，后来逐渐进步到控制 $45\mu m$ 方孔筛筛余，或者两者互补监控，但筛余更多反映的是细度不合格部分的剔除量，而对水泥中的合格部分缺少细度的体现；后来又进步到采用比表面积控制水泥细度，较好地体现了对水泥中合格部分细度的反映，或者比表面积和筛余互补监控，获得了对水泥中合格、不合格两部分的同时监控，这是目前对水泥粉磨细度的主要监控措施，反映的仍然是水泥粉磨后的总体细度。

水泥技术发展到今天，我们已经知道不仅是总体细度，水泥性能还受到其颗粒级配和颗粒形状的重大影响。同一种配料，即使在筛余和比表面积相同的情况下，如果颗粒级配不同，水泥的性能也会表现出较大的差异。根据有关的研究结果，最佳的水泥颗粒级配是：$<3\mu m$ 的颗粒含量在 10% 左右，$3\sim32\mu m$ 的颗粒含量 $>65\%$，$>60\mu m$ 的颗粒越少越好。

因此，对水泥粉磨细度的控制提出了更高的要求，不仅要控制其总体细度，而且要控制颗粒级配。目前，各公司普遍采用的水泥颗粒级配取样检测仪器尽管已经成熟可靠，但由于其时效性差、代表性差，仍不能满足生产系统智控的需要；对"水泥颗粒级配的在线监控"已成为生产智控的必要，"在线粒度检测仪"便应运而生，目前已有上海传伟引进的 XOPTIX 技术、丹东百特自己开发的 BT-Online1 在线粒度监控系统可供选用。

1）XOPTIX 在线粒度监控系统简介

XOPTIX 是一套专门针对工业现场设计的在线粒度监控系统，直接在生产管线中对水泥的颗粒级配和变化趋势进行 24 小时连续、快速、及时、准确的检测监控，并将监控结果及时传送到中控室的 DCS 或 PLC 系统中，从而为水泥粉磨系统的智能化控制提供重要的信息支撑。

XOPTIX 在线激光粒度仪不但解决了人工取样和检测的时效性和代表性问题，而且解决了其他在线产品镜头容易脏、经常需要激光对焦的问题，能够较好地建立起粒度分布与强

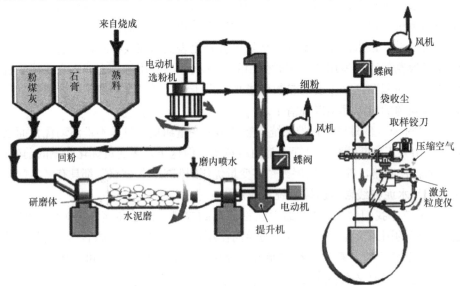

图 25-35　XOPTIX 在线激光粒度仪在水泥粉磨系统中的应用

度的关系。XOPTIX 在线激光粒度仪在水泥粉磨系统中的应用位置如图 25-35 所示。

XOPTIX 在线粒度监控系统的主要功能部件有：仪器主机（包括激光发送、信号接收）、样品流动池、取样系统、回样系统、信号控制箱。在线激光粒度仪的组成和工作原理如图 25-36 所示。

为了确保在线粒度监控系统长期稳定、精准运行，必须对容易受样品污染的光学镜片等加以保护。该系统给分布于样品池两侧的激光发射腔和接收腔充以高于取样气体压力的保护气体，分别在两腔与样品池之间形

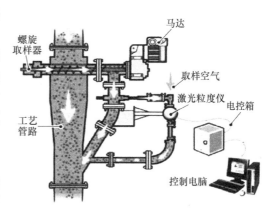

图 25-36　XOPTIX 在线激光粒度仪的工作原理

成隔离粉尘的气幕（高压气体密封），较好地解决了光学镜片的污染问题。XOPTIX 激光衍射装置及气封保护如图 25-37 所示。

XOPTIX 是一套专门针对工业现场设计的在线粒度监控系统，可以减小人工取样的劳动强度和人工检测的误差，能为水泥粉磨系统的精细化操作、智能化控制提供重要及时的信息支撑。

在粉磨系统启动的初期，适时地调整是不可避免的，使用 XOPTIX 能使您随时掌握您的调整结果，提高调整的准确性、加快进入稳定状态的速度，从而减小开停机损失。

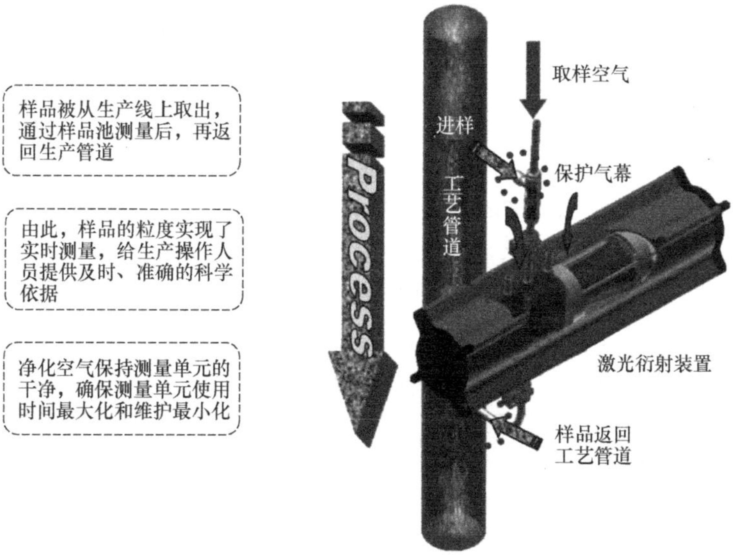

图 25-37　XOPTIX 激光衍射装置及气封保护

在粉磨系统稳定的状态下，使用 XOPTIX 能够实时了解到运行状况，做出及时、准确的微调，避免了滞后调节、盲目调节造成的被动局面，减少产量、质量和能耗损失，降低质量波动，减少为应付波动设定的超标率，这也正是我们所谓"新型干法"在操作上强调"预打小慢车、防止大变动"的体现。

2）XOPTIX 在中联水泥响水公司使用案例

这里有一篇水泥商情网 2015 年 3 月 11 日刊发的文章，题目是《在线粒度监控系统对水泥生产的帮助》，署名作者是薛金松，现摘编如下。由于笔者没有作认真的调查，仅供参考。

中联水泥响水公司（粉磨站）2013 年安装了一套 XOPTIX 在线粒度分析系统，将 XOPTIX 安装在选粉机后的成品输料斜槽上，XOPTIX 通过螺旋输送器将斜槽内一部分水泥取出，经 XOPTIX 激光衍射检测后再送回到成品输料斜槽内。

在安装 XOPTIX 之前，质控处用 $80\mu m$ 和 $45\mu m$ 筛余控制水泥细度，不同人员的检验误差和 30min 的检验时长，影响到中控操作员稳定操作。使用 XOPTIX 之后，本文作者尝试对选粉机的转速作细微调整，约 3min 之后在中控室就可以看到水泥的粒度分布随选粉机转速的调整而变化的结果，就像把实验室的仪器搬到了现场，既精准又方便还及时。

由于 $45\mu m$ 筛余主要反映水泥中粗颗粒的百分含量，比表面积主要反映水泥中细颗粒的百分含量（小于 $5\mu m$），该公司过去一直采用 $45\mu m$ 筛余和比表面积相结合控制出磨水泥的细度，在生产初期取得了不错的效果，但对于水泥的颗粒分布却没有监控。在目前的市场环境下，用户的要求越来越高，该公司的水泥随之失去了优势，迫使他们使用了 XOPTIX 在线粒度仪。

在使用了 XOPTIX 之后，对出磨水泥各种规格的粒径所占的比率就可以直接读出，快速判断是磨机研磨导致颗粒分布变化还是物料（熟料和混合材）活性变化导致水泥强度变化，并且能够实时跟踪调整结果，这无疑给中控操作员增添了一个控制水泥性能的先进手段。

仪器的稳定性也在长期的使用中得到印证，在系统工艺稳定的情况下，几个特征粒度参数的趋势非常稳定，波动范围在 $\pm 1.5\%$ 以内。使用 XOPTIX 前后几个水泥特征粒度参数的波动情况如图 25-38 所示。

该公司是粉磨站企业，外购熟料质量存在较大波动，导致出磨水泥强度标准偏差较大。使用 XOPTIX 之前出磨水泥 28d 抗压强度标准偏差为 1.633MPa，使用之后由于操作员根据粒度趋势及时调整，使出磨水泥 28d 抗压强度标准偏差减小到 0.459MPa，水泥产品均衡稳定，满足了商品混凝土公司的需求，也成了该公司产品的主要卖点。使用 XOPTIX 前后的几项指标比较如表 25-5 所示。按 100 万吨的年产能初步估算，每年可以降低生产成本达 600 多万元。

表 25-5　使用 XOPTIX 前后几项技术指标的比较

项目	添加混合材比率/%	台时产量/(t/h)	水泥 3d 强度/MPa	水泥 28d 强度/MPa	水泥 28d 强度标准偏差/MPa
使用在线粒度仪之前	48	182	16.5	38.4	1.63
使用在线粒度仪之后	51	188	16.9	39.1	0.46

该公司的使用总结如下：

（1）在线激光粒度仪是中控操作员的"眼睛"，是操作参数调整的依据，工艺参数变化时，3min 左右操作人员就能够从画面上发现粒度变化、变化多少，使调整做到及时、准确、量化；而传统的离线式激光粒度分析仪不能做到与成品水泥同步，不能随时指导中控操作。

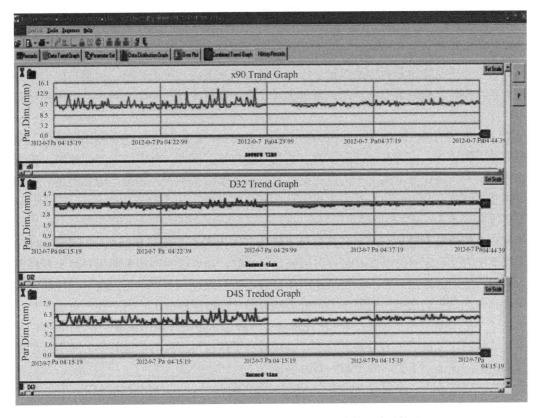

图 25-38　XOPTIX 使用前后水泥特征粒度参数的波动情况

（2）工艺人员对水泥颗粒分布 $<3\mu m$、$3\sim32\mu m$、$<45\mu m$、$>80\mu m$ 的含量等进行分析，能将水泥细度控制在更窄的范围内，颗粒级配更加合理，分散性更好，早期强度高，后期增进好，质量更稳定，使产品更加具有竞争力。

（3）质量管理人员根据水泥颗粒分布状况调整混合材品种、比率结构和最佳控制指标，提高混合材掺加量；同时能够通过曲线变化监控生产全部过程。

7. 比色测温应用于篦冷机智能控制的探索

前面谈到的篦冷机智能控制系统，都是将稳定篦冷机一段篦下压力作为其表观目标，将稳定篦床上的料层厚度作为其实质目标。通过调整篦冷机一段的推动速度，将一段的篦下压力尽量稳定在较小的波动范围内，此过程量的稳定在一定程度上反映着冷却过程中料层厚度的稳定。

应用实践表明，鉴于料层的阻力不仅与料层厚度有关，还与熟料的结粒、黏滞情况有关，仅靠一段篦下压力，有时并不能稳定篦上的料层厚度；鉴于篦冷机功能的多重性、影响因素的多元性、操作调控的复杂性，仅靠稳定篦床上的料层厚度，有时并不能胜任篦冷机的优化控制。而原理上 CCD 比色测温技术的应用，正好能弥补这方面的不足，解锁供风量与料层厚度的绑定，使整个篦冷机智能控制系统更趋完善。

CCD 比色测温系统，能及时地可视篦床上的温度分布，并给出一个直观的篦床等温线图，直接反映出篦床熟料层每个局部的冷却情况，为实时调整每个局部的供风情况提供依据，配合篦床上整体料层厚度的基础调整，实现篦冷机的全面优化控制。燕山大学电气工程学院在这方面曾做了一些针对性研究，现整编如下供读者参考。

1）现有篦冷机智控回路的不足

篦冷机的作用是将高温熟料冷却并回收热量以降低煤耗，其原理是用透过篦床和熟料的冷却风作为介质交换出熟料中的热量。冷却风量由篦床下离心风机供给，风量与供风阻力呈反比关系，当料层越厚需要的冷却风量越多时，由于料层越厚料层阻力越大，供风量反而会越小，反之亦然。

由于篦床上的料层阻力是供风阻力的主要组成部分，供风阻力的变化在一定程度上反映着料层厚度的变化；由于篦床速度能改变料层厚度和篦下压力，就有了通过调整篦床速度以稳定篦下压力、通过稳定篦下压力以稳定篦上料层厚度的基本智控回路。遗憾的是，这种控制思路并不能总是令人满意，首先逻辑上就存在缺陷，篦下压力与篦上料厚只是正比关系，而不是线性关系。

篦冷机的功能主要是冷却出窑熟料和加热二三次风温、实现热量回收、降低烧成煤耗，稳定篦下压力及稳定料层厚度只是一种措施而非目的，如果这种措施不能很好地实现预期目的，就是有缺陷的措施，更不该把措施当作目的，而应该进一步寻求更加宽泛的控制原理。

其一，如果我们把操作束缚在一定篦下压力即一定料层厚度上，当系统产量增高时，就会出现"料层增厚——压力增大——篦速加快——料层恢复——压力恢复"的调节过程，其结果是虽然稳定了篦下压力及料层厚度，但却牺牲了热料与冷风的接触时间，即牺牲了热交换效果，不但保证不了熟料的冷却，同时保证不了热回收效率。

其二，烧成系统一个复杂的物理、化学、物理化学的 T—P—t 演化过程，该过程的控制具有多变量耦合、强干扰、大惯性、大滞后的复杂特点。入窑生料喂料量、窑内熟料烧结情况、出窑熟料量（窑速及非窑速影响）、篦床的运行速度、各篦下风机的特性等，都对篦冷机的篦下压力和篦上料厚构成影响。

2）CCD 比色测温系统的组成和智控原理

CCD 比色法是一种有效的非接触测温手段，它通过摄取被测目标图像，借助光学理论和计算机图像处理等技术，可以再现温度场的可视化分布情况。CCD 比色测温反应快、精度高，能够对运动目标实现温度场面的测量，而不受被测目标的干扰和改变。CCD 比色测温原理如图 25-39 所示。

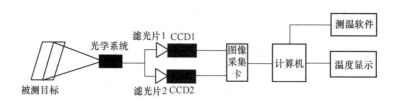

图 25-39　CCD 比色测温原理图

测温系统由光学子系统、CCD 摄像机、图像采集卡、计算机及冷却、清洁等辅助子系统构成。被测目标的辐射能经过光学系统后，由滤光片分离出两个不同波长的单色辐射图像、分别通过滤光片投射到面阵 CCD 上，经过计算机测温软件处理后，得到灰度比值分布，计算出细化到分区的温度场分布，在显示器上输出温度分布和图像信息。

根据 CCD 比色测温系统输出的各分区的温度信息，篦冷机智控系统通过控制篦冷机篦床的推动速度以控制热交换时间，通过控制各分区冷却用风（风机和或阀门）的供应量以控制热交换能力，从而实现熟料冷却的智能化。

光学系统的镜头前端采用耐高温的镜面，增强镜头的抗高温性能，外部设有保护套管。由于冷却熟料的冷却风由熟料底部吹上来，在箅冷机体内必然形成粉尘，所以应处理好冷却和吹扫工作。通过外保护套管将冷却风送至光学镜头前端吹扫镜面，有效防止粉尘撞击或粘于物镜上，保证成像质量。

CCD 图像采集卡的作用是将 CCD 采集的模拟信号转换为数字信号，输出灰度图像。配合选用的 CCD，本系统选用高速数字图像采集卡。

箅冷机内是一个非常恶劣的高温环境，测温系统的安装既受到箅冷机内结构限制，也受到系统的物理性能和工作条件的影响。由于快速急冷是提高冷却效率的重要措施之一，所以对箅冷机的前段温度检测至关重要。基于以上原因，安装位置的选择必须考虑以下几个方面：①如何充分利用冷却风；②必须考虑机内粉尘、飞灰的影响；③必须考虑 CCD 摄像机本身的物理性能和技术限制。

CCD 比色测温系统设计的测温范围为 900~1400℃，可以满足安装在箅冷机前端的测温需求。安装在箅冷机前端可以充分利用冷却风，既冷却光学器件，使其在温度范围内正常工作，又可以吹扫镜头，防止灰尘污染，保证成像质量。CCD 测温系统的安装位置如图 25-40 所示。

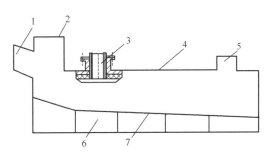

图 25-40　CCD 测温系统安装位置示意图
1—入窑二次风口；2—分解炉三次风口；3—测温系统安装位置；4—箅冷机壳体；5—箅冷机尾气出口；6—箅下风室；7—箅冷机箅床

3) CCD 测温系统的原理及参数选择

本系统测温软件由 Visual C++6.0 开发完成，能够用于微软各种操作系统。通过读取两幅图像的灰度值，进行滤波、减噪，将实际测得的灰度比值对比标定好的比值表，利用插值法计算出实际的温度场分布情况。根据计算结果为箅冷机的自动化控制提供依据。

(1) 比色测温原理

根据普朗克定律，光谱辐射强度随波长分布符合下式：

$$E(\lambda, T) = \varepsilon(\lambda, T)C_1\lambda^{-5}(e^{c_2/\lambda T} - 1)^{-1} \tag{1}$$

式中：$E(\lambda, T)$——光谱辐射强度；

$\varepsilon(\lambda, T)$——波长为 λ 的物体的单色辐射率；

λ——由物体发出的辐射波长；

T——物体温度；

C_1——第一辐射常数，$C_1 = 3.7418 \times 10^{-16} \text{Wm}^2$；

C_2——第二辐射常数，$C_2 = 1.4388 \times 10^{-2} \text{m} \cdot \text{K}$；

当 $[C_2/\lambda T] \gg 1$ 时，普朗克公式可近似由维恩公式表示：

$$E(\lambda, T) = \varepsilon(\lambda, T)C_1 \times \lambda^{-5}e^{-C_2/\lambda T} \tag{2}$$

当温度范围处于 800~3000K 和波长 $\lambda < 0.8\mu m$ 范围内，能很好满足 $[C_2/\lambda T] \gg 1$ 的条件，因此完全可以用计算方便的维恩公式代替普朗克公式。

若在两波长 λ_1、λ_2 下同时测量到同一点发出的单色辐射能 $E(\lambda_1, T)$、$E(\lambda_2, T)$，则两者的比值 R 为：

$$R = \frac{E(\lambda_1, T)}{E(\lambda_2, T)} = \frac{\lambda_2^5}{\lambda_1^5} \exp\left[\frac{C_2}{T}\left(\frac{1}{\lambda_2} - \frac{1}{\lambda}\right)\right] \frac{\varepsilon(\lambda_1, T)}{\varepsilon(\lambda_2, T)} \tag{3}$$

$\varepsilon(\lambda_1, T)$、$\varepsilon(\lambda_2, T)$ 是物体在温度为 T 时对应波长 λ_1 和 λ_2 处的辐射率，当 λ_1、λ_2 较为接近时，$\varepsilon(\lambda_1, T)$、$\varepsilon(\lambda_2, T)$ 近似相等。

由上可得测温区域比色测温的温度 T 表达式：

$$T = C_2\left(\frac{1}{\lambda_2} - \frac{1}{\lambda_1}\right) \Big/ \left[\ln\frac{E(\lambda_1, T)}{E(\lambda_1, T)} + 5\ln\left(\frac{\lambda_1}{\lambda_2}\right)\right] \tag{4}$$

（2）系统参数的选择。

焦距的选择：焦距是 CCD 光学镜头的重要参数，通常用 f 表示。焦距与视场角的大小有直接关系，短焦距镜头给出较大的视场角，长焦距镜头给出较小视场角。所选定的 CCD 摄像机必有一相对应的镜头焦距，可以通过目标尺寸、视场角和摄像机位置到被测目标的距离来得出镜头焦距的值。

波长的选择：本系统波长通过干涉滤光片来选择。波长的选择要考虑如下几个方面。

① 选取的波长在所测温度范围内应有较好的对比度。由维恩位移定律得知黑体光谱辐射强度峰值波长 λ_m 和温度 T 之间的关系：

$$\lambda_m T = 2898\mu\text{m} \cdot \text{k} \tag{5}$$

在箆冷机中温度范围为 $900 \sim 1400℃$，因此其光谱辐射强度的峰值波长在近红外的 $1.73 \sim 2.47\mu\text{m}$。CCD 光谱相应范围为 $0.4 \sim 1.1\mu\text{m}$，同时考虑可见光的影响，因此，所选波长范围为 $0.75 \sim 1.1\mu\text{m}$，即近红外波段。

② 比色测温不能消除选择性吸收介质对测量精度的影响，如空气中的水蒸气、CO_2、CO 等对红外辐射具有强烈的吸收作用，造成测量误差。比色测温在很大程度上能减小这种误差，但所选的工作波段应避开这些吸收带，由此可确定大气窗口为 $0.6 \sim 0.95\mu\text{m}$。

综合①和②两个方面，确定波长选择范围为 $0.75 \sim 0.95\mu\text{m}$。

带宽的选择：带宽是光谱强度等于极大值强度的一半的两点间的波长差，是影响 CCD 动态测温误差的重要参数之一。对于比色测温系统来说，带宽的选择只要满足 CCD 摄像机的最小照度要求即可。

在保持两波长一定的条件下，综合考虑 CCD 的最小照度、光路的损耗、检测的温度范围等因素，改变带宽的值，就可以确定带宽的范围。通过理论分析计算，如果波长满足下式，则测温分度均匀，系统响应良好：

$$\frac{1}{\lambda_2} - \frac{1}{\lambda_1} = 2\ln\frac{T_2}{T_1} \Big/ C_2\left(\frac{1}{T_2} - \frac{1}{T_1}\right) \tag{6}$$

4）测温系统的误差分析

在实际应用中，这种测温系统用在工程上是比较完善的，但是从理论上分析还存在一些误差。

（1）测温系统本身的系统误差，可以通过计量校准来克服。如 CCD 曝光时间和镜头光圈系数在式（3）中已经消除，理论上这两个参数的选择不影响图像灰度比值，但是实际上采用不同的曝光时间和光圈系数对同一温度进行测量时，其相应的系统信噪比也发生变化，最终体现在图像灰度比值改变上。另外 CCD 本身硬件也会带来一些误差，所以尽量选取精度较高的 CCD。

（2）不同波长下 $\varepsilon(\lambda_1, T)$、$\varepsilon(\lambda_2, T)$ 很相近，但是并不相等，所以在近似认为 $\varepsilon(\lambda_1)/\varepsilon(\lambda_2)$ 的计算中还必须用下式来表示误差：

$$\Delta T = T\left\{ C_2\left(\frac{1}{\lambda_1} - \frac{1}{\lambda_2}\right) / T\ln\left[\frac{\varepsilon(\lambda_1)}{\varepsilon(\lambda_2)} + C_2\left(\frac{1}{\lambda_1} - \frac{1}{\lambda_2}\right)\right] - 1 \right\} \tag{7}$$

（3）目标物体表面发射率的变化、材料性质和环境中选择性吸收气体的影响也使测量产生误差。比色测温假设物体为黑体或为灰体，即物体光谱发射率为 1 或为常数，但是实际物体并不满足这些条件。通过所选两波长发射率近似相等，可以减小误差。

5）在某水泥厂篦冷机上的应用实验

在某水泥厂 5000t/d 生产线篦冷机现场，使用两个波长采集的原始图像如图 25-41（a）、（b）所示。其检测温度范围为 900～1300℃，其采集波长 λ_1、λ_2 分别选为 0.780μm 和 0.922μm。

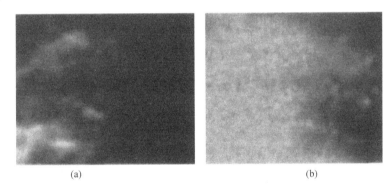

(a)　　　　　　　　　　　(b)

（a）λ_1＝0.780μm；（b）λ_2＝0.922μm

图 25-41　某水泥厂篦冷机现场采集的原始图像

原始图像图 25-41 经 CCD 测温系统处理后的结果如图 25-42（a）、（b）所示。图 25-42

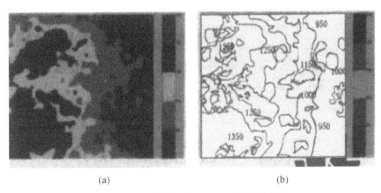

(a)　　　　　　　　　　　(b)

（a）温度伪彩色图；（b）温度等温线图

图 25-42　原始图像经 CCD 测温系统处理后的结果

（a）为篦床的温度伪彩色图，图 25-42（b）为篦床的等温线图。由图 25-42（a）可以看出，CCD 测温系统可以实现熟料温度场检测；由图 25-42（b）可以看出，CCD 测温系统可以实现篦冷机熟料温度场分布测量，同时可以依据测温软件分析熟料冷却的效果。

CCD 测温系统利用中值滤波和阈值加权平均滤波，可以有效去除原始图像的噪声，提高温度的测量精度，依此可以实时检测篦冷机的不安全因素和操作运行中的不足，满足篦冷机智能优化的需求。实验结果表明，实验设计的测温方法能够有效地获取熟料的全部温度信息，为熟料优化冷却智能控制奠定基础。

第 26 章　努力中的低碳水泥

大气中的 CO_2 浓度，在过去 80 万年里绝大多数情况下低于 $300cm^3/m^3$，进入工业化时代以后呈稳定增长态势，1980 年达到 $335cm^3/m^3$，2013 年 2 月达到 $397cm^3/m^3$。CO_2 大约占大气中全部温室气体的 77%，温室气体的增加导致地球表面温度升高，带来了一系列环境问题。

自 2009 年哥本哈根联合国气候变化会议召开以来，"低碳经济"一词便被提上议事日程。发展低碳经济就是通过技术创新、产业升级、新能源开发等多种方法和手段，努力减少天然化石燃料消耗，大幅度提高社会生产活动的能效水平，显著降低温室气体排放强度，实现经济社会发展与生态环境保护的全面进步。政府间气候变化专门委员会（IPCC）的目标，是将大气中 CO_2 浓度保持在 $450cm^3/m^3$ 以下。

水泥是经济建设离不开的重要材料，水泥工业是国民经济重要的基础产业。然而，作为传统的工业部门，水泥工业有着显著的"两高一资"生产特性。所谓"低碳"最通俗的解释就是减少二氧化碳排放，而在世界上除了煤电和钢铁行业之外，生产、使用过程中二氧化碳排放量最大者就属水泥行业了，低碳经济已成为水泥工业发展的必由之路。

世界资源研究所（WRI）2005 年的研究认为，水泥工业对大气温室气体的排放贡献约为 3.8%，如果换算成 CO_2 当量，水泥工业的贡献约为 5% 左右。国际能源机构（IEA）对每个工业都制定了 CO_2 减排目标，要求水泥工业从 2007 年的 20 亿吨 CO_2 排放量减少到 2050 年的 15.5 亿吨。由此推测，要求吨水泥的 CO_2 排放量从 0.8t 减少到 $0.35\sim0.42t$。

从近期来讲，水泥工业的碳排放包括直接排放和间接排放两部分，直接排放来自于化石燃料燃烧和石灰石分解，间接排放来自于电能消耗；从长远来讲，水泥工业的碳减排还必须考虑水泥的寿命周期，延长水泥寿命就能减少水泥用量，就能减少二氧化碳排放。

为减少水泥的碳排放量，世界各国的专家都在积极研究相关技术，各种间接的节能降耗措施已经、正在、继续不断地推出并得以逐步实施；然而，就现有水泥熟料来讲，由于波特兰水泥熟料的 70% 为 CaO，几乎都是由 $CaCO_3$ 分解而来，生产每吨熟料仅分解放出的 CO_2 就达到 0.546t 左右。如果不改变现有水泥熟料的矿物组成，即使全世界的水泥都采用了节能降耗措施、水泥中的熟料比率降到 78%，吨水泥的 CO_2 排放量依然高达 0.64t。

26.1　研究中的低碳生产

传统硅酸盐水泥生产存在着废气排放量大和能耗高两大关键问题，2013 年全国环境统计公报显示水泥工业 CO_2、NO_x 和 SO_2 占全国工业总排放的比率分别为 18.5%、10.7% 和 5.7%。废气主要来源于两个方面，一是水泥原料碳酸盐的分解，约占废气总量的 55%；二是燃料的燃烧。水泥能耗主要来源于熟料煅烧的热耗和水泥粉磨的电耗，生产 1t 水泥熟料消耗标煤 115kg。熟料热耗主要源于碳酸盐的分解，它约占熟料理论热耗的 50%。因此，上述两大问题的成因均主要来源于碳酸钙的分解，对低碳水泥的研究也就应运而生。

1. 中国建筑材料科学院的有关研究

低钙硅酸盐水泥的矿物组成和传统水泥的区别主要在于两种硅酸盐矿物 C_3S 和 C_2S 之间的比例差异，在一般情况下它是指贝利特（C_2S 系列固溶体）矿物含量大于 40% 的硅酸盐水泥，其历史可追溯到美国 ASTM Ⅳ 型低热波特兰水泥。

这种水泥具有很高的长期强度性能，但早强增进慢，所以在相当长的时间内未能普及。20 世纪 70 年代初，由于世界性能源危机的爆发，节能贝利特的研究又重受瞩目。由于降低了烧成温度和 CaO 含量，人们预期生产高贝利特系列水泥将消耗较少能源并达到节约原材料的目的。

近年来，由于工程界对建筑物结构耐久性的日趋重视，使用传统水泥的场合，存在施工性能差、水化热高和后期强度增进率小等问题，为满足要求，低钙硅酸盐水泥开始被日本等国批量应用于高性能混凝土设计。低钙硅酸盐水泥的强度性能一直是众多研究者普遍关注的问题，并对如何提高 C_2S 水化活性和高 C_2S 含量水泥的早期强度开展了大量的研究。

强度性能并不是衡量水泥高性能化的唯一指标，随着社会基础建设发展的多样化及施工技术发展的高度机械化和高度自动化，要求水泥自身必须具有更好的施工性能（高流动性、低用水量及对外加剂良好的适应性）、更低水化热及更好的耐久性能。而所有这些均与水泥矿物组成密不可分。尽管低钙硅酸盐水泥对 C_2S 含量已经有了一定的限定，但要全面实现水泥的高性能，其他几种矿物如 C_3S、C_3A、C_4AF 的作用也不可忽视，因此还必须对熟料理想可靠的组成进行重新设计。

在此基础上就如何提高其早期强度性能展开研究，无疑可取得更好的效果。有鉴于此，本文在前人已有研究工作的基础上，从全面实现水泥高性能化角度出发，对低钙硅酸盐水泥的熟料矿物组成优化设计问题进行了探讨。

1）熟料矿物组成与水泥的强度性能

建立相组成与实际水泥强度之间的关系具有非常重要的意义。Bruggemann 和 Brentrup 统计了大量水泥样品的数据，并根据所得的相关系数，把下列参数按照它们对水泥强度的影响作用排列成以下顺序：

C_3S+C_2S（Bogue 法）$>3C_3S+2C_2S+$ 铝酸盐和铁相（Knofel 强度特征系数）$>$ 硅率 $>C_3S$（Bogue 法）$>$ 阿利特 + 贝利特 $>$ 贝利特。

在 4 种熟料组成矿物中，硅酸盐矿物 C_3S 和 C_2S 的含量之和对水泥强度性能产生的影响作用表现得最为显著。相对而言，熟料中仅仅由 C_3S 的设计含量的变化引起的对水泥最终强度性能的影响则要弱一些。

从熟料中 C_3S 和 C_2S 理论计算含量之和（鲍格法），与实测阿利特与贝利特含量之和相比较，对水泥强度性能作用的效果上看，前者的作用更明显。由于阿利特和贝利特分别是 C_3S 和 C_2S 固溶杂质离子后而形成的固溶体，因此从某种意义上说，通过熟料理论组成相设计提高硅酸盐矿物总量，比采用掺杂固溶引起矿物内部晶格活化，在提高强度性能方面显得更为重要。

而长期以来，众多研究者为提高低钙硅酸盐水泥的强度性能，均采用后一种方法，其主要依据是 C_2S 固溶体能溶解比 C_3S 更多的外来元素。很显然，无论掺杂活化产生的增强效果如何，假如通过调整熟料矿物组成相之间的匹配就可达到同样的作用，其实用价值要大得多。

Knofel 也认为，熟料相组成与强度的关系是实际存在的。他根据大量的试验研究，提出了强度特征系数公式：$F_{28}＝3×$阿利特$＋2×$贝利特$＋$铝酸盐$－$铁相。试验表明，强度特征系数 F_{28} 和水泥 28d 抗压强度基本呈直线关系。如图 26-1 所示，F_{28} 值越大，水泥的 28d 强度越高。

在强度特征系数公式中，不同矿物所对应的系数高低即可反映每种矿物对水泥 28d 强度贡献的大小。很显然，熟料中的阿利特含量对水泥 28d 强度的影响最大。因此对于低钙硅酸盐水泥，在满足 C_2S 含量$＞40％$的前提下，尽量提高 C_3S 含量并相应增加熟料中硅酸盐矿物的总量，对提高其 28d 强度性能是极为有利的。

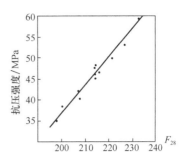

图 26-1 强度特征系数 F_{28} 与 28d 抗压强度之间的关系

Peukert 的研究也验证了上述论点，其试验研究表明，在混凝土材料设计中采用高硅水泥最有可能实现混凝土的高强度化。试验中熟料硅率高达 $3.2～4.5$，而且硅率越高，浆体各龄期强度越高，浆体孔隙率也显著低于通常的中低硅率硅酸盐水泥。

2）低钙硅酸盐水泥中的中间相及组成

（1）中间相含量与水泥的需水量

水泥需水量的大小直接影响混凝土的水灰比，而水灰比是影响混凝土强度和抗渗、抗冻等性能的重要因素，因此要实现低钙硅酸盐水泥的高性能化，必须减少水泥的需水量。在传统硅酸盐水泥的 4 种主要组成矿物中，C_3A 的标准稠度用水量最大，C_2S 最小，大致顺序为：$C_3A＞C_3S＞C_4AF＞C_2S$。水泥 C_3A 含量与标准稠度的关系如图 26-2 所示。

由图 26-2 可见，当 C_3A 含量增加时，水泥的需水量呈线性增加；C_3A 每增加 $1％$，标准稠度需水量也几乎增加 $1％$。据有关资料介绍，水泥标准稠度需水量每增加 $1％$，每立方米混凝土用水量一般相应增加 $6～8kg$，混凝土的强度性能及抗渗、抗冻性相应下降。

在低钙硅酸盐水泥体系熟料中，C_3A 与 C_4AF 总量对水泥需水量的影响试验结果，如图 26-3所示，随着 $C_3A＋C_4AF$ 含量的增加，水泥需水量增加。因此，增加熟料中的硅酸盐矿物特别是 C_2S 的数量，减少熔剂矿物 C_3A 和 C_4AF 总量，特别是减少 C_3A 的含量，是获得低需水量低钙硅酸盐水泥的重要途径。

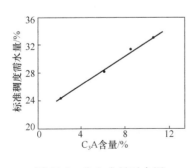

图 26-2 C_3A 含量对水泥标准稠度需水量的影响

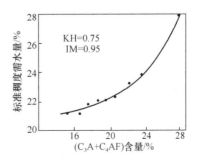

图 26-3 $C_3A＋C_4AF$ 含量与低钙硅酸盐水泥需水量的关系

（2）混凝土流动性对熟料中间相组成的要求

高性能混凝土最显著的特征就是具有高强度和高流动性。但在高强度高流动性混凝土中，浆体游离水含量对两者的需求是相互矛盾的，即高强化要求较低的自由水含量，而高流动性则要求较高的自由水数量。

田中光男等人认为，降低熟料中的 C_3A 和 C_4AF 含量，可以比较好地解决上述矛盾。他们研究了水泥中 C_3A 和 C_4AF 的总量对净浆流动度及 1∶1 砂浆屈服值的影响，试验结果如图 26-4、图 26-5 所示。

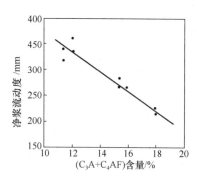
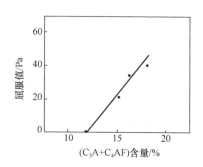

图 26-4　净浆流动度与 C_3A+C_4AF 含量的关系

图 26-5　C_3A+C_4AF 含量对 1∶1 砂浆流动性的影响

图 26-4 和图 26-5 表明，净浆流动度值随水泥中 C_3A+C_4AF 总量的减少而增加；而砂浆屈服值随 C_3A+C_4AF 总量的增加而显著增大，导致浆体流动性能下降。因此在一定水灰比条件下，降低水泥中的 C_3A+C_4AF 总量，可以使水泥浆体获得更高的流动性。

另一方面，C_3A+C_4AF 总量的降低，还可改善高流动性混凝土浆体中外加剂的分散均匀性。这是因为 C_3A 和 C_4AF 总量降低，吸附于 C_3A 及 C_4AF 矿物相颗粒表面的外加剂数量减少，而 C_3S 和 C_2S 吸附外加剂分子的数量增加，从而可以更好地发挥外加剂的使用效果。

在此基础上，他们用贝利特含量高达 46% 的低 C_3A 和 C_4AF 含量的"秩父"水泥，配制出自密实、高流动性、高强混凝土，91d 强度高达 105MPa。

（3）中间相组成对熟料形成及水化性能的影响

Ikabata 等人的研究认为，当铝率 IM 值减小，所得熟料中贝利特矿物晶体尺寸由于液相黏度降低而逐渐增大，水泥水化热降低，而砂浆抗压强度所受到的影响不大。从降低水泥水化热及提高水泥强度的角度出发，当水化热与抗压强度之比达到最小时将水泥性能视为最佳。对应熟料中间相的组成为 $C_4AF\sim C_6AF_2$ 的铁铝酸盐相，而没有 C_3A。

用这种组成的水泥配制的混凝土，在水泥用量为 $300kg/m^3$ 时，绝热温升仅 35.9℃，比通常商用低热水泥所配制的混凝土的绝热温升还要低 5℃，此外其后期强度远优于商用低热水泥配制的混凝土。

J·Stark 等人认为，为提高混凝土耐久性，水泥中最好不含 C_3A 相，与此相对应，熟料中的 Al_2O_3 含量须降至 1% 以下。为此，他们对一种由 C_3S、C_2S、C_2F 和高铁铁铝酸盐相为主要矿物组成的硅酸盐水泥熟料的形成过程进行了研究，发现当熟料饱和系数较低（LSF = 0.75）时，所形成铁铝酸盐相中的 Al/Fe 物质的量之比及 Ca/Fe 物质的量之比，均显著高于饱和系数较高（0.85~0.90）的熟料。

根据一般的观点，对 $C_2A_xF_{1-x}$ 系列固溶体，Al/Fe 物质的量之比越高，水化活性越高。

另外，在这种高铁低铝条件下所形成的阿利特中的 CaO/SiO_2 物质的量之比显著降低（2.80），而贝利特矿物中的 CaO/SiO_2 物质的量之比明显增高（2.18）。因此，形成熟料中的阿利特含量显著高于理论计算值，而贝利特含量显著低于理论值，两种矿物晶体中固溶杂质离子的数量及相应引起晶格畸变程度增加。

从贝利特矿物形成动力学的角度出发，Fukuda 等人的研究表明，当熟料中 Al/Fe 物质的量之比小于 1 时，$\alpha \rightarrow \alpha'$ 相晶型的转熔转化比较慢。如果熟料冷却速度较快，所得熟料中贝利特矿物将保留更多的高温晶型 α 相；同时高温条件下由于转熔反应引起的 $\alpha \rightarrow \alpha'$ 转化率较小，所形成贝利特矿物中固溶的杂质离子数量比较多，从而有助于提高熟料的早期水化活性。

3）高活性低钙硅酸盐水泥的熟料矿物组成及其性能

在低钙硅酸盐水泥中，其主导矿物 C_2S 具有早期水化活性相对较差的弱点，为提高相应水泥的早强，除在 $CaO-SiO_2-Al_2O_3-Fe_2O_3$ 体系中对 4 种主要矿物 C_3S、C_2S、C_3A 和 C_4AF 进行优化外，另一个途径是在熟料中引入各种高活性及高早强矿物，如 CA、C_4A_3 和 $C_{11}A_7 \cdot CaF_2$ 等。通过引入高早强矿物达到低钙水泥的高早强，煅烧所谓的高活性低钙硅酸盐水泥。

Mielke、Muller 和 Stark 曾经研制过一种引入无水石膏作 CaO 组分的活性贝利特水泥，所获熟料组成中含 5% 左右的 C_3S 和 10% 高强矿物 C_4A_3。由于熟料中的贝利特矿物以中间过渡相 $C_5S_2\overline{S}$ 的分解而呈 α' 晶型，固溶有较多的杂质离子，分别含 3% SO_3 和 3% Al_2O_3，并富余少量游离态的 $CaSO_4$，加上 C_4A_3 高早强，水泥具有很好的早强性能和 28d 强度。这种水泥虽然含有高铝早强矿物 C_4A_3，但由于引入量不大，故无须对所用原料提出较高要求，而且可利用大量的工业废渣如粉煤灰、低品位铁矾土进行配料。

另外，鉴于高温煅烧条件下 C_3S 和 C_4A_3 在矿物形成上的不兼容性（不存在矿化剂），近年来又开展了 C_2S 含量高达 60%～70%、C_4A_3 含量低于 25% 及包括一定 C_4AF 和 $CaSO_4$ 的高活性贝利特水泥的大量研究。其生料组成可直接由石灰石、粉煤灰和石膏配制而成，煅烧温度可降低至 1250℃ 以下，而且水泥早期强度和后期强度都非常高，在烧成方面也无特殊要求，正成为低钙高性能硅酸盐水泥体系研究的热点之一。

对于低钙硅酸盐水泥，由于浆体碱度低，在水化反应初期所形成水化硅酸钙中的 CaO/SiO_2 物质的量之比也比较低，浆体结构孔隙率较大，水泥浆体有易于碳化、抗渗性差的倾向。而 C_4A_3 的引入，可增加水泥水化过程中钙矾石的形成量，提高水化初期浆体的致密度，从而有可能改善一般低钙水泥在上述性能方面存在的不足。

但这一体系存在一大问题，即在 C_2S/C_4A_3 较高的情况下，水泥的凝结时间难以控制，因此还需进一步对该矿物组成体系条件下的水泥水化机理开展深入细致的研究工作。

4）结论

（1）为提高低钙硅酸盐水泥的强度性能，在满足 C_2S 含量大于 40% 的条件下，应适当提高熟料中 C_3S 含量，并相应增加硅酸盐矿物总量。

（2）从混凝土高强化及高流动性要求角度看，增加熟料中硅酸盐矿物特别是 C_2S 数量，减少中间相 C_3A、C_4AF 总量，特别是减少 C_3A 含量，是获得低需水量、高流动性低钙硅酸盐水泥的重要途径。

（3）为降低水泥水化热，提高所形成熟料矿物中贝利特相的水化活性及混凝土的耐久性，应降低中间相组成中的 C_3A 含量。

（4）在熟料中引入高早强矿物 C_4A_3，是提高低钙硅酸盐水泥早强的重要途径之一，并能改善低钙水泥水化反应初期的某些性能，如抗碳化、抗渗性等。但含 C_4A_3 的低钙硅酸盐水泥的凝结时间控制问题，还需开展深入研究。

2. 江苏新型环保重点实验室的有关研究

水泥生料中大量碳酸钙的存在，主要为满足水泥熟料中钙质组分（C_3S、C_2S、C_3A 和 C_4AF）的需求，熟料中 CaO 的质量含量一般为 $62\%\sim70\%$，因此，降低熟料中 CaO 含量将会降低水泥熟料生产的废气排放量及热耗。

低钙水泥熟料组成的研究曾持续相当一段时间，主要是围绕贝利特水泥进行的，贝利特水泥是以 C_2S 为主的硅酸盐水泥熟料，一般大于 40%。C_2S 水化活性较低，一般通过快速冷却和掺杂的方式来提高其水化活性。快速冷却对贝利特 3d 强度影响较小，但可以提高其 28d 强度。

掺杂一般是通过加入氧化物来稳定贝利特的高温相，同时引起贝利特的晶格畸变，掺杂和急冷的方式可以获得高活性的 C_2S。然而，高活性 C_2S 要求有极快的冷却速度，并且高活性 C_2S 仍比 C_3S 水化活性低得多，从而阻碍了贝利特水泥的工业化。

实际上，在自然界存在及人工合成的钙硅组成矿物中，除了人们熟知的 C_3S、C_2S 外，CaO 和 SiO_2 还能生成 C_3S_2、CS 和 CS_2，共 5 种矿物。因此，从低钙组成考虑，若以 C_3S_2、或 CS、或 CS_2 及其混合物作为熟料矿物的主要组成，便可实现低钙组成的熟料要求。

不过，我们已经知道，包括 γ-C_2S、C_3S_2、CS、CS_2 均无水化活性，因此不能形成水硬性胶凝材料。这种思维定势应该是阻碍水泥研究工作者进行探索低钙水泥的主要原因。

大自然万物的生存与繁衍给了人类创造世界以许多启示，在天然溶洞中钟乳石、石笋的形成，是含有碳酸氢钙的地下水从溶洞的顶上慢慢渗出，当遇到合适的温度和压强时，水分蒸发、二氧化碳逸出，使被溶解的钙质又变为碳酸钙而沉积下来，形成的石灰石具有很好的力学性能。

那么，能否突破水泥需通过水化方式获得力学强度的传统思维，而利用这种碳化的方式，使那些低水硬性的钙质矿物，形成具有一定力学强度的块体材料呢？Wendt 等根据 Gibbs 自由能计算得出，碳原子稳定的状态不是 CO_2 而是碳酸盐，这就为 CO_2 碳酸盐化奠定了理论基础。

矿物碳酸化从热力学角度看，是一个可自发进行的反应，但动力学研究表明，其是一个极其缓慢的过程，但通过升温或增压的方式可以提高其反应速率。对于富含钙、镁元素的钢渣而言，应用碳化技术可将 CO_2 永久固化封存于钢渣中，钢渣中的 $Ca(OH)_2$、f-CaO、C_3S、C_2S 等矿物均可与 CO_2 发生反应。

大连理工大学博导常钧等对钢渣碳化反应中温度变化的测定、矿物相的分析、碳化前后热重及孔结构的变化分析得出，碳化后的钢渣试样中有碳酸盐矿物生成；吴昊泽等将钢渣粗粉通过碳化技术进行养护，结果表明，碳化后的钢渣早期水化速度加快，早期水化活性提高。

综上所述，利用这种碳化（而非水化）方式，可使低钙矿物转化为具有一定力学强度的块体材料。

1）原材料与试验方法

（1）原料

使用的原料有 $CaCO_3$、SiO_2，均为分析纯试剂。

（2）试验与测试方法

按 $CaCO_3$ 与 SiO_2 的物质的量之比 $3:2$ 称取物料，混合、磨细至全部通过 0.08mm 方孔筛，在 5MPa 压力下将试样压制成型后，在高温炉中煅烧，于设定温度下保温 2h，随后随炉冷却至室温得到熟料。

将试样经 XRD 测试后，将得到的纯 C_3S_2 的熟料粉磨细至全部通过 0.08mm 方孔筛，加适量水，其水固比为 15%，并在 1MPa 压力下压制成 20mm×20mm×20mm 的试块，将试块放入连结有 CO_2 气瓶的反应釜（保证反应釜有足够的 CO_2 用于反应）的试块架上，反应釜内放有一定量的水，随后在不同温度下养护至设定时间。

用日本理学公司的 D/max-B 型 X 射线衍射仪、美国铂金埃尔默仪器有限公司 STA8000 差热扫描量热仪测定试样的物相成分，用美国 FEI 电子公司 Quanta-200 型扫描电子显微镜观察试样的显微形貌。

2）结果与分析

（1）$CaO\text{-}SiO_2$ 可能生成几种矿物

通过 CALYPSO 计算软件的粒子群优化方法进行晶体结构的预测，依据密度泛函理论的空间群对称性的计算进行结构搜索，研究了不同 $CaO\text{-}SiO_2$（C-S）体系不考虑外部压力情况下的相稳定性和结构变化。

C-S 体系的相对形成焓：
$$\Delta H = [H(CaO)x(SiO_2)y - xHCaO - yHSiO_2]/(x+y)$$

通过 CALYPSO 计算得到的不同 C−S 相相对形成焓如图 26-6 所示。图中显示的凹形表示相对形成焓为负值的亚稳态相。

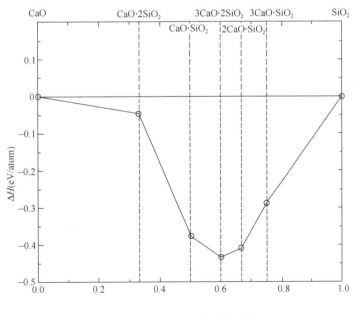

图 26-6　不同 C-S 相相对形成焓

由此确定了 5 种化学配比的钙硅相（CS_2，CS，C_3S_2，C_2S，C_3S），如图 26-7 所示，它们

都具有不可预料的结构特点，并且在一种大范围的温度和压力环境下可能通过实验制备得到。

在这 5 种 C-S 体系当中，引起我们重视的是，在外压下具有较低相对形成焓的 C_3S_2 相，以前并没有对其进行过系统、细致的研究，而它又与 C_2S 有十分相似的晶体场。

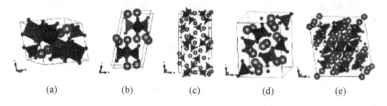

(a) CS_2；(b) CS；(c) C_3S_2；(d) C_2S；(e) C_3S。黑色多边体代表 Si-O 多面体

图 26-7　C-S 体系在外压下的结构预测

（2）C_3S_2 的烧成

选择 C_3S_2 为研究对象，不同烧结温度下形成的 C_3S_2 矿物 XRD 图如图 26-8 所示。C_3S_2 在 1300℃ 以上开始形成，随着温度的升高，C_3S_2 生成量逐步增加，当煅烧温度在 1320℃ 时，已有少量 C_3S_2 形成，但其特征峰都较弱，主要的形成相是 C_2S，还有少量的未反应完全的 SiO_2。

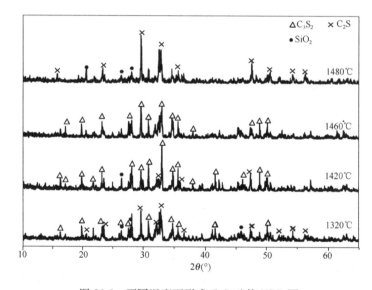

图 26-8　不同温度下形成 C_3S_2 矿物 XRD 图

当煅烧温度为 1460℃ 时，形成相均为 C_3S_2，表明 C_3S_2 在该温度下能够完全形成；温度进一步提高到 1480℃ 时，C_3S_2 几乎消失，并出现大量 C_2S 和 SiO_2，这应该是由于 C_3S_2 分解成 C_2S 和 SiO_2 所致。

上述结果表明，C_3S_2 的形成温度范围为 1300～1460℃，在 1460℃ 保温 2h，且随炉冷却至室温可得到纯 C_3S_2 熟料。此外，根据图 26-8 的结果，可以认为 C_3S_2 的形成与分解化学反应式为：

$$3C_2S + S \xrightarrow{\geqslant 1300℃} 2C_3S_2$$
$$2C_3S_2 \xrightarrow{\geqslant 1460℃} 3C_2S + S$$

3）C_3S_2 的碳化过程

（1）不同温度下的力学强度、体积变化和质量变化

在不同的养护温度下，C_3S_2 矿物的质量变化如图 26-9 所示，C_3S_2 矿物的体积变化如图 26-10 所示，温度对 C_3S_2 试块抗压强度的影响如图 26-11 所示。

由图 26-9 可见：在不同的温度下，C_3S_2 矿物的质量均随着碳化时间的延长而增加。以 120℃ 碳化温度为例，碳化 0.5d 的质量增长率为 4.3%，碳化 7d 的质量增加率可以达到 35% 左右。结合图 26-12、图 26-13、图 26-14（XRD 图谱）可以推测 C_3S_2 矿物质量增加的原因是 C_3S_2 矿物中的 CaO 吸收 CO_2 气体形成 $CaCO_3$，导致了试样质量的

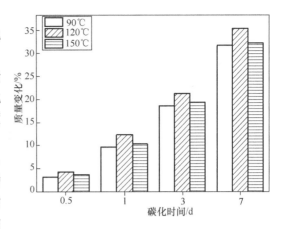

图 26-9　不同温度下 C_3S_2 矿物质量变化

增加，随着碳化时间的延长，$CaCO_3$ 的形成量不断增加，试样的质量呈增加趋势。

由图 26-10 可知，随着碳化时间延长，C_3S_2 试块体积增大。以 120℃ 碳化试样为例，碳化 1d 的 C_3S_2 试块体积增加 10.2%，碳化 7d 试块体积增加 18.5%。该特性明显不同于硅酸盐水泥，这种膨胀特性可为制备膨胀或不收缩水泥提供依据，为不收缩大体积大尺寸混凝土的制造奠定基础。这种体积变化，应该是在碳化过程中发生了下列化学反应造成的：

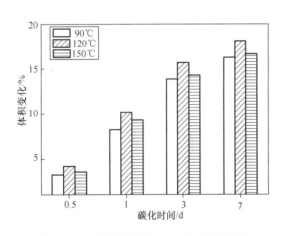

图 26-10　不同温度下 C_3S_2 矿物体积变化

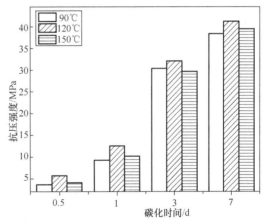

图 26-11　温度对 C_3S_2 试块抗压强度的影响

$$3CaO \cdot 2SiO_2 + CO_2 + H_2O \longrightarrow 3CaCO_3 + 2SiO_2$$

从体积增长的趋势来看，前期 C_3S_2 矿物体积增长率增加较快，3d 之后的体积增长开始明显减缓，3d 到 7d 的体积膨胀率为 2.4% 左右。分析其原因，可能是开始碳化的时候，吸收的 CO_2 气体主要与 C_3S_2 矿物在表面发生反应，形成的 $CaCO_3$ 主要富集于颗粒表面，接触条件好，故体积增长快。随着碳化时间的延长，CO_2 气体需透过形成的 $CaCO_3$ 产物层向未反应的 C_3S_2 表面扩散，且随着反应时间的延长，产物层逐渐增厚及致密，阻碍了 CO_2 的传输，抑制了反应的进行。至于碳化反应时 CO_2 是以气体的形式还是 H_2CO_3 的形式参加反应，有

待进一步研究。

从图 26-11 中可以看出，在不同的养护温度下，C_3S_2 水泥熟料的抗压强度随碳化龄期的延长而提高，并且具有较高的早期强度。碳化 0.5d 的抗压强度可以达到 3.5MPa 以上，碳化 7d 的抗压强度可以达到 35MPa 以上；120℃碳化 7d 试样的抗压强度高达 43MPa。这与 C_3S_2 试块体积变化和质量变化的趋势是相同的。

（2）硬化产物分析

试验纯 C_3S_2 硬化产物，90℃碳化前后的 XRD 图谱分析如图 26-12 所示，120℃碳化前后的 XRD 图谱分析如图 26-13 所示，150℃碳化前后的 XRD 图谱分析如图 26-14 所示。其 90℃、120℃和 150℃的 3 个试样，纯 C_3S_2 衍射峰均随着碳化时间的延长而减弱，同时 SiO_2 和 $CaCO_3$ 的衍射峰开始出现；到 7d 时纯 C_3S_2 衍射峰（$2\theta = 32.9°$，$d = 0.27nm$）基本消失，而 $CaCO_3$ 的衍射峰（$2\theta = 29.776°$，$d = 0.3nm$）明显增强，远比 1d、3d 衍射峰明显。

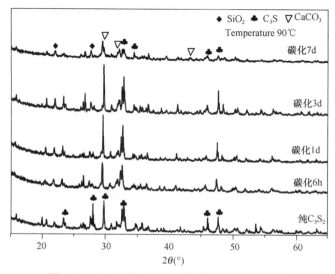

图 26-12　纯 C_3S_2 在 90℃碳化前后的 XRD 图谱

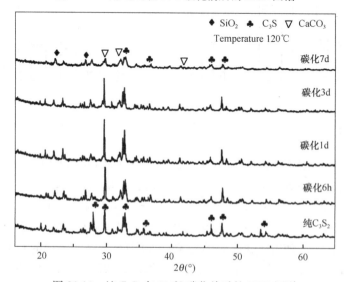

图 26-13　纯 C_3S_2 在 120℃碳化前后的 XRD 图谱

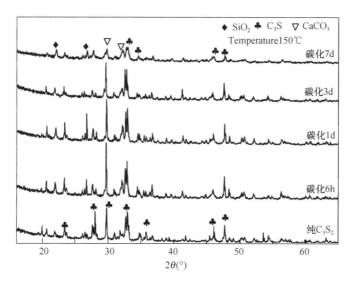

图 26-14　纯 C_3S_2 在 150℃ 碳化前后的 XRD 图谱

由以上 XRD 图谱分析可见，随着碳化的进行，生成的 $CaCO_3$ 量明显增多，同时出现了 SiO_2 的衍射峰，但未有 C-S-H 凝胶的弥散峰出现，也没有 $Ca(OH)_2$ 等晶体出现。分析其原因可能有：在纯 C_3S_2 中的 CaO 与 CO_2 气体反应形成 $CaCO_3$ 时，势必伴有 SiO_2 的析出；C-S-H 凝胶是存在于碱性条件下的，当 CO_2 与试样中的 H_2O 发生反应形成弱酸 H_2CO_3 后，碳化后的试样中就失去了 C-S-H 凝胶的生成条件。

在上述反应产物中，未发现含水的物相存在，这与现有硅酸盐水泥水化产物显著不同。至于水在碳化反应过程中是否产生了作用，有待进一步研究。

C_3S_2 矿物在 150℃ 条件下碳化前后的差热分析对比，碳化前的差热分析曲线（TG、DSC）如图 26-15 所示，碳化 1d 的差热分析曲线如图 26-16 所示，碳化 3d 的差热分析曲线如图 26-17 所示，碳化 7d 的差热分析曲线如图 26-18 所示。图中显示，碳化后的 C_3S_2 试样在 550～750℃ 的温度范围内有明显的质量损失，而在 DSC 曲线上存在一个明显的吸热峰。

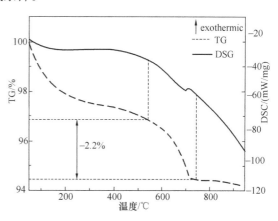

图 26-15　C_3S_2 矿物 150℃ 碳化前的差热分析曲线

结合碳化后的 C_3S_2 的 XRD 图谱可以推断，此处质量损失和吸热峰的出现是由于 $CaCO_3$ 分解造成的。

由 C_3S_2 试样在 150℃ 条件下碳化 3d 和 7d 的 TG、DSC 可以看出，碳化 3d 的试样在 615～725℃ 范围内质量损失了 3.57%，碳化 7d 的试样在 576～835℃ 温度范围内质量损失了 7.35%，这说明随着碳化时间的延长，C_3S_2 试样反应生成了更多的 $CaCO_3$，这与 XRD 图谱中 7d $CaCO_3$ 衍射峰比 3d $CaCO_3$ 衍射峰强度值大是相一致的。

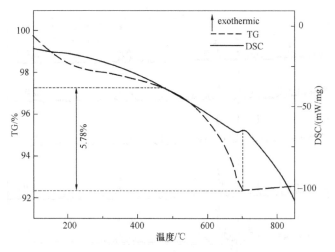

图 26-16　C_3S_2 矿物 150℃碳化 1d 的差热分析曲线

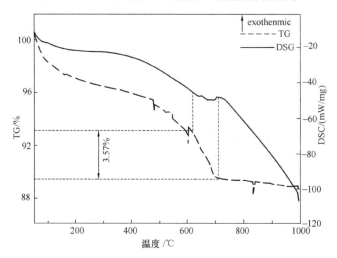

图 26-17　C_3S_2 矿物 150℃碳化 3d 的差热分析曲线

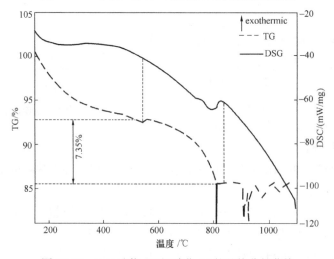

图 26-18　C_3S_2 矿物 150℃碳化 7d 的差热分析曲线

在 400～500℃之间质量损失很少，而且在 DSC 曲线上也没有看到明显的吸热峰，说明 C_3S_2 试样中没有 $Ca(OH)_2$ 生成，这与碳化后 C_3S_2 试样 XRD 图谱没有发现 $Ca(OH)_2$ 衍射峰的结果相一致。

（3）显微形貌分析

C_3S_2 矿物试样在 120℃碳化 7d 后，不同倍数的扫描分析（SEM）如图 26-19、图 26-20 和图 26-21 所示。由图可见，C_3S_2 试样中大量块状粒子相互堆积，彼此连接，试样的孔隙率较低，几乎未发现大的孔隙存在。

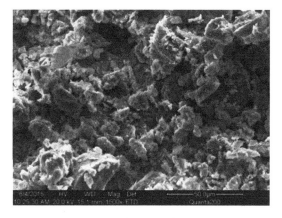

图 26-19　C_3S_2 矿物在 120℃碳化 7d 的 SEM 图

图 26-20　C_3S_2 矿物在 120℃碳化 7d 的 SEM 图

块状粒子的表面和内部有大量的纤维状和少量的片状产物出现，试块的表面主要以纤维状为主，尺寸大约 5μm，经 XRD 图谱和 TG、DSC 差热曲线可以推测这些纤维状产物是 $CaCO_3$，它由 C_3S_2 试样中 CaO 与 CO_2 反应而来。

随着碳化的进行，表面的纤维状 $CaCO_3$ 产物增多，阻碍了 CO_2 向试块内部渗入，减少了 $CaCO_3$ 生成量；$CaCO_3$ 的形成起到了连接粒子、降低孔隙率、提高试样抗压强度的作用。

图 26-21　C_3S_2 矿物在 120℃碳化 7d 的 SEM 图

4）水泥 CO_2 排放量及固碳量分析

硅酸盐水泥熟料中 CaO 质量含量一般为 65%，每吨熟料碳酸盐分解放出约 0.51t 的二氧化碳，计算式为 $65×（44/56）＝0.51$。以 C_3S_2 矿物为主的低钙硅酸盐水泥的 CaO 含量可降低至 50%，据此推算生产 1t 本研究熟料，其碳酸盐分解产生的 CO_2 为 0.39t，计算式为 $50×（44/56）＝0.39$，它比上述硅酸盐水泥熟料减少了 CO_2 排放量为：$（0.51－0.39）/0.51×100\%＝24\%$。

在低钙导致碳酸盐分解减少 CO_2 的同时也降低了煤耗，煤耗的降低也意味着 CO_2 排放量降低。水泥熟料中 CaO 含量降低时，生产 1t 水泥熟料所需石灰石和煤炭均减少。当水泥熟料中 CaO 含量由 65%降至 50%时，近似推算可降低煤炭 CO_2 排放 15% 左右。

综合考虑碳酸盐分解与燃煤排放 CO_2 比例，可推算以 C_3S_2 矿物为主的低钙硅酸盐水泥较硅酸盐水泥减少 $24\% \times 0.55 + 15\% \times 0.45 = 20\%$ 的 CO_2 排放量。按照我国 2014 年 14.17 亿吨水泥熟料计，可以减少 CO_2 排放 2.834 亿吨。

从降低水泥生产过程排放废气总量分析，煤炭燃烧排放的废气总量（除去二氧化碳）占水泥生产排放的 35% 左右，当水泥熟料中 CaO 的含量由 65% 降低至 50%，可降低废气排放 $0.35 \times 0.15 \times 100\% = 5.3\%$。

综合考虑以 C_3S_2 矿物为主的水泥熟料，较普通硅酸盐水泥熟料降低排放废气总量为 $20\% + 5.3\% = 25.3\%$。

5）水泥 CO_2 固碳量分析

理论上，以碳化硬化的方式对 C_3S_2 矿物的低钙水泥进行养护，每 56g 的 CaO 可以吸收 44g 的 CO_2，故每 100g C_3S_2 矿物可以吸收 45.8g 的 CO_2，计算质量增加率应该为 45.8%。

实际上，对 C_3S_2 矿物进行碳化试验研究发现，质量增加率实际可以达到 30% 左右，即每 1kg C_3S_2 矿物的固碳量是 300g。实际固碳量与理论存在差别的原因，可能是碳化没有进行完全，C_3S_2 试样中还有未反应的 CaO，如果进一步延长碳化时间，实际固碳量会更加接近理论固碳量。

6）水泥能耗的分析

普通硅酸盐水泥的能耗主要来源于物料中碳酸盐的分解，约占 50% 左右。因此降低熟料中 CaO 的含量，低 CaO 的含量降低碳酸盐分解的同时，也可以大幅度降低熟料的热耗。以 C_3S_2 矿物为主的低钙硅酸盐水泥中 CaO 的含量可由硅酸盐水泥中的 65% 降低至 50%，理论推算约可降低热耗 7.5%。

本研究制得的 C_3S_2 熟料在煅烧过程中具有自粉化的特点，煅烧后的 C_3S_2 熟料实物如图 26-22 所示，应该具有易磨性好、电耗低的优势。通常水泥熟料的粉磨电耗约占水泥生产总电耗的 35% 左右，这也是一块不小的节能空间。

经测定，将煅烧后的 C_3S_2 熟料和硅酸盐水泥熟料分别置于球磨机中粉磨，使其通过

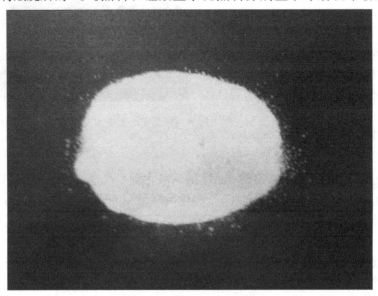

图 26-22　煅烧后的 C_3S_2 熟料

0.08mm 方孔筛的筛余率为 8%，粉磨时间之比为 1∶4，据此推算出 C_3S_2 熟料较硅酸盐水泥熟料可降低电耗为 $(4-1)×0.35×100\%=10.5\%$。

从上述两方面考虑，由于低钙矿物水泥耗用 $CaCO_3$ 质量少，且其熟料具有自粉化特点，可减少 $CaCO_3$ 的分解耗能和熟料的粉磨电耗。以 C_3S_2 矿物为主的低钙水泥，较普通硅酸盐水泥能耗约低 $7.5\%+10.5\%=18\%$ 左右。

3. 国际上有关贝利特水泥的研究

贝利特水泥由于能耗低而逐渐受到关注，随后因为它还具有水化热低、耐久性好、干缩小、可利用低品位原料、污染小等优点，而引起了人们越来越多的研究。虽然贝利特矿物早期强度较低，但可以通过引入早强矿物，或加适当的稳定活化剂，或低温煅烧等方式，解决贝利特水泥早强低的问题。本文主要引用了 2015 年中国水泥技术年会汪智勇、吴春丽的翻译资料，在此一并表示感谢，并保留了原文索引以便读者查阅。

波特兰水泥生产的碳排放平均是 0.83 吨 CO_2/t 水泥[1]。据国际能源署（IEA）的统计数据[2]，水泥制造的 CO_2 排放约占全部人类活动造成 CO_2 排放的 5%。国际能源署在其报告中指出了碳减排途径，其中重要的一条是"采用其他具有胶凝性的低碳熟料替代材料替代水泥生产中高碳排放的中间产物熟料"。

波特兰水泥熟料通常由四种主要矿物组成，分别是阿利特、贝利特、铝相和铁相固溶体，是 C_3S、C_2S、C_3A 和 C_4AF 固溶了不同的杂质离子后，形成的化学和结构衍生物。阿利特在熟料中占 50%～60%，被认为是 28d 以前强度的主要贡献者，是波特兰水泥熟料中最重要的矿物。贝利特在通常的波特兰水泥中占 15%～30%，由于传统方法生产的贝利特水化速度慢，其在第一个 28d 内对强度贡献较小。

从水泥生产能量需求和 CO_2 排放的角度来看，贝利特较阿利特中 CaO 含量低。因此，生产贝利特为主的水泥较生产阿利特为主的水泥而言，不仅可以使用更少而且可以使用品位更低的石灰石。一项研究表明[3]贝利特波特兰水泥能减排 CO_2 10% 左右，生产过程中能耗则可降低 15%～20%[4]。这也就是说生产富贝利特水泥较之生产传统阿利特基水泥是有望降低能耗和减少 CO_2 排放。

1）贝利特相的特性

贝利特是硅酸二钙（C_2S）的化学变体，在不同温度下可以发生可逆的多晶转变，其晶体结构由 SiO_4^{2-} 四面体和 Ca^{2+} 构成。按化学计量的纯 C_2S 有 5 种晶型（γ、β、$\alpha_L{}'$、$\alpha_H{}'$ 和 α），它们在不同温度下的多晶转变如图 26-23 所示。

图中，$\alpha_L{}'$ 和 $\alpha_H{}'$ 两种晶型，是由 α 型中 SiO_4^{2-} 四面体发生畸变和 Ca 原子位置轻微变化而衍生得到的[5]；没有水硬活性的 γ 型，是常温稳定晶型，它具有正交晶系的橄榄石型结构；β 晶型（～800℃）是通常水泥熟料中存在的晶型，由于其水化活性低，对水泥第一个

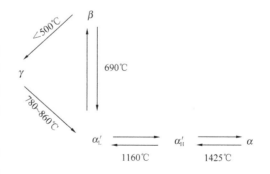

图 26-23　纯 $2CaO \cdot SiO_2$ 在不同温度下的多晶转变

28d 强度几乎没有贡献。

Von Lampe 等人[6]报道了一种特殊的 β 晶型（称之为 $\beta*$），这种晶型具有非常高的活

性。这种贝利特晶型是在非常高的熟料冷却速率（≥1000K/min）下形成的。

典型的贝利特熟料含有4%～6%的杂质，其中最主要的是Al_2O_3和Fe_2O_3。通常观察到的贝利特中的一些杂质离子（如：Al、Fe、B、K、Na、P、Ba、Sr、Ti、V、Cr）比阿利特中高许多。

（1）贝利特相的活性

一般认为与低温型晶型相比，高温型贝利特晶型具有更高的水硬活性。然而并非总是如此，一些研究者[6]认为活性取决于实际的试验条件（煅烧温度、冷却速率、外来氧化物含量等）。该作者援引富硫活性贝利特水泥28d强度较常规无硫活性贝利特水泥高，尽管前者主要是β型贝利特而后者主要是α'型贝利特作为例子。类似的结果还有报道，生料中含有硬石膏的生料制备的活性贝利特比普通钙质原料制备的活性贝利特强度高。

杨淑珍和宋汉唐[8]研究了掺杂不同杂质的硅酸二钙，研究表明，影响活性的主要因素是"晶格畸变、晶粒尺寸、晶体内部缺陷、Ca和Si原子的结晶化学环境变化和电子结合能的化学迁移"。

Chatterjee[7]研究了同时含有α'型和β型贝利特的高贝利特水泥，该水泥经过五年的水化后，其浆体中仅发现有α'型未水化的贝利特，而未发现有β型贝利特存在，这意味着低温型β型贝利特具有较高的活性。

（2）贝利特相的耐久性

Chatterjee对富阿利特和富贝利特（高贝利特）水泥进行了长期研究[7]，富贝利特水泥中同时含有α'和β型贝利特。高贝利特水泥砂浆在28d以后较之富阿利特水泥砂浆具有更高的强度。

与之相似，微观结构研究揭示了高贝利特水泥基体较富阿利特水泥更加密实。这是由于在同样重量贝利特与阿利特水化后浆体中形成的C-S-H凝胶含量更多，而产生的羟钙石却更少，从而导致C_2S水化浆体孔隙率较C_3S浆体低。

几位作者[10]对一段由活性贝利特水泥混凝土铺设的道路进行了耐久性研究，测试了碳化、孔隙率、透水率、抗压强度和抗冻性能，发现活性贝利特水泥混凝土与普通水泥混凝土处于同等水平。

Fuhr和Knoefel[11]也展示了活性贝利特水泥与传统的富阿利特水泥相比，具有同等强度和耐久性的研究；Guerrero等人[12,13]最近开展的研究显示贝利特基水泥在高硫酸盐和高氯环境中有非常有益的耐久性能。

（3）贝利特与阿利特的比较

经过24h水化的普通波特兰水泥浆体如图26-24所示，形状上普通波特兰水泥中贝利特是球状的，而阿利特则是多面体型的。其中部分水泥颗粒水化形成了富C-S-H凝胶和针状钙矾石形成的壳层，在壳层中可以看到在富阿利特水泥晶粒中包围着的贝利特小球（图中B）。

由图26-24可见，这些贝利特晶粒的表面是光滑的，与活性的阿利特发生了反应的表面不一样，这就印证了它们完全没有发生反应。从表面上看，C_2S的水化产物与阿利特的水化产物相同，但实际上其水化过程的水化热要低得多，并且只有很少量的氢氧化钙（羟钙石，CH）形成。C_3S和C_2S的水化反应可以用下列方程式简单表示如下[7]：

$$2C_3S+7H \longrightarrow C_3S_2H_4+3CH, \quad \Delta H = -1114 \text{ kJ/mol}$$

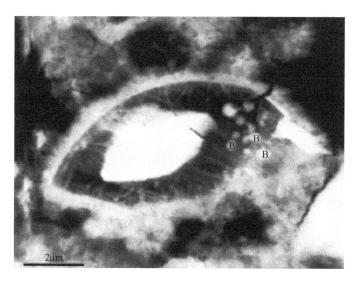

图 26-24 水化 24h 的普通硅酸盐水泥浆体扫描电镜暗场像[9]

$$2C_2S + 5H \longrightarrow C_3S_2H_4 + CH, \quad \Delta H = -43 \text{ kJ/mol}$$

一个可能与之相对照的事情是 C_3S 和 C_2S 水化时孔隙率，迹象是与 C_3S 水化对照，C_2S 水化有低的孔隙率。

2）贝利特相的活化

（1）掺杂阳离子交代活化

众多的研究者强调了在制备 C_2S 时，掺杂少量（通常是百分之几）的其他物质，掺杂物中的阳离子与 C_2S 中的部分 Ca 离子或 Si 离子发生交代置换，使 C_2S 晶格发生畸变，从而使得贝利特活性更高。这些优势主要体现在两方面，一是可以稳定介稳态的高活性晶型，二是这些添加物可以作为助熔剂降低烧结温度。

例如，Mathur 等[14]报道了添加 5％的 Li_2CO_3 可以降低石灰石的分解温度并促使 β-C_2S 的烧结温度降至 1250℃；一些研究者[15]报道了添加 1％的含钡废弃物可以降低烧结温度和活化贝利特相；Benarchid 等报道了在生料中添加 Fe_2O_3 和 P_2O_5 可以降低能耗和石灰石分解温度。

一些研究报道了掺杂离子能对活性贝利特相起稳定作用，已知的具有活化作用的化合物，如 K_2O、Na_2O、SO_3、B_2O_3、Fe_2O_3、Cr_2O_3、P_2O_5、BaO、NaF、TiO_2、MnO 等，都可以活化贝利特。这些离子进入贝利特单胞中，替代 Ca 离子或者 Si 离子，使其晶格发生畸变，从而使得贝利特活性更高。

如 Cuesta 等人[1]最近报道了当硼单掺时，硼替代硅形成硼氧四面体基团 BO_4^{5-}，而当硼和钠复掺时则形成平面三角基团 BO_3^{3-}。此外，掺杂碱和急冷似乎都能在提高贝利特相活性中起到关键作用。

在低温烧结制备贝利特的过程中，高冷却速率是必备的条件[7,17,4]；对于含有较多铝相的贝利特来说，冷却速率也是非常重要的。文献中报道了各种冷却介质，分别是空气、水、液氮和四氯化碳。

Chatterjee[7]提供的结果显示，其中冷却效率最高的是液氮，其次是空气。而含水介质冷却被发现会对强度性能造成影响，采用四氯化碳冷却则会使熟料相的物理结构完全碎裂。有一项研究[18]报道了液氮也不见得是最好的冷却媒介。

另一研究[4]报道了掺加 2% 的 NaF 或 4% 的 Fe_2O_3 可以在 1150~1250℃ 下制备贝利特熟料，但是熟料必须淬冷，否则不能获得足够的强度性能，作者采用的是水冷。采用水冷的冷却方式，NaF 稳定的活性贝利特可以拥有与阿利特熟料相当的 28d 强度。有意思的是，他们的报道中也发现了与 Von Lampe 等[6]发现在高冷却速率下形成的高活性 β^* 型晶型。Fe_2O_3 掺杂的贝利特的强度比 NaF 掺杂贝利特或者比阿利特熟料强度低得多。

一些研究者利用含有各种各样的工业废弃物的生料制备了高贝利特水泥[19,20]。Diaz 等人[19]采用的是陶瓷废料和 $CaF_2/CaSO_4$ 复合助熔剂/矿化剂的方式。他发现在生料中含有陶瓷废料并添加了 CaF_2 和 $CaSO_4$ 时，生料中的陶瓷废料通过稳定 $\alpha_H'\text{-}C_2S$ 使得熟料中的 C_2S 相含量增加，影响熟料矿物组成和熟料相晶型的主要因素是石灰饱和系数（LSF）。

Lacobescu 等人[20]用电弧炉钢渣作为原材料来制备活性贝利特。他研究了从 1280℃ 到 1400℃ 的烧成温度范围，发现从游离氧化钙和熟料结构的演化来看 1380℃ 是合理煅烧温度。为了研究贝利特的活化，所有的熟料样品都采用风吹快速冷却并破碎到相同的粒度。所得到的水泥由于富贝利特而强度发展缓慢，但是最终的结果显示 28d 强度可以达到 40MPa 以上。

在化学掺杂方面的研究已经开始采用模型的协助，从而使得研究更加基础和减少经验水平的影响。已有研究者报道了[5]采用基于力场和密度函数理论联合的原子结构模拟的方法，进行掺杂对贝利特晶体结构的影响研究。研究发现贝利特"紧密"的晶体结构使得在外来离子进入结构后更较大限度的出现结构变化，其中"弹性性能受到的影响最大"。

关于掺杂离子的结构模拟结果认为，Mg^{2+} 掺杂不会显著的改变贝利特晶体的电子结构，Al^{3+} 和 Fe^{3+} 掺杂会减少活性点位的数量。但是，铝离子进入晶格后，会产生强度较弱活性较高的 Al-O 键，平衡部分活性点位减少带来劣势；而铁离子进入晶格后，不但使活性点位急剧减少，而且形成了强 Fe-O 键。这些发现与实验结果报道相吻合[16]，实验结果表明 Fe_2O_3 阻碍活性贝利特的形成，而 P_2O_5 的加入则会稳定所需晶型。

（2）盐类对贝利特的活化

添加 Na_2SO_4 和 $NaNO_3$ 将加快 $\beta\text{-}C_2S$ 浆体的水化速度[32]。硬化浆体的力学强度随着复盐含量的增加而变大，这是因为 C-S-H 凝胶的增多。

Valenti 报道了 Ca-formate(I)，NaF，和 $Al_2(SO_4)_3$ 对 C_2S 浆体的影响，实验发现这三种盐都将影响其抗压强度，特别是早期强度。关于钾、钠的硫酸盐和碳酸盐的影响情况发表在另一篇报道中[33]。所有的盐都将加速 $\beta\text{-}C_2S$ 的早期水化速度，主要因为盐的存在加速了液体中钙离子的浸出和消耗。

Didamony[32]调查了 $CaCl_2$、$Ca(NO_3)_2$、$Ca(CH_3COO)_2$、K_2CO_3 等加速剂，对实验室制得的贝利特（而非活性贝利特）水化特性的影响，实验发现 $Ca(NO_3)_2$ 比 $CaCl_2$ 的加速作用明显，与 $Ca(CH_3COO)_2$ 的作用稍有不同，而 K_2CO_3 的影响最小。

Taha[34]研究了三种混凝土外加剂（两种减水剂、一种速凝剂）对 $\beta\text{-}C_2S$ 水化的影响。实验表明，减水剂在不同程度上都会加速 $\beta\text{-}C_2S$ 的水化，而速凝剂的影响情况则不太明确。

Mikoc 和 Matkovic[35]研究发现，硅灰、硫铝酸钙、石膏和高效减水剂，对贝利特水泥强度的增大有很大的促进作用。实验研究了掺加 20%~30% 硅粉，有无 $C_4A_3\overline{S}$、不同掺量的石膏、萘磺酸型减水剂等不同浆体的贝利特水泥，与普硅水泥对比，含有硅粉和 $C_4A_3\overline{S}$

的水泥具有最好的强度。

（3）纳米铝对贝利特的活化

Campillo 等人[36]分析了掺加纳米颗粒对 C_2S 水化的速度的影响。他们采用水热法利用粉煤灰和 CaO 为原料制备 C_2S 水泥浆体，在 200℃和 1.24MPa 的压力下，加热这种混合物 4h，在 800℃水解成 β-C_2S、α-C_2S、$C_{12}A_7$、$CaCO_3$。

实验使用了两种纳米铝，第一种为团聚铝（ADA），尺寸在 $0.1\sim1\mu m$，第二种为胶体铝（CA）尺寸约 50nm。按照沙子和贝利特水固比都是 3：1 的比例，纳米材料从 0.8%到 9%的比例制备胶体试样，实验表明，加入两种纳米铝都能有效提高浆体的早期强度（7d），CA 对强度的影响要好于 ADA，这是因为 CA 具有更大的比表面积。

X 射线衍射分析了掺加这两种纳米铝的影响，研究结果表明：这两种情况下，α-C_2S 和 β-C_2S 的衍射峰都将减少，CA 的加入使得主要的水化产物是 C-S-H 凝胶，相反，ADA 与贝利特的反应形成 $(Ca_4Al_4Si_4O_6(OH)_{24}\cdot3H_2O)$ 和 $(Ca_2Al_2SiO_7\cdot8H_2O)$。通过衍射图谱对比还得出如下结论：CA 与贝利特反应能形成 CSH 凝胶。CA 的纳米特性被认为是具有较高活性和超级强度的原因。

关于纳米铝作为活性反应剂的实验结果，与李等人的研究[37]结果相反。后者研究了 CA 的加入对 P·O 水泥的影响，他们发现纳米铝确实提高了水泥的机械强度，但主要原因是其作为细填料而存在，而纳米铝并没有参与化学反应。

3）水热法合成贝利特相

该方法的基本思路是，采用钙氧化物和硅氧化物的水溶液按既定配比配合，加热制备得到如同水泥水化产物的 C_xSH_y，然后在低温下使这些产物脱水获得贝利特，这种钙氧化物和硅氧化物低温合成贝利特路线如图 26-25 所示。实际上，这种方法在 90 年代早期就有数位研究者进行了报道[21,22,23]，所不同的是他们各自采用的初始原料不同。

Nanru 等人[22]采用的原料是分析纯 CaO 试剂和硅溶胶，制备了 CaO/SiO_2 的物质的量之比为 2，

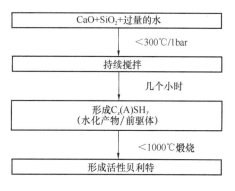

图 26-25　钙硅氧化物低温合成贝利特路线

水固比为 5%～10%的混合物，在没有任何稳定剂的条件下先在 100℃和 1 巴压力下处置数小时，然后烘干并在 850℃、1000℃、1200℃和 1300℃下加热并在空气中淬冷。

如此得到的贝利特具有非常细小的晶粒尺寸，其晶粒大小分布在 $0.27\sim2.7\mu m$ 范围内，比表面积为 $10\sim24m^2/g$。据报道该贝利特中 $[SiO_4]^{4-}$ 四面体的分布的对称性很低，Ca^{2+} 不规则的分布在晶格中；贝利特的结合水量随着贝利特制备中脱水温度的降低而急剧增加，这些与样品的粒度分布、晶体缺陷和分子畸变均密切相关。

Ishida 等人[23]试图利用 Ca/Si 为 2 的水化硅酸钙凝胶在没有添加任何稳定剂的情况下在 800℃脱水合成稳定的纯 β-C_2S。这种凝胶的组成分别为 α-C_2S 水化物 $Ca_2(HSiO_4)(OH)$、针硅钙石 $Ca_2(SiO_3)(OH)_2$、羟硅钙石 $Ca_6(Si_2O_7)(SiO_4)(OH)_2$，它们的脱水温度分别是 400～450℃、520～540℃、640～700℃。其中，针硅钙石可以由纯二氧化硅和石灰在 200～250℃的水热悬浮环境下形成，并且在加热到 600℃轻易分解形成 β-C_2S。

这种方法获得的贝利特是长纤维薄片状的，比表面积在 $6m^2/g$ 以上，与水热方法形成的针硅钙石形貌类似。据报道，这种贝利特具有很高的活性，在 25℃下水灰比为 0.5 和 1.0 时，分别在 28d 和 14d 便可完全水化。水化产物中 C-S-H 凝胶的钙硅比为 1.95，几乎不含有 $Ca(OH)_2$。

4. 粉煤灰制备活性贝利特

Jiang 和 Roy[21] 是最早开始通过水热法、利用粉煤灰为原料制备活性贝利特的一批科学家，他们采用的原料是 F 级粉煤灰（低钙灰）和分析纯的氧化钙。实验是按照 2∶1 的物质的量之比把这两种原料混合，在 80℃水温中搅拌 4h，然后在 200℃下加热该混合物 4h，促使其形成 $C_x(A)SH_y$（铝来至粉煤灰），最后烘干该反应物即得活性贝利特，反应生成的其他产物还有 $C_{12}A_7$ 和 $CaCO_3$。

实验证明，用以上方法合成的活性贝利特，用其制成的水泥胶砂试块，和用 C_3S 水泥制成的试块强度相当。

Guerrero 等人[3] 利用 C 级粉煤灰（高钙灰）制备活性贝利特，虽然粉煤灰中的 CaO/SiO_2 略小于 2，但其中粉煤灰中 18% 的 CaO 是以方解石的形态存在的，方解石稳定性很高，是不会参加水热反应的。

粉煤灰与去离子水，按照 3∶1 的水固比在不同温度下发生水热反应，并不停搅拌（等效的反应在 1mol/L 的 NaOH 溶液中进行），该过程完成后，冷却该反应，并过滤，在 80℃下烘干固体物质。

然后按照 100℃ 的间隔从 600℃ 到 1000℃ 加热该物质，实验发现最合适的前驱体（C_xSH_y）产生时的温度为 800℃。对比粉煤灰在 NaOH 溶液中的反应，在 800℃ 加热后产生的活性贝利特是前者的两倍，同时 800℃ 加热后产生的贝利特具有较高的比表面积（10～$12m^2/g$），这将提高其水化活性。

实验表明，700℃ 下制备的贝利特比表面积是最大的，但该贝利特并没有最大的活性，这可能是因为该温度下产生了 C_3AS_3 和 $CaCO_3$；最大反应活性的贝利特产生于 800℃，可能是该温度下产生的钙铝黄长石（C_2AS）比 900℃ 产生的少，同时 800℃ 时产生的贝利特普遍以非晶态形式存在，而 900℃ 时产生的贝利特已经晶化得比较好了。

在采用 C 级粉煤灰的实验中，温度被认为是一种很重要的参数，实验表明：800℃ 制备的贝利特的活性被认为是最高的，尽管水化反应的机制还不明确，但可以确定的是有没有副产物将影响贝利特的活性。实验还发现，这种水热反应生产的贝利特，比通过掺杂产生的贝利特、水泥熟料生产中产生的贝利特，都具有更好的水化活性。

报告还分析了这种贝利特水泥浆体的孔隙率和孔径分布，数据表明：在 700 ℃ 和 900℃ 时合成的水泥的 7d 和 14d 的水泥胶体的孔径大部分小于 $1\mu m$，而 800℃ 下合成的该水泥的 7d 胶体的孔径普遍小于 $0.1\mu m$；实验结果还表明，这种水泥浆体孔溶液的碱和低碱普硅水泥的碱度相当。

随后相关的研究表明[24]：实验所采用粉煤灰的特性对水化反应动力学的影响较大，进而影响其力学性能。对比实验中所用到的两种粉煤灰，我们发现采用低碱高铁的粉煤灰制备的贝利特活性较低，这是因为这种粉煤灰将促进低反应活性贝利特的形成。

研究发现，这种贝利特水泥具有很好的抗硫酸盐和氯离子侵蚀能力[25,12]。在富含硫酸盐和氯离子的[13]环境中，基体的孔径尺寸和总孔隙率都将降低，进而导致基体的致密化，这是因为基体孔中产生了 AFm 和 Aft。另外，随着 AFm 和溶液中的碱反应生成 Aft，孔溶液中 pH 值也将升高。据推测 pH 值的升高也将使贝利特水泥的水化活性升高，从另一方面来说，这也将导致基体进一步致密化。

在另一项研究中，很多研究者[26]采用低温和大气压下的方法利用粉煤灰合成贝利特，这个实验中只利用了固体废弃物，即：以 $CaO-SiO_2-Al_2O_3-SO_3$ 为系统的流化床粉煤灰和石灰收尘器中的熟石灰。而发生在 H_2O、NaOH 或 KOH 溶液中的水热反应，区别与其他实验的高温高压，整个实验过程控制在 100℃左右、并且在一个大气压下反应 5h，促使粉煤灰中部分的硬石膏分解，而在碱性环境中粉煤灰中硬石膏将完全分解，硅将部分分解。

用 X 射线衍射分析 1100℃下两种溶液中反应制备的混合物，发现里面都有贝利特存在，但是贝利特的晶型和反应方式密切相关，只有 NaOH 和 KOH 溶液中的反应生产 α_L-C_2S。与 KOH 溶液中反应只生成 α_L-C_2S 不同，NaOH 溶液中生成了两种晶型的 C_2S。前文曾提到最合适的煅烧温度是 800℃，理由是在该温度下将完全形成 α_L-C_2S，而没有钙铝黄长石。

相对于水化活性，实验发现了一个更加有趣的现象，贝利特水泥的终凝时间大约是 2 个小时，而我们知道普硅水泥的终凝时间一般是 4 个小时或者稍长点。这种贝利特水泥的抗压强度比 525 的普硅水泥低，比 325R 水泥高。数据表明：有 KOH 存在下，合成的贝利特水泥具有很好的反应活性，其原因可能是具有较大的比表面积和含有大量的 α_L-C_2S。

5. 溶胶-凝胶法和喷雾干燥技术

Roy 和 Oyefesobi[27]是最早开始采用水溶胶-凝胶法和喷雾干燥技术合成活性贝利特的。一种方法是按照所要求的比例混合 $Ca(NO_3)_2$ 溶液，在喷雾干燥技术中，混合物被喷射到特定的管子表面，从 750℃加热到 940℃，在 750℃钙硅比是 3∶2，在 940℃时就升到了 2∶1，该温度被认为是最有效温度；另一种方法是按照合适的比率混合的凝胶溶液，先在大约 70℃脱水，然后在 760℃下加热 1h。

由这两种途径获得的贝利特与普硅水泥具有相同的密度，但却有更大的比表面积，并且这两种方法制备的水泥都具有更好的水化活性和力学潜能。在另一项关于 $CaO-SiO_2$ 粉状系统的研究[28]中，发现 700℃下煅烧具有很大的比表面积，而这样的 C_2S 具有更高的水化活性。

Chatterjee[29]的凝胶法则不同，采用非水参与法。将 $Ca(NO_3)_2$ 作为钙的来源，正硅酸乙酯作为硅的来源，用酒精作为溶剂。将这些原料按照要求的比例混合后，在酸催化剂的参与下进行水解。在该反应中，钙盐、$Ca(OH)_2$ 和水硅稳定剂被使用。

6. 以活性贝利特为基础的白水泥

早在 20 世纪 90 年代，就有很多研究人员开展了在 $CaO-Al_2O_3-SiO_2$ 系统中使用氟类矿化剂的研究[30,31]，他们发现在 1200℃下采用水溶胶-凝胶法制备高反射率和高抗压强度的白水泥是可行的。这个工艺可以利用一些肥料、造纸业和合金业的富钙垃圾，这也在一定程度上提高了该工艺的经济性。

为了制得达到要求的含有稀硅溶胶、硝酸铝和氟类矿化剂的溶液，需要向混合物中加入硝酸、石灰渣和熟石灰，并搅拌数小时。获得的溶胶在 110℃和 120℃之间加热 12h，然后将干燥后的凝胶在 1100℃和 1200℃之间造粒和烧结。

目前还不清楚其详细的反应机理，但试验中出现了几个有趣的物理和化学现象。例如：石灰石在 1200℃时分解率达到了 98%～99%，而通常的水泥熟料烧成在此温度下只能分解

75％～80％。对于只采用工业废物的情况下，比表面积在 $3800\sim4100cm^2/g$ 之间，1d 抗压强度已经达到 14～33MPa，且 28d 抗压强度更高达 52～67MPa。

7. 活性贝利特的工业试验

高活性贝利特水泥的生产在波兰开展得比较好，据报道这种水泥含有 35％～45％的阿利特和 35％～45％的贝利特。在欧洲，贝利特水泥的使用已经合法化，或者可以与普硅水泥混合使用。

Chatterjee 等人[7]报道了日产 20t 规模的实验性生产，该生产中使用了化学稳定剂和风冷工艺。

Popescu[38]等人报道了两条用于商业推广的日产 3000t 活性贝利特生产线，熟料中含有大量的铁质中间体，这一点与硫铝酸钡钙水泥类似，熟料能耗约 500～540kJ/kg，明显低于普硅水泥。

参考文献

［1］ Cuesta，A.；Losilla，E. R.；Aranda，M. A.；Sanz，J.；Torre，A. G. D. la：Reactive belite stabilization mechanisms by boron-bearing dopants. Cement and Concrete Research 42 (2012)，pp. 598-606.

［2］ Cement technology roadmap 2009 carbon emissionsreductions up to 2050，international energy agency (http：//www. iea. org/publications/freepublications/publication/name，3861，en. html).

［3］ Guerrero，A.；Goni，S.；Campillo，I.；Moragues，A.；Belitecement clinker from coal fly ash of high Ca content. optimization of synthesis parameters. Environ. Sci. Technol 38 (2004)，pp. 3209-3213.

［4］ Kacimi，L.；Simon-Masseron，A.；Salem，S.；Ghomari，A.；Derriche，Z.：Synthesis of belite cement clinker of high hydraulic reactivity. Cement and Concrete Research 39(2009)，pp. 559-565.

［5］ Manzano，H.；Durgun，E.；Qomi，M. J. A.；Ulm，F. -J.；Pellenq，R. J. M.；Grossman，J. C.：Impact of chemical impurities on the crystalline cement clinker phases determined by atomistic simulations. Crystal Growth and Design 11 (2011) No. 7，pp. 2964-2972.

［6］ Von Lampe，F.；Seydel，R.：On a new form of b-belite. Cement and Concrete Research 19 (1989)，p. 509-518.

［7］ Chatterjee，A.：High belite cements present status and future technological options：Part I. Cement and Concrete Research 26 (1996)，pp. 1213-1225.

［8］ Shuzhen，Y.；Hantang，S.：The structure and properties of hydration of doped dicalcium silicates. 9th International Congress on the Chemistry of Cement，New Delhi 1992，pp. 391-396.

［9］ Mathur，P.：Study of cementitious materials using transmission electron microscopy，Ph. D. thesis，Ecole Polytechnique Federale de Lausanne，Switzerland，http：//infoscience. ep. ch/record/100028 (2007).

［10］ Mueller，V. A.；Stark，J.：Durability of concrete made with active belite cement. ZKG International (1990) No. 3，pp. 160-162.

［11］ Fuhr，C.；Knoefel，D.：Activated belite rich cements ready for practical use? Investigations of pore fluids and durability. 9th International Congress on the Chemistry of Cement，Vol. V，New Delhi 1992，pp. 32-38.

［12］ Guerrero，A.；Goni，S.；Macias，A.：Durability of new fly ash belite cement mortars in sulfated and chloride medium. Cement and Concrete Research 30 (2000)，pp. 1231-1238.

［13］ Guerrero，A.；Goni，S.；Allegro，V.：Durability of class C fly ash belite cement in simulated sodium chloride radioactive liquid waste: Influence of temperature. Journal of Hazardous Materials 162 (2009), pp. 1099-1102.

[14] Mathur, V.; Gupta, R.; Ahluwalla, S.: Lithium as intensifier in the formation of dicalcium silucate. 9th International Congress on the Chemistry of Cement, New Delhi 1992, pp. 406-411.

[15] Rajczyk, K.; Wczelik, W. N.: Studies of belite cement from barium containing by-product. 9th International Congress on the Chemistry of Cement, New Delhi 1992, pp. 250-254.

[16] Benarchid, M.; Diouri, A.; Boukhari, A.; Aride, J.; Rogez, J.; Castanet, R.: Elaboration and thermal study of ironphosphorus-substituted dicalcium silicate phase. Cement and Concrete Research 34 (2004) No. 10, pp. 1873-1879.

[17] Karkhanis, S.; Page, C.; Rishi, B.; Parameswaran, P.; Chatterjee, A.: Technology of cement manufacture from low grade limestone and new approaches for quality control. 2nd International Symposium on Cement and Concrete, Vol. 2, Beijing 1989, pp. 377-384.

[18] Carin, V.; Halle, R.; Matkovic, B.: Effect of matrix form on setting time of belite cement which contains tricalciumaluminate. Ceramic Bulletin, American Ceramic Society (AcerS) 70 (1991) No. 2, pp. 251-253.

[19] Garcia-Diaz, I.; Palomo, J.; Puertas, F.: Belite cementsobtained from ceramic wastes and the mineral pairCaF$_2$/CaSO$_4$. Cement and Concrete Composites 33(2011), pp. 1063-1070.

[20] Lacobescu, R.; Koumpouri, D.; Pontikes, Y.; Saban, R.; Angelopoulos, G.: Valorisation of electric arc furnace steel slag as raw material for low energy belite cements. Journal of Hazardous Materials 196 (2011), pp. 287 294.

[21] Jiang, W.; Roy, D.: Hydrothermal processing of new fly ash cements. Ceram. Bull. 71 (1992) No. 4, p. 642.

[22] Nanru, Y.; Hua, Z.; Belqlan, Z.: Study on hydraulic reactivity and structural behavior of very active b-C$_2$S. 9th International Congress on the Chemistry of Cement, Vol. 4, New Delhi 1992, pp. 285-291.

[23] Ishida, H.; Sasaki, K.; Okada, Y.; Mitsuda, T.: Hydration of b-C$_2$S prepared at 600 °C from Hillebrandite: C-S-H with Ca/Si =1.9-2.0. 9th International Congress on the Chemistry of Cement, Vol. IV, New Delhi 1992, pp. 76-82.

[24] Guerrero, A.; Goni, S.; Macias, A.; Luxan, M.: Effect of the starting fly ash on the microstructure and mechanical properties of fly ash belite cement mortars. Cement and Concrete Research 30 (2000), pp. 553-559.

[25] Guerrero, A.; Goni, S.; Allegro, V.: Resistance of class C fly ash belite cement to simulated sodium sulphate radioactive liquid waste attack. Journal of Hazardous Materials 161 (2009), pp. 1250-1254.

[26] Kacimi, L.; Cyr, M.; Clastres, P.: Synthesis of high reactive belite cement at low temperature by using sulphate fly ash waste. 13th International Congress on the Chemistry of Cement, Madrid 2011.

[27] Roy, D.; Oyefesobi, S.: Preparation of very reactive Ca$_2$SiO$_4$ powder. Journal of American Ceramic Society 60 (1977), pp. 178-180.

[28] Nagira, T.; Warner, S.; Mecholsky, J.; Adair, J.: Alkoxide derived calcium silicate chemically bonded ceramics. Proc. MRS International Meeting on Advanced Materials, Vol. 13, Tokyo 1989.

[29] Chatterjee, A.: High belite cements present status and future technological options: Part II. Cement and Concrete Research 26 (1996), pp. 1227-1237.

[30] Varadarajan, V.; Thombare, C. H.; Borkar, S. A.; Page, C. H.; Chatterjee, A. K.: Experiences in use of industrial by-product sludge for cement manufacture by sol-gel technology. 9th International

Congress on the Chemistry of Cement，New Delhi 1992，pp. 278-284.

[31] Chatterjee, A. K.：Chemistry and engineering of the clinker process incremental advances and lack of breakthroughs. Cement and Concrete Research 41 (2011)，pp. 624-641.

[32] El-Didamony, H.；Sharara, A.；Helmy, I.；El-Aleem, S.：Hydration characteristics of b-C_2S in the presence of some accelerators. Cement and Concrete Research 26 (1996)，pp. 1179-1187.

[33] Gawlicki, M.；Nocun-Wczelik, W.：Ca_3SiO_4 hydration in the presence of electrolytes. 8th International Congress on the Chemistry of Cement，Vol. 3，Brazil 1986，p. 183.

[34] Taha, A.；El-Hemaly, S.；Mosalamy, F.；Galal, A.：Hydration of dicalcium silicate in the presence of concreteadmixtures. Thermochimica Acta 118 (1987)，pp. 143-149.

[35] Mikoc, M.；Matkovic, B.：Effect of calcium sulfoaluminate and gypsum addition on the strength development of belite cement. American Ceramic Society Bulletin 71(1992) No. 7，pp. 1131-1134.

[36] Campillo, I.；Guerrero, A.；Dolado, J.；Porro, A.；Ibanez, J.；Goni, S.：Improvement of initial mechanical strength by nanoalumina in belite cements. Materials Letters 61(2007)，pp. 1889-1892.

[37] Li, Z.；Wang, H.；He, S.；Lu, Y.；Wang, M.：Investigations on the preparation and mechanical properties of thenano-alumina reinforced cement composite. Materials Letters 60 (2006)，pp. 356-359.

[38] Popescu, C.；Muntean, M.；Sharp, J.：Industrial trial production of low energy belite cement. Cement & Concrete Composites 25 (2003)，pp. 689-693.

26.2　关于 300℃颠覆水泥工艺

从前面对现有熟料烧成的讨论中可以看到，熟料烧成还真是有些麻烦，投资又大，能耗又高，还污染环境。既然有那么多麻烦，可我们为什么还要生产水泥呢，为什么还要烧制熟料呢，为什么要用 1450℃的高温去烧制熟料呢？

我们再回顾一下水泥是怎么来的，1824 年 10 月 21 日，英国 Leeds 城的泥水匠 J. Aspdin 获得英国第 5022 号"波特兰水泥"专利证书，成为现代水泥的鼻祖。使用该水泥加入少量水拌成砂浆，硬化后的颜色和质地类似于英国波特兰地区常用的建筑石料而大受欢迎，这也是名曰"波特兰水泥"的原因。这实际上相当于对天然"波特兰石灰石"的仿生再造。

专利书对"波特兰水泥"制造方法的叙述为：

生料制备：把石灰石捣成细粉，配合一定量黏土，掺水后以人工或机械搅和均匀成泥浆，置泥浆于盘上加热干燥；

熟料烧成：将干料团打击成小块装入石灰窑煅烧，烧至碳酸气全部溢出；

水泥制成：将烧结块冷却、打碎、磨细，便成为水泥。

从地质学上讲，大自然中的各种矿物，都是在一定的 P-T-t（压力、温度、时间）轨迹下形成的，除火成岩需要高温条件之外，地表多数沉积岩、变质岩的形成温度并不太高，而更需要的是压力条件。也就是说"波特兰石灰石"的形成并不需要太高的温度，还需要一定的压力。

反观 J. Aspdin 的"再造过程"，以及后续直至今天的技术发展，我们只是在努力为水泥熟料的形成创造合适的温度，而没有触及到"压力"这个重要条件。这可能就是为了"仿制石灰石（制造混凝土）"，我们必须生产水泥、必须先烧制熟料、必须用 1450℃的高温去烧制熟料的原因！

也许当时的 J. Aspdin 还没有这种认识，也许是因为当时不具备控制压力的技术装备，而随着技术装备的不断发展，今天的我们已经具备了多种控制压力的手段，到了我们应该重新思考"仿制石灰石（制造混凝土）"的 P-T-t 轨迹的时候了。有可能由于"压力"的加入，对"温度"的需求而大幅度降低，能够避免我们制造混凝土的很多麻烦。

1. 一篇颠覆水泥工艺的报道与质疑

2009 年 12 月 16 日，新华网报道了一篇短文，题目是《德国开发出"绿色"水泥生产工艺》：

"德国卡尔斯鲁厄技术研究所 14 日宣布，他们开发出一种'绿色'水泥生产工艺。这种基于水合硅酸钙技术的水泥生产工艺，可以比传统水泥生产工艺少排出一半的二氧化碳，所需的原料用量将大大减少，且生产过程所需的温度低于 300℃，而传统水泥生产通常需要约 1450℃的高温环境，大幅度地降低了能耗。"

对此报道，包括笔者在内，多数水泥人的看法是"既希望又怀疑"，这不会又是愚人节的新闻吧？或又是"水变油"的第五大发明吧？300℃真的能烧成水泥熟料吗？其实这一次是真的，我们今天就来谈谈这个问题。

不要一提到温度就是烧成，仔细看看这篇报道，里边并没有说用 300℃烧成水泥熟料，只是说"生产过程所需的温度低于 300℃，而传统水泥生产通常需要约 1450℃"，将 300℃与 1450℃联系起来，势必给搞水泥的技术人员造成联想错觉，这也是可以理解的。是媒体报道不严肃吗？不是，只是忽略了大部分水泥人的"思维惯性"。

报道用了"生产"一词而没有用"烧成"二字，应该说用词还是严谨的，搞技术的就应该咬文嚼字抠字眼。特别对一项新技术，媒体要严肃，读者要认真。为了说清楚这一比较"玄乎"的技术，前面已经提到了使我们挥之不去的"水变油"，不妨在这里先辨析一下这个案例，以调整一下我们的"思维惯性"。

最近，媒体上又在炒作"水变油"，而且是"美国海军的水变油"。与其说是一项备受争议的技术，不如说是一种并不科学的说法而已。多数情况下，"水变油"只是坊间俚语的一种称谓，或曰媒体人不科学的用词。

先说中国的"水变油"：1983 年 11 月 7 日，哈尔滨的一名汽车司机王洪成，宣告研究成功了"水变油"，声称在水中加入极少量的"母液"，就能生产出所谓"水基燃料"，然后被媒体炒作成了"中国的第五大发明"。接下来，1985 年冬天，王洪成到北京、河北、浙江、上海等地巡回表演；1987 年，有报道称国家计委给王洪成拨款 60 万元，在河北省定州胜利客车厂生产燃料；1992 年 11 月 22 日，"洪成新能源膨化剂有限公司"在哈尔滨成立；1993 年 1 月 28 日，《经济日报》发表《水真能变成油吗?》的文章，称此是继传统四大发明以来的"中国第五大发明"；1995 年 7～9 月，哈尔滨工业大学和黑龙江大学联合对"水变油"进行了测试鉴定。到 1998 年，王洪成因为"水变油"等被判处 10 年有期徒刑，中国的"水变油"才有了"骗局"的定论。2003 年 10 月 31 日，王洪成提前两年出狱。

笔者印象中在 1993 年《中国环境报》曾在某天的头版、三版、四版上刊登了大块头的文章，大吹特吹中国的"第五大发明"。笔者详细看了这篇文章，从理论研究、科学试验、车船试用，到什么师长、司令、国务院，说得云山雾罩、神乎其神。但当笔者看到第四版时，忽然清醒了过来，王洪成竟然发明了"永动机"：王洪成在研究"水变油"的过程中，为了解决照明问题，用木头制作了一个装置安装在一个微型发电机上，用手一捻就转了起来、灯泡亮了起来，而且一直在转、一直在亮，不用再给它输入动力了。

再说美国的"水变油"：2015年初有媒体报道，"美国海军研究实验室科研人员宣称，他们已成功进行了利用海水来制造燃油的试验，此举将令军舰能源供应发生革命性的变化。"中国不少媒体又跟风炒作，声称"军舰或告别燃油""美军解决舰艇燃料难题"，使平息多年的"水变油"又鼓噪起来。

实际上，不论中国的还是美国的"水变油"，都是有关媒体在偷换概念，或者说缺乏起码的物理常识，至少是用词不当。把一些原理并不复杂的技术，片面地炒成了神话，而回避了它的技术实质和应用条件。

在技术和原理上，水是氢氧化合物，油主要是碳氢化合物，如果不存在核反应，在常态下水变油是不可能的。但通过物理、化学、生物、核反应等能量转换，以水为载体储存一定的能量，是完全能够实现的，也是有其使用价值的。比如美国的"水变油"，首先是不是"水变油"，这里的用词就有问题，并不是单纯的用水就能生产出油来，而是外加了核能及二氧化碳，这怎么能说是"水变油"呢？就像我们以石灰石为主要原料生产水泥，难道就能说是"石头变水泥"吗？大度点儿说，也是我们的媒体缺乏科学知识，未能准确地翻译和报道。

能量是守恒的，不能无中生有，而且转换效率不可能百分之百，转换一次就要有所损失，关键是这种转换有没有剩余价值，有没有实际意义。但话又说回来，尽管能量是守恒的，但能是依附在质这个载体上的，负载的能量并不总是与质量成正比，有时较大的质量将给运输和使用带来成本和困难。尽管能量的转换效率不可能百分之百，越转换越少，但不同的载体、不同的物理状态、不同的加载时间，都有可能减少载体的质量和或运输距离，就会降低运输和使用成本。这就是美国要搞"水变油"的原理和实质，但这个用词实在是不妥。

再回到我们的水泥生产上：按照传统的逻辑，要搞构筑物就需要混凝土，搞混凝土就要有水泥，搞水泥就离不了熟料。

让我们进一步细化这一过程：原料配制—烧成熟料—磨成水泥—加水成浆—拌制混凝土—浇注构筑物—硬化成型。

我们知道，水泥熟料的主要矿物有 C_3S、C_2S、C_3A、C_4AF 等，这些矿物的水化活性和水化过程不尽相同，但控制水泥浆体、混凝土的凝结和强度发展的主要是 C_3S；C_3S 加水后析出 $Ca(OH)_2$ 并生成一种低碱性的水化硅酸钙胶体 CSH，这种胶体的形式与水灰比和碱度有关，主要有"结晶很差的箔状碎片"的 CSH（Ⅰ）、"具有纤维结构"的 CSH（Ⅱ）。C_3S 的完全水化反应大致可用如下方程式表示：

$$2(3CaO \cdot SiO_2) + 6H_2O =\!=\!= 3CaO \cdot 2SiO_2 \cdot 3H_2O + 3\ Ca(OH)_2$$

这些水化产物可以是胶体（主要是 CSH（Ⅰ））也可以有晶体（主要是 CSH（Ⅱ）），相互胶结成颗粒；随着颗粒的体积增大、间距减小、内聚力增强、流动性变差，开始密实凝结，直至固化。

由以上分析可见，在整个水泥的作用过程中，起主要作用的是硅酸钙的水化物 CSH，那么我们能不能从中间开始，直接生产硅酸钙水化物呢？这就是所谓"绿色"水泥的基本原理。

2. Celitement 水泥的生产原理

所谓"绿色"水泥工艺，正是绕开了高温烧制水泥熟料，转而直接生产硅酸钙水化物，然后进行干燥，再粉磨制成含有一定水的"水泥"。该水泥被命名为 Celitement。

这些"含有的水"与常态的水不同，以化学方式结合在具有水硬性的水化硅酸钙里面，是化学结合水，相当于我们非常熟悉的煤炭专业的"内水"。

Celitement 水泥的生产原理是卡尔斯鲁厄理工学院的发明。Celitement 股份公司由 Schwenk 集团、卡尔斯鲁厄理工学院共同创建，公司的目标就是将 Celitement 水泥推向市场。

Celitement 水泥的工艺原理与现有硅酸盐水泥的工艺原理，分别如图 26-26、图 26-27 所示。

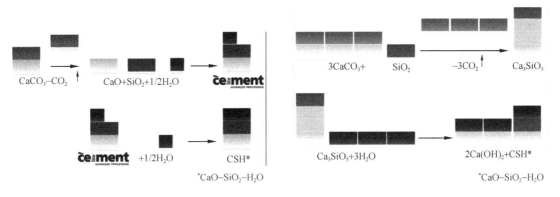

图 26-26　Celitement 水泥的生产和使用原理图　　　图 26-27　现有硅酸盐水泥的生产和使用原理图

由图 26-26 和图 26-27 可见，新工艺生产 1 个 CSH，需要 1 个 $CaCO_3$，排放 1 个 CO_2；而现有工艺生产 1 个 CSH，需要 3 个 $CaCO_3$，排放 3 个 CO_2。不同的是，现有工艺多生产了 2 个 $Ca(OH)_2$。那么，这个多出的 $Ca(OH)_2$ 对混凝土有什么作用呢？

水化开始时，$Ca(OH)_2$ 是一种高碱性物质，pH 值在 12.5 以上，混凝土中钢筋与该溶液接触，表面会形成氧化亚铁面膜，阻止氧与钢筋的接触，对钢筋起到保护作用；然后，$Ca(OH)_2$ 吸收空气中的 CO_2 发生化学反应，变成 $CaCO_3$，即混凝土的碳化作用。碳化作用对混凝土的影响是非常复杂多变的，对混凝土来讲，成事不足败事有余，没有也罢。

早期，$Ca(OH)_2$ 可使混凝土产生膨胀，减少水泥石的孔隙，提高混凝土的强度。后期，$Ca(OH)_2$ 又使混凝土产生收缩，增大水泥石的孔隙率，从而降低混凝土的强度，容易使有害介质侵入，降低了混凝土的抗腐蚀和抗冻性能，也降低了对钢筋的保护能力。

传统的水泥是没有水（内水）的，加水（外水）后开始水化反应和硬化。Celitement 水泥本身已含有一定的化学结合水，再加入水、砂子、骨料，便像普通波特兰水泥一样制成了混凝土。

3. Celitement 水泥的生产工艺

Celitement 水泥的基本生产方法是利用石灰和砂子作为基本原料，石灰系数控制在 0.5～2 的范围就足够了，而现有的硅酸盐水泥熟料的石灰系数一般波动在 1.8～2.4 之间。由于大多数的 CO_2 排放来自石灰石，因此本水泥和普通硅酸盐水泥比较，可以减少 50％以上的 CO_2 排放。

Celitement 水泥可以在低于 300℃下生产，与需要高温烧制的硅酸盐水泥熟料比较，低温工艺和减少石灰石用量的双重因素，对节能减排具有显著的经济和环境效益。

Celitement 水泥和硅酸盐水泥类似，并且显示出极好的性能，组成非常均匀，性能调节直接简单，也就是说其强度是时间的函数。

Celitement 水泥具有如下优点：

（1）钙硅的物质的量之比小于 2，减少了对碳酸钙的需求；

（2）低温工艺合成，简化了工艺和装备；

（3）减少来自原料和燃料的二氧化碳排放；

（4）可以与普通硅酸盐水泥混合使用，与传统的水泥类胶凝材料兼容；

（5）成分均匀，容易控制硬化过程及产品质量；

（6）混凝土具有高度连接的硅酸盐构筑单元和低孔隙率，构筑物具有良好的耐久性和抗侵蚀能力。

Celitement 水泥的基本生产流程如下：

（1）基本原料：初始原料类似于现有硅酸盐水泥的生产，钙的成分来源于石灰石，硅的成分来源于不同的硅质原料，钙硅的物质的量之比在 0.5～2 之间；

（2）水热合成：蒸压釜内，在 150～300℃的各自饱和蒸汽压下，原料和水转换成硅酸钙水化物，然后再进行干燥，形成需要进一步加工的水热产品；

（3）活化调节：将水热产品与其他硅酸盐组分进行混合，使用添加剂、混合材以调控产品的性能，通过粉磨激发各个矿物相的活性。

这样，具有水硬性的水合硅酸钙——Celitement 水泥，就生产出来了。

4. 工业化的可行性猜想

据不完整的信息，Celitement 股份公司的工艺实验厂于 2011 年 10 月开工建设，工艺的粉磨车间于 2013 年 2～4 月又进行了扩建，提升了产量。该工艺已经在德国获得多项国家大奖。

该工艺的研发肯定要考虑工业化生产，不可能局限在一个试验室里，只是由于该技术的严格保密，目前尚未获得任何这方面的信息。但我们不妨猜想一下，该工艺的试验在一个能承受"150～300℃的各自饱和蒸汽压"的蒸压釜内进行，要实现工业化生产，只要能满足这个条件也就问题不大了。

对于水泥这种大宗产品，工业化的工艺应该具有连续生产的功能，需要开发一个"特殊型式的蒸压釜"，按照我们的习惯不妨暂时将其称为"蒸压窑"，允许连续喂料和连续卸出产品。

蒸压窑对物料的输送不是问题，可以像立窑一样以重力卸料，也可像回转窑一样以倾斜回转卸料；维持蒸压窑的温度也不是问题，可以在外部间接加热，也可以直接向"蒸压窑"内输送所需温度的蒸汽。

关键是如何在允许连续进出料的情况下，维持其内部的饱和蒸汽压，这是能否工业化的关键所在。这有一定的难度，但也不是不能解决，实际上就是需要开发一种高效率的锁风喂料器和锁风卸料器，在锁风效果达不到的情况下，还可以通过高压风机向内补充所需温度的饱和蒸汽。尽管难度是有的，但道路是通的，让我们拭目以待吧！

26.3　生产中的捕集利用

2015 年 11 月全球碳捕捉与封存研究院公布的报告显示：截至目前，全球范围内已经有 15 个碳捕捉与封存项目投入运行，当年共捕捉 2800 万吨由燃煤和工厂排放的二氧化碳。

在魏兹曼科学研究所位于以色列的办公楼顶层，对一个太阳能设备原型开展了测试，通过这个装置能够从二氧化碳、水和热量中生产出"合成气"，二氧化碳不再被释放到空气中，而是被"关了起来"，随后将被压缩转换重新变回燃料，类似的技术被称作碳捕集与封存（CCS）。

1. 碳捕集与封存及再利用

按照全球碳捕集与封存研究院的说法，碳捕集与封存（Carbon Capture and Storage，简称 CCS 技术），目前被广泛接受的定义是：一个从工业和能源相关的生产活动中，分离二氧化碳，运输到储存地点，长期与大气隔绝的过程。碳捕集与封存路线示意如图 26-28 所示。

在通常的 CCS 描述中，CO_2 捕集技术是将工业和有关能源产业所产生的 CO_2 分离出来，再通过碳储存手段，将其输送并封存到海底或地下等与大气隔绝的地方。CCS 技术由碳捕集和碳封存两个部分组成，这种技术的产业链包括四部分：从捕集到运输分离，再到封存和监测。CCS 为 CO_2 减排、对付全球气候变暖提供了一条重要路径。

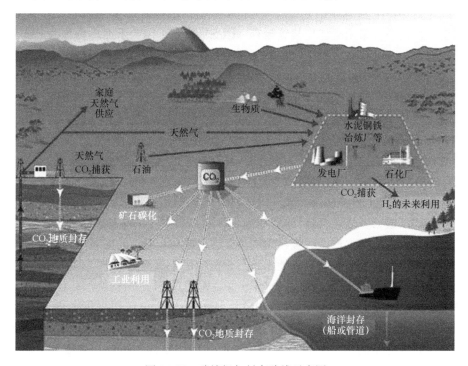

图 26-28　碳捕捉与封存路线示意图

根据国际能源署的数据，2010 年全球水泥工业的 CO_2 排放量在 2Gt 左右，占世界 CO_2 总排放量的 5.9％；到 2050 年，该数字预计将上升至 2.4～2.9Gt，这与低需求发展情景还是高需求发展情景有关。

碳捕集技术目前主要有三种：燃烧前捕集、燃烧后捕集和富氧燃烧捕集。

（1）燃烧前捕集技术：先将煤炭气化成清洁气体能源，从而把 CO_2 在燃烧前就分离出来，不进入燃烧过程。

（2）燃烧后捕集技术：是将烟气中的 CO_2 分离回收。有化学吸收法、物理吸附法、膜分离法、化学链分离法等。

（3）富氧燃烧捕集技术：是用纯度非常高的氧气助燃，同时在锅炉内加压，使排出的 CO_2 的浓度和压力提高，再用燃烧后的捕集技术进行捕集，从而降低前期投入和捕集成本。

碳封存技术相对于碳捕集技术更加成熟，主要有三种：海洋封存、地质封存和固化封存。

（1）海洋封存：是直接将 CO_2 释放到海洋水体中或海底。一种是通过固定管道或移动船只，将 CO_2 注入并溶解到 1000m 以下的海水中；另一种则是经由固定的管道或者安装在深度 3000m 以下的海床上的沿海平台将其沉淀，此处的 CO_2 比水更为密集，预计将形成一个"湖"，从而延缓 CO_2 在周围环境中的分解。

（2）地质封存：主要是将 CO_2 封存在油气层和煤气层的地质构造中，例如石油和天然气田、不可开采的煤田以及深盐沼池构造。利用现有的油气田，将 CO_2 注入油气层起到驱油作用，既可以提高采收率，又实现了碳封存；煤层气封存是指将 CO_2 注入比较深的煤层当中，置换出含有甲烷的煤层气。

（3）固化封存：主要是将 CO_2 固化成无机碳酸盐，不再向大气中排放。

水泥工业特别适合采用碳捕集与碳封存（CCS）技术，因为水泥厂排放的 CO_2 不仅浓度高，而且排放量大。现代水泥厂废气中的 CO_2 浓度在 30% 以上，一个日产 4000t 的水泥厂，每年的 CO_2 排放量约为 130 万吨。

目前水泥行业正在进行的 CCS 研究主要包括：① 燃烧后 CCS 技术，是基于氨基类物质的化学吸附、膜技术和碳酸盐循环，在石灰与燃烧气体接触时，产生碳酸钙；② 全氧燃烧 CCS 技术，是基于燃料的燃烧，它是在氧气/烟气循环的 CO_2 环境中，产生近乎纯的 CO_2 废气流（同时在窑和炉中"全部捕集"，或只在分解炉中"部分捕集"）。

捕集的 CO_2，要么被压缩成液体，经由管道/油罐车和轮船，输送至储存地进行地下储存；要么在生产/下游工艺中使用，如注入产量下跌的油田以提高石油的采收率，种植藻类生物质（然后加工成第三代燃料），或者作为一种原材料引入当前一系列的工艺过程中。

利用藻类和生物质的生产进行生物碳捕集，在"吃掉" CO_2 的同时生产出燃料，是特别有吸引力的技术。但目前所有碳捕集技术还远不能应用于熟料煅烧中，即便是看起来比其他技术更为合适的燃烧后 CCS 和全氧燃烧 CCS 也是如此。

加拿大萨斯喀彻温省的"边界大坝"电厂，其中一个发电机组每年燃烧 80 万吨煤，从 2014 年 10 月开始，燃烧所产生的 CO_2 被捕集并进行压缩，每年可以捕集约 100 万吨 CO_2 气体，占其 CO_2 排放总量的 90%，这些被捕集的 CO_2 将用于油气行业提高原油采收率和开展地质封存示范项目。

2015 年 11 月 6 日，壳牌正式启动位于加拿大阿尔伯塔省的奎斯特（Quest） CO_2 捕集和封存项目，每年可捕集和安全埋存 100 余万吨 CO_2，通过长达 240km 的运输管道"阿尔伯塔碳干线"，将捕集能源行业排放的 CO_2 注入废弃油田中，达到提高石油采收率和减排的双重目的。

2016 年 7 月 19 日，台泥与台湾工业技术研究院（以下简称"工研院"）签署新阶段研发计划合约，台泥将投入超过 2500 万元新台币的研发经费与工研院合作，共同运用由工研院研发的微藻能源与固碳技术成果，扩建微藻养殖示范系统及研发中心，并规划在台泥和平厂区扩建微藻生产设施，设置 $20km^2$ 的大型户外微藻养殖场进行微藻固碳及高附加值应用，预计每年不仅为台泥贡献 4800t 的减碳量，还可进一步投入高价虾红素原料生产，快速转入绿色循环经济市场。

肉眼看不见的微藻，却可以捕集二氧化碳，制造生物燃料，还能提炼出珍贵的虾红素，变身为生物“金矿”。过去 5 年，台泥除参与工研院钙回路碳捕集技术的开发，获得国际奖项的肯定之外，还与工研院共同投入微藻固碳技术，在固碳效益及虾红素的提炼技术上均有斩获。

工研院运用生物能源与固碳技术，将工业排放的二氧化碳捕集，1kg 微藻可吸取 $1.83kgCO_2$，用来养殖微藻或微生物，进而从微藻中提炼出生物燃料、高附加值产品、化学品或饵饲料等产品，提供能源、民生、工业、农业使用，完成碳循环。以微藻提炼出的原料开发的台泥负碳虾红素面膜和水凝霜实物如图 26-29 所示。

图 26-29　台泥负碳虾红素面膜和水凝霜

近年来，中国在 CCS 的研究上也做了很多工作，大都采用燃烧后捕集的方式，工业上的应用主要是提高采油率。从 2003 年开始，包括“973 计划”“863 计划”，国家重大课题都对 CCS 的研究进行了立项，并取得了重大进展，一些企业还在实践上进行了尝试。

早在 2008 年 7 月 16 日，中国首个燃煤电厂 CO_2 捕集示范工程——华能北京热电厂 CO_2 捕集示范工程就建成投产，并成功捕集出纯度为 99.99% 的二氧化碳，CO_2 回收率大于 85%，每年可回收二氧化碳 3000t。

2. 不封存而直接转化利用

由于人类排放 CO_2 对全球气温构成影响，人们正在采取各种措施来降低 CO_2 排放，许多工业包括水泥工业在内，已经研制了相关计划并正在减少其碳足迹。上面讲了 CO_2 的捕集和封存，但这种思路并不彻底，目前已有越来越多的行业转向碳转化的研究，目的是彻底将排放的 CO_2 转化成有用产品，不仅要减少其排放危害，而且要变其为宝贵的资源。

尽管碳转化项目成本很高，但许多项目现在被认为是可以盈利的。减少 CO_2 排放的持续压力和激励政策，如通过采取税收和排放限额等各种措施，极大地推动了碳转化项目的发展，化石燃料相对较高的成本和稀缺性也对这些项目产生了推动作用。未来减排 CO_2 的策略，将是运用这些研究于项目之中并使之盈利。

碳转化重点之一是生物燃料的制造，如水泥工业对藻类和微生物项目已表现出极为浓厚的兴趣，初期的研究已经显示，藻类和微生物在水泥厂烟气中是可以存活和生长的。当然还有许多其他可能的途径，包括建筑材料的生产、食品、蛋白质补充剂、化学品和塑料等。

目前在许多领域中，有很多碳转化项目正处于开发之中，鉴于本书的专业性，这里集中介绍几个水泥工业的碳转化项目。

1）Skyonic 公司的 SkyMine 技术

在水泥工业中，目前引人注目的碳转化利用项目是 SkyMineTM 技术。该技术装置建于美国德克萨斯州 Capitol Aggregate 公司的水泥厂旁边，利用 2000t/d 预分解烧成系统产生的废气生产可销售的产品。这些产品包括氢氧化钠、碳酸氢钠或小苏打以及氯和氢气。Skyonic 公司的 SkyMineTM 技术简化示意如图 26-30 所示。

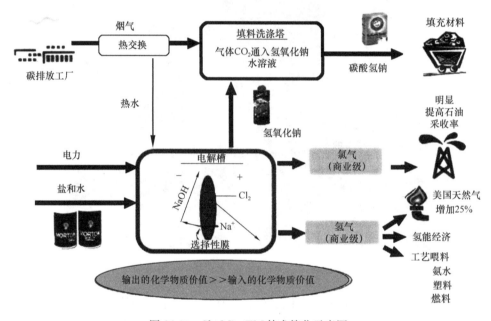

图 26-30　SkyMineTM 技术简化示意图

Skyonic 公司与圣安东尼奥的一个智囊机构——德克萨斯西南研究院共同致力于此项研究，该工艺技术曾在德克萨斯州的一个电厂试行，并在近两年将该技术应用到了水泥生产中。项目可消化水泥厂 15％ 的废气，CO_2 排放减少 1％～12％，NO_x 和 SO_x 及重金属将从气体中清除。

该项目 CO_2 转化厂与水泥厂完全分离，烟气通过地下管道输送到 Skyonic 工艺设备中，洗涤后又回到水泥厂的主烟道。Skyonic 设备上有专门的员工，并受控于职业安全与健康管理局（OSHA），而水泥厂受控于矿山安全与健康管理局（MSHA）。

2）Mantra Energy Alternatives 公司的 ERC 技术

Mantra 公司与拉法基 Richmond 水泥厂合作的研究项目，位于加拿大不列颠哥伦比亚省首府温哥华，是通过电化学还原方法将烟气中的 CO_2 转化为有用的化学物质，如甲酸、甲酸盐，其转化工艺路线如图 26-31 所示。

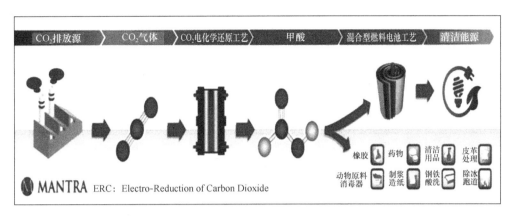

图 26-31　Mantra 公司的 CO_2 转化路线图

　　Richmond 水泥厂是一个年产量 100 万吨的现代化预分解窑厂，试验厂紧靠水泥厂，每天可将水泥厂排放的 $100kgCO_2$ 转变成浓的甲酸盐。

　　该项目的 CO_2 转化基于 CO_2 的电化学还原（ERC）工艺。Mantra 公司声称该工艺具有如下优势：

- 通过电能驱动；
- 令人满意的反应速度；
- 操作温度低（20～80℃）；
- 操作压力低（1MPa 以下）；
- 甲酸盐和甲酸的产品选择性高（高达 90％）；
- 喂料反应物中不需要氢，但氢存在于工艺用水中；
- 工艺可规模化；
- 占用空间较小。

　　3）藻类生物碳转化技术

　　在水泥生产领域，对烟气中 CO_2 转变成有用产品的关注点，主要是在藻类的使用方面，许多水泥公司在这方面已有所尝试，详见表 26-1，而对微生物的关注较少。微生物是细菌，其生长形式与藻类大致相同，主要差别是微生物繁殖时不需要光源，不需要培养池，但由于其生长环境和安全控制比较复杂，比较适于制造塑料和化学品等高端产品，而藻类更适于制造油和食品。

表 26-1　水泥工业已有的藻类/微生物项目

公司	工厂	国家	合作单位	备注
Argos		哥伦比亚	Eafit 大学	
Cemex		英国	Algaecat 财团	
Holcim	Lanka	斯里兰卡	Algae 技术公司	还未启动
Holcim	Alicante	西班牙	BFS 公司	目前 Cemex 公司参与

续表

公司	工厂	国家	合作单位	备注
Heidelber Cement	Degerhamn	瑞典	linnaeus 大学	
	Cupertino	美国	Oakbio 公司	微生物
	Buda	美国	Sunrise Ridge Algae 公司	结束
Intercement		巴西	许多大学	
Italcementi	Gangenville	法国		
Lafarge	Val d' Azergues	法国	Salata 公司	结束
Secil	Cibra-Pataias	葡萄牙	A4F-Algafuel 公司	
Votorantim	St Marys	加拿大	Pond 生物燃料公司	

　　什么是藻类？藻类没有精确的定义，但使用的藻类具有光合作用的主要色素叶绿素，且在其再生细胞周围没有无菌覆盖层。藻类项目适宜于在温暖、阳光充足的地方广泛推广，但在极端气候条件下，如极地和深海地区，藻类也能生长。尽管有些藻类能长得很大，但本文把它们看作微生植物。

　　藻类利用水和 CO_2 转化成碳氢化合物形成藻体，再通过叶绿素和阳光生长繁殖。在我们周围的自然界中，有成千上万的藻株。藻类的基本生长条件是 CO_2、水和阳光，在碳转化方面，CO_2 来自于水泥厂废气，水和阳光通常本地可用，水泥厂有充足的藻类生长资源。

　　考虑控制池中藻类的生长，将 CO_2 引入池水中，一些藻株在池中逐渐长大。由于藻类的反应区靠近与阳光接触的表面，因此藻池中的反应受到其表面积限制，对 CO_2 捕集和转化来讲，需要相当大的可用表面积。藻池与光生物反应器如图 26-32 所示。

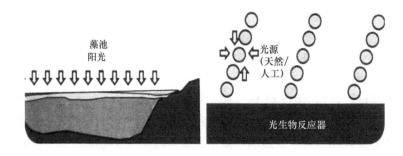

图 26-32　藻池与光生物反应器

　　为了解决藻类反应受制于藻池表面积问题，研究人员专题开发了光生物反应器（PBRs）。在光生物反应器中，通过在半透明容器（通常为玻璃或塑料圆筒）中泵入藻水，可使暴露于光源的表面积大大增加，大量的藻类暴露于光源中，从而大幅度增加了藻池的单位面积碳转化能力。光生物反应器可使用自然光源或人造光源，使用人造光源的光生物反应器时藻类的生长期较长，产量较高，但人造光源需要能源。

　　通常 CO_2 被通入藻水形成水/气混合物，通入的烟气需要加压，使其通过气体管道出口时产生气泡。小气泡通常是首选，气体管道的出口比较小，产生的阻力就比较大，需要的通气压力就比较高。

对藻类在水泥烟气中生长的研究，首先集中在藻类的培养能力上。重点是找到在水与水泥烟气（被鼓入水中）中能够存活和繁殖的藻株。一方面，就生态安全而言，如果在当地环境中有可利用的藻株则应优先考虑，藻株的任何意外事故或漏失散落不应破坏当地的生态系统；另一方面，是人工培养的藻株，这些藻株是在实验室中为特定目的而培养的。

需要注意的是，对于人工培养的藻株，在其 DNA 中，如果缺少光生物反应器中应有的成分，或者是碰到自然界中存在但在光生物反应器中没有的成分，则通常具有杀死人工藻株的遗传标记。

在水/藻混合物中，有必要填加另外一些成分，这取决于所用的藻株和最终产品，通常它们是以硝酸盐形式存在的，包含大量成分的养料。有些藻株会与烟气中的 NO_x、SO_x 和金属结合形成藻块。

藻类能在水泥烟气中生长具有重要意义，但这只是开发过程的第一步，要真正实现碳转化项目的目标，需要生产出有益处的最终产品。将 CO_2 转化成有用产品的工艺流程如图 26-33 所示。

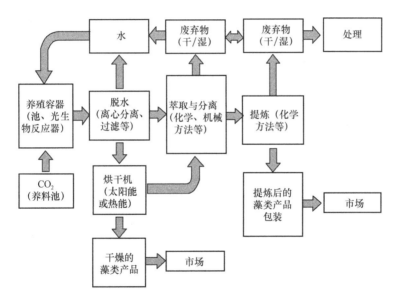

图 26-33　CO_2 转化成有用产品的工艺流程

现如今，藻类和微生物技术已得到了广泛的应用，包括食品（海苔和海藻）、肥料和大范围的生物燃料。目前研究的大多数都集中在能产生更多利润的高产量和高附加值产品的经营操作上。

在藻类的生长完成以后，养殖的藻类还需要采收，通常是通过离心分离将藻类与水流分离开来，也可通过过滤、絮凝和沉降等措施来实现；采收的藻类含水量变化范围为 20%～50%，通常还需要进一步的烘干或处理。对于某些产品，如食品、肥料和某些化学品，只需要额外的烘干即可。但对于许多高端产品，还需要进行某些加工处理，这些处理流程可包括化学、机电或物理活动和反应的任意组合。

3. 全氧燃烧技术与碳捕集

本题编译自《国际水泥评论》2014 年第 8 期，强调了水泥熟料生产中应用全氧燃烧的技术要求和总体布局，指出了相关影响和注意事项。

在水泥熟料生产中应用全氧燃烧技术，尽管熟料烧成的主要特点保持不变，但无论从其布局还是操作上，全氧燃烧窑都更为复杂。与传统工艺相比，由于空分设备（ASU）、CO_2处理设备（CPU）存在较高的电力需求，预计运营成本上升 40％，每吨 CO_2 脱除成本总计约 40 欧元（不包括运输和储存成本）。

据估计，生产能力为 3000t/d 的新全氧燃烧水泥厂，总投资成本约为传统水泥厂的 1.5 倍，成本升高的主要原因是 ASU 和 CPU 的投资成本；对原有水泥厂进行改造的成本约为新建传统水泥厂安装成本的 50％。

尽管还需要进一步研究，但该研究已表明，全氧燃烧技术提供了超出传统方法的水平，进一步减少 CO_2 排放的机会。然而其 CO_2 减排成本很高，即使基础研究显示了该技术的可行性框架，但在生产应用之前，全氧燃烧技术还需在工艺和经济方面进一步开发和优化，其工业化应用在短期内还难以实现。

目前水泥工业可用于减少 CO_2 排放的技术，主要集中在提高能效、降低熟料含量和增加替代燃料的使用上，然而采用这些技术只能实现部分减排目标。由于这些技术的减排潜力在某种程度上已经枯竭，因此，碳捕集与封存（CCS）或碳捕集与再利用（CCR）技术被看作是弥补剩余目标的一种措施。

全氧燃烧技术是一种集成技术，是欧洲水泥研究院（ECRA）长期 CCS 项目的一个部分，如图 26-34 所示，组成了可能的碳捕集方案。本文介绍对全氧燃烧技术的工艺设计和实验室规模的研究，侧重于技术层面，该工艺设计也适用于设备的改造、操作方式的改变和产品质量的管理。

图 26-34　全氧燃烧集成技术碳捕集模型

1）设计原理

在全氧燃烧条件下操作的水泥窑，无论是在窑系统中的物质转化，还是整个工艺的操作规范，都与传统窑的操作不同。全氧燃烧条件下燃烧气体的改变与材料之间的相互作用，以及工艺上可能的高能效，都需要对工艺及产品性能的影响进行详细的研究。

目前，应用于水泥工业化操作中的富氧燃烧工艺还不普及。富氧燃烧工艺的目的是提高替代燃料的使用率或增加产量，但全氧燃烧技术需要纯氧气完全替代燃烧空气，这就需要有一个全然不同的工厂设计和窑的操作。

全氧燃烧技术利用高浓度的 CO_2 富集，可通过液化方法较容易地分离提纯。在窑系统前的空分设备中，利用纯氧做为氧化剂，可将氮气从燃烧气体中分离出来。在理论上，形成的烟气中只含有 CO_2 和水蒸气。为了调节窑中的温度分布以创造出最佳的熟料生成条件，一部分烟气废气再循环回到燃烧带。实际上，烟气中还含有其他微量气体如氩气（来自于空分设备）、SO_2、NO_x（来自于燃料煅烧）及过剩的氧气。

就工艺设计而言，无论是整个工艺（窑和分解炉，全部全氧燃烧），还是分解炉（部分全氧燃烧），都能在全氧燃烧条件下进行操作。采用全氧燃烧设计原理几乎能捕集从碳酸盐分解和燃烧过程中产生的所有 CO_2。

为此，开发出了以传统窑设备为主，同时需要增加其他设备的工艺流程，如图 26-35 所示。增加的其他设备包括：空分设备（ASU）、CO_2 处理设备（CPU）、烟气循环系统（包括冷凝器、气-气热交换器）、两段式熟料冷却机和适于全氧燃烧的燃烧器等。

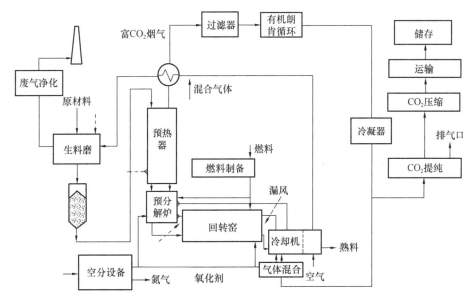

图 26-35　全氧燃烧水泥厂工艺流程图

在主燃烧器和分解炉中，其燃烧处的氧气来自于空分设备 ASU。现今的深冷设备都能够与生产能力及要求的纯度相匹配。从预热器出来的烟气不是直接排入烟囱，而是被回收下来。在回收过程中，会经历诸如放热、除尘和脱水等不同的阶段。一部分烟气进入 CO_2 处理设备 CPU（取决于液化方法），其余部分进入冷却机进行再一次循环。

箅冷机位于气流中，可以避免循环烟气的单独预热。为了防止 CO_2 随冷却机废气一起排出，冷却工艺必须分为两个阶段。一种方案，即本研究的选择方案是：冷却机的第一操作阶段采用循环烟气，由于该阶段会造成熟料的温度过高，会明显降低总效率，这是煅烧工艺的需要；冷却机的第二操作阶段采用环境空气，空气离开冷却机作为废气，用于原材料烘干或燃料制备。

采用冷却机废气烘干原材料的主要优势是生料磨不必在密封条件下操作。冷却机废气的烘干潜力可通过富 CO_2 烟气的热回收，以及外部气-气热交换器而进一步提高。此外，烟气中可能还含有足够的能量通过有机朗肯循环或卡琳娜循环工艺来发电，这要取决于原材料和/或燃料烘干所需的能量。

合格的 ASU 和 CPU 系统在市场上是可以买到的，全氧燃烧冷却机和全氧燃烧器在理论上已经开发出来。全氧燃烧条件下试验的耐火衬料是可用的，其更换间隔可与通常的更换间隔相同。在此基础上，ECRA-CCS 项目得出结论：尽管在现今的水泥窑上还需要加装大量的额外设备，但从技术的角度来看，一定条件下对现有工厂进行改造是可行的。

2）对工艺和电耗的影响

全氧燃烧条件下的操作模式不同于传统操作模式。材料和气体的传热、燃烧、流量容量以及熟料矿物的形成，都受到窑内气体特性如组成、热容量、辐射系数或密度等改变的影响。

随着全氧燃烧技术的应用，燃烧气体中的氧含量成为了一个变量，即不再固定占气体体积的 21%。氧气的总量是由燃料的燃烧所限定的，其含量与再循环率有关。再循环率是指再循环至窑系统的烟气占总烟气的比率。

对在传统空气条件下操作的现有窑的改造而言，由于特定的预热器几何结构，烟气的再循环率被限制在 0.52～0.56 范围内。对于新的全氧燃烧水泥厂，预热器的设计可适应最佳全氧燃烧条件，允许较低的再循环率，系统效率较高。

按照这种新的自由度，综合模拟研究显示了一个稳定的工艺过程如何才能够实现和优化。窑中的传热和温度分布是物质转换和产品质量的重要影响参数，同时也影响熟料的形成。

尽管传热机理明显受到煅烧气氛改变的影响，但模型显示，通过改变氧含量如到 23%，火焰特性可被再次调节到传统形式；当用 CO_2 替代氮气时，温度分布曲线从烧成带移向窑尾，但通过调节再循环率，这种作用能得以抵消。此外，较高的氧含量有助于替代燃料的燃烧，再循环率也影响工艺的热效益。

在全氧燃烧条件下，工艺过程的燃料能需求与再循环率之间的相关性，如图 26-36 所示，在降低再循环率到 0.44 的过程中，热能需求一直减少。降低再循环率在此点之前，烟气量的减少导致产生的废热减少，热能需求降低；再循环率低于该数值时，能量需求再次增加，这是由于烟气流量不足以将物料充分预热到煅烧温度，必须额外添加燃料以调节预热器中气体和燃料不正常的流速容量。然而，由于再循环率的变化，最多可使燃料能需求降低 5%，至少也能保持燃料能需求不增加。

全氧燃烧条件下的能量需求如图 26-37 所示，空气分离和烟气调节是一个高能耗的工艺过程，致使水泥生产的电能需求增加；风机和冷凝器也使吨熟料的电力需求增加了 118%。

取决于各种因素如氧气纯度、氧气过剩量、燃料类型及漏风等，烟气中的 CO_2 体积浓度可达到 80%～90%，这有助于减少 CO_2 提纯所需要的电能。但研究显示，漏风是对 CO_2 纯度有害的影响因素，对电能需求也影响大。

ECRA-CCS 项目所做的独立性理论研究表明，全氧燃烧操作条件下通过改进密封维护水平，漏风量可达到操作要求。CO_2 减少的潜力以捕获集表示，即捕集的 CO_2 相对于生成的

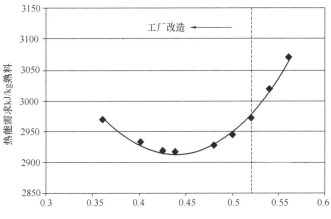

图 26-36　全氧燃烧水泥厂燃料能需求与再循环率的关系

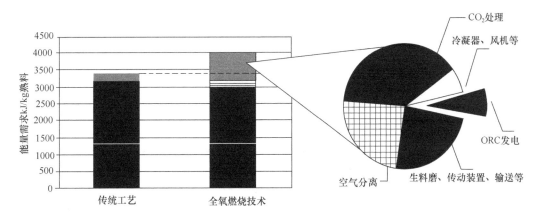

图 26-37　全氧燃烧技术的能量需求

CO_2 量的比率。模拟研究显示，全氧燃烧技术可实现 $88\%\sim99\%$ 的捕集率。

3）对水泥性能的影响

试验室试验表明，由于周围环境气体气氛中较高的 CO_2 浓度，使分解反应的温度上升，温度上升可高达 80℃。与标准水泥相比，水泥性能测试结果，如凝结时间、抗压强度等，只有微小的差异（低于 3%）。据此，全氧燃烧对产品性能的影响似乎可以忽略不计。

4. 钙回路碳捕集与藻转化

中国台湾工业技术研究院能源与环境研究所，早于 1987 年起即积极发展燃烧后空气污染防治技术，陆续发展低氮氧化物燃烧器，排烟脱硫、脱硝与除尘技术，以及重金属的去除技术。

自 2007 年起积极投入 CO_2 捕集与封存技术的开发，在 CO_2 捕集技术方面，经由评估结果选择开发两种固体吸附捕集技术，一种为 $CaCO_3/CaO$ 回路法，另一种为中孔径硅基吸附材料（Mesoporous Silica based Particles，MSPs）。鉴于水泥厂具有丰富而且廉价的石灰石资源，$CaCO_3/CaO$ 回路法就成为水泥行业碳捕集的首选。

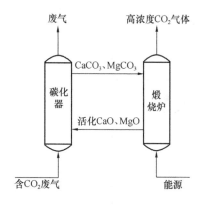

图 26-38　CaCO₃/CaO 回路
法碳捕集基本原理

1）CaCO₃/CaO 回路法捕集 CO₂

所谓 CaCO₃/CaO 回路法碳捕集，就是利用石灰石（CaCO₃）出"单纯"的 CO₂，再用石灰吸收废气中的 CO₂，碳酸化反应成石灰石（CaCO₃），在如此循环回路中将 CO₂ 从废气中分离并捕获。CaCO₃/CaO 回路法碳捕集的基本原理如图 26-38 所示。

利用 CaO 来捕获 CO₂ 之优势，在于价廉且吸收容量高，理论上吸收容量最高可达 $0.786kg\ CO_2/kg\ CaO$，远高于其他吸收或吸附剂。水泥厂有着蕴藏量丰富的石灰石矿，价廉而取得容易，因此使得此技术应用于水泥厂有着得天独厚的优势，再加上若能有效地回收热能再利用，将使此技术的能源耗用量仅为目前醇胺化学吸收法的 1/2。

利用 CaO 来捕获 CO₂，其基本反应是由石灰（CaO）吸收烟气中之 CO₂ 形成石灰石（CaCO₃）之碳酸化反应将 CO₂ 捕获，反应温度在 600～700℃，再将 CaCO₃ 经由煅烧反应（反应温度在 850～950℃）将 CO₂ 排出，此时 CO₂ 浓度可达 90% 以上。其在水泥厂的工艺流程如图 26-39 所示。

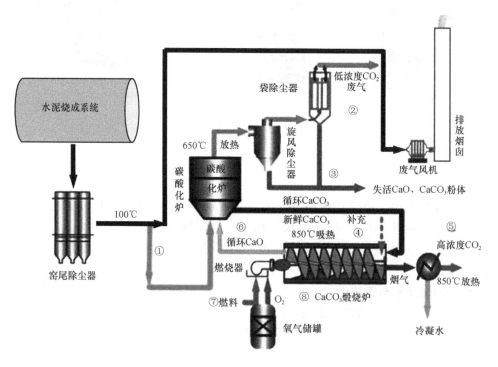

图 26-39　CaCO₃/CaO 回路法碳捕集工艺流程

碳酸化反应为放热反应，所释出之热量可回收，用于生产蒸汽或加热。如此碳酸化与煅烧二反应循环反复操作而将 CO₂ 捕获提浓。反应方程式如下：

$$CO_2 + CaO \longrightarrow CaCO_3 + 178.8\ kJ/mole（碳酸化反应）$$

$$CaCO_3 \longrightarrow CO_2 + CaO - 178.8 \ kJ/mole（煅烧反应）$$

由于天然石灰石煅烧之 CaO 其孔径呈现微孔洞（<2nm），容易因填满产生孔洞堵塞，使 CaO 的转化反应因多次循环，其吸附能力（容量）快速递减。因此将 CaO 改质来增加 CaO 的吸附容量与循环次数，为此法是否能商业化应用的关键因素之一。

研究利用通入氮气与蒸汽，以控制煅烧程序中之煅烧气体，来进行吸收剂改质，经由 20 次热重分析仪（TGA）吸脱附分析（CO_2 浓度 10% 条件下），CaO 转化率仍可达 30% 以上。改质后之 CaO 比表面积达 38.28m^2/g，孔洞尺寸分布于 17～120nm，且以 30nm 为主。

实际上，当氧化钙吸附剂逐渐失去捕获活性后，完全可以作为水泥生产的原料使用，而且与天然的石灰石比较，具有更低的粉磨电耗和分解热耗。换言之，在水泥生产过程中，结合钙回路捕获二氧化碳技术，不需要额外的吸附剂，也不会产生废弃物，并且由于吸附剂的循环利用与废热回收的有效应用，还可以大幅度降低捕获成本。

除了改质研究外，还于 2008 年建立了台湾首座 $CaCO_3$/CaO 回路法捕获 CO_2 Bench-Scale 系统。此系统同时具备 CO_2 捕获、吸附剂煅烧、吸附剂表面特性改质三种功能的连续式捕获技术。

碳酸化炉设计采用流体化床，设计的处理气量为 3.6m^3/h（20℃），捕获量约为 1kg/h（CO_2 15%）。CaO 的粒径分布介于 250～500μm，碳酸化温度为 650℃。煅烧炉则利用蒸汽风管进行扰动移动床设计，煅烧温度为 850℃，最大操作蒸汽量为 12kg/h。

2）台泥钙回路先导型试验厂

2013 年台湾水泥公司与台湾工业技术研究院合作，在其花莲和平水泥厂建置了全球最大的钙回路先导型试验厂，试验厂于 2013 年 6 月完工并正式运营，捕获效率可达 90% 以上，一举超越西班牙 CSIC 以及德国 Darmstadt 大学的试验厂，成为同类型技术全球最大规模的钙回路试验厂。台泥钙回路先导型试验厂的模拟流程如图 26-40 所示，其现场实体如图 26-41 所示。

连续式碳酸化和煅烧再生的测试结果表明，在 CO_2 进气浓度为 13%～16% 的条件下，CO_2 捕获效率可达 90% 以上。每小时可捕获 1t 的二氧化碳，每年可以捕捉和平厂 2000～5000t 的二氧化碳，再将捕获的二氧化碳养殖微藻作为原料，生产生物柴油或沼气，成功地将二氧化碳转换为能源。

虽然现阶段碳捕获成本约为 60 美元/t 二氧化碳，仍然无法商业化，但未来进一步融合微藻固碳研究和微藻商品开发，有希望使成本降至 26 美元/t，甚至达到 10 美元/t，前景已显现出未来的商业能力。根据有关环保政策测算，碳减排应用的商业临界点约在 20 美元/t 二氧化碳左右。

实验表明，利用这些捕获的二氧化碳可以培养微型藻类，微藻是制作生物柴油、化妆品、保健品等的原料，仅从实验中的微藻生产虾红素来看，每克虾红素价值约 2 万元新台币，具有极高的经济价值。此外，还可销售给碳酸饮料企业，或做化学原料以及生产电子产业的清洗剂。

2014 年 7 月"钙回路捕获二氧化碳技术"获得美国"全球百大科技研发奖"国际大奖，此奖项素有"产业创新奥斯卡奖"的美名。获奖的原因之一就是碳捕捉的成本由此前的

CaCO₃/CaO回路碳捕集区　　　　　　　水泥熟料生产区

图 26-40　台泥钙回路先导型试验厂的模拟流程

图 26-41　台泥钙回路先导型试验厂的现场实体

100~120 美元/t，降到了 60 美元/t，突破了过去碳捕捉成本的门槛，而且有希望降至 20 美元/t 以下，使碳捕获具有了商业化的前景。

　　台泥钙回路先导型试验厂对微藻固碳进行了两步试验。前文讲到藻类适宜于在温暖、光照充足的地方生长，利用水和 CO_2 转化成碳氢化合物形成藻体，再通过叶绿素和阳光生长繁殖。藻类的基本生长条件是 CO_2、水和阳光，故首先考虑到利用控制池养殖微藻，将 CO_2 引入池水中，一些藻株在池中逐渐长大。台泥的固碳微藻养殖池如图 26-42 所示。但是，由于藻类的反应区靠近与阳光接触的表面，因此藻池中的反应受到其表面积限制。对 CO_2 捕集和转化来讲，需要相当大的可用表面积（很大的占地面积）。

为了解决藻类反应受制于藻池表面积问题，第二步又专题开发了"管式光生物反应器"，反应器可使暴露于光源的表面积大大增加，大量的藻类暴露于光源中，从而大幅度增加了藻池的单位面积碳转化能力。这种"管式光生物反应器"通常为玻璃或塑料半透明筒状容器，如图 26-43 所示，在台泥水泥窑旁矗立的绿色筒柱，就是正在自然光下打入二氧化碳培养微藻的反应器。

绿色微藻只要 7～10d 便可提炼出虾红素，纯化后可当作高单价的经济产物，台泥厂的微藻虾红素养殖提炼如图 26-44 所示。以红球藻粉市价每公斤新台币 2 万元计算，养殖场每公顷每年的产值预计可达约新台币 4 亿元。进一步深加工制成美妆产品、保健食品，甚至复方药品的产值更是潜力可期。

图 26-42　台泥厂的固碳微藻养殖池

台泥与工研院合作的微藻固碳技术，不仅 1kg
微藻可吸取 1.83kg 的二氧化碳，而且在固碳效益至虾红素提炼上颇有成果。以微藻提炼出的高单价虾红素原料以及进一步深加工的美妆产品，如图 26-45 所示，于 2016 年 7 月 21 日举办的"2016 台湾生物科技大展"上被展出。

2016 年 7 月 19 日，台泥与工研院签署了新阶段研发合约，台泥将投入超过新台币 2500 万元的研发经费，扩建微藻养殖示范系统及研发中心，目标是扩大微藻产能，最后步入生物产业价值链中高单价虾红素的批量开发，完成循环经济的产业模式。

图 26-43　台泥厂的管式光生物反应器

图 26-44　台泥厂的微藻虾红素养殖提炼

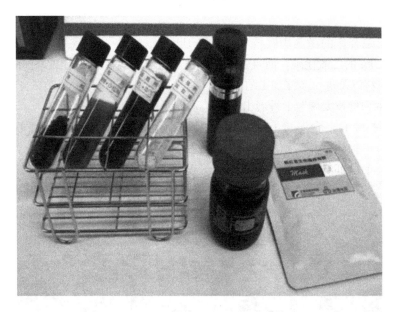

图 26-45　台泥厂的虾红素原料和美妆产品

合约规划未来预计投资将超过 2 亿元，在和平厂区设置 20hm² 的大型户外微藻养殖场，预计每年不仅可为台泥贡献 4800t 的减碳量，同时投入高价虾红素原料的生产。

26.4　使用中的消化吸收

二氧化碳减排的重要性已人所共知，水泥行业又是碳排放的大户之一，其责任不可谓不重。目前，水泥人正在努力实施的，主要是生产中的节能降耗方面的间接减排；正在研究开发的，主要有低碳生产和排放后的捕集封存或转换利用。这些都是水泥生产中的减排措施，让我们再狂想一下，除了水泥生产中的减排以外，能不能让水泥生产后的制成品吸收二氧化碳呢？

这不是没有根据的痴心妄想，我们知道，在水泥形成混凝土之后，其中的各种 CaO 类化合物最终都要逐渐转换成 $CaCO_3$ 矿物，在这个转换过程中需要从环境中吸收二氧化碳，这是我们求之不得的好事。只是由于混凝土结构的致密性影响了二氧化碳的渗透，这个转换过程会很慢，大部分甚至在整个混凝土寿命期中都来不及转换。那么，我们能不能为这种需要的转换创造一些有利条件促进其转换过程呢？能，Solidia Cement b 可持续性水泥就是这方面的研究成果。

Solidia 公司研发的以 CO_2 为基础的混凝土养护水泥，其碳足迹很低，任何水泥厂利用现有原材料都可以制备。该水泥使用 CO_2 而不是用水固化混凝土，具有吸收固化 CO_2 的能力，可以在生产水泥及混凝土的过程中降低高达 70% 的 CO_2 排放量、降低能源和原材料消耗，而且可以使混凝土的"完全强度"固化时间，由普通水泥的 28d 缩短到 24h。

Solidia 是一家水泥和混凝土技术公司，总部设于美国新泽西州皮斯卡特维，其荣获的表彰包括：全球清洁技术公司 100 强、百大研发奖、CCEMC 挑战赛奖、Katerva 专利工艺大奖。作为世界领先的建材公司，Lafarge 已经在水泥生产、混凝土应用以及该技术的商业化过程中与 Solidia 开展了合作。

Solidia Cement 技术最初成形于罗格斯大学，通过罗格斯大学的研究获得了多项专利。普渡大学、俄亥俄大学以及南佛罗里达大学的实验室也在开展合作性研究项目。Solidia Cement 的强度和耐用性，均由 CTLGroup 对照 ASTM 和 AASHTO 规范进行了验证。

1. Solidia 水泥的化学组成

Solidia 水泥（简称 S·C 水泥）主要由低石灰含量的假灰硅石/假硅灰石（$CaO·SiO_2$）和硅钙石（$3CaO·2SiO_2$）等硅酸盐组成，Solidia 熟料（简称 S·C 熟料）含有 42%～48% 的石灰（CaO）。

而由阿利特（$3CaO·SiO_2$）、贝利特（$2CaO·SiO_2$）、铝酸三钙（$3CaO·Al_2O_3$）、铁铝酸四钙（$4CaO·Al_2O_3·Fe_2O_3$）等硅酸盐组成的熟料（简称 P·C 熟料）含量为 65%～70% 的石灰（CaO）。

S·C 熟料与 P·C 熟料相比，S·C 熟料所含 CaO 较 P·C 熟料少得多，两种水泥的化学成分均为 CaO、SiO_2 和 Al_2O_3，但矿物成分却不同。近似的 Solidia 水泥熟料成分，在 CaO-SiO_2-Al_2O_3 三元体系相图中的范围，如图 26-46 所示。

Solidia 水泥是基于硅酸钙和硅铝酸钙化合物的混合物，总的 CaO 与 SiO_2 的物质的量之比大约是 1。硅酸钙相主要是假硅灰石以及硅钙石和斜硅钙石，与杂质如 Al、Mg、Fe 组成了复杂的黄长石族矿物。

2. Solidia 水泥的 CO_2 减排

波特兰水泥熟料必须含有 70% 的 CaO，而 Solidia 水泥熟料只需要大约 45% 的 CaO，这使得由原料分解产生的 CO_2 量大约减少 30%。Solidia 水泥熟料烧结温度大约是 1200℃，比硅酸盐水泥熟料的烧结温度低 250℃ 左右，较低的窑温能减少大约 30% 的 CO_2 排放量，并且大大降低燃料成本。Solidia 水泥生产的出窑熟料和冷却后的熟料，分别如图 26-47、图 26-48 所示。

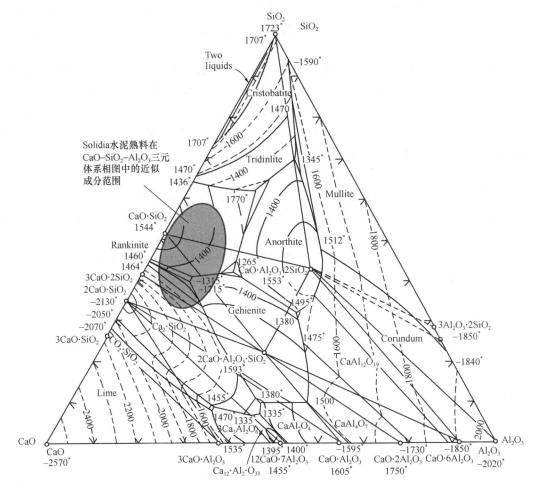

图 26-46 Solidia 熟料在 CaO-SiO$_2$-Al$_2$O$_3$ 体系中的近似范围

P·C 水泥和 S·C 水泥生产的相同之处是：生产所需原料种类、制造工艺及装备、操作方式均相似，采用现 P·C 水泥工艺生产装备即能快速有效地生产 S·C 水泥。两种水泥在制造时，均需石灰石（CaCO$_3$）作石灰（CaO）原料，砂岩、黏土或页岩作 SiO$_2$ 原料。

P·C 水泥与 S·C 水泥的不同之处是：P·C 熟料所需的石灰石含量超过 70%，而 S·C 熟料仅为 45%～50%，熟料矿物的 CaO 含量低，CO$_2$ 排放量就少；制备混凝土时，P·C 水泥需要用水养护和硬化，属水硬性水泥，而 S·C 水泥需在 CO$_2$ 气体内养护，属气硬性水泥。S·C 水泥在养护过程中，可吸收消纳环境中的 CO$_2$。

P·C 和 S·C 水泥熟料在煅烧过程中，当温度超过 800℃时，碳酸钙分解，生成 CaO 和 CO$_2$。理论上，每吨 P·C 水泥熟料要排放 546kgCO$_2$，而 S·C 水泥熟料仅排放 380kgCO$_2$，S·C 水泥熟料较 P·C 水泥熟料可减少 30% 的 CO$_2$ 排放量。

对于 P·C 水泥熟料的烧成，当生料加热至 1450℃时，生成 C$_3$S、C$_2$S、C$_3$A 和 C$_4$AF。反应方程式如下：

图 26-47 Solidia 水泥生产的出窑熟料

$$3CaO + SiO_2 \longrightarrow 3CaO \cdot SiO_2 (C_3S)$$
$$2CaO + SiO_2 \longrightarrow 2CaO \cdot SiO_2 (C_2S)$$
$$3CaO + Al_2O_3 \longrightarrow 3CaO \cdot Al_2O_3 (C_3A)$$
$$4CaO + Al_2O_3 + Fe_2O_3 \longrightarrow 4CaO \cdot Al_2O_3 \cdot Fe_2O_3 (C_4AF)$$

对于 S·C 水泥熟料的烧成，当生料加热至 1200℃ 时，生成 C·S、C_3S_2，其反应方程式为：

$$CaO + SiO_2 \longrightarrow CaO \cdot SiO_2 (C \cdot S)$$

$$3CaO + 2SiO_2 \longrightarrow 3CaO \cdot 2SiO_2 (C_3S_2)$$

理论上，由于烧成温度的不同，P·C 水泥熟料煅烧温度高，烧成每吨熟料燃料燃烧所产生的 CO_2 为 270kg；S·C 水泥熟料煅烧温度低，烧成每吨熟料燃料燃烧所产生的 CO_2 为 190kg。

总的来说，水泥窑生产每吨波特兰水泥熟料大约排放 816kg 的 CO_2，而生产 Solidia 水泥熟料可以降低大约 30% 的 CO_2 排放。

图 26-48 Solidia 水泥生产的冷却后熟料

带分解炉的五级预热器烧成系统，生产 1 吨 Solidia 水泥熟料，CO_2 总排放量大约是 570kg。两种熟料生产排放 CO_2 的估算对比如表 26-2 所示。生产 Solidia 水泥同样可以使用辅助胶凝材料和填料（混合材），以减少熟料比率，实现更大的减排量。

3. Solidia 水泥的混凝土养护

胶凝材料分水硬性和气硬性两种，P·C 水泥属水硬性，制成混凝土时，在养护和硬化过程中，水与水泥中 C_3S 和 C_2S 作用，生成不定形的 C—S—H 胶体，其水化过程相当慢，一般需要 28d 才能达到强度目标值。

表 26-2　两种熟料生产排放 CO₂ 的估算对比

项目	Solidia 水泥熟料 / (kg/t)	普通波特兰水泥熟料 / (kg/t)	CO₂ 排放减少量 /%
原料分解排放 CO₂	380	546	−30
燃料燃烧排放 CO₂	190	270	−30
CO₂ 总排放	570	816	−30

　　Solidia 水泥制备混凝土制品，在成型之后被置放在高浓度的 CO₂ 环境下，以促进其生成碳酸钙（CaCO₃）反应。通过 CO₂ 养护，能够有效地和细集料砂子、粗集料石子结合在一起，生成强度高的耐久性混凝土。混凝土中 S·C 水泥与集料结合的显微照片如图 26-49 所示。

扫码看图

图 26-49　混凝土中 S·C 水泥与集料结合的显微照片

　　创造这种高浓度的 CO₂ 环境并不复杂，将密封的防水布盖在混凝土上，再泵入 CO₂ 并使其达到 60%～90% 就可以了；养护所用的 CO₂ 来源于工业生产的副产品（包括水泥生产），工业生产排放的 CO₂ 被捕获并封装，然后由工业用气供应商运送到混凝土生产点。

　　如同波特兰水泥混凝土一样，热量可以用来加速硬化过程，既然在 Solidia 水泥硬化期间没有形成钙矾石，如果需要，硬化温度可以高于 60℃。由 Solidia 水泥混凝土制作的铁路轨枕如图 26-50 所示。

　　S·C 水泥属气硬性，制成混凝土时，在养护和硬化过程中，水与 S·C 水泥中的 C·S 和 C₃S₂ 作用甚少，而 S·C 水泥在水和 CO₂ 同时存在时，能实现快速养护，其养护反应方程式如下：

$$CaO \cdot SiO_2 + CO_2 + H_2O \longrightarrow CaCO_3 + SiO_2 + H_2O$$

$$3CaO \cdot 2SiO_2 + 3CO_2 + H_2O \longrightarrow 3CaCO_3 + 2SiO_2 + H_2O$$

图 26-50　由 Solidia 水泥混凝土制做的铁路轨枕

反应方程式表明，S·C 水泥在养护和硬化过程中不消耗水，反应生成物为碳酸钙（Ca-CO$_3$）和不定形的氧化硅（SiO$_2$）。上述反应物在不超过 500℃时，热动力相十分稳定，因此提供了一个安全有效的、永久性的消纳 CO$_2$ 的方式，每吨 S·C 水泥在养护和硬化过程中可消纳 300kg 的 CO$_2$，可永久性消纳的 CO$_2$ 约为水泥质量的 30%。

Solidia 水泥混凝土的成型与普通波特兰水泥混凝土基本一样，为调整产品的可加工性和最终性能，配方可能略有不同，但总体上养护硬化时间要短得多。如配制 50% 粗颗粒集料、33% 细颗粒集料、17% S·C 水泥组成的混凝土，在较短的养护硬化时间内就能够达到 ASTM C39 耐压强度超过 69MPa、ASTM C78 抗折强度超过 7.5MPa 的强度。

有案例显示，10mm 厚的屋顶瓦片，仅需养护 10h 就能达到强度需求值；250mm 厚的铁道用混凝土垫，仅需养护 24h 就可达到所需强度。这在混凝土的生产过程中是非常重要的，快速养护硬化有利于混凝土行业的装备利用、库存周转以及生产计划的灵活调整。

4. Solidia 水泥的吸碳硬化

Solidia 水泥不同于普通波特兰水泥，硬化依赖于碳酸盐化而不是水化，这不仅使降低水泥熟料中 CaO 的含量成为可能，而且在其硬化过程（硅酸盐相的碳酸盐化反应）中，还会吃掉大量的 CO$_2$。

碳酸盐化硬化过程是一个逆扩散过程，其中 CO$_2$ 分子代替混凝土细孔中的水分子，并与硅酸钙相反应，沉淀出碳酸钙和二氧化硅。标准的混凝土由 Solidia 水泥（质量分数 16%）制成，能够吸收 5%（质量分数）的 CO$_2$。每吨 Solidia 水泥制成的混凝土，可吸收大约 250～300kg 的 CO$_2$。

硬化时间取决于样品尺寸和几何形状，一般在几个小时或一天内不等。碳酸化反应是一个放热过程，硬化过程中释放 87kJ/mol 的热量。在混凝土配方里用到水，这些热量都将在水的蒸发过程中耗尽。

总体上，Solidia 水泥技术具有如下碳减排效果：

（1）在水泥生产中，可以减少 CO_2 排放约 30%；

（2）在混凝土养护硬化过程中，可永久性消纳 CO_2 为水泥质量的 30%；

（3）生产混凝土产品和制造水泥，总体上可减少 70% 的 CO_2 排放。

上述讨论的 CO_2 排放，给出的数据仅是为了对比方便，所占百分比和实际数据可能每个厂各不相同，这取决于窑的类型和工艺的应用。为了估算简化，Solidia 水泥混凝土与波特兰水泥混凝土在运输材料、粉磨水泥和混凝土硬化期间的 CO_2 排放都没有包含在计算之内。

26.5　二氧化碳的应用研究

就"狭义水泥生产"来讲，无论如何低碳，也只是减排罢了，不可能实现二氧化碳的零排放，包括捕集封存，也不能彻底解决问题，只是延缓了二氧化碳的排放而已。尽管低碳有必要的社会效益，但对企业来讲，捕集是有成本的，封存也是有成本的，这是制约低碳生产的关键。

尽管地球有 70% 左右的海洋面积，构成了地球上的第二大碳循环系统，好像已经无比巨大了，但海洋对二氧化碳的封存也不是无限的，碳封存对海洋的利用必须适而可止。一旦海洋的碳循环平衡被打破，对人类生存环境的影响将是灾难性的、不可挽回的！

只有通过产业链的延长，建立起"广义水泥生产"体系，将捕集到的二氧化碳转换为宝贵的资源，生产出有益的产品，才能彻底解决问题。只有把二氧化碳转换成资源，才有可能使低碳生产为企业创造效益，才能把企业的低碳积极性调动起来。所以，对整个低碳生产来讲，不能不谈二氧化碳的利用问题，要让大家看到希望！

任何物质，在找到用途以前都是"废物"，有的甚至是"有害物"，比如现在过多的二氧化碳。但一旦给这些"废物、有害物"找到了用途，使之具有了使用价值，它们就变成了资源甚至是宝贵资源。比如矿渣和粉煤灰，曾几何时它们都是堆积如山、污染环境的废物，但现在都成了资源。

因此，对低碳水泥来讲，不仅要低碳生产、排放后捕集，更要为它们寻找最终的去向，才能彻底解决其对环境等的负面影响。当然，二氧化碳也不是一无是处，现在就已经有不少用途，只是还满足不了解决排放的需求而已，或者说还没有足够的盈利需求，还是一个供求平衡问题。

要解决供求平衡，就必须从供、求两方面考虑，从供给侧低碳减排从需求侧扩大利用，尤其是拓展盈利性利用。前面几节重点谈了水泥生产的供给侧问题，本节再对利用二氧化碳的需求侧作一些探讨。就整个"广义水泥生产"来讲，由于"捕集这个中间环节"还不成熟，所以"利用"这个最终环节还不可能有更多的成熟案例，但这又是不可或缺的一环。

1. 二氧化碳的性质

二氧化碳是一种无色、无臭、无味的气体，是地球大气层的次要组分，其化学式为 CO_2，熔点 $-56.6℃$（$5.2 \times 10^5 Pa$ 下），密度 $1.977kg/m^3$，临界温度 $31.04℃$，临界压力 $7.383MPa$。

二氧化碳的化学性质不活泼，只在高温下能与金属钾、镁、锌等作用，也与红热的炭发生反应。二氧化碳在水中的溶解度较大，$10℃$ 时 1 体积水可溶解 1.19 体积二氧化碳气体；

二氧化碳溶于水生成碳酸，是一种二元弱酸，电离常数为 $K_1 = 4.16 \times 10^{-7}$，$K_2 = 4.84 \times 10^{-11}$。

二氧化碳气体容易液化，液态二氧化碳可以贮存在高压钢瓶内。当液态二氧化碳蒸发时，会吸收大量的热，使温度迅速降低，这样又会使一部分二氧化碳气体冷凝成雪花状固体，这种固体可以从周围吸收热量，直接变成气体（升华），因此把它叫作干冰。

最常用的检验二氧化碳气体的方法是让它通入澄清的石灰水，即有白色沉淀（碳酸钙）产生：

$$Ca(OH)_2 + CO_2 \longrightarrow CaCO_3 \downarrow + H_2O$$

继续通入二氧化碳，碳酸钙沉淀转变为可溶性的碳酸氢钙，溶液又变为澄清：

$$CaCO_3 + CO_2 + H_2O \longrightarrow Ca(HCO_3)_2$$

这里讲一个"干冰"的故事：在美国南部的得克萨斯州，一个钻探队往地下打孔勘探油矿时，突然有一股强大的气流从管口喷出，立刻在管口形成一大堆雪花似的"冰"。好奇的勘探队员，像孩子般高兴地用这些"冰"滚起雪球来了，结果许多队员的手被冻伤，而且没过多久许多人皮肤开始发黑、溃烂。

原来那雪花似的"冰"不是由水降温形成的，而是由二氧化碳凝结而成的，尽管这种"冰"与普通的冰很相像，但它的温度要比普通冰低得多（$-78.5℃$），所以钻探队员的手不是冻伤而是被严重冻坏。这种"冰"在常温下融化时，能直接气化为二氧化碳气体，所以很快就销声匿迹，周围仍旧干干的，不像普通冰融化后会留下水迹，因而又名"干冰"。

有关常用二氧化碳的化学反应方程式：

$C + O_2 \xrightarrow{\text{点燃}} CO_2$　现象：生成能使纯净的石灰水变浑浊的气体；

$Ca(OH)_2 + CO_2 =\!=\!= CaCO_3 \downarrow + H_2O$　现象：生成白色沉淀；

$CaCO_3 + CO_2 + H_2O =\!=\!= Ca(HCO_3)_2$　现象：白色固体逐渐溶解；

$Ca(HCO_3)_2 \xrightarrow{\triangle} CaCO_3 \downarrow + CO_2 \uparrow + H_2O$　现象：生成白色的沉淀；

$Cu_2(OH)_2CO_3 \xrightarrow{\triangle} 2CuO + H_2O + CO_2 \uparrow$　现象：固体由绿色逐渐变成黑色；

$2NaOH + CO_2 =\!=\!= Na_2CO_3 + H_2O$（也可为 KOH）　现象：变化不明显；

$CaCO_3 \xrightarrow{\text{高温}} CaO + CO_2 \uparrow$　现象：有能使纯净石灰水变浑浊的气体生成；

$Fe_3O_4 + 4CO =\!=\!= 3Fe + 4CO_2$　现象：固体由黑色变成银白色；

$FeO + CO \xrightarrow{\text{高温}} Fe + CO_2$　现象：固体由黑色逐渐变成银白色；

$Fe_2O_3 + 3CO \xrightarrow{\text{高温}} 2Fe + 3CO_2$　现象：固体由红色逐渐变成银白色；

$CuO + CO \xrightarrow{\text{高温}} Cu + CO_2$　现象：固体由黑色变成红色；

$2CO + O_2 \xrightarrow{\text{点燃}} 2CO_2$

大气中二氧化碳的含量为 0.03%；海洋中为 0.014%。它们来源于：①有机体腐烂过程；②人和动物呼出二氧化碳；③煤、石油、天然气等的燃烧。

随着工业高度发展，大气中的二氧化碳含量日益增高，它能够吸收地面放出的红外辐射，在地球周围形成绝热层，阻止热量向外层空间扩散，使大气平均气温上升，此即二氧化碳的温室效应。近 100 年来全球气温升高了 $0.6℃$，按照二氧化碳的排放增速测算，预计到

21世纪中叶，全球气温将会升高1.5～4.5℃。

气温的升高将加速极地冰雪融化，导致海平面升高。近100年来海平面上升了14cm，按照二氧化碳的排放增速测算，到21世纪中叶，海平面将会上升25～140cm，两极海洋的冰块将大部分融化，亚马逊雨林将会消失。所有这些变化，对野生动植物而言无异于灭顶之灾。

二氧化碳本身无毒，在空气中一般含量（体积分数）约0.03%，但在空气中含量达到3%时，人体会感到呼吸急促，达到10%时，就会丧失知觉、呼吸停止而死亡。空气中二氧化碳浓度含量与人体生理的反应如下。

- $350～450cm^3/m^3$：同一般室外环境；
- $350～1000cm^3/m^3$：空气清新，呼吸顺畅；
- $1000～2000cm^3/m^3$：感觉空气浑浊，并开始觉得昏昏欲睡；
- $2000～5000cm^3/m^3$：感觉头痛、嗜睡、呆滞，注意力无法集中，心跳加速，轻度恶心；
- 大于$5000cm^3/m^3$：可能导致严重缺氧，造成永久性脑损伤、昏迷，甚至死亡。

2. 海洋封存的有限性

现代大气中的二氧化碳的浓度约为$387cm^3/m^3$，其含量随植物生长的季节性变化而有所变化。当春夏季来临时，植物由于光合作用消耗二氧化碳，其含量随之减少；当秋冬季来临时，植物不但不进行光合作用，反而会制造出二氧化碳，其含量随之上升。

海洋是地表最重要的蓄水池，有关对"海洋循环及CO_2溶于海水"的系统模拟证实，目前化石燃料燃烧产生的CO_2，约有40%左右会被海洋吸收。海洋可被视为地球上最大的CO_2吸纳池，其吸收与释放的CO_2量目前是基本平衡的，构成了地球上第二大碳循环系统。其碳循环回路如图26-51所示。

海洋不仅从大气中吸收CO_2，同时将其自身储存的CO_2释放至大气中，目前其吸收CO_2的量略大于其释放CO_2的量。海洋中的碳循环系统由许多次级系统组成，容易受环境、人类活动和火山喷发等行为的影响。该系统也是一个耗能结构，通过消耗太阳能使其能耗维持在一个很高的水平上。

海洋可被视作"同时从大气中吸收CO_2、释放出有机碳、碳酸盐沉淀"的非线性动力系统。由于海洋可以吸收并储存CO_2、同时输出CO_2及其盐类，故可以缓冲由于大气中CO_2浓度的增加所带来的影响，所以其输入与输出CO_2的关系是非线性的。该系统是自发循环的，生物处理在这个自主的系统中是不可或缺的。海洋对于CO_2的反馈作用有利有弊，它可以调整大气的CO_2浓度以及热平衡。

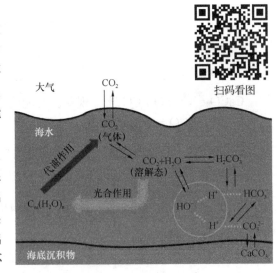

图26-51　海洋的碳吸收与释放循环回路

如果把海洋碳库视作一个独立的系统，将土地和大气视作环境，那么河道和大气中的

CO_2 及其盐类、人类活动造成的碳类、化石燃料燃烧和森林砍伐所促成的 CO_2 及其盐类，就成为系统的碳输入量。由于该系统规模巨大、构成复杂，故很难用传统的方法来描述其中的过程。

水中溶解有大量的碳化合物，其中无机物的主要形式有 HCO_3^-、CO_3^{2-}、H_2CO_3 和 CO_2。溶解 CO_2 可以与大气中的 CO_2 进行交换，这个过程起着调节大气中 CO_2 浓度的作用。工业革命以来，由于大量使用矿物燃料排放大量 CO_2，使大气中 CO_2 浓度上升，形成所谓"温室效应"。因此，CO_2 海气交换的研究已是全球海洋通量研究计划的重要组成部分。

化学海洋学研究已经表明，海水的二氧化碳系统是维持海水有恒定酸度的重要平衡，这个平衡过程控制着海水的 pH 值，使海水具有缓冲溶液的特性。增加大气中的 CO_2，也增加了海水中无机碳的总量，同时会增加海水的缓冲容量，引起海水酸度增加，反过来抑制更多的 CO_2 进入海水。

海水的 pH 值约为 8.1，其值变化很小，因此有利于海洋生物的生长；海水的弱碱性有利于海洋生物利用 $CaCO_3$ 组成介壳；海水的 CO_2 含量足以满足海洋生物光合作用的需要，因此海洋成为生命的摇篮。

一般气体在海水中的溶解量与其在大气中的分压成正比，但 CO_2 是个例外。CO_2 与水有反应，因此提高了它在海水中的浓度。CO_2 在生物过程中起重要作用，藻类光合作用消耗 CO_2，产生有机物和氧气。因此，大部分地区的海水表层 CO_2 是不饱和的，深层水由于下沉有机物的分解含有较多的 CO_2。赤道海域环流和美洲大陆西岸上升流把 CO_2 带入表层水。

海水从大气中吸收 CO_2 的能力很强，而且最初它所能吸收的 CO_2 是现今的几倍。要准确估计海水吸收 CO_2 的能力是较为困难的，因为整个体系处于动态之中。CO_2 与水生成碳酸，碳酸离解得到碳酸氢根离子和碳酸根离子，这是海水中溶解碳的主要化学形式。CO_2 浓度随海水深度的增加而增大，因为藻类光合作用消耗 CO_2 而在呼吸中放出 CO_2，另一个原因是 CO_2 的溶解度随压力增加而增大。

天然的碳有三种同位素：12C、13C 和 14C，其中 14C 是放射性同位素。大气中的 14C 有两种来源，一是宇宙射线与大气中的 N_2 发生核反应产生的；另一种是由于核爆炸产生的。14C 进入海洋后，随着海水的运动浓度降低，因此可以用来研究 CO_2 的气体交换速率和水团的年龄等。海水中的 CO_2 含量约为 2.2mmol/kg，CO_2 的各种形式的浓度随 pH 值的变化而变化。

海水的 pH 值一般在 7.5～8.2 的范围变化，主要取决于二氧化碳的平衡。在温度、压力、盐度一定的情况下，海水的 pH 值主要取决于 H_2CO_3 各种离解形式的比值。反过来，测定海水的 pH 值，也可以推算出碳酸的浓度。

海水具有一定的缓冲能力，这种缓冲能力主要是受二氧化碳系统控制的。缓冲能力可以用数值表示，称为缓冲容量，定义为使 pH 值变化一个单位所需加入的酸或碱的量。海水的 pH 值在 6～9 之间时缓冲容量最大。大洋水的 pH 值变化主要是由 CO_2 的增加或减少引起的，之外还与 H_3BO_3 有关。由于离子对的影响，海水的缓冲容量比淡水和 NaCl 溶液都要大。

3. 资源转换的无限性

二氧化碳气体与我们人类密切相关，有多种多样的用途，这些用途大致可以分为两类：一是作为原料被彻底的转化或吸收，比如前面已经讲到的混凝土的碳养护；二是在最终排放前的再利用，虽然再利用没有解除二氧化碳的最终排放问题，但可以通过提高效率间接地减少其他碳排放，或减少其他的有害污染，或通过创造价值积累资金，再通过碳交易、碳税收等政策协调支持低碳生产。

1）二氧化碳可作为原料被彻底转化或吸收利用

（1）二氧化碳可用作大宗化工原料

尽管二氧化碳的生物转化和储存是目前二氧化碳固定和利用领域的热点，但还存在许多不确定因素。而将二氧化碳看作取之不尽、用之不竭的廉价资源材料，采用化学方法将其转化为大宗化工原料，从而实现变废为宝的目标，是一条实现碳减排的重要途径。

二氧化碳是一种重要的原料，大量用于生产纯碱（Na_2CO_3）、小苏打（$NaHCO_3$）、颜料铅白［$Pb(OH)_2 \cdot 2PbCO_3$］等无机化工产品，其他无机产品还有 $MgCO_3$、$CaCO_3$、K_2CO_3、$BaCO_3$；碱式 $PbCO_3$、Li_2CO_3、$MgCO_3$ 等又多为基本化工原料，广泛用于冶金、化工、轻工、建材、医药、电子机械等行业；将硼镁矿粉与碳酸钠溶液混合加热，再通入二氧化碳，加压后反应即可制得硼砂，在玻璃、陶瓷、冶金、化工、机械等部门都有广泛应用。

以二氧化碳作原料，还可生产很多有机化工产品，大量用于生产尿素（$CO(NH_2)_2$）、碳酸氢铵（NH_4HCO_3）等；用二氧化碳与氢气做原料，可生产甲醇、甲烷、甲醚、聚碳酸酯等化工原料和新燃料。其他方面的产品还有：

① 双氰胺。主要用作制造胍盐，三聚氰胺及染料、涂料、胶粘剂的原料；

② 水杨酸。主要用作医药、染料、香料工业的中间体和食品添加剂以及用作橡胶助剂，紫外吸收剂，酚醛树脂固化剂等；

③ 甲酸及其衍生物。利用超临界二氧化碳同时作溶剂和反应物，在三甲基膦系催化剂存在下，CO_2 和 H_2 可以高效合成甲酸。甲酸本身不但是醋酸和香料、医药品生产的原料，而且加热也能分解为 CO_2 和 H_2，因此采取这种方法可将 H_2 保存，极为方便安全。

在国际上，二氧化碳作为化学品原料加以利用已初具规模。目前全世界每年有近 1.1 亿吨二氧化碳被化学固定，尿素是固定二氧化碳的最大宗产品，每年消耗的二氧化碳超过 7000 万吨；其次是无机碳酸盐，每年达 3000 万吨；将二氧化碳加氢还原合成一氧化碳也已经达到 600 万吨。此外，每年还有 2 万多吨二氧化碳用于合成药物中间体水杨酸及碳酸丙烯酯等。

用二氧化碳和氨合成尿素是二氧化碳规模固定和利用的最成功典范。以尿素为基础，还可利用二氧化碳产出碳酸二甲酯等重要化学品，尿素因而成为利用二氧化碳的有效载体。以二氧化碳替代光气合成高附加值的系列重要化工原料（碳酸二甲酯、异氰酸酯、甲基丙烯酸甲酯等），不仅可实现清洁生产，还可以在温和条件下实现反应，提高过程的经济性和安全性。

（2）用作二氧化碳树脂的单体原料

以二氧化碳为单体原料，在双金属配位 PBM 型催化剂作用下，被活化到较高程度时，与环氧化物发生共聚反应，生成脂肪族聚碳酸酯（PPC），经过后处理便得到二氧化碳树脂材料。

二氧化碳共聚物具有柔性的分子链，容易通过改变其化学结构来调整其性能，在聚合中加入其他反应物，可以得到各种不同化学结构的二氧化碳树脂。二氧化碳共聚物较易在热、催化剂、或微生物作用下发生分解，对氧和其他气体有很低的透过性，但也可以通过一定的措施加以控制。可开发出以下用途的产品：

① 从脂肪族聚碳酸酯与多异氰酸酯制备聚氨酯材料，优于普通聚酯聚氨酯的耐水解性能。

② 用顺丁烯二酸酐作为第三单体进行三元共聚，产物是一种含碳酸酯基和酯基的不饱和树脂，可交联固化，亦能与纤维之类固体复合，是类似于普通不饱和聚酯使用的一种新材料。

③ 脂肪族聚碳酸酯可以与各种聚合物共混而获得各种不同的性能，可以用作环氧树脂、PVC 塑料等的增韧剂、增塑剂或加工助剂。

④ 二氧化碳、环氧乙烷等的共聚物，二氧化碳、环氧丙烷和琥珀酸酐的三元共聚物能被微生物彻底分解，不留残渣，是一类有希望的生物降解材料。

⑤ 二氧化碳共聚物有优异的生物体相容性，特别设计的共聚物可望用作抗凝血材料或用作药物缓释剂。

⑥ 某些型耐油橡胶的成本可比用纯丁腈降低 10% 左右，每吨产品的成本可降低 1000 元以上。

二氧化碳共聚物技术将 CO_2 变废为宝，为实现 CO_2 的产业化，使 CO_2 的利用成为可能，以温室气体 CO_2 为单体合成高分子材料越来越受到重视。近年来，日本、美国、欧洲等都在加强降解塑料的研发并加快实用化进程，预计今后 10 年内全世界生物降解塑料的产能将达到 130 万吨/年。

目前，以二氧化碳和环氧化物共聚物为代表的二氧化碳基塑料已经成为热点，该塑料的可生物降解有助于解决目前的"白色污染"问题。以中国海洋石油总公司和内蒙古蒙西高新技术集团公司为代表的二氧化碳基塑料的工业化，已经建成了两条千吨级的生产线；河南天冠集团利用自创的催化体系，已经建成中试规模的二氧化碳共聚物生产线；中科院广州化学研究所生产低相对分子质量的二氧化碳共聚物的技术已在江苏泰兴投入生产。

利用工业生产中的二氧化碳废气为原料，与环氧丙烷或环氧乙烷催化合成的聚合物，是生物降解塑料的主要品种之一。二氧化碳共聚物的性能与聚乙烯类似，可以吹膜和注塑等，产品具有一定的透明性，尤其是阻隔性能比聚乙烯优越几十倍，而且生产成本较低，这种生物降解塑料前景看好。

（3）二氧化碳可作为植物的气肥

在自然界，二氧化碳保证了绿色植物进行光合作用和海洋中浮游植物呼吸的需要。有的科学家认为，大气中二氧化碳浓度加倍，将使粮食平均增产超过 30%，棉花增产 80% 以上，小麦和水稻一类作物增产 36%。

二氧化碳是绿色植物光合作用不可缺少的原料，是植物的重要营养物质，可以用作温室植物和藻类养殖的气肥。叶子中的叶绿素在日光照射下，能将叶子吸收的二氧化碳和根部输送的水分转变为糖类、氨基酸（无蛋白质）、脂肪，并放出氧气。

光合作用的总反应式为：

$$6CO_2 + 6H_2O = 6O_2 + C_6H_{12}O_6 （葡萄糖）$$

美国科学家在新泽西州的一家农场，利用二氧化碳对不同作物的不同生长期进行了大量的试验研究，发现二氧化碳在农作物的生长旺盛期和成熟期使用，效果最显著。在这两个时期中，如果每周喷射两次二氧化碳气体，喷上 4～5 次后，蔬菜可增产 90%，水稻增产 70%，大豆增产 60%，高粱甚至可以增产 200%。

我国南京土壤研究所通过 4 年的研究发现，由于实验田内二氧化碳浓度的显著提高，就好像给农作物施加了气体肥料，水稻、小麦的产量比对照田块分别高出了约 10%～14% 和 12%～20%，生长周期短了 6～9 天，这对于提高粮食产量当然是一大喜讯。

遗憾的是，在产量提高的同时，粮食里的营养成分却下降了，如人体所需的蛋白质、氨基酸及微量元素铁、锌等，这些营养成分都有明显下降。这一方面说明在粮食作物利用二氧化碳上还有需要解决的问题，还需要拓宽对蔬菜和非农作物的试验；另一方面是揭示了现有碳减排的紧迫性。

根据南京土壤研究所的试验，按目前观测的碳排放增速推测，到 2050 年前后，水稻和小麦主粮中的蛋白质含量会降低 10% 左右。按照这种趋势，科学界已经提出了"隐性饥饿"的说法，也就是说虽然每顿饭你都吃饱了，但实际摄入的养分不足，甚至还没到下一次用餐时间却又饿了。虽然这种说法还有待进一步证实，但这是关系到国计民生的大事，不得不引起我们的重视。

进一步的报道显示，国内由山东农科院、大连化工公司开发的 CO_2 气肥，已在山东、河北、河南、辽宁、吉林、黑龙江等省的部分地区推广应用。根据推广使用的情况，每亩蔬菜大棚的增产幅度在 20%～60% 之间。建设一套年产 3～5 千吨的二氧化碳气肥装置（以高纯液体二氧化碳作原料），设备投资仅十几万元，年利润可达百万元。

（4）通过藻类转化为再生能源或提取有价产品。

据德国《日报》网站 2015 年 10 月 26 日报道，德国于利希研究中心和 RWE 集团，联合建立了从容易生长的单细胞绿色海藻中获取能源的提炼设施，RWE 集团分工从其燃煤火电站获取二氧化碳，于利希研究中心则用这种气体培养海藻，再从海藻中提取生物燃料。

RWE 集团 2009 年就在一座燃煤火电站安装了二氧化碳分离设备，每天可从煤炭燃烧产生的废气中收集 7.2t 纯度在 99.9% 以上的二氧化碳。高纯度的二氧化碳有助于反应池中的海藻迅速生长，从这些海藻中不仅可以提炼出油，而且提炼后剩下的不含油的海藻生物质在发酵后还能产生甲烷。不过，项目主管多米尼克·贝伦特说："从海藻中提炼油的程序还没有彻底完成。"

事实上，早在 2011 年就有一架从美国休斯敦飞往芝加哥的飞机，在油箱内装载了含有海藻的混合生物燃料。但于利希研究中心取得的成果，目前在经济上仍得不偿失。贝伦特说："培养海藻所消耗的能源，超过了从海藻生物质中获取的能源。"目前用海藻生产燃料是赔本生意。

可是，贝伦特并没有失去信心，他表示对海藻生物质材料的充分利用，可能会扭转这种局面。如果除获取能源外，还可以从海藻中提取蛋白质和糖类，用作饲料或化工原料，那么养殖海藻生产燃料的成本就会大幅度降低。

来自 2016 年 7 月 19 日台泥集团的报道，台泥与台湾工业技术研究院当日签署了新阶段研发计划合约，台泥将投入超过新台币 2500 万元的研发经费与工研院合作，共同运用由工研院能源科技研发的微藻能源与固碳专利技术，扩建微藻养殖示范系统及研发中心，并在未来规划设置 $20hm^2$ 的大型户外微藻养殖场进行微藻固碳及高附加值应用。

台泥集团董事长辜成允表示，过去 5 年，台泥除了参与工研院钙回路碳捕获技术的开发，还与工研院共同投入微藻固碳技术，在固碳效益及虾红素的提炼技术上均有斩获，以微藻提炼的高单价虾红素原料计划在 2016 台湾生物科技大展问世。以红球藻粉市价每公斤新台币 2 万元计算，养殖场每公顷、每一年的产值约可达新台币 4 亿元，加工制成美妆产品、保健食品，甚至复方药品的产值更是潜力可期，微藻固碳、能源利用加上高值化应用，将成为台泥进军生技保养品产业的生物金矿。

(5) 二氧化碳吞吐和驱替采油

往油层中注入二氧化碳，可借助于许多机理驱替原油。在油层条件下，当二氧化碳开始与原油接触时一般不能混相，但可形成一个类似干气驱过程的混相前缘，当二氧化碳萃取了大量的重烃组分（C5～C30）后，便可产生混相。在不同的油层压力、温度条件下，二氧化碳驱类似富气驱。注入的二氧化碳除了提高油层压力外，还起到增加原油采收率的作用。其主要驱替机理包括：

① 降低原油黏度。当二氧化碳饱和一种原油后，大幅度地降低了原油的黏度，其原油黏度越黏，降低的幅度就越大，一般可降到原来的 0.1～0.01，从而提高了原油的流动性。中质稠油尤其明显。

② 原油膨胀。二氧化碳可在碳氢化合物中充分溶解，对不同的原油饱和压力，温度和原油组分，可使体积增大 30%～50%。原油膨胀的结果，相当于增加储层孔隙间的含油量，使孔隙压力升高，部分残余油被驱入井筒，甚至在被二氧化碳局部饱和地带，使其相渗透率提高，使驱油效率提高 6%～10%。原油膨胀是决定应用二氧化碳提高水淹层驱油效率的一个重要因素。

③ 混相效应。二氧化碳与大多数地层原油初次接触不可能产生混相，而多次接触后则发生混相。相对应的压力，即为混相压力，此时二氧化碳相当于一种普通溶剂驱油，称混相驱。若二氧化碳注入水淹油层，则二氧化碳带前会形成驱油层的油段塞。实验室实验证明，在某些情况下，驱油效率能达到 100%。

④ 增加注入能力。二氧化碳与水的混合物略呈酸性，并与地层基质岩相应地发生反应。在砂岩中，由于 pH 值降低，碳酸稳定了黏土矿物，生成的碳酸盐易溶于水，使渗透率提高，从而提高了注入能力。此外，由于二氧化碳的注入，还可降低表面张力。实验表明，不同原油，注入二氧化碳可使油与水之间的界面张力降低 70% 以上。

近年来国内外利用二氧化碳驱替或采油技术，已在二、三次采油中得到普遍应用。从50 年代起，国外在实验室和现场对利用二氧化碳增加油田的采收率进行了大量的研究，目前已成为除热采以外发展较快的提高采收率的最佳方法，美国已有 12 个油田开始应用二氧化碳提高采收率。

美国 "EOR" 产量占全美总产量的 12%，日产达 $12.084 \times 10^4 m^3$，其中二氧化碳驱产量为 $2.846 \times 10^4 m^3/d$。早在 1984～1989 年，二氧化碳混相驱日产量由 $4976.7 m^3$ 上升到 $28464.8 m^3$，而二氧化碳非混相驱日产量由 $111.6 m^3$ 下降到 $15.1 m^3$（实际上 1994 年就停产了）。

在美国已有 18 个州实施二氧化碳驱方案，已成为原油产量增长的主要技术之一；在中东地区，匈牙利、土耳其等国，在中质稠油上也开始应用注气（二氧化碳等）技术，以提高油田的采收率。

2) 二氧化碳在最终排放前的再利用

(1) 二氧化碳可用于生物精华的临界萃取

二氧化碳在温度高于临界温度（T_c）31℃、压力高于临界压力（P_c）3MPa 的状态下，性质会发生有益变化，其密度近于液体、黏度近于气体、扩散系数为液体的 100 倍，因而具有惊人的溶解能力，它可用于溶解多种物质，然后提取其中的有效成分。

液态二氧化碳已成为高效无污染的萃取剂，称为 CO_2 超临界萃取法。除了用于化工等工业萃取外，还可用在烟草、香料、食品等方面。如食品中，可以用来去除咖啡、茶叶中的咖啡因，可以提取大蒜素、胚芽油、沙棘油、植物油，可以提取医药用的鸦片、阿托品、人参素、虾青素、虾红素、银杏叶、紫杉中的有价值成分。

过去这些成分用传统的如水蒸气蒸馏法、减压蒸馏法、溶剂萃取法等是提取不出来的，而且工艺复杂、纯度不高、易残留有害物质。而 CO_2 超临界萃取法，不但可以从许多种植物中提取原来提取不到的有效成分，而且价廉、无毒、安全、高效，故可以生产极高附加值的产品。比如：

提取辣椒中的红色素。日本每年需要辣椒红色素 30t，每千克价 3 万日元，年销售额 9 亿日元，一年就能收回投资，而且该设备还可提取红花色素、虾青素等；提取桂花精油，每千克在国际市场上售价高达 3000 美元；

提取碎茶叶末或次茶生产茶多酚及咖啡因。茶多酚是极优良的抗氧化剂，医学上有降胆固醇、降血压、降血脂、延缓衰老的作用，是优良的天然食品添加剂，100t 茶叶末可以提取 5t 茶多酚，产值近千万元；提取银杏叶黄酮、内酯，设备工艺投资 300 万元，年粗提本年 2000 万元，产值可达到 2900 万元，一年内可收回投资并有 600 万元收益；

超临界流体浸制的米糠油，是一种相当纯的天然高品质油，米糠油中所含甾醇（高达 0.75%）可化学合成甾醇激素，其产品包括：雄性荷尔蒙、雌性荷尔蒙、避孕药、利尿剂、抗癌剂。甾族药物在世界范围内是一个 40 亿美元的产业，而米糠油是合成甾醇药的最佳原料。

（2）二氧化碳在医疗上可有效扩张血管

人们常认为氧气对人体必不可少，二氧化碳是废气对人体有害无益。但事实上，吸入适量二氧化碳可扩张血管增加血容量，甚至能代替扩张血管药物，帮助人类治疗某些疾病。

高压下吸入纯氧是治疗缺血、缺氧性疾病的有效方法，但吸入纯氧会刺激血管收缩，使血流量下降、血压升高，影响氧疗效果，特别对需要扩张血管来增加血流量的病人尤为不利。为了解决这个矛盾，将少量二氧化碳气体混入纯氧中吸入（混合氧），既保证了氧疗效果，又可免去服药、打针，实现对血管的扩张。

目前，我国已有多家医院将这项技术应用于临床，据南京军区总医院高压氧科曹锦泉副主任介绍，他们应用高压混合氧疗法已使 10 余万患者受益。但在应用中二氧化碳浓度必须有仪器连续监测，严格控制在安全范围内使用。

（3）二氧化碳是很好的油漆溶剂

我们通常的油漆，都是用具有发挥性的有机溶剂。涂上油漆后，溶剂就挥发出来，而且挥发的时间很长，挥发物中有许多有毒气体和致癌物。特别是室内装修，不但影响到入住时间，严重的会造成人身伤害。

虽然气体二氧化碳不能直接做油漆溶剂，但在一定温度下增大压力可以使二氧化碳处于气态与液态相互转变的临界状态，就可以做油漆溶剂了。使用二氧化碳喷漆，不但可以避免常用油漆带来的有毒污染和危害，而且具有干得快、光泽好的特点。

（4）二氧化碳是常用高效的灭火剂

由于二氧化碳的密度比空气高、不助燃，能很好地覆盖可燃物并使其隔绝空气，故许多灭火器都通过产生二氧化碳，利用其特性灭火。而二氧化碳灭火器是直接用液化的二氧化碳灭火。除上述特性外，更有灭火后不会留下固体残留物的优点。

二氧化碳适用于扑救一般 B 类火灾，如油制品、油脂等火灾，也可适用于 A 类火灾，但不能扑救 B 类火灾中的水溶性可燃、易燃液体的火灾，如醇、酯、醚、酮等物质火灾；也不能扑救 C 类和 D 类火灾（其主要依靠窒息作用和部分冷却作用灭火）。

（5）固态二氧化碳"干冰"有广泛使用

二氧化碳固态压缩后又叫干冰，干冰于 $-75℃$ 升华，可以吸收周围大量的热量，使周围水汽凝结，就生成了一种云雾缭绕的景象，同时周围温度迅速降低，是上佳的冷媒。

干冰的使用范围非常广泛，在食品、餐饮、卫生、工业、储运、人工降雨等方面有大量应用，其作用主要有工业模具、杀菌消毒、无毒清洗、绝缘清洗、冷冻治疗、饮食添加、冷藏运输、娱乐放烟、低温灭火等。